U0269072

Oracle数据库管理

从入门到精通

丁士锋 等编著

清华大学出版社

北　京

内 容 简 介

本书以面向应用为原则，深入浅出地介绍了 Oracle 数据库的管理和开发技术。书中通过大量的图解和示例代码，详细介绍了 Oracle 的体系结构、PL/SQL 的语言特性，并深入剖析了用 PL/SQL 进行 Oracle 开发的方方面面。为了便于读者高效、直观地学习，作者为本书重点内容录制了 **13.6 小时多媒体教学视频**。这些视频及本书涉及的源代码一起收录于本书配套 DVD 光盘中。另外，光盘中还免费赠送了 7.8 小时 Oracle PL/SQL 教学视频和大量的 PL/SQL 实例代码，供读者进一步学习参考。

全书共 24 章，分为 6 篇。涵盖的内容主要有关系型数据库基础、Oracle 的安装和管理、体系结构、网络结构、物理和逻辑结构的维护和管理、SQL 语言的应用、PL/SQL 语言基础、开发环境、控制语句、数据表的管理和查询、数据表的操作、使用 PL/SQL 的记录与集合、各种内置函数、游标、事务处理、异常处理、子程序、包、Oracle 的安全性、表空间和数据文件的管理、数据库的备份和恢复等，最后还通过两个现实案例介绍了 Oracle 编程的经验和技巧。

本书适用于 Oracle 数据库管理人员、使用 PL/SQL 进行应用程序开发的人员、对软件开发有兴趣的学生及爱好者。另外，本书对于网络管理员、企业 IT 运维人员也具有很强的指导作用。

图书在版编目（CIP）数据

Oracle 数据库管理从入门到精通 / 丁士锋等编著. —北京：清华大学出版社，2014（2018.7重印）
ISBN 978-7-302-34763-7

Ⅰ．①O…　Ⅱ．①丁…　Ⅲ．①关系数据库系统　Ⅳ．①TP311.138

中国版本图书馆 CIP 数据核字（2013）第 298454 号

责任编辑：夏兆彦
封面设计：欧振旭
责任校对：徐俊伟
责任印制：沈　露

出版发行：清华大学出版社
　　　　　网　　　址：http://www.tup.com.cn, http://www.wqbook.com
　　　　　地　　　址：北京清华大学学研大厦 A 座　　　邮　　编：100084
　　　　　社 总 机：010-62770175　　　　　　　　　邮　　购：010-62786544
　　　　　投稿与读者服务：010-62776969，c-service@tup.tsinghua.edu.cn
　　　　　质 量 反 馈：010-62772015，zhiliang@tup.tsinghua.edu.cn
印 刷 者：北京鑫丰华彩印有限公司
装 订 者：三河市溧源装订厂
经　　销：全国新华书店
开　　本：185mm×260mm　　　　印　　张：50　　　字　　数：1245 千字
　　　　　（附光盘 1 张）
版　　次：2014 年 4 月第 1 版　　　　　　　　　　印　　次：2018 年 7 月第 6 次印刷
定　　价：120.00 元

产品编号：056469-01

前　　言

为什么要写这本书

随着信息产业化的飞速发展，数据的增长速度也在迅速膨胀，越来越多的企业认识到数据库数据的重要性。Oracle 公司的数据库管理系统是世界领先的关系型数据库管理系统，一直是各大企事业单位后台存储的首选。Oracle 数据库系统的灵活体系结构以及跨平台的特性，使得很多 Oracle 从业人员备感压力，相较之容易使用的 SQL Server，Oracle 似乎太难以驾驭。Oracle 公司出于便于学习的目的，提供了大量的文档，但是这些文档主要为英文版，而且文档过于偏重于某一技术的细节，掌握起来颇具难度。

目前市场上 Oracle 数据库相关的图书虽然比较丰富，而且质量也比较高，但是偏重于技术的深度，初学者会觉得过于专业，有点难懂。本书作者站在 Oracle 从业人员的视角，以简洁轻松的文字，简短精练的示例代码，以力求让不同层次的开发人员尽快掌握 Oracle 数据库开发为主旨编写了本书，在本书最后还提供了两个实际应用的项目，让开发人员能够通过项目学习 PL/SQL 开发，提高实际开发水平和项目实战能力。

本书有何特色

1. 附带多媒体教学视频，提高学习效率

为了便于读者理解本书内容，提高学习效率，作者专门为本书录制了长达 13.6 小时的配套多媒体教学视频。这些视频和本书涉及的源代码及附赠的大量 PL/SQL 教学视频与实例代码一起收录于配书光盘中。

2. 涵盖Oracle管理和PL/SQL语言的各种技术细节，提供系统化的学习思路

本书涵盖 Oracle 的体系结构、维护技巧及 PL/SQL 语言在实际项目中需要重点掌握的方面，包含数据库基础、安装和管理数据库、数据库体系结构、表、索引、约束、序列、同义词、基本的 SQL 操作知识比如查询、插入、修改和删除、PL/SQL 语言基础、记录和集合、游标、SQL 的内置函数、事务处理、异常处理机制、子程序、包、触发器、面向对象的开发，以及动态 SQL 语句等知识点。

3. 对Oracle管理和开发的各种技术作了原理分析和实战体验

全书使用了简洁质朴的文字，配以大量的插图，对一些难以理解的原理部分进行了重点剖析，让读者不仅知晓实现的原理，通过图形化的展现方式，更能加强对原理的理解。

同时，本书讲解时配以大量的示例对技术要点在实际工作中的应用进行了详解，让读者能尽快上手这些知识点。

4. 应用驱动，实用性强

对于每个示例代码，都进行了仔细的锤炼，提供了各种实际应用的场景，力求让应用开发人员将这些知识点尽快应用到实际的开发过程中。

5. 项目案例典型，实战性强，有较高的应用价值

本书最后一篇提供了两个项目实战案例。这些案例来源于作者所开发的实际项目，具有很高的应用和参考价值。而且这些案例分别使用不同的 PL/SQL 技术实现，便于读者融会贯通地理解本书中所介绍的技术。这些案例稍加修改，便可用于实际项目开发。

6. 提供完善的技术支持和售后服务

本书提供了专门的技术支持邮箱：bookservice2008@163.com。读者在阅读本书过程中有任何疑问都可以通过该邮箱获得帮助。

本书内容及知识体系

第1篇　Oracle基础（第1~4章）

本篇介绍了关系型数据库基础、安装和管理 Oracle 及 Oracle 体系结构的知识。主要包括关系型数据库系统范式、安装和创建 Oracle 数据库、启动和连接 Oracle、SQL 语言和 SQL*Plus 的操作，以及 Oracle 数据库的体系结构。

第2篇　管理方案对象（第5~8章）

本篇介绍了在 Oracle 上创建和管理方案对象的知识，包含使用 Oracle SQL 语句创建数据库表、视图、索引、约束、序列和同义词等知识，是操纵和管理 Oracle 的基础。

第3篇　使用SQL语言（第9~11章）

本篇讨论了使用 SQL 语言操作数据库的知识，讨论了用 SQL 语言进行简单与复杂查询，比如多表连接查询、子查询和分组查询等，接下来讨论了使用 SQL 语言向表中插入、更改和删除数据，并且介绍了 SQL 中各种内置函数的使用方法。

第4篇　PL/SQL编程（第12~18章）

本篇介绍了 PL/SQL 过程化 SQL 语言的基础，首先对 PL/SQL 进行了概览，然后讨论了存储过程、函数、包的定义和使用方式，讨论了参数模式、包重载及包作用域范围的知识，并且讨论了 PL/SQL 中的记录与集合、触发器和游标，以及异常处理机制、动态 SQL 语句、事务和锁的知识。

第5篇　Oracle维护（第19~22章）

本篇讨论了如何维护和管理 Oracle 数据库，首先讨论了数据库安全性相关的用户、角

色和权限，然后介绍了 Oracle 表空间的管理，比如创建和删除表空间、为表空间扩容等，在数据库文件部分讨论了如何添加和管理数据库物理文件，最后介绍了备份与恢复的知识，讨论了恢复管理器 RMAN 的使用技巧。

第6篇　PL/SQL案例实战（第23～24章）

本篇通过两个实际的项目示例，从需求分析、数据库表的设计、系统的总体规划开始，到包规范的定义、包体的具体实现详细剖析一个 PL/SQL 的实现生命周期，通过对这两个示例的一步一步深入体验，能让开发人员立即上手进行 PL/SQL 项目的开发。同时对这两个示例稍加修改，即可应用到实际的工作项目中。

配书光盘内容介绍

为了方便读者阅读本书，本书附带 1 张 DVD 光盘。内容如下：

- ❏ 本书所有实例的源代码；
- ❏ 13.6 小时配套多媒体教学视频；
- ❏ 7.8 小时 Oracle PL/SQL 教学视频（赠送）；
- ❏ 96 个 Oracle PL/SQL 实例源文件（赠送）。

适合阅读本书的读者

- ❏ Oracle 数据库管理人员；
- ❏ 学习 Oracle PL/SQL 开发技术的人员；
- ❏ 广大数据库开发程序员；
- ❏ 应用程序开发人员；
- ❏ 希望提高项目开发水平的人员；
- ❏ 专业数据库培训机构的学员；
- ❏ 软件开发项目经理；
- ❏ 需要一本案头必备查询手册的人员。

阅读本书的建议

- ❏ 没有 Oracle 基础的读者，建议从第 1 章顺次阅读并演练每一个实例；
- ❏ 有一定 Oracle 基础的读者，可以根据实际情况有重点地选择阅读各个技术要点；
- ❏ 对于每一个知识点和项目案例，先通读一遍有个大概印象，然后将每个知识点的示例代码都在开发环境中操作一遍，加深对知识点的印象；
- ❏ 结合光盘中提供的多媒体教学视频再理解一遍，这样理解起来就更加容易，也会更加深刻。

进一步学习建议

当您阅读完本书后，相信已经掌握了 Oracle 数据库管理和开发的基本知识。但如果还要更进一步深入下去，那么还必须要系统地掌握 PL/SQL 编程的知识，毕竟它是 Oracle 数据库开发所需要使用的查询语言。可以说，在 Oracle 世界里，离开了 PL/SQL，您将寸步难行。

要系统学习 PL/SQL 编程，建议阅读笔者编写的《Oracle Pl/SQL 从入门到精通》一书。该书可以当作本书的姊妹篇。它自 2012 年由清华大学出版社出版后广受读者好评，在当当网、亚马逊和京东商城等网上书店都有大量读者对这本书给出了很好地评价，并极力推荐阅读，相信不会让您失望。

该书非常系统地介绍了 PL/SQL 开发的方方面面，给读者提供了系统化的学习方案，并对 PL/SQL 开发用到的各种技术做了原理分析。书中还提供了 300 多个简单易懂的实例，引领读者快速上手。相信阅读完这本书后，您已经很系统地掌握了 PL/SQL 开发的各种技术细节。

本书作者

本书由丁士锋主笔编写。其他参与编写的人员有杜礼、高宏、郭立新、胡鑫鑫、黄进、黄胜忠、黄照鹤、赖俊文、李冠峰、李静、李为民、邱罡、邱伟、隋丽娜、王红艺、王健、王玉磊、魏汪洋、吴庆涛、肖俊宇、谢建、辛永平、徐翠霞、徐勤民、薛富实、杨春蕾、张光泽、张明川、张晓静、赵海霞、郑波、郑瑞娟、郑伟、周巧姝、周瑞、盛杰、李群、阿拉塔、毕梦飞、高洪涛、曹亦男、曾龙英、曾敏、柴延伟。

虽然我们对本书中所述内容都尽量核实，并多次进行文字校对，但因时间所限，可能还存在疏漏和不足之处，恳请读者批评指正。

编著者

目　　录

第 1 篇　Oracle 基础

第 2 篇　管理方案对象

第 3 篇 使用 SQL 语言

第 4 篇　PL/SQL 编程

第 5 篇　Oracle 维护

第 6 篇　PL/SQL 案例实战

第 1 篇　Oracle 基础

第1章 认识关系型数据库

在信息化时代，数据无处不在，无论是工作还是生活，都会产生大量的数据记录。很多数据只是临时存在，而很多数据需要永久存储以便进行后续处理，比如公司必须存储和维护人事信息，以便维持公司的运作。数据库是一个用来存储各种数据信息的容器，可以将其想象成一个文件柜，其中包含了很多文件夹。为了管理数据库中的数据，人们开发了RDBMS 数据库管理系统，用于控制对数据的存储、组织和检索。

1.1 理解数据库

数据库简而言之就是数据的集合，它是由文件系统存储数据发展起来的。数据库系统解决了多人数据库读取和写入的并发性问题，同时它提供了事务处理的机制，使得存储和管理数据库数据更加安全可靠。数据库系统让用户只处理逻辑数据层，比如表和视图等，它使得用户可以使用简单易管理的方式来操作数据库的数据。

1.1.1 什么是关系型数据库

数据库技术经过几十年的发展，经历了人工管理、文件系统到现在的数据库管理，提供了对数据更高级和更有效的管理。数据库系统管理数据具有如下特点：

（1）使用数据模型表示复杂的数据库结构，用户可以使用实体关系模型对数据进行建模，不仅可以表达数据本身，还可以描述数据之间的关系，这使得存储在数据库中的数据更容易理解和维护。

（2）数据库系统将数据的逻辑结构与物理结构分离，用户可以简单地使用逻辑结构操作数据库，而不用考虑物理存储结构，简化了数据库操作的复杂性。一般来说，一个数据库系统可以分为如图 1.1 所示的 3 级。

用户通过与用户的局部逻辑结构进行交互，数据库系统让用户可以通过查询语言或终端命令操作数据库，不用直接对数据库的物理层级进行操作。

（3）数据库系统提供了数据的控制功能，它提供了多用户并发机制，防止数据库数据被非法更改。数据库系统会提供数据的备份和恢复功能，可以避免出现灾难性事件导致的数据丢失。数据库提供数据完整性功能，并且提供了必要的安全性机制。

关系型数据库系统是近 30 年来数据库系统的主流模型，它使用数据之间的关系模型来存储和管理数据库。关系型数据库的模型建立于 20 世纪 70 年代，美国的 E.F.Codd 发表了一篇名为《大型共享数据库的数据关系模型》的论文，它定义了一个基于数学集合理论的关系模型，关系型数据库是一个符合关系模型的数据库。

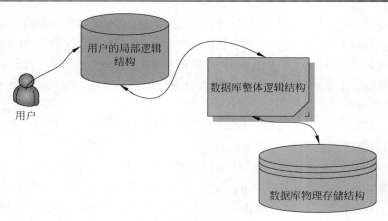

图 1.1　数据库系统的独立性结构

🔔**注意**：《大型共享数据库的数据关系模型》已经具有简体中文版本，感兴趣的用户可以通过搜索引擎来了解关于这篇论文的详细信息。

在现实世界中，大量的数据都是具有一些相关性的，关系型数据库系统就是根据数据的关系对数据进行结构化的组织和存储。对关系型数据库的定义简而言之就是：使用关系或二维表存储信息。二维表是由行（也可以称为元组）和列（也可以称为属性）组成的，通常简称为表或者是关系型数据库的实体。表中的每一行都具有相同的列集，因此可以将关系型数据库称为存储在关系表中的数据库。

举个例子，为了存储人事部门的数据，可以创建一个员工表和一个部门表，由于员工表中的每个人员信息都属于部门，因此关系型数据库还会存储员工表和部门表之间的引用关系。当没有使用关系型数据库系统时，人事部门可能使用 Excel 创建一张人员表，示意结构如图 1.2 所示。

工号	姓名	年龄	性别	学历	入职日期	所属部门
B001	张三丰	23	男	本科	8/1/2001	人事部
B002	郭靖	28	男	本科	5/4/2008	人事部
B003	灭绝师太	35	女	本科	9/20/2010	业务部
B004	何足道	28	男	大专	9/20/2010	信息管理部
B005	觉远	30	男	小学	9/21/2010	饭堂
B006	海东青	30	男	本科	9/22/2010	信息管理部
B007	杨不悔	23	女	中专	9/22/2010	行政部
B008	张翠山	28	男	本科	9/23/2010	信息管理部

行（元组）　　列（属性）

图 1.2　人员二维表结构

人事部门还会创建一张部门表，部门表中包含了部门的名称、部门的位置和部门的编号等信息，人员表的所属部门应该要与部门表中的部门名称保持一致，否则数据库中的数据就会出现混乱，如图 1.3 所示。

关系型数据库除了存储这些基本的数据信息外，还会存储表与表之间的关系。关系型数据库会维护这些关系的完整性，以便提供更加结构化的存储方式。

1.1.2　实体关系模型

数据库主要用来存储现实世界中的数据，关系型数据库通过使用表和关系来存储数据，可以保存现实世界中的数据集合。实体关系模型对现实世界进行抽象，得出实体类型和实体间的关系，用来描述现实世界中数据的组成结构。在构建了实体关系后，一般会使用实体关系的图来清晰地表达出实体关系的结构。实体关系图（Entity Relationship Diagram）是指提供了表示实体、属性和关系的图形化表示方式，用来描述现实世界的概念模型，也简称为 E-R 图。

实体关系模型具有 3 个核心的元素，在进行数据库的分析与设计时，需要认真地理解这几个元素的具体含义及在 E-R 图中的表现形式，分别如下所示。

- ❑ 实体（Entity）：是具有相同特征和属性的现实世界事务的抽象，在 E-R 图中用矩形表示，矩形框内注明实体的名称。比如员工张三、员工赵七都是实体。
- ❑ 属性（Attribute）：是指实体具有的特性，一个实体可以包含若干个实体。在 E-R 图中属性用椭圆形表示，并使用线条将其与相应的实体连接起来。比如员工具有工号、入职日期等属性。
- ❑ 关系（Relationship）：是指实体之间的相互联系的方式，一般具有一对一关系（1:1）、一对多关系（1:N）、多对多关系（$M:N$）。

以人事管理系统中的人员信息和员工请假为例，通过使用实体关系建模，绘制了如图 1.4 所示的 ER 实体关系图。

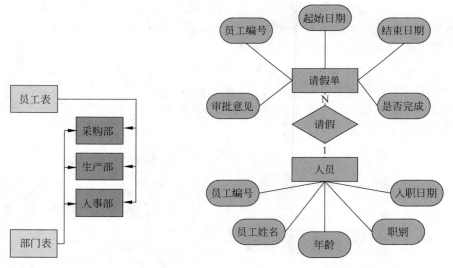

图 1.3　员工表中的所属部门必须与部门　　　　图 1.4　ER 实体关系图绘制示例
　　　　　 表中的部门名称具有关系

由图 1.4 可以发现，人员和请假单这两个实体使用矩形表示，实体的属性使用椭圆形表示，实体与实体之间的关系使用菱形表示。人员实体与请假单实体具有 1 对多的关系，因此在菱形附近使用 1 和 N 表示。

一般来说，数据库设计人员对数据库进行需求分析时，与数据库的用户进行沟通，数据库的设计人员可能需要绘制多种不同类型的图来表达关系型数据库的存储结构，在逻辑设计阶段绘制 E-R 关系图，可以使用 Visio、PowerDesigner 或者是 ERWin Data Modeler 等软件来实现。

1.1.3 关系型数据库管理系统 RDBMS

数据库管理系统是基于关系型数据库模型创建的计算机软件程序，其英文全称是 Relational Database Management System，简称为 RDBMS。数据库管理系统是位于操作系统和用户（或者是基于数据库的应用程序）之间的一组数据库管理程序，它提供了对数据库中的数据进行统一管理和控制的功能，归根结底，数据库中的数据是以文件的形式存放在操作系统中的，数据库管理系统提供了数据的高级组织形式，它提供了对数据库中的数据的统一管理和控制的功能，数据库管理系统与用户的示意如图 1.5 所示。

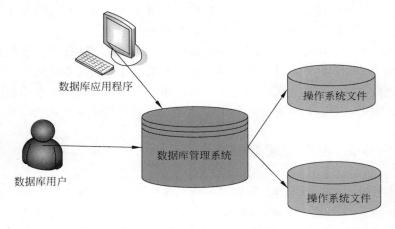

图 1.5　关系型数据库管理系统的结构示意图

数据库管理系统负责对数据库进行全方位的管理，它包含了如图 1.6 所示的几项职责。

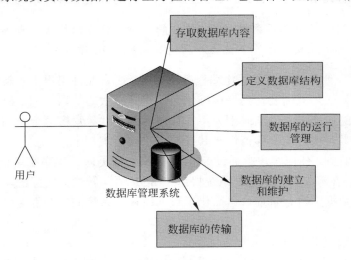

图 1.6　数据库管理系统的职责

如图 1.6 所示，一个数据库管理系统通常要提供如下所示的几项功能。

❑ 定义数据库结构：DBMS 提供数据定义语言来定义（DDL）数据库结构，用来搭建数据库框架，并被保存在数据字典中。

❑ 存取数据库内容：DBMS 提供数据操作语言（DML），实现对数据库数据的基本存取操作——检索、插入、修改和删除。

❑ 数据库的运行管理：DBMS 提供数据控制功能，即数据的安全性、完整性和并发控制等对数据库运行进行有效的控制和管理，以确保数据正确有效。

❑ 数据库的建立和维护：包括数据库初始数据的装入，数据库的转储、恢复、重组织，系统性能监视、分析等功能。

❑ 数据库的传输：DBMS 提供处理数据的传输，实现用户程序与 DBMS 之间的通信，通常与操作系统协调完成。

有了关系型数据库管理系统，开发人员就可以在数据库中创建数据库、创建表、存取数据库内容、对数据库进行备份和管理，只需要理解常用的系统相关的操作，而不用去研究关系型数据库系统内部深奥难懂的数学方面的理论知识。

目前比较常见的 DBMS 有 Oracle、SQL Server、MySQL、DB2 等，它们都使用关系型数据库模型作为基础构建的软件，它们建立在关系数据库模型的基础之上，通过一系列相关的表和其他数据库，对象把现实世界中存在的事物及事物之间的联系用数据库对象，比如表、视图、索引、关系加以存储，使之为数据库的用户提供规范化的信息。

1.1.4 使用 SQL 语言管理数据库

为了便于管理关系型数据库，数据库管理系统使用一种称为 SQL 的声明性语言。SQL 的全称是结构化查询语言（Structured Query Language），是一种对关系数据库中的数据进行定义和操作的句法。它独立于数据库管理系统，并且已经被国际标准化组织制定为一种操作数据库的标准语言。SQL 语言可以操作和管理数据库，各种数据库管理厂商使用 SQL 标准来制定自己的数据库管理方式，因此它对于所有的数据库管理系统来说是通用的。

🔔注意：由于不同的数据库厂商对 SQL 语言的支持与标准仍然存在着细微的不同，因此在使用时必须要参考各个数据库厂商提供的 SQL 操作文档。

SQL 语言是一种高级的非过程化编程语言。SQL 语言允许用户不了解数据库的底层结构和具体的操作方式，只需要在一个标准化的、较高层次的数据结构上进行工作，这就大大简化了数据库的操作方式，同时因为不与数据库、硬件等紧密耦合，因此也使得基于数据库的应用系统具有很好的可移值性。其操作示意如图 1.7 所示。

由图中可以看到，任何客户端通过 SQL 语言来与数据库管理系统进行通信，通过向服务器端发送 SQL 语句，数据库管理系统将这些 SQL 语句转换为实际的对数据库数据进行操作的指令来对数据库进行管理，这简化了数据库管理系统的复杂程度，提高了用户对数据库的使用效率。

SQL 语言主要又分为如下 6 大类。

（1）数据查询语言（DQL）：也称为“数据检索语句”，用于从表中获得数据，确定数据怎样在应用程序给出。关键字 SELECT 是 DQL（也是所有 SQL）用得最多的语句，其他 DQL 常用的关键字有 WHERE、ORDER BY、GROUP BY 和 HAVING。这些 DQL 关键字常与其他类型的 SQL 语句一起使用。

（2）数据操作语言（DML）：分别用于添加、修改和删除表中的行。也称为动作查询语言。

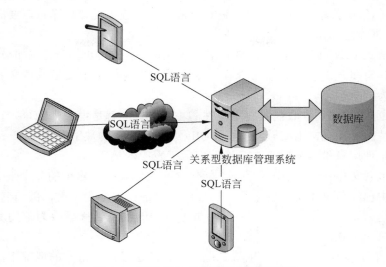

图 1.7　使用 SQL 操作数据库管理系统

（3）事务处理语言（TPL）：能确保被 DML 语句影响的表的所有行及时得以更新。TPL 语句包括 BEGIN TRANSACTION、COMMIT 和 ROLLBACK。

（4）数据控制语言（DCL）：通过 GRANT 或 REVOKE 获得许可，确定单个用户和用户组对数据库对象的访问。某些 RDBMS 可用 GRANT 或 REVOKE 控制对表单各列的访问。

（5）数据定义语言（DDL）：在数据库中创建新表或删除表（CREAT TABLE 或 DROP TABLE）；为表加入索引等。DDL 包括许多与数据库目录中获得数据有关的保留字。它也是动作查询的一部分。

（6）指针控制语言（CCL）：用于对一个或多个表的单独行进行操作，比如 DECLARE CURSOR、FETCH INTO 和 UPDATE WHERE CURRENT 等语句。

可以看到这些 SQL 语句基本上涵盖了进行数据库操作的方方面面，基本上学习数据库操作多数时间都是在使用 SQL 语句进行管理，因此对于一名合格的 DBA 来说，熟练地掌握 SQL 语言是非常有必要的。

1.2　认识数据库范式

作为一名 Oracle 从业人员，经常需要面对设计数据库的任务，比如作为一名 DBA，有可能需要为企业的数据库应用程序设计高效和优雅的数据库，避免数据库的冗余难以维护，要设计精良的数据库，必须遵循一定的规则，而理解数据库范式是进行高效数据库设计的基础。

1.2.1　什么是数据库范式

为了规范化关系型数据模型，要求数据库系统在设计时必须遵循一定的规则，这种规则就称为关系型数据库系统范式。使用范式的主要目的是为了降低数据的冗余，设计结构合理的数据库。目前关系型数据库中共有 6 个范式，一般来说数据库只需要满足前面 3 个范式即可，这 3 种范式如下所示。

- ❑ 第一范式（1NF）：字段必须具有单一属性特性，不可再拆分，比如员工名称字段，必须具有单一的属性，不可以在一个字段中包含员工中文名或英文名，必须考虑拆分为两个字段。
- ❑ 第二范式（2NF）：表要具有唯一性的主键列。也就是说表中的每一行要具有一个唯一性的标识列，比如通常使用 GUID 或自动增长的数字编号来唯一地标识一行，或者是使用身份证号码来唯一地标识员工表中的员工。
- ❑ 第三范式（3NF）：表中的字段不能包含在其他表中已出现的非主键字段，比如员工表中已经包含了部门的名称，而部门表中部门编号为主键，部门名称为非主键，那么这就不符合第三范式，通过将员工表中的部门名称更改为部门编号，则可以符合第三范式。

范式是一个逐步升级的过程，也就是说只有在满足了第一范式的情况下，第二范式才能继续进行，范式的实现过程如图 1.8 所示。

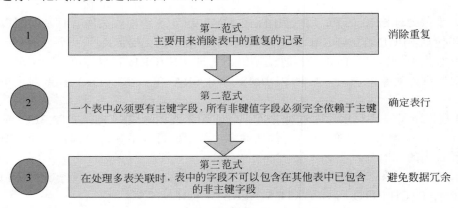

图 1.8　范式的升级过程

通过对数据库对象应用范式，消除了数据的冗余，使得整个数据库的设计具有最佳效率和性能，它会带来如下一些好处：

- ❑ 使数据变得更有组织。
- ❑ 将数据的修改量变得更少，比如当一个表的具体字段记录更新时，其他引用到该表中字段的表会自动得到更新。
- ❑ 需要存储数据的物理空间变得更少。

下面的几个小节将分别对每一个范式的具体实现过程进行示例介绍。

1.2.2　第一范式 1NF

第一范式是设计关系型数据库时应该满足的一个基本范式，可以说如果一个数据库不满足第一范式，就不是一个关系型的数据库。

第一范式要求表中每一个字段都具有唯一的属性，不可以再继续被拆分。举个例子，在设计人事资料数据库表时，其基本结构如表 1.1 所示。

表 1.1　人事信息表

工　号	姓　名	地　址	电　话
B0001	张子木	广东省深圳市红岭东路 121 号	13899168
B0002	李子木	广东省广州市人民西路 20 号	13799168

这个表中的每一个字段都具有唯一的属性，可以满足人事信息管理的基本需求，因此如果人事信息管理相对简单，也可以说这个表是符合 1NF 范式的。

如果人事信息的电话号码出现了两个，或者一个人具有一个公司地址和家庭地址，那么这个设计就不再符合第一范式了。再比如如果地址字段要拆分为按省、城市和街道地址来进行细分，那么地址就不再是唯一属性，需要继续进行拆分，因此也不符合第一范式。

对于重复的字段，可以创建单独的实体来解决，比如重复的电话和地址，可以分别创建一个电话实体和一个地址实体来解决。对于可再拆分的字段，可以通过多个字段来进行表示，例如如果要对地址进行再拆分，结果就可以变成如表 1.2 所示的人事信息表。

表 1.2　对地址进行再拆分后的人事信息表

工　号	姓　名	省　份	城　市	街　道	电　话
B0001	张子木	广东省	深圳市	红岭东路 121 号	13899168
B0002	李子木	广东省	广州市	人民西路 20 号	13799168

经过拆分后，现在可以说人事信息表基本符合数据库的第一范式，由于范式是一个升级的过程，而第一范式又是一个基本的条件，因此接下来就可以继续进行设计，以便满足第二范式。

1.2.3　第二范式 2NF

第二范式是在第一范式的基础之上建立起来的，也就是说，必须首先满足第一范式，才能满足第二范式。第二范式要求每一个数据实体或数据行必须具有一个唯一的识别符，以便可以被唯一地区分。

第二范式要求在行中必须要存储一个用来唯一地标识一行的列，在人事信息表中，使用工号作为唯一性识别的列。由于工号具有唯一性，可以用来唯一地区分一行，因此通常将工号作为整个表的主键或主码。当确定了主键后，所有其他的字段将完全依赖于主键存在。

主键通常使用 PK（Primary Key）进行表示，例如图 1.9 演示了为员工表和部门表这两个实体分别使用工号和部门编号来唯一地区分某行。

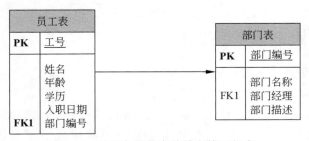

图 1.9　使用主键使实体符合第二范式

在将工号和部门编号作为主键后，表中的其他字段必须具有对主键的依赖关系，如果不是直接依赖，必须考虑另外建立一个新的实体，使其符合第二范式。

1.2.4　第三范式 3NF

第三范式是在第二范式的基础上的升级，也就是说为了满足第三范式，必须先满足第二范式。第三范式要求在表中不能包含已经在其他表中包含的非主键字段信息。

下面是员工表和部门表两个表，其中员工表中包含了在部门表中已经包含的非主键字段信息，如图 1.10 所示。

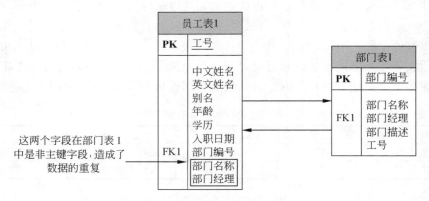

图 1.10　违反第三范式的表示例

第三范式用来消除冗余的数据，可以避免很多数据操作的存储异常。因此在图中，部门名称和部门经理是已经在部门表 1 中存在的非主键字段，如果在员工表 1 中再次包含这两个字段，就导致了数据的冗余，并且会导致存储的异常。当用户对部门表中的部门名称和部门经理进行了修改之后，如果不对员工表中相关的字段进行修改，则会导致数据的不一致性出现。

1.3　认识 Oracle 数据库系统

Oracle 数据库是美国 Oracle 公司的一款关系型数据库管理系统，简称为 Oracle RDBMS，是目前数据库市场上最为强大和流行的数据库系统之一。Oracle 是目前世界上使用最为广泛的数据库之一，它具有强大而灵活的数据库体系结构，跨操作系统平台，可用性、可扩展性、安全性和稳定性都较之一般的数据库系统强，是目前大中型企业及企事业单位的数据库软件的首选。

1.3.1　Oracle 数据库特性

Oracle 数据库是第一个为企业网格计算而设计的数据库。网格计算是一个比较新兴的 IT 体系结构，它是指将相似的 IT 资源整体看作一个资源池，也就是说由多个计算机硬件来参与数据计算，网格实现了整体资源管理和独立资源控制的平衡，对于具有较大的服务器设施来说，这非常有用，但是对于普通的企业级数据库存储来说，网格架构不必要成为学习的重点。

除了网格体系结构外，Oracle 数据库具有如下几个特性。

1．Oracle是一个跨平台的数据库管理系统

Oracle 可以运行在 Windows、Linux、UNIX 等操作系统平台，而微软的 SQL Server 只能运行在 Windows 平台上，IBM DB2 只能运行在 IBM 的平台之上。

2．多层应用体系结构

Oracle 具有其他数据库软件无法比拟的灵活的、可配置的架构。Oracle 服务器最初由单主机组成，后来 Oracle 提供了客户机/服务器结构，也就是 C/S 结构，Oracle 数据库系统由安装在远端的服务器端和安装在客户机上的客户端组成，示意如图 1.11 所示。

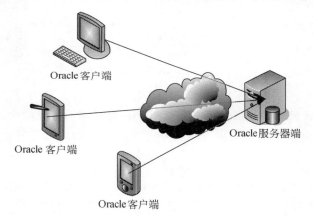

图 1.11　传统的 Oracle C/S 体系结构示意图

为了适应大型的分布式的体系结构，Oracle 提供了多层应用程序结构，客户端不再直接与数据库服务器连接，而是通过应用服务器统一地管理客户端的连接，示意如图 1.12 所示。

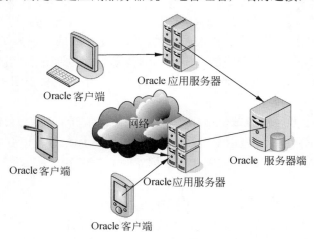

图 1.12　Oracle 多层体系结构

多层体系结构提供了更多的灵活性，使得 Oracle 系统可以服务大量的客户端，提供海量的数据存储功能，这种结构是目前大型或跨国型企事业单位搭建数据库平台的首选。

3. 灵活的、可配置的架构

Oracle 数据库系统具有灵活多变的可配置架构。一个 Oracle 数据库服务器包括两个方面：

- ❏ 存储 Oracle 数据的物理数据库，即保存 Oracle 数据库数据的一系列物理文件，包含控制文件、数据文件、日志文件和其他文件。
- ❏ Oracle 实例：这是物理数据库和用户之间的一个中间层，用来分配内存，运行各种后台进程，这些分配的内存区和后台进程统称为 Oracle 实例。

当用户在客户端连接并使用数据库时，实际上是连接到该数据库的实例，由实例来连接、使用数据库，示意如图 1.13 所示。

图 1.13　Oracle 数据库访问示意图

📖**注意**：实例不是数据库，数据库主要是指用于存储数据的物理结构，总是实际存在的。而实例是由操作系统的内存结构和一系列进程组成的。可以对实例进行启动和关闭。

当然一台计算机上总是可以创建多个 Oracle 数据库，要同时使用这些数据库，就需要创建多个实例，因此 Oracle 系统要求每个实例要使用 SID 进行划分，即在创建数据库时要指定数据库的 SID。

1.3.2　Oracle 数据库管理员

Oracle 数据库管理员，也就是 Oracle DBA，在大多数人的印象中往往是一些沉默寡言的技术大牛，他们工作轻闲，拿着让人羡慕的薪水。这往往成为很多初入 Oracle 行业的人的奋斗目标。不过要成为一名合格的 DBA，需要掌握大量的理论和实践知识，由于维系整个数据库的正常运转，承担的压力也是相当大的。这一小节就来介绍一下作为一名 Oracle DBA 应该担负的责任。

目前使用 Oracle 的企事业单位至少需要一个 DBA 来进行管理，有的大型的企事业单位可能会具有多种不同角色的 DBA，比如备份和恢复的 DBA、应用开发 DBA 及数据库优化 DBA，这些 DBA 各司其职，共同完成数据库的管理任务。具体来说 DBA 的职责包含如下几种任务：

- ❏ 安装和升级 Oracle 服务器及应用程序工具。
- ❏ 分配数据库的内存及规划数据库系统将来所需要的内存。
- ❏ 当系统分析与设计人员设计了数据库架构后，规划和创建主要的数据库存储结构，比如表空间和数据文件。

❑ 在创建了逻辑存储结构后，依据应用程序设计人员的需求，创建数据库对象。

❑ DBA 根据应用程序开发人员的需要对数据库结构进行修改。

❑ 维护数据库上的用户及用户密码安全，确保数据库本身的安全性。

❑ 控制和监控用户对于数据库的访问。

❑ 监控和优化数据库的性能。

❑ 规划备份和恢复数据库的信息。

❑ 定期备份数据库，在数据库出现灾难故障时恢复数据库。

而 DBA 努力工作的目标，是要确保数据库在如下几个方面稳定运行：

❑ 安全性，确保数据的安全及对数据库的访问安全。

❑ 备份，保证在突出性灾难故障或系统故障情况下可以复原。

❑ 性能，保证数据库及子系统具有最优的性能。

❑ 设计，确保数据库的设计能够满足组织机构的需求。

❑ 实现，确保新数据库系统及应用程序的正确实现。

要使数据库具有上面的这些特性，DBA 必须要深刻理解 Oracle 体系结构的知识，数据库规划设计，理解 SQL 和 PL/SQL，能够进行数据库优化和 SQL 语句级的优化，并且需要定期地更新知识库，以确保数据库安全稳定地运行。这个周期一般会有些漫长，要想成为资深的 DBA，最好具备一定的应用程序开发与设计的知识，以便能够最优化数据库的运行。

1.3.3　数据库管理员任务列表

假定用户是一名新入职的 DBA，要为公司规划和实现一个 Oracle 数据库，可以按照如下的优先级列表来逐一实现。

1．评估数据库服务器的硬件

评估数据库服务器需要占用多少计算机资源，可以使用如下的方式来进行预测：

❑ Oracle 数据库可能会占用多少磁盘空间。

❑ 是否具有或者有多少磁带设备可供 Oracle 数据库使用。

❑ Oracle 实例需要占用多少服务器的内存。

❑ 考虑磁盘冗余阵列、CPU 的运算速度及磁盘的读写速度等方面的问题。

尽管 Oracle 的安装文档提供了硬件需求最基本的信息，作为 DBA 总是应该考虑到数据库将来的发展情况，为服务器指定冗余设备以确保数据库的安全。

2．安装Oracle数据库软件

DBA 需要具有数据库服务器和客户端安装的知识，特别是要具备不同操作系统平台比如 Linux、UNIX、Windows 上的安装经验，并且能够诊断并解决安装过程中可能具有的问题。对于分布式处理的安装，必须要安装必备的 Oracle Net 组件，以便能够连接到远程的 Oracle 数据库服务器进行处理。

3．规划数据库的逻辑结构

DBA 必须要制定良好的规划来设计逻辑存储结构，它将影响到系统的性能和各种数据库管理操作，比如在创建一个表空间时必须要规划好表空间将使用的数据库文件，以及这些数据库文件将要存储到的磁盘位置，必须要进行全局的逻辑存储结构的规划，必须要考虑到逻辑存储结构可能会影响到如下的性能方面：

- □ 将会影响到 Oracle 数据库的计算性能。
- □ 将会影响到数据访问操作的性能。
- □ 将会影响到备份与操作的性能。

DBA 可能需要对数据库进行整体的设计，并且一开始就制定良好的备份和恢复策略。

4．创建和打开数据库

在完整地进行数据库规划和设计之后，接下来 DBA 就可以创建数据库并且使用了，可以在安装数据库时创建，也可以使用 DBCA（数据库配置助手）工具创建，或者是提供自己的脚本来手动创建数据库。

5．备份数据库

在创建了数据库结构后，完成数据库的备份策略，创建附加的重做日志文件，创建一个数据库的完整备份，并且在以后每隔一定的时间完成一次数据库备份。

6．注册数据库用户

在备份了数据库结构后，DBA 就可以对有权使用 Oracle 数据库的用户进行注册，并且为用户分配合适的权限和角色。

7．实现数据库设计

在创建和启动数据库，并且创建了数据库用户后，可以创建表空间来实现数据库的逻辑结构。在创建好了表空间后，就可以创建表、视图、索引、序列、过程或包等数据库对象了。

8．再次进行完整的数据库备份

当完成了所有的数据库结构后，再一次备份数据库。除了阶段性的调度备份外，应该总是在数据库的结构发生变化后进行一次完整的数据库备份。

9．调整数据库性能

DBA 的工作职责之一就是对数据库进行性能优化。Oracle 数据库提供了数据库资源管理器来帮助 DBA 控制各种不同的用户组的资源分配。通过使用数据库资源管理器，可以控制特定的用户对于数据库资源的使用情况。

10．下载和安装补丁包

当一步一步地完成了数据库的创建和定义后，记得下载和安装补丁包。补丁包由多个补丁组成，每个补丁完善了数据库软件的一些问题，每个补丁都有一个发布号，比如安装了 Oracle 11.2.0.1 后，首个补丁包的发布号为 11.2.0.2。

11. 克隆数据库到其他服务器

多数情况下，DBA 会在一个测试用的计算机上安装、创建、优化和配置数据库，然后将其克隆到生产数据库上，这样就使得生产数据库具有了一个配置并优化好的数据库。可以使用 Oracle 企业管理器提供的克隆工具来克隆一个数据库实例到其他的数据库服务器。

上面的这些步骤需要经过反复的实践和测试才会得到一个最优化的数据库，而且数据库安装好后并不代表 DBA 就可以轻轻松松地喝咖啡了，因为后续的维护和优化工作往往是 DBA 需要特别谨慎和努力的部分。

1.3.4　Oracle 数据库系统的组成

Oracle 数据库这个术语常常是指存储在操作系统上的数据文件，不过由于每一个 Oracle 数据库都与一个 Oracle 实例（Oracle Instance）相关联，因此常常将 Oracle 实例和 Oracle 的数据库文件统称为一个 Oracle 数据库，对于数据库和数据库实例的具体描述如下所示：

❑ 数据库，是指一组位于操作系统磁盘上的文件，用于存储数据，这些文件可以独立于数据库实例而存在。

❑ 数据库实例，是管理数据库文件的一组进程和内存结构，它包含一个叫作系统全局区（SGA）的内存组件和一系列的后台进程（在 Windows 中以线程的方式表示），实例可以独立于数据库而存在。

由于 Oracle 数据库和数据库实例的紧密关系，因此一个 Oracle 的数据库结构通常如图 1.14 所示。

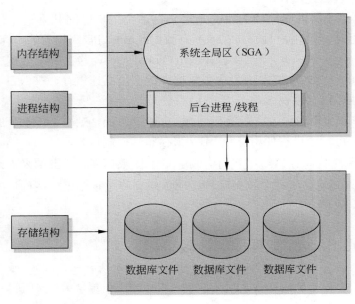

图 1.14　Oracle 数据库结构

　　当数据库服务器启动时，会先在内存中分配 SGA 系统全局区，并启动一系列的后台进程或线程，这称为实例启动。当启动了数据库实例后，Oracle 会将实例与特定的数据库进行关联，这个过程称为数据库装载（MOUNT），接下来就可以打开数据库，使其保持 OPEN 状态。

🔔**注意**：*Oracle 中的每一个实例只能访问属于自己的物理数据库，但是在同一台计算机上可以并发地执行多个数据库实例。*

　　由图 1.14 中可以看到，Oracle 数据库的实例结构由内存结构和进程结构组成，它们用来管理和访问数据库，应用程序连接到数据库时，实际上是连接到一个 Oracle 的实例，由 Oracle 实例中的进程和内存来为应用程序提供服务，Oracle 的进程结构（在 Windows 操作系统中也可以称为线程结构）由如下几大类组成：

- ❑ 客户端进程，这些进程主要用来运行应用程序代码或 Oracle 的工具，比如 SQL*Plus 会创建一个客户端进程，一个使用 Oracle 的应用程序会在客户端中创建一个客户端进程。这些通常创建在使用 Oracle 数据库的其他计算机。
- ❑ 后台进程，这是 Oracle 保持数据库平稳运行的核心进程，它整合了多种功能，以避免为每个客户端进程运行多个 Oracle 数据库程序，这些进程以异步的方式执行 I/O 操作，并监控其他数据库进程，以提供更大的并行度，达到更好的性能和可靠性。常见的后台进程有数据库写进程 DBWn、进程监视器 PMON、系统监视器 SMON、检查点进程 CKPT、日志写进程 LGWR，以及归档日志进程 ARCn。
- ❑ 服务器进程，它在用户建立到服务器的连接时启动，这些服务器端的进程与客户端进行通信，并与 Oracle 数据库实例进行交互以完成用户的请求。服务器进程会处理用户的操作，比如用户要查询数据时，服务器进程会在 SGA 内存区中的数据库缓冲区高速缓存中查找数据库，如果未找到，则会从数据文件中读取数据并写入到缓冲区高速缓存中。

　　Oracle 创建和使用内存结构的目的是用来在多个用户之间共享程序代码和数据的内存，并且每个已经连接的用户具有自己的私有数据区域。与实例相关的内存结构如下所示：

- ❑ 系统全局区（SGA），全称是 System Global Area，包含一个数据库实例的数据和控制信息。比如在 SGA 中包含了数据库缓冲区高速缓存、重做日志缓冲区、共享池、大池、Java 池及 Stream 池等内存分类。
- ❑ 程序全局区（PGA），全称是 Program Global Area，专用于每一个服务器进程或后台进程，每一个进程使用一个 PGA 来存储其控制信息。

　　Oracle 的实例结构和存储结构共同构成了 Oracle 数据库，因此提及 Oracle 数据库时，不能单单认为它只是包含了几个数据文件，应该想到的是它的进程结构、内存结构及物理存储结构。

1.3.5　与 SQL Server 数据库的比较

　　很多 Oracle 从业人员都具有 SQL Server 的基础，如果读者刚刚由 SQL Server 转到 Oracle 数据库平台，那么有必要了解一下 SQL Server 和 Oracle 之间的差异。最明显的区别是 Oracle 是跨平台的数据库系统，它可以运行在 Windows、Linux、UNIX 等各种数据库平台上，这使得它的应用面非常广泛，毕竟目前大中型企业的服务器仍然是 UNIX 或 Linux 为主。而 SQL Server 却只能在 Windows 平台上运行，但是由于 SQL Server 与 Windows 操作系统的整合非常紧密，因此从平台的整合性来说，Windows 平台下的 SQL Server 要比 Oracle 具有更强的整合性能。

其次，在使用 SQL Server 时，当用户使用企业管理器连接到某个 SQL Server 实例后，可以同时管理多个数据库，这是因为在 SQL Server 中，实例就是 SQL Server 服务器引擎，每个引擎都有一套不为其他实例共享的系统及数据库，因此一个实例可以创建多个数据库。

在 Oracle 中，实例是由一系列的进程和服务组成的，与数据库可以是一对一的关系，也就是说一个实例可以管理一个数据库；也可以是多对一的关系，也就是说多个实例可以管理一个数据库，其中多个实例组成一个数据库的架构称为集群，简称为 RAC，英文全称是 Oracle Real Application Clusters。

🔔 注意：在 Oracle 中一个实例不能管理多个数据库，这是与 SQL Server 的一个明显的区别。

大多数情况下，Oracle 的实例与数据库都是一对一的关系，比如在笔者的公司，Dev 数据库对应了一个 Dev 的实例，Prod 数据库对应了 Prod 实例。不同的实例对不同的数据库进行管理，实例与数据库的一对一关系如图 1.15 所示。

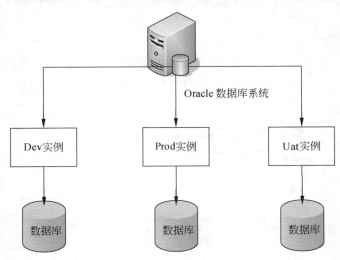

图 1.15　实例与数据库的关系

Oracle 数据库上的 SQL 语句也与 SQL Server 上有一些区别，这两大软件巨头都对 ANSI SQL 的标准进行了细微的定制，导致有的时候在 Oracle 数据库上开发的应用程序无法直接迁移到 SQL Server，反之亦然。

从易用性上来说，SQL Server 很容易上手，而 Oracle 由于其灵活的体系结构，因此需要一定阶段的学习才能掌握。不过当灵活地掌握了 Oracle 的体系结构与操作方式后，会发现 Oracle 数据库比 SQL Server 更容易控制，也具有更好的性能。

1.4　安装 Oracle 数据库

前面讨论了很多数据库及 Oracle 基础结构的知识，为了真正上手 Oracle，必须要安装一个数据库系统，然后对这个系统进行反复多次的模拟操作。本节中将讨论如何在 Windows 和 Linux 平台上安装 Oracle 软件。

1.4.1　获取 Oracle 数据库软件

Oracle 公司的网站上提供了 Oracle 数据库软件的免费下载，网址如下：

```
http://www.oracle.com/technetwork/database/enterprise-edition/downloads
/index.html
```

Oracle 网站要求用户必须免费注册一个用户名，在下载前，必须选中接受 OTN License Agreement 许可协议，然后就可以选择适用于所要安装操作系统的软件，如图 1.16 所示。

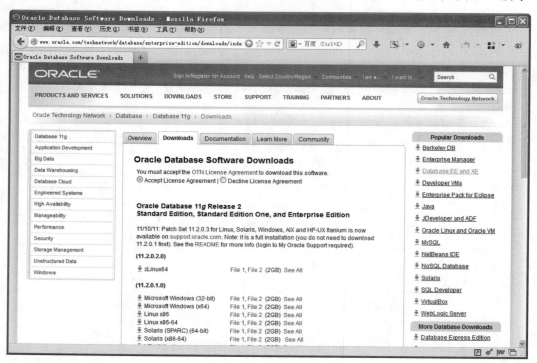

图 1.16　Oracle 软件的下载页面

在 Oracle 网站上可以看到 Oracle 企业/标准本，以及一个完全免费的 Oracle Database Expression 版，Oracle 企业版可以免费下载和安装，它只对商业用途的使用收费。Oracle 的授权按 CPU 个数和用户数来进行收费。对于学习用途来说，一般会选择下载企业版进行学习，只要不是用于商业用途，就可以免费无期限地使用。

在图 1.16 中所示的页面上，会看到适用于所用操作系统的两个压缩包，它包含的是

Oracle 数据库的标准版、标准版 1 及企业版。如果要下载适用于其操作系统的仅客户端版本，可以单击右侧的"See All"按钮。例如笔者单击 Microsoft Windows (32-bit)版后面的"See All"链接后，将显示如图 1.17 所示的页面。

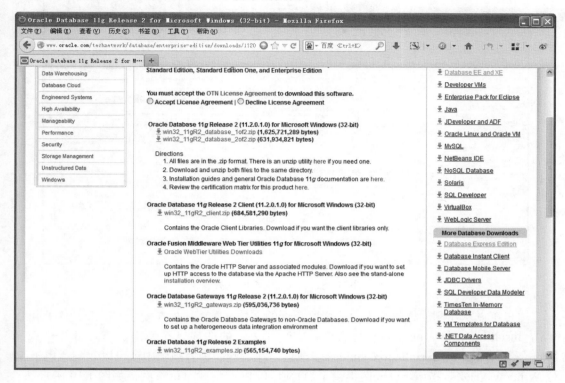

图 1.17　Oracle 软件下载详细页面

在这个页面，可以单独下载 Oracle 客户端、Oracle 数据库示例，以及用于 Windows 平台的卸载工具。对于本书的示例，建议大家下载 Oracle 的企业版，如果是 Windows 平台下的安装，就下载适用于自己电脑（32 位或 64 位）的版本。

1.4.2　使用 Oracle 技术与文档库

Oracle 公司提供了详细的数据库技术文档，无论是安装还是在平时的日常工作中，养成阅读文档的习惯都是很有必要的，毕竟 Oracle 的文档中包含了详细的技术细节。比如在安装之前，可以查看一下 Oracle 安装方面的文档，尽管这些文档是英文格式的，但是稍微有些词汇基础的用户都应该能读懂。

Oracle 数据库的文档库位于如下的网址：

```
http://www.oracle.com/technetwork/database/enterprise-edition/documentation/index.html
```

在这个页面中，Oracle 提供了对于数据库文档的打包下载和在线查看链接，笔者建议用户将所有的文档离线下载到自己的电脑中，这样可以方便查看。如果网络方便，也可以直接在线阅读，Oracle 文档库首页如图 1.18 所示。

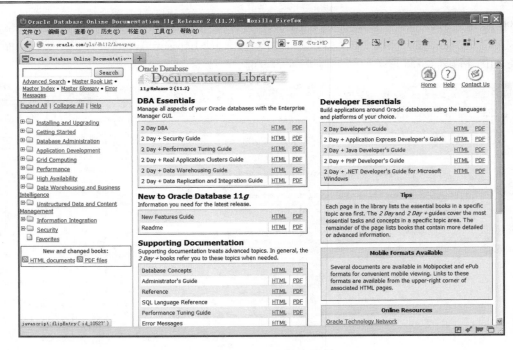

图 1.18　Oracle 文档库首页

用户可以从左侧的栏目分类中选择要查看的文档分类，比如在安装 Oracle 之前，可以单击 Installing and Upgrading 节点查看安装和更新的选项。在弹出的节点分类中选择 Microsoft Windows Installation Guides 子节点，在右侧的内容视图中就可以看到适用于 32 位 Windows 的安装指南。Oracle 提供了 HTML 和 PDF 格式可供查阅，如图 1.19 所示。

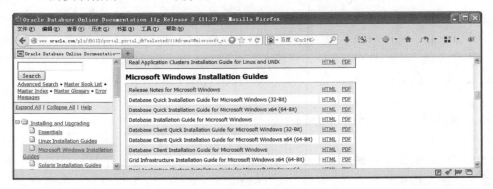

图 1.19　查看 Oracle 安装文档

可以查看适用于数据库安装的快速安装指南，比如要查看硬件需求，就可以单击 "HTML" 链接进入指南，然后选择硬件需求列表，就可以查看 Oracle 安装的硬件需求相关的信息。

1.4.3　安装 Oracle 数据库系统

本节将讨论如何在 Windows 平台下安装一个测试使用的数据库系统。如果要进行

Linux 平台的 Oracle 安装，请参考文档库中的《Database Installation Guide for Linux》文档。

注意：强烈建议在进行安装之前阅读 Oracle 的安装指南文档，文档中包含了安装前的规划、安装的详细过程，以及安装和配置的相关选项。

对于 Windows 平台来说，当下载了两个压缩包之后，将其解压缩到任意目录的 database 文件夹下，可以看到该文件夹中包含了一个 Setup.exe 的安装程序。当用户单击下载的安装程序文件夹中的 Setup.exe 文件后，Oracle 将启动 Oracle 通用安装管理器（Oracle Universal Installer），简称 OUI。

OUI 是 Oracle 基于 Java 技术的图形化界面安装工具，由于 Java 的跨平台特性，因此 OUI 可以在任何不同的操作系统平台上进行安装，比如在 Linux、UNIX 或者是 Windows 2003 等系统上，都可以使用统一的 OUI 安装工具，以标准化的方式来完成安装任务。

下面以 Windows Server 2003 标准版为例，介绍如何使用 OUI 来安装 Oracle 数据库管理系统。首先必须确保 Windows Server 2003 指定了静态的 IP 地址，否则在安装时可能会出现错误提示。在 Windows 平台下的安装步骤如下所示。

（1）由于安装需要访问到操作系统文件夹，所以请以管理员 Administrator 登录到操作系统，找到 Oracle 安装程序文件夹，双击 setup.exe 程序，Oracle 通用安装程序将启动，如图 1.20 所示。

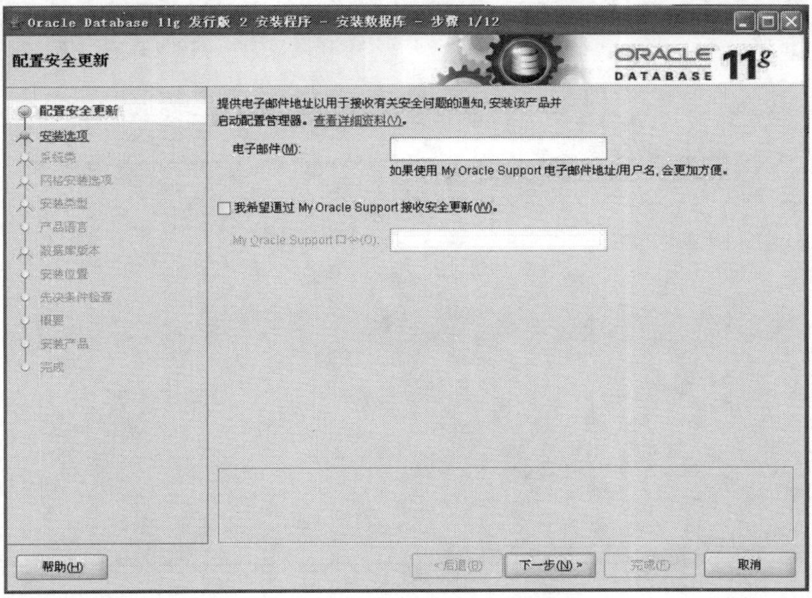

图 1.20　启动 Oracle 安装程序

安装程序首先要求提供安全更新的电子邮件地址，这里可填可不填，单击"下一步"按钮，将进入到安装选项页面，在该页面中，选择"创建和配置数据库"单选按钮，如图 1.21 所示。

（2）选择安装选项并单击"下一步"按钮切换到系统类型页面，该页面用来指定所要安装的 Oracle 数据库的类型，由于本次示例是在 Windows Server 2003 上安装数据库服务器，因此选择服务器类，如图 1.22 所示。

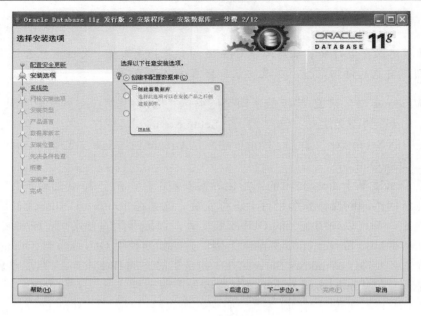

图 1.21　配置安装选项

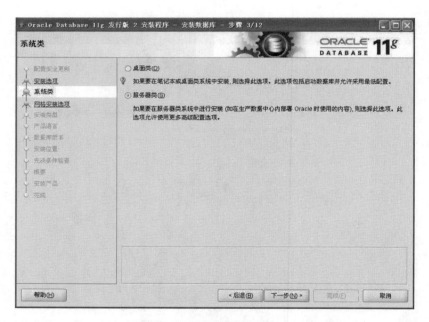

图 1.22　选择系统类型

在单击"下一步"按钮后，Oracle 将会询问是安装单实例服务器还是服务器集群，由于仅在一台服务器上安装数据库服务器，因此选择第一个单选按钮，即单实例数据库安装，如图 1.23 所示。

（3）接下来安装程序询问是进行典型安装还是高级安装，为了更好地理解安装过程中的配置选项，在此选择高级安装。单击"下一步"按钮将提示选择安装语言，使用默认值即可。接下来安装程序要求用户选择数据库的版本，如图 1.24 所示。

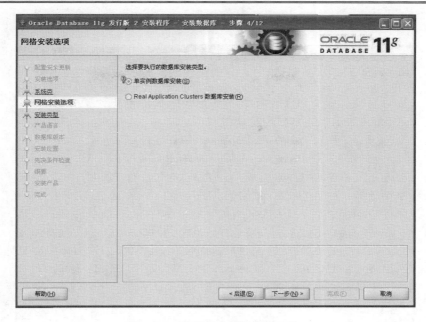

图 1.23　选择单实例数据库安装

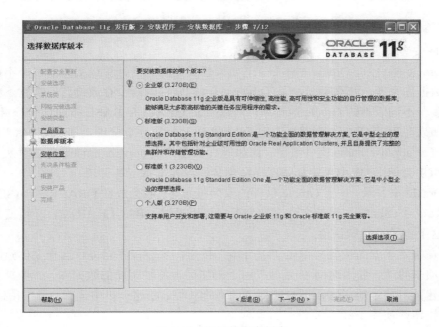

图 1.24　选择数据库版本

在 Oracle 提供的 3 个版本中，企业版是适用于大中型联机事务处理和数据仓库环境，安全性较高并且数据规模较大的环境需要安装企业版；标准版适用于中小企业的数据环境；而个人版只提供基本数据库管理服务，主要用于开发技术人员。出于全面学习 Oracle 数据库管理系统的需要，在这里选择企业版数据库。

（4）在选择了数据库版本后，Oracle 将进入安装位置指定窗口，安装程序自动选择空间较大的分区作为目标位置，用户也可以单击"浏览"按钮来选择不同的安装位置，如图

1.25 所示。

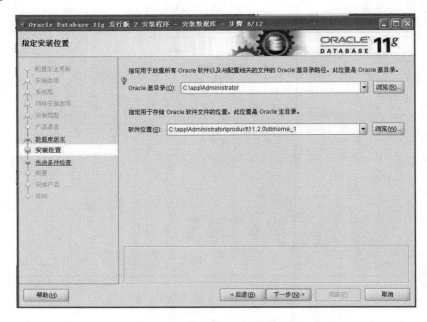

图 1.25　指定数据库安装位置

Oracle 安装位置需要指定如下两个文件夹：

❑ Oracle 基目录，Oracle 基本目录，如果想要在同一台计算机上安装多个不同版本的数据库系统，那么基目录是 Oracle 所有的软件的一个存放位置，在它下面可能有多个不同版本的 Oracle 数据库，环境变量 ORACLE_BASE 指向这个基目录位置。如果在启动 OUI 之前没有指定 ORACLE_BASE 环境变量，那么 ORACLE 基目录位于 app/username 文件夹下，比如笔者的在 F 盘 app/administrator 文件夹下。否则OUI 会使用 ORACLE_BASE 环境变量的设置来指定基目录。

❑ Oracle 主目录，是指 Oracle 软件的安装位置，一般会放在 ORACLE_BASE\product\版本号\Oracle 主目录名称文件夹下。可以通过 ORACLE_HOME 环境变量来指定这个主目录的默认值。

（5）在确定了安装位置后单击"下一步"按钮，安装程序将提示选择要创建的数据库类型，选项中的"一般用途/事务处理"用于创建适合各种用途的数据库，"数据仓库"选项用于创建针对特定的主题而运行的复杂的查询环境。在这一步中选择"一般用途/事务处理"单选按钮，如图 1.26 所示。

（6）在确定了数据库类型后，安装程序要求指定 Oracle 数据库的全局唯一标识符。全局数据库名由数据库名和数据库域名组成，主要用于在分布式数据库系统中区分不同的数据库，基本格式为：数据库名.数据库域。而对于同一台计算机上的不同数据库实例，是通过 SID（System Identifier）来进行区分的。在本示例中使用系统提供的默认值进行安装，如图 1.27 所示。

（7）在配置了数据库标识符后，单击"下一步"按钮，将进入到配置选项页，在该页面指定内存、字符集、安全性和示例方案选项，配置界面如图 1.28 所示。

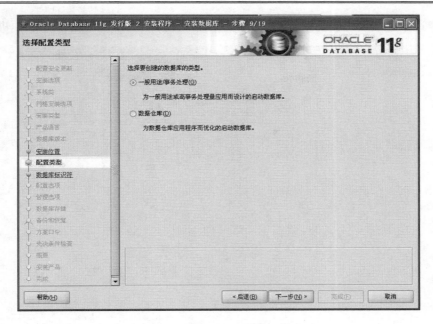

图 1.26　选择所要创建的数据库类型

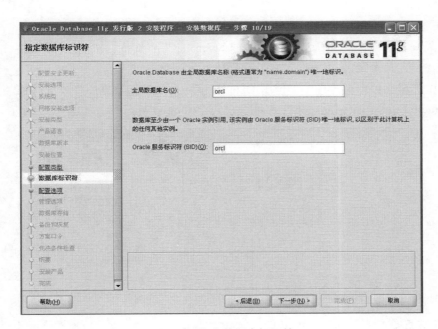

图 1.27　指定数据库标识符

这几个配置项的作用如下所示：

❑ 内存，用于指定将要分配给 Oracle 数据库的物理内存，如果选中了"启用自动内存管理"选项卡，那么系统全局区与程序全局区的内存将由 Oracle 自动进行分配。

❑ 字符集，指定在数据库中要支持哪些语言组，比如 Unicode 或选择一个字符集。

❑ 安全性，用于指定是否要在数据库中禁用默认的安全设置。

❑ 示例方案，指定是否要在即将创建的数据库中包含 Oracle 自动的示例方案，在选中这个选项后，Oracle 将安装一些示例性的比如 scott 和 hr 方案，以便进行学习。

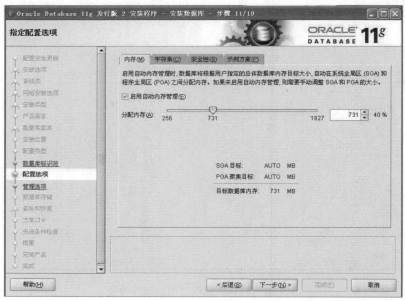

图 1.28　数据库配置选项窗口

选中示例方案页的"创建具有示例方案的数据库"复选框，然后单击"下一步"按钮，将进入到管理选项窗口。

（8）在管理选项页面，选中"使用 Database Control 管理数据库"单选按钮，这样就可以使用 Oracle Enterprise Manager 在本地管理每个 Oracle 数据库，如图 1.29 所示。

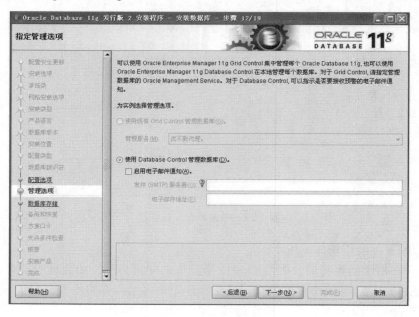

图 1.29　管理选项页面

（9）接下来指定数据库文件系统，使用默认的配置选项或指定一个新的数据库文件的存放位置，单击"下一步"按钮，安装程序要求指定备份选项，本示例不启用自动备份，使用默认的配置即可，再次单击"下一步"按钮，将进入到方案口令窗口，如图 1.30 所示。

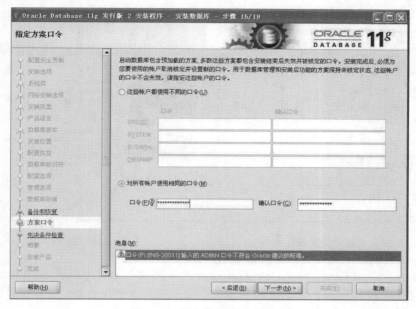

图 1.30　指定数据库账户口令

这几个账户都是 Oracle 系统账户，出于安全性的考虑，应该设置不容易破解的密码。本示例出于易记的需要，选择"对所有账户使用相同的口令"单选按钮，然后设置一个符合 Oracle 建议标准的口令。

（10）在确认了口令后，Oracle 便进行先决性检查，检查完成，单击"下一步"按钮，将进入到安装数据库的概要窗口，如图 1.31 所示。

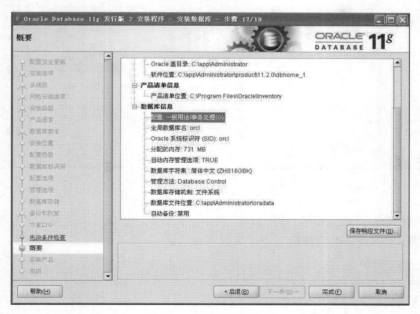

图 1.31　数据库安装概要

（11）在确认了概要信息后，单击"完成"按钮，安装程序将开始首先安装 Oracle 数据库软件，如图 1.32 所示，在完成数据库软件的安装之后，将进行数据库的创建工作，如图 1.33 所示。

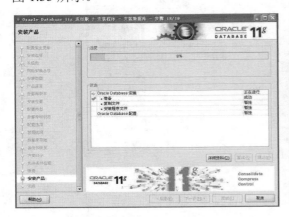 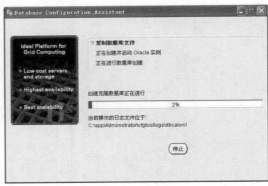

图 1.32　安装数据库软件　　　　　　　图 1.33　创建数据库

（12）在成功创建数据库后，安装程序提示安装完成，此时可以通过 Windows Server 2003 的"开始|控制面板|管理工具|服务"菜单项打开 Windows 服务列表窗口，可以看到安装完成后服务列表增加了多个 Oracle 数据库服务，如图 1.34 所示。

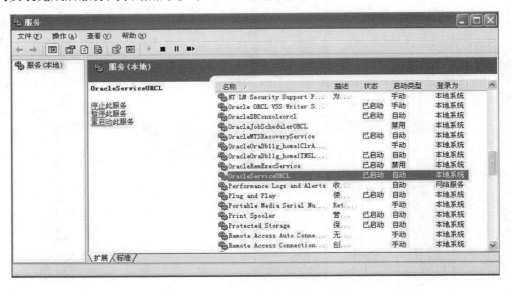

图 1.34　Oracle 服务列表

至此已经完成了 Oracle 在 Windows 平台上的安装，如果要验证安装的结果，可以打开命令提示符，在命令提示符窗口中输入如下命令：

```
C:\>SQLPlus sys/oracle as sysdba
SQL*Plus: Release 11.2.0.1.0 Production on 星期日 4 月 21 10:34:45 2013
Copyright (c) 1982, 2010, Oracle.  All rights reserved.
连接到：
Oracle Database 11g Enterprise Edition Release 11.2.0.1.0 - Production
```

```
With the Partitioning, OLAP, Data Mining and Real Application Testing options
SQL>
```

如果能成功连接，表示数据库已经安装成功并且可以正常运行了，否则就需要检查安装过程中的日志或者是干脆卸载再重新安装数据库。

1.4.4　卸载 Oracle 数据库

如果安装过程出现问题，或者数据库服务器没有按照规划好的方式进行安装，可以卸载已经安装的组件，在解决好问题并做好了充足的准备后再从头开始安装。卸载 Oracle 软件之前，应该先使用 DBCA 从服务器上删除数据库，卸载过程中会自动删除所有的文件，包含属于配置助手和补丁组的文件，安装程序会自动清除所有的 Windows 注册项。

下面分步骤介绍如何卸载一个 Oracle 数据库。

（1）首先使用 DBCA 删除当前 Oracle 中存在的数据库，单击“开始”菜单中 Oracle 安装文件夹下的“配置和移植”子菜单，打开“Database Configuration Assistant”实用程序，在向导的第 2 页中选择“删除数据库”，如图 1.35 所示。

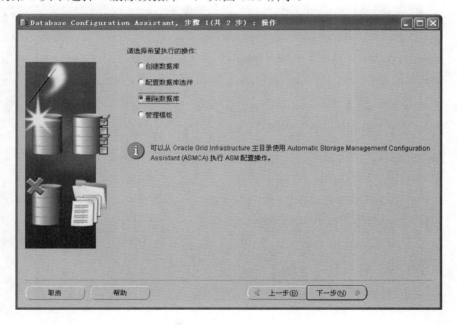

图 1.35　使用 DBCA 删除已经存在的数据库

接下来单击“下一步”按钮，在如图 1.36 所示的界面中选择数据库，然后输入 SYSDBA 身份的用户名和密码，单击“完成”按钮，Oracle 将开始删除选中的数据库。

（2）从“开始”菜单中打开 OUI 通用安装管理器，也就是“开始”菜单中“Oracle 安装产品”子菜单中的 Universal Installer 程序，将弹出如图 1.37 所示的安装界面。

在该界面中单击“卸载产品”按钮，将弹出如图 1.38 所示的界面，选中要删除的数据库实例，如果单击卸载产品，Oracle 提示使用 deInstall 命令行工具进行删除。

图 1.36　使用 DBCA 卸载数据库

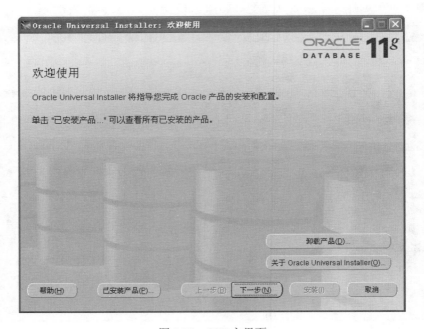

图 1.37　OUI 主界面

🔔注意：在客户端也可以使用可单独下载的 deinstall 工具进行服务器端的卸载，从 Oracle
　　　　网站上下载适用于 win32_11gR2_deinstall.zip 文件并进行安装即可使用。

（3）打开命令行工具，定位到服务器安装文件夹下的 deinstall 子文件夹，然后运行
deinstall.bat 批处理文件，将开始进入删除过程，如图 1.39 所示。

　　经过一段时间的卸载工作之后，Oracle 会删除所有的服务及磁盘上的文件。如果一些
文件夹 Oracle 提示无法删除，则可以使用手动的方式对这些文件夹进行强制删除，deinstall

执行完成后，就彻底地卸载了 Oracle。

图 1.38 使用 deinstall 命令行删除 Oracle 主目录

图 1.39 使用 deinstall.bat 卸载 Oracle 的安装

1.5 小 结

本章讨论了 Oracle 数据库的基础知识，首先讨论了数据库基础知识，讨论了什么是关系型数据库及关系型数据库系统，介绍了实体关系模型和管理关系型数据库的 SQL 语句。

接下来介绍了进行数据库设计时必须掌握的 3 个重要的数据库范式，它可以让设计人员设计出精简易用的数据库。在 Oracle 数据库系统部分，首先讨论了 Oracle 数据库的特性，以及 Oracle DBA 的作用和所需要完成的工作列表，然后介绍了 Oracle 数据库的组成结构，并且与 SQL Server 数据库进行了简单的比较。在安装部分，讨论了如何获取软件，如何使用 Oracle 的技术与文档库获取 Oracle 官方的技术信息，接下来讨论了如何在 Windows 平台上安装 Oracle 数据库软件，最后介绍了如何使用 deinstall 命令行工具删除 Oracle 系统。

第 2 章　创建和连接 Oracle 数据库

创建数据库是 DBA 在安装好一个 Oracle 系统之后要面对的第一项工作。数据库必须要经过规划和设计，Oracle 提供了 DBCA 可视化工具，它可以帮助用户创建一个全新的数据库，也可以手动使用 SQL 脚本的方式创建数据库，不过这要求 DBA 对 Oracle 的数据库结构具有较深刻的理解。本章除介绍数据库创建外，还将讨论各种 Oracle 客户端工具及Oracle 服务的管理。

2.1　创建 Oracle 数据库

类似于 OUI（Oracle 通用安装管理器），Oracle 也提供了一个图形化的数据库创建工具 DBCA，DBCA 提供了完全自动化的方式来创建数据库。DBA 也可以通过 CREATE DATABASE 这个 SQL 语句来创建数据库，使用这个 SQL 语句可以让 DBA 全方位地控制数据库的创建过程。

2.1.1　使用 DBCA 创建数据库

数据库配置助手 DBCA 是创建数据库的一个非常便利的方法，它提供了窗口向导的方式，引导创建者一步一步地指定数据库的创建，当 DBCA 创建完成时，数据库就可以立即使用了。DBCA 可以在安装 Oracle 数据库软件时由 Oracle 通用安装管理器 OUI 来启动，也可以通过在 Windows 平台上使用"开始"菜单来启动、创建数据库。

使用 DBCA 创建数据库有如下两种方式：

❑ 交互式数据库创建，这种方式提供了图形界面引导读者一步一步地创建和配置一个数据库。

❑ 静默方式，允许指定命令行参数或一个配置的文件让 DBCA 在命令行模式下进行安装。

交互式方式的图形化界面对于不了解 Oracle 的体系结构但是又迫切需要创建数据库的用户来说非常有用，而静默方式可以根据现有的数据库创建预备脚本来创建一个新的数据库。

📖注意：在 Oracle 安装时，会提示是否创建一个数据库，如果选择创建数据库，Oracle 安装管理器将自动开启 Oracle 数据库配置助手向导 DBCA 来开始一个数据库的配置。如果在安装数据库软件时没有创建数据库，那么在创建后可以使用 DBCA 来创建一个新的数据库。

无论是手工使用 DBCA 或者是在安装期间由 OUI 启动的方式创建了数据库，一般情况下，不建议在同一台服务器上同时创建多个数据库，这与 SQL Server 不同。每个 Oracle 实例只能管理一个数据库，在一台服务器上创建多个数据库需要创建多个实例，在 Oracle 中可行但是不建议，Oracle 服务于多应用程序是通过方案的方式来分隔应用程序，不像 SQL Server 可以创建多个数据库来管理不同的应用程序。

使用 Database Creation Assistant（DBCA）程序创建数据库非常简单，它使用数据库模板来加速且标准化数据库的创建过程。下面以 BookLib 数据库为例，介绍如何使用这个工具创建一个图书馆数据库。

（1）单击"开始"菜单中的 Oracle 程序组中的"配置和移植工具"程序组，打开程序组中的"Database Creation Assistant"菜单项，将打开 DBCA 工具。

首先显示一个欢迎页面，单击"下一步"按钮后，将看到 DBCA 可以执行的操作。DBCA 可以被用于创建数据库，重新配置一个已经存在的数据库、删除一个数据库和管理数据库模板，如图 2.1 所示。

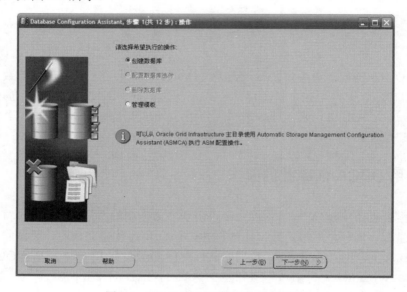

图 2.1　DBCA 的可以执行的操作界面

🔔**注意**：*数据库模板是一个已经保存的数据库的设置集合，可以使得用户很容易地创建一个与模板数据库相同配置的副本。*

（2）在确认了"创建数据库"选项后，单击"下一步"按钮，DBCA 将进入到模板选择窗口，如图 2.2 所示。

在该窗口中可以看到如下 3 个可供使用的模板：

❑ 一般用途或事务处理，支持普通用途和事务处理的数据库，适用于大多数事务型的数据库系统，这是默认选项，也是使用得最多的选项。

❑ 定制数据库，使用此模板可以自己创建定制的数据库。

❑ 数据仓库，大型的复杂查询的数据仓库环境数据库。所谓"数据仓库"是指将联机事务处理数据库积累的大量资料，用数据仓库理论所特有的存储架构进行系统

的分析整理，主要用来分析处理、数据挖掘，主要用于一些面向主题的数据分析
工作。

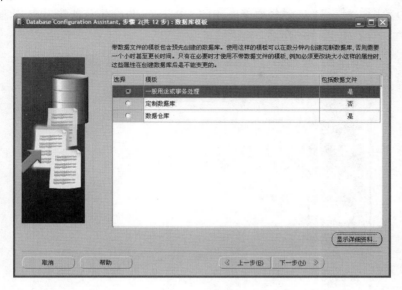

图 2.2　选择数据库模板

如果想知道每种模板的具体的参数配置信息，单击右下角的"显示详细资料"按钮，
将显示模板所使用的详细资料，如图 2.3 所示。

图 2.3　模板参数详细资料

DBCA 的数据库模板以 XML 的形式而存在，可以从 ORACLE_HOME\assistants\
dbca\templates 文件夹中找到这些模板文件。由于 BookLib 是一个普通的数据库和事务处理
数据库，因此选择第一项作为数据库模板。

（3）接下来需要指定数据库标识符。在该窗口中，需要指定在分布式计算环境中的数据库全局名称，通常由数据库名.域名组成，对于本机多实例的区分来说，是由 Oracle 系统标识符（SID）标识的，这两个名称可以相同，但是如果数据库是在多服务器集群之间使用，则需要注意全局数据库的命名，如图 2.4 所示。

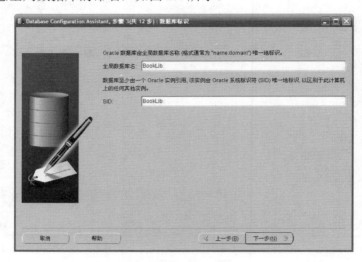

图 2.4　数据库标识符的设置

Oracle 系统会利用环境变量 ORACLE_SID 指定当前默认的数据库，因此可以通过设置环境 ORACLE_SID 来设置当前操作系统上的默认的数据库 SID，这个名称也与 DB_NAME 初始化参数相同。

（4）在配置了全局数据库名称之后，接下来进入到 Oracle 管理选项配置窗口，在该窗口中，可以配置 Oracle 企业管理器。Oracle 企业管理器是一个界面友好的 Web 数据库管理工具，主要用来进行数据库的控制，一般只用来控制单个数据库，更高级的选项是使用网格控制在一台计算机上控制所有的数据库。在这里使用默认的配置选项，即由 DBCA 对 Oracle 企业管理器进行配置，如图 2.5 所示。

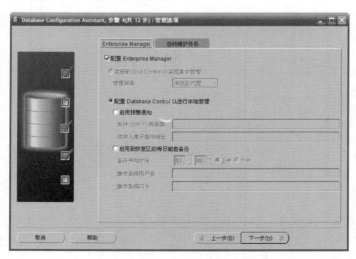

图 2.5　Oracle 管理选项配置

🔔**注意：**管理选项的自动维护任务页面，提示是否要启动 Oracle 的自动维护任务，它可以定期地进行 Oracle 数据库系统的优化工作，一般建议选中这个选项。

（5）在配置了管理选项后单击"下一步"按钮，将进入到数据库身份验证窗口，要求用户必须为 Oracle 数据库的 4 个系统账户指定管理口令，如图 2.6 所示。

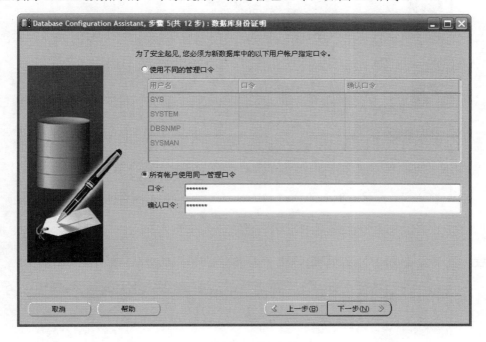

图 2.6　配置身份证明窗口

SYS 账户是所有 Oracle 数据字典的拥有者，SYSTEM 账户拥有管理性视图和其他 Oracle 管理基础结构组件，DBSNMP 和 SYSMAN 由 Oracle 企业管理器使用。

🔔**注意：**除了这几个账户之外，Oracle 还具有很多管理账户，但是这些账户在 Oracle 数据库创建时被锁定，仅在需要时才启用。

尽管可以为每个账户指定不同的密码，但是出于简单易记的考虑，这里为所有的账户使用相同的管理性的密码。

（6）确认了密码之后，在存储选项窗口中，要求指定数据库文件的存储方法。文件系统是大多数数据库系统的首选，而 ASM 自动存储管理是一个用于磁盘管理的高级技术，它取代了传统的基于卷标的管理，可以用来管理成百上千的磁盘，如图 2.7 所示。

DBCA 在创建数据库的过程中会创建很多文件，在存储选项中可以指定由模板中指定的文件路径，或者是自己选择一个存储位置。

（7）在配置了数据库的路径后，DBCA 要求配置数据恢复选项，在这一步中，要求指定一个闪回区域（即快速恢复区），用来存储由 RMAN（恢复管理器）创建的备份和归档重做日志。也可以指定快速恢复区的最大磁盘空间，这个值依赖于数据库的大小、数据库方案和期望的归档重做日志的大小，如图 2.8 所示。

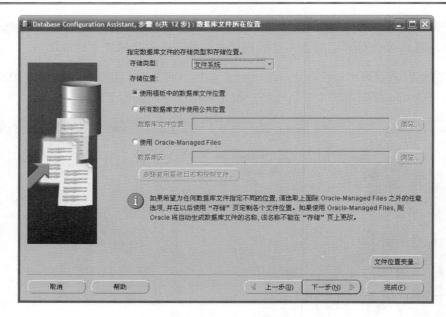

图 2.7　指定数据库文件的存储选项

注意：出于安全性的考虑，应该将这个区域指定到与数据库系统不同的磁盘。

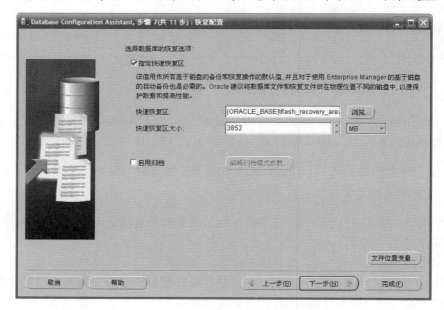

图 2.8　指定快速恢复选项

　　除了指定闪回区域外，还可以指定是否允许归档日志，这也是一个被建议的选项，如果不进行归档重做日志，除非先关闭数据库，否则不能创建一个创建数据库的备份。

　　（8）在数据库内容区域，指定所创建的数据库是否包含 Oracle 的示例方案内容，比如 scott 和 hr 方案，这些方案有助于学习 Oracle 数据库，但是如果是正式使用的场合，则不建议包含这些示例的方案，如图 2.9 所示。

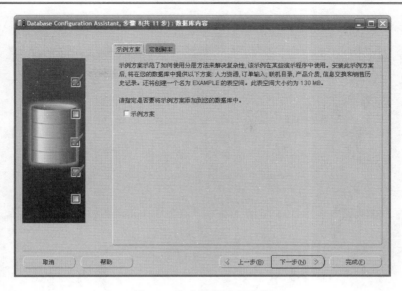

图 2.9　指定数据库的内容

（9）在确定了数据库内容后，单击"下一步"按钮，将进入到初始化参数设置窗口，在该窗口中可以指定 Oracle 的内存大小、SGA 和 PGA 的大小、I/O 大小以及内存大小、所使用的字符集与连接模式等。由于这些设置涉及 Oracle 机制的较多内容，在此保留默认值即可。

（10）在数据库存储页，DBCA 提供了即将创建的数据库的物理文件内容，此时可以通过文件位置变量按钮来查看文件位置变量的具体位置，如图 2.10 所示。

图 2.10　查看物理数据库文件位置

（11）在第 11 步的数据库创建选项窗口，指定是立即创建数据库还是创建为数据库模板，或者是仅创建数据库脚本。由于本节是要立即创建数据库，因此使用默认的选项即可，如图 2.11 所示。

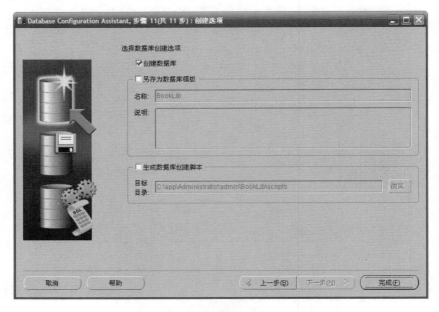

图 2.11　创建数据库选项

（12）在确认了这些选项后，DBCA 将显示前面所有配置的概要窗口，该窗口列出了前面所有的配置选项，以方便用户进行确认，如图 2.12 所示。

（13）在确认了配置选项无误后，单击"确定"按钮，DBCA 将开始数据库的创建工作，如图 2.13 所示。

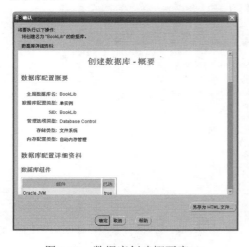

图 2.12　数据库创建概要窗口

图 2.13　开始创建数据库

（14）Oracle 会创建一个数据库实例及相应的数据库文件，然后会启动这个 Oracle 实例。在安装完成后，Oracle 会弹出如图 2.14 所示的安装结束对话框。

在创建提示窗口中，还可以对数据库的口令进行进一步的管理，通过单击"口令管理"按钮，将弹出口令管理窗口，在该窗口中列出了可以设置口令的大部分用户账户，对于已经锁定的用户，还可以轻松地进行解锁，如图 2.15 所示。

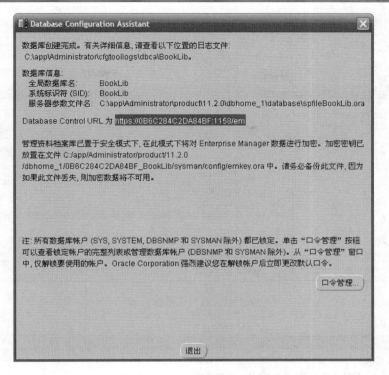

图 2.14　数据库创建完成对话框

图 2.15　管理数据库用户口令

在设置完口令后，单击"退出"按钮退出 DBCA，此时可以通过 Windows 服务列表，单击"开始｜运行"菜单项，在弹出的对话框中输入 services.msc，将打开服务列表，在服务列表窗口中可以看到刚刚创建的 BookLib 实例服务已经成功运行，如图 2.16 所示。

2.1.2　使用静默方式创建数据库

静默方式又称为非交互式方式，允许用户在命令行模式下，通过一系列预先配置的参数来创建数据库,这种模式不会弹出图形化的向导界面。这种预先配置的模式可以快速创建一个数据库。在命令行模式下,可以使用 dbca -help 命令查看 dbca 的命令行参数,如图 2.17 所示。

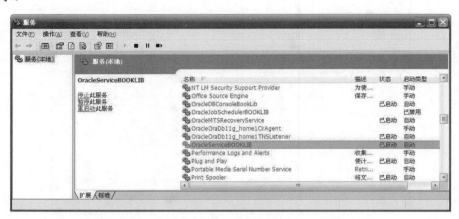

图 2.16　数据库实例服务

图 2.17　查看 DBCA 的命令行帮助

可以看到,要设置静默模式,需要指定-silent 标志指定用静默模式运行,DBCA 使用指定的值来创建数据库,可以是一个响应文件或者是一个命令行的选项。响应文件是一个扩展名为.rsp 的文本文件,它可以指定所有必要的参数。不过也可以使用命令行参数的方式,指定所有必需的参数来创建一个数据库。

下面的示例将演示如何使用 DBCA 命令通过指定命令行参数的方式来创建一个名为 ORCL 的数据库。示例命令如下：

```
C:\>dbca -silent -createDatabase -templateName General_Purpose.dbc
-gdbname ORCL
 -sid ORCL -responseFile NO_VALUE -characterSet ZHS16GBK -memoryPercentage
30 -e
mConfiguration LOCAL
输入 SYS 用户口令：
oracle
输入 SYSTEM 用户口令：
oracle
输入 DBSNMP 用户口令：
oracle
输入 SYSMAN 用户口令：
oracle
复制数据库文件
1% 已完成
3% 已完成
11% 已完成
18% 已完成
……
```

在这个命令中，-silent 参数指示将要使用没有图形界面的静默模式进行安装，-templateName 指定模板名称，位于 ORACLE_HOME\assistants\dbca\templates 文件夹下，也可以使用 DBCA 图形化工具来创建一个定制的模板文件。-gbdname 指定全局数据库名称；-sid 指定数据库的全局唯一标识，这里都指定了 ORCL；-responseFile 指定响应文件，因为不使用响应文件，所以指定了 NO_VALUE；-characterSet 用于指定字符集，这里选择了简体中文 ZHS16GBK；-memoryPercentage 指定数据库实例将占用的物理百分比；-emConfiguration 用于指定 Oracle 企业管理器的安装位置。

🔔注意：《Oracle Database Installation Guide》文档中包含了使用静默模式的详细的介绍，它介绍了响应文件的工作方式以及如何创建一个响应文件，对于需要了解使用 DBCA 和响应文件方式来创建数据库的读者来说，有必要进行仔细阅读。

2.1.3　删除现有数据库

DBCA 同样提供了删除数据库的选项，这个向导使得用户可以非常轻松地将 Oracle 中已经存在的数据库删除。删除数据库包含删除 Oracle 的例程和数据库文件。使用 DBCA 删除 BookLib 的过程如以下步骤所示。

（1）打开 DBCA，在可执行的选项中选择"删除数据库"，如图 2.18 所示。选中了执行选项后，单击"下一步"按钮，将进入到数据库选择窗口，如图 2.19 所示。

（2）在选择了所要删除的数据库之后，单击"完成"按钮，DBCA 将弹出确认提示，提示删除将会移除数据库实例和数据库文件，在确保无误后单击"确定"按钮，将开始进行数据库的删除工作，如图 2.20 所示。

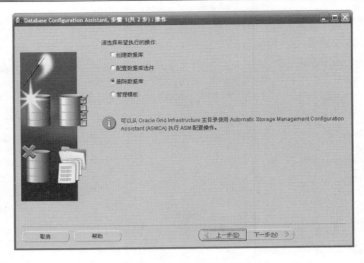

图 2.18　删除数据库选项

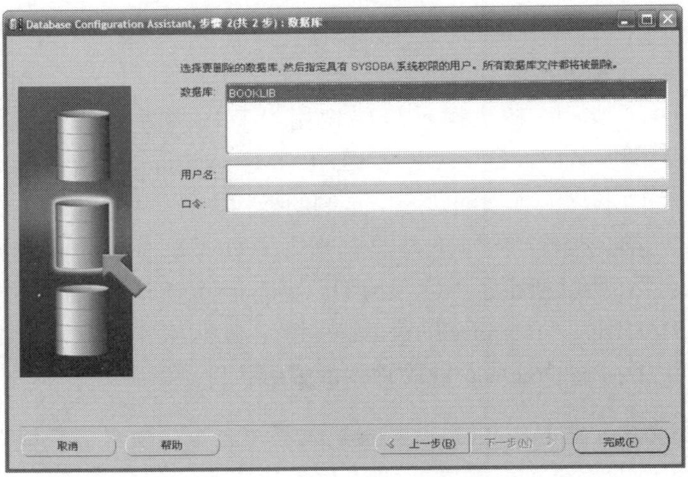

图 2.19　选择所要删除的数据库

图 2.20　开始数据库的删除工作

数据库删除完成后，可以看到在服务列表中的数据库服务和监听服务都已经被移除，这也就是说 Oracle 实例已经被删除，并且磁盘上的数据库文件也进行了删除工作。

有时候使用 DBCA 不一定能够正常删除数据库，此时可以手工来实现数据库的删除工作。手工删除分为两步：

- ❏　删除数据库的数据文件、重做日志文件、控制文件及初始化参数文件。
- ❏　对于 Windows 平台，需要删除数据库实例，也就是删除相关的服务进程。

可以使用 SQL 语句 DROP DATABASE 删除一个数据库，这个语句将会移除数据库，删除所有的控制文件和数据文件。如果数据库使用了服务器参数文件 SPFILE，那么 SPFILE 也会被删除，不过它不会移除归档日志文件和备份文件，这可以通过 RMAN 来完成。

要能使用 DROP DATABASE 语句，除了具有 SYSDBA 的权限外，Oracle 必须启动到 MOUNT 状态，并且处于 RESTRICTED SESSION 模式，示例语句如下：

```
SQL> SHUTDOWN IMMEDIATE
数据库已经关闭。
已经卸载数据库。
ORACLE 例程已经关闭。
SQL> STARTUP MOUNT
ORACLE 例程已经启动。
Total System Global Area  778387456 bytes
Fixed Size                  1374808 bytes
Variable Size             268436904 bytes
Database Buffers          503316480 bytes
Redo Buffers                5259264 bytes
数据库装载完毕。
SQL> ALTER SYSTEM ENABLE RESTRICTED SESSION;
系统已更改。
SQL> DROP DATABASE;
数据库已删除。
从 Oracle Database 11g Enterprise Edition Release 11.2.0.1.0 - Production
With the Partitioning, OLAP, Data Mining and Real Application Testing options
断开
SQL>
```

对于 Windows 平台，需要使用 ORADIM 命令删除数据库的实例，这个命令仅在 Windows 平台上有效，必须手动地移除服务进程。删除一个实例示例语句如下：

```
ORADIM -DELETE -SID instancename
```

-SID 指定实例的唯一标识符，例如要删除 ORCL 实例，示例语句如下：

```
C:\>ORADIM -DELETE -SID ORCL
实例已删除。
```

经过上述的步骤后，就完整地将一个数据库删除了。如果要创建新的数据库，可以使用 DBCA 或手动的方式来创建。

2.1.4　手动安装数据库

相较于使用 DBCA，使用手动方式创建一个数据库可以提供更加灵活的配置方式，通过保存创建数据库的脚本，可以在将来使用相同的配置选项多次创建数据库。使用

CREATE DATABASE 语句，在该语句执行完成后还要完成一些额外的步骤才能让数据库正常可用，这些步骤主要用来构建数据字典视图，安装标准的 PL/SQL 包，提供脚本来完成对手动创建的数据库的初始化工作。

在手动创建数据库之前，必须要对数据库的物理数据库结构进行良好的规划，比如规划好数据库数据文件的存放位置，内存的使用大小。然后使用 Oracle 建议的如下的步骤来创建一个数据库。这个示例将演示如何手动地创建一个 ORCL 数据库用于本书后面的测试。

1．确定Oracle SID

SID 是 Oracle 系统实例的标识符，在创建之前可以在环境变量中设置 ORACLE_SID 环境变量，ORACLE_SID 供操作系统用来描述要默认连接的数据库实例，它一般与要创建的数据库的初始化参数中的 DB_NAME 同名。

在 Windows 平台上可以在命令提示窗口使用如下的命令来设置一个新的数据库：

```
C:\>SET ORACLE_SID=ORCL
```

2．确保设置了所需要的环境变量

依赖于不同的操作系统，比如在 Windows 平台上很少设置这些环境变量，因为 OUI 会在注册表中添加相应的键，但是在 UNIX 或 Linux 环境中，可能必须要设置如下的环境变量：

- ❑ ORACLE_SID，前面已经讲过，这是数据库实例名，供操作系统默认进行连接。
- ❑ ORACLE_BASE，这是 Oracle 软件的顶层目录。
- ❑ ORACLE_HOME，这是 Oracle 软件的安装目录，一般建议进行设置。

笔者的设置如下：

```
C:\>SET ORACLE_BASE
ORACLE_BASE=C:\app\Administrator\
C:\>SET ORACLE_HOME
ORACLE_HOME=C:\app\Administrator\product\11.2.0\dbhome_1
C:\>SET ORACLE_SID
ORACLE_SID=ORCL
```

3．选择验证方式

这一步指定管理员的验证方式，比如是使用密码文件的验证方式还是操作系统验证方式来创建一个数据库，一般情况下使用操作系统验证方式，即使用操作系统用户进行验证。

4．创建初始化参数文件

初始化参数文件对 Oracle 来说至关重要，每当 Oracle 实例启动时都会读取初始化参数的内容，这个文件可以是一个文本文件，因而可以通过文本编辑器修改，也可以是一个二进制文件，可以在数据库运行期间动态地进行修改。二进制初始化参数文件通常称为服务器端参数文件 SPFILE，不过在创建数据库时，一般是先使用文本方式初始化参数文件，在创建完之后再转换成服务器端的初始化参数文件。

Oracle 提供了一个样例初始化参数文件，位于 ORACLE_HOME/dbs 文件夹中，该文件的文件名为 init.ORA。创建数据库一般会复制一个新的 init.ORA 文件到要创建的目标文件夹位置，初始化参数文件的默认位置位于 ORACLE_HOME/database 文件夹，可以在复制到该文件夹后，将其重命名为 init<SID>.ORA，其中<SID>指定 Oracle 的实例名，按照这个参数文件的注释修改自己的数据库配置。

其中有如下几个参数需要进行设置：

❑ DB_NAME，指定数据库的名称，这个值要与 CREATE DATABASE 中指定的数据库名匹配，最多 8 个字符长度。

❑ CONTROL_FILES，强烈建议指定，控制文件在数据库的作用非常重要，应该总是使用多路复用的控制文件，即在多个文件夹位置放置控制文件。如果在 CREATE DATABASE 语句中指定了 CONTROL_FILES 子句，将使用 CREATE DATABASE 中的子句来创建，否则会使用初始化参数中的控制文件定义。

❑ MEMORY_TARGET，设置实例可以使用的内存总量，允许自动内存管理。在初始化参数中有其他相关的内存管理参数来进行详细的控制。

下面是一个 ORCL 的数据库初始化参数文件的例子：

```
db_name='ORCL'
memory_target=1G
processes = 150
audit_file_dest='C:\app\Administrator\admin\orcl\adump'
audit_trail ='db'
db_block_size=8192
db_domain=''
db_recovery_file_dest='C:\app\Administrator\flash_recovery_area'
db_recovery_file_dest_size=2G
diagnostic_dest='C:\app\Administrator\'
dispatchers='(PROTOCOL=TCP) (SERVICE=ORCLXDB)'
open_cursors=300
remote_login_passwordfile='EXCLUSIVE'
undo_tablespace='UNDOTBS1'
# You may want to ensure that control files are created on separate physical
# devices
control_files = ("C:\app\Administrator\oradata\ORCL\CONTROL01.CTL",
                "C:\app\Administrator\oradata\ORCL\CONTROL02.CTL",
                 "C:\app\Administrator\oradata\ORCL\CONTROL03.CTL")
compatible ='11.2.0'
```

5．为Windows平台创建实例

对于 Windows 平台 来说，必须手动地创建一个实例，使用 ORADIM 命令来为实例创建新的 Windows 服务，示例语句如下：

```
C:\>ORADIM -NEW -SID ORCL -STARTMODE MANUAL -PFILE C:\app\Administrator\
product\
11.2.0\dbhome_1\dbs\initORCL.ora
实例已创建。
```

这个命令中，ORCL 是 SID 名称，-STARTMODE 指定启动实例的模式为手动 MANUAL，此时还不能将该参数设置为 AUTO 即自动模式，这会导致实例尝试去加载不存在的数据库。-PFILE 指定参数文件的完整路径。在实例创建完成后，通过查看 Windows

服务列表，可以看到服务果然已经创建并启动了，如图 2.21 所示。

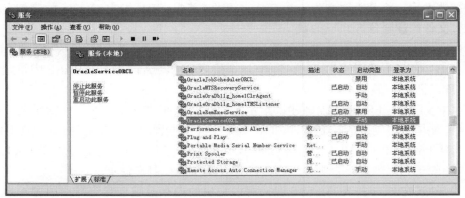

图 2.21　Windows 服务列表

6．连接到Oracle实例

在创建了实例后，可以使用具有 SYSDBA 系统角色的用户连接到这个空闲的实例，此时它还没有启动并装载数据库，示例语句如下：

```
C:\>sqlplus sys/oracle as sysdba
SQL*Plus: Release 11.2.0.1.0 Production on 星期二 4 月 23 11:45:51 2013
Copyright (c) 1982, 2010, Oracle.  All rights reserved.
已连接到空闲例程。
```

注意：请确保 ORACLE_SID 环境变量指向了 ORCL 实例，可以使用 SET ORACLE_SID = ORCL 来重新设置环境变量。

7．创建服务器参数文件SPFILE

二进制的服务器参数文件允许数据库在运行过程中通过 ALTER SYSTEM 进行持久化的更改，这样在重新启动后可以应用这些更改，而不会像文本参数文件一样导致配置的丢失。如果文本参数位于默认位置，即 ORACLE_HOME/database，并且具有默认的命名，比如 init<SID>.ora，那么可以使用如下的语句创建 SPFILE 文件，示例语句如下：

```
SQL> CREATE SPFILE FROM PFILE;
文件已创建。
```

此时会在ORACLE_HOME/database文件夹下创建一个名为SPFILEORCL.ORA的服务器参数文件。也可以在 SPFILE 后面或 PFILE 后面指定完整的文件路径来创建服务器参数文件。

8．使用非装载模式启动数据库

使用非装载模式启动数据库，这个模式仅在创建数据库或执行数据库维护任务时才需要。在启动时，由于在默认的位置创建了服务器参数文件，因此不需要指定 SPFILE 或 PFILE，示例语句如下：

```
SQL> STARTUP NOMOUNT
ORACLE 例程已经启动。
Total System Global Area  644468736 bytes
Fixed Size                  1376520 bytes
Variable Size             192941816 bytes
Database Buffers          444596224 bytes
Redo Buffers                5554176 bytes
```

9. 使用CREATE DATABASE语句创建数据库

接下来就可以执行 CREATE DATABASE 语句了，指定它的诸多参数来创建一个数据库，示例创建脚本如下：

```
CREATE DATABASE ORCL
        USER SYS IDENTIFIED BY oracle
        USER SYSTEM IDENTIFIED BY oracle
        --重做日志文件
        LOGFILE GROUP 1 ('C:/app/Administrator/oradata/ORCL/redo01.log')
        SIZE 10M,
        GROUP 2 ('C:/app/Administrator/oradata/ORCL/redo02.log') SIZE 10M,
        GROUP 3 ('C:/app/Administrator/oradata/ORCL/redo03.log') SIZE 10M
        MAXINSTANCES 8                  --可访问的最大个数
        MAXLOGHISTORY 1                 --最大重做日志历史个数
        MAXLOGFILES 16                  --最大重做日志组个数
        MAXLOGMEMBERS 3                 --每个重做日志组的最大日志成员个数
        MAXDATAFILES 100                --数据库最大数据文件个数
CHARACTER SET ZHS16GBK                  --字符集
NATIONAL CHARACTER SET AL16UTF16        --国际字符集
--系统数据文件
DATAFILE 'C:/app/Administrator/oradata/ORCL/SYSTEM01.DBF' SIZE 325M REUSE
EXTENT MANAGEMENT LOCAL
SYSAUX DATAFILE 'C:/app/Administrator/oradata/ORCL/SYSAUX01.DBF' SIZE 325M
REUSE
--默认临时表空间
DEFAULT TEMPORARY TABLESPACE TEMP
TEMPFILE  'C:/app/Administrator/oradata/ORCL/TEMP01.DBF'  SIZE  100M REUSE
AUTOEXTEND ON NEXT 640K MAXSIZE UNLIMITED
--重做日志表空间
UNDO TABLESPACE UNDOTBS1
DATAFILE 'C:/app/Administrator/oradata/ORCL/undotbs1.dbf' SIZE 100M REUSE
AUTOEXTEND ON MAXSIZE UNLIMITED
```

> 注意：在 SQL*Plus 中使用 CREATE DATABASE 创建数据库之前，必须在资源管理器中创建相应的文件夹，以避免 CREATE DATABASE 脚本在建库的过程中提示错误信息。

在 SQL*Plus 中看到数据库已创建的提示信息后，表示已经成功地创建了一个数据库，相应的数据库文件已经在指定的目录下得到了创建。

10. 创建其他的表空间（可选）

为了使数据库可用，必须要创建应用程序将要使用的应用程序表空间，以避免在 SYSTEM 表空间中创建任何对象。下面的脚本演示了如何创建一个应用程序表空间 apps_tbs 和一个索引表空间 indx_tbs，示例语句如下：

```
--创建应用程序表空间
CREATE TABLESPACE apps_tbs LOGGING
    DATAFILE 'C:/app/Administrator/oradata/ORCL/apps01.dbf'
    SIZE 500M REUSE AUTOEXTEND ON NEXT  1280K MAXSIZE UNLIMITED
    EXTENT MANAGEMENT LOCAL;
--创建索引表空间
CREATE TABLESPACE indx_tbs LOGGING
    DATAFILE 'C:/app/Administrator/oradata/ORCL/indx01.dbf'
    SIZE 100M REUSE AUTOEXTEND ON NEXT  1280K MAXSIZE UNLIMITED
    EXTENT MANAGEMENT LOCAL;
```

11．运行脚本构建数据字典视图

在创建完数据库后，必须运行脚本来构建必要的数据字典视图、同义词、PL/SQL 包和一些其他的支持特性，示例语句如下：

```
@?/rdbms/admin/catalog.sql
@?/rdbms/admin/catproc.sql
@?/sqlplus/admin/pupbld.sql
EXIT
```

在 SQL*Plus 中，@符号表示将运行一个 SQL 脚本文件，?号是一个 SQL*Plus 的变量，指向 ORACLE_HOME 指向的主目录，这 3 个脚本的作用如下所示：

❑ catalog.sql，创建数据字典表的视图、动态性能视图和公共同义词并分配 PUBLIC 权限给同义词。

❑ catproc.sql，运行所有 PL/SQL 需要或使用的脚本。

❑ pupbld.sql，SQL*Plus 需要的脚本，允许 SQL*Plus 的用户禁用一些命令。

12．完整备份数据库

创建一个完整的数据库备份，可以参考本书第 22 章 22.2.5 小节关于完整数据库备份的介绍。

13．将实例设置为自动运行（可选）

可以配置 Oracle 实例的自动启动，从而使之在操作系统启动时自动启动实例。在 Windows 平台下可以使用如下的命令设置自动启动方式：

```
C:\ORADIM -EDIT -SID ORCL -STARTMODE AUTO -SRVCSTART SYSTEM -SPFILE
```

可选的-SPFILE 参数指定实例将读取 SPFILE 来自动启动。

可以看到，使用手动方式创建数据库比 DBCA 方式要麻烦一些，不过这种方式提供了更加灵活的创建方式，因此有经验的 DBA 一般会选择使用 CREATE DATABASE 来手动地创建数据库。

2.2　启动和停止 Oracle 数据库服务

可以使用 SQL*Plus 或 Oracle 的企业管理器 OEM 来启动一个数据库。当启动一个数据库时，会创建数据库的实例，并且用户可以决定启动数据库的几种状态，每种启动的状态具有不同的作用。本节将讨论如何对 Oracle 的数据库服务器进行启动和停止。

2.2.1　启动和停止监听程序

　　Oracle 的客户端要能够成功地连接到服务器，必须要通过网络访问到 Oracle 服务器。Oracle Net Services 提供了允许 Oracle 客户端或其他中间层服务器连接到 Oracle 服务器的网络组件，为了允许 Oracle 客户端与服务器端进行沟通，必须要开启这个 Oracle Net Services 的监听程序。建立了网络会话之后，Oracle Net 将充当客户端应用程序与数据库服务器的数据信使，由它负责建立并维护客户机应用程序和数据库服务器之间的连接和信息交换。

　　要想在客户端能够连接到服务器，Oracle Net Services 组件必须要同时安装在客户机和服务器上，它们通过 TCP/IP 网络协议来建立客户机和数据库服务器之间的网络连接。客户机和服务器的连接示意如图 2.22 所示。

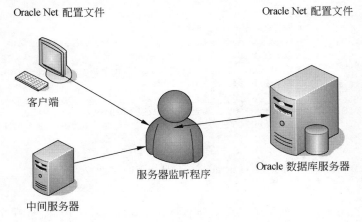

图 2.22　Oracle 网络结构图

　　客户端或中间层服务器，通过 Oracle Net 配置文件，一般文件名为 tnsnames.ora，连接到该文件中指定的服务器，服务器端的监听程序根据 Oracle Net 配置文件监听来自客户端的数据库请求。服务器端的配置文件一般是 listener.ora 和 sqlnet.ora，它们位于 ORACLE_HOME\network\admin 文件夹下。

　　为了确保客户端可以连接到数据库，必须要确保服务器端的监听程序已经安装并且已经启动。假定一切配置妥当，在命令行中可以使用 lsnrctl 命令来启动、停止或查看服务器端监听程序的状态。

　　在 Windows 的命令提示行下，可以输入如下命令进入 lsnrctl 的命令行窗口：

```
C:\>lsnrctl
LSNRCTL for 32-bit Windows: Version 11.2.0.1.0 - Production on 24-4月 -2013
23:00:59
Copyright (c) 1991, 2010, Oracle.  All rights reserved.
欢迎来到 LSNRCTL, 请键入"help"以获得信息。
LSNRCTL> help
以下操作可用
星号 (*) 表示修改符或扩展命令:
```

```
start            stop             status
services         version          reload
save_config      trace            change_password
quit             exit             set*
show*
```

可以看到，lsnrctl 的 help 命令可以列出当前监听器的所有命令列表。通过输入 status 命令，可以查看当前监听程序的启动状态，示例语句如下：

```
LSNRCTL> status
正在连接到 (DESCRIPTION=(ADDRESS=(PROTOCOL=IPC)(KEY=EXTPROC1521)))
LISTENER 的 STATUS
------------------
别名              LISTENER
版本              TNSLSNR for 32-bit Windows: Version 11.2.0.1.0 - Production
启动日期           25-4 月 -2013 05:38:27
正常运行时间        0 天 0 小时 21 分 29 秒
跟踪级别           off
安全性             ON: Local OS Authentication
SNMP             OFF
监听程序参数文件     E:\app\Administrator\product\11.2.0\dbhome_1\
                 network\admin\listener.ora
监听程序日志文件     e:\app\administrator\diag\tnslsnr\ding-ebde0c11c8\
                 listener\alert\log.xml
监听端点概要...
  (DESCRIPTION=(ADDRESS=(PROTOCOL=ipc)(PIPENAME=\\.\pipe\EXTPROC1521ipc)))
  (DESCRIPTION=(ADDRESS=(PROTOCOL=tcp)(HOST=ding-ebde0c11c8)(PORT=1521)))
服务摘要..
服务 "CLRExtProc" 包含 1 个实例。
  实例 "CLRExtProc", 状态 UNKNOWN, 包含此服务的 1 个处理程序...
命令执行成功
```

可以看到，status 命令列出了当前监听程序的启动状态，包含监听程序的、启动的日期、运行的时间以及监听程序使用的参数文件和监听端点信息等。如果没有先行进入 lsnrctl 命令行模式，可以直接在操作系统提示符下使用 lsnrctl status、lsnrctl stop 或 lsnrctl start 来操作监听程序。下面的示例还显示了如何先关闭监听程序，然后再打开它，示例语句如下：

```
C:\>lsnrctl stop
LSNRCTL for 32-bit Windows: Version 11.2.0.1.0 - Production on 25-4 月 -2013
06:08:18
Copyright (c) 1991, 2010, Oracle.  All rights reserved.
正在连接到 (DESCRIPTION=(ADDRESS=(PROTOCOL=IPC)(KEY=EXTPROC1521)))
命令执行成功

C:\>lsnrctl start
LSNRCTL for 32-bit Windows: Version 11.2.0.1.0 - Production on 25-4 月 -2013
06:08:22
Copyright (c) 1991, 2010, Oracle.  All rights reserved.
启动 tnslsnr: 请稍候...
TNSLSNR for 32-bit Windows: Version 11.2.0.1.0 - Production
系统参数文件为 E:\app\Administrator\product\11.2.0\dbhome_1\network\
admin\listener.ora
写入 e:\app\administrator\diag\tnslsnr\ding-ebde0c11c8\listener\
alert\log.xml 的日志信息
```

```
监听: (DESCRIPTION=(ADDRESS=(PROTOCOL=ipc)(PIPENAME=\\.\pipe\
EXTPROC1521ipc)))
监听: (DESCRIPTION=(ADDRESS=(PROTOCOL=tcp)(HOST=ding-ebde0c11c8)
(PORT=1521)))
正在连接到 (DESCRIPTION=(ADDRESS=(PROTOCOL=IPC)(KEY=EXTPROC1521)))
LISTENER 的 STATUS
------------------
别名                LISTENER
版本                TNSLSNR for 32-bit Windows: Version 11.2.0.1.0 - Production
启动日期            25-4 月 -2013 06:08:28
正常运行时间        0 天 0 小时 0 分 5 秒
跟踪级别            off
安全性              ON: Local OS Authentication
SNMP                OFF
监听程序参数文件    E:\app\Administrator\product\11.2.0\dbhome_1\network\
                    admin\listener.ora
监听程序日志文件    e:\app\administrator\diag\tnslsnr\ding-ebde0c11c8\
                    listener\alert\log.xml
监听端点概要...
  (DESCRIPTION=(ADDRESS=(PROTOCOL=ipc)(PIPENAME=\\.\pipe\EXTPROC1521ipc)))
  (DESCRIPTION=(ADDRESS=(PROTOCOL=tcp)(HOST=ding-ebde0c11c8)(PORT=1521)))
服务摘要..
服务 "CLRExtProc" 包含 1 个实例。
  实例 "CLRExtProc", 状态 UNKNOWN, 包含此服务的 1 个处理程序...
命令执行成功
```

　　Oracle 实例启动时，监听程序进程会建立一个指向 Oracle 数据库的通信路径，随后，监听程序就可以接受新的数据库的连接请求。由于一个 Oracle 服务器可能具有多个监听程序，因此在使用 lsnrctl 时，可以指定 lsntener_name 来指定启动的监听程序，默认情况下会使用默认的监听程序，通过指定 SET CURRENT_LISTENER 命令，可以设置不同的监听程序。或者在 start、stop 之类的命令后面指定监听程序的名称，示例语句如下：

```
LSNRCTL>SET CURRENT_LISTENER listener1
LSNRCTL>stop listener1
```

　　除了命令行提示界面外，使用 OEM 提供的监听程序管理工具也非常方便，如图 2.23 所示，在图中可以编辑、启动、停止监听程序，查看监听程序的详细状态等。

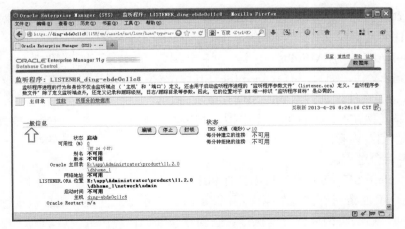

图 2.23　Oracle 企业管理器的监听程序管理界面

2.2.2　启动数据库

Oracle 的实例必须处于正常启动的状态，客户端才能够连接和操作数据库的数据。在 Oracle 中，启动数据库包含将一系列的进程和内存运行起来，并加载控制文件中的数据库。Oracle 的启动过程分为好几个阶段，可以通过命令行参数设置启动到特定的阶段。最简单的启动方式是在 SQL*Plus 中使用 STARTUP 命令将数据库启动到正常状态，示例语句如下：

```
SQL> STARTUP
ORACLE 例程已经启动。
Total System Global Area  644468736  bytes
Fixed Size                  1376520  bytes
Variable Size             239079160  bytes
Database Buffers          398458880  bytes
Redo Buffers                5554176  bytes
数据库装载完毕。
数据库已经打开。
```

Oracle 实际上经过了一系列的阶段才将数据库启动到正常开启状态，启动阶段的示意如图 2.24 所示。

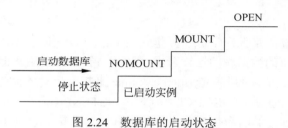

图 2.24　数据库的启动状态

由图中可以看到，启动一个停止的数据库时，Oracle 最先启动了数据库的实例，然后，Oracle 实例会分别加载不同的文件。Oracle 的启动阶段描述如下面的分类小节所示。

1. NOMOUNT状态

可以看到最初的一个阶段是 NOMOUNT 阶段，该阶段主要用于启动数据库的实例，它并不加载任何数据库文件。实例的启动包含如下的几个任务：

搜索 ORACLE_HOME/dbs 中具有特定名称的初始化参数文件，它先查找 spfile<SID>.ora 文件，如果没有找到 spfile<SID>.ora 文件，则搜索 spfile.ora 文件；如果没有找到 spfile.ora 文件，则搜索 init<SID>.ora 文件。

也可以显式地在 STARTUP 命令中指定 PFILE 参数来指定一个初始化参数文件。

❑ 分配 SGA 内存区。

❑ 启用后台进程。

❑ 打开 alert<SID>.log 警告日志文件和跟踪文件。

NOMOUNT 通常用于创建数据库期间、重新创建控制文件期间或者是执行某些备份和恢复方案期间，启动实例后就可以执行这些创建和维护管理任务，启动到 NOMOUNT 状态，只需要在 STARTUP 命令后面加上 NOMOUNT 参数即可，启动代码如下：

```
SQL> STARTUP NOMOUNT;
ORACLE 例程已经启动。
Total System Global Area  644468736  bytes
Fixed Size                  1376520  bytes
Variable Size             239079160  bytes
Database Buffers          398458880  bytes
Redo Buffers                5554176  bytes
```

可以看到，这一步仅仅是启动了数据库的实例，为实例分配了内存，但是并没有打开控制文件并定位到具体的数据库。

2．MOUNT状态

这个阶段也称为数据库装载状态，装载数据库涉及如下的几个工作。

（1）将前一步启动的实例与数据库文件相关联。

（2）定位参数文件中指定的控制文件。

（3）通过读取控制文件来获取数据文件和联机重做日志文件的名称和状态。

也就是说这一步主要是打开控制文件，然后定位数据文件和联机重做日志文件的名称和状态。但是此时不必执行任何检查便可验证数据文件和联机重做日志文件是否存在。数据库处于 MOUNT 状态时，通常可以完成如下一些数据库任务：

❑ 重命名数据文件。

❑ 启用和禁用联机重做日志文件的归档选项。

❑ 执行完整的数据库恢复。

如果当前数据库已经处于 NOMOUNT 状态，可以使用 ALTER DATABASE MOUNT 将其切换到 MOUNT 状态，如下所示：

```
SQL> ALTER DATABASE MOUNT;
数据库已更改。
```

当数据库处于关闭状态时，通过 STARTUP MOUNT 语句可以直接将数据库启动到装载状态，示例语句如下：

```
SQL> STARTUP MOUNT;
ORACLE 例程已经启动。
Total System Global Area  644468736  bytes
Fixed Size                  1376520  bytes
Variable Size             239079160  bytes
Database Buffers          398458880  bytes
Redo Buffers                5554176  bytes
数据库装载完毕。
```

3．OPEN状态

OPEN 状态是启动数据库过程的最后一步，它会打开联机数据文件和联机重做日志文件。在这阶段，Oracle 会验证是否可以打开所有数据文件和联机重做日志文件，还会检查数据库的一致性。

如果当前正处于 MOUNT 模式或 NOMOUNT 模式，可以使用 ALTER DATABASE OPEN 语句直接将数据库修改为打开状态，示例语句如下：

```
SQL> ALTER DATABASE OPEN;
```

数据库已更改。

当数据库处于关闭状态时，使用 STARTUP 或 STARTUP OPEN 语句都可以将数据库启动到 OPEN 状态。当数据库打开后，所有有效的用户就可以连接到数据库执行数据库操作了，否则一般用户无法连接到数据库。

🔔注意：在启动数据库时并没有指定一个数据库名称，Oracle 将使用 ORACLE_SID 中指定的数据库实例名称来启动数据库。

2.2.3　限制数据库的访问

Oracle 还具有一种受限模式的启动方式，Oracle 服务器会限制普通用户对数据库的访问，只有以管理员权限登录的用户才可以使用该实例。管理员在对数据库进行装载或数据的导入/导出工作时，或者执行一些关键性的维护任务时，希望数据库打开但是又不允许普通用户访问，可以使用受限方式打开数据库，示例语句如下：

```
SQL> STARTUP RESTRICT
ORACLE 例程已经启动。
Total System Global Area  644468736  bytes
Fixed Size                  1376520  bytes
Variable Size             239079160  bytes
Database Buffers          398458880  bytes
Redo Buffers                5554176  bytes
数据库装载完毕。
数据库已经打开。
```

当数据库使用受限模式时，如果用普通用户进行登录将出现如下错误提示：

```
SQL> conn scott/tigers
ERROR:
ORA-01035: ORACLE only available to users with RESTRICTED SESSION privilege
警告：您不再连接到 ORACLE。
```

可以看到，进入限制模式后，所有新连接的用户都会被限制，但是现有的已经登录的用户不会受到影响。示例语句如下：

```
SQL> ALTER SYSTEM DISABLE RESTRICTED SESSION;
系统已更改。
```

也可以使用 ENABLE RESTRICTED SESSION 语句来启用受限模式，示例语句如下：

```
SQL> ALTER SYSTEM ENABLE RESTRICTED SESSION;
系统已更改。
```

这种限制方式是限制用户进行登录，有时候可能希望用户可以登录，但是不允许执行任何的写或更改操作，此时可以使用只读模式打开数据库，必须要先使得数据库处于 MOUNT 状态，然后使用 ALTER DATABASE 语句以只读模式打开数据库，示例语句如下：

```
SQL> STARTUP MOUNT
ORACLE 例程已经启动。

Total System Global Area  426852352 bytes
```

```
Fixed Size                    1375060    bytes
Variable Size               285213868    bytes
Database Buffers            134217728    bytes
Redo Buffers                  6045696    bytes
数据库装载完毕。
SQL> ALTER DATABASE OPEN READ ONLY;
数据库已更改。
```

在将数据库设置为只读模式后，如果尝试对一个数据库进行修改操作，则会出现错误提示，示例语句如下：

```
SQL> conn scott/tigers;
已连接。
SQL> UPDATE emp SET sal=8000 WHERE  empno=7369;
UPDATE emp SET sal=8000 WHERE  empno=7369
       *
第 1 行出现错误:
ORA-16000: 打开数据库以进行只读访问
```

只读模式允许用户读取数据库，但不允许进行写入，一般为备用数据库所用。备用数据库是产品数据库的副本，主要用来进行只读查询或数据的分析工作。

2.2.4　关闭数据库

DBA 有时也需要关闭数据库来进行一系列的管理活动，比如要进行手工备份或恢复活动，Oracle 的关闭也有好几种模式，每种模式具有不同的特性，并且关闭所花费的时间也各不相同。

关闭数据库使用 SHUTDOWN 命令，具有 4 种关闭模式，分别是 NORMAL、TRANSACTION、IMMEDIATE 及 ABORT。其中 NORMAL 是默认模式，即如果不指定任何选项，直接使用 SHUTDOWN 命令进行关闭，默认使用的是 NORMAL 模式，示例语句如下：

```
SQL> SHUTDOWN
```

接下来介绍这几种不同模式之间的区别。

1. NORMAL关闭模式

NORMAL 是默认的关闭模式，这种模式在关闭数据库之前会等待所有的用户断开与数据库的连接，当所有的会话都断开以后数据库关闭，这种模式会导致数据库需要长时间等待才能正常关闭。比如用户 A 在登录到数据库后忘记退出然后就休假了，那么 SHUTDOWN 命令不得不等待该用户回来关闭，也许是一天，也许是一周。

使用 NORMAL 模式关闭数据库时，Oracle 会发生如下的几种情况：
- 数据库将不再接收新的数据库连接。
- Oracle 服务器等待所有的用户断开连接才完成关闭。
- 数据库文件和重做缓冲区会写入到磁盘中。
- 后台进程被终止，从内存中删除 SGA。
- 下一次启动时不需要进行实例恢复。

　　NORMAL 模式通常会等待较长的时间才能关闭数据库，如果不想为等待某个用户的退出而花费很长的时间，可以先使用 SHUTDOWN TRANSACTION 命令。

2．TRANSACTION关闭模式

　　TRANSACTION 模式会等待当前的事务处理完成后就断开连接，当所有的事务处理完成后就会关闭数据库，示例语句如下：

```
SQL> SHUTDOWN TRANSACTIONAL
数据库已经关闭。
已经卸载数据库。
ORACLE 例程已经关闭。
```

它会完成如下的一些行为：
- 任何新用户不能连接到数据库。
- 现有的用户不能启动新的事务，并且连接将会断开。
- 如果用户正在执行事务，在断开用户的连接前，Oracle 将等待，直到该事务处理完成。
- 当所有的事务都完成后，Oracle 就关闭实例并释放内存，然后将所有的重做日志缓冲区和数据块缓冲区写入磁盘。
- 由于事务都已经得到了处理，所以不需要进行实例恢复。

　　可见 TRANSACTION 关闭模式保证了 Oracle 的数据库事务都得到了一致性的处理，因此是一种较为安全的恢复方式，不过它会等待所有的事务处理完成，因此对于长时间的事务来说，仍然需要等待完成，如果因为介质故障需要紧急关闭，这种模式不是很适用。

3．IMMEDIATE关闭模式

　　IMMEDIATE 模式会立即关闭数据库，这种方式不会无限地等待用户的退出，也不会等待事务的完成，它会回滚（ROLLBACK）所有的事务，断开所有已经连接的用户，然后关闭数据库。示例语句如下：

```
SQL> SHUTDOWN IMMEDIATE
数据库已经关闭。
已经卸载数据库。
ORACLE 例程已经关闭。
```

IMMEDIATE 立即模式会完成如下的一些动作：
- 该命令发出后，任何用户都不能进行连接。
- 立即断开所有的用户连接。
- 终止所有当前正执行的数据库事务。
- 对于正在执行的事务，Oracle 会将事务进行回滚（ROLLBACK），使数据库保持一致。由于回滚也需要时间，因此 IMMEDIATE 操作有时也并不是立即完成的，但是如果当前活动事务很少，SHUTDOWN IMMEDIATE 就会立即关闭数据库，Oracle 终止后台进程并且释放掉内存。
- 重启数据库时不需要进行实例恢复，因为它在关闭时是一致的。

4．ABORT关闭模式

ABORT 模式直接关闭数据库，不管当前是否正在执行事务，即不等待完成，也不进行回滚，直接断开连接，示例语句如下：

```
SQL> SHUTDOWN ABORT
ORACLE 例程已经关闭。
```

ABORT 可以看作是强制性地关闭数据库，它会完成如下的几个行为：

- ❑ 它不允许进行新的数据库连接。
- ❑ 无论是否具有可执行的事务，都会终止会话。
- ❑ 事务不会被回滚，更不会等待事务完成。
- ❑ 不会将重做日志缓冲区中的数据缓冲区写到磁盘。
- ❑ 终止后台进程，立即释放内存并关闭数据库。
- ❑ 由于强制性终止不能保证数据库在关闭时是一致的，因此在重新启动时，Oracle 将执行自动实例恢复。

可以看到，SHUTDOWN ABORT 命令是一种不安全的关闭方式，Oracle 建议尽量使用 SHUTDOWN NORMAL 或 SHUTDOWN IMMEDIATE 命令来关闭数据库，而不是使用 SHUTDOWN ABORT 命令关闭数据库。

2.3　Oracle 客户端工具

在 Oracle 安装过程中会自动在服务器上安装客户端工具，如果是一个网络位置的其他客户端，要能够连接到 Oracle 数据库，首先必须在客户端电脑上安装 Oracle 的客户端软件。Oracle 客户端包含了网络基础结构和一些辅助的工具，使得客户端能够与服务器端通信。

Oracle 的开发与管理工具除了 Oracle 公司本身提供的 SQL*Plus、Oracle SQL Developer 及 Oracle OEM 企业管理器之外，一些第三方的软件公司也提供了不少非常好用的工具来辅助对数据库的开发与管理，比如 Toad、PL/SQL Developer 等工具。

2.3.1　安装 Oracle 客户端

Oracle 客户端软件提供了客户端连接并操作 Oracle 的一系列工具。要能够使用 SQL*Plus 及一些第三方的工具连接 Oracle 数据库，必须先安装 Oracle 客户端。Oracle 客户端可以单独下载，最新版的 Oracle 客户端下载网址为：

```
http://download.oracle.com/otn/nt/oracle11g/112010/win32_11gR2_client.zip
```

由于 Oracle 安装包是一个近 700MB 的安装程序，包含了各种各样的客户端管理工具，在程序部署过程中可能造成不便，比如很多用户仅需要部分功能，Oracle 也推出了不需安装的即时客户端，这些客户端程序只需要复制到客户端机器上并设置好环境变量即可使用，下载地址如下所示：

```
http://www.oracle.com/technetwork/cn/database/features/instant-client/
```

`index-092699-zhs.html`

从下载页面可以看到，Oracle 网站提供了适用于各种平台的 Oracle 客户端软件，对于 Windows 平台来说，可以选择 Windows 32 位或 64 位平台进行下载，如图 2.25 所示。

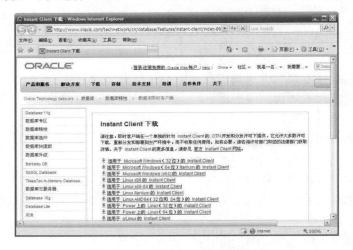

图 2.25　Oracle 客户端下载页面

笔者选择了 Windows 32 位的 instant Client 进行下载，下载回来是一个约 50MB 的压缩包，将这个压缩包解压缩到任何路径，然后在系统环境变量 PATH 中添加对这个路径的引用，即可完成 Oracle 客户端的安装。

注意：Linux 环境中设置环境变量 LD_LIBRARY_PATH 指向即时客户端所在的位置，Windows 平台上在 PATH 环境变量中添加即时客户端路径。

很多初学者在学习时会选择使用 Oracle 完整客户端，这样可以利用到 Oracle 提供的各种功能。笔者在下面的步骤中将对 Oracle 的完整客户端进行安装。

（1）解压缩客户端安装程序文件夹，解压之后双击 setup.exe 文件，将启动 Oracle 的通用安装管理器。首先选择要安装的客户端类型，如图 2.26 所示。

图 2.26　选择客户端安装类型

在安装类型中，选择管理员安装，客户端程序不仅安装 Oracle Net 所需要的必要的组件，还会安装管理控制台、管理工具、实用程序及基本的客户机软件。

（2）接下来选择默认的语言类型，单击"下一步"按钮，将进入到"指定安装位置页面"，在该页面中设置 Oracle 客户端工具的安装位置，如图 2.27 所示。

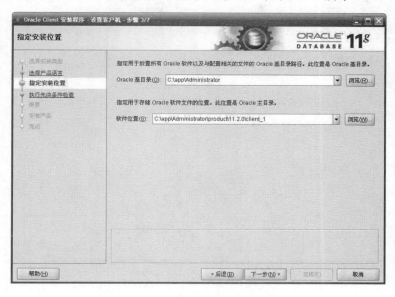

图 2.27　指定 Oracle 客户端的安装位置

（3）在确定了安装的位置后，安装程序将进行先决条件检查，在先决条件检查通过后，将进入到概要窗口，如图 2.28 所示。

图 2.28　Oracle 客户端安装概要窗口

注意：如果因为某些原因导致先决检查失败，用户也可以通过单击检查页面的"忽略先决条件"复选框来忽略掉先决条件检查直接安装。

（4）在确认了概要窗口之后，单击"完成"按钮，Oracle 客户端安装程序将开始进行客户端程序的安装，如图 2.29 所示。

图 2.29　Oracle 客户端安装进度

可以看到，经过上述的简单步骤，一个具有管理工具的 Oracle 客户端就安装完成了，接下来可以使用该客户端提供的工具进行 Oracle 网络的客户端配置。

2.3.2　客户端网络配置工具

在成功安装了 Oracle 客户端后，可以使用客户端提供的 Net Manager 管理工具来配置客户端的网络服务命名，网络服务命名允许客户端访问不同的 Oracle 服务器实例，在客户端的 SQL*Plus 中可以使用如下的语句来连接不同的数据库实例：

```
CONENCT username/password@net_service_name;
```

其中的 net_service_name 就是所创建的网络服务命名，例如要连接到 ORCL 数据库，完整的写法如下：

```
C:\>sqlplus scott/tigers@orcl
SQL*Plus: Release 11.2.0.1.0 Production on 星期五 4 月 26 06:34:12 2013
Copyright (c) 1982, 2010, Oracle.  All rights reserved.
连接到:
Oracle Database 11g Enterprise Edition Release 11.2.0.1.0 - Production
With the Partitioning, OLAP, Data Mining and Real Application Testing options
```

在这个连接命令中，ORCL 就是所要连接的服务器名，Oracle 客户端可以设置环境变量，比如 Windows 平台下为 LOCAL，Linux 平台下为 TWO_TASK 来指定默认连接到的服务。

网络服务命名是保存在客户端的 tnsnames.ora 文件中，它可以通过客户端安装的网络管理员 Net Manager 进行配置，Toad 也提供了相关的工具，较熟练的用户也可以直接用记事本打开这个文件来进行配置，它位于 ORACLE_HOME\NETWORK\ADMIN 文件夹下。Net Manager 提供了可视化的方式来创建网络服务命名，配置过程如以下步骤所示：

（1）从"开始"菜单 Oracle 程序组的"配置和移植工具"程序组中打开 Net Manager，选中"服务命名"节点，单击左侧工具栏的 + 号或单击主菜单的"编辑 | 创建"菜单项，将打开网络服务命名的创建窗口，如图 2.30 所示。

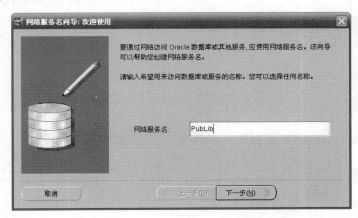

图 2.30　创建网络服务命名向导起始页面

首先输入网络服务命名，这里要为 PubLib 创建一个网络服务命名，单击"下一步"按钮，将进入到选择协议窗口，如图 2.31 所示。在该窗口中选择 TCP/IP 协议来与数据库通信。

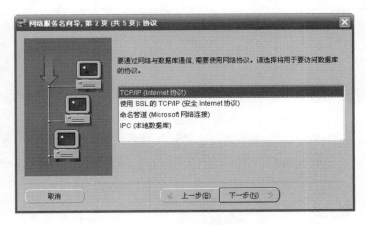

图 2.31　选择与数据库通信的协议

（2）在确定了协议类型后，接下来需要根据类型配置协议的访问地址和端口，如图 2.32 所示。

在主机名文本框中，输入主机名称或 IP 地址，在端口号中输入所要连接的数据库的端口号，然后单击"下一步"按钮。

（3）在服务向导页中，指定所要连接的数据库的全局数据库名称，比如 ORCL 或 PubLib，如图 2.33 所示。

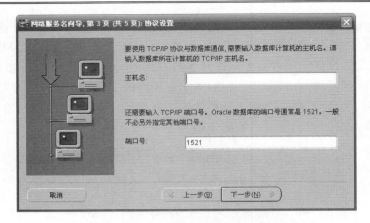

图 2.32　配置协议的地址和端口

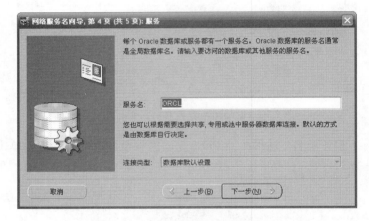

图 2.33　指定数据库的全局数据库名

（4）在设置完名称后，将进入测试窗口，在该窗口中默认使用 scott 用户进行连接测试，用户也可以在测试完成后更改连接的用户名，测试结果如图 2.34 所示。

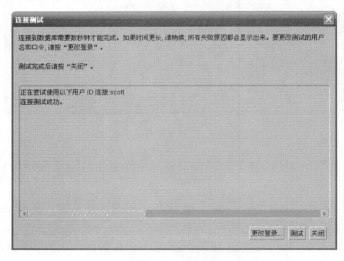

图 2.34　网络服务名测试结果

（5）在确认配置无误后，文件菜单中的"保存网络配置"菜单项，会将客户端的服务命名保存到 tnsnames.ora 配置文件中，比如新配置的 ORCL2 服务命名，在 tnsnames.ora 中的代码如下：

```
ORCL2 =
  (DESCRIPTION =
    (ADDRESS_LIST =
      (ADDRESS = (PROTOCOL = TCP)(HOST = 127.0.0.1)(PORT = 1521))
    )
    (CONNECT_DATA =
      (SERVICE_NAME = ORCL)
    )
  )
```

2.3.3　使用 Oracle 企业管理器

Oracle 企业管理器（简称 OEM），提供了一种图形化的方式管理 Oracle 数据库，主要通过一组 Web 页面来管理分布式环境的数据库服务，OEM 可以同时对系统上的多个数据库进行管理。

在前面介绍数据库安装时，讨论过 DBCA 工具会自动配置 Database Control 选项来安装 OEM。当 OEM 安装好后，在 Windows 的服务列表中会多出一个名为 OracleDBConsole <SID>的服务。比如对于 ORCL 服务名为 OracleDBConsoleORCL，如图 2.35 所示。

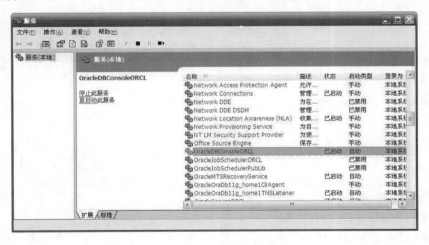

图 2.35　OEM 控制服务

注意：如果新创建的数据库没有安装 OEM 控制服务，可以使用 DBCA 的管理数据库向导来为数据库添加 Oracle 企业管理器的控制功能。

在 Oracle 数据库安装成功后，会在窗口中提示一个可以登录的 OEM 地址，一般是 https:\\服务器名称:端口\em。如果忘记了后面的端口号，可以通过查找 $ORACLE_HOME/11g/install/查看 portlist.ini 文件中提供的端口号，默认的端口号是 1158。因此一般在安装完成后，本地可以通过如下的网址访问：

```
https://localhost:1158/em
```

OEM 需要通过数据库控制台服务才能访问，因此要确认是否启动了数据库控制台。可以使用 emctl 这个命令来查看或启动服务，例如要查看数据库控制台服务是否启动，可以使用如下的命令：

```
C:\>SET ORACLE_SID=ORCL
C:\>emctl status dbconsole
Oracle Enterprise Manager 11g Database Control Release 11.2.0.1.0
Copyright (c) 1996, 2010 Oracle Corporation.  All rights reserved.
https://ding-ebde0c11c8:1158/em/console/aboutApplication
Oracle Enterprise Manager 11g is running.
------------------------------------------
Logs are generated in directory E:\app\Administrator\product\11.2.0\
dbhome_1/ding-ebde0c11c8_ORCL/sy
sman/log
```

emctl status dbconsole 会显示出当前数据库控制台的状态，可以使用 emctl start dbconsole 或 emctl stop dbconsole 来启动或停止数据库控制台，如下所示：

```
C:\>emctl stop dbconsole                --停止数据库控制台的运行
C:\>emctl start dbconsole orcl          --启动数据库控制台
```

以 ORCL 为例，通过 https://127.0.0.1:1158/em 地址进入 OEM 后，将首先要求进行登录，如图 2.36 所示。

图 2.36　OEM 登录窗口

具有 SYSDBA 身份的用户登录后，将进入 OEM 的主窗口，在主窗口中，可以看到几个大的导航菜单，这几个导航菜单主要提供了如下几种服务：

❑ 数据移动管理，使用户能够对数据库数据进行导入/导出、移动及复制设置。

❑ 方案管理，使用户能够在数据库中管理数据库方案对象，比如可以用于创建、修改和删除表、视图、索引、约束、序列等。

❑ 安全性管理，使用户能够管理用户、角色、权限及概要文件。

❑ 存储管理，允许用户创建和修改表空间、数据文件、控制文件和回滚段等。

❑ 数据库配置，允许查看初始化参数、进行内存设置及自动还原管理，并且可以查看数据库功能使用情况。

❑ 可用性管理，允许用户创建备份和恢复备份。

❑ SQL 工作表，使用户能够运行或创造 SQL 脚本并且存储在硬盘上，使用这个工具重现最后执行的语句；同时，检查显示到屏幕上的执行结果。

❑ 作业管理器，允许创建和管理 Oracle 作业。

比如服务器页面就提供了用于服务器管理的多个链接，以便进行服务器的设置和管理，如图 2.37 所示。

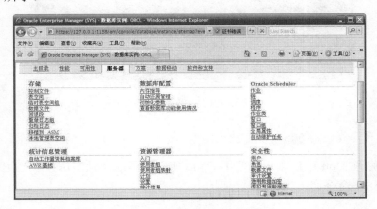

图 2.37 OEM 服务器管理链接窗口

OEM 管理工具的具体应用方法比较简单，但是要理解这些管理项的具体作用及背后的原理，需要大家首先积累一定的知识与经验，再慢慢使用这个工具。

2.3.4 使用 SQL*Plus

SQL*Plus 是 Oracle 中一个非常有用的命令行管理工具，该工具可以执行 PL/SQL、SQL 命令、SQL*Plus 自己的命令，常被 DBA 用来管理和监视数据库，不少数据库的开发人员也会用该工具来开发 SQL 和 PL/SQL 代码：

❑ SQL 语句，管理数据库方案对象，比如查询和操作数据表。

❑ PL/SQL 块，编写和执行 PL/SQL 程序。

❑ SQL*Plus 自己的命令，比如格式化 SQL 输出结果、编辑、保存和运行 SQL 脚本、PL/SQL 语句块等。

当安装好 Oracle 系统后，SQL*Plus 被自动安装到系统中，可以通过"开始 | 程序 | Oracle - OraDb11g_home1 | 应用程序开发 | SQL Plus"菜单项打开 SQL*Plus，将显示如图 2.38 所示的 SQL*Plus 登录窗口。

在这里可以使用安装 Oracle 数据库时系统创建的用户名和密码进行登录。比如使用 scott/tiger 作为用户名和口令。

出于安全性的考虑，SQL*Plus 的登录口令不会显示在屏幕上。按 Enter 键后，将出现 SQL*Plus 的命令提示符 SQL>，表明用户已经登录成功，并且 SQL*Plus 已经准备接收命令了。

如果用 soctt/tiger 无法登录，可能是该用户已被锁定，此时可以先用用户名 system，密码 password 登录，这个密码是在创建数据库时指定的默认密码。在登录后使用如下 SQL 命令：

图 2.38　SQL*Plus 登录窗口

```
ALTER USER scott ACCOUNT UNLOCK;
```

该命令将修改 scott 用户账户，使用 UNLOCK 表示取消锁定用户，当用户锁定被更改后，可以使用如下命令切换为 scott 登录：

```
CONNECT scott/tiger;
```

通常 SQL*Plus 会登录到变量 ORACLE_SID 中定义的本地数据库，对于 Windows 系统来说，这个环境变量可以在注册表的如下位置找到：

```
HKEY_LOCAL_MACHINE\SOFTWARE\ORACLE\HKEY_LOCAL_MACHINE\SOFTWARE\ORACLE\K
EY_OraDb11g_home1\ORACLE_SID
```

如果要更改默认的登录数据库，可以在命令提示窗口下使用如下的命令：

```
C:\>SET ORACLE_SID=publib
C:\>SQLPLUS scott/tiger
```

当然在使用 CONNECT 命令时，还可以显式地指定所要连接的数据库网络服务名（即连接标识符），可以在用户名和密码后面添加连接标识符，例如如果要显式指定连接到 Publib 数据库，则可以使用如下的代码：

```
CONNECT scott/tiger@Publib
```

连接标识符使用 Oracle 网络管理员或 Oracle 网络配置助手进行创建，这两个可视化的工具会修改 tnsnames.ora 文件，在文件中加入网络配置信息。笔者的电脑上该文件的位置为：

```
C:\app\Administrator\product\11.2.0\dbhome_1\NETWORK\ADMIN
```

当连接成功后，SQL*Plus 会提示用户已连接，在提示窗口中可以看到 Oracle 的版本等信息，并且出现了 SQL*Plus 的命令提示符 SQL>，表明可以使用各种 SQL 命令或编写 PL/SQL 语句块操作数据了，例如在 SQL>后面输入查询 dept 数据库的语句：

```
SQL> SELECT deptno 编号,dname 部门名,loc 地点 FROM dept;
```

按 Enter 键后，将会显示如图 2.39 所示的查询结果。

在 SQL*Plus 中，有两种语句终止符，一个是 ";" ，一个是 "/"。当执行一条 SQL

语句时，使用分号作为结尾，或者回车换行后，使用一个正向倾斜符/，SQL*Plus 在读取到终止符时，会自动将 SQL 语句发送到服务器端执行。

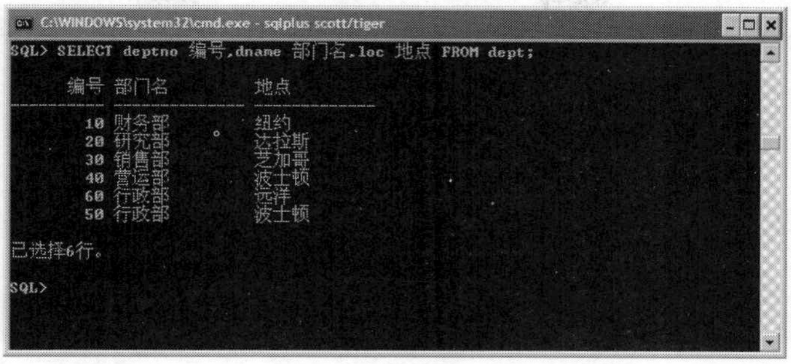

图 2.39　使用 SQL*Plus 查询数据库

对于 PL/SQL 语句块，当用户输入 DECLARE 或 BEGIN 关键字时，SQL*Plus 会检测到用户正在开始一个 PL/SQL 语句块而不是一条 SQL 语句。在语句块结束后，通过一个正向的倾斜符/来指明语句结束。

实际上对于 PL/SQL 语句块来说，/符号不只是一个语句终结符，它是 SQL*Plus 中的 RUN 命令的一个简记符号，用来运行 PL/SQL 语句块。例如在图 2.40 中，输入了一个显示当前时间的 PL/SQL 匿名块，以/结尾后，该语句块立即执行并在屏幕上显示当前的时间。

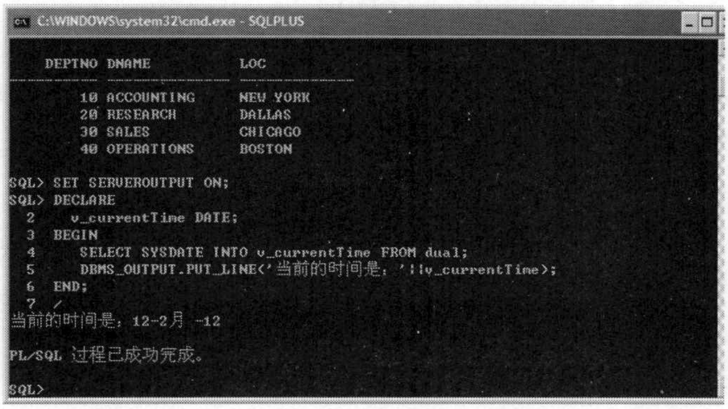

图 2.40　执行 PL/SQL 语句块

2.3.5　使用 Oracle SQL Developer

Oracle SQL Developer 是 Oracle 公司提供的一个免费的图形化数据库管理工具，这个工具提供了友好的图形化管理方式，对于很多习惯使用 SQL Server 管理器的用户来说，提供了比 SQL*Plus 更加友善的管理方法，降低了管理 Oracle 的难度。

Oracle SQL Developer 默认情况下会随 Oracle 数据库软件一起安装，如果电脑上没有安装，可以通过 Oracle 网站免费下载这个工具，下载地址如下：

```
http://www.oracle.com/technetwork/cn/developer-tools/sql-developer/down
loads/index.html
```

Oracle 公司提供了 Windows、Linux、Mac OS X 等平台的安装程序，可以通过下载页面选择不同平台的软件进行下载。下载页面如图 2.41 所示。

图 2.41　Oracle SQL Developer 下载页面

注意：Oracle SQL Developer 是一个独立的数据库管理工具，不仅可以管理 Oracle 数据库，还可以对 SQL Server、MySQL 等数据库进行管理。

在成功地安装 Oracle SQL Developer 后，可以从"开始 | 程序 | Oracle - OraDb11g_home1 | 应用程序开发 | SQL Developer"菜单项启动 Oracle SQL Developer。该工具启动后，首先必须创建到 Oracle 数据库的连接。可以从左侧的树状视图中右击"连接"项，从弹出的快捷菜单中选择"新建连接"菜单项，将弹出如图 2.42 所示的创建数据库连接窗口。

图 2.42　创建数据库连接

由图中可以看到，设置一个连接需要包含如下几个事项：

- ❑ 连接名，是用户为连接取的一个有意义的名称。
- ❑ 用户名和口令，输入要连接到数据库的用户名和口令。如果选中了保存密码，那么密码将和连接信息一同被保存，在以后使用这个连接时将不会弹出用户名和密码输入框。
- ❑ 指定角色，在"Oracle"标签页的角色下拉列表框中，提供了连接角色下拉列表框，具有 default 和 SYSDBA 两种选择。如果用户被授予了 SYSDBA 系统权限，那么在创建连接时可以选择 SYSDBA 这个角色，否则将以 default 角色进入连接。
- ❑ 连接类型，系统提供了 4 种连接的类型，选择不同的连接类型，会改变连接类型设置选项。比如选择 TNS 后，将显示网络别名和连接标识符这两个输入控件：允许用户选择 Oracle 网络别名，这些别名来自于 tnsnames.ora 文件中的定义。其中的 Basic 基本连接类型要求用户指定要连接的主机名称、端口、SID 和服务名等具体连接信息。

连接信息设置无误后，用户可以单击"测试"按钮测试数据库连接信息，如果测试通过，可以单击"保存"按钮保存连接。连接被保存后，就会出现在图 2.45 左侧的连接列表中，然后单击"连接"按钮，SQL Developer 将连接到数据库，显示数据库对象树状视图，并在右侧显示 SQL 工作表窗口，如图 2.43 所示。

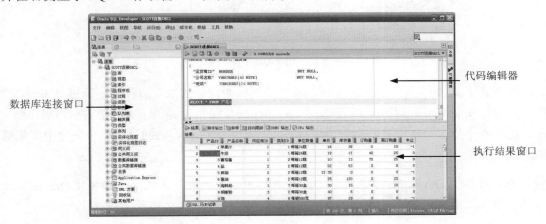

图 2.43　Oracle SQL Developer 主界面

位于左侧的面板是具有树状层次结构的数据库连接窗口，这个树状的层次列表列出了当前数据库中的所有对象，用户可以在该窗口中使用图形化的方式来直观地操作 Oracle 中的数据库对象，极大地简化了对于 Oracle 数据库的管理工作。在代码编辑窗口中可以输入代码，执行结果可以查看 SQL 或 PL/SQL 的运行效果。

2.3.6　使用 PL/SQL Developer

PL/SQL Developer 是由 allroundautomations 公司开发的一款专用于 Oracle 数据库开发的集成化开发环境。这个工具如其名所示，主要定位在 SQL 与 PL/SQL 开发方面，提供了强大的 PL/SQL 编辑器，内置智能的调试器及 PL/SQL 代码格式化等。

　　PL/SQL Developer 并不是一个免费使用的开发环境，但是可以通过该公司的网站来下载一个 30 天可用的版本进行学习。目前大多数 Oracle 开发的公司都会购买该公司的授权，30 天试用版下载地址如下所示：

```
http://www.allroundautomations.com/plsqldev.html
```

　　在下载页面中可以看到，PL/SQL Developer 是一个插件机制的开发工具，可以通过该公司提供的插件来扩充 PL/SQL 的功能，同时有兴趣的开发人员也可以开发自己的插件来定制化自己的 PL/SQL Developer，如图 2.44 所示。

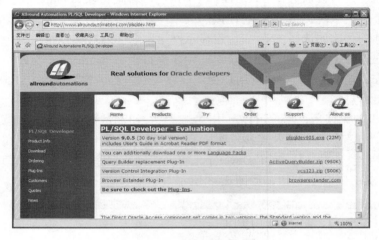

图 2.44　PL/SQL 下载网站

　　在下载了 PL/SQL Developer 之后，通过其提供的向导式的安装程序，通过"下一步"的方式进行安装即可。同时在 PL/SQL Developer 安装网站上提供了多种语言包可以下载，在这里笔者下载了简体中文的官方语言包，直接安装完成后，就拥有了一个完全中文化的集成开发环境。

　🔔注意：PL/SQLDeveloper 要求安装 Oracle 的客户端，如果计算机上没有安装 Oracle 客户端运行库，则需要单独下载 Oracle 客户端进行安装。

　　每次启动 PL/SQL Developer 时，会显示登录 Oracle 的窗口，如图 2.45 所示。PL/SQL Developer 使用存储在 tnsnames.ora 参数中定义的数据库标识符作为数据库下拉列表框中的值。当输入了用户名和口令后，选择一个数据库角色，然后单击"确定"按钮进行登录。

图 2.45　PL/SQL 登录窗口

用户输入了正确的用户名和密码成功登录后，在主窗口中可以通过菜单或工具栏按钮来创建各种不同的窗口以便编辑 SQL 或 PL/SQL 代码，如图 2.46 所示。

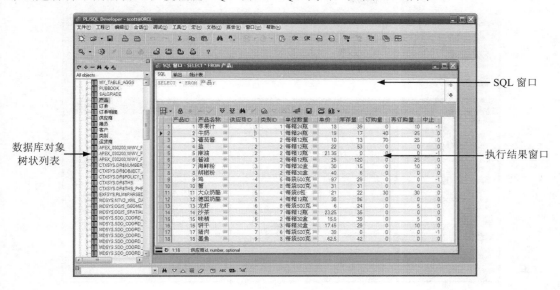

图 2.46　PL/SQL Developer 用户主界面

PL/SQL Developer 提供了树状的数据库方案对象的管理，这与 Oracle SQL Developer 非常相似。PL/SQL 通过窗口提供了各种编辑器，比如可以通过 SQL 窗口来执行 Oracle SQL；可以通过程序窗口来创建 PL/SQL 程序；可以通过结果窗口查看 SQL 语句的执行结果。

2.3.7　使用 Toad

Toad for Oracle 是由 Quest 公司开发的一款用于 Oracle 数据库管理与开发的集成化开发与管理环境。Toad 是 Tools of Oracle Application Developers 的简称，可以从如下的网址下载 Toad 的试用版本进行学习，下载页面如图 2.47 所示。

```
http://www.quest.com/Toad-for-oracle/
```

Toad 与 PL/SQL Developer 的不同之处在于 PL/SQL Developer 是一个侧重于开发的集成化开发平台，而 Toad 则是集管理与开发于一身的功能强大的集成化管理与开发的环境。一些 DBA 使用 Toad 管理工具对 Oracle 数据库进行管理。更多的开发人员会同时安装 Toad 与 PL/SQL Developer，在开发与测试时会选择 PL/SQL Developer，在管理 Oracle 时会优先使用 Toad。

Toad 的安装程序非常简单，但是在安装之前同样必须在目标机器上安装 Oracle 客户端。在安装完成后，会在开始菜单中添加 Quest 菜单列表，可以从该列表中选择 Toad for Oracle 启动该程序。

在每次启动 Toad 时，会弹出 Toad 连接列表窗口，该窗口分门别类地列出了上次登录到服务器的服务名、登录的用户和最后登录的时间。如果用户要登录到之前登录过的数据

库，可以在界面中选中登录记录，在左侧输入框中输入密码后单击"Connect"按钮，Toad
将连接 Oracle 并进入到主窗口。登录窗口如图 2.48 所示。

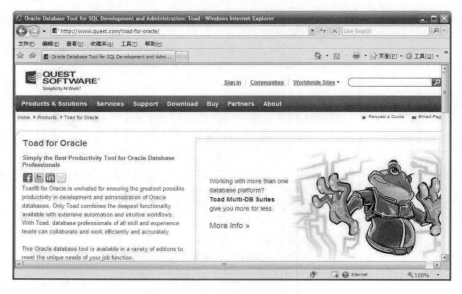

图 2.47　Toad for Oracle 下载页面

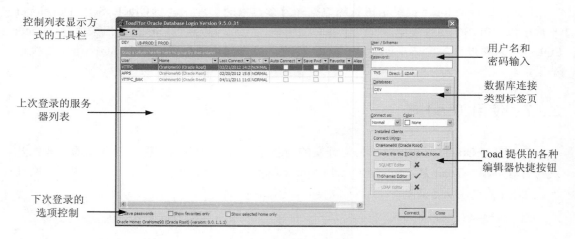

图 2.48　Toad 登录窗口

在用户名和密码输入框的下面是 Toad 提供的连接数据库的方式和已安装的 Oracle 客
户端选项，可以看到 TOAD 不仅提供了 TNS 连接，还可以不用安装 Oracle 客户端直接连
接数据库。默认情况下使用 TNS 连接，在 TNS 标签页中显示出来的数据库是 Toad 从
tnsnames.ora 文件中读入的数据库标识符名称。Installed Clients 中列出了在计算机上所安装
的 Oracle 客户端列表，同时 Toad 还在登录窗口中提供了一个 TNSNames Editor 的编译器
按钮，单击该按钮后，将进入到 Toad 所提供的 TNSNames 编辑窗口，如图 2.49 所示。

这个编辑器相较于 Oracle 本身提供的网络管理工具更直观，允许更方便地设置客户端
的 tnsnames.ora 文件。比如可以通过该窗口的工具栏添加新的对象，进行语法检查等，非
常贴心。

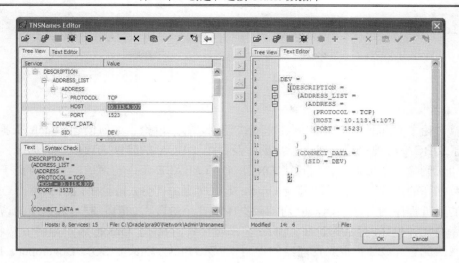

图 2.49　TNSNames 编辑窗口

📖**注意**：在 Oracle 的主窗口中，还可以使用 Toad 主菜单的"Utilites | TNSNames Editor..."
菜单来启动 TNSNames Editor。

当用户成功登录之后，就进入了 Toad 的主窗口，在主窗口中提供了各种工具来操作
Oracle 数据库，比如通过 SQL 或 PL/SQL 编辑器来编辑 SQL 语句，执行查询或通过"Database
Schema"来查看数据库方案对象，如图 2.50 所示。

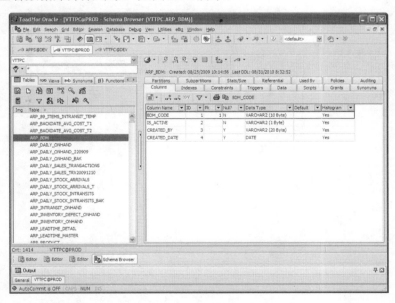

图 2.50　使用 Toad 的 Schema Browser 查看数据库方案对象

如果要切换连接，可以随时通过 Toad 主界面的 Session 菜单下的子菜单创建新的连接，
或者是终止现有的连接。

由于 Toad 提供的功能非常多，灵活地掌握需要用户参考一些 Toad 方面的手册。Toad
本身提供了一份功能齐备的帮助文档，可以通过 Toad 主窗口的"Help | Contents"来详细

地了解 Toad 提供的各种功能。

2.4　小　　结

本章讨论了 Oracle 数据库的创建和连接使用，首先讨论了如何创建 Oracle 数据库，详细讨论了 DBCA 可视化地创建一个数据库及使用 DBCA 的静默选项创建数据库，接下来讨论了如何删除一个数据库，讨论了 DROP DATABASE 命令的使用，并且讨论了手工创建一个数据库的步骤。在启动和停止 Oracle 数据库服务部分，讨论了启动和停止 Oracle 服务器端的监听程序的方法、Oracle 启动数据库的几个阶段、如何限制对数据库的访问及关闭数据库的几种模式。最后讨论了 Oracle 客户端工具，讨论了 Oracle 客户端的安装和操作、客户端网络配置、OEM 企业管理器的作用、SQL*Plus、Oracle SQL Developer、PL/SQL Developer 及 Toad 等工具的使用。

第 3 章　SQL 语言与 SQL*Plus

SQL 语言是用来管理和操作数据库的一种声明式语言，类似于英语自然语言，目前已经成为管理数据库的国际标准语言。SQL 语言具有简单易学、操作直观的特点，相较之关系型数据库复杂的理论，它提供了一种清晰明了的操作方式。SQL*Plus 是 Oracle 提供的一种管理数据库的命令行工具，它可以用来编写 SQL、PL/SQL 代码，在它上面除了可以执行 SQL 语言外，还可以操作 SQL*Plus 特有的一些语言，该工具主要被 DBA 用来维护数据库。

3.1　SQL 语言基础

SQL 语言的全称是 Structured Query Language，即结构化查询语言，它是 Oracle 客户端操作数据库的语言，提供了在高层数据结构上执行数据库的操作，不需要了解关系型数据库原理，比如不用指定数据的存放方式和存放格式，而且目前已经被美国国家标准局 ANSI 和国际标准化组织制定了 SQL 标准，这也意味着使用相同的 SQL 语句，可以在不同的数据库系统上执行操作，而且它简单易懂，目前已经成为管理和操作关系型数据库的标准语言。

3.1.1　SQL、SQL*Plus 与 Oracle 的关系

SQL 是一门操作数据库的语言，SQL*Plus 提供了向服务器端操作 SQL 语言的工具，而 Oracle 负责接收到客户端发送过来的工具，在数据库上执行 SQL 语句，然后发送反馈结果给 SQL*Plus 客户端。举个例子，想知道员工史密斯的基本信息，可以打开 SQL*Plus，向 Oracle 服务器发送一条标准的 SQL 语句，如图 3.1 所示。

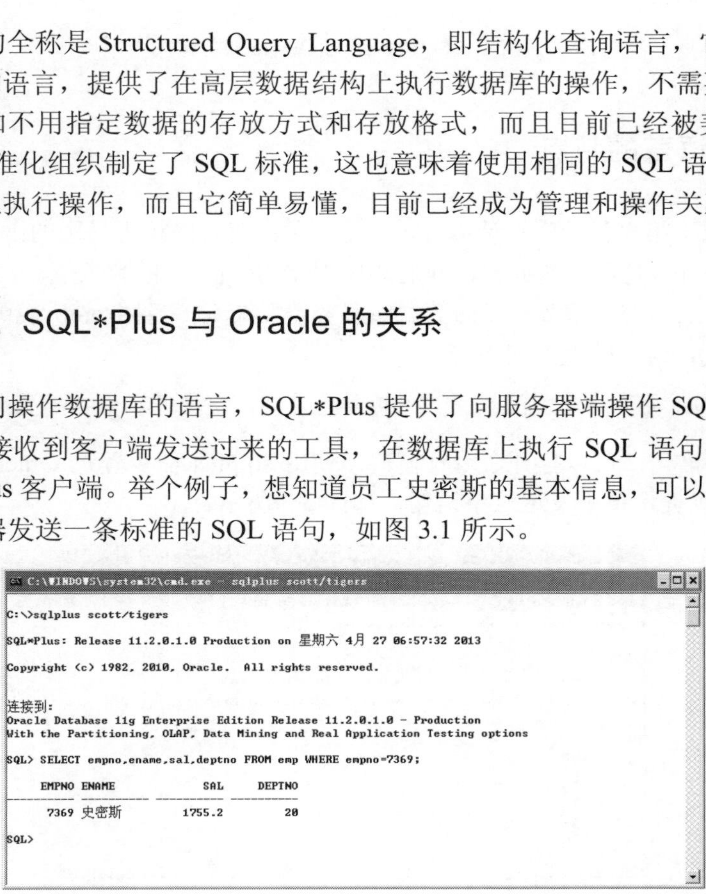

图 3.1　在 SQL*Plus 中查询 SQL 语句

用户首先打开 SQL*Plus，在 Windows 平台上，在"运行"菜单中输入 cmd 打开命令提示窗口，在该窗口中启动 sqlplus.exe 程序，在 sqlplus.exe 命令后面添加用户名和密码就可以连接到 Oracle 服务器。连接到之后就会显示 SQL>标签，用户就可以在 SQL*Plus 的命令提示行下输入 SQL 语句。

Oracle 服务器收到这条查询语句后，就会执行数据库的查询工作，这需要一系列的处理步骤，最后将查询结果返回给 SQL*Plus，SQL*Plus 将返回结果呈现给用户。Oracle 服务器具有 SQL 执行引擎和 PL/SQL 引擎，当收到客户端传递过来的命令后，通过相应的引擎来解析语句，并转换为相应的数据库操作命令来操作数据库。

这三者之间的区别可以用图 3.2 来表示。

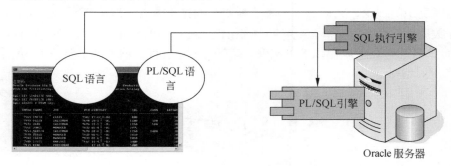

图 3.2　SQL、SQL*Plus 与 Oracle 服务器的关系

3.1.2　SQL 语言的特点

SQL 语言属于第 3 代程序设计语言，它是一种声明式的极为易用的语言，它是关系型数据库通用的语言，是用于数据库访问的非过程化的、面向集合的语言。举个例子，想取得某个部门的员工列表，那么可以向数据库服务器发命令，返回 emp 表中部门编号为 20 的员工数据，SQL 语句的写法如下：

```
SELECT empno 员工编号,ename 员工名称 FROM emp 员工名称 WHERE deptno=20;
```

要执行这条语句，可以打开命令行窗口，使用 sqlplus 命令登录 Oracle 数据库，然后在 SQL*Plus 命令提示符下发送这条语句，如图 3.3 所示。

图 3.3　在 SQL*Plus 中执行获取员工信息的 SQL 语句

可以看到，SELECT 表示要选择数据，FROM 表示来源表，WHERE 英文单词表示条件，因此这条查询语句很类似于英语中的自然语言，它不像过程式编程，SQL 语言是面向集合的，总是在对一个集合进行查询、插入、更新或删除操作。

SQL 语言已经成为关系型数据库的标准语言，自从第一个 SQL 标准在 1986 年 10 月由 ANSI 组织发布以来，经过不断的发展完善，ISO 在 1992 年发布了 SQL92 标准，接下来的 SQL99、SQL 2003 等标准不断发布，每一个标准都不断地完善了之前的标准。

🔷**注意：** 虽然 ANSI/ISO 不断地完善 SQL 语言，但是由于各大数据库厂商在实现关系型数据库管理系统时的区别，导致了不同的数据库软件厂商的 SQL 语言在实现上的区别。比如 Oracle 的 SQL 与 SQL Server 上的 SQL 语言有一些区别，不过这种区别已经日渐减少。

SQL 语言的简单易用为各类数据库用户比如应用程序员、数据库管理员、公司经理和最终用户提供了便利，它简化了对数据库的管理，允许用户在逻辑层面上以面向集合的方式操作数据，用户只需要关心数据的最终结果，而不用理解关系型数据库的管理理论，SQL 语言提供了如下功能：

- ❑ 查询数据库中的数据。
- ❑ 插入、修改和删除表中的数据行。
- ❑ 创建、替代、修改和删除数据库中的对象。
- ❑ 控制数据库和数据库对象的访问权限。
- ❑ 确保数据库安全稳定地运行，保证数据库数据的一致性和完整性。

比如要调整员工史密斯的工资，可以使用一个 UPDATE 语句向数据库发送一条更新数据的命令，Oracle 就会自动地完成所有物理到逻辑上的更改，而用户仅仅需要发布一条类似于英语自然语言的命令，示例语句如下：

```
SQL> UPDATE emp SET sal=2000 WHERE ename='史密斯';
已更新 1 行。
```

SQL 语言的特性统一可以归纳为如下几点：

- ❑ 语言风格统一，可以用一门语言来完成数据库生命周期中的全部活动，比如定义数据库对象、增加、修改、删除数据库、数据库安全性管理等。
- ❑ 面向集合的操作方式，SQL 语言采用面向集合的操作方式，每一次操作的总是一个集合，这与很多过程化的语言不同。
- ❑ 高度非过程化，SQL 是声明式的语言，可以使用类似自然语言的语法要求数据库完成工作，用户只需要提出“做什么”，而不需要指明“如何做”，因此无须了解数据库的存放路径及如何存放等工作。
- ❑ 语言简洁，易学易用，关系型数据库本来是一门非常复杂的学科，但是 SQL 语言简化了用户操作关系型数据库，用户不具有任何编程经验就可以做很多复杂的数据库操作和管理工作。

SQL 语言是 Oracle 从业人员必须掌握的重点，无论是从事数据库开发还是管理工作，精通 SQL 的知识能体现出从业者的整体素质，有利于日后的工作成长。

3.1.3　SQL 语言的分类

Oracle 数据库内部,大部分的数据库操作都是通过 SQL 语句执行的,比如使用企业管理器时,OEM 会使用很多的 SQL 语句来获取数据库的信息,可以通过 EM SQL 历史记录看到这些 SQL 的执行情况,如图 3.4 所示。

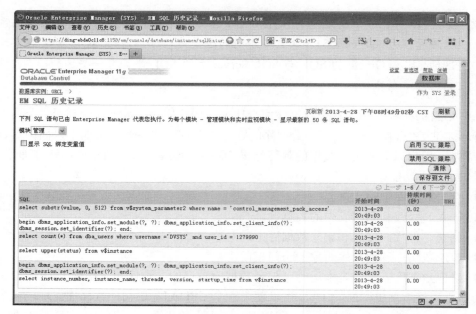

图 3.4　Oracle 企业管理器的 SQL 历史记录

一条 SQL 语句相当于一条计算机程序或指令,一般必须完整地使用。在 Oracle 数据库中,SQL 语句的作用可以分为如下几大类。

1. 数据操作语言语句

查询或操作数据库已有的数据库对象的数据,英文全称是 Data Manipulation Language,简称为 DML 语句,它可以从数据库中的表或视图中查询数据,增加、修改、删除或合并数据库的数据,查询 SQL 语句的执行计划或对表和视图进行加锁,DML 语句是数据库中使用频率最高的 SQL 语句。举例来说,假定公司要在上海开办一个业务部,可以执行如下的 INSERT 插入 DML 语句,示例语句如下:

```
SQL> INSERT INTO dept VALUES(70,'业务部','上海');
已创建 1 行。
```

2. 数据定义语言语句

数据定义语言 DDL,英文全称是 Data Definition Language,作用是定义和修改数据库中的对象,比如可以创建、修改和删除数据库中的表、用户、视图等,修改对象名称、分配和回收权限及角色、打开或关闭审计选项,以及向数据字典中添加注释等。

例如下面的语句将在数据库中创建一个新的表，示例语句如下：

```
SQL> CREATE TABLE new_table(common_name VARCHAR2(20),created_date DATE);
表已创建。
```

可以使用 DROP TABLE 语句删除这个表，示例语句如下：

```
SQL> DROP TABLE new_table;
表已删除。
```

3．事务控制语句

管理 DML 语句对数据库的修改，用来将数据的修改永久地保存或恢复到修改前的时间点，提交事务语句 COMMIT 将提交对数据库的修改，ROLLBACK 语句用来回滚事务的修改，可以使用保存点 SAVEPOINT 回滚到特定的位置，可以使用 SET TRANSACTION 修改事务的属性。例如向数据库发送 COMMIT 语句，Oracle 会完成整个事务，示例语句如下：

```
SQL> COMMIT;
提交完成。
```

4．会话控制语句

用来管理用户会话的属性，当用户登录 Oracle 数据库后，就开启了一个会话。可以使用 ALTER SESSION 会话控制语句来控制这个会话可以执行的特定操作，比如可以使用下面的会话控制语句示例来设置系统的日期时间格式：

```
SQL> ALTER SESSION SET NLS_DATE_FORMAT='YYYY-MM-DD HH24:MI:SS';
会话已更改。
```

5．系统控制语句

主要用于修改 Oracle 数据库的实例属性，ALTER SYSTEM 是 Oracle 中唯一的系统控制语句，可以修改实例的设置，比如可以修改共享服务器进程的最小数据、可以终止进程或设置归档日志模式等。

3.1.4　SQL 语言的编写规则

SQL 与 Oracle 的 PL/SQL 都具有不区分大小写的特性，如果不怎么注意区分大小写，写出来的代码会变得较混乱，不够清晰易读，为了提高程序的可读性和性能，Oracle 建议用户按照以下大小写规则编写代码：

- ❑ PL/SQL 保留字使用大写字母，例如 BEGIN、DECLARE、LOOP、ELSIF 等。
- ❑ 内置函数使用大写字母，例如 SUBSTR、COUNT、TO_CHAR 等。
- ❑ 预定义类型使用大写字母，例如 NUMBER、VARCHAR2、BOOLEAN、DATE 等。
- ❑ SQL 关键字使用大写字母，例如 SELECT、INTO、UPDATE、WHERE 等。
- ❑ 数据库对象使用小写字母，例如数据库表名、列名、视图名等。

Oracle 在执行 SQL 语句时，首先会对 SQL 语句进行解析，将解析后的 SQL 语句放在位于系统全局区 SGA 中的共享池中，这块内存区域可以被所有的数据库用户共享。当执行一个 SQL 语句时，比如在 PL/SQL 语句中的游标执行 SQL 语句时，如果 Oracle 检测到它和以前已运行过的语句相同，就会使用已经解析过的最优的执行路径。

注意：Oracle 在执行一条 SQL 语句时，总是会先从共享内存区中查找相同的 SQL 语句，但是由于 Oracle 只对简单表进行缓存，对于多表连接查询并不适用。

在从共享池中匹配 SQL 语句时，Oracle 会进行字符级的比较，因此如下的查询都不会进行共享，因为这几个查询使用了不同的大小写，即便都是查询 emp 表，示例语句如下：

```
SELECT * FROM EMP;
SELECT * from EMP;
Select * From Emp;
SELECT * FROM EMP;
```

为了避免这类 SQL 语句写法上的混乱造成的性能损失，在编写 SQL 语句时，必须注意采用大小写一致约定，关键字、保留字大写；用户声明的标识符小写。通过设计本公司的代码规则并遵守这些规则，使要处理的语句与共享池中的相一致，能提升整个 SQL 语句的执行性能。非常轻松地让代码变得比较美观，在 Toad 中，通过使用工具栏中的“Format Code”工具按钮（或按 Ctrl+Shift+E 快捷键）可以格式化 PL/SQL 代码，如图 3.5 所示。

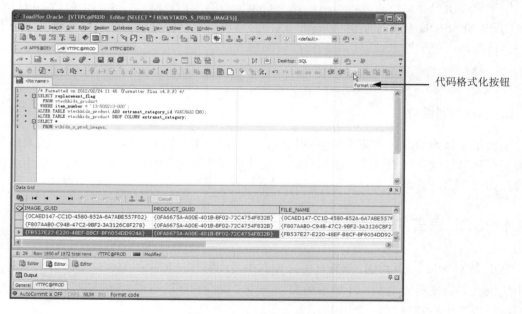

图 3.5　Toad 代码格式化工具

Toad 在格式化完代码后，会添加一个格式化日期的注释及格式化器的版本信息。PL/SQL Developer 也提供了相似的代码美化工具来美化代码。可以通过工具栏的“PL/SQL 美化器”来格式化 PL/SQL 代码，如图 3.6 所示。

有了这些代码编辑器工具的辅助，可以大大提高程序开发人员的工作效率，提升代码的质量，使得代码变得更加清晰可读，降低程序代码的维护成本。

图 3.6　使用 PL/SQL 的美化工具格式化代码

3.2　认识 SQL*Plus

连接和使用 Oracle 有众多的工具，比如图形化的 Oracle SQL Developer 及基于 Web 的企业管理器等等，但是对于数据库管理员 DBA 来说，大多数时间都在使用 SQL*Plus 来连接和使用数据库，对于任何新入手 Oracle 数据库的用户来说，掌握一些 SQL*Plus 的基础知识很有必要，因为它提供了一个轻量级的代码操作环境来管理数据库，它提供的命令反馈提示对于初学 Oracle 的用户来非常重要。

3.2.1　SQL*Plus 的功能

SQL*Plus 是一个命令行式的交互式数据库管理工具，它随 Oracle 数据库一同安装，客户端的计算机在安装 Oracle 客户端时也会安装这个客户端的管理工具，它可以同时存在于客户端和服务器端。对于即时客户端的用户，Oracle 也提供了一个即时客户端版的 SQL*Plus 工具，它是一个独立的可执行程序，使用 OCI 即时客户端来访问数据库。

SQL*Plus 有自己的命令提示环境，在这个提示环境中可以执行 SQL、PL/SQL 及 SQL*Plus 特有命令和操作系统命令，它具有如下的几个功能：

❑ 格式化、计算、存储和打印查询的结果。
❑ 支持表和对象的结构的显示。
❑ 可以开发和运行 SQL、PL/SQL 脚本。
❑ 可以实现数据库管理任务。

一般来说，使用 SQL*Plus 主要用来完成如图 3.7 所示的工作。

SQL*Plus 通常位于 $ORACLE_HOME\bin 文件夹下，其中 ORACLE_HOME 是环境变量定义，如果在环境变量中定义了这个文件夹，可以直接在命令行工具下输入 sqlplus 命令，它将启动 SQL*Plus 这个命令行工具，此时 SQL*Plus 会首先要求登录数据库，如图 3.8 所示。

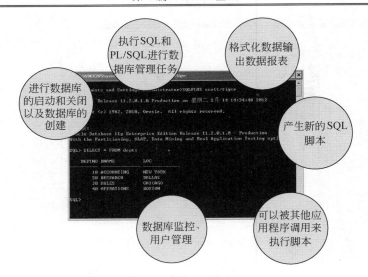

图 3.7　SQL*Plus 的功能示意图

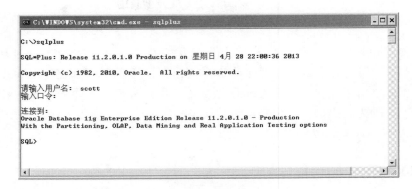

图 3.8　启动 SQL*Plus 命令行工具

如果是使用远程终端工具连接到目标服务器，比如使用 SecureCRT 连接到 Linux 或 UNIX 环境，则可以在 Oracle 安装环境下面直接使用 sqlplus 命令来启动 SQL*Plus，这些终端环境提供了与命令提示符环境相似的操作方式。

3.2.2　启动 SQL *Plus

在启动 SQL*Plus 之前，确保设置了 ORACLE_SID、ORACLE_HOME 和 LD_LIBBARY_PATH 环境变量，在 Windows 平台下一般不用怎么设置，而 Linux 或 UNIX 环境如果没有正确设置，有可能导致 SQL*Plus 的启动出现错误。启动并登录的语句如下：

```
C:\>sqlplus scott/tigers
SQL*Plus: Release 11.2.0.1.0 Production on 星期日 4月 28 22:16:21 2013
Copyright (c) 1982, 2010, Oracle.  All rights reserved.
连接到：
Oracle Database 11g Enterprise Edition Release 11.2.0.1.0 - Production
With the Partitioning, OLAP, Data Mining and Real Application Testing options
```

这种方式将用户名和密码以/线分隔，不过很多用户不希望将密码以明文的方式显示在界面上，可以仅输入一个用户名，这样 SQL*Plus 会聪明地提示用户输入密码：

```
C:\>sqlplus scott
SQL*Plus: Release 11.2.0.1.0 Production on 星期日 4 月 28 22:17:55 2013
Copyright (c) 1982, 2010, Oracle.  All rights reserved.
输入口令:
连接到:
Oracle Database 11g Enterprise Edition Release 11.2.0.1.0 - Production
With the Partitioning, OLAP, Data Mining and Real Application Testing options
```

由于这里并没有指定要连接的数据库，SQL*Plus 将使用环境变量 ORACLE_SID 指定的数据库，如果要连接到其他的数据库，示例语句如下：

```
sqlplus username@connect_identifier
```

或者加上密码的语法：

```
sqlplus username/password@connect_identifier
```

字符@后面是连接标识符，这是一个在 tnsnames.ora 文件中定义的连接标识，可以使用客户端的 Oracle 网络管理器工具来创建新的连接标识，或者直接打开 $ORACLE_HOME\NETWORK\ADMIN 文件夹下的 tnsnames.ora 来编辑这个文件。

例如连接标识符 sales1 的配置如下：

```
SALES1 =
(DESCRIPTION =
(ADDRESS=(PROTOCOL=tcp)(HOST=sales-server)(PORT=1521) )
(CONNECT_DATA=
(SERVICE_NAME=sales.us.acme.com) ) )
```

其中 DESCRIPTION 指定连接描述，PROTOCOL 指定 TCP 访问方式，HOST 指定一个 IP 地址或主机名称，PORT 指定端口号，SERVICE_NAME 指定全局服务名称。

要连接到 ORCL 数据库，完整的语法如下：

```
C:\>sqlplus scott/tigers@ORCL
SQL*Plus: Release 11.2.0.1.0 Production on 星期日 4 月 28 22:29:44 2013
Copyright (c) 1982, 2010, Oracle.  All rights reserved.
连接到:
Oracle Database 11g Enterprise Edition Release 11.2.0.1.0 - Production
With the Partitioning, OLAP, Data Mining and Real Application Testing options
```

一些操作必须要具有 SYSDBA 或 SYSOPER 权限的用户才能正常操作，比如启动或关机，那么要用这样的身份登录数据库，必须要使用 AS SYSDBA 来进行登录，示例语句如下：

```
C:\>sqlplus sys/oracle@ORCL AS SYSDBA
SQL*Plus: Release 11.2.0.1.0 Production on 星期日 4 月 28 22:31:32 2013
Copyright (c) 1982, 2010, Oracle.  All rights reserved.
连接到:
Oracle Database 11g Enterprise Edition Release 11.2.0.1.0 - Production
With the Partitioning, OLAP, Data Mining and Real Application Testing options
```

可以使用 SQL*Plus 的 SHOW USER 命令查看当前登录的是哪个用户，示例语句如下：

```
SQL> SHOW USER
USER 为 "SYS"
```

如果在数据库中创建了操作系统认证的用户账户，可以直接在 SQL*Plus 中使用反斜线进行连接，如下：

```
C:\>sqlplus /
```

或者使用 AS SYSDBA 指定用操作系统认证的方式以 DBA 身份进行登录，示例语句如下：

```
C:\>sqlplus / AS SYSDBA
SQL*Plus: Release 11.2.0.1.0 Production on 星期日 4 月 28 22:34:18 2013
Copyright (c) 1982, 2010, Oracle.  All rights reserved.
连接到:
Oracle Database 11g Enterprise Edition Release 11.2.0.1.0 - Production
With the Partitioning, OLAP, Data Mining and Real Application Testing options
SQL> SHOW USER
USER 为 "SYS"
```

3.2.3　重新连接数据库

当在命令行提示窗口中出现了 SQL>提示符后，表示已经连接到了一个 Oracle 数据库实例。在实际的工作中经常需要在不同的用户和不同的数据库之间进行切换，此时可以使用 CONNECT 命令，在 SQL*Plus 中可以仅输入命令的前 4 个字符，SQL*Plus 会自动完成命令的匹配。CONNECT 命令允许在不退出 SQL*Plus 命令提示环境的情况下以不同的身份或者是连接到不同的数据库，示例语句如下：

```
SQL> conn scott/tigers
已连接。
SQL> show user
USER 为 "SCOTT"
SQL> conn sys/oracle as sysdba
已连接。
SQL> show user
USER 为 "SYS"
```

在这个示例中首先使用 CONNECT 命令用 scott 用户登录，稍后又改为使用 SYS 数据库管理员身份进入数据库。 SHOW USER 命令显示了当前连接的用户的名称，CONNECT 命令还可以连接到其他的数据库，在进行数据库切换时比较常用，示例语句如下：

```
SQL> conn scott/tigers@ORCL
已连接。
```

在这个命令中使用连接标识符指定了要连接到的目标数据库的连接符，这样就切换到了一个不同的数据库中。

3.2.4　SQL*Plus 运行环境设置

SQL*Plus 本身是可配置的，它提供了很多的配置命令，比如用来控制输出的行数或列数，比如要在每个命令提示符前面显示一个时间，可以使用 SET TIME ON/OFF 来实现，示例语句如下：

```
SQL> SET TIME ON
22:50:20 SQL> SELECT COUNT(1) FROM emp;
  COUNT(1)
----------------
        18
22:50:28 SQL> SET TIME OFF
SQL>
```

现在 SQL 命令提示符前面具有了一个时间显示，如果希望统计每个 SQL 命令的运行时间，可以使用 SET TIMING ON/OFF 命令，示例语句如下：

```
SQL> SET TIMING ON
SQL> SELECT COUNT(1) FROM emp;
  COUNT(1)
----------------------
        18
已用时间: 00: 00: 00.00
SQL> SET TIMING OFF;
```

可以看到，现在每个 SQL 语句执行之后，会显示一个已用时间项。SQL*Plus 提供了很多这样的运行环境的设置命令，这些命令在格式输出、自动计算、显示统计信息等时非常常用，在本书后面的内容中会引入很多环境设置命令，表 3.1 是部分环境设置命令的描述和基本的语法。

表 3.1　SQL*Plus环境变量列表

选　　项	说　　明
SET　ARRAYSIZE {15|N}	设置 SQL*PLUS 一次从数据库中取出的行数，其取值范围为任意正整数
SET AUTOCOMMIT{ON|OFF|IMMEDIATE|N}	该参数的值决定 Oracle 何时提交对数据库所做的修改。当设置为 ON 和 IMMEDIATE 时，SQL 命令执行完毕后，立即提交用户做的更改；而当设置为 OFF 时，则用户必须使用 COMMIT 命令提交。关于事务处理的请参考第 18 章
SET AUTOPRINT{ON|OFF}	自动打印变量值，如果 AUTOPRINT 设置为 ON，则在过程的执行过程中可以看到屏幕上打印的变量值；设置为 OFF 时表示只显示"过程执行完毕"这样的提示
SET AUTORECOVERY{ON|OFF}	设定为 ON 时，将以默认的文件名来记录重做记录，当需要恢复时，可以使用 RECOVER AUTOMATIC DATABASE 语句恢复，否则只能使用 RECOVER DATABASE 语句恢复
SET AUTOTRACE{ON|OFF|TRACE[ONLY]}[EXPLAIN][STATISTICS]	对正常执行完毕的 SQL DML 语句自动生成报表信息
SET BLOCKTERMINATOR {C|ON|OFF}	定义表示结束 PL/SQL 块结束的字符
SET CMDSEP{;|C|ON|OFF}	定义 SQL*PLUS 的命令行区分字符，默认值为 OFF，也就是说回车键表示下一条命令并开始执行；假如设置为 ON，则命令行区分字符会被自动设定成";"，这样就可以在一行内用";"分隔多条 SQL 命令
SET COLSEP{ _|TEXT}	设置列和列之间的分隔字符。默认情况下，在执行 SELECT 输出的结果中，列和列之间是以空格分隔的。这个分隔符可以通过使用 SET COLSEP 命令来定义
SET LINESIZE {80|N}	设置 SQL*PLUS 在一行中能够显示的总字符数，默认值为 80。可以的取值为任意正整数
SET LONG {80|N}	为 LONG 型数值设置最大显示宽度，默认值为 80

续表

选　　项	说　　明
SET NEWPAGE {1|N|NONE}	设置每页打印标题前的空行数，默认值为 1
SET NULL TEXT	设置当 SELECT 语句返回 NULL 值时显示的字符串
SET NUMFORMAT FORMAT	设置数字的默认显示格式
SET PAGESIZE {14|N}	设置每页打印的行数，该值包括 NEWPAGE 设置的空行数
SET PAUSE{OFF|ON|TEXT}	设置 SQL*PLUS 输出结果时是否滚动显示。当取值为 NO 时表示输出结果的每一页都暂停，用户按下回车键后继续显示；取值为字符串时，每次暂停都将显示该字符串
SET RECSEP {WRAPPED | EACH | OFF}	显示或打印记录分隔符。其取值为 WRAPPED 时，只在折叠的行后面打印记录分隔符；取值为 EACH 则表示每行之后都打印记录分隔符；OFF 表示不必打印分隔符
SET SPACE{1 | N}	设置输出结果中列与列之间的空格数，默认值为 10
SET SQLCASE{MIXED | LOWER | UPPER}	设置在执行 SQL 命令之前是否转换大小。取值可以为 MIXED（不进行转换）、LOWER（转换为小写）和 UPPER（转换为大写）
SET SQLCONTINUE{>| TEST}	设置 SQL*PLUS 的命令提示符
SET TIME {OFF | ON}	控制当前时间的显示。取值为 ON 时，表示在每个命令提示符前显示当前系统时间；取值为 OFF 则不显示系统当前时间
SET TIMING {OFF | ON}	控制是否统计每个 SQL 命令的运行时间。取值为 ON 表示统计，OFF 则不统计
SET UNDERLINE{-| C | ON | OFF}	设置 SQL*PLUS 是否在列标题下面添加分隔线，取值为 ON 或 OFF 时分别表示打开或关闭该功能；还可以设置列标题下面分隔符的样式
SET WRAP {ON | OFF}	设置当一个数据项比当前行宽长时，SQL*PLUS 是否截断数据项的显示。取值为 OFF 时表示截断，ON 表示超出部分折叠到下一行显示

　　对于 SQL*Plus 的使用人员来说，每次进入 SQL*Plus 都要设置环境是一件令人非常困扰的事情，还好可以将这些环境设置命令编写为一个名为 login.sql 的脚本，再设置一个名为 SQLPATH 的环境变量，指向这个 login.sql 脚本，这样就可以在每次 SQL*Plus 启动时自动进行环境变量的设置。

　　举例来说，笔者创建了环境设置脚本放在 E:\app\login.sql 文件中，接下来打开 Windows 的环境变量设置窗口，可以右击桌面上的"我的电脑"图标，从弹出的菜单中选择"属性"，在属性窗口中选择"高级 | 环境变量"，在用户变量中添加一个 SQLPATH 的环境变量设置，指向 E:\login.sql，如图 3.9 所示。

　　这样在下次重新启动 SQL*Plus 时，就会执行这个脚本，然后就可以在每次启动 SQL*Plus 时自动执行这个包含了环境设置的脚本，而不用每次都手动进行设置。

图 3.9　设置环境变量

3.2.5　使用命令帮助

　　SQL*Plus 本身提供了很多命令，这类命令供 SQL*Plus 使用，来设置环境或简化对

Oracle 数据库服务器的访问，为了加快用户使用 SQL*Plus，笔者建议在使用之前学会先使用帮助工具查看命令的解释，SQL*Plus 内建了帮助程序，可以随时通过 HELP 命令查询相关的命令信息，比如要查看 DESC 这个命令的用法，示例语句如下：

```
scott_Ding@ORCL> HELP DESC
 DESCRIBE
 -------------------------------------------------------------------
 Lists the column definitions for a table, view, or synonym,
 or the specifications for a function or procedure.
 DESC[RIBE] {[schema.]object[@connect_identifier]}
```

可以看到，HELP 命令不仅显示出了命令的描述信息，而且提供了命令的详细使用语法，这样就可以根据语法的描述来使用这个命令。

如果仅仅是输入 HELP 命令而不添加任何其他要获取帮助的命令，SQL*Plus 将显示可以参考的 SQL*Plus 的参考资料，示例语句如下：

```
scott_Ding@ORCL> HELP
 HELP
 -------------------------------------------------------------------
 Accesses this command line help system. Enter HELP INDEX or ? INDEX
 for a list of topics.
 You can view SQL*Plus resources at
    http://www.oracle.com/technology/tech/sql_plus/
 and the Oracle Database Library at
    http://www.oracle.com/technology/documentation/
 HELP|? [topic]
```

可以看到，HELP 命令除提供了 SQL*Plus 的资源链接外，还提示用户可以使用 HELP INDEX 或? INDEX 显示命令的列表，因此如果想要快速了解 SQL*Plus 的命令列表，可以使用 HELP INDEX 命令，示例语句如下：

```
scott_Ding@ORCL> HELP INDEX

Enter Help [topic] for help.
 @             COPY          PAUSE            SHUTDOWN
 @@            DEFINE        PRINT            SPOOL
 /             DEL           PROMPT           SQLPLUS
 ACCEPT        DESCRIBE      QUIT             START
 APPEND        DISCONNECT    RECOVER          STARTUP
 ARCHIVE LOG   EDIT          REMARK           STORE
 ATTRIBUTE     EXECUTE       REPFOOTER        TIMING
 BREAK         EXIT          REPHEADER        TTITLE
 BTITLE        GET           RESERVED WORDS (SQL)     UNDEFINE
 CHANGE        HELP          RESERVED WORDS (PL/SQL)  VARIABLE
 CLEAR         HOST          RUN              WHENEVER OSERROR
 COLUMN        INPUT         SAVE             WHENEVER SQLERROR
 COMPUTE       LIST          SET              XQUERY
 CONNECT       PASSWORD      SHOW
```

有了这个命令列表，就可以继续使用 HELP+命令的方式查看更加详细的帮助，比如可以使用 EHLP @查看@这个命令的作用，示例语句如下：

```
scott_Ding@ORCL> HELP @
 @ ("at" sign)
 -------------------------------------------------------------------
 Runs the SQL*Plus statements in the specified script. The script can be
 called from the local file system or a web server.
```

```
@ {url|file_name[.ext]} [arg ...]
……
```

了解到@的作用和语法格式后，就可以使用它来执行一个外部脚本了。可见灵活地使用帮助不仅可以学到命令的语法，时时应用 HELP 还能够加速记忆，在日常工作中十分便利。

3.3　操作数据库

SQL*Plus 主要用来与 Oracle 数据库交互，一般来说在 SQL*Plus 中可以使用两种类型的命令，分别是：

- □ 本地命令，控制 SQL*Plus 本身操作的命令，比如 COPY、COMPUTE、REM 和 SET LINESIZE 等，这些命令用来在 SQL*Plus 本地操作，并不会发送到服务器端。
- □ 服务器执行的命令，这些命令通常是 Oracle 的 SQL 命令或 PL/SQL 代码，发送到服务器端，SQL 命令以分号（；）结尾，PL/SQL 命令用正斜线（/）结束。

本节将主要讨论如何在 SQL*Plus 中执行服务器端的 SQL 或 PL/SQL 代码，同时也会讨论 SQL*Plus 常用的一些本地命令。

3.3.1　执行 SQL 与 PL/SQL 代码

在 SQL*Plus 中输入 SQL 语句时，是以分号作为结束符的，当提交了一条 SQL 语句后，SQL*Plus 会将用户输入的语句发送到服务器中，同时将这条语句存放到 SQL 缓冲区中。例如下面在 SQL*Plus 中输入一条 SELECT 查询语句，用来查询 emp 表中的员工信息，示例语句如下：

```
scott_Ding@ORCL> SELECT empno,ename FROM emp WHERE deptno=20;
    EMPNO ENAME
--------- ------
     7369 史密斯
     7566 约翰
     7788 斯科特
     7876 亚当斯
     7902 福特
     7892 张八
     7893 霍九
     7894 霍十
已选择 8 行。
```

可以看到，只要在 SQL 语句的结尾处输入分号，按 Enter 键后，SQL*Plus 将这条 SQL 语句发送给服务器，数据库服务器返回执行的结果集，这条 SQL 语句会被存放到 SQL*Plus 的缓冲区中。

只要没有输入分号结束符，可以任意按下 Enter 键，SQL*Plus 会记住用户的输入，因此可以在输入时使用一定的 SQL 语句的格式，示例语句如下：

```
scott_Ding@ORCL> SELECT empno,ename
```

```
        FROM emp
        WHERE deptno=20;
```

可以看到，只要没有输入结束符，可以在 SQL*Plus 中输入任何格式的 SQL 语句。事实上除使用分号结束 SQL 语句外，在 SQL*Plus 中也可以使用正斜线/或者是按两次回车键结束。输入分号是常见的方式，而正斜线常用于执行 PL/SQL 语句，不过也可以用于 SQL 语句的结束符，示例语句如下：

```
scott_Ding@ORCL> SELECT *FROM emp WHERE deptno=20
  2  /
```

正斜线需要另起一行，表示整个语句块的结束。如果在输入了一条 SQL 语句后并不想执行，可以连续按下两次回车键，SQL*Plus 认为用户终止了命令，但是并不想执行这个命令。

默认情况下，SQL*Plus 界面上的输出数据并不十分理想，通过使用 SQL*Plus 的本地命令 SET 可以设置输出的格式，比如每页打印的行数或者是每一行能显示的字符数等，示例语句如下：

```
SQL> SET pagesize 100;          --设置每页打印行数
SQL> SET linesize 500;          --设置一行能够显示的字符数
SQL> SELECT * FROM emp;
```

可以看到本地命令并不具有任何反馈的消息，这行语句将每页打印的行数设置为 100，行宽为 500 个字符，这使得显示的效果会比较宽，同时显示的行数会更理想，如图 3.10 所示。

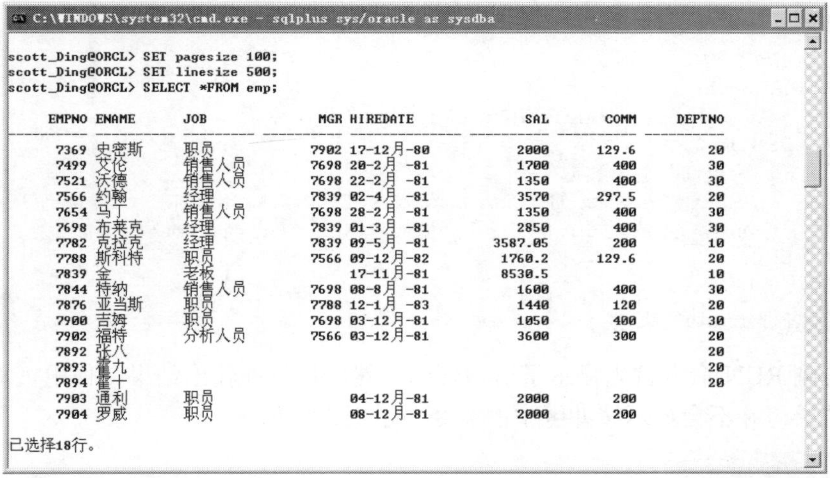

```
C:\WINDOWS\system32\cmd.exe - sqlplus sys/oracle as sysdba

scott_Ding@ORCL> SET pagesize 100;
scott_Ding@ORCL> SET linesize 500;
scott_Ding@ORCL> SELECT *FROM emp;

     EMPNO ENAME      JOB              MGR HIREDATE              SAL       COMM     DEPTNO
---------- ---------- --------- ---------- -------------- ---------- ---------- ----------
      7369 史密斯     职员            7902 17-12月-80           2000      129.6         20
      7499 艾伦       销售人员        7698 20-2月 -81           1700        400         30
      7521 沃德       销售人员        7698 22-2月 -81           1350        400         30
      7566 约翰       经理            7839 02-4月 -81           3570      297.5         20
      7654 马丁       销售人员        7698 28-2月 -81           1350        400         30
      7698 布莱克     经理            7839 01-3月 -81           2850        400         30
      7782 克拉克     经理            7839 09-5月 -81        3587.05        200         10
      7788 斯科特     职员            7566 09-12月-82         1760.2      129.6         20
      7839 金         老板                 17-11月-81         8530.5                    10
      7844 特纳       销售人员        7698 08-8月 -81           1600        400         30
      7876 亚当斯     职员            7788 12-1月 -83           1440        120         20
      7900 吉姆       职员            7698 03-12月-81           1050        400         30
      7902 福特       分析人员        7566 03-12月-81           3600        300         20
      7892 张八                                                                         20
      7893 霍九                                                                         20
      7894 霍十                                                                         20
      7903 通利       职员                 04-12月-81           2000        200
      7904 罗威       职员                 08-12月-81           2000        200

已选择18行。
```

图 3.10　SQL 输出的格式设置

前面演示了 SQL 和 SQL*Plus 的执行，接下来看看 PL/SQL 的执行。PL/SQL 与 SQL 的区别在于包含了过程性的程序逻辑，执行时需要以/符号结尾，例如下面是一段非常简单的 PL/SQL 的执行过程，示例语句如下：

```
SQL> SET SERVEROUTPUT ON;             --设置 DBMS_OUTPUT 的输出
SQL> DECLARE
        v_empname VARCHAR2(20);       --定义变量
```

```
    BEGIN
      --查询并输出数据
      SELECT ename INTO v_empname FROM emp WHERE empno=7369;
      DBMS_OUTPUT.put_line('员工名称: '||v_empname);
    END;
    /
员工名称: 史密斯
PL/SQL 过程已成功完成。
```

在 PL/SQL 中通常以 DECLARE、BEGIN 开启脚本代码，因此 SQL*Plus 可以自动检测到当前正在编辑的是 PL/SQL 脚本，在每一行语句后输入分号后并不会立即结束脚本，可以看到对于 PL/SQL 来说由于每一行都是以 “;” 号结尾，因此在多次按下回车时并不会立即执行，只有输入了/符号后，代码才顺利得以执行。

3.3.2　了解 SQL*Plus 缓冲区

SQL*Plus 有一个 SQL 缓冲区来存储最近输入的 SQL 命令或 PL/SQL 块，当一个新的 SQL 或 PL/SQL 代码输入时，缓冲区中的语句会被新的代码所覆盖。可以使用 LIST 命令查看缓冲区中的内容，示例语句如下：

```
scott_Ding@ORCL> LIST
  1* SELECT * FROM emp
```

可以反复多次执行缓冲区中的代码，SQL*Plus 提供了 RUN 或/命令，RUN 命令在执行之前会显示 SQL 语句或 PL/SQL 块，而正斜线/仅执行命令并不进行显示，例如下面在缓冲区中放置了一段 PL/SQL 脚本，使用 RUN 命令的执行结果如下：

```
scott_Ding@ORCL> RUN
  1   DECLARE
  2        v_empname VARCHAR2(20);       --定义变量
  3     BEGIN
  4        --查询并输出数据
  5        SELECT ename INTO v_empname FROM emp WHERE empno=7369;
  6        DBMS_OUTPUT.put_line('员工名称: '||v_empname);
  7*    END;
员工名称: 史密斯
PL/SQL 过程已成功完成。
```

可以看到 RUN 命令首先显示了语句代码，然后执行并输出结果，使用正斜线/将只会输出执行结果，并不会显示缓冲区中的命令，示例语句如下：

```
scott_Ding@ORCL> /
员工名称: 史密斯
PL/SQL 过程已成功完成。
```

在 SQL*Plus 中以命令行方式编辑代码有些不够灵活，比如出现了错误又得重新输入。不过有了缓冲区的帮助，可以用一个记事本编辑器打开缓冲区的内容，然后进行编辑就方便多了。要用编辑器打开缓冲器的内容，首先要确保为缓冲区置入了内容，然后输入 EDIT 命令，此时 SQL*Plus 将启动编辑器，在 SQL*Plus 中为记事本，可以使用 DEFINE 命令来指定一个自定义的编辑器，示例语句如下：

```
scott_Ding@ORCL> DEFINE _EDITOR=notepad.exe
```

这里指定了 notepad.exe，表示将用记事本打开缓冲区中的内容，接下来在 SQL*Plus 中输入 EDIT 命令，将用记事本打开缓冲区中的内容，如图 3.11 所示。

图 3.11　使用记事本编辑缓冲区中的内容

由图中可以看到，SQL*Plus 先将缓冲区中的内容写到了 afiedt.buf 文件中，然后用记事本打开这个文件，这样就可以方便地进行编辑了。

在缓冲区中编辑完成之后，单击"文件 | 保存"菜单项保存修改，然后关闭记事本，可以看到在 SQL*Plus 中马上显示了缓冲区中的最新内容，使用 RUN 或/命令就可以执行缓冲区中的代码，如图 3.12 所示。

图 3.12　缓冲区命令的执行结果

如果要清除缓冲区中的命令，可以使用 CLEAR BUFFER 本地命令，示例语句如下：

```
scott_Ding@ORCL> CLEAR BUFFER
buffer 已清除
scott_Ding@ORCL> /
SP2-0103：SQL 缓冲区中无可运行的程序。
```

⌂注意：如果要清除 SQL*Plus 屏幕上的显示，可以使用 CLEAR SCREEN 命令。

很多时候，用户可能希望所执行的命令能够保存到一个文件中，使用复制/粘贴有些不太方便，可以使用 SQL*Plus 的 SPOOL 命令创建一个假脱机文件，然后使用 SPOOL out

命令将缓冲区中的 SQL 语句发送给假脱机文件。HELP SPOOL 的结果如下：

```
scott_Ding@ORCL> HELP SPOOL
 SPOOL
 ---
 Stores query results in a file, or optionally sends the file to a printer.
 SPO[OL] [file_name[.ext] [CRE[ATE] | REP[LACE] | APP[END]] | OFF | OUT]
```

下面创建一个假脱机文件，然后使用 SPOOL OUT 将 SQL 语句写入到该文件中，示例语句如下：

```
scott_Ding@ORCL> SPOOL G:\OraData\spoolfile.LST
scott_Ding@ORCL> SELECT SYSDATE FROM dual;
SYSDATE
----------
29-4 月 -13
scott_Ding@ORCL> SPOOL OUT;
```

这个示例在 G:\OraData 文件夹下创建了一个名为 spoolfile.LST 的假脱机文件，在执行了查询语句后，使用 SPOOL OUT 将输出的信息写入到假脱机文件中，用记事本打开这个假脱机文件，可以看到被输入的内容，如图 3.13 所示。

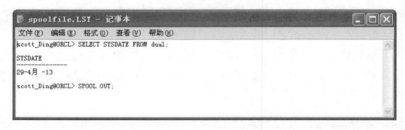

图 3.13　假脱机文件内容

可以看到，SPOOL 命令不仅写入了命令，也写入了输出结果，基本上可以看作是屏幕上的一份拷贝，如果不再需要假脱机文件保存，可以使用 SPOOL OFF 语句关闭假脱机输出。

3.3.3　运行脚本文件

SQL*Plus 也可执行存储在外部文件中的 SQL 命令，这些文件通常以.sql 作为扩展名。可以用 3 种方式执行外部文件，GET 命令、START 命令或@命令。

对于外部脚本，可以使用 GET 命令将其提取到 SQL 缓冲区中。GET 命令的语法如下：

```
GET [FILE] file_name[.ext] [LIST | NOLIST]
```

例如要从当前目录加载 deptsearch.sql，可以使用如下语句：

```
SQL> GET deptsearch
 1* SELECT * FROM dept where deptno=20
```

可以看到 GET 实际上是将文件中的 SQL 提取出来保存到 SQL 缓冲区，但是并没有执行命令。要执行命令，可以使用 START 命令或@快捷方式。

START 命令用于执行指定的文件中的 SQL*Plus 命令，文件可以是本地文件或来自

Web 服务器上的文件，语法格式如下：

```
STA[RT] {url|file_name[.ext]} [arg ...]
```

其中的 arg 数组用来为脚本中的交互式的变量指定参数值，因而要执行 deptsearch.sql 文件，示例语句如下：

```
SQL> STA deptsearch
    DEPTNO DNAME       LOC
    ------ ---------- --------
      20   RESEARCH    DALLAS
```

可以看到 START 直接执行了保存在脚本文件中的 SQL 脚本。也可以使用@符号来替代 START 命令来执行文件中的脚本，示例语句如下：

```
SQL> @deptsearch
```

可以看到@具有和 START 同样的运行效果，但是提供了更简洁的语法，执行结果如图 3.14 所示。

图 3.14　@语句的执行结果

3.3.4　显示表结构

SQL*Plus 提供了很多命令来简化对 Oracle 数据库的操作，比如可以使用 SHOW PARAMETERS 命令显示当前数据库的参数信息，使用 SHOW USER 显示当前登录的用户名，其中用户最常用的是 DESC[RIBE]命令，它可以显示表的字段结构信息，SQL*Plus 的帮助提示如下：

```
sys_Ding@ORCL> HELP DESC

DESCRIBE
--------
Lists the column definitions for a table, view, or synonym,
or the specifications for a function or procedure.
DESC[RIBE] {[schema.]object[@connect_identifier]}
```

由帮助信息可以看到，DESC 命令会显示表、视图、同义词或函数和过程的规范定义等信息，例如要查看 scott 方案下 emp 表的字段结构，可以使用如下的命令：

```
scott_Ding@ORCL> DESC emp
名称                                    是否为空?            类型
---------------------------------- -------------------- ----------------
EMPNO                              NOT NULL             NUMBER(4)
ENAME                                                   VARCHAR2(10)
```

```
JOB                                                     VARCHAR2(9)
MGR                                                     NUMBER(4)
HIREDATE                                                DATE
SAL                                                     NUMBER(7,2)
COMM                                                    NUMBER(7,2)
DEPTNO                                                  NUMBER(2)
```

可以看到，DESC 命令很方便地显示了 emp 表的结构，除此之外，它还可以显示函数或过程及包中的规范定义信息。例如要查看 afunc 函数的定义信息，DESC 命令的输出结果如下：

```
scott_Ding@ORCL> DESC afunc
FUNCTION afunc RETURNS NUMBER
参数名称                        类型                     输入/输出默认值?
----------------------  ------------------  ----------------------
F1                              VARCHAR2                 IN
F2                              NUMBER                   IN
```

可以看到，DESC 包含了函数的定义规范及参数信息，了解了函数的参数就可以方便地发出函数调用命令。如果用 DESC 查看一个包的定义信息，DESC 不仅会列出包规范中定义的每个子程序，同样也会列出它们的参数，示例语句如下：

```
scott_Ding@ORCL> DESC emp_mgmt_pkg
FUNCTION CREATE_DEPT RETURNS NUMBER
参数名称                        类型                     输入/输出默认值?
----------------------  ------------------  ------------------------
P_DEPTNO                        NUMBER                   IN
P_LOC                           VARCHAR2                 IN
FUNCTION HIRE RETURNS NUMBER
参数名称                        类型                     输入/输出默认值?
----------------------  ------------------  ------------------------
P_ENAME                         VARCHAR2                 IN
P_JOB                           VARCHAR2                 IN
P_MGR                           NUMBER                   IN
P_SAL                           NUMBER                   IN
P_COMM                          NUMBER                   IN
P_DEPTNO                        NUMBER                   IN
PROCEDURE INCREASE_COMM
参数名称                        类型                     输入/输出默认值?
----------------------  ------------------  ------------------------
P_EMPNO                         NUMBER                   IN
P_COMM_INCR                     NUMBER                   IN
PROCEDURE INCREASE_SAL
参数名称                        类型                     输入/输出默认值?
----------------------  ------------------  ------------------------
P_EMPNO                         NUMBER                   IN
P_SAL_INCR                      NUMBER                   IN
PROCEDURE REMOVE_DEPT
参数名称                        类型                     输入/输出默认值?
----------------------  ------------------  ------------------------
P_DEPTNO                        NUMBER                   IN
PROCEDURE REMOVE_EMP
参数名称                        类型                     输入/输出默认值?
----------------------  ------------------  ------------------------
P_EMPNO                         NUMBER                   IN
```

有了这些信息，就可以方便地调用包中的子程序，传递正确的参数。SQL*Plus 中很多命令简化了对 Oracle 数据库数据字典的访问，在很大程度上方便了语句录入人员。

3.3.5　使用替换变量

替换变量可以交互式地执行命令，它会提示用户输入不同的执行条件，这使得在 SQL*Plus 中执行脚本可以具有不同的条件。一般会将交互式命令保存在脚本文件，以便提高脚本文件的可重用性，替换变量就是其中最常用的一种，它使用一个&指定一个变量为替换变量。例如要查看 emp 表中不同部门的员工人数，可以在 SELECT 语句中使用一个部门编号的替换变量，示例语句如下：

```
scott_Ding@ORCL> SELECT COUNT(*) 部门员工人数 FROM emp WHERE deptno=&deptno;
输入 deptno 的值： 20
原值    1: SELECT COUNT(*) 部门员工人数 FROM emp WHERE deptno=&deptno
新值    1: SELECT COUNT(*) 部门员工人数 FROM emp WHERE deptno=20

部门员工人数
-----------------
        8

scott_Ding@ORCL> /
输入 deptno 的值： 30
原值    1: SELECT COUNT(*) 部门员工人数 FROM emp WHERE deptno=&deptno
新值    1: SELECT COUNT(*) 部门员工人数 FROM emp WHERE deptno=30

部门员工人数
-------------------
        6
```

示例中定义了一个&deptno 的替换变量，可以看到在执行时，SQL*Plus 会要求用户输入替换变量的值，然后用新值去执行 SQL 语句。

🔔**注意**：在输入字符串或日期数据时，应保证在 SQL 命令中用单引号将这些变量括起来，以保证最后的命令格式是正确的。

比如要查询员工职位为职员的员工人数，必须要用单引号将替换变量括起来，示例语句如下：

```
scott_Ding@ORCL> SELECT COUNT(*) 员工职位人数 FROM emp WHERE job='&job';
输入 job 的值： 职员
原值    1: SELECT COUNT(*) 员工职位人数 FROM emp WHERE job='&job'
新值    1: SELECT COUNT(*) 员工职位人数 FROM emp WHERE job='职员'
员工职位人数
---------------------
        6
```

如果不使用单引号，将可能导致 Oracle 出现异常。用户必须在输入替换变量的值时输入单引号。

如果已经知道替换变量的名字，想避免在运行命令时反复出现提示，可以使用 DEFINE 命令提前定义替换变量的值，示例语句如下：

```
scott_Ding@ORCL> DEFINE job='职员'
scott_Ding@ORCL> /
```

```
原值    1: SELECT COUNT(*) 员工职位人数 FROM emp WHERE job='&job'
新值    1: SELECT COUNT(*) 员工职位人数 FROM emp WHERE job='职员'

员工职位人数
----------------------
         6
```

可以看到，使用 DEFINE 指定替换变量的值之后，SQL*Plus 就不再弹出错误提示了。直接输入 DEFINE 可以显示替换变量的已指定的值信息，示例语句如下：

```
scott_Ding@ORCL> DEFINE
DEFINE _DATE          = "30-4 月 -13" (CHAR)
DEFINE _CONNECT_IDENTIFIER = "ORCL" (CHAR)
DEFINE _USER          = "SCOTT" (CHAR)
DEFINE _PRIVILEGE     = "" (CHAR)
DEFINE _SQLPLUS_RELEASE = "1102000100" (CHAR)
DEFINE _EDITOR        = "vi" (CHAR)
DEFINE _O_VERSION     = "Oracle Database 11g Enterprise Edition Release
11.2.0.1.0 - Production
With the Partitioning, OLAP, Data Mining and Real Application Testing
options" (CHAR)
DEFINE _O_RELEASE     = "1102000100" (CHAR)
DEFINE GNAME          = "scott_Ding@ORCL" (CHAR)
DEFINE _RC            = "0" (CHAR)
DEFINE JOB            = "职员" (CHAR)
```

如果要取消某个预定义的值，可以使用 UNDEFINE 命令。例如要取消 job 替换变量，可以使用如下的命令：

```
scott_Ding@ORCL> UNDEFINE job
scott_Ding@ORCL> /
输入 job 的值: 50
原值    1: SELECT COUNT(*) 员工职位人数 FROM emp WHERE job='&job'
新值    1: SELECT COUNT(*) 员工职位人数 FROM emp WHERE job='50'

员工职位人数
----------------------
         0
```

可以看到使用 UNDEFINE 取消变量值的预定义之后，再执行脚本则要求输入替换变量的值。

3.3.6　运行操作系统命令

在 SQL*Plus 中可以执行操作系统命令，这样就不用退出 SQL*Plus 再进入。比如经常需要在操作系统级复制文件或查看文件信息，此时可以使用 HOST 命令，在它后面使用操作系统命令。例如要查看文件列表，HOST 命令的使用方式如下：

```
scott_Ding@ORCL> HOST dir
 驱动器 C 中的卷没有标签。
 卷的序列号是 C4F2-BFDF
 C:\Documents and Settings\Administrator 的目录
2013-04-22  18:54    <DIR>          .
2013-04-22  18:54    <DIR>          ..
```

```
2013-04-22  19:53    <DIR>              .idlerc
2012-02-21  22:07              80 afiedt.buf
2011-11-05  07:26    <DIR>              Aptana Rubles
2011-12-16  22:11    <DIR>              C5-019FFE8D-05BA45DD-027AFF4D
2011-12-16  22:11             467 C5-019FFE8D-05BA45DD-027AFF4D.zip
2012-09-14  18:43    <DIR>              C5-0C5CE56D-068C838D-042FA30D
2012-09-14  18:43             467 C5-0C5CE56D-068C838D-042FA30D.zip
2012-11-19  21:23    <DIR>              EurekaLog
2013-04-12  19:07    <DIR>              Favorites
2013-03-29  23:19    <DIR>              My Documents
2011-10-09  13:40    <DIR>              Oracle
2011-11-14  06:16             547 regwizard.log
2013-04-28  04:51           6,241 sanct.log
2011-10-09  07:21               0 Sti_Trace.log
2013-04-30  06:00    <DIR>              Tracing
2013-04-13  00:10    <DIR>              「开始」菜单
2013-04-29  20:16    <DIR>              桌面
              6 个文件          7,802 字节
             13 个目录  3,241,676,800 可用字节
```

可以看到，HOST 果然已经执行了操作系统的列出文件目录的命令。如果是通过终端工具连接到数据库服务器，此时 HOST 命令就变得非常有用，比如可以复制和删除文件，移动文件到其他位置等。在 SQL*Plus 中执行操作系统命令不会影响到 SQL*Plus 会话，设置操作系统环境变量不会影响到当前的会话，但是可能会影响到后续的 SQL*Plus 会话。

3.3.7　断开和退出 SQL*Plus

使用 CONN 可以连接到数据库，与之对应的是 DISC（DISCONNECT）命令，它用来断开数据库连接，但不会退出 SQL*Plus。断开连接后任何的后续访问会提示未连接信息，示例语句如下：

```
scott_Ding@ORCL> DISC
从 Oracle Database 11g Enterprise Edition Release 11.2.0.1.0 - Production
With the Partitioning, OLAP, Data Mining and Real Application Testing options
断开
scott_Ding@ORCL> SELECT * FROM emp;
SP2-0640: 未连接
```

可以使用 CONN 命令重新开启一个新的连接。如果不再使用 SQL*Plus，可以使用 EXIT 命令断开连接并退出 SQL*Plus，示例语句如下：

```
scott_Ding@ORCL> CONN scott/tigers
已连接。
scott_Ding@ORCL> EXIT
从 Oracle Database 11g Enterprise Edition Release 11.2.0.1.0 - Production
With the Partitioning, OLAP, Data Mining and Real Application Testing options
断开
C:\Documents and Settings\Administrator>
```

可以看到，发出 EXIT 命令后，SQL*Plus 将中止会话，并且退出 SQL*Plus，回到命

令行状态。

3.4 格式化查询结果

在 SQL*Plus 中查询数据或执行输出操作时，可能返回的数据并不是易于查看和理解的，例如查询 scott 方案下的 emp 表，如果不进行任何格式调整，显示的效果就比较混乱，如图 3.15 所示。

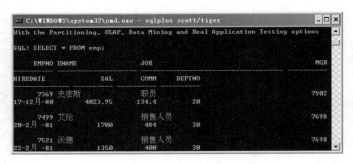

图 3.15　不设置格式的显示效果

SQL*Plus 提供了很多格式化的命令，可以控制输出的样式。

3.4.1 格式化列

列的格式化使用 SQL*Plus 的 COLUMN 命令，COLUMN 命令包含各种各样的参数用于控制列标题、列宽、列的显示格式等。下面通过几个小节来介绍 COLUMN 命令的使用方法。

1. 设置列标题

默认情况下，在执行查询 SQL 语句时，SQL*Plus 会以表中的字段作为标题。由于表中的字段可能并不是让人容易理解的标题，因此经常需要使用 COLUMN 来设置标题，示例语句如下：

```
COLUMN 字段名称 HEADING 标题名
```

下面的命令将设置 scott 方案中 dept 表的字段为中文标题，将产生容易理解的输出：

```
SQL> COLUMN deptno HEADING 部门编号
SQL> COLUMN dname HEADING 部门名称
SQL> COLUMN LOC HEADING 所在位置
SQL> SELECT * from dept;
  部门编号 部门名称              所在位置
  ------ -------------------- ----------------
      10 财务部                纽约
      20 研究部                达拉斯
      30 销售部                南京
      40 营运部                波士顿
```

```
      60    行政部                     远洋
      50    行政部                     波士顿
      80    神庙                       龙山
      55    勤运部                     西北
      84    发展                       郑州
已选择 9 行。
```

可以看到通过 COLUMN 命令的作用，现在的标题栏已经全部为中文显示了。

2. 设置列宽

设置列宽是使用 FORMAT 参数来完成的，这个参数用来为列宽设置各种大小，格式为：

```
COLUMN 列名 FOR[MAT]   A 宽度
```

🔔**注意**：设置列宽只适用于非数值类型的列，如果指定宽度小于列标题，将被 SQL*Plus 截断。

例如可以通过如下的命令使用 dept 显示的部门名称和部门位置更加紧凑一些：

```
SQL> COLUMN dname FORMAT A15;
SQL> COLUMN loc FORMAT A15;
SQL> SELECT * FROM dept;
   部门编号 部门名称            所在位置
   ------- ---------      --------------
      10    财务部               纽约
      20    研究部               达拉斯
      30    销售部               南京
      40    营运部               波士顿
      60    行政部               远洋
      50    行政部               波士顿
      80    神庙                 龙山
      55    勤运部               西北
      84    发展                 郑州
已选择 9 行。
```

可以看到通过 FORMAT A15 这样的参数，将部门名称和所在位置的列宽都设置为 15 的宽度。FORMAT 还具有很多用于控制列显示格式的选项，感兴趣的读者可以参考 SQL*Plus 的参考文档。

3. 设置数值类型的显示格式

NUMBER 类型是 Oracle 中最重要的数值数据类型，FORMAT 提供了一系列的选项来控制其显示格式，参考表 3.2。

表 3.2   NUMBER类型的格式字符

格式字符	用　　途
9	禁止显示前导 0
0	强制显示前导 0
$	在数值前显示美元符号
L	在数值前显示本地货币符号

续表

格式字符	用　　途
.	指定数值类型列的小数点位置
,	指定数值类型列的千位分隔符

例如下面的代码在每一位员工的薪资前面加上美元符号：

```
SQL> COL SAL FORMAT $9999
SQL> SELECT empno,ename,sal FROM emp;
    EMPNO    ENAME              SAL
    -----  -----------  ----------------
     7369    史密斯           $4024
     7499    艾伦             $1700
     7521    沃德             $1350
     7566    约翰             $4106
     7654    马丁             $1350
     7698    布莱克           $2850
     7782    克拉克           $4018
     7788    斯科特           $2024
     7839    金               $9554
     7844    特纳             $1600
     7876    亚当斯           $1656
```

可以看到现在数据格式果然已经变成了所希望显示的格式。

4．设置列对齐

使用 JUSTIFY 可以控制列标题的对齐方式，其语法如下：

```
JUS[TIFY] {L[EFT]|C[ENTER]|C[ENTRE]|R[IGHT]}
```

可以指定列标题的显示左对齐、具中对齐、右对齐等。例如下面的命令将 dept 表中的
3 个字段都进行居中对齐：

```
SQL> COLUMN deptno JUSTIFY CENTER
SQL> COLUMN dname JUSTIFY CENTER
SQL> COLUMN loc JUSTIFY CENTER
```

通过查看图 3.16 可以看到最终的输出结果列标题已经居中对齐了。

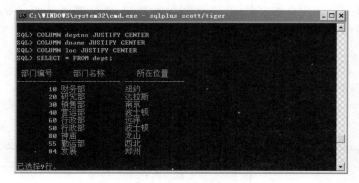

图 3.16　列标题具中对齐

COLUMN 命令提供的格式化功能还有很多，强烈建议有兴趣的读者去参考一下

SQL*Plus 的参考资料来深入了解这个命令的使用方法。

3.4.2　清除列格式

如果想知道当前应用了哪些列格式，可以直接输入 COLUMN 命令，此时 SQL*Plus 会显示出所有的列格式设置，如图 3.17 所示。

图 3.17　显示当前会话所有的列设置

要清除所有的列格式，可以使用如下的命令：

```
CLEAR COLUMNS
```

如果只想查看或清除某特定字段的格式信息，可以通过 COLUMN 指定列名的形式。比如要查看 dname 的格式信息，可以使用如下的命令：

```
SQL> COLUMN dname
COLUMN    dname ON
HEADING  '部门名称'
FORMAT   A15
JUSTIFY center
```

通过 COLUMN 字段名 CLEAR 就可以清除列格式。下面的命令将清除 dname 的格式设置：

```
SQL> COLUMN dname CLEAR;
```

3.4.3　限制重复行

在 SQL*Plus 中还可以分组显示数据，即不显示某列的重复数据。举例来说，对于 dept 表中的 deptno，可以限制重复的显示，这是通过 BREAK 命令来实现的。下面的命令使用 BREAK ON 命令，根据 deptno 来抑制重复行：

```
SQL> SET PAGESIZE 100;
SQL> BREAK ON deptno
SQL> COLUMN ename HEADING 员工名称
SQL> COLUMN sal HEADING 薪水
SQL> SELECT deptno,ename,sal FROM emp WHERE deptno IN (10,20,30) ORDER BY deptno;
```

```
部门编号 员工名称                    薪水
------ -------------   --------------------
  10    金                      9554.16
        克拉克                    4017.5
  20    约翰                     4105.5
        史密斯                   4023.95
        斯科特                   2024.23
        APPS                     3450
        福特                     4140
        亚当斯                   1656
        刘大夏                   2300
  30    特纳                     1600
        艾伦                     1700
        吉姆                     1050
        沃德                     1350
        布莱克                   2850
        马丁                     1350
已选择 15 行。
```

在上面的命令中，使用 SET pagesize 设置每页显示的行数，然后使用 BREAK ON 设置以 deptno 作为抑制重复显示的字段，通过 COLUMN 设置列标题。可以看到，最后显示的结果果然对部门编号抑制重复显示。

上面的显示结果就是对 deptno 进行了一个分组，通过 BREAK 的其他参数，还可以在分组之间插入行或进行跳页，语法如下：

```
BREAK ON field_name SKIP n          --在分组之间加入 n 个空行
BREAK ON field_name SKIP PAGE       --将分组跳到新的一页
BREAK ON ROW SKIP n                 --在报表之后插入 n 个新行
```

例如要在 deptno 分组之间插入 2 个空行，示例语句如下：

```
SQL> BREAK ON deptno SKIP 2
SQL>  SELECT deptno,ename,sal FROM emp WHERE deptno IN (10,20,30) ORDER BY
deptno;
```

上述的语句执行完成后，将产生如图 3.18 所示的格式化效果。

图 3.18   分组换行的效果

3.4.4　使用汇总行

在介绍分组行后，可能就会想到与分组密切相关的汇总行，这也就是 SQL 中经常提到的分组聚合。汇总使用 COMPUTE 命令，一般与 BREAK 一起配合使用以便进行分组聚合。这个命令的语法如下所示：

```
COMP[UTE] [function [LAB[EL] text] ...
   OF {expr|column|alias} ...
   ON {expr|column|alias|REPORT|ROW} ...]
```

其中 function 是用于计算的函数，LABEL 指定汇总结果的描述性文本，如果不指定，则使用计算的函数名，OF 指定要进行计算的列或表达式，ON 子句则指定要进行分组的列或表达式。

function 指定的计算函数类似于 SQL 语言中的分组聚合函数，如表 3.3 所示。

表 3.3　SQL*Plus 的汇总函数

函 数 名 称	函 数 描 述
SUM	计算分组的和
AVG	计算分组的平均值
COUNT	计算列的非 NULL 值的个数
NUMBER	计算列的行数
MINMUM	计算列的最小值
MAXMUM	计算列的最大值
STD	计算列的标准方差
VARIANCE	计算列的协方差

下面继续以 emp 表的 deptno 为例，比如要按照部门对薪资进行汇总，示例语句如下：

```
SQL> BREAK ON deptno
SQL> COMPUTE SUM LABEL 薪资小计: OF sal ON deptno
SQL> SELECT deptno,ename,sal FROM emp WHERE deptno
        IN (10,20,30) ORDER BY deptno;
  部门编号 员工名称                        薪水
-------- ------------------ --------------------
      10        金                    9554.16
              克拉克                   4017.5
**********                   ----------------------
薪资小计:                              13571.66
      20        约翰                   4105.5
              史密斯                  4023.95
              斯科特                  2024.23
              APPS                    3450
              福特                     4140
              亚当斯                   1656
              刘大夏                   2300
**********                   ----------------------
薪资小计:                              21699.68
      30        特纳                   1600
              艾伦                     1700
              吉姆                     1050
```

沃德	1350
布莱克	2850
马丁	1350
**********	--------------
薪资小计：	9900
已选择 15 行。	

可以看到现在查询的结果已经按照部门进行了分组小计，通过 SQL*Plus，不用使用复杂的 SQL 语句也能完成非常复杂的显示结果。

如果要清除抑制重复和分组统计的设置，示例语句如下：

```
SQL> CLEAR BREAKS
breaks 已清除
SQL> CLEAR COMPUTES
computes 已清除
```

3.5　小　　结

本章简要介绍了 SQL 语句在 Oracle 中的作用，重点介绍了 SQL*Plus 的功能。SQL*Plus 作为一个执行 SQL 和 PL/SQL 的工具，提供了完全命令行的操作方式，这个工具往往容易被初学者忽视。在实际工作中这个工具具有非常重要的位置。

本章首先简要介绍了 SQL*Plus 的基本功能，介绍了如何启动 SQL*Plus，如何使用 CONN 命令连接数据库以及 SQL*Plus 的一些运行环境参数。在数据库对象管理部分，介绍了如何在 SQL*Plus 中执行 SQL 和 PL/SQL 命令，如何保存与加载执行脚本文件，通过使用绑定变量来创建条件式的 SQL 语句。最后的格式化查询结果部分，讨论了如何使用 SQL*Plus 提供的格式化命令提供良好的格式输出。

第 4 章　认识 Oracle 体系结构

每个 Oracle 数据库都由一个数据库实例和一系列物理文件组成，因此可以说，每一个 Oracle 数据库都由一系列的后台进程、内存及文件组成。当启动一个数据库时，Oracle 会分配一个被称为系统全局区 SGA 的共享内存区，同时会启动多个后台进程，它们共同构成了一个 Oracle 实例。启动实例后，Oracle 会将实例与特定的数据库进行关联，也称为数据库的装载阶段（MOUNT），然后打开数据库。Oracle 提供了在物理文件上的一个逻辑层，这个逻辑层提供了灵活的数据存取机制。本章将讨论 Oracle 体系中的内存、进程及文件结构，了解了这些基础，有助于理解本书后面的知识。

4.1　Oracle 实例内存管理

当用户请求数据库中的数据时，Oracle 实际上会先检测内存中是否存在相应的数据块，因为从内存中获取数据往往要比磁盘快得多，只有在 Oracle 无法找到内存中的数据时，才会去磁盘中提取数据。Oracle 除要使用内存缓冲数据外，还会缓冲 Oracle 的共享可执行的 SQL 或 PL/SQL 代码，同时 Oracle 也会使用内存来管理重做日志。基本上 Oracle 数据库需要大量的内存来管理数据库，内存越大，意味着访问的速度越快，因此 DBA 必须理解 Oracle 内存结构及内存的使用情况，以便在数据库出现性能问题时能够尽快找到原因。

4.1.1　Oracle 内存结构

Oracle 会在内存中存储如下的信息：
- 已经执行过的 PL/SQL 或 SQL 代码。
- 已经连接的会话的信息，包括当前活动的及非活动的会话。
- 程序执行过程中所需要的信息，比如某个查询的状态。
- 需要在 Oracle 进程间共享并进行通信的信息。
- 数据文件内数据的缓存，例如数据块及重做日志项。

Oracle 将内存部分划分为两种内存结构：
- 系统全局区，英文全称是 System Global Area，简称 SGA，这个区域中的数据会被所有的服务器进程和后台进程所共享。
- 程序全局区，英文全称是 Program Global Area，每个服务进程和后台进程私有的内存区域，即每个进程都具有自己的 PGA 区域。

依赖于服务器的连接方式的不同，在 Oracle 中还有一个用户全局区 UGA，它是存储会话状态的内存。如果通过专用服务器连接到 Oracle，UGA 内存会在 PGA 区域中分配，如果是共享服务器连接，UGA 会在 PGA 中进行内存分配。

🔊 **注意**：在使用 DBCA 创建数据库时，DBCA 会提示用户选择连接类型，默认使用专用服务器模式。

Oracle 的内存结构如图 4.1 所示。

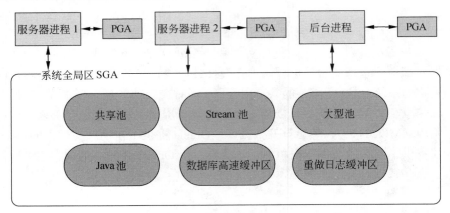

图 4.1　Oracle 内存结构示意图

由图 4.1 中可以看到，SGA 中包含了各种各样的池和缓冲区，比如 Java 池、大池、流池等，SGA 之外的服务器进程和后台进程可以与 SGA 交换信息，同时每个进程具有自己的 PGA 内存区域，可以存放进程私有数据。

其中 SGA 是 Oracle 中最重要的内存区域，它担负着数据库高速运行的重要职责，在每次启动 Oracle 时可以看到 Oracle 为 SGA 分配的内存数，示例语句如下：

```
sys_Ding@ORCL> STARTUP OPEN;
ORACLE 例程已经启动。
Total System Global Area    778387456  bytes
Fixed Size                    1374808  bytes
Variable Size               310379944  bytes
Database Buffers            461373440  bytes
Redo Buffers                  5259264  bytes
数据库装载完毕。
数据库已经打开。
```

4.1.2　系统全局区 SGA

系统全局区 SGA 是一个非常庞大的共享内存结构，它的目的是提高查询性能，允许大量并发的数据库活动。每次 Oracle 启动时，就会分配指定的 SGA 内存。SGA 区实际上是由一组不同结构的内存组件组成的，它是可读写的。在 SGA 区中包含了如下几个内存数据结构：

❑ 数据库缓冲区高速缓存，它用来保存从数据文件中读取的数据块的副本。

❑ 共享池，包含库高速缓存，用来缓存已经执行过并存储起来的 SQL 和 PL/SQL 的已分析过的代码，使得多次访问相同的代码可以进行共享使用。共享池中还包含了数据字典高速缓存，用来保存重要的数据字典信息。

❑ 重做日志缓冲区，用来缓存重做日志项，在指定的条件满足时将缓冲区的数据写入到磁盘中。

❑ Java 池，给出实例化 Java 对象的堆空间。

❑ 大池，存储大内存的配置，比如 RMAN 备份缓冲区。

❑ 流池，用来支持 Oracle 流功能。

在 SGA 区中，还包含了一个数据库及实例的状态信息的内存，以供后台进程使用，这部分内容被称为固定 SGA（FIXED SGA）。系统全局区的内存组成结构如图 4.2 所示。

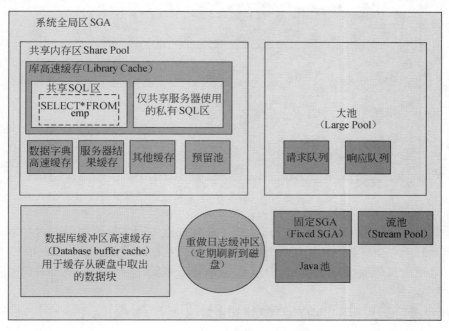

图 4.2 系统全局区内存结构图

可以看到，Oracle 在 SGA 区中包含了很多用来处理数据库操作的组件，通过查询数据库字典视图 v$sgainfo，可以了解到当前服务器的 SGA 内存的使用状态，示例语句如下：

```
sys_Ding@ORCL> SELECT * FROM v$sgainfo;

NAME                                BYTES    RES
--------------------------------- -------- -----------
Fixed SGA Size                     1374808  No
Redo Buffers                       5259264  No
Buffer Cache Size                 461373440 Yes
Shared Pool Size                  285212672 Yes
Large Pool Size                    8388608  Yes
Java Pool Size                     8388608  Yes
Streams Pool Size                        0  Yes
Shared IO Pool Size                      0  Yes
Granule Size                       8388608  No
Maximum SGA Size                  778387456 No
Startup overhead in Shared Pool   67108864  No
Free SGA Memory Available          8388608
已选择 12 行。
```

不过更直观的办法是使用 OEM。单击服务器页面，进入"数据库配置 | 内存指导"链

接，可以看到 SGA 和 PGA 的图表化的使用状态，如图 4.3 所示。

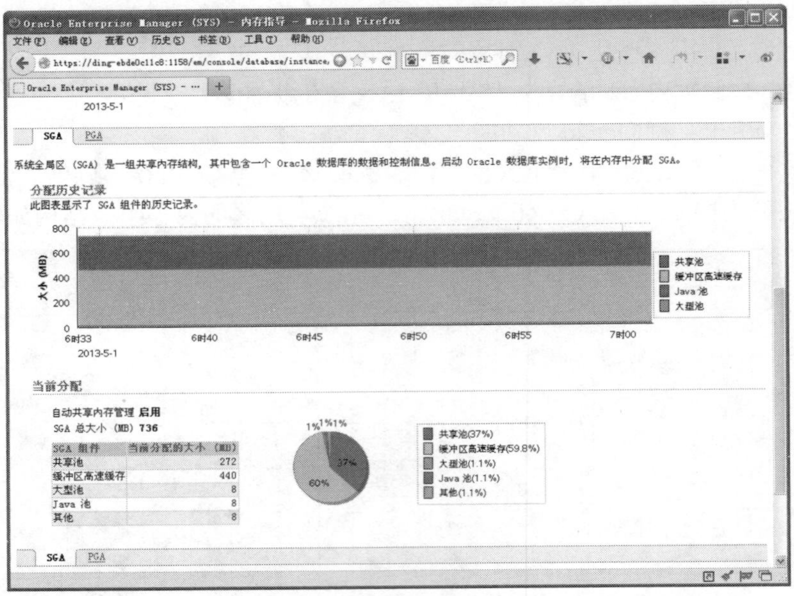

图 4.3　在 OEM 中查看 SGA 内存使用状态

对于数据库管理员来说，OEM 窗口提供了设置数据库服务器所使用的内存总大小的选项。Oracle 11g 具有自动内存管理机制，在创建数据库时只需要指定 MEMORY_TARGET 初始化参数指定实例使用的最大内存大小，SGA 和 PGA 会由 Oracle 根据需要来分配更多的内存。

DBA 也可以使用 ALTER SYSTEM 语句来更改这个内存设置，示例语句如下：

```
sys_Ding@ORCL> ALTER SYSTEM SET memory_target = 1200M SCOPE=BOTH;
系统已更改。

sys_Ding@ORCL> show parameter memory_target
NAME                                 TYPE            VALUE
------------------------------------ --------------- --------------
memory_target                        big integer     1200M
```

在这里将最大的可使用内存大小指定为 1200MB，SCOPE 表示既更改内存中的设置，同时也更改 SPFILE 的设置，以便下次启动时使用这个最新的配置。

DBA 通常需要对内存进行调整以便达到最优化内存使用目的，Oracle 数据库在 SPFILE 中提供初始化参数设置来管理内存，在 Oracle 11g 版本中，内存管理已经达到自动化的效果，很少需要 DBA 手动干预。大体而言，Oracle 的内存管理分为如下 3 部分：

- 自动内存管理，指定实例内存的目标大小，数据库实例自动进行优化达到这个目标内存的大小。可以根据需要在 SGA 和 PGA 实例之间重新分配内存。
- 自动共享内存管理，也称为局部自动内存管理，DBA 可能设置一个 SGA 的目标大小，然后设置 PGA 总目标大小，也可以对 PGA 的各个工作区进行单独的管理。
- 手动内存管理，这是一种比较复杂的内存管理方式，需要 DBA 使用诸多初始化参数进行设置，以单独管理 SGA 和 PGA 中的各个组件，要求 DBA 对内存管理比较熟悉。

在手动管理模式下，可以通过初始化参数来调整 SGA 共享内存区的大小，其中与 SGA 调整相关的参数如下所示：

- ❑ SHARED_POOL_SIZE，控制共享池的大小。
- ❑ JAVA_POOL_SIZE，控制 Java 池的大小。
- ❑ LARGE_POOL_SIZE，控制大池的大小。
- ❑ DB_*_CACHE_SIZE，共有 8 个数据块缓存大小，用于指定数据库块缓冲区的大小。
- ❑ LOG_BUFFER，控制重做日志缓冲区的大小。
- ❑ SGA_TARGET，用于开启自动 SGA 内存管理。
- ❑ SGA_MAX_SIZE，用于控制数据库启动并运行时 SGA 可以达到的最大大小。
- ❑ MEMORY_TARGET，用于自动内存管理，同时对 PGA 和 SGA 进行内存管理。
- ❑ MEMORY_MAX_SIZE，在自动管理模式下，控制 PGA 和 SGA 要使用的最大内存量。

无论是自动内存管理还是手动内存管理，SGA 组件都是以粒度（granule）为单位进行内存的分配与回收的，Oracle 数据库记录每个 SGA 组件使用的粒度单位来掌握整个 SGA 的内存使用情况，常用的单位有 4、8 和 16MB 的内存区，当 SGA 的容量小于 1GB 时，粒度单位为 4MB，大于 1GB 时，32 位 Windows 平台上为 8MB，其他的平台可能是 16MB。这也意味着，如果想要 1 个 5MB 的 Java 池，而粒度大小为 4MB，则会为这个池分配两个粒度也就是 8MB 内存。

通过 v$sga_dynamic_compoents 动态性能视图，可以查出当前 SGA 中各个组件的粒度大小，示例语句如下：

```
sys_Ding@ORCL> col component for a30
sys_Ding@ORCL> SELECT component,granule_size FROM v$sga_dynamic_components;

COMPONENT                    GRANULE_SIZE
---------------------- --------------------
shared pool                  8388608
large pool                   8388608
java pool                    8388608
streams pool                 8388608
DEFAULT buffer cache         8388608
KEEP buffer cache            8388608
RECYCLE buffer cache         8388608
DEFAULT 2K buffer cache      8388608
DEFAULT 4K buffer cache      8388608
DEFAULT 8K buffer cache      8388608
DEFAULT 16K buffer cache     8388608
DEFAULT 32K buffer cache     8388608
Shared IO Pool               8388608
ASM Buffer Cache             8388608
已选择 14 行。
```

可以看到，笔者的 SGA 区中的粒度大小为 8MB。由于笔者使用了了 Oracle 11g 的自动内存管理特性，实际上 SGA 和 PGA 都是由 Oracle 自动调整设置的。

4.1.3　程序全局区 PGA

　　PGA 程序全局区是为每个服务器进程独占的，一般用于专用服务器连接配置，它不能被多个进程共享。对于共享服务器配置来说，进程信息仍然属于 SGA 的一部分，但是 SQL 语句执行时使用的运行时区域则由 PGA 提供。PGA 是一种在服务进程启动时由 Oracle 创建的非共享内存区，只有服务进程才能访问属于它的内存区域。在一个 Oracle 实例中，为所有的服务进程分配的全部 PGA 内存区域也被称为此实例的合计 PGA（Aggregated PGA）。

　　PGA 是进程的专用工作区域，与 SGA 一样，它也由好几个组件组成，比如保存已解析的 SQL 语句的绑定变量、查询执行状态信息和查询执行工作区等。由于这些数据不会自动与其他的用户共享，因此 Oracle 会使用 PGA 存放这些私有值。另一个用途是执行涉及排序类的内存密集操作，这些操作需要一个工作区域也位于 PGA 区中。一般来说，PGA 内存划分为如下两种类型：

- ❑ 私有 SQL 区域，用于保存 SQL 的绑定变量信息及运行时的内存结构，比如 SQL 语句的执行工作区域及客户端的游标数据。
- ❑ 运行时区域，在会话发布 SELECT、INSERT 或 DELETE 语句时创建，在执行结束后，Oracle 会自动释放运行时区域。

　　PGA 的组成示意如图 4.4 所示。

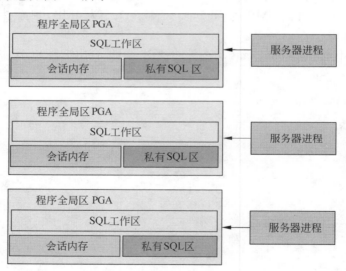

图 4.4　PGA 内存结构示意图

　　其中 SQL 工作区又可以细分为排序区、哈希区和位图合并区。私有 SQL 区保存了有关某个已经解析的 SQL 语句的信息来存储绑定变量值、查询执行状态和查询工作区。比如在某个会话中连续执行 SELECT * FROM emp 语句 10 次，同时在另一个会话中执行 20 次，虽然它们可以共享相同的执行计划，但是每个查询的私有 SQL 区并不会共享，因此使用不同的绑定变量就能包含不同的查询执行结果。

　　会话内存用来存放登录用户的会话状态数据，会话总能够访问这部分内存。对于共享服务器连接来说，会话内存放置在 SGA 区中，而对于专用服务器来说，由于不允许其他用户访问用户的会话状态，因此一般是指 PGA 上的一块内存区域作为用户的全局区，即 UGA 区。

在私有 SQL 区又可以分为如下的几个区域：

- 运行时区域，包含查询执行状态信息，比如运行时区域会跟踪到目前为止在全表扫描中检索到的行数。
- 持久区域，此区域包含绑定变量的值，绑定变量是执行 SQL 语句时，在运行时提供给 SQL 语句的值，当游标关闭时，持久区域会被释放。

🔔注意：游标是私有 SQL 区中的一个句柄，可以使用初始化参数 OPEN_CURSORS 确定会话中游标的最大数目。

OEM 提供了对于 PGA 使用情况的图形化形示，并且提供了 PGA 运行详细信息的图表化显示，使得 DBA 可以非常方便地查看当前 Oracle 实例的 PGA 使用状态，如图 4.5 所示。

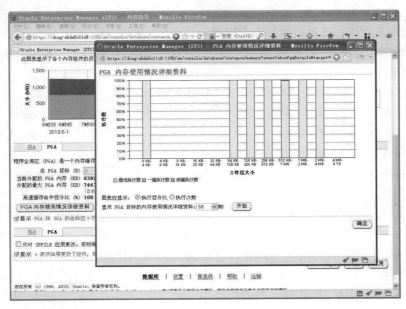

图 4.5　Oracle 企业管理器的 PGA 内存使用情况指导

也可以使用动态性能视图 v$pgastat 来查看当前 PGA 内存区域的使用状态，示例语句如下：

```
sys_Ding@ORCL> SELECT * FROM v$pgastat;
NAME                                                  VALUE       UNIT
--------------------------------------------------- ----------- ----------
aggregate PGA target parameter                        486539264   bytes
aggregate PGA auto target                             389191680   bytes
global memory bound                                    97307648   bytes
total PGA inuse                                         54191104   bytes
total PGA allocated                                    67471360   bytes
maximum PGA allocated                                  76222464   bytes
total freeable PGA memory                                     0   bytes
process count                                                41
max processes count                                           43
PGA memory freed back to OS                                   0   bytes
```

```
total PGA used for auto workareas                    0    bytes
maximum PGA used for auto workareas            5507072    bytes
total PGA used for manual workareas                  0    bytes
maximum PGA used for manual workareas                0    bytes
over allocation count                                0
bytes processed                              681063424    bytes
extra bytes read/written                             0    bytes
cache hit percentage                               100    percent
recompute count (total)                           4492
已选择 19 行。
```

由于 PGA 区域与用户的操作紧密相关，因此 DBA 必须认真评估服务器系统的执行情况，避免因为 PGA 内存空间的不足而导致 Oracle 使用磁盘空间来执行运算，导致服务器实例性能的下降。在 Oracle 中对 PGA 的内存分配也分为如下两种：

- 手动 PGA 内存管理，使用服务器初始化参数来手动设置 Oracle 将使用的 PGA 内存。

- 自动 PGA 内存管理，只需要简单地指定 Oracle 实例要使用多少内存，由 Oracle 自动分配 PGA 所要使用的内存数量。

在手动管理模式下，DBA 需要分别设置 SORT_AREA_SIZE、HASH_AREA_SIZE、BITMAP_MERGE_AREA_SIZE 及 CREATE_BITMAP_AREA_SIZE，才能控制 SQL 工作区的容量。这个工作比较难以把握，需要 DBA 对数据库的执行完全了解，并且灵活变动的数据库用户可能会导致这些参数需要调整。在 Oracle 的最新版本中，memory_target 参数可以自动分配 SGA 和 PGA 的内存，不过如果是出于最优化的目的，也可以对 SGA 进行自动共享内存管理，然后使用 PGA 相关的初始化参数进行自动 PGA 内存管理，或者是手动共享内存管理和自动 PGA 内存管理，在创建数据库时，DBCA 提供了相关的选项。

4.1.4　数据库缓冲区高速缓存

位于 SGA 中的数据库缓冲区高速缓存，简称为库高速缓存，用于保存从物理数据文件中读出的数据库的副本，所有连接到实例上的用户进程都会共享这一个数据缓存区。

数据库缓冲区高速缓存具有如下两个目的。

- 优化物理 I/O，数据库操作时仅对缓冲区中的数据块进行处理，将有关修改的日志信息存储在重做日志高速缓冲区，当事务提交后，数据库会交重做日志缓冲区中的日志写入磁盘，但是并不马上将数据块写入磁盘，由数据库写入进程 DBWn 在后台执行写入操作。

- 将频繁访问的块保持在高速缓存中，可以提升访问的性能，而将不常存取的块写到磁盘，只在需要时从磁盘获取，这样可以显著地提高性能。

由于高速缓存区需要处理数据块的读入和写入，Oracle 使用了一种高效的算法来管理高速缓存中的缓冲区。一般来说，一个缓冲区具有如下几种独立的状态：

- 未使用的缓冲区（free buffer），是指不包含任何有用数据的缓冲区，数据库可以使用它们保存从磁盘读出的数据。

- 脏缓冲区（dirty buffer），包含从磁盘读取并经过修改的、但是还未写入到磁盘数据文件中去的数据。

❑ 干净缓冲区（clean buffer），此缓冲区之前被使用过，现在包含某个数据块在某个时间点的读一致性版本，块包含干净的数据，不需要执行检查点操作，数据库可以钉住该块并重用该缓冲区。

Oracle 使用了 LRU（最近最少使用）算法来高效地使用缓冲区。LRU 列表有一个冷端和一个热端，同时存在指向同一 LRU 上的脏缓冲区和非脏缓冲区指针。经常提到的冷缓冲区是指最近未被使用的缓冲区，而热缓冲区则指最近被频繁访问的并在最近已经使用的缓冲区。

试想一个用户请求数据时，Oracle 要经过如图 4.6 所示的一些步骤，假定用户要查询 emp 表中的员工数据，Oracle 先从缓冲区高速缓存中查找是否存在相应的数据库块，如果用户进程找到了相应的数据（也称为缓存命中（cache hit）），则可以直接从内存中访问数据，如果无法找到所需的数据（也称为缓存失效（cache miss）），则会访问磁盘中的数据文件，将相应的数据块复制到缓存中进行访问。数据缓冲区高速缓存中的缓冲区通过如下两个列表管理：

❑ 待写列表（write list），记录的是脏缓冲区列表。
❑ 最近最少列表（MRU list），记录的是可用缓冲区和钉住缓冲区列表，可用缓冲区内可以继续使用，钉住的缓冲区是正在被访问的缓冲区。

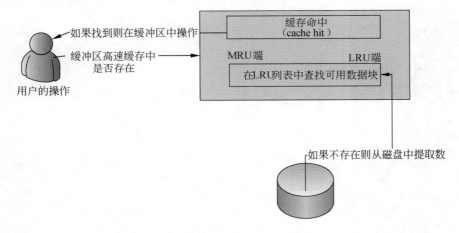

图 4.6　缓冲区高速缓存使用示意图

Oracle 在从磁盘中读取了数据块后，必须要在缓冲区高速缓存中查找可供使用的内存，它会先从 MRU 列表的 LRU 端，也就是冷缓存端进行搜索，一直到找到可用缓冲区或达到缓存搜索操作的预设限定值为止。

可以看到，缓冲区高速缓存越大，所需的磁盘读写操作就越少，因而数据库的性能就越好。Oracle 提供了缓冲池的概念，它可以将数据库缓冲区高速缓存配置到多个缓冲区池中，从而提供了使用缓冲区高速缓存的灵活性。缓冲区池可以手动地进行配置，比如可以定义将数据保留在高速缓存中的保留池。在缓冲区高速缓存中一共可以配置如下三种类型的缓冲池：

❑ 默认池，缓冲池中存储的是没有被指定使用其他缓冲池的方案对象数据，以及被显示的使用 DEFAULT 指定使用默认缓冲池的数据。
❑ 保留池，缓冲池将一直保留存储在其中的方案对象数据。

❑ 循环池，缓冲池将随时清除存储在其中不再被用户需要的数据。

举例来说，一个 500MB 的总缓冲区高速缓存可以划分为 3 个池，保留池和循环池可以各分配 200MB，而默认池保留 100MB，建立了不同的池后，在创建表时，可以给表分配一个独占的缓冲区池或使用 ALTER TABLE 和 ALTER INDEX 命令修改缓冲池的类型，使用如下的初始化参数可以配置缓冲池：

❑ DB_KEEP_CACHE_SIZE，配置保留池，对于频繁访问的小表，可以总是将其放在保留池中。

❑ DB_RECYCLE_CACHE_SIZE，配置循环池，数据使用后立即从高速缓存中删除，只有不频繁访问且不需要长期保存在缓冲区中的大表才使用循环池。

❑ DB_CACHE_SIZE，默认池，所有未分配保留池和循环池的所有数据和对象。

可以使用如下的语句查看当前初始化参数中的池的配置：

```
sys_Ding@ORCL> SHOW PARAMETER cache
NAME                                 TYPE             VALUE
------------------------------------ ---------------- -------
client_result_cache_lag              big integer      3000
client_result_cache_size             big integer      0
db_16k_cache_size                    big integer      0
db_2k_cache_size                     big integer      0
db_32k_cache_size                    big integer      0
db_4k_cache_size                     big integer      0
db_8k_cache_size                     big integer      0
db_cache_advice                      string           ON
db_cache_size                        big integer      0
db_flash_cache_file                  string
db_flash_cache_size                  big integer      0
db_keep_cache_size                   big integer      0
db_recycle_cache_size                big integer      0
object_cache_max_size_percent        integer          10
object_cache_optimal_size            integer          102400
result_cache_max_result              integer          5
result_cache_max_size                big integer      3168K
result_cache_mode                    string           MANUAL
result_cache_remote_expiration       integer          0
session_cached_cursors               integer          50
```

在 Oracle 中，数据库会定义一个标准的块大小，在创建 Oracle 数据库时，初始化参数 db_block_size 用于指定默认的块大小。比如在大多数情况下，块的大小为 8KB。在 Oracle 中可以创建几种不同于标准大小的表空间，每个非默认的块大小都会有自己的缓冲池，Oracle 使用于默认池中相同的方式来管理这些不同块大小的缓冲池中的块。

🔔注意：数据库除了具有一个标准的块尺寸外，最多还可以选择 4 个非标准的高速缓存的尺寸。缺省大小为 8KB，可以指定 2KB、4KB、16KB 及 32KB 的非标准块大小的表空间包含单独的缓冲池。

可以使用 db_cache_size 指定默认大小的缓冲池的大小，使用 db_nk_cache_size 指定所有非标准的缓冲池的大小。只能用标准块尺寸创建保留池和循环池，但是可以使用 5 个不同的块尺寸配置默认缓冲区池。

4.1.5　共享池

共享池 Share Pool 是 Oracle 中非常重要的内存区域，在它内部包含了库缓存、数据字典缓存、并行执行消息缓冲区，以及用于系统控制的各种内存结构。共享池中存储了各种类型的程序数据，比如已经解析的 SQL 或 PL/SQL 代码、系统参数及数据字典信息。几乎数据库中发生的每个操作都会涉及共享池，共享池的组件结构如图 4.7 所示。

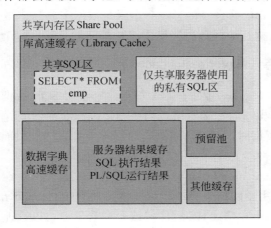

图 4.7　共享池的示意结构

下面分别对这几种内存组进行简单的介绍。

1．库缓存（library cache）

库缓存中包含了共享 SQL 和 PL/SQL 区，以及锁和库缓存句柄之类的控制结构，共享服务器体系结构中还包含私有 SQL 区。Oracle 在执行 SQL 语句时，会使用如下两种方法来解析 SQL 语句：

- ❑ 软解析，Oracle 先尝试执行以前以执行过的代码来加快执行效能，它会在库缓存中查找该 SQL 语句已经解析的表示形式，如果找到数据库会使用该代码，这也称为库缓存命中。
- ❑ 硬解析，Oracle 如果没有找到 SQL 语句的已解析形式，则会为应用程序代码创建一个新的可执行版本，也称为库缓存未命中。

🔔注意：硬解析涉及使用重要的系统资源，比如 CPU 的处理能力及内部的 Oracle 结构，因此要尽量避免进行硬解析。大量的硬解析将导致资源的争用和不断减慢数据库响应用户请求的速度。

数据库会在共享 SQL 区中处理 SQL 语句第一次发生时的情况，由于该区域包含了对所有用户可访问的解析树和执行计划，因此对于每个唯一的语句，只存在一个共享 SQL 区。每个发出的 SQL 语句在 Oracle 中又有一个私有 SQL 区，即便是提交相同的语句，但是每个会话都有一个独立的私有 SQL 区域。

2．数据字典高速缓存（data dictionary cache）

数据字典是一系列保存数据库结构的表和视图，比如包含对象的定义、用户名、角色、权限等，Oracle 在用户执行 SQL 语句时会检查用户是否具有操作的权限，此时它会从数据字典高速缓存中查找是否有相关的对象信息，如果没有则 Oracle 会从数据字典中读取这些信息到数据字典高速缓存中，因此如果数据字典高速缓存保留了这些信息，将能大大提升操作的速度。

Oracle 十分依赖于数据字典，因此数据字典高速缓存是频繁被访问的内存区域。Oracle 会在两个特殊区域中存储数据字典信息，一个就是数据字典高速缓存，一个是库缓存中，所有的 Oracle 数据库进程在访问数据字典信息时都能够共享这两个缓冲区。

3．服务器结果缓存（server result cache）

这个特性是 Oracle 11g 新引入的 SGA 组件，它包含 SQL 查询结果缓存和 PL/SQL 函数结果缓存，它们共享相同的基础结果。当在结果高速缓存中放置了结果信息后，数据库再次执行相同的 SQL 查询时，可以从结果高速缓存中检索出结果而不用再次执行查询，从而大大地提高了查询的性能。

可以使用 result_cache_mode 初始化参数控制数据库是否高速缓存 SQL 查询或 PL/SQL 函数的结果，还可以使用新的结果高速缓存提示覆盖 result_cache_mode 参数的设置，比如 PL/SQL 的 DBMS_RESULT_CACHE 程序包或企业管理器可以管理这两个高速缓存。

4.1.6　重做日志缓冲区

重做日志缓冲区是一个非常小的内存组件，大小通常小于 2MB，它是 SGA 中的一个重要的部分，虽然其大小远比数据库高速缓存和共享池高速缓存要小，所有的数据库操作数据都会先被写入到重做日志高速缓存中。比如 INSERT 一条数据，它会产生一条重做数据，并记录到重做日志缓冲区中。后台的 LGWR 日志写进程会在相应条件满足时，把重做信息从内存的重做日志缓冲区中写入磁盘的重做日志文件。

重做日志缓冲区是一个循环式的缓冲区，重做日志缓冲区中的重做条件包含由 DML 语句或 DDL 语句操作对数据库所做更改的信息，以便于以后重建数据库的更改，比如进行数据库恢复时将使用这些信息来重建数据库，重做日志缓冲区与的示意结构如图 4.8 所示。

每当服务器进程产生操作时，会将用户内存空间的重做条目复制到 SGA 的重做日志缓冲区内，重做条目在重做日志缓冲区中占用连续的空间，在如下的情况发生时，LGWR 后台进程会将重做日志缓冲区内的数据写入到当前的联机重做日志文件中：

- ❑ 重做日志缓冲区填充了 1/3 时。
- ❑ 用户提交了一个事务时。
- ❑ 数据库缓冲区高速缓存可用空间减少并需要将更改过的数据写入重做日志时，LGWR 会将缓冲区中的内容刷新输出到磁盘中以腾出缓冲区空间。

LGWR 进程会将重做项顺序写入到重做日志文件，DBWn 使用了分散的方式写入磁盘，分散写入要比顺序写入要慢得多，因此 LGWR 写入速度较快。用户在提交事务时，仅重做日志写入到日志文件，而 DBWn 是惰性写入的，因此用户不会在发出 COMMIT 语句时要等待所有的数据写入完成才成功提交，只要重做日志成功写入，就会提示事务已完成。

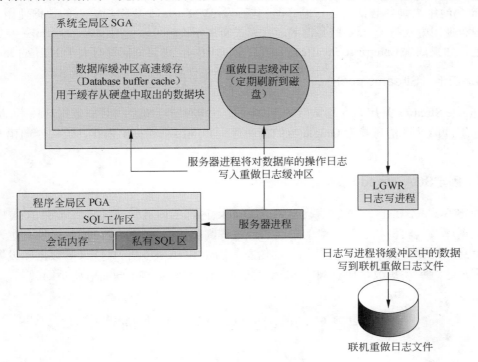

图 4.8　重做日志缓冲区的示意结构图

4.1.7　其他内存结构

本小节介绍在 SGA 中包含的其他几种内存结构，包括大池、Java 池、流池和固定 SGA 区，以及软件代码区。

1．大池（large pool）

大池是一个可选的内存区域，供一次性使用大量内存时分配使用。大池可以提供以下几个大内存的分配：

❑ 共享服务器的 UGA 和 Oracle XA 接口（主要用于与多个数据库进行交互的事务）。
❑ 并行执行语句中使用的消息缓冲区。
❑ Oracle 备份和恢复工具 RMAN 的 I/O 从属进程的缓冲区。

当需要大内存操作时，比如从大池中为共享 SQL 分配会话内存，可以避免由收缩共享 SQL 缓存引起的性能开销。在进行 RMAN 操作、并行缓冲区等需要大的缓冲区操作时使用大内存，可以比共享池更好地满足大型内存的请求。

可以使用初始化参数 large_pool_size 来设置大池。Oracle 共享池中的保留空间与其他内存分配都使用同一 LRU 列表，但是大池没有 LRU 列表，这些被分配的内存片段直到操作完成后才会被释放，一旦大池被释放后，其他进程就可以使用它了。

2．Java池（Java pool）

Java 池用来供各会话内运行的 Java 代码及 JVM（Java 虚拟机）内的数据使用。Java 池的内存使用方式与 Oracle 服务器的运行模式紧密相关。可以使用 java_pool_size 参数配置 Java 池，如果部署 Enterprise JavaBeans 或使用 CORBA，则可能需要有大于 1GB 的 Java 池。

3．流池（Streams pool）

Oracle Streams 是用来在不同数据库之间和不同应用环境之间共享数据的技术，流池用于存储缓冲的队列消息，为 Oracle 流的捕获进程和应用进程提供内存，流程专门由 Oracle 流使用。

4．固定SGA（fixed SGA）

固定 SGA 不属于 SGA 内存区域，是 Oracle 内部的内务管理区域。固定 SGA 中包含有关数据库及其实例状态的一般信息，后台进程需要访问这些信息，同时也包含进程间的通信信息，比如有关 Oracle 的锁相关的信息。固定 SGA 的大小由 Oracle 数据库设置，不能由用户进行手动更改，而且固定 SGA 大小可能会因为版本不同而有所不同。

4.2　Oracle 实例进程结构

Oracle 实例结构中，内存区域由很多的 Oracle 进程（在 Windows 中使用线程）来进行操作，比如 DBWn 数据块写入进程会将数据块写入到数据库文件中，　Oracle 实例常常也是由内存结构和后台进程组成的，这些后台进程可以处理运行实例时所涉及的大量后台任务。

4.2.1　用户进程与服务器进程

进程在 Windows 平台上通常可以看作一个可执行的程序或者是服务，可以通过 Windows 操作系统的任务管理器查看当前操作系统上运行的进程，如图 4.9 所示。

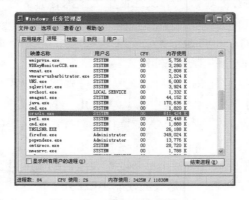

图 4.9　Windows 的进程列表

可以看到，Windows 平台上 Oracle 是以单一进程存在的，所有的 Oracle 体系结构中的其他进程比如服务器进程、后台进程在 Windows 平台上都是用线程表示的。在 Windows 平台上，可以下载 ProcessExplorer 工具图形化地查看线程，或者是使用命令行工具 pslist 来查看线程。pslist 的下载地址如下：

http://technet.microsoft.com/en-us/sysinternals/bb896682.aspx

下载回来是一个包含多个命令的压缩包，解压缩之后，就可以在命令行界面下使用 pslist-d oracle 来查看 Oracle 服务器的线程列表了，如图 4.10 所示。

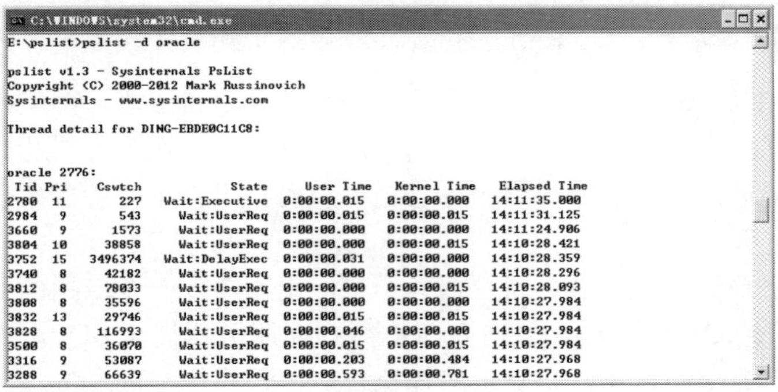

图 4.10　在 Windows 下查看线程列表

在 Linux 系统中，Oracle 使用多个进程来完成数据库的操作，可以使用 ps-ef 命令来查看当前活动的进程。比如在启动一个 Oracle 实例后，可以查看当前 Linux 上与 Oracle 相关的进程，命令如下：

```
[oracle@bogon ~]$ ps -ef |grep ora
Root      3899  3880  0  20:07?           00:00:00 hald-addon-storage: polling
                                                   /dev/hdc
root      5170     1  0  20:11      ?     00:00:00 login -- oracle
oracle    6408  5170  0  20:47 tty1      00:00:00  -bash
root      7965  7909  0  21:10 tty1      00:00:00 su -l oracle
oracle    7966  7965  0  21:10 tty1      00:00:00 -bash
root      8059  8006  0  21:10 tty1      00:00:00 su -l oracle
oracle    8060  8059  0  21:10 tty1      00:00:00 -bash
oracle    8712  8060  0  21:15 tty1      00:00:00 sqlplus       as sysdba
root     14655 14425  0  21:42 pts/0     00:00:00 su -l oracle
oracle   14656 14655  0  21:42 pts/0     00:00:00 -bash
oracle   14787     1  0  21:44      ?     00:00:00 ora_pmon_orcl
oracle   14789     1  0  21:44      ?     00:00:00 ora_vktm_orcl
oracle   14793     1  0  21:44      ?     00:00:00 ora_gen0_orcl
oracle   14795     1  0  21:44      ?     00:00:00 ora_diag_orcl
oracle   14797     1  0  21:44      ?     00:00:00 ora_dbrm_orcl
oracle   14799     1  0  21:44      ?     00:00:00 ora_psp0_orcl
oracle   14801     1  0  21:44      ?     00:00:00 ora_dia0_orcl
oracle   14803     1  0  21:44      ?     00:00:00 ora_mman_orcl
oracle   14805     1  0  21:44      ?     00:00:00 ora_dbw0_orcl
oracle   14807     1  0  21:44      ?     00:00:00 ora_lgwr_orcl
oracle   14809     1  0  21:44      ?     00:00:00 ora_ckpt_orcl
oracle   14811     1  0  21:44      ?     00:00:00 ora_smon_orcl
oracle   14813     1  0  21:44      ?     00:00:00 ora_reco_orcl
oracle   14815     1  0  21:44      ?     00:00:00 ora_mmon_orcl
oracle   14817     1  0  21:44      ?     00:00:00 ora_mmnl_orcl
oracle   14819     1  0  21:44      ?     00:00:00 ora_d000_orcl
```

```
oracle  14821      1   0   21:44      ?     00:00:00  ora_s000_orcl
oracle  14856      1   0   21:44      ?     00:00:00  ora_arc0_orcl
oracle  14873      1   0   21:44      ?     00:00:00  ora_arc1_orcl
oracle  14875      1   0   21:44      ?     00:00:00  ora_arc2_orcl
oracle  14877      1   0   21:44      ?     00:00:00  ora_arc3_orcl
oracle  14879      1   0   21:44      ?     00:00:00  ora_qmnc_orcl
oracle  14881      1   0   21:44      ?     00:00:00  ora_q000_orcl
oracle  14883      1   0   21:44      ?     00:00:00  ora_q001_orcl
oracle  14885      1   0   21:44      ?     00:00:00  ora_q002_orcl
oracle  14901      1   0   21:44      ?     00:00:00  ora_cjq0_orcl
oracle  14925 14656  0   21:45  pts/0     00:00:00   ps -ef
oracle  14926 14656  0   21:45  pts/0     00:00:00   grep ora
root    20329 19161  0   21:21  pts/0     00:00:00   su -l oracle
oracle  20330 20329  0   21:21  pts/0     00:00:00   -bash
```

可以看到很多以 ora_开头的进程，这些进程有的是后台进程，随实例启动，有的是服务器进程，每当有会话连入 Oracle 数据库时，就会开始一个服务器进程。对于专用服务器连接来说，一个用户会有一个专门的服务器进程，而对于共享服务器来说，则只会具有一个或多个调度器进程。

试想用户使用 Oracle 的过程，用户打开一个应用程序或一个专用的 Oracle 工具，比如 SQL*Plus 或 Oracle SQL Developer，向 Oracle 数据库服务器提交 SQL 语句，Oracle 数据库服务器接收到用户提交的请求，将负责解释执行应用程序提交的 SQL 语句。

在 Oracle 中，进程可以理解为如下三大类：

- ❑ 用户进程，一般是指客户端上运行的 Oracle 应用程序或工具创建的进程。
- ❑ 服务器进程，当客户端向服务器端发送操作请求时，Oracle 会创建一个相应的服务器进程，它代表客户会话完成工作的进程，应用程序向数据库发送的 SQL 语句最后就要由这些进程接收并执行。
- ❑ 后台进程，这些进程随数据库而启动，用于完成各种维护任务，比如数据库写入进程 DBWn、日志写入进程 LGWR、检查点进程 CKPT 等，都属于后台进程。用户可以通过 v$bgprocess 查询关于后台进程的信息。
- ❑ 从属进程，用于为后台进程或服务器进程提供额外的执行任务。

进程的结构取决于操作系统及数据库配置为专用服务器还是共享服务器连接。在共享服务器体系结构中，一个运行数据库代码的服务器进程可能为多个客户端提供服务，Oracle 实例与进程间的组成结构如图 4.11 所示，这个图也可以看作是整个 Oracle 数据库的体系结构图。

用户进程可能位于网络上的其他位置，它们通过 Oracle Net 与 Oracle 服务器进行通信，每当一个用户进程连到 Oracle，Oracle 就会产生一个相应的服务器进程，只有实例的服务器进程才能够访问 SGA。比如使用 SQL*Plus 连接到 Oracle，在 Oracle 服务器上使用 ps -ef 命令可以查询到一个使用相应的服务器进程。

🔔注意：数据库连接与数据库会话是两个不同的概念，连接是用户进程与 Oracle 实例间的通信通道，会话是用户通过用户进程与 Oracle 实例建立的连接，比如启动 SQL*Plus 并输入用户名和密码后，就与 Oracle 实例建立了一个会话。

Oracle 数据库根据用户进程的连接来创建服务器进程，以处理连接到实例的客户端进程的请求。服务器进程可以执行一个或多个下列任务：

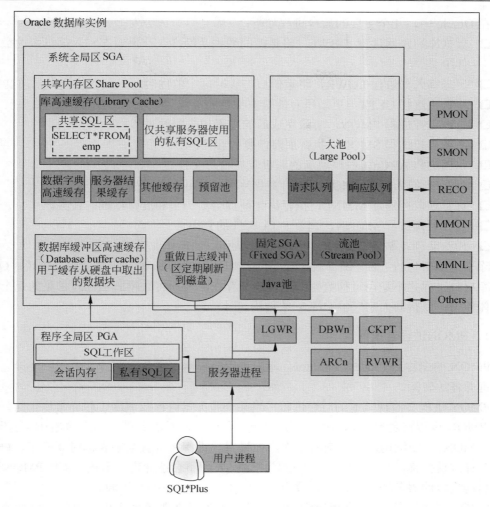

图 4.11　Oracle 实例进程与内存的组成结构图

- ❑ 解析并运行通过应用程序发出的 SQL 语句，包括创建和执行查询计划。
- ❑ 执行 PL/SQL 代码。
- ❑ 将数据块从数据文件读入数据库缓冲区高速缓存，已经修改的块写回磁盘属于 DBWn 后台进程写入。
- ❑ 返回执行结果信息，以便应用程序可以进一步处理。

　　Oracle 数据库的专用服务器连接时，客户端连接与一个且仅与一个服务器进程连接，而共享服务器连接中，客户端连接不是直接与服务器进程进行连接的，它会被连接到一个调度器进程上。Oracle 默认使用专用服务器连接创建数据库，DBCA 提供了共享服务器选项，有兴趣的朋友可以尝试安装测试。

4.2.2　PMON 与 SMON 进程

　　本节起将讨论 Oracle 中的几大进程的作用，主要讨论的是后台进程的功能，它们在启动数据库的实例时自动启动，用来完成一系列核心的系统服务。

在 Oracle 中，几个主要的后台进程如下：

- 数据库写入器进程 DBWn，将更改的数据从缓冲区高速缓存写入磁盘上的数据文件中。
- 日志写入器进程 LGWR，将重做日志缓冲区中的内容写入到联机重做日志文件。
- 检查点进程 CKPT，更新所有的数据文件的头以记录检查点的详细信息。
- 进程监控进程 PMON，清除完成后的进程和失败的进程。
- 系统监控进程 SMON，执行崩溃恢复并合并区。
- 归档进程 ARCn，归档填满的联机重做日志文件。
- 可管理监控进程 MMON，执行数据库可管理相关的任务。
- 可管理监控器灯 MMNL，执行诸如捕捉会话历史和度量标准的任务。
- 内存管理进程 MMAN，调整 SGA 部件的大小。
- 作业队列调整进程 CJQO，调整作业队列以加速作业进程。

除了上面所列的进程之外，还有一些进程在使用 Oracle 的高级功能时会出现，Oracle 数据库后台进程并不是在每种数据库配置中都存在，下面将介绍其中比较常见的几个进程的具体作用，以帮助大家理解 Oracle 的结构。

1．PMON进程监视器

PMON 的全称是 Process Monitor，称为进程监视器，它负责在异常中止的连接之后完成清理并释放资源。

PMON 进程会监视其他的后台进程，当某个服务器进程或调度进程异常终止时，这个后台 PMON 进程将负责清理数据库缓冲区高速缓存，释放客户端进程之前还在用的资源。比如 PMON 会回滚用户未提交的工作，如果用户进程在持有某些表锁时死机了，PMON 进程会释放这些锁，使得其他用户可以使用这些表而不会被死进程干扰。并且 PMON 还会重新启动失败的服务器进程，并释放为失败的进程分配的 SGA 资源。

PMON 就好像是一个进程清道夫，它的工作就是在服务器进程出现问题时做清洁工作，多数情况下 PMON 并不会工作，它会定期地检查是否有中断的进程。

PMON 进程会自动执行动态的服务登记，比如当一个新的数据库实例被创建之后，PMON 进程用监听器登记该实例的信息。也就是说 PMON 会向 Oracle TNS 监听器注册新实例，实例启动时，PMON 进程询问公认的端口地址来查看是否启动并运行了一个监听器。

2．SMON系统监视器

如果说 PMON 只是一个进程清道夫的话，那么 SMON 可以看作是一个系统清道夫。SMON 会负责各种系统级的清理工作，SMON 的主要职责如下所示：

- 在实例启动时，如果有必要，SMON 会执行实例恢复，如果在 Oracle RAC 环境中，一个数据库实例的 SMON 进程可以为另一个失败的实例执行实例恢复工作。
- 在实例恢复过程中，由于读文件或表空间脱机错误而跳过的已经终止事务，由 SMON 进行恢复，当表空间或文件重新联机时，SMON 会恢复该事务。
- 清除未使用的临时段，虽然临时表空间会自动完成空间的回收，但是有时候也需要使用 SMON 来清除临时表空间中的内容，比如在执行一个 CREATE INDEX 命令时，会话突然中止了，此时需要由 SMON 来清除临时表空间，其他操作创建的临时段也需要由 SMON 来负责清理。

❑ 合并空闲空间：在使用字典管理的表空间时，SMON 要获取表空间中相互连续的空闲区段，并把它们合并为一个更大的空闲空间。

❑ 收缩回滚段：如果设置收缩回滚段，SMON 会自动将回滚段收缩为所设置的最佳大小。

与 PMON 一样，SMON 也是一个按需启动的过程，该进程大多数时间处于非活动的状态，只在需要时启动。

4.2.3　DBWn 与 LGWR 进程

Oracle 对所有数据的修改都是在内存中完成的，由 DBWn 数据库写入器进程定期的将脏数据（已经发生过更改的数据）从数据库缓冲区高速缓存中写入到实际的数据库文件中。数据库写入器进程与事务提交 COMMIT 实际上是异步的，事务提交时，只是触发了 LGWR 日志写进程将重做日志高速缓存中的重做日志项写入到当前联机的重做日志文件中，这样即便发生了系统崩溃，也可以通过应用重做日志文件来进行介质恢复。

1. 数据库写入器进程DBWn

DBWn 后面的 n 表示的是数据库写入器进程的编号，第 1 个为 0，比如 DBW0，对于多数系统来说一个写入器已经足够，但是如果系统要修改的数据量巨大，可能需要配置额外地写入器进程，比如可以从 DBW1 配置到 DBW9 或和 DBWa 到 DBWj 来提高写入的性能。

可以使用 Oracle 初始化参数中的 db_writer_processes 来配置数据库写入器进程的个数，默认情况下，Oracle 将根据服务器的 CPU 和处理器组的数量来分配数据库写入器进程的数量。例如在 32 个处理器的 HP-UX 服务器上，默认为 4 个数据库写入器进程，即每 8 个处理器一个数据库写入进程，而在一台 16 个处理器的服务器上，默认为两个数据库写入器进程。所以对于单个处理器来说，设置额外的数据库写入器进程的意义不大。

DBWn 的任务主要是监控数据库缓冲区高速缓存的使用，如果缓冲区的可用空间下降，则 DBWn 会把缓冲区中的某些数据写入到磁盘文件中，使得缓冲区中具有可用的内存容纳新的请求。数据库写入器进程使用了最近最少使用 LRU 算法，该算法根据数据自请求以来在缓冲区中停留的时间长度来保留数据，如果一块数据最近刚被请求过，则很有可能仍驻留在内存中。

DBWn 进程在以下条件下直接将脏数据写入到数据文件中：

❑ 当数据库发布一个检查点时，比如可以使用 ALTER SYSTEM CHECKPOINT 强制发布一个检查点，将导致 DBWn 将脏数据写入到磁盘中。

❑ 当服务器进程在检查了缓冲区后仍然还找不到一个可用的缓冲区时会执行写入操作。

❑ 每隔 3 秒钟会执行写入操作。

DBWn 会尽可能地用异步方式将脏缓冲区写放到磁盘，以便同时执行其他的处理。DBWn 通过周期性地写出缓冲区中的内容，并推进检查点，以便在恢复数据库数据时可以从检查点位置开始进行缓复。DBWn 以一种分散写的方式写入到数据文件，因为修改的数据块可能存储在多个不同的位置或不同的磁盘，这会导致 DBWn 的写入速度比较慢，LGWR 则采用顺序写的方式，会拥有较好的性能。

2. 日志写进程LGWR

日志写进程会将重做日志缓冲区中的重做日志项写入到联机重做日志文件中，LGWR 进程会写入自上次写入重做日志文件之后写入缓存区中的所有的生日志项。

LGWR 进程会在如下的条件出现时执行写入操作：

- ❑ 用户提交了一个事务。
- ❑ 发生了在线重做日志切换。
- ❑ 自 LGWR 最后一次写入到现在超过了 3 秒钟。
- ❑ 重做日志缓冲区已达到 1/3 满，或包含了 1MB 以上被缓冲的数据。
- ❑ DBWn 必须将修改的缓冲区写入到磁盘。

在 DBWn 可以将脏缓冲区写到磁盘之前，该缓冲区更改的记录必须被写入到磁盘，也就是说必须要将所做的更改事项写到重做日志文件中，因为 DBWn 的写入操作总是比 LGWR 的写入操作要慢，因此先行将操作记录写到重做日志文件中，即便 DBWn 写入出现失败，也不会导致数据丢失，因为还可以使用重做日志记录进行介质恢复。DBWn 在发现了一些重做记录未写入时，会通知 LGWR 将记录写入磁盘，直到 LGWR 写入完成 DBWn 才会开始数据库块的写入工作。

LGWR 可以同时写入重做日志组中的多个重做日志文件。一般建议将重做日志文件规划成多路复用的重做日志文件，以便于保留冗余的重做日志文件的副本，从而避免了单点故障带来的损失。如果组中的一个或多个日志成员损坏，LGWR 将仅写到组中可用的成员中。如果重做日志组中没有一个成员可以写入重做日志项，LGWR 会发出错误提示。

当向数据库发送一条 COMMIT 语句提交事务时，LGWR 首先在重做日志缓冲区中放置一个提交记录，接下来将此记录与提交事务有关的重做项立即写到重做日志。事务的提交记录写到重做日志是标志事务提交的关键条件，LGWR 会将事务分配的 SCN（系统更改号）写入到重做日志中，以便于在进行介质恢复时可以利用 SCN，LGWR 将重做日志写入后，将返回一个成功提交事务的提示。在 DBWn 将更改的数据实际写入到磁盘之前指示成功提交的技术称为快速提交机制。

4.2.4　CKPT 与 ARCn 进程

CKPT 检查点进程负责通知数据库写入器 DBWn 进程何时将内存缓冲区中的脏数据写入到磁盘，CKPT 进程并不像其名所暗示的那样真正建立检查点，真正建立检查点是 DBWn 的任务，CKPT 只是更新数据文件的文件头以辅助真正建立检查点的 DBWn 进程。检查点信息包含检查点位置、SCN、联机重做日志中的起始恢复位置等。CKPT 与 DBWn 的结构示意如图 4.12 所示。

可以看到，CKPT 进程会更新控制文件及数据文件头和数据文件体中的检查点位置、SCN、联机重做日志中的起始恢复位置等信息。总而言之，检查点的目的就是为了同步缓冲区高速缓存的信息与数据库磁盘上的信息，每个检查点记录都由所有活动事务的列表和这些事务的最近日志记录的地址组成。检查点进程一般包括如下几个步骤：

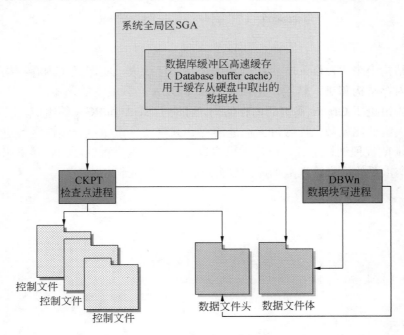

图 4.12　CKPT 与 DBWn 进程示意图

（1）把重做日志缓冲区中的内容刷新到重做日志文件。

（2）把检查点记录写入重做日志文件。

（3）把数据库缓冲区高速缓存的内容刷新到磁盘。

（4）在检查点完成任务后，更新数据文件头和控制文件。

检查点由于维持了同步信息，因此其操作的频率直接关系到数据库崩溃后的恢复时间。

当数据库以归档模式运行时，归档日志进程 ARCn 会将联机重做日志文件复制到脱机存储位置，这些进程可能会收集事务重做数据，并将其传送到备用数据库目标位置。

注意：本书 21.3.5 节详细讨论了归档日志文件的设置方式，如果不理解何为归档，可以先行参考该小节的内容。

只有在数据库运行在归档模式，即 ARCHIVELOG 模式下，且自动归档功能被开启时，系统才会启动 ARCn 进程执行归档操作。在一个 Oracle 实例中，最多可以运行 10 个 ARCn 进程，分别是（ARC0 到 ARC9），LGWR 会在当前的进程不能满足工作负荷时自动启用新的 ARCn 进程。当 LGWR 启动新的 ARCn 进程时，也会在警告日志中记录数据。

DBA 可以通过初始化参数 log_archive_max_processes 来设置多个归档日志进程，比如可以使用下面的语句将归档日志置为 10 个进程：

```
ALTER SYSTEM SET log_archive_max_processes=10 SCOPTE=BOTH;
```

实际上由于系统能够自动决定需要多少个 ARCn 进程，一般很少需要手动地修改归档日志进程数。

4.3　小　　结

从体系结构上来说，Oracle 由实例和数据库文件组成，实例又由内存结构和进程结构组成，掌握内存结构和进程结构，是任何 Oracle DBA 必须具备的基本功。

本章首先讨论了 Oracle 实例的内存结构，讨论了 SGA 和 PGA 的组成，接下来对 SGA 中包含的几大组件比如数据库缓冲区高速缓存、共享池、重做日志缓冲区等进行了详细的介绍。在 Oracle 进程结构部分，讨论了用户进程与服务器进程的区别，接下来重点介绍了 Oracle 中几个重要的用来管理数据库的后台进程的运作机制。

第 2 篇　管理方案对象

第 5 章　创建和管理表

数据库存在的目的是为了存储数据，表是任何一种数据库用来存储数据的最基本的对象。数据库中的许多其他的对象比如视图、索引、约束等都以表为基础，大部分 SQL 语句的执行都是在对数据库表进行操作，因此理解表的设计、创建和管理，是开始关系型数据库操作的重要部分。

5.1　表 和 表 列

如果将数据库比作一个存储东西的储物柜，表就像是储物柜上的各个抽屉，每个抽屉分门别类地存放了各种数据。在设计和规划数据库时，表的定义和规划往往相当重要，良好的表设计决定了程序人员编写程序的便利性与数据库的整体性能。本节将理解 Oracle 中表的结构和设计的指南，它是本书后续内容的基础，因此需要认真理解和掌握。

5.1.1　表和实体

在本书第 1 章讨论关系型数据库基础时，曾经介绍过实体的概念。实体是对现实世界的抽象，在设计一个数据库时，首先需要考虑数据库需要涉及的实体，比如一个仓库管理数据库，如果进行现实世界的实体划分，可以具有如下的实体：

- ❑ 仓库，存储仓库名称、位置。
- ❑ 仓库管理员，存储管理仓库的人员信息，比如工号、姓名、年龄等。
- ❑ 仓库类别，存储仓库的类型，比如是成品仓、半成品仓或原料仓。
- ❑ 货位，存储仓库中物品的货位信息，比如货位位置、结构等。

在设计与规划表结构时，应该实现从现实世界的角度来分辨客观事物，将其划分为实体，然后规划出各个实体之间的关系，也就是说一般先绘制中实体关系（E-R）图，这个过程称为"数据库建模"。有了实体关系图后，数据库管理人员就可以进行表的创建，以仓库管理员中的仓管员领料为例，绘制出了如图 5.1 所示的实体。

在图中矩形表示实体，椭圆形表示实体的属性，菱形表示实体与实体之间的关系。关系型数据库管理系统将实体转换为二维结构的二维表，表由表行和表列组成。表列代表实体中的属性，而表行则用来存储实体属性的具体的数值，一个数据库表的结构通常如表 5.1 所示。

可以看到，实体向表的转换过程就是对二维表的转换过程，整个表由表行和表列组成，表列存储了实体的属性，多个表列组成了表的实际存储结构，一般提及表的结构时，实际上就是指的表列的组成。表行根据表列的定义具体的存储数据，形成一个具体的表存储结构。

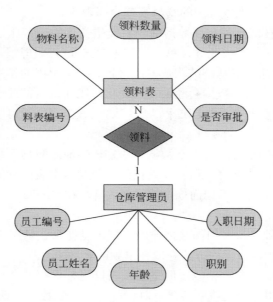

图 5.1　仓库员领料的 E-R 关系图

表 5.1　数据库表的结构

表列

领料编号	物料描述	行状态	请领数量	需用日期	是否审批
13360517	K32N/T001 室内机	2 准备	10000	2003-5-1	Y
13360518	K32N/T002 室内机	3 下达	15000	2001-5-1	Y
13360519	K30N/T001 室内机	2 准备	1000	2001-6-1	N

表行

在将实体转化为表时，一般建议通过 3 个步骤进行：

（1）将实体中的属性定义成表列，根据属性的不同性质为表的列指定不同的数据类型。比如姓名一般存储字符类型的数据，年龄一般存储的是数据类型的数据。

（2）根据 E-R 关系图中的实体属性和关系，为表添加约束。比如姓名是唯一的，那么可以添加主键约束；如果必须要指定性别，可以添加非空约束；表与表间的关系可以通过外键约束来进行指定，这些内容将在本书第 6 章中详细介绍。

（3）在定义了表列之后，根据表列添加表行，实现一个具有二维结构的数据表。

在设计表和表列时，必须要符合在第 1 章 1.2 节中介绍的数据库范式设计，因此表的设计也是一个反复迭代的过程，需要数据中的设计人员进行多次反复迭代来实现结构最优化的数据库。

5.1.2　表的分类

表根据存储数据的不同，一般可以分为如下两种类型：

- ❑ 静态表，用来存储相对固定的，不会随意变化的引用数据，比如人事管理系统中的员工表、仓库管理系统中的物料表或仓库表等。
- ❑ 动态表，用来存储业务运作数据的经常发生变化的表，比如领料人员领料开出的领料表，生产订单表或业务订单、发票等存储业务运作过程的表。

　　静态表一般用来存储一些基础结构数据，它起到数据引用的作用，而动态表主要用来存储业务运行中的数据，它的数据会经常发生变化，比如每天都要进行新增、修改、删除操作，对于具有较大规模的业务处理过程来说，这些表内容每天可能有数十 MB 到数 GB 的变化。

　　除了根据业务级别的划分之外，在数据库级别，Oracle 数据库系统根据表的用途和结构进行了进一步的细分，比如将存储具体数据的表分为标准表、存储临时中转数据的表分为临时表，以及出于性能优化考虑而推出的索引表等。在 Oracle 中，表根据其系统级的功能可分为如下 5 种类型：

- ❑ 标准表，最基础、最常用的数据库表类型，是在默认情况下创建的表。表中的数据按堆进行组织，以无序方式存放在单独的表段中。
- ❑ 临时表，与标准表非常相似，但是临时表仅用来保存一个会话中的临时数据，当会话退出或者用户提交或回滚事务时，临时表中的数据自动被清空。
- ❑ 索引表，用来增强检索性能的表，通常不会用来存储标准的数据。这种表以 B 树结构存放在索引段中。
- ❑ 簇表，通常用来节省存储空间并提高 SQL 语句执行的性能，簇是由共享相同数据块的一组表组成的。
- ❑ 分区表，将一个大的表划分成更小的分区，并存储到相应的分区段中，每个分区段可以独立管理和操作。

　　如果从数据库设计与实现的角度来划分，动态表和静态表的区分是数据库规划与设计人员根据业务的需求进行划分归类，而标准表、临时表等表结构应该是由数据库管理员（DBA）根据数据库系统的存取需求进行的系统一级的划分。本章后面的内容将主要对这些表的具体实现过程进行详细的讨论。

5.1.3　表和列命名规则

　　Oracle 是以方案来划分命令空间的，它与 SQL Server 的数据库级别的划分有些不同。一个数据库可以具有多个方案，方案与用户名同名，创建一个新的用户时，就创建了一个方案。比如当使用 scott 用户登录进入数据库系统时，实际上进入的是 scott 的方案，方案与用户的结构如图 5.2 所示。

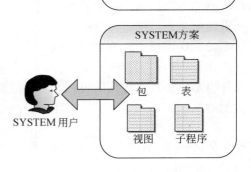

图 5.2　用户与方案的关系

　　位于一个方案下的所有的对象命名必须唯一，但是不同方案下的名称可以相同。要访问其他方案中的对象，必须以方案名为前缀，例如要在 SYSTEM 方案下访问 scott 下的 dept 表，可以使用 scott.dept 这种方式。

在创建表和列时，除了理解不同方案下的命名空间之外，表和列的命名也非常重要，虽然命名规则并不是强制性的要求，但是使用良好的命名规则能够增强表的可读性和可理解性，让开发与维护工作变得更加容易。

表名和列名包含如下所示的几个命名规则。

（1）表名和列表必须以字母开头，长度在 1～30 个字节之间，至少为 1 个字节。比如下面为表和列的命名是合法的：

```
Tbl_emp        --员工表，以字母开头，在 30 个字节以内
Dept_emp       --部门员工表
Col_empno      --员工编号列
Dept_no        --部门编号列
```

如果在表或列的命名中以数字或下划线开头，则命名是不合法的，因此下面的命名是错误的：

```
1_emp          --不合法，以数字开头
_empno         --不合法，以下划线开头，必须要以字母开头
Emp....no      --不合法，超过了 30 个字符
```

（2）表名或列名中可以包含字母、数值、下划线符号（_）、美元（$）和英镑符号（£），但是 Oracle 不建议在名称中使用英镑和美元符号。

（3）不能在表或列的命名中使用 Oracle 的保留字，比如 VARCHAR 或 INDEX 这类 Oracle 的保留字来进行命名。

（4）如果在表或列的命名时，名称被包围在双引号（""）中，要求名称的长度在 1～30 个字符之间，并且不含有一个嵌入的双引号。

（5）在一个表中创建列时，列命名不能与表中其他的列具有相同的命名，但是不同表之间的列命名可以是相同的。

（6）表在其名称空间中不能出现同名，表的名称空间包含表、视图、序列、专用同义词，在这些对象中只要出现了相同的命名就会创建失败。比如，已经存在了一个名为 books 的视图，现在又去创建一个名为 books 的表，那么会出现命名冲突，导致创建失败。

注意：表名和列表是不区分大小写的，在内部 Oracle 会将创建的表名称的列表转换为大写然后存储到 Oracle 数据字典表中。

除了遵循这些合法的命名规则外，团队或公司内部可能会制定自己的命名规则，比如表名统一以 TBL 开头，例如 TBL_INVENTORY、TBL_MATERIAL，索引统一以 IDX 开头，比如 IDX_INVENTORY_ID 或 IDX_BOOK_ID 等。命名规则一般形成良好组织的文档，以便于公司的新同事很快掌握这些命名规则，在统一的命名方案下进行对象的创建。

5.1.4　列数据类型

对于一个表来说，表中包含的列构成了表的基本结构，每个列所能存储的数据与其数据类型紧密相关，对列的数据类型的定义决定了表中每一行数据可能的大小。Oracle 为表列定义了各种列数据类型，如果使用 Toad 等可视化工具建表，可以在下拉列表框中选择

各种内置的列数据类型，如图 5.3 所示。

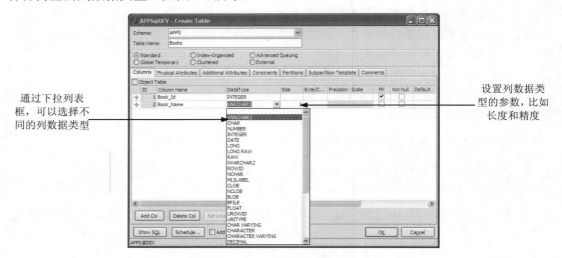

通过下拉列表框，可以选择不同的列数据类型

设置列数据类型的参数，比如长度和精度

图 5.3　选择列数据类型

由图 5.3 中可以看到，Oracle 内置了多种列数据类型，这些类型根据存储数据的不同可以分为如下几种类型：

❑ 字符串类型，用来存储字符串类型的数据，包含 CHAR、NCHAR、NVARCHAR2、VARCHAR2 等数据类型。

❑ 数值类型，用来存储整数或浮点数值，主要的数据类型是 NUMBER 及相关的子类型比如 INTER、FLOAT 等。

❑ 日期时间类型，用来存储日期时间数值及时间段数值，它包含 DATE、TIMESTAMP、INTERVAL YEAR TO MONTH 等数据类型。

❑ 大对象类型，用来存储大型二进制对象，比如大型文本、图像、声音或视频等数据，包含 CLOB、NCLOB、BLOG、BFILE 等类型。

除了这些类型之外，Oracle 还额外包含了两个非常重要的行数据类型 ROWID 和 UROWID，这两个类型由 Oracle 隐式设定，一般不需要用户进行创建，Oracle 中的内置列数据类型如表 5.2 所示。

表 5.2　Oracle内置的列类型

数 据 类 型	描　　　述
VARCHAR2(size [BYTE | CHAR])	变长字符串类型，size 属性用来指定字符串长度，可以指定是使用 Byte 单位还是 Char 单位来存放字符串。默认以 Byte 为单位，最大可存储 4000 个字节。如果以 Char 作为存储单位，由于在不同的字符集平台上一个字符可能由多个字节组成，因此存储占用的空间比 Char 要大得多
NVARCHAR2(size)	变长字符串类型的 Unicode 版本，可以支持国际字符集比如简体中文等。依据所选的国家字符集，其最大长度为 size 个字符或字节。size 的最大值取决于存储每个字符所需要的字节数，其上限为 4000 个字节。必须为 NVARCHAR2 指定一个 size

续表

数　据　类　型	描　　　述
NUMBER [(p [, s])]	用于存储零、正数、定长负数及浮点数。p 表示精度 （1-38），它表示存储在列中数字的总长度是 p 位；s 表示范围，它表示小数点后的位数。该取值范围可以从-84 到 127。 如：number(5,2)，则这个字段的最大值是 99 999，如果数值超出了位数限制就会被截取多余的位数。 如：number(5,2)，但在一行数据中的这个字段输入 575.316，则真正保存到字段中的数值是 575.32。 如：number(3,0)，输入 575.316，真正保存的数据是 575
FLOAT [(p)]	NUMBER 类型的子类型，主要用来存储浮点数值，p 用来指定浮点数的精度，精度取值可以指定 1～126 之间的精度值
LONG	LONG 类型的列存储可变长度的字符串，最多可以存储 2GB 的数据。LONG 类型的列有很多在 VARCHAR2 类型列中所具有的特征。可以使用 LONG 类型的列来存储 LONG 类型的文本字符串。LONG 数据类型的使用是为了向前兼容的需要，建议使用 LOB 数据类型来代替 LONG 类型
DATE	DATE 类型用来存储时间和日期信息，包含世纪、年、月、日、小时、分钟和秒，但是不包含秒的小数部分。DATE 类型的从世纪到秒每一部分是一个字节，即占用 7 个字节。有效的日期范围从公元前 4712 年 1 月 1 日到公元后 9999 年 12 月 31 日。日期的默认格式由 NLS_DATE_FORMAT 参数指定，大小为 7 个字节
TIMESTAMP [(fractional_seconds_precision)]	使用年、月、日、小时、分钟、秒域来对日期/时间提供更详细的支持。最多可以使用 9 位数字的精度来存储秒（受底层操作系统支持的限制）。这个数据类型没有时区的相关信息。fractional_seconds_precision 为可选项，指定秒的小数部分的精度，取值范围为 0～9，默认值为 6
TIMESTAMP [(fractional_seconds)] WITH TIME ZONE	数据类型是可以指定时区的 TIMESTAMP。时区的偏移是指本地时间和格林尼治（UTC）时间之间的差异（小时和分钟）。ractional_seconds_precision 为可选项，指定秒的小数部分的精度，取值范围为 0～9，默认值为 6
TIMESTAMP [(fractional_seconds)] WITH LOCAL TIME ZONE	TIMESTAMP WITH LOCAL TIME ZONE 数据类型也是可以指定时区的 TIMESTAMP，和 TIMESTAMP WITH TIME ZONE 不同的是，它存储的是数据库的时区，时区偏移量并不存储
INTERVAL YEAR [(year_precision)] TO MONTH	存储一个时间间隔，其单位为年和月；可以通过指定可选的 years_precision 参数来指定年的精度，该参数是一个 0～9 的整数。默认的精度为 2，意思是可以在时间间隔中为年数存储两位数字。如果试图向表中添加一行年数超过 INTERVAL YEAR TO MONTH 列可以存储的记录，就会返回一个错误。时间间隔既可以存储正数，也可以存储负数
INTERVAL DAY [(day_precision)] TO SECOND [(fractional_seconds)]	存储一个时间间隔，其单位为天和秒；可以通过指定可选的 days_precision 参数来指定天的精度，该参数是一个 0～9 的整数，默认值为 2。另外，还可以通过指定可选的 seconds_precision 参数来指定秒的小数部分的精度，该参数是一个 0～9 的整数，默认值为 6。时间间隔既可以存储正数，也可以存储负数
RAW(size)	类似于 CHAR 类型，最大可以存储 2000 字节的数据，必须指定 size 参数的值
LONG RAW	类似于 LONG，最大存储 2GB 的数据
ROWID	由 Oracle 自动生成的 Base64 的 18 位字符串，用来存储行地址信息，通常也称为 ROWID 伪列，每个数据库表中都有一个 ROWID 伪列

续表

数 据 类 型	描　　　述
UROWID [(size)]	与 ROWID 类似，但是它表示的是索引组织表的行地址。索引组织表中的 ROWID 值是可能发生变化的
CHAR [(size [BYTE | CHAR])]	定长字符串类型，它与 VARCHAR2 非常相似，不同之处在于字数串个数固定，如果不足 size 指定的字符串大小，会使用空格补全，最大长度为 2000 个字节，BYTE 和 CHAR 的使用与 VARCHAR2 的语法相似
NCHAR[(size)]	CHAR 类型的 Unicode 版本，用来支持双字节字符
CLOB	用来在数据库中存储大型的字符型数据，支持定长和变长字符集。每一个 CLOB 变量存储一个定位器来指向大型的字符型数据，其大小也不可超过 4GB。从 Oracle 9i 开始，可以将 CLOB 转换成 CHAR 和 VARCHAR2 类型
NCLOB	NCLOB 的 Unicode 版本，支持国际字符集所定义的字符集
BLOB	二进制大型对象，最大可存储（4GB–1）＊（数据库块大小）的二进制内容
BFILE	存储指向数据库外部文件的定位符。外部文件最大为 4GB

注意：Oracle 没有布尔类型，如果要表示布尔值，可以使用 CHAR(1)或 INTEGER、NUMBER(1)之类的类型进行替代。

　　除了上面的类型之外，在 Toad 中还可以看到很多 NUMBER 类型的子类型，比如 INT、REAL、SMALLINT 等，这些类型分别表示整数、浮点数和短整数。在设计数据库表时，必须注意字符串类型的两大类：以 N 开头的表示支持 Unicode 字符集的字符串类型，比如要存储国际字符集如简体中文文字，而没有 N 开头的 CHAR 和 VARCHAR2 则仅支持 ANSI 字符串。对于数值型来说，实际上只有一种 NUMBER 类型，通过它的长度和小数位来控制。

5.2　创　建　表

　　大多数 DBA 会直接使用 SQL 语言创建和修改表，不过对于建表新手来说，借助于 Toad、Oracle SQL Developer 或 PL/SQL Developer 等图形化的工具，可以可视化地创建和修改表。本节将演示如何使用设计器轻松地创建表，并介绍使用 SQL 语句创建表的细节。对于一名合格的 DBA 或者是一名熟练的程序员来说，掌握创建表的 SQL 语句是必备的技术要求。

5.2.1　使用设计器建表

　　由于 Oracle 中提供了多种数据库表类型，而且每个表具有很多种不同的配置参数，如果查看 Oracle 提供的文档《Oracle SQL References》的 PDF 版，会看到单单一个 CREATE TABLE 建表语句，Oracle 提供了 70 多页的文档，可见创建表需要掌握诸多的知识。不过有了设计器，一切都很简单，哪怕是刚学 Oracle 的新手，也能快速地创建一系列的表。

　　在下面的示例中，将创建一个图书管理系统的图书表，该表将用来保存图书馆中的图书信息。根据对实体的分析，得出图书表将的字段结构如表 5.3 所示。

表 5.3 books表字段及描述

字段名称	类型	是否主键	字 段 描 述
Id	INTEGER	Y	图书编号
Name	VARCHAR2(50)	N	图书名称
Author	VARCHAR(50)	N	图书作者
ISBN	VARCHAR(20)	N	图书 ISBN 编号
Publisher	VARCHAR(50)	N	图书出版社
PublishDate	DATE	N	出版日期
Qty	INTEGER	N	目前库存数量

下面将演示如何使用 Oracle SQL Developer 来创建这个表。该工具随 Oracle 数据库系统一起安装，在 Windows 平台下，可以通过开始菜单中的 Oracle 安装文件夹中的"应用程序开发"子菜单项，找到"SQL Developer"工具，打开该工具，创建表的步骤如下所示：

（1）打开 Oracle SQL Developer，连接到 scott 示例连接。如果没有创建该连接，可以通过右击左侧导航面板中的"连接"项创建一个新的到 scott 示例方案的连接，创建窗口如图 5.4 所示。

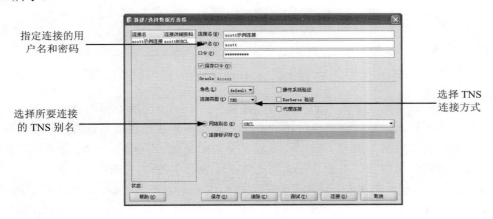

图 5.4 创建到 scott 方案的连接

（2）连接到 scott 方案后，展开新创建的连接节点，右击"表"节点，从弹出的上下文菜单中选择"新建表"菜单项，Oracle SQL Developer 将弹出如图 5.5 所示的创建表窗口。

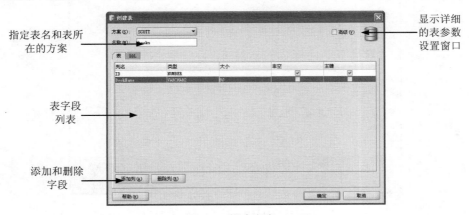

图 5.5 创建表窗口

Oracle SQL Developer 提供了两种创建表的视图，图 5.5 是基本的表创建视图，它仅仅要求用户输入表名，添加表列，并且只提供有限的字段类型可供选择。对于初学者来说可以直接输入表名，通过单击"添加列"按钮创建新的列，或单击"删除列"按钮，删除现有的列。

（3）如果使用高级窗口创建表，可以看到创建表的详细参数，比如表的类型、表的主键、外键及约束、丰富的列类型选择，如图 5.6 所示。

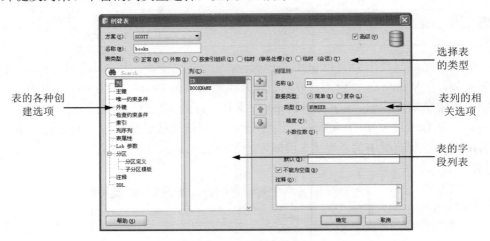

图 5.6　高级表创建窗口

可以看到，默认情况下，表的类型为"正常"，表示创建的是标准类型的表，通过表类型中的单选框列表，可以创建多种不同类型的表。左侧的列表项是表的参数设置项，在这里可以指定表的主键、约束、索引等信息；中间部分是字段列表，位于最右侧的是列的参数信息。表列的类型除基本的 5 种类型之外，还包含了各种详细的表类型。

（4）对于本节的示例来说，使用基本模式就可以满足创建表的要求，因此取消选择"高级"复选框，在基本模式中添加表列信息，添加完成后，可以通过切换到 DDL 标签页查看产生的创建表的 DDL 语句，如图 5.7 所示。

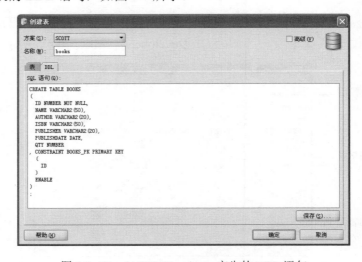

图 5.7　Oracle SQL Developer 产生的 DDL 语句

　　通过代码可以看到，对于列名和表名来说，无论是大写还是小写名称，产生的 DDL
语句都被转换成了大写，Oracle 将在数据字典中保存大写的表和列的名称。可以单击"保
存"按钮，将产生的 DDL 语句保存为单独的.sql 文件，以备以后使用。
　　（5）在成功设置了表列的信息之后，单击"确定"按钮，Oracle SQL Developer 将创建
表，表成功创建后会显示在左侧的表节点下方，单击该节点就可以看到刚刚创建的表的详
细信息，如图 5.8 所示。

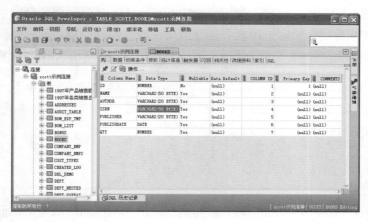

图 5.8　在列表中可以看到新创建的表

　　Oracle SQL Developer 创建表实际上只是将图 5.7 中的 DDL 语句发送给 Oracle 的 SQL
执行引擎，由该执行引擎来创建表，通过使用 Oracle SQL Developer 的可视化界面，可以
配置表的各种各样的参数，然后借助于工具产生的 DDL 代码，进行进一步的修改或直接
执行，可以大大节省建表的时间，并且大大减少直接编写 SQL 语句出错的几率。

5.2.2　创建标准表

　　创建表使用 CREATE TABLE 语句，它属于 DDL 数据定义语言。使用 SQL 语句创建
表是任何程序员或 DBA 都必须重点掌握的一部分。可以在 Oracle SQL Developer 的查询窗
口中编写 SQL 语句，也可以直接在 SQL*Plus 中编写 CREATE TABLE 语句，其语法如下
所示：

```
CREATE TABLE [schema_name.]table_name
(
  column_name_1 data_type [column_attributes]
  [,column_name_2 data_type [column_attributes]]...
  [,table_level_constraints]
)
```

　　注意：上面的语法结构中，方括号括起来的表示可选项。

　　语法各个组成部分的含义如下所示：
- schema_name，指定表所在的方案名称，如果是在当前登录用户下创建表，则不用
　指定该名称，如果要在其他方案下创建表，用户必须具有该方案下的 CREATE

TABLE 或 CREATE ANY TABLE 的权限。

- ❑ table_name，指定表名称。
- ❑ column_name_x，指定表列的名称。
- ❑ data_type，指定表列的数据类型。
- ❑ column_attributes，指定表列的属性，比如 NOT NULL 约束和 DEFAULT 默认值等。
- ❑ table_level_constraints，指定表级别的约束定义。

由语法声明可以看到，如果不使用可选的扩充语法，创建一个表最简单的方式就是使用 CREATE TABLE 语句指定一个表名称，然后在括号内部指定表列和列的数据类型。举例来说，要创建一个 Library 表，存储图书馆信息，最简单的创建表的语法如代码 5.1 所示。

代码 5.1　简单的 CREATE TABLE 用法

```
--创建表 library 表
CREATE TABLE library          --指定表名称
(
   id int,                    --添加编号字段
   name varchar2(200)         --添加名称字段
)
```

实际上，创建一个完整的表的 SQL 语句要远比上面列出的语法复杂，通过《Oracle SQL References》文档，可以看到表的各种存储参数，不同的存储管理模式决定了要使用不同的存储参数。

当使用这个简单 CREATE TABLE 语句创建表时，Oracle 实际上已经根据系统的设置添加了各种存储和设置参数。在 SQL*Plus 中，可以通过 DBMS_METADATA.GET_DDL 方法查看已经创建的表的 DDL 语句，可以看到这个简单的 CREATE TABLE 语句产生了如下所示的具体的 SQL 执行语句，它包含了存储参数和表空间参数。

```
SQL> set long 3000;
SQL> SELECT DBMS_METADATA.GET_DDL('TABLE','LIBRARY') FROM DUAL;
DBMS_METADATA.GET_DDL('TABLE','LIBRARY')
--------------------------------------------------------------------
  CREATE TABLE "SCOTT"."LIBRARY"
   (    "ID" NUMBER(*,0),
        "NAME" VARCHAR2(200)
   ) SEGMENT CREATION DEFERRED
  PCTFREE 10 PCTUSED 40 INITRANS 1 MAXTRANS 255 NOCOMPRESS NOLOGGING
  TABLESPACE "EXAMPLE"
```

在本书后面的内容中会介绍这些参数的含义，到现在为止只需要理解 Oracle 实际上会根据当前 Oracle 的设置为 CREATE TABLE 语句添加各种默认的存储参数。

除了指定列的类型之外，可选的 column_attributes 用来指定列的属性，常用的列特性有如下 3 个。

- ❑ NOT NULL：指定列不接受 NULL 值，如果省略该值，列将允许接受 NULL 值。
- ❑ UNIQUE：指定存储在列中的每一个值都必须唯一。
- ❑ DEFAULT default_value：指定列的默认值。

这些类型主要用来为列指定约束，例如下面的代码使用 CREATE TABLE 语句创建了一个发票表 invoices，使用了列类型属性来对列进行基本的约束，如代码 5.2 所示。

代码 5.2 使用列约束创建表

```
CREATE TABLE invoice
(
  invoice_id NUMBER NOT NULL UNIQUE,              --自动编号，唯一，不为空
  vendor_id NUMBER NOT NULL,                      --供应商 ID
  invoice_number VARCHAR2(50)  NOT NULL,          --发票编号
  invoice_date DATE DEFAULT SYSDATE,              --发票日期
  invoice_total  NUMBER(9,2) NOT NULL,            --发票总数
  payment_total NUMBER(9,2)    DEFAULT 0          --付款总数
)
```

上述代码通过对列属性的使用，使得一些列的值不能为 NULL；一些列具有 DEFALUT 指定的默认值；而一些列的值必须在整个表的相同的列中唯一。

列属性上定义的约束实际上是出于对关系型数据库的完整性需求的一种实现。关系型数据库完整性是指强制要求数据库中只能出现正确的、合理的数据，以防止错误的或无效的数据插入到表中。当向定义了约束的表中插入无效的数据时，Oracle 数据库将会返回错误的消息，并撤销用户的插入，以确保数据库数据的完整性。

5.2.3 全局临时表

在使用 CREATE TABLE 语句创建表时，默认情况下会创建标准表。除了标准表之外，另外表中使用频繁的是临时表，它经常用在需要临时中转数据的场合。举个例子，为了创建一份年度报表，程序员编写了一个查询数百万行记录的 SQL 语句，通过将这个查询语句的结果放到临时表中，然后再根据临时表中的内容产生报表内容，将会节省很多不必要的工作量。

不少从 SQL Server 转到 Oracle 的用户会发现临时表的构建与 SQL Server 具有较大的区别，在 SQL Server 中，可以随时创建临时表，这些临时表保存在 SQL Server 的 tempdb 数据库中，在会话结束时 SQL Server 会自动删除临时表，因此，在 SQL Server 中可以在运行时动态创建临时表。

而 Oracle 的临时表必须先行创建，这与 Oracle 的后期绑定机制有关，在会话结束时并不会自动清除临时表，但是临时表中的数据实际上只在本会话范围内有效，因此其他的用户即便能够看到该临时表，也无法查看临时表中的数据。创建的临时表将会存储到临时表空间中，并不会永久存储。

在 Oracle 中，临时表使用 CREATE GLOBAL TEMPORARY 语句进行创建，基本语法如下所示：

```
CREATE GLOBAL TEMPORARY TABLE [架构名.]表名
(列名 列类型 [DEFAULT expr][, ...])
{ON COMMIT DELETE ROWS |       --指定创建事务级临时表
ON COMMIT PRESERVE ROWS};      --指定创建会话级临时表
```

可以看到，除了 CREATE GLOBAL TEMPORARY TABLE 语句上的不同之外，Oracle 的临时表还要求指定是事务级的临时表还是会话级的临时表，其作用如下所示。

❑ 会话级临时表，是指临时表中的数据只在会话生命周期之中存在，当用户退出会话结束的时候，Oracle 自动清除临时表中数据。

❑ 事务级临时表，是指临时表中的数据只在事务生命周期中存在。当一个事务结束
（提交或回滚事务），Oracle 自动清除临时表中数据。

如果创建临时表时不指定 ON COMMIT 语句，则默认创建的是事务级临时表。下面创
建一个事务级的临时表，来演示它在事务提交或回滚之后便会自动删除数据，如代码 5.3
所示。

代码 5.3　事务级临时表示例

```
CREATE GLOBAL TEMPORARY TABLE book_temp_transaction
(
  ID NUMBER(9) PRIMARY KEY,        --图书 Id
  bookname VARCHAR2(50),           --图书名称
  publisher VARCHAR2(100)          --图书出版社
)
ON COMMIT DELETE ROWS;             --事务级临时表
```

在这个示例中，使用 ON COMMIT DELETE ROWS 创建了事务级的图书临时表，它包
含图书 Id、图书名和图书出版社信息，接下来向表中插入一行数据，然后可以看到如果事
务不提交或回滚，表中的数据一直存在，如果调用 COMMIT 或 ROLLBACK 提交与回滚了
事务，则临时表中的数据将被删除，代码如下：

```
SQL> INSERT INTO book_temp_transaction VALUES(1,'Oracle 学习指南','计算机出
版社');
已创建 1 行。
SQL> COL bookname format a20;        --在 SQL*Plus 中格式化列宽
SQL> COL publisher format a20;       --在 SQL*Plus 中格式化列宽
SQL> SELECT * FROM book_temp_transaction;
      ID  BOOKNAME            PUBLISHER
     --- -------------- ---------------
      1    Oracle 学习指南      计算机出版社
SQL> commit;                            --提交数据
提交完成。
SQL> SELECT * FROM book_temp_transaction;  --事务级临时表中的数据被清空了
未选定行
```

在上面的代码中向表 book_temp_transaction 中插入了一行数据，可以看到在发出
COMMIT 命令之前，事务临时表中的数据存在于临时表中，当发出一个 COMMIT 语句之
后，临时表中的数据被清空。

会话级临时表会在整个会话中存在，除非关闭了会话，那样数据将会被删除。代码 5.4
创建了一个会话级的图书临时表。

代码 5.4　会话级临时表示例

```
CREATE GLOBAL TEMPORARY TABLE book_temp_session
(
  ID NUMBER(9) PRIMARY KEY,        --图书 Id
  bookname VARCHAR2(50),           --图书名称
  publisher VARCHAR2(100)          --图书出版社
)
ON COMMIT PRESERVE ROWS;           --会话级临时表
```

会话级临时表需要指定 **ON COMMIT PRESERVE ROWS** 语句。下面将向该表中插入一行数据，可以看到提交或回滚语句并不影响会话级的临时表，除非显式地断开了连接。

```
SQL> INSERT INTO book_temp_session VALUES(1,'Oracle 学习指南','计算机出版
社');
已创建 1 行。
SQL> COMMIT;                              --提交事务
提交完成。
SQL> COL bookname format a20;            --格式化表列
SQL> COL publisher format a20;
SQL> SELECT * FROM book_temp_session;   --会话级临时表中的数据依然存在
        ID  BOOKNAME             PUBLISHER
       --- ------------- -----------------------------------------
         1  Oracle 学习指南        计算机出版社
SQL> DISCONNECT                          --显示的断开连接
从 Oracle Database 11g Enterprise Edition Release 11.2.0.1.0 - Production
With the Partitioning, OLAP, Data Mining and Real Application Testing options
断开
SQL> CONN scott/scotttiger              --再重新连接
已连接。
SQL> SELECT * FROM book_temp_session;   --此时会话级临时表中的数据就清空了
未选定行
```

可以看到，对于会话级临时表来说，当用户退出会话时，临时表中的数据就会被清除。

注意：Oracle 的全局临时表中的数据仅对当前会话的用户可见，即便是用户显式地调用了 COMMIT 提交了插入的数据，其他的会话依然无法看到该会话中的数据，因为临时表中的数据并不会永久存储。

临时表会在用户的默认临时表空间中创建，也可以显式地指定一个临时表空间。下面的代码演示了如何查询用户所在的临时表空间。

```
SQL> SELECT TEMPORARY_TABLESPACE FROM DBA_USERS WHERE USERNAME='SCOTT';
TEMPORARY_TABLESPACE
------------------------------------
TEMP
```

当临时表创建之后，并没有立即在临时段中分配表的空间，而是在用户发布了第 1 个 INSERT 语句之后才分配临时段，因此如果要创建一个非常大的临时表，必须要预留临时表可用的空间大小，以免临时表突然变大而造成空间不足的现象。

下面是对临时表总结的一些功能，方便读者了解使用临时表的一些特性：

❑ 临时表减少了事务产生的重做信息，可以节省重做日志的大小。

❑ 在临时表中可以使用主键和索引，以便提高临时表的性能，同时还可以在临时表上添加约束。

❑ 在临时表中可以像普通表中一样进行新增、修改和删除。但是不同的用户无法看到其他用户的临时表数据，因为临时表中的内容仅对操作它的会话可见。

❑ 通过将复杂的查询结果保存到临时表中，可以提供高效的数据访问。

❑ Oracle 中的临时表是静态的，意味着在使用之前必须先行创建。

使用临时表可以显著提高数据访问的性能，因此如果面对一些较复杂的查询场合，可以考虑将其中数据先行放入临时表，然后再进一步进行处理。

5.2.4　索引组织表

标准表的存储方式使用堆存储方式，因此标准表也常常称为堆组织表（heap organized table）。堆存储方式是指数据以堆的方式进行管理。堆存储方式比较随机，在向表中插入数据时，将总是找到第一个能放下此数据的自由空间，在对记录进行删除或修改时，将会移出部分空间以便重用，所以它是一种随机的表存储方式。

堆组织表的随机存储方式使得访问表中的数据也变得比较随机，如果查询一个包含海量数据的表，使用这种随机的访问方式的话，将会非常耗时耗力，为此 Oracle 表一般会创建索引。表上的索引是单独存储的一类数据库对象，它通过将特定的字段内容提取到一个单独的存储位置，保留对记录的引用，就好像为图书添加了目录，能大大加速数据检索的性能。索引结构如图 5.9 所示。

索引的组织与堆表的组织不相同，一堆使用 B 树的组织结构，它通过 ROWID 来引用到具体的表。关于索引的更多更详细的信息，将在本书第 6 章进行详细的讨论。Oracle 的索引组织表是索引与标准表的混合体，它是使用索引存储数据的结构来存储数据的。

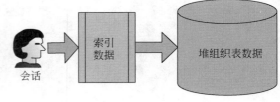

图 5.9　索引与堆组织表的结构

索引表中的数据按照主键的结构进行存储进行排序，可以说它使用了索引的结构来存储表中的数据，因而它能提供非常高的查询执行性能。它最适用于需要根据主键的值来进行查询的情况，可以在不单独重建索引的情况下进行重构。

索引表的创建也是使用 CREATE TABLE 语句，它有如下两个必须提供的条件：

❑ 在 CREATE 语句后面使用 ORGANIZATION INDEX 关键字，用来指定建立的是索引组织表。

❑ 必须指定一个主键，可以通过在列后使用 PRIMARY KEY 列属性或者是在表级别添加索引来实现。

除了这两个必备的条件之外，还可以使用如下的几个可选项来设置索引组织表。

❑ OVERFLOW 子句，用来存储溢出段的一个数据段，保存非主键列的数据到一个单独的溢出数据段中。

❑ PCTTHRESHOLD 值，用来说明在索引块中为索引表预留的空间百分比值，超出这个值的任何部分将保存在溢出区。

❑ INCLUDING 子句，指定与键列一起存储的非键列，只要不超出指定的预留极限值，就可以尽量把所有非键列保存在索引叶块中，超出部分将保存在溢出段中。

代码 5.5 演示了如何使用 CREATE TABLE 语句创建一个图书目录列表的索引表，这个表用来提供快速的图书馆图书检索。

代码 5.5　创建索引组织表

```
CREATE TABLE book_index(
    token CHAR(20),            --书籍词汇
```

```
        doc_id NUMBER,                        --文档编号
        token_frequency NUMBER,              --词汇频率
        token_offsets VARCHAR2(2000),        --文档简介
        CONSTRAINT pk_admin_docindex PRIMARY KEY (token, doc_id))
    ORGANIZATION INDEX                       --索引组织表
    TABLESPACE admin_tbs                     --指定存储的表空间
    PCTTHRESHOLD 20                          --阈值为 20%，超出部分将溢出
    OVERFLOW TABLESPACE admin_tbs2;          --溢出内容存储的表空间
```

在这个示例中，创建了一个名为 book_index 的索引组织表，它包含主键为 token 和 doc_id，那么索引表的存储结构将依据主键的排列顺序进行存储，并且使用主键来唯一地确定一条记录，这与堆表使用 ROWID 来确认记录不一样，因此必须要指定索引表的主键。

索引表的溢出存储是出于性能的需要，由于索引表按 B 树结构进行存储，每个节点将包含整条记录的内容，对于一些需要频繁使用的列，比如查询经常使用的列，放在索引节点中，对于使用不那么频繁的列，可以将其放到一个单独的存储空间，这样可以带来更好的查询性能。溢出部分的内容使用堆组织存储方式，索引表保存了溢出部分的 ROWID，如果查询非溢出部分的列，将使用 ROWID 来定位具体的内容。

🔔注意：索引表中的内容在执行插入、删除等操作时会对表记录进行移动以便保持存储结构，因此不适合需要频繁变动内容的动态表，只适用于静态的较少变动的引用表。

5.2.5　使用外部表

外部表是指存储在外部文件中的数据，Oracle 可以通过创建外部表以只读的方式来查询文件数据的内容，这对于文件数据的分析非常有用，而且还可以轻松地将外部表的内容插入到数据库中。

🔔注意：Oracle 只能处理位于 Oracle 服务器上的外部文件，它依赖于 Oracle 的目录对象和 ORACLE_LOADER 来加载外部文件中的数据。

Oracle 外部表与数据库的示意结构如图 5.10 所示。

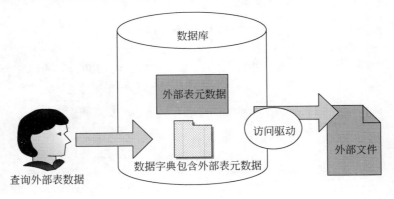

图 5.10　用户查询外部表结构图

实际上创建外部表只是在数据字典中添加了外部表的元数据信息，并没有在数据库中

为外部文件创建数据表。Oracle 通过访问驱动程序来读取外部表中的数据。Oracle 提供了两种访问驱动，默认使用 ORACLE_LOADER 作为加载并访问外部文件的驱动。

下面举个例子演示如何使用 Oracle 的外部表来查询服务器文件中的内容。在日常工作中经常会有一些外部的以逗号分隔的 csv 文件，比如使用 Oracle EBS 中导出的一些 csv 类型的资料信息。下面是一张员工表的基本员工信息，它的字段内容以逗号分隔：

```
360,Json,CLERK,121,2008-09-12,3000,0,50,jjanus
361,Rose,SALES,145,2009-02-5,8000,.1,80,mjasper
362,Marry,AD_REP,200,2010-10-12,5500,0,10,bstarr
363,Henny,ACCOUNT,145,2008-11-12,9000,.15,80,aalda
```

接下来将使用如下的几个步骤来创建一个使用 ORACLE_LOADER 作为访问驱动的外部表。本节将使用在 Linux 中的文件步骤，如果读者使用 Windows 平台，注意文件路径的写法。实现步骤如下所示：

（1）要能访问服务器上的操作系统中的文件，首先必须在数据库中建立一个指向该数据文件所在位置的目录对象，通过目录对象访问相应的操作系统文件。假定员工表 empxt1.csv 文件位于 **/home/oracle/flatfiles/data** 文件夹中，可以使用如下的代码创建一个 Oracle 目录对象。

```
CREATE OR REPLACE DIRECTORY admin_dat_dir AS '/home/oracle/flatfiles/data';
                                    --创建数据目录
```

由于外部表在加载过程中，还可以产生日志文件和未成功导入的错误文件，因此也可以分别为这几个文件将存放的位置分别创建服务器目录，如以下代码所示：

```
CREATE OR REPLACE DIRECTORY admin_log_dir AS '/home/oracle/flatfiles/log';
                                    --创建日志目录
CREATE OR REPLACE DIRECTORY admin_bad_dir AS '/home/oracle/flatfiles/bad';
                                    --创建未成功的文件目录
```

（2）创建目录对象之后，接下来使用 CREATE TABLE 语句开始创建一个外部表，外部表使用 ORGANIZATION EXTERNAL 子句指定其为外部表，外部表的创建分为两部分：一部分是描述列的数据类型；另一部分是描述操作系统文件数据与表列的对应关系。外部表的实现如代码 5.6 所示。

代码 5.6　创建外部表

```
CREATE TABLE ext_emp
     (employee_id       NUMBER(4),          --员工编号
      emp_name          VARCHAR2(20),       --员工英文名
      job_id            VARCHAR2(30),       --职位简称
      manager_id        NUMBER(4),          --经理编号
      hire_date         DATE,               --入职日期
      salary            NUMBER(8,2),        --入职工资
      commission_pct    NUMBER(2,2),        --如果是销售人员的提成率
      department_id     NUMBER(4),          --所在部门编号
      email             VARCHAR2(25)        --邮件地址
     )
    ORGANIZATION EXTERNAL                    --表示创建一个外部表
    (
      TYPE ORACLE_LOADER                     --使用 ORACLE_LOADER 驱动
```

```
    DEFAULT DIRECTORY admin_dat_dir              --数据所在的服务器目录
    ACCESS PARAMETERS                            --访问参数
    (
      records delimited by newline               --每条记录通过换行符区分
      characterset ZHS16GBK                      --读取的服务器端字符集
      badfile admin_bad_dir:'empxt%a_%p.bad'     --错误文件的存放位置
      logfile admin_log_dir:'empxt%a_%p.log'     --日志文件的存放位置
      fields terminated by ','                   --字段之间使用逗号分隔
      missing field values are null              --不存在的字段值用 NULL
      ( employee_id, emp_name, job_id, manager_id,
        hire_date char date_format date mask "yyyy-mm-dd",
        salary, commission_pct, department_id, email
      )
    )
    LOCATION ('empxt1.csv', 'empxt2.csv')        --要加载的外部文件列表
  )
  REJECT LIMIT UNLIMITED;                        --不限制任何数据错误的次数
```

下面来分析一下这个外部表创建代码的实现过程，如以下步骤所示：

（1）可以看到外部表的创建也是使用 CREATE TABLE 语句，后跟要创建的表结构字段。

（2）在定义了表结构之后，使用 ORGANIZATION EXTERNAL 开始外部表的配置过程，同时 ORGANIZATION EXTERNAL 也表示该表是一个来自外部文件的表，该表本身不包含任何数据，它只是创建到外部文件引用的元数据。

（3）TYPE ORACLE_LOADER 用来指定将使用 ORACLE_LOADER 访问驱动来访问数据库，因此 ACCESS PARAMETERS 参数都会针对这个访问驱动进行配置。

（4）DEFAULT DIRECTORY 用来指定外部文件所在的缺省的服务器端的目录名称，也就是前面使用 CREATE DIRECTORY 创建的目录。

（5）在 ACCESS PARAMETERS 内部的 RECORDS DELIMITED BY NEW LINE 指定外部文件的换行方式是换行符，每一行作为一条记录进行他隔。

（6）CHARACTERSET 指定字符集，这里默认使用缺省字符集，不过如果要加载的内容属于不同的字符集，可以在这里指定。

（7）BADFILE 用来指定如果导入失败时，将要存储的错误文件的位置，一般以.bad作为扩展名。

（8）LOGFILE 用来指定加载过程中的日志记录，通过日志可以了解到外部表的加载成功与否，并可以查看详细的失败信息。

（9）FIELDS TERMINATED BY 用来指定字段的分隔符，这里使用逗号分隔，因此在单引号中直接输入了","号。其他的特殊符号使用十六进制值表示，比如 TAB 键使用 0X'09'表示，它们通过 0X+"十六进制"的表示方式，TAB 键的十六进制是 9。回车 CR 的十六进制是 D，就可以写成 TERMINATED BY 0X'0D'这样的方式。

（10）接下来指定要加载的字段列表，在这里可以单独指定外部文件的字段的类型和TERMINATED 的分割方式。

（11）MISSING FIELD VALUES ARE NULL 用来指定当某些字段值为空时，将其值设为 NULL。

（12）LOCATION 用来指定外部文件在服务器目录中的位置，如果有多个文件，只要

它们的基本结构相同，都可以进行导入，多个文件之间以逗号进行分隔。

（13）REJECT LIMIT UNLIMITED 在创建外部表时最后加入 LIMIT 子句，表示可以允许错误的发生个数。默认值为零。设定为 UNLIMITED 则错误不受限制。

可以看到，创建一个外部表除了对表字段进行定义外，还要控制访问外部文件的访问方式。很多介绍 Oracle 的文章会将外部表的介绍放在 Oracle 的数据加载和卸载内容中进行讨论，这是因为 ORACLE_LOADER 访问驱动的语法与 SQL*Loader 控制文件的语法非常相似，基本上只要对 SQL*Loader 有所了解，就可以灵活地应用到外部文件的定义中。

在成功地创建了外部表之后，就可以像查询普通的表一样查询外部文件，还可以将外部表中的数据插入到一个新的表，实现外部文件的导入工作。下面的示例将使用 SELECT 语句来查询来自外部文件的员工表信息，如代码 5.7 所示。

代码 5.7　查询外部表中的数据

```
scott_Ding@ORCL> SELECT employee_id 工号,
    emp_name 姓名,
    job_id 职位,
    manager_id 经理,
    hire_date 入职日期,
    email
    FROM ext_emp;
    工号    姓名            职位          经理      入职日期       EMAIL
    ------  ------------  --------------  -------  ------------  ------------
     360   Json          CLERK            121     2008-09-12    jjanus
     361   Rose          SALES            145     2009-02-05    mjasper
     362   Marry         AD_REP           200     2010-10-12    bstarr
     363   Henny         ACCOUNT          145     2008-11-12    aalda
     401   Benny         HR_REP           203     2008-09-12    jcromwel
     402   Sunny         IT_PROG          103     2008-09-12    aapplega
     403   Json          AD_VP            100     2008-09-12    ccousins
     404   Abby          AC_ACCOUNT       205     2008-09-12    jrichard
已选择 8 行。
```

如果外部表数据加载失败，可以查询在 LOGFILE 和 BADFILE 中指定的日志和错误文件名来查看详细的错误信息。在 Linux 系统中，可以定位到 log 文件夹下，通过 VI 编辑器来查看产生的日志信息，示例代码如下：

```
[oracle@localhost data]$ cd /home/oracle/flatfiles/log
[oracle@localhost log]$ ll
-rw-r--r-- 1 oracle oinstall 2982 11-22 09:50 empxt000_8235.log
[oracle@localhost log]$ vi empxt000_8235.log
    Trim whitespace same as SQL Loader
  EMP_NAME                    CHAR (255)
    Terminated by ","
    Trim whitespace same as SQL Loader
  //省略类似的日志信息
  EMAIL                       CHAR (255)
    Terminated by ","
"empxt000_8235.log" 94L, 2982C
```

外部表中的数据是只读的，不能对外部表进行 DML 数据修改操作，比如下面的代码向外部表中插入一条记录，将导致 Oracle 抛出 ORA-30657 异常：

```
scott_Ding@ORCL> INSERT INTO ext_emp(employee_id,emp_name) VALUES(100,'SMITH');
```

```
INSERT INTO ext_emp(employee_id,emp_name) VALUES(100,'SMITH')
          *
第 1 行出现错误:
ORA-30657: 操作在外部组织表上不受支持
```

这个提示告诉用户，对外部表的 INSERT 操作不被支持，但是用户选择将外部表中的数据插入到一个 Oracle 的标准表中，然后操作 Oracle 的标准表，就可以实现对外部表中数据的维护操作。更多更详细的关于外部表的知识介绍位于 Oracle 文档的《Oracle Database Utilities》手册的第三部分，可以了解到更详实的外部表的介绍，以及 ORACLE_LOADER 和 ORACLE_DATAPUMP 访问驱动的详细信息。

5.2.6　使用 DUAL 表

DUAL 表是 Oracle 创建数据字典时同时创建的一个表，它位于 SYS 方案中，但是所有的用户都可以通过 DUAL 表访问得到。它仅包含一个名为 DUMMY 的列，这个列为 VARCHAR2(1)类型，如果查询 DUAL 表，会看到 DUMMY 列返回一个值 X，示例代码如下：

```
SQL> SELECT * FROM DUAL;
DUMMY
------------
X
```

DUAL 表存在是给用户查询信息用的，比如用来计算表达式的值、调用系统内置函数来返回信息等，比如可以使用 DUAL 表来获取当前的日期，如代码 5.8 所示。

代码 5.8　使用 DUAL 表获取当前日期

```
SQL> ALTER SESSION SET NLS_DATE_FORMAT='YYYY-MM-DD';
会话已更改。
SQL> SELECT SYSDATE FROM DUAL;
SYSDATE
------------
2012-11-23
```

代码中的 ALTER SESSION 语句是为了改变当前会话的日期格式，默认的格式为 DD-MM-YY，不太符合中国日期的显示方式。在 SELECT 语句中，SELECT 语句后面紧跟的是系统的内置函数 SYSDATE、还可以使用其他任何可供使用的内置函数，比如 USER 返回当前用户信息，或者是一个表达式来计算值，示例代码如下：

```
SQL> SELECT ((3*4)+5)/3 FROM DUAL;
((3*4)+5)/3
------------
 5.66666667
```

🔊注意：在使用 DUAL 表时，不要试图传入 DUMMY 列进行查询，如果不指定 DUMMY 列，在计算一个表达式时，DUAL 表并不会产生任何的逻辑 I/O 操作，否则会产生逻辑 I/O 读取的操作。

DUAL 表的用途非常广泛，比如可以在 SQL*Plus 中来计算结果值，在 PL/SQL 代码中通过查询 DUAL 表计算函数，将计算结果赋给变量。比如使用下面的 PL/SQL 代码在变量 v_sysdate 中保存当前日期：

```
DECLARE
  v_sysdate DATE;
BEGIN
  SELECT SYSDATE INTO v_sysdate FROM DUAL;   --保存当前日期
END;
```

这样就可以在后续的操作中使用 v_sysdate，而不用多次对 SYSDATE 变量进行调用来计算当前值。

注意：使用 DUAL 表必须至少返回一行数据，并且不要对 DUAL 表执行 INSERT、UPDATE 或 DELETE 等语句。

下面是一些使用 DUAL 表的常见的操作，如代码 5.9 所示。

代码 5.9　DUAL 表使用示例

```
--得到当前系统时间
SQL> SELECT SYSDATE FROM DUAL;
SYSDATE
----------
2012-11-23
--得到当前用户
SQL> SELECT USER FROM DUAL;
USER
------------------------------
SCOTT
--获取当前日期时间，并指定日期时间格式
SQL> SELECT TO_CHAR(SYSDATE,'YYYY-MM-DD HH24:MI:SS') FROM DUAL;
TO_CHAR(SYSDATE,'YYYY-MM-DDHH24:MI:SS'
----------------------
2012-11-23 07:19:49
--获取一个随机数
SQL> SELECT DBMS_RANDOM.RANDOM FROM DUAL;
RANDOM
-----------
-1.256E+09
--获取主机名
SQL> SELECT SYS_CONTEXT('USERENV','TERMINAL') FROM DUAL;
SYS_CONTEXT('USERENV','TERMINAL')
---------------------------------
DING-EBDE0C11C8
--执行数值计算
SQL> SELECT 7*8+10 FROM DUAL;
 7*8+10
--------
    66
```

可以看到，通过 DUAL 表，可以实现很多的计算和函数调用的工作，在 SELECT 语句中可以使用常量、伪列、表达式、函数等，它能够直接计算它们的值，并且返回结果值，

虽然使用了与查询普通表相同的语法，但实际上只是用于计算。

5.2.7　数据字典中的表信息

表作为一种方案对象，一经创建，其建表信息就保存到了数据字典中。数据字典是 Oracle 存放数据库信息的地方，它位于 SYSTEM 表空间，主要存储的是数据库的元数据信息，比如表的创建者、创建时间、表空间及用户访问权限等信息。Oracle 提供了一系列的数据字典视图来让用户查询，可以通过 SQL 语句直接查询这些数据视图来获取对象信息。

与表相关的重要的是 DBA_TABLES 视图，它提供了拥有者、表空间名、表空间信息及关于数据库表的许多其他的信息。例如下面的 SELECT 语句查询 SCOTT 方案下所有的表名和表的行数：

```
SELECT tablespace_name 表空间名,
       table_name       表名,
       num_rows         行数
       FROM dba_tables
WHERE OWNER='SCOTT';
```

由于数据字典会将所有的对象名称信息转换为大写，因此在 WHERE 子句中指定 SCOTT 方案名称时，必须为大写，在 PL/SQL Developer 中的查询结果如图 5.11 所示。

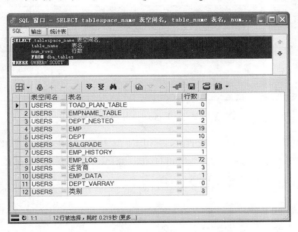

图 5.11　获取数据字典中的表信息

另一个较有用的视图是用来获取特定表的字段列表的视图 DBA_TAB_COLUMNS。例如要查询 scott 方案下的 emp 表的字段列表，可以使用如下的 SQL 语句：

```
scott_Ding@ORCL>SELECT column_name,          --列名
                       data_type,            --数据类型
                       nullable              --是否为空
                FROM dba_tab_columns
                WHERE owner='SCOTT'          --表所在的方案
                AND table_name='EMP';        --所要查询的表名
COLUMN_NAME              DATA_TYPE                 NULLABLE
----------------------  ----------------------    ----------------------------
EMPNO                   NUMBER                    N
ENAME                   VARCHAR2                  Y
```

JOB	VARCHAR2	Y
MGR	NUMBER	Y
HIREDATE	DATE	Y
SAL	NUMBER	Y
COMM	NUMBER	Y
DEPTNO	NUMBER	Y

已选择 8 行。

在 Oracle 中，数据字典视图根据其作用集合分为 DBA_开头、USER_开头和 ALL_开头，根据相应的权限使用不同前缀的视图即可完成查询。SQL*Plus 提供了更简单的命令来查看一个表的字段，可以直接使用 DESC 命令，后跟表的名称，它也是使用了数据字典视图来显示表的信息。对于笔者来说，除非有一些查询的需求，笔者通常会使用一些工具来查看表的结构，比如 Toad 就可以查看到详尽的表的信息。

在 Toad 中将鼠标光标移动到要查看表结构的表名上，然后按快捷键 F4 键，将弹出表结构窗口。例如图 5.12 将用来显示 scott 方案下的 emp 表的字段信息。可以看到弹出的窗口不光显示了字段列表，其他的标签页还包含了表的索引、约束、触发器、数据、脚本、授权、同义词、分区等信息，包含了一个表详细的元数据。

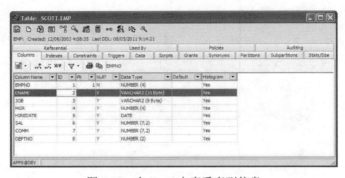

图 5.12　在 Toad 中查看表列信息

在图 5.12 中的脚本标签页（Scripts）可以查看当前表的详尽的创建表的 CREATE TABLE 语句信息，它包含了创建基本表的代码、表的存储参数及表中的触发器代码等，可以通过创建对这些代码的备份来保留表的结构。

5.3　修　改　表

表的构建仅仅是数据库创建过程中的第一步，接下来将要面临漫长的对数据库表的维护操作，表的结构可能需要不断的更改以便满足日益变化的业务需求。对表的修改包含添加、删除表列、更改现有表列的类型或数据范围、更改表的存储参数或存储空间等，本节将讨论常用的修改表的一些操作，这些操作属于 DDL（数据定义语言）的范畴，因此使用的 SQL 都是一些定义表结构的 DDL 语言。

5.3.1　添加表列

表创建好后经常需要向表添加新的列，添加表列使用 ALTER TABLE 语句，该语句包含的多种子句可以用来添加、修改和删除表列，其语法结构如下：

```
ALTER TABLE [schema_name.]table_name
{
 ADD column_name data_type [column_attributes] |      --添加表列
 DROP COLUMN column_name |                             --删除表列
 MODIFY column_name data_type [column_attributes]     --修改表列
}
```

语法参数的含义如下所示：

❑ table_name，要修改的表名称，可选的[schema_name]用来指定方案名，比如要修改 scott 方案下的 emp 表，则可以指定 ALTER TABLE scott.emp。

❑ ADD｜DROP COLUMN｜MODIFY，用来指定要进行添加、删除或修改的操作的类型。

❑ column_name，用来指定表列的名称。

❑ data_type，指定增加或修改的表列的数据类型。

❑ column_attributes，指定列的属性。

为了演示添加表列的语法，代码 5.10 在 scott 方案下创建了一个简单的图书表 books，该表包含了图书管理系统的图书信息。

代码 5.10　创建用于修改的图书表

```
CREATE TABLE books_lib                    --图书表
(
  book_id NUMBER PRIMARY KEY ,            --图书编号
  book_name VARCHAR2(50) NOT NULL         --图书名称
);
```

在示例中创建了一个极简单的表 books_lib，接下来向该表中添加一个新的列 publisher，用来指定图书的出版公司。使用 ALTER TABLE 语句如下：

```
ALTER TABLE books_lib ADD publisher VARCHAR2(50) NULL;
```

添加了表列之后，在 SQL*Plus 中通过 DESC 查看表结构，可以看到在表的最后添加了一个新的列 publisher，示例代码如下：

```
SQL> desc books_lib;
 名称                                     是否为空?      类型
 ----------------------------- ------------- ------------------
 BOOK_ID                                 NOT NULL      NUMBER
 BOOK_NAME                               NOT NULL      VARCHAR2(50)
 PUBLISHER                                             VARCHAR2(50)
```

由于添加表列的 ALTER TABLE 语句无法指定列在表中出现的位置，因此新添加的 publisher 将总是位于表中的最后一列。如果表中已经具有了行数据，那么新添加的列的初始值将都为 NULL 值。

可选的 column_attributes 语句允许在添加列表时为表列指定约束，比如指定 NOT NULL、UNIQUE 或者是 CHECK 约束。关于约束的详细信息将在本书第 6 章详细讨论，例如下面的 ALTER TABLE 语句添加了一个新的表列 qty，表示图书中该书当前的藏书数量，这个数量要求大于 0 且小于 100，示例代码如下：

```
SQL> ALTER TABLE books_lib ADD qty NUMBER CHECK(qty>0 and qty<100);
表已更改。
```

CHECK 约束可以指定一个布尔表达式,在示例中指定列 qty 的值要大于 0 且小于 100,因此如果使用 INSERT 语句插入一个大于 100 的数量,Oracle 将提示异常,示例代码如下:

```
SQL> INSERT INTO books_lib VALUES(1,'PL/SQL 从入门到精通','中国出版公司',1000);
INSERT INTO books_lib VALUES(1,'PL/SQL 从入门到精通','中国出版公司',1000)
*
第 1 行出现错误:
ORA-02290: 违反检查约束条件 (SCOTT.SYS_C0013270)
```

约束的应用使得表中的数据可以符合关系型数据库的一致性与完整性规则。ALTER TABLE 语句除了一次性添加一列外,还可以在列定义中同时指定多个列进行添加。例如要添加 ISBN 编号和出版日期两个字段,可以通过一条 ALTER TABLE 语句来实现,示例代码如下:

```
SQL> ALTER TABLE books_lib ADD(
    ISBN VARCHAR2(20) NULL,              --添加 ISBN 表列
    PUBLISH_DATE DATE DEFAULT SYSDATE    --添加出版日期并指定默认值
    );
表已更改。
```

可以看到当同时添加两个列时,列与列定义之间使用逗号进行分隔,并且在 ADD 后面将列的定义包含在括号中。在示例中添加 publish_date 列时,使用 DEFAULT 关键字指定了一个默认值,这表示如果使用 INSERT 语句插入记录,没有显式指定列值时将自动使用该默认值。

5.3.2　使用虚拟列

虚拟列又称为计算字段,它并不是表中具体存储的列,而是通过表达式或函数计算而得到的一个计算列。虚拟列仅在 Oracle 11g 的表中使用,在 CREATE TABLE 语句或 ALTER TABLE 语句中,可以通过在列属性后面指定 GENERATED ALWAYS AS 语句指定虚拟列,列定义的语法如下:

```
column [datatype] [GENERATED ALWAYS] AS (column_expression)
  [VIRTUAL]
  [ inline_constraint [inline_constraint]... ]
```

GENERATED ALWAYS 用来指定该列并不会实际存储在磁盘上,而是在需要时通过计算得出。语法中的 column_expression 用于指定一个计算表达式,虚拟列的列表达式可以使用任何合法的 Oracle 表达式语句或各种计算函数,也可以使用自定义的 PL/SQL 函数,当然自定义的 PL/SQL 必须符合定义的规则。

下面的示例创建了一个表 emp_virtual,该表演示了如何在员工表中创建一个虚拟列以便计算员工的实际提成数,员工的提成金额是根据员工的工资和员工的提成比率计算得出的,如代码 5.11 所示。

代码 5.11　创建虚拟列

```
CREATE TABLE emp_virtual
```

```
(
  empno VARCHAR2(10) PRIMARY KEY,              --员工名称
  sal NUMBER(7,2),                             --工资
  comm_rct NUMBER(7,2),                        --提成率
  --虚拟列，提成金额
  comm_sal NUMBER(7,2) GENERATED ALWAYS AS (sal*comm_rct) VIRTUAL
);
```

创建语句中的最后一列定义了一个虚拟列，该列的值由 sal 列和 comm_rct 列计算得出。下面向该表使用 INSERT 语句插入一条记录，然后通过 SELECT 语句查询，可以看到虚拟列果然已经成功地进行了计算，示例代码如下：

```
SQL> INSERT INTO emp_virtual(empno,sal,comm_rct) VALUES('BN7369',5000,0.23);
已创建 1 行。
SQL> SELECT * FROM emp_virtual;

EMPNO      SAL    COMM_RCT    COMM_SAL
-------  ------  ----------  --------------------
BN7369    5000      .23        1150
```

可以看到 INSERT 语句中并没有显式地向虚拟列中插入值，也不允许向虚拟列插入值，在查询表时虚拟列的值得到了计算，comm_sal 值结果显示 1150，是 5000×0.23 的计算结果。

Oracle 会根据表达式自动计算出虚拟列的值，因此不可以手动地修改和指定虚拟列值。下面的 INSERT 语句向虚拟列值指定了一个 INSERT 值，将导致 Oracle 抛出一个异常：

```
SQL> INSERT INTO emp_virtual VALUES('BN7370',8000,0.15,0);
INSERT INTO emp_virtual VALUES('BN7370',8000,0.15,0)
            *
第 1 行出现错误:
ORA-54013: 不允许对虚拟列执行 INSERT 操作
```

在示例中向虚拟列指定了一个值 0，在执行过程中 SQL 引擎抛出了 ORA-54013 异常，提示不能对虚拟列执行 INSERT 操作。

当然虚拟列的使用也有很多限制，下面是对虚拟列使用上的一些限制事项：

❑ 只能在标准表（堆组织表）上定义虚拟列，不能在索引表、外部表、临明表上创建虚拟列。

❑ 虚拟列的类型由 Oracle 根据计算的结果自动决定，不能为用户自定义类型、大对象（LOB 或 RAW）类型的列创建虚拟列。

❑ 不能引用其他表中的列来创建虚拟列，虚拟列中的所有列必须属于相同的表。

❑ 虚拟列的表达式必须返回一个标量值，且虚拟列表达式不能使用其他的虚拟列。

❑ 不能对虚拟列做 INSERT 或 UPDATE 语句的操作，但是可以在虚拟列上建立索引。

在过去进行程序开发时，程序员通常在前端的界面或数据访问层中构建计算字段，以得到计算的结果值，Oracle 11g 的虚拟列使得数据库设计人员在设计阶段就定义好要计算的列，这可以将一些逻辑包含在数据库层面。

对于已经创建的表，可以通过 ALTER TABLE 语句来添加一个虚拟列。下面的代码创建了一个 scott 方案下的 emp 表的备份，然后在该备份表中添加一个虚拟列：

```
SQL> CREATE TABLE scott_emp_bk AS SELECT * FROM emp;
```

```
表已创建。
SQL> ALTER TABLE scott_emp_bk ADD (comm_sal GENERATED ALWAYS AS (sal+comm));
表已更改。
```

在添加了一个新的列之后，就可以通过查询 scott_emp_bk 来查看虚拟列的计算效果了，示例代码如下：

```
SQL> col 姓名 for a20;
SQL> SELECT empno 工号,
        ename 姓名,
        sal 工资,
        comm 提成,
        comm_sal 提成金额
   FROM scott_emp_bk
   WHERE rownum<5;

    工号 姓名                          工资         提成        提成金额
    -------------------- ------------- ---------- ----------------
    7888 张三                          1000
    7369 史密斯                      4506.82       134.4        4641.22
    7499 艾伦                         1700         484          2184
    7521 沃德                         1350         400          1750
```

可以看到，comm_sal 果然显示了工资和提成相加的结果，当然在虚拟列中除了这些计算表达式之外，还可以使用 Oracle 的内置函数来进行一些函数计算。

5.3.3　修改表列

ALTER TABLE 的 MODIFY 子句用来对一个现有的表列进行修改，可以更改列的数据类型、长度和默认值，其使用详细语法如下：

```
ALTER TABLE table_name
MODIFY (column_name datatype [DEFAULT expr]
[, column_name datatype]...);
```

其中 table_name 指定要修改的表名，在 MODIFY 的括号中，可以同时使用逗号分隔的方式修改多个表列，如果不使用括号，则表示修改单个列。

回顾在代码 5.10 中创建的 books_lib 表，publisher 字段需要由 VARCHAR2(50)更改为 VARCHAR2（100），增大可以存储的字符串的容量，示例代码如下：

```
SQL> ALTER TABLE books_lib MODIFY publisher VARCHAR2(100);
表已更改。
```

通过增加 VARCHAR2 类型的长度，可以让字段能够容纳更多的内容，这是进行数据库表列维护时非常常见的一种操作方式。如果表中已经存在数据，然后对于一个 VARCHAR2 类型的字段缩小其长度，则可能会出现错误提示。在下面的代码中向 books_lib 插入了一条记录，然后将 publisher 字段缩减为 10 个字节的大小，Oracle 将弹出错误提示：

```
SQL> INSERT INTO books_lib VALUES(1,'PL/SQL 从入门到精通','计算机程序设计出版社',
80,'1234567890',date'2012-11-10');
已创建 1 行。
SQL> ALTER TABLE books_lib MODIFY publisher VARCHAR2(10);
```

```
ALTER TABLE books_lib MODIFY publisher VARCHAR2(10)
                             *
第 1 行出现错误:
ORA-01441: 无法减小列长度, 因为一些值过大
```

为了避免出现这样的错误, 用户可以添加一个新的表列, 备份原有的列值到新的表列中, 然后再更改原有列的大小, 以实现对列值的更改。

ALTER TABLE..MODIFY 语句还可以对字段中的默认值进行修改, 例如 books_lib 表的 publish_date 字段有一个默认值 SYSDATE, 这是通过 DEFAULT 关键字指定的, 可以通过修改语句取消或更改这个默认值。例如下面的代码将删除 publish_date 列上的默认值:

```
ALTER TABLE books_lib MODIFY publish_date DEFAULT NULL;
```

接下来向 books_lib 中插入一条新的记录, 不指定 publish_date 的值, 可以看到果然现在 publish_date 没有使用默认的 SYSDATE 返回当前日期, 而是返回 NULL 值, 示例代码如下:

```
SQL> INSERT INTO books_lib(book_id,book_name,publisher,qty,isbn)
VALUES(2,'Oracl
e 从入门到精通','计算机程序设计出版社',80,'1234567890');
已创建 1 行。
SQL> SELECT book_id,publish_date FROM books_lib;
   BOOK_ID PUBLISH_DATE
   ------- -------------------
         1   10-11 月-12
         2
```

注意: MODIFY 修改了列的默认值后, 影响的是表中新插入的行, 对于现有行中的值, 不会造成任何影响。

除了修改默认值之外, 使用 ALTER TABLE 语句, 还可以添加和删除列上的约束, 例如在创建 books_lib 表的 qty 字段时, 指定了 CHECK 约束, Oracle 会自动为约束分配一个以 SYS_C 开头的约束名称, 例如在 PL/SQL Developer 软件的表信息的 "检查" 标签页中, 可以看到检查约束列表, 对于 qty 字段, Oracle 果然有一个名为 SYS_C0013270 的约束, 如图 5.13 所示。

图 5.13 查看检查约束列表

下面的示例使用 ALTER TABLE 语句先清除该检查约束，然后使用 ALTER TABLE..MODIFY 语句为 qty 重新指定一个检查约束：

```
--移除现有的约束
ALTER TABLE books_lib DROP CONSTRAINT SYS_C0013270;
--重新指定 qty 的约束
ALTER TABLE books_lib MODIFY qty NUMBER CHECK(qty>10 and qty<100);
```

由代码可以看到，可以在修改列时同时添加或者删除约束，但是与 DEFAULT 默认值不同，新增加的约束会对现有的列值产生影响，如果现有的列值不符合约束的条件，Oracle 将弹出错误提示。在第 6 章讨论约束的内容时将详细介绍如何解决这个问题。

在修改列时，必须要注意不是任何的列都可以随意修改，下面是用于修改列的一些需要知道的原则：

- ❑ 可以增大字符类型列的长度或数值类型列的精度。
- ❑ 如果表中所有列的字符型的长度或数值型的精度匹配要缩小的值，那么也可以缩小字符类型的长度或数值类型的精度，否则 Oracle 会弹出错误提示。
- ❑ 如果更改列的数据类型，相关的列值必须为 NULL 值。
- ❑ 如果不减小长度，可以把数据类型从 CHAR 更改为 VARCHAR2 或者是将 VARCHAR2 更改为 CHAR 类型，即便相关的列值不为空也是可行的。

如果要修改的列不匹配这些原则，那么可能需要对列值进行修改以便匹配这些原则，然后更改列的属性以便成功地完成列的修改操作。

5.3.4　删除表列

当需要删除数据库表列时，必须要注意表列中现有的数据，因为表列一旦删除，字段中包含的数据将会被永久移除。在 Oracle 中，提供了如下两种用来删除表列的方法：

- ❑ 直接删除表列，这会导致表列以及表列中的数据被永久删除，同时释放所占用的存储空间。
- ❑ 将标列记为未用状态，可以将列标记为 UNUSED 状态，列中的数据并未被真正删除，但是与删除表列的效果相同，在数据字典中无法查到访表列，该列上的所有依赖对象都被删除。

下面分别对这两种删除的使用方式进行讨论。

1．直接删除表列

可以使用 ALTER TABLE..DROP 语句直接将一个表列中从表中删除，其语法如下所示：

```
ALTER TABLE [schema.]table_name
DROP COLUMN (column_name)[CASCADE CONSTRAINTS]
```

🔍注意：由于永久删除会释放数据库的存储空间，因此只有确定以后不再需要使用该列时才能使用 ALTER TABLE..DROP 语句来删除一个列。

在 DROP 后面的 COLUMN 可以省略，如果要同时删除多个列，可以在括号中使用逗号分隔的方式指定多个列名，如果删除的列是一个多列约束的组成部分，那么必须指定 CASCADE CONSTRAINTS 选项，这样才会删除相关的约束。

下面的示例演示如何使用 ALTER TABLE 语句删除一个或多个列：

```
--删除 publish_date 表列
ALTER TABLE books_lib DROP COLUMN publish_date;
--同时删除 publisher 和 qty 列，并删除与其相关的多列约束
ALTER TABLE books_lib DROP (publisher,qty) CASCADE CONSTRAINT;
```

在上面的示例中使用 ALTER TABLE..DROP 语句，直接将表 books_lib 中的 publish_date 和 publisher、qty 列删除，第 1 条语句仅仅删除了 publish_date 列，第 2 条语句在 DROP 子句后面使用括号同时删除了 publisher 和 qty 这两个列，并且使用了 CASCADE CONSTRAINT 来级联删除与其相关的约束。

2．部分删除表列

如果要删除的列中包含大量的数据，那么删除操作可能需要执行很长的时间，这可能会影响部分用户对表的使用，部分删除是指 Oracle 仅将该列标记为未用，它会从数据字典中移除列信息，并且定义在该列上的所有依赖对象都被删除，其语法如下所示：

```
ALTER TABLE [schema.]table_name
SET UNUSED (column_name)[CASCADE CONSTRAINTS]
```

可以看到语法不同之处在于将 DROP COLUMN 替换成了 SET UNUSED，表示将指定的列设置为未用状态，也就是说不是立即删除表列，而是为其设置了一个不可再用的标记。例如下面的代码将 books_lib 表中的 isbn 列设置为未用状态。

```
ALTER TABLE books_lib SET UNUSED (isbn) CASCADE CONSTRAINT;
```

在设置为 UNUSED 之后，在 SQL*Plus 中通过 DESC 命令查看，已经看不到 isbn 列的存在，代码如下：

```
SQL> DESC books_lib;
 名称                          是否为空？        类型
 ----------------------- --------------- ----------------
 BOOK_ID                 NOT NULL        NUMBER
 BOOK_NAME               NOT NULL        VARCHAR2(50)
 PUBLISH_DATE            DATE
 PUBLISHER                               VARCHAR2(50)
 QTY                                     NUMBER
```

虽然现在无法查到被设置为 UNUSED 的列，但是实际上它们依然存储在数据库中，可以在以后适当的时间对这些列进行删除，删除的语法如下：

```
ALTER TABLE [schema.]table_name DROP UNUSED COLUMNS;
```

例如要删除 books_lib 表中已经被标记为 UNUSED 的列，示例代码如下：

```
SQL> ALTER TABLE books_lib DROP UNUSED COLUMNS;
表已更改。
```

如果想知道在数据库表中有哪些表被标记了 UNUSED，可以通过数据字典视图 USER_UNUSED_COL_TABS 来进行查询，示例代码如下：

```
SQL> SELECT * FROM USER_UNUSED_COL_TABS;
TABLE_NAME                    COUNT
------------------------------------------------
BOOKS_LIB                         1
```

可以看到，对于具有 UNUSED 的列，USER_UNUSED_COL_TABS 会列出表的名称及包含的 UNUSED 的列的个数。

5.3.5　重命名表列

可以使用 ALTER TABLE..RENAME COLUMN 命令方便地重命名表列。重命名表列是一个比较少见的操作，因为它带来的影响可能相当大。这主要是因为对字段的重命名可能会影响到数据库视图或 PL/SQL 程序的异常，因此除非真正必要，否则不要轻易地变更数据库字段名。

重命名表列的语法如下所示：

```
ALTER TABLE [schema.]table_name
RENAME COLUMN old_name TO new_name
```

其中 old_name 指定原来的列名，new_name 指定命名后的新的列名，这个新的列名必须不能与表中其他的列名具有相同的名称，例如要将 books_lib 表的 qty 列重命名为 Books_Qty，示例代码如下：

```
ALTER TABLE books_lib RENAME COLUMN qty TO books_qty;
```

可以看到示例中将原来的字段 qty 重命名为 books_qty，Oracle 会处理列的依赖性关系，比如依赖于原有列的检查约束或者是函数索引在命名后的列上依然有效，但是依赖于该列的视图、触发器、函数、过程和包将会失效，在下一次重新访问时 Oracle 会重新进行验证。

通过在 SQL*Plus 中使用 DESC 命令，可以看到命名后的列果然已经取代了原来的列，示例代码如下：

```
SQL> DESC books_lib;
名称                          是否为空?          类型
--------------------------    ---------------    ------------------
BOOK_ID                       NOT NULL           NUMBER
BOOK_NAME                     NOT NULL           VARCHAR2(50)
PUBLISH_DATE                                     DATE
PUBLISHER                                        VARCHAR2(50)
BOOKS_QTY                                        NUMBER
```

可以看到，原来的 qty 果然已经被重命名为了 books_qty，表中的数据并未因为重命名而发生任何改变。

5.3.6　重命名表

除了对列进行重命名外，还可以对表进行重命名，重命名表使用 RENAME 语句，其语法如下所示：

```
RENAME old_name TO new_name ;
```

语法中的 old_name 指定原来的表名，new_name 指定要重命名的表名称。当重命名一个表时，Oracle 数据库会自动完成完整性约束、索引及相关权限由旧对象到新对象的转换，同时 Oracle 会验证所有依赖于该对象的权限到重命名之后的表。

在下面的示例中，首先创建了一个新的表，然后使用 RENAME..TO 语句将表重新命名：

```
SQL> CREATE TABLE book_new_lib AS SELECT * FROM books_lib;
表已创建。
SQL> RENAME book_new_lib TO bookslib;
表已重命名。
```

在重命名表名后，就可以像使用原对象一样向重命名后的对象，只能用 RENAME 语句更改自己方案中的对象的名字。还有一种方法重命名一个表，这种方法可以指定方案名来更改其他方案中的表。这种方法使用 ALTER TABLE.. RENAME TO 语句，语法如下：

```
ALTER TABLE [schema.]old_name RENAME TO new_name;
```

例如下面的语句将 bookslib 表重新命名为 booksnewlib，使用 ALTER TABLE 语句，示例代码如下：

```
SQL> ALTER TABLE scott.bookslib RENAME TO booksnewlib;
表已更改。
```

可以看到，ALTER TABLE 语句可以使用方案前缀来指定重命名其他方案中的对象，但是用户必须拥有其他方案中的 ALTER TABLE 的权限或 ALTER ANY TABLE 的权限。

5.3.7　删除数据表

删除数据库表会删除该表中所有的数据，连同该表在数据字典中的元数据定义。删除表使用 DROP TABLE 语句，其语法如下：

```
DROP TABLE [ schema. ] table_name
  [ CASCADE CONSTRAINTS ] [ PURGE ] ;
```

table_name 用于指定所要删除的表名称，由于 DROP TABLE 语句会删除所有的表数据和表结构，并且所有未提交的事务会被提交且所有的索引都会被删除，因此在使用这个语句时必须注意对数据的提前备份。

🔔注意：在 DROP TABLE 语句中，除非指定了 PURGE 子句，否则 DROP TABLE 并不会立即删除表，Oracle 只是简单地重命名此表并将其存储到回收站中。

对于外部表来说，DROP TABLE 语句仅是从数据库中移除元数据，并不会移除它指向的具体的数据文件。CASCADE CONSTRAINTS 用来移除表上的所有的主键和外键约束，如果不使用该子句，当表与表之间存在引用完整性约束比如外键约束时，在使用 DROP TABLE 语句时就会产生错误。

下面的语句使用 DROP TABLE 移除表 booksnewlib：

```
SQL> DROP TABLE booksnewlib;
表已删除。
```

在这个语句中没有指定 PURGE 子句，因此可以从回收站（闪回恢复区）中恢复 booksnewlib 表，示例代码如下：

```
SQL> FLASHBACK TABLE booksnewlib TO BEFORE DROP;
闪回完成。
```

在执行了上述语句之后，可以看到被删除的表又恢复了删除之前的状态。如果使用 PURGE 子句，则表立即被删除，表所占用的空间被释放，将无法恢复，示例代码如下：

```
SQL> DROP TABLE booksnewlib CASCADE CONSTRAINTS PURGE;
表已删除。
```

这行语句将表进行了彻底删除，并且删除了表中包含的主键或由其他表的外键引用的唯一键，将约束数据也一并进行了删除。

5.4　小　　结

本章介绍了 Oracle 表的相关知识，在本书后面的内容中将围绕着对表的操作来继续讨论 Oracle 其他的对象，因此理解表的知识对于理解本书后面的内容非常重要。

本章首先讨论了实体与表的关系，介绍了如何将实体转换为具体的 Oracle 数据库表。然后讨论了 Oracle 中提供的几种表的类型，对表和列的命名规则及列数据类型进行了详细的讨论。在创建表小节中，介绍了如何使用 Oracle SQL Developer 创建表，然后详细介绍了 Oracle 中几种不同的表类型的创建方式，比如临时表、索引表、外部表及如何使用 DUAL 表等，最后讨论了如何对表进行修改，如添加或删除表列、使用 Oracle 11g 中新增加虚拟列、删除列或表等数据库表常见的操作。

第 6 章 索引和约束

索引是数据库性能调优非常重要的一个组成部分。当查询数据库内容发现速度异常缓慢时,DBA 首先可能会检查索引,然后考虑一些其他的性能调优的事项。在关系型数据库中索引是可选的,它主要用来进行快速的记录定位。约束是为了完成数据库完整性规则的一种实现。约束可以要求表中的值要匹配完整性规则,比如列必须具有值、列的值必须在指定的范围之内,或者列的值来自于其他表中特定的值。

6.1 创 建 索 引

索引虽然是表中可选的组成部分,但是出于对性能的考虑,在规划数据库时就应该考虑创建索引。索引的数据来自于表,但是它在逻辑上和物理上独立于表,它有自己的存储空间和存储结构,用户可以删除表上的索引,并不会影响索引指向的表。在对表进行插入、删除和修改记录时,Oracle 会自动维护索引的数据。

6.1.1 索引的作用

设想一下图书馆中的图书管理,图书馆一般会创建一个单独的图书目录检索区,指定借书人员可以在哪个分类下的哪个书架下的第几层找到所要的图书,借书人员通过检索图书目录就可以很快找到所要的图书,相反如果让用户一个接一个书架一路检索过去,估计用户得花很长的时间才能从茫茫书海找到自己需要的图书。

索引的作用与图书馆的图书目录类似,它可以在一个与表独立的位置上存储表中特定字段的已经排好序的数据,在查询数据库时通过检索索引中存储的数据可以快速地定位到要查找的记录,索引示意结构如图 6.1 所示。

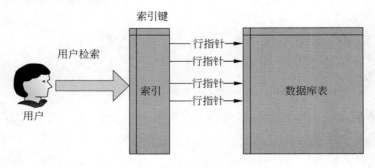

图 6.1 索引示意图

在一个表上可以具有一个或多个索引，在查询数据库数据时，Oracle 的优化器将会选择最佳的索引来完成数据的检索。为了演示索引的使用效果，下面将创建一个非常大的表，该表没有创建任何索引，创建表的代码如下：

```
scott_Ding@ORCL> CREATE TABLE tbl_objects AS SELECT rownum id,a. * FROM
all_objects a;
Table created.
scott_Ding@ORCL> SELECT COUNT(*) FROM tbl_objects;
  COUNT(*)
 ---------------
     71205
```

在上面的代码中，通过 CREATE TABLE..AS 语句，创建了一个新的表 tbl_objects，该表的结构与数据字典视图中的 all_objects 相似，同时插入了 all_objects 视图中所有的记录行，总共 71 205 行。由于 CREATE TABLE..AS 语句并不会自动为表添加索引，为了演示不使用索引时的查询性能，下面将通过显示 SQL 语句的执行计划来了解其所消耗的查询成本，示例语句如下：

```
scott_Ding@ORCL> SET AUTOTRACE TRACEONLY EXPLAIN STATIS;
scott_Ding@ORCL>   SELECT   owner,object_name   FROM   tbl_objects   WHERE
object_name='DBA_TABLES';
Execution Plan
----------------------------------------------------------------------------
Plan hash value: 2402742835
----------------------------------------------------------------------------
| Id |Operation          | Name        |Rows|Bytes |Cost (%CPU)|  Time   |
----------------------------------------------------------------------------
|  0| SELECT STATEMENT   |             | 12 | 408  | 297 (1)   | 00:00:04|
|* 1| TABLE ACCESS FULL |TBL_OBJECTS  | 12 | 408  | 297 (1)   | 00:00:04|
----------------------------------------------------------------------------
Predicate Information (identified by operation id):
----------------------------------------------------------------------------
  1 - filter("OBJECT_NAME"='DBA_TABLES')
Note
----------------------------------------------------------------------------
  - dynamic sampling used for this statement (level=2)
Statistics
----------------------------------------------------------------------------
       68  recursive calls
        0  db block gets
     1147  consistent gets
     1062  physical reads
        0  redo size
      549  bytes sent via SQL*Net to client
      419  bytes received via SQL*Net from client
        2  SQL*Net roundtrips to/from client
        0  sorts (memory)
        0  sorts (disk)
        2  rows processed
```

为了查看不带索引的查询时的执行效率，在 SQL*Plus 中使用了 SET AUTOTRACE 命令，该命令是用来显示 SQL 执行计划和统计信息的一个非常简单方便的工具，可以通过观察 SQL 的执行计划和统计数据来分析 SQL 语句的执行性能，以便对 SQL 语句或表进行优化。

在示例中 TRACEONLY 指定不显示用户的查询输出，只显示统计数据；EXPLAIN 表示显示查询的执行计划；STATISTICS 表示显示查询执行的统计信息。在执行完 SQL 语句后，执行计划中的 TABLE ACCESS FULL 指示查询使用了全表扫描，也就是说 Oracle 从第 1 条记录开始依次扫描记录。Rows 指定预计返回的行数，Bytes 指定预计返回的字节数，Cost 字段指定查询所消耗的 CPU 资源，Time 指定查询的估计时间。可以看到这个查询使用了 297 个 CPU 资源。在 Statistics 统计信息部分，physical reads 表示发生了 1062 个物理读取操作。大家都知道读取硬盘的操作是一个缓慢的过程，因此物理读取会消耗较多的数据库资源。

为了演示添加索引后的效果，下面创建了一个新的表 tbl_idx_objects，它具有与 tbl_objects 相同的数据结构，同时使用 CREATE INDEX 语句创建了一个索引，示例语句如下：

```
--创建一个新的表
scott_Ding@ORCL> CREATE TABLE tbl_idx_objects AS SELECT rownum id,a. * FROM
all_objects a;
表已创建。
--在表上添加一个索引
scott_Ding@ORCL> CREATE INDEX idx_tbl_test ON tbl_idx_objects(object_name);
索引已创建。
```

接下来同样进行一个查询，看看 Oracle 如何利用索引来加速查找的方式，示例语句如下：

```
scott_Ding@ORCL>  SELECT  owner,object_name  FROM  tbl_idx_objects  WHERE
object_name='DBA_TABLES';
Execution Plan
-----------------------------------------------------------------
Plan hash value: 2413781253
-----------------------------------------------------------------
|Id| Operation                   | Name         |Rows|Bytes|Cost(%CPU)| Time    |
-----------------------------------------------------------------
|0 | SELECT STATEMENT            |              | 2 | 68  | 5 (0)   |00:00:01|
|1 | TABLE ACCESS BY INDEX ROWID|TBL_IDX_OBJECTS| 2 | 68  | 5 (0)   |00:00:01|
|*2| INDEX RANGE SCAN            |IDX_TBL_TEST  | 2 |     | 3 (0)   |00:00:01|
-----------------------------------------------------------------
Predicate Information (identified by operation id):
-----------------------------------------------------------------
  2 - access("OBJECT_NAME"='DBA_TABLES')
Note
-----
 - dynamic sampling used for this statement (level=2)
Statistics
-----------------------------------------------------------------
     52  recursive calls
      0  db block gets
     69  consistent gets
    255  physical reads
      0  redo size
    549  bytes sent via SQL*Net to client
    419  bytes received via SQL*Net from client
      2  SQL*Net roundtrips to/from client
      0  sorts (memory)
      0  sorts (disk)
      2  rows processed
```

这一次执行计划显示使用了索引访问方式：TABLE ACCESS BY INDEX ROWID，可以看到无论是 CPU 成本 Cost 还是执行时间都大大缩小,在统计信息中的 physical reads(物理读取)的数量也大为减少,可以说执行的性能得到的大幅提升。

通过示例不难了解,当检索数据库表中的数据时,首先通过对保存了索引的存储位置进行高速检索,每一个索引键对应了一个行指针 ROWID,这个行指针将指向具体的行。使用索引具有如下的优点:

- ❑ 索引使得检索数据的速度大大加快。
- ❑ 创建索引时自动添加了唯一性约束,通过使用唯一性索引可以保证数据库表中每一行数据的唯一性。
- ❑ 通过索引可以加快表与表之间的连接,使得在数据库中进行多表连接查询时速度明显增强。
- ❑ 使用了索引后,在分组和排序子句进行数据汇总时,可以显著的减少查询中分组和排序的时间。

索引需要在表基础上创建,需要占用额外的物理空间,而且对表进行修改时,比如增、删改数据的时候,需要动态地进行维护,在进行 DML 操作时需要占用一定的操作时间。

6.1.2　索引的原理

通过图书目录的例子不难想象得到,在图书目录的存储区找到自己想要的图书信息后,最重要的是得获取图书的具体位置信息,然后去根据图书所在的书架位置来获取图书。在 Oracle 中,使用 CREATE INDEX 语句创建一个索引后,Oracle 会将索引放到一个与表独立的存储位置,根据索引类型的不同,它会将索引按照特定的结构进行存储,在存储索引时,不仅会存储被索引的字段信息,它还包含了一个 ROWID 值,用来指向该索引值,指向表中的具体的记录。

图 6.2 是索引地运行原理示意图,它演示了在表上面创建的多个索引的存储位置和访问方式。

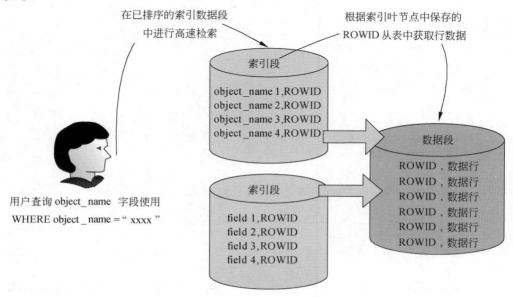

图 6.2　索引查找原理示意图

当用户查询一个定义了索引的列时，Oracle 会自动进行索引扫描，由于索引的存储结构使用了特定的算法，比如 B 树索引使用了平衡二叉树的存储结构，使得检索的速度大大加快，查找到符合要求的记录后，Oracle 将使用 ROWID 来定位数据库表中的记录。

在 Oracle 的数据库表中，每张表都会自动具有一个 ROWID 伪列，这个伪列由 Oracle 自动生成。用来唯一标志一条记录所在物理位置的一个 ID 号。数据一旦添加到数据库表中，ROWID 就生成并且固定了，对数据库表操作的过程中不会被改变。只在表存储位置发生变化或者是表空间变化时，由于产生物理位置变化，ROWID 的值才会发生改变。

用户可以直接在 SELECT 语句后面使用 ROWID 伪列来查看 ROWID 的值，示例语句如下：

```
scott_Ding@ORCL> SELECT ROWID,empno FROM emp WHERE deptno=20;
ROWID                 EMPNO
--------------------- ---------------------------------------------
AAAR3dAAEAAAACXAAA    7369
AAAR3dAAEAAAACXAAD    7566
AAAR3dAAEAAAACXAAH    7788
AAAR3dAAEAAAACXAAK    7876
AAAR3dAAEAAAACXAAM    7902
```

ROWID 值是经过 BASE64 编码的 18 位字符串值，它的组成如下所示：
- ❑　第 1 位到第 6 位是数据库对象编号。
- ❑　第 7 位到第 9 位是相关文件编号。
- ❑　第 10 位到 15 位是块编号。
- ❑　第 16 位到第 18 位是行编号。

Oracle 提供了 DBMS_ROWID 包，可以分析得出 ROWID 包含的对象的详细信息，示例语句如下：

```
scott_Ding@ORCL> SELECT DBMS_ROWID.ROWID_OBJECT(ROWID) OBJECT_ID,
                                                        --对象编号
        DBMS_ROWID.ROWID_RELATIVE_FNO(ROWID) FILE_ID,  --文件编号
        DBMS_ROWID.ROWID_BLOCK_NUMBER(ROWID) BLOCK_ID, --块编号
        DBMS_ROWID.ROWID_ROW_NUMBER(ROWID) ROW_NUM     --行号
   FROM emp WHERE ROWNUM<5;
OBJECT_ID    FILE_ID   BLOCK_ID    ROW_NUM
------------ -------- ----------- -------------------------------------
   73181         4        151        0
   73181         4        151        1
   73181         4        151        2
   73181         4        151        3
```

有了这些信息，可以利用很多 Oracle 的系统级的表或视图来查询数据库的详细信息，比如根据对象编号，可以得到表名和表的属主信息，示例语句如下：

```
scott_Ding@ORCL> SELECT owner#,name FROM sys.obj$ WHERE obj#='73181';
  OWNER#    NAME
  ------- ---------------------------------
    84     EMP
```

Oracle 在构建索引时，除了按结构对要索引的列进行排序和存储之外，还会在索引的叶节点上保存行记录的 ROWID 值，通过 ROWID 就可以快速定位到所需要的行，从而达

到提升性能的目的。

6.1.3　索引的分类

Oracle 提供了多种索引类型，可以根据索引列的多少进行划分，Oracle 具有单列索引和多列索引；如果从索引的列值是否唯一来划分，可以分为唯一性索引和非唯一性索引；如果从功能上来划分，则可以分标准索引、位图索引、索数索引等索引类型。下面分别介绍这些索引分类的基本作用，在本章后面的内容中会详细讨论具体的索引创建过程。

根据索引列的组成来划分，Oracle 中可以创建如下两种类型的索引：

- 单列索引，基于单个列所创建的索引，这是最简单的索引创建方式。比如只在 empno 列上创建的索引，就是单列索引。
- 多列索引，又称为复合索引或组合索引，还可以称为拼接索引（concatenated index），索引基于数据库表的多个列而创建。比如索引基于 empno 和 ename 列而创建，这种索引称为多列索引。

如果按照索引列值的唯一性划分，Oracle 中可以创建如下两种类型的索引：

- 唯一性索引，索引列值不能重复的索引，比如一些具有 UNIQUE 约束的索引，例如身份证号码，这样的列值不能重复，以该列创建的索引称为唯一性索引。Oracle 不建议人工创建唯一性索引，而是建议在表上定义主键（PRIMARY KEY）约束或唯一性（UNIQUE）约束时，由 Oracle 自动在相应的约束列上创建唯一性索引，以符合数据库的完整性约束。

- 非唯一性索引，索引列值可以重复地索引，一般需要手动使用 CREATE INDEX 语句进行创建。

△注意：唯一性索引和非唯一性索引仅对稍后将要介绍的 B 树索引有效，B 树索引是 Oracle 默认的索引类型。

如果从索引的功能结构上来划分的话，Oracle 的索引可以分为如下几种类型：

- B*树索引，Oracle 默认使用的索引，索引按平衡二叉树结构组织并存放索引数据，索引可以是单列索引或复合索引、唯一索引或非唯一索引。
- 位图索引，为索引列的每个取值创建一个位图（bit 位，而非图片），对表中的每行使用 1 位（bit，取值为 0 或 1）来表示该行是否包含该位图的索引列的取值。
- 函数索引，索引的取值不直接来自列，而是来自包含有列的函数或表达式，这就是函数索引。

B*树索引是 Oracle 在默认情况下创建的索引，简称平衡树索引。Oracle 使用基于 B-树的变种 B*树来实现 B-树索引，实现的原理与二叉查找树相似，它将要索引的列划分为多个范围已排序的列表，通过将键与一行或行范围关联起来，可以对多种类型的查询提供优秀的查询检索性能，包括精确匹配和范围搜索等。

举个例子，当对 emp 表中的 deptno 进行 B*树索引时，Oracle 根据平衡二叉树的结构对 deptno 进行了范围的划分，如图 6.3 所示。

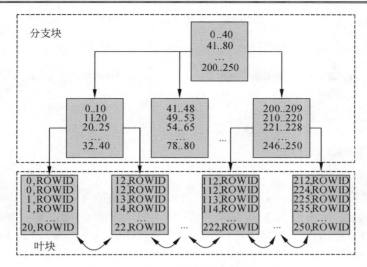

图 6.3　B*树索引结构图

由图中可以看到，B*树索引将索引列进行了范围的平衡二叉树结构的划分，它包含如下两种类型的块：

- 分支块，用于进行过引范围的查找，它的上层分支块包含指向下层分支块的索引数据，比如根分支块中的 0..40 指向下级分支中最左边的块。

- 叶块，它包含具体的索引数据，分支块的条目指向包含在该范围内的键值的叶块。每个叶块包含被索引的列的数据值和用来定位实际行的 ROWID 值，每个条目按 ROWID 和键进行排序。位于叶块级别，键和 ROWID 链接到左右同级条目，组成了一个双向链表结构，在进行扫引范围扫描（Index Range Scan）时，数据库将在叶块之间前后移动。

由图 6.3 中不难发现，所有的叶块都具有相同的深度，因此在 B*树索引中从任意位置检索任意记录需要的时间基本上是相同的，它大大提高了索引检索的效率。

在 B*树索引中有如下两个很重要的概念需要理解：

- 索引的高度（Height），是指从根块到叶块所需要的块的数量。

- 分支级别（Blevel），其值为索引的高度减 1。

在图 6.3 中，索引的高度为 3，分支级别为 2，通过数据字典视图 USER_INDEXES，可以查询到分支级别，通过 ANALYZE INDEX 语句先分析索引，然后查询 INDEX_STATS 视图，可以查看到索引的叶块高度值，示例语句如下：

```
SQL> ANALYZE INDEX  idx_tbl_objects VALIDATE STRUCTURE; --分析索引
索引已分析
SQL> col name for a20;
SQL> col index_name for a20;
SQL> SELECT name,height FROM INDEX_STATS                  --查询索引的高度值
NAME                    HEIGHT
---------------------------------------------------------------
IDX_TBL_OBJECTS              3
--下面的语句查询索引的分支级别
SQL> SELECT index_name,blevel,num_rows FROM user_indexes WHERE table_name='
TBL_I
DX_OBJECTS';
```

```
INDEX_NAME             BLEVEL   NUM_ROWS
----------------    ------------   --------------------------------
IDX_TBL_OBJECTS          2         71936
```

可以看到，分支级别果然是索引高度值减 1 所得，BLEVEL 为 2，HEIGHT 值为 3，这表示找到叶子块需要两个磁盘 I/O，而访问叶子块本身需要一个 I/O 值，因此使用索引的查询共需要 3 个磁盘 I/O 操作。

6.1.4　创建 B*树索引

创建索引使用 CREATE INDEX 语句，实际上在很多情况下当为一个表指定主键时，Oracle 隐式地为用户创建了一个索引。举个例子，下面的代码创建了一个名为 books_idx 的表，该表中的字段指定了主键和唯一性约束，如代码 6.1 所示。

代码 6.1　创建表并指定主键和唯一性约束

```
SQL> CREATE TABLE books_idx (
bookid NUMBER PRIMARY KEY,                  --图书 ID，指定主键
bookname VARCHAR2(20) UNIQUE            --图书名称，指定唯一性约束
);
SQL> SELECT index_name,index_type,uniqueness FROM user_indexes
     WHERE table_name='BOOKS_IDX';
INDEX_NAME          INDEX_TYPE           UNIQUENESS
---------------    ------------------   ----------------
SYS_C0013354        NORMAL               UNIQUE
SYS_C0013353        NORMAL               UNIQUE
```

由代码可以看到，在 books_idx 表中，将 bookid 指定为表的主键，bookname 创建了唯一性约束，通过查询 user_indexes 数据字典视图，可以发现 Oracle 自动创建了两个索引，这两个索引使用了 Oracle 的内置命名方式，以 SYS_C 开头，它们的索引类型为 NORMAL，也就是 B*树索引，UNIQUENESS 指定索引的唯一性，这两个索引都是唯一性索引。

除了由 Oracle 自动创建索引之外，多数时候用户需要根据表的查询频系来手动创建索引。创建的语法如下：

```
CREATE [UNIQUE] | [BITMAP] INDEX index_name   --创建索引
ON table_name([column1 [ASC|DESC],column2     --指定索引所在的表和索引列
[ASC|DESC],…] | [express])                     --索引排序方式
[TABLESPACE tablespace_name]                   --索引存储的表空间
[PCTFREE n1]                                    --空闲空间比率
[STORAGE (INITIAL n2)]                          --存储参数设置
[NOLOGGING]                                     --是否产生重做日志
[NOLINE]                                        --是否在创建或重建时允许 DML 操作
[NOSORT];                                       --显示指定不对索引列进行排序
```

其中 index_name 指定索引的名称，它要符合 Oracle 的标识符命名规则，与表的命名规则相似，ON 子句指定索引所在的表。创建索引的其他子句的作用如下：

- □ UNIQUE，表示唯一索引，默认情况下，不使用该选项。
- □ BITMAP，表示创建位图索引，默认情况下，不使用该选项。
- □ TABLESPACE，用于指定索引将存储的表空间名称。
- □ PCTFREE，用于指定为将来的 INSERT 操作预留的空闲空间的百分比值，与数据

块的 PCTFREE 的作用比较相似。对于经常插入数据的表，应该为表中索引指定一个较大的空闲空间。

❑ NOLOGGING，表示在创建索引的过程中不产生任何重做日志信息。默认情况下，不使用该选项。

❑ ONLINE，表示在创建或重建索引时，允许对表进行 DML 操作。默认情况下，不使用该选项。

❑ NOSORT，默认情况下，不使用该选项。Oracle 在创建索引时对表中记录进行排序。如果表中数据已经是按该索引顺序排列的，则可以使用该选项。

索引的创建需要具备一定的权限，否则 Oracle 将会抛出权限不够的异常。一般情况下需要具有如下两类权限：

❑ CREATE INDEX，当在用户当前的方案中创建索引时需要具备的权限。

❑ CREATE ANY INDEX，如果要在其他用户方案中创建索引需要具备的权限。

一般来说，创建索引将完成如下的几个步骤：

（1）对全表进行扫描，收集索引数据。

（2）对索引列的数据进行排序，为索引分配存储空间。

（3）将索引的定义信息保存到数据字典中。

根据要创建索引的表的大小，创建一个索引可能很快也可能耗费数十分钟的时间，对于一个生产数据库系统来说，应该总是选择系统空间时间创建索引，以防止对正常使用的数据库造成影响。

如果在 CREATE 语句后不指定任何类型，直接用 CREATE INDEX 语句创建索引将创建默认的 B*树索引，下面的示例构建了一个新的表 tbl_idx_objects，该表的数据来源于 all_objects 视图，与前面的几个构建表的示例一样，如代码 6.2 所示。

代码 6.2　使用 CREATE INDEX 语句创建索引

```
--如果前面已经创建过该表, 则删除表
scott_Ding@ORCL> DROP TABLE tbl_idx_objects;
表已删除。
--使用 CREATE TABLE..AS 语句创建新表, 新创建的表没有任何索引或约束
scott_Ding@ORCL> CREATE TABLE tbl_idx_objects AS SELECT rownum id,a.* FROM
all_objects a;
表已创建。
--创建 B*树索引, 指定索引的列为 object_name
scott_Ding@ORCL> CREATE INDEX idx_tbl_objects ON tbl_idx_objects(object_name);
索引已创建。
```

在示例中，使用了最简单的 CREATE INDEX 语句，它指定了索引的名称和索引所在的表及要创建索引的表列。它将创建一个标准的 B*树索引，可以通过 Oracle 的内置包 DBMS_METADATA 的 GET_DDL 方法来获取 Oracle 为该索引产生的详细的 DDL 语句，示例语句如下：

```
scott_Ding@ORCL> SELECT DBMS_METADATA.GET_DDL('INDEX','IDX_TBL_OBJECTS')
FROM DUAL;
DBMS_METADATA.GET_DDL('INDEX','IDX_TBL_OBJECTS')
--------------------------------------------------------------------------------
```

```
   CREATE   INDEX   "SCOTT"."IDX_TBL_OBJECTS"   ON   "SCOTT"."TBL_IDX_OBJECTS"
("OBJECT_NAME")
   PCTFREE 10 INITRANS 2 MAXTRANS 255 COMPUTE STATISTICS
   STORAGE(INITIAL 65536 NEXT 1048576 MINEXTENTS 1 MAXEXTENTS 2147483645
   PCTINCREASE 0 FREELISTS 1 FREELIST GROUPS 1 BUFFER_POOL DEFAULT FLASH_CACHE
DEFAULT CELL_FLASH_CACHE DEFAULT)
   TABLESPACE "USERS"
```

从返回的 DDL 语句可以看到尽管使用了少量的 SQL 语句来创建索引，但是 Oracle 根据当前用户的默认的存储参数设置指定各种存储参数：

❑ PCTFREE 指定为 10，表示预留 10%的空闲空间以备以后使用。

❑ COMPUTE STATISTICS 在创建索引之后计算统计信息，这个语句用来与 Oracle 的早期版本保持兼容，Oracle 在使用 CREATE INDEX 创建索引时会自动收集统计信息。

❑ TABLESPACE 用来指定索引的表空间，默认情况下使用当前用户的默认表空间，这里是 USERS 表空间。

在示例中，object_name 可以包含多个重复值，因此创建的索引是非唯一性索引，这也是 CREATE INDEX 的默认设置，允许在键列中有重复值，如果要创建一个唯一性索引，可以在 CREATE 语句后面使用 UNIQUE，例如对于 tbl_idx_objects 表的 id 列，在创建表时它的值是一个 ROWNUM 伪列，可以为表的 id 列创建一个唯一性的索引，示例语句如下：

```
scott_Ding@ORCL> CREATE UNIQUE INDEX idx_tbl_id ON tbl_idx_objects(id)
                                         --创建唯一性索引
             TABLESPACE USERS           --指定索引的表空间
             COMPUTE STATISTICS;        --计算索引统计信息索引已创建
```

在这个示例中使用 CREATE UNIQUE INDEX 创建了一个唯一性索引，显式地指定了 TABLESPACE 子句用来为其指定一个存储表空间。在这里笔者使用了默认的表空间，因此也可省略掉该语句。

🔔注意：COMPUTE STATISTICS 用来收集统计信息，不过这个语句在 Oracle 10g 以后的版本中主要是为了向后兼容，Oracle 10g 以后的版本在索引创建和重建期间会自动收集统计信息。

在创建 B*树索引时，通过在表名后面的括号中指定多个字段，可以创建复合索引，或者称为连接索引。下面的代码将对 object_id 和 object_type 创建了复合索引：

```
scott_Ding@ORCL> CREATE INDEX idx_concat_objects ON tbl_idx_objects(object_id,
object_type);
索引已创建。
```

在创建了复合索引之后，可以在 SQL*Plus 中查看执行计划，可以看到果然现在使用了索引进行查询。

```
scott_Ding@ORCL> SET AUTOTRACE TRACEONLY EXPLAIN;
scott_Ding@ORCL>SELECT object_name FROM tbl_idx_objects WHERE object_id>1000
AND object_type='TABLE';
Execution Plan
---------------------------------------------------------------
Plan hash value: 2625353980
```

```
--------------------------------------------------------------------------------
| Id | Operation            | Name            |Rows|Bytes|Cost(%CPU)|Time    |
--------------------------------------------------------------------------------
| 0 | SELECT STATEMENT      |                 |3526|141K | 268 (1) |00:00:04|
|1|TABLE ACCESS BY INDEX ROWID|TBL_IDX_OBJECTS|3526|141K | 268 (1) |00:00:04|
|*2| INDEX RANGE SCAN       |IDX_CONCAT_OBJECTS|302 |     | 260 (0) |00:00:04|
--------------------------------------------------------------------------------
Predicate Information (identified by operation id):
---------------------------------------------------
  2 - access("OBJECT_ID">1000 AND "OBJECT_TYPE"='TABLE')
      filter("OBJECT_TYPE"='TABLE')
Note
-----
  - dynamic sampling used for this statement (level=2)
```

通过执行计划可以看到，在 Operation 一栏中果然使用了索引进行扫描，它使用了 INDEX RANGE SCAN（索引范围扫描）来查找 WHERE 子句中的两个条件范围内的记录。

回过头来再看看自动产生索引的地方。在 CREATE TABLE 语句中 Oracle 自动产生了唯一性索引，虽然方便，但是用户可能希望通过 CREATE INDEX 语句得到更多的索引控制，比如控制索引的存储参数和存储的位置，通过在 ALTER TABLE 和 CREATE TABLE 语句中使用 USING INDEX 子句可以让它们重用一个已经存在的索引。示例语句如下：

```
scott_Ding@ORCL> CREATE TABLE books_idx
   (
     --创建表列，并且使用一个新创建的索引
     book_id INT PRIMARY KEY USING INDEX(CREATE INDEX ind_bookid ON books_
     idx(book_id))
   );
```

在示例中使用了 USING INDEX 子句，可以在括号内指定一个已经存在的索引名称，还可以通过 CREATE INDEX 创建一个新的命名索引。

6.1.5　创建位图索引

在设计数据库表时，一些列的值可能只是由几个不断重复的值组成，比如人事表中的学历由小学、中学、大学、硕士等学历级别组成，性别字段由男和女组成，这些重复值较高的字段在 Oracle 中称为具有较低的基数，而对于一些重复值较少的列，则认为拥有较高的基数。

对于具有较低基数的列，可以通过创建位图索引来加速查询的性能，它在某些场合的性能比 B*树索引要高，但是也要理解位图索引并不适用于更新频繁的联机事务处理数据库，因为这会导致 Oracle 不得不维护位图的一致性而导致性能的低下。

位图索引的组成结构与 B*树索引具有较大的区别，在传统的 B*树索引结构中，索引键（索引叶块中保存的索引列的值）和列所在的 ROWID 组成了对于一个数据表行的唯一结构，也就是说一个索引键就指向一行，通过 ROWID 进行定位。在位图索引中，它为独立的列值创建了一个索引键，由于多个行的值可能重复表示，它使用位图 0 和 1 的结构来表示值，因此位图结构中一个索引键将对应多个行，它的组成结构参考表 6.1。

表 6.1　位图索引结构示例

值/行	1	2	3	4	5	6	7	8	9	10	11	12	13	14
小学	0	0	0	0	0	0	0	0	0	0	0	1	0	0
初中	1	0	0	0	0	0	0	0	0	0	0	0	0	1
高中	0	0	0	0	1	0	0	0	0	0	0	0	1	0
大专	0	1	0	0	0	0	0	0	0	1	1	0	0	0
大学	0	0	1	0	0	1	0	1	0	0	1	0	0	0
硕士	0	0	0	1	0	0	0	0	0	0	0	0	0	0
博士	0	0	0	0	0	0	1	0	0	0	0	0	0	0

由表中可以看到，将人事表中的"学历"字段中的可能的值创建索引键，然后在每一行上如果匹配则用 1 表示，如果不匹配用 0 表示，因此可以看到一个索引键的结构就是如同 000001000 这样的位图组成，位图中的每一位对应到一个可能的 ROWID。如果设置了某位，那么与其相应的 ROWID 行包含该键值，Oracle 内置的映射函数将位的位置转换为一个具体的 ROWID，因此位图索引虽然使用了不同的内部表示形式，但是它提供了与 B* 树索引相同的功能。

在使用了位图结构后，Oracle 只需要对索引键中的位图进行位运算，就可以轻松地查询到所需要的记录集。位图索引使用 CREATE BITMAP INDEX 语法，下面的例子将为 tbl_idx_objects 的 object_type 字段创建一个位图索引，object_type 代表对象的类型，它具有较低的基数，示例语句如下：

```
scott_Ding@ORCL> CREATE BITMAP INDEX idx_bit_objtype ON tbl_idx_objects
(object_type);
Index created.
```

在创建了位图索引之后，可以通过查询 user_indexes 视图来获取关于索引的更多的信息，示例语句如下：

```
scott_Ding@ORCL> SELECT index_name,index_type,num_rows FROM user_indexes
WHERE index_name='IDX_BIT_OBJTYPE';
INDEX_NAME                    INDEX_TYPE                   NUM_ROWS
---------------------- -------------------------- ---------------------
IDX_BIT_OBJTYPE               BITMAP                          42
```

可以看到在 user_indexes 中存在一个类型为 BITMAP 的位图索引，它的索引行数为 42 行，在创建了位图索引后，可以通过在 WHERE 子句中使用 object_type 列来使用该位图索引，下面通过 SET AUTOTRACE 语句在 SQL*Plus 中显示执行计划，查看使用位图索引时 Oracle 的执行方式。示例语句如下：

```
scott_Ding@ORCL> SET AUTOTRACE TRACEONLY EXPLAIN;
scott_Ding@ORCL> SELECT object_name FROM tbl_idx_objects WHERE object_type=
'TABLE' AND ROWNUM<=10;
Execution Plan
----------------------------------------------------------
Plan hash value: 676352033
----------------------------------------------------------
| Id| Operation                |Name      |Rows |Bytes|Cost(%CPU)|  Time  |
----------------------------------------------------------
| 0|SELECT STATEMENT           |          | 10  |28 0 | 1 (0)    |00:00:01|
|*1| COUNT STOPKEY             |          |     |     |          |        |
```

```
| 2|  TABLE ACCESS BY INDEX ROWID|TBL_IDX_OBJECTS|3526|98728|1(0)    |00:00:01|
| 3|   BITMAP CONVERSION TO ROWIDS|              |    |     |       |        |
|*4|   BITMAP INDEX SINGLE VALUE|IDX_BIT_OBJTYPE|    |     |       |        |
-------------------------------------------------------------------------
Predicate Information (identified by operation id):
-------------------------------------------------------------------------
  1 - filter(ROWNUM<=10)
  4 - access("OBJECT_TYPE"='TABLE')
Note
-----
  - dynamic sampling used for this statement (level=2)
```

在执行计划中可以看到，Oracle 会执行 BITMAP CONVERSION TO ROWIDS，表示通过位图索引扫描得到的位图信息转换为行的 ROWID，BITMAP INDEX SINGLE VALUE 类似于 B 树索引的唯一扫描，对只有单条索引记录的索引键扫描。可以看到由于位图索引在检索数据上的方便性，使得查询的成本非常低，对于低基数的记录行来说，可以加快检索的速度。

由于位图索引键保存了多个行的数据，如果更新一个位图索引键，会同时将其他的行进行锁定，如果一个键指向了成百上千行，将非常消耗资源，而且会导致操作的阻塞，为此位图索引一般仅用于决策支持系统及需要即时查询的场合。

6.1.6 创建函数索引

在 SQL 的查询过程中，会经常使用函数来检索匹配条件的值。例如要查询 emp 表中员工的工资和提成总数大于 5000 的人员列表，可以在 WHERE 子句中直接使用一个表达式，不过这样会导致 Oracle 无法使用任何索引，直接进行全表扫描，示例语句如下：

```
scott_Ding@ORCL> SET AUTOTRACE TRACEONLY EXPLAIN;
scott_Ding@ORCL> SELECT ename,empno FROM emp WHERE sal*comm+sal>5000;
Execution Plan
-------------------------------------------------------------------------
Plan hash value: 3956160932
-------------------------------------------------------------------------
| Id | Operation          | Name | Rows  | Bytes | Cost (%CPU)| Time     |
-------------------------------------------------------------------------
|  0 | SELECT STATEMENT   |      |   1   |  16   |   3   (0)  | 00:00:01 |
|* 1 |  TABLE ACCESS FULL | EMP  |   1   |  16   |   3   (0)  | 00:00:01 |
-------------------------------------------------------------------------
Predicate Information (identified by operation id):
-------------------------------------------------------------------------
  1 - filter("SAL"*"COMM"+"SAL">5000)
```

可以看到，当在 WHERE 子句中使用了表达式后，Oracle 无法使用索引，而是选择了使用全表扫描来查询数据。为了让这些使用了函数的查询也能具有较好的性能，在 Oracle 中可以创建基于函数的索引,基于函数的索引预先计算给定列的函数并在索引中存储结构，当 WHERE 子句中包含函数时,基于函数的索引是索引列的理想办法。使用上面的 WHERE 子句后的表达式创建函数的语法如下：

```
scott_Ding@ORCL> CREATE INDEX idx_emp_total_sal ON emp(sal*comm+sal);
Index created.
```

　　创建基于函数的索引的语法与创建普通的 B*树索引的语法基本相似，只是指定的列是一个表达式。表达式中可以是普通的运算符，也可以是 Oracle 内置函数，当查询中包含匹配的表达式时，数据库将使用定义的函数索引进行检索，因此可大大加快检索的速度。

　　创建基于函数的索引的语法与创建普通的 B*树索引的语法基本相似，只是指定的列是一个表达式。表达式中可以是普通的运算符，也可以是 Oracle 内置函数，当查询中包含匹配的表达式时，数据库将使用定义的函数索引进行检索，因此可大大加快检索的速度。

　　当使用了函数索引之后，再次运行查询，可以看到现在它使用了新创建的函数索引 idx_emp_total_sal，查询的速度也加快了，示例语句如下：

```
scott_Ding@ORCL> SELECT ename,empno FROM emp WHERE sal*comm+sal>5000;
Execution Plan
-----------------------------------------------------------------
Plan hash value: 2897949391
-----------------------------------------------------------------
| Id  | Operation                   | Name            |Rows|Bytes|Cost(%CPU)|Time    |
-----------------------------------------------------------------
| 0|SELECT STATEMENT            |                 | 1 | 23 |  2 (0)  |00:00:01|
| 1| TABLE ACCESS BY INDEX ROWID |EMP              | 1 | 23 |  2 (0)  |00:00:01|
|*2|     INDEX RANGE SCAN        |IDX_EMP_TOTAL_SAL| 1 |    |  1 (0)  |00:00:01|
-----------------------------------------------------------------
Predicate Information (identified by operation id):
-----------------------------------------------------------------
  2 - access("SAL"*"COMM"+"SAL">5000)
```

　　由执行计划可以看到，Oracle 的优化程序在基于函数的索引上使用了索引范围扫描（INDEX RANGE SCAN），优化程序通过分析在 SQL 语句中的表达式来执行表达式匹配，然后比较语句表达式目录树和基于函数的索引，优化器的比较方式不区分大小写，并且会忽略表达式中的空格。

6.1.7　修改索引

　　在对性能调优的过程中，可能需要多次更改索引，以便使索引可以发挥更好的效能。修改索引使用 ALTER INDEX 语句，使用这个语句可以重建索引、重命名索引、更改索引的存储参数或者是更改索引的可用性等。

🔔**注意**：要能修改索引，索引必须位于当前用户的方案中，或者用户具有 ALTER ANY INDEX 系统权限，以便可以修改其他方案中的索引。

　　ALTER INDEX 语句的语法比较复杂，它包含很多的索引修改事项，示例语句如下：

```
ALTER INDEX [ schema. ]index              --指定要修改的索引名称
  { { deallocate_unused_clause            --回收未使用的索引空间的子句
   | allocate_extent_clause               --为索引分配新的段的子句
   | shrink_clause                        --压缩索引段的子句
   | parallel_clause                      --指定并行度子句,可以加速索引的创建速度
   | physical_attributes_clause           --更改索引的物理存储参数
   | logging_clause                       --是否为索引添加重做日志内容
   } ...
  | rebuild_clause                        --指定重建索引的子句
```

```
| PARAMETERS ( 'ODCI_parameters' )    --索引的 ODCI 参数设置
              )
| COMPILE                             --用来重新编译一个无效的应用域索引
| { ENABLE | DISABLE }                --仅对函数索引有用，它用于启用或禁用函数索引
| UNUSABLE                            --指定索引不可用，这会立即释放索引占用的空间
| VISIBLE | INVISIBLE                 --指定索引对优化器是否可见或不可见
| RENAME TO new_name                  --重命名索引
| COALESCE                            --合并索引内容
| { MONITORING | NOMONITORING } USAGE--监视索引的使用性
| UPDATE BLOCK REFERENCES             --仅对索引组织表上的标准或应用域索引有用
| alter_index_partitioning            --修改索引分区
};
```

由语法可以看到，**ALTER INDEX** 语句提供了对于多种索引类型的修改子句，包含本章没有详细介绍的应用域索引及索引的并行执行特性，这些索引仅用于特定的场合，实际上 Oracle 日常应用中使用最多的还是 B*树索引。

下面将从如何重命名索引、合并与重建索引、修改索引的可用性与可见性、监控索引的运行等几个方面来讨论如何实现对索引的修改。

6.1.8　重命名索引

可以将一个索引重命名为一个符合 Oracle 标识符命名规则或公司本身的定义的标识符规则，特别是对于一些 Oracle 自动创建的索引或约束，由于 Oracle 在内部会以 "SYS_C+序列号" 这样的命名规则，因此为这些索引取一个良好语义的名称显得非常重要。

重命名索引的语法如下：

```
ALTER INDEX index_name RENAME TO new_name;
```

其中的 index_name 用于指定索引原来的名称，new_name 用于指定新的索引名称。下面创建了一个新的表 books_lib，通过使用 PRIMARY KEY 和 UNIQUE 列属性为表列指定主键和唯一性约束，通过查询 user_indexes 视图可以看到 Oracle 自动产生了两个系统内置命名的索引，示例语句如下：

```
scott_Ding@ORCL> CREATE TABLE books_lib (
  2  bookid NUMBER PRIMARY KEY,              --图书 ID，指定主键
  3  bookname VARCHAR2(20) UNIQUE            --图书名称，指定唯一性约束
  4  );
表已创建。
--查询为 books_lib 表创建的索引
scott_Ding@ORCL>SELECT index_name,index_type,uniqueness FROM
                       user_indexes WHERE table_name='BOOKS_LIB';

INDEX_NAME              INDEX_TYPE              UNIQUENES
------------------- ---------------------- -------------------------
SYS_C0012254            NORMAL                  UNIQUE
SYS_C0012255            NORMAL                  UNIQUE
```

接下来通过 **ALTER INDEX..RENAME TO** 语句来重命名这两个索引，示例语句如下：

```
scott_Ding@ORCL> ALTER INDEX SYS_C0012254 RENAME TO IDX_PK_BOOKID;
索引已更改。
```

```
scott_Ding@ORCL> ALTER INDEX SYS_C0012255 RENAME TO IDX_UNIQUE_BOOKNAME;
索引已更改。
```

可以看到，代码成功地更改了由系统内置命名的两个索引，接下来再次查询user_indexes，可以看到在数据字典中索引名称已经成功地发生了变化，示例语句如下：

```
scott_Ding@ORCL> SELECT index_name,index_type,uniqueness FROM
                              user_indexes WHERE table_name='BOOKS_LIB';
INDEX_NAME                   INDEX_TYPE                 UNIQUENES
---------------------------- -------------------------- --------------------------
IDX_PK_BOOKID                NORMAL                     UNIQUE
IDX_UNIQUE_BOOKNAME          NORMAL                     UNIQUE
```

6.1.9　重建和合并索引

索引使用一段时间后，根据其使用的频率，比如增加、修改和删除操作的次数，在索引段中可能会产生大量的碎片，从而降低索引的使用效率。一般可以使用如下两种方式来进行索引碎片整理：

- ❑ 合并索引，合并索引不改变索引的物理组织结构，只是简单地将 B*树叶块中的存储碎片合并在一起。
- ❑ 重建索引，重新创建一个新的索引，以原来的索引作为数据源进行索引数据的转移，它不会影响原来的索引，在重建期间不会删除原来的索引，但是需要较多的磁盘空间，重建完成后删除原来的索引。

表 6.2 列出了合并索引和重建索引的一些区别，通过比较合并或重建的开销可以决定在索引块中出现碎片时应该选择哪种方式进行索引的修改。

表 6.2　合并与重建索引的区别

重　建　索　引	合　并　索　引
可快速将索引移到另一个表空间	无法移动索引到另一个表空间
较高的成本：需要更多的磁盘空间	成本较低：不需要更多的磁盘空间
创建新的索引树，在合适的情况下压缩索引的高度，提高访问的速度	合并在树的同一分支上的叶块，提升访问速度
允许用户快速更改存储和表空间参数，而不用移除原来的索引，这使得索引在重建期间，原来的索引是可用的	快速释放叶块的可用空间

要想知道索引的使用当前使用情况，以决定何使合并索引，何时重建索引，可以通过对索引进行分析，查看索引当前的使用情况，示例语句如下：

```
--对索引进行分析
scott_Ding@ORCL> ANALYZE INDEX IDX_TBL_OBJECTS VALIDATE STRUCTURE;
索引已分析。
--查询索引的高度和索引删除标志的比率，如果索引高度大于 3 或索引删除标记较多，需要重建索引
scott_Ding@ORCL> SELECT height,del_lf_rows/lf_rows FROM index_stats;
   HEIGHT DEL_LF_ROWS/LF_ROWS
   --------------------------------------------------
        3                 0
--查看索引叶块的使用率，如果过低则需要合并索引
scott_Ding@ORCL> SELECT pct_used FROM index_stats;
```

```
PCT_USED
-------------------
     90
```

这个例子用来分析 tbl_idx_objects 表中的 idx_tbl_objects 索引的结构，然后查询 index_stats 视图得出索引的当前高度和删除标记的比率，同时查询 pct_used 得出索引空闲空间的使用率，如果高度大于 4 或删除标记大于 0.2，表示索引可能需要重建，如果 pct_used 太低有可能需要合并索引。

上面的分析方式可能不是最准确，不过无论如何，对于 DBA 来说，对于重要的数据库表，应该定期重建或合并索引，以便使索引可以发挥最大的效能。

通过使用 ALTER INDEX COALESCE 语法，可以实现合并索引的工作。合并索引的结构如图 6.4 所示。

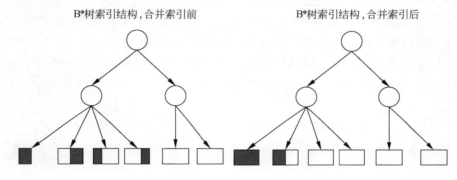

图 6.4　合并索引示意图

由图中可以看到，在左侧的树中，索引块具有较多的碎片，第 1 个索引块和第 2 个索引块仅使用 50%左右，第 3 个和第 4 个也只使用 25%左右。在合并后，第 1 个索引块用完了所有的块空间，第 2 个索引块合并为 50%的空间占用率，使后续的操作可以节省很多查找空闲空间的时间，提升了效能。

对 idx_tbl_objects 索引进行合并的示例如下：

```
scott_Ding@ORCL> ALTER INDEX idx_tbl_objects COALESCE;
索引已更改。
```

合并索引所需要的时间比重建索引要少，重建索引使用 ALTER INDEX ..REBUILD 语句，它虽然会消耗较多的存储空间和资源，但是相对于先 DROP 一个索引，再重新创建索引能提供更好的性能，而且在创建期间也不会影响其他查询对原有索引的使用。例如重建 idx_tbl_objects 索引，示例语句如下：

```
scott_Ding@ORCL> ALTER INDEX idx_tbl_objects REBUILD;
索引已更改。
```

REBUILD 子句必须紧跟在索引名称后面，它优先于任何其他的选项，在对索引进行重建时，也可以使用存储语句更改索引所在的表空间，示例语句如下：

```
ALTER INDEX idx_tbl_objects REBUILD TABLESPACE users;
```

上面的语句在重建索引的时候，使用 TABLESPACE 选项将索引的存储位置移到了

users 表空间中，改变了索引的存储位置。

在重建索引的过程中，Oracle 会对索引的基表添加共享锁，这使得在重建索引期间，无法对基表进行插入、修改和删除，当索引的创建时间较长时，可能会影响到正在使用数据库的用户，不过查询仍然可以使用原来的索引进行查询。Oracle 提供了另外的一个选项来构建索引，即 REBUILD ONLINE 子句，该子句允许索引在重建的过程中更新基表，示例语句如下：

```
ALTER INDEX idx_tbl_objects REBUILD ONLINE;
```

6.1.10　不可见和不可用的索引

使用 CREATE INDEX 语法创建的索引默认情况下是可见的并且可用的，有时需要让索引变得不可见或不可用。索引不可用是指 Oracle 优化器会忽略掉指定的索引，不仅如此，Oracle 的后续的 DML 操作也不会更新索引，就好像索引并不存在一样。

可以在 CREATE INDEX 语句创建索引时，使用 UNUSABLE 子句指定所创建的索引为不可用索引，或者是使用 ALTER INDEX.. UNUSABLE 将一个已存在的索引指定为不可用索引。

例如下面的示例语句将 tbl_idx_objects 表中的 idx_tbl_id 索引变得不可用：

```
scott_Ding@ORCL> ALTER INDEX idx_tbl_id UNUSABLE;
索引已更改。
```

当索引不可用之后，当使用 tbl_idx_objects 表中的 id 作为查询条件进行查询时，可以看到 Oracle 无法使用到索引进行查询，因为 Oracle 的优化器已经忽略了 id 上的索引 idx_tbl_id 的存在，示例语句如下：

```
scott_Ding@ORCL> SET AUTOTRACE TRACEONLY EXPLAIN;
scott_Ding@ORCL> SELECT object_name FROM tbl_idx_objects WHERE id<10;
Execution Plan
----------------------------------------------------------
Plan hash value: 978458583
---------------------------------------------------------------------------
| Id| Operation         |    Nam      |Rows|Bytes|Cost(%CPU)|  Time    |
---------------------------------------------------------------------------
| 0 |  SELECT STATEMENT |             | 12 | 360 | 298  (1) | 00:00:04 |
|*1 |  TABLE ACCESS FULL| TBL_IDX_OBJECTS | 12 | 360 | 298  (1) | 00:00:04 |
---------------------------------------------------------------------------
```

由执行计划可以看到，当将索引 idx_tbl_id 更改为不可用之后，通过 user_indexes 视图，可以查询一个索引有的可用性状态，示例语句如下：

```
scott_Ding@ORCL>      SELECT      index_name,status,segment_created      FROM
user_indexes
                         WHERE index_name='IDX_TBL_ID';
INDEX_NAME                  STATUS      SEG
-------------------- --------------- ------------------------------------
IDX_TBL_ID                  UNUSABLE    NO
```

可以看到现在 idx_tbl_id 的状态为不可用状态，为了重新启用这个索引，必须重建或删除该索引然后重新创建一个同名的新的索引，然后才能使用这个索引，示例语句如下：

```
scott_Ding@ORCL> ALTER INDEX idx_tbl_id REBUILD;
索引已更改。
scott_Ding@ORCL>SELECT index_name,status,segment_created FROM
                        user_indexes WHERE index_name='IDX_TBL_ID';
INDEX_NAME                   STATUS    SEG
-------------------- --------- ------------------------------------
IDX_TBL_ID                   VALID     YES
```

可以看到现在查询变成了有效状态，就可以正常地使用此索引。当想进行批次加载时，比如使用 SQL*Loader 进行大规模批量的数据加载时，可以将索引变成不可用或不可见的，让优化器忽略该索引，当批次操作完成时，再恢复索引的使用。

在 Oracle 中还可以创建一个不可见的索引，或者是让一个已存在的索引不可见。不可见索引会被优化器忽略，不过与不可用索引不同的是在 DML 语句操作期间 Oracle 会维护索引数据。

注意：通过在会话级别或者是系统级别将初始化参数 optimizer_use_invisible_indexes 设置为 True，则优化器也可以识别不可见的索引。

为了让一个索引不可见，可以使用 ALTER INDEX..INVISIBLE 语句，相反为了使一个索引可见，可以使用 ALTER INDEX..VISIBLE 语句，如要使得 idx_tbl_id 语句不可见，示例语句如下：

```
scott_Ding@ORCL> ALTER INDEX idx_tbl_id INVISIBLE;
索引已更改。
```

通过查询 user_indexes 视图的 visibility 字段值，可以看到该索引果然已经不可见，示例语句如下：

```
scott_Ding@ORCL>  SELECT  index_name,visibility  FROM  user_indexes  WHERE
index_name='IDX_TBL_ID';
INDEX_NAME                   VISIBILIT
-------------------- --------------------------------------------
IDX_TBL_ID                   INVISIBLE
```

现在优化器将忽略该索引。通过下面的语句，可以让这个索引对优化器可见，示例语句如下：

```
scott_Ding@ORCL> ALTER INDEX idx_tbl_id VISIBLE;
索引已更改。
```

通过让索引不可见，可以在移除一个索引之前测试移除之后的效果，或者是临时创建一个不可见的索引来测试索引结构的可用性。

6.1.11　索引的监控

虽然可以通过 Oracle 的执行计划来查看索引的执行情况，不过 Oracle 还提供了一个更简单的监控索引使用情况的方法，通过在 ALTER INDEX 语句后面加 MONITORING USAGE 子句，可以监控索引的有效性，对于很少使用的索引，可以将其删除，以便节省

DML 语句带来的性能开销。

举个例子，要监控 idx_tbl_id 索引的使用，可以通过开启索引监控，然后通过一些查询使用，来监控索引是否得到了使用：

```
SQL> ALTER INDEX idx_tbl_id MONITORING USAGE;
索引已更改。
```

接下来在 tbl_idx_objects 表上运行一些查询，通过 WHERE 子句作为条件来利用 idx_tbl_objects 索引，然后使用如下的命令终止监控：

```
SQL> ALTER INDEX idx_tbl_objects NOMONITORING USAGE;
索引已更改。
```

在终止监控后，通过查询数据字典视图 v$object_usage 来查询 idx_tbl_objects 索引是否被正常使用，示例语句如下：

```
SQL>    SELECT    index_name,used,start_monitoring,end_monitoring    FROM
v$object_usage
WHERE index_name='IDX_TBL_ID';
INDEX_NAME       USED    START_MONITORING       END_MONITORING
---------------- ------- ------------------- --------------------------
IDX_TBL_ID       YES     11/29/2012 22:19:52
```

在 v$object_usage 视图中，used 字段表示是否使用了索引，start_monitoring 和 end_monitoring 表示索引监视的起始与结束时间。如果在索引监控周期内没有使用索引，则 used 字段的值将为 no，由于 MONITORING USAGE 需要占用一定的监视资源，因此应该避免在繁忙时期进行长时间监控，这会导致性能的下降，应该选择一个合理的空闲时间对索引进行监控。

6.1.12　删除索引

当索引不再需要时，应该及时删除索引，以避免在 DML 操作中 Oracle 为了维护索引而带来的开销。删除索引使用 DROP INDEX 语句，示例语句如下：

```
DROP INDEX index_name;
```

其中 index_name 用于指定要删除的索引的名称。删除索引时，会将索引段中的所有的区释放给包含索引的表空间，使得这些空间可以被数据库中的其他对象使用。

下面的语句演示如何删除索引 idx_tbl_id：

```
SQL> DROP INDEX idx_tbl_id;
索引已删除。
```

如果索引是由于 UNIQUE 约束或 PRIMARY KEY 主键约束自动创建的话，则使用 DROP INDEX 会出现如下所示的异常，示例语句如下：

```
SQL> DROP INDEX idx_pk_bookid;
DROP INDEX idx_pk_bookid
          *
第 1 行出现错误：
ORA-02429: 无法删除用于强制唯一/主键的索引
```

通过使用 DISABLE 禁用约束或者是直接删除约束，就可以删除对应的索引。例如下面的语句禁用了主键约束，则对应的 **idx_pk_bookid** 被自动删除，示例语句如下：

```
SQL> ALTER TABLE books_lib DISABLE CONSTRAINT SYS_C0013365;
表已更改。
```

注意：在删除表时，与该表相关的索引对象也会被自动删除。

索引需要删除的场合很多，一般在以下情况发生时，需要从数据库中移除索引：

- ❏ 索引不再需要时，应该删除以释放所占用的空间。
- ❏ 索引没有经常使用，只是极少数查询会使用到该索引。
- ❏ 如果索引中包含损坏的数据块，或者是索引碎片过多时，应删除该索引，然后再重建索引。
- ❏ 如果表数据被移动后导致索引无效，此时应删除该索引然后再重建。
- ❏ 当使用 SQL*Loader 给表中装载大量数据时，系统也会给表的索引增加数据，为了加快装载速度，可以在装载之前删除索引，在装载之后重新创建索引。

6.1.13　查看索引信息

在前面的示例中多次使用 user_indexes 来查询索引信息，除此之外，Oracle 还提供了很多数据字典视图用来获取索引的详细信息，如表 6.3 所示。

表 6.3　查询索引信息的数据字典视图

视 图 名 称	描　　述
DBA_INDEXES ALL_INDEXES USER_INDEXES	DBA 开头的视图包含数据库中所有表上的索引；ALL 开头的视图包含当前用户可访问的所有的索引；USER 开头的视图限制用户只能访问当前用户的索引。这些视图中包含的统计数据由 DBMS_STATS 包或者是 ANALYZE 语句生成，一般在创建索引或修改索引时会自动更新这些统计数据
DBA_IND_COLUMNS ALL_IND_COLUMNS USER_IND_COLUMNS	这些视图用于记录索引上的列信息，一些列中包含的统计信息由 DBMS_STATS 包或者是 ANALYZE 语句生成
DBA_IND_EXPRESSIONS ALL_IND_EXPRESSIONS USER_IND_EXPRESSIONS	这些视图记录了表上的函数索引的表达式信息
DBA_IND_STATISTICS ALL_IND_STATISTICS USER_IND_STATISTICS	这些视图包含了索引的优化统计信息
INDEX_STATS	存储最后一次执行 ANALYZE INDEX..VALIDATE STRUCTURE 语句的统计信息
INDEX_HISTOGRAM	存储最后一次执行 ANALYZE INDEX..VALIDATE STRUCTURE 语句的信息
V$OBJECT_USAGE	该视图包含了使用 ALTER INDEX..MONITORING USAGE 语句后的可用性信息

可以看到，在这些数据字典中，除了可以获得索引对象的信息外，还可以通过

user_ind_columns 获取索引所作用的列的信息，在 Oracle 文档库中的《Oracle Database Reference》文档中，包含了这些数据字典视图的字段的详细描述，有兴趣的读者可以阅读一下文档中的内容，培养良好的从文档中找资料的习惯。

在下面的示例语句中，通过查询 user_ind_columns 表，了解索引 idx_tbl_id 索引对哪个列进行了索引：

```
scott_Ding@ORCL>     SELECT     index_name,table_name,column_name     FROM
user_ind_columns
            WHERE index_name='IDX_TBL_ID';
INDEX_NAME             TABLE_NAME             COLUMN_NAME
------------------ ----------------------- ----------------------------
IDX_TBL_ID         TBL_IDX_OBJECTS             ID
```

下面看一个稍微复杂的例子，要查询一个表上的索引以及这些索引所作用的列信息，可以使用 user_indexes 和 user_ind_columns 进行联接查询，示例语句如下：

```
scott_Ding@ORCL> SELECT user_ind_columns.index_name, user_ind_columns.
column_name,
    user_ind_columns.column_position, user_indexes.uniqueness
    FROM user_ind_columns, user_indexes
    WHERE user_ind_columns.index_name = user_indexes.index_name
    AND user_ind_columns.table_name = 'TBL_IDX_OBJECTS';

INDEX_NAME             COLUMN_NAME        COLUMN_POSITION    UNIQUENES
------------------ ------------------ ------------------ ---------
IDX_TBL_OBJECTS    OBJECT_NAME                 1              NONUNIQUE
IDX_TBL_ID         ID                          1              UNIQUE
IDX_CONCAT_OBJECTS OBJECT_ID                   1              NONUNIQUE
IDX_CONCAT_OBJECTS OBJECT_TYPE                 2              NONUNIQUE
IDX_BIT_OBJTYPE    OBJECT_TYPE                 1              NONUNIQUE
```

通过 user_ind_expressions，可以查询到函数索引使用的表达式，示例语句如下：

```
scott_Ding@ORCL> SELECT index_name,table_name,column_expression FROM
                    user_ind_expressions WHERE table_name='EMP';

INDEX_NAME             TABLE_NAME             COLUMN_EXPRESSION
-------------------- -------------------- -------------------------------
IDX_EMP_TOTAL_SAL      EMP                         "SAL"*"COMM"+"SAL"
```

在数据字典视图中的 DBA_IND_STATISTICS 用来保存统计信息，用来保存索引的统计信息，优化器会使用这些统计信息来进行最优化的索引应用，比如可以使用 DBMS_STATS.GATHER_INDEX_STATS 过程来收集统计信息。下面的代码演示了先收集索引统计信息，然后查询 user_ind_statistics 表，查看最新的索引的统计信息，示例语句如下：

```
scott_Ding@ORCL> EXEC DBMS_STATS.GATHER_INDEX_STATS('SCOTT','IDX_TBL_ID');
PL/SQL procedure successfully completed.
scott_Ding@ORCL>SELECT    index_name,blevel,leaf_blocks,num_rows    FROM
user_ind_statistics WHERE index_name='IDX_TBL_ID';
INDEX_NAME             BLEVEL    LEAF_BLOCKS        NUM_ROWS
------------------ --------- --------------- ------------------------
IDX_TBL_ID            1         148             71244
```

当索引被频繁地插入、更新和删除时，索引的存储空间可能会变得散乱，通过周期性地分析索引结构，可以了解到当前索引的详细信息，因此在索引的维护过程中需要经常使用 ANALYZE INDEX..VALIDATE STRUCTURE 语句来分析索引，该语句的执行结果会写入到 INDEX_STATS 视图中，通过查询这个视图可以了解到索引的详细的结构信息。

6.1.14　索引创建策略

由于索引需要创建额外的存储空间，并且在进行 INSERT、UPDATE 和 DELETE 操作时，Oracle 需要维护索引段中的数据，因此在创建索引之前，必须要制定良好的规划，以避免造成数据访问的性能低下。

下面总结了一些创建索引的策略：

- 在创建表时指定主键，在创建主键时，Oracle 会自动创建唯一性的索引。
- 对相对较小的表避免使用索引，对于小表，使用全表扫描更为合适，比如数据量 10 多条的表，使用索引反而造成不必要的访问负担。
- 如果需要访问的数据不超过表中总数据量的 4%或 5%，则需要建立索引，全表扫描适用于请求的数据占全表数据百分比较高的查询，在只需要取出部分数据的场合，使用索引能提供较好的性能。
- 在创建多表连接操作的查询时，对于在连接操作中使用的列建立索引。
- 对在 WHERE 子句中频繁使用的列建立索引。
- 对包含在 ORDER BY 和 GROUP BY 操作中的列或涉及排序的 UNION 和 DISTINCT 等其他操作中的列建立索引，由于索引会被排序，因此执行操作的排序要求会显著减少。
- 通常不要在由长字段串组成的列上创建索引。
- 一些需要频繁动态更改的列上，由于 Oracle 需要维护索引数据，因此会带来较多的开销，因此理论上不要建立索引。
- 只对有高选择性的表创建索引，即选择几乎没有相同值的表建立索引。
- 不要在一个表中创建大量的索引，在一个表上尽量创建较少数目的索引。
- 当唯一列值可能不唯一时可能需要创建复合索引，在复合索引中，应该注意索引列的顺序，总是使选择性最高的列作为索引的第 1 列。

6.1.15　创建和管理索引的一般性指南

Oracle 的文档《Oracle Database Administrator's Guide》中总结了创建和管理索引的一般性指南，对于其中指导性的一些规则，下面会详细介绍。

1. 在导入表数据之后创建索引

当使用 SQL*Loader 或其他的导入工具向表中插入数据时，如果表中已经存在索引，则会导致在每一行插入时 Oracle 要维护每一个索引，从而导致导入速度变慢，因此应该考虑在加载数据前先删除索引或禁用索引，在导入数据之后恢复或创建索引。

2. 只在需要时创建索引

在一个较大的表中，Oracle 建议如果频繁访问的数据少于 15%或更低，那么应该创建索引；为了提高多表查询的性能，应该在被用于连接的列上创建索引；对于很小的表不用创建索引，使用全表扫描反而更快。

3．索引列的排序对性能的影响

复合索引列的排序顺序也会影响到性能，总是将使用较频繁的列放到最前面。

4．限制在一个表是的索引的个数

在一个表上可以具有任意多的索引，不过索引越多会导致对表的 DML 操作越慢，因此应该规划索引的个数，避免创建过多的索引而严重影响到对表操作的性能。

5．索引不再使用时应该即时删除

在索引不再需要时，比如当表变得非常小使得索引影响了性能，或者是表变得很大而索引的条目很小时，可以考虑重建索引。如果指定的索引并没有被任何查询使用，或者是在重新创建索引时必须要删除索引。

何时创建索引、何时删除索引是一个非常广泛的命题，需要读者深入理解索引的机制与实际数据库的运行情况，需要积累较多的性能优化经验，很多性能优化的图书会详细地介绍索引的最优使用方式，也有一些专门的图书讨论高效使用 Oracle 索引，有兴趣的读者可以查阅相关的资料。

6.2　创 建 约 束

数据库的完整性规则是指一些数据必须满足某些指定的条件，比如在人事管理系统基础表中，员工的年龄字段必须在 20～60 之间，如果人事基础表中的员工数据出现了负数是不被允许的，因为员工的年龄不可能为负值，或者是员工的薪资必须要大于基本工资标准等，这些属于业务规则，它让关系型数据库存储的数据更加完整化。

Oracle 中的约束是为了完成数据库数据的一致性和完整性的一种检查机制。通过在数据库表中定义约束条件，能够增强数据的完整性，比如限制某个字段不能为空，限制某个列不能出现重复值及主外键约束等。本节将介绍如何在 Oracle 中应用约束来增强数据库数据的稳定性。

6.2.1　理解约束

数据库完整性规则是关系型数据库管理系统的一个非常重要的组成部分，它可以防止用户加入不合理的数据，确保数据库数据的准确性，防止由于错误数据导致的数据处理异常。在 Oracle 中提供了一系列用于维持完整性的约束，可以在列级别或表级别指定约束。与索引一样，它们依附于表，但是又独立于表，它们属于独立的 Oracle 方案对象。

在前面介绍创建或修改表的 CREATE TABLE 或 ALTER TABLE 语句时，可以看到通过在列级别指定 NOT NULL 或 UNIQUE，就可以让列不能为空或者是只能是唯一列值。在 Oracle 中约束既可以在列级别指定，也可以在表级别指定约束。如果约束是作为列或属性定义的一部分指定，则称为行内约束（inline）；如果约束是作为表定义的一部分而指定则称为行外约束（out-of-line）。

在 Oracle 中可以使用如下几种类型的约束来实现数据的完整性，它们既可以定义在表级别，也可以定义在列级别，如表 6.4 所示。

表 6.4　Oracle提供的约束分类

约 束 名 称	描　　　述
非空约束，又称为 NOT NULL 约束	允许或禁止列中包含一个 NULL 值。如果不显式指定 NOT NULL 约束，则所有的列都允许使用空值
唯一性约束，又称为 UNIQUE 约束	不允许在一个列或多个列的组合中出现重复值，它要求表行中的值必须唯一，但允许一些值为 NULL 值
主键约束	主键通常用来定位一条记录，现在 SQL 92 标准建议在创建一个表时必须定义一个主键。它是 UNIQUE 约束和 NOT NULL 约束的组合，因此主键列通常是具有唯一性且不为 NULL 的列
外键约束，又称参照完整性约束	外键约束用来创建两个表之间的关系，当两个表包含一个或多个公共列时，就可以创建外键约束，比如 emp 表中的 deptno 列与 dept 表中的 deptno 列中的列是公共列，共享相同的部门编号，因此可以创建外键约束。外键约束又称参照完整性约束
CHECK 约束，又称为检查约束	检查约束允许用户在列上指定一个返回布值的表达式，要求所指定的条件为真，如果插入的值导致检查约束返回假值，Oracle 将回滚 SQL 语句
REF 约束	在对象关系数据库中，REF 约束可以规定对 REF 列上的值允许的数据操作类型。一个叫做 REF 的内置数据类型封装了对一个某种指定对象类型的行对象的引用，在 REF 列上的引用完整性约束确保该 REF 有一个行对象

注意：在 Oracle 中，NULL 值表示完全未分配的值，也可以称为无值，它与空白字符串是不同的。空白字符串是一个分配了空白字符的字符串类型，而 NULL 值表示未分配任何值。

通过一个例子可以更容易理解数据库的完整性约束的含义。以 scott 方案中的 emp 表为例，该表用来存储员工数据，通过对真实世界的员工管理的分析，它应该具有如下的约束：
- 员工编号这一栏不能为 NULL，因为一个员工必须要求一个编号，因此需要 NOT NULL 约束。
- 员工编号不能重复，否则会导致人员管理上的混乱，因此需要一个唯一性约束。
- emp 表中的薪资字段，即 sal 字段不能小于国家法定的基本工资，因此要求在薪资字段 sal 中加上检查约束，检查对 sal 的新增修改必须要求 sal>基本工资。
- emp 表必须要有一个主键以便可以唯一性地识别这一行，因此以 empno 作为主键。

❑ 对于 deptno 字段来说，有一个单独的表 dept 来记录部门的信息，使用 deptno 引用
到 dept 表中的信息，实现级联关系。用户对 emp 表的 deptno 进行操作时，必须要
匹配在 dept 表中的定义，这要求 emp 表和 dept 表之间具有外键约束。

Oracle 的完整性约束对象是模式对象，使用 SQL 来创建和删除，它容易声明；由于所
有的约束信息存储在数据字典中，因此如果约束规则在表级别发生了更改，不需要更改应
用程序，它具有集中化的规则；在加载大数据时，可以暂时禁用这些约束以避免大数据加
载时的性能开销，在数据加载完成后，再重新启用约束。

6.2.2　主键约束

主键用来唯一地识别一个行，每个标准使用的表都应该具有一个主键，除了确定行之
外，还可以用来确保不存在重复的行。主键可以是数据库表的一列或者是多个列，在确定
主键时，目前一般有如下两种方式：

❑ 使用有意义的列充当主键，比如使用员工的身份证号码或邮政编码，使用这种主
键定义称为自然键。

❑ 使用无意义的系统生成的标识符，这类主键无意义，仅用于唯一地标识一行，比
如使用一个递增的标识符作为主键，这类主键称为代理键。

主键是 UNIQUE 约束和 NOT NULL 约束的组合，因此考虑主键的列时，应该要注意
主键列值是否重复及主键的列值不能为空。

主键约束在创建表或修改表时指定，在创建表时，可以在行内指定主键约束，只需要
在列后面指定 PRIMARY KEY 即可。下面的语句创建了一个 bookCategory 表，该表的
cate_id 将用来作为主键，如代码 6.3 所示。

代码 6.3　创建表并指定主键

```
scott_Ding@ORCL> CREATE TABLE bookCategory(
     cate_id INT PRIMARY KEY,           --图书分类 Id，主键
     cate_name VARCHAR2(20),            --图书分类名称
     cate_desc VARCHAR2(500)            --图书分类描述
     );
表已创建。
```

在 CREATE TABLE 语句中，通过为列的属性指定 PRIMARY KEY 关键字，Oracle 在
创建了表之后自动创建主键约束，通过数据字典视图 user_constraints 可以查看新创建的约
束信息，示例语句如下：

```
scott_Ding@ORCL> col cons_type for a20;
scott_Ding@ORCL>  SELECT  constraint_name  cons_name,  constraint_type
cons_type, status FROM user_constraints WHERE table_name = 'BOOKCATEGORY';
CONS_NAME                 CONS_TYPE               STATUS
------------------        --------------------    -----------------------------
SYS_C0012274              P                       ENABLED
```

user_constraints 视图中包含了所有的约束信息，可以看到当在列级别使用了 PRIMARY
KEY 关键字后，Oracle 创建了一个类型为 P（即主键约束）的约束，该约束的名称由 Oracle
自动进行命名。Oracle 将使用 SYS_Cn 格式自动生成一个名称，其中 n 表示一个唯一性的

整数，这个整数由系统自动生成。

可以在列级别使用 CONSTRAINT 关键字来为约束指定一个名称，如代码 6.4 所示。

代码 6.4　在列级别使用 CONSTRAINT 关键字

```
scott_Ding@ORCL> CREATE TABLE bookCategory(
    cate_id INT CONSTRAINT pk_cate_id PRIMARY KEY, --图书分类 Id, 主键
    cate_name VARCHAR2(20) CONSTRAINT nn_cate_name NOT NULL,
                                        --图书分类名称，指定非空约束
    cate_description VARCHAR2(200)          --指定分类描述
);
表已创建。
```

尽管这种方式创建主键约束比较简单，但当主键要由多个列组成时，需要使用表级别的行外约束语法，如代码 6.5 所示。

代码 6.5　在表级别使用 CONSTRAINT 关键字

```
scott_Ding@ORCL> DROP TABLE bookCategory;
Table dropped.
scott_Ding@ORCL> CREATE TABLE bookCategory(
    cate_code CHAR(10),
    cate_name VARCHAR2(20),
    cate_description VARCHAR2(200),
    --定义行外约束
    CONSTRAINT pk_cate PRIMARY KEY (cate_code,cate_name) --指定复合主键
);
表已创建。
```

虽然看起来在表级别使用 CONSTRAINT 子句要输入额外的代码，不过将约束与表列的定义进行区分可以提供更好的阅读体验，而且它能够完成一些在列级别（行内约束）所无法实现的功能，因此一般推荐使用行外约束语法来创建约束。

在表级别定义约束的基本语法如下：

```
[ CONSTRAINT constraint_name ]                      --指定约束名称
{ UNIQUE (column [, column ]...)                    --唯一性约束
| PRIMARY KEY (column [, column ]...)               --主键约束
| FOREIGN KEY (column [, column ]...) references_clause --外键约束
| CHECK (condition)                                 --检查约束
} [ constraint_state ]                              --约束的状态
```

关于其他约束的使用方法，将在本章后面的内容中详细讨论。在为表设计主键时，下面是一些常用的设置规则：

❑ 不建议使用数据库中有意义的列（也就是自然键）来创建主键，在一些数据表的设计中，以员工编号或者是身份证号码作为主键是不被建议的。主键应该只是表的唯一性标识的标识符，不能具有任何意义，比如自增长的数字等。

❑ 主键应该是单列的，以便提高连接和筛选操作的性能，复合主键通常导致不良的外键，因此要尽量避免。

❑ 主键应该是不能被更新的，主键的主要作用是唯一标识一行，更新则违反了主键无义的原则。

❑ 主键不应该包含动态更新的数据，比如时间戳、创建时间或修改时间等这些动态变化的数据。

❑ 主键最好由计算机自动生成，在 Oracle 中可以使用序列来为主键列生成值。

主键包含了如下的一些限制，在定义时也需要密切注意：

❑ 在一个表中只能具有一个主键。

❑ 主键的列不能是 LOB, LONG, LONG RAW, VARRAY, NESTED TABLE, BFILE, REF, TIMESTAMP WITH TIME ZONE 或用户定义的类型，不过主键列能够包含一个 TIMESTAMP WITH LOCAL TIME ZONE 类型的列。

❑ 主键的大小不能超过一个数据库块的大小，一般是 8KB。

❑ 复合主键不能超过 32 列。

❑ 不能指定一个列或列的组合同时为主键约束或唯一性约束，因为主键约束已经包含了唯一性约束。

多数情况下，在创建主键时都不会违反这些限制条件，无论如何都要养成一种为表至少指定一个主键的习惯，以便于 Oracle 用来定位一个表中的记录。

6.2.3　外键约束

外键约束又称为参照完整性约束，它用来强制两个表之间的关系，该约束要求定义约束的列中的每个值，必须与另一个指定的表中的值相匹配。

举个例子，在人事管理系统中，员工一定会属于某个部门，因此员工表中的部门编号一定要匹配在部门表中的部门编号，通过创建两个表之间部门编号的关联，就可以实现两个表的参照完整性约束，外键约束示例如图 6.5 所示。

图 6.5　员工表与部门表的引用关系

在开始学习如何创建外键约束前，有几个术语必须要先行理解：

❑ 外键（Foreign key），将要引用到其他表中的其他列的列，比如 emp 表中的 deptno 列，将要引用部门表中的 deptno 列，因此称 emp 表中的 deptno 列为外键。

❑ 引用键（Referenced key），是被外键所引用的表中的主键或唯一键，比如部门表中的 deptno，则称为引用键。

❑ 子表或依赖表，是指包含外键的表，比如 emp 表，此表中的列值依赖于引用的表比如 dept 表，通常称 dept 表为父表，emp 表为子表。

❑ 父表或被引用表，由子表的外键所引用的表，正是该表中的被引用值决定了在子表中特定的插入或更新是否可被允许，dept 表称为 emp 表的父表。

主键约束的定义，既可以在列级别定义外键约束，也可以在表级别定义约束，列级别的外键约束语法如下：

```
[CONSTRAINT constraint_name]
 REFERENCES table_name (column_name)
[ON DELETE {CASCADE|SET NULL}]
```

语法的含义如下所示：

❑ 位于[]的可选部分指定 CONSTRAINT 和约束名称；

❑ ON DELETE {CASCADE|SET NULL}这行代码用来指定是否级联删除，当两个表中的两个字段建立了外键关联后，如果主键所在的表中的值被删除，使用 ON DELETE 指定是否级联删除从表中相关联的值；

❑ CASCADE 表示关联表中的内容一并删除；而 SET NULL 表示子表中的值设置为 NULL。

🔔注意：如果在创建约束时没有指定 ON DELETE 选项，默认情况下将使用 CASCADE 进行级联删除。

当然如果像 PRIMARY KEY 这样直接作为列的属性一样，可以在列级别省略掉 CONSTRAINT 语句，直接使用 REFERENCES 来为列指定外键，使用 Oracle 自动创建的约束名称。下面的代码创建了一个图书管理的 books 表，它的 cate_id 列引用到 bookCategory 表的 cate_id 主键，如代码 6.6 所示。

代码 6.6　在列级别使用 REFERENCES 创建外键

```
DROP TABLE bookCategory;                          --删除 bookCategory 表，并重新创建
CREATE TABLE bookCategory(
    cate_id INT CONSTRAINT pk_cate_id PRIMARY KEY,--图书分类 Id，主键
    cate_name VARCHAR2(20) CONSTRAINT nn_cate_name NOT NULL,
                                      --图书分类名称，指定非空约束
    cate_description VARCHAR2(200)        --指定分类描述
 );
DROP TABLE books                          --删除 books 表，并重新创建
CREATE TABLE books(
  book_id INT CONSTRAINT pk_book_id PRIMARY KEY,  --指定图书表的主键
  book_name VARCHAR2(50),                  --指定图书名称
  cate_id REFERENCES bookCategory(cate_id)        --指定分类 id
);
```

在 books 表的创建语句中直接使用了 REFERENCES 子句，用来指定该列将引用 bookCategory 表中的主键 cate_id。可以通过添加 CONSTRAINT 来指定一个外键约束的名称，示例语句如下：

```
cate_id CONSTRAINT fk_cate_id REFERENCES bookCategory(cate_id)
```

一般会在表级别创建外键约束，其创建语法如下：

```
[ CONSTRAINT constraint_name ]                  --指定约束名称
FOREIGN KEY (column [, column ]...)          --外键约束
REFERENCES [ schema. ] { object_table | view }  --指定引用的表和表列
  [ (column [, column ]...) ]
```

```
    [ON DELETE { CASCADE | SET NULL } ]                    --指定级联删除
} [ constraint_state ]                                     --约束的状态
```

如果重新创建 books 表，使用表级别的语法，如代码 6.7 所示。

代码 6.7　在表级别创建外键

```
DROP TABLE books                                    --删除books 表，并重新创建
CREATE TABLE books(
   book_id INT CONSTRAINT pk_book_id PRIMARY KEY,--指定图书表的主键
   book_name VARCHAR2(50),                        --指定图书名称
   cate_id INT,
   --使用表级别的语法创建 books 表
   CONSTRAINT fk_cate_id FOREIGN KEY (cate_id) REFERENCES bookCategory
(cate_id)
   ON DELETE CASCADE                              --定义外键约束并指定级联删除
);
```

示例中，CONSTRAINT 语句后面指定外键名称，通过 FOREIGN KEY 子句指定外键列，REFERENCES 指定引用到的表和表上的列，在定义外键时，引用的表（即主表字段）必须是唯一性键值，一般建议使用关联表的主键作为关联字段。

现在，books 表中的 cate_id 必须是来自 bookCategory 中已经存在的列值，否则 Oracle 会抛出异常。下面的示例中，将向 books 表中插入两条记录，其中有一条的 cate_id 编号在 bookCategory 中并不存在，Oracle 将抛出异常，示例语句如下：

```
scott_Ding@ORCL> SELECT * FROM bookCategory;
    CATE_ID   CATE_NAME           CATE_DESCRIPTION
----------- ----------------- -----------------------------------------
          1       文史类              关于文史类的书籍
scott_Ding@ORCL> INSERT INTO books VALUES(1,'PL/SQL 从入门到精通',1);
已创建 1 行。
scott_Ding@ORCL> INSERT INTO books VALUES(2,'Oracle 从入门到精通',2);
INSERT INTO books VALUES(2,'Oracle 从入门到精通',2)
*
ERROR 位于第 1 行:
ORA-02291:违反完整约束条件(SCOTT.FK_CATE_ID)-未找到父项关键字
```

可以看到，当向 books 表中插入在引用的表中不存在的记录时，Oracle 将抛出异常，回滚用户所做的更改。

下面再看个示例。在插入 books 表时，向 cate_id 传入一个 NULL 值是被允许的，示例语句如下：

```
scott_Ding@ORCL> INSERT INTO books VALUES(3,'Oracle 性能优化指南',NULL);
已创建 1 行。
```

关系模型允许外键的值可以匹配被引用主键或唯一约束的键值，也可以为 NULL 值，因此在向 books 表中插入值时，可以无须指定一个 cate_id 值。

6.2.4　级联关系

在 CONSTRAINT 语法中可以看到，在语法的最后有一个 ON DELETE 语句，用于指

定当父表中的记录删除时，如何处理子表中的记录。也就是说当删除图书目录表中 cate_id 为 1 的记录时，那些已经引用了这个列值的 books 的记录要如何进行处理。Oracle 的参照完整性约束可以指定在子表中的相关行上，执行以下的几种操作之一：

（1）不执行任何操作。如果不执行任何操作，则 Oracle 不允许直接删除引用表中的键值，如果 cate_id 已经被 books 表中的记录引用，那么删除 bookCategory 表中的记录时，将会抛出异常，示例语句如下：

```
scott_Ding@ORCL> DROP TABLE books;                        --移除并重新创建表
表已删除。
scott_Ding@ORCL> CREATE TABLE books(
    book_id INT CONSTRAINT pk_book_id PRIMARY KEY,    --指定图书表的主键
    book_name VARCHAR2(50),                           --指定图书名称
    cate_id INT,
    --使用表级别的语法创建 books 表,不指定级联删除
    CONSTRAINT fk_cate_id FOREIGN KEY (cate_id) REFERENCES bookCategory
    (cate_id)
);
表已创建。
scott_Ding@ORCL> INSERT INTO books VALUES(1,'PL/SQL 从入门到精通',1);
                                                    --插入一行图书记录
已创建 1 行。
scott_Ding@ORCL> DELETE FROM bookCategory WHERE cate_id=1;    --删除记录
DELETE FROM bookCategory WHERE cate_id=1
*
ERROR 位于第 1 行:
ORA-02292: 违反完整约束条件 (SCOTT.FK_CATE_ID) - 已找到子记录"
```

（2）级联删除记录（DELETE CASCADE），会使得子表中的记录被自动删除。下面使用代码 6.7 中的 CREATE TABLE 重新创建了 books 表，它指定了 ON DELETE CASCADE 子句用来实现级联删除。接下来演示一下删除 bookCategory 时的效果，示例语句如下：

```
scott_Ding@ORCL> INSERT INTO books VALUES(1,'PL/SQL 从入门到精通',1);
已创建 1 行。
scott_Ding@ORCL> SELECT * FROM books;
    BOOK_ID     BOOK_NAME                        CATE_ID
-------------- -------------------------- ---------------------------
        1      PL/SQL 从入门到精通                    1
scott_Ding@ORCL> DELETE FROM bookCategory WHERE cate_id=1;
已删除 1 行。
scott_Ding@ORCL> SELECT * FROM books;
未选定行
```

可以看到，当指定了 ON DELETE CASCADE 子句后，删除 bookCategory 表时自动将 books 表删除。

（3）对删除置空（DELETE SET NULL），它不会删除子表中的记录，而是将子表中的引用列值设置为 NULL。下面将 books 表中的外键语法指定为 ON DELETE SET NULL，示例语句如下：

```
--使用表级别的语法创建 books 表
CONSTRAINT fk_cate_id FOREIGN KEY (cate_id) REFERENCES bookCategory
(cate_id)
```

```
   ON DELETE SET NULL                            --定义外键约束并指定级联置空
```

接下来演示向表中插入记录并删除父表中的记录，示例语句如下：

```
scott_Ding@ORCL> INSERT INTO books VALUES(1,'PL/SQL 从入门到精通',1);
已创建 1 行。
scott_Ding@ORCL> SELECT * FROM books;
  BOOK_ID       BOOK_NAME                                  CATE_ID
  --------  ------------------------------   ----------------------------
      1     PL/SQL 从入门到精通                               1
scott_Ding@ORCL> DELETE FROM bookCategory WHERE cate_id=1;
已删除 1 行。
scott_Ding@ORCL> SELECT * FROM books;
  BOOK_ID       BOOK_NAME                                  CATE_ID
  --------  ------------------------------   ----------------------------
      1     PL/SQL 从入门到精通
```

通过演示语句可以看到，删除了 bookCategory 表中的记录后，子表中相应的记录就被设置为 NULL 值，它并没有删除子表中的内容，这种方式通常能更好地维护数据的一致性和完整性。

6.2.5　外键与索引

当在表中创建外键之后，有时还需要为外键添加索引，可以确保在一些情况下导致的锁定问题。下面通过一个例子演示锁定发生的时机，例子的完成步骤如下所示：

（1）books 与 booksCategory 这两个表通过 cate_id 进行关联，books 表中的 cate_id 是外键，当前并没有在 cate_id 列上创建索引。下面的语句向 booksCategory 表中插入了大量的图书记录，示例语句如下：

```
--插入图书信息
scott_Ding@ORCL> INSERT INTO books SELECT
 ROWNUM+2,object_name,DECODE(MOD(ROWNUM,2),0,1,2) FROM all_objects;
已创建 71259 行。
--提交事务
scott_Ding@ORCL> COMMIT;
提交完成。
```

在查询语句中，使用了 ROWNUM 伪列作为 books 表的主键 id 列值，在指定 cate_id 时，由于图书分类表中的主键仅只有 3 条记录，通过 DECODE 和 MOD 函数来将图书分类限制在 1 和 2 这两个 id 之间。

（2）接下来新开一个 SQL*Plus，或者是重新开启一个 PL/SQL Developer 等其他的工具，发送下面的语句向 books 表中插入一行记录：

```
scott_Ding@ORCL> INSERT INTO books VALUES(100001,'软件开发大全',2);
已创建 1 行。
```

（3）在没有提交的情况下，切换到另一个会话中，使用下面的语句删除 bookCategory 中 cate_id 为 1 的记录，示例语句如下：

```
scott_Ding@ORCL> DELETE FROM bookCategory WHERE cate_id=1;
```

此时可以发现，当发送了这个命令后，语句的执行被阻塞了，这种现象出现的原因是因为当对 bookCategory 表的主键进行删除时，如果子表上的外键没有添加索引，则会导致 Oracle 对子表也就是 books 表添加一个表锁，而此时因为 books 表在更新时，已经添加了行级锁，导致对 bookCategory 的删除无法正确进行，从而导致死锁问题的出现。

通过为外键列添加索引，可以避免死锁问题的出现，示例语句如下：

```
scott_Ding@ORCL> CREATE INDEX idx_cate_id ON books(cate_id);
索引已创建。
```

再次实现上面的步骤，会发现对 bookCategory 表的删除经过一段时间的等待就完成了。

🔔注意：添加了索引之后，会使得原本在删除父表中的记录时对整个表的锁定，更改为了只对某一行的锁定，这就可以避免全表锁定导致的死锁问题。

除了这种添加表锁外，如果外键使用了 ON DELETE CASCADE，而没有对外键列添加索引，那么在删除 bookCategory 表的每一行时都会对 books 表添加一个全表扫描，这会导致删除速度的低下。而且在父表和子表关联查询时，没有索引也会导致查询速度变得很慢。

Oracle 建议用户如果下列条件满足时不需要在外键列上创建索引：

（1）没有删除父表中的行。

（2）没有更新父表的主键，这个主键被子表的外键所引用。

（3）不会进行父子联接的查询，比如 books 联接到 bookCategory 表进行联接查询。

因为索引毕竟会带来一定的性能开销，对于不满足上述条件，又需要进行频繁的 DML 操作的列，就可以不用添加索引，Oracle 文档集中的《Oracle Database Concepts》文档的第 9 章中对关于外键与索引进行了详细的讨论，有兴趣的读者可以参考这份文档资料。

6.2.6　检查约束

检查约束让用户可以指定一个条件表达式，当指定的条件为真时，表示符合指定的约束条件，否则在执行 DML 语句操作，比如插入或更新时，检查约束会导致 Oracle 回滚。

检查约束有时候也被称为自定义约束，它可以让用户添加一些基于逻辑表达式的业务规则，比如图书价格不能大于 1000，书名长度不能超过 200 等之类的比较。

检查约束使用 CHECK 关键字进行定义，既可以在列级别，也可以在表级别定义。下面的代码创建了一个 books_check 的表，在 CREATE TABLE 语句中使用 CHECK 关键字为 books_name 指定了长度约束，如代码 6.8 所示。

代码 6.8　创建检查约束

```
--创建图书表
CREATE TABLE books_check(
  book_id INT PRIMARY KEY,                                    --图书 Id
  book_name VARCHAR2(200) CHECK(LENGTH(book_name)<100),       --图书名称
  qty_total  NUMBER(9,2)  CHECK (qty_total>0 AND qty_total<=5000) ,
                                                              --图书总数
```

```
  --出版日期
  publish_date DATE DEFAULT SYSDATE CHECK(publish_date>TO_DATE('2010-10-10',
'YYYY-MM-DD'))
);
```

在 CREATE TABLE 语句中，books_check 表包含了 3 个 CHECK 约束，book_name 中的 CHECK 约束限制图书大小小于 100 个字符，qty_total 的 CHECK 约束限制图书总数量大于 0 且小于 50，这里使用了逻辑运算符 AND 组合了两个表达式。publish_date 包含了一个 CHECK 约束用来检查日期的范围，通过查询 user_constraints 数据字典视图，可以看到新增的这些约束的名称，示例语句如下：

```
scott_Ding@ORCL> col constraint_type FOR a30;
scott_Ding@ORCL> col constraint_name FOR a20;
scott_Ding@ORCL>   SELECT   constraint_name,constraint_type,status   FROM
user_constraints
              WHERE table_name='BOOKS_CHECK';
CONSTRAINT_NAME      CONSTRAINT_TYPE         STATUS
----------------     ----------------------  ------------------------------
SYS_C0012307            C                    ENABLED
SYS_C0012308            C                    ENABLED
SYS_C0012309            C                    ENABLED
SYS_C0012310            P                    ENABLED
```

类似于其他的约束，Oracle 使用内置的命名方法自动指定了约束的名称，constraint_type 指定约束的类型，其中 C 表示为 CHECK 约束。在添加了约束之后，如果向 books_check 添加一个不满足条件的值，将导致 Oracle 抛出异常，示例语句如下：

```
scott_Ding@ORCL> INSERT INTO books_check VALUES(1,'PL/SQL 从入门到精通',
-100,NULL);
INSERT INTO books_check VALUES(1,'PL/SQL 从入门到精通',-100,NULL)
*
第 1 行出现错误:
ORA-02290: 违反检查约束条件 (SCOTT.SYS_C0012308)
```

在 INSERT 语句中，由于向表 books_check 插入了一个负的 qty_total 值-100，违反了 SYS_C0012308 异常，Oracle 抛出了 ORA-02290 异常。

在本章前面讨论约束时，也重点强调尽管在列级别直接使用列属性定义语法可行，但是应该尽量避免，比较好的办法是在表级别使用 CONSTRAINT 子句来指定约束，让列的定义和表中的约束的定义分离，同时为约束指定语义友好的名称。

由示例可以看到，CHECK 约束中可以包含 Oracle 内置的函数，除此之外，还可以使用各种逻辑运算符以及标准的 SQL 函数来计算布尔值结果。比如可以在检查约束中使用 BETWEEN、IN、IS NULL 等运算符来组合多种表达式。下面的代码创建了一个名为 invoice_check_others 的表，在这个表的创建中使用了几种组合的表达式来定义检查约束，如代码 6.9 所示。

代码 6.9　在约束中使用函数和布尔运算符

```
CREATE TABLE invoice_check_others
(
  invoice_id NUMBER ,
  invoice_name VARCHAR2(20),
```

```
invoice_type INT,
invoice_clerk VARCHAR2(20),
invoice_total  NUMBER(9,2) DEFAULT 0 ,
payment_total NUMBER(9,2)  DEFAULT 0,
--发票总数必须在 1-1000 之间
CONSTRAINT invoice_ck CHECK(invoice_total BETWEEN 1 AND 1000) ,
--发票名称必须为大写字母
CONSTRAINT check_invoice_name CHECK (invoice_name = UPPER(invoice_name)),
--发票类别必须在 1,2,3,4,5,6,7 之间
CONSTRAINT check_invoice_type CHECK (invoice_type IN (1,2,3,4,5,6,7)),
--发票处理员工编号不能为 NULL 值
CONSTRAINT check_invoice_clerk CHECK (invoice_clerk IS NOT NULL)
);
```

通过代码可以看到，BETWEEN、IS NOT NULL、UPPER 运算符的使用可以加强表达式的表示范围，invoice_check_others 表被成功创建后，就可以向该表中使用如下的语句插入记录：

```
scott_Ding@ORCL> INSERT  INTO  invoice_check_others  VALUES(1,'INVOICE_
NAME1',1,'b02393',1000,1000);
1 row created.
```

上面的 INSERT 语句的匹配表中创建的检查约束，因此可以看到成功地将记录插入到了数据库中。如果故意违反检查约束，比如如果将 invoice_name 改为小写字母，SQL*Plus 将立即跳出异常代码，示例语句如下：

```
INSERT  INTO  invoice_check_others  VALUES(1,'invoice_name1',1,'b02393',
1000,1000);
```

上述代码将触发 check_invoice_name 的约束违反异常，如下所示：

```
INSERT  INTO  invoice_check_others  VALUES(1,'invoice_name1',1,'b02393',
1000,1000)
*
ERROR 位于第 1 行：
ORA-02290: 违反检查约束条件 (APPS.CHECK_INVOICE_NAME)
```

可以看到 Oracle 抛出了 ORA-02290 异常，提示违反了表中的约束定义。

有了 CHECK 约束，可以在表级别定义一系列的业务逻辑，当然 CHECK 约束并非万能妙药，在使用时必须理解它的一些限制，分别如下所示：

❑ CHECK 约束的条件必须是一个可以计算值的布尔表达式，它的值将来自于将要进行插入或更新的字段值。

❑ CHECK 约束中的条件不能包含子查询或 SEQUENCE（即 Oracle 的序列）。

❑ CHECK 约束中的条件不能包含 SYSDATE，UID，USER 或 USERENV 这些 SQL 函数。

❑ CHECK 约束中的条件不能包含 LEVEL 伪列或 ROWNUM 伪列。

❑ CHECK 约束中的条件不能包含 PRIOR 操作符。

❑ CHECK 约束中的条件不能包含用户自定义的函数。

在使用 CHECK 约束时，必须了解 CHECK 约束仅当计算的条件为 False 时就会导致异常抛出，如果计算结果为 True 或者是未知值（比如返回一个 NULL 结果值），将认为是匹配 CHECK 约束的条件，因此必须要注意条件表达式的返回结果是否有可能因为返回 NULL 值而导致通过验证。

6.2.7　唯一性约束

在前面讨论主键约束时，曾经了解到，主键约束是 NOT NULL 非空约束与 UNIQUE 唯一性约束的组合，唯一性约束要求在一个列或列集中的每个值都是唯一的，在一个表中不允许多个行在有唯一性约束的列上，或者如果是复合唯一键，在多个列组成的列集上不能具有重复值。

🔔**注意**：在创建主键约束时，Oracle 会自动创建 NOT NULL 约束和 UNIQUE 约束，因此不能在主键列上重复指定 UNIQUE 约束。

在现实世界中，很多数据要求必须唯一，比如人们的身份证号码、员工卡号、材料编码等，有的时候，要求 1 个以上的字段值的组合确保唯一，如果在字段级别使用内联定义语法，只需要指定 UNIQUE 关键字就可以指定一个列的值唯一，在表级别，可以通过 CONSTRAINT 子句指定复合唯一键。下面的语句使用 CREATE TABLE 语句创建了一个表，并且在列级和表级别创建了 UNIQUE 约束，如代码 6.10 所示。

代码 6.10　定义唯一性约束

```
CREATE TABLE bookCategory_unq(
   cate_id INT PRIMARY KEY,                    --分类编号
   cate_name VARCHAR2(50) UNIQUE,         --分类名称，使用 UNIQUE 指定唯一性约束
   cate_desc VARCHAR(100),
   CONSTRAINT unq_cate_desc UNIQUE(cate_desc), --在表级别指定唯一性约束
   --在表级别定义复合唯一性约束
   CONSTRAINT unq_cate UNIQUE(cate_name,cate_desc)
);
```

可以看到，指定唯一性约束的最简单的办法就是在列属性中使用 UNIQUE 关键字指定唯一性，这种内联语法将由 Oracle 自动分配约束的名称，当然推荐的做法是在表级别通过 CONSTRAINT 关键字来定义唯一性约束，在 UNIQUE 中既可以指定单列也可以指定多个列来表示唯的列集。

通过查询 user_constraints 可以看到新创建的约束信息，示例语句如下：

```
scott_Ding@ORCL>   SELECT   constraint_name,constraint_type,status   FROM
user_constraints
           WHERE table_name='BOOKCATEGORY_UNQ';
CONSTRAINT_NAME        CONSTRAINT_TYPE         STATUS
----------------       -----------------       ----------------------------
SYS_C0012315           P                       ENABLED
SYS_C0012316           U                       ENABLED
UNQ_CATE_DESC          U                       ENABLED
UNQ_CATE               U                       ENABLED
```

在创建了唯一性约束之后，如果向一个表的列中插入相同的列值，Oracle 将抛出异常，示例语句如下：

```
scott_Ding@ORCL> INSERT INTO bookCategory_unq VALUES(1,'杂志','杂志类图书');
已创建 1 行。
scott_Ding@ORCL> INSERT INTO bookCategory_unq VALUES(2,'杂志','其他类杂志');
```

```
INSERT INTO bookCategory_unq VALUES(2,'杂志','其他类杂志')
*
ERROR 位于第 1 行:
ORA-00001: 违反唯一约束条件(SCOTT.SYS_C0012316)
```

可以看到，由于向 cate_name 中插入了重复的分类名称，因此导致 Oracle 抛出 ORA-00001 的异常。

当创建一个唯一性主键时，Oracle 在指定的列上创建了一个唯一性的索引，示例语句如下:

```
scott_Ding@ORCL> SELECT index_name,index_type,uniqueness FROM user_indexes
                 WHERE table_name='BOOKCATEGORY_UNQ';

INDEX_NAME                    INDEX_TYPE              UNIQUENES
----------------------------- ----------------------- ---------------------------
SYS_C0012315                  NORMAL                  UNIQUE
SYS_C0012316                  NORMAL                  UNIQUE
UNQ_CATE_DESC                 NORMAL                  UNIQUE
UNQ_CATE                      NORMAL                  UNIQUE
```

可以看到，Oracle 为创建的唯一性主键分别创建了唯一性的索引。Oracle 建议如果要使用唯一性索引来提升查询的性能，不要显式地使用 CREATE UNIQUE INDEX 语句来创建唯一索引，可以通过唯一性约束来自动的创建索引。

使用唯一性约束时有一些限制需要了解，这些约束的限制与唯一性索引的限制有些相似，如下所示:

- ❑ 在唯一键中不能包含 LOB、LONG、LONG RAW、VARRAY、NESTED TABLE、OBJECT、REF、TIMESTAMP WITH TIME ZONE 或用户自定义类型，但是可以包含 TIMESTAMP WITH LOCAL TIME ZONE 类型。
- ❑ 复合索引键不能超过 32 列。
- ❑ 不能在主键约束和唯一性约束中指定相同的列，因为主键列自动创建唯一性约束。
- ❑ 唯一性约束键只能在顶层的行中指定，不能为层次视图中的内联视图指定唯一性约束。

6.3 管 理 约 束

上一节介绍了各种约束的使用方法，约束创建好后可能经常需要进行更改以便适应实际的应用程序的需求，在进行大数据加载，比如使用 SQL*Loader 来加载数据时，可以暂时禁用掉约束，当数据加载完成之后再重新启用约束可以增加加载的时间。本节将讨论如何修改约束，如何控制约束的状态。

6.3.1 修改约束

约束本身也属于一种方案对象，它依附在表上，因此对约束的修改也是使用 ALTER TABLE 语句。如果一个约束的定义需要进行修改，Oracle 只能要求用户先删除约束，然后添加一个新的约束，这与索引的修改有些区别。ALTER TABLE 只能对一个约束的状态进行修改，或者是更改约束的名称。

ALTER TABLE 中与约束相关的语法如下：

```
ALTER TABLE table_name
{
 ADD { { out_of_line_constraint }...          --添加约束
     | out_of_line_REF_constraint
     }
| MODIFY { CONSTRAINT constraint              --修改约束的状态
       | PRIMARY KEY
       | UNIQUE (column [, column ]...)
       } constraint_state
| RENAME CONSTRAINT old_name TO new_name      --重命名约束
| drop_constraint_clause                      --删除约束
}
```

由语法可以看到，ADD 子句中可以使用行外约束的语法格式向表中添加约束；MODIFY 子句允许修改约束的状态；RENAME 子句用来更改约束的名称，最后的 drop_constraint_clause 子句用来移除约束。

下面将分步骤介绍如何添加、重命名和删除约束，更多关于约束的状态信息的介绍将在 6.3.2 小节中详细讨论。

6.3.2 添加约束

如果已经创建了表，要添加新的约束，可以使用 ALTER TABLE 语句，通过行外的约束定义语法来添加一个新的约束。行外的语法即通过 CONSTRAINT 关键字指定约束名称和约束来添加新的约束。

在下面的代码中创建了一个表 book_alt，该表中不包含任何约束信息：

```
CREATE TABLE books_alt(              --图书信息表
   book_id INT,                      --图书表 id
   book_name VARCHAR2(50),           --图书名称
   book_desc VARCHAR2(100),          --图书描述
   book_qty  NUMBER                  --图书数量
)
```

books_alt 表不包含任何约束信息，下面将演示如何使用 ALTER TABLE..ADD CONSTRAINT 语句来添加一些约束，使表中的数据可以符合数据完整性规则。

下面的代码向 books_alt 中添加了主键约束，该约束以 book_id 作为主键列：

```
scott_Ding@ORCL> ALTER TABLE books_alt ADD CONSTRAINT pk_books_alt PRIMARY
KEY (book_id);
表已更改。
```

现在已经成功地在 books_alt 表上创建了约束，通过查询 user_constraints 可以看到表 books_alt 上的约束的详细信息，示例语句如下：

```
scott_Ding@ORCL> SELECT constraint_name,constraint_type,status,invalid
FROM user_constraints WHERE table_name='BOOKS_ALT';
```

```
CONSTRAINT_NAME          CONSTRAINT_TYPE       STATUS        INVALID
------------------       --------------------  ------------  --------------------
PK_BOOKS_ALT                    P             ENABLED
```

user_constraints 表中的字段 status 表示约束的状态，默认情况下新添加的约束都为 ENABLE 启用状态。在进行大数据加载时，比如使用 SQL*Loader 或直接路径插入时，启用的约束可能会导致数据加载速度的减慢，并且因约束的不满足可能导致数据无法正常加载，因此有时需要先创建一个禁用的约束，这可以通过在 ADD CONSTRAINT 语句后面添加一个 DISABLE 来实现。下面的语句创建了一个 UNIQUE 唯一性约束，用来限制图书名称只能输入唯一值，这里使用了 DISABLE 创建了一个禁用的约束：

```
scott_Ding@ORCL>ALTER  TABLE  books_alt  ADD  CONSTRAINT  unq_book_name
UNIQUE(book_name) DISABLE;
Table altered.
scott_Ding@ORCL> SELECT  constraint_name,constraint_type,status,invalid
FROM user_constraints
          WHERE table_name='BOOKS_ALT';
CONSTRAINT_NAME          CONSTRAINT_TYPE       STATUS        INVALID
------------------       --------------------  ------------  --------------------
PK_BOOKS_ALT                    P             ENABLED
UNQ_BOOK_NAME                   U             DISABLED
```

通过查询 user_constraints 可以看到，ALTER TABLE 语句果然已经成功地创建了一个 DISABLED 的禁用了的约束，由于约束为禁用状态，因此不会对不符合约束的语句进行验证。下面的 INSERT 语句向 books_alt 表中插入了两条记录，可以看到尽管书名相同，插入依然正常进行：

```
scott_Ding@ORCL> INSERT INTO books_alt VALUES(1,'PL/SQL 从入门到精通','Oracle
图书系列',100);
已创建 1 行。
scott_Ding@ORCL> INSERT INTO books_alt VALUES(2,'PL/SQL 从入门到精通','Oracle
的编程图书系列',120);
已创建 1 行。
```

可以使用 ALTER TABLE MODIFY 更改约束的状态，在稍后讨论约束的状态时会详细地讨论。

6.3.3　重命名约束

添加约束之后，有可能需要在不影响现有约束的情况下重命名约束。可以使用 ALTER TABLE..RENAME CONSTRAINT 子句来重命名一个已存在的约束，新的约束的名称不能与当前方案中的任何其他的对象同名。下面的语句演示了如何将 unq_book_name 更改为 book_name_unq 唯一约束：

```
scott_Ding@ORCL> ALTER TABLE books_alt RENAME CONSTRAINT unq_book_name TO
book_name_unq;
表已修改。
scott_Ding@ORCL>    SELECT  constraint_name,constraint_type,status  FROM
user_constraints WHERE table_name='BOOKS_ALT';
```

```
CONSTRAINT_NAME            CONSTRAINT_TYPE            STATUS
-------------------        --------------------       ----------------------------
PK_BOOKS_ALT                      P                   ENABLED
BOOK_NAME_UNQ                     U                   DISABLED
```

可以看到，通过 ALTER TABLE..RENAME CONSTRAINT 语句，成功地将 unq_book_ name 更改为 book_name_req，所以依赖于该约束的其他对象仍然保持有效。

6.3.4　删除约束

使用 ALTER TABLE..DROP CONSTRAINT 语句可以删除约束，在删除约束前必须要知道约束的名字，可以通过 user_constraints 数据字典视图来查询约束的名称。删除一个约束使得表可以停止对约束的验证，并且从数据字典视图中移除约束，DROP CONSTRAINT 一次只能删除一个约束，不能在一个 DROP 语句中同时删除多个约束。

下面的示例演示了如何删除 book_name_unq 约束：

```
scott_Ding@ORCL> ALTER TABLE books_alt DROP CONSTRAINT book_name_unq;
表已修改。
scott_Ding@ORCL>   SELECT   constraint_name,constraint_type,status   FROM
user_constraints WHERE table_name='BOOKS_ALT';

CONSTRAINT_NAME           CONSTRAINT_TYPE           STATUS
-----------------         --------------------      ------------------------------
PK_BOOKS_ALT                     P                  ENABLED
```

可以看到，DROP CONSTRAINT 子句果然已经成功地删除了约束。与约束相关的 DROP 语句还可以包含其他的一些删除的选项，完整的删除约束子句如下：

```
DROP
  { { PRIMARY KEY                        --删除一个表中的主键
    | UNIQUE (column [, column ]...)     --删除指定列中的唯一键
    }
    [ CASCADE ]
    [ { KEEP | DROP } INDEX ]
                        --来指示 Oracle 是否保留或删除用于主键或唯一键约束的索引
  | CONSTRAINT constraint      --删除主键或唯一键之外的完整性约束
    [ CASCADE ]                --级联删除与所要删除约束有依赖关系的其他约束
  }
```

要删除 books_alt 表上的主键，示例语句如下：

```
scott_Ding@ORCL> ALTER TABLE books_alt DROP PRIMARY KEY;
表已修改。
```

也可以通过 CASCADE 子句来级联删除相依赖的约束或索引，在删除约束时有一些限制需要注意，分别如下所示：

❑ 如果一个表的主键被其他表进行了外键引用，那么不能在没有移除外键的情况下删除主键或唯一键约束，可以通过 CASCADE 子句来删除外键引用。如果省略了 CASCADE，Oracle 将并不会允许删除主键或唯一键约束。

❑ 不能移除作为对象标识符的主键。

❑ 如果在一个 REF 列上移除引用完整性约束，那么 REF 列将保留被引用表的范围。

❑ 不能移除 REF 列的范围。

一些限制涉及对象表的使用，有兴趣的读者可以参考 Oracle 文档中的信息。

6.3.5　约束的状态

约束有一些状态用于检查数据，比如前面介绍过的启用或禁用约束，即约束的 ENABLE 或 DISABLE 状态。当约束为启用状态时，只对新增加的数据有效，对于已经存在的记录，可以使用约束的验证或不验证的状态来约束数据。

约束的验证 VALIDATE 或不验证 NOVALIDATE 针对现有数据，其行为又取决于约束是启用还是禁用的，对已有数据或新数据进行检查的规则状态如表 6.5 所示。

表 6.5　约束的状态

新增数据	现有数据	描述
ENABLE	VALIDATE	现有数据和新增数据必须符合约束规则，如果试图在一个已经存在的表上应用新约束，而现有的数据违反约束，则会出现错误
ENABLE	NOVALIDATE	数据库会检查约束，不过不需要所有的行都为真，现有的行可以违反约束，但新的或修改后的行必须遵守该约束
DISABLE	VALIDATE	数据库禁用该约束，删除其上的索引，并防止修改约束的列
DISABLE	NOVALIDATE	不检查约束，也不需要为真

由表 6.5 中可以看到，VALIDATE 和 NOVALIDATE 的状态依赖于 ENABLE 和 DISABLE，如果约束已经被 DISABLE，无论是现有的还是新增加的数据，都不会进行强制约束检查。

当创建一个约束时，默认情况下约束的状态是 ENABLED，且约束对旧有数据的验证状态是 VALIDATED 的，比如在为 books_alt 创建了主键约束后，通过查询 user_constraints 可以看到约束的创建，示例语句如下：

```
scott_Ding@ORCL> SELECT constraint_name,
                        constraint_type,
                        status,
                        validated,
                        invalid
            FROM user_constraints
            WHERE table_name='BOOKS_ALT';

CONSTRAINT_NAME      CONSTRAINT_TYPE        STATUS      VALIDATED      INVALID
-------------------- -------------------    ----------  -----------    ----------
PK_BOOKS_ALT                 P             ENABLED     VALIDATED
```

由于在默认状态下，约束处于 ENABLED 和 VALIDATED 的状态，因此不仅会对新加入的数据进行验证，也会对已经存在的数据进行验证，如果已经存在的数据不符合约束条件，Oracle 将抛出异常。举个例子，在 books_alt 表中现在有两条记录，它们的 book_name 列的值相同，当向 book_name 列添加一个唯一性约束时，Oracle 将抛出异常，示例语句如下：

```
scott_Ding@ORCL> col book_name for a20;          --设置 SQL*Plus 的显示列宽
scott_Ding@ORCL> col book_desc for a20;
```

```
scott_Ding@ORCL> SELECT * FROM books_alt;          --查看 books_alt 表中的记录数

   BOOK_ID       BOOK_NAME              BOOK_DESC                   BOOK_QTY
---------- ------------------- -------------------------- ----------------
      1        PL/SQL 从入门到精通     Oracle 图书系列               100
      2        PL/SQL 从入门到精通     Oracle 的编程图书系列          120

scott_Ding@ORCL>  ALTER  TABLE  books_alt  ADD  CONSTRAINT  unq_book_name
UNIQUE(book_name);
 ALTER TABLE books_alt ADD CONSTRAINT unq_book_name UNIQUE(book_name)
                                  *
第 1 行出现错误:
ORA-02299: 无法验证 (SCOTT.INVOICE_CHECK_NN) -- 找到重复关键字
```

为了能正确地创建约束，下面首先创建一个禁用的约束，然后使用 ENABLE NOVALIDATE 来启用约束，示例语句如下：

```
scott_Ding@ORCL> ALTER TABLE books_alt ADD CONSTRAINT book_name_unq UNIQUE
(book_name) DEFERRABLE DISABLE;
表已修改。
scott_Ding@ORCL>  ALTER  TABLE  books_alt  ENABLE  NOVALIDATE  CONSTRAINT
book_name_unq;
表已修改。
```

可以看到第一个 ALTER TABLE 语句创建了一个唯一性约束，该约束使用 DISABLE 将其设置为禁用状态，并且使用 DEFERRABLE 指定这是一个可延迟的约束；在第二个 ALTER TABLE 语句中，通过 ENABLE NOVALIDATE CONSTRAINT 来启用约束，这个约束在启用后将不会对约束中已经存在的数据进行检查，而只对新进的数据进行强制性验证。

DEFERRABLE 指示约束是可延迟的约束，约束将延迟到事务提交时才进行验证，这使得用户可以临时禁用约束，以避免创建约束时因为验证导致无法正确创建。约束默认是不可延迟的，这表示 Oracle 将在每个语句结尾的时候进行约束检查，如果违反了约束，则立即将语句进行回滚。通过 DEFERRABLE 指定可延迟，使得约束具有可延迟的特性。

DEFERRABLE 又具有两种不同的设置项，在 Oracle 文档中对于约束的延迟特性如图 6.6 所示。

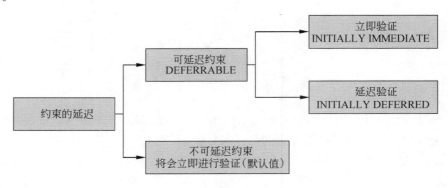

图 6.6　约束的延迟状态

可以看到，可延迟的约束也分为如下两种类型：

❑ INITIALLY IMMEDIATE 立即验证，当每条 SQL 语句执行之后立即验证约束，如果违反了约束，数据库将回滚事务。

❑ INITIALLY DEFERRED 延迟验证，只有在事务提交，即发送 COMMIT 命令时才验证约束，如果违反了约束，数据库将回滚事务。

🔔注意：INITIALLY IMMEDIATE 看起来似乎与不可延迟约束类似，但是可以在以后将这种类型的约束更改为延迟验证的约束。如果不指定 DEFERRABLE 延迟特性，则不能在以后将不可延迟约束更改为可延迟的约束。

通过查询 user_constraints 数据字典视图，可以看到约束 book_name_unq 是一个可延迟的立即验证的约束，示例语句如下：

```
scott_Ding@ORCL> SELECT constraint_name,constraint_type,deferrable,deferred,
validated,invalid,status FROM user_constraints WHERE table_name='BOOKS_
ALT';

CONSTRAINT_NAME   C  DEFERRABLE       DEFERRED    VALIDATED    INVALID   STATUS
---------------   --  ---------------  ---------   ----------   -------   -------
PK_BOOKS_ALT      P  NOT DEFERRABLE   IMMEDIATE   VALIDATED              ENABLED
BOOK_NAME_UNQ     U  DEFERRABLE       IMMEDIATE   NOT VALIDATED          ENABLED
```

通过 DEFERRED 字段可以看到，约束 book_name_unq 是可延迟的约束，并且是立即验证方式。下面的 ALTER TABLE 语句将这个立即验证的可延迟约束更改为延迟验证的约束：

```
scott_Ding@ORCL> ALTER TABLE books_alt MODIFY CONSTRAINT book_name_unq
INITIALLY DEFERRED;
表已修改。
```

通过查询 user_constraints 数据字典视图，可以看到现在果然已经变成了延迟验证的状态，示例语句如下：

```
scott_Ding@ORCL> SELECT constraint_name,constraint_type,deferrable,deferred,
validated,invalid,status FROM user_constraints WHERE table_name='BOOKS_
ALT';

CONSTRAINT_NAME   C  DEFERRABLE       DEFERRED    VALIDATED    INVALID   STATUS
---------------   --  ---------------  ---------   ----------   -------   ------
PK_BOOKS_ALT      P  NOT DEFERRABLE   IMMEDIATE   VALIDATED              ENABLED
BOOK_NAME_UNQ     U  DEFERRABLE       DEFERRED    NOT VALIDATED          ENABLED
```

由于不能将不可延迟的约束更改为可延迟状态，因此将 pk_books_alt 修改为延迟验证会导致错误的出现，示例语句如下：

```
scott_Ding@ORCL> ALTER TABLE books_alt MODIFY CONSTRAINT pk_books_alt
INITIALLY DEFERRED;
ALTER TABLE books_alt MODIFY CONSTRAINT pk_books_alt INITIALLY DEFERRED
*
第 1 行出现错误:
ORA-02447: 无法延迟不可延迟的约束条件
```

Oracle 抛出了 ORA-02447 异常，提示用户不能将一个不可延迟的约束更改为可延迟，除非显式地删除约束，然后使用 ALTER TABLE..ADD CONSTRAINT 添加一个新的可延迟的约束。当约束可延迟后，如果现在插入同名的记录但是不提交事务（发送 COMMIT 命令），可以看到 Oracle 并不抛出验证失败的错误信息，示例语句如下：

```
scott_Ding@ORCL> SELECT * FROM books_alt;

   BOOK_ID      BOOK_NAME              BOOK_DESC                  BOOK_QTY
---------- -------------------  -------------------------   ------------------
         1   PL/SQL 从入门到精通    Oracle 图书系列                  100
         2   PL/SQL 从入门到精通    Oracle 的编程图书系列            120

scott_Ding@ORCL> INSERT INTO books_alt VALUES(3,'PL/SQL 从入门到精通','数据
库编程序列',200);
已创建 1 行。
scott_Ding@ORCL> COMMIT;
COMMIT
*
ERROR at line 1:
ORA-02091: 事务处理已回退
ORA-00001: 违反唯一约束条件(SCOTT.BOOK_NAME_UNQ)
```

由示例可以看到，向表 books_alt 的 book_name 插入了一条重复的记录，但是语句执行完成显示一行已经成功地创建，当使用 COMMIT 语句提交记录时，延迟的约束将进行验证，从而导致整个事务级别的回滚。

约束的状态是程序人员需要仔细理解的知识，虽然大多数情况下使用的都是不可延迟的约束，但是当需要对现有的表中的数据创建新的约束，并且新的约束不会影响到表中现有的数据时，就需要考虑可延迟的约束。

6.3.6　查询约束信息

在本章前面的内容中不止一次地使用 user_constraints 数据字典视图来查询约束的信息，该视图中的 constraint_name 指定约束名称，constraint_type 指定约束的类型，约束的类型使用约束名称的英文前缀，它们分别是：

```
scott_Ding@ORCL> SELECT DISTINCT constraint_type FROM user_constraints;
CONSTRAINT_TYPE
---------------------------------------------------------------
R                   --外键约束
U                   --唯一性约束
P                   --主键约束
C                   --检查约束
```

在 user_constraints 数据字典视图中，包含了约束的名称、类型、状态、可延迟特性、是否验证等，通过查询这个数据字典视图，可以了解到约束的详细信息。如果要了解约束的作用列，可以使用 user_cons_columns 数据字典视图。

下面的语句演示了通过查询 user_cons_columns 数据字典视图来获取 books_alt 表上所有的约束和作用的列：

```
scott_Ding@ORCL> col column_name for a20;
scott_Ding@ORCL>   SELECT   constraint_name,column_name,position   FROM
user_cons_columns WHERE table_name='BOOKS_ALT';
```

CONSTRAINT_NAME	COLUMN_NAME	POSITION
PK_BOOKS_ALT	BOOK_ID	1
BOOK_NAME_UNQ	BOOK_NAME	1

通过查询 user_cons_columns 视图，可以看到约束所在的列及约束的位置信息，如果要更直观地查看约束信息，可以使用 PL/SQL Developer 或 TOAD 等工具提供的可视化界面来查看，这些工具以表作为主要的单位，对约束提供了相应的约束标签页，以便于查看约束信息。例如 TOAD 就提供了全面的 constraint 标签页，如图 6.7 所示。

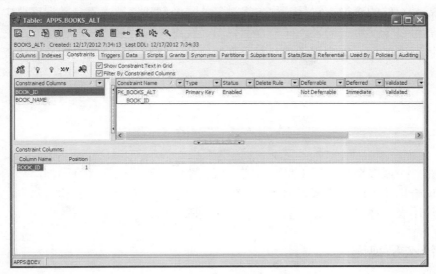

图 6.7　在 TOAD 中查看约束信息

TOAD 的界面是对 user_constraints 和 user_cons_columns 的综合查询，用户也可以在这个界面上添加或修改约束，或者是删除现有的约束，对于开发人员来说非常方便。

6.4　小　　结

本章讨论了 Oracle 中用于实现查询性能的索引和用于完成关系型数据库完整性和一致的约束的创建方式，首先讨论了 Oracle 提供的索引的作用和原理，然后讨论了几种索引的不同作用。接下来从 B*树索引开始，讨论了如何创建 B*树、位图和函数索引，并且详细介绍了如何修改现有的索引或删除一个已经存在的索引。最后讨论了如何通过数据字典视图查询索引信息及创建索引的相关策略。在约束部分，讨论了约束在数据库中的重要作用，然后分别介绍了主键与外键约束、在创建外键约束时的级联关系，以及外键约束与 Oracle 索引之间的关系，然后讨论了检查约束和唯一性约束的定义和实现方式。在管理约束部分，讨论了如何修改现有的约束、理解约束的各种不同的状态，以及如何使用数据字典视图查询约束信息。

第7章 视 图

视图就是存储的查询,它是一种方案对象,一经创建便被写入到数据字典中。创建了视图之后就可以像使用普通表一样来查询视图。视图是表的另一种表现形式,它是一个虚表。本章将讨论在 Oracle 中视图的几种类型,以及如何有效地使用视图来完成复杂的查询任务。

7.1 视 图 基 础

视图是一个或多个表的逻辑呈现方式,可以将对多个表的联接查询创建为一个视图,让用户通过查询该视图来隐藏查询的复杂性。通常将视图所影响的表称为基表,使用视图还可以像使用表一样对视图进行插入、修改和删除操作。

7.1.1 什么是视图

视图是基于表或视图的逻辑表,与存储数据的表一样都是 Oracle 的方案对象。通过创建视图,可以对存储的数据进行逻辑的组合,就好像是一个展现数据的窗口,通过该窗口可以查看或改变表中的数据。在创建视图时,用于创建视图的 SQL 语句所查询的表称为视图的基表(base tables)。基表可能是一个实际存在的 Oracle 物理表或其他的视图。对视图进行操作时,实际影响到的是视图的基表。

举个例子,在 scott 方案下的 emp 表中,通过 deptno 外键与 dept 表关联,在 emp 表中仅包含 deptno 编号,这对最终用户来说部门编号不是那么直观,可以通过创建一个 v_emp_dept 的视图,使用 SQL 的联接查询同时提取 emp 表和 dept 表中的数据,能给用户完整的人员和部门信息,视图的示意如图 7.1 所示。

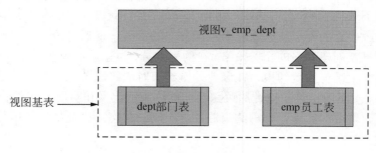

图 7.1 视图示意图

视图作为一种方案对象,创建后存储在数据字典中的是视图的 SQL 语句的定义,它不包含基表中的任何具体数据，不过对视图的操作会影响到基表。

视图的出现是为了简化查询的复杂性，提供安全性和逻辑数据的独立性等好处。使用视图通常用于如下的几个方面：

- □ 通过提供用户所需要的基表中的数据，可以简化用户对数据的理解，隐藏表结构的复杂性，而且将那些经常使用的查询定义为视图，使用户不必为以后的每次操作指定全部的条件。
- □ 通过限制对一组预定义的表行或表列的访问，可以提供更好的安全性级别。通过 Oracle 的授权命令作用于视图，可以让权限被限制在基于的行或列的子集上，提供高细的安全性级别。
- □ 可以提供不同于基表的角度来呈现视图的数据，例如重命名视图的列，而不会影响到视图所基于的表。
- □ 隔离应用程序对基表定义的更改，对基本的更改有时候并不会影响到视图。

代码 7.1 创建了 v_emp_dept 视图，创建之后就可以像查询普通的表一样查询视图中的数据。

代码 7.1　创建 v_emp_dept 视图

```
scott_Ding@ORCL> CREATE OR REPLACE VIEW v_emp_dept
   AS
     SELECT  emp.empno, emp.ename, emp.job, emp.mgr, emp.hiredate,
dept.dname,
          dept.loc
     FROM emp, dept
     WHERE emp.deptno = dept.deptno;
视图已创建。
scott_Ding@ORCL> SELECT * FROM v_emp_dept WHERE rownum<5;
    EMPNO  ENAME   JOB       MGR      HIREDATE              DNAME    LOC
    -----  ------- --------  ------   --------------------  -------- ------
     7369  史密斯   职员      7902     1980-12-17 12:00:00   研究部    达拉斯
     7499  艾伦     销售人员   7698     1981-02-20 12:00:00   销售部    芝加哥
     7521  沃德     销售人员   7698     1981-02-22 12:00:00   销售部    芝加哥
     7566  约翰     经理      7839     1981-04-02 12:00:00   研究部    达拉斯
```

在视图 v_emp_dept 中，emp 表和 dept 表是视图的基表，对视图的查询实际上会转换为对基表的查询，v_emp_dept 视图仅存储用于该视图的查询，并不会保存具体的数据，因此视图也被称为存储的查询。

7.1.2　视图的分类

Oracle 中视图也有几种，在学习如何创建视图前了解这些视图的分类，对于规划自己的视图很有好处。一般来说，使用 CREATE VIEW 语句创建的视图都是标准的视图，也称为关系视图，除此之外，在 Oracle 中还可以包含其他几种视图类型，分别如下所示：

- □ 标准视图，使用 CREATE VIEW 语句创建的存储的查询，这类视图创建后会保存到数据字典表中，并且作为一个方案对象存在。
- □ 内嵌视图，在 SQL 查询语句中直接包含一个子查询，比如在 SELECT 语句中包含其他的 SELECT 子句，实际上是创建了内嵌视图，这种视图只在查询中存在，不会保存到数据字典中。

❑ 对象视图，使用对象视图可以将标准的表或视图转换为对象类型的视图，可以迎合对象类型而不用重建数据表，使得既可以利用对象编程，又可以使用到传统关系型数据查询的优势。对象视图创建后也会在数据字典中保存特性。对象数据实际上仍然以关系数据的形式存储，但是利用对象的封装、继承等特性，可以为开发人员提供灵活的处理形式。

❑ 物化视图，这种视图会真实地存储数据，它与标准视图仅存储查询语句大不相同，物化视图是查询结果被提前存储或"物化"的方案对象，它主要用来汇总、计算、复制和分发数据。

可以看到，除了标准视图外，当在 SELECT 语句中直接嵌入一个子查询语句时，实际上是创建了内嵌视图查询。举个例子，下面的查询语句演示了如何使用内联查询来查询部门和员工数据：

```
scott_Ding@ORCL> SELECT d.deptno,d.dname,emp_cnt.tot FROM dept d,
        (SELECT deptno,COUNT(*) tot FROM emp GROUP BY deptno) emp_cnt
            WHERE d.deptno=emp_cnt.deptno;

    DEPTNO   DNAME                  TOT
    -------  -------------  ------------------------------------------
        10   财务部                  2
        20   研究部                  10
        30   销售部                  6
```

在示例的 FROM 子句中，通过一个 SELECT 语句构造了一个内嵌视图 emp_cnt，用来统计部门的员工人数，内嵌视图是子查询中的一种，可以与数据表、视图一样作为查询语句的数据源存在，但是它只会使用一次，不会创建具体的方案对象，因此不具有复用性，但是使用内嵌视图有时候可以提供较好的查询性能。

对象视图给了用户将原有表使用对象编程的能力，举个例子来说，代码 7.2 创建了一个对象类型 typ_emp。

代码 7.2　创建对象类型

```
scott_Ding@ORCL> CREATE OR REPLACE TYPE typ_emp AS OBJECT (
    empno      NUMBER,                           --员工编号
    empname    VARCHAR2 (20),                    --员工名称
    job        VARCHAR2 (20)                     --员工职位
);
/
```

如果要让 scott 方案下的 emp 表中的数据使用面向对象的方式编程，可以创建一个基于 emp 表的对象视图，如代码 7.3 所示。

代码 7.3　创建对象视图

```
scott_Ding@ORCL> CREATE OR REPLACE VIEW ov_emp
    OF typ_emp                                   --视图基于对象类型 typ_emp
    WITH OBJECT OID (empno)
    AS                                           --为对象视图指定对象标识符
    SELECT empno a_id, ename, job
```

```
        FROM emp;
视图已创建。
```

对象视图中的每一行都是 typ_emp 对象的一个实例，这样就可以对传统的 emp 表进行面向对象的编程了。代码 7.4 演示了如何使用面向对象的方式操作 emp 表。

代码 7.4　创建视图语句

```
--对象类型的使用示例
DECLARE
  o_emp   typ_emp;                    --定义对象类型
BEGIN
  SELECT VALUE (t)                    --从对象视图中获取对象实例
    INTO o_emp
    FROM ov_emp t
  WHERE empno = 7369;
  --更改对象类型的属性
  o_emp.empname := '张三丰';
  o_emp.job := '神职人员';
  o_emp.empno := 7999;
  INSERT INTO ov_emp                  --向对象视图中插入一个新的对象实例
      VALUES (o_emp);
END;
```

在代码中定义了一个名为 o_emp 的对象类型，这个对象类型是前面定义的 typ_emp 对象，SELECT INTO 语句将从对象视图中提取对象实例，保存到 o_emp 对象中，然后通过操作 o_emp 对象，更改其属性并插入到 ov_emp 对象视图，实现了向 emp 表插入一条新的记录。通过使用对象类型的封装、继承等特性，还可以实现很多复杂的功能设计，在 Oracle 中实现对现有数据的面向对象的编程。

可以看到，Oracle 除标准的视图类型之外，还可以使用其他多种类型的视图。接下来将详细讨论标准视图和特化视图的使用方法，对象视图和内嵌视图的详细使用细节，将在本书后面的内容中详细进行介绍。

7.1.3　视图创建语法

可以使用 CREATE VIEW 语句创建视图。要在当前登录用户的方案下创建视图，用户需要具有 CREATE VIEW 权限，如果要在其他方案下创建视图，用户需要具有 CREATE ANY VIEW 的权限。在 Oracle 中，标准视图根据其复杂程度又可以分为如下两类。

- ❏ 简单视图，视图的数据来自单表查询，在视图的 SELECT 语句中不包含函数或数据分组，因此单表视图可以用来执行 DML 操作。
- ❏ 复杂视图，视图的数据来自多表查询，可以包含函数或数据分组，并不总是可以通过视图进行 DML 操作。

无论是简单视图还是复杂视图，都是使用 CREATE VIEW 语句进行创建，而且每种视图都必须要指定一个子查询，创建视图的语法如下：

```
CREATE [OR REPLACE] [FORCE|NOFORCE] VIEW view
[(alias[, alias]...)]
AS subquery
```

```
[WITH CHECK OPTION [CONSTRAINT constraint]]
[WITH READ ONLY [CONSTRAINT constraint]];
```

语法中的关键字的含义如下所示：

❑ OR REPLACE，如果视图已经存在，重新创建它。

❑ FORCE，强制创建视图，而不管基表是否存在。

❑ NOFORCE，只在基表存在的情况下创建视图（这是默认值）。

❑ view，指定视图的名字。

❑ alias，为由视图查询选择的表达式指定名字（别名的个数必须与由视图 SELECT 选择的列的个数匹配）。

❑ subquery，是一个完整的 SELECT 语句（对于在 SELECT 列表中的字段可以用别名）。

❑ WITH CHECK OPTION，指定只有可访问的列才能在视图中被插入或修改。

❑ constraint，为 CHECK OPTION 约束指定的名字。

❑ WITH READ ONLY，只读视图，确保在该视图中没有 DML 操作能被执行。

用户可以在 SQL*Plus 中直接使用 CREATE VIEW 语句创建视图，也可以使用 TOAD 或 PL/SQL Developer 这样的可视化工具来创建视图。以 PL/SQL Developer 为例，如果要创建一个视图，可以单击 PL/SQL Developer 中的"文件｜新建｜视图"菜单项，PL/SQL Developer 将弹出如图 7.2 所示的模板窗口。

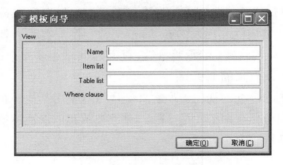

图 7.2　PL/SQL Developer 的创建视图模板

在窗口中的 Name 文本框用于输入视图的名称，Item list 用于指定视图的列，默认的"*"表示选择所有的列，Table list 用于指定视图所要查询的表的列表，以逗号分隔，Where clause 指定视图子查询的 Where 子句。以 v_emp_dept 为例，在 Name 文本框中输入视图名称，Item list 使用默认的"*"通配符，Table list 指定"emp,dept"，Where clause 指定"dept.deptno=emp.deptno"，设置完成后，单击"确定"按钮，PL/SQL Developer 将打开视图的源码视图，显示出创建视图的源代码，用户可以在这个窗口中进行进一步修改，然后按快捷键 F8 创建视图。

7.1.4　创建简单视图

简单视图是指视图的基表仅来自一个数据库表，简单视图中不包含函数和分组，它就像一个表一样，还可以对视图进行 DML 操作，就好像视图是一个普通表一样。简单视图通常用于安全性的考虑来获取基表中的部分行或部分列的数据，可以在数据库级别提供安全性的管理，例如视图 v_emp_dept20 仅显示 emp 表中部门编号为 20 的员工信息，则可以使用代码 7.5 所示的语句创建一个简单的单表视图。

代码 7.5　创建简单示图

```
scott_Ding@ORCL> CREATE OR REPLACE VIEW v_deptemp
      AS
         SELECT empno 工号, ename 性别, job 职位, mgr 经理, hiredate 雇佣日期,
         sal 工资, comm 提成, deptno 部门
           FROM emp
          WHERE deptno = 20;
视图已创建。
```

在创建视图的语法中，使用了 CREATE OR RAPLACE 语法，当添加了 OR REPLACE 之后，如果视图已经存在，将会替换现有的视图的定义，不需要显式地先移除，再重新创建，然后重新分配权限这样的复杂过程。视图查询示例语句如下：

```
scott_Ding@ORCL> SELECT * FROM v_deptemp WHERE 工号=7369;

    工号    性别      职位    经理    雇佣日期                工资     提成    部门
    ----    -------   ------  -----   -------------------    -------  ------  ----
    7369    史密斯    职员    7902    1980-12-17 12:00:00    1755.2   129.6   20
```

可以看到，视图中的列是取自在创建视图时指定的列别名，在向视图发送查询时，Oracle 会尽可能将所发出的查询与创建视图的 SQL 子查询进行合并，并且会优化合并的查询，就好像发出的查询直接引用了视图的基表一样。因此，数据库可以使用任何被引用基表列上的索引，无论在视图定义中或在针对该视图的用户查询中是否引用了该列。同时 Oracle 会在共享 SQL 内存区中缓存该 SQL 语句，以便减少 SQL 语句的解析次数。

通过查看查询执行计划，可以看到，Oracle 在执行查询时，使用了在 emp 表上定义的主键索引，并且它是对创建视图的查询与发送查询语句进行合并后的结果，示例语句如下：

```
scott_Ding@ORCL> SET AUTOTRACE TRACEONLY EXPLAIN;            --仅显示执行计划
scott_Ding@ORCL> SELECT * FROM v_deptemp WHERE 工号=7369;    --发送查询语句

Execution Plan
----------------------------------------------------------------
Plan hash value: 2949544139

----------------------------------------------------------------
| Id  | Operation                    | Name  | Rows |Bytes|Cost(%CPU)| Time     |

|  0|SELECT STATEMENT              |       |  1 |  35 |  1 (0)   | 00:00:01 |
|* 1|  TABLE ACCESS BY INDEX ROWID | EMP   |  1 |  35 |  1 (0)   | 00:00:01 |
|* 2|   INDEX UNIQUE SCAN          | PK_EMP|  1 |     |  0 (0)   | 00:00:01 |
----------------------------------------------------------------
Predicate Information (identified by operation id):
----------------------------------------------------------------
   1 - filter("DEPTNO"=20)
   2 - access("EMPNO"=7369)
```

在创建视图时，除了在子查询中指定视图的列别名外，还可以在 CREATE VIEW 语句后面指定视图的列别名，只要在查询的 SELECT 语句中的列个数与列别名个数匹配即可，

因此 v_deptemp 视图也可以使用代码 7.6 所示的语句进行创建。

代码 7.6　指定视图的列别名

```
scott_Ding@ORCL> CREATE OR REPLACE VIEW v_deptemp_alias (工号,
                                          姓名,
                                          职位,
                                          经理,
                                          雇佣日期,
                                          薪水,
                                          提成
                                          )
      AS
       SELECT empno, ename, job, mgr, hiredate, sal, comm
       FROM emp
       WHERE deptno = 20;
视图已创建。
```

使用这种方式使得查询语句更加简单易懂，容易理解和维护，需要注意的是在视图名称后面指定的别名个数必须要与视图定义的 SELECT 语句的字段个数匹配，否则就会出现创建异常。

简单视图可以直接应用 DML 语句，比如可以向 v_deptemp 视图中插入新的员工数据，或者删除现有的员工信息。例如下面的语句向 v_deptemp 视图中插入了一条新的数据：

```
scott_Ding@ORCL> INSERT  INTO  v_deptemp  VALUES(8001,'李思','经理',
7369,SYSDATE,8000,200,20);
1 row created.
scott_Ding@ORCL> SELECT * FROM v_deptemp WHERE 工号=8001;

      工号   性别    职位     经理    雇佣日期                        工资     提成    部门
      ----  -----  -------  ------  --------------------  -------  ------  ---
      8001  李思    经理     7369    2012-12-19 10:38:13    8000     200     20
```

可以看到，通过 INSERT 语句，成功地向 v_deptemp 视图中插入了数据。如果要限制向视图中插入数据，可以将 v_deptemp 视图创建为一个只读视图，只读视图使用 WITH READ ONLY 子句，如代码 7.7 所示。

代码 7.7　创建只读视图

```
scott_Ding@ORCL> CREATE OR REPLACE VIEW v_deptemp_readonly
      AS
        SELECT empno, ename, job, mgr, hiredate, sal, comm
         FROM emp
        WHERE deptno = 20
        WITH READ ONLY;                                  --创建只读视图
视图已创建。
```

如果向只读视图发出一条 DML 语句，Oracle 会抛出一个异常，INSERT 语句示例如下：

```
scott_Ding@ORCL> INSERT INTO v_deptemp_readonly VALUES(8003,'李思','经理',
7369,SYSDATE,8000,200);
INSERT INTO v_deptemp_readonly VALUES(8003,'李思','经理',7369,SYSDATE,
8000,200)
*
```

第 1 行出现错误：
ORA-42399: 无法对只读视图执行 DML 操作

可以看到，当试图向只读视图中插入一条新的记录时，由于视图为只读，产生了 ORA-42399 异常，告之用户无法对只读视图执行 DML 操作。

当对简单视图进行 DML 操作时，会发现虽然在 v_deptemp 视图中限制显示部门编号为 20 的员工信息，但是在 DML 语句中操作视图时，可以向其插入部门编号为 30 的员工记录，插入成功后无法查询到该记录，因为视图的定义语句只能限制在部门编号 20 中的员工信息，示例语句如下：

```
scott_Ding@ORCL> INSERT INTO v_deptemp VALUES(8005,'张天师','经理',
7369,SYSDATE,8000,200,30);
已创建 1 行。
scott_Ding@ORCL> SELECT * FROM v_deptemp WHERE 工号='8005';
未选定行
```

由代码可以看到，虽然成功地的向 v_deptemp 视图中插入了一行部门编号为 30 的记录，但是却无法查看到具体的员工信息，为了限制用户，可以向视图中插入违反视图的限制条件，可以使用 WITH CHECK OPTION 为视图指定约束，也就是说在进行 DML 操作时，必须要匹配在创建视图的 WHERE 子句中指定的条件，如代码 7.8 所示。

代码 7.8　使用 WITH CHECK OPTION 选项

```
scott_Ding@ORCL> CREATE OR REPLACE VIEW v_deptemp_check
    AS
        SELECT empno, ename, job, mgr, hiredate, sal, comm, deptno
        FROM emp
        WHERE deptno = 20
        WITH CHECK OPTION CONSTRAINT v_empdept_chk;
视图已创建。

scott_Ding@ORCL> INSERT INTO v_deptemp_check
                VALUES (7992, '赵六', '职员', 7369, SYSDATE, 8000, NULL, 30);
INSERT INTO v_deptemp_check
            *
第 1 行出现错误：
ORA-01402: 视图 WITH CHECK OPTION where 子句违规
```

WITH CHECK OPTION 指示 Oracle 创建一个受限的视图，CONSTRAINT 子句指定约束的名称，如果不显式指定该语句，Oracle 将自动创建一个以 SYS_Cn 作为名称的受限的约束。对于基表是表类型的来说，使用该语句可以确保插入或更新的数据能够被子查询选择，对于视图来说，则无法完全保证。

7.1.5　创建复杂视图

复杂视图是指那些由一个或多个基表联接查询组成的视图，或者是在查询的 FROM 子句中包含子查询的视图，在复杂视图中可以包含函数、分组等复杂的数据库操作。例如在本章开头创建的 v_emp_dept 视图，联接了 emp 和 dept 表进行查询，因此也可以称为一个复杂视图。

举个稍稍复杂的例子，如果要统计每个部门的员工人数，最高薪资和最低薪资，以及每个部门的薪资总数，可以通过分组查询语句来完成聚合的操作，如代码 7.9 所示。

代码 7.9　创建复杂视图

```
scott_Ding@ORCL> CREATE OR REPLACE VIEW v_emp_sum (deptno, emp_count,
max_sal, min_sal, sum_sal)
    AS
    SELECT  dept.dname, COUNT (emp.empno), MAX (emp.sal), MIN (emp.sal),
            SUM (emp.sal)
        FROM emp, dept
        WHERE emp.deptno = dept.deptno
    GROUP BY dept.dname;
视图已创建。
```

在这个视图中，不仅联接了两个表创建查询，还使用聚合函数和分组子句对查询结果进行分组。现在可以像查询普通的视图一样查询这个复杂的视图，示例语句如下：

```
scott_Ding@ORCL> SELECT * FROM v_emp_sum;
DEPTNO            EMP_COUNT          MAX_SAL          MIN_SAL          SUM_SAL
----------       -------------      -----------      -----------      ----------------
销售部                    7          8000             1050             17900
研究部                   11          8000             1440             23125.4
财务部                    2          8530.5           3587.05          12117.55
```

对于这类复杂的视图，不能直接进行 DML 操作，否则 Oracle 会抛出异常。不过对于联接的复杂的视图，只要满足一定的条件，也是可以进行 DML 操作的。

当复杂视图涉及多个基表时，其中至少有一个表的所有列都包含在视图中，或者一个表的主键和不允许为空的列都包含在视图中，同时在创建视图的 CREATE VIEW 语句的 SELECT 语句中只使用了 WHERE 子句而不包含分组、子查询或 DISTINCT 关键字，这样的视图是可以进行 DML 操作的。相反，如果视图中的列是由基表经过运算或分组，比如使用表达式、AVG 函数或 DISTINCT、GROUP BY 等子句组成的，则无法进行 DML 操作。举个例子，代码 7.10 创建了一个 v_empdept_update 视图。

代码 7.10　可进行 DML 操作的视图

```
scott_Ding@ORCL> CREATE OR REPLACE VIEW v_empdept_update
    AS
    SELECT emp.empno, emp.ename, emp.job, dept.dname, dept.loc
        FROM dept, emp
        WHERE dept.deptno = emp.deptno;
视图已创建。

scott_Ding@ORCL>  UPDATE  v_empdept_update  SET  ename='张 三 丰 '  WHERE
empno=7369;
1 row updated.
```

在这个例子中，创建了视图 v_empdept_update，并且使用 UPDATE 语句更新了 emp 表，因为 emp 表中的主键 empno 包含到了视图中，因此该表称为"键保留表"，对于复杂视图来说，键保留表具有可更新的特性，并且 emp 表中不为 NULL 的列都包含在了视图列中。

要想了解一个视图中哪些列是可更新的，可以查询数据字典视图 user_updatable_columns。例如下面的示例通过查询该视图，可以显示出 v_empdept_update 视图中哪些列是可以更新的：

```
scott_Ding@ORCL> SELECT table_name, column_name, updatable, insertable,
deletable FROM user_updatable_columns
    WHERE table_name = 'V_EMPDEPT_UPDATE';

TABLE_NAME              COLUMN_NAME      UPDATABLE      INSERTABLE     DELETABLE
------------------      -------------    -------------  -------------  ---------
V_EMPDEPT_UPDATE        EMPNO            YES            YES            YES
V_EMPDEPT_UPDATE        ENAME            YES            YES            YES
V_EMPDEPT_UPDATE        JOB              YES            YES            YES
V_EMPDEPT_UPDATE        DNAME            NO             NO             NO
V_EMPDEPT_UPDATE        LOC              NO             NO             NO
```

通过查询结果可以看到，键保留表中的列都可以进行更新、修改和删除，而 dept 表则不允许进行任何的更新操作，表示当要对复杂视图进行更新时，只有一个表能进行更新，并且这个表中的所有列或不为 NOT NULL 的列一定要包含在视图列中。

在 Oracle 中，要能对复杂的联接视图进行更新修改，必须要遵循一定的条件，这些条件概述如下所示：

（1）所有的插入、更新和删除操作在同一时刻只能修改视图中的一个基表。

（2）所有可更新的列必须为键保留表中的列，如果视图使用 WITH CHECK OPTION 进行了定义，那么所有的联接列和重复列都不能被更新。

（3）只要存在一个键保留表，就能够删除视图中的列，键保留表在 FROM 子句中可以重复，如果视图使用 WITH CHECK OPTION 定义并且键保留表被重复，那么不能从视图中删除行。

（4）在执行插入操作时，只能对键保留表中的列进行插入，如果使用 WITH CHECK OPTION 进行定义的视图，则不允许进行插入操作。

虽然多表联接的视图也可更新，不过很多情况下不建议这样做，因为当视图基础表发生变化后可能影响到视图的可更新特性，因此在实际的工作中应该尽量避免。

7.1.6　视图的修改

如果要对已经创建好的视图进行修改，只需要使用 CREATE OR REPLACE 进行修改即可，OR REPLACE 会替换原有的视图而使用新的视图代码进行替换。该语句会先删除原来的视图，然后创建一个新的视图，新的视图会保留对原视图授予的各种权限，只是会导致与原视图相关的存储过程和视图失效。

除了 CREATE OR REPLACE VIEW 之外，Oracle 还具有一个 ALTER VIEW 语句用来显式地重新编译一个失效的视图，或者是修改视图的约束。重新编译视图可以在视图运行之前发现视图的错误，比如在修改了视图的基表之后，重新编译一下视图就显得很有必要。在进行视图的修改时有 4 点应该要注意：

❑ 视图的更改不会影响到视图的基础表，因为视图只是基表的呈现方式。

❑ 在定义视图时如果使用了 WITH CHECK OPTION 选项，但是在修改时去掉了

WITH CHECK OPTION 选项，那么对视图应用的约束会被清除。

- ❑ 对视图进行修改后，所有依赖于该视图的其他视图或引用了视图的程序都会变为无效状态。
- ❑ 对视图的基础表进行修改后，会导致视图失效，因此必须重新编译视图。

当用户对视图的基表进行修改后，会导致与基表相关的视图发生失效，例如下面的示例将 emp 表的 ename 字段更改为 VARCHAR2(20)的长度：

```
scott_Ding@ORCL> ALTER TABLE emp MODIFY ename VARCHAR2(20);
表已更改。
```

当对视图的基表进行更改后，如果查询 user_objects 了解使用了基表的视图的状态，会发现 v_emp_dept 视图的状态变成了失效状态，查询语句如下：

```
scott_Ding@ORCL> SELECT last_ddl_time, object_name, status
    FROM user_objects
    WHERE object_name = 'V_EMP_DEPT';

LAST_DDL_TIME          OBJECT_NAME        STATUS
-------------------    ----------------   -------------------------------
2012-12-19 03:36:23    V_EMP_DEPT          INVALID
```

现在可以看到，v_emp_dept 视图的 status 字段的值变成了 invalid 状态，表示视图已经失效，通过 ALTER VIEW 的 COMPILE 子句，可以重新对视图进行编译，编译语句如下：

```
scott_Ding@ORCL> ALTER VIEW v_emp_dept COMPILE;                    --重新编译视图
视图已更改。
scott_Ding@ORCL> SELECT last_ddl_time, object_name, status
    FROM user_objects
    WHERE object_name = 'V_EMP_DEPT';                              --查询视图的状态

LAST_DDL_TIME          OBJECT_NAME        STATUS
-------------------    ----------------   -------------------------------
2012-12-19 03:49:37    V_EMP_DEPT          VALID
```

可以看到，当对视图进行重新编译之后，视图的状态就变成了 Valid 状态。在修改视图时，多数情况下都是使用 CREATE OR REPLACE VIEW 修改视图，只有在重新编译时才使用 ALTER VIEW，Oracle 的 ALTER VIEW 语法除包含 COMPILE 子句外，还包含对可编译视图的 READ ONLY 和 READ WRITE 的修改，并且包含了添加、修改和删除约束的语法。

7.1.7　视图的删除

当不再需要视图时，可以使用 DROP VIEW 语句将视图对象从数据库中移除，也可以通过先使用 DROP VIEW 移除一个视图然后再重新创建一个新的视图来实现。移除视图的语句如下所示：

```
DROP VIEW [ schema. ] view [ CASCADE CONSTRAINTS ] ;
```

其中 schema 用于指定视图所在的方案，如果当前用户要删除位于其他方案中的视图，必须具有 DROP ANY VIEW 的权限。CASCADE CONSTRAINTS 用于级联删除视图上的约

束，如果省略这个子句，那么可能会导致 DROP 语句的失败。下面的示例演示了如何删除
v_deptemp 视图：

```
scott_Ding@ORCL> DROP VIEW v_deptemp;
视图已删除。
```

视图被删除之后，会从数据字典中移除视图的定义，同时视图上授予的权限也被删除，
所有引用该视图的视图及存储过程等数据库方案对象都会失效。

7.2　内　联　视　图

内联视图（Inline View）是一种临时视图，它不会存储到数据字典中，创建内联视图
的目的是为了便于查询执行。当查询中包含一个临时的内联视图时，这个视图中的 SELECT
语句先得到执行而创建了一个结果集合，然后由外层的查询语句得以查询这个内联视图的
结果。内联视图包含于 SELECT 语句的 FROM 子句部分，当一个 SELECT 语句的 FROM
子句中又使用了另一个 SELECT 语句时，就可以说这个查询使用了内联视图。

7.2.1　什么是内联视图

当使用 SELECT 语句编写查询时，一般情况下在 FROM 子句后主要跟一个或多个表
名称，比如下面的语句：

```
SELECT * FROM emp,dept WHERE emp.deptno=dept.deptno;
```

当使用 Oracle 时，在 FROM 子句后面不仅仅可以使用表名称，还可以使用其他的
SELECT 语句，Oracle 建议用户将 FROM 子句后面的内容看作是一系列的数据集合，而不
仅仅是表的名称，比如可以包含表名称，可以将其看作是永久的数据集合，或者是一个视
图，可以将其看作是虚拟的数据集合，或者是其他的 SELECT 语句，可以将其看作是临时
的数据集合。

当在一个 SELECT 语句的 FROM 子句中包含另一个子查询的 SELECT 语句时，这个
子查询的 SELECT 语句称为内联视图，如代码 7.11 所示。

代码 7.11　创建内联视图

```
scott_Ding@ORCL> SELECT d.deptno, d.dname, emp_cnt.tot
    FROM dept d,
     (SELECT deptno, COUNT(*) tot
      FROM emp
      GROUP BY deptno) emp_cnt
    WHERE d.deptno = emp_cnt.deptno;

  DEPTNO  DNAME                 TOT
  ------- -------------- ------------------------------------
      30  销售部                 7
      20  研究部                11
      10  财务部                 2
```

在这个例子中，FROM 子句后面除包含永久表 dept 之外，还包含了一个名为 emp_cnt 的内联视图，这个视图内部完成了一个分组聚合，用来统计部门中的人员信息。这个例子本身很简单，但是很好地展现了内联视图的作用，否则开发人员不得不要用好几个查询才能完成这个结果。

由于内联视图要被其他的对象所引用，因此需要提供一个语义良好的命名，在示例中使用了 emp_cnt 这个命名。另外内联视图中的 COUNT(*) 也要具有良好的列命名，以便被外部的查询所引用。

上面示例中的内联视图的 SQL 语句非常简单，实际上就如标准视图一样，在内联视图中可以连接多个表、调用内置函数或者是自定义函数、使用 Oracle 的提示等优化工具，同时也可以在内联视图中使用 GROUP BY、HAVING 以及 CONNECT BY 子句，而且还可以包含 ORDER BY 子句。

当需要构造一个较复杂的查询语句，比如要在不同的层级一层一层地聚合数据时，内联视图非常有用。比如前面的例子先用一个内联视图汇总特定部门的员工人数，然后将汇总的结果作为外层的数据源进行查询。但是在使用内联视图时应该慎重，因为过多地使用内联视图会导致 SQL 语句的可读性变差，并且可能导致性能降低。

🔔**注意**：如果内联视图的查询结果需要在多个地方使用，此时应该考虑创建永久视图。

举一个例子，要想获得部门中员工的薪资等级从高到低排列的部门列表，通过内联视图先得出员工的薪资等级，然后在外层进行一次分组查询，就可以实现，如代码 7.12 所示。

代码 7.12　创建薪资等级内联视图

```
scott_Ding@ORCL> SELECT dept.deptno, dept.dname, NVL (MAX (emp_grade.grade),
0)FROM dept,
        (SELECT emp.ename, emp.job, emp.deptno,       --创建一个内联视图
            (SELECT grade
               FROM salgrade
              WHERE emp.sal BETWEEN salgrade.losal AND salgrade.hisal)
grade
          FROM emp) emp_grade
    WHERE dept.deptno = emp_grade.deptno(+)       --使用左联接显示所有部门
    GROUP BY dept.deptno, dept.dname
    ORDER BY NVL (MAX (emp_grade.grade), 0) DESC;    --对查询结果进行排序

  DEPTNO DNAME                 NVL(MAX(EMP_GRADE.GRADE),0)
---------------------- ----------------------------------------------
      10 财务部                    5
      30 销售部                    5
      20 研究部                    5
      40 营运部                    0
      60 行政部                    0
      50 行政部                    0

已选择 6 行。
```

在这个示例中，首先在内联视图中获取了员工的薪资等级，然后在外层通过分组来得到部门中的最大薪资级别。可以看到，当需要在不同的层次级别进行聚合时，使用内联视

图是非常有用的，在这个例子中，由于需要先从 salgrade 表中获取员工工资所在的薪资级别，因此通过一个内联视图提前获取结果，然后与外层的查询进行分组运算，便得到了想要的效果。

当用户需要临时性地聚合一些数据集，构造这些数据集的查询语句不需要重复使用时，应该考虑内联视图，使用内联视图应该能增强查询的可读性和性能，并且要能生成可管理的数据集合。否则如果数据结果需要重复使用，则要考虑创建一个临时表并且添加一些索引来增强查询的性能。

7.2.2　内联视图执行顺序

当一个查询中嵌入一个内联视图时，内联视图将总是优先于其父查询被执行。因此，在同样一个查询中不能引用其他表中的列或其他的同层次的内联视图。当内联视图执行后，包含内联视图的查询将与内联视图进行交互，外层查询将内联视图的执行结果看作是一个位于内存中的不带索引的内存表，如果一个查询嵌入了多个内联视图，那么位于最内层的内联视图将最先执行，内联视图的执行顺序示意如图 7.3 所示。

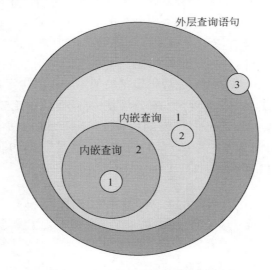

图 7.3　内联查询的执行顺序示意图

由示意图可以看到，当一个查询中嵌入多层内联视图之后，位于最内层的内联视图最先执行，然后依次向外执行内联视图，下面的例子演示了如何使用多层嵌套的内联视图，读者可由此来了解内联视图的执行顺序，如代码 7.13 所示。

代码 7.13　内联视图查询顺序

```
scott_Ding@ORCL> SELECT d.deptno, d.dname, emp_cnt.tot    --顶层查询
        FROM dept d,
         (SELECT deptno, COUNT(*) tot                      --外层内联查询
          FROM
           (SELECT * FROM emp WHERE comm IS NOT NULL)       --最内层内联查询
          GROUP BY deptno) emp_cnt
        WHERE d.deptno = emp_cnt.deptno;
```

```
   DEPTNO   DNAME                  TOT
  -------   ---------------------  --------------------------------------------
      10    财务部                 1
      20    研究部                 7
      30    销售部                 7
```

这个 SQL 语句的查询顺序如下所示：

（1）查询最先执行最内层的内联查询，这个查询查出员工列表中提成不为 NULL 的员工列表，作为最先执行的内联视图：

```
SELECT * FROM emp WHERE comm IS NOT NULL
```

（2）接下来执行外层的内联查询，根据最内层的查询结果按部门进行分组，得到一个无索引的内存表结构：

```
SELECT deptno, COUNT(*) tot
    FROM (SELECT * FROM emp WHERE comm IS NOT NULL)
    GROUP BY deptno
```

（3）最后执行最外层的查询，得到所需求的查询结果。

由于内联视图之间并不会彼此依赖，因此可以单独执行每一个内联视图，了解查询的结果，就好像创建一个独立的视图一样，内联视图通常用来简化创建复杂查询的复杂性，减少表与表之间过多的联接导致的不可读性，能够将多个独立的查询合并为一个单一的查询。

内联视图的这种特性可以让用户完成很多单纯使用 SELECT 语句无法完成的功能，比如可以在内联视图中创建一个层次查询，在外层使用层次查询的结果来输出数据。举个简单的例子，想知道员工编号为 7369 的员工的所有上司所在部门的平均工资，为了完成这个例子，必须先通过 START WITH 和 CONNECT BY 得到员工 7369 的上司列表，然后再进行聚合运算，如代码 7.14 所示。

代码 7.14　内联视图聚合运算

```
scott_Ding@ORCL> SELECT dept.dname, emp_up.empno, emp_up.ename, emp_up.job,
dept_avg.avg_sal FROM (SELECT empno, ename, job, deptno
           FROM emp
        START WITH empno = 7369
        CONNECT BY empno = PRIOR mgr) emp_up,  --内联视图用来进行层次查询
      (SELECT  emp.deptno, AVG (emp.sal) avg_sal
         FROM emp
       GROUP BY deptno) dept_avg,              --内联视图用来进行分组聚合
      dept
  WHERE emp_up.deptno = dept_avg.deptno AND emp_up.deptno = dept.deptno;

DNAME        EMPNO      ENAME           JOB             AVG_SAL
--------     ---------  --------------  --------------  ----------------------
研究部        7566      约翰            经理            3303.62857
研究部        7902      福特            分析人员        3303.62857
研究部        7369      张三丰          职员            3303.62857
财务部        7839      金              老板            6058.775
```

在 emp 表中 empno 和 mgr 是具有自引用关系的两个字段，Oracle 提供了 START WITH

和 CONNECT BY 子句来实现层次化的查询，但是它们也具有一定的限制，在示例中通过在内联视图中使用 START WITH 和 CONNECT BY，可以先将层次化的结构展开为扁平的二维结构，然后外层查询通过查询这个展开的树状结构就可以克服层次化查询的限制。另一个内联视图使用了 GROUP BY 子句对 emp 表按部门进行了平均工资的计算。最外层的查询通过联接这两个内联视图和表，实现了需要的查询。可以看到，通过合理地使用内联视图，可以让原本需要多个 SQL 语句才能完成的查询通过一个语句就实现，并且提供了较好的执行性能。

7.2.3　内联视图与 DML 语句

使用内联视图的一个用处是在 INSERT、UPDATE 和 DELETE 等语句中使用内联视图，这可以提升 DML 语句的可读性，并且有时能够提升执行的性能，而且对于一些复杂的 DML 操作，有时候必须借助于内联视图才能方便地实现。

举例来说，当需要根据其他的表的条件来更新另一个表时，经常需要使用子查询，在 scott 方案的 emp 和 dept 表中，如果部门中的员工没有提成的人数超过 2 个人，那么，公司将为这些部门中的员工分配工资的 20%作为提成，在不使用内联视图时，示例语句如下：

```
UPDATE emp o
  SET o.comm = o.sal * 0.2
 WHERE o.comm IS NULL AND o.deptno IN (SELECT deptno
                                        FROM (SELECT  deptno, COUNT (*) tot
                                                FROM (SELECT *
                                                        FROM emp
                                                       WHERE comm IS NULL)
                                              GROUP BY deptno)
                                       WHERE tot > 2);
```

不使用内联视图时，编写这个语句必须要小心谨慎，以免因为错误的 WHERE 条件而导致更新的失败。如果是使用内联视图，则可以先编写一个包含所要更新的所有字段列表的 SELECT 语句，然后应用 UPDATE 进行更新，如代码 7.15 所示。

代码 7.15　在 UPDATE 语句中使用内联视图

```
UPDATE (SELECT o.comm, o.sal --这个查询语句必须要包含更新前和更新后的相关的字段
          FROM emp o
         WHERE o.comm IS NULL
           AND o.deptno IN (SELECT deptno
                              FROM (SELECT  deptno, COUNT (*) tot
                                      FROM (SELECT *
                                              FROM emp
                                             WHERE comm IS NULL)
                                    GROUP BY deptno)
                             WHERE tot > 2)) empcomm
  SET empcomm.comm = empcomm.sal * 0.2;
                     --在 SET 语句中使用在内联视图中出现的字段进行更新
```

相信读者很快会发现，在第 1 个 UPDATE 语句中出现的 WHERE 现在第 2 个语句中已经没有了，在第 2 个语句中，WHERE 子句已经被移到了内联视图中。内联视图中将返回所要更新的目标数据及要更新的原来的列。由此可见，当在 UPDATE 语句中使用内联视

图时，必须要添加一些额外的子句，来实现可更新的操作。

注意：使用内联视图进行更新时，要更新的目标表必须具有主键，比如 emp 表具有主键 empno，因此能正常更新，否则 Oracle 将抛出 ORA-01779 异常。

使用同样的方式还可以在 DELETE 语句中删除指定的数据，例如将上面语句直接换成代码 7.16 所示的 DELETE 语句，将进行删除操作。

代码 7.16　在 DELETE 语句中使用内联视图

```
scott_Ding@ORCL > DELETE FROM (SELECT o.comm,o.sal
           FROM emp o
         WHERE o.comm IS NULL
          AND o.deptno IN (SELECT deptno
                                  FROM (SELECT   deptno, COUNT (*) tot
                                          FROM (SELECT *
                                                 FROM emp
                                                WHERE comm IS NULL)
                                       GROUP BY deptno)
                              WHERE tot > 1)) empcomm
已删除 4 行。
```

可以看到，在 DML 中使用内联视图，使程序的可读性变得更清晰，这也是推荐的一种编写 DML 的方式。

当使用内联视图进行更新时，与视图的更新一样，需要满足如下的规则：

（1）当内联视图中包含多个表之间的联接时，只有一个表可以被更新。

（2）为了可以修改目标表，内联视图的结果集所查询的表必须包含主键列。

当使用内联视图进行更新时，基本上满足这两个规则就可以进行 INSERT、UPDATE 和 DELETE 操作。如果遇到 ORA-01779 这样的异常，也可以通过在内联视图上加上 Oracle 的提示（Hint）BYPASS_UJVC 来实现更新，这个 Hint 的作用是跳过 Oracle 的键检查，不过这种方式并不被 Oracle 所推荐，假定 test1 和 test2 都没有主键，为避免出现 ORA-01779 这样的异常，可以采用类似如下的方式编写 UPDATE 语句：

```
UPDATE (SELECT /*+BYPASS_UJVC*/                --使用Oracle提示跳过键检查
           a.col2 col2a, b.col2 col2b
       FROM test1 a, test2 b
      WHERE a.col1 = b.col1)
  SET col2a = col2b;
```

这种方式虽然跳过了键检查，不过假定 test2 存在重复的数据，这样的多表连接就有可能导致更新错误，从而导致意想不到的结果，因此在使用时必须慎重考虑。

7.3　物　化　视　图

物化视图与标准视图的最大不同在于它具有物理表示，它会存储创建视图的语句的查询结果。这样在执行查询时，就可以避免定义视图的 SQL 的耗时的操作，从而快速得到结果。Oracle 物化视图的出现主要是为了提高查询的性能，并且特化视图对应用是透明的，添加和删除物化视图不会影响到原有 SQL 语句的正确执行。由于物化视图存储的是查询的执行结果，因此当基表数据或结构发生变化时，必须相应地更新物化视图。

7.3.1　什么是物化视图

对于标准视图来说，每当访问一个视图时，Oracle 必须执行定义此视图的查询，这种填充视图的过程称为视图解析。由于每次用户引用视图时都必须重新执行视图解析过程，如果定义视图的语句非常复杂，那么解析将会相当耗费时间，如果要频繁访问视图，则多次重复解析视图的效率非常低。

Oracle 的物化视图用来解决这种复杂视图的性能问题。物化视图又称为实体化视图，它通过将查询语句的结果存储到物理的内部表中，在查询数据库数据时直接从物化视图保存的数据中提取数据，它常用于数据仓库环境、复杂的汇总和聚合、物化视图复制和移动计算环境中。

在创建物化视图时，可以将表、其他视图或其他物化视图作为物化视图的源表，总体而言这些表称为主表，在数据仓库环境中通常称主表为明细表。在创建物化视图时，Oracle 将自己创建一个内部表，用来存放物化视图的数据，因而物化视图会占用数据库中的空间。

图 7.4 演示了物化视图的示意性图，它展示了当用户查询一个具有物化视图的表及更新一个具有物化视图的表时，所实现的操作。

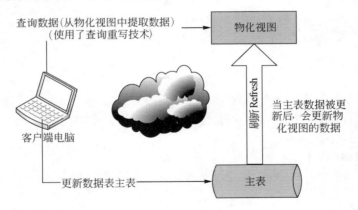

图 7.4　物化视图示意图

如果用户创建了一个物化视图，当用户查询主表中的数据时，Oracle 的查询重写技术（Query Rewrite）会自动将对主表的查询转换为对物化视图的查询，这可以避免直接对主表进行操作时的较高的 I/O 或 CPU 开销。当主表中的数据变化时，必须更新物化视图中的数据，以便使物化视图中的数据与主表中的数据保持一致。

为了演示物化视图的作用，下面将创建一个物化视图，通过 Oracle 的查询执行计划来了解物化视图的具体作用，步骤如下所示：

（1）由于创建物化视图需要具有 CREATE MATERIALIZED VIEW 的权限，因此必须为创建物化视图的用户分配权限，同时在创建物化视图时还会创建一个内部表，因此用户也必须要具有 CREATE TABLE 的权限。下面以 DBA 用户登入 Oracle，分配权限的语句如下：

```
scott_Ding@ORCL> conn sys/oracle as sysdba        --以 DBA 的身份登录 Oracle
已连接
sys_Ding@ORCL> GRANT CREATE MATERIALIZED VIEW TO scott;
                                              --创建物化视图的权限
授权成功。
sys_Ding@ORCL> GRANT QUERY REWRITE TO scott;        --查询重写的权限
授权成功。
sys_Ding@ORCL> GRANT CREATE ANY TABLE TO scott;     --创建表的权限
授权成功。
sys_Ding@ORCL> GRANT SELECT ANY TABLE TO scott;     --查询任何表的权限
授权成功。
```

在授权语句中，可以看到对于 scott 用户，除分配了 CREATE MATERIALIZED VIEW 权限之外，还分配了 QUERY WRITE 权限，以便可以使用查询重写技术访问物化视图。由于物化视图在创建时也需要创建一个内部表并且可能需要查询主表，因此也分配了 CREATE ANY TABLE 和 SELECT ANY TABLE 的权限。

（2）接下来创建一个大表，然后对这个大表进行查询，通过执行计划可以看到对这种表进行分组聚合运算的性能损耗，建表语句如下：

```
scott_Ding@ORCL> CREATE TABLE ma_table NOLOGGING
        AS
        SELECT * FROM all_objects
        UNION ALL
        SELECT * FROM all_objects;
表已创建。
scott_Ding@ORCL> SELECT COUNT(*) FROM ma_table;
  COUNT(*)
 ----------------
    142560
```

在上面的语句中创建了一个具有 14 万多行记录的表，接下来对这个表进行分组查询，通过 Oracle 的执行计划和统计信息来了解其执行的性能，示例代码如下：

```
scott_Ding@ORCL> SET AUTOTRACE TRACEONLY EXPLAIN STATISTICS;
--查看执行计划和统计信息
scott_Ding@ORCL> SELECT owner,count(*) FROM ma_table GROUP BY owner;
--分组查询 ma_table
已选择 23 行。
Execution Plan
-------------------------------------------------------------
Plan hash value: 2882449458
-------------------------------------------------------------
| Id | Operation          | Name     | Rows | Bytes | Cost (%CPU) | Time |
-------------------------------------------------------------
|  0 | SELECT STATEMENT   |          | 153K | 2555K |  569   (2) | 00:00:07 |
|  1 |  HASH GROUP BY     |          | 153K | 2555K |  569   (2) | 00:00:07 |
|  2 |   TABLE ACCESS FULL| MA_TABLE | 153K | 2555K |  564   (1) | 00:00:07 |
-------------------------------------------------------------
Note
-----
  - dynamic sampling used for this statement (level=2)
Statistics
-------------------------------------------------------------
        27  recursive calls
         0  db block gets
```

```
      2106  consistent gets
      2029  physical reads
         0  redo size
       998  bytes sent via SQL*Net to client
       426  bytes received via SQL*Net from client
```

由于在这个例子中没有对 ma_table 创建索引和主键,因此分组查询语句产生了 TABLE ACCESS FULL 全表扫描,并且产生了 2029 个物理读操作。

(3)接下来基于 ma_table 创建一个物化视图,关于物化视图的详细创建语法将在本章后面的小节中详细讨论,创建代码如下:

```
scott_Ding@ORCL> SET AUTOTRACE OFF;                    --停止显示执行计划和统计信息
scott_Ding@ORCL> CREATE MATERIALIZED VIEW my_table_aggs
                                                       --创建一个物化视图
        BUILD IMMEDIATE                                --立即装载数据到内部表
        REFRESH ON COMMIT                              --当主表更新时刷新物化视图
        ENABLE QUERY REWRITE                           --允许查询重写
        AS
        SELECT owner, COUNT(*)
        FROM ma_table
        GROUP BY owner;                                --物化视图的 SELECT 子句
实体化视图已创建。
```

上面的代码演示了创建物化视图的简单语法,它创建了对于 ma_table 分组查询的物化视图,视图创建时就立即构建了视图数据,REFRESH ON COMMIT 指示在提交对主表的更改时就刷新物化视图,ENABLE QUERY REWRITE 指定开启查询重写服务,这表示当用户查询主表时,将会透明地重写查询以使用新创建的物化视图而不是基础主表。

(4)下面通过再次对 ma_table 进行分组查询可以看到物化视图的作用,代码如下:

```
scott_Ding@ORCL> SET AUTOTRACE TRACEONLY EXPLAIN STATISTICS;
scott_Ding@ORCL> SELECT owner,count(*) FROM ma_table GROUP BY owner;
已选择 23 行。
Execution Plan
----------------------------------------------------------
Plan hash value: 3709818580
--------------------------------------------------------------------------------
| Id | Operation                | Name         | Rows | Bytes | Cost (%CPU)| Time|
--------------------------------------------------------------------------------
|0 | SELECT STATEMENT            |              |  23  |  690  |  3 (0)| 00:00:01 |
|1 |  MAT_VIEW REWRITE ACCESS FULL| MY_TABLE_AGGS| 23 | 690  |  3 (0)| 00:00:01 |
--------------------------------------------------------------------------------

Note
-----
  - dynamic sampling used for this statement (level=2)
Statistics
----------------------------------------------------------
         9  recursive calls
         0  db block gets
        81  consistent gets
         0  physical reads
         0  redo size
       998  bytes sent via SQL*Net to client
       426  bytes received via SQL*Net from client
         3  SQL*Net roundtrips to/from client
         0  sorts (memory)
```

```
     0  sorts (disk)
    23  rows processed
```

虽然同样是查询 ma_table 表，但是可以发现创建了物化视图之后，两者之间的性能表现就变得截然不同了。通过执行计划可以看到，Oracle 的查询重写技术将对主表的查询重写为对物化视图的访问，通过统计信息可以看到，Oracle 只使用了很少的读取就快速显示出了数据，这无疑大大提升了查询的性能。

可以发现物化视图与索引具有某些共同的特性，比如索引数据会被更新，物化视图也会，索引占用存储空间，物化空间也包含实际的数据，占用实际的存储空间。当主表中的数据发生更改时，它们可以被刷新。当查询主表时，查询重写技术可以透明地将对主表的查询切换为对物化视图的查询，而且物化视图的存在对于 SQL 应用程序和用户来说都是透明的。

7.3.2　创建物化视图

物化视图使用 CREATE MATERIALIZED VIEW 语句进行创建，由于物化视图会创建一个内部表来保存查询的结果数据，因此它包含很多指定物化视图的存储与刷新的参数，如查参考 Oracle 文档库中的《Oracle Database SQL Language Reference》中的 CREATE MATERIALIZED VIEW 语句的话，可以看到创建物化视图包含了相当多的参数设置，不过在实际的工作中一般仅使用其中的部分参数，CREATE MATERIALIZED VIEW 语法如下：

```
CREATE MATERIALIZED VIEW [view_name]
REFRESH [FAST|COMPLETE|FORCE]
[
ON [COMMIT|DEMAND] |
START WITH (START_TIME) NEXT (NEXT_TIME)
]
[BUILD IMMEDIATE|BUILD DEFERRED]
[ { DISABLE | ENABLE } QUERY REWRITE ]
AS
{SQL STATEMENT}
```

物化视图的创建语法中有很多与物化视图表刷新或数据更新相关的选项，部分选项的含义如下所示。

1. REFRESH [FAST|COMPLETE|FORCE]选项指定视图刷新的方式

❑ FAST 增量刷新：假设前一次刷新的时间为 T1，那么使用 FAST 模式刷新物化视图时，只向视图中添加 T1 到当前时间段内，基表变化过的数据。为了记录这种变化，建立增量刷新物化视图还需要一个物化视图日志表。创建语法如下所示：

```
SQL> CREATE MATERIALIZED VIEW LOG ON emp;
实体化视图日志已创建。
```

❑ COMPLETE 全部刷新：相当于重新执行一次创建视图的查询语句。
❑ FORCE：这是默认的数据刷新方式。当可以使用 FAST 模式时，数据刷新将采用 FAST 方式；否则使用 COMPLETE 方式。

2. ON [COMMIT|DEMAND]指定数据刷新的时间

- ❑ ON DEMAND，在用户需要刷新的时候刷新，这里就要求用户自己动手去刷新数据了（也可以使用 Oracle 中的 JOB 定时刷新）。
- ❑ ON COMMIT，当主表中有数据提交的时候，立即刷新物化视图中的数据。
- ❑ START WITH，从指定的时间开始，每隔一段时间（由 NEXT 指定）就刷新一次。

3. 物化视图的创建方式

- ❑ BUILD IMMEDIATE，在创建物化视图的时候就根据查询生成数据，这是默认的设置项。
- ❑ BUILD DEFERRED，在创建时不生成数据，以后根据需要再生成数据。

4. 启用或禁用查询重写

- ❑ ENABLE QUERY REWRITE，启用查询重写将对物化视图基表的查询转换为对物化视图的查询，以便提高查询的性能。
- ❑ DISABLE QUERY REWRITE，禁用查询重写。

5. 刷新时间间隔

- ❑ START WITH，第一次刷新时间。
- ❑ NEXT，刷新时间间隔。

尽管物化视图创建语法的参数相当多，在创建时也可以不指定任何参数，就像创建标准的视图语法那样，直接使用 CREATE MATERIALIZED VIEW 来创建一个物化视图，Oracle 将使用默认的语法来创建这个物化视图。下面的代码使用最简单的语法创建了一个物化视图：

```
scott_Ding@ORCL> CREATE MATERIALIZED VIEW ma_emp_count AS
                 SELECT deptno,COUNT(*) deptnum FROM emp GROUP BY deptno;
实体化视图已创建。
```

笔者在 TOAD 中提取了这个物化视图的部分创建代码，代码如下：

```
CREATE MATERIALIZED VIEW SCOTT.MA_EMP_COUNT        --创建物化视图
TABLESPACE USER                                    --指定物理存储的表空间
--省略存储参数语句
LOGGING
NOPARALLEL
BUILD IMMEDIATE                                    --立即构建物化视图
USING INDEX                                        --索引的存储参数子句
REFRESH FORCE ON DEMAND                            --仅在需要时刷新物化视图
WITH PRIMARY KEY                                   --创建主键物化视图
AS
SELECT   deptno, COUNT (*) deptnum                 --物化视图的查询语句
    FROM scott.emp
GROUP BY deptno;
```

由代码中可以看到，由于物化视图会创建一个内部表来存储物化视图的数据，因此默

认情况下会指定表的物理存储参数，比如表空间和其他详细的存储参数。BUILD IMMEDIATE 表示默认情况下，物化视图会立即构建；REFRESH FORCE ON DEMAND 指定物化视图的刷新参数，ON DEMAND 表示仅在需要时才会刷新物化视图，这需要用户手工对物化视图进行刷新操作。WITH PRIMARY KEY 指定物化视图是一个主键物化视图。

物化视图按照其使用方法可以分为 4 类：物化聚合视图、物化连接视图、基于主键和基于 ROWID 的单表聚合视图以及 UNION ALL 物化视图。其中 UNION ALL 物化视图的每个分支都可以是一个物化视图，这依赖于查询的子句，默认情况下使用 WITH PRIMARY KEY 创建一个主键的物化视图。

🔊注意：当创建一个物化视图时，Oracle 会在物化视图的当前方案内部创建一个表，并且至少会创建一个索引，Oracle 使用这些方案对象来维护物化视图的数据。

下面来看一下刷新的工作方式。刷新是指当基表的数据发生变化时，如何更新物化视图中的数据。默认情况下，REFRESH FORCE 为刷新模式，这种模式是指如果 Oracle 数据库可以使用快速刷新，那么就使用快速刷新，如果 Oracle 无法使用快速刷新，那么就使用 COMPLETE 完全刷新模式。

REFRESH FAST 是指定物化视图使用快速刷新方法，这种方式将基于一个时间点进行刷新，也称为增量刷新模式，这个模式需要用物化视图日志来捕捉对基表的所有更改。

下面的代码使用 CREATE MATERIALIZED VIEW LOG 语句创建了 scott 方案下的 emp 表的物化视图日志：

```
scott_Ding@ORCL> CREATE MATERIALIZED VIEW LOG ON emp  --创建物化视图日志
                WITH PRIMARY KEY              --指定在物化视图日志中记录更改主键
                INCLUDING NEW VALUES;
实体化视图日志已创建。
```

在这个例子中，创建了一个物化视图日志，WITH PRIMARY KEY 将指定在物化视图日志中记录主键信息。物化视图日志是一个用于记录基表数据更改的模式对象，以便可以以增量方式刷新物化视图。每个物化视图日志都与单个基表相关联。物化视图日志与其主表驻留在同一个数据库和模式内。

接下来就可以创建一个物化视图，使用 REFRESH FAST 指定增量刷新方式，创建语句如下：

```
scott_Ding@ORCL> CREATE MATERIALIZED VIEW emp_data
                REFRESH FAST
                AS SELECT * FROM emp;
实体化视图已创建。
```

创建物化视图日志后，查询 MLOG$_基表的名称，基表名称如果超过 20 位的话，只取前 20 位，比如对于 emp 来说，则可以查询 MLOG$_emp，来获取到物化视图日志的信息。在 SQL*Plus 中查看 MLOG$_emp 的字段结构如下：

```
scott_Ding@ORCL> DESC mlog$_emp;
Name                                       Null?          Type
----------------------------------------- -------------- -------------------
EMPNO                                      NUMBER(4)      --主键列
SNAPTIME$$                                 DATE           --用于表示刷新时间
```

```
  --表示 DML 操作类型，I 表示 INSERT，D 表示 DELETE，U 表示 UPDATE
 DMLTYPE$$                                         VARCHAR2(1)
  --用于表示这个值是新值还是旧值。N（EW）表示新值，O（LD）表示旧值，U 表示 UPDATE
操作
 OLD_NEW$$                                         VARCHAR2(1)
  --表示修改矢量，用来表示被修改的是哪个或哪几个字段
 CHANGE_VECTOR$$                                   RAW(255)
 XID$$                                             NUMBER
```

可以看到，在创建物化视图日志时，使用 WITH PRIMARY KEY 属性后，在物化视图日志中就包含了 empno 这个主键列。接下来使用如下语句向 emp 表插入一条新的记录：

```
scott_Ding@ORCL> INSERT INTO emp VALUES(8099,'张大百','分析员',
7369,SYSDATE,2000,100,20);
已创建 1 行。
```

通过查询 MLOG$_emp，可以看到这个新插入的记录也增加到了 MLOG$_emp 表中：

```
scott_Ding@ORCL> SELECT * FROM MLOG$_emp;
    EMPNO SNAPTIME$$             D  OLD_NEW$$   CHANGE_VECTOR$$        XID$$
    ----- -------------------- -- ----------- ---------------- ----------
     8099 4000-01-01 12:00:00  I   N             FEFF             2.2518E+15
```

通过查询的结果可以看到，Oracle 果然在 MLOG$_emp 中插入了新的值，Oracle 将根据这个表中的记录来实现增量的快速刷新操作。

此时如果查询 emp_data 物化视图，会发现新插入的数据根本不存在于物化视图中，这是因为物化视图使用 ON DEMAND 的更新模式，需要手动进行物化视图的刷新。这需要使用到 Oracle 的内置包 DBMS_MVIEW 中的 refresh 方法，使用方式如下所示：

```
scott_Ding@ORCL> exec dbms_mview.refresh('EMP_DATA','F');
PL/SQL procedure successfully completed.
```

手动使用 DBMS_MVIEW.refresh 进行了增量刷新后，再次查询 emp_data 物化视图，就可以看到新插入的员工编号为 8099 的数据，如以下语句所示：

```
scott_Ding@ORCL> SELECT * FROM emp_data WHERE empno=8099;
    EMPNO ENAME   JOB    MGR  HIREDATE                SAL    COMM  DEPTNO
    ----- ------- ------ ---- -------------------- ------- ------ ------
     8099 张大百  分析员 7369 2012-12-27 05:32:11    2000    100     20
```

在 DBMS_MVIEW.refresh 方法的参数中'F'参数表示进行增量快速刷新，因此它会根据在 MLOG$_emp 中的记录来实现增量刷新操作。有时，当对一个非常大的基表创建物化视图后，如果使用 ON COMMIT 模式，将会造成对物化视图的更新，从而导致性能下降。通过使用 ON DEMAND 模式，可以在空闲的时候手动地更行更改，以便绕开繁忙的时间而提高查询速度。

7.3.3　修改物化视图

使用 ALTER MATERIALIZED VIEW 语句可以修改一个已经存在的物化视图：对于已经存在的物化视图，使用 ALTER MATERIALIZED VIEW 语句可以更改如下特性：

- ❑ 更改物化视图的存储特性。
- ❑ 更改物化视图的刷新方法、模式或刷新的时间。
- ❑ 可以修改其结构使之成为一种不同类型的物化视图。
- ❑ 允许或禁用查询重写。

修改物化视图的基本的语法结构如下：

```
ALTER MATERIALIZED VIEW
 [ schema. ] materialized_view                      --要修改的物化视图的名称
 [ physical_attributes_clause]                      --物化视图的物理存储子句
 [ USING INDEX physical_attributes_clause ]         --索引的物理属性子句
 [ MODIFY REFRESH                                   --更改刷新方法
 { { FAST | COMPLETE | FORCE }
 | ON { DEMAND | COMMIT }                           --指定刷新模式
 | { START WITH | NEXT } date
 | WITH PRIMARY KEY                                 --指定视图类型
 | USING                                            --指定物理存储子句
    { DEFAULT MASTER ROLLBACK SEGMENT
    | MASTER ROLLBACK SEGMENT rollback_segment
    }
 | USING { ENFORCED | TRUSTED } CONSTRAINTS
 }
]
[ { ENABLE | DISABLE } QUERY REWRITE               --更改查询重写特性
 | COMPILE                                          --显示的重新验证物化视图
 | CONSIDER FRESH
 ] ;
```

ALTER MATERIALIZED VIEW 语句的很多子句的使用方式与 CREATE MATERIALIZED VIEW 语句是一样的，例如下面的语句使用 ALTER MATERIALIZED VIEW 更改了 emp_data 的刷新模式和更新的时间，它使用了 START WITH 和 NEXT 子句来指定下次开始的时间及特定的时间周期，示例代码如下：

```
scott_Ding@ORCL> ALTER MATERIALIZED VIEW emp_data
            REFRESH COMPLETE                --指定完全刷新模式
            START WITH TRUNC(SYSDATE+1) + 9/24
                                            --起始刷新日期是明天的 9 点
            NEXT SYSDATE+7;                 --刷新的周期是一周之后
实体化视图已更改。
```

在这个语句中，通过 ALTER MATERIALIZED VIEW 语句，指定 REFRESH 刷新的方式为 COMPLETE，表示完全刷新，START WITH 指定刷新时间为当天第二个日期的 9 时，NEXT 指定的刷新周期为 7 天。通过 START WITH 和 NEXT 子句指定了 Oracle 会在某些特定的时刻来自动刷新物化视图，这样可以对物化视图进行定期的完整刷新。

下面的语句使用了 WITH PRIMARY KEY 更改物化视图为主键物化视图（假定该物化视图为其他类型的物化视图），使用 ENABLE QUERY RWRITE 指定开始查询重写（假定该物化视图禁用了查询重写），示例代码如下：

```
scott_Ding@ORCL> ALTER MATERIALIZED VIEW emp_data
            REFRESH WITH PRIMARY KEY        --更改物化视图的结构为主键物化视图
            ENABLE QUERY REWRITE;           --启用物化视图的查询重写选项
实体化视图已更改。
```

可以看到，经过上面两个 ALTER MATERIALIZED VIEW 语句的使用，物化视图现在不仅变更了刷新方式，也更改了刷新的时间，另外还更改了查询重写特性及物化视图本身的结构信息。

7.3.4 删除物化视图

当不再需要使用物化视图时，可以使用 DROP MATERIALIZED VIEW 语句移除一个已经存在的物化视图，使用这个语句后，Oracle 数据库将会直接移除掉物化视图的定义，并不会将其放到回收站中，因此在物化视图被删除后无法进行恢复。删除物化视图的语法如下：

```
DROP MATERIALIZED VIEW [ schema. ] materialized_view
   [ PRESERVE TABLE ] ;
```

语法中的 materialized_view 用来指定物化视图的名称，PRESERVE TABLE 子句用于指定当物化视图删除后，保留物化视图的内部表，这个表与被移除的物化视图具有相同的名称。

物化视图如果包含了日志，可以使用 LOG ON 选项删除日志，基本语法如下：

```
DROP MATERIALIZED VIEW LOG ON [ schema. ] table ;
```

举个例子，要删除上一小节中创建的物化视图和物化视图日志，可以使用如下语句：

```
SQL> DROP MATERIALIZED VIEW emp_data;
实体化视图已删除。
SQL> DROP MATERIALIZED VIEW LOG ON emp;
实体化视图日志已删除。
```

经过上述的操作后，物化视图和其物化视图的日志就从数据库中被彻底移除了。

7.4 小　　结

本章介绍了 Oracle 中用来呈现数据的视图。在 Oracle 中视图又可分为标准视图、内联视图和物化视图，本章首先讨论了视图的作用与分类，然后介绍了标准视图中的简单视图和复杂视图的创建语法，并讨论了如何在视图上应用 DML 语句，以及如何删除不需要使用的视图。在内联视图部分，讨论了什么是内联视图和内联视图与嵌入的父 SQL 语句的执行顺序，然后介绍了如何在 DML 语句中使用内联视图来完成复杂的数据修改操作。本章最后简要介绍了物化视图，物化视图的作用以及如何创建物化视图，并且详细介绍了物化视图的更新方式和更新时机，以及如何启用或禁用查询重写，最后讨论了如何修改和删除物化视图。

第8章 序列和同义词

在数据库设计过程中，通常需要一些无意义列来定义主键，在 SQL Server 中具有自动增长字段用来创建一个自增的主键列，在 Oracle 中没有这样的自增字段，它提供了序列来解决自动增长的字段值，并且提供了比 SQL Server 更具弹性的使用方式。同义词是方案对象的一个别名，例如可以为一个表、视图、序列、PL/SQL 程序单元、用户定义的对象类型或另一个同义词来创建同义词，由于它只是一个别名，因此除了在数据字典中存储其定义元数据之外，同义词不需要任何其他的存储空间。

8.1 使用序列

序列是 Oracle 中的一个方案对象，一旦被创建，就写入到了数据字典中，它可以被多个用户使用来产生唯一的序列号，很多的数据库表都通过数字列作为主键，使用序列来产生唯一的键值。由于序列作为一个全局的方案对象而存在，因此不仅可以在 SQL 语句中使用它来生成唯一性编号，还可以在 PL/SQL 程序代码中使用序列。序列生成器提供了高可扩展性和性能良好的方法，而且在使用上也非常简单。

8.1.1 序列的作用

在数据库中，很多地方都需要使用序列，比如订单流水号，需要使用唯一的自动编号的数字值，还有车船票据的票据号，各种发票编号等。这些编号必须要保持唯一，用来唯一地识别一个现实世界中的实体。如果没有序列对象，顺序值只能由 PL/SQL 子程序来实现，这会遇到锁定和多用户并发的问题，很容易导致序列重复，或者是用户的等待。使用一个独立的序列对象就不会有这样的问题。序列与使用序列的各种方案对象的关系如图 8.1 所示。

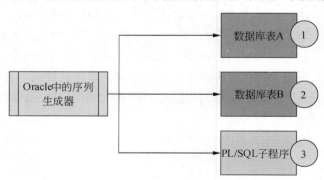

图 8.1　序列与其他方案对象的关系

由图 8.1 中可以看到，序列是一种独立的方案对象，可以被当前方案中的其他对方案对象使用来获取其值，因此在图中，有可能表 A 获取了序列号的值为 1，表 B 再次获取序列号的值时，序列递增为 2，PL/SQL 子程序中再次调用序列时，由于序列值已经变化了，PL/SQL 子程序获取的序列值为 3。

下面的例子中，创建了 2 个表，seq_01 和 seq_02，这两个表都有一个整型的 id 字段，创建表的语句如代码 8.1 所示。

代码 8.1　创建序列示例表

```
--创建表 seq01
CREATE TABLE seq_01(ID NUMBER PRIMARY KEY,        --主键 id
                NAME VARCHAR2(100)                --字段名称
                );
--创建表 seq02
CREATE TABLE seq_02(ID NUMBER PRIMARY KEY,        --主键 id
                NAME VARCHAR2(100)                --字段名称
                );
```

接下来创建了一个序列，序列是一个方案对象，需要使用 CREATE SEQUENCE 语句进行创建。创建后它是一个与表或视图类似的方案对象，在本章下一节将详细讨论序列的创建语法，本节示例的语句如代码 8.2 所示。

代码 8.2　序列创建代码

```
--创建序列
CREATE SEQUENCE seq_generator
    INCREMENT BY 1                        --增长幅度为 1
    START WITH 1                          --起始值为 1
    MAXVALUE 9999999                      --最大值
    NOCYCLE NOCACHE;                      --不循环和缓冲
```

在 SQL Server 中，当指定一个字段为自动增长字段后，不需要创建任何自增对象，由 SQL Server 内部实现对于该类字段的自动增长，在 Oracle 中则需要显式地创建序列对象，这样在使用 INSERT 等需要使用序列的地方就需要显式地使用序列，例如下面的语句分别向 seq_01 和 seq_02 表中插入了 1 条数据，使用了序列来向主键中指定值，INSERT 语句如下：

```
INSERT INTO seq_01 VALUES(seq_generator.NEXTVAL,'第 1 次使用序列');
                                                --使用序列插入键值
INSERT INTO seq_02 VALUES(seq_generator.NEXTVAL,'第 2 次使用序列');
                                                --使用序列插入键值
```

在示例中使用同一个序列分别向两个表中插入了数据，通过查询结果可以看到，同一个序列果然在不同的表之间进行了递增，查询结果如下：

```
scott_Ding@ORCL> SELECT * FROM seq_01;
      ID    NAME
      --- -------------------------
       1    第 1 次使用序列
scott_Ding@ORCL> SELECT * FROM seq_02;
```

```
ID   NAME
---  --------------------------
 2   第 2 次使用序列
```

通过示例可以看到，使用 seq_generator.NEXTVAL 可以获取序列对象的递增值，通过在 INSERT 语句中调用序列的 NEXTVAL，可以获取到当前序列的下一个值，这样在 seq_01 中的 id 字段得到的序列值为 1，在 seq_02 中的 id 字段得到的序列值为 2。

可见，Oracle 中的序列与 SQL Server 或 Access 最大的区别就是它是一个独立的方案对象，需要显式地创建，而且序列可以用于在多用户环境中生成唯一编号，不会引起磁盘 I/O 开销或事务锁定，因此当两个用户同时向 seq_01 的表中插入新行时，任何用户都不必等待别人输入下一个可用的序列号，序列将自动为每个用户生成正确的值。

8.1.2 创建自增序列

通过上一小节已经看到，CREATE SEQUENCE 语句可以用来创建一个序列。序列是一个数据库方案对象，可以同时被多个用户使用来生成唯一的整数值。一般会使用序列来生成表的主键值。

注意：序列独立于事务的提交或回滚，因此当用户使用序列并回滚了事务之后，可能会导致序列号具有间隙。考虑到应用程序可能需要没有间隙的数字的话，则不能使用 Oracle 的序列，必须在数据库中使用自己开发的代码来序列化程序的行为。

在定义一个序列时，需要如下所示的常规信息：
- ❑ 序列的名称。
- ❑ 序列是升序还是降序。
- ❑ 序列编号之间的间隔。
- ❑ 数据库是否要在内存中缓存生成序列号的集合。
- ❑ 当序列超出最大值时是否要重复使用序列。

由于序列独立于表而存在，因此同一个序列可以作用于多个表。使用 CREATE SEQUENCE 创建序列的语法如下：

```
CREATE SEQUENCE sequence        --指定序列的名称
[INCREMENT BY n]                --步进值
[START WITH n]                  --起始值
[{MAXVALUE n | NOMAXVALUE}]     --最大值
[{MINVALUE n | NOMINVALUE}]     --最小值
[{CYCLE | NOCYCLE}]             --是否循环使用
[{CACHE n | NOCACHE}];          --是否缓存
```

其语法的基本含义如下所示：
- ❑ Sequence，指定序列的名称。
- ❑ INCREMENT BY，用于定义序列的步进值，默认的步进值为 1，如果出现负值，则代表序列的值是按照此步长递减的，比如如果指定为-1，表示是递减 1。
- ❑ START WITH，定义序列的初始值（即产生的第一个序列值），默认为 1。
- ❑ MAXVALUE，定义序列能产生的最大序列值。NOMAXVALUE 是默认选项，表示没有最大值定义，这时对于递增序列，系统能够产生的最大值是 10 的 27 次方；对于递减序列，最大值是-1。

- □ MINVALUE，定义序列能产生的最小序列值。NOMAXVALUE 是默认选项，表示没有最小值定义，这时对于递减序列，系统能够产生的最小值是 10 的 26 次方；对于递增序列，最小值是 1。

- □ CYCLE 和 NOCYCLE，表示当序列的值达到最大值后是否循环生成。CYCLE 代表循环，NOCYCLE 代表不循环。如果循环，则当递增序列达到最大值时，序列自动从起始值开始；对于递减序列达到最小值时，循环到最大值。如果不循环，达到限制值后，继续产生新值就会发生错误。

- □ CACHE(缓冲)，定义存放序列的内存块的大小，默认为 20。NOCACHE 表示不对序列进行内存缓冲。对序列进行内存缓冲，可以改善序列的性能。

要在当前方案下创建序列，用户必须具有 CREATE SEQUENCE 系统权限，要在其他方案下创建序列，用户必须具有 CREATE ANY SEQUENCE 系统权限。

下面的语句创建了一个名为 orders_seq 的序列，这个序列用于订单表的主键列，它从 1000 开始，没有最大值，每次的步进值为 1，不进行重复使用也不进行缓存，如代码 8.3 所示。

代码 8.3   不缓存和循环使用的序列

```
CREATE SEQUENCE orders_seq       --指定序列的名称
 START WITH    1000              --指定序列的起始值
 INCREMENT BY  1                 --指定序列的步进值
 NOCACHE                         --不进行数据库缓存
 NOCYCLE;                        --不进行循环使用
```

在这个创建语句中没有指定 MAXVALUE 或 MINVALUE，那么 Oracle 将自动使用默认的 NOMAXVALUE 和 NOMINVALUE 值，也就是默认的最小值为 1，默认的最大值不进行任何限制。

注意：当序列用于产生主键值，不建议使用 CYCLE 选项，因为重复产生序列值会导致主键出现重复值，导致操作出现异常。

使用集成化环境而非 SQL*Plus 的用户，可以借助于这些管理开发工具提供的图形化环境来创建序列，例如对于 PL/SQL Developer 来说，可以通过主菜单中的"文件｜新建｜序列"菜单项，来实现 PL/SQL Developer 将弹出如图 8.2 所示的窗口。

图 8.2   PL/SQL Developer 创建序列窗口

可以看到，PL/SQL Developer 提供了可视化的窗口，用户只需要在相应的选项中输入值即可，比如在"名称"文本框中输入 orders_seq，在"开始于"和"增量"文本框中分别指定值为 1，单击"应用"按钮，PL/SQL Developer 将创建一个序列。并且对于未填入值的文本框，PL/SQL Developer 将会自动使用默认值进行填充。在创建了名为 orders_seq 的序列后，通过单击"查看 SQL"按钮，PL/SQL Developer 将会在代码窗口中显示创建序列的代码，如图 8.3 所示。

在 TOAD 中也提供类似的创建序列的可视化窗口，而且也提供了查看创建序列的 SQL 语句的能力，它还提供了 Schedule 的功能，可以将创建序列的工作调度到某个特定的时间来进行创建。要在 TOAD 中创建序列，单击主菜单中的"Database | Create | Sequence"菜单项，将弹出如图 8.4 所示的窗口。

图 8.3　PL/SQL Developer 的创建序列代码　　　　图 8.4　在 TOAD 中的创建序列窗口

在指定了序列的相关参数后，单击 Execute 按钮，将立即开始创建一个序列，如果单击 Show SQL 按钮，将显示用于创建序列的按钮，单击 Schedule...按钮，允许用来调度创建序列的时间，比如可以指定在空闲的时间创建序列。

8.1.3　NEXTVAL 和 CURRVAL 伪列

创建好序列之后，要引用序列中递增的值，需要使用 Oracle 的伪列，比如前面见到的 NEXTVAL 伪列。伪列的行为与表列的行为比较相似，但是并没有实际存储在表中，它们有时候像一个不带参数的函数，用来返回一个特定的值。对于序列来说，通常使用如下两个伪列来获取其序列的值。

❑ NEXTVAL，获取当前序列的下一个序列值。
❑ CURRVAL，当 NEXTVAL 获取到下一个值后，CURRVAL 的当前值就指向 NEXTVAL 获取的值。

在使用这两个伪列时，必须要用序列名进行限定，使用的语法如下：

```
序列名.NEXTVAL;
序列名.CURRVAL;
```

序列的使用顺序通常是：

（1）首先使用 NEXTVAL 获取序列的下一个值。

（2）然后可以通过 CURRVAL 访问当前序列的值，也就是上一步通过 NEXTVAL 提取的序列值。

当创建了序列之后，必须首先使用 NEXTVAL 获取到序列的初始值，后续调用 NEXTVAL 时将会按照序列中定义的步进值进行递增，在使用 NEXTVAL 获取序列的初始值之后，才能使用 CURRVAL 返回序列的当前值，这个当前值是由 NEXTVAL 计算返回的。如果没有使用 NEXTVAL 获取初始值就直接调用 CURRVAL 获取当前值，Oracle 将会抛出 ORA-08002 异常。

下面创建一个订单表 Orders，这个订单表包含订单 id、订单编号、产品编号、订单数量和订单日期，其中订单 id 是主键列，它用来存放一个无意义的整型值，也称为代理键，建表示例如代码 8.4 所示。

代码 8.4　创建代码键示例表

```
scott_Ding@ORCL> CREATE TABLE orders(
    order_id INT PRIMARY KEY,                    --订单id
    order_no VARCHAR2(20) NULL,                  --订单编号
    product_id INT NULL,                         --产品编号
    qty NUMBER NULL,                             --订单数量
    order_date DATE NULL                         --产品日期
    );
表已创建。
```

在成功创建表之后，接下来就可以使用 orders_seq 序列向表中插入主键数据，可以在如下的几个地方使用伪列：

❑ 在顶层的 SELECT 语句（而不是在子查询、物化视图或视图的查询语句中）的选择列表中使用 CURRVAL 和 NEXTVAL 伪列。

❑ 在 INSERT..SELECT 语句的选择列表中使用 CURRVAL 和 NEXTVAL 伪列。

❑ 在 INSERT 语句的 VALUE 子句中使用伪列。

❑ 在 UPDATE 语句的 SET 子句中使用伪列。

可以看到，不仅可以在 UPDATE、INSERT 等语句中使用 NEXTVAL 和 CURRVAL 来使用伪列，还可以使用 SELECT 语句来获取 NEXTVAL 和 CURRVAL 的值，对于一个序列来说，应该总是先使用 NEXTVAL 获取序列中的递增值，如果一开始就使用 CURRVAL，可以看到 Oracle 抛出了异常，示例代码如下：

```
scott_Ding@ORCL> SELECT orders_seq.CURRVAL FROM DUAL;
SELECT invoice_seq.CURRVAL FROM DUAL
       *
ERROR 位于第 1 行:
ORA-08002: 序列 ORDERS_SEQ.CURRVAL 尚未在此进程中定义
```

可以看到如果没有首先显式地使用 NEXTVAL，直接使用 CURRVAL 则会导致抛出异常，相反，如果先使用 NEXTVAL，则 CURRVAL 就保存了该 NEXTVAL 的值，示例代码

如下：

```
scott_Ding@ORCL> SELECT orders_seq.NEXTVAL,orders_seq.CURRVAL FROM dual;
  NEXTVAL    CURRVAL
  -------- -------------------------------
    1000       1000
```

由查询可以看到，当使用 NEXTVAL 伪列获取序列中的值之后，CURRVAL 中的值就保存了 NEXTVAL 取回的值，这使得可以在其他的地方通过 CURRVAL 来访问由 NEXTVAL 产生的值。下面的语句演示了如何使用 NEXTVAL 和 CURRVAL 伪列向 orders 表来插入一条订单数据：

```
scott_Ding@ORCL> INSERT INTO orders
                 (order_id, order_no, product_id, qty, order_date)
                 VALUES
                 (orders_seq.NEXTVAL, 'ORD' || orders_seq.CURRVAL, 0, 100,
TRUNC(SYSDATE));
已创建 1 行。
scott_Ding@ORCL> SELECT * FROM orders;
  ORDER_ID  ORDER_NO         PRODUCT_ID   QTY   ORDER_DATE
  --------  ---------------  ------------  ----- --------------------
    1009    ORD1009              0         100   02-JAN-13
```

在这个语句中，使用 NEXTVAL 伪列向 order_id 列插入了代理键，这是一个无意义的主键，使用 CURRVAL 伪列可以重复使用 NEXTVAL 产生的递增值，在示例中使用 CURRVAL 来创建一个订单编号，它以 ORD 作为前缀，因此可以看到查询出来的结果值中，order_no 的流水号与 order_id 是完全相同的。

使用 CURRVAL 伪列主要用于重用 NEXTVAL 的值，特别是主从表的场合，假定有一个表名为 order_detail，当向 orders 表中使用 NEXTVAL 插入了一行记录后，可以通过 CURRVAL 重用 NEXTVAL 的值，在 order_detail 表中插入与 order 表相关联的订单记录，示例代码如下：

```
--插入订单明细信息
INSERT INTO order_detail
  (order_id, line_item_id, product_id)
VALUES
  (orders_seq.CURRVAL, 3, 2381);
```

当使用这个 INSERT 语句插入后，向 order_detail 中插入了一个 order_id 主键列值，这样就建立了订单与订单明细之间的主外键的关联关系。

在使用 INSERT 语句和 UPDATE 语句时，如果语句因为某些原因执行失败，导致事务回滚，但是序列不会回滚，NEXTVAL 一旦产生值，就不会进行回滚，只会向前递增，因此会出现很多序列的间隙。

有一些地方不能使用序列，会导致 Oracle 抛出异常，不能使用序列的场合如下：

❑ 查询视图时的 SELECT 列表。

❑ 具有 DISTINCT 关键字的 SELECT 语句。

❑ 具有 GROUP BY、HAVING 或 ORDER BY 子句的 SELECT 语句。

❑ 位于 SELECT、DELETE 或 UPDATE 语句中的子句。

❑ 在 CREATE TABLE 或 ALTER TABLE 语句中的 DEFAULT 表达式。

如果在这些地方使用序列，将会导致 Oracle 抛出异常，因此在使用序列编号时需要认真注意。

8.1.4　修改序列

修改序列使用 ALTER SEQUENCE 语句，它的语法如下：

```
ALTER  SEQUENCE  sequence            --所要修改的序列名
      [INCREMENT BY n]               --指定步进值
      [{MAXVALUE n | NOMAXVALUE}}]   --指定最大值
      [{MINVALUE n | NOMINVALUE}}]   --指定最小值
      [{CYCLE | NOCYCLE}}]           --是否循环
      [{CACHE n | NOCACHE}}];        --是否缓存序列
```

可以看到，修改序列基本上就是对 CREATE SEQUENCE 语句中的相关序列选项进行修改，下面列出了修改序列的一些要点：

❑ 为了使用不同的数值重新开始一个序列，必须移除并且重新创建该序列。

❑ 如果更改了 INCREMENT BY 值，也就是步进值，在首次调用 NEXTVAL 之前，一些序列数值将被跳过，因此如果想保留原来的 START WITH 的值，必须移除并且使用原来的 START WITH 和新的 INCREMENT BY 值重新创建序列。

❑ Oracle 数据库会完成一些验证，比如一个新的 MAXVALUE 的值就不能小于当前的序列值。

如果序列的步进值需要修改，或者是修改序列的最大值和最小值等，另一个可能的原因是序列已经到了 MAXVALUE 指定的最大值，如果再次使用序列会产生异常，为了继续使用这个序列，就不得不对序列的 MAXVALUE 进行扩展。

下面是修改序列的几个限制，以避免在修改序列时产生异常：

❑ 不能修改序列的起始值，如果要对起始值进行变更，只能先删除当前序列，再创建一个同名的序列。

❑ 序列的最小值不能大于序列的当前值，否则会导致序列出现异常。

❑ 序列的最大值不能小于序列的当前值，很明显，否则会造成重复值出现。

❑ 要确保修改后的序列规则不影响以前的序列值，只有未来的序列值会受到影响。

❑ 要能修改序列，用户必须具有 ALTER SEQUENCE 的权限。

下面的语句演示了修改序列 seq_generator 的 MAXVALUE 为 99999，并且指定 CYCLE，表示该序列将支持循环重复使用，示例语句如下：

```
scott_Ding@ORCL> ALTER SEQUENCE seq_generator MAXVALUE 99999 CYCLE;
Sequence altered.
```

可以看到，通过 ALTER SEQUENCE，可以对一些主要的序列的特性进行修改，不过由于序列是一个轻量级的相对独立的对象，因此如果序列不能够满足要求，完全可以删除进行重建，一些需要考虑序列间隙的程序，可以通过创建一个具有自治事务的子程序来实现序列的生成。

如果想了解一下违反序列规则产生的异常，比如可以将序列的 MAXVALUE 修改为比当前序列值还小的值，Oracle 将抛出 ORA-04009 异常，比如 seq_generator.CURRVAL 的值为 53，下面的语句将 MAXVLAUE 修改为 20，SQL*Plus 中可以看到如下结果：

```
scott_Ding@ORCL> SELECT seq_generator.NEXTVAL FROM dual;

   NEXTVAL
-------------------
        54

scott_Ding@ORCL> ALTER  SEQUENCE seq_generator
                INCREMENT BY 2                    --更改其递增值
                MAXVALUE 50                       --调整最大值为 50，违反了规则
                NOCACHE                           --修改为不缓存
                NOCYCLE;                          --修改为不重复使用
ALTER  SEQUENCE seq_generator
*
ERROR 位于第 1 行:
ORA-04009: MAXVALUE 不能小于当前值
```

在这个例子中，可以看到 seq_generator 的 NEXTVAL 已经到了 54 了，但是 ALTER SEQUENCE 又去将其更改为 50，Oracle 抛出了 ORA-04009 异常。

8.1.5　删除序列

删除序列使用 DROP SEQUENCE 语句，比如要删除一个序列进行重建，或者序列需要被永久移除，就可以调用该语句进行删除。删除序列的语法如下：

```
DROP SEQUENCE [ schema. ] sequence_name ;
```

其中 sequence_name 指定序列的名称，对于本方案下的序列，需要具有 DROP SEQUENCE 的权限，如果要删除其他方案中的序列，需要具有 DROP ANY SEQUENCE 权限。

当删除一个序列以后，就从数据字典中移除了对于该序列的定义，因此如果有同义词引用到这个序列，将会返回一个错误。

下面的语句删除了 seq_generator 序列，使之从数据字典中移除：

```
scott_Ding@ORCL> DROP SEQUENCE seq_generator;
序列已删除。
```

删除序列后，必须要注意所有引用序列的 SQL 或 PL/SQL 都要进行修改，否则 Oracle 将会抛出 ORA-02289 异常，提示用户使用的序列不存在。

8.1.6　查看序列

当序列创建好后，会在 all_sequences、user_sequences 和 dba_sequences 这几个数据字典视图中查询到新创建的数据字典及其详细信息。以 user_sequences 为例，通过在 SQL*Plus 中使用 DESC 语句，可以看到如下的数据字典视图的结构：

```
scott_Ding@ORCL> DESC user_sequences;
Name                    Null?                Type
--------------------    --------------       --------------------------------
SEQUENCE_NAME           NOT NULL             VARCHAR2(30)    --序列名称
MIN_VALUE                                    NUMBER          --序列的最小值
MAX_VALUE                                    NUMBER          --序列的最大值
INCREMENT_BY            NOT NULL             NUMBER          --序列的递增值或步进值
CYCLE_FLAG                                   VARCHAR2(1)     --序列的循环使用标记
ORDER_FLAG                                   VARCHAR2(1)     --序列的排序标记
CACHE_SIZE             NOT NULL              NUMBER          --序列的缓存大小
LAST_NUMBER           NOT NULL               NUMBER          --最后一个序列值
```

注意：user_sequences 仅显示本方案中的序列，对于 all_sequences 会显示所有方案中的序列，因此这个视图会比 user_sequences 多出一个 sequence_owner 的字段，用来指定序列所在的方案。

　　用户可以通过查询 user_sequences 来获取当前方案下面的所有的序列，或者是在 WHERE 子句中指定 sequence_name 来查询指定的序列。要查看 scott 方案下面的所有的序列，示例语句如下：

```
scott_Ding@ORCL>SELECT
sequence_name,min_value,max_value,increment_by,last_number
            FROM user_sequences;                --查询 scott 方案下的序列列表

SEQUENCE_NAME         MIN_VALUE    MAX_VALUE    INCREMENT_BY    LAST_NUMBER
------------------    ----------   ----------   ------------    -----------
COURSE_NO_SEQ              1       1.0000E+28        1                452
DBMSHP_RUNNUMBER          1       1.0000E+28        1                  3
INSTRUCTOR_ID_SEQ         1       1.0000E+28        1                112
ORDERS_SEQ                1       1.0000E+28        1               1010
SECTION_ID_SEQ           1        1.0000E+28        1                158
STUDENT_ID_SEQ           1        1.0000E+28        1                401
已选择 6 行。
```

　　由示例查询语句可以看到，user_sequences 包含了 scott 方案下的所有的序列列表，max_value 使用指数格式显示了最大的序列值，last_number 显示了当前序列的最后一个整数值。

　　一些 Oracle 管理工具，基本上都提供了序列的可视化列表，在 PL/SQL Developer 中提供了一个 Sequences 结点，展开该结点就可以看到当前方案下的序列的列表。也可以在 Toad 的 Schema Browser 中看到 Sequences 的 Tab 标签页，单击主菜单中的"Database | Schema Browser"菜单项，找到 Sequences 页，便可看到序列列表，选中就可以查看并维护序列的详细信息，如图 8.5 所示。

　　在 Toad 提供的列表中，单击任一个序列就可以看到与序列相关的详细信息，比如序列的属性、序列的权限、序列的同义词，以及使用序列的对象及序列的脚本等。通过序列列表上的工具条，用户可以添加序列、修改现有的序列或者是为序列分配权限等，可以说非常方便。

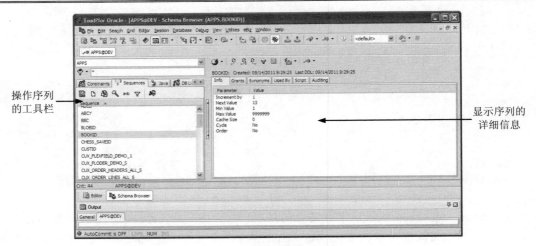

操作序列的工具栏

显示序列的详细信息

图 8.5　Toad 中的序列列表

8.2　使用同义词

同义词是方案对象的别名，它不占用存储的空间，目的是在 Oracle 中为表或视图、序列、PL/SQL 程序单元、用户自定义对象或其他的同义词创建友好的名称。

8.2.1　同义词的作用

在数据库日常应用中，经常需要访问其他方案中的对象，比如方案 apps 有一个表名为 employee，在 scott 方案中为了访问该表对象，需要使用 apps.employee，有的时候需要访问通过数据链接指向的远程数据库对象，比如 apps 方案下有一个数据库链接 db03，要访问 db03 中的 dept 表，需要使用如下的语法：apps.dept@db03，这样的语法格式有时暴露了太多的信息给开发人员，而且造成了命名的复杂性。

图 8.6 是笔者经常面临的一种数据库对象的使用环境，也可以代表很多公司数据库的一种使用环境。

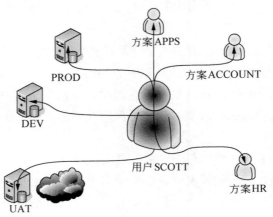

图 8.6　常见的数据库应用环境

由图 8.6 中可以看到，当用户 scott 要访问其他方案中的对象时，必须知道其他方案的名称和位置，图 8.6 中这种复杂的场合，不仅使得编写的代码变得复杂，而且造成了一定的存取困难，因为有时用户可能不太清楚数据所在的具体位置。数据库管理人员通过创建方案对象的同义词，可以极大地降低这种复杂环境的出错率，并且让程序代码变得简单易懂。

同义词的主要作用是简化对目标对象的访问，或者是因为某些私密的原因必须要隐藏 Oracle 对象的一些命名。同义词也是一种数据库方案对象，因此创建的同义词会存储到数据字典中，但是同义词仅仅是目标对象的一个别名，因此实际上本身并没有太多的意义。在 Oracle 中，多数的方案对象比如表、视图、同义词、序列、存储过程、包等都可以创建同义词，结构如图 8.7 所示。

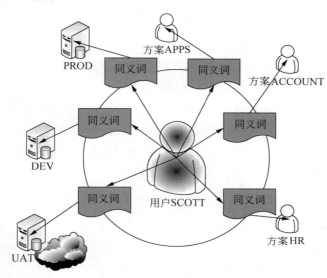

图 8.7　使用同义词的示意图

通过同义词的这一层隔离，当删除或重命名一个底层的对象时，只需要重新定义同义词，所有使用同义词的其他对象都不需要进行更改。

8.2.2　创建和使用同义词

由于同义词只是一个模式对象的别名，因此除了在数据字典中存储其定义之外，不需要任何的存储空间。在 Oracle 中，可以创建如下两种类型的同义词。

❑ 私有同义词，与要用来创建同义词的 Oracle 对象必须位于同一个方案中，只有其所有者对其可用性具有控制权。

❑ 公共同义词，这种类型的同义词由名为 PUBLIC 的用户组所有，可以被数据库的所有用户访问。

创建同义词使用 CREATE SYNONYM 语法，其完整的语法如下：

```
CREATE [ OR REPLACE ] [ PUBLIC ] SYNONYM
  [ schema. ] synonym
  FOR [ schema. ] object [ @ dblink ] ;
```

语法关键词的含义如下所示：

- ❑ OR REPLACE，如果一个同义词已经存在，将会删除并重新创建，使用这个子句可以更改同义词的定义而不用先行移除同义词。不能对已经具有依赖的表或具有依赖关系的用户自定义对象类型使用 OR REPLACE 子句。
- ❑ PUBLIC，使用此关键字表示创建的是一个公用同义词，公用同义词是对所有的用户可访问，但是使用该同义词的用户必须也具有对于同义词底层对象的权限。如果省略掉该子句，表示创建的是一个私有同义词，私有同义词在方案中必须具有唯一命名。
- ❑ schema.synonym，指定同义词所在的方案和同义词的名称，如果不指定方案名称，表示将在当前登录用户所在的方案下创建同义词。
- ❑ FOR 子句，指定要为哪个对象创建同义词，可以是表、对象、视图或对象视图、序列、存储过程、函数或包、物化视图、Java 类方案对象、用户自定义对象类型或其他的同义词。其中 schema 用于指定要创建同义词的对象所在的方案，dblink 指定链接到远程数据库服务器的数据库链接。

同样，当在本方案下创建私有同义词时，用户必须具有 CREATE SYNONYM 的权限，如果在其他方案下创建私有同义词，必须具有 CREATE ANY SYNONYM 权限，而要创建公有同义词时，用户必须具有 CREATE PUBLIC SYNONYM 系统权限。

下面的示例先创建了一个公有同义词，然后切换到 sys 方案下就可以直接访问该公有同义词，如代码 8.5 所示。

代码 8.5　创建公有同义词

```
--创建一个公有同义词
cott_Ding@ORCL> CREATE PUBLIC SYNONYM scottemp FOR scott.emp;
同义词已创建。
--登录到 sys 方案下
scott_Ding@ORCL> conn sys/oracle as sysdba
已连接。
--直接访问该同义词
sys_Ding@ORCL> SELECT COUNT(*) FROM scottemp;
  COUNT(*)
  ----------------
        24
```

由代码 8.5 中可以看到，代码在 scott 方案下创建了一个公有同义词 scottemp，公有同义词的作用域范围被整个数据库所有，它属于 PUBLIC 用户，因此在任何其他方案下，都不可以再创建一个名为 scottemp 的公有同义词。Oracle 建议尽量少用公有同义词，因为它们使数据库整合变得困难。

同义词本身只是对象的一个别名，因此尽管可以在同义词上赋予权限，但是其实是在对底层对象授予权限，同义词在 GRANT 语句中只作为对象的别名。

8.2.3　删除同义词

用户可以移除自己方案下的私有的同义词，如果要移除位于其他方案下的私有同义

词，必须具有 DROP ANY SYNONYM 系统权限。要移除公有同义词，用户需要具有 DROP
PUBLIC SYNONYM 系统权限。移除同义词的语法如下：

```
DROP [PUBLIC] SYNONYM [ schema. ] synonym [FORCE] ;
```

对于私有同义词，可以直接使用 DROP SYNONYM 进行移除，对于公有同义词，则需
要使用 DROP PUBLIC SYNONYM 语法，FORCE 关键字用于强制删除同义词，即便它被
一些表或用户定义类型所依赖。不过 Oracle 并不建议使用 FORCE 关键字来强制删除一个
同义词，因为这可能导致一些依赖于同义词的对象变为 UNUSED 状态。

为了移除公有同义词 scottemp，可以使用如下的语句：

```
scott_Ding@ORCL> DROP PUBLIC SYNONYM scottemp;
同义词已删除。
```

当移除一个同义词之后，同义词的定义就从数据字典中移除了，所有引用这个同义词
的对象仍然保留，但是这些对象会变为不可用的，也就是无效的。

8.2.4　查看同义词

同义词定义好之后，会在数据字典中写入定义信息，用户可以通过 all_synonyms、
user_synonyms 或 dba_synonyms 数据字典视图查询到同义词的信息。

以 user_synonyms 数据字典视图为例，通过在 SQL*Plus 中使用 DESC 命令可以看到该
视图的字段结构，示例语句如下：

```
scott_Ding@ORCL> DESC user_synonyms;
 Name                    Null?        Type
 --------------- ------------- ---------------------------------
 SYNONYM_NAME            NOT NULL     VARCHAR2(30)          --同义词名称
 TABLE_OWNER                          VARCHAR2(30)          --同义词引用的对象方案
 TABLE_NAME              NOT NULL     VARCHAR2(30)          --同义词引用的对象
 DB_LINK                              VARCHAR2(128)         --同义词引用的数据链接
```

user_synonyms 只能看到当前方案下的同义词的信息，如果使用 all_synonyms 视图，
则会多出一个 owner 字段，指定同义词的属主。例如要查询在 emp 表上使用的同义词，可
以使用如下的语句：

```
scott_Ding@ORCL> SELECT synonym_name,table_name,table_owner
                 FROM    all_synonyms    WHERE    table_owner='SCOTT'    and
table_name='EMP';

SYNONYM_NAME          TABLE_NAME                  TABLE_OWNER
--------------- -------------------- ---------------------------
SCOTTEMP              EMP                         SCOTT
```

可以看到，通过查询 all_synonyms，果然可以看到前面已经定义的公有同义词，通过
table_name 和 table_owner，可以看到同义词作用的对象名称及对象的拥有者信息。这里使
用了 all_synonyms，这个视图会返回当前登录用户的所有的私有同义词、所有的公共同义
词等。

与序列相似的是，一些 Oracle 的管理工具，比如 PL/SQL Developer，也提供了对于同

义词的可视化查看功能，比如 PL/SQL Developer 在树状视图中提供了 Synonyms 节点，用来显示出当前登录用户可以查看的所有同义词。Toad 工具则提供了一个 Synonyms 的 Tab 页，允许查看同义词信息。它们都提供了可视化的创建同义词的窗口，非常便于对多个同义词进行管理。Toad 的同义词界面如图 8.8 所示。

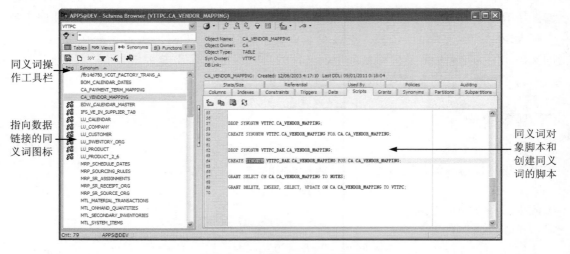

图 8.8　Toad 的同义词管理界面

　　Toad 不仅提供了创建同义词的可视化窗口，而且对同义词及同义词的各种对象进行了归纳，比如同义词对象的列、索引、约束等，非常便于用户统一地对多个同义词进行管理。

8.3　小　　结

　　本章讨论了 Oracle 中两个很重要的对象：序列和同义词。这两个对象并没有出现在 SQL Server 或其他的数据库中，是 Oracle 特有的一类对象。序列用来提供自动增长的值，本章讨论了序列的作用，如何使用 CREATE SEQUENCE 创建一个序列，通过使用 NEXTVAL 和 CURRVAL 来使用序列，如何修改序列，以及如何删除和查看数据字典中的序列。同义词与中文字典中的同义词意义相似，用来为 Oracle 中的对象创建一个别名。本章介绍了同义词在 Oracle 数据库中的作用，讨论了如何使用 CREATE SYNONYM 或 CREATE PUBLIC SYNONYM 创建私有或公有的同义词，最后讨论了如何删除同义词，如何通过数据字典视图查看同义词的信息。

第 3 篇　使用 SQL 语言

第 9 章　SQL 查询

从本章开始，将开始讨论关系型数据库操作的核心：结构化查询语言 SQL。本章将主要讨论如何使用 SQL 语言从数据库中提取所需要的数据。SQL 是基于集合的高级声明性的计算机语言，它与传统的编程语言有一些不同，它的操作是基于集合的。所有的程序和用户都会使用 SQL 语言来访问或修改数据库中的数据。

9.1　基　本　查　询

SQL 语言是根据关系型数据库理论而产生的一种声明性的语言，查询是指使用类似自然语言的方式从数据库中取得数据的子集。简而言之，查询就是用户通过类似自然语言的形式向数据库下达命令，然后数据库返回用户要求的结果集。本章将从简单的单表查询开始，由浅入深，一步一步地学习 SELECT 语句的用法。

9.1.1　SELECT 语法

无论是 Oracle 的新手还是数据库方面的老手，在数据库操作过程中，使用最为频繁的语句是 SELECT 语句，它用来从数据库中获取数据。举个例子，要查看人事数据库中的员工表的数据，那么可以发送一个 SELECT 命令，从 emp 表中获取数据，查询语句如下：

```
scott_Ding@ORCL> SELECT empno,ename,job,sal FROM emp WHERE deptno=20;
    EMPNO ENAME          JOB              SAL
   ------ ------------   ----------      --------------------------------
     8001 李思           经理             8000
     7369 张三丰         职员             1755.2
     7566 约翰           经理             3570
     7788 斯科特         职员             1760.2
     7876 亚当斯         职员             1440
     7902 福特           分析人员         3600
     8099 张大百         分析员           2000
已选择 7 行。
```

可以看到，查询语句以 SELECT 开头，后面跟要查询的实体属性列表，FROM 后面指定查询的表名，由于不想拿回所有的结果集，因此使用 WHERE 子句仅过滤想要的那部分数据。

在这个查询语句中，用户不需要告诉数据库管理系统如何访问和提取数据，数据库管理系统通过分析 SELECT 语句，然后完成数据库数据的物理提取，所有的工作都由数据库管理系统来实现，用户只需要使用 SELECT 语句查询数据即可，这大大简化了对数据库中数据的维护。

SELECT 语句是一个韧性很大的语句，可以很简单，比如像前面示例中的查询语句；也可以相当复杂，笔者见过一个 SELECT 语句有长达上千行代码。简单的单表查询语句的基本语法如下：

```
SELECT { [alias.]column | expression | [alias.]* [ , … ] }
FROM [schema.]table [alias];
```

语法中的花括号中的内容表示从"|"符号两侧的子句中任选一项，而方括号中的内容表示可选内容（即可选可不选），可以看到，一个最基本的 SQL 语句由如下 5 部分组成：

- ❑ SELECT 子句，指定要被显示的列或表达式，可以使用"*"选择所有的列。
- ❑ FROM 子句，指定所要查询的表，该表包含 SELECT 子句中的字段的列表。
- ❑ Column 列表，用来指定要查询的表中的列。
- ❑ Alias 子句，用来为表名指定别名，特别是在 FROM 子句中包含多个表时，经常需要指定别名，如果是单表查询，则可以省略掉该子句。
- ❑ Schema 关键字，用来指定方案名称，如果是查询当前方案下的表，则无须指定方案前缀。

下面是一个语法较完整的 SELECT 语句的示例，它演示了从 scott 方案下的 dept 表中查询部门编号和部门名称的数据。查询语句如下：

```
scott_Ding@ORCL> SELECT 部门.deptno 部门编号,部门.dname 部门名称  FROM
scott.dept 部门;
  部门编号    部门名称
 --------  --------------------
       50    行政部
       60    行政部
       10    财务部
       20    研究部
       30    销售部
       40    营运部
已选择 6 行。
```

这个语句使用了完整的单列查询语法，它包含列的别名、表名称、表的方案名，查询返回的结果称为结果集，SQL*Plus 提供的结果集显示方式为纯文本方式，其他的工具比如 PL/SQL Developer 和 Toad 提供了 Grid 表格式的查询结果集显示，并且可能的话，也可以直接在网格上对数据库进行编辑。

9.1.2　查询指定列数据

SELECT 关键字后面的选择列表，既可以是以逗号分隔的多个列，也可以是通配符，还可以是各种各样返回值的表达式，比如使用内置函数计算列的值，或者是使用序列计算的值。SELECT 语句的列选择语法如下：

```
SELECT *|{[DISTINCT] column|expression [alias],...}
FROM table;
```

选择指定列数据的语法元素的含义如下所示：

❑ SELECT，表示一个 SQL 查询语句，用来查询数据库中的数据。

❑ "*"，指定选择所有的列。

❑ DISTINCT，禁止相同的行数据重复。

❑ column|expression，选择指定的字段或表达式，多个字段以逗号分隔。

❑ alias，给所选择的列不同的标题。

❑ FROM table，指定包含列的表。

在前面的例子中已经看到过在 SELECT 关键词后面指定一个逗号分隔的选择列表来选择列数据，除此之外还可以使用一个通配符选择所有的列数据，例如要查询部门表 dept 中所有的部门字段信息，查询语句如下：

```
scott_Ding@ORCL> SELECT * FROM dept;
    DEPTNO  DNAME       LOC
    -------  ---------   --------------------------------
        50  行政部       远洋
        60  行政部       波士顿
        10  财务部       纽约
        20  研究部       达拉斯
        30  销售部       芝加哥
        40  营运部       波士顿
已选择 6 行。
```

使用通配符选择所有列的情形仅在对字段不了解的情况下使用，因为这种方式会导致 Oracle 去查询数据字典，获取所有的字段列表，然后查询所有的字段数据，类似于由 Oracle 在 SELECT 语句后面自动构建了所有字段的选择列表，因此在正式环境中，总是要避免直接使用通配符查询所有的表字段信息。如果是在 SQL*Plus 中，可以通过 DESC 命令来获取指定表的字段信息，然后选择指定的字段。

可以为列指定别名，一般情况下放在数据库中的字段名称都是英文字符，查询出来的时候可以为其指定语义友好的中文别名，使查询的结果更容易理解，示例语句如下：

```
scott_Ding@ORCL> SELECT empno 员工编号,ename as 员工名称 FROM emp WHERE
empno=7369;
    员工编号    员工名称
    -------    --------------------------------
      7369     张三丰
```

可以看到，在字段后面添加一个空格，可以指定列的别名，也可以使用 AS 关键字来指定别名，这个 AS 关键字是可选的。指定了 SELECT 选择列表的别名后，可以看到现在字段的标题使用纯中文显示，在 SQL*Plus 中，如果要格式化一个字段，也必须使用这个别名进行设置。

如果列的别名中包含空格，应该总是使用引号将列别名包起来，以避免出现查询错误，示例语句如下：

```
scott_Ding@ORCL> SELECT empno "员工'编号",ename as "员工 名称 信息" FROM emp
WHERE empno=7369;
    员工'编号      员工 名称 信息
```

```
------------------------------------------
    7369      张三丰
```

在这个例子中，为两个列别名都添加了双引号，第 1 个列别名中包含了一个单引号，如果要在列别名中包含单引号，可以在别名最外部使用成对的双引号。第 2 个列别名包含了空格，也使用了双引号。可以看到使用双引号包围列别名是一种用来定义列别名的较安全的做法。

🔔注意：如果别名中包含空格或者特殊字符，或者大小写敏感，要求用双引号。

在 SELECT 的语句列表中，不仅可以指定来源于数据库中的列，还可以指定伪列，比如 ROWNUM、ROWID、LEVEL 或者是序列的 NEXTVAL 和 CURRVAL，而且可以使用各种内置函数和表达式，比如下面的 SELECT 语句的查询列表中，包含了伪列 ROWID，又包含了系统的内置函数 SYSDATE，用来返回当前的系统日期：

```
--设置 NLS_DATE_FORMAT 更改会话级别的日期显示格式
scott_Ding@ORCL> ALTER SESSION SET NLS_DATE_FORMAT='YYYY-MM-DD HH:MI:SS';
会话已更改。
--在选择列表中使用内置函数和伪列
scott_Ding@ORCL> SELECT ROWIDTOCHAR(ROWID),empno,ename,SYSDATE FROM emp
WHERE empno=7369;
ROWIDTOCHAR(ROWID)      EMPNO   ENAME              SYSDATE
------------------     -------- ---------------  -------------------------
AAAR3dAAEAAAACTAAJ      7369    张三丰            2013-01-04 12:20:44
```

在上面的示例中，首先使用 ALTER SESSION 修改了 NLS_DATE_FORMAT 参数的日期格式，这样可以使日期的显示不再是 Oracle 内置的格式，符合中文的日期显示格式。在查询语句中，使用 ROWIDTOCHAR 将伪列 ROWID 转换为字符串形式进行返回，查询中使用了 SYSDATE 返回当前系统的日期值。

9.1.3　用 DISTINCT 去除重复值

默认情况下，SELECT 语句或返回符合查询条件的所有行值，实际上这是因为在 SELECT 语句后面有一个默认的关键字 ALL，用来表示返回所有的数据行，包含具有重复值的行，查询语句如下：

```
--显示使用 ALL 取出所有的部门信息，包含重复的行值
scott_Ding@ORCL> SELECT ALL dname FROM dept;
DNAME
---------------
行政部
行政部
财务部
研究部
销售部
营运部
已选择 6 行。
```

　　与 SELECT 对应的是 DISTINCT 关键字或 UNIQUE 关键字，用来返回非重复的行值，这两个关键字是同义词，因此可以选择使用 DISTINCT 或 UNIQUE，不过多数时候都会使用 DISTICT 关键字，例如对于上面的查询使用 DISTINCT 关键字的话，查询语句如下：

```
--使用 DISTINCT 关键字取出非重复的值
scott_Ding@ORCL> SELECT DISTINCT dname FROM dept;
DNAME
--------------
行政部
销售部
营运部
研究部
财务部
```

　　通过对比可以发现，在使用 ALL 关键字的查询中，行政部具有两个重复值，在使用了 DISTINCT 关键字之后，去除了重复值，DISTINCT 或 ALL 以及 UNIQUE 必须紧随在 SELECT 语句的后面，而且它是对整个行进行唯一性区别的，例如 SELECT DISTINCT deptno, dname，将会进行判断，如果部门编号与部门名称两个字段与其他行的这两个字段都重复，将会移除一个重复行，否则会认为是不相同的两个行，即便 dname 具有两个重复的值，由于 deptno 的不重复，系统也认为是不重复的数据。

　　使用 DISTINCT 有一些限制：

　　(1)在使用了 DISTINCT 的选择列表中取回的总数据的大小受限于数据块大小的限制，是一个数据块大小减去一些开销之后的大小，也就是说要注意 DISTINCT 后面的选择列表的大小，不过在实际的工作中一般很少会超越这个限制。

　　(2) 如果选择列表中包含了大对象类型，比如 LOB 列，那么不能使用 DISTINCT 关键字。

　　与 DISTINCT 相对应的另一种语法是使用 GROUP BY 分组子句，可以对查询应用 GROUP BY 去除重复值，例如去除 dept 表中的 dname 的重复值，查询语句如下：

```
scott_Ding@ORCL> SELECT dname FROM dept GROUP BY dname;
DNAME
--------------
行政部
销售部
营运部
研究部
财务部
```

　　可以看到，使用 GROUP BY 子句后，果然也去除了在 dname 中出现的重复值，不过相比而言，使用 DISTINCT 的语法要简单直观很多，若非是出于对 SQL 语句性能调整的目的，一般使用 DISTINCT 来去除重复值。

9.1.4　表达式查询

　　在 SELECT 语句的选择列表中，还可以使用各种算术运算符，比如下面的加、减、乘、除运算符，如表 9.1 所示。

表 9.1　算术运算符

运　算　符	说　明
+	加法操作
-	减法操作
*	乘法操作
/	除法操作

除了在 FROM 子句中不能使用算术运算符之外，可以在需要的任何位置，比如子查询或函数内部使用算术运算符来对查询的结果数据进行计算，查询语句如下：

```
scott_Ding@ORCL> SELECT empno,ename,sal+NVL(comm,0) salary FROM emp;
    EMPNO ENAME                            SALARY
   ------ --------------- --------------------------------------
     8001 李思                               8200
     8005 张天师                             8200
     7369 张三丰                           1884.8
     7499 艾伦                               2100
     7521 沃德                               1750
     7566 约翰                             3867.5
     7654 马丁                               1750
     7698 布莱克                             3250
     7782 克拉克                           3787.05
     7788 斯科特                           1889.8
     7839 金                               8530.5
     7844 特纳                               2000
     7876 亚当斯                              560
     7900 吉姆                               1450
     7902 福特                               3900
     7903 通利                               2200
     7904 罗威                               2200
     8099 张大百                             2100
已选择 18 行。
```

在这个示例查询中，查询到了 empno、ename 列，在薪资计算部分，将薪资字段 sal 与提成字段 comm 相加，并且指定了别名 salary。注意到在加法运算中，对 comm 字段应用了 NVL 函数，NVL 函数会判断 comm 字段的值是否为 NULL 值，如果为 NULL 值，则替换为 0。

注意：NULL 值是指未分配的、未知的或不适用的值，NULL 与 0 或空格不同，0 是一个数字，空格是一个字符串，而 NULL 表示未知，任何与 NULL 值的算术运算结果都返回 NULL，因此为避免算术运算的结果为 NULL 而导致不正确的薪资值，必须使用 NVL 将 NULL 值转换为 0 或空格。

当在一个表达式中使用多个算术运算符时，必须认真理解其优先级：

❑ 乘法和除法的优先级高过加减法。

❑ 相同优先级的运算符从左向右进行计算。

❑ 圆括号用于强制优先，它优先于乘法和除法，在复杂的表达式中使用圆括号可以使表达式更加清晰。

接下来看一个稍微复杂的算术运算的例子，这个例子中不仅计算了工资加提成的总数，也计算了提成占总工资的百分比率，查询语句如下：

```
--一个复杂的算术运算的例子
scott_Ding@ORCL> SELECT empno,
        job,
        sal,
        sal + NVL(comm, 0) salary,
        TO_CHAR(NVL(comm, 0) / (sal + NVL(comm, 0)) * 100, '990.99') ||
        '%' sal_percent
    FROM emp;
    EMPNO  JOB            SAL        SALARY      SAL_PERC
    ------ --------  ------------ -----------  --------------------------
     8001  经理          8000       8200        2.44%
     8005  经理          8000       8200        2.44%
     7369  职员          1755.2     1884.8       6.88%
     7499  销售人员       1700       2100        19.05%
     7521  销售人员       1350       1750        22.86%
     7566  经理          3570       3867.5       7.69%
     7654  销售人员       1350       1750        22.86%
     7698  经理          2850       3250        12.31%
     7782  经理          3587.05    3787.05      5.28%
     7788  职员          1760.2     1889.8       6.86%
     7839  老板          8530.5     8530.5       0.00%
     7844  销售人员       1600       2000        20.00%
     7876  职员          1440       1560        7.69%
     7900  职员          1050       1450        27.59%
     7902  分析人员       3600       3900        7.69%
     7903  职员          2000       2200        9.09%
     7904  职员          2000       2200        9.09%
     8099  分析员        2000       2100        4.76%
已选择 18 行。
```

可以看到在这个查询语句中，计算了薪资总数，并且通过一个复杂的算术运算表达式计算了提成占用薪资的百分比。在计算百分比的表达式中，包含了除法运算和乘法运算，按从左向右的运算法则，先计算除法，由于除法运算的被除数中包含了括号，因此优先级算的是 sal+NVL(comm,0)这个表达式，然后用提成除以薪资总数，再乘以 100，括号具有最高的优先级，因此括号将最先进行计算，TO_CHAR 将计算的结果转换为字符串，其中990.99 是格式化参数，"||"是 Oracle 中的字符串连接运算符，用来连接两个字符串，最后产生了提成占薪资比例的百分比。

在前面的示例中看到了算术运算符的运用，并且看到了在 Oracle 中用于字符串连接的||运算符，这个运算符除了可以进行列与列之间、列与算术表达式之间或者列与常数值（比如前面看到的"%"号）之间进行连接，还可以将运算符两边的操作数合并成一个单个的输出列。例如下面的语句将 empno 和 ename 合并，创建为单一的列进行输出：

```
scott_Ding@ORCL> SELECT empno||'_'||ename 工人信息 FROM emp WHERE deptno=20;

工人信息
--------------------------------------------------------------------
8001_李思
```

```
7369_张三丰
7566_约翰
7788_斯科特
7876_亚当斯
7902_福特
8099_张大百

已选择 7 行。
```

在示例中将 empno 和 ename 进行连接，并指定列名为工人信息。连接运算符只是在查询的结果中合并了一个新的列，它并没有真的创建一个具有真实存储的数据库列，通常在制作报表或其他辅助性的字段时，会使用连接运算符。

9.1.5　使用 WHERE 限制返回的行

使用 WHERE 子句可以限制查询结果返回的行数，比如，告诉 Oracle 只返回薪资大于 1000 的员工资讯，此时可以通过在 SELECT 语句中添加 WHERE 子句来施加这个限制。WHERE 子句位于 FROM 子句的后面，其语法如下：

```
SELECT *|{[DISTINCT] column|expression [alias],...}
FROM table
[WHERE condition(s)];              --使用 WHERE 子句限制返回的行
```

WHERE 子句包含一个必须满足的条件，这个条件由 condition 指定。由 condition 指定的条件与查询中的每一行进行比较，如果条件结果是 true，则返回满足条件的行。WHERE 子句的比较条件可以比较简单，也可以非常复杂，而且 WHERE 子句不仅仅应用在 SELECT 语句中，在 DELETE、INSERT 和 UPDATE 子句中都可以灵活地应用 WHERE 子句，通过由 condition 中指定的各种条件来删除、插入和更新表。

💭注意：Oracle 文档库中的《Oracle Database SQL Language Reference》的第 7 章完整介绍了可以在 Oracle 中使用的各种条件的语法，需要完整了解的用户可以参考这一章的内容。

WHERE 子句可以比较列的值、文字值、算术表达式或比较函数，它一般由如下三个部分组成：

```
WHERE 列名 比较条件 列名、常量或值列表
```

举个例子，要查询员工工资大于 2000 的人员列表，可以添加一个 WHERE 子句，查询语句如下：

```
scott_Ding@ORCL> SELECT empno, ename, sal, hiredate FROM emp WHERE sal >
2000;
   EMPNO ENAME             SAL       HIREDATE
------- ----------- ----------- --------------------------------
    8001 李思             8000      2012-12-19 10:38:13
    8005 张天师           8000      2012-12-19 10:58:39
    7566 约翰             3570      1981-04-02 12:00:00
    7698 布莱克           2850      1981-03-01 12:00:00
    7782 克拉克           3587.05   1981-05-09 12:00:00
```

```
    7839    金                  8530.5      1981-11-17 12:00:00
    7902    福特                3600        1981-12-03 12:00:00
已选择 7 行。
```

由查询结果集可以看到，现在所取回的记录集的 sal 列的值都大于 2000。WHERE 子句中的条件会与查询中的行的列值进行比较，仅返回比较结果为 true 的行。

可以在条件子句中比较列值、文字值、算式表达式或函数。对于简单的比较条件，可以直接使用 SQL 的比较运算符，如表 9.2 所示。

表 9.2　SQL 比较运算符

运　算　符	运算符描述
<	小于
<=	小于等于
>	大于
>=	大于等于
=	等于
<>或!=	不等于

在定义比较表达式时，必须要注意如下的几个原则：

❑ 字符串和日期类型的值要放在单引号中。

❑ 日期的默认格式是 DD-MON-RR，可以通过更改 NLS_DATE_FORMAT 来更改日期的显示格式。

❑ 虽然 SQL 语言本身不区分大小写，但是位于单引号中的比较值是区分大小写的。

下面的示例将从 v$nls_parameters 系统视图中查询日期格式，如果日期格式为 DD-MON-RR，则先使用 ALTER SESSION 来设置 NLS_DATE_FORMAT 的格式，然后使用字符串日期格式进行查询，查询语句如下：

```
--查询当前会话的日期格式设置
scott_Ding@ORCL> SELECT value FROM v$nls_parameters WHERE parameter=
'NLS_DATE_FORMAT';
VALUE
----------------------------------------------------------------
YYYY-MM-DD HH:MI:SS

--查询员工雇佣日期大于 1981-12-01 的员工信息
scott_Ding@ORCL> SELECT empno,ename,hiredate FROM emp WHERE hiredate>
'1981-12-01';
    EMPNO    ENAME              HIREDATE
    ------   -----------        ----------------------------------
    8001     李思               2012-12-19 10:38:13
    8005     张天师             2012-12-19 10:58:39
    7788     斯科特             1982-12-09 12:00:00
    7876     亚当斯             1983-01-12 12:00:00
    7900     吉姆               1981-12-03 12:00:00
    7902     福特               1981-12-03 12:00:00
    7903     通利               1981-12-04 12:00:00
    7904     罗威               1981-12-08 12:00:00
    8099     张大百             2012-12-27 05:32:11
已选择 9 行。
```

WHERE 子句中的字符串和日期必须包含在单引号中，由于日期的默认显示格式为 DD-MON-RR，因此为了设置符合中文显示的日期，先查询了 v$nls_parameters 中设置的日期格式，然后构造符合这种日期格式的日期字符串，如果日期格式不匹配，Oracle 可能会抛出异常的提示。用户可以通过调用 TO_DATE 函数将日期字符串转换为日期类型，在该函数内部指定日期格式字符串，这样也可以实现对于日期类型的查询。

9.1.6　BETWEEN、IN 和 LIKE 范围查询

在 WHERE 子句中，除了可以使用标准的 SQL 比较运算符之外，还可以使用一些特定的 BETWEEN、LIKE 之类的特定关键字。

1. 使用BETWEEN进行范围查询

BETWEEN 用来基于一个指定的范围进行查询，可以在 BETWEEN 子句中指定一个下限和上限来查询，其基本语法如下：

```
expr1 [ NOT ] BETWEEN expr2 AND expr3
```

语法的含义是：如果 expr1 的值位于 expr2 和 expr3 之间，则返回 true，如果添加了 NOT 关键字，表示 expr1 的值不在 expr2 和 expr3 之间。下面的代码演示了如何使用 BETWEEN..AND 来查询 emp 表中员工薪资在 2000～3000 之间的员工信息：

```
scott_Ding@ORCL> SELECT empno, ename, sal FROM emp WHERE sal BETWEEN 2000
AND 3000;
    EMPNO  ENAME                    SAL
    -----  -------------------  -------------------------------------------
    7698   布莱克                  2850
    7903   通利                   2000
    7904   罗威                   2000
    8099   张大百                  2000
```

也可以使用 NOT 关键字取范围之外的数据，比如要查询 emp 表中，雇佣日期不在 1981 年 1 月到 1981 年 6 月之间的员工信息，可以在 BETWEEN 子句中使用 NOT 关键字，查询语句如下：

```
--查询不在特定日期范围内的员工信息
scott_Ding@ORCL>SELECT empno, ename, hiredate
                FROM emp
                WHERE hiredate NOT BETWEEN '1981-01-01' AND '1981-06-30';
    EMPNO  ENAME                    HIREDATE
    -----  --------------       -------------------------------------------
    8001   李思                   2012-12-19 10:38:13
    8005   张天师                  2012-12-19 10:58:39
    7369   张三丰                  1980-12-17 12:00:00
    7788   斯科特                  1982-12-09 12:00:00
    7839   金                    1981-11-17 12:00:00
    7844   特纳                   1981-08-08 12:00:00
    7876   亚当斯                  1983-01-12 12:00:00
    7900   吉姆                   1981-12-03 12:00:00
    7902   福特                   1981-12-03 12:00:00
    7903   通利                   1981-12-04 12:00:00
```

```
   7904  罗威                          1981-12-08 12:00:00
   8099  张大百                        2012-12-27 05:32:11
已选择 12 行。
```

可以看到，使用 NOT 关键字后，果然查询出了不在指定范围内的员工信息。

对于 BETWEEN..AND 的查询，Oracle 在内部实际上会转换为一对 AND 条件，AND 是逻辑与运算符，可以组合两个比较表达式进行运算，只有当 AND 两边的条件都为 true 时条件才成立。对于薪资范围的查询，Oracle 将其转换成了如下所示的 AND 条件查询：

```
--BETWEEN..AND 将转换为 2 个比较运算符的 AND 逻辑运算
SELECT empno,ename,sal FROM emp WHERE (sal>=2000) AND (sal<=3000);
```

而对于 NOT BETWEEN..AND 的操作，则转换成了 OR 逻辑查询，因此对于雇佣日期的查询，Oracle 内部会转换成如下所示的查询语句：

```
SELECT empno,ename,hiredate FROM emp WHERE (hiredate<='1981-01-01') OR
(hiredate>='1981-06-30');
```

OR 逻辑运算符中，只要其中一个比较表达式的结果为 true，最终的结果就为 true，与 AND 比较运算符要求两边的条件匹配有些不同。

2．使用 IN 操作符进行范围查询

如果说 BETWEEN 是指定一个上限和下限值的话，那么 IN 范围查询就是指定具体的范围值列表，其含义就是如果指定的列值在这个列表中，那么将取出这个匹配的行值，其基本语法如下：

```
WHERE expr [ NOT ] IN ({ expression_list | subquery })
```

其中 expr 指定要查询的列名，expression_list 是以逗号分隔的范围的值列表，或者是通过一个 subquery 子查询来查询一个范围的列表。

例如要查询 emp 表中员工的部门编号为 30、40、50、60 这个范围之内的员工的列表，可以使用如下的 IN 语句来实现：

```
--使用 IN 语句实现范围查询
scott_Ding@ORCL> SELECT empno,ename,deptno FROM emp WHERE deptno IN
(30,40,50,60);
    EMPNO  ENAME                       DEPTNO
    -----  --------------------        ------------------------------
     8005  张天师                        30
     7499  艾伦                          30
     7521  沃德                          30
     7654  马丁                          30
     7698  布莱克                        30
     7844  特纳                          30
     7900  吉姆                          30
     7903  通利                          40
     7904  罗威                          50
     8099  张大百                        60
已选择 10 行。
```

可以看到使用 IN 语句之后，果然取回了指定列表范围的部门编号人数，IN 条件中可

以使用任何数据类型，如果 IN 条件中的成员是字符或日期类型，它们必须放在单引号中。

在内部，Oracle 实际上会将 IN 条件转换成一组 OR 条件运算，因此上面的语句 Oracle 实际上转换成了如下的查询：

```
SELECT empno,ename,deptno FROM emp WHERE deptno=30 OR deptno=40 OR deptno=50
OR deptno=60;
```

与 BETWEEN..AND 类似的是，NOT IN 子句用于指定不在范围内的条件，例如要查询 emp 表中的员工的职位不是职员、分析员和销售人员的员工列表，可以使用如下的 NOT IN 语句：

```
scott_Ding@ORCL> SELECT empno, ename, job, sal
          FROM emp
          WHERE job NOT IN ('职员', '分析人员', '销售人员');
   EMPNO ENAME               JOB                 SAL
   ------ -------------      --------------      ------------------------
    8001 李思                经理                8000
    8005 张天师              经理                8000
    7566 约翰                经理                3570
    7698 布莱克              经理                2850
    7782 克拉克              经理                3587.05
    7839 金                  老板                8530.5
    8099 张大百              分析员              2000
已选择 7 行。
```

Oracle 在分析 NOT IN 语句的时候，将 NOT IN 语句转换成了一系列 AND 逻辑表达式，因此对于上面的语句，Oracle 实际上完成的查询如下：

```
SELECT empno, ename, job, sal
  FROM emp
 WHERE (job <> '职员')
   AND (job <> '分析人员')
   AND (job <> '销售人员');
```

对于 NOT IN 查询，必须注意到如果范围列表中包含 NULL 值，那么所有的行都会被计算为 FALSE 或 UNKNOWN，特别是在范围列表是由子查询返回的结果集时，尤其需要注意。下面的语句中在 IN 的列表中包含了一个 NULL 值：

```
scott_Ding@ORCL> SELECT empno, ename, job, sal
     FROM emp
     WHERE job NOT IN ('职员', '分析人员', '销售人员', NULL);
未选定行
```

可以看到，在选择列表的最后包含了一个 NULL 值，导致查询没有返回任何结果，这是因为 Oracle 在转换时，会使用如下的语句执行查询：

```
SELECT empno, ename, job, sal
  FROM emp
 WHERE (job <> '职员')
   AND (job <> '分析人员')
   AND (job <> '销售人员')
   AND (job <> NULL);
```

当列与 NULL 进行比较运算时，就会产生未知的结果 UNKNOWN 或 False，这使得整个查询的条件都不能成立，因此无法返回任何行数据。因此在使用 NOT IN 时必须要注意列表中的 NULL 值的问题。

3．LIKE操作符

LIKE 操作符指定的条件又称为模式匹配的条件，它可以让用户使用通配符进行模式匹配的查询，一般也称为模糊查询。LIKE 操作符后面指定的搜索条件既可包含文字，也可包含数字或日期值。在 LIKE 语句中主要使用如下两个通配符：

- ❏ "%"通配符，可以匹配一个或多个字符。
- ❏ "_"通配符，匹配单一字段\符。

如果说使用等于符号（=）是进行精确查询的话，LIKE 操作符中的条件让用户可以部分匹配查询的条件。举例来说，如果想知道 emp 表中员工名称 ename 列中姓张的员工列表，可以使用如下的 LIKE 语句来轻松地完成：

```
scott_Ding@ORCL> SELECT empno,ename,job,sal FROM emp WHERE ename LIKE '
张%';
    EMPNO  ENAME          JOB            SAL
   ------- -------------- -------------- -------------------------------
      8005 张天师          经理            8000
      7369 张三丰          职员            1755.2
      8099 张大百          分析员          2000
```

通配符%用来匹配一个或多个字符，在示例中可以看作，所有以张开头的姓，后面的名可以是任何字符串任何长度的名，没有个数的限制。而通配符"_"则只能代表一个字符，举例来说，想查询 user_tables 表中，第 2 个字符是"M"的表名称，可以使用如下的查询语句：

```
scott_Ding@ORCL> SELECT table_name AS 表名, status AS 状态
          FROM user_tables
          WHERE table_name LIKE '_M%';
表名                     状态
-------------------- --------------------------------------------------
EMP                  VALID
PM                   VALID
EMP_2                VALID
EMP_IOT_TEST         VALID
EMP2                 VALID
EMP3                 VALID
EMP1                 VALID
EMP_LOB_DEMO         VALID
EMP_DATA             VALID
已选择 9 行。
```

在这个查询中，由于要忽略第 1 个表名字符，从第 2 个字符开始匹配，因此使用了匹配单一任何字符的"_"字符，紧随其后的是要匹配的字符"M"，最后跟一个匹配任何字符的"%"通配符，实现了这个查询。

如果查询字符串中本身又包含通配符，可以使用 ESCAPE 子句来创建转义字符，比如要查询 table_name 中包含 "_"字符的表名称，则可以使用 ESCAPE 子句，如下面的查询：

```
scott_Ding@ORCL> SELECT table_name AS 表名, status AS 状态
    FROM user_tables
    WHERE table_name LIKE '%\_%' ESCAPE '\';
```

可以看到，在"_"前面放置了一个斜线，该斜线可以看作是一个转义字符，或者是一个跳转字符，它将紧随其后的"_"字符看作一个普通的字符，避免对其应用通配符匹配。ESCAPE 指定该斜线后的字符会被跳过，因此保留了所有表名中包含"_"的表名称。

9.1.7　处理 NULL 列值

如果一个列的列属性设置为允许 NULL 值，那么在使用 WHERE 条件查询列值为 NULL 值的列时，需要使用 IS NULL 或 IS NOT NULL 来测试空值。NULL 是未知、未指定的或难以获得的值，如果使用等于或不等于进行比较，结果总是返回 FALSE 或未知，因为 NULL 列不能等于或不等于任何值。

举个例子，在 scott 方案下的 emp 表中，除 empno 为 NOT NULL 约束外，其他的列都是允许 NULL 的，其中 mgr 表示当前员工的上级人员编码，当这个列值为 NULL 时，表示该职员没有一个明确的上级。为了查询没有上级的员工资料，可以使用 IS NULL 进行查询，查询语句如下：

```
--使用 IS NULL 获取不存在上级的职员列表
scott_Ding@ORCL> SELECT empno,ename,sal FROM emp WHERE mgr IS NULL;
    EMPNO  ENAME                        SAL
    ------ -------------------  ------------------------------------
     7839  金                        8530.5
     7903  通利                      2000
     7904  罗威                      2000
```

可见，使用 IS NULL 果然正确地查询出了 mgr 列值为 NULL 的记录，如果使用等于符号，由于 NULL 不能等于或不等于任何值，将会返回 UNKNOWN，UNKNOWN 大多数情况下也是 FALSE，因此无法取出任何记录值，如下面的查询：

```
--如果使用等于符号，则无法取回任何记录
scott_Ding@ORCL> SELECT empno,ename,sal FROM emp WHERE mgr=NULL;
未选定行
```

可以看到，使用等于符号果然无法返回任何记录。表 9.3 列出了 NULL 值计算的一些例子，当结果为 FALSE 或 UNKNOWN 时，将不能返回任何记录。

表 9.3　NULL 值比较结果列表

查 询 条 件	A 列的值	计 算 结 果
a IS NULL	10	FALSE
a IS NOT NULL	10	TRUE
a IS NULL	NULL	TRUE
a IS NOT NULL	NULL	FALSE
a = NULL	10	UNKNOWN
a != NULL	10	UNKNOWN

续表

查 询 条 件	A 列的值	计 算 结 果
a = NULL	NULL	UNKNOWN
a != NULL	NULL	UNKNOWN
a = 10	NULL	UNKNOWN
a != 10	NULL	UNKNOWN

由这个表中可以看到,使用 IS NULL 或 IS NOT NULL 会返回布尔值 TRUE 或 FALSE,而使用等于或不等于符号返回的均为 UNKNOWN,这导致无法正确的返回行数据。

9.1.8　AND、OR、NOT 逻辑运算符

AND 和 OR 可以让用户连接多个比较表达式,实现对于复杂条件的比较。NOT 又称为取反运算符,它可以将一个表达式的结果取反来查询数据,这 3 个运算符统称为逻辑运算符,包含这 3 个运算符的 WHERE 条件又可以称为逻辑条件。这 3 个运算符的作用如下所示:

- ❑ AND 运算符,又称与运算符,如果 AND 左右两侧的表达式结果都为 TRUE,那么结果就为 TRUE。
- ❑ OR 运算符,又称或运算符,如果 OR 左右两侧的表达式只要有一个结果为 TRUE,那么结果就为 TRUE。
- ❑ NOT 运算符,又称取反运算符,NOT 通常是单目运算符,即 NOT 右侧才能包含表达式,是对结果取反,如果表达式结果为 TRUE,那么 NOT 的结果就为 FALSE;否则如果表达式的结果为 FALSE,那么 NOT 的结果就为 TRUE。

这 3 个运算符的语法如下:

```
{ (condition)
| NOT condition                          --取反操作符
| condition { AND | OR } condition       --AND 和 OR 操作符是双目运算符
}
```

其中 condition 指定比较表达式,举个例子,想查询 emp 表中部门编号为 20,且薪资大于 3000 元的员工列表,可以使用如下的查询语句:

```
scott_Ding@ORCL> SELECT empno,ename,sal,deptno FROM emp WHERE deptno=20 AND
sal>3000;
    EMPNO ENAME              SAL    DEPTNO
    ------ -------------- ---------- ------------------------------
     8001 李思              8000    20
     7566 约翰              3570    20
     7902 福特              3600    20
```

由于 AND 运算符要求左右两边的条件都成立,结果才为 TRUE,因此只有记录中部门为 20 并且薪资大于 3000 的员工记录才会被列出。

可以看到,由于要求 AND 左右两边的比较表达式必须成立结果才为 TRUE,因此 AND 运算符通常又称为全运算符。表 9.4 是 AND 运算符的真值表,通过真值表可以了解不同表达式运算结果的组合的最终结果。

表 9.4　AND运算符真值表

AND	TRUE	FALSE	NULL
TRUE	TRUE	FALSE	NULL
FALSE	FALSE	FALSE	FALSE
NULL	NULL	FALSE	NULL

OR 运算符又称半运算符，也就是说只要左右两侧的布尔表达式任何一方为 TRUE，结果就为 TRUE，例如要查询部门编号为 10 或 20 的员工的列表，查询语句如下：

```
scott_Ding@ORCL> SELECT empno,ename,sal,deptno FROM emp WHERE deptno=20 OR
deptno=10;
    EMPNO ENAME               SAL        DEPTNO
    ------ ---------------- ----------- ---------------------------------
     8001 李思               8000        20
     7369 张三丰             1755.2      20
     7566 约翰               3570        20
     7782 克拉克             3587.05     10
     7788 斯科特             1760.2      20
     7839 金                 8530.5      10
     7876 亚当斯             1440        20
     7902 福特               3600        20
已选择 8 行。
```

OR 运算符只要两侧的比较表达式中有任何一个为 TRUE，结果就为 TRUE，因此由结果中可以看到，deptno 为 10 或者是为 20 都会匹配 OR 逻辑运算符的条件，因此会获取结果数据行。OR 运算符的真值表如表 9.5 所示。

表 9.5　OR运算符真值表

OR	TRUE	FALSE	NULL
TRUE	TRUE	TRUE	TRUE
FALSE	TRUE	FALSE	NULL
NULL	TRUE	NULL	NULL

NOT 运算符又称为取反运算符，它用来将一个表达式的结果取反，比如将 TRUE 转换 FALSE，将 FLASE 转换为 TRUE，它是一个单目运算符，仅计算右侧的表达式。例如要查询部门编号不为 20 或 30 的员工记录，可以使用如下的 NOT 表达式：

```
scott_Ding@ORCL> SELECT empno,ename,sal,deptno FROM emp WHERE NOT (deptno=20
OR deptno=30);
    EMPNO ENAME               SAL        DEPTNO
    ------ ---------------- ----------- ----------------------------
     7782 克拉克             3587.05     10
     7839 金                 8530.5      10
     7903 通利               2000        40
     7904 罗威               2000        50
     8099 张大百             2000        60
```

在这个查询语句中，WHERE 子句使用了 OR 和 NOT 操作符，其中 OR 操作符使用括号括起来，将具有最高优先级，NOT 运算符将对括号中的逻辑表达式进行取反，因此当部门的编号为 20 或者是 30 时，结果反而为 FALSE，这样就正确地取出了部门编号不为 20

和 30 的记录。NOT 运算符的真值表如表 9.6 所示。

表 9.6　NOT运算符真值表

	TRUE	FALSE	NULL
NOT	FALSE	TRUE	NULL

NOT 运算符与其他的运算符比如前面介绍过的 BETWEEN、LIKE、NULL、EXISTS、IN 等运算符可以一起使用，可以用来取这些运算符的相反的结果，在本章前面的例子中已经有过简单的介绍。

当多个逻辑运算符组合使用时，必须要了解这几个运算符的优先级，常用的优先级顺序如表 9.7 所示。

表 9.7　WHERE子句中的运算符优先级

计算顺序	运　算　符
1	算术运算符，例如+、-、*、/运算符
2	连接运算符，例如||运算符
3	比较运算符，例如>、<、>=、<=、<>运算符
4	IS [NOT] NULL, LIKE, [NOT] IN
5	[NOT] BETWEEN
6	NOT　逻辑条件
7	AND　逻辑条件
8	OR　逻辑条件

可以看到，逻辑运算符的优先级在表中处于较低的位置，有时为了使代码具有良好的可读性，使用括号来改变优先级并提供良好的优先级。当包含括号之后，根据括号的层次结构，从左至右依次进行运算。

举个例子，下面的查询语句中包含 AND 和 OR 查询条件，并且没有使用括号更改优先级：

```
scott_Ding@ORCL> SELECT empno, ename, sal, job
    FROM emp
  WHERE job = '经理'
    OR job = '分析人员'
   AND sal > 3000;
   EMPNO ENAME                      SAL   JOB
  ------ ---------------     ---------- ----------------------------
    8001 李思                       8000   经理
    8005 张天师                     8000   经理
    7566 约翰                       3570   经理
    7698 布莱克                     2850   经理
    7782 克拉克                   3587.05   经理
    7902 福特                       3600   分析人员

已选择 6 行。
```

根据运算符的优先规则，AND 的优先级比 OR 要高，因此这个查询的比较顺序应该如下所示：

（1）查询 emp 表中 job 为分析人员，并且薪资大于 3000 的员工列表。

（2）或者员工的职位 job 为经理的员工列表。

因此可以看到，即便是 job 为经理的薪资为 2850 也被查询到了列表中，在实际的工作中必须深入理解这些优先级，如果用户无法确定 Oracle 的优先级执行顺序，可以使用括号来更改优先级顺序。

9.1.9　使用 ORDER BY 排序

很多时候都需要对返回的结果集进行排序，比如按雇佣日期从早到晚排序，按员工的薪资从高到低排序。默认情况下，Oracle 的查询结果集是无序的，这意味着同一个查询语句，如果执行多次查询相同的结果，可能返回不同顺序的结果集。在 SELECT 语句中可以使用 ORDER BY 子句来完成对查询结果集的排序操作，ORDER BY 子句的语法如下：

```
SELECT     expr
FROM       table
[WHERE   condition(s)]
[ORDER BY  {column, expr} [ASC|DESC]];        --对查询的结果集进行排序
```

可以看到，在 WHERE 子句的后面可以紧跟 ORDER BY 子句来实现对查询结果的排序，其中 ASC 指定升序排序，这是默认的顺序；DESC 用于指定降序的排序顺序，如果需要用降序排序，需要显式地指定 DESC 关键字。

注意：ORDER BY 子句必须为 SELECT 语句中的最后一个子句，无论 SELECT 语句多么复杂，应该总是确保 ORDER BY 子句位于最后，否则 SELECT 查询将执行失败。

举例来说，查询 emp 表中部门编号为 20 的员工信息，并且按照薪资从低到高进行排序，查询语句如下：

```
scott_Ding@ORCL> SELECT empno,ename,sal FROM emp WHERE deptno=20 ORDER BY
sal;
    EMPNO  ENAME                   SAL
    -----  -----------------       ------------------------------------------
     7876  亚当斯                   1440
     7369  张三丰                   1755.2
     7788  斯科特                   1760.2
     7566  约翰                     3570
     7902  福特                     3600
     8001  李思                     8000
已选择 6 行。
```

如果要按工资从高向低进行排序，可以在 ORDER BY 后面添加 DESC 关键字，实现降序排序，查询语句如下：

```
scott_Ding@ORCL> SELECT empno,ename,sal FROM emp WHERE deptno=20 ORDER BY
sal DESC;
    EMPNO  ENAME                   SAL
    ------ -----------------       ------------------------------------------
     8001  李思                     8000
     7902  福特                     3600
     7566  约翰                     3570
```

```
    7788    斯科特                    1760.2
    7369    张三丰                    1755.2
    7876    亚当斯                    1440
已选择 6 行。
```

可以看到，添加 DESC 关键字之后，　sal 字段现在果然是按从大到小的顺序进行了降序排序。

对于不同的数据类型，以默认的升序为例，ORDER BY 的排序规则如下所示：

❑ 对于数字值，小的值在前面显示，例如：1 - 999。

❑ 对于日期，早的日期在前面显示，例如：1981-01-01 排在 1981-01-02 的前面。

❑ 对于字符值，依字母顺序显示，例如：A 排第 1，Z 排在最后。

❑ 对于 NULL 值，升序排序时显示在最后，降序排序时显示在最前面。

ORDER BY 中排序的列必须是表中可用的列，还可以按照 SELECT 选择列表中的列别名进行排序，查询语句如下：

```
SELECT empno,ename,sal AS 工资 FROM emp WHERE deptno=20 ORDER BY 工资 DESC;
```

这行语句按 sal 字段进行降序排序，但是它使用了 sal 的别名进行排序，将输出与前面的示例相同的结果。

除按列别名进行排序外，还可以按选择列表中的列的顺序，从 1 开始，指定一个顺序值，例如下面的示例语句：

```
SELECT empno,ename,sal FROM emp WHERE deptno=20 ORDER BY 3 DESC;
```

可以看到，sal 列位于选择列表的第 3 个位置，因此通过 ORDER BY 3 DESC 实现了对该列的排序。使用索引号进行排序必须要注意，索引不能越界，如果使用了一个越界的索引表达式，将产生 ORA-01785 异常。

除对单列进行排序外，还可以同时对多列进行排序，排序的规则与单列排序类似，只是需要使用逗号分隔多个列，如果想要降序排序一个列，在该列名后面指定 DESC 关键字。例如下面的语句将对 emp 表中的工资按升序排序，雇佣日期按降序排序：

```
scott_Ding@ORCL> SELECT empno, ename, sal, hiredate
            FROM emp
          WHERE deptno = 20
          ORDER BY sal ASC, hiredate DESC;    --使用 ORDER BY 多列排序
   EMPNO  ENAME                      SAL    HIREDATE
   -----  --------------------    --------    ----------------------------
    7876  亚当斯                    1440    1983-01-12
    7369  张三丰                    1755.2    1980-12-17
    7788  斯科特                    1760.2    1982-12-09
    7566  约翰                      3570    1981-04-02
    7902  福特                      3600    1981-12-03
    8001  李思                      8000    2012-12-19
已选择 6 行。
```

可以看到，对于多列排序，它会先按工资列进行升序排序，当工资列中出现相同的多个数值时，会对 hiredate 进行降序排序。在这个示例中，可以省略 sal 列后面的 ASC 关键字，但是建议加上这个关键字使代码更容易理解。

下面介绍一下使用 ORDER BY 的一些限制：

- ❏ 默认情况下，ORDER BY 子句后面的列可以按照表中定义的列进行排序，无论这些列是否位于 SELECT 的选择列表中。如果在 SELECT 中指定了 DISTINCT 关键字，则 ORDER BY 子句中的列必须出现在 SELECT 的选择列表中。
- ❏ ORDER BY 子句后面不能超过 255 个列或表达式。
- ❏ 不能对 LOB、LONG 或 LONG RAW 列、嵌套表或变长数组使用 ORDER BY 排序。
- ❏ 当指定了分组子句（GROUP BY）时，ORDER BY 子句只能使用常量、聚合函数、分析函数、USER、UID 和 SYSDATE 函数、在 GROUP BY 中出现的表达式。

在实际的工作中，基本上很少需要越过这些限制，比如很少有需要直接在 SELECT 语句中对 LOB 列进行排序，而且笔者也没有见过 ORDER BY 子句后面的排序列需要超过 255 个表达式的例子。

9.1.10　ROWNUM 伪列

伪列是指物理上并不存在的列，只是在查询时，Oracle 才构造伪列的数值，伪列是由 Oracle 自动构造的，一般情况下无法对其进行修改。

ROWNUM 伪列返回查询结果集的行号，结果集的第 1 行的 ROWNUM 的行编号为 1，第 2 行的行编号为 2，依此类推。使用 ROWNUM 伪列的查询示例如下：

```
scott_Ding@ORCL> SELECT ROWNUM,empno,ename FROM emp WHERE deptno=20;
  ROWNUM     EMPNO   ENAME
--------- --------- ---------------------------------------
        1      8001   李思
        2      7369   张三丰
        3      7566   约翰
        4      7788   斯科特
        5      7876   亚当斯
        6      7902   福特
已选择 6 行。
```

ROWNUM 是根据查询结果集来动态产生的，它产生在 ORDER BY 排序结果集之前，因此如果在结果结中应用了排序，就可能导致伪列排序的混乱，例如下面的查询语句：

```
scott_Ding@ORCL> SELECT ROWNUM, empno, ename, sal FROM emp WHERE deptno =
20 ORDER BY sal;
  ROWNUM     EMPNO   ENAME                    SAL
--------- --------- -------------- ---------------------------------------
        5      7876   亚当斯                  1440
        2      7369   张三丰                  1755.2
        4      7788   斯科特                  1760.2
        3      7566   约翰                    3570
        6      7902   福特                    3600
        1      8001   李思                    8000
已选择 6 行。
```

可以看到，在使用 ORDER BY 对查询的结果集进行排序后，ROWNUM 伪列果然变得混乱了，这是因为 Oracle 实际上是根据行存储的先后次序而不是按照排序后的结果集对伪列进行编号的。图 9.1 展示了 Oracle 在查询一个结果集时伪列的分配步骤。

通过图 9.1 中的步骤可以看到，ROWNUM 在 WHERE 及 ORDER BY 之间对序列号进行了分配，但是在应用了 WHERE 条件时，如果条件不匹配，会被丢弃并且会被重置。这也就是说，如果 ROWNUM 的值不满足，那么下一行的值将会重用 ROWNUM。

理解了这个原理，应用 ROWNUM 就会很简单了，比如对于排序，如果希望让 ROWNUM 按照指定的列进行排序，可以将 ROWNUM 查询放到一个子查询中，然后通过查询已经生成的结果集来进行排序，如下面的示例：

```
scott_Ding@ORCL> SELECT ROWNUM, empno, ename, sal
                 FROM (SELECT empno, ename, sal FROM emp WHERE deptno = 20
ORDER BY sal);
    ROWNUM     EMPNO ENAME                                  SAL
    -------- ------- ------------- ------------------------------------
          1      7876 亚当斯                                1440
          2      7369 张三丰                                1755.2
          3      7788 斯科特                                1760.2
          4      7566 约翰                                  3570
          5      7902 福特                                  3600
          6      8001 李思                                  8000
已选择 6 行。
```

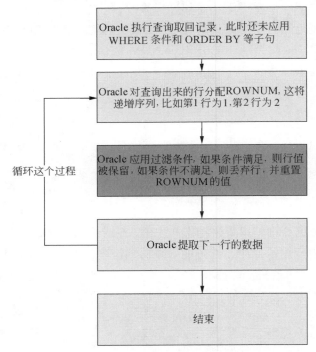

图 9.1　ROWNUM 的分配步骤

这个示例在一个子查询中先对查询结果进行了排序，然后应用 ROWNUM 查询，这样就可以确保查询出来的结果集是已经排好序的结果集。

由于 ROWNUM 在 WHERE 子句之前就被分配了值，因此可以使用 ROWNUM 来模拟 SQL Server 中的 Top n 查询。例如要查询 emp 表中的前 5 个员工信息，可以使用如下的查询语句：

```
scott_Ding@ORCL> SELECT ROWNUM seq,empno,ename,sal FROM emp WHERE ROWNUM<=5;
    SEQ    EMPNO ENAME                             SAL
```

```
----- ------- -------------- --------------------------------
    1    8001    李思                          8000
    2    8005    张天师                        8000
    3    7369    张三丰                      1755.2
    4    7499    艾伦                          1700
    5    7521    沃德                          1350
```

这个查询在 WHERE 子句中添加了 ROWNUM<=5 这样的条件，由于 ROWNUM 实际上是在 WHERE 子句之前进行分配，因此可以通过 ROWNUM<=5 这样的条件成功地取回前 5 条记录。

很多读者很自然地会觉得，是不是也可以使用 ROWNUM 完成区间查询？例如查询 emp 表中第 2 条到第 5 条之间的记录，可以使用如下的语句：

```
scott_Ding@ORCL> SELECT ROWNUM seq, empno, ename, sal
                 FROM emp
             WHERE ROWNUM >= 2
             AND ROWNUM <= 5;
未选定行
```

可以看到查询却没有返回任何行，这是因为 ROWNUM 的列值会被重置所致，比如在取第 1 行时，WHERE 子句条件不成立，第 1 行被丢弃，但是取下一行时，ROWNUM 会被重置为 1，而不是 2，因此这导致了 ROWNUM 永远无法取得正确的值，也就无法返回任何行数据。这也意味着用户在 WHERE 子句中应用>或>=将无法取得任何行数据，解决这个问题的办法依然是使用子查询，查询语句如下：

```
scott_Ding@ORCL> SELECT seq, empno, ename, sal
    FROM (SELECT ROWNUM seq, empno, ename, sal FROM emp)
   WHERE seq >= 2
     AND seq <= 5;
   SEQ    EMPNO  ENAME                        SAL
----- ------- ----------- --------------------------------
    2    8005    张天师                        8000
    3    7369    张三丰                      1755.2
    4    7499    艾伦                          1700
    5    7521    沃德                          1350
```

这里再次使用了子查询，通过子查询先取得 ROWNUM 的值，然后再应用 WHERE 条件进行过滤，这就避免了因为 ROWNUM 重置导致的无法取得结果的问题。可以看到查询正确地取出了第 2 行到第 5 行之间的值。

9.1.11　ROWID 伪列

ROWID 伪列用来返回行的地址，它包含了用来定位一个行所需要的信息。ROWID 通常用来定位记录，比如索引就使用 ROWID 来定位目标行位置，并且 ROWID 默认情况下是按字符递增进行排列的。

举例来说，可以在 SQL*Plus 中直接使用 ROWID 伪列来查询 emp 表，在返回的结果中可以看到 ROWID 是由 18 个基于 BASE64 编码的字符串组成的，如下面的查询语句：

```
scott_Ding@ORCL> SELECT ROWID, empno, ename FROM emp WHERE deptno = 20;
ROWID                        EMPNO   ENAME
```

```
--------------------    --------    -----------------------------------------
AAAR3dAAEAAAACTAAA      8001        李思
AAAR3dAAEAAAACTAAJ      7369        张三丰
AAAR3dAAEAAAACTAAM      566         约翰
AAAR3dAAEAAAACTAAQ      7788        斯科特
AAAR3dAAEAAAACTAAT      7876        亚当斯
AAAR3dAAEAAAACTAAV      7902        福特
已选择 6 行。
```

ROWID 的 18 个字符按照功能进行组织，其组成结构参见表 9.8。

表 9.8　ROWID 组成

数据对象编号	文件编号	块编号	行编号
OOOOOO	FFF	BBBBBB	RRR

因此通过 ROWID 的这个结构，可以通过分解 ROWID 的值来得到详细的物理地址信息，例如下面的查询：

```
scott_Ding@ORCL> SELECT ROWID,
        SUBSTR(ROWID, 1, 6) "对象编号",
        SUBSTR(ROWID, 7, 3) "数据文件编号",
        SUBSTR(ROWID, 10, 6) "数据块编号",
        SUBSTR(ROWID, 16, 3) "行号"
    from emp
    WHERE deptno = 20;
ROWID                  对象编号      数据文件编号        数据块编号      行号
------------------     ---------    ---------------    -----------    ---------------
AAAR3dAAEAAAACTAAA     AAAR3d       AAE                AAAACT         AAA
AAAR3dAAEAAAACTAAJ     AAAR3d       AAE                AAAACT         AAJ
AAAR3dAAEAAAACTAAM     AAAR3d       AAE                AAAACT         AAM
AAAR3dAAEAAAACTAAQ     AAAR3d       AAE                AAAACT         AAQ
AAAR3dAAEAAAACTAAT     AAAR3d       AAE                AAAACT         AAT
AAAR3dAAEAAAACTAAV     AAAR3d       AAE                AAAACT         AAV
已选择 6 行。
```

可以看到，通过分解 ROWID 的字符位数，就可以得到这些不同的编号的 BASE64 字符串。这些不同的编号的作用如下所示：

❑ 数据对象编号，标识行所在的数据库段的编号。
❑ 数据文件编号，与表空间相关的数据文件编号指定行所在的数据文件。
❑ 数据块编号，指定包含行数据的数据块，数据块编号是相对于数据文件而不是表空间的，因此两个行可能具有相同的数据块编号，但是它们位于不同的数据文件中。
❑ 行号，指定块中的行号。

Oracle 提供了一个包可以很轻松地得到具体的 ROWID 包含的信息，这个包就是 DBMS_ROWID，因此要获取具体的编号信息，可以使用如下的查询：

```
scott_Ding@ORCL> SELECT DBMS_ROWID.rowid_object (ROWID) object_id,
                                                        --对象编号
        DBMS_ROWID.rowid_relative_fno (ROWID) file_id,    --数据文件编号
        DBMS_ROWID.rowid_block_number (ROWID) block_id,   --数据块编号
        DBMS_ROWID.rowid_row_number (ROWID) num           --数据行号
    FROM emp
    WHERE ROWNUM < 5;
```

```
OBJECT_ID    FILE_ID    BLOCK_ID      NUM
----------  ---------  -----------   -----------------------------------
    73181          4        147        9
    73181          4        147       10
    73181          4        147       11
    73181          4        147       12
```

由查询结果可以看到，emp 表中部门编号为 20 的记录的对象编号为 73181，文件编号为 4，块编号为 147，行号从 9 开始顺序递增，也就是说它们是在同一个块上面，这些块在同一个文件上面。有了这个编号，通过查询 all_objects，传入 object_id，可以得到对象的详细信息，通过查询 dba_data_files 数据字典视图，传入 file_id，可以得到文件信息等。

ROWID 表示表行的唯一标识符，它用来构建索引结构，每一个索引键都包含一个 ROWID 值，用来指定索引的行，使用 ROWID 是访问表行最快的方法，而且可以用来观察数据的物理组成方式。对于每一行记录，即便所有的字段值都相同，ROWID 也不可能会相同，因为 ROWID 总是唯一的。通过会使用 ROWID 来消除表中重复的记录，查询语句如下：

```
--1.创建一个与 emp 表具有相同结构和相同数据的表 emp_rowid，这种创建方式没有主键列
scott_Ding@ORCL> CREATE TABLE emp_rowid AS SELECT * FROM emp;
表已创建。
--2.向这个表中再次插入重复的记录
scott_Ding@ORCL> INSERT INTO emp_rowid
                SELECT * FROM emp WHERE deptno = 20;
已创建 6 行。
--3.通过 ROWID 来查询重复的记录
scott_Ding@ORCL> SELECT empno,ename,sal,deptno
    FROM emp_rowid
    WHERE ROWID NOT IN (SELECT MIN(ROWID) FROM emp_rowid GROUP BY empno);
    EMPNO  ENAME                      SAL      DEPTNO
    ------ --------------  ---------------  -----------------------------
     7902  福特                      3600          20
     7788  斯科特                  1760.2          20
     7369  张三丰                  1755.2          20
     7876  亚当斯                    1440          20
     7566  约翰                      3570          20
     8001  李思                      8000          20
已选择 6 行。
```

在这个例子中，首先使用 CREATE TABLE 语句构建了一个表 emp_rowid，用来存放具有完全相同的员工信息的记录，因为这个表没有主键，因此通过 INSERT 语句又插入了重复的部门编号为 20 的记录。最后的 SELECT 语句的重点在于 WHERE 子句中，使用了一个 NOT IN 子查询，子查询中对 empno 进行 GROUP BY 分组，取其中的 ROWID 较小的结果，这样就取出了不重复的所有的记录，通过 NOT IN 过滤，则会只取出重复的记录行。通过这样的语法，可以使用 DELETE 语句将重复的记录删除。

虽然 ROWID 的值是唯一的，但是不能使用 ROWID 作为一个表的主键，因为删除或重新插入一个行，或者是使用导入导出工具导入数据时，ROWID 的值将会发生变化。比如删除一个记录，Oracle 可能会将这个 ROWID 重新分配给一个新的行，而且由于 ROWID 伪列并没有存储在数据库中，它只是一个虚拟的列，因此不能对 ROWID 伪列进行插入、更新和删除操作。

9.1.12　使用 CASE 表达式

现在已经了解到了 SELECT 的很多特性，虽然 SQL 语言是基于集合的编程语言，但是在 SQL 语句中还可以实现一些简单的 IF-THEN-ELSE 逻辑，这是过程性编程语言必备的条件判断语句。在 SQL 语言中，可以通过两种方式模拟 IF-THEN-ELSE 逻辑，分别是 CASE 表达式和 DECODE 函数。本节将介绍 CASE 表达式的用法，关于 DECODE 函数的使用，将在本书第 11 章中进行详细介绍。

在 SQL 语言中，CASE 语句按其难易程度可以分为如下两类：

- ❑ 简单 CASE 语句，在 CASE 语句中指定输入表达式，通过 WHEN 子句中的多个条件值与之进行比较，简单 CASE 语句是基于值之间的比较。
- ❑ 搜索 CASE 语句，CASE 语句中不指定比较值，通过在 WHEN 子句中使用表达式计算结果值，只要条件为 True 就取其结果。

简单 CASE 语句需要指定一个输入表达式，后续的 WHEN 子句与输入表达式的结果进行比较，语法如下：

```
CASE expr                               --指定要匹配的表达式,该表达式必须返回值
        WHEN comparison_expr1 THEN return_expr1
                                        --WHEN 子句根据表达式返回的值进行判断
        [WHEN comparison_expr2 THEN return_expr2
        WHEN comparison_exprn THEN return_exprn
        …
        ELSE else_expr]                 --上述所有条件都不成立则执行 ELSE 子句
END
```

简单 CASE 语句要求在 CASE 关键字后面指定一个表达式，这个表达式可以是列名或者是返回结果的表达式，在 WHEN 子句中提供一系列的值，与 expr 中的结果值进行比较，WHEN 子句的个数可以有 65 534 个，如果包含 ELSE 最大可达 65 535 个。ELSE 是指在 WHEN 子句中的条件都不满足时执行 ELSE 中的语句块。

在下面的例子中，将对 emp 表中的部分职位的员工进行薪资调整，当 job 列的值为职员时，上调 10%的工资；当 job 列的值为分析人员时，上调 15%的工资；当 job 列的值为经理时，上调 20%的工资。可以看到要根据 job 的不同的值来调整不同的调整比率，这可以轻松地通过简单 CASE 语句来实现，如下面的查询语句：

```
scott_Ding@ORCL> SELECT empno,
        ename,
        sal,
        CASE job                    --计算 job 字段的列值
          WHEN '职员' THEN          --下面的 WHEN 子句与 job 列值比较
            1.10 * sal
          WHEN '分析人员' THEN
            1.15 * sal
          WHEN '经理' THEN
            1.20 * sal
          ELSE                      --所有条件都不匹配则直接返回 sal 列值
            sal
        END "调整后工资"
    FROM emp
```

```
     WHERE deptno = 20;

     EMPNO  ENAME                 SAL      调整后工资
     -----  ----------  ------------  ------------------------------
      8001  李思                  8000      9600
      7369  张三丰              1755.2      1930.72
      7566  约翰                  3570      4284
      7788  斯科特              1760.2      936.22
      7876  亚当斯              1440      1584
      7902  福特                  3600      4140

已选择 6 行。
```

简单 CASE 语句由于具有一个输入表达式，因此只能进行相等比较，如果需要使用其他的比较运算，比如大于或小于，就要考虑搜索 CASE 语句。

注意：WHEN 子句中比较表达式的结果类型必须要与 CASE 中的输入表达式的类型相匹配，并且所有的 THEN 关键字后的结果值的类型必须相同。

由于简单 CASE 语句仅能进行等值的比较操作，而 IF-THEN-ELSE 又经常面临着各种条件判断，比如大于、小于或者是逻辑 AND、OR、NOT 等操作符的联合运用，此时可以使用 Oracle 提供的搜索 CASE 语句。它提供了比简单 CASE 语句更大的灵活性，语法如下：

```
CASE WHEN comparison_expr1 THEN return_expr1
     [WHEN comparison_expr2 THEN return_expr2
      WHEN comparison_exprn THEN return_exprn
      ....
      ELSE else_expr]
END
```

搜索 CASE 语句与简单 CASE 语句最大的区别在于搜索 CASE 语句后面不带表达式，而是在 WHEN 子句中添加表达式进行比较，在 WHEN 子句中的比较表达式可以使用大于、小于、等于等运算符进行比较，下面的示例同样实现调薪，但是根据员工是在 1982 年以前还是以后的入职日期来调整薪资，查询语句如下：

```
scott_Ding@ORCL> SELECT empno 工号,
       ename 姓名,
       hiredate 雇佣日期,
       sal 工资,
       CASE
        WHEN EXTRACT(YEAR FROM hiredate) > 1982 THEN
         1.10 * sal
        WHEN EXTRACT(YEAR FROM hiredate) <= 1982 THEN
         1.15 * sal
        ELSE
         sal
     END 调薪后的工资
   FROM emp
   WHERE deptno = 20;

   工号    姓名              雇佣日期            工资        调薪后的工资
   ----  ----------  ------------------  ----------  --------------------
    8001  李思              2012-12-19          8000          8800
    7369  张三丰          1980-12-17          1755.2        2018.48
```

7566	约翰	1981-04-02	3570	4105.5
7788	斯科特	1982-12-09	1760.2	2024.23
7876	亚当斯	1983-01-12	1440	1584
7902	福特	1981-12-03	3600	4140

已选择 6 行。

在这个示例中，在 WHEN 子句后面指定了比较表达式，这就提供了比简单 CASE 语句更大的灵活性，因为在 WHEN 子句中可以使用各种比较运算符进行比较，如果计算的结果为 TRUE，就会返回 THEN 后面的结果表达式，如果 WHEN 子句都为 FALSE，则返回 ELSE 语句后面的表达式，如果不存在 ELSE 语句，则返回 NULL 值。

无论是简单 CASE 语句还是搜索 CASE 语句，所有 WHEN 子句的返回值类型必须相同，Oracle 使用短路径计算方式，比如对于简单 CASE 语句来说，Oracle 从第 1 个 WHEN 子句开始计算，当遇到一个 WHEN 子句的表达式匹配条件时，则返回结果值并退出 CASE 语句，不会执行后面的 WHEN 子句。

9.2　多表连接查询

前面讨论的查询都仅限于单个表，也就是说在 FROM 子句中仅出现了一个表名，通过语法不难看到，FROM 子句后面实际上可以接一个以逗号分隔的表名称的列表。这种查询语句称为多表查询。多表查询用于从多个表中获取所需要的数据，在企业的日常报表或者是决策支持系统中使用频繁。

9.2.1　理解多表查询

在创建关系型的数据库表时，出于数据库范式的考虑，会将一些可能造成数据冗余的数据分成多个表进行存储，彼此之间通过表间关系进行主外键关联，从而降低数据的冗余，提供数据维护的灵活性。但是在实际的工作中，需要将多个表的数据合并为一个数据结果，比如一份人事信息的报表，需要既包含员工信息，又能包含员工所在的部门信息，此时就需要将两个表进行合并显示。

在介绍 SELECT 的语法时曾经提到过，可以在 FROM 子句中放置多个表名称，实现查询多个表的数据，因而也就可以在 SELECT 的选择列表中选择来自多个表的列。如果两个表中有相同的列名称的话，那么需要使用前缀来隔离不同的列，这种查询语句就是多表查询。

下面是多表查询的基本的语法形式：

```
SELECT table1.column, table2.column
FROM table1, table2
WHERE table1.column1 = table2.column2;
```

WHERE 子句中的条件用来指定两个表之间的关联字段，比如 emp 表中的 deptno 与 dept 表中的 deptno 就具有主外键关系，因此可以使用 deptno 来创建两个表之间的关联。下面的语句演示了如何实现从 emp 表和 dept 表中同时查询两个表中的数据：

```
scott_Ding@ORCL> SELECT emp.empno, emp.ename, dept.dname, dept.loc
    FROM emp, dept
  WHERE emp.deptno = dept.deptno;
  EMPNO      ENAME              DNAME          LOC
  -------    --------------     -------------  ------------------------------
   7839      金                 财务部          纽约
   7782      克拉克             财务部          纽约
   7566      约翰               研究部          达拉斯
   7881      刘大夏             研究部          达拉斯
   7888      张三               研究部          达拉斯
   7369      史密斯             研究部          达拉斯
```

这个示例是一个标准的多表查询的语法，FROM 子句后面指定了 emp 和 dept 表，SELECT 的选择列表通过表名作为列的前缀，区分来自两个表的列，WHERE 子句用来指定两个表之间的连接条件。

多数的多表查询都必须至少指定一个连接条件，也就是 WHERE 子句中出现的连接两个表的连接条件，这使得 Oracle 可以连接两个表中的行。当对 3 个或 3 个以上的表进行多表查询时，Oracle 首先根据连接条件连接前两个表，然后使用结果集去连接第 3 个表，依此类推。Oracle 的优化器将根据连接条件、表上的索引和任何有效的索引信息来确定优化连接的顺序。

如果连接条件无效或者完全被省略，就会出现笛卡尔乘积，此时系统将显示行的所有组合，也就是说第 1 个表中的所有行将与第 2 个表中的所有行相连接，这将产生大量的数据。下面通过一个查询可以看出，emp 表和 dept 表通过笛卡尔乘积后，产生了 198 条记录，查询语句如下：

```
scott_Ding@ORCL>SELECT COUNT(*) FROM (SELECT 1 FROM emp,dept);
  COUNT(*)
  ----------------
       198
```

示例将多表查询放在一个子查询中，FROM 子句后面指定了 emp 表和 dept 表，选择列表直接指定了一个常量，由于没有指定连接条件，因此查询结果返回了 emp 表中所有行乘以 dept 表中所有行的笛卡尔乘积，因此出现了 198 条记录。

笛卡尔乘积会产生大量无意义的行，因此除非有特别的需要，比如产生大量的测试数据或者是模拟适当的数据量，否则应该尽量在多表查询中指定 WHERE 查询条件。

在 Oracle 中可以编写两种连接语法，上面的示例可以看作是 Oracle 特有的语法，这种语法兼容于 Oracle 9i 之前的版本，并且提供了较好的性能。Oracle 9i 以后的版本中提供了符合 ANSI SQL 标准的连接语法，如果使用 ANSI 标准的语法，前面的连接示例可以写成如下的语法格式：

```
--使用 ANSI SQL 标准的连接语法
SELECT emp.empno, emp.ename, dept.dname, dept.loc
  FROM emp
  JOIN dept ON emp.deptno = dept.deptno;
```

Oracle 建议 DBA 使用最新的 ANSI SQL 标准的语法编写连接查询，不过出于兼容性的考虑，并且 Oracle 的认证考试也时常会对两种语法都进行测试，因此本章对两种语法格式都会详细进行讨论。

在 Oracle 中主要有如下 3 种类型的连接：

❑ 内连接，这种连接返回既满足 A 表又满足 B 表的行，只有连接（join）的条件满足才返回，否则不会返回任何数据。

❑ 外连接，外连接是内连接的扩展，外连接返回符合条件的行，同时可以根据指定的条件返回不满足连接条件的左边的表行或者是右边的表行。外连接又分为左外连接和右外连接。

❑ 自连接，是指一个表连接到自身，比如 emp 表中每个员工属于一个经理，经理的员工编号也存在于 emp 表中，因此可以说 mgr 和 emp 是自连接关系。

一些 Oracle 资料又将连接划分为等值连接、非等值连接、外连接和自连接，本章后面的小节中将讨论这些连接的实现方法。无论是哪种类型的连接，在编写连接查询时，必须要注意如下的几个准则：

❑ 在编写多表连接的查询语句时，尽量在列名前加上前缀，以免造成混淆，并且可以增强代码的阅读性。

❑ 对于每个表中唯一的列，可以不用添加前缀，但是多个表中出现相同的列表时，必须在列名前加上表名作为前缀。

❑ 如果将 n 个表连接查询，最少需要 n-1 个连接条件，比如要连接 4 个表，最少要有 3 个连接条件。

通过本小节的介绍，相信读者对于多表查询有了一个基本的理解，接下来就开始针对每种类型的连接分别讨论其实现方式。

9.2.2　内连接

内联接又称为等值连接或简单连接，它用来连接两个或多个表，其中一个表中的列，一般为外键，等于另一个表的列值，一般为主键，比如 emp 表的 deptno 是 emp 表的外键，它引用到 dept 表的主键 deptno，通过让 emp 表的 deptno 与 dept 表的 deptno 进行等值连接，就可以连接两个表，显示出两个表中相关联的行数据。

以本书第 6 章 6.2.3 小节创建的 books 和 bookCategory 为例，这两个表创建了主外键的关系，如图 9.2 所示。

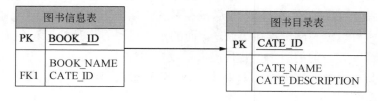

图 9.2　books 和 bookCategory 表间关系

可以看到，这两个表通过 cate_id 进行了主外键的关联。下面的语句创建了一个内连接，用来连接这两个表创建一个多表查询：

```
scott_Ding@ORCL> SELECT a.book_name, b.cate_name, b.cate_description
            FROM books a, bookCategory b
```

```
                    WHERE a.cate_id = b.cate_id;

BOOK_NAME              CATE_NAME              CATE_DESCRIPTION
-----------------      -----------------      --------------------------------
PL/SQL 从入门到精通     计算机图书             计算机软件、数据库、编程类图书
Oracle 从入门到精通     计算机图书             计算机软件、数据库、编程类图书
零基础看懂财务报表       经管类图书             经济管理、财务会计、统计分析图书
云图                   文学艺术类             小说、绘图、音乐、电影
```

在这个查询中，为 books 表和 bookCategory 分别指定了两个表别名 a 和 b，在 SELECT
的选择列表中通过将表的别名作为前缀，可以简化当表名复杂时的代码量。在多表查询中
使用表别名时，必须要注意下面的一些原则：

- ❑ 表别名最多可以有 30 个字符，但短一些更好。
- ❑ 如果在 FROM 子句中表别名用于指定的表，那么在整个 SELECT 语句中都要使用
  表别名。
- ❑ 表别名应该是有意义的，尽量取一些具有友好意义且简单的表别名。
- ❑ 表别名只对当前的 SELECT 语句有效。

可以看到 FROM 子句后紧跟 books 和 bookCategory 这两个表，SELECT 选择列表中既
包含了 books 表的列，又包含了 bookCategory 表中的列。WHERE 条件中包含了等值的连
接条件，将 books 表的外键 cate_id 与 bookCategory 表的主键 cate_id 进行了等值连接，因
此结果返回了两个表中相关连的行记录。

WHERE 子句提供了等值连接条件，也可以在 WHERE 子句中添加多个过滤子句，用
来限制返回的结果行，比如仅查询计算机类图书的列表，可以在等值条件后再追加过滤条
件，查询语句如下：

```
scott_Ding@ORCL> SELECT a.book_name, b.cate_name, b.cate_description
          FROM books a, bookCategory b
          WHERE a.cate_id = b.cate_id
          AND b.cate_id = 1;

BOOK_NAME              CATE_NAME              CATE_DESCRIPTION
-----------------      -----------------      --------------------------------
PL/SQL 从入门到精通     计算机图书             计算机软件、数据库、编程类图书
Oracle 从入门到精通     计算机图书             计算机软件、数据库、编程类图书
```

在查询语句中，通过 AND 关键字在连接条件后面添加了一个过滤子句，用来仅显示
计算机类别的图书。可以看到，在连接条件的后面，可以指定任意多个过滤子句来进行查
询的过滤。

如果要对超过两个表完成连接查询，按照连接的原则，必须指定 n-1 个连接条件，因
此如果要连接 3 个表，则需要指定两个连接条件，下面的代码创建了一个 borrows 表，用
来保存图书的借阅信息，并且向表中插入了两条借阅记录。语句如下：

```
--创建一个图书借阅表
CREATE TABLE borrows(
  borrow_id INT CONSTRAINT pk_borrow_id PRIMARY KEY,     --借阅 id
  book_id INT,                                           --图书 id
  borrow_date DATE DEFAULT SYSDATE,                      --借出日期
  return_date DATE,                                      --归还日期
  --与 books 表创建主外键关系
```

```
     CONSTRAINT fk_borrow_id FOREIGN KEY(book_id) REFERENCES books(book_id)
     ON DELETE CASCADE
);
--插入借书记录
INSERT INTO borrows VALUES(orders_seq.NEXTVAL,1012,SYSDATE-2,NULL);
INSERT INTO borrows VALUES(orders_seq.NEXTVAL,1012,NULL,SYSDATE);
```

可以看到，borrows 表中的 book_id 是一个指向 books 表的外键，它与 books 表的主键 book_id 进行主外键关联，因此要构造一个包含图书名称、图书分类和图书借阅信息的查询，可以将 borrows 表的 book_id 与 books 表的 book_id 主键进行关联，查询语句如下：

```
scott_Ding@ORCL> SELECT a.book_name  as "书名",
        b.cate_name  as "分类",
        c.borrow_date as "借出日期",
        c.return_date as "归还日期"
    FROM books a, bookCategory b, borrows c       --选择来自 3 个表的数据
   WHERE a.cate_id = b.cate_id                     --指定了两个连接条件
    AND a.book_id = c.book_id
    AND b.cate_id = 1;                             --用来过滤的语句

书名                           分类               借出日期      归还日期
---------------------- ---------------- ----------- ----------------
PL/SQL 从入门到精通             计算机图书          2013-01-06
PL/SQL 从入门到精通             计算机图书          2013-01-08
```

可以看到，在 FROM 子句后面指定了 3 个表，在 WHERE 子句后面指定了两个连接的条件，用来确保连接的结果是具有关联关系的数据，如果省略掉任何一条记录，就会导致笛卡尔乘积的出现，从而导致大量重复的无意义的数据。

前面的连接示例都是等值连接，也就是说主要用来判断两个或多个表之间特定列值的相等性。在 Oracle 中除了这种等值连接之外，还可以创建一种非等值连接。非等值连接允许在连接条件中指定>、>=、<、<=或者是 BETWEEN..AND 等连接条件。

非等值连接的经典示例是获取员工表 emp 表中的工资等级，scott 方案中有一个 salgrade 表，它记录了员工的等级，等级的最低工资和最高工资，通过连接 salgrade 表，使用非等值连接，可以得到员工的薪资级别，查询语句如下：

```
scott_Ding@ORCL> SELECT a.ename as "员工姓名",
        a.sal   as "员工工资",
        b.dname as "部门名称",
        c.grade as "薪资级别"
        FROM emp a, dept b, salgrade c            --3 表连接查询
        WHERE a.deptno = b.deptno                  --等值连接条件
        AND a.sal BETWEEN c.losal AND c.hisal      --非等值连接条件
        AND b.deptno = 20;

员工姓名               员工工资        部门名称          薪资级别
--------------- ------------- ---------------- ------------------------
李思                   8000            研究部            5
张三丰                 1755.2          研究部            3
约翰                   3570            研究部            5
斯科特                 1760.2          研究部            3
亚当斯                 1440            研究部            3
福特                   3600            研究部            5
```

在这个语句中指定了 3 表连接查询，可以看到 emp 表和 dept 表的关联使用了等值连接，而 emp 表和 salgrade 的关联使用了 BETWEEN..AND 非等值连接，实际上 BETWEEN..AND 语句在内部会转换为 a.sal>=c.losal AND a.sal<=c.hisal，因而取回了所需要的结果。

Oracle 的连接语法是一种比较传统的方法，Oracle 9i 以后的版本中开始支持标准化的 SQL 语法，这也是 Oracle 建议使用的连接语法方式。在 ANSI SQL 中，使用 INNTER JOIN 关键字来进行表之间的连接，例如将上面的查询更改为 ANSI SQL 语法形式如下：

```
scott_Ding@ORCL> SELECT a.ename as "员工姓名",
         a.sal   as "员工工资",
         b.dname as "部门名称",
         c.grade as "薪资级别"
   FROM emp a                    --在 FROM 子句中指定 emp 表
   INNER JOIN dept b ON a.deptno = b.deptno
                                 --用 emp 表内连接 dept 表，ON 指定连接条件
   --内连接到 salgrade 表，使用等值条件
   INNER JOIN salgrade c ON a.sal BETWEEN c.losal AND c.hisal
   WHERE b.deptno = 20;          --指定查询过滤子句

员工姓名            员工工资      部门名称         薪资级别
--------------  ------------  --------------  ------------------------
李思                8000        研究部              5
张三丰              1755.2      研究部              3
约翰                3570        研究部              5
斯科特              1760.2      研究部              3
亚当斯              1440        研究部              3
福特                3600        研究部              5

已选择 6 行。
```

可以看到，ANSI SQL 内连语法是通过 INNER JOIN 关联两个表，使用 ON 子句来定义等值或非等值的条件，最后通过 WHERE 子句来定义查询条件，这种方式也是目前 T-SQL 普遍使用的方式，在下一节将结合外连接再讨论使用 ANSI SQL 的连接语法。

9.2.3　外连接

外连接可以看作是内连接的扩展，内连接仅会返回符合连接条件的记录，而有时需要在即使连接条件不满足的情况下也能返回数据。比如在 emp 表和 dept 表连接时，如果 emp 表的 deptno 存在一些与 dept 表中的 deptno 不匹配的员工，出于显示所有员工信息的需要，应该要完整显示 emp 表中的员工记录，即便它没有匹配的部门信息，如果使用内连接，有可能导致数据的不完整。

下面的示例演示了一个外连接查询，这个查询中查询 books 图书表和 borrows 借阅表，无论图书是否有借阅信息，都显示出完整的图书列表，查询语句如下：

```
scott_Ding@ORCL> SELECT a.book_name  as "图书名称",
         b.borrow_date as "借出日期",
         b.return_date as "归还日期"
    FROM books a, borrows b
   WHERE a.book_id = b.book_id(+);
```

图书名称	借出日期	归还日期
PL/SQL 从入门到精通	2013-01-06	
PL/SQL 从入门到精通	2013-01-08	
零基础看懂财务报表		
云图		
Oracle 从入门到精通		

由上面的查询结果可以看到，不满足连接条件的 books 表中所有的行都显示在了查询的结果集中。

可以看到，外连接的语法与内连接基本相似，唯一不同之处是多了一个（+）号，这个（+）号位于表达式的某一端时，意味着另一端的数据会全部显示。

📖注意：（+）号外连接语法是 Oracle 特有的连接格式，ANSI SQL 使用 OUTER JOIN 来表示外连接。

使用 Oracle 特有的外连接语法，必须要记住外连接符号（+）在不同的位置所代表的不同意义，语法如下：

```
--右外连接
SELECT table1.column, table2.column
  FROM table1, table2
  WHERE table1.column(+) = table2.column;
--左外连接
SELECT table1.column, table2.column
  FROM table1, table2
  WHERE table1.column = table2.column(+);
```

连接符号（+）的出现表示连接是外连接查询，（+）加号所在的不同位置决定了查询返回的结果，如下所示：

- ❑ 左外连接，当加号出现在等号的左边时，将返回 table2 表中所有的数据。
- ❑ 右外连接，当加号出现在等号的右边时，将返回 table1 表中所有的数据。

📖注意：（+）号只能放置在等值条件的左侧或者是右侧，在左右两侧都放置加号是非法的。

可以看到，在前面对于 books 和 borrows 的查询示例中，按照从左向右的顺序，（+）号放置在 b.book_id 这一端，表示要取回 a 表中的所有数据和连接条件匹配的数据。如果是返回 a 表中不匹配连接条件的数据，对于 b 表中的列将用 NULL 值填充。

可以看到如果将（+）号放在等于符号的左边，将会返回 borrows 表中所有的数据，这种连接就是右外连接了。下面的示例先向示例中的 books 表添加了两条记录,故意让 cate_id 字段的值为 NULL，这样就出现了不属于任何分类的图书，然后创建一个右外连接查询，取回图书中包含的分类，以及所有的图书信息，查询语句如下：

```
scott_Ding@ORCL> SELECT a.cate_name, a.cate_description, b.book_name
                FROM bookCategory a, books b
                WHERE a.cate_id(+) = b.cate_id;

CATE_NAME          CATE_DESCRIPTION                    BOOK_NAME
-------------      ------------------------------      ----------------------
计算机图书          计算机软件、数据库、编程类图书        Oracle 从入门到精通
```

计算机图书	计算机软件、数据库、编程类图书	PL/SQL 从入门到精通
经管类图书	经济管理、财务会计、统计分析图书	零基础看懂财务报表
文学艺术类	小说、绘图、音乐、电影	云图
		平凡的世界
		C#典型模块开发实战大全

这个示例中返回了 books 表中的所有的行数据，可以看到（+）号位于 bookCategory，也就是 a 这一端，它导致了别名为 b 的 books 表的所有数据返回。

尽管使用 Oracle 的左、右外连接非常方便，不过 Oracle 建议用户使用 ANSI SQL 标准的连接语法，这是因为 Oracle 特有的连接语法需要遵循一定的规则，并且具有在 ANSI SQL 标准中不存在的一些限制：

- ❑ 不能在使用 OUTER JOIN 的 ANSI 连接语法中使用（+）创建连接语法。
- ❑ （+）仅能出现在 WHERE 子句中，并且只能用于一个表或视图的一列，因此如果 A 表和 B 表中需要使用多个列值作为连接条件时，必须在所有这些条件上添加（+）操作符，如果不指定，Oracle 视作是一个内连接查询，并且没有任何的警告和错误提示表示这是一个外连接错误。
- ❑ （+）操作符仅能用于一个列，不能用于一个表达式。
- ❑ 包含（+）操作符的 WHERE 条件中不能包含其他使用 OR 逻辑操作符的条件。
- ❑ WHERE 条件不能使用 IN 比较条件比较一个被标记了（+）的列。

ANSI SQL 的外连接语法使用 LEFT JOIN 或 RIGHT JOIN，语法如下：

```
SELECT table1.column, table2.column
  FROM table1                                      --FROM 子句仅包含一个表
  [LEFT|RIGHT|FULL OUTER JOIN table2               --使用连接子句连接到另一个表
  ON (table1.column_name = table2.column_name)];   --在 ON 子句中指定查询条件
```

左连接使用 LEFT JOIN 或 LEFT OUT JOIN，两者的意义完全相似，查询语句如下：

```
SELECT a.book_name   as "图书名称",
       b.borrow_date as "借出日期",
       b.return_date as "归还日期"
  FROM books a
  LEFT JOIN borrows b ON a.book_id = b.book_id;   --使用 LEFT JOIN 左连接查询
```

右连接使用 RIGHT JOIN 和 RIGHT OUT JOIN，查询语句如下：

```
SELECT a.cate_name        as "图书分类",
       a.cate_description as "图书描述",
       b.book_name        as "图书名称"
  FROM bookCategory a
  RIGHT JOIN books b ON a.cate_id = b.cate_id;   --使用 RIGHT JOIN 创建右外连接
```

ANSI SQL 还可以使用一种全连接，这种连接实际上相当于包含了左右两边的数据，类似于将左连接的数据与右连接数据进行了 UNION 合并。ANSI SQL 使用 FULL OUTER JOIN 来实现全连接，下面代码演示了对 books 和 bookCategory 表进行全连接，查询语句及其结果如下：

```
scott_Ding@ORCL> SELECT a.cate_name        as "图书分类",
                        a.cate_description as "图书描述",
                        b.book_name        as "图书名称"
```

```
                FROM bookCategory a
                FULL JOIN books b ON a.cate_id = b.cate_id;

图书分类              图书描述                              图书名称
----------------------------------------------------------------------
计算机图书            计算机软件、数据库、编程类图书          PL/SQL 从入门到精通
文学艺术类            小说、绘图、音乐、电影                  云图
经管类图书            经济管理、财务会计、统计分析图书        零基础看懂财务报表
计算机图书            计算机软件、数据库、编程类图书          Oracle 从入门到精通
                                                          C#典型模块开发实战大全
                                                          平凡的世界

艺术类图书            抽象、雕塑

已选择 7 行。
```

如果是使用 Oracle 的特有语法，必须要借助于 UNION 子句来合并两个查询，实现这种全连接操作，查询语句如下：

```
SELECT a.cate_name        as "图书分类",
       a.cate_description as "图书描述",
       b.book_name        as "图书名称"
  FROM bookCategory a, books b
 WHERE a.cate_id(+) = b.cate_id
 UNION
 SELECT a.cate_name, a.cate_description, b.book_name
  FROM bookCategory a, books b
 WHERE a.cate_id = b.cate_id(+);
```

可以看到，使用 ANSI SQL 语法，提供了更好的可读性，而且便于将 Oracle 开发的代码向其他的数据库平台迁移，比如使用 ANSI SQL 编写的代码就可以很容易地迁移到 SQL Server 数据库，而使用 Oracle 特有的格式则只能局限在 Oracle 数据库内部。

9.2.4 自引用连接

自连接是指一个表中的字段连接到它自身的另一个字段。emp 表就是一个很典型的例子，这个表有一个 mgr 字段，该字段的值指向 emp 表中的 empno 字段的值，也就是说员工的管理者，也应该是员工表中的一个成员，其 ER 关系图如图 9.3 所示。

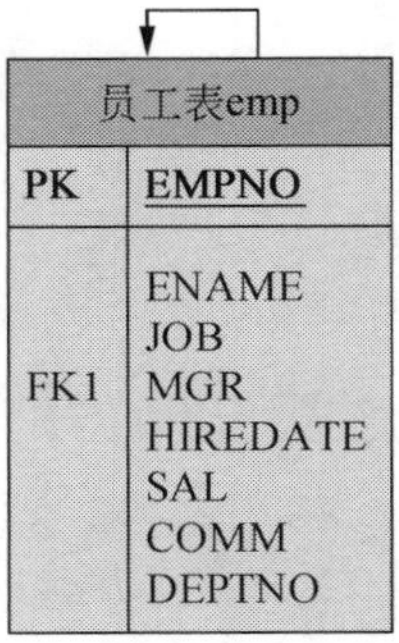

为了获取员工经理的详细信息，可以创建一个连接到自身的连接查询，也就是说在 FROM 子句中指定 emp 表两次，但是指定不同的别名，然后将 empno 与 mgr 作为连接的条件，实现自连接查询，查询语句如下：

员工表emp	
PK	**EMPNO**
FK1	ENAME JOB MGR HIREDATE SAL COMM DEPTNO

图 9.3　具有自引用关系的 emp 表

```
scott_Ding@ORCL> SELECT em.ename 员工名称,
        em.empno 员工工号,
        em.sal   员工工资,
        mg.ename 经理名,
        mg.empno 经理工号,
        mg.sal   经理工资
```

```
     FROM emp em, emp mg
    WHERE em.mgr = mg.empno
      AND em.deptno = 20;
```

员工名称	员工工号	员工工资	经理名	经理工号	经理工资
李思	8001	8000	张三丰	7369	1755.2
福特	7902	3600	约翰	7566	3570
斯科特	7788	1760.2	约翰	7566	3570
亚当斯	7876	1440	斯科特	7788	1760.2
约翰	7566	3570	金	7839	8530.5
张三丰	7369	1755.2	福特	7902	3600

已选择 6 行。

可以看到，在 FROM 子句中使用了相同的两个 emp 表，但是指定了不同的别名，在 WHERE 条件中，连接条件为第一个表的 empno 和另一个表的 mgr 进行等值连接，这样就可以查询出 emp 表中 mgr 列字段的详细信息。

除了使用内连接实现自连接外，也可以在自连接中使用外连接，比如要显示部门编号为 20 的部门中的员工信息，如果它们不包含有经理，也要进行显示，则可以创建如下的外连接查询：

```
scott_Ding@ORCL> SELECT em.ename 员工名称,
        em.empno 员工工号,
        em.sal    员工工资,
        mg.ename 经理名,
        mg.empno 经理工号,
        mg.sal    经理工资
    FROM emp em, emp mg
   WHERE em.mgr = mg.empno(+)
     AND em.deptno = 10;
```

员工名称	员工工号	员工工资	经理名	经理工号	经理工资
克拉克	7782	3587.05	金	7839	8530.5
金	7839	8530.5			

在这个示例语句中，通过（+）操作符创建了一个左外连接，这个连接将返回员工表中的所有的员工数据，即便是这些员工并不包含任何的 mgr 数据，也会显示在列表中。还可以在自引用连接中创建非等值连接，这与创建普通的多表连接查询完全相同。

9.2.5　交叉连接

交叉连接在 ANSI SQL 中又称为 CROSS JOIN，这种连接会返回两个表上的所有行的笛卡尔乘积，也就是一个表中的数据行与另一个表中的数据行相乘的结果，最终返回大量的数据行，这实际上就是在前面讨论过的不指定连接条件时，Oracle 产生大量数据结果。

下面的语句演示了使用 CROSS JOIN 语句和 Oracle 特有的连接子句创建了交叉连接，并返回交叉连接之后的行数：

```
--使用 CROSS JOIN 语句
scott_Ding@ORCL> SELECT COUNT(*)
        FROM (SELECT a.book_name, b.cate_name
        FROM books a
            CROSS JOIN bookCategory b);
  COUNT(*)
----------------
        24
--不指定连接条件的交叉查询
scott_Ding@ORCL>SELECT COUNT(*)
            FROM (SELECT a.book_name, b.cate_name FROM books a,
            bookCategory b);
  COUNT(*)
----------------
        24
```

通过查询 books 表和 bookCategory 表的记录条数，可以看到交叉连接的结果果然是这两个表的记条数的乘积，查询语句如下：

```
scott_Ding@ORCL> SELECT (SELECT COUNT(1) bookCount FROM books) as "图书总数",
        (SELECT COUNT(1) FROM bookCategory) as "分类总数"
    FROM DUAL;

图书总数      分类总数
----------------------------------------
      6          4
```

可以看到，使用 CROSS JOIN 和使用 Oracle 连接语法并不指定 WHERE 条件具有相同的效果，它们都产生了 24 行数据。交叉连接会产生大量无意义的重复数据，因此一般很少使用这种类型的查询，在需要产生大量测试数据时会考虑使用交叉连接查询。

9.2.6　自然连接

到目前为止，要求所有的连接语句必须指定一个连接条件，Oracle 建议通过表之间的关系列来连接一个或多个表，这样可以返回有意义的数据。一般这种主外键关联的列会具有相同的列名，比如 deptno、cate_id 等。Oracle 中有一种连接类型，可以让连接完全自动基于有匹配数据类型和名字的表列进行自动连接，这种连接称为自然连接，使用 NATURAL JOIN 关键字。

NATURAL JOIN 连接只能发生在两个表具有相同名字和数据类型的列上，如果列有相同的名字但数据类型不同，NATURAL JOIN 语法会引起错误。下面的语句演示了在 emp 表和 dept 表之间使用 deptno 进行连接，并没有指定连接条件，通过 NATURAL JOIN 来自动完成匹配，查询语句如下：

```
scott_Ding@ORCL> SELECT a.empno as "员工编号",
        a.ename as "员工姓名",
        a.sal  as "员工工资",
        b.dname as "部门名称"
    FROM emp a NATURAL
```

```
      JOIN dept b
      WHERE deptno = 20;

  员工编号  员工姓名                    员工工资        部门名称
  --------- --------------    -------------  ----------------------------
     8001   李思                         8000          研究部
     7369   张三丰                     1755.2          研究部
     7566   约翰                         3570          研究部
     7788   斯科特                     1760.2          研究部
     7876   亚当斯                       1440          研究部
     7902   福特                         3600          研究部

已选择 6 行。
```

可以看到，通过 NATURAL JOIN 子句，Oracle 自动使用 deptno 实现了 emp 表和 dept 表的连接，而且可以使用 WHERE 子句实现在一个自然连接中添加约束，比如示例中限制仅返回部门编号为 20 的行。

🔷**注意**：在两个表中具有相同名字的列不能在任何地方用表名或表别名前缀进行限制，否则 Oracle 会抛出 ORA-25154 异常。

自然连接用具有相匹配的名字和数据类型的所有列来连接表，可以通过在等值连接中使用 USING 子句来指定一个用来连接的列，这使得可以通过 USING 子句来指定单列自然连接。例如下面的内连接使用 USING 子句指定 deptno 作为连接的条件，它类似于指定了连接条件子句：

```
scott_Ding@ORCL> SELECT a.empno as "员工编号",
         a.ename as "员工姓名",
         a.sal   as "员工工资",
         b.dname as "部门名称"
   FROM emp a
   INNER JOIN dept b
   USING (deptno)
   WHERE deptno = 20;

  员工编号  员工姓名                    员工工资    部门名称
  --------- --------------    -----------  ----------------------------
     8001   李思                         8000      研究部
     7369   张三丰                     1755.2      研究部
     7566   约翰                         3570      研究部
     7788   斯科特                     1760.2      研究部
     7876   亚当斯                       1440      研究部
     7902   福特                         3600      研究部

已选择 6 行。
```

在这个示例中，INNER JOIN 子句后面并没有使用 ON 子句来指定连接的条件，而是使用了 USING 子句，这个子句中指定了列 deptno 作为连接的列，在 USING 子句中可以使用逗号分隔的语法指定多个列。可以看到查询的结果与使用 ON 子句指定等值条件具有相同的效果。

9.3　集合和子查询

SQL 语言是一种基于集合的操作，因此使用 SELECT 查询语句返回的是一个结果集合，在这个集合级别，Oracle 提供了一系列的集合操作符，使得用户可以对集合进行运算，比如合并集合、取集合的差集或取集合的交集。而子查询是指在查询语句包含另一个查询的查询语句，通常用来根据某一个查询结果来获取返回值。本节将详细对集合操作及子查询语句进行详细介绍。

9.3.1　理解集合运算

集合操作通常用来组合多个查询，从而完成结果集一级的数据运算。集合操作符用来组合多个查询语句，只要两个查询语句具有相同个数的列表个数，并且每个索引位置列具有兼容的数据类型，就可以实现查询的结果集运算操作。在 Oracle 中，可以使用的集合操作符如下所示：

- ❑ UNION 联合运算，从两个查询返回的结果集去掉重复值后合并后的结果。
- ❑ UNOIN ALL 全联合运算，与联合运算相似，返回两个查询结果的并集，但是包括所有重复值。
- ❑ INTERSECT 相交运算，返回多个查询结果中的相同的行。
- ❑ MINUS 相减运算，返回在第 1 个查询中存在而不在第 2 个查询中存在的行。

假定有查询的结果集 A 和查询的结果集 B，那么这几种集合运算的示意如图 9.4 所示。

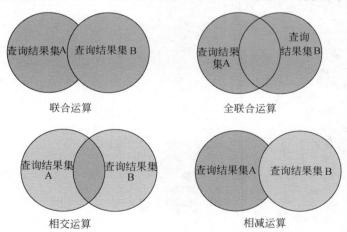

图 9.4　集合运算符示意图

集合运算常用在创建统计报表时，比如合并一年 4 个季度的销售数据，可能需要将对季度的查询结果合并到一起，为此就可以使用 UNION 或 UNION ALL 子句进行合并，还可以使用集合的操作来比较多个查询结果的数据。

为了演示集合操作，下面创建了一个 books 表的副本 books_his，在该表中插入几条记录，同时也插入了两条与 books 表重复的记录，在后面的示例中将演示查询 books_his 和 books 表时的集合操作，当然在实际的操作中，也可以对同一个表的多种不同的查询结果进行合并，创建表及插入数据的代码如下：

```
--创建 books 表的一个副本，不包含任何数据
CREATE TABLE books_his AS SELECT * FROM books WHERE 1=2;
--插入测试数据记录
INSERT INTO books_his VALUES(orders_seq.NEXTVAL,'PHP 开发建站大全',1);
INSERT INTO books_his VALUES(orders_seq.NEXTVAL,'三国演义',3);
INSERT INTO books_his VALUES(orders_seq.NEXTVAL,'PHOTOSHOP 艺术设计',2);
INSERT INTO books_his VALUES(orders_seq.NEXTVAL,'红楼梦',3);
--插入两条与 boos 表重复的记录
INSERT INTO books_his VALUES(1012,'PL/SQL 从入门到精通',1);
INSERT INTO books_his VALUES(1013,'云图',3);
```

在示例中，创建了一个与 books 表具有相同结果的 books_his 表，在 WHERE 条件中指定 1=2 表示不包含 books 表的任何数据，然后使用 INSERT INTO 语句，依次插入了多条测试记录，最后插入了两条与 books 完全相同的记录。

9.3.2　UNION 联合运算与 UNION ALL 全联合运算

UNION 语句会合并两个查询结果集，它会去除查询中的重复值，UNION ALL 会保留重复值，因此称为全联合运算，UNION 会移除重复值，UNION 语句的使用如下：

```
scott_Ding@ORCL> SELECT book_id, book_name, cate_id FROM books
   UNION
   SELECT book_id, book_name, cate_id FROM books_his;

   BOOK_ID BOOK_NAME                                              CATE_ID
---------- ------------------------------------------------ -------------------
      1012 PL/SQL 从入门到精通                                       1
      1013 云图                                                     3
      1014 零基础看懂财务报表                                         2
      1015 Oracle 从入门到精通                                      1
      1019 C#典型模块开发实战大全
      1020 平凡的世界
      1022 PHP 开发建站大全                                         1
      1023 三国演义                                                 3
      1024 PHOTOSHOP 艺术设计                                      2
      1025 红楼梦                                                   3

已选择 10 行。
```

可以看到，使用 UNION 语句时，它联合了两个查询结果集，返回一个结果集，UNION 语句会进行 DISTINCT 操作来去除重复值，因此从查询的结果可以发现，重复的记录果然已经被移除了。

与 UNION 相似的是全联接操作 UNION ALL，它不会对查询的结果执行 DISTINCT 取重复值的操作，因此这个查询的结果将取回 2 个查询的结果集，不管是否包含重复记录，使用示例如下：

```
scott_Ding@ORCL> SELECT book_id, book_name, cate_id FROM books
  UNION ALL
  SELECT book_id, book_name, cate_id FROM books_his;

BOOK_ID BOOK_NAME                                            CATE_ID
------------------------------------------------------- ------------------
   1012 PL/SQL 从入门到精通                                      1
   1013 云图                                                    3
   1014 零基础看懂财务报表                                        2
   1015 Oracle 从入门到精通                                      1
   1019 C#典型模块开发实战大全
   1020 平凡的世界
   1022 PHP 开发建站大全                                         1
   1023 三国演义                                                3
   1024 PHOTOSHOP 艺术设计                                      2
   1025 红楼梦                                                  3
   1012 PL/SQL 从入门到精通                                      1
   1013 云图                                                    3

已选择 12 行。
```

可以看到，当使用 UNION ALL 语句后，查询结果集中包含的重复值并没有被消除，它保留了来自两个查询结果集中所有的重复数据。

可以看到，联合查询是通过将两个或多个 SQL 语句使用 UNION 或 UNION ALL 进行合并。在实际的操作中一般以第 1 个 SELECT 语句的列个数和类型为准，后面的 SELECT 语句的列的个数和类型都要与第 1 个 SELECT 语句相匹配，否则 SQL 语句将会产生异常。使用联合运算具有一些使用的原则，如下所示：

- ❑ 联合运算在进行重复值的检测时，并不会忽略字段中的 NULL 值。
- ❑ 查询结果会以第 1 个 SELECT 子句的第 1 个字段的升序排序。
- ❑ IN 运算符的优先级比 UNION 运算符要高。
- ❑ 联合运算在所有被选择的列上进行。

UNION 语句默认会以 SELECT 语句的第 1 列进行排序，可以在最后一个 SELECT 语句中包含一个 ORDER BY 子句来改变排序的列，但是要注意，ORDER BY 子句只能出现在 UNION 语句的最后一个查询语句中，放在其他的位置会导致 Oracle 的异常。下面的语句演示了如何使用 UNION 操作符，并且通过使用 ORDER BY 子句来对查询的结果进行排序：

```
scott_Ding@ORCL> SELECT book_id, book_name, cate_id
                FROM books
                UNION
                SELECT book_id, book_name, cate_id FROM books_his ORDER BY
book_id;

BOOK_ID BOOK_NAME                                            CATE_ID
------------------------------------------------------- ------------------
   1012 PL/SQL 从入门到精通                                      1
   1013 云图                                                    3
   1014 零基础看懂财务报表                                        2
   1015 Oracle 从入门到精通                                      1
   1019 C#典型模块开发实战大全
   1020 平凡的世界
```

```
    1022 PHP 开发建站大全                                      1
    1023 三国演义                                             3
    1024 PHOTOSHOP 艺术设计                                   2
    1025 红楼梦                                               3

已选择 10 行。
```

可以看到，在后一个查询中指定了 ORDER BY 子句，查询的结果果然已经按照图书编号进行了排序。如果在第一个子查询中指定了别名，由于列名是以第 1 个 SELECT 为准，因此它会将第 1 个查询的别名作为查询结果的最终列名，因此在使用 ORDER BY 子句时，需要使用别名，查询语句如下：

```
scott_Ding@ORCL> SELECT book_id  as "图书编号",
       book_name as "图书名称",
       cate_id   as "图书分类"
       FROM books
       UNION
       SELECT book_id, book_name, cate_id FROM books_his ORDER BY 图书
       编号；
  图书编号 图书名称                                          图书分类
---------------------------------------------------- --------------------
    1012 PL/SQL 从入门到精通                                  1
    1013 云图                                               3
    1014 零基础看懂财务报表                                    2
    1015 Oracle 从入门到精通                                  1
    1019 C#典型模块开发实战大全
    1020 平凡的世界
    1022 PHP 开发建站大全                                     1
    1023 三国演义                                            3
    1024 PHOTOSHOP 艺术设计                                  2
    1025 红楼梦                                              3
已选择 10 行。
```

可以看到，在这个查询示例中，在第 1 个查询语句中使用了列别名，由于列的名称总是由第 1 个查询指定，因此即便在第 2 个查询中也指定列名将无法看到效果，在 ORDER BY 子句中指定的排序列是一个列的别名，如果指定正常的列名称，将无法实现排序效果，Oracle 会抛出 ORA-00904 异常。

9.3.3　INTERSECT 交集运算

交集运算是指取出两个查询结果集中完全相同的记录行，相交运算使用运算符 INTERSECT，其使用原则为：

❑ INTERSECT 左右两侧的 SELECT 语句包含的列的个数与列的数据类型必须完全匹配，但是列的名称可以不同。

❑ 对查询的结果集的排序不会影响到相交运算的结果。

❑ 相交不忽略 NULL 值。

由于在 books 和 books_his 表中具有完全相同的两条重复记录，因此通过 INTERSECT 语句，就可以直接查出两个查询结果中完全相同的记录，查询语句如下：

```
scott_Ding@ORCL> SELECT book_id, book_name, cate_id FROM books
                 INTERSECT
                 SELECT book_id, book_name, cate_id FROM books_his;

  BOOK_ID BOOK_NAME                                              CATE_ID
  ------- ----------------------------------------------- -----------------
     1012 PL/SQL 从入门到精通                                        1
     1013 云图                                                       3
```

由查询结果可以看到，INTERSECT 果然只取出了两个查询结果集中的重复记录，只要这两个查询结果集中的所有列的值完全相同，INTERSECT 就会取出这两个查询结果集的交集，在比较两个表中的相同数据时非常有用。

9.3.4　MINUS 差集运算

如果说 INTERSECT 是为了取回相交的重复值，那么 MINUS 与之相反，是用来取出不重复的值。差集运算与交集运算相反，用于返回不相交的结果，也就是在 A 表中存在而在 B 表中不存在的结果，或者是在 B 表中存在而在 A 表中不存在的结果。下面的查询可以了解到这个区别，它将查询存在于 books 表中、但是在 books_his 表中不存在的相关记录，查询语句如下：

```
scott_Ding@ORCL> SELECT book_id, book_name, cate_id FROM books
  MINUS
  SELECT book_id, book_name, cate_id FROM books_his;

  BOOK_ID BOOK_NAME                      CATE_ID
  ------- --------------------- -----------------------------------
     1014 零基础看懂财务报表          2
     1015 Oracle 从入门到精通         1
     1019 C#典型模块开发实战大全
     1020 平凡的世界
```

由查询结果可以看到，在 books 表中有 4 条记录是与 books_his 表不重复的，反之，如果要查询在 books_his 表中与 books 表不重复的记录，查询语句如下：

```
scott_Ding@ORCL> SELECT book_id, book_name, cate_id FROM books_his
  MINUS
  SELECT book_id, book_name, cate_id FROM books;

  BOOK_ID BOOK_NAME                      CATE_ID
  ------- --------------------- -----------------------------------
     1022 PHP 开发建站大全            1
     1023 三国演义                    3
     1024 PHOTOSHOP 艺术设计          2
     1025 红楼梦                      3
```

可以看到，这个查询将对 books_his 的查询放在前面，将对 books 表的查询放在了后面，因此查询结果中，books_lis 表中不存在于 books 表中的记录将显示在查询结果集中。使用 UNION 或 UNION ALL 合并两个结果集，就可以得到 books 与 books_his 表中的所有的不重复的记录。

在结束对集合的讨论前，最后简要介绍一下 NULL 在集合运算中的作用，NULL 表示未知的、无意义的值，由于 NULL 没有一个数据类型，因此可以使用 NULL 作为占位符来代替任何数据类型，以避免当出现不匹配的数据类型时 Oracle 出现错误提示，查询语句如下：

```
scott_Ding@ORCL> SELECT 123 num, SYSDATE dates, '第1个查询' string FROM dual
                 UNION
                 SELECT NULL num, NULL dates, '第2个查询' string FROM dual;

    NUM DATES               STRING
    ---- --------------     --------------------------
    123  2013-01-10         第1个查询
                            第2个查询
```

由查询结果可以看到，Oracle 认为 NULL 值与数字或日期型类型相匹配，因此它产生了正确的结果，在使用集合查询时，如果无法确认某一列的类型或者是不需要某一列的列值，就可以使用 NULL 值来替代。

最后总结一下使用集合运算的一些规则，了解这些规则可以减少在编写集合查询时出错的几率：

- ❑ 不能在包含 BLOB、CLOB、BFILE 和 VARRAY 及包含嵌套表的列中使用集合操作。
- ❑ UNION、INTERSECT 和 MINUS 操作涉及的排序操作不能应用在 LONG 列上，但是 UNION ALL 可以在 LONG 列上应用排序。
- ❑ 不能在包含表集合操作的 SELECT 语句中应用集合操作符。
- ❑ 不能在包含 FOR UPDATE 的 SELECT 语句中包含集合操作符。
- ❑ 在集合操作中的 SELECT 列的个数受限于数据库块尺寸的大小，所有列的总大小不能超过一个数据库块的大小。

最后还需要注意，当有多个集合操作符应用于一个查询时，通过使用括号括起需要优先执行的集合语句，可以获得最高执行优先级，否则集合将从上至下依次进行执行。

9.3.5　理解子查询

子查询是指将一个 SELECT 语句嵌入到另一个 SQL 语句中的查询语句，包含该 SELECT 语句的 SQL 语句称为容器语句，或者是父查询。当一个 SQL 语句中包含了子查询（或称为内查询）时，可以看作是具有两个连续执行的 SQL 语句，子查询的结果数据源作为父查询的数据源，实现连接的执行过程。

举例来说，想知道在 emp 表中，工资比克拉克还高的员工的列表，对于这个查询，首先要获取克拉克的工资数额，然后再将克拉克的工资作为 WHERE 子句中的条件进行比较，从而得出结果集，查询语句如下：

```
scott_Ding@ORCL> SELECT empno, ename, sal, hiredate
                 FROM emp
                 WHERE sal > (SELECT sal FROM emp WHERE ename = '克拉克');

    EMPNO ENAME                 SAL     HIREDATE
    ---- -------------         ----------  --------------------------------
    8001 李思                   8000    2012-12-19
```

8005 张天师		8000	2012-12-19
7839 金		8530.5	1981-11-17
7902 福特		3600	1981-12-03

可以看到查询的 WHERE 子句中包含了一个子查询,这个子查询返回克拉克的薪资值,子查询先行执行,返回克拉克的薪资值,外层查询将根据克拉克的工资作为查询条件进行查询,进而得到想要的结果。

子查询在外层查询执行前执行,当子查询执行完毕,包含结果集的内层查询将被丢弃。因此很多时候可以将子查询想象为一个临时表,查询语句如下:

```
SELECT select_list
FROM table
WHERE expr operator (SELECT select_list FROM table);
```

可以看到,子查询本身就是一个 SELECT 语句,它是嵌在另一个 SELECT 语句中的子句,使用子查询可以用简单的语句创建功能强大的查询结果。子查询可以放置在 UPDATE、DELETE、INSERT 等多种类型的 SQL 语句的许多子句中,比如可以放在 WHERE 子句、HAVING 子句或 FROM 子句中。语法中的 expr 指定比较的比达式,operator 用来指定比较条件,比如可以使用>、>=或<、<=等。

下面是使用子查询的一般原则:

- ❑ 子查询放在圆括号中,因此子查询语句优先于父查询被执行。
- ❑ 将子查询通常放在比较条件的右边,用来为左边的比较列提供比较数据源。
- ❑ 在子查询中的 ORDER BY 子句通常不需要,因为一般无须对子查询结果进行排序,除非是要进行 Top n 查询。
- ❑ 在单行子查询中用单行运算符,也就是简单的比较运算符,在多行子查询中用多行运算符,比如 IN、 ANY 、ALL 等用于集合比较的运算符。
- ❑ Oracle 没有强制限制子查询的数目,限制只与查询所需的缓冲区大小有关。

子查询在实际的工作中使用得非常多,在 Oracle 中,子查询按其使用的方式可以分为如下两类。

- ❑ 相关子查询:相关子查询的执行依赖于外部查询的数据,外部查询执行一行,子查询就执行一次。
- ❑ 非相关子查询:非相关子查询是独立于外部查询的子查询,子查询总共执行一次,执行完毕后将值传递给外部查询。
- ❑ 内联视图:当子查询位于 FROM 子句中时,可以称为内联视图,在本书第 7 章讨论视图时曾经讨论过内联视图的用法。

子查询中可以嵌入其他的子查询,Oracle 数据库并不限制在 FROM 子句后的子查询的嵌套层次,不过在 WHERE 子句中,Oracle 只能嵌入 255 层子查询。在 WHERE 子句中的子查询常常被称为嵌套子查询。在接下来的内容中将详细讨论各种类型的子查询的具体作用。

9.3.6　非相关子查询

非相关子查询是指子查询仅执行一次,子查询返回的结果集可以与父查询中的每一行进行比较。子查询语句先执行一次后，作为主查询的查询条件，非相关子查询根据返回的结果又可以细分为如下 3 类：

- ❑ 单行单列子查询，也称为标量子查询，通常与比较运算符比如=、>、<、!=、<=、>=联合使用来比较子查询的结果集。
- ❑ 多行单列子查询返回单列多行数据时，不允许与比较运算符进行组合运算符，必须使用特定的关键字如 ANY 和 ALL 来将外层查询的单个值与子查询的多行进行比较运算。
- ❑ 多列子查询，返回多列数据的子查询，这种类型的子查询通常用在 UPDATE 语句中。

由于非相关子查询是独立于主查询的查询语句，因此可以将非相关子查询的结果想象成一个结果或结果集，子查询总是优于主查询得到执行。非相关子查询的示意如图 9.5 所示。

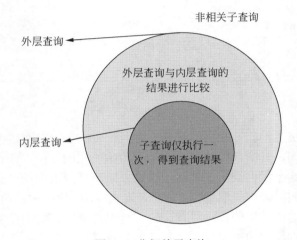

图 9.5　非相关子查询

举例来说，想知道位于芝加哥的员工的列表，那么可以先通过一个子查询得到位于芝加哥的部门的部门编码，然后将员工表中的每一行的部门编号与芝加哥部门编号进行比较，从而得到想要的结果，查询示例如下：

```
scott_Ding@ORCL> SELECT empno, ename, sal
    FROM emp
  WHERE deptno = (SELECT deptno FROM dept WHERE loc = '芝加哥');

  EMPNO ENAME                SAL
  ----- ---------------- ----------------------------------------
   8005 张天师               8000
   7499 艾伦                 1700
   7521 沃德                 1350
   7654 马丁                 1350
   7698 布莱克               2850
   7844 特纳                 1600
   7900 吉姆                 1050
已选择 7 行。
```

　　在这个查询中，括号中子句是一个非相关子查询，这个子查询最先开始执行并得到一个部门编号的名称，然后以这个结果编号作为 deptno 的编号进行查询，外层查询中的每一行与子查询结果进行等值比较，从而得到位于芝加哥的员工列表。

9.3.7　单行单列子查询

　　单行单列的子查询又称为标量子查询，这种子查询返回单行单列的结果值。通常是使用单行比较运算符比如=、>、>=、<、<=或<>等单行操作符来对查询的结果进行比较。比如在上一小节中获取部门位于芝加哥的员工列表，就是一个典型的单行单列子查询的示例。下面举一个稍复杂的例子，在这个例子中使用了两个单行单列的非相关子查询，查询语句如下：

```
scott_Ding@ORCL> SELECT empno, ename, sal
   FROM emp
  WHERE deptno = (SELECT deptno FROM emp WHERE ename = '约翰')
    AND sal >= (SELECT sal FROM emp WHERE ename = '克拉克');

EMPNO ENAME                    SAL
----- ---------------- ---------------------------------------------
 8001 李思                    8000
 7902 福特                    3600
```

　　这个示例查询与员工约翰在相同的部门、并且工资大于克拉克的人员信息，它使用了两个单行单列的子查询，其中部门的编号要等于约翰所在的部门，而员工的薪资要大于或等于克拉克的工资。这个示例演示了使用子查询来隔离相同表中的子集，当然外层查询与子查询可以分别从不同的表中提取数据，这个查询执行时，内层中的两个子查询先行执行，得到一个结果，然后交由外层的查询进行比较，从而得到所需要的结果。

　　单行单列的子查询通常用来实现一个复杂的计算过程，得到一个要用于比较的结果，比如可以在子查询中应用分组。例如要查询约翰所在部门的员工中，工资大于该部门平均工资的员工列表，可以使用如下的子查询：

```
scott_Ding@ORCL> SELECT empno, ename, sal
   FROM emp
  WHERE deptno = (SELECT deptno FROM emp WHERE ename = '约翰')
    AND sal >=
       (SELECT avgsal
         FROM (SELECT deptno, AVG(sal) avgsal FROM emp GROUP BY deptno)
         WHERE deptno = (SELECT deptno FROM emp WHERE ename = '约翰'));

EMPNO ENAME                    SAL
----- ---------------- ---------------------------------------------
 8001 李思                    8000
 7566 约翰                    3570
 7902 福特                    3600
```

　　这个示例与上一个示例一样，由两个子查询组成，只是在计算工资的子查询中，又嵌套了一个子查询，并且使用了一个内联视图（Inline View）来计算 emp 表中所有部门的平均工资。并且在该子查询中又嵌入了一个子查询，用来获取约翰所在的部门信息，从而得出约翰所在部门的平均工资，这样就得出了约翰所在的部门中，大于该部门的平均薪资的员工列表。

到目前为止，已经看到了各种标准子查询的使用，它可以用在 SELECT 语句的 WHERE 子句和 HAVING 子句（在本章 9.4 节讨论分组查询时会详细介绍）中，也可以用在 DELETE 子句的 WHERE 子句中，下面是标量子查询使用的一些基本的规则：

- □ 在 FROM 子句中可以包含任意类型的非相关子查询。
- □ 在 SELECT 的选择列表中和 ORDER BY 子句中可以包含标量子查询。
- □ 在 GROUP BY 子句中不能包含子查询。
- □ 在 START WITH 和 CONNECT BY 子句中，可以包含子查询，这个子句用来实现层次结构的查询。

除了上述的规则之外，如果单行单列的子查询返回了多列结果，将导致 Oracle 抛出异常。

9.3.8　多行单列子查询

有时候，查询可能需要对返回的结果集进行比较，比如前面讨论过的 IN 语句，用来对一个结果列表进行比较，此时可以使用多行单列的子查询。这种子查询返回多行结果集，因此不能使用标准的比较操作符进行比较，需要使用 Oracle 提供的多行比较操作符 IN、ANY 和 ALL 来实现对多行单列的数据的比较，这些操作符的作用如下所示：

- □ IN，外层查询的列值必须属于子查询结果集中的某一个。
- □ ANY，比较子查询返回的每个值，只要有一个匹配就返回查询结果。
- □ ALL，比较子查询返回的全部值，要求子查询结果中的所有值都必须匹配。

下面分别通过对这些操作符的介绍来了解多行单列子查询的具体运用。

1．IN操作符

IN 运算符用于判断指定的列值是否等于由子查询返回的一个多行单列的结果集之一，举例来说，要查询部门位于波士顿的员工列表，可以使用如下的子查询：

```
scott_Ding@ORCL> SELECT empno, ename, sal
    FROM emp
    WHERE deptno IN (SELECT deptno FROM dept WHERE loc = '波士顿');

EMPNO ENAME                SAL
----- -------------- ----------------------------------------
 7903 通利                 2000
 8099 张大百               2000
```

子查询先查出了位于波士顿的员工列表，外层查询使用子查询返回的查询结果完成搜索条件，假定位于芝加哥的部门有 20 和 30 这两个部门编号，那么实际的查询语句可以如下：

```
SELECT empno, ename, sal
  FROM emp
 WHERE deptno IN (20,30);
```

2．ANY操作符

ANY 表示任意的意思，使用这个操作符会将主查询中的一个列与子查询的结果集进行比较，只要其中的任意一个值满足匹配条件，则条件成立。ANY 有一个同义词叫 SOME，它主要用于等值比较，而 ANY 主要用于非等值的比较。ANY 和 SOME 可以看作是用 OR 逻辑运算符关联起来的从句。

举例来说，要比较 emp 表中，部门编号为 30 的员工工资比部门编号为 20 的员工中的任意一位工资还要低的员工列表，可以使用如下的 ANY 语句：

```
scott_Ding@ORCL> SELECT empno, ename, sal
    FROM emp
  WHERE deptno = 20
    AND sal <= ANY (SELECT sal FROM emp WHERE deptno = 20);

 EMPNO ENAME                       SAL
 ----- --------------   ----------------------------------------
  7876 亚当斯                     1440
  7369 张三丰                    1755.2
  7788 斯科特                    1760.2
  7566 约翰                       3570
  7902 福特                       3600
  8001 李思                       8000

已选择 6 行。
```

这个查询会将部门编号为 20 的员工与部门编号为 30 的员工的工资进行比较，只要员工的工资少于部门编号为 30 中的任何一位，条件就会成立。在这个条件中也可以使用 SOME 运算符，两者的结果会完全相同。不过一般建议在等值运算中使用 SOME 运算符。

ANY 运算符与各种比较运算符组合使用，实现对集合的比较操作，ANY 与各个比较运算符组合的作用如下所示：

❑ <ANY 意思是小于最大值。

❑ >ANY 意思是大于最小值。

❑ =ANY 等同于 IN。

❑ <ALL 意思是小于最小值。

❑ >ALL 意思是大于最大值。

ANY 或 SOME 实际上就是对子查询中的所有条件完成一个 OR 运算，理解这个操作符可以如其名所示，指的是任意的或一些。

3．ALL操作符

ALL 与 ANY 比较相似，但是 ALL 运算符要求子查询结果集中的记录必须与外层查询的条件字段值完全匹配，而不是与任何一条匹配。ALL 运算符完成的实际上是 AND 运算，它要求主查询中的列必须与子查询中的所有的返回结果集相匹配。

如果将上面的查询转换为 ALL 操作符，则意义与 ANY 完全不相同，查询语句如下：

```
scott_Ding@ORCL> SELECT empno, ename, sal
    FROM emp
   WHERE deptno = 20
    AND sal <= ALL (SELECT sal FROM emp WHERE deptno = 20);

   EMPNO ENAME                  SAL
   ----- --------------  ---------------------------------------
    7876 亚当斯                1440
```

这个查询返回的结果集与使用 ANY 操作符完全不同，它实际上是指，比如部门 20 的员工工资，比部门 30 的员工中最低工资还要低的员工列表，因为查询实现了一个 AND 运算，因此返回的结果比 ANY 要少得多。可以看到，实际上>ALL 意思是大于最大值，<ALL 意思是小于最小值。

IN、ANY 和 ALL 操作符可以与 NOT 运算符来实现取反运算，从而可以实现更多更灵活的条件控制方式。

9.3.9　相关子查询

当一个子查询引用了父查询中的一个或多个列时，这种查询称为相关子查询。非相关子查询会在主查询执行前先计算出子查询的结果，仅计算一次，而相关子查询中，由于引用了主查询中的列值，因此每当主查询返回一个记录行时，都会导致相关子查询的执行。

相关子查询的示例语法如下所示，这里假定使用一个 IN 子句来实现一个相关子查询：

```
SELECT columnlist
  FROM table1 t1
 WHERE column2 IN (SELECT column3
                     FROM table2 t2
                    WHERE t2.column3 = t1.column4);
```

由这个语法可以看到，在子查询中，引用了 table1 表的 column4，当子查询使用了主查询的列后，就无法像非相关子查询那样一次将子查询的结果计算出来，它需要即时根据外部的查询来计算子查询中的值，其基本的执行步骤如下所示：

❏ 先执行主查询，获取 table1 表中的 column4 列的值。

❏ 将 column4 列的值传递到子查询中，由子查询的执行得到查询的结果。

❏ 子查询将结果返回给主查询，由主查询根据子查询的结果进行 WHERE 子句的计算，从而得到最终的查询结果。

❏ 依次循环这个过程，直到所有的查询执行完成。

相关子查询的示意如图 9.6 所示。

举例来说，取出具有借阅信息的图书列表，如果使用相关子查询的话，查询语句如下：

```
scott_Ding@ORCL> SELECT book_name, cate_id
    FROM books
    WHERE EXISTS (SELECT 1 FROM borrows WHERE borrows.book_id = books.
   book_id);

BOOK_NAME                                    CATE_ID
-----------------------------------  -----------------------------------
PL/SQL 从入门到精通                                1
```

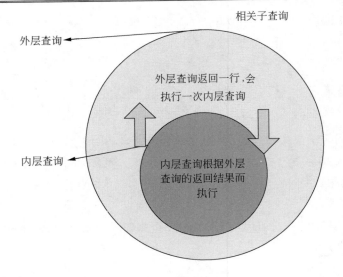

图 9.6　相关子查询示意图

在这个查询中使用了 EXISTS 子查询，用来判断查询出来的 book_id 是否存在于 borrows 表中，如果存在表示具有借阅记录。可以看到在子查询的 WHERE 子句中引用到了主查询的 book_id 列，在 books 表中每取出一行之后，就会在子查询中比较 book_id 列是否存在于 borrows 中，如果存在，才会返回具体的结果。

再举个常见的例子，如果想知道 emp 表中，薪资超过每个员工所在部门的平均薪资的人员信息，则需要在内部查询中获取外部查询的部门编号，在子查询中计算部门平均值再与外部查询进行比较，查询语句如下：

```
scott_Ding@ORCL> SELECT e1.empno  as "工号",
       e1.ename  as "姓名",
       e1.deptno as "部门",
       e1.sal    as "工资"
  FROM emp e1
 WHERE e1.sal > (SELECT AVG(sal) FROM emp e2 WHERE e2.deptno = e1.deptno);

 工号 姓名                              部门        工资
 ---- --------------------  -----------  ------------------------------
 8001 李思                               20        8000
 8005 张天师                             30        8000
 7566 约翰                               20        3570
 7698 布莱克                             30        2850
 7839 金                                 10        8530.5
 7902 福特                               20        3600

已选择 6 行。
```

在这个查询语句中，每当从 emp 表中报出一行后，会将这行的 deptno 传给子查询进行部门平均工资计算，用得到的部门平均工资与 emp 表中查询出的员工工资进行比较，当员工的工资大于平均工资时，则会返回查询的结果行。由此可见，相关子查询如其名所示，是与主查询紧密相关的子查询。

9.4　分　组　查　询

分组统计可以对查询的结果集进行统计计算，比如求结果集中数值类型字段的和，或者是取结果集中的最大值或最小值，或者是按某特定的字段进行分组计算。在编制报表或显示数据概要信息时，使用分组查询非常有用。

9.4.1　理解分组查询

SELECT 语句通常是针对一个集合进行查询，分组可以将一个查询的结果按某个特定的列或表达式进行分组，这样可以对查询出来的数据进行整理。举例来说，可以在查询的结果中根据图书的分类整理出每个分类下的图书列表，或者是根据员工所在的部门整理出部门列表。

分组查询的作用在于将一个大的集合进行分组，通过应用一些分组函数来获取分组级别的统计信息，分组查询示意如图 9.7 所示。

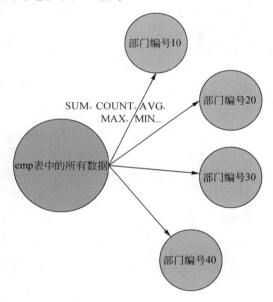

图 9.7　分组查询示意图

在这个示意图中，将查询出来的 emp 员工数据表的结果集按照 deptno 部门编号进行分组，得出每一个分组下面的员工信息，通过对分组的查询应用分组函数，可以得到这些分组的统计信息，比如计算最大值、计算平均值等。在 Oracle 中创建分组查询时，必须与分组函数配合使用，以便计算出统计结果信息。

举个例子，要统计 emp 表中各个部门的员工总人数，可以通过如下的分组查询语句来实现：

```
scott_Ding@ORCL> SELECT deptno as "部门编号", COUNT(*) as "部门人数"
  FROM emp
 GROUP BY deptno
 ORDER BY 部门人数;

   部门编号        部门人数
 -----------   ------------------------
     40            1
     50            1
     60            1
     10            2
     20            6
     30            7

已选择 6 行。
```

这个查询语句统计出了 emp 表中的部门的人员信息，可以看到它使用了 COUNT(*)函数来统计记录总条数，这个函数是一个分组函数，在语句中包含了一个 GROUP BY 子句，这个子句用来实现对查询的结果集进行分组的操作，对于分组的结果集，使用了列别名进行了排序操作。

分组操作一般用来创建报表或显示统计概要信息，因此需要与分组函数紧密结合。当然在 SELECT 语句中，具有 GROUP BY 子句并不一定要有分组函数，比如前面介绍的去除重复值的操作，使用了 GROUP BY，但是没有使用分组函数，不过出于对统计分析的需求，必须认真理解分组函数的作用。

9.4.2　分组函数

分组函数是一类面向集合的函数，将会对查询返回的结果集进行操作，比如统计分组的结果集的最大值、最小值或平均值等。与一些只接受单个参数作为参数值的单行函数不同，它面向的是一个结果集合的统计，就好像是对一个结果集数据进行循环计算一样，然后返回单一的计算结果。分组函数的语法如下：

```
aggregate_function([DISTINCT | ALL] expression)
```

语法含义如下所示：

❑ aggregate_function，指定分组函数的名称，比如 SUM、COUNT、AVG、MAX、MIN 等。
❑ DISTINCT，指定分组函数在计算时，仅考虑唯一值而不用考虑重复值。
❑ ALL，指定分组函数在计算时，考虑所有的值，包含重复值，这是分组函数的默认参数。
❑ Express，指定一个要进行计算的列名，或者是其他想要实现统计的表达式。

Oracle 提供的常用分组函数有如下的 6 个：

❑ SUM 函数，计算特定字段的总和，忽略 NULL 值。
❑ AVG 函数，计算特定字段的平均值，忽略 NULL 值。
❑ MIN 函数，查找字段中的最小值，忽略 NULL 值。
❑ MAX 函数，查找字段中的最大值，忽略 NULL 值。

❑　COUNT 函数，计算字段中的值的数目，忽略 NULL 值。

❑　COUNT(*)函数，计算查询结果的记录数，它会计算包含重复或 NULL 值的行。

上面的函数中除 COUNT(*)以外，其他的每个函数在参数部分都包含 DISTINCT 或 ALL 可选项，所有的函数都会忽略对 NULL 值的计算，因此在一些统计函数中可能出现结果并不准确的情况，比如 COUNT 函数，需要通过 NVL、NVL2 或 COALESCE 函数进行 NULL 值转换。

这些统计函数的具体使用方法如下。

1．记录条数统计

记录条数统计在统计信息个数时常常用到，比如人事部门要分部门统计注册的职员人数；采购部门要按供应商分别统计不同供应商的采购记录等等。COUNT(*)分组函数可以用来统计记录的条数，例如下面的语句统计 emp 表中所有员工的个数：

```
scott_Ding@ORCL > SELECT COUNT (*) 记录条数 FROM emp;
  记录条数
----------------------------------
        14
```

可以在 SELECT 语句中搭配 WHERE 子句来统计部分的个数，比如查询部门编号为 20 的员工个数，查询语句如下：

```
scott_Ding@ORCL > SELECT COUNT (*) 记录条数 FROM emp WHERE deptno=20;
  记录条数
----------------------------------
        5
```

COUNT(*)返回的记录个数包含了重复行、包含 NULL 值的行，可以通过 WHERE 子句来进一步限制 COUNT(*)返回的个数。

COUNT(*)仅统计记录的条数，如果想要按字段来进行统计，比如统计某字段的记录的个数，可以使用 COUNT(字段名)函数，一般这个函数用在 GROUP BY 分组查询中。

🔔注意：COUNT()函数在进行记录条数统计时，会忽略掉字段中的 NULL 值，仅返回非空字段值的个数。

比如 emp 表的 comm 列保存的是员工提成，有的员工没有提成，该字段的值为 NULL。为了统计具有提成的员工个数，可以使用 COUNT(*)函数，查询语句如下：

```
scott_Ding@ORCL > SELECT COUNT(comm) 提成员工数 FROM emp;
提成员工数
----------------------------
        12
```

可以看到 COUNT()函数果然过滤掉了 comm 字段中的 NULL 列，因此具有提成的员工人数只有 12 个。COUNT()函数默认实际上使用了 ALL 选项，也就是说记录的个数包含了重复值的个数，因此上述的语句实际上完整的语法应该如下：

```
SELECT COUNT(ALL comm) 提成员工数 FROM emp;
```

如果要过滤掉重复值，只取字段的唯一值的个数，可以在 COUNT()函数中使用

DISTINCT 选项。举例来说，要知道 emp 表 job 职位的个数，实际上可以直接在 COUNT()
函数中应用 DISTINCT 选项，查询语句如下所示：

```
scott_Ding@ORCL > SELECT COUNT(DISTINCT job) 职位个数 FROM emp;
  职位个数
-------------------------------
         5
```

2．汇总和平均值计算

汇总是指对数字型字段的值进行累加计算，得到累加总计；平均值计算是指对数字型
字段进行累加，然后除以记录条数，得到的一个平均分配的值。在 Oracle SQL 中，汇总使
用 SUM 函数，平均值计算使用 AVG 函数。

🔔注意：很多初学者容易混淆 COUNT 和 SUM，在这里记住 COUNT 是计算记录的个数，
　　　　而汇总是计算数字型字段的总计。

SUM 函数的参数是任何类型为整型、浮点型或货币类型的字段，通过对指定的字段进
行累计汇总，可以得到总数，比如要获取 emp 表中职员的工资与提成总计，可以使用如下
的 SELECT 语句：

```
scott_Ding@ORCL > SELECT SUM(sal) 薪水总计,SUM(comm) 提成总计 FROM emp;
  薪水总计                        提成总计
------------------- ----------------------------
  35041.35                        3576.7
```

可以看到 SUM 实际上就好像是对每一行的工资和提成的分别累加，得到的总计数。
而 AVG 函数是计算平均值，在统计运算中这两个函数使用得比较频繁。AVG 函数的使用
与 SUM 比较相似，接受数字类型的字段，比如计算工资和提成的平均值，可以使用如下
的 SELECT 语句：

```
scott_Ding@ORCL > SELECT AVG(sal) 平均薪资,AVG(comm) 平均提成 FROM emp;
  平均薪资                        平均提成
-------------------- --------------------
  2386.5625                       550
```

3．最小值和最大值

最小值是指查询结果中的数字类型值最小的值，最大值与之相反。在分组函数中使用
MIN 函数计算最小值，使用 MAX 函数计算最大值。

🔔注意：MIN 和 MAX 不仅可以用于数字型，还可以用于对日期型、字符型获取最小值和
　　　　最大值。

MIN 和 MAX 用于数字型和日期型时，主要是按数字或日期的大小进行排序，对于字
符类型，则是按照字母进行排序。在实际工作中用于数字型和日期型的比较多，比如要统
计 emp 表中工资最高和最低的数量，可以使用如下的 SELECT 语句：

```
scott_Ding@ORCL > SELECT MIN(sal) 最低薪资,MAX(sal) 最高薪资 FROM emp;
  最低薪资    最高薪资
```

```
---------- ---------------------------------
      950     8000
```

作为日期型的示例，下面的 SELECT 语句查询 emp 表中员工最先入职的和最近入职的日期，同样使用了 MIN 和 MAX 函数，查询语句如下：

```
scott_Ding@ORCL > SELECT MIN(hiredate) 最早雇佣日期,MAX(hiredate) 最晚雇佣日
期 FROM emp;
最早雇佣日期      最晚雇佣日期
----------- ---------------------------------------
17-12 月-80    28-8 月 -11
```

对于字符串类型，MIN 和 MAX 是按照字母表进行取值的，对于中文字符串，则按拼音首字母进行排序，因此下面的语句使用 MIN 和 MAX 查询员工姓名 ename 字段时，将看到如下的结果：

```
scott_Ding@ORCL > SELECT MIN (ename), MAX (ename) FROM emp;
MIN(ENAME)         MAX(ENAME)
--------------- ------------------------------------------------
ADAMS              张三
```

在使用 MIN 和 MAX 比较字符串时，除了依赖于所使用的字符集外，一般大写排在小写前面，中文排在最后面。

4．统计函数的NULL值处理

前面所介绍的这些统计函数会忽略字段中的 NULL 值，因为如果不忽略 NULL 值，会导致最终的结果都为 NULL 值。这一点在进行操作时要特别注意。如果要将 NULL 值替换为有意义的字段值，可以在统计函数中使用 NVL 函数将 NULL 值替换为有意义的值。回到 emp 表的 comm 列，前面曾经多次讲过很多员工没有提成，可以使用 NVL 函数将列值为 NULL 的列替换为 0 或其他的整型值，以便于根据用户想要的结果进行查询。SELECT 语句如以下代码所示：

```
scott_Ding@ORCL > SELECT MIN(NVL(comm,0)) 最低提成,MAX(NVL(comm,0)) 最高提
成 FROM emp;
  最低提成        最高提成
----------- ---------------------------------
       0        1400
```

上面的语句在分组函数中嵌入了 NVL 函数来替换掉 comm 列中的 NULL 值，对于这个函数本书在介绍函数的章节还会详细介绍。

9.4.3　使用 GROUP BY 子句分组

SELECT 语句中的 GROUP BY 子句和分组函数一起使用，可以将查询结果分为多个组，然后返回每一个组的分段计算信息，在 SELECT 语句中使用 GROUP BY 子句的语法如下：

```
SELECT column, group_function(column)              --指定分组函数
FROM table
[WHERE condition]                                  --指定 WHERE 条件
```

```
[GROUP BY group_by_expression]                        --指定分组表达式
[ORDER BY column];                                    --对分组结果进行排序
```

语法中的 group_function(column)指定将用分组函数来计算指定列值，GROUP BY 子句中的 group_by_expression 用来指定分组的列。GROUP BY 子句在 WHERE 子句过滤之后进行分组，因此在包含分组查询的语句中，可以像一般查询一样使用 WHERE 子句进行条件过滤。

🔔**注意**：在 SELECT 语句中除分组函数之外的任何列都要按顺序出现在 GROUP BY 子句列表中。

例如，要统计 emp 表中不同职位的员工的人数，可以使用如下的 GROUP BY 子句来进行统计：

```
scott_Ding@ORCL> SELECT job as "职位", COUNT(empno) as "人数" FROM emp GROUP
BY job;
职位               人数
------------- ---------------------
经理               5
分析人员            1
分析员             1
销售人员            4
职员               6
老板               1

已选择 6 行。
```

在这个查询语句中，GROUP BY 子句要求查询结果按 job 列进行分组，因此查询结果会将所有相同 job 的分为一个组，以便结果值中 job 值是唯一不重复的集合。在 SELECT 语句的选择列表中包含了 COUNT(empno)，用来对分组的子集进行聚合运算，返回子集的记录条数，从而得到每个不同 job 的员工人数，查询语句如下：

```
scott_Ding@ORCL> SELECT job, deptno, COUNT(empno) as "人数" FROM emp GROUP
BY job;
SELECT job, deptno, COUNT(empno) as "人数" FROM emp GROUP BY job
            *
ERROR 位于第 1 行:
ORA-00979: 不是 GROUP BY 表达式
```

可以看到，出现在 SELECT 选择列表中的字段一定要在 GROUP BY 子句中出现，但是出现在 GROUP BY 子句中的列不一定出现在 SELECT 选择列表中，这是可行的。下面的查询按 job 列进行分组，但是在 SELECT 选择列表中并没有出现 job 列：

```
scott_Ding@ORCL> SELECT SUM(sal) 职位薪资小计, AVG(sal) 职位薪资平均值
            FROM emp
            GROUP BY job
            ORDER BY SUM(sal);

职位薪资小计          职位薪资平均值
---------------  ---------------------------------------
        2000           2000
        3600           3600
        6000           500
```

```
        8530.5              8530.5
       10005.4              1667.56667
       26007.05             5201.41
```

已选择 6 行。

可以看到，在这个示例的 SELECT 的选择列表中并没有指定 job 列，只要表中存在该列，即便该列没有出现在 SELECT 列表中，也可以顺利地分组，反之如果在 SELECT 选择列表中出现而在 GROUP BY 中没有出现，则会出现错误提示。默认情况下，GROUP BY 以包含在 GROUP BY 列表中的字段进行升序排序，可以通过 ORDER BY 子句覆盖这个默认值。

同样，如果 SELECT 语句的选择列表中既包含了分组函数，又包含了普通的列，Oracle 要求用户必须指定 GROUP BY 子句，否则会抛出 ORA-00937 异常，如下面的示例语句所示：

```
scott_Ding@ORCL > SELECT deptno,SUM(sal) 薪资小计 FROM emp;
SELECT deptno,SUM(sal) 薪资小计 FROM emp
       *
ERROR 位于第 1 行:
ORA-00937: 非单组分组函数
```

由这个示例可以看到，在 SELECT 选择列表中既包含了标准的列，又包含了分组函数进行聚合运算，但是没有 GROUP BY 子句，因此 Oracle 抛出了 ORA-00937 错误。

注意：在 GROUP BY 子句中不能包含列别名或分组函数，但是可以包含由其他单行函数对分组范围进行调整。

了解分组的一些基本规则后，就可以很容易地理解多列分组了，多列分组也就是使用表中的多个列进行分组，比如对 emp 表按 deptno 和 job 进行分组，示例代码如下：

```
scott_Ding@ORCL> SELECT deptno, job, COUNT(empno) as "员工人数"
    FROM emp
  GROUP BY deptno, job              --在 GROUP BY 要具有在 SELECT 列表中的多列
  ORDER BY 员工人数;

  DEPTNO JOB                   员工人数
------------------  --------------------------------
      40 职员                  1
      10 经理                  1
      20 分析人员              1
      60 分析员                1
      10 老板                  1
      30 职员                  1
      50 职员                  1
      20 经理                  2
      30 经理                  2
      20 职员                  3
      30 销售人员              4
```

已选择 11 行。

可以看到，只要遵循在 SELECT 列表中出现的非分组列也出现在 GROUP BY 子句中，

就可以实现对多列的分组。

如果要分组的列中包含 NULL 值，所有 NULL 值会归类到一组中。以 books 表为例，有一些图书不属于任何分类，其 cate_id 为 NULL 值，因此在分组时，这些 NULL 值将合并为一个单个组并返回分组函数计算结果，查询语句如下：

```
scott_Ding@ORCL> SELECT cate_id, COUNT(book_id)
    FROM books
    GROUP BY cate_id
    ORDER BY cate_id NULLS LAST;      --使用 NULLS LAST 指定 NULL 列排到最后面

   CATE_ID     COUNT(BOOK_ID)
  ----------- --------------------------------
         1              2
         2              1
         3              1
                        2
```

在示例中，对 cate_id 进行了分组，由于 books 表中的 cate_id 列包含 NULL 值，在 ORDER BY 子句中指定 NULLS LAST 是指将 NULL 值显示到最后，可以看到，包含 NULL 值的所有行都归集到一个组中。

最后简单介绍一下使用 GROUP BY 子句的几个规则：

（1）不能在分组表达式中指定 LOB 列、嵌套表或变长数组列。

（2）分组的列可以是任何形式的表达式，但是不能使用标量子查询表达式。

（3）在 SELECT 语句的选择列表中出现的任何列或表达式（非计算列），都必须在 GROUP BY 子句中相应地出现。

（4）出现在 GROUP BY 子句中的列或表达式不要求一定要出现在 SELECT 的选择列表中。

9.4.4　使用 HAVING 子句限制结果集

在使用分组查询时，可以使用 WHERE 子句过滤分组前的结果集，但是如果要过滤分组计算后的结果，则 WHERE 就无能为力了。因为 WHERE 子句在分组操作之前发生，而且无法在 WHERE 子句中使用分组函数，因此如下的查询将导致 Oracle 返回一个错误信息：

```
scott_Ding@ORCL> SELECT deptno, AVG(sal) FROM emp WHERE AVG(sal) > 8000 GROUP
BY deptno;
SELECT deptno, AVG(sal) FROM emp WHERE AVG(sal) > 8000 GROUP BY deptno
                                       *
ERROR 位于第 1 行:
ORA-00934: 此处不允许使用分组函数
```

可以看到，Oracle 不允许在 WHERE 子句中使用分组函数来过滤结果。用户必须使用与 GROUP BY 紧密结合的 HAVING 子句来过滤结果。一般的做法是用 WHERE 子句约束选择的行，用 HAVING 子句约束组。

使用 HAVING 子句的 SELECT 语句的语法如下：

```
SELECT column, group_function              --分组的选择列表
  FROM table
 WHERE condition                           --使用 WHERE 子句过滤结果行
```

```
GROUP BY group_by_expression                    --分组子句
HAVING group_condition                          --使用 HAVING 约束分组返回的结果集
ORDER BY column;
```

使用 HAVING 子句后，分组查询的执行过程如下所示：

（1）查询表中的数据，应用 WHERE 条件进行过滤。

（2）使用 GROUP BY 子句对返回的结果集进行分组。

（3）应用分组函数对分组的结果集进行计算，返回单一的计算结果。

（4）应用 HAVING 子句对分组的结果集进行过滤，得到过滤后的结果。

因此将上面的 WHERE 子句中的分组函数转移到 HAVING 子句中，可以看到正确地获取了查询的结果集：

```
scott_Ding@ORCL> SELECT deptno as "部门编号", AVG(sal) as "平均工资"
    FROM emp
    HAVING AVG(sal) > 2000
  GROUP BY deptno;

部门编号    平均工资
-------  --------------------------------
    30   2557.14286
    20   3354.23333
    10   6058.775
```

可以看到，通过在 HAVING 子句中使用分组函数的计算结果进行过滤，就可以限制分组后的结果。

⚠注意：HAVING 子句可以出现在 GROUP BY 子句的前面或后面，不过建议 HAVING 子句出现在 GROUP BY 子句的后面，不能在 GROUP BY 子句后面出现 WHERE 子句，否则会出现异常。

由于 WHERE 子句先从数据库服务器中提取数据，而 HAVING 是在分组结果集出现以后进一步的筛选，因此灵活地运用 WHERE 子句和 HAVING 子句有助于程序员编写出高性能的 SQL 语句。举例来说，如果要从一个很大的数据表中提取数据进行分组，直接使用 HAVING 子句不得不首先提取大量的数据，会影响数据库的性能，通过事先使用 WHERE 子句，可以只提取需要的数据再进行 GROUP BY，从而大大节省网络带宽，同时减轻了服务器的负担。

与 WHERE 子句相比，HAVING 子句有一个限制，只能取出现在选择列表或 GROUP BY 子句中的列表，如果指定一个 HAVING 的条件不在 SELECT 选择列表或 GROUP BY 子句中，Oracle 将抛出一个错误，查询语句如下：

```
scott_Ding@ORCL> SELECT deptno as "部门编号", AVG(sal) as "平均工资"
    FROM emp
    GROUP BY deptno
    HAVING job = '职员';
HAVING job = '职员'
       *
ERROR 位于第 4 行：
ORA-00979: 不是 GROUP BY 表达式
```

可以看到，由于在 HAVING 中指定了一个表达式条件为 job 列，而该列并没有出现在

SELECT 的选择列表或 GROUP BY 的表达式中，因此 Oracle 抛出了错误提示。

9.4.5　使用 ROLLUP 和 CUBE

ROLLUP 和 CUBE 子句能够用于更进一步地为分组添加统计信息。使用 ROLLUP 可以对分组结果生成小计信息，它对分组的结果进行分组小计，CUBE 还会在 ROLLUP 的基础之上产生概要的统计信息。对于编程统计报表来说，这两个函数非常有用，ROLLUP 的使用示例如下：

```
scott_Ding@ORCL> SELECT deptno as "部门编号",
        job as "职位",
        (CASE
          WHEN GROUPING(deptno) = 1 THEN
           '总计：'
          WHEN GROUPING(job) = 1 THEN
           '职别小计：'
          ELSE
           ''
        END) as "统计栏",
        SUM(sal) as "工资总数"
  FROM emp
 GROUP BY ROLLUP(deptno, job);             --使用 ROLLUP 显示小计和总计信息

部门编号 职位        统计栏           工资总数
-------------- ----------- ----------- ------------------------
      10 经理                      3587.05
      10 老板                      8530.5
      10          职别小计：      12117.55
      20 经理                      11570
      20 职员                      4955.4
      20 分析人员                  3600
      20          职别小计：      20125.4
      30 经理                      10850
      30 职员                      1050
      30 销售人员                 6000
      30          职别小计：      17900
      40 职员                      2000
      40          职别小计：      2000
      50 职员                      2000
      50          职别小计：      2000
      60 分析员                   2000
      60          职别小计：      2000
                 总计：           56142.95

已选择 11 行。
```

ROLLUP 是 GROUP BY 子句的一个扩展，用来创建分组中的小计和总计行，由示例可以看到，通过在 GROUP BY 子句中指定 ROLLUP 函数，就可以在对部门和职别分组后，添加小计和总计结果。在示例中使用了 GROUPING 函数，该函数判断传入的参数列是否被当前行所使用，如果用到则返回 0，表示是一个普通的统计行，如果没有用到则输出 1，

表示是一个小计或总计的行。示例中通过 GROUPING 函数的判断，来得出当前行是否处于小计或总计状态，如果是则输出常量文本值。

CUBE 类似于 ROLLUP 扩展，它不仅会产生小计信息，还对每一个分组进行纵向总计。将 ROLLUP 切换为 CUBE 之后，可以看到如下结果：

```
scott_Ding@ORCL> SELECT deptno as "部门编号",
         job as "职位",
       (CASE
         WHEN GROUPING(deptno) = 1 THEN
          '总计: '
         WHEN GROUPING(job) = 1 THEN
          '职别小计: '
         ELSE
          ''
       END) as "统计栏",
       SUM(sal) as "工资总数"
  FROM emp
  GROUP BY CUBE(deptno, job);                    --使用 CUBE 进行纵向分组

部门编号 职位      统计栏      工资总数
------------- ---------- -------    --------------------------------------
                     总计:      56142.95
           经理      总计:      26007.05
           老板      总计:      8530.5
           职员      总计:      10005.4
           分析员    总计:      2000
           分析人员  总计:      3600
           销售人员  总计:      6000
    10               职别小计: 12117.55
    10 经理                     3587.05
    10 老板                     8530.5
    20               职别小计: 20125.4
    20 经理                     11570
    20 职员                     4955.4
    20 分析人员                 3600
    30               职别小计: 17900
    30 经理                     10850
    30 职员                     1050
    30 销售人员                 6000
    40               职别小计: 2000
    40 职员                     2000
    50               职别小计: 2000
    50 职员                     2000
    60               职别小计: 2000
    60 分析员                   2000

已选择 24 行。
```

可以看到，CUBE 不仅包含了小计和总计信息，还对每个职别分别进行了总计，并且显示了总计信息。也就是说 CUBE 不仅包含了 ROLLUP 的统计信息，而且更进一步对于分组的行进行了纵向的统计。

9.4.6   使用 GROUPING SETS 子句

GROUPING SETS 子句扩展了 GROUP BY 子句，允许指定多个分组或移除由 ROLLUP 或 CUBE 产生的不想要的分组。这个语法进一步扩展了 GROUP BY 分组子句的应用。下面通过一个示例查询 GROUPING SETS 子句的作用，这个示例将创建由多个 SELECT 语句的组合分组结果：

```
scott_Ding@ORCL> SELECT a.deptno as "部门编号",
        a.job as "职位",
        b.loc "部门地址",
        COUNT(a.empno) as "员工人数"
   FROM emp a, dept b
  WHERE a.deptno = b.deptno
  GROUP BY GROUPING SETS((a.deptno, a.job),(b.loc),());

部门编号 职位      部门地址          员工人数
-------------- -------------- -----------------------------------
    30 经理                          2
    10 老板                          1
    30 职员                          1
    50 职员                          1
    20 职员                          3
    40 职员                          1
    60 分析员                        1
    20 分析人员                      1
    30 销售人员                      4
    10 经理                          1
    20 经理                          2
                  波士顿              2
                  达拉斯              6
                  纽约                2
                  远洋                1
                  芝加哥              7
                                     18

已选择 17 行。
```

这个查询语句可以看作是由 3 个 GROUP BY 的子句组成的，它们进行了 UNION ALL 操作。将上面的 GROUPING SETS 转换为标准的 GROUP BY 子句后，查询语句如下：

```
SELECT a.deptno as "部门编号",
      a.job as "职位",
      NULL as "部门地址",
      COUNT(a.empno) as "员工人数"
  FROM emp a, dept b
 WHERE a.deptno = b.deptno
 GROUP BY a.deptno, a.job
UNION ALL
SELECT NULL as "部门编号",
      NULL as "职位",
      b.loc as "部门地址",
```

```
        COUNT(a.empno) as "员工人数"
   FROM emp a, dept b
 WHERE a.deptno = b.deptno
 GROUP BY b.loc
UNION ALL
SELECT NULL as "部门编号",
       NULL as "职位",
       NULL as "部门地址",
       COUNT(a.empno) as "员工人数"
   FROM emp a, dept b
 WHERE a.deptno = b.deptno;
```

可以看到，实际上 GROUPING SETS 可以看作是由 3 个 SELECT 语句的分组查询，通过将这些分组操作合并在一个 GROUPING SETS 子句中，可以节省代码输入量，达到与使用 UNION ALL 相同的效果。

在 GROUPING SETS 子句中，用圆括号括起来的就是一个分组序列，()表示统计所有的信息，这使得用户可以在一个 SELECT 语句中，使用 GROUPING SETS 子句实现多种类型的分组，可以用更灵活的方式完成 CUBE 所实现的统计概要信息。

例如可以编写如下的语句：

```
GROUP BY GROUPING SETS(a, ROLLUP(b, c))
```

这行语句实际上等同于：

```
GROUP BY a UNION ALL GROUP BY ROLLUP(b, c)
```

可以看到，通过在 GROUPING SETS 中使用 ROLLUP 函数，然后与其他的分组统计结果进行合并，就可以实现更多的统计结果信息。

9.5　小　　结

本章讨论了 SQL 语言的核心 SELECT 语句的使用，讨论了如何使用 SELECT 语句来查询数据库数据。首先讨论了 SELECT 语句的基本语法，然后分别介绍了如何查询指定列的数据、查询非重复数据、表达式查询等，然后讨论了如何使用 WHERE 子句对返回的结果集进行过滤，讨论了各种比较运算符和逻辑运算符的使用。接着学习如何使用 ROWNUM 和 ROWID 伪列来获取行编号和数据行的物理存储信息，在基本查询的最后讨论了如何用 CASE 表达式来为 SELECT 添加条件判断逻辑。在多表连接查询部分，详细介绍了 Oracle 中的内连接、外连接、自连接、交叉连接和自然连接的使用方法，介绍了基于 Oracle 的连接语法和 ANSI SQL 标准的连接语法。在集合和子查询部分，讨论了 SQL 结果集的联合、交集和差集的集合运算，对于在 SQL 语句中可以使用的各种子查询，比如相关子查询和非相关子查询进行了详细的讨论。在本章最后一节，介绍了分组查询的作用，讨论了分组函数、GROUP BY、HAVING 子句的使用，最后介绍了分组扩展 ROLLUP、CUBE 和 GROUPING SETS 子句的使用方式。

第 10 章　操纵数据表

关系型数据库，特别是联机事务处理数据库（OLTP），需要时时刻刻处理用户对数据的新增、删除和修改操作。对数据库的新增、删除和修改是通过数据操作语言（DML）来完成的，数据操作语言是 SQL 的一个重要的组成部分，它主要用来完成对数据库的操作，它可以直接在 SQL*Plus 中执行，也可以嵌入到其他的应用程序语言中，比如 C#或 Java 语言，用来实现对数据库的操作。比如一个订货系统，当向该系统中录入一张订单时，实际上是通过 INSERT 语句向数据库中插入了一条记录。本章将详细讨论用于数据的插入、修改和删除的几个 SQL 语句。

10.1　插　入　数　据

向数据库表中插入数据是使用得非常频繁的操作，用户向数据库系统发出一条用于插入数据的 INSERT 语句，SQL 引擎负责解析并执行这条语句。对于数据库的使用者来说，只需要理解 INSERT 语句的用法，并不需要处理数据库如何分配物理存储空间等操作。INSERT 语句属于 DML 语言中较重要的一个组成部分，本节首先讨论 DML 语言的作用，然后依次讨论各种 DML 语句的使用方法。

10.1.1　理解 DML 语言

DML 语言的英文全称是 Data Manipulation Language，中文全称是数据操作语言，它是 SQL 语言中一个重要的组成部分。当需要完成对数据库中数据的新增、修改和删除时，实际上使用的就是 DML 语言。

类似于 DQL 数据查询语言的核心语句是 SELECT 语句，DML 主要包括如下几个核心语句：

- ❏ INSERT 语句，向表中添加新的行。
- ❏ UPDATE 语句，更新已经存储在表中的数据。
- ❏ DELETE 语句，删除行。
- ❏ MERGE 语句，插入所有的行到另一个已经存在的表，如果要插入的行的键匹配已存在行，则更新已经存在的行而不是插入一个新行。

🔔注意：MERGE 是 Oracle Database 9i 之后新增的一个特性，在 Oracle 的最新版中得到了进一步的增强。

使用 DML 语句操作数据库时，还必须注意如下一些常见的特性：

- 所有的 DML 语句通常一次只能操作一个表，使用 INSERT 或 MERGE 语句也允许同时对多个表进行插入。
- 用户必须具有在要使用 DML 语句的表上的权限，用户在自己方案下的表一般都具有操作权限，否则需要 DBA 分配相应的操作权限。
- 如果表中的字段具有 NOT NULL 约束，在使用 DML 语句时，比如 INSERT 或 UPDATE，要为具有约束的字段指定值。
- Oracle 的事务处理机制与 SQL Server 具有较明显的区别，只有使用 COMMIT 语句显式提交事务，才会将用户所做的更改保存回数据库，用户也可以使用 ROLLBACK 语句撤销所做的任何更改。也就是说 Oracle 中的事务是隐式的，当事务结束后下一个 DML 语句执行时，Oracle 又会隐式地开始一个新的事务。

当用户发送一个 DML 语句到 Oracle 中时，Oracle 会执行一系列的操作，以便对用户所做的修改进行回滚，或者是在灾难性事故发生时，比如断电、机器故障等，可以恢复用户所做的更改，图 10.1 示意了当对 emp 表中的数据发送一个 UPDATE 更新语句时，Oracle 会完成的一些工作。

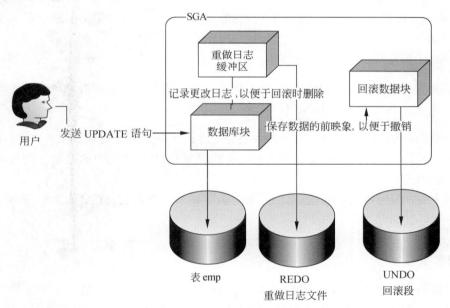

图 10.1　DML 语句操作示意图

当用户向 Oracle 发送一条 DML 语句，要求更新 emp 表中的一行数据时，Oracle 会将用户的操作写入重做日志缓冲区中，它会写入用户操作的语句和用户要更改的数据，重做日志缓冲区中的数据会定期或在满足一定的条件后，就被写入到重做日志文件中。Oracle 同时会产生 UNDO 数据块，对于 UPDATE 操作，它会保留更改前的数据，以便于在回退时，将变化前的数据修改回去，产生回滚数据的同时也会产生一定的重做信息，以便灾难时进行恢复工作。当用户发出 COMMIT 语句提交更改时，Oracle 会提前写入重做日志信息，然后 DBWR 进程会依次将更改后的数据写入到 emp 表中。UNDO 段中的数据会保留到下一次重用这些块时。

通过图 10.1 可以看到，当执行一条 DML 语句时，Oracle 实际上会将用户修改前的数据保存到 UNDO 段，而修改的操作记录到重做日志文件中，这便于进行 ROLLBACK 回滚及出现突发性故障时进行恢复。

10.1.2　使用 INSERT 语句

INSERT 语句用来向表中插入一行记录，可以向表中一次插入一行，也可以通过在 INSERT 语句后面使用子查询一次性插入一个记录集合。INSERT 语句既可以一次只插入一个表，也可以同时向多个表中插入数据。INSERT 语句的使用语法非常灵活，最简单的用于单表插入的语法如下：

```
INSERT INTO table [(column [, column...])]
VALUES (value [, value...]);
```

语法元素的含义如下所示：
- ❑ table 表示表的名字，这是要向其中插入数据的表的完整名称。
- ❑ 可选的 column 指定要向 table 表中指定的列中插入的数据（以逗号分隔的字段列表），如果不指定一个或多个列名称，则表示 VALUES 子句中的值要匹配表中所有的列。
- ❑ value 是与列名称对应的列值。

🔔注意：要能成功使用 INSERT 语句插入数据库表，这个表必须在用户所在的方案中，或者是显式地指定了 INSERT 权限。

向表中插入新的行有两种方式，一种是指定字段列表，这样要求 VALUES 子句的值要匹配字段列表；一种是不指定字段列表，这样要求 VALUES 子句中的值要完全与数据库表中的字段顺序进行匹配。

举例来说，如果要向 emp 方案下的 dept 表中插入一个新的部门，如果使用不指定字段列表的方式，其语法如下：

```
scott_Ding@ORCL > INSERT INTO dept VALUES(80,'包装部','龙山');
已创建 1 行。
```

使用这种不指定列名的方式插入新行时，必须要确保 VALUES 值列表中的每个值要匹配在表中定义的列的顺序和数据类型，必须要为每个列提供一个值，对于无法提供值的列，可以使用 NULL 或 DEFAULT（如果有定义默认值）来替代。

多数情况下，建议在 INSERT 语句中使用字段列表的插入方式。这是因为表的字段结构或字段的顺序可能经常会发生变化，这经常会导致 INSERT 语句的失败，而显式地指定字段列表后，可以避免部分异常。

下面向 emp 表中插入一条新的员工记录，使用指定字段列表的方式：

```
scott_Ding@ORCL > INSERT INTO emp
  2    (empno, ename, job, mgr, hiredate, sal, comm, deptno)
  3  VALUES
  4    (7890,
  5     '刘七',
  6     '副理',
  7     7566,
```

```
  8      TO_DATE('2001-08-15', 'YYYY-MM-DD'),
  9      8000,
 10      300,
 11      20);

已创建 1 行。
```

在这个 INSERT 语句的表名称后面，依次指定了多个列名称，列名称的顺序可以自由指定，只要 VALUES 的值列表与列名称列表相匹配即可。对于字符类型的插入，需要在 VALUES 子句的值列表中用单引号包起来，但是如果值本身也包含了单引号，可以在包含单引号的位置再加入一个单引号，即两个单引号来实现成功的插入。

比如想在 emp 表的 ename 列中插入 O'Malley 这个员工的名字，它包含一个单引号，为了成功地插入，可以使用如下的语句：

```
scott_Ding@ORCL> INSERT INTO emp (empno, ename, deptno) VALUES (7898, 'O'
'Malley', 20);
已创建 1 行。
```

可以看到，在字符串中使用了两个单引号来插入在字符串中出现的单引号，从而就正确地完成了对单引号的插入。

在使用 INSERT 语句时，日期和字符串都要放在单引号中，数字类型的列不需要。如果将数字类型的列放在单引号中，Oracle 将会完成一个隐式的转换。一般不要将数字类型的列放在单引号中。

10.1.3　插入默认值和空值

当使用 INSERT 语句插入一个新的记录时，Oracle 服务器会自动强制所有数据类型，比如数据类型的范围等，并且要求新插入的数据要符合数据的完整性约束。如果不注意表结构定义的约束信息，很容易在插入数据时出现如下的错误：

- ❑　对于 NOT NULL 列，缺少一个值。
- ❑　对具有唯一性约束的列插入了重复值。
- ❑　插入的列值违反了外键约束。
- ❑　插入的列值违反了 CHECK 约束。
- ❑　插入了不匹配的数据类型。
- ❑　插入的值的宽度超过了列的限制。

因此在向表中插入数据时，应该要了解表的这些规则，以免出现错误。其中最容易出现的错误就是对具有 NOT NULL 的列没有指定一个具体的值。举例来说，当使用指定列名列表方式调用 INSERT 语句时，如果没有指定一个 NOT NULL 的列（对 emp 表来说，没有指定 empno 这个主键列），那么插入时会产生一个错误，如以下语句所示：

```
scott_Ding@ORCL> INSERT INTO emp (ename, sal, comm) VALUES ('李大海', 9000,
1000);
INSERT INTO emp (ename, sal, comm) VALUES ('李大海', 9000, 1000)
*
第 1 行出现错误:
ORA-01400: 无法将 NULL 插入 ("SCOTT"."EMP"."EMPNO")
```

由于没有在 INSERT INTO 语句中指定 empno 主键列字段，Oracle 会隐式地为未指定的列指定 NULL 值，如果列定义了 DEFAULT 默认值约束，会使用定义的默认值规则插入默认值。由于 empno 为主键字段，具有 NOT NULL 和 UNIQUE 约束，因此 Oracle 抛出了 ORA-01400 异常。

在 SQL*Plus 中，可以使用 DESC 命令来查看表的结构，尽可能地在 INSERT 列表中显式地包含所有必要的字段，通过 DESC 命令查询 emp 表的结构，然后在 VALUES 列表中显式地为不需要插入值的列指定 NULL 关键字，对于字符串和日期，可以在 VALUES 列表中指定空字符串（"）。

如果要显式地为 INSERT 的字段插入 NULL 值，可以直接在 INSERT 语句中使用 NULL 关键字，在内部 Oracle 将为列插入 NULL 值，显式插入 NULL 值如下所示：

```
INSERT INTO emp
VALUES(7893,'霍九',NULL,NULL,NULL,NULL,NULL,20);
```

对于字符串类型的字段，可以用空白字符进行插入，如以下 INSERT 语句所示：

```
INSERT INTO emp
VALUES(7894,'霍十','',NULL,'',NULL,NULL,20);  --这里将 NULL 替换为'',指定是空白值
```

除了显式地使用 NULL 关键字外，对于部分字段，还可以使用 DEFAULT 关键字为列插入一个默认值。如果在定义表时指定了 DEFAULT 约束，将自动以 DEFAULT 约束指定的值进行插入，INSERT 语句的示例如下所示：

```
INSERT INTO emp
VALUES(7894,'霍十','',DEFAULT,'',NULL,NULL,20);
```

在编写 INSERT 语句时，必须要确保要插入的值的类型与字段类型匹配，对于不匹配的类型，Oracle 会尝试进行隐式类型转换。隐式类型转换虽然可以带来一定的便利性，但是会降低 INSERT 语句的健壮性，同时会影响到 SQL 语句的执行性能。一般建议使用 Oracle 提供的函数来完成显式的类型转换。比如使用 TO_DATE 或 TO_NUMBER 进行显式的类型转换。

Oracle 提供了一些有用的函数来提供插入的值，比如对于当前日期的插入，可以使用 SYSDATE 函数，或使用 TRUNC(SYSDATE)指定当前系统的日期值；使用 USER 函数向表中插入当前的用户；或者使用 TO_DATE 进行日期类型的转换。

下面的 INSERT 语句将向 emp 表的 ename 字段中插入一个当前数据库会话用户名的记录，使用了 USER 函数，同时使用 TRUNC(SYSDATE)作为员工的雇佣日期，插入语句如下：

```
INSERT INTO emp
VALUES(7895,USER,NULL,NULL,TRUNC(SYSDATE),3000,200,20);
```

在成功地插入之后，使用 SELECT 语句查询这个员工编号为 7895 的记录，可以看到结果果然成功地插入了当前的会话用户和当前的日期信息：

```
scott_Ding@ORCL> SELECT empno,ename,hiredate,sal,comm,deptno FROM emp
WHERE empno=7895;
   EMPNO ENAME       HIREDATE          SAL       COMM     DEPTNO
   ----- -------     --------------- ---------- -------- ----------
    7895 SCOTT       2013-01-13         3000       200        20
```

USER 函数返回当前笔者登录的用户名 SCOTT，SYSDATE 返回了当前的日期值。在本书第 11 章讨论函数的章节中，将会详细讨论 Oracle 提供的各种函数。

10.1.4　使用子查询插入多行数据

使用 INSERT 语句除可以一次插入一行外，还可以同时从其他的表中复制多行数据，插入到已经存在的表，这种插入多行的方式不是使用 VALUES 值列表，而是将 VALUES 子句用一个子查询来替换，其语法如下：

```
INSERT INTO table [ column (, column) ] subquery;
```

除了将 VALUES 子句替换为子查询 subquery 外，基本的语法与单行插入的类似。在使用子查询插入记录时，在 INSERT 语句的字段列表的数目和数据类型必须与子查询中的字段列表数目及其数据类型相匹配，这与 VALUES 列表的约束是完全相同的。

在下面的代码中使用 CREATE TABLE..AS 语句创建了一个空白的 books 表的副本 books_his2，这个表暂时不包含任何的数据，建表语句如下：

```
scott_Ding@ORCL> CREATE TABLE books_his2 AS SELECT * FROM books WHERE 1=2;
表已创建。
```

接下来演示如何使用子查询将 books 表中的数据插入到 books_his2 中去，插入语句如下：

```
scott_Ding@ORCL> INSERT INTO books_his2 SELECT * FROM books;
已创建 4 行。
```

这个示例使用了最简单的语法形式，在 books_his2 表名后面没有指定列名列表，在 SELECT 子查询中使用了*将所有的列值插入到 books_his2 表中，这是因为 books 与 books_his2 具有相同的结构，因此能够成功地插入多行数据。

如果不想使用这种完全复制副本的方式，可以在表名后面指定所要插入的列名列表，在 SELECT 子查询的选择列表中指定与列名列表完全匹配的选择列表，插入语句如下：

```
scott_Ding@ORCL> INSERT INTO books_his2
    (book_id, book_name, cate_id)
    SELECT orders_seq.NEXTVAL, book_name, cate_id FROM books;
已创建 4 行。
```

在这个示例中，指定了所要插入的列名列表，在 SELECT 子查询的选择列表中，指定了 orders_seq 序列来产生主键列值，可以看到选择列表中的列名与 INSERT 语句中的列名列表完全匹配，因而成功地插入了 4 行。

只要子查询的 SELECT 列表个数与数据类型匹配 INSERT INTO 语句的列名列表，用户可以使用在第 9 章中讨论的任何关于 SQL 查询相关的 SELECT 语句，比如可以使用 UNION 或 UNION ALL 集合操作符合并多个 SELECT 查询，或者是使用连接语法从多个表中提取数据。

还可以使用内联视图语法使用 INSERT INTO 语句插入一行数据，下面的语句演示了如何使用内联视图语法向 emp 表中插入一条员工记录：

```
scott_Ding@ORCL> INSERT INTO
    (SELECT empno, ename, deptno, mgr
      FROM emp
     WHERE deptno = (SELECT deptno FROM dept WHERE loc = '芝加哥')
     WITH CHECK OPTION) emp                              --内联视图 emp
    SELECT orders_seq.NEXTVAL, '张五哥', d.deptno, NULL   --插入员工数据
     FROM dept d
     WHERE d.loc = '芝加哥';

已创建 1 行。
```

在这个示例中，创建了一个内联视图 emp，这个视图内部使用 SELECT 语法查询员工的部门位于芝加哥的员工信息，其内联视图别名为 emp，当然也可以取任何有意义的名称。子查询中的 FROM 子句为 emp 表，这将会向 emp 表插入数据。WITH CHECK OPTION 限制插入的数据要与 WHERE 子句中的 deptno 匹配，否则 Oracle 不会成功插入数据，并且会抛出 ORA-01402 异常，代码如下：

```
scott_Ding@ORCL> INSERT INTO
    (SELECT empno, ename, deptno, mgr
      FROM emp
     WHERE deptno = (SELECT deptno FROM dept WHERE loc = '芝加哥')
     WITH CHECK OPTION) empabc                           --内联视图 empabc
    SELECT orders_seq.NEXTVAL, '刘八女', d.deptno, NULL    --插入员工数据
     FROM dept d
     WHERE d.loc = '波士顿';
  SELECT orders_seq.NEXTVAL, '刘八女', d.deptno, NULL      --插入员工数据
       *
ERROR at line 6:
ORA-01402: 视图 WITH CHECK OPTIDN 违反 where 子句
```

通过这个例子，可以看到 INSERT INTO 子查询的操作是相当灵活的，在实际的工作中往往会出现大量需要使用子查询插入的例子，通过灵活地使用子查询，可以解决很多原本需要多行 INSERT INTO 语句才能实现的问题。

10.1.5　插入多表数据

INSERT 语句不仅可以插入多行数据，还可以用来一次向多个表中插入数据，这个特性通常用于在数据仓库系统中从一个或多个操作源转移数据到一组目的表中。在使用 INSERT 进行多表插入时，又可以分为无条件多表插入和条件多表插入两类，其区别如下所示：

❑ 无条件插入，服务器会将用户指定的对多个表的插入子句同时进行插入。
❑ 按条件插入，服务器会将用户指定的对多个表的插入子句同时进行插入。

无条件插入子句只要指定了要插入的子句，就会被 Oracle 服务器连续执行，其基本语法如下：

```
INSERT ALL
insert_into_clause values_clause_1                      --指定插入子句
[insert_into_clause values_clause_2]                    --可选的多个插入子句
......
```

```
Subquery;        --subquery是必需的，它的每一行数据都会导致 INTO 语句被执行一次，返回
                 多少行就执行多少次
```

语法中的 insert_into_clause 指定 INTO 子句，values_clause 指定要插入的值列表，使用 subquery 指定一个子查询进行插入，而且必须要特别注意子查询返回的每一行都会导致它上面定义的多个 insert_into_clause 被依次执行一次。

下面的语句创建了与 books 具有相同的结构的 3 个表，然后演示如何使用无条件插入的 INSERT 语句同时向这 3 个表中插入数据，建表语句如下：

```
CREATE TABLE books_cate_1 AS SELECT * FROM books WHERE 1=2;
CREATE TABLE books_cate_2 AS SELECT * FROM books WHERE 1=2;
CREATE TABLE books_cate_3 AS SELECT * FROM books WHERE 1=2;
```

接下来看一下如何使用 INSERT ALL 语句无条件地同时向这 3 个表中插入图书数据，插入语句如下：

```
scott_Ding@ORCL> INSERT ALL
   INTO books_cate_1                       --使用 INTO 子句插入 books_cate_1 表
   VALUES
     (orders_seq.NEXTVAL, 'NOSQL 开发指南', 1)
   INTO books_cate_2                       --使用 INTO 子句插入 books_cate_2 表
     (book_id, book_name, cate_id)
   VALUES
     (orders_seq.NEXTVAL, 'SQL 调优', 2)
   INTO books_cate_3                       --使用子查询插入 books_cate_3 表
     (book_id, book_name, cate_id)
   SELECT book_id, book_name, cate_id
   FROM books
   WHERE cate_id = 3;

已创建 3 行。
```

可以看到，INSERT ALL 会依次执行多个 INTO 子句，子查询只会返回一条记录，因此这个调用会成功执行，如果子查询返回多条记录，那么前两个指定的 VALUES 子句就会出现重复值。通过查询可以看到结果如下：

```
scott_Ding@ORCL> SELECT a.*, 'books_cate_1' as "表"
   FROM books_cate_1 a
 UNION ALL
 SELECT b.*, 'books_cate_2'
   FROM books_cate_2 b
 UNION ALL
 SELECT c.*, 'books_cate_3' FROM books_cate_3 c;

 BOOK_ID  BOOK_NAME          CATE_ID       表
 -------- ---------------- ------------- ----------------
    1040  NOSQL 开发指南         1         books_cate_1
    1040  SQL 调优              2         books_cate_2
    1013  云图                  3         books_cate_3
```

如果子查询返回多行数据，例如在 books 表中，cate_id 为 1 的图书共有两本，下面的代码演示了如何将 cate_id 为 1 的图书同时插入到 3 个表中，插入语句如下：

```
scott_Ding@ORCL> INSERT ALL
   INTO books_cate_1
```

```
    VALUES
      (book_id, book_name, cate_id)
    INTO books_cate_2
      (book_id, book_name, cate_id)
    VALUES
      (book_id, book_name, cate_id)
    INTO books_cate_3
      (book_id, book_name, cate_id)
    SELECT book_id, book_name, cate_id FROM books WHERE cate_id = 1;

已创建 6 行。
```

可以看到在 VALUES 子句中指定了 books 表的字段列表,由于子查询会返回两条记录,因此查询结果将产生 6 条数据。

有条件插入语句要求必须满足指定的条件,才执行插入,它又分为 INSERT ALL 和 INSERT FIRST 这两种插入类型,INSERT ALL 有条件插入的语法如下:

```
INSERT ALL
WHEN condition THEN insert_into_clause values_clause
[WHEN condition THEN] [insert_into_clause values_clause]
......
[ELSE] [insert_into_clause values_clause]
Subquery;
```

可以看到与无条件多表插入相比,INSERT ALL 条件插入语句多了 WHEN..THEN 子句,可以在 condition 中指定一个条件,当条件匹配时,会执行插入语句,ALL 子句指定所有的 WHEN 子句中的条件都要进行判断,最多可以指定 127 个 WHEN 子句。下面的示例演示了如何使用条件多表插入语句向 books_cate_1、books_cate_2 和 books_cate_3 中分别插入数据。

下面的示例 PL/SQL 语句先删除了 3 个表,以便于条件插入语句可以使用清空后的表来更明显地看到效果,PL/SQL 代码如下:

```
BEGIN
DELETE FROM books_cate_1;
DELETE FROM books_cate_2;
DELETE FROM books_cate_3;
END;
/
```

接下来使用 INSERT ALL 语句分别向 3 个表中插入来自 books 表中的记录,通过条件子句,就可以将不同的图书分类的图书分别插入到不同的表中,插入语句如下:

```
scott_Ding@ORCL> INSERT ALL
    WHEN cate_id=1 THEN INTO books_cate_1 VALUES(book_id, book_name, cate_id)
    WHEN cate_id=2 THEN INTO books_cate_2 VALUES(book_id, book_name, cate_id)
    WHEN cate_id=3 THEN INTO books_cate_3 VALUES(book_id, book_name, cate_id)
    SELECT book_id, book_name, cate_id FROM books;

已创建 4 行。
```

可以看到,这个语句依次按不同的图书分类编号将数据插入到不同的表中,books 表中共有 4 条记录,因此它也将这 4 行记录分别插入到了不同的表中,通过查询可以看到如下的结果:

```
scott_Ding@ORCL> SELECT a.*, 'books_cate_1' as "表"
    FROM books_cate_1 a
    UNION ALL
    SELECT b.*, 'books_cate_2'
    FROM books_cate_2 b
  UNION ALL
  SELECT c.*, 'books_cate_3' FROM books_cate_3 c;

  BOOK_ID  BOOK_NAME                              CATE_ID 表
  -------  ------------------------------  ------------------------
    1012   PL/SQL 从入门到精通                    1   books_cate_1
    1015   Oracle 从入门到精通                    1   books_cate_1
    1014   零基础看懂财务报表                     2   books_cate_2
    1013   云图                                  3   books_cate_3
```

再来看 INSERT FIRST 语句，这个语句的作用与 INSERT ALL 的最大区别在于，如果第 1 个 WHEN 子句的值为 true，就会执行该 WHEN 子句后面的 INSERT 语句，并且跳过后面其余的 WHEN 子句，也就是说 INSERT FIRST 只会考虑第 1 个条件为 true 的 WHEN 子句，语法如下：

```
INSERT FIRST
WHEN condition THEN insert_into_clause values_clause
[WHEN condition THEN] [insert_into_clause values_clause]
......
[ELSE] [insert_into_clause values_clause]
Subquery;
```

可以看到，除了用 FIRST 替换了 ALL 关键字之外，其他的语法与 INSERT ALL 条件插入基本相同，下面通过示例来看看 INSERT FIRST 与 INSERT ALL 的不同之处，首先依然清除 books_cate_1、books_cate_2 和 books_cate_3 表中的数据，然后使用如下的语句向这 3 个表中有条件地插入记录，插入语句如下：

```
scott_Ding@ORCL> INSERT FIRST
    WHEN cate_id<=3 THEN INTO books_cate_1 VALUES(book_id, book_name, cate_id)
    WHEN cate_id=2 THEN INTO books_cate_2 VALUES(book_id, book_name, cate_id)
    WHEN cate_id=3 THEN INTO books_cate_3 VALUES(book_id, book_name, cate_id)
    SELECT book_id, book_name, cate_id FROM books;

已创建 4 行。
```

这一次，将第一个 WHEN 子句的条件更改为 cate_id<=3，如果这个条件被满足，那么 INSERT FIRST 对 books_cate_2 的和 books_cate_3 的插入都不会发生，通过查询这 3 个表可以看到这个结果，查询语句如下：

```
scott_Ding@ORCL> SELECT a.*, 'books_cate_1' as "表"
    FROM books_cate_1 a
  UNION ALL
  SELECT b.*, 'books_cate_2'
    FROM books_cate_2 b
  UNION ALL
  SELECT c.*, 'books_cate_3' FROM books_cate_3 c;

  BOOK_ID  BOOK_NAME                              CATE_ID 表
  -------  ------------------------------  ---------------------------
    1012   PL/SQL 从入门到精通                    1   books_cate_1
```

1013	云图	3	books_cate_1
1014	零基础看懂财务报表	2	books_cate_1
1015	Oracle 从入门到精通	1	books_cate_1

可以看到，当指定 cate_id<=3 后，由于 INSERT FIRST，第一个 WHEN 子句的条件总是满足，然后就跳过了后续的 WHEN 子句，因为子查询中返回的结果集中的每一行都会触发 INSERT 操作，因此所有的 4 行数据都插入到了 books_cate_1 中，而其他的两个表无法执行 INSERT 操作，所以没有相应的数据存在。

10.2　更　新　数　据

对于已经存在的表数据，使用 SQL 语言中的 UPDATE 语句，可以用来对其进行更新。更新的方法是定位要更新的行，然后移除旧的字段值，用新的字段值进行取代。更新的重点是必须要能够精确地定位目标行，否则就会导致意外更新，从而造成错误的数据。UPDATE 语句的使用与 INSERT 语句不同，因为要对已存在的行进行定位，因此需要目标表最好具有唯一键标识，也就是说表要定义有主键，以便于能够快速地定位到目标行进行更新。

10.2.1　使用 UPDATE 语句

与 INSERT 语句类似的是，使用 UPDATE 语句，既可以一次更新表中的一行，也可以同时对多行数据进行更新。最基本的 UPDATE 语法如下：

```
UPDATE table
SET column = value [, column = value, ...]
[WHERE  condition];
```

语法关键字的含义如下所示：

❑ Table，指定所要更新的表名称，对于复杂的更新来说，也可以是一个子查询。

❑ SET，用来指定将要进行更新的表列，其中 column 指定 table 指定的表中的列名称，value 指定所要更新的新值。

❑ WHERE condition，指定所要更新的表行的定位条件，用来定位目标行。由列名、表达式、常数和比较操作符组成用查询表来显示受更新的行以确认更新操作。

可以看到 UPDATE 中是通过 SET 子句来指定要更新的列的新值，SET 后面使用逗号分隔的名值对列表，由于对已存在的记录进行更新，因此要使用 WHERE 子句来精确地定位记录。

🔔注意：如果省略 WHERE 子句，将会对表中所有的记录进行更新，为了防止意外的更新导致错误的数据，应该确保更新数据的正确性。

举例来说，员工沃德原属于部门编号为 30 的销售部，现在由于工作关系，需要将其调整到部门编号为 40 的芝加哥营运部，对于这个单行员工记录的更新，可以使用如下的 UPDATE 语句来轻松地完成，更新语句如下：

```
scott_Ding@ORCL> UPDATE emp SET deptno=40 WHERE empno=7521;
已更新 1 行。
```

可以看到，这个示例中使用了标准的语法对员工编号为 7521 的员工沃德进行了更新，SET 子句后面的名值对指定要更新的列，WHERE 子句定位到了要更新的单行，如果省略了 WHERE 子句，那么将导致对 emp 表中所有的员工都更新 deptno 为 40，更新语句如下：

```
scott_Ding@ORCL> UPDATE emp SET deptno=40;--不指定 WHERE 子句将导致所有的行被更新
已更新 19 行。
scott_Ding@ORCL> ROLLBACK;                    --使用 ROLLBACK 回滚更改
回滚已完成
```

可以看到，上面的 UPDATE 语句由于没有指定 WHERE 子句，将导致 emp 表中的 19 行记录都进行了更新，如果导致了错误的更新，可以使用 ROLLBACK 语句回滚事务，它会将自上次执行 ROLLBACK 或 COMMIT 以来对数据库所做的更改恢复到更改之前。

在 SET 子句后面可以指定以逗号分隔的名称数值对来更新多个表列，例如要将部门编号为 20，也就是研究部的所有员工的薪资上调 10%，分红上调 15%，更新语句如下：

```
scott_Ding@ORCL> UPDATE emp
     SET sal  = sal * 1.1,
         comm = CASE WHEN comm IS NULL THEN sal * 0.15 ELSE comm * 1.15 END
   WHERE deptno = 20;

已更新 6 行。
```

在这个示例中，列名后面指定表达式来计算一个结果值，对于薪资乘以 1.1 表示将工资上调 10%，对于提成来说，由于有些员工的提成可能为 NULL，与 NULL 值相乘的结果依然为 NULL，为此在示例中使用了 CASE WHEN 子句对 comm 列进行了判断，如果为 NULL，则赋予提成为工资的 15%，否则就是在提成的基础上向上调 15%的比率，WHERE 子句指定 deptno 为 20，表示对部门编号为 20 的所有 6 个员工进行更新。

上面的示例演示了如何更新多个列值，可以通过表达式为列指定列值，也可以直接赋予常量，还可以使用各种内置函数来更改列的值。除此之外，还可以使用子查询和内联视图对表进行更新。

UPDATE 更新的值必须要匹配在表上定义的约束，比如不能向具有唯一性约束的表列上更新一个重复值，也不能对于具有主外键约束的列更新违反主外键约束的值。比如将员工沃德所在的部门更新为一个不存在的部门，Oracle 将触发错误，错误的更新语句如下：

```
scott_Ding@ORCL> UPDATE emp SET deptno=90 WHERE ename='沃德';
UPDATE emp SET deptno=90 WHERE ename='沃德'
*
错误在第 1 行：
ORA-02291: 违反完整约束条件 - 未找到父项关键字
```

由于在 dept 表中并不存在 deptno 为 90 的部门信息，因此在更新数据时进行完整性检查时，Oracle 抛出了 ORA-02291 异常，提示违反了完整约束条件。

10.2.2　使用子查询更新多行记录

可以在 UPDATE 语句的 WHERE 子句中应用子查询来更新多行的内容，除此之外，还可以在 SET 子句中使用子查询来更新数据。在对 UPDATE 子句应用使用子查询时，既可以使用相关子查询更新数据，也可以使用非相关子查询为列赋查询出来的结果值，还可以使用内联视图来基于一个或多个表中的条件执行更新操作。

　　举例来说，想将沃德的工资更新为他所在部门的平均工资，对于这个操作，必须要先计算出沃德所在部门的平均工资，那么需要使用一个相关子查询才能得到这样的结果，更新语句如下：

```
scott_Ding@ORCL> UPDATE emp x
      SET x.sal = (SELECT AVG(y.sal) FROM emp y WHERE y.deptno = x.deptno)
      WHERE x.ename = '沃德';
已更新 1 行。
```

　　在这个查询示例中，在 UPDATE 中的表名称后面添加了一个别名 x，SET 子句中通过为列指定前缀为表别名来区分这个表，在 SET 子句内部包含一个查询，这个查询返回单行单列的一个统计结果，在子查询的 WHERE 子句中引用了 emp 表的 deptno 来计算部门薪资的平均值，这样就实现了子查询的更新操作。

　　除在 SET 子句中使用相关子查询外，也可以在 WHERE 子句中使用相关子查询，这样可以基于其他表的条件来更新表，比如要将 emp 表中工资的等级在 salgrade 表中处于第 3 级员工的工资提升 10%，可以使用如下的相关子查询：

```
scott_Ding@ORCL> UPDATE emp a
      SET a.sal = a.sal * 1.1
    WHERE EXISTS (SELECT 1
          FROM salgrade b
        WHERE a.sal BETWEEN b.losal AND b.hisal
          AND GRADE = 3);

已更新 8 行。
```

　　在这个 UPDATE 语句的 WHERE 子句中，使用了一个 EXISTS 来判断员工的薪资在 salgrade 是否存在，在子查询中通过判断由外层 UPDATE 语句中传入的 sal 值是否位于 grade 等级为 3 的范围内，如果条件成立，则表示该员工的数据可以进行更新。

　　除了相关子查询外，还可以在 UPDATE 语句中使用非相关子查询，比如要让史密斯的工资与员工编号为 7782 的工资相同，可以使用如下的 UPDATE 语句：

```
scott_Ding@ORCL> UPDATE emp
        SET sal = (SELECT sal FROM emp WHERE empno = 7782)
        WHERE empno = 7369;
已更新 1 行。
```

　　还可以使用子查询更新表中的多个列，使用子查询更新多个列的语法有些不同，必须在 SET 子句中使用括号包含要更新的字段列表，然后在子查询的 SELECT 语句中匹配所要更新的字段列表。下面的查询语句使用子查询来更新员工史密斯的工资是该员工所在部门的平均工资，提成是最高提成，更新语句如下：

```
scott_Ding@ORCL > UPDATE emp x
     SET (x.sal, x.comm) = (SELECT AVG(y.sal), MAX(y.comm)
                        FROM emp y
                      WHERE y.deptno = x.deptno)
     WHERE x.empno = 7369;
已更新 1 行。
```

上面的语句中更新了两个列，子查询的 SELECT 选择列表中包含了两个列，以便于返回数据库表中两个列的结果值，这个子查询是一个相关子查询，也可以在 UPDATE 语句中混合相关子查询与非相关子查询，更新语句如下：

```
scott_Ding@ORCL> UPDATE emp a
     SET deptno = (SELECT deptno FROM dept WHERE loc = '芝加哥'),
        (sal, comm) = (SELECT 1.1 * AVG(sal), 1.5 * AVG(comm)
                              FROM emp b
                             WHERE a.deptno = b.deptno)
    WHERE deptno IN (SELECT deptno
                      FROM dept
                     WHERE loc = '波士顿'
                        OR loc = '纽约');

已更新 4 行。
```

上面的 UPDATE 语句完成了如下的几个操作：

❑ 更新在波士顿和纽约的员工，将他们的部门编号 deptno 更改为在 loc 为芝加哥的部门编号。

❑ 更新波士顿和纽约的员工的工资在平均工资基础上上调 10%，并且将分红在平均分红的基础上上调 50%。

在这个示例中使用了多个子查询来完成对表的更新工作，可以看到在 SET 子句中，不仅是单列包含了子查询，而且还进行了多列的子查询更新，在 WHERE 子查询中使用了一个非相关子查询来实现对部门的条件过滤，这意味着通过子查询，可以实现原本无法用标准 UPDATE 子句实现的各种工作。

除了相关子查询与非相关子查询的应用外，还可以在 UPDATE 语句后面不直接包含表名，而是编写一个内联视图，让这个视图查询出需要更新的数据及可更新的表列，并且在内联视图的 FROM 子句中要包含要更新的键保留表，也就是说内联视图中 FROM 子句中包含的表要包含主键，特别是在多表关联时，如果不包含主键，将会出现 ORA-01779 这样的异常。

举例来说，表 emp_history 是 emp 表的一个副本，它包含了员工的历史信息，现在需要将表 emp_history 中的工资与提成更新为与表 emp 中相同的记录，更新语句如下：

```
scott_Ding@ORCL> UPDATE (SELECT x.sal  sal,
               y.sal  sal_history,
               x.comm comm,
               y.comm comm_history
         FROM emp x, emp_history y
        WHERE x.empno = y.empno)
    SET sal_history = sal, comm_history = comm;

已更新 19 行。
```

可以看到，子查询得到了正确的更新，这是因为 emp 表的 empno 为主键，它与 emp_history 的 empno 具有一一对应的关系，下面是关于使用内联视图进行更新的一些基本规则：

❑ 在内联视图中，只有一个表可以使用 DML 语句进行更新。

❑ 为了可以被修改，目标表必须为一个键保留表。

如果子查询中要更新的表包含了主键，但是连接查询中的查询出现了一对多的关系或者是多对多的关系，将会导致出现 ORA-01779 异常，更新语句如下：

```
scott_Ding@ORCL> UPDATE (SELECT a.empno,a.sal
          FROM emp a, salgrade b
         WHERE a.sal BETWEEN b.losal AND b.hisal
          AND grade = 3) empsal
     SET empsal.sal = empsal.sal * 1.12;
  SET empsal.sal = empsal.sal * 1.12
      *
ERROR at line 5:
ORA-01779: cannot modify a column which maps to a non key-preserved table
```

出现这个异常是因为 salgrade 中一个 grade 对应到了多个员工记录，Oracle 不允许在内联视图中进行这样的更新，解决方案是不使用内联视图，而是直接在 WHERE 子句中使用子查询，可以达到同样的效果。

🔔**注意**：在 Oracle 10g 之前的版本中，可以通过一个 Oracle Hint /*+BYPASS_UJVC*/来实现跳过键保留列的检查，让更新成功，在 Oracle 11g 中已经取消，因此如果在 Oracle 11g 中再次使用这个 Hint 将依然抛出 ORA-01779 异常。

使用内联视图的另一个作用是可以使用内联视图来限制 DML 语句可更新的列数，比如使用下面的语句来限制用户只能更新员工的薪资和提成，而不能对员工名称 ename 或职位 job 进行更新：

```
scott_Ding@ORCL> UPDATE (SELECT empno, sal, comm FROM emp) empsal
     SET empsal.sal = empsal.sal * 1.1
    WHERE empsal.empno = 7369;

已更新 1 行。
```

在上面的示例中，只能对 sal 和 comm 列进行更新，或者是对主键列 empno 进行更新，可以看到内联视图限制了可更新的列，如果非要对 ename 进行更新，Oracle 会抛出错误提示，更新语句如下：

```
scott_Ding@ORCL> UPDATE (SELECT empno, sal, comm FROM emp) empsal
     SET empsal.ename='任伯安'
    WHERE empsal.empno = 7369;
  SET empsal.ename='任伯安'
      *
ERROR at line 2:
ORA-00904: "EMPSAL"."ENAME": 无效的标识符
```

可以看到，由于在子查询中并不包含 ename 列，因此 Oracle 抛出了标识符无效的错误。

内联视图更新的另一个重要的作用是可以限制更新的行，例如要限制 UPDATE 语句只能更新位于芝加哥的员工，更新语句如下：

```
scott_Ding@ORCL> UPDATE (SELECT empno, sal, comm,deptno
          FROM emp
         WHERE deptno = (SELECT deptno FROM dept WHERE loc = '芝加哥') WITH
         CHECK OPTION) empsal
     SET empsal.sal = empsal.sal * 1.1
    WHERE deptno = 40;
```

已更新 0 行。

这个示例中并没有更新任何行，可以看到在内联视图中查询出位于芝加哥的员工，并且使用了 WITH CHECK OPTION 限制在 UPDATE 中的 WHERE 子句要匹配在内联视图中的 WHERE 子句中的条件，UPDATE 或 DELETE 中的 WHERE 子句与内联视图不匹配时，并不会出现错误提示，只是无法更新或删除，这与 INSERT 语句有些差异。

如果将 deptno 更改为与芝加哥匹配的部门编号为 30，则成功地更新了记录，更新语句如下：

```
scott_Ding@ORCL> UPDATE (SELECT empno, sal, comm,deptno
            FROM emp
           WHERE deptno = (SELECT deptno FROM dept WHERE loc = '芝加哥') WITH
           CHECK OPTION) empsal
     SET empsal.sal = empsal.sal * 1.1
   WHERE deptno = 30;

已更新 8 行。
```

可以看到，UPDATE 的 WHERE 子句匹配了内联视图中的 WHERE 子句的条件后，就可以成功地更新 8 行数据。也就是说使用内联视图不仅可以限制列，还可以对可更新的行进行限制。

10.2.3　使用 RETURNING 子句

在应用程序的开发过程中，经常需要获取到 DML 语句的操作结果，比如在执行 INSERT 语句插入一个新行以后，可能需要获取到新插入的行的主键值，这样可以对这个新插入的行进行处理。所有的 DML 语句都可以使用 RETURNING 子句来获取操作后的值，这样可以避免再次使用 SELECT 语句带来的网络往返。RETURNING 子句一般在 PL/SQL 编程中用来获取 DML 操作的返回值，对于日常的操作来说，用得并不多。

INSERT、UPDATE 和 DELETE 语句中的 RETURNING 子句的语法如下：

```
INSERT INTO <table> (c1, c2, .., cn) VALUES (v1, v2, .., vn) RETURNING
<expression> INTO <variables>
UPDATE <table> SET (c1) = (v1), (c2) = (v2), (cn) = (vn) WHERE <condition>
RETURNING <expression> INTO <variables>
DELETE FROM <table> WHERE <condition> RETURNING <expression> INTO
<variables>
```

可以看到在这 3 个 DML 语句中都可以包含 RETURNING 子句，它们的返回值类型分别如下：

❑ INSERT 语句，返回的是添加后的值。
❑ UPDATE 语句，返回的是更新后的值。
❑ DELETE 语句，返回的是删除前的值。

注意：在 DML 语句中的 RETURN 和 RETURNING 可以替换使用，它们都用于返回 DML 操作结果。

下面创建了一个 PL/SQL 匿名块，在本书第 12 章将会详细讨论 PL/SQL 的相关内容，这个匿名块中演示了如何使获取 INSERT、UPDATE 和 DELETE 的返回值，如代码 10.1 所示。

代码 10.1　使用 RETURNING 子句

```
scott_Ding@ORCL> SET SERVEROUTPUT ON; --允许输出 DBMS_OUTPUT.put_line 函数结果
scott_Ding@ORCL> --RETURNING INTO 子句的示例
scott_Ding@ORCL> DECLARE
    v_book_id   NUMBER;                      --定义变量，用于保存返回的图书编号
    v_book_name VARCHAR2(100);               --定义变量，用于保存返回的图书名称
  BEGIN
    --插入一本新的图书
    INSERT INTO books
    VALUES
      (orders_seq.NEXTVAL, '康熙大帝', 3)
    RETURNING book_id INTO v_book_id;
    DBMS_OUTPUT.put_line('新插入的图书的book_id=' || v_book_id);
    --更新图书的名称
    UPDATE books
      SET book_name = 'Oracle PL/SQL 从入门到精通'
    WHERE book_id = 1012
    RETURNING book_name INTO v_book_name;
    DBMS_OUTPUT.put_line('更新的图书名称的book_name=' || v_book_name);
    --删除图书
    DELETE FROM books
    WHERE book_name = '云图'
    RETURNING book_id INTO v_book_id;
    --显示图书信息
    DBMS_OUTPUT.put_line('删除的图书的book_id=' || v_book_id);
  END;
  /
新插入的图书的book_id=1046
更新的图书名称的book_name=Oracle PL/SQL 从入门到精通
删除的图书的book_id=1013

PL/SQL procedure successfully completed.
```

这个示例是一个匿名的 PL/SQL 块，需要使用一个反斜线作为匿名块的结束符，这个匿名块的实现过程如下所示：

（1）首先定义了两个变量，变量定义在 DECLARE 部分，v_book_id 用来保存 RETURNING 子句返回的图书编号，v_book_name 变量用来保存 RETURNING 子句返回的图书名称。

（2）在语句块的主体中，分别使用了 INSERT、UPDATE 和 DELETE 语句，用来插入、更改和删除 books 表中的图书信息，可以看到在每一个 DML 语句的后面都使用了 RETURNING INTO 子句，RETURNING 语句后面紧跟列名称，INTO 子句后面紧跟变量，然后使用 DBMS_OUTPUT.put_line 语句来输出变量的值。

（3）在 SQL*Plus 中演示这个示例时，需要设置 SERVEROUTPUT 为 ON，以便能够开启服务器端的输出。

通过结果可以看到，INSERT 语句返回新插入的图书编号，而 UPDATE 语句返回更新后的图书名称，DELETE 语句返回已经被删除的图书行信息。在示例中返回了图书编号，

也可以返回其他的字段。可以看到，RETURNING 子句果然返回了更新后的数据，这使得程序开发人员可以不用再次通过 SELECT 语句往返数据库获取结果值，大大提升了程序的执行效率。

10.3　删　除　数　据

表中的数据经常要被删除，比如由于员工信息的错误输入导致的错误数据，可能需要删除，或者是由于部门被取消了，需要删除部门信息。删除操作使用 DELETE 语句，它可以很简单地进行单行数据的删除，也可以通过子查询一次性删除多行。

🔔注意：删除操作仅针对行数据而言，无法删除某行数据的某一列，如果要清除行数据中的列，需要使用 UPDATE 语句。

10.3.1　使用 DELETE 语句

DELETE 语句的语法非常简单，只需要指定要删除的表名和需要删除的行的 WHERE 条件定位子句。下面是使用 DELETE 语句时需要使用的几个注意事项：

- ❑ DELETE 语句只会删除整条记录，而不能对记录中的某个字段进行删除。
- ❑ 删除一行数据时可能导致与其他表的引用完整性出现问题，因此必须要注意删除的顺序。
- ❑ DELETE 语句只是删除表中的数据，并不会对整个表进行移除工作，移除表使用 DROP TABLE 语句。
- ❑ DELETE 语句在删除数据时会产生回退日志信息，因此可以使用事务回滚 ROLLBACK 语句进行恢复。

DELETE 删除行的语法如下：

```
DELETE [FROM] table [WHERE condition];
```

可以看到 DELETE 语句与 UPDATE 语句的语法很相似，table 指定要删除数据的表的名称，WHERE 子句用来指定过滤条件，condition 可以是任何的查询表达式。WHERE 子句中还可以使用子查询来删除特定条件的记录。

删除数据记录是一件危险的操作，除非能够确认所要删除的行已经不再使用，否则不要轻易删除表中的记录。与 UPDATE 语句类似的是，DELETE 语句的 WHERE 子句用来精确地定位要删除的表行数据，如果不使用这个子句，表示将对表中所有的记录进行删除。例如要删除 books 表中名为《康熙大帝》的图书，可以使用如下语句执行删除操作：

```
scott_Ding@ORCL> DELETE FROM books WHERE book_name='康熙大帝';
已删除 1 行。
```

如果不指定 WHERE 子句，可以看到表中所有的行都会被删除，删除语句如下：

```
scott_Ding@ORCL> DELETE FROM books;
已删除 5 行。
```

```
scott_Ding@ORCL> ROLLBACK;
已完成回滚。
```

示例中没有指定 WHERE 子句，因此该语句删除了 books 表中所有的记录，在示例中使用了 ROLLBACK 语句来实现事务回滚，以取消误删除的数据。

与 UPDATE 语句类似，使用 DELETE 语句时，必须要注意表的主外键约束，删除操作总是涉及一定的删除顺序，对于具有主外键关系的主从表来说，删除顺序应该如下所示：

（1）首先删除从表中所有的记录。

（2）当从表中的所有记录被删除后才能删除主表中的记录。

如果在创建外键时，指定了级联删除 CASCADE 子句，那么当删除主表时，会导致对子表的数据进行删除或更改。比如 books 表在创建时，cate_id 列与 bookCategory 中的主键 cate_id 创建了主外键关系，并且指定了级联关系，建表语句如下：

```
CREATE TABLE books(
    book_id INT CONSTRAINT pk_book_id PRIMARY KEY,        --指定图书表的主键
    book_name VARCHAR2(50),                               --指定图书名称
    cate_id INT,
    --使用表级别的语法创建 books 表
    CONSTRAINT fk_cate_id FOREIGN KEY (cate_id) REFERENCES bookCategory
(cate_id)
    ON DELETE CASCADE                                --定义外键约束并指定级联删除
);
```

也可以通过查询 user_constraints 数据字典视图来了解约束的详细信息，该视图的 delete_rule 列用来记录级联信息。如果为 CASCADE 表示为级联删除，下面的语句将查询 books 表中的外键的级联信息：

```
scott_Ding@ORCL> SELECT constraint_name as "约束名称", delete_rule as
"级联特性"
    FROM user_constraints
    WHERE table_name = 'BOOKS';

约束名称                         级联特性
--------------- --------------------------
PK_BOOK_ID
FK_CATE_ID                       CASCADE
```

可以看到，fk_cate_id 包含了级联删除特性，因此如果删除 bookCategory 表中的记录，将会导致引用了该分类的图书表中相应的记录被删除，举例来说，当试图删除图书分类为 4 的记录时，会将 books 表中 cate_id 为 4 的记录一并删除，查询语句如下：

```
scott_Ding@ORCL> SELECT * FROM books WHERE cate_id=4;
    BOOK_ID BOOK_NAME              CATE_ID
------------------- ---------------------
      1020 平凡的世界                   4
scott_Ding@ORCL> DELETE FROM bookcategory WHERE cate_id=4;
已删除 1 行。
scott_Ding@ORCL> SELECT * FROM books WHERE cate_id=4;
未选定行
```

由这个示例可以看到，books 表中本来包含一条 cate_id 为 4 的记录，当删除 bookcategory 表中 cate_id 为 4 的行后，由于级联删除的特性，因此在 books 表中 cate_id 为 4 的图书也

同时被删除了。

如果没有指定级联特性，在删除行数据时，将会抛出异常，比如 emp 表和 dept 表并没有指定级联特性，查询语句如下：

```
scott_Ding@ORCL> SELECT constraint_name as "约束名称", delete_rule as
"级联特性"
    FROM user_constraints
  WHERE table_name = 'EMP'
    AND constraint_type='R';

约束名称                        级联特性
-------------------- --------------------
FK_DEPTNO                    NO ACTION
```

delete_rule 值为 NO ACTION 表示未指定任何级联动作，在删除 dept 表中的记录时，如果 emp 表引用了该行，那么 DELETE 语句的操作会抛出错误提示：

```
scott_Ding@ORCL > DELETE FROM dept WHERE deptno=20;
DELETE FROM dept WHERE deptno=20
*
第 1 行出现错误：
ORA-02292：违反完整约束条件 (SCOTT.FK_DEPTNO) - 已找到子记录
```

为了能删除 deptno 为 20 的记录，必须先删除与其相关联的子表的数据记录。与 dept 进行主外键关联的 emp 表是子表，因此如果首先删除 emp 表中 deptno 为 20 的记录，再删除 dept 表中 deptno 为 20 的记录，则删除成功。删除语句如下：

```
scott_Ding@ORCL > DELETE FROM emp WHERE deptno=20;
已删除 10 行。
scott_Ding@ORCL > DELETE FROM dept WHERE deptno=20;
已删除 1 行。
```

可以看到，DELETE 语句在使用时，受到外键约束的影响，会导致删除操作失败，因此在执行删除操作时，也必须要注意到表上的约束，避免因为约束而导致删除失败。

10.3.2 使用子查询删除记录

WHERE 子句中通过应用各种比较条件，可以删除一行或多行记录，通过在 WHERE 子句中使用子查询，可以基于其他的表来删除记录。在 DELETE 语句中既可以使用相关子查询，也可以使用非相关子查询，还可以通过内联视图来删除数据。

举例来说，要删除薪资等级在 3 级的所有员工信息，那么可以通过一个相关子查询来实现，删除语句如下：

```
scott_Ding@ORCL> DELETE FROM emp a
    WHERE EXISTS (SELECT 1
          FROM salgrade b
        WHERE a.sal BETWEEN b.losal AND b.hisal
          AND b.grade = 3);

已删除 8 行。
```

在这个示例中，表名后面指定了表别名 a，然后在 WHERE 子句中使用 EXISTS 判断

emp 表中的员工薪资是否存在 salgrade 表的 grade 为 3 的记录，如果存在则进行删除，因而最终删除了 8 行记录。

对于非相关子查询来说，其应用更加简单。举例来说，要删除部门位于芝加哥和波士顿的所有员工记录，可以使用如下的非相关子查询：

```
scott_Ding@ORCL> DELETE FROM emp
     WHERE deptno IN (SELECT deptno
                         FROM dept
                        WHERE loc = '芝加哥'
                          OR loc = '波士顿');

已删除 10 行。
```

在这个示例中，使用了 IN 操作符，用来比较从非相关子查询中返回的两个 deptno，然后执行删除操作，可以见到位于芝加哥和波士顿的有 10 个员工被删除了。

除了相关子查询和非相关子查询外，还可以通过内联视图来删除数据，通常是需要基于一个表删除另一个表时，可以使用内联视图，举例来说，要根据 emp_history 表中部门编号为 20 的员工记录，在 emp 表中删除记录，可以使用如下的内联查询：

```
scott_Ding@ORCL> DELETE FROM (SELECT x.sal  sal,
                       y.sal  sal_history,
                       x.comm comm,
                       y.comm comm_history
                  FROM emp x, emp_history y
                 WHERE x.empno = y.empno
                 AND y.deptno = 20) emplist;

已删除 6 行。
```

可以看到，在这个示例中使用内联视图语法创建了连接查询，与在 UPDATE 语句中使用内联语法类似，连接的结果集中必须具有一对一的主键对应关系，否则 Oracle 无法实现更新操作。

10.3.3　使用 TRUNCATE 清空表数据

使用不带 WHERE 子句的 DELETE 语句可以一次性删除表中所有的数据，不过 DELETE 需要一定的代价，因为 Oracle 为了确保用户可以使用 ROLLBACK 撤销被删除的数据，会将被删除数据的副本保存到回滚段中，所以在删除较大的数据库表时，DELETE 语句会比较慢。Oracle 提供了另外的一种清空表数据的方法——使用 TRUNCATE 语句。

TRUNCATE 语句提供了快速高效的方法来删除表中的行，它不会产生任何回滚数据，并且立即提交到数据库中，而且还可以决定是否立即回收表分配的存储空间，对于回收表空间的存储非常有用。

🔖注意：TRUNCATE 实际上并不是 DML 数据操作语言的一部分，它属于 DDL 数据定义语言，与 CREATE TABLE 等语句一样，它不具有撤销功能，一经调用，表中的数据便被彻底清除。

TRUNCATE 的语法如下：

```
TRUNCATE TABLE [schema.] table
 [ {PRESERVE | PURGE} MATERIALIZED VIEW LOG ]
 [ {DROP [ ALL ] | REUSE} STORAGE ] ;
```

其中 PRESERVE 和 PURGE 指定是否在截断表时，同时保留或清除与表相关的物化视图日志，默认值为 PRESERVE，表示保留。STORAGE 子句指定存储选项，指示是否在清空表时，也连带地将对表分配的空间回收。其中 DROP STORAGE 是默认值，用来将为表已经分配的空间回收给表空间以便其他的表可以使用，否则只能让表自己使用这部分空间。而 REUSE STORAGE 则是让表重用这部分空间，这可以减少重新为表插入数据时的空间分配过程。

例如要清空 emp_history 表，可以使用如下的 TRUNCATE 语句：

```
scott_Ding@ORCL>TRUNCATE TABLE emp_history;
表被截断。
```

⌂注意：由于 TRUNCATE 并不属于 DML 语句，而是属于 DDL 语句，因此在 PL/SQL 语言中调用 TRUNCATE 时，必须要使用动态 SQL 语句进行调用。

TRUNCATE 语句一般用在需要删除和重建一个表时，删除和重建工作需要涉及许多数据库的依赖性对象，比如要重新分配权限、重新创建索引、完整性约束、触发器等，用 TRUNCATE 这些都不需要改变。

使用 TRUNCATE 清空表时，具有如下的几个注意事项：

❑ 不能够回滚使用 TRUNCATE TABLE 清空的表。

❑ 不能够使用 FLASHBACK TABLE 闪回恢复到使用 TRUNCATE TABLE 之前的状态。

❑ 不能够清空属于一个聚簇一部分的一个表，必须是清空一个簇、删除来自表的所有行数据，或者是删除并重建一个表。

❑ 如果一个表具有主外键关系，在清空表之前必须要先禁用掉约束，如果是一个自引用约束的表，那么可以使用 TRUNCATE TABLE 进行清除而无须禁用约束。

对于最后一点，当一个表具有主外键关系时，如果强制清空这个表，Oracle 会抛出一个异常，例如强制清空 dept 表，将导致 Oracle 抛出 ORA-02266 异常，示例语句如下：

```
scott_Ding@ORCL> TRUNCATE TABLE dept;
TRUNCATE TABLE dept
              *
第 1 行出现错误:
ORA-02266: 表中的唯一/主键被启用的外键引用
```

可以首先禁用表上的约束，然后进行删除，下面的语句禁用了 dept 上的约束 pk_dept，然后使用 TRUNCATE 进行表的截断：

```
scott_Ding@ORCL > ALTER TABLE dept DISABLE CONSTRAINT pk_dept CASCADE;
表已更改。
scott_Ding@ORCL > TRUNCATE TABLE dept;
表被截断。
```

在表的约束被禁用之后，可以看到现在 TRUNCATE 操作已经正确地得到了执行。上面的 TRUNCATE 语句不仅是删除所有表的数据，还会从 dept 表上的索引中移除所有的索引数据，然后将移除后的空闲空间返回给包含该表的表空间，以便其他的表可以使用。

10.3.4　使用 MERGE 合并数据表

MERGE 是一个组合命令，它可以组合 INSERT、UPDATE 和 DELETE 来合并来源数据到目标表。它是一个决策性的语句，通过它，可以从一个或多个数据源中选择数据，然后依照指定的条件进行匹配，以决定是否对表或视图执行 INSERT、UPDATE 或 DELETE 操作。

MERGE 语句的语法比较复杂，不过归纳起来也挺简单，其语法如下：

```
--MERGE 语句的语法
MERGE [ hint ]
  INTO [ schema. ] { table | view } [ t_alias ]    --要合并的目标表
  USING { [ schema. ] { table | view }             --要合并的来源表或一个子查询
        | subquery
        } [ t_alias ]
  ON ( condition )                                  --指定要比较的条件
WHEN MATCHED THEN                                    --如果条件匹配，可以进行更新或删除的操作
UPDATE SET column = { expr | DEFAULT }
         [, column = { expr | DEFAULT } ]...
WHERE condition
[ DELETE where_clause ]
WHEN NOT MATCHED THEN                                --如果条件不匹配，可以进行删除的操作
INSERT [ (column [, column ]...) ]
VALUES ({ expr | DEFAULT }
        [, { expr | DEFAULT } ]...
      )
WHERE condition
LOG ERRORS                                          --如果出现了错误，则可以记录错误日志
  [ INTO [schema.] table ]
  [ (simple_expression) ]
  [ REJECT LIMIT { integer | UNLIMITED } ]
```

语法关键字的含义如下所示：

❑ MERGE INTO 后面的子句指定要插入的目标表或视图，对于视图来说必须要为可更新视图。

❑ USING 子句，指定用来插入或更新的源表，可以是一个表、一个视图或一个返回结果集的子查询。

❑ ON 子句，指定要进行插入或进行更新的匹配条件，当条件成立时，Oracle 数据库将使用源表中的数据更新行，如果条件不成立，数据库将基于源表向目标表中插入数据。

❑ WHEN MATCHED THEN UPDATE..DELETE 子句，指定当 ON 子句中的条件成立时，Oracle 将完成一个更新操作，用来将新值更新到目标表中。WHERE 子句中的条件即可以来自源表或者是目标表，如果条件不为 true，数据库将跳过 UPDATE 子句的操作。DELETE 子句用来在装载或更新操作发生时完成清除操作，这个子句仅能对目标表进行删除，WHERE 条件计算更新后的值而不是原始值，当 DELETE 语句中的 WHERE 条件匹配，但是在 ON 子句中的连接条件不匹配时，删除也不会发生。

🔔注意：用户不能更新 ON 条件子句中的列，不能指定 DEFAULT 关键字来更新一行。

- ❑ WHEN NOT MATCHED THEN INSERT 子句，当 ON 子句中的条件为 false 时，将执行 INSERT 操作向目标表中插入新行。
- ❑ LOG ERRORS 子句，与 INSERT 操作的行为类似，将向错误日志表中插入错误的消息。

举个例子，在 soctt 方案中有个 bonus 表，用来存放员工的薪资和奖金信息，下面使用 INSERT 语句将 emp 表中 1981 年入职的员工的薪资和提成信息插入到 bonus 表中：

```
scott_Ding@ORCL> INSERT INTO bonus
     SELECT ename, job, sal, comm FROM emp
     WHERE EXTRACT(YEAR FROM hiredate) = 1981;

已创建 12 行。
```

bonus 这个表用来存放人事部的薪资调整信息，以便用来编制调整报表。举例来说，人事部门现在想对 bonus 表进行调整，对于部门编号为 20 的员工，如果薪资低于 3000 元，薪资上调 10%，分红上调 15%，使用如下的 MERGE 语句可以完成这个合并操作：

```
scott_Ding@ORCL> MERGE INTO bonus D                          --目标表
   USING (SELECT ename,job, sal, comm, deptno FROM emp WHERE deptno = 20) S
                                                             --来源子查询
   ON (D.ename = S.ename)                                    --匹配的条件
   WHEN MATCHED THEN                                         --当条件匹配时
     UPDATE                                                  --更新薪资和分红
       SET D.comm = D.comm * 1.15, D.sal = D.sal * 1.12
     DELETE WHERE (S.sal > 3000)
   WHEN NOT MATCHED THEN                                     --如果不匹配，则插入记录
     INSERT
       (D.ename, D.job, D.sal, D.comm)
     VALUES
       (S.ename, S.job, S.sal * 1.12, S.comm * 1.15) WHERE
       (S.sal <= 3000);

已合并 7 行。
```

这个示例语句的目标表为 bonus，来源是一个对 emp 表的查询，也就是说将用这个子查询的结果来更新 bonus 表中的数据，ON 子句指定 bonus 表中的 ename 与子查询的 ename 进行条件匹配。当 ON 子句中的条件匹配时，在 WHEN MATCHED THEN 子句中的 UPDATE 语句会被执行，它会将 bonus 表中的工资和提成进行上调，同时删除 bonus 表中的工资大于 3000 的记录（这里仅仅是部门编号为 20 的员工且工资大于 3000 的员工记录，并不是 bonus 表中所有工资大于 3000 的员工）。如果 ON 子句中的条件不匹配，则执行 INSERT 插入操作，将 emp 表中的员工名称、职位、薪资和提成信息插入到 bonus 表中，这里使用了 WHERE 条件限制只能插入小于 3000 的工资信息。

通过查询 bonus 的结果，会发现 bonus 表中的数据果然发生了变化，有的数据被更新了，插入了一些新的数据，一些工资大于 3000 的员工记录被移除了。可以看到通过 MERGE 的功能，它可以在一个 DML 语句中按条件实现添加、修改和删除的操作，如果不使用这个语句，可能需要一个 PL/SQL 子程序才能实现类似的功能。

10.4　小　　结

本章中介绍了如何使用 SQL 语言操作数据表，讨论了如何对数据库表中的数据执行插入、新增和删除等操作。首先介绍了 DML 语言的作用和几种主要的 DML 语言的类型，然后分别对如何使用 INSERT、DELETE 和 UPDATE 语句进行增加、删除、更改进行了详细的介绍。按照由易而难的路径，先从简单的单表修改开始，然后介绍如何使用 Oracle 中的相关子查询、非相关子查询和内联视图来操作多行或多列数据，其中对于 INSERT 语句的多表操作和 MERGE 进行表合并操作进行了详细的介绍。

第 11 章 Oracle 内置函数

函数是一些预定了功能的代码，它们具有返回值，主要用来简化程序代码复杂性，避免重复多次编写相同的代码。Oracle 提供了多种可以完成特定工作的函数，举例来说，要获取当前的日期，可以使用 SYSDATE 函数，例如通过查询 DUAL 表来执行函数，代码如下：

```
--更改会话的日期显示格式
scott_Ding@ORCL> ALTER SESSION SET NLS_DATE_FORMAT='YYYY-MM-DD HH:MI:SS';
会话已更改。
scott_Ding@ORCL> SELECT SYSDATE FROM DUAL;        --调用 SYSDATE 显示当前日期
SYSDATE
-----------------------
2013-01-19 12:17:25
```

可以看到，通过 SYSDATE 就可以轻松地获取当前的日期，Oracle 提供了丰富的函数，这些函数可以在 SQL 语句、PL/SQL 代码中使用。通过掌握一些常用的函数，可以达到事半功倍的效果，减少重复造车轮的概率。

11.1 函 数 基 础

函数与操作符类似，可以用来操作数据并且返回一个结果，当函数用于 SQL 语句中时，可以简化语句的编写，并能完成较复杂的功能，函数也可以使用在 PL/SQL 中，从而提供模块化编程的能力。函数既可以执行数据计算，也可以修改单个数据项，还可以对输出结果进行格式化或者是分组输出显示，并且使用函数可以转换列数据类型，可以说函数是 Oracle 编程必须掌握的要点之一。

11.1.1 函数的作用

函数虽然与操作符类似，可以用来操作数据并且返回结果，但是函数的使用方式与操作符不同，其基本语法如下：

```
function(argument, argument, ...)
```

function 用于指定函数的名称，argument 指定函数所需要的参数，函数可以具有一个或多个参数，也可以没有任何参数，不带任何参数的函数看起来与伪列比较相似，不过伪列在每一行中总是会返回不同的值，但是没有参数的函数在每一行中一般只返回一个值。

例如本章开头的 SYSDATE 不带任何参数，它总是返回当前的日期。再举个例子，USER

函数总是返回当前的用户名，下面的查询语句演示了 USER 与 ROWNUM 伪列的区别：

```
scott_Ding@ORCL> SELECT ROWNUM,empno,ename,USER FROM emp WHERE deptno=10;

   ROWNUM     EMPNO ENAME              USER
--------- --------- ------------------ ------------------------
        1      7782 克拉克             SCOTT
        2      7839 金                 SCOTT
```

可以看到，在查询语句中使用 USER 函数后，输出的结果总是相同的，它不像伪列 ROWNUM 对每一行都计算不同的值。

在第 8 章讨论查询语句时，曾经讨论过很多分组函数的作用，在 Oracle SQL 语言中，函数分为如下两大类。

- ❏ 单行函数，函数一次仅计算一行，同时返回单一的结果值。比如 UPPER()函数用来将单个字符串转换为大写形式。
- ❏ 多行函数，函数在同一时刻操作一组数据，同时返回单个行，比如常见的分组函数和分析函数。

函数一般具有一个代表其功能的函数名称，具有一个或多个可选的输入参数，函数的参数可以是常量、变量或表达式，函数也可能具有输出参数。函数的基本结构如图 11.1 所示。

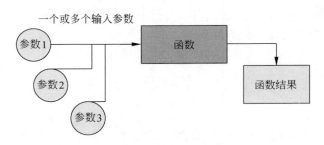

图 11.1　函数示意图

本章将主要讨论单行函数的使用，Oracle 中的单行函数非常多，有近 200 个单行函数可供使用，它们的作用主要如下几个方面所示：

- ❏ 完成数值计算，比如使用 ABS 函数计算绝对值，使用 ROUND、CEIL 或 FLOOR 进行四舍五入的计算。
- ❏ 修改单个数据项，比如 EXTRACT 提取日期中的部分值，CONCAT 连接多个字符串或 LOWER 和 UPPER 进行大小写转换。
- ❏ 对输出结果进行分组显示，比如 COUNT、SUM 等分组函数与 GROUP BY 结果使用实现分组输出。
- ❏ 格式化日期或数字，比如使用各种格式化的字符串应用在 TO_NUMBER 或 TO_DATE 函数上来格式化输出显示。
- ❏ 转换列数据类型，比如使用 CAST、CONVERT、TO_CHAR、TO_DATE、TO_NUMBER 等将一种数据类型显式地转换成其他的数据类型。

比如下面的 SELECT 语句，通过使用数字型函数，可以对小数执行四舍五入、截断小数操作，使得数字数据能够按照需要的格式进行操作：

```
scott_Ding@ORCL> SELECT ROUND(123.456, 0) round, CEIL(123.456) ceil,
FLOOR(123.456) floor  FROM DUAL;

    ROUND      CEIL     FLOOR
  ------- --------- ---------
    123       124       123
```

可以看到这些函数接收一个或多个输入参数，然后返回输出的结果，可以在 SQL 语句中直接应用查询，以列的值作为参数，这样就可以对数据库表中的数据执行函数计算，如下面的示例所示：

```
scott_Ding@ORCL> SELECT empno, ename, ROUND(sal) as "工资" FROM emp WHERE
deptno = 20;

    EMPNO ENAME                      工资
    ----- -------------  ----------------------------
     7369 史密斯                    1755
     7566 约翰                      3570
     7788 斯科特                    1760
     7876 亚当斯                    1440
     7902 福特                      3600
     7903 通利                      2000
     7904 罗威                      2000

已选择 7 行。
```

这个示例对 sal 列应用了 ROUND 函数来进行四舍五入而去除小数位，这样就可以看到整数位数的工资值。

注意：当在 SQL 语句中应用函数时，可以将函数放在 SELECT、WHERE、ORDER BY 等子句中，并且一个函数中还可以嵌套另一个函数。

单行函数可以接收一个或多个参数，参数可以是用户提供的常数、变量值、一个列的列名或一个表达式，它可用于查询中返回的每一行，对每一行都返回一个结果。不过可能返回一个与参数不同类型的数据值，并且也可能需要一个或多个参数。

11.1.2　函数的分类

Oracle 按照单行函数所操作的数据类型和函数的功能对函数进行了分类，例如要对数值数据进行运算，则可以使用数字型函数、如果要进行字符串的截取或复制，可以使用字符类型的函数，在 Oracle 中根据函数的作用一般将函数分为如表 11.1 所示的 5 种数据类型。

表 11.1　单行函数分类

函数分类名称	描　　述
字符型函数	接受字符输入并返回字符或数值，比如 SUBSTR、LENGTH、UPPER 等
数字型函数	接受数值输入并返回数值，比如 ROUND、TRUNC、MOD 等
日期时间函数	对日期型数据进行操作，比如 MONTHS_BETWEEN、NEXT_DAY 等

续表

函数分类名称	描　　述
类型转换函数	从一种数据类型转换成另一种数据类型，比如 TO_CHAR、TO_DATE 等
通用型函数	一些比较通用的函数，比如 NVL、DECODE 等函数

由表 11.1 中可以看到，数字型的函数主要是接受数字类型的输出，并且输出也基本上是数字类型，多数数字类型的函数返回 NUMBER 类型的值，并且精确到 38 位 10 进制数字。字符类型的函数接受字符或字符串值，并且也返回字符串类型的值，一些字符型的函数也返回数字值，比如 ASCII、INSER 或 LENGTH 函数等。而转换函数可以将一种数据类型转换到另一种数据类型，在编写 SQL 语句或 PL/SQL 代码时，应该总是避免隐式的类型转换，而是通过使用转换函数进行显式的类型转换。除了上面列出的这类函数之外，Oracle 还包含层次函数用来提供树状的路径及 PL/SQL 相关的集合函数。

11.2　字符型函数

字符型函数用来操作字符串，比如截断字符串、查询字符串中的字符、对字符串进行连接等，通常字符类型的函数又可分为大小写转换函数和字符串处理函数。字符串函数在 SQL 或者是 PL/SQL 程序开发中被频繁使用，这也与数据处理过程中需要大量处理字符串类型的数据紧密相关。

11.2.1　字符型函数列表

字符型函数接受字符或字符串的输入，但是返回的可能是字符串或数字值，字符串函数列表如表 11.2 所示。

表 11.2　字符型函数列表

函 数 名 称	描　　述
ASCII(x)	返回字符 x 的 ASCII 码
CHR(x)	返回 ASCII 值 x 的字符
CONCAT(x, y)	返回将 x 和 y 连接之后的新字符串
INITCAP(x)	转换每个单词的首字母为大写，其他的字母小写，并返回一个新的字符串
INSTR(x, find_string[, start] [, occurrence])	查询 find_string 子字符串在字符串 x 中出现的位置，可选的可以为 start 提供一个起始值，occurrence 指定出现位置的次数，默认是第 1 次出现时的位置，通过指定该参数可以指定其出现的不同次数
LENGTH(x)	返回字符串 x 的长度
LOWER(x)	将字符串转换为小写并返回
LPAD(x, width[, pad_string])	填充字符值左调节到 width 字符位置的总宽度，指定 pad_string 将表示使用 pad_string 进行填充，默认使用空白进行填充

续表

函 数 名 称	描　述
LTRIM(x [, trim_string])	去除字符串左侧的空白，如果指定了 trim_string，将去除指定的字符串，默认情况下去除左侧的空白字符
NANVL(x, value)	由 Oracle 10g 引入，如果 x 匹配一个 NAN 特定的值，则返回 value 值，否则返回 x
NVL(x, value)	如果 x 为 NULL，则返回 value，否则返回 x
NVL2(x, value1, value2)	如果 x 不为 NULL 则返回 value1，否则返回 value2
REPLACE(x, search_string, replace_string)	搜索字符串 x 中 search_string 子字符串，并且使用 replace_string 替换该字符串
RPAD(x, width[, pad_string])	与 LPAD 类似，只不过是从 x 右侧开始填充
RTRIM(x [, trim_string])	与 LTRIM 类似，只不过是从 x 右侧开始截取
SOUNDEX(x)	返回字符串参数的语音表示形式，相对于比较一些读音相同，但是拼写不同的单词是非常有用的
SUBSTR(x, start[, length])	返回 x 字符串的一个子串，start 指定起始位置，length 可以指定长度进行截取
TRIM([trim_char FROM) x)	从左边和右边同时截取字符串 x，trim_char 指定要截除的字符，如果没有指定，默认是截除空白字符串
UPPER(x)	将字符串转换为大写形式并返回。
TRANSLATE(string,fromstr,tostr)	使用 tostr 字符串替换掉在 string 中出现的所有的 fromstr 字符串，功能与 REPLACE 相似，只是 TRANSLATE 函数中的 tostr 参数不能缺少，更不能为空白字符串，因为 Oracle 会将空白字符串理解为 NULL，因此 TRANSLATE 的结果也将为 NULL。

对于字符型函数来说，如果其输入参数为 CHAR 或 VARCHAR2，那么其返回类型一般为 VARCHAR2，如果输入参数为 NCHAR 或 NVARCHAR2，其返回的类型多数为 NVARCHAR2，由表中可以看到，一些参数返回的是位置或长度数值类型，它们返回的是标准的 NUMBER 类型。

对于 CHAR 或 VARCHAR2 来说，如果返回的长度超出了其类型的限制，Oracle 将会截断以返回其字符串类型，并不会抛出异常或错误消息。而对于 CLOB 类型的返回值，如果长度超出了限制，则 Oracle 会抛出异常。

11.2.2　ASCII 和 CHR 函数

ASCII 函数可以用来获取某个字符的 ASCII 码值，使用 CHR 函数可以将一个 ASCII 值转换为字符。

注意：ASCII 码的全称是美国信息交换标准代码（American Standard Code for Information Interchange），由 7 位字符集表示，广泛用于代表标准美国键盘上的字符或符号，通过将这些字符使用的值标准化，ASCII 允许计算机和计算机程序交换信息，ASCII 字符集与 ANSI 的前 128 个字符集相同。

　　Oracle 中的 ASCII 和 CHR 函数可以在 ASCII 和字符之间进行转换，它完成的是类似 ASCII 编码表中字符与十进制表示形式的对应，例如下面的代码将显示 a、A、z、Z、0 和 9 的 ASCII 编码：

```
scott_Ding@ORCL> SELECT ASCII('a') as "小写a",
        ASCII('A') as "大写A",
        ASCII('z') as "小写z",
        ASCII('Z') as "大写Z",
        ASCII(0),
        ASCII(9)
   FROM DUAL;

    小写a      大写A        小写z       大写Z    ASCII(0)   ASCII(9)
  ------- --------- --------- -------- --------- -------------
      97        65       122       90        48         57
```

　　可以看到，在 ASCII 编码表中，小写的 a 从 97 开始，按字母编码顺序依次递增，大写字母 A 从 65 开始，按字母编码顺序依次递增，了解了这个规则，有助于在编写复杂的查询语句时，使用 ASCII 函数来实现一些逻辑的比较功能。

　　与 ASCII 相反的是 CHR 函数，这个函数会将十进制编码转换成 ASCII 字符，下面的查询语句使用 CHR 函数获取 97、65、120、98、46 和 59 的 ASCII 字符：

```
scott_Ding@ORCL> SELECT CHR(97), CHR(65), CHR(120), CHR(98), CHR(46),
CHR(59) FROM dual;

C C C C C C
- - - - - -------
a A x b . ;
```

　　使用 CHR 函数时，必须得注意只能使用 0～128 之间的标准 ASCII 码值，否则 oracle 会抛出 SP2-0784 异常：

```
scott_Ding@ORCL> SELECT CHR(129) FROM dual;
SP2-0784: 返回的以 0xBF 开头的字符无效或不完整
```

　　对于 ASCII 转数字或数字转 ASCII，在实际的工作中经常用来判断两个值之间的字母个数，比如 A～C 之间，可以先将其转换为 ASCII 码，通过 ASCII 码计算从而得到个数，进而得知这两个字母之间相隔的字母个数，如以下示例所示：

```
scott_Ding@ORCL> SELECT ASCII('C')-ASCII('A') FROM dual;

ASCII('C')-ASCII('A')
-------------------------
            2
```

　　通过这样的转换可知道 A 和 C 之间相隔的 ASCII 码长度为 2，进而可知道 A 和 C 之间隔了一个字母。在处理系统编码工作时，这样的转换非常有用。

11.2.3　大小写转换函数

　　大小写转换在 Oracle 中应用频繁，比如 Oracle 的数据字典视图中，将所有的数据库对象都转换成了大写，那么就需要通过大小写转换函数来切换为适合理解的格式，比如标准的首字母大写格式。在 Oracle 中可供使用的大小写转换函数共有如下 3 个。

- □ UPPER，将参数中的字符串转换为大写字母。
- □ LOWER，将参数中的字符串转换为小写字母。
- □ INITCAP，将参数中每个单词的首字母转换为大写，并返回转换后的字符串。

UPPER 和 LOWER 用来将字符串进行大写或小写的转换，举例来说，由于数据字典视图中的字母字符一般被自动转换为大写，因此要查询表名或列名之类的信息时，就需要使用 UPPER 和 LOWER 进行转换，查询语句如下：

```
scott_Ding@ORCL> SELECT LOWER(table_name) as "表名",
        LOWER(tablespace_name) as "表空间名"
   FROM user_tables
   WHERE table_name like UPPER('emp%');

表名                      表空间名
--------------------  ------------------
emp                       users
emp1                      users
emp2                      users
emp3                      users
emp_2                     users
emp_data                  users
emp_history               users
emp_his_2                 users
emp_iot_test              users
emp_lob_demo              users
emp_rowid                 users

已选择 11 行。
```

在这个示例中，查询了 user_tables 数据字典视图中的信息，LOWER 函数将查询出来的结果转换为小写，以便于更直观的查看。在 WHERE 条件中，使用 UPPER 函数将查询的 emp 表名进行了大写转换，这样可以得到以 emp 开头的所有表信息，否则由于数据字典中存储的是大写的表名，完全使用小写将无法查询到任何信息。

INITCAP 函数会将单词中的首字母转换为大写，其他的字符转换成小写，转换是使用空格或非字母字符进行划分。INITCAP 的使用示例如下：

```
scott_Ding@ORCL> SELECT INITCAP(table_name) as "表名",
        INITCAP(tablespace_name) as "表空间名"
     FROM user_tables
   WHERE table_name like UPPER('emp%');

表名                      表空间名
--------------------  ------------------
Emp                       Users
Emp1                      Users
Emp2                      Users
Emp3                      Users
Emp_2                     Users
Emp_Data                  Users
Emp_History               Users
Emp_His_2                 Users
Emp_Iot_Test              Users
```

```
Emp_Lob_Demo                        Users
Emp_Rowid                           Users

已选择 11 行。
```

可以看到，这个示例只是将上一个 LOWER 函数替换成了 INITCAP 函数，可以看到表名和表空间名果然变成了首字母大写，由于 INITCAP 是按空格和非字母字符进行单词的划分，因此下划线作为单词划分符，现在看起来就直观很多了。

11.2.4　字符串处理函数

本节中将一些常见的字符串的处理函数进行了归集，所谓的字符串处理是指对字符串执行截取空白字符串、连接字符串、提取字符串中的子串、检查一个字符串在其他字符串的位置等操作，这些字符串函数在实际的项目中随处可见，常用的函数如下：

❑ CONCAT，类似连接符"||"，用于对传入的两个字符串参数进行连接。

❑ SUBSTR，从一个字符串中截取一个从指定位置开始，具有指定长度的子字符串。

❑ LENGTH，获取字符串中字符个数的长度。

❑ INSTR，查找给定子字符串在另一个字符串中的位置。

❑ LPAD，用给定的字符从左填充字符串到给定的长度。

❑ RPAD，用给定的字符从右填充字符串到给定的长度。

❑ TRIM，从一个字符串中去除头或尾的字符，它是 LTRIM 和 RTRIM 函数的集合体。

下面分别对这些函数的使用方法进行详细介绍，如以下小节所示。

1.　使用CONCAT合并字符串

CONCAT 用来将两个字符串合并为一个字符串，它类似于操作符||，都是实现字符串合并的工作。CONCAT 的参数可以是任何字符串类型，可以是 CHAR、VARCHAR2、NCHAR、NVARCHAR2、CLOB 或 NCLOB，它返回的类型依赖于传入的第 1 个参数，其使用示例如下：

```
scott_Ding@ORCL> SELECT CONCAT(CONCAT(ename, ' 的工作种类是：'), job) as
"职别" FROM emp
    WHERE deptno = 20;

职别
------------------------
史密斯 的工作种类是：职员
约翰 的工作种类是：经理
斯科特 的工作种类是：职员
亚当斯 的工作种类是：职员
福特 的工作种类是：分析人员
通利 的工作种类是：职员
罗威 的工作种类是：职员

已选择 7 行。
```

可以看到，这里使用了嵌套的 CONCAT 函数，进行了字符串的连接，也可以使用||操

作符来实现类似的工作，使用该操作符的语法如下：

```
SELECT ename || ' 的工作种类是：' || job as "职别"
  FROM emp
 WHERE deptno = 20;
```

使用 CONCAT 时，如果两个参数的数据类型不同，Oracle 会进行隐式的无损类型转换，例如如果一个参数是 LOB 类型，另一个参数是 VARCHAR2 类型，那么就会将连接后的最终结果转换成 LOB 类型。

2. 使用SUBSTR进行字符提取

SUBSTR(x, start[, length])用来提取一个字符串的子串，可以为其指定 start 设置开始位置，指定 length 参数设置要提取的长度。其中 start 和 length 参数的指定有如下的一些规则：

- ❑ 如果 start 指定为 0，那么它被作为从第 1 个字符串开始。
- ❑ 如果 start 指定为正数，Oracle 将从第 1 个字符开始依次进行计算。
- ❑ 如果 start 是负数，Oracle 将从最后 1 个字符开始进行计算。
- ❑ 如果省略了 length 参数，Oracle 将返回从 start 开始位置直到结尾的所有子字符串，如果 length 小于 1，那么 Oracle 将返回 NULL。
- ❑ 如果 x 或 y 是浮点数，则 SUBSTR 在处理前先将 x 和 y 截断为整数再进行计算。

```
scott_Ding@ORCL> SELECT SUBSTR('ABCDEFG', 3, 4) "子串" FROM DUAL;
子串
-------
CDEF
scott_Ding@ORCL> SELECT SUBSTR('ABCDEFG', -5, 4) "子串" FROM DUAL;
子串
-------
CDEF
```

上面的查询结果返回了相同的结果值，但是指定的 start 并不相同，可以看到 C 是从第 1 个字符开始的第 3 个字符位置，而从最后一个开始则是第 5 个字符位置，因此使用-5 与 3 作为 start 参数的值会返回相同的结果。

除了在 SQL 语句中使用 SUBSTR 之外，还可以直接在 PL/SQL 程序代码中应用 SUBSTR 进行截断处理，SUBSTR 的常见使用示例如下：

```
DECLARE
  v_str VARCHAR2(20):='Thisisastring';
BEGIN
  DBMS_OUTPUT.PUT_LINE('SUBSTR(v_str,5,2): '||SUBSTR(v_str,5,2));
  DBMS_OUTPUT.PUT_LINE('SUBSTR(v_str,-5,2): '||SUBSTR(v_str,-5,2));
  DBMS_OUTPUT.PUT_LINE('SUBSTR(v_str,5,-2): '||SUBSTR(v_str,5,-2));
  DBMS_OUTPUT.PUT_LINE('SUBSTR(v_str,5.23,2.34):'||SUBSTR(v_str,5.23,2.43));
END;
```

可以看到，在 DECLARE 中定义的字符串应用了 SUBSTR 函数后，结果果然进行了提取处理，并且通过程序代码可以看到不同的提取参数带来的不一样的结果。

```
SUBSTR(v_str,5,2): is
SUBSTR(v_str,-5,2): tr
SUBSTR(v_str,5,-2):
```

```
SUBSTR(v_str,5.23,2.34): is
```

在下一章将开始详细的讨论 PL/SQL 的语法，可以通过这个示例看到函数不仅在 SQL 查询中可以直接使用，在 PL/SQL 代码中也可以直接使用来计算结果值。

3. 使用LENGTH获取字符串长度

LENGTH 函数返回一个数字值，用来计算字符串的长度。LENGTH 的计算方式依据数据库系统的字符集格式而定，例如要查询员工姓名的长度，可以使用如下的示例语句：

```
scott_Ding@ORCL> SELECT ename,LENGTH(ename) FROM emp WHERE deptno=20;
ENAME                   LENGTH(ENAME)
--------------- -----------------------
史密斯                        3
约翰                          2
斯科特                        3
亚当斯                        3
福特                          2
通利                          2
罗威                          2
```

可以看到，LENGTH 函数成功地返回了 ename 中的字符个数，对于中文字符，它将两个字节看作一个字符进行计算。

4. 使用INSTR查找子串

INSTR 用来查找在某一个字符串中的子串，这个函数返回一个数字值来表示子串在字符串中的位置，　其语法形式如下所示：

```
INSTR(x, find_string [, start] [, occurrence])
```

x 是完整的字符串，find_string 是要搜索的子字符串，start 指定要从字符串的第几个字符开始进行查找，如果省略该参数，表示从 1 开始，如果此参数为正，则从左到右开始检索，如果此参数为负，则从右到左检索，返回要查找的字符串在源字符串中的开始索引。occurrence 用于指定要查询子串在 x 中出现的次数，默认值是 1，表示返回子串第 1 次在 x 中出现的位置，如果此参数为负，Oracle 会抛出错误提示。

💬注意：如果在字符串 x 中没有找到 find_string，INSTR 函数会返回 0。

在下面的示例中，使用了最简单的 INSTR 语法来查询子字符串的位置：

```
scott_Ding@ORCL> SELECT INSTR('Oracle 是一个关系型数据库系统，是一个数据库管理工
具', '数据库') as "位置"  FROM DUAL;

    位置
    -----
    13
```

可以看到，"数据库"这个子字符串是位于从左到右开始的第 13 个字符，因此结果返回了 13。

在这里省略了起始位置和出现的次数，因此起始位置会从 1 开始，出现的次数也是以第 1 次为准。下面的代码指定了起始字符串为 6，在第 2 次出现时的位置：

```
scott_Ding@ORCL> SELECT INSTR('Oracle 是一个关系型数据库系统，是一个数据库管理工具',
                        '数据库',
                        6,
                        2) as "位置"
         FROM DUAL;

         位置
         -----
          22
```

由于指定从第 6 个字符开始查找，并且是查询出现第 2 次的位置，结果返回了 22，可以看到 INSTR 的开始查找位置与返回的结果位置是不同的，返回的结果位置总是从第 1 个字符开始。现在来看一下从右向左查找的语句，查询语句如下：

```
scott_Ding@ORCL> SELECT INSTR('Oracle 是一个关系型数据库系统，是一个数据库管理工具',
                        '数据库',
                        -3,
                        1) as "位置"
         FROM DUAL;

         位置
         -----
          22
```

在这个示例中，指定 start 为一个负值，表示将从右边开始的第 3 个字符开始查询，并且返回第 1 次出现的位置，可以看到从右向左开始，第 1 次出现的位置位于字符串位置第 22 个字符处，也就是说从左向右的第 22 个字符位置。

5．使用LPAD和RPAD填充字符串

可以在字符串的两侧填充字符内容到特定的宽度，LPAD 和 RPAD 的使用方式相似，只是一个是在字符串的左侧完成填充，一个是在字符串的右侧完成填充，这两个函数的语法如下：

```
LPAD(x, width[, pad_string]);      --向左填充字符
RPAD(x, width[, pad_string]);      --向右填充字符
```

这两个函数的使用方式基本类似，x 指定要填充的字符串，width 指定填充后的总宽度，如果不指定 pad_string，默认将以空白进行填充，否则将以 pad_string 指定的字符进行适合宽度的重复性的填充。width 属性指定的宽度是最终显示在屏幕上的总宽度。如果指定的 width 参数小于 x 字符串的宽度，则会截断 x 字符串以适合新的 width 指定的宽度。

下面的示例演示了如何使用 LPAD 和 RPAD 填充 emp 表中的列值，查询语句如下：

```
scott_Ding@ORCL> SELECT RPAD(ename, 30, '.') as "右侧填充",
      LPAD(sal, 8, '*') as "左侧填充"
      FROM emp
      WHERE deptno = 20;

右侧填充                                      左侧填充
------------------------------------------- ---------------------------
史密斯........................                **1755.2
约翰..........................                ****3570
斯科特........................                **1760.2
```

```
亚当斯.........................                                    ****1440
福特.........................                                     ****3600
通利.........................                                     ****2000
罗威.........................                                     ****2000

已选择 7 行。
```

在这个示例中，使用 RPAD 在 ename 列的右侧进行填充，以使其显示出的总长度为由 width 参数指定的 30 个字符，使用 "." 进行重复性的填充，LPAD 对数值类型的 sal 列进行左侧填充，以使其总长度为 8 个字符，可以看到这两个函数填充的方向不同，使用方式是相同的。

LPAD 和 RPAD 可以用在层次查询中，用来显示层次结构，例如下面的示例使用了 START WITH 和 CONNECT BY 来查询员工史密斯的上司的层次结构，使用了 LPAD 来填充层次数：

```
scott_Ding@ORCL> SELECT LPAD(' *', 2 * LEVEL - 1, '+') as "层次", LEVEL, ename
     FROM emp
     START WITH empno = 7369
     CONNECT BY PRIOR mgr = empno;

层次             LEVEL       ENAME
---------      ----------  ------------
*                   1       史密斯
++                  2       福特
++++                3       约翰
++++++              4       金
```

这个查询语句使用了 Oracle 的层次查询，LEVEL 是层次化查询中的一个伪列，用来返回查询的层次结构，在这个示例中使用 LPAD，将一个 "*" 字符进行左填充，width 参数的值是通过 LEVEL 伪列计算而得出的，填充的字符是 "+" 符号，这样就可以在层次结构中表示层次关系。

可以看到，LPAD 和 RPAD 既可以对字符串进行填充操作，也可以对数值类型进行操作，Oracle 会自动转换成字符串类型之后，然后进行填充。

6. 使用TRIM、LTRIM和RTRIM截取字符串

TRIM、LTRIM 和 RTRIM 都用来截除字符串，一般常见的用法是截取字符串首尾空格，但是在 Oracle 中，TRIM 函数还具有指定要删除的字符的功能。LTRIM 和 RTRIM 是一对用来截除左侧和右侧的明细版本，与 LPAD 和 RPAD 类似。下面首先讨论 TRIM 函数，其语法如下：

```
TRIM([ { { LEADING | TRAILING | BOTH }
[ trim_character ]
| trim_character
}
FROM
]
trim_source
)
```

其语法关键字的含义如下所示：

❑ LEADING 指定移除源字符串 trim_source 中首部的由 trim_character 指定的字符，
如果未指定 trim_character，则表示移除空白字符。

❑ TRAILING 指定移除源字符串 trim_source 中尾部的由 trim_character 指定的字符，
如果未指定 trim_character，则表示移除空白字符。

❑ BOTH 指定移除源字符串 trim_source 中首部和尾部的由 trim_character 指定的字
符，如果未指定 trim_character，则表示移除空白字符。

❑ trim_character 指定要移除的字符，未指定表示空白。

❑ trim_source 指定要移除的原始字符。

注意：如果 trim_source 和 trim_character 其中一个为 NULL，则 TRIM 函数的返回结果
为 NULL。

使用 TRIM 最简单的用法是直接指定 trim_source，不指定任何其他的参数，这将删除
字符串首尾的空格，示例语句如下：

```
scott_Ding@ORCL> SELECT TRIM(' This is a test ') as "简单 TRIM 语法" FROM dual;
简单 TRIM 语法
-----------------
This is a test
```

在这个示例语句中，仅仅指定了 trim_source 参数，可以看到它将清除字符串两侧的空
白字符。可以通过指定 TRAILING 或 LEADING 参数只清除尾部或首部的空白，TRAILING
表示清除尾部的空白，LEADING 表示清除首部的空白字符，BOTH 表示清除所有的空白，
示例语句如下：

```
scott_Ding@ORCL> SELECT TRIM(LEADING FROM ' This is a test ') as "LEADING",
        TRIM(TRAILING FROM ' This is a test ') as "TRAILING",
        TRIM(BOTH FROM ' This is a test ') as "BOTH"
    FROM dual;

LEADING               TRAILING              BOTH
-----------------     --------------------  -------------------------
This is a test         This is a test        This is a test
```

在这个示例中，分别演示了 LEADING 参数清除字符串头部的空格，TRAILING 参数
指定清除字符串尾部的空格，指定 BOTH 则可以清除首尾两侧的空格。

通过 trim_character 参数，还可以让 TRIM 清除特定的字符，比如要清除字符串中的字
母 a，可以使用如下的语句：

```
scott_Ding@ORCL> SELECT TRIM('a' FROM 'aaaSCHOOLaaa') as "清除首尾字母 a",
        TRIM(LEADING 'a' FROM 'aaaSEARCHaaa') as "清除首部字母"
    FROM dual;

清除首尾字母      清除首部字母
-----------      ----------------
SCHOOL           SEARCHaaa
```

可以看到，通过指定要截除的字符，就可以让 TRIM 函数只截除指定的字符，而不是
空白字符。

🔔注意：指定截除的字符参数 trim_character 只能包含一个字符，不能指定多个字符，
　　　　Oracle 暂时不支持。

虽然 TRIM 不能在截除的字符中指定多个字符，不过可以使用 RTRIM 或 LTRIM 来完成这个功能。LTRIM 用来截除左侧的字符，RTRIM 用来截除右侧的字符，这两个函数类似于 TRIM 中 LEADING 和 TRAILING 参数的功能，但是它们支持截除字符串指定多个字符，示例语句如下：

```
scott_Ding@ORCL> SELECT LTRIM('isYour nameisis', 'is') as "LTRIM",
        RTRIM('isYour nameisis', 'is') as "RTRIM",
        LTRIM(RTRIM('isYour nameisis', 'is'), 'is') as "RTRIM和LTRIM"
    FROM dual;

LTRIM                  RTRIM                  RTRIM 和 LTRIM
---------------        --------------------   -----------------------
Your nameisis          isYour name                 Your name
```

由这个示例可以看到，通过 LTRIM 和 RTRIM 的结合使用，可以截除多个字符，如果不指定要截除的字符，仅指定来源字符串，则 LTRIM 和 RTRIM 只会截除空白字符。

11.2.5　字符串替代函数

字符串替代函数允许查找字符串中的子串，然后用其他的子字符串来替代。在 Oracle 中，用来完成字符中替代的有两个函数，分别是：

❑ REPLACE(x, search_string, replace_string)，该函数使用 replace_string 替换掉所有在 x 字符串中出现的 search_string 字符串，如果没有指定 replace_string，则所有出现在 x 中的 search_string 都会被删除。

❑ TRANSLATE(string,fromstr,tostr)：该函数使用 tostr 字符串替换掉在 string 中出现的所有的 fromstr 字符串，功能与 REPLACE 相似，只是 TRANSLATE 函数中的 tostr 参数不能缺少，更不能为空白字符串，因为 Oracle 会将空白字符串理解为 NULL，因此 TRANSLATE 的结果也将为 NULL。

TRANSLATE 是 REPLACE 所提供的功能的一个超集，它以单个字符为单位进行替换。下面首先来看一下 REPLACE 函数的用法，然后比较 REPLACE 与 TRANSLATE 之间的不同之处。REPLACE 的使用示例如下：

```
scott_Ding@ORCL> SELECT REPLACE('我有一帘一帘的幽梦','一帘','一地') as
"指定替换字符",
        REPLACE('我有一帘幽梦','一帘') as "未指定替换字符"
    FROM dual;

指定替换字符                        未指定替换字符
--------------------        --------------------------
我有一地一地的幽梦                   我有幽梦
```

可以看到，当在 REPLACE 中指定了 replace_string 时，会将源字符串中所有的 search_string 进行替代，这里将所有的"一帘"替换成了"一地"，如果不指定 replace_string 字符串，这里的"一帘"将会被移除。

REPLACE 完成的是字符串级别的搜索，而 TRANSLATE 完成的是字符级别的搜索，下面看看这两者的不同之处。TRANSLATE 的示例如下：

```
scott_Ding@ORCL> SELECT TRANSLATE('1tech23', '123', '456') as "替换1",
        TRANSLATE('222tech', '2ec', '3it') as "替换2"
        FROM dual;

替换1         替换2
---------    ------------
4tech56      333tith
```

可以看到，TRANSLATE 完成的是字符级的搜索替换，示例中的源字符串按字符级的搜索完成了替换，它与 REPLACE 的不同之处在于 REPLACE 完成的是字符串级别的搜索替换，它具有比 REPLACE 更加细致的搜索替换方式。

在使用 TRANSLATE 时，如果搜索字符串比替换字符串长，这个函数会实现截断操作，示例语句如下：

```
scott_Ding@ORCL> SELECT TRANSLATE('1tech23', 'My1tech23', 'Oracle') as
"替换1",
        TRANSLATE('222tech', 'This222tech', 'Oracle') as "替换2"
    FROM dual;

替换1    替换2
------  ----------
acle    lllr
```

在这个示例中，两个 TRANSLATE 函数的搜索字符串参数的长度都比替换字符串要长，可以看到系统对要替换的"Oracle"字符串进行了截断，然后再进行替换。下面是 TRANSLATE 使用的两条规则：

- ❑ 搜索源字串 fromstr 在目的字串 tostr 中不存在对应，则转换后被截除。
- ❑ 转换目的字串（tostr）不能为空白字符串，空白字符串在 oracle 中被视为空值，因此无法匹配而返回空值。

11.3　数字型函数

数字型函数可以完成数值计算、数值舍入等操作，它们接受数值类型的参数，并且返回数值类型的返回值，比如常见的 ROUND 用来进行四舍五入、ABS 计算绝对值等函数，都归入数值类型的范围。

11.3.1　数字型函数列表

字型的函数接受数字的输入，并且返回数字值。数据型的函数比较多，比如常见的三角函数、绝对值函数等。在 Oracle 中提供的数字型函数如表 11.3 所示。

表 11.3　数字型函数列表

函 数 名 称	描　　述	示　　例
ABS(x)	返回 x 的绝对值	ABS(10) = 10 ABS(-10) = 10
ACOS(x)	返回 x 的反余弦值	ACOS(1) = 0 ACOS(-1) = 3.14159265
ASIN(x)	返回 x 的反正弦值	ASIN(1) = 1.57079633 ASIN(-1) = -1.5707963
ATAN(x)	返回 x 的反正切值	ATAN(1) = .785398163 ATAN(-1) = -.78539816
ATAN2(x, y)	返回 x 和 y 的反余切值	ATAN2(1, -1) = 2.35619449
BITAND(x, y)	返回两个数值型数值 x 和 y 在按位进行 AND 运算后的结果.	BITAND(0, 0) = 0 BITAND(0, 1) = 0 BITAND(1, 0) = 0 BITAND(1, 1) = 1 BITAND(1010, 1100) = 64
COS(x)	返回一个给定数字 x 的余弦	COS(90 * 3.1415926) = 1 COS(45 * 3.1415926) = -1
COSH(x)	返回一个数字 x 的反余弦值	COSH(3.1415926) = 11.5919527
CEIL(x)	返回大于或等于给出数字 x 的最小整数	CEIL(5.8) = 6 CEIL(-5.2) = -5
EXP(x)	返回一个数字 e 的 n 次方根,e 的近似值为 2.71828183	EXP(1) = 2.71828183 EXP(2) = 7.3890561
FLOOR(x)	对给定的数字 x 取整数	FLOOR(5.8) = 5 FLOOR(-5.2) = -6
LOG(x, y)	返回以 x 为底 y 的对数	LOG(2, 4) = 2 LOG(2, 5) = 2.32192809
LN(x)	返回数字 x 的对数值	LN(2.71828183) = 1
MOD(x, y)	返回 x 除以 y 的余数	MOD(8, 3) = 2 MOD(8, 4) = 0
POWER(x, y)	返回 x 的 y 次方根	POWER(2, 1) = 2 POWER(2, 3) = 8
ROUND(x [, y])	返回按照数字 x 指定的精度 y 进行舍入后的数值，四舍五入函数	ROUND(5.75) = 6 ROUND(5.75, 1) = 5.8 ROUND(5.75, -1) = 10
SIGN(x)	如果 x 为负数则返回-1,如果 x 为正数则返回1，如果 x 等于 0 则返回 0	SIGN(-5) = -1 SIGN(5) = 1 SIGN(0) = 0
SIN(x)	返回数字 x 的正弦值	SIN(0) = 0
SINH(x)	返回数字 x 的双曲正弦的值	SINH(1) = 1.17520119
SQRT(x)	返回数字 x 的根	SQRT(25) = 5 SQRT(5) = 2.23606798
TAN(x)	返回数字 x 的正切值	TAN(0) = 0

续表

函 数 名 称	描　　　述	示　　　例
TANH(x)	返回数字 x 的双曲正切值	TANH(1) = .761594156
TRUNC(x [, y])	按指定的精度 y 对 x 取整，它不会进行四舍五入	TRUNC(5.75) = 5 TRUNC(5.75, 1) = 5.7 TRUNC(5.75, -1) = 0

可以看到多数数字型函数可以用来完成数学计算，比如正弦、正切等数学运算操作，对于企业级应用开发来说，往往用得比较少，一些运算在实际工作中使用得比较多，比如取余、取绝对值、四舍五入的操作等，在接下来的示例小节中将对这些常用的函数进行详细的介绍。

11.3.2　ABS 和 MOD 函数

ABS 函数返回一个数字的绝对值，绝对值没有正号和负号的区别，参数 x 可以是一个常数值，也可以是一个返回数字值的表达式，或者是一个数值型的列。ABS 函数的使用示例如下：

```
scott_Ding@ORCL> SELECT ABS(12),ABS(-12),ABS(-12.345) FROM dual;

  ABS(12)     ABS(-12)    ABS(-12.345)
  --------  ------------  ------------------
       12           12          12.345
```

MOD 函数用来实现对除法的取余操作，它接受除数和被除数，计算完成后会返回相除之后的余数，示例语句如下：

```
scott_Ding@ORCL> SELECT MOD(3, 2), MOD(10, 5), MOD(0, 2), MOD(3, 0), MOD(-3,
2), MOD(3, -2)
    FROM dual;

  MOD(3,2)  MOD(10,5)  MOD(0,2)  MOD(3,0)  MOD(-3,2)  MOD(3,-2)
  ---------  ---------  ---------  --------  ---------  ----------------
        1          0          0          3         -1              1
```

由这个示例可以看到，MOD 中的参数，既可以为正数，也可以为负数，还可以是 0，如果除数 x 是 0，则结果返回 0，如果被除数 y 是 0，则返回除数 x。

11.3.3　CEIL 和 FLOOR 函数

CEIL 和 FLOOR 都是用于取整的函数，这两个函数的作用如下所示：

❑ CEIL(x)，取大于等于数值 x 的最小整数。

❑ FLOOR(x)，取小于等于数值 x 的最大整数。

通过下面的示例语句可以看到这两个函数之间的显著区别：

```
scott_Ding@ORCL> SELECT CEIL(9.5679), FLOOR(9.5679) FROM dual;

CEIL(9.5679)  FLOOR(9.5679)
------------  --------------
      10             9
```

可以看到，CEIL 会将数值取大于当前数值的最小整数，也就是说这个示例将向上舍入到 10，而 FLOOR 则只取最小整数，这个示例中只返回 9。

CEIL 的参数 x 只要后跟小数位，无论是否符合四舍五入的规则，总是会向上取整，而 FLOOR 与之相反，总是会向下截除小数位进行取整的操作，示例语句如下：

```
scott_Ding@ORCL> SELECT CEIL(9.01),FLOOR(9.01) FROM dual;
CEIL(9.01)      FLOOR(9.01)
----------- ------------------
   10                9
```

可以看到，只要 CEIL 的参数具有小数位，都会向上舍入到 10，而 FLOOR 总是向下取整到最小的整数值。

11.3.4　ROUND 和 TRUNC 函数

ROUND(x [, y])函数是 Oracle 提供的标准的四舍五入函数，它返回按照数字 x 指定的精度 y 进行舍入后的数值。如果省略掉 y 的精度，它将舍入到整数位。如果 y 的值大于 0，则四舍五入到指定的小数位；如果 y 等于 0，则四舍五入到最接近的整数；如果 y 小于 0，则在小数点左侧进行四舍五入。ROUND 函数的使用示例如下：

```
cott_Ding@ORCL> SELECT ROUND(3.1415927, 3) as "3位小数",
  2       ROUND(3.1415927, 0) as "没有小数",
  3       ROUND(3141.5927, -2) as "整数舍入",
  4       ROUND(-3.1415927, 2) as "负数舍入",
  5       ROUND(3.1415927) as "不指定小数位"
  6   FROM dual;

 3位小数     没有小数     整数舍入      负数舍入      不指定小数位
--------- ---------- ---------- --------- ------------------
  3.142         3         3100       -3.14              3
```

在这个示例中，可以看到指定精度为正数 y 时，表示舍入到 2 位小数；如果指定 0 表示舍入到整数值；如果指定为负数，则表示在整数级别进行舍入；如果参数 x 为负数，返回的结果是舍入后的负值；如果不指定精度参数 y，则返回整数值。

TRUNC(x [, y])函数也是按照指定的精度 y 对 x 数值进行取整，它与 ROUND 最大的区别在于它只是截断小数位，并不会进行取整操作。如果省略掉 y 的精度，它将截断到整数位。如果 y 的值大于 0，则截断到指定的小数位；如果 y 等于 0，则截断到最接近的整数；如果 y 小于 0，则在小数点左侧进行截断，示例语句如下：

```
scott_Ding@ORCL> SELECT TRUNC(3.1415927, 3) as "3位小数",
        TRUNC(3.1415927, 0) as "没有小数",
        TRUNC(3141.5927, -2) as "整数舍入",
        TRUNC(-3.1415927, 2) as "负数舍入",
        TRUNC(3.1415927) as "不指定小数位"
    FROM dual;

 3位小数     没有小数     整数舍入      负数舍入      不指定小数位
--------- ---------- ---------- --------- ------------------
  3.141         3         3100       -3.14              3
```

可以看到，TRUNC 并不会使用四舍五入的规则进行舍入，它只会完成对小数位的截断操作，因此在使用 TRUNC 时会造成一些精度的降低。在进行数值计算时，应该要注意权衡 TRUNC 和 ROUND 之间的区别。

11.4　日期时间函数

Oracle 提供了众多的日期时间函数，这些函数可以操作日期类型比如 DATE、时间戳类型比如 IMESTAMP、TIMESTAMP WITH TIME ZONE 和 TIMESTAMP WITH LOCAL TIME ZONE 类型，以及时间范围类型比如 INTERVAL DAY TO SECOND, INTERVAL YEAR TO MONTH 等类型。大多数的日期时间函数用于操作 DATE 类型。本章将介绍一些比较有用的日期时间函数。

11.4.1　日期时间函数列表

日期格式在数据库内部使用数值进行存储，数值存储世纪、年、月、日、小时、分和秒这样的信息。在 Oracle 中，日期默认显示和输入格式是 DD-MON-RR，有效的 Oracle 日期在公元前 4712 年 1 月 1 日和公元 9999 年 12 月 31 日之间，举个例子，2012 年 9 月 12 日 5:10:43 p.m 这个日期，在内部会拆分为如表 11.4 所示的内部表示方式。

表 11.4　日期的内部表示格式

世纪	年	月	日	小时	分	秒
20	12	9	12	5	10	43

通过查询 v$nls_parameter 数据字典视图，可以查询到当前会话使用的日期格式信息，查询语句示例如下：

```
scott_Ding@ORCL> SELECT * FROM v$nls_parameters WHERE parameter='NLS_
DATE_FORMAT';

PARAMETER               VALUE
----------------- ------------------
NLS_DATE_FORMAT        DD-MON-RR
```

可以看到日期的默认显示格式是 DD-MON-RR。在 SQL*Plus 中，通过 ALTER SESSION 语句来设置 NLS_DATE_FORMAT 可以更改日期的显示格式，示例语句如下：

```
scott_Ding@ORCL> ALTER SESSION SET NLS_DATE_FORMAT='YYYY-MM-DD';
会话已更改。
```

Oracle 中的日期时间函数的大部分都是用来操作 DATE 数据类型的，比如 ADD_MONTHS、CURRENT_DATE、LAST_DATE、NEW_TIME 等，如果为这些函数提供一个时间戳值，Oracle 在内部就会将其转换成一个日期类型并返回一个 DATE 类型的值。操作日期的函数如表 11.5 所示。

表 11.5　Oracle 日期时间函数列表

函 数 名 称	描　　述
SYSDATE	返回当前数据库服务器的当前日期
ADD_MONTHS(x, y)	返回日期值 x 加上 y 个月后的结果日期，如果 y 为负值，那么就完成从日期值 x 减去 y 个月后的结果值
LAST_DAY(x)	返回指定日期的月份的最后一天的日期
MONTHS_BETWEEN(x, y)	返回日期 x 和日期 y 之间的月份数，如果 x 日期在 y 日期之前，则返回正数，否则返回负数，也就是完成 y-x 的操作，仅返回月份间隔值
NEXT_DAY(x, day)	给出日期 x 和星期 day 之后计算下一个星期的日期，day 是个常量值，指定一个星期值
ROUND(x [, unit])	对日期进行四舍五入，与数字型中的 ROUND 相似，默认情况下，x 会被舍入到最近的开始日期，可以通过指定 unit 参数，比 YYYY 舍入到最近年度的第 1 天
TRUNC(x [, unit])	截断日期 x，与数字型函数中的 TRUNC 相似，可以通过提供一个可选的 unit 来指定截断的类型，比如 MM 将截断到最后月份的第 1 天

这些日期时间函数在实际的工作中应用非常多，多数涉及日期时间相关的应用都会用到这些函数，在接下来的小节中将讨论这些函数的具体用法。

11.4.2　日期时间函数使用示例

了解了日期时间函数的基本语法后，接下来分为几个小节来讨论一下这些函数的具体用法。由于时间区域及时间间隔函数在实际的工作中应用并不是较多，限于篇幅，有兴趣深入了解的读者可以参考 Oracle 文档库中《Oracle Database SQL Language Reference》中第 5 章关于函数的介绍。

1. SYSDATE获取当前日期

在前面已经多次使用过 SYSDATE 函数返回 Oracle 服务器上的当前日期和时间，这个函数不需要任何参数，它输出的格式依赖于 NLS_DATE_FORMAT 初始化参数，可以通过 TO_CHAR 函数将这个函数的输出转换为容易理解的格式，示例语句如下：

```
scott_Ding@ORCL> SELECT TO_CHAR(SYSDATE, 'YYYY-MM-DD HH24:MI:SS') as
"当前时间"
     FROM dual;
当前时间
-------------------
2013-01-22 13:59:04
```

在这个示例中，通过使用 TO_CHAR，并且指定日期格式字符串，将 SYSDATE 返回的日期格式化为简体中文日期格式。

2. ADD_MONTHS添加月份

在使用日期格式时，如果使用运算符+向日期添加一个数值，Oracle 完成的是对天数相加，示例语句如下：

```
scott_Ding@ORCL> SELECT SYSDATE,SYSDATE+20 FROM dual;
SYSDATE           SYSDATE+20
----------- ----------------
2013-01-22    2013-02-11
```

如果要添加小时数，可以使用小时数除以 24，比如要添加 5 小时，可以使用如下的代码：

```
scott_Ding@ORCL>  SELECT TO_CHAR(SYSDATE, 'YYYY-MM-DD HH24:MI:SS') as
"当前时间",
          TO_CHAR(SYSDATE+5/24, 'YYYY-MM-DD HH24:MI:SS') as "添加 5 小时"
     FROM dual;

当前时间                         添加 5 小时
-------------------  ---------------------------
2013-01-22 14:04:05   2013-01-22 19:04:05
```

如果要添加分钟或秒数则依此类推，如果要添加月份数，则可以使用 ADD_MONTHS 函数，示例语句如下：

```
scott_Ding@ORCL> SELECT TO_CHAR(ADD_MONTHS(SYSDATE, 1), 'YYYY-MM-DD') as
"下个月今天"
      FROM dual;
下个月今天
----------
2013-02-22
```

由于月份中的天数可能为 30 天也可能是 31 天，因此使用+操作符有可能导致添加的月份错误，建议使用 ADD_MONTHS 来添加月份。

3. LAST_DAY返回月份最后一天日期

LAST_DAY 用来返回传入的日期中月份的最后一天，示例语句如下：

```
scott_Ding@ORCL> SELECT SYSDATE "当前日期",
        LAST_DAY(SYSDATE) "本月最后一天",
        LAST_DAY(SYSDATE) - SYSDATE "本月剩余天数"
    FROM DUAL;
当前日期      本月最后一天      本月剩余天数
---------- -------------- ------------------
2013-01-22  2013-01-31           9
```

可以看到 1 月属于大月，共有 31 天，计算结果是还有 9 天剩余。

4. MONTHS_BETWEEN计算日期月份间隔

MONTHS_BETWEEN 函数返回两个日期值之间的月份间隔，如果参数 1 中的日期晚于参数 2 的日期，则返回正数，否则返回一个负数。如果月份之间具有天数的差异，则 Oracle 会基于每月 31 天来计算月份差异，返回一个小数值，示例语句如下：

```
scott_Ding@ORCL> SELECT MONTHS_BETWEEN(SYSDATE, SYSDATE - 100) as
"小数差异",
        MONTHS_BETWEEN(LAST_DAY(SYSDATE), LAST_DAY(SYSDATE - 100)) as
        "整数差异"
        FROM dual;
```

```
小数差异            整数差异
------------    -------------------------------
3.25806452          3
```

在这个示例中，第 1 个列返回了小数值，而第 2 个列使用 LAST_DAY 取回了当前日期的最后一天，因此返回了整型的差异值。

5．NEXT_DAY计算指定日期的下一个星期几

NEXT_DAY 除了接受一个日期参数外，还接受一个表示星期几的参数 day，这个参数用来指定要计算的下一个星期数，比如要计算当前日期的下一个星期六的日期，示例语句如下：

```
scott_Ding@ORCL> SELECT NEXT_DAY(SYSDATE, 'SATURDAY') as "下个周六" FROM DUAL;
下个周六
----------------------
2013-01-26
```

这个星期数的指定依赖于会话级别的星期设置，可以看到这个查询语句的结果返回了当前日期的下一个周六的日期值。

6．使用ROUND和TRUNC操作日期

在介绍数字型函数时，已经讨论过 ROUND 和 TRUNC 函数，这两个函数同样可以应用于日期类型，用于日期类型的 ROUND 和 TRUNC 可以完成对于日期的四舍五入或截断，还可以为其指定一个格式化参数来指定舍入的类型，基本的使用效果示例语句如下：

```
scott_Ding@ORCL> SELECT SYSDATE as "当前日期",
        ROUND(SYSDATE) as "四舍五入",
        TRUNC(SYSDATE) as "截断"
    FROM dual;

当前日期        四舍五入        截断
----------  -----------  ---------------
2013-01-22  2013-01-23   2013-01-22
```

可以看到，当应用了四舍五入 ROUND 函数时，对日期的时间部分进行了舍入，而使用 TRUNC 进行的截断则不会进行舍入，只保留日期部分。

可以在 ROUND 或 TRUNC 的日期参数后面指定一个格式化字符，指定舍入或截断的方式，默认情况下是按日进行舍入或截断，也就是默认情况下使用了'DD'格式化字符。在 Oracle 中还可以使用如表 11.6 所示的多种格式化字符。

表 11.6　ROUND或TRUNC的格式化单位

格　式　字　符	舍入或截断的单位
CC SCC	比 4 位年份中的头 2 个数字要大的值
IYYY IY IY I	ISO 标准年

格 式 字 符	舍入或截断的单位
SYYYY YYYY YEAR SYEAR YYY YY Y	年份，在 7 月 1 日之后舍入
Q	季度，在每季度第 2 个月的 16 天后舍入
MONTH MON MM RM	月，在第 16 天处舍入
WW	周，日期参数所在的周的第 1 天作为年度的第 1 天
IW	与 ISO 标准的周为准，以星期一为一周的开始
W	周，日期参数所在的周的第 1 天作为月度的第 1 天
DDD DD J	日
DAY DY D	一周的开始日期
HH HH12 HH24	小时
MI	分

举例来说，要按月份进行舍入或截断操作，可以指定一个 MONTH 参数，示例语句如下：

```
scott_Ding@ORCL> SELECT ROUND(SYSDATE, 'MONTH') as "月份舍入",
        TRUNC(SYSDATE, 'MONTH') as "月份截断"
        FROM DUAL;

月份舍入        月份截断
----------------------------
2013-02-01    2013-01-01
```

由结果可以看到，当按月舍入和截断时，由于当前日期大于 16 号了，因此 ROUND 进行了舍入，而 TRUNC 只是截断到当前月的 1 号。更多的格式化字符的使用效果，请读者动手试验，会发现 ROUND 和 TRUNC 的很多有用的效果。

11.4.3　使用 EXTRACT 截取日期信息

除了对日期或时间进行运算之外，还可以通过 EXTRACT 截取日期中的部分信息，比如获取日期中的月份、日期或年份、时间等。EXTRACT 函数的语法如下：

```
EXTRACT( { YEAR                          --提取年份
         | MONTH                         --提取月份
         | DAY                           --提取天数
         | HOUR                          --提取小时数，需要时间戳类型的来源日期
         | MINUTE                        --提取分钟数，需要时间戳类型的来源日期
         | SECOND                        --提取秒数，需要时间戳类型的来源日期
         }
         FROM { expr }                   --expr 指定来源日期
    )
```

可以看到使用 EXTRACT 函数可以获取一个日期中的部分信息，示例语句如下：

```
scott_Ding@ORCL> SELECT EXTRACT(YEAR FROM SYSDATE) || '年' ||
         EXTRACT(MONTH FROM SYSDATE) || '月' ||
         EXTRACT(DAY FROM SYSDATE) || '日' as "当前时间"
    FROM dual;
当前时间
------------------------------------------
2013 年 1 月 22 日
```

可以看到，EXTRACT 顺利地取出了年、月、日类型，对于时、分、秒类型，必须为来源表达式提供时间戳类型，可以通过 SYSTIMESTAMP 或 LOCALTIMESTAMP 函数获取当前的时间戳，然后通过 EXTRACT 截取时间信息，示例语句如下：

```
scott_Ding@ORCL> SELECT EXTRACT(HOUR FROM LOCALTIMESTAMP) || '小时' ||
         EXTRACT(MINUTE FROM LOCALTIMESTAMP) || '分' ||
         EXTRACT(SECOND FROM LOCALTIMESTAMP) || '秒' as "当前时间"
    from DUAL;
当前时间
------------------------------------------
22 小时 22 分 58.406 秒
```

可以看到，通过对 LOCALTIMESTAMP 进行 EXTRACT 提取动作，果然取出了当前的时间、分钟和秒的值。

11.5　类型转换函数

有时候需要将值从一种数据类型转换为另一种数据类型，比如将日期型转换成字符串类型，将字符串类型的数字值转换为数值类型。通过 Oracle 提供的转换函数，可以显式地将一种数据类型转换成另一种类型，一些转换函数还可以在转换时指定转换输出的格式。

11.5.1　类型转换函数列表

Oracle 提供了多个类型转换的函数，其中比较常用的是一些以"TO_"字符串开头、并且紧跟要转换的目标数据类型的函数，比如 TO_CHAR、TO_DATE、TO_BLOB、TO_NUMBE 等，表 11.7 是 Oracle 提供的转换函数的列表。

表 11.7　转换函数列表

函 数 名 称	描　　述
ASCIISTR(x)	将字符串 x 转换为 ASCII 字符串，x 可以是任何字符集的字符串，比如 UNICODE 字符串
BIN_TO_NUM(x)	将二进制值 x 转换为数字值
CAST(x AS type)	将 x 转换为一个兼容的由 type 指定的类型
CHARTOROWID(x)	将 x 转换为一个 ROWID
COMPOSE(x)	将 x 转换为一个 UNICODE 字符串
CONVERT(x, source_char_set, dest_char_set)	将 x 从一个来源的字符集转换为目标字符集
DECODE(x, search, result, default)	将 x 的值与 search 条件比较，如果相等，则返回 result，否则 default 值将被返回
DECOMPOSE(x)	将 x 转换为一个 UNICODE 字符串
HEXTORAW(x)	转换包含十六进制数字的字符串 x 为一个 RAW 类型
NUMTODSINTERVAL(x)	转换数字 x 为一个 INTERVAL DAY TO SECOND 类型
NUMTOYMINTERVAL(x)	RAW 类型的 x 转换为 VARCHAR2 字符串，该字符串包含相等的十六进制数字
ROWIDTOCHAR(x)	将 ROWID 转换为 VARCHAR2 字符串
RAWTONHEX(x)	将 RAW 类型的 x 转换为 NVARCHAR2 字符串，该字符串包含相等的十六进制数字
ROWIDTOCHAR(x)	将 ROWID 转换为 VARCHAR2 字符串
ROWIDTONCHAR(x)	将 ROWID 转换为 NVARCHAR2 字符串
TO_BINARY_DOUBLE(x)	将 x 转换为 BINARY_DOUBLE，由 Oracle 10g 引入
TO_BINARY_FLOAT(x)	将 x 转换为 BINARY_FLOAT 类型，由 Oracle 10g 引入
TO_BLOB(x)	将 x 转换为二进制大对象类型，BLOB 常用于大数量的二进制数据
TO_CHAR(x [, format])	将 x 转换为 VARCHAR2 字符串，可以提供格式化字符串来指定 x 的转换后的格式
TO_CLOB(x)	转换 x 到 CLOB 类型，CLOB 类型通常用来存储较大数量的字符串数据
TO_DATE(x [, format])	转换 x 到日期类型，format 用来指定格式
TO_DSINTERVAL(x)	转换字符串到 INTERVAL DAY TO SECOND 类型
TO_MULTI_BYTE(x)	转换单字节字符 x 到它的对应的多字节对应的版本，返回类型与 x 的类型相同
TO_NCHAR(x)	转换 x 到 NVARCHAR2 字符串
TO_NCLOB(x)	转换 x 为 NCLOB 类型
TO_NUMBER(x [, format])	转换 x 到一个 NUMBER 类型
TO_SINGLE_BYTE(x)	转换一个多字节的字符串 x 到它对应的单字节字符，返回与 x 相同的类型
TO_TIMESTAMP(x)	转换字符串到 TIMESTAMP 类型
TO_TIMESTAMP_TZ(x)	转换字符串 x 到 TIMESTAMP WITH TIME ZONE 类型
TO_YMINTERVAL(x)	转换字符串 x 到 INTERVAL YEAR TO MONTH 类型
UNISTR(x)	将一个字符串 x 转换为 NCHAR 字符串

　　一些转换函数附带了格式选项，通过格式选项，可以让转换后的结果值具有不同的显示方式，比如 TO_DATE 可以提供格式化日期字符，以便于对日期进行格式化显示。

　　上述的函数中，只有如下的几个函数是进行 PL/SQL 编程或者是使用 SQL 语句时最常使用到的：转换为字符串的 TO_CHAR、转换为数字值的 TO_NUMBER 以及转换为日期值的 TO_DATE。其中 TO_CHAR 即可以转换数字为字符串，也可以转换日期为字符串，这几个常用函数的语法格式如下所示：

```
TO_CHAR(number|date,[ fmt],[nlsparams])
```

　　转换一个数字或日期值为一个 VARCHAR2 类型的字符串，带格式化样式 fmt。在使用数字转换时，nlsparams 参数指定下面的字符，它由数字格式化元素返回：

- ❑ 小数字符；
- ❑ 分组符；
- ❑ 本地货币符号；
- ❑ 国际货币符号。

🔔**注意**：如果忽略 nlsparams 或其他参数，该函数在会话中使用默认参数值。

```
TO_CHAR(number|date,[ fmt],[nlsparams])
```

　　指定返回的月和日名称及缩写的语言。如果忽略语言参数，该函数在会话中使用默认日期语言。

```
TO_NUMBER(char,[fmt],[nlsparams])
```

　　用由可选的格式化样式 fmt 参数指定的格式，转换包含数字的字符串为一个数字。nlsparams 参数在该函数中的目的与 TO_CHAR 函数用于数字转换的目的相同。

```
TO_DATE(char,[fmt],[nlsparams])
```

　　按照 fmt 指定的格式转换表示日期的字符串为日期值。如果忽略 fmt，格式是 DD-MON-YY。nlsparams 参数的目的与 TO_CHAR 函数用于日期转换时的目的相同。

　　在接下来的小节中将对这几个函数进行详细的讨论，更多关于转换函数使用方面的知识，请读者参考 Oracle 文档库中的《Oracle Database SQL Language Reference》手册。

11.5.2　TO_CHAR 字符串转换函数

　　使用 TO_CHAR 可以将数字、日期或字符串类型转换为字符串的表示形式，其参数 format 用来指定转换后的格式，依赖于要转换的参数是数字或者是日期，TO_CHAR 的可用的格式化参数有些不同，下面是 TO_CHAR 所能转换的几种格式的用法介绍。

1．字符类型转换

　　字符类型转换：TO_CHAR 可以将 NCHAR、NVARCHAR2、CLOB 或 NCLOB 数据转换为数据库字符集格式，其返回值类型总是 VARCHAR2，字符类型的转换语法如下：

```
TO_CHAR(nchar | clob | nclob)
```

　　可以看到，在 TO_CHAR 的参数中可以跟用于 UNICODE 字符集的 NCHAR、

NVARCHAR2 或 CLOB 类型，下面的示例演示了这种字符串类型的转换，示例语句如下：

```
scott_Ding@ORCL> SELECT TO_CHAR(TO_CLOB('这是一个CLOB类型的字符串')) as "CLOB
转换",
              TO_CHAR(CAST('转换为NVARCHAR2' as NVARCHAR2(50))) as
              "NVARHCAR2 转换"
              FROM dual;

CLOB 转换                                            NVARHCAR2 转换
-------------------------------- --------------------------------
这是一个 CLOB 类型的字符串                            转换为 NVARCHAR2
```

在这个示例中，使用 TO_CLOB 将一个字符串转换成了 CLOB 类型，通过 TO_CHAR 就可以成功地将 CLOB 类型转换为 VARCHAR2 类型。另外一个转换首先使用 CAST 函数将一个字符串转换为了 NVARCHAR2 类型，通过 TO_CHAR 类型转换成了 VARCHAR2 类型。出于演示的需要，本示例使用了另外的两个转换函数进行了类型的转换。

🔔注意：当转换一个 CLOB 类型到数据库字符集的类型时，如果 CLOB 值大于目标类型的最大容量，Oracle 会抛出错误提示。

2．日期类型的转换

TO_CHAR 可以转换日期时间类型或时间间隔类型，比如 DATE、TIMESTAMP、TIMESTAMP WITH TIME ZONE、TIMESTAMP WITH LOCAL TIME ZONE、INTERVAL DAY TO SECOND 或 INTERVAL YEAR TO MONTH 为 VARCHAR 类型，通过格式化字符串，可以定义要转换的格式，nlsparam 参数可以指定语言格式。

如果不指定格式化参数，Oracle 将使用数据库默认的日期时间格式或默认的时间戳格式显示转换后的时间，Oracle 默认的日期格式以 DD-MON-YY 来显示，为了使用其他的显示格式显示日期值，可以使用 TO_CHAR 函数将日期从默认格式转换为指定的格式。例如下面的代码将当前的日期更改为 "YYYY-MM-DD HH24:MI:SS AM" 这样的格式：

```
scott_Ding@ORCL> SELECT TO_CHAR(SYSDATE, 'YYYY-MM-DD HH24:MI:SS AM') as
"日期转换" FROM DUAL;
日期转换
--------------------------------
2013-01-23 22:47:24 下午
```

可以看到，使用格式化字符串之后，日期的显示格式更加友好。Oracle 提供的用于日期的格式化字符如表 11.8 所示。

表 11.8　Oracle 日期格式字符串

日期格式元素	描　　　述
SCC 或 CC	世纪，带 - 服务器前缀 B.C. 日期
日期中的年 YYYY 或 SYYYY	年，带 - 服务器前缀 B.C. 日期
YYY 或 YY 或 Y	年的最后 3、2 或 1 个数字
Y,YYY	年，在这个位置带逗号
IYYY, IYY, IY, I	基于 ISO 标准的 4、3、2 或 1 位数字年
SYEAR 或 YEAR	拼写年；带 - 服务器前缀 B.C. 日期

续表

日期格式元素	描　述
BC 或 AD	B.C.A.D.指示器
B.C.或 A.D.	带周期的 B.C./A.D.指示器
Q	四分之一年
MM	月，2 位数字值
MONTH	9 位字符长度的带空格填充的月的名字
MON	3 字母缩写的月的名字
RM	罗马数字月
WW 或 W	年或月的周
DDD 或 DD 或 D	年、月或周的天
DAY	9 位字符长度的带空格填充的天的名字
DY	3 字母缩写的天的名字
HH、HH12 或 HH24	天的小时，或小时(1－12)，或小时(0－23)
AM 或 PM 和 A.M.或 P.M.	午后指示符，可带句点也可不带句点
间隔符	在结果字符串中所产生所有必需的停顿间隔符
SS	秒 (0－59)
SSSSS	午夜之后的秒(0－86399)
"of the"	在结果中使用引文串
/.,	在结果中使用标点符号
TH	序数 (例如，DDTH 显示为 4TH)
SP	拼写出数字(例如，DDSP 显示为 FOUR)
SPTH 或 THSP	拼写出序数(例如，DDSPTH 显示为 FOURTH))

在下面的示例中，使用更为友好的日期格式来显示 emp 表中员工的雇佣日期，示例语句如下：

```
scott_Ding@ORCL> SELECT ename, TO_CHAR(hiredate, 'YYYY-MONTH-DAY') as
"hiredate"
    FROM emp
  WHERE deptno = 20
    AND hiredate IS NOT NULL;
ENAME                      hiredate
------------- -----------------------
SCOTT                  2013-1 月 -星期日
张三                   2012-5 月 -星期一
刘七                   2001-8 月 -星期三
史密斯                 1980-12 月-星期三
约翰                   1981-4 月 -星期四
斯科特                 1982-12 月-星期四
亚当斯                 1983-1 月 -星期三
福特                   1981-12 月-星期四
刘大夏                 2011-10 月-星期三
已选择 9 行。
```

可以看到，当使用格式化字符后，日期的显示格式更加灵活多样，通过使用这些格式化字符，可以让查询结果的显示更加符合用户的使用习惯。

3．数值类型的转换

TO_CHAR 可以将 NUMBER 类型的数值转换为 VARCHAR2 格式，通过格化式参数可以指定数字转换后的格式。nlsparam 参数可以用来指定返回的数值元素的格式，比如分隔符、货币符号或国际货币符号等。表 11.9 是应用于数值类型转换时使用的日期格式。

表 11.9　数字格式元素

数字格式元素	描　　述	示　例	结　　果
9	每个 9 表示一个有效位，转换值的有效位应和 9 的各位相同，如果要转换的是负数则应有前导的负号，前导如为 0 则视为空格	999999	1234
0	显示前导的 0 或后继的 0	099999	001234
$	返回带有前导货币符号的数值	$999999	$1234
L	在指定的位置上返回本地货币号	L999999	￥1234
.	在指定的位置返回一个小数点，不管指定的小数点分隔符	999999.99	1234.00
,	在指定的位置上返回一个逗号，不管指定的千分位分隔符	999,999	1,234
MI	该值如为负数，则加后继负号，如非负数则加一后继占位符	999999MI	1234-
PR	如为负值，用尖括号括起，如为正值，则前导后继各加一空格	999999PR	<1234>
EEEE	科学计数法(格式化必须指定四个 E)	99.999EEEE	1.234E+03
V	返回与 10 的 n 次方相乘的值，n 是 v 后面 9 的个数	9999V99	123400
B	当整数为 0 时，将该小数的整数部分填充为空格	B9999.99	1234.00
D	返回小数点的位置，两边的 9 指定了最大位数	9999D	1234.
G	返回千分位分隔符，G 可以出现多次	99G99	12,34
C	在指定的位置上返回 ISO 货币号	C9999	CNY1234

下面的示例演示了如何使用这些格式化字符来将数值类型的值转换为特定格式的字符串：

```
scott_Ding@ORCL> SELECT TO_CHAR(123.45678, '$99999.999') as "四舍五入",
        TO_CHAR(-10000, 'L99G999D99MI') as "负数转换"
    FROM DUAL;

四舍五入          负数转换
-------------   -------------------------
$123.457           ￥10,000.00-
```

在这个示例中，第 1 个转换将显示前导的美元货币符号，通过数字 9 表示一个有效位，通过使用 "." 格式化符在第 5 位返回一个小数点，这里在小数点后面保留了 3 位小数。由结果可以看到，Oracle 对小数位的格式化使用了四舍五入的算法，进行了进位。第 2 个转换是一个负数值，使用 L 指定本地货币符号，使用 G 返回千分位分隔符，使用 D 返回小数点的位置，使用 MI 将为负数值添加后继的负号，因此由输出结果可以看到，这里的负数被放到了最后一位。

在转换数值类型时，nlsparams 参数影响到最终结果的显示，可以指定如下的几个参数：

- ❑ NLS_NUMERIC_CHARACTERS，可简写为 NLS_NUMBER_CHARS，表示为指定分组分隔符或小数点使用的字符。
- ❑ NLS_CURRENCY，指定 Oracle 默认的货币符号。
- ❑ NLS_ISO_CURRENCY，指定 ISO 货币符号。

下面的语句演示了如何使用 nlsparam 参数来更改数值型转换后的显示格式：

```
scott_Ding@ORCL> SELECT TO_CHAR(123456789,
                'L999G999G999D99',
                'NLS_CURRENCY=RMB NLS_NUMERIC_CHARACTERS = '',.''') "货币"
        FROM DUAL;

        货币
--------------------------------
    RMB123.456.789,00
```

代码中使用了 NLS_CURRENCY 为 RMB 号作为货币符号，在语句中 L 格式字符来输出本地货币符号，因此可以看到结果以 RMB 作为前缀，同时通过指定 NLS_NUMERIC_CHARACTERS 分组分隔符，使用了小数点作为千分位分隔符。

11.5.3　TO_DATE 日期转换函数

TO_DATE 函数可以将 CHAR、VARCHAR2、NCHAR 或 NVARCHAR2 数据类型转换为 DATE 数据类型。语法如下：

```
TO_DATE(char [, fmt [, 'nlsparam' ] ])
```

fmt 用于指定转换时的格式元素，可以使用表 11.8 列出的格式化元素对要转换的日期进行格式化。如果不指定任何格式元素，Oracle 将会使用数据库默认的日期格式进行转换；nlsparams 指定返回日期所使用的语言，格式一般为："NLS_DATE_LANGUAGE=language"，如果不指定，则使用 Oracle 默认的语言模式。

🔔注意：可以通过设置初始参数 NLS_DATE_FORMAT 或 NLS_TERRITORY 更改系统或会话的日期格式，以便改变转换后的日期使用格式。

通过查询 v$nls_parameters 数据字典视图，可以了解到当前的 NLS_TERRITORY 和 NLS_DATE_FORMAT 值，笔者的查询结果如下：

```
scott_Ding@ORCL> SELECT *
    FROM v$nls_parameters
    WHERE parameter = 'NLS_TERRITORY'
      or parameter = 'NLS_DATE_FORMAT';

PARAMETER                VALUE
---------------     ------------------------------------------
NLS_TERRITORY           CHINA
NLS_DATE_FORMAT         DD-MON-RR
```

下面的语句将更改当前会话的日期格式信息：

```
scott_Ding@ORCL>    ALTER    SESSION    SET    NLS_DATE_FORMAT='YYYY-MM-DD
HH24:MI:SS';
会话已更改。
```

接下来可以看到关于 **TO_DATE** 的两个详细的例子，示例语句如下：

```
scott_Ding@ORCL> SELECT TO_DATE(
       '2013/4/5',
       'YYYY/MM/DD',
       'NLS_DATE_LANGUAGE = AMERICAN') as "日期"
       FROM DUAL;
日期
-------------------
2013-04-05 00:00:00

scott_Ding@ORCL> SELECT TO_DATE(
       '1 月 24,2013, 07:50 上午',
       'MONTH DD,YYYY, HH:MI AM') as "日期"
       FROM DUAL;
日期
-------------------
2013-01-24 07:50:00
```

第 1 个示例将一个日期字符串转换为日期类型，它使用了 YYYY/MM/DD 用来匹配日期字符串中的格式，并且指定 NLS_DATE_LANGUAGE 表示日期格式为美国格式。第 2 个示例仅使用了日期字符串，它完全与字符串中的格式匹配，因此返回了正确的结果。可以看到，对于非正常格式的日期字符串，只需要指定相应的日期格式，或者通过 Oracle 的字符串查找与替代函数将日期转换为特定格式的日期字符串，都可以将其转换为日期格式。

11.5.4　TO_NUMBER 数字转换函数

TO_NUMBER 可以将字符串转为数值类型，可以使用可选的格式化字符对要进行转换的字符串比如 CHAR、VARCHAR2、NCHAR 或 NVARCHAR2 类型进行转换，这些数据类型必须能够转换为数值类型。TO_NUMBER 的格式化字符可以参考表 11.9，实际上它们与 TO_CHAR 转换字符串为数值类型是相反的行为，也可以通过 nlsparams 来指定转换的参数，比如指定小数点和千分位分隔符及货币字符。

下面的示例演示了如何将一个货币类型的字符串转换为数值类型：

```
scott_Ding@ORCL> SELECT TO_NUMBER('RMB123.456.789,00',
                  'L999G999G999D99',
                  'NLS_CURRENCY=RMB NLS_NUMERIC_CHARACTERS = '',.''') "数字"
     FROM dual;

     数字
----------------
   123456789
```

在这个示例中，使用了与 TO_CHAR 将数字值转换为字符串时相同的格式化命令，指定格式字符串，以匹配字符串的格式，同时指定了 NLS_CURRENCY 和 NLS_NUMERIC_CHARACTERS 参数指定字符串的货币和分组格式，这样得到了一个标准的数字值。

如果字符串类型的值可以直接转换成数字，可以省略掉格式化字符，Oracle 会直接将字符串转换成数字值，示例语句如下：

```
scott_Ding@ORCL> SELECT TO_NUMBER('100.00') FROM dual;

TO_NUMBER('100.00')
-----------------------
                  100
```

可以看到，Oracle 识别了 100.00 这个字符串并且直接将其转换成了数字 100，不需要指定任何格式化参数。

本节讨论了常见的转换函数的知识，Oracle 中的 CONVERT 和 CAST 常常用来进行字符集类型的转换，有兴趣的读者请参考 Oracle 文档库中的相关知识。

11.6　通 用 函 数

Oracle 的函数种类很多，比如用于编码和解码的函数、用于处理 NULL 相关的函数和环境与标识符相关的函数，还包含很多 XML 相关和数据挖掘相关的函数，本节中将抽取其中一些使用较多且比较重要的函数进行讨论。

11.6.1　通用函数列表

除了数值、日期、字符串类的函数之外，Oracle 中有一些函数是编写 SQL 语句过程中较为常用的，它们涉及处理 NULL 值的场合，比如 NULLIF、NVL 和 NVL2，以及模拟 CASE 语句的 DECODE 函数。这些函数有的大大增强了 SQL 语言的能力，简化了复杂代码的编写，有的可以从 Oracle 环境中获取或设置值，比如 USER 和 USERENV 函数。本节中将要讨论的比较常用的几个函数如表 11.10 所示。

表 11.10　Oracle通用函数列表

函 数 名 称	描　　　述
NVL	转换 NULL 值为一个实际的值
NVL2	如果表达式 1 不为 NULL，则 NVL2 返回表达式 2 的值，如果表达式 1 为 NULL，则 NVL2 返回表达式 3。表达式 1 可以是任意数据类型
NULLIF	比较两个表达式，如果相等返回 NULL，如果不等返回第 1 个表达式
COALESCE	返回表达式列表中的第 1 个非 NULL 表达式
DECODE	根据特定的条件，实现 IF-THEN-ELSE 条件判断返回值
SYS_GUID	生成 GUID 全局唯一标识符

除此之外，还有一些函数比如 USER、UID 函数，USER 函数在前面的章节中已经提过多次，用来返回当前登录的用户名，而 UID 用来返回当前会话的唯一标识符，用来标识一个会话，示例语句如下：

```
scott_Ding@ORCL> SELECT USER,UID FROM dual;
```

```
USER                          UID
------------------------------------
SCOTT                          96
```

可以看到它们返回了当前登录的用户的信息，这些信息也可以通过 Oracle 的数据字典视图 v$session 查询得到。如下查询返回了与 USER 和 UID 相同的值：

```
scott_Ding@ORCL> SELECT username,schema# FROM v$session WHERE username=USER;
USERNAME               SCHEMA#
------------------------------------
SCOTT                          96
```

可以看到，USER 函数对应到 v$session 的 username 列，UID 对应到 schema#列，这个列表示当前方案的唯一标识符，也就是用户的唯一标识符。v$session 包含当前登录到 Oracle 数据库的所有的会话列表，在实际工作中经常会获取这个视图中的信息，来对用户进行控制，比如可以从这个视图获取用户的会话 ID 和会话序列号来中断用户的连接等。

11.6.2　NVL 和 NVL2 函数

在日常工作中，应该要特别注意因为 NULL 值带来的错误数据，举个例子来说，在核算 emp 表中的工资和提成时，使用如下的查询语句：

```
scott_Ding@ORCL> SELECT empno,ename,sal+comm as "salary" FROM emp WHERE
deptno=30;
    EMPNO ENAME                  salary
    ------------------- -----------------------
     7499 艾伦
     7521 沃德
     7654 马丁
     7698 布莱克
     7844 特纳
     7900 吉姆
已选择 6 行。
```

可以看到，salary 并没有返回任何的数据，由于 comm 列值是 NULL 值，而任何值与 NULL 值进行运算结果都会返回 NULL，因此这样的运算没有返回任何结果。

如果这是一个用于薪资核算的程序，就可能产生很严重的问题。为此不少开发人员会考虑使用 CASE 表达式进行 NULL 值的判断，示例语句如下：

```
scott_Ding@ORCL> SELECT empno,
        ename,
        CASE
          WHEN comm IS NOT NULL THEN
           sal + comm
          ELSE
           sal
        END as "salary"
    FROM emp
  WHERE deptno = 30;

    EMPNO ENAME                  salary
    ------------------- -----------------------
     7499 艾伦                    1700
     7521 沃德                    1350
```

```
   7654 马丁                          1350
   7698 布莱克                        2850
   7844 特纳                          1600
   7900 吉姆                          1050
```

已选择 6 行。

通过 CASE 语句进行 IS NOT NULL 检测可以实现 NULL 值检测的效果，不过如果需要同时对多个列进行这种检测，整个查询语句会逐渐雍肿，Oracle 提供了一系列 NULL 检测函数，其中最适合当前示例场景的是 NVL 和 NVL2 函数。

NVL 函数将判断列值或表达式的值是否为 NULL，如果为 NULL，则转换为表达式 2 指定的值，否则使用 exp1 作为其列值。其语法形式为：

```
NVL(exp1,exp2)
```

expr1 和 expr2 可以是任何数据类型，如果数据类型不同，Oracle 会完成一个隐式类型转换，如果不能隐式地进行转换，Oracle 会抛出异常。

◯注意：隐式类型的转换不仅可能导致 Oracle 抛出异常，而且可能会造成性能损失，只要有可能，应该尽量使用类型转换函数进行显式类型转换。

对于上面计算薪资的示例，如果使用 NVL 函数，示例语句如下：

```
scott_Ding@ORCL> SELECT empno, ename, sal + NVL(comm, 0) as "salary"
   FROM emp
   WHERE deptno = 30;

   EMPNO ENAME                  salary
   ------------------ --------------------------
   7499 艾伦                     1700
   7521 沃德                     1350
   7654 马丁                     1350
   7698 布莱克                   2850
   7844 特纳                     1600
   7900 吉姆                     1050
```

已选择 6 行。

查询语句中使用了 NVL 函数，它会判断当 comm 列的值为 NULL 时，comm 列取值为 0，否则使用 comm 列进行计算。现在整个代码结构变得简单易懂，容易维护。

NVL2 函数是 NVL 函数的升级版，该函数将检查第 1 个表达式，在第 1 个表达式不为 NULL 时，将返回第 2 个表达式的值；如果第 1 个表达式为 NULL，那么将返回第 3 个表达式，语法如下：

```
NVL2(expr1, expr2, expr3)
```

参数 expr1 可以是任何数据类型，参数 expr2 和 expr3 可以是除 LONG 之外的任何数据类型。如果 expr2 和 expr3 的数据类型不同，Oracle 在比较之前将转换 expr3 为 expr2 的数据类型，除非 expr3 是一个 NULL 常数，在这种情况下，不需要数据类型转换。

可以看到 NVL2 具有比 NVL 更多的选择，它引用了 expr3 表达式，当 expr1 的值不为 NULL 时则值等于 expr2，如果为 NULL 则值等于 expr3。如果将示例转换为 NVL2 语法格式，示例语句如下：

```
scott_Ding@ORCL> SELECT empno, ename, NVL2(comm, sal + comm, sal) as "salary"
    FROM emp
 WHERE deptno = 30;

EMPNO ENAME                    salary
----------------- ----------------------
 7499 艾伦                      1700
 7521 沃德                      1350
 7654 马丁                      1350
 7698 布莱克                    2850
 7844 特纳                      1600
 7900 吉姆                      1050

已选择 6 行。
```

NVL2 现在将整个对于薪资的计算放在了 expr2 位置，用来进行判断，当 comm 列的值不为 NULL 时，就计算 comm+sal 的值，否则仅取 sal 的值，它让表达式更加简洁。

11.6.3　NULLIF 和 COALESCE 函数

NULLIF 和 COALESCE 函数也是两个用于处理 NULL 的函数。NULLIF 函数比较有趣，它用来判断两个表达式的值，如果两个表达式相等则返回 NULL，如果两个表达式的值不相等，则返回 expr1，不能指定一个静态的 NULL 值给 expr1。NULLIF 的语法如下：

```
NULLIF(expr1, expr2);
```

涉及比较的 expr1 和 expr2 这两个表达式的值必须具有相同的类型，如果类型不同，Oracle 会隐式转换为相同的数据类型。NULLIF 函数实际上等同于如下的 CASE 语句：

```
CASE WHEN expr1 = expr2 THEN NULL ELSE expr1 END
```

通过使用 NULLIF 和 NVL 函数的结合，可以实现一些替换工作，比如下面的示例中，如果员工的职别是销售人员，则将其替换为"业务"：

```
scott_Ding@ORCL> SELECT empno, ename, NVL(NULLIF(job, '销售人员'), '业务')
job
    FROM emp
 WHERE deptno = 20;

EMPNO ENAME                JOB
----------------- --------------------
 7369 史密斯              职员
 7566 约翰                经理
 7788 斯科特              职员
 7876 亚当斯              职员
 7902 福特                分析人员
 7903 通利                职员
 7904 罗威                职员

已选择 7 行。
```

在这个示例中，通过使用 NULLIF 函数对 job 列和销售人员进行比较，如果相等，因为结果会返回 NULL，因此通过 NVL 函数判断其结果，如果为 NULL，则返回"业务"作为员工的 job 列的值。

注意：不能指定常量 NULL 到 expr1，否则 Oracle 会触发 ORA-00932 错误。

如果说 NVL 是判断一个表达式的值是否为 NULL 的话，COALESCE 则会判断一个表达式列表的值是否为 NULL，它可以从多个值中返回第 1 个不为 NULL 的值，这个函数在复杂的条件判断中非常有用，其语法如下：

```
COALESCE (expr1, expr2, ... exprn)
```

COALESCE 也可以很容易地转换成 CASE 语句，比如 COALESCE(sal,comm)这个表达式，转换成 CASE 语句如下所示：

```
CASE WHEN sal IS NOT NULL THEN sal ELSE comm END;
```

再次以员工的工资为例，员工的工资使用 sal+comm 进行计算，如果 comm 为 NULL，则这个计算结果也为 NULL，那么可以取 sal 为员工的工资，如果有的员工 sal 列并不存在，则以 2000 作为其标准工资，示例语句如下：

```
scott_Ding@ORCL> SELECT empno, ename, COALESCE(sal + comm, sal, comm + 2000, 2000) as "工资"
    FROM emp
    WHERE deptno = 20;

EMPNO ENAME                     工资
----------------- ------------------------
 7369 史密斯                    1884.8
 7566 约翰                      3867.5
 7788 斯科特                    1889.8
 7876 亚当斯                     1560
 7902 福特                       3900
 7903 通利                       2200
 7904 罗威                       2200

已选择 7 行。
```

在这个示例中，通过 COALESCE 将各种运算表达式放在表达式列表中，因为只要有其中一个列为 NULL，它就会计算下一个表达式的值。

注意：Oracle 使用短路径计算方法，当它计算到第 1 个不为 NULL 的表达式时，就会立即返回而不会继续计算后续的表达式。

可以看到 NULLIF 和 COALESCE 函数所做的工作使用 Oracle 的 CASE 语句也可以实现，不过这种 NULL 相关的判断也许会导致相当复杂的 CASE 语句的出现，而通过这些特定的函数，可以减少使用 CASE 语句的复杂性，能够提升代码的可阅读性和可靠性。

11.6.4　DECODE 函数

DECODE 是 Oracle 提供的一个非常强大的函数，DECODE 可以完成类似 CASE 语句那样的多条件判断功能，它是 Oracle 特有的一个函数，不像 CASE 语句那样被其他的数据库软件所支持。与 CASE 语句类似，DECODE 函数也是一种类似于 IF-THEN-ELSE 逻辑的函数，它提供了一种内联的语法来实现多个条件值的判断，相对于 CASE 语句来说，有时使用 DECODE 能提供更好的语义效果。DECODE 的语法如下：

```
DECODE(expr, search, result [, search, result ]... [, default ])
```

expr 是要进行匹配的表达式或列值，如果 expr 的值等于 search，则返回 result，如果 expr 的值不等于 search，则继续向下匹配下一个 search 语句，如果成立则返回下一个 result，依此类推。当所有的 search 都与 expr 不匹配时，则返回由 default 指定的默认值，DECODE 函数的逻辑示意如图 11.2 所示。search、result 和 default 可以是数据库表中的列或表达式，Oracle 使用短路径计算语法，即只要其中一个条件满足，后面的比较将不会得到执行，立即跳出函数体。

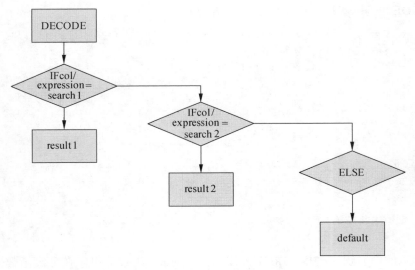

图 11.2　DECODE 执行逻辑

以为 emp 表中的职员调整薪资为例，薪资的调整幅度对于不同的员工职级，job 列的值是不同的，为了能根据不同的薪资级别调整薪资，不使用 DECODE 的情况下，可能需要一长串的 CASE WHEN 子句进行判断，有了 DECODE 语句后，可以在行内进行一次性解决，示例语句如下：

```
scott_Ding@ORCL>  SELECT empno,
        ename,
        DECODE(job, '职员', 1.15 * sal, '销售人员', 1.20 * sal, '经理', 2.0
        * sal, '分析人员', 1.12 * sal, sal) 调薪表
   FROM emp
   WHERE deptno = 20;

  EMPNO ENAME            调薪表
  --------------- -----------------------------
   7888 张三              2000
   7890 刘七              8000
   7369 史密斯         5182.843
```

```
       7566 约翰                    8211
       7788 斯科特               2327.8645
       7876 亚当斯                 1904.4
       7902 福特                    4636.8
       7881 刘大夏                  2645
```

已选择 8 行。

在这个示例中，DECODE 后面的表达式来自 emp 表中的 job 列值，然后将多个职位常量与 job 列进行比较，只要其中一个匹配，就会立即退出而不会比较后续的条件，使用 DECODE 在行内完成了原本应该由多个 CASE 的 WHEN 子句完成的工作。

DECODE 的另一个比较有用的功能是可以实现行列的转换，它可以将原本出现在行中的数据转换为列，实现简单的交叉查询效果。举例来说，想统计 emp 表中，各个部门的不同职位的人员的薪资总计数，将部门和薪资总数作为行，将职员作为列进行行列置换显示，通过 DECODE，可以实现这个示例，查询语句如下：

```
scott_Ding@ORCL> SELECT deptno "员工部门",SUM(DECODE(job,'职员',
sal+NVL(comm,0),0)) "职员",
               SUM(DECODE(job,'分析人员',sal+NVL(comm,0),0)) "分析人员",
               SUM(DECODE(job,'销售人员',sal+NVL(comm,0),0)) "销售人员",
               SUM(DECODE(job,'经理',sal+NVL(comm,0),0)) "经理",
               SUM(DECODE(job,'副理',sal+NVL(comm,0),0)) "副理",
               SUM(DECODE(job,'老板',sal+NVL(comm,0),0)) "老板"
    FROM emp GROUP BY deptno;

员工部门        职员       分析人员     销售人员       经理        副理        老板
--------- ---------- ---------- ---------- ---------- ---------- ----------
       30       1450          0       7684       3250          0          0
               4400          0          0          0          0          0
       20   11120.51       4473          0    5435.73       8300          0
       10          0          0          0     4217.5          0    9554.16
```

在这个示例中，通过使用 GROUP BY 按 deptno 进行分组，在分组函数内部，通过 DECODE 判断 job 列的职位，对于不同的职位，分别输出工资，如果职位不匹配则输出 0，这样就可以只统计特定职位的薪资数。虽然这个示例通过 CASE WHEN 子句也可以实现，不过使用 DECODE 的行内语句，既提供了较好的语意特性，也具有较好的性能。

11.6.5 SYS_GUID 函数

SYS_GUID 生成并返回一个全局唯一标识符字符串，这个字符串由 16 位字符组成，其返回值是 RAW 类型。GUID 值通常用来作为表中的主键，有时候它具有比序列更好的性能，并且 SYS_GUID 能够保证它创建的标识符在每个数据库中都是唯一的。SYS_GUID 使用示例如下：

```
scott_Ding@ORCL> SELECT SYS_GUID() FROM DUAL;
SYS_GUID()
--------------------------------
B59FD3C65CA147A9930FE04F2B1AF3E4
```

可以看到 SYS_GUID 返回的是 32 个字符组成的原始 RAW 类型，RAW 类型是存储为两个字节的一个 16 进制位，因此结果是 RAW（16）类型。通过 DUMP 函数返回的类型代码可以看出，DUMP 是一个解码 Oracle 数据的一个非常有用的函数，它可以返回数据的类型、长度和内部呈现格式，例如要查看 SYS_GUID 的类型和长度，可以使用的查询语句如下：

```
scott_Ding@ORCL> SELECT DUMP(SYS_GUID()) FROM dual;
DUMP(SYS_GUID())
----------------------------------------------------------------------
Typ=23 Len=16: 92,154,143,13,109,234,74,124,157,244,176,226,99,166,17,98
```

查询结果中的 Typ 表示数据类型编码，Oracle 中每一个内置的数据类型都有一个类型编码，通过查询《Oracle Database SQL Language Reference》中的 Data Types 部分，可以看到一个内置数据类型列表，对其中的每个类型都显示了数据类型代码。

Typ=23 表示是 RAW 类型，Len 指定 16 位长度，后面的一长串数字是数据库内部的存储格式。Oracle 中的 RAW(16)类型中没有像 Windows GUID 值中的花括符"{"和"-"符号进行分隔，与其他数据库中的 GUID 类型，比如 SQL Server 上的 uniqueidentifier 类型有些不同，实际工作中一般会将其转换为 VARCHAR2 类型，并且将其格式转换为 Windows 兼容的 GUID 格式。下面的示例创建了一个函数 My_Guid，用来生成 Windows 兼容的 VARCHAR2(38)长度的 GUID 格式：

```
CREATE OR REPLACE FUNCTION My_Guid return VARCHAR2 AS
  v_guid RAW(16);
BEGIN
  v_guid:=SYS_GUID();        --生成 GUID 类型
  --通过 SUBSTR 函数截取 GUID 结果，最终返回 VARCHAR2(38)类型的值
  RETURN
'{'||substr(v_guid,1,8)||'-'||substr(v_guid,9,4)||'-'||substr(v_guid,13,
4)||'-'||substr(v_guid,17,4)||'-'||substr(v_guid,20,12)||'}';
END;
```

在这个示例中，通过 SUBSTR 函数将 SYS_GUID 返回的 RAW(16)类型进行了截取，并且在首尾添加了"{"和"}"符号，同时按照 Windows 的 GUID 格式添加了分隔符"-"。下面的示例通过查询 My_Guid 函数，可以看到果然返回了标准的 GUID 格式：

```
scott_Ding@ORCL> SELECT My_Guid() FROM dual;
MY_GUID()
------------------------------------------------
{BC16D472-FF5D-4E87-A5A0-0F0775AD20E7}
```

一般会将 VARCHAR2(38)类型的 GUID 列作为主键，因为在 Oracle 中并不像 SQL Server 中那样具有全局唯一标识符类型，可以调用 My_Guid 来生成标准的 GUID 值，将其作为唯一的主键列值插入到数据库中。

11.7　小　　结

本章讨论了 Oracle 的内置函数，首先介绍了 Oracle 函数的作用和分类，函数通过封装一系列功能，以便于在 SQL 或 PL/SQL 中可以重用已经存在的代码。在 Oracle 中函数分为

单行函数和多行函数，本章主要介绍了单行函数，讨论了 Oracle 中的字符型、数字型、日期时间函数和转换函数的使用。在字符型函数部分，介绍了大小写转换、字符串处理和字符串替代函数；在数字型函数部分介绍了绝对值、取余、四舍五入、截断函数的具体使用；在日期时间函数部分，讨论了 Oracle 中用于处理日期时间的各种常用函数的使用；在转换函数部分，介绍了转换为字符串、转换为日期以及转换为数字的几个主要函数的用法。最后讨论了在 Oracle 中各种通用函数的使用，介绍了 NVL、NVL2、NULLIF、COALESCE、DECODE 和 SYS_GUID 的具体用法。

第 4 篇 PL/SQL 编程

第 12 章　使用 PL/SQL 创建 Oracle 程序

当进行数据库应用系统开发时，开发人员可以在程序语言中嵌入 SQL 语句，比如通过在 C#、JAVA 等语言中嵌入 SQL，可以实现数据查询、新增、修改和删除的操作。Oracle 还提供了用于 SQL 语言的扩展，这就是 PL/SQL，简称过程化的 SQL，它扩展了 SQL 语言的功能，加入了过程化的语言能力，使得 Oracle 的开发足以解决多数复杂的业务逻辑问题。

12.1　PL/SQL 基础

SQL 是一门结构化的查询语言，它描述的是应该做什么，而不是应该怎么做，它是一门高级的非过程化的语言。有的时候需要更细致的逻辑来操作数据，比如通过条件判断来执行 SQL 语言，循环多次进行数据库操作等，SQL 显得力所不能及。PL/SQL 通过将 SQL 和过程化的程序语言结合起来，既可以完成 SQL 操作，也可以利用过程化的特性，比如分支、循环和异常处理等，提供更加强大的程序设计能力。

12.1.1　过程化程序设计

PL/SQL 的全称是 Procedural Language/SQL，Oracle 在 SQL 语言的基础上增加了第 3 代编程语言（3GL）的特点，第 3 代编程语言主要是面向过程的 C、BASIC 和 Pascal 等以及面向对象的相关语言，比如 C#、Java 等，通过在 SQL 语言基础上增加过程化和面向对象的编程能力，使得 PL/SQL 在 Oracle 中可以实现很大很复杂的业务逻辑处理，比如使用 PL/SQL 可以实现一些特定的算法和数据结构，以满足日益复杂的业务逻辑需求。

PL/SQL 增加了过程性语言具备的一些能力，它使得可以完成 SQL 无法实现的如下的功能特性：

- ❑ 定义变量和类型，既可以使用预定义的类型，也可以用户定义自己的类型。
- ❑ 使用控制结构，比如使用分支语句 IF-THEN-ELSE 或循环语句 WHILE 或 FOR 语句。
- ❑ 定义过程和函数，用来定义可重复使用的子程序。
- ❑ 创建对象类型和方法，可以直接在 Oracle 中创建面向对象的代码。

PL/SQL 与 SQL 紧密整合，在 PL/SQL 代码中可以调用 SQL 语言中的 SELECT、INSERT、UPDATE 和 DELETE 等语句，使用 SQL 语言中的事务处理、游标等特性，还可以使用 SQL 语言中的各种数据类型，比如 VARCHAR2 或 NUMBER 等。下面通过一个例子来了解一下 PL/SQL 可以完成的基本功能。

假定人事部的职员要将员工李明的职位调整为"工程师"，但是李明这个员工有可能并不存在于人事记录中，因此必须要能够判断李明是否存在，如果不存在则添加一条李明的记录，如果存在则更新李明的职位信息。这个示例如果使用 PL/SQL 来实现，可以定义如下的 PL/SQL 代码，如代码 12.11 所示。

代码 12.1　使用 PL/SQL 进行职位调整

```
DECLARE
  --定义变量
  v_newjob VARCHAR2(20);
  v_ename  VARCHAR(20) := '李明';
BEGIN
  v_newjob:='工程师';
  --1,更新员工李明的职位
  UPDATE emp SET job = v_newjob WHERE ename = v_ename;
  --2,判断刚才的 UPDATE 是否执行成功
  IF SQL%NOTFOUND THEN
  --3,如果没有执行成功
    INSERT INTO emp
      (empno, ename, job, hiredate, sal, deptno)
    VALUES
      (8000, v_ename, v_newjob, SYSDATE, 3000, 20);
  END IF;
  --4,提交事务
  COMMIT;
END;
```

这是一个标准的 PL/SQL 语句块，下面介绍这个 PL/SQL 语句块中实现的步骤：

（1）DECLARE 和 BEGIN 关键字之间是变量定义区，在定义区中定义了 v_newjob 和 v_ename，都定义为 VARCHAR2(20)类型，并且 v_ename 变量在定义时还指定了默认值。

（2）BEGIN 和 END 之间是语句主体，语句主体中直接调用了 UPDATE 语句更新员工李明的职位信息，可以看到在 PL/SQL 语句主体中不仅可以直接使用 SQL 语句，还可以直接引用在变量定义区中定义的变量。

（3）在 UPDATE 语句之后，通过 IF 语句判断上面的 UPDATE 语句是否执行成功。SQL%NOTFOUND 是一个游标变量，如果该变量为真，表明 UPDATE 没有成功更新记录，因此在 IF 和 END IF 语句之间使用了 INSERT INTO 语句来插入一条记录。

（4）在 END IF 语句后面，使用 COMMIT 语句来提交事务，以便将所做的更改永久进行存储。

在这个示例中，可以看到在 PL/SQL 中可以定义变量，同时语句块中可以直接使用 SQL 语句，并且可以通过 IF 语句进行条件判断，这也意味着 PL/SQL 为属于 4GL 的 SQL 语言整合了 3GL 的能力，因此被称为过程性的 SQL 语言。

12.1.2　与 SQL 语言整合

PL/SQL 与 SQL 语言紧密整合，可以直接在 PL/SQL 语句块中使用 DML 语句来操作数据库中的数据，与 SQL 的整合包含如下的几个方面：

❑ PL/SQL 可以使用 SQL 的所有的 DML 语句及查询语句，而且包含了一些用于过程化的扩展，可以通过游标来对数据集进行循环处理，使用事务控制语句，可以控

制 Oracle 的事务，可以使用所有的 SQL 函数、操作符和伪列。

- ❑ PL/SQL 完全支持所有的 SQL 数据类型，但是 PL/SQL 本身又具有一些扩展的类型，以便于进行过程化程序设计时使用，比如可以使用%TYPE 和%ROWTYPE 属性引用位于表中的列属性或行数据类型。
- ❑ PL/SQL 也支持 DDL 语句的调用，不过需要使用动态 SQL 机制。

PL/SQL 代码在执行时由 PL/SQL 引擎来负责编译和运行，PL/SQL 引擎既可能是在服务器端，比如安装 Oracle 数据库服务器时自动安装，也可能是在客户端，比如安装 Oracle Forms 时会安装一个 PL/SQL 引擎。因此 PL/SQL 是一种既可以在服务器端执行，也可以用于客户端编程的过程化的 SQL 语言。

PL/SQL 引擎负责接收 PL/SQL 代码，对于其中的过程化的部分，比如创建函数、过程、使用条件判断、循环及变量定义的部分，由 PL/SQL 引擎中的过程化语言执行器进行执行，而其中出现的 SQL 语句，则会交给数据库服务器的 SQL 语句执行器执行，如图 12.1 所示。

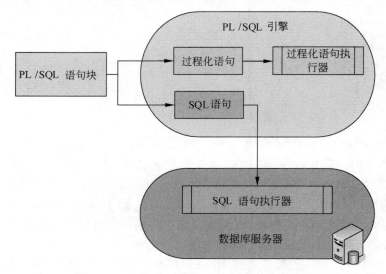

图 12.1　PL/SQL 引擎和 SQL 语句的执行流程

下面的是 PL/SQL 语句块在被执行时的一些步骤：

（1）当 PL/SQL 语句块交由 PL/SQL 引擎执行时，如果 PL/SQL 语句块中没有包含任何 SQL 语句，则所有的过程化 PL/SQL 代码都会在 PL/SQL 引擎的过程化语句执行器中处理。

（2）如果在 PL/SQL 语句块中包含了 SQL 语句，则会将 SQL 语句传递给数据库服务器上的 SQL 语句执行器，由 SQL 语句执行器执行，并返回给 PL/SQL 引擎结果。

可以看到，PL/SQL 语句块在执行时，对于其中 SQL 语句部分，PL/SQL 引擎识别后会将其交给 SQL 执行器执行。对于 DML 语句，比如 INSERT、UPDATE 和 DELETE 及 SELECT 语句，可以直接在 PL/SQL 中编写代码，而对于 DDL 语句，如果直接调用，Oracle 会触发异常。

举个例子，试图在 PL/SQL 中创建一个表 emp_history，这个表的结构与 emp 完全相似，直接使用 PL/SQL 的代码如下：

```
scott_Ding@ORCL> BEGIN
    CREATE TABLE emp_his AS SELECT * FROM emp;
```

```
    END;
  /
 CREATE TABLE emp_his AS SELECT * FROM emp;
  *
第 2 行出现错误:
ORA-06550: 第 2 行，第 3 列:
PLS-00103: 出现符号 "CREATE"在需要下列之一时:
( begin
case declare exit for goto if loop mod null pragma raise
return select update while with <an identifier>
<a double-quoted delimited-identifier> <a bind variable> <<
continue close current delete fetch lock insert open rollback
savepoint set sql execute commit forall merge pipe purge
```

可以看到，PL/SQL 引擎抛出了 PLS-00103 错误，指示无法使用 CREATE 语句创建对象，这也意味着无法直接在 PL/SQL 语句块中使用 DDL 相关的语句，要正确地执行，只能是通过动态 SQL 语句，因此正确的使用方法如代码 12.2 所示。

代码 12.2　在 PL/SQL 中执行 DDL 语句

```
scott_Ding@ORCL> DECLARE
    v_SQL VARCHAR2(100);           --定义字符串变量，用来保存 SQL 语句
  BEGIN
    v_SQL:='CREATE TABLE emp_his AS SELECT * FROM emp';
    EXECUTE IMMEDIATE v_SQL;      --执行动态 SQL 语句，成功创建表
  END;
  /

PL/SQL 过程已成功完成。
```

在这个语句中，定义了一个字符串类型的变量 v_SQL，在语句主体中，为该变量赋了 DDL 语句的字符串，然后调用 EXECUTE IMMEDIATE 执行该语句，可以看到现在 PL/SQL 引擎并没有抛出错误，语句块成功地创建了数据库表。不过在表 emp_his 创建后，后续的对于 emp_his 的使用都必须使用动态语言调用语法，否则 Oracle 会抛出表或视图不存在的错误提示。

12.1.3　提高程序性能

PL/SQL 的块结构允许一次性向数据库发送多条 SQL 语句，可以显著地提升应用程序的性能。在使用.NET、Java 或 DELPHI 之类语言开发客户端程序时，如果是以一次一条 SQL 语句的方式操作数据库，将会产生多次网络传输交互，使得服务器需要使用较多的资源来处理 SQL 语句，同时会产生一定的网络流量，如图 12.2 所示。

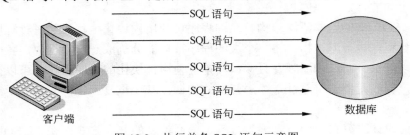

图 12.2　执行单条 SQL 语句示意图

从上图 12.2 中可以看到，如果每执行一条 SQL 就要发送到服务器端，需要连续不断地向服务器发送执行 SQL 请求，这会影响到数据库的性能。而通过 PL/SQL 块，可以将多条 SQL 语句组织到一个 PL/SQL 语句块中一次性进行发送，降低了网络的开销，同时减少了对服务器性能的影响，提升了应用程序的性能，如图 12.3 所示。

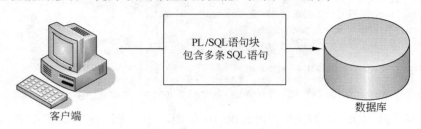

图 12.3　使用 PL/SQL 一次性执行多条 SQL 语句

通过在应用程序中嵌入 PL/SQL 块，在网络上只需要发送一次 PL/SQL 块，就可以同时执行多条 SQL 语句，这大大提升了程序的效能。

除了减少应用程序和数据库之间的网络流量之外，PL/SQL 还具有如下所示的 3 个方面的性能优化特性：

- ❑ 使用绑定变量减少重复解析 SQL 所带来的性能消耗。当在 PL/SQL 语句块中嵌入了 INSERT、UPDATE、DELETE 或 SELECT 语句后，PL/SQL 编译器会自动将这些语句中的 WHERE 子句中的 VALUES 值转换为绑定变量，Oracle 服务器可以重复使用这些 SQL 语句，而无须每次都重新解析 SQL，从而可以提升 SQL 语句的执行性能。
- ❑ 已经编译过的子程序可以直接调用，而无须重新进行编译，从而提升了性能。
- ❑ PL/SQL 编译器中包含了一个优化器，它能够重新组织代码，以便于提供更好的性能。

对于这些性能优化的具体信息，在 12.2 节中讨论 PL/SQL 的语法结构及第 13 章介绍 PL/SQL 中的子程序时，将会再次进行介绍。

12.1.4　模块化应用程序开发

PL/SQL 提供了一系列用于重用已有代码的特性，在使用 PL/SQL 时，可以创建子程序，比如过程和函数，创建成功后这些子程序会保存到数据字典中，供其他的 PL/SQL 代码重用。PL/SQL 还提供了包的特性，包（Package）可以将多个过程和函数组织在一起。可以将其看作一个功能特定代码库。

有了 PL/SQL 中的这些语法结构，允许程序员使用模块化编程思想进行程序设计。所谓的"模块化程序设计"是指：将一个大的程序按功能分割成一些小模块，各个模块之间相对独立、功能单一、结构清晰并且接口简单。使用模块化的程序设计，可以控制程序设计的复杂性，提高元件的可靠性，缩短开发的周期，减少重复工作，并且易于维护和功能扩充。

模块化的设计讲究自上向下、逐步分解、分而治之的开发方式，在 PL/SQL 中，将一系列的功能封装为过程或函数，然后将其整合到包中，这样能提供模块化开发的方式，提升 Oracle 程序设计的效率。

　　举例来说，对于一个员工管理系统，在设计与开发时，可能需要具有添加员工、修改员工、员工调薪、增加部门等多种功能，根据模块化设计的方式，可以将员工管理系统细分为如图 12.4 所示的模块图。

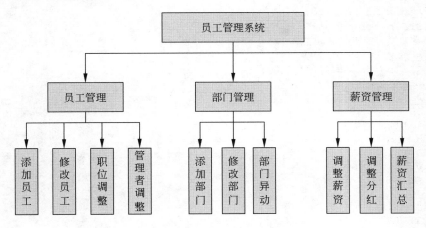

图 12.4　员工管理系统功能模块图

　　在 PL/SQL 中设计这个程序时，按照模块化设计的原则，可以将整个员工管理系统设计为一个 emppkg 包，在包中，包含多个函数或过程，用来处理员工、部门或薪资，这样在应用程序开发时，可以直接引用包中的子程序来处理业务逻辑。

　　为了模块化地实现员工管理系统，可以在 PL/SQL 中创建一个包。下面的示例演示了如何先创建一个包体，它包含了在员工管理系统中可能出现的功能，如代码 12.3 所示。

代码 12.3　员工管理系统包规范设计

```
CREATE OR REPLACE PACKAGE emppkg IS
  -- 作者  : ADMINISTRATOR
  -- 创建日期 : 2013-1-27 16:08:18
  -- 功能 : 管理员工、部门和薪资
  -- 公共函数，提供员工调薪比率
  FUNCTION get_sal_ratio(p_job VARCHAR2) RETURN NUMBER;
  --添加新的员工
  PROCEDURE add_employee(empno VARCHAR2,ename VARCHAR2,sla NUMBER,comm
  NUMBER,deptno NUMBER) ;
  --添加新的部门
  PROCEDURE add_dept(deptno VARCHAR2,dname VARCHAR2,LOC VARCHAR2);
END emppkg;
```

　　这个包规范中包含了员工管理系统中各种功能的子程序定义，比如包含函数和过程定义用来获取调薪比率，添加新员工或者是添加新的部门。接下来在包体中实现这些功能，示例代码中演示了包体的实现，由于包规范中的每个子程序的定义都必须在包体中实现，出于演示需要，在这里仅对 get_sal_ratio 添加了实现代码，如代码 12.4 所示。

代码 12.4　员工管理系统包体实现

```
CREATE OR REPLACE PACKAGE BODY emppkg IS
```

```
--获取调薪比率的函数
FUNCTION get_sal_ratio(p_job VARCHAR2) RETURN NUMBER AS
  v_result NUMBER(7, 2);
BEGIN
  IF p_job = '职员' THEN
    --如果为职员,加薪 10%
    v_result := 0.10;
  ELSIF p_job = '销售人员' THEN
    --如果为销售职员,加薪 12%
    v_result := 0.12;
  ELSIF p_job = '经理' THEN
    --如果为经理,加薪 15%
    v_result := 0.15;
  ELSE
    --否则,加薪 8%
    v_result := 0.08;
  END IF;
  RETURN v_result;
END get_sal_ratio;

--添加新的员工
PROCEDURE add_employee(empno  VARCHAR2,
                       ename  VARCHAR2,
                       sla    NUMBER,
                       comm   NUMBER,
                       deptno NUMBER)
AS
BEGIN
  NULL;
END add_employee;

--添加新的部门
PROCEDURE add_dept(deptno VARCHAR2, dname VARCHAR2, LOC VARCHAR2)
AS
BEGIN
  NULL;
 END add_dept;
```

现在包体中包含了具体的实现代码,它实现了在包规范中定义的子程序声明,这个包成功通过 PL/SQL 的编译之后,就可以通过 emppkg.add_dept 这样的语法形式被任何需要使用员工管理模块的程序进行调用了,这种语句组成可以大大减少 PL/SQL 代码的复杂性,提供软件工程化的开发模式,增强 PL/SQL 代码的可重用性。

12.1.5　面向对象的开发

面向对象的程序(OOP)设计是近几年来软件开发世界非常流行的一种发展趋势,使用面向对象的思想开发应用程序,可以大大减少建立复杂应用的时间。PL/SQL 通过提供对象类型来支持面向对象的设计,对象类型是用户自定义的一种复合类型,它封装了对象属性及操作这些属性数据的过程和函数。

与 C++或 Java 中的类相似,对象类型具有类的特征,如封装、抽象、继承及多态的特性。在定义好对象类型后,可以基于对象类型来定义对象表,或者是将对象类型作为 Oracle 表列进行保存。

举个例子，公司里的每个职员都可以看作是一个对象，他们有姓名、工号、薪水等属性，同时还可以包含加薪的方法。要定义这个对象，可以使用如代码 12.5 所示的 PL/SQL 创建方法。

代码 12.5　创建员工对象

```
CREATE OR REPLACE TYPE emp_obj AS OBJECT (
   empno     NUMBER (4),                          --员工编号属性
   ename     VARCHAR2 (10),                       --员工名称属性
   job       VARCHAR (9),                         --员工职别属性
   sal       NUMBER (7, 2),                       --员工薪水属性
   deptno    NUMBER (2),                          --部门编号属性
   --加薪方法
   MEMBER PROCEDURE addsalary (ratio NUMBER)
);
--定义对象类型体，实现对象方法
CREATE OR REPLACE TYPE BODY emp_obj
AS
   --实现对象方法
   MEMBER PROCEDURE addsalary (ratio NUMBER)
   IS
   BEGIN
      sal := sal * (1 + ratio);                   --加上特定比例的薪水
   END;
END;
```

PL/SQL 的对象定义中包含了成员方法时，需要在类型体中定义成员方法的代码，因此代码中出现了两个 CREATE 方法。当这个对象被创建后，就可以根据这个对象创建一个对象表，代码如下所示：

```
CREATE TABLE emp_obj_tab OF emp_obj;
```

emp_obj_tab 表中的每一行都是一个对象的实例，这允许开发人员使用面向对象的方式对这个表进行操作。

12.2　PL/SQL 语言概览

相信通过前面内容的学习，读者应该理解了 PL/SQL 基本的特性，本节将全方位地浏览一遍 PL/SQL 提供的语法结构。通过前面的学习，可以看到 PL/SQL 是与 SQL 语言无缝整合的，在 PL/SQL 中可以定义常量和变量，还可以编写流程控制语句控制程序的流，通过子程序和包来实现模块化程序设计，并且可以通过 PL/SQL 提供的错误处理来捕捉异常，在 PL/SQL 中还可以通过记录和集合来创建自定义的复杂类型。

12.2.1　PL/SQL 块

块是 PL/SQL 最基本的程序单元，在 PL/SQL 中通过使用块来组织相关的定义和各种 PL/SQL 语句。所有的 PL/SQL 程序都是由语句块组成的，块之间还可以相互嵌套。一个

PL/SQL 块是由关键字 DECLARE、BEGIN、EXCEPTION 和 END 组成的，这些关键字将
PL/SQL 块划分为 3 个部分：

- ❑ 定义区，由 DECLARE 开始，到 BEGIN 之间结束，用来定义变量、常量和类型。
- ❑ 执行区，由 BEGIN 和 END 之间组成，是 PL/SQL 语句块的主体。
- ❑ 异常处理区，用来处理 PL/SQL 语句执行过程中的异常。

一个 PL/SQL 块的基本结构如下所示：

```
DECLARE      --可选
  --定义部分
BEGIN        --必须
  --执行部分
EXCEPTION    --可选
  --异常处理部分
END;         --必须
```

对于定义部分，根据块的类型不同，DECLARE 又是可选的，一般在匿名块中使用
DECLARE 开始定义区，在 PL/SQL 中，块按其作用范围又可分为如下两类：

- ❑ 匿名块，没有名称的 PL/SQL 块，这种块每次执行时都必须重新编译，并且执行完
  成后不会保存任何信息。
- ❑ 命名块，具有名称的 PL/SQL 块，又可细分为 3 个部分，这种类型的块一般保存在
  数据字典中以备多次重复调用。

PL/SQL 命名块分为如下 3 种类型：

- ❑ 使用<<块名称>>进行标识的块，通常是在块嵌套时，为了区分多级嵌套层次关系
  而使用命名加以区分，这种类型的块不会保存在数据字典中，只是为了加以区分
  的标记。
- ❑ 由函数或过程组成的子程序块，这种块保存在数据字典中，以编译后的形式存在，
  这样下次调用时不用重新编译，可以提高执行的性能。
- ❑ 数据库触发器块，触发器块是指当数据库中的某个事件触发后要执行的 PL/SQL
  语句块，也会存储到数据字典中，并且是以编译后的形式存在。

关于子程序块和触发器，在本书第 13 章和第 15 章会有详细的讨论，在本节后面的内
容中也会概要性地进行介绍，命名块和匿名块除多了块的命名定义之外，其他的部分基本
上相似。

DELCARE 指定的定义区是可选的，EXCEPTION 异常处理区也可以没有，一个最简
单的 PL/SQL 匿名块如代码 12.6 所示。

代码 12.6　最简单的 PL/SQL 匿名块

```
BEGIN
  NULL;            --最简单的 PL/SQL 语句块
END;
```

一个最简单的语句块必须要有一个 BEGIN 和 END 关键字，如果 BEGIN 和 END 之间
不执行任何代码，可以放一个 NULL 关键字，如果省略 NULL 关键字，Oracle 会抛出错误
提示：

```
scott_Ding@ORCL> BEGIN
```

```
              END;
          /
      END;
        *
第 2 行出现错误:
ORA-06550: 第 2 行, 第 13 列:
PLS-00103: 出现符号 "END"在需要下列之一时:
( begin case
declare exit for goto if loop mod null pragma raise return
select update while with <an identifier>
<a double-quoted delimited-identifier> <a bind variable> <<
continue close current delete fetch lock insert open rollback
savepoint set sql execute commit forall merge pipe purge
```

可以看到，在块的执行部分如果不放置任何代码，PL/SQL 引擎抛出了异常，NULL 语句是一个可执行语句，表示的意思是"什么也不做"，相当于一个不执行任何操作的占位符，通常 NULL 语句用来使某些语句有意义，提高程序的可读性。

匿名块在每次执行时被加载到内存进行编译，PL/SQL 会进行语法结构检查，产生解析树，然后进行语义检查。语义检查包含变量类型检查和进一步对解析树进行处理，最后产生执行代码。而命名块在调用时不需要进行这些步骤，因此执行的性能比匿名块要高效，匿名块适用于只执行一次的程序，对于要多次反复执行的代码，则需要创建命名块。

一个完整的 PL/SQL 块通常包含定义区、语句执行区和异常处理区，下面的代码演示了如何向 dept 表中插入一条部门记录，首先判断指定编号的记录是否存在，如果不存在则添加，定义如代码 12.7 所示。

代码 12.7　完整的 PL/SQL 语句块

```
DECLARE
  v_deptcount    NUMBER (2);                          --定义员工记数器变量
  v_deptno       NUMBER (2) := 60;                    --定义并为变量赋初值
BEGIN
  --查询 v_deptno 变量所代表的员工编号是否存在
  SELECT COUNT (1)
    INTO v_deptcount
    FROM dept
  WHERE deptno = v_deptno;
  IF v_deptcount = 0                     --如果记录数等于 0，表示无此编号的部门
  THEN
    INSERT INTO dept
        VALUES (v_deptno, '财务部', '深圳');          --执行插入操作
    --写入屏幕信息
    DBMS_OUTPUT.put_line ('成功插入部门资料!');
  END IF;
EXCEPTION                                              --异常处理块
  WHEN OTHERS
  THEN                                                --如果出现任何异常
    DBMS_OUTPUT.put_line ('部门资料插入失败');        --显示异常信息
END;
```

这个 PL/SQL 匿名块以 DECLARE 开始，它包含了定义区、执行区和异常处理部分，其实现步骤如下所示：

（1）在定义区定义了两个变量 v_deptcount 和 v_deptno，v_deptcount 用来保存查询的

结果，这里使用了 SELECT INTO 语句，这个语句用来查询数据库表中的一个值，保存到变量中，这是 PL/SQL 特有的 SELECT 语法，如果 SELECT 查询语句没有返回任何数据，Oracle 会抛出 NO_DATA_FOUND 异常。

（2）接下来使用一个 IF 语句判断 v_deptcount 是否返回了行数，也就是判断其是否大于 0，如果大于 0 的话，则调用 INSERT INTO 子句，向 dept 表中插入一条记录，如果因为某些原因插入失败，也会导致 Oracle 抛出异常。

（3）为了处理可能的异常，代码使用了 EXCEPTION 语句块，这个块由多个WHEN..THEN 子句组成，示例中只用了一个 WHEN OTHERS THEN，表示任何异常触发，都会执行一段代码，在示例中使用 DBMS_OUTPUT.put_line 输出了一行异常信息。

🔔注意：DBMS_OUTPUT 是一个 Oracle 标准提供包，主要用于调试 PL/SQL 程序，比如在 SQL*Plus、PL/SQL Developer 或 Toad 中都可以显示输出信息，其 put_line 方法可以将信息放在缓冲区中，在 SQL*Plus 中可以通过 SET SERVEROUTPUT ON 来开始屏幕显示输出，在其他的工具中都提供了输出开关，用来显示调试输出信息。

可以看到，当引入异常处理块后，它可以使得整个 PL/SQL 代码更加健壮，EXCEPTION 语句块中的 WHEN 子句可以捕捉在执行块中所有可能的错误，这避免了因为无法预知错误导致的应用程序崩溃。

12.2.2　嵌套块

在一个块中还可以嵌入另一个块，可以在块的执行区和异常处理区中放入嵌套的子块，嵌套的子块的定义与普通的块定义完全相似，因为是嵌套块，因此其作用域也仅限于当前块中。

🔔注意：不能在声明区中定义嵌套块。

嵌套的块与普通的匿名块定义一样，可以具有可选的定义区或异常处理区，但是一定要具有以 BEGIN 开始、END 结束的执行部分。下面的示例演示了如何在 PL/SQL 块中嵌套多个子块，如代码 12.8 所示。

代码 12.8　PL/SQL 嵌套块示例

```
DECLARE
  v_deptcount   NUMBER (2);                    --定义记录数变量
  v_deptno      NUMBER (2) := 90;              --定义并为变量赋初值
  v_deptname    VARCHAR2 (12);
BEGIN
  --内部嵌套块
  BEGIN
    SELECT dname
      INTO v_deptname
      FROM dept
     WHERE deptno = v_deptno;    --在嵌套块中可以直接使用外部块中定义的变量
  EXCEPTION                                    --异常处理区
```

```
        WHEN NO_DATA_FOUND THEN                            --捕捉异常
          DBMS_OUTPUT.put_line ('您查询的部门不存在');
          RAISE;
      END;
    --内部嵌套块
    DECLARE
       v_loc   VARCHAR2 (20) := '深圳罗湖';               --在子块中定义变量
    BEGIN
       --执行插入操作
       UPDATE dept
         SET loc = v_loc
       WHERE deptno = v_deptno;
       --写入屏幕信息
       DBMS_OUTPUT.put_line ('在内部嵌套块中成功更新部门资料!');
    END;
EXCEPTION                                                  --异常处理块
  WHEN NO_DATA_FOUND
  THEN                                                     --如果出现任何异常
    BEGIN                                                  --在异常处理块内部嵌套块
      INSERT INTO dept
        VALUES (v_deptno, '财务部', '深圳');
      DBMS_OUTPUT.put_line ('在异常处理嵌套块成功插入部门资料!');
    EXCEPTION
      WHEN OTHERS
      THEN
        DBMS_OUTPUT.put_line (SQLERRM);
                          --如果在嵌套块中出现异常，输出 SQL 错误消息
    END;
END;
```

在这个示例中，可以看到在 PL/SQL 块中一共定义了 3 个嵌套块，各个嵌套块之间看似独立但是又彼此关联，这也是嵌套块的作用，通过将一些相对独立的功能封装到块中，可以让整体代码易于理解，又可以实现块级别的功能，这个语句块的实现如下步骤所示：

（1）在变量定义区定义了 3 个变量，其中 v_deptno 指定了初始值为 90，这些变量将被后续的嵌套块所使用。

（2）在 BEGIN 关键字之后，开始了一个嵌套块，这个嵌套块没有变量定义部分，它使用定义在外层块中的变量，来查询 v_deptno 中的部门名称，保存到 v_deptname 变量中。如果 SELECT INTO 语句没有返回任何数据，将会触发 NO_DATA_FOUND 异常，在嵌套块中包含了 EXCEPTION 块用来捕捉这个异常，在缓冲区中输出一条消息，并且使用 RAISE 语句重新抛出这个异常。

（3）第 2 个嵌套块从 DECLARE 关键字开始，它在嵌套块中定义了一个变量 v_loc，这个变量指定了初始值，然后使用这个变量作为 UPDATE 的 SET 子句的值，赋给 loc 列，在更新完成后输出消息。在这个块中没有使用 EXCEPTION 指定异常处理区。

（4）在外层块的 EXCEPTION 部分，使用 WHEN OTHERS THEN 捕捉 BEGIN 到 EXCEPTION 之间的所有异常，第 1 个嵌套块中使用 RAISE 抛出了异常，因此如果第 1 个嵌套块出现异常，则第 2 个嵌套块将永远得不到执行，因为代码直接跳到 EXCEPTION 部分执行。在 WHEN OTHERS THEN 中使用 BEGIN 开始了一个嵌套的块，也就是第 3 个块，这个块中使用 INSERT INTO 子句插入了一个新的部门，并且在这个嵌套块中也包含了 EXCEPTION 异常处理区，它用来捕捉在嵌套块中出现的异常。

整个嵌套块的示意结构如图 12.5 所示。

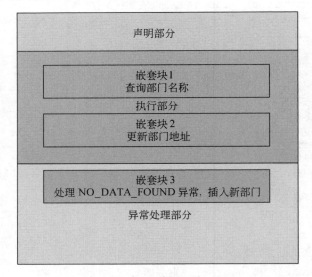

图 12.5　嵌套块示意结构

可以看到，嵌套块可以为匿名块提供更加明晰的代码结构，并且可以通过在嵌套块中应用异常处理来捕捉细粒度的错误，然后进行处理。如果将第 1 个嵌套块中的 RAISE 语句更改为 NULL 语句，则即使第 1 个嵌套块出现异常，也会执行到第 2 个嵌套块，使得程序人员可以控制程序的执行流。

当在块中加入了嵌套块之后，代码会变得冗长，而且如果嵌入的层次过深，就会导致阅读和维护上的困难。在 PL/SQL 中，可以通过为嵌套块加入命名标签，即通过<<命名标签>>这样的语法格式来对块进行命名，使用这种命名方式的块称为命名块，不过这种块与匿名块没有什么不同，也是运行时会重新编译，例如将代码 12.8 中的示例进行命名，如代码 12.9 所示：

代码 12.9　使用命名块

```
<<外层块>>                          --外层块标签，使用 PL/SQL Developer 会出现异常
DECLARE
  v_deptcount   NUMBER (2);                    --定义记录数变量
  v_deptno      NUMBER (2)    := 90;           --定义并为变量赋初值
  v_deptname    VARCHAR2 (12);
BEGIN
  <<获取部门名称的块>>
  BEGIN
    SELECT dname
      INTO v_deptname
      FROM dept
     WHERE deptno = v_deptno;      --在嵌套块中可以直接使用外部块中定义的变量
  EXCEPTION                                    --异常处理区
    WHEN NO_DATA_FOUND THEN                    --捕捉异常
      DBMS_OUTPUT.put_line ('您查询的部门不存在');
      RAISE;
  END;
  <<更新部门地址的块>>
```

```
     DECLARE
        v_loc    VARCHAR2 (20) := '深圳罗湖';              --在子块中定义变量
     BEGIN
        --执行插入操作
        UPDATE dept
          SET loc = v_loc
         WHERE deptno = v_deptno;
        --写入屏幕信息
        DBMS_OUTPUT.put_line ('在内部嵌套块中成功更新部门资料!'||更新部门地址的块.
        v_loc);
     END;
 EXCEPTION                                        --异常处理块
    WHEN NO_DATA_FOUND
    THEN
     <<异常处理嵌套块>>                            --如果出现任何异常
       BEGIN                                      --在异常处理块内部嵌套块
         INSERT INTO dept
              VALUES (v_deptno, '财务部', '深圳');
         DBMS_OUTPUT.put_line ('在异常处理嵌套块成功插入部门资料!');
       EXCEPTION
         WHEN OTHERS
         THEN
           DBMS_OUTPUT.put_line (SQLERRM);
                                   --如果在嵌套块中出现异常，输出 SQL 错误消息
       END;
 END;
```

可以看到，这个示例中，在每个嵌套块前面都添加了命名标签，使得语句块看起来更加易懂，不过也要注意不同的编辑器对于命名标签的处理方式，比如在 PL/SQL Developer 中，当对外层块中应用命名标签时，它会弹出错误信息。

在第 2 个嵌套块中，也就是"更新部门地址的块"中，可以看到 DBMS_OUTPUT.put_line 中，对于 v_loc 使用了命名的块标签作为前缀。在嵌套块中可以引用外部块中的变量，但是嵌套块不能引用定义在其他嵌套块中的变量，否则 Oracle 会抛出错误提示。

12.2.3　变量和数据类型

变量是指其值会发生变化的值，它使用一个标识符表示，每个变量都带有一个数据类型。前面曾经说过，在 PL/SQL 中可以使用所有的 SQL 语言的数据类型，不仅如此，PL/SQL 本身也定义了多种数据类型，大大丰富了 PL/SQL 解决问题的能力。

在 PL/SQL 块的声明区，也就是 DECLARE 关键字后面，可以声明变量、常量及复杂的类型。每个变量都与一个特定的数据类型相关联，变量的类型定义了变量可以存放的信息的种类。根据数据类型的复杂程度，PL/SQL 中的变量按其类型可以划分为如下几类：

- ❑ 标量变量，指能存放单个数值的变量，这是 PL/SQL 最常用的变量，标量变量的数据类型包含了数字、字符、日期和布尔类型，比如 VARCHAR2、CHAR、NUMBER、DATE 等类型。
- ❑ 复合变量，指用于存放多个值的变量，必须要使用 PL/SQL 复合数据类型来定义变量，比如 PL/SQL 记录、PL/SQL 表、嵌套表及 VARRAY 等类型。
- ❑ 参照变量，是指用于存放数值指针的变量，比如 PL/SQL 游标变量和对象变量。

❑ LOB 变量，指用于存放大批量数据的变量。

其中标量变量的定义语法如下：

```
variable datatype [ [ NOT NULL] {:= | DEFAULT} expression ] ;
```

其中 variable 指定所要定义的变量名称，datatype 指定变量的数据类型，NOT NULL 指定变量是否具有 NOT NULL 非空约束。如果要为变量指定初始值，可以使用:=符号，指定一个常量值或一个表达式，还可以是一个 DEFAULT 关键字来指定类型的默认值。

在 PL/SQL 中可供使用的标量类型有所有的 SQL 数据类型，还包含如下几个 PL/SQL 特有的数据类型：

❑ BOOLEAN，布尔类型，具有 TRUE、FALSE 和 NULL 值，NULL 表示未知值。

❑ PLS_INTEGER 和 BINARY_INTEGER，都用于存储整型值，值的范围在–2 147 483 648 到 2 147 483 647 之间。它比 SQL 语言的 NUMBER 类型需要更少的存储空间，使用速度比 NUMBER 类型要快。

❑ 用户定义的子类型，在 PL/SQL 中通过 SUBTYPE 关键字还可以定义特定类型的子类型。

代码 12.10 演示了如何在 PL/SQL 块的定义区定义标量变量。

代码 12.10　定义标量变量

```
DECLARE
 part_number        NUMBER(6);               --SQL 数据类型
 part_name          VARCHAR2(20);            --SQL 数据类型
 in_stock           BOOLEAN;                 --仅 PL/SQL 使用的数据类型
 part_price         PLS_INTEGER;             --仅 PL/SQL 使用的数据类型
 part_description   VARCHAR2(50);            --SQL 数据类型
 hours_worked       INTEGER := 40;           --定义变量并赋初值
 employee_count     INTEGER NOT NULL := 0;   --定义变量并指定 NOT NULL 约束
 hire_date          DATE DEFAULT SYSDATE;    --使用 DEFAULT 关键字指定初始值
BEGIN
 NULL;
END;
/
```

在这个示例中定义了 8 个变量，一些变量使用 SQL 数据类型，一些变量使用了仅在 PL/SQL 中使用的数据类型，可以看到 hours_worked 和 employee_count 分别使用赋值运算符定义了初始值，而 hire_date 则使用了 DEFAULT 关键字指定了默认值。如果在语句的执行部分没有为变量赋值，则使用这些变量时会使用在定义区指定的初始值或默认值。

在语句的执行部分，可以多次为变量赋值，最简单的赋值方式是使用赋值运算符:=，或者是使用 SELECT INTO 语句。使用赋值运算符赋值的语法如下：

```
variable_name := expression
```

其中 variable_name 指定要赋值的变量，而 expression 指定所要赋值的表达式，可以是常量值，也可以是一个表达式的计算结果。代码 12.11 演示了如何在 PL/SQL 块中为变量赋值。

代码 12.11　使用赋值运算符为变量赋值

```
DECLARE
  part_number       NUMBER(6);              --SQL 数据类型
  part_name         VARCHAR2(20);           --SQL 数据类型
  in_stock          BOOLEAN;                --仅 PL/SQL 使用的数据类型
  part_price        PLS_INTEGER;            --仅 PL/SQL 使用的数据类型
  part_description  VARCHAR2(50);           --SQL 数据类型
  hours_worked      INTEGER := 40;          --定义变量并赋初值
  employee_count    INTEGER NOT NULL := 0;  --定义变量并指定 NOT NULL 约束
  hire_date         DATE DEFAULT SYSDATE;   --使用 DEFAULT 关键字指定初始值
BEGIN
  part_number:=38;
  part_name:='水管';
  in_stock:=True;
  part_price:=100/part_number;
  part_description:='镀银软管';

DBMS_OUTPUT.put_line(part_number||CHR(13)||part_name||CHR(13)||hire_date);
END;
```

由上面的示例可以看到，通过赋值运算符，PL/SQL 块的执行部分既可以使用常量进行赋值，也可以通过表达式赋值，还可以引用各种 SQL 函数的计算结果进行赋值。

⚠注意：PL/SQL 特有的类型只能用于 PL/SQL 过程化语句，不能用于 SQL 语言中，而且一些类型在 DBMS_OUTPUT.put_line 中也不能隐式转换为字符串类型，比如 BOOLEAN 类型。

另外一种为变量赋值的方式是使用 SELECT INTO 语句，关于该语句的使用在前面的很多示例中都演示过，其语法如下：

```
SELECT select_item [, select_item ]...
INTO variable_name [, variable_name ]...
FROM table_name;
```

SELECT 后面的选择列表与 INTO 子句后面的变量列表要匹配，而且使用 SELECT INTO 语句一次只能取出一行数据进行赋值，如果 SELECT 语句返回多行数据，则 Oracle 会抛出 TOO_MANY_ROWS 异常，如果 SELECT 没有返回任何数据，则 Oracle 会抛出 NO_DATA_FOUND 异常。在使用 SELECT INTO 语句时，必须要注意到这两个异常的产生时机。

代码 12.12 演示了如何使用 SELECT INTO 子句来同时为多个变量赋值。

代码 12.12　使用 SELECT INTO 语句为变量赋值

```
DECLARE
  v_sal     emp.sal%TYPE;              --定义 3 个与 emp 表中相应列相同类型的变量
  v_empno   emp.empno%TYPE;
  v_deptno  emp.deptno%TYPE;
BEGIN
  SELECT empno, sal, deptno            --使用 SELECT INTO 为变量赋值
    INTO v_sal, v_empno, v_deptno
    FROM emp
  WHERE empno = 7369;
```

```
EXCEPTION                               --避免 TOO_MANY_ROWS 异常，这里进行了捕捉
  WHEN TOO_MANY_ROWS THEN
    DBMS_OUTPUT.put_line('返回了多行数据');
END;
```

在这个示例的变量定义区，使用%TYPE 语法，将 3 个变量的类型指定为与 emp 表中相应列的类型相同，这种定义方式可以在表中的列类型发生改变后不用更改程序代码，运行 PL/SQL 代码时会自动引用新的类型。在块的执行部分，使用 SELECT INTO 语句同时为 3 个变量进行了赋值，在异常处理部分捕捉了 TOO_MANY_ROWS 异常，以避免由于返回多行数据导致程序的执行错误。

除了定义变量之外，在 PL/SQL 中，还可以像其他 3GL 语言一样定义常量，常量是其值保持不变的量，它不像变量那样可以通过赋值改变其内容。常量的值是在声明时指定的，一旦定义了常量，就不能在任何位置改变其值。

常量的定义语法如下：

```
constant CONSTANT datatype [NOT NULL] { := | DEFAULT } expression ;
```

定义常量值时，需要使用 CONSTRANT 关键字，除了指定数据类型之外，必须要为常量指定一个初始值，可以通过赋值运算符或 DEFAULT 关键字，初始值的类型必须要与 datatype 指定的数据类型相匹配。下面的示例语句演示了如何在 PL/SQL 中定义常量：

```
DECLARE
  credit_limit     CONSTANT REAL := 5000.00;      --SQL 类型，指定信用额度
  max_days_in_year CONSTANT INTEGER := 366;       --SQL 类型，指定一年最大的日期
  is_completed     CONSTANT BOOLEAN := FALSE;     --PL/SQL 类型，指定是否完工
  program_title CONSTANT VARCHAR2(50):= 'PL/SQL 编程';--SQL 类型，指定程序标题
  --max_days_in_year_2 CONSTANT INTEGER; --错误，在声明常量时必须指定常量的类型
BEGIN
  DBMS_OUTPUT.put_line(program_title);            --输出常量值
END;
```

在这个示例中定义了 5 个常量，其中 max_days_in_year_2 定义了常量但是没有指定初始值，PL/SQL 引擎将抛出 PLS-00322 错误。

> 注意：常量的定义一定要指定初始值，并且常量定义好后不能在执行部分更改常量的值。

如果强制编写赋值语句的话，PL/SQL 引擎将抛出 PLS-00363 异常。指定常量不能用作赋值目标。

12.2.4　程序控制语句

PL/SQL 最重要的特性是引入了程序控制语句，在过程化的编程语言中，如果没有这些流程控制语句，那么语句在执行时只能从上向下依次执行，这种执行流无法满足一些稍微复杂的业务逻辑场合，PL/SQL 通过提供程序控制语句，可以让程序员控制程序的执行流，比如进行条件判断以选择要执行的代码块或者是通过循环反复执行某些代码片段。在 PL/SQL 中包含如下 3 种流程控制语句：

❑ 条件判断语句，允许根据某些条件执行代码段，可供使用的有 IF 和 CASE 语句。

❑ 循环控制语句，允许反复多次执行一个代码块，它包含了简单 LOOP 循环、FOR LOOP 循环、游标 FOR 循环和 WHILE LOOP 循环。并且提供了 EXIT 和 EXIT WHEN 语句来进行循环中断。

❑ 顺序控制语句，在使用顺序流程控制时，可以使用 GOTO 进行无条件跳转，通过 NULL 语句来提升程序代码的可读性。

如果没有这些程序流程控制语句，PL/SQL 代码将从头到尾依次执行，这种程序结构也称为顺序控制结构，代码只能一行接一行地执行，无法进行任何有效的逻辑控制。下面的小节将分别介绍各种不同的流程控制语句的使用方法。

12.2.5　条件判断语句

在很多时候，程序需要根据特定的条件来做决策，比如在进行薪资调整时，需要根据员工的职别或所在的部门进行调整，那么程序代码需要能够判断员工的职别或部门，只有匹配特定的部门时，才执行为该部门调整薪资的代码。在 PL/SQL 中可以使用如下的条件控制语句来实现程序代码的决策分支功能：

❑ IF THEN END IF 语句，最简单的 IF 语句用法，IF 和 THEN 之间指定条件，THEN 和 END IF 之间是条件成立时所要执行的语句块。

❑ IF THEN ELSE END IF 语句，IF 和 THEN 之间是判断条件，当条件成立时执行 THEN 和 ELSE 之间的代码，如果不成立则执行 ELSE 和 END IF 之间的代码。

❑ IF THEN ELSIF END IF 语句，这种语句可以添加多个条件判断语句，如果 IF 和 THEN 之间的条件不成立，可以通过多个 ELSIF 添加多个条件进行判断执行。

❑ 简单 CASE 语句，类似于 SQL 语言中的简单 CASE，它可以将一个表达式的值与多个 WHEN 子句中的条件进行比较。

❑ 搜索 CASE 语句，比简单 CASE 语句功能要更强大，它可以在 WHEN 子句中指定比较表达式，这样可以进行复杂条件的判断。

其中最容易使用的是 IF..THEN..END IF 语句，其语法如下：

```
IF condition THEN
  statements
END IF;
```

condition 是一个返回布尔值的表达式，可以是简单的比较表达式或使用 AND、OR 和 NOT 的复杂的表达式，当 condition 返回 True 时，执行 statements 语句块，否则代码什么也不做。

⚠注意：END IF 在 PL/SQL 中不可或缺，而且 END 和 IF 之间必须具有空白字符。

代码 12.13 将演示如果员工史密斯的工资和提成均小于 3000，将会对员工的工资进行上调。

代码 12.13　IF 语句使用示例

```
DECLARE
  v_sal   NUMBER;
  v_comm  NUMBER;
```

```
   v_ename VARCHAR2(20) := '史密斯';                    --定义变量，以便在语句主体中使用
BEGIN
   --查询史密斯的工资和提成，然后保存到变量中
   SELECT sal, comm INTO v_sal, v_comm FROM emp WHERE ename = v_ename;
   --使用 IF..THEN..END IF 语句来判断工资是否大于 3000
   IF v_sal + v_comm > 3000 THEN
   --如果条件成立则执行薪资更新工作
     UPDATE emp SET sal = sal * 1.12 WHERE ename = v_ename;
   END IF;
   --使用游标变量判断是否成功地进行了更新
   IF SQL%NOTFOUND THEN
   --如果没有更新成功，则显示提示信息
     DBMS_OUTPUT.put_line('没有对史密斯进行薪资调整的动作。');
   END IF;
EXCEPTION
  --处理 NO_DATA_FOUND 异常
   WHEN NO_DATA_FOUND THEN
     DBMS_OUTPUT.put_line('对史密斯调薪的操作失败，错误信息为：' || SQLERRM);
END;
```

这个示例的实现过程如下所示：

（1）在语句的执行区，首先查询史密斯的工资和提成信息，保存到 v_sal 和 v_comm 变量中。

（2）接下来使用 IF 语句判断 v_sal 和 v_comm 相加之后的和是否小于 3000，如果条件成立，则执行 UPDATE 语句。

（3）对于每一个 DML 语句，Oracle 都会隐式创建一个游标，可以使用一些游标变量，以 SQL%开头，比如有 FOUND、NOTFOUND、ROWCOUNT 等用来获取游标执行信息，在示例语句中通过判断 SQL%NOTFOUND 来判断是否成功执行了 UPDATE 操作，如果没有执行，则该变量返回 True，因此可以得知没有成功调整工资。

（4）在异常处理部分，处理了 NO_DATA_FOUND 异常，以便于在 SELECT INTO 出现错误时可以显示错误消息。

IF..THEN..END IF 语句在 IF 条件不满足时不会执行任何代码，如果要在 IF 条件不成立时，执行一些代码，可以添加 ELSE 子句，其语法如下：

```
IF condition THEN
  statements
ELSE
  else_statements
END IF;
```

可以看到，ELSE 语句后面可以跟 else_statements 语句，用来指定在 condition 不满足时要执行语句。以代码 12.13 中的例子来说，如果史密斯的工资大于或等于 3000，则上调 5%，而不是 12%，因此可以在 IF 语句中添加一个 ELSE 子句，如代码 12.14 所示。

代码 12.14　IF..ELSE 语句使用示例

```
DECLARE
 v_sal   NUMBER;
 v_comm  NUMBER;
 v_ename VARCHAR2(20) := '史密斯'; --定义变量，以便在语句主体中使用
BEGIN
  --查询史密斯的工资和提成，然后保存到变量中
```

```
SELECT sal, comm INTO v_sal, v_comm FROM emp WHERE ename = v_ename;
 --使用 IF..THEN..END IF 语句来判断工资是否大于 3000
 IF v_sal + v_comm < 3000 THEN
   --如果条件成立则执行薪资更新工作
   UPDATE emp SET sal = sal * 1.12 WHERE ename = v_ename;
 ELSE
   UPDATE emp SET sal = sal * 1.05 WHERE ename = v_ename;
 END IF;
EXCEPTION
 --处理 NO_DATA_FOUND 异常
 WHEN NO_DATA_FOUND THEN
   DBMS_OUTPUT.put_line('对史密斯调薪的操作失败，错误信息为：' || SQLERRM);
END;
```

可以看到，在 IF..END IF 之间，现在具有基本的分支功能，如果史密斯的工资和提成小于 3000，那么按 12%进行调薪，否则按 5%进行薪资调整。

假设更进一步，现在薪资调整是根据员工当前工资的多种条件，工资在 0~3000 之间上调 12%，在 3000~4000 之间上调 10%，在 4000~5000 之间上调 8%，在 5000 以上则上调 5%。这里引入了多个条件，可以通过在 IF 语句中嵌入其他的 IF 来进行判断。例如，可以这样写代码：

```
--如果工资加提成小于 3000
IF v_sal + v_comm < 3000 THEN
   UPDATE emp SET sal = sal * 1.12 WHERE ename = v_ename;
ELSE
   --如果工资加提成大于 3000 小于 4000
   IF v_sal + v_comm> 3000 AND v_sal + v_comm<4000 THEN
     UPDATE emp SET sal = sal * 1.1 WHERE ename = v_ename;
   ELSE
       --如果工资加提成大于 4000 小于 5000
     IF v_sal + v_comm> 4000 AND v_sal + v_comm<5000 THEN
         UPDATE emp SET sal = sal * 1.08 WHERE ename = v_ename;
     ELSE
         --如果工资加提成大于 5000
         UPDATE emp SET sal = sal * 1.05 WHERE ename = v_ename;
     END IF;
   END IF;
END IF;
```

这个条件判断并不是那么易读，尽管它可以实现多种状态下的条件控制。PL/SQL 提供了另一种语法，使用 IF..THEN..ELSIF..END IF 语句，其语法如下：

```
IF condition_1 THEN
  statements_1
ELSIF condition_2 THEN
  statements_2
[ ELSIF condition_3 THEN
    statements_3
]...
[ ELSE
    else_statements
]
END IF;
```

在语句中可以通过多个 ELSIF..THEN 子句来加入多个条件，这样可以实现嵌套的 IF 语句实现的功能。

🔔**注意**：使用 ELSIF 关键字而不是 ELSEIF 关键字，在 ELSE 中不包含 E，这是与其他的
　　　编程语言的一个非常明显的区别。

下面的代码将上面的嵌套 IF 语句更改为 ELSIF 语句，如代码 12.15 所示。

代码 12.15　IF..ELSIF 语句使用示例

```
DECLARE
 v_sal   NUMBER;
 v_comm  NUMBER;
 v_ename VARCHAR2(20) := '史密斯'; --定义变量，以便在语句主体中使用
BEGIN
 --查询史密斯的工资和提成，然后保存到变量中
 SELECT sal, comm INTO v_sal, v_comm FROM emp WHERE ename = v_ename;
 --使用 IF..THEN..END IF 语句来判断工资是否大于 3000
 IF v_sal + v_comm < 3000 THEN
   --如果条件成立则执行薪资更新工作
   UPDATE emp SET sal = sal * 1.12 WHERE ename = v_ename;
   --如果工资加提成在 3000 到 4000 之间
 ELSIF v_sal+v_comm>3000 AND  v_sal+v_comm<4000 THEN
   UPDATE emp SET sal = sal * 1.1 WHERE ename = v_ename;
   --如果工资加提成在 4000 到 5000 之间
 ELSIF v_sal+v_comm>4000 AND  v_sal+v_comm<5000THEN
   UPDATE emp SET sal = sal * 1.08 WHERE ename = v_ename;
 ELSE
   --如果工资大于 5000
   UPDATE emp SET sal = sal * 1.05 WHERE ename = v_ename;
 END IF;
EXCEPTION
 --处理 NO_DATA_FOUND 异常
 WHEN NO_DATA_FOUND THEN
   DBMS_OUTPUT.put_line('对史密斯调薪的操作失败，错误信息为：' || SQLERRM);
END;
```

在这个示例中，将嵌套的 IF..ELSE 子句更改为 IF..ELSIF 语句的形式后，尽管实现的
功能相似，但是代码相对来说要清晰易懂很多，不再有过深的嵌套，而是具有平行的执行
方向，因此更容易维护和理解。

🔔**注意**：IF THEN ELSIF 语句使用短路径计算方式，也就是说当有一个条件返回 True 之
　　　后，后续的条件将不会得到计算，如果所有的条件都不满足，则执行 ELSE 关键
　　　字后面的语句。

在 PL/SQL 中也可以直接使用类似在本书 9.1.12 节介绍的 SQL 语言中的 CASE 表达式
的应用，它分为简单 CASE 语句和搜索 CASE 语句，简单 CASE 语句在 CASE 关键字后面
紧跟一个表达式，然后通过多个 WHEN 子句来匹配这个表达式，条件成立时则执行 WHEN
后面的语句，其语法如下：

```
CASE selector
WHEN selector_value_1 THEN statements_1
WHEN selector_value_2 THEN statements_2
...
WHEN selector_value_n THEN statements_n
[ ELSE
 else_statements ]
```

```
END CASE;]
```

　　其中 selector 是一个表达式，通常是一个返回单一值的变量，每个 selector_value 可以是一个常量值或一个表达式，每个 WHEN 子句中的 selector_value 均与 selector 返回的值进行比较，只要条件成立，就会执行 THEN 后面的 statements；如果条件都不满足，则执行 ELSE 语句后的 else_statements；如果没有 ELSE 语句，则会抛出一个 CASE_NOT_FOUND 的异常。代码 12.16 演示了如何使用简单 CASE 语句返回学生成绩评定信息。

代码 12.16　简单 CASE 语句使用示例

```
DECLARE
  grade CHAR(1);                    --定义成绩等级变量
BEGIN
  grade := 'B';                     --指定成绩等级为 B
  CASE grade                        --使用简单 CASE 语句根据成绩等级返回成绩信息
    WHEN 'A' THEN
      DBMS_OUTPUT.PUT_LINE('优秀');
    WHEN 'B' THEN
      DBMS_OUTPUT.PUT_LINE('良好');
    WHEN 'C' THEN
      DBMS_OUTPUT.PUT_LINE('好');
    WHEN 'D' THEN
      DBMS_OUTPUT.PUT_LINE('一般');
    WHEN 'F' THEN
      DBMS_OUTPUT.PUT_LINE('普通');
    ELSE                            --如果所有条件都不满足，则指定 ELSE 语句
      DBMS_OUTPUT.PUT_LINE('无此等级');
  END CASE;
END;
```

　　在这个示例中，CASE 关键字之后的是 grade 变量，该变量用于选择器，后续多个 WHEN 子句后面的常量值都用于与这个选择器进行比较，如果成立，则调用 DBMS_OUTPUT.PUT_LINE 输出成绩信息，在简单 CASE 语句中的 ELSE 在所有的 WHEN 都不满足时触发，它将输出无此等级这样的消息。代码最终输出结果如下所示：

```
良好
```

　　复杂 CASE 语句可以引入更加复杂的条件判断表达式，它不像简单 CASE 那样仅能进行等值比较。搜索 CASE 的语法如下：

```
CASE
WHEN condition_1 THEN statements_1
WHEN condition_2 THEN statements_2
...
WHEN condition_n THEN statements_n
[ ELSE
  else_statements ]
END CASE;]
```

　　由语法可以看到，搜索 CASE 语句后面不包含任何选择器，而是在 WHEN 子句中使用条件表达式，可以是简单表达式或较复杂的非等值运算的表达式，如果没有一个 WHEN 条件匹配，则会执行 ELSE 部分的语句，否则 Oracle 会抛出 CASE_NOT_FOUND 异常。将代码 12.16 中的简单 CASE 语句转换成搜索 CASE 语句的示例如代码 12.17 所示。

代码 12.17　搜索 CASE 语句使用示例

```
DECLARE
  grade CHAR(1);
BEGIN
  grade := 'B';                    --为成绩等级赋初值
  CASE                             --使用搜索 CASE 语句返回成绩等级
    WHEN grade = 'A' THEN DBMS_OUTPUT.PUT_LINE('优秀');
    WHEN grade = 'B' THEN DBMS_OUTPUT.PUT_LINE('良好');
    WHEN grade = 'C' THEN DBMS_OUTPUT.PUT_LINE('好');
    WHEN grade = 'D' THEN DBMS_OUTPUT.PUT_LINE('一般');
    WHEN grade = 'F' THEN DBMS_OUTPUT.PUT_LINE('差');
  END CASE;
EXCEPTION                --由于没有 ELSE 子句，因此当 WHEN 都不匹配时则抛出异常
  WHEN CASE_NOT_FOUND THEN
    DBMS_OUTPUT.PUT_LINE('没有这样的成绩等级！');
END;
/
```

在这个搜索 CASE 语句中，CASE 关键字后面没有包含任何选择器，而是通过在多个 WHEN 子句中使用比较表达式进行了运算，如果运算结果为 True，则执行 WHEN 子句后面的代码；如果所有的 WHEN 子句都不能得到执行，则抛出 CASE_NOT_FOUND 异常。

12.2.6　循环控制语句

循环控制语句可以反复多次执行一个代码段，直到指定的条件得到满足才会中断循环。PL/SQL 提供了多种循环控制语句，主要分为如下所示的 3 类：

- ❑ 简单循环，这是最基本的循环，包含 LOOP 和 END LOOP 语句，通常以 EXIT 和 EXIT WHEN 语句退出。
- ❑ 数字式 FOR 循环，又称为已知次数的循环，这种循环结构可以将代码循环执行指定的次数。
- ❑ WHILE 循环，仅在一个特定的条件满足时开始执行循环，如果条件不再匹配，则终止循环，适用于不知道循环的次数，需要在满足特定条件的情况下才退出的循环。

1．简单循环

如果要使 1 段代码可以反复多次执行，最简单的方法是使用 LOOP..END LOOP 将其包装起来，这是最简单的 PL/SQL 循环语句，其语法如下：

```
[ label ] LOOP
  statements
END LOOP [ label ];
```

当使用 LOOP 和 END LOOP 将 statements 代码包装起来之后，代码会进入无限制的循环中，这也就是通常所说的死循环，为了避免死循环，必须要使用 EXIT 或可选的 WHEN 子句，在循环满足特定的条件之后退出循环。其语法如下：

```
EXIT [ label ] [ WHEN boolean_expression ] ;
```

其中 label 用于指定要退出的循环语句标签，如果在 LOOP 前面指定了循环的命名标签，可以使用 label 退出到指定的循环位置处。WHEN 子句是可选的，如果不指定该子句，将无条件地结束当前的循环，如果指定了 WHEN 子句，通过 boolean_expression 可以指定循环退出的条件，只有条件为 True 时才退出循环。

下面的示例演示了如何使用 LOOP 和 END LOOP 循环，在代码中使用了 EXIT 和 EXIT WHEN 进行无条件或按 WHEN 子句指定的条件进行退出，最后输出了循环的次数，如代码 12.18 所示。

代码 12.18　简单循环使用示例

```
DECLARE
  x NUMBER := 0;
  y NUMBER :=100;
BEGIN
  LOOP
    --输出循环变量的值，查看循环的执行变化
    DBMS_OUTPUT.PUT_LINE ('循环中变量的值: x = ' || TO_CHAR(x));
    x := x + 1;
    --如果 x 的值大于 3，则使用 EXIT 无条件退出循环
    IF x > 20 THEN
      EXIT;
    END IF;
    --如果 y 除以 x 的余数大于 5，则退出循环，这里使用了 EXIT WHEN 进行条件退出
    EXIT WHEN y mod x>5;
  END LOOP;
  --循环退出后，输出循环的值
  DBMS_OUTPUT.PUT_LINE('循环结束变量的值: x = ' || TO_CHAR(x));
END;
/
```

在这个示例中，在 LOOP 和 END LOOP 之间的代码主要用来输出循环计算器，并且对变量 x 的值进行累加。在代码中使用了两个条件来退出循环：如果 x 的值大于 20，则使用 EXIT 语句无条件地退出循环；另一个循环语句使用了 EXIT WHEN，它指定当 y 除以 x 之后的余数如果大于 5，也退出循环。

程序的输出如下所示：

```
循环中变量的值: x = 0
循环中变量的值: x = 1
....
循环中变量的值: x = 12
循环结束变量的值: x = 13
```

再来看一个嵌套循环的例子。在一个循环体中嵌套其他的循环，为了区别外层循环和内存循环，并且使用 EXIT 或 EXIT WHEN 子句时可以指定退出到哪个循环，可以在循环中指定命名标记，如示例代码 12.19 所示。

代码 12.19　嵌套循环使用示例

```
DECLARE
  s PLS_INTEGER := 0;
  i PLS_INTEGER := 0;
  j PLS_INTEGER;                --定义变量，使用 PL/SQL 特有的 PLS_INTEGER 类型
```

```
BEGIN
 <<outer_loop>>                              --指定外层循环
 LOOP
   i := i + 1;
   j := 0;
   <<inner_loop>>                            --指定内存循环
   LOOP
    j := j + 1;
    s := s + i * j;                          --汇总 i 和 j 的值，赋给变量 s
    EXIT inner_loop WHEN (j > 5);            --如果 j 的值大于 5，则退出内存循环
    EXIT outer_loop WHEN ((i * j) > 15); --如果 i*j 的值大于 15，则退出外层循环
   END LOOP inner_loop;                      --在 END LOOP 后面指定命名标签，以区别循环
 END LOOP outer_loop;
 DBMS_OUTPUT.PUT_LINE
   ('当前变量 s 的值为 ' || TO_CHAR(s));  --输出变量的值
END;
```

在这段代码中嵌入了两个 FOR LOOP 循环，在最外层的循环中指定了命名标签 <<out_loop>>，内层循环中指定了命名标签<<inner_loop>>，这样可以用来区分两个循环，并且在循环体内部，通过 EXIT WHEN 子句，分别指定了要退出的命名循环位置，这样就可以在内层循环直接退出外层循环。当前示例的输出如下所示：

```
当前变量 s 的值为 166
```

无论是简单的 LOOP..END LOOP 循环，还是数字式 FOR 循环或 WHILE..LOOP 循环，都可以使用 CONTINUE 或 CONTINUE WHEN 语句，用来停止当前循环的执行而转到循环的开始处。CONTINUE 的语法如下：

```
CONTINUE [ label ] [ WHEN boolean_expression ] ;
```

与 EXIT 类似，CONTINUE 用来无条件地重复循环，WHEN 子句可以用来指定重复循环的条件。下面的示例演示了 CONTINUE WHEN 语句的使用方法，它演示了当循环计数器值小于 3 时，将重复多次进行循环，如代码 12.20 所示。

代码 12.20　CONTINUE WHEN 使用示例

```
DECLARE
 x NUMBER := 0;
BEGIN
 LOOP
   -- 当调用了 CONTINUE 语句后，循环将从 CONTINUE 或 CONTINUE WHEN 的位置退出
   DBMS_OUTPUT.PUT_LINE('循环计数变量：x = ' || TO_CHAR(x));
   x := x + 1;
   --如果 x<3，则不执行下面的到 END LOOP 之间的代码，跳到循环开始处
   CONTINUE WHEN x<3;
   DBMS_OUTPUT.PUT_LINE('循环计数变量，在 CONTINUE 之后：x = ' ||TO_CHAR(x));
   --必须具有 EXIT 或 EXIT WHEN 语句，否则将会进入死循环
   EXIT WHEN x=5;
 END LOOP;
 DBMS_OUTPUT.PUT_LINE('循环结束后循环变量的值：x = ' || TO_CHAR(x));
END;
```

在这个示例中使用了 CONTINE WHEN 子句，当 x<3 时，那么位于 CONTINE 语句后面的语句将不会得到执行，语句的执行流程会跳转到循环的开始处重新开始循环。语句块

的执行效果如下所示：

```
循环计数变量： x = 0
循环计数变量： x = 1
循环计数变量： x = 2
循环计数变量，在 CONTINUE 之后： x = 3
循环计数变量： x = 3
循环计数变量，在 CONTINUE 之后： x = 4
循环计数变量： x = 4
循环计数变量，在 CONTINUE 之后： x = 5
循环结束后循环变量的值： x = 5
```

可以看到，使用 CONTINE WHEN 语句之后，当 x<3 时，位于 CONTINUE 语句后面的 DBMS_OUTPUT.put_line 方法将不会得到执行，因此只输出了 3、4、5 这几条信息。

2. 数字式FOR循环

数字式 FOR 循环是预定义了循环次数的循环，如果提前知道一段代码要执行的次数，例如在物料管理系统中，可以通过数字式 FOR 循环一次性产生 9 个物料编码，因为提前预知要循环 9 次，所以首选数字式 FOR 循环，FOR 循环的语法如下：

```
[ label ] FOR index IN [ REVERSE ] lower_bound..upper_bound LOOP
  statements
END LOOP [ label ];
```

可选的 label 用来为循环指定名称，FOR 关键字后面的 index 是一个由 PL/SQL 隐式定义的整型变量，只能在 FOR LOOP 循环语句内部使用。但是在 FOR LOOP 内部不能更改它的值，当 FOR LOOP 语句运行完成之后，index 将自动被释放。lower_bound 和 upper_bound 用来指定循环的范围，一般是两个整数值，用来指定 FOR LOOP 将要循环的次数，如果指定了可选的 REVERSE 语句，将会进行反向循环，也就是由高向低进行循环。

△注意：在数字式 FOR 循环中，可以使用 EXIT 或 EXIT WHEN 语句退出循环，也可以使用 CONTINUE 或 CONTINUE WHEN 语句重新开始循环。

下面看一个最简单的数字式 FOR 循环的使用示例，比如要向 books 表（本书第 6 章创建的示例表）中插入 3 本图书信息，可以使用如下的数字式 FOR 循环，如代码 12.21 所示。

代码 12.21 简单的数字式 FOR 循环使用示例

```
BEGIN
  --使用数字式 FOR 循环插入 3 本书
  FOR i IN 1..3 LOOP
    INSERT INTO books VALUES(1020+i,'矛盾文学第'||TO_CHAR(i)||'册',3);
    --输出插入的图书信息
    DBMS_OUTPUT.put_line('插入了矛盾文学第'||TO_CHAR(i)||'册');
  END LOOP;
END;
```

在这个示例中，FOR 关键字后的 i 不需要进行提前定义，它将由 Oracle 隐式实现定义，然后指定循环的范围是 1~3 之间，也就是循环 3 次，在循环体内部使用 INSERT 语句向 books 表中插入了 3 行记录，并且使用 DBMS_OUTPUT.put_line 输出了插入的信息，输出信息如下所示：

```
插入了矛盾文学第 1 册
插入了矛盾文学第 2 册
插入了矛盾文学第 3 册
```

如果在 FOR LOOP 中放一个 REVERSE 关键字，可以实现反向循环，例如下面的示例输入了 5～1 之间的数字，如代码 12.22 所示。

代码 12.22　FOR 反向循环示例

```
BEGIN
 --使用反向循环从高到低进行循环
 FOR i IN REVERSE 1..5 LOOP
   --输出循环计数器信息
   DBMS_OUTPUT.put_line('循环计数器为'||TO_CHAR(i));
 END LOOP;
END;
```

使用了 REVERSE 关键字之后，通过输出可以看到，果然进行了由高到低的循环，输出如下所示：

```
循环计数器为 5
循环计数器为 4
循环计数器为 3
循环计数器为 2
循环计数器为 1
```

不少编程语言都提供了 FOR 循环步进值的定义，比如循环时步进值为 2，则每次循环导致循环控制变量加 2，在 PL/SQL 中没有直接提供步进值的设置选项，不过可以通过使用一个辅助的变量来实现这种类似 C 语言中的步进值，如示例代码 12.23 所示。

代码 12.23　在 FOR 循环中使用步进值

```
DECLARE
 v_step  PLS_INTEGER := 5;          --定义步进值为 5，表示每次步进 5 个数值
 v_value PLS_INTEGER;
BEGIN
 FOR i IN 1..3 LOOP                 --使用数字式 FOR 循环
   v_value:=i*v_step;
   DBMS_OUTPUT.PUT_LINE ('当前循环后的值为 '||v_value);  --输出步进后的值
 END LOOP;
END;
```

在这个示例中，使用 v_step 作为步进值，在 FOR LOOP 循环中通过将 i 值，即循环变量乘以步进值，得到最新的步进数量，从而模拟步进值。

⚠注意：不要试图在 FOR LOOP 外部访问循环计数变量，也不要在循环体内部更改循环计数变量，否则 PL/SQL 会抛出 PLS-00363 异常。

FOR LOOP 循环总是会从起始循环到结束，不过可以通过 EXIT 或 EXIT WHEN 语句来仅在特定的条件满足时就退出循环，也可以通过指定 CONTINUE 或 CONTINUE WHEN 语句跳过循环体中的代码块而重新开始循环，请读者自行尝试。

3．使用WHILE LOOP循环

WHILE LOOP 语句只在某些特定的条件满足时才执行循环，它与 LOOP 循环和 FOR 循环有些不同，这种循环语句在开始循环之前会先进行条件的判断，其语法如下：

```
[ label ] WHILE condition LOOP
  statements
END LOOP [ label ];
```

当首次执行 WHILE LOOP 循环代码时，将计算 condition 中的条件是否为 True，如果条件成立，则执行 statements 进行循环，当循环主体执行完毕，又会进入到 WHILE 开始进行 condition 条件判断。当然在 WHILE LOOP 循环体中也可以使用 EXIT、EXIT WHEN、CONTINUE 或 CONTINUE WHEN 进行退出或重新开始循环，可以参考对 LOOP 循环的使用示例。

例如要循环 10 次输出信息，使用 WHILE LOOP 的话，其实现如代码 12.24 所示。

代码 12.24　使用 WHILE LOOP 进行循环

```
DECLARE
  v_count PLS_INTEGER := 1;              --定义循环控制变量
BEGIN
  WHILE v_count <= 10 LOOP               --开始循环之前判断循环控制变量的值
    DBMS_OUTPUT.PUT_LINE('当前循环计数器的值为：' || v_count);
    v_count := v_count + 1;              --更改循环控制变量的值
  END LOOP;
END;
```

在这个示例中，使用了布尔类型的变量，这不是必需的，只要 WHILE 中的 condition 是任何一个返回布尔值的表达式，在循环体中具有一个满足这种布尔值的退出条件即可。如果没有显式地使用 EXIT 或 EXIT WHEN 子句，就有可能限入死循环，因此在进行代码编写时必须密切注意。

12.2.7　顺序控制语句

前面讨论了 PL/SQL 中可以使用的多种过程化的程序控制结构，在 PL/SQL 中还有两个用来控制程序执行顺序的语句，分别是：

- ❏ GOTO 语句，改变程序的执行逻辑，用来跳转到指定命名标签的位置，这个语句较少使用，因为过多地使用会导致程序逻辑的混乱。
- ❏ NULL 语句，表示什么也不做，主要是增强程序的可读性，比如在 IF 语句中增加一个 ELSE 子句，在语句中指定 NULL 表示其他条件时什么也不处理。

GOTO 语句有条件地跳转到一个命名标签位置，这个命名的标签必须在整个范围内具有唯一命名值，且必须位于块或执行语句的前面。GOTO 语句的语法如下：

```
GOTO label ;
```

代码 12.25 演示了如何使用 GOTO 语句。

代码 12.25 使用 GOTO 语句改变执行顺序

```
DECLARE
  p  VARCHAR2(30);
  n  PLS_INTEGER := 37;
BEGIN
  FOR j in 2..ROUND(SQRT(n)) LOOP    --从 2 开始直到 n 的平方根之后开始循环
    IF n MOD j = 0 THEN               --判断 n 是否是素数
      p := ' 不是一个素数';
      GOTO print_now;                 --如果 n 不是一个素数，则跳到 print_now 命名位置
    END IF;
  END LOOP;
  p := ' 是一个素数';
  <<print_now>>                       --指定命名标签
  DBMS_OUTPUT.PUT_LINE(TO_CHAR(n) || p);
END;
/
```

在这个示例中，在 IF 语句内部判断，当 n 是一个素数时，则使用 GOTO 语句跳转到用于输出的位置，即 print_now 位置处，最后输出了如下所示的信息：

```
37 是一个素数
```

不能随意使用 GOTO，这是很多程序设计前辈的经验总结，不过有的时候 GOTO 确实能解决一些业务问题，不过不要过度滥用 GOTO 语句。下面是使用 GOTO 语句时，必须注意的一些规则：

❑ GOTO 语句不能跳转到嵌套块内部的命名标记位置。

❑ 不能够在 IF 子句的内部使用 GOTO 语句跳转到另一个 IF、CASE 和 LOOP 语句内部的命名标签。

❑ 不能够在一个 IF、CASE 和 LOOP 语句的外部使用 GOTO 语句跳转到 IF、CASE 或 LOOP 语句内部的命名标签。

❑ 不能从一个 EXCEPTION 块中使用 GOTO 跳转到块的其他区域。

❑ 不能在 EXCEPTION 外部使用 GOTO 语句跳转到 EXCEPTION 内部的异常处理句柄中。

NULL 语句是指无操作，它的出现主要是为程序代码提供良好的可读性，比如对于一个最简单的匿名块，使用 NULL 表示什么也不做，如果不指定 NULL 语句，则会抛出异常。NULL 语句主要用在如下的几种情况下：

（1）为了给 GOTO 语句提供一个目标行。

（2）使用完整的语法表现提升代码的可读性。

（3）为子程序创建存根代码，以避免出现错误，就如在实现包中的子程序时，可以先通过 NULL 来创建存根代码。

（4）出于理解的需要，表示没有必要出现任何行为。

代码 12.26 演示了如何使用 NULL 语句为 GOTO 创建一个什么也不做的目标。

代码 12.26 在块中使用 NULL 示例

```
DECLARE
  done BOOLEAN:=True;           --定义一个初始值为 True 的布尔变量
BEGIN
```

```
FOR i IN 1 .. 50 LOOP
  IF done THEN
    GOTO end_loop;              --如果 done 为 True，则跳转到命名标签 end_loop 位置
  END IF;
  <<end_loop>>                  --该标签位置只有一个 NULL 语句表示什么也不做
  NULL;
END LOOP;
END;
/
```

可以看到，在语句块中，当 done 为 True 时，语句的执行将直接跳转到 end_loop 位置处，这个标签位置包含 NULL 语句，表示它什么也不做，这就类似于在 IF 语句中执行了一个 EXIT 语句进行无条件的跳转操作。

另外一个例子就是 CASE 语句，如果在 CASE 语句中不指定 ELSE 子句，当所有的 WHEN 子句都不能满足条件时，Oracle 会抛出 CASE_NOT_FOUND 这样的异常，此时可以通过在 ELSE 中放一个 NULL 来避免这种异常，有兴趣的读者可以自己写代码尝试。

12.2.8　存储过程、函数与包

通过前面的介绍可以了解到，在 PL/SQL 中可以创建两种类型的块，对于匿名块来说，它不会存储在数据库中，并且在每次执行时都需要重新编译，它不能在以后通过名字进行调用。而对于命名块来说，在创建时会为它分配一个名称，它创建之后会存储到数据库中，并且以编译后的形式存在，以便可以重复多次进行调用。在 PL/SQL 中，过程和函数是 PL/SQL 中的主要命名块，命名块的组成结构如图 12.6 所示。

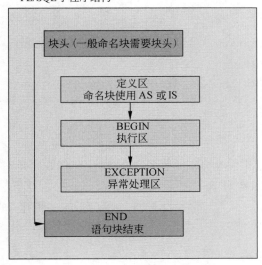

图 12.6　命名块的块结构

由图 12.6 中可以看到，对于命名块来说，它比匿名块多了块头和相应的结束符 END，用来为块提供一个名称。过程主要用来完成逻辑功能，比如完成银行转账的过程、完成升职调薪的过程等。而函数则用来返回一个计算的结果，它与过程一样，也可以完成逻辑功能，但是必须具有一个返回值，它们之间的共同特性是：

- ❏ 都具有名称，可以接收传入或传出参数。
- ❏ 都具有声明部分、执行部分和异常处理部分。
- ❏ 在使用前会被编译并存储到数据库中，可以使用 Toad 或 Oracle SQL Developer 来查看数据库中已经存在的过程和函数，或者在 SQL*Plus 中查询数据字典查看过程或函数的信息。

🔔注意：函数和过程最大的不同在于函数具有返回值，而过程没有。

　　过程和函数既可以定义在包级别作为包中的成员，也可以直接定义在方案级别。当在方案级别创建过程或函数时，需要使用 CREATE 语句。下面的示例演示创建了一个函数，用来返回按部门进行调薪的调薪幅度百分比，然后创建了一个过程，用来调用这个函数获取调薪幅度进行调薪。示例如代码 12.27 所示。

代码 12.27　使用过程和函数

```
--创建一个函数，用来根据部门编号返回调薪幅度
CREATE OR REPLACE FUNCTION get_ratio_by_dept(deptno VARCHAR2)
  RETURN NUMBER IS
 n_salaryratio NUMBER(10, 2);                    --调薪比率返回值变量
BEGIN
  CASE deptno                                    --根据不同的职位获取调薪比率
    WHEN 10 THEN
      n_salaryratio := 1.09;
    WHEN 20 THEN
      n_salaryratio := 1.11;
    WHEN 30 THEN
      n_salaryratio := 1.18;
    ELSE
      n_salaryratio := 1;
  END CASE;
  RETURN n_salaryratio;                          --返回函数结果值
END;

--创建一个函数，用来实现加薪，它将调用 get_ratio_by_deptno 来获取加薪幅度
CREATE OR REPLACE PROCEDURE raise_salary (p_empno NUMBER)
AS
 v_deptno NUMBER(2);
 v_ratio NUMBER(10,2);
BEGIN
  SELECT deptno INTO v_deptno FROM emp WHERE empno=p_empno;
  v_ratio:=get_ratio_by_dept(v_deptno);    --调用函数来计算调薪比率
  IF v_ratio > 0
  THEN                                           --判断传入的参数是否大于 0
    UPDATE scott.emp                             --如果大于 0，则更新 emp 表中的数据
      SET sal = sal * (1 + v_ratio)
    WHERE empno = p_empno;
  END IF;
  DBMS_OUTPUT.put_line ('加薪成功!');            --提示加薪成功
EXCEPTION                                        --在子程序中出现异常时处理异常
  WHEN NO_DATA_FOUND THEN
    DBMS_OUTPUT.put_line('没有找到该员工的任何信息!');
  WHEN OTHERS THEN
    DBMS_OUTPUT.put_line('调整薪资时出现了错误!');
END;
```

　　函数 get_ratio_by_dept 和过程 raise_salary 都属于方案级别的对象，因此使用 CREATE 语句，这个语句执行后将会在数据字典中存储这两个对象的定义信息。get_ratio_by_dept 接收 deptno 参数，它根据不同的部门编号返回调薪幅度。raise_salary 包含变量定义区、执行区和异常处理区，在过程体内调用了 get_ratio_by_dept 来获取调薪的幅度，然后执行 UPDATE 语句进行薪资的调整，如果出现异常，在异常处理区会捕捉异常并显示提示性的信息。

　　要调用函数或过程，可以看到在 PL/SQL 块中直接使用名称即可，在 SQL*Plus 中或者其他 SQL 编辑器中，可以通过 EXEC 语句来调用，如以下示例所示：

```
scott_Ding@ORCL> SET SERVEROUTPUT ON;
scott_Ding@ORCL> EXEC raise_salary(7369);
加薪成功!
PL/SQL 过程已成功完成。
```

　　可以看到，SQL*Plus 中通过 EXEC 调用过程 raise_salary，它返回了加薪成功的信息，表示过程的调用成功。

　　包是用来组织这些命名块的逻辑容器，它是一个逻辑单位，开发人员把逻辑相关的类型、变量、游标和子程序放在一个包内，这样更加清楚，易理解，并且提供了模块化的设计能力。

　　一个完整的包定义通常由两部分组成：

- ❏ 包规范，有时候又称为包头，包头部分定义了应用程序的接口，它声明了类型、常量、变量、异常、游标和可以使用的子程序声明。
- ❏ 包体，包体用于实现包头部分声明的子程序和游标。

　　包头的建立使用 CREATE PACKAGE 语句，包体的建立使用 CREATE PACKAGE BODY 语句。包通常用来组织过程和函数，提供模块化的开发和设计能力，可以参考本章 12.1.4 小节中关于模块化应用程序开发的介绍。将过程移到包中之后，它们就不再属于方案对象，不再需要使用 CREATE OR REPLACE 语句进行创建。

　　可以直接通过使用 PROCEDURE 和 FUNCTION 来创建函数或过程。举例来说，要将代码 12.27 中创建的方案级别的过程和函数组织到包中，那么首先通过创建一个包规范，将函数或过程的声明放到包规范中，去掉 CREATE OR REPLACE 语句，然后创建一个包体，在包体中添加实现代码，如代码 12.28 所示。

代码 12.28　使用包组织过程和函数

```
CREATE OR REPLACE PACKAGE emp_sal_pkg AS
  --将方案级别的函数和过程转移到包级别，则不需要使用 CREATE 语句
  --获取按部门的员工的工资调整比率
  FUNCTION get_ratio_by_dept(deptno VARCHAR2) RETURN NUMBER;
  --执行调薪的过程
  PROCEDURE raise_salary (p_empno NUMBER);
END emp_sal_pkg;

--创建包体，包体包含在包规范的声明中的实现代码
CREATE OR REPLACE PACKAGE BODY emp_sal_pkg AS
  --将方案级别的函数和过程转移到包级别，则不需要使用 CREATE 语句
  --获取按部门的员工的工资调整比率
  FUNCTION get_ratio_by_dept(deptno VARCHAR2)
```

```
   RETURN NUMBER
 IS
   n_salaryratio NUMBER(10, 2); --调薪比率
 BEGIN
    //省略实现代码，参见代码 12.27 的实现
 END get_ratio_by_dept;

 --执行调薪的过程
 PROCEDURE raise_salary (p_empno NUMBER)
 AS
   v_deptno NUMBER(2);
   v_ratio NUMBER(10,2);
 BEGIN
    //省略实现代码，参见代码 12.27 的实现
 END raise_salary;
END emp_sal_pkg;
```

上面的示例将代码 12.27 中在方案级别定义的过程和函数迁移到了 emp_sal_pkg 包中，其实现步骤如下所示：

（1）在代码中创建了一个包规范 emp_sal_pkg，它使用了 CREATE OR REPLACE PACKAGE 语句，包规范中包含了过程和函数的声明，如果程序需要，还可以添加各种变量、类型或游标的定义等。在包规范中定义的这些声明将具有全局作用域，可以被任何调用者使用。可以在包体中直接使用在包规范中定义的各种声明。

（2）创建了一个包体，包体使用 CREATE OR REPLACE PACKAGE BODY 语句，包体中一定要实现在包规范中声明的过程或函数，否则无法通过编译，可以使用 NULL 来创建存根代码以实现让包体通过编译。包体也可以创建私有的过程或函数，这些函数仅能在包体中使用，不能被调用者直接进行调用。

包创建成功后，在 PL/SQL 块中可以直接使用如下的格式进行调用：

```
包名.子程序名称(参数....);
```

在 SQL*Plus 中，则可以通过 EXEC 命令来执行，例如要给员工 7499 调薪，则可以使用如下的语句：

```
scott_Ding@ORCL> SET SERVEROUTPUT ON;
scott_Ding@ORCL> EXEC emp_sal_pkg.raise_salary(7499);
加薪成功!
PL/SQL 过程已成功完成。
```

包本身是一个方案对象，可以在数据字典中查询到包的信息，同时还可以查询到包的源代码，但是包本身是以编译后的形式保存的，因此调用时不需要进行重新编译，而且包还可以有自己的初始化代码。包中的变量默认情况下具有会话级的作用域，在本书第 13 章讨论包时，将会详细介绍包的具体的使用细节。

12.2.9　触发器简介

触发器与函数或过程一样，也是一个命名块，不同之处在于触发器不是由其他的使用函数或过程的用户调用的，而是在特定的数据库事件发生时由 Oracle 自动调用的，比如可以在插入一条记录之前或者是记录之后执行一段代码。触发器创建之后便存储在数据字典

中，可以启用或禁用一个触发器，也可以在不需要使用触发器时移除一个触发器。

使用触发器的这种特性可以完成很多工作，比如自动产生虚拟列的值。例如 ERP 系统中插入一个物料时，可以在触发器中编写代码来自动产生物料编号值，可以记录日志、收集表统计信息等，下面以记录日志为例，演示触发器的具体作用。

以为员工调薪为例，下面的示例创建了一个调薪日志表，当调用 UPDATE 语句为员工调薪时，就会向这个日志表中写入数据，创建表的代码如下：

```
DROP TABLE emp_log;          --如果已经存在 emp_log，则先进行移除
CREATE TABLE emp_log (       --创建 emp_log 表
  empno     NUMBER,          --员工编号
  log_date   DATE,           --日志时间
  new_salary NUMBER,         --新的工资数量
  action    VARCHAR2(20)     --动作记录
);
```

接下来创建一个触发器，监控 emp 表中的 UPDATE 语句，如果是对 sal 列进行更新，则向 emp_log 表中写入日志记录，如代码 12.29 所示。

代码 12.29　记录日志的触发器

```
CREATE OR REPLACE TRIGGER log_sal_adj  --创建一个触发器
  AFTER UPDATE OF sal ON emp      --指定当 UPDATE 执行后，监控对 emp 表 sal 列的更改
  FOR EACH ROW                    --每 UPDATE 一行执行一次触发器代码
DECLARE
  v_action VARCHAR2(20);          --定义一个保存更新行为的字符串变量
BEGIN
  IF :OLD.sal > :NEW.sal THEN     --根据原来的工资和调整后的工资来为 v_action 赋值
    v_action := '减少工资';
  ELSIF :OLD.sal = :NEW.sal THEN
    v_action := '未作调整';
  ELSE
    v_action := '增加工资';
  END IF;
  INSERT INTO emp_log             --向 emp_log 表中插入日志信息，记录更改内容
    (empno, log_date, new_salary, action)
  VALUES
    (:NEW.empno, SYSDATE, :NEW.sal, v_action);
END;
```

下面是这个触发器的实现的一些步骤：

（1）创建触发器使用 CREATE OR REPLACE TRIGGER 语句，在创建时必须要指定它所要监控的表和列，其监控的语句是 UPDATE，监控的时机是 AFTER，ALTER UPDATE OF sal ON emp 实际上是指在 UPDATE 语句对 emp 表的 sal 列进行更新后，执行行触发器的代码。

（2）FOR EACH ROW 指定行级触发器，就是说 UPDATE 语句每更新一行时便执行一次代码。

（3）接下来是触发器的语句块，可以看到它包含 DECLARE 定义区和 BEGIN..END 的执行部分。在定义部分定义了一个 v_action 变量，用来保存调整薪资的行为，在语句执行部分通过:OLD 和:NEW 伪记录，来获取更新前和更新后的值。

注意：:OLD 和:NEW 是触发器中特有的两个伪记录，它们代表更新前表中的行记录和更新后表中的行记录。

（4）向 emp_log 表中插入一行记录，记录更新后的新值。

触发器虽然属于命名块，但是不能在 SQL*Plus 或 PL/SQL 代码中进行直接调用，它仅在对特定的表进行操作时触发，例如下面的代码将对史密斯的工资进行调整：

```
scott_Ding@ORCL> UPDATE emp SET sal=sal*0.99 WHERE ename='史密斯';
已更新 1 行。

scott_Ding@ORCL> SELECT * FROM emp_log;
    EMPNO    LOG_DATE      NEW_SALARY       ACTION
    ------   -----------   --------------   ---------------
     7369    2013-01-31       1946.16       减少工资
```

这个 UPDATE 语句对史密斯的工资进行了下调，当 UPDATE 语句执行成功后，通过查询 emp_log 表，可以看到触发器已经成功地得到了执行，它向 emp_log 中插入了刚才 UPDATE 的内容，并且在 action 列显示"减少工资"的操作行为，关于触发器更多详细的创建信息，将在本书第 15 章进行介绍。

12.2.10　结构化异常处理

PL/SQL 与很多 3GL 语言一样，提供了结构化的异常处理方式，它使得程序员可以开发出更加健壮的代码。结构化的异常处理避免了未经处理的异常导致的应用程序崩溃。类似 C 这样的语言并没有提供异常处理机制，因此 C 程序员不得不编写大量的 if 语句来判断所有可能的错误，如果遗漏了某些错误处理，则会导致不可预知的错误，比如错误可能来自于笨拙的设计、代码错误、硬件失败或者是其他来源。在 PL/SQL 中，通过异常捕获机制，可以很容易地管理所有可能的错误。

举例来说，下面的示例创建了一个用于除法运算的 PL/SQL 匿名块，在块中使用了一个替换变量来表示被除数：

```
DECLARE
  v_result NUMBER:=0;                        --定义结果变量
  v_dividend NUMBER:=&dividend;     --定义被除数，它的值来自替换变量 dividend
BEGIN
  v_result:=ROUND(1000/v_dividend,2);        --1000 除以被除数
  DBMS_OUTPUT.put_line('结果值为：'||v_result); --输出结果
END;
```

替换变量使用前缀&或&&，在运行代码时允许用户输入值，再进行执行，这就好比是命名块中的参数一样，它可以让用户创建通用的匿名块，这个匿名块在 PL/SQL Developer 中执行时，将弹出如图 12.7 所示的窗口，要求用户输入被除数。

用户可以输入任何可能的被除数，如果用户输入了 0 作为被除数，Oracle 会抛出 ORA-01476 异常，如图 12.8 所示。

这个错误是不可提前预知的，除非在代码中显式地进行了 IF 条件判断。在实际的开发中，也许有成千上万种可能的异常需要进行判断，这会造成冗长的代码，将主要的精力都放在了异常处理部分。

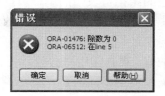

图 12.7　PL/SQL Developer 的替换变量窗口　　　图 12.8　被 0 除的错误

　　PL/SQL 通过使用异常和异常处理器来进行错误的处理。异常就是一些 Oracle 预定义的错误或用户自定义的错误。在错误发生时，Oracle 预定义的异常会被系统隐式抛出，对于用户自定义的异常，开发人员可以使用 RAISE 语句手动抛出。

　　可以通过 PL/SQL 块中的 EXCEPTION 部分和 WHEN 子句来捕捉可能的异常，因此如果在上面的示例中添加一个异常处理块，处理其中的被 0 除错误。Oracle 包含一个名为 ZERO_DIVIDE 预定义异常，通过捕获该异常便能解决被 0 除的问题，如代码 12.30 所示。

代码 12.30　异常处理示例

```
DECLARE
  v_result NUMBER:=0;                            --定义结果变量
  v_dividend NUMBER:=&dividend;     --定义被除数，它的值来自替换变量 dividend
BEGIN
  v_result:=ROUND(1000/v_dividend,2);            --1000 除以被除数
  DBMS_OUTPUT.put_line('结果值为: '||v_result); --输出结果
EXCEPTION                                        --异常处理块
  WHEN ZERO_DIVIDE THEN                          --如果是被 0 除错误
    DBMS_OUTPUT.put_line('出现被 0 除的错误了！');--输出错误消息
  WHEN OTHERS THEN                               --所有其他错误的异常处理句柄
    DBMS_OUTPUT.put_line(SQLCODE);               --输出错误代码
    DBMS_OUTPUT.put_line(SQLERRM);               --输出错误消息
END;
```

　　EXCEPTION 块中包含的一个或多个 WHEN 子句称为异常处理句柄，由上到下将最精确的异常放在最上面，范围较大的异常放到后面。如果所有的异常处理句柄都无法正确地捕捉到异常，则 WHEN OTHERS THEN 就是一个通用的异常处理器，它会处理所有的可能的异常，在这个示例中用来显示错误代码和错误消息。本书第 16 章将详细讨论异常处理机制及要注意的事项。

12.2.11　集合与记录

　　PL/SQL 提供了多种数据类型，这些类型不能直接用于 SQL 语言，比如 PLS_INTEGER 和 BINARY_INTEGER，它还可以让用户定义复合类型，复合类型中包含内部组件，这些内部的组件可以是标量类型也可以是其他的复合类型。在 PL/SQL 中可以定义如下两种复合类型：

　　❑ 记录，允许将多个不同类型的变量当作一个整体进行处理。

❑ 集合，允许将类型相同的多个变量当作一个整体进行处理，类似于 Java 或 C 语言中的数组，但是它又有自己的特色。

记录的结构与表中的单行数据比较相似，一个表由多种不同类型的字段组成，单行记录就是由这些不同类型的值组成的，因此通常将记录看作是单行多列的复合类型，记录中的元素通常被称为字段。而集合可以看作是表中单个字段的多个值，常常将集合看作是多行单列的值。集合常用来存放具有相同数据类型的多个值，集合中的每个值通常称为元素。

与简单类型不同的是，复合类型必须先行定义，然后才能使用，在 PL/SQL 中可以在声明区中通过 TYPE 语句先行定义一个复合类型，然后定义一个这种复合类型的变量。对于记录和集合类型来说，定义类型的方式又多少有些不同，比如对于集合来说，可以通过 %ROWTYPE 直接使用来自某个数据表中的行记录。

代码 12.31 演示了记录类型的定义和使用，这个示例演示了使用 TYPE 语句显式地定义记录类型，以及使用 %ROWTYPE 来隐式地定义一个行记录。示例演示了如何为记录类型赋初始值，并且使用 INSERT 语句用记录类型向数据库表中插入一条新记录。

代码 12.31　记录类型使用示例

```
DECLARE
  TYPE EMP_REC_TYPE IS RECORD(          --显式地定义一个记录类型
    empno emp.empno%TYPE,
    ename VARCHAR2(50),
    job   VARCHAR2(20));
  emp_info_rec EMP_REC_TYPE;            --定义一个使用记录类型的变量
  emp_row_rec  emp%ROWTYPE;             --使用%ROWTYPE直接使用行记录
BEGIN
  --下面的语句初始化记录类型
  emp_info_rec.empno := 8222;
  emp_info_rec.ename := '李三思';
  emp_info_rec.job   := '销售人员';
  --将记录类型的值插入到emp表
  INSERT INTO emp
    (empno, ename, job)
  VALUES
    (emp_info_rec.empno, emp_info_rec.ename, emp_info_rec.job);
  --从数据库表中提取行数据到记录类型中
  SELECT * INTO emp_row_rec FROM emp WHERE empno = 8222;
  --输出插入的员工信息
  DBMS_OUTPUT.put_line('新插入的员工记录信息：' || CHR(10) || '工号：' ||
                  emp_row_rec.empno || CHR(10) || '姓名：' ||
                  emp_row_rec.ename || CHR(10) || '职位：' ||
                  emp_row_rec.job);
END;
```

这个示例使用记录类型向 emp 表中插入一条记录，其实现过程如下步骤所示：

（1）在匿名块的 DECLARE 声明部分，使用 TYPE 语句显式地定义了一个记录类型，该记录类型由 3 个字段组成，其中 empno 表示员工工号，其数据类型引用自 emp 表中的 empno 的类型，ename 表示员工姓名，job 指定员工职位。

（2）在定义 EMP_REC_TYPE 类型之后，声明了一个该类型的变量，这样就可以在 PL/SQL 的执行部分使用这个记录类型的变量来批量操作多个不同类型的字段。

（3）接下来直接使用 %ROWTYPE 声明了一个 emp 表行记录类型的变量，这种方式将由 Oracle 隐式地创建一个与表结构相同的记录类型，而不用显式地使用 TYPE 语句进行定义。

（4）在 PL/SQL 块的执行部分，分别为 emp_info_rec 记录类型中的成员字段进行了赋值，这是标准的记录类型成员字段赋值方式。接下来使用 INSERT 语句将记录类型中的成员作为 INSERT 语句的值列表，插入到 emp 表中。

（5）使用 SELECT INTO 语句，直接将来自数据库表中的单行记录赋给记录类型，这使得可以快速地将表中的多个字段的值一次性地赋给记录类型的变量，最后使用 DBMS_OUTPUT.put_line 方法输出赋值后的记录类型的变量。

程序执行之后产生的输出结果如下所示：

```
新插入的员工记录信息：
工号：8222
姓名：李三思
职位：销售人员
```

可以看到，通过使用记录类型，将原本需要使用多个变量的复杂工作进行了统一的结构化组织，它不仅提升了代码的可阅读性，也提升了代码的可维护性。

集合允许一次性将多个具有相同类型的变量作为一个整体进行操作，它非常类似于单列多行的数据结构。在 Oracle 中集合可以比拟于高级语言中的数组。PL/SQL 的集合类型根据其特性又分为 3 类，分别是索引表、嵌套表与变长数组，这 3 种类型的集合各有特色。

在实际的工作中，经常会使用集合类型构建列表，或者是将来自数据库表中的部分数据保存到一个集合中，然后使用 PL/SQL 提供的各种集合方法对集合中的元素进行操作，这样可以获得比较好的性能。下面以其中最常用的索引表为例，演示如何使用集合来输出 emp 表中员工的姓名，这个示例仅仅用来演示索引表的基本用途，如代码 12.32 所示。

代码 12.32　集合类型使用示例

```
DECLARE
  --定义保存员工工号的索引表，其类型为 emp 表中的 empno 字段相同的类型
  TYPE NumTab IS TABLE OF emp.empno%TYPE INDEX BY BINARY_INTEGER;
  --定义保存员工名称的索引表，其类型为 emp 表中的 ename 字段相同的类型
  TYPE NameTab IS TABLE OF emp.ename%TYPE INDEX BY BINARY_INTEGER;
  --定义集合类型的变量
  enums NumTab;
  names NameTab;
  --定义一个内嵌的命名块，用来输出集合中的前面指定位置的记录
  PROCEDURE print_first_n(n POSITIVE) IS
  BEGIN
    IF enums.COUNT = 0 THEN                          --判断集合的元素个数
      DBMS_OUTPUT.put_line('当前集合为空！');
    ELSE
      DBMS_OUTPUT.put_line('前 ' || n || ' 名员工：'); --输出将要显示的员工信息
      --循环提取集合中的元素信息
      FOR i IN 1 .. n LOOP
        DBMS_OUTPUT.put_line('  员工工号：' || enums(i) || ': ' || names(i));
      END LOOP;
    END IF;
  END;

BEGIN
```

```
--使用 PL/SQL 扩展 BULK COLLECT INTO 语句，查询多行记录插入到集合中
SELECT empno, ename BULK COLLECT
  INTO enums, names
  FROM emp
 ORDER BY empno;
 print_first_n(3);          --打印前 3 行记录
 print_first_n(6);          --打印前 5 行记录
END;
```

在这个示例中定义了两个索引表，可以看到在定义索引表时需要指定每个元素将要使用的数据类型。由于是复合类型，示例中也使用了 TYPE 语句先行定义了集合的类型，示例的实现过程如以下步骤所示：

（1）在匿名块的定义部分，使用 TYPE 语句分别定义了 NumTab 和 NameTab 这两个索引表，IS TABLE OF 后面指定索引表的类型，INDEX BY 则用来指定索引的下标数据类型，BINARY_INTEGER 是 PL/SQL 中的整数类型。

（2）接下来定义了两个记录类型的变量 enums 和 names，在 PL/SQL 的执行部分，可以使用这两个变量来为集合类型赋值或操作。

（3）在定义部分还包含了一个名为 print_first_n 的命名块，这个命名块仅在外层的匿名块范围内有效，它不会被保存到数据字典中。当外层的匿名块执行完毕，则该命名块被释放，它的作用范围仅限于该匿名块内部。该命名块内部，使用集合的 COUNT 属性判断集合中包含的元素个数，如果元素个数大于 0，则使用 FOR..LOOP 循环语句依次输出员工的工号信息。

（4）在语句块的执行部分，使用 SELECT..BULK COLLECT INTO 语句将从表中查询出来的多行记录写入到集合类型中，然后两次调用 print_first_n 来显示集合中的元素信息。

程序块的输出结果如下所示：

```
前 3 名员工：
员工工号：7369： 史密斯
员工工号：7499： 艾伦
员工工号：7521： 沃德
前 6 名员工：
员工工号：7369： 史密斯
员工工号：7499： 艾伦
员工工号：7521： 沃德
员工工号：7566： 约翰
员工工号：7654： 马丁
员工工号：7698： 布莱克
```

集合中的数据可以多次进行循环读取，并且可以插入或删除其中的元素，这可以通过 PL/SQL 提供的各种集合类型的 API 来实现。在本书第 14 章讨论记录与集合时，将会详细介绍这些集合 API 的具体使用。

12.2.12　游标基础

游标是一个指向返回的数据集的指针，说得更透彻些，它实际上是指向 Oracle 服务器端内存中，也就是进程全局区（PGA）中的一块上下文区域。这也就是说游标实际上是指向 SELECT 或 DML 语句执行后的一块内存的区域，而不是直接指向具体的数据。游标结

构示意如图 12.9 所示。

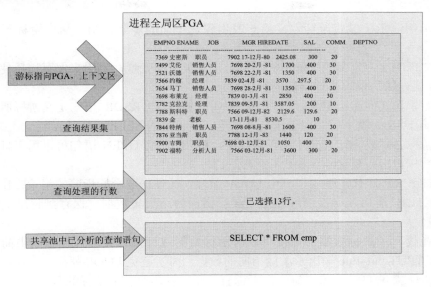

图 12.9　游标结构示意图

每当记录被写入到内存中之后，游标就会被打开，在这个内存区域中保存了如下的 3 类信息：

- 查询返回的数据行。
- 查询所处理的数据的行号。
- 指向共享池中的已分析的 SQL 语句。

在 Oracle 中，可以显式地使用 CURSOR 语句定义一个游标，PL/SQL 也会隐式地在执行任何 DML 语句或 SELECT INTO 语句时创建隐式的游标。使用游标的一大优势是将原本对数据集合的操作变成对结果集中的每一行进行处理。

下面以显式的 CURSOR 语句游标定义为例，演示如何使用游标来循环 emp 表中部门编号为 20 的每一个员工的信息，如代码 12.33 所示。

代码 12.33　使用游标遍历结果集

```
DECLARE
  emprow emp%ROWTYPE;              --定义保存游标检索结果行的记录变量
  CURSOR emp_cur                   --定义游标
  IS
    SELECT * FROM emp WHERE deptno=20;
BEGIN
  OPEN emp_cur;                    --打开游标
  LOOP                             --循环检索游标
    FETCH emp_cur                  --提取游标内容
      INTO emprow;
    --输出检索到的游标行的信息
    DBMS_OUTPUT.put_line('员工编号：' || emprow.empno || ' ' || '员工名称：' ||
                  emprow.ename);
    EXIT WHEN emp_cur%NOTFOUND;    --当游标数据检索完成后退出循环
END LOOP;
```

```
  CLOSE emp_cur;                        --关闭游标
END;
```

这个示例演示了显式游标定义的一般步骤，下面的步骤介绍了这个游标示例的实现过程：

（1）在声明区中定义的 emprow 是一个记录类型的变量，它用来保存稍后使用游标提取 FETCH 语句时，保存游标指向的行值记录。

（2）对于显式的游标定义，必须要在声明区使用 CURSOR 语句定义游标所指向的具体 SQL 语句，IS 关键字后面用于指定一个返回结果集的 SELECT 语句。

（3）游标必须要先行打开才能正常使用，PL/SQL 的 OPEN 语句可以用来打开一个游标。此时游标将指向查询结果集内存区域。

（4）接下来程序代码使用了一个 LOOP 循环，循环提取游标指向的记录，在循环体内部使用 FETCH 语句，一次一行地提取游标指向的结果集数据，保存到记录类型的变量 emprow 中。

（5）在提取了游标数据后，就可以对游标数据进行按行处理，在示例中简单地使用 DBMS_OUTPUT.put_line 输出了游标指向的数据。为了避免 LOOP 死循环，在示例中调用了游标的属性%NOTFOUND，每个游标都有几个属性用来获取游标的状态。

（6）游标使用完成后，必须显式地调用 CLOSE 语句关闭游标，以便释放与游标相关的资源。

程序的输出结果如下所示：

```
员工编号：7369 员工名称：史密斯
员工编号：7566 员工名称：约翰
员工编号：7788 员工名称：斯科特
员工编号：7876 员工名称：亚当斯
员工编号：7902 员工名称：福特
员工编号：7903 员工名称：通利
员工编号：7904 员工名称：罗威
员工编号：7904 员工名称：罗威
```

可以看到，使用游标，可以对结果集进行逐行处理，这对于一些较复杂的业务逻辑处理实现非常有用。

12.3　小　　结

本章的内容对 PL/SQL 进行了全局的概览，这样读者可以尽快地对 PL/SQL 这门 Oracle 之上的编程语言有一个全局的印象。本章中讨论了 PL/SQL 的基本概念，介绍了 PL/SQL 引入的过程化程序设计的概念，对于 PL/SQL 的组成结构及所提供的各种优势进行了简单的讨论。在 PL/SQL 语言概览部分，讨论了 PL/SQL 块的组成结构，介绍了匿名块、嵌套块及命名块的代码组成。接下来对 PL/SQL 中的常量、变量和数据类型进行了讨论，同时对 PL/SQL 中的各种程序控制语句比如顺序、分支和循环进行了详细的介绍。在命名块部分，本章讨论了存储过程、函数和包的实现方式和功能，以及触发器的定义和使用。PL/SQL 也提供了结构化异常处理能力，在本章最后介绍了 PL/SQL 中的复合数据类型集合和记录的使用，最后简单地讨论了游标的使用。

第13章 子程序和包

子程序是 PL/SQL 中的命名块，它的定义方式与匿名块相似，但是它具有一个名称，并且被存储到数据字典中，以便可以被重复调用。PL/SQL 的子程序包含过程和函数，一般情况下使用过程来完成一个行为，使用函数来计算并返回一个结果。包是用来组织 PL/SQL 对象的逻辑单元，包中可以包含过程、函数、游标、声明、类型及变量，将多个 PL/SQL 对象组织为包可以提供模块化的设计能力。本章将讨论子程序和包的实现方式及相关的实用技巧。

13.1 定义子程序

子程序的定义方式与匿名块的定义相似，除具有名称之外，它也包含声明区、执行区和异常处理区。由于它会以编译后的形式存储在数据库中，每次调用不必重新进行编译，大大提升了性能。使用子程序最大的好处是可以创建可重复使用的模块化的代码，对于大型复杂的应用系统开发来说，可以创建高度可扩展、可维护的应用。

13.1.1 什么是子程序

模块化设计是创建复杂的可维护性的软件中非常重要的编程思想。模块化的设计方式是将一个大的代码块拆分为若干个小的具有独立功能的小代码片断，分解程序的复杂度，将程序设计、维护和调试过程的操作简化，可以提升代码的质量，并且便于对代码进行单元测试。

子程序可以让用户更加容易创建模块化的代码，它具有性能高效、易维护、易理解的特点，它不像匿名块那样仅仅是一次使用。子程序被存储在数据字典中，因而可以被其他的子程序反复多次地进行重复调用。图 13.1 所示是一个标准的子程序的结构图。

由这个结构示意图可以看到，只要熟悉匿名块的定义方式，实际上就可以很容易地编写出子程序，而且也可以很容易地将一个匿名块转换为一个子程序。举例来说，经常会创建过程来完成一些行为，比如人事系统中添加一个新的员工，可以编写一个过程来实现，示例如代码 13.1 所示。

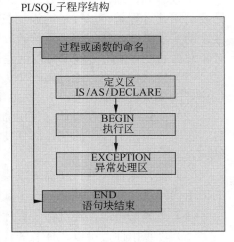

图 13.1 子程序结构示意图

代码 13.1　创建过程添加新员工

```
CREATE OR REPLACE PROCEDURE AddNewEmp(p_empno  emp.empno%TYPE, --员工编号
                                      p_ename  emp.ename%TYPE,     --员工名称
                                      p_job    emp.job%TYPE,       --员工职位
                                      p_sal    emp.sal%TYPE,       --员工薪资
                                      p_deptno emp.deptno%TYPE:=20) --员工部门
AS
BEGIN
  --判断传入的 p_empno 参数是否大于 0，如果小于 0 则抛出异常
  IF p_empno<0 THEN
    RAISE_APPLICATION_ERROR(-20001, '员工编号必须大于 0');
  END IF;
  --调用 INSERT 语句向 emp 表中插入新的员工
  INSERT INTO emp
    (empno, ename, job, sal, deptno)
  VALUES
    (p_empno, p_ename, p_job, p_sal, p_deptno);
END AddNewEmp;
```

在这个示例中使用 CREATE OR REPLACE PROCEDURE 语句创建了一个名为 AddNewEmp 的过程，它用来向 emp 表中插入一条员工数据，括号中是过程的参数列表，允许调用者传入要添加的员工信息。AS 后开始过程的执行部分，在 AS 后面可以声明常量、变量和类型，在本示例中被省略，BEGIN 和 END 之间是执行部分，在执行部分判断了 p_empno 即员工编号是否小于 0，如果小于 0 则抛出异常，然后调用 INSERT INTO 语句向 emp 表中插入一行记录，以传入的参数作为员工字段的值。

子程序创建好后，可以在其他的命名块或匿名块中被调用。例如下面的示例代码在匿名块中调用了 AddNewEmp 过程添加一个新的员工：

```
--调用子程序代码
BEGIN
  AddNewEmp(8230,'李四友','分析人员',3000,20);
END;
```

可以看到，通过调用子程序，隐藏了添加新员工时的业务逻辑，客户端的编程人员只需要调用此过程就可以轻松地添加员工，过程看起来就像是一个黑匣子，它向外界隐藏了复杂的实现细节，让代码便于修改、维护和测试。

总而言之，使用子程序可以创建高度可维护、可重用的代码，它具有如下的几个优势：

（1）模块化代码，通过将一个大的复杂的程序打散为良好的可管理的子程序，可以提供更好的模块化管理功能。

（2）简化应用程序设计，使用命名的子程序块，可以创建不具有实现的代码骨架，不包含实现（即在子程序的执行部分使用 NULL 语句），这样可以简化设计应用程序的整体结构。

（3）提升可管理性，在需求发生变更时，可以仅对子程序进行修改，而不用对子程序的调用代码进行变更，从而提升了代码的可管理性。

（4）更容易组织，通过将子程序组织到包中，可以更好地组织越来越多的子程序。

（5）可重用性，可以在任意的代码块中，或者是在其他的子程序中反复多次地调用子程序。

（6）更好的性能，子程序只需要编译一次，并且以编译的形式存储，因此在反复多次

调用时，可以提供较好的性能。

13.1.2 子程序的调试

子程序的创建过程与 C#或 Java 代码编写一样，通常需要经过良好的测试，在开发的过程中需要反复地进行调试，以便得到想要的结果。子程序的调试方法非常多，比如最简单的方式是 SQL*Plus 中使用 DBMS_OUTPUT 包的 put_line 输出程序信息。不过如果想得到一个具有程序断点功能，可以单步执行的调试环境，就需要借助于 Oracle SQL Developer 或第 3 方的 TOAD 或 PL/SQL Developer 了，这些工具提供了比较完善的调试过程。

下面以 PL/SQL Developer 为例，介绍如何使用这个工具来调试子程序。PL/SQL Developer 调试是基于测试窗口来进行的，下面通过创建一个名为 CallFunc 函数为例来说明如何调试 PL/SQL 代码。如果该函数没有创建，则新建一个 SQL 窗口，或者单击菜单"新建 | 程序窗口 | 函数"菜单项，将弹出创建函数模板窗口，如图 13.2 所示。

图 13.2 创建新的函数

该窗口要求输入函数名称、参数及返回类型，输入完成后单击"确定"按钮后，系统将打开程序代码窗口，并添加了函数定义的框架代码，开发人员只要填入函数逻辑代码便能快速完成函数的创建，当按下执行键（F8）后，程序代码窗口创建的程序会被编译，同时在程序窗口会显示是否保存与编译的提示，如图 13.3 所示。

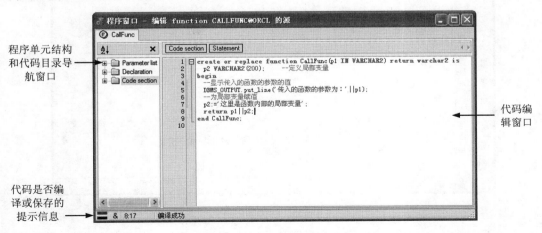

图 13.3 编写 PL/SQL 子程序

在编写好 PL/SQL 函数后，按 F8 键进行编译，然后会在 PL/SQL Developer 主界面左侧的对象导航树状视图面板的 Functions 节点下面看到 CallFunc 这个函数。鼠标右击函数名称，从弹出的快捷菜单中选择"测试"菜单项，将弹出如图 13.4 所示的测试窗口。

图 13.4　测试窗口

测试窗口中包含调试工具栏，要开始调试，必须首先单击"开始调试器（F9）"按钮。注意到在测试窗口中包含了以冒号（:）开头的变量，PL/SQL Developer 的测试脚本允许开发人员定义输入、输出和输入输出变量，开发人员可以在变量赋值窗口中为输入变量赋值，或者是查看变量的值，当运行脚本后，任何改变了值的变量都会用黄色的背景被显示出来。

🔔注意：如果在测试代码窗口使用冒号+变量名定义了新的变量，可以单击变量赋值区域的🔵图标来刷新变量，新的变量会自动添加到变量区域，比如添加一个变量 p2后，变量窗口如图 13.5 所示。

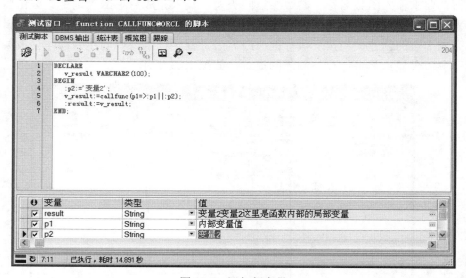

图 13.5　添加新变量

在变量赋值窗口中，为 p1 这个变量赋值为"内部变量值"，然后按 F9 键，此时启动调试器，可以看见原本不可用的调试菜单现在变得可用。还可以通过主菜单中的调试菜单来控制调试选项，调试工具栏的作用如下所示。

▷ 直接运行按钮（Ctrl+R）：直接运行脚本直到运行完成，类似于执行按钮。

单击进入按钮（Ctrl+N）：允许单步进入过程、函数或调用下一行，如果下一行触发了某个触发器，则单步操作会进入这个触发器。

单步跳过按钮（Ctrl+O）：与单步进入类似，但不会进入到过程、函数或触发器，而是直接执行下一行。

单步退出按钮（Ctrl+T）：单步退出当前的程序单元。

运行到异常按钮：当运行时出现下一个异常时，运行将被暂停在引起异常的行，在单击下一步之后，异常将被跳过。

当使用单步进入按钮单步执行遇到某个函数或过程时，会加载过程、函数或触发器的源代码，可以看到测试代码编辑窗口底部会加入一个标签，开发人员可以很容易地在源代码与测试代码这间进行切换。在源代码中可以设置或移除断点。

PL/SQL Developer 不允许在测试窗口中设置断点，但是可以在程序窗口或测试窗口的源代码标签页中添加断点。只需要简单地单击编辑器左边的空白处便可添加断点。如果在运行时遇到断点，则会停止当前的执行。

在调试过程中，当鼠标悬停在某个变量上时，可以查看变量的当前值，或者在变量上右键单击鼠标，选择"设置变量"菜单项，可以更改变量的当前值。断点与变量设置效果如图 13.6 所示。

图 13.6　断点与变量设置效果

PL/SQL Developer 还提供了高级断点设置功能，允许按条件设置断点，同时还提供了很多操作代码的高级设置，请读者参考 PL/SQL Developer 程序提供的操作手册。

13.1.3　创建过程

过程用来执行某些特定操作的子程序，它常常用来封装一定的业务逻辑功能，是模块化代码的关键组成部分，通过将业务分解为多个过程，可以创建更加模块化的代码。

注意：过程没有返回值，而函数需要指定一个返回值，因此函数通常用来完成一定的计算并返回一个结果。

可以在多种不同的级别创建过程，比如在包中创建过程，也可以直接在方案中使用 CREATE PROCDURE 语句来创建过程，还可以在一个 PL/SQL 块内部嵌入一个过程。过程的创建语法如下：

```
[CREATE [OR REPLACE]]
PROCEDURE procedure_name[(parameter[,parameter]...)]
   [AUTHID {DEFINER | CURRENT_USER}]{ IS | AS}
   [PRAGMA AUTONOMOUS_TRANSACTION;]
[local declarations]
BEGIN
   executable statements
[EXCEPTION
   exception handlers]
END [name]
```

上述语法的关键字描述如下所示：

❑ 可选的 CREATE 语句表示将在数据字典中创建一个独立的过程，可选的 OR REPLACE 表示创建时将替换现有的过程定义。通常使用 OR REPLACE 子句，以便在过程创建之后进行修改时，可以直接替换掉原有的过程。如果省略了 CREATE OR REPLACE 语句，表示创建的是包中的过程或嵌入的过程。

❑ PROCEDURE 表示将要创建一个过程，一般在包中定义过程时会省略掉 CREATE OR REPLACE 子句。Procedure_name 是过程的名称，该名称在数据库中同一用户只能有且仅有唯一的一个名称。

❑ parameter 部分用来指定过程的参数，过程可以不具有任何参数，也可以具有一个或多个参数，每个参数的定义形式如下所示：

```
parameter_name[IN|OUT[NOCOPY]|INOUT[NOCOPY]]datatype
[{:=|DEFAULT }expression]
```

在本章 13.2 节介绍过程的参数时，会详细介绍这些关键字的涵义。

注意：在定义过程的参数数据类型时，不能指定类型的长度。

如果为参数类型指定类型长度，则 PL/SQL 编译器会抛出异常信息，例如下面的语句将导致过程的创建带有编译时的错误，在 PL/SQL Developer 命令窗口中显示的错误如图 13.7 所示。

❑ AUTHID 子句决定了存储过程是按所有者权限（默认）调用还是按当前用户权限执行，也能决定在没有方案名限定的情况下，对所引用的对象是按创建过程的所有者方案进行解析还是按当前调用的用户方案进行解析。可以指定 CURRENT_USER 来覆盖程序的默认行为。

❑ 编译指示 AUTONOMOUS_TRANSACTION 会告诉 PL/SQL 编译器把过程标记为自治（独立）。自治事务能让我们把主事务挂起，执行 SQL 操作，提交或回滚自治事务，然后再恢复主事务。

❑ IS 或 AS 之后的语句称为过程体，local declarations 是局部变量定义区，可以定义任意的类型、变量、常量、异常等，在这里的定义只具有本地作用域，当过程退出时，所有的定义将被释放。

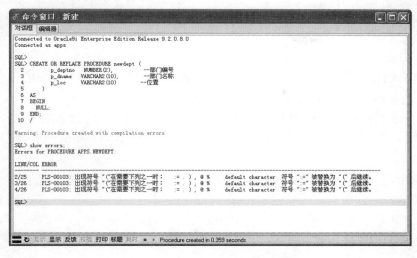

图 13.7 指定类型长度的错误提示

❑ BEGIN 到 END 之间的语句是标准的 PL/SQL 语句块，定义类似于匿名块的定义。

在 AS 或 IS 之后，其他的部分与 PL/SQL 的匿名块相似，AS 或 IS 之后紧随的是可选的 local declarations 区，即变量或类型的声明与定义区，BEGIN 和 END 之间为执行部分，可选的 EXCEPTION 部分为异常处理区域。

在 END 之后可以包含可选的过程名，总是包含过程的名称是一个很好的编程习惯，它主要是为了使程序变得容易阅读，特别是在编写包中的过程时，总是包含过程名可以很容易地匹配所出现的多个 END 语句，创建过程如代码 13.2 所示。

代码 13.2 创建过程添加新部门

```
CREATE OR REPLACE PROCEDURE newdept (
     p_deptno    NUMBER,                  --部门编号
     p_dname    VARCHAR2,                 --部门名称
     p_loc      VARCHAR2                  --位置
   )
AS                                        --变量定义部分
 ERROR_DEPTNO  EXCEPTION;                 --定义一个自定义的异常
 v_deptcnt INTEGER;                       --定义一个计数器整数
BEGIN
 IF p_deptno<=0 THEN                      --判断传入的参数是否赋了正确的值
   RAISE ERROR_DEPTNO;
 END IF;
 --查询传入的部门编号是否在 dept 表中存在
 SELECT COUNT(deptno) into v_deptcnt FROM dept WHERE deptno=p_deptno;
 --如果已经存在
 IF v_deptcnt>0 THEN
 --调用 UPDATE 语句更新 dept 表
   UPDATE dept SET dname=p_dname,loc=p_loc WHERE deptno=p_deptno;
 ELSE
 --调用 INSERT 语句向 dept 表中插入一条新记录
   INSERT INTO dept VALUES(p_deptno,p_dname,p_loc);
 END IF;
```

```
EXCEPTION                                      --异常处理部分
  WHEN ERROR_DEPTNO THEN                       --抛出自定义的异常
    RAISE_APPLICATION_ERROR(-20001,'请输入正确的部门编号');
END;
```

下面来分析一下过程 newdept 的实现过程，如以下步骤所示：

（1）CREATE 和 AS 之间的是过程头部分，用来指定创建一个方案级的过程 newdept，并且指定了过程的参数 p_deptno、p_dname 和 p_loc。

（2）在 AS 关键字后面是变量声明区，类似于匿名块中的 DECLARE 部分，用来定义变量或类型，在示例中定义了一个自定义异常 ERROR_DEPTNO 和一个表示部门计数的整数变量。

（3）BEGIN 和 END 之间是语句块的执行部分，在执行部分，先判断传入的参数 p_deptno 是否符合指定的业务规则，这里假定 p_deptno 不能小于 0，如果小于 0，则显式地抛出 ERROR_DEPTNO 异常。在稍后的 EXCEPTION 部分将捕获这个异常并重新抛出异常信息。

（4）接下来使用 SELECT INTO 语句查询传入的 p_deptno 参数的值是否已经在 dept 表中存在，由于 deptno 是 dept 表的主键，不能存在重复的主键值，因此需要先行进行判断。

（5）接下来使用 IF 语句进行判断，如果 v_deptcnt 的值大于 0，则使用 UPDATE 语句更新 dept 表，否则使用 INSERT 语句向 dept 表中插入一条新记录。

（6）在 EXCEPTION 部分，使用 WHEN 子句捕捉了 ERROR_DEPTNO 异常，然后调用 RAISE_APPLICATION_ERROR 向客户端抛出自定义的异常消息。

过程被创建后，可以被其他的 PL/SQL 块进行直接调用，也可以在 SQL*Plus 中通过 EXECUTE 或者是 CALL 命令来调用，下面的代码演示了如何调用 newdept 过程向部门表中插入一条记录：

```
scott_Ding@ORCL> BEGIN
    newdept(70,'电脑部','深圳');
    newdept(80,'运维部','东京');
  END;
  /
PL/SQL procedure successfully completed.

scott_Ding@ORCL> SELECT * FROM dept WHERE deptno IN (70,80);

  DEPTNO DNAME         LOC
  ------ ----------    -------------
      70 电脑部         深圳
      80 运维部         东京
```

这个示例创建了一个匿名块，在这个匿名块中调用了两次 newdept 向 dept 表中插入新记录，在插入完成之后，查询 dept 表可以看到编号为 70 或 80 的记录果然已经被成功插入。

如果违反 newdept 的约束规则，可以看到 PL/SQL 抛出了一个异常，如下：

```
scott_Ding@ORCL> EXEC newdept(-10,'软件部','南京');
BEGIN newdept(-10,'软件部','南京'); END;
*
ERROR at line 1:
ORA-20001: 请输入正确的部门编号
ORA-06512: at "SCOTT.NEWDEPT", line 25
ORA-06512: at line 1
```

在这个示例中输入了一个负值的部门编号，它违反了过程中定义的部门编号规则，从 SQL*Plus 的输出可以看到，自定义的错误消息果然正确地显示在了异常处理部分。

13.1.4 创建函数

函数与过程非常相似，都是 PL/SQL 块的不同表现形式，具有声明、执行和异常处理部分，都能够存储到数据字典中，但是过程是只被 PL/SQL 语句调用，而函数是作为表达式的一部分被调用。并且函数最重要的特性是具有返回值，因此通常使用它来计算一个结果值，它除了必须具有一个 RETURN 语句返回值之外，其他的部分基本上与过程相似。

函数的创建语法如下：

```
[CREATE [OR REPLACE ] ]
FUNCTION function_name [ ( parameter [ , parameter ]... ) ] RETURN datatype
[AUTHID { DEFINER | CURRENT_USER } ]
[PRAGMA AUTONOMOUS_TRANSACTION;]
[ local declarations ]
BEGIN
executable statements
[ EXCEPTION
exception handlers]
END [name];
```

由语法结构可以看到，创建函数的语法与过程基本相似，除了使用 FUNCTION 指定是一个函数，并且使用 RETURN datatype 指定一个返回类型之外，其他的语法关键字与过程基本相同。

注意：RETURN 后面的数据类型不能进行约束，也就是说不能指定数据类型的长度，函数体内部的 RETURN 语句返回的类型要与声明时的 RETURN 语句保持一致。

下面通过一个示例来演示函数的具体定义方式，该函数将根据传入的部门编号返回该部门编号的具体人数，如代码 13.3 所示。

代码 13.3　创建函数返回部门人数

```
CREATE OR REPLACE FUNCTION get_dept_count(p_deptno IN NUMBER) RETURN NUMBER
IS
 v_dept_cnt INTEGER;              --定义函数本地变量
 NO_DEPTNO EXCEPTION;
BEGIN
 --查询传入的参数p_deptno是否是一个有效的deptno
 SELECT COUNT(*) INTO v_dept_cnt FROM dept WHERE deptno=p_deptno;
 --如果不存在该deptno则抛出一个异常
 IF v_dept_cnt = 0 THEN
   RAISE NO_DEPTNO;              --抛出自定义异常
 ELSE                           --否则查询该部门所具有的员工人数
   SELECT COUNT(*) INTO v_dept_cnt FROM emp WHERE deptno = p_deptno;
   RETURN v_dept_cnt;            --使用RETURN语句返回员工人数
 END IF;
EXCEPTION
 WHEN NO_DEPTNO THEN            --捕捉自定义异常
   DBMS_OUTPUT.put_line('不存在的部门编号！');
   RETURN -1;                   --输出异常消息并返回值
END;
```

这个示例使用 CREATE OR REPLACE FUNCTION 创建了一个方案级别的函数，函数名后的括号包含的是函数的参数，RETURN 语句指定返回 NUMBER 类型，CREATE 到 IS 之间的是函数头部，也就是命名块的命名部分，从 IS 到 END 之间是类似匿名块的语法，但是在函数体内至少要包含一个 RETURN 语句来返回一个值。

RETURN 语句将立即结束当前执行的函数，将控制权交还给调用者，在函数体内部至少必须包含一个 RETURN 语句。可以同时包含多个 RETURN 语句,但是只有一个 RETURN 语句得到执行。函数定义好后，可以作为表达式的一部分进行调用，由于函数调用会返回一个值，因此可以放在赋值语句的右侧用来根据函数的计算结果进行赋值，get_dept_count 函数的调用示例如下所示：

```
SQL> DECLARE
     v_cnt INTEGER;
   BEGIN
     v_cnt:=get_dept_count(20);
     DBMS_OUTPUT.put_line('部门 30 的员工人数是：'||get_dept_count(30));
     DBMS_OUTPUT.put_line('部门-20 的员工人数是：'||get_dept_count(-20));
   END;
   /
部门 30 的员工人数是：6
不存在的部门编号！
部门-20 的员工人数是：-1
 PL/SQL procedure successfully completed
```

由示例可以看到，函数可以放在赋值语句的右侧，函数的计算结果用来给变量赋值，函数也可以放在表达式中间，或者是作为其他函数的参数进行调用。

13.1.5　使用 RETURN 语句

在讨论函数时介绍到 RETURN 语句在函数体内部用来将计算的结果返回给调用方，它会立即中断当前子程序的执行，程序代码将继续执行调用函数之后的语句。RETURN 语句不仅可以用在函数中，还可以在过程或匿名块中使用。在过程中，RETURN 语句立即结束过程的执行，将调用权返回给调用方，在匿名块中，RETURN 语句用来退出当前的块，RETURN 语句的语法如下：

```
RETURN [ expression ] ;
```

RETURN 语句后面的可选的 expression 指定函数将要返回的值，在函数中返回的值的类型一定要与函数定义时指定的 RETURN 子句的类型保持兼容。当在过程中使用时，RETURN 语句不需要任何参数，过程将立即退出而不再往下执行，过程和函数中使用 RETURN 语句的区别如下所示：

❑ 在过程中 RETURN 语句不返回值，也不返回任何表达式，它的作用是立即退出过程的执行，将控制权返回给过程的调用者。

❑ 在函数中 RETURN 语句必须包含一个表达式，表达式的值会在 RETURN 语句执行时被计算，然后赋给在声明中的 RETURN 语句中指定的数据类型的变量，也就是函数标识符。再将控制权返回给调用者。

函数至少必须具有一个 RETURN 语句，否则 Oracle 会抛出错误提示，而过程可以包含一个或多个 RETURN 语句，也可以不包含任何的 RETURN 语句。举例来说，在一个加薪过程中，如果员工当前的职位不为职员，并且薪资大于 3000，则不会运行加薪的实际代码，这可以在参数判断部分通过 RETURN 语句，直接退出过程后面代码的执行。代码 13.4 演示了如何在过程中使用 RETURN 语句。

代码 13.4　在过程中使用 RETURN 语句

```
CREATE OR REPLACE PROCEDURE RaiseSalary(
          p_empno emp.empno%TYPE                    --员工编号参数
          )
AS
  v_job emp.job%TYPE;                               --局部的职位变量
  v_sal emp.sal%TYPE;                               --局部的薪资变量
BEGIN
  --查询员工信息
  SELECT job,sal INTO v_job,v_sal FROM emp WHERE empno=p_empno;
  IF v_job<>'职员' THEN                             --仅为职员加薪
    RETURN;                                         --如果不是职员，则退出
  ELSIF v_sal>3000 THEN                             --如果职员薪资大于 3000，则退出
    RETURN;
  ELSE
    --否则更新薪资记录
    UPDATE emp set sal=ROUND(sal*1.12,2) WHERE empno=p_empno;
  END IF;
EXCEPTION
  WHEN NO_DATA_FOUND THEN                           --异常处理
    DBMS_OUTPUT.PUT_LINE('没有找到员工记录');
END RaiseSalary;
```

过程 RaiseSalary 中使用了两个 RETURN 语句，下面分析一下这个过程的具体实现步骤，如下所示：

（1）RaiseSalary 过程接受一个 p_empno 参数，基类型是使用%TYPE 引用到 emp.empno 列相同的数据类型。

（2）在 AS 关键字后面定义了两个局部变量，这两个变量分别保存职位信息和员工工资信息，它们也使用了%TYPE 分别引用到 emp 表的 job 和 sal 列。

（3）在 BEGIN 和 END 之间是过程的执行部分，它首先验证传入的员工编号的职位，如果 v_job 不为职员，则使用 RETURN 语句退出过程的执行。如果 v_job 为职员，ELSIF 语句执行 v_sal 的判断，如果大于 3000，也执行 RETURN 语句退出过程。可以看到尽管在过程中有多个 RETURN 语句，但是只有一个 RETURN 语句得到了执行。

（4）如果条件成立，则调用 UPDATE 语句更新员工的工资。在 EXCEPTION 区中包含了异常处理，当 BEGIN 后面的 SELECT INTO 语句出现 NO_DATA_FOUND 异常时，则显示异常消息。

可以看到，在过程中使用 RETURN 的作用是直接退出过程的执行，它不使用任何参数，直接跳出过程体的执行。RETURN 语句类似于很多高级语言中的 Exit 语句，灵活地运用可以控制过程、函数或匿名块的即时跳出。

13.1.6　管理子程序

使用 CREATE OR REPLACE 创建的方案级别的子程序一旦创建，就被存储到数据字

典中，数据字典中会保存子程序的基本信息及子程序的源代码，另外还存储了子程序的编译后的伪代码，简称 p-code，当调用子程序时，实际上是读取的编译后的 p-code 伪代码，当 p-code 从磁盘中读出后，会被存放到 SGA 中的共享池中，并且 p-code 代码包含了子程序的所有引用信息，因此具有较好的性能体验，p-code 使用最近最少使用的算法自动从 SGA 的共享池中移出。

数据字典中的子查询可以通过多个数据字典视图查询其信息，例如可以查询子程序的名称、创建时间、子程序的源代码及子程序的编译时错误信息等，这主要通过如下 3 个数据字典视图来实现：

- ❑ user_objects，包含当前用户的所有对象的信息，比如对象的名称、创建的时间、最后被修改的时间、对象类型及对象的有效性状态等。
- ❑ user_source，包含当前登录用户所拥有的对象的源代码，该视图包含名称、类型、描述等信息。
- ❑ user_errors，包含当前用户在当前所发生的错误信息，包含对象名称、类型、序列、发生错误的位置及文本等字段。

user_objects 实际上包含当前用户的所有的对象，它包含表、视图、索引，序列等对象的信息，通过将 object_type 字段指定为 PROCEDURE 和 FUNCTION 来查询过程和函数的信息。

例如要查询当前 scott 方案下的过程和函数列表，可以使用如下的查询语句：

```
scott_Ding@ORCL> SELECT object_name, object_type, created, last_ddl_time,
status, temporary
    FROM user_objects
  WHERE object_type IN ('PROCEDURE','FUNCTION ');

OBJECT_NAME      OBJECT_TYPE      CREATED             LAST_DDL_TIME        STATUS   T
---------------- ---------------- ------------------- ------------------- -------- -
SHOW_SPACE       PROCEDURE        2012-04-21 08:45:12 2012-04-21 08:45:12 VALID    N
LIST_EMPS        PROCEDURE        2012-07-16 14:19:23 2012-07-16 14:19:23 INVALID  N
MY_PROC          ROCEDURE         2012-07-16 16:15:17 2012-07-16 16:15:17 VALID    N
WITH_ROWTYPE     PROCEDURE        2012-07-17 09:32:52 2012-07-17 09:36:34 INVALID  N
COUNT_INSTRUCTOR PROCEDURE        2012-07-06 09:42:10 2012-07-06 09:42:10 VALID    N

已选择 5 行。
```

这个查询语句返回了当前方案 scott 下面的所有的过程和函数，各个列的含义如下所示：

- ❑ object_name 列，对象的名称。
- ❑ object_type 列，对象的类型，比如 TABLE、INDEX、SEQUENCES、PROCEDURE、FUNCTION 等。
- ❑ created 列，创建对象的时间。
- ❑ last_ddl_time 列，最后一次修改的时间。
- ❑ status 列，当前对象的状态，有效状态值为 VALID、无效状态值为 INVALID 或未知状态值为 N/A。
- ❑ temporary 列，指定对象是否为一个临时对象，取值为 Y 或 N。

除 user_objects 之外，user_source 保存了对象的源代码，因此查询该数据字典视图就可以看到对象的源代码。例如，要查询 get_dept_count 函数的代码，可以通过如下的查询语句对 user_source 数据字典视图进行查询：

```
scott_Ding@ORCL> col text for a80;
scott_Ding@ORCL>SELECT line, text
            FROM user_source
            WHERE name = 'GET_DEPT_COUNT'
            ORDER BY line;

  LINE  TEXT
  ------------------------------------------------------------------------
     1 FUNCTION get_dept_count(p_deptno IN NUMBER) RETURN NUMBER
     2  IS
     3   v_dept_cnt INTEGER;        --定义函数本地变量
     4   NO_DEPTNO EXCEPTION;
     5 BEGIN
     6  --查询传入的参数 p_deptno 是否是一个有效的 deptno
     7  SELECT COUNT(*) INTO v_dept_cnt FROM dept WHERE deptno=p_deptno;
     8  --如果不存在该 deptno 则抛出一个异常
     9  IF v_dept_cnt = 0 THEN
    10    RAISE NO_DEPTNO;          --抛出自定义异常
    11  ELSE                        --否则查询该部门所具有的员工人数
    12    SELECT COUNT(*) INTO v_dept_cnt FROM emp WHERE deptno = p_deptno;
    13    RETURN v_dept_cnt;        --使用 RETURN 语句返回员工人数
    14  END IF;
    15 EXCEPTION
    16   WHEN NO_DEPTNO THEN        --捕捉自定义异常
    17     DBMS_OUTPUT.put_line('不存在的部门编号！');
    18     RETURN -1;              --输出异常消息并返回值
    19 END;
```

可以看到，user_source 中以代码行的形式保存了子程序的代码，line 表示行号，text 是每一个代码行，name 指定对象的名称，type 指定对象的类型，可以是 FUNCTION, JAVA SOURCE, PACKAGE, PACKAGE BODY, PROCEDURE, TRIGGER, TYPE, TYPE BODY 等类型。示例中通过 ORDER BY 子句按 line 进行排序，这样就得到了想要的代码行。

在编译子程序时，如果出现编译时的错误，SQL*Plus 仅会显示一行错误消息，告之用户产生了一个错误，用户可以通过 user_errors 查询最近一次产生的编译错误消息。下面的示例创建了一个具有编译错误的过程，然后通过查询 user_errors 便可以看到该子程序的编译错误信息：

```
scott_Ding@ORCL> CREATE OR REPLACE PROCEDURE raise_salary(p_deptno NUMBER) AS
   BEGIN
     SELECT COUNT(*) INTO v_deptcount FROM emp WHERE deptno = p_deptno;
   END;
   /

警告：创建的过程带有编译错误.
scott_Ding@ORCL>    SELECT sequence, line, position, text, attribute,
message_number
            FROM user_errors
            WHERE name = 'RAISE_SALARY';

SEQUENCE LINE POSITION TEXT                        ATTRIBUTE  MESSAGE_NUMBER
-------------------------------------------------- --------------------------
   1   3  24 PLS-00201: identifier 'V_DEPTCOUNT' must be declared ERROR 201
   2   3  36 PL/SQL: ORA-00904: : invalid identifier           ERROR 0
   3   3   3 PL/SQL: SQL Statement ignored                      ERROR 0
```

在这个示例中创建了一个名为 raise_salary 的过程,这个过程体内部使用了一个未经定义的变量 v_deptcount,这将导致 PL/SQL 引擎在编译时产生一个编译错误信息。

<blockquote>🔔注意:在 SQL*Plus 中可以使用命令 SHOW ERRORS 显示最后产生了编译错误消息,该命令将查询 user_errors 并且格式化输出以便于阅读。</blockquote>

除了在 SQL*Plus 中使用 SHOW ERRORS 命令之外,通过查询 user_errors 数据字典视图,可以看到返回了当前会话中对于 raise_salary 对象的编译产生的编译时信息。这意味着当一个子程序被编译时,即便它带有编译时的错误,但是仍然被存储到数据库中。但是在 user_objects 中的状态为 INVALID,表示无效状态,当一个无效的子程序被调用时,PL/SQL 引擎将抛出 PLS-905 异常。

如果子程序不再需要,或者是在创建子程序时没有使用 OR REPLACE 语句,必须要先使用 DROP 语句进行删除,删除过程和删除函数使用的 DROP 语句分别如下所示:

- ❏ DROP FUNCTION function_name,删除一个函数,function_name 指定需要被删除的函数名,删除者应该是函数的创建者或拥有 DROP ANY PROCEDURE 系统权限的人。
- ❏ DROP PROCEDURE procedure_name,删除一个过程,procedure_name 指定需要被删除的过程名,删除者应该是过程的创建者或拥有 DROP ANY PROCEDURE 系统权限的人。

下面的语句将删除 raisesalary 过程:

```
DROP PROCEDURE raise_salary;
```

下面的语句将删除 getraisedsalary 函数:

```
DROP FUNCTION get_raised_salary ;
```

<blockquote>🔔注意:DROP 命令是一个 DDL 语句,隐式地带有一个 COMMIT 命令,因此一旦删除就从数据库中永久移除了,一般使用 CREATE OR REPLACE 命令来重新编译和修改一个子程序。</blockquote>

13.1.7　在 SQL 语句中使用函数

由于子程序存储到数据字典中,因此很多开发人员希望自己编写的子程序能够在 SQL 语句中使用,就像使用 SQL 内置函数一样,这可以扩展 SQL 语言的功能。在 SQL 语言中可以使用函数,只要这些函数匹配一定的约束,不能调用过程,因为过程的调用不能返回任何结果,因此不能在 SQL 语句中使用。在 SQL 语句中存在两种不同的使用存储的函数的方式:

- ❏ 单值函数,返回单一值的函数,它的使用方式与内置函数比如 TO_CHAR、UPPER 或 ADD_MONTHS 的使用方式相同,这个函数返回一个标量值。
- ❏ 多值函数,又称为表函数,返回一个值的集合,使用 TABLE 操作符,可以在 SQL 中使用关系表一样使用这个集合。

本节将讨论如何在 SQL 语句中使用返回标量值的单值函数,至于多值函数,请参考 Oracle 的相关文档。

依赖于函数是定义在包中或者是方案级别,以及函数的定义方式,要能在 SQL 语句中使用函数,必须符合下面所列出的几个限制:

(1) 被 SELECT 语句使用的自定义函数不能修改任何数据库表。

(2) 被 DML 语句调用的函数,比如 INSERT、UPDATE 或 DELETE 语句不能查询或修改这些 DML 语句所影响的表,但是它能引用其他的数据库表。

(3) 为了使包含自定义含数的 DML 语句能够并行处理,函数不能修改任何数据库表。

(4) 被 DML 语句或 SELECT 查询语句调用的自定义函数不能执行任何事务控制语句,比如 COMMIT 或 ROLLBACK,会话控制语句 ALTER SESSION 或 SET ROLE,或者是系统控制语句比如 ALTER SYSTEM。这意味着不能在自定义函数中包含任何 DDL 语句,因为这些语句会导致一个隐式的 COMMIT 提交。

(5) 被顶层函数调用的任何过程和函数必须匹配与顶层函数同样的限制。

(6) 函数必须是一个存储在数据库中的函数,比如是一个方案级别的函数或一个包级别的函数,不能是其他块中的一个嵌套函数。

(7) 函数只能接受 IN 参数,不能是 IN OUT 或 OUT 参数。

(8) 自定义函数的形式参数只能使用数据库类型,不能是 PL/SQL 类型,比如仅在 PL/SQL 中可用的 BOOLEAN 或 RECORD 类型,但是可以通过在方案级别使用 CREATE TYPE 语句来创建一个方案级别的类型,以便能够被数据库使用。

(9) 函数的返回类型必须是一个数据库类型,或者是在方案级别使用 CREATE TYPE 语句定义的。

例如,假设希望查询 emp 表时,能够有一个函数自动获取 dept 表中的部门信息,比如部门名称、部门地址等,下面创建一个可以在 SQL 语句中使用的,匹配上面的限制的函数,该函数接受一个部门 ID 值,返回 dept 表中 dname 和 loc 字段的联合字符串,如代码 13.5 所示。

代码 13.5　创建可以在 SQL 语句中使用的函数

```
CREATE OR REPLACE FUNCTION get_dept_info(p_deptno dept.deptno%TYPE)
    RETURN VARCHAR2                 --该函数返回 VARCHAR2 类型
AS
 v_dept_info VARCHAR2(100);        --定义一个 v_dept_info 的本地变量
BEGIN
 --查询 dept 表中指定 deptno 的记录
 SELECT dname || loc INTO v_dept_info FROM dept WHERE deptno = p_deptno;
 RETURN v_dept_info;               --返回该字符串变量
EXCEPTION                          --异常处理部分
 WHEN NO_DATA_FOUND THEN           --捕捉 NO_DATA_FOUND 异常进行处理
   RETURN '没有找到相应的部门';
END;
```

在这个示例中创建了名为 get_dept_info 的函数,它接受一个名为 p_deptno 的部门编号作为参数,该函数体内部查询 dept 表中的 dname 和 loc 数据,然后返回部门编号和地址合并后的数据,这个函数并没有违反前面讨论过的在 SQL 语句中使用的限制,可以直接在查询语句中使用该函数,查询语句如下:

```
scott_Ding@ORCL> SELECT ename,job,sal,get_dept_info(deptno)
                      as "部门信息" FROM emp WHERE job='职员';

ENAME            JOB              SAL  部门信息
---------- ------------- -----------------------------
史密斯           职员          1946.16 研究部达拉斯
斯科特           职员           1760.2 研究部达拉斯
亚当斯           职员             1440 研究部达拉斯
吉姆             职员             1050 销售部芝加哥
通利             职员             2000 研究部达拉斯
罗威             职员             2000 研究部达拉斯

已选择 6 行。
```

由查询结果可以看到，通过在查询语句中调用 get_dept_info 函数，果然成功地获取到了部门信息。除了在 SELECT 查询语句中使用该函数外，也可以在 DML 语句中使用这个函数，当 SQL 语句执行时，会对所包含的函数进行约束检查，如果函数违反了约束规则，比如函数 get_dept_info 修改了任何数据库表，创建代码如下：

```
CREATE OR REPLACE FUNCTION get_dept_info(p_deptno dept.deptno%TYPE)
    RETURN VARCHAR2                        --该函数返回 VARCHAR2 类型
AS
 v_dept_info VARCHAR2(100);                --定义一个 v_dept_info 的本地变量
BEGIN
 --查询 dept 表中指定 deptno 的记录
 SELECT dname || loc INTO v_dept_info FROM dept WHERE deptno = p_deptno;
 INSERT INTO dept VALUES(90,'船务部','上海'); --包含了一个修改数据库表的 INSERT 语句
 RETURN v_dept_info;                       --返回该字符串变量
EXCEPTION                                  --异常处理部分
 WHEN NO_DATA_FOUND THEN                   --捕捉 NO_DATA_FOUND 异常进行处理
   RETURN '没有找到相应的部门';
END;
```

在 SELECT 语句中使用时，Oracle 会抛出错误，查询语句如下：

```
scott_Ding@ORCL> SELECT ename, job, sal, get_dept_info(deptno) as "部门信息"
                FROM emp
                WHERE job = '职员';
SELECT ename, job, sal, get_dept_info(deptno) as "部门信息"
                  *
ERROR at line 1:
ORA-14551: cannot perform a DML operation inside a query
ORA-06512: at "SCOTT.GET_DEPT_INFO", line 8
```

可以看到，当在函数中包含了一个 DML 语句后，再次执行查询时，Oracle 抛出了 ORA-14551 异常。如果函数定义在包级别，可以通过包纯度级别来控制包内的函数是否可以被 SQL 语句使用，在 13.3 节讨论包时将介绍包的纯度级别。

13.2　子程序参数

函数和过程都可以具有参数来向子程序内部或向调用方往返传递信息。参数的定义位于子程序的头部分，然后可以在子程序内部使用这些参数的名称定义，在调用子程序时，

通过指定具体的参数值来改变子程序的执行方式。本节将讨论子程序参数的定义方式、类型、参数传递方式等。

13.2.1 形式参数与实际参数

子程序中可以不具有任何参数，也可以从调用者处获取参数信息，它是调用者与子程序之间传递信息的一种方式，在 PL/SQL 中，参数根据其使用可以分为如下两种类型：

- ❑ 形式参数，在定义子程序时，在定义语句中定义的参数称为形参。
- ❑ 实际参数，在调用子程序时，传入的具体参数值称为实参。

形式参数是在定义子程序时，在子程序名后的括号中包含的参数列表，这些参数列表具有名称和类型，但是并没有一个具体的值，它们就好像是占位符一样。与在块的声明区定义变量不同的是，形式参数的定义具有如下两个特点：

- ❑ 形式参数具有参数传递模式，比如 IN、OUT 或 IN OUT 模式，默认不指定是 IN 模式，而变量定义时不需要。
- ❑ 形式参数在定义时不能对参数类型进行约束限制，只能指定类型名称，也就是说不能约束形式参数的类型长度。

例如代码 13.6 定义了一个名为 adjust_salary 的过程，它接收员工的编号和员工的调整后的薪资。

代码 13.6 形式参数示例

```
CREATE OR REPLACE PROCEDURE adjust_salary(p_empno NUMBER, p_salary REAL)
AS
BEGIN
 --在函数体内部使用形式参数
 UPDATE emp SET sal = p_salary WHERE empno = p_empno;
END;
```

在这个示例中，位于 adjust_salary 名称后面的括号中定义的参数就是形式参数，它以 p_ 开头，p_empno 指定员工编号，它是 NUMBER 类型，并没有指定 NUMBER 的具体长度，p_salary 是 REAL 类型，在过程体中通过引用 p_empno 和 p_salary 来更新 emp 表中的员工的薪资信息。

实际参数是指在调用子程序时，为子程序的参数列表中的每个参数赋的具体的值，比如调用 adjust_salary 时，实际参数的内容会被赋值到对应的形式参数上面，示例脚本如下：

```
scott_Ding@ORCL> BEGIN
                   adjust_salary(7369,3000);
                 END;
PL/SQL procedure successfully completed.
```

在示例中 7369 或 3000 就是形式参数，它指定了参数的具体值，如果必要，将实际参数赋给形式参数时，PL/SQL 还会进行兼容性的类型转换。

⚠注意：实参的个数和类型必须与形式参数匹配，否则 Oracle 有可能会抛出 VALUE_ERROR 异常。

13.2.2　IN、OUT 和 IN OUT 模式

在前面讨论形式参数与实际参数时了解到，形式参数的定义与变量的一个区别是参数具有参数模式。参数的模式用来定义形式参数的行为，比如参数仅用于接收外部传入的值，或者是参数可以向外部传出一个值，也可以让参数既可以接受传入的值，也可以向调用者传出子程序的结果值，对于函数来说，就可以让函数同时返回多种不同类型的值。

形式参数具有 3 种模式，分别是 IN、OUT 和 IN OUT 模式，如果没有指定任何形式模式，默认使用的是 IN 模式，这些模式的作用如表 13.1 所示。

表 13.1　参数的模式

模　　式	描　　述	模式的作用
IN	只读	实际参数的值在子程序内部被读取，但是不能更改实际参数的值，这是参数的默认模式
OUT	只写	子程序可以为参数进行赋值，但是不能够读取参数的值，它仅仅起到传出数据的作用。形式参数起着未初始化 PL/SQL 变量的作用，有一个 NULL 值，在子程序内部可以为参数赋值
IN OUT	可读可写	IN 模式和 OUT 模式的组合，当子程序被调用时，实际参数的值传递给过程，在过程内，可以读取变量，并且可以为变量赋值，将变量返回给调用方

参数的模式位于参数定义中的参数名称之后、数据类型之前，它用来决定子程序的使用方式及如何操作赋给形式参数的值。举例来说，对于 adjust_salary 过程，如果使用完整的带模式的参数定义方式，则语法如下：

```
CREATE OR REPLACE PROCEDURE adjust_salary(p_empno IN NUMBER, p_salary IN REAL);
```

与不指定模式一样，默认情况下 adjust_salary 具有两个 IN 模式的参数，接下来详细地了解每种不同的参数模式的具体作用。

1．IN模式

IN 模式是默认的参数模式，因此在定义时常常省略掉该关键字，它主要用来为向子程序传入值，例如当创建一个为员工加薪的子程序时，需要传入一个员工编号 empno，这个参数的模式一般为 IN 模式。IN 模式只能向子程序内部传入值，因此子程序的实际参数可以是常量、已经初始化过的变量、静态的值或一个表达式。

以代码 13.6 中的 adjust_salary 调用为例，由于该过程的所有参数的模式均为 IN 模式，因此可以使用如下的调用方式：

```
DECLARE
  v_empno NUMBER:=7369;                --定义员工编号变量
  v_ratio NUMBER:=1.12;                --员工薪资调整比率
BEGIN
  adjust_salary(v_empno,3000*v_ratio); --调用过程
END;
```

可以看到，在这个示例中，使用了已经初始化的变量和表达式作为实际参数的值传给

形式参数，IN 模式的参数非常类似于常量，它不能在子程序内部被改变，不能用任何方法修改 IN 模式参数的值。

2．OUT模式

OUT 模式与 IN 模式相反，它主要用来向 PL/SQL 子程序的调用方传出数据，这意味着可以在过程中调用之后传出数据，或者是为函数传出多种不同类型的值。PL/SQL 的参数列表最大支持 64KB 的参数，因此在子程序的参数列表中可以定义不超过 64KB 大小的 OUT 类型的参数来返回任意多的值。

注意：与 IN 模式不同的是，OUT 模式必须显式地指定 OUT 模式关键字。

例如，代码 13.7 创建了一个使用 OUT 模式参数的过程，它将向调用方返回一个调整后的薪资。

代码 13.7　使用 OUT 模式的参数

```
CREATE OR REPLACE PROCEDURE Out_Raised_Salary(
   p_empno IN NUMBER,
   p_raisedSalary OUT NUMBER              --定义一个员工加薪后的薪资的输出变量
)
AS
   v_sal NUMBER(10,2);                     --定义本地局部变量
   v_job VARCHAR2(10);
BEGIN
   p_raisedSalary:=0;                      --变量赋初值
   SELECT sal,job INTO v_sal,v_job FROM emp WHERE empno=p_empno;
                                           --查询员工信息
   IF v_job='职员' THEN                    --仅对职员加薪
      p_raisedSalary:=v_sal*1.12;         --对 OUT 模式的参数进行赋值是合法的
      UPDATE emp SET sal=p_raisedSalary WHERE empno=p_empno;
   ELSE
      p_raisedSalary:=v_sal;               --否则赋原来的薪资值
   END IF;
EXCEPTION
  WHEN NO_DATA_FOUND THEN                  --异常处理语句块
    DBMS_OUTPUT.put_line('没有找到该员工的记录');
END Out_Raised_Salary;
```

在过程的定义中可以看到一个 OUT 类型的参数 p_raisedSalary，用来保存将要传递给调用方的调整后的薪资值，这个示例的实现如下步骤所示：

（1）这个示例定义了两个参数，p_empno 用来接收员工的工号，p_raisedSalary 用来保存输出结果值。在本地变量定义部分，定义了 v_sal 用来保存临时的薪资值，v_job 用来保存员工的职位。

（2）在语句块的执行部分，首先初始化了 p_raisedSalary 的值为 0，否则 PL/SQL 引擎会将 p_raisedSalary 初始化为类型的默认值，类型的默认值一般为 NULL 值。

（3）接下来从数据库表中提取 p_empno 传入的员工编号的工资和职位值，保存到 v_sal 和 v_job 变量中。这个 SELECT INTO 语句可能引起 NO_DATA_FOUND 异常，在 EXCEPTION 区进行了处理。

（4)接下来的 IF 语句判断员工的职位是否为职员，如果条件成立，首先为 p_raisedSalary

赋予调整后的薪资值, 然后调用 UPDATE 语句更新新的工资值, 否则就直接将 v_sal 的薪资值传回给 p_raisedSalary 变量。

（5）在异常处理部分, 捕捉 NO_DATA_FOUND 异常进行处理。

可以看到, 在子程序内部, OUT 模式的参数担当一个未初始化的变量, 由 PL/SQL 引擎为其赋初始值, 而且直到程序成功执行完成, OUT 类型的参数才具有值 (除非是使用 NOCOPY 指定了按引用传递方式), 任何赋给 OUT 类型的参数实际上都是被赋给了子程序内部的 OUT 类型的参数的一个副本。当子程序成功执行并返回给调用块时, 本地的副本将被传递给实际的 OUT 类型的参数。如果程序出现了异常, 必须记得在 EXCEPTION 区为 OUT 类型的参数赋值, 以便能够成功返回变量值。

下面的 PL/SQL 块演示了如何调用一个包含 OUT 类型参数的过程：

```
DECLARE
  v_raised_sal NUMBER;                      --定义一个保存输出结果的变量
BEGIN
  Out_Raised_Salary(7369,v_raised_sal);     --调用过程
  --显示传出变量的结果
  DBMS_OUTPUT.put_line('员工 7369 调整后的薪资值为: '||v_raised_sal);
END;
```

可以看到, 对于 OUT 模式的参数, 只能传一个未初始化的变量, 不能指定任何常量、静态值或者表达式, 对于 OUT 模式传入的变量的任何初始化值或使用 DEFAULT 关键字指定的默认值都将被忽略。

在上面的示例中, v_raised_sal 是一个未初始化的变量, 传递给 Out_Raised_Salary, 在过程体内部为 OUT 模式的参数赋值后, 接下来通过 DBMS_OUTPUT.put_line 输出其结果值, 执行效果如下：

```
员工 7369 调整后的薪资值为: 3763.2
PL/SQL procedure successfully completed.
```

3. IN OUT模式

IN OUT 模式可以看作是 IN 和 OUT 模式的结合体, 它既能够为子程序传入数据, 也能够向子程序的调用方传出数据。也就是说 IN OUT 模式的参数可以接收从子程序外部的传入数据, 并且在子程序内部使用这些数据, 并且可以向实际参数进行赋值, 向调用方传出数据, 因此这也要求 IN OUT 模式的形式参数对应的实参必须是变量, 不可以是常量或表达式。

注意：与 OUT 模式的参数相同, 只有当成功地退出子程序时, PL/SQL 才会为实参赋值, 如果有未捕获的异常发生, PL/SQL 不会为实参进行赋值操作。

IN OUT 模式的参数与 OUT 模式的参数一样, 不能具有默认值, 实际参数只能为变量, 不能是常量、静态值或表达式, 因为这些类型的实际参数无法提供一个传出通道。IN OUT 示例如代码 13.8 所示。

代码 13.8　使用 IN OUT 模式的参数

```
CREATE OR REPLACE PROCEDURE calcRaisedSalary(
```

```
        p_job IN VARCHAR2,
        p_salary IN OUT NUMBER                      --定义输入/输出参数
)
AS
  v_sal NUMBER(10,2);                               --保存调整后的薪资值
BEGIN
  if p_job='职员' THEN                              --根据不同的job进行薪资的调整
    v_sal:=p_salary*1.12;
  ELSIF p_job='销售人员' THEN
    v_sal:=p_salary*1.18;
  ELSIF p_job='经理' THEN
    v_sal:=p_salary*1.19
  ELSE
    v_sal:=p_salary;
  END IF;
  p_salary:=v_sal;                                  --将调整后的结果赋给输入/输出参数
END calcRaisedSalary;
```

示例中的 p_salary 是一个 IN OUT 类型的参数，可以看到，在过程体内部，使用 p_salary 的传入值与调薪的比率相乘，从而得到调薪后的值，然后将结果值赋给 v_sal 局部变量，在语句的最后又将 v_sal 的值赋给 p_salary 实际参数，以传出调薪后的工资。

由于 IN OUT 模式的参数要能接收输出的结果值，因此在调用时，实际参数必须是一个变量，它可以具有初始值，以便被传入到子程序内部进行执行。下面的示例演示了如何调用 calcRaisedSalary 过程来计算薪资调整值，并传回到调用方：

```
DECLARE
  v_sal NUMBER(10,2);                               --薪资变量
  v_job VARCHAR2(10);                               --职位变量
BEGIN
  SELECT sal,job INTO v_sal,v_job FROM emp WHERE empno=7369;
                                                    --获取薪资和职位信息
  calcRaisedSalary(v_job,v_sal);                    --计算调薪
  DBMS_OUTPUT.put_line('计算后的调整薪水为: '||v_sal); --获取调薪后的结果
END;
```

在这个调用示例中定义了两个局部变量 v_sal 和 v_job，分别保存员工的工资和职位，在执行部分，通过查询 empno 为 7369 的员工工资和职位，将其作为 calcRaisedSalary 过程的参数，其中 v_sal 是 IN OUT 模式的实际参数，它只能是一个变量，包含了 7369 的员工工资，在过程调用完成后，可以看到 v_sal 包含了一个新值，通过 DBMS_OUTPUT.put_line 的输出可以看到结果值，调用结果如下：

```
计算后的调整薪水为: 4720.55
PL/SQL procedure successfully completed.
```

可以看到，v_sal 果然已经包含了计算之后的薪资值。可以看到，IN、OUT 或 IN OUT 模式的参数具有不同的特性和使用的目的，在使用时应该仔细考虑参数的功能，并且合理地选择使用哪种模式的参数。

13.2.3 参数调用方式

形式参数和实际参数必须进行匹配，否则 Oracle 在进行参数检查时极容易产生错误提

示。在调用子程序时，实际参数与形式参数的匹配具有如下 3 种方式：

- ❑ 位置标示法，指定与形式参数匹配的位置放置实际参数，位置必须一一匹配。
- ❑ 名字标示法，使用箭头=>作为关联操作符，把形式参数和实际参数进行显式的关联，位置可以不用进行一一匹配。
- ❑ 混合标示法，可以混合使用名字标示法和位置标示法，在这种情况下，位置标示法必须在名字标示法之前，不能反过来使用。

在前面的示例中使用的子程序调用方式都是位置标示法，它必须与形式参数列表的顺序进行匹配，否则会导致子程序执行异常，这种方式的缺点是如果形式参数的位置方生变化，将导致调用方的实际参数的位置必须进行相应的变更，增加一些额外的维护工作量。

下面依然以代码 13.6 的例子 adjust_salary 为例，演示如何使用不同的参数调用方式来调用该过程，如代码 13.9 所示。

代码 13.9　参数调用方式示例

```
DECLARE
  v_empno NUMBER:=7369;                              --定义员工编号变量
  v_ratio NUMBER:=1.12;                              --员工薪资调整比率
BEGIN
  adjust_salary(v_empno,3000*v_ratio);                    --位置标示法
  adjust_salary(p_empno=>v_empno,p_salary=>3000*v_ratio); --名字标示法
  adjust_salary(v_empno,p_salary=>3000*v_ratio);--混合标示法,位置标示法在前
END;
```

在这个示例中，分别演示了位置标示法、名字标示法及混合标示法的使用，可以看到名字标示法可以使用与形式参数不匹配的顺序，它按名字进行一一匹配，除非更改了形式参数的名称，否则对于形式参数位置的任何更改都不会造成异常。而对于混合标示来说，必须将位置标示法放在前面，名字标识部分可以不按形式参数的顺序来进行指定。

13.2.4　形式参数的约束

前面讨论过当定义一个子程序时，参数的数据类型不能限制约束，也就是说不能指定数据类型的长度约束。对子程序的约束实际上是在实际参数中定义的，当传递给形式参数不同约束的实际参数时，子程序具有不一样的类型约束，也就是说，比如 CHAR 或 VARCHAR2 类型的参数等，以实际传递给形式参数的精度或刻度为准。

子程序的这种参数的约束方式与其他第 3 代编程语言有些不同，对于 IN 模式的参数来说，由于无须改变其值，因此参数的约束并不会有太大的影响，而对于 OUT 或 IN OUT 模式的参数来说，必须要注意实际参数的约束性问题。

下面创建了一个示例过程，该过程接收两个 IN OUT 类型的参数，出于演示的目的，在过程的执行部分仅包含两行赋值语句，示例代码如下：

```
CREATE OR REPLACE PROCEDURE parameters_constraints
      (p_job IN OUT VARCHAR2,
       p_sal IN OUT NUMBER) AS          --形式参数不能具有精度或长度约束
BEGIN
  p_job:='员工的工作职位是：'||p_job;      --重新为形式参数赋值
  p_sal:=3000.56;                        --为数值类型赋值
```

```
   DBMS_OUTPUT.put_line(p_job||' '||p_sal); --输出形式参数的值
END parameters_constraints;
```

在这个示例中定义了两个 IN OUT 类型的参数，在过程体中直接为这两个 IN OUT 类型的形式参数进行了重新赋值，并且输出了变量的值。由于形式参数不具有约束，在使用实际参数进行约束时，很容于出现异常，例如下面的调用示例：

```
scott_Ding@ORCL> DECLARE
     v_job VARCHAR2(20):='职员';
     v_sal NUMBER(4):=3000;
   BEGIN
     parameters_constraints(v_job,v_sal);
   END;
   /
DECLARE
*
ERROR at line 1:
ORA-06502: PL/SQL: numeric or value error: character string buffer too small
ORA-06512: at "SCOTT.PARAMETERS_CONSTRAINTS", line 5
ORA-06512: at line 5
```

这个调用匿名块在声明区定义了两个变量，这两个变量具有类型约束来传递给 parameters_constraints 作为参数，由于实际参数的精度不能容纳 parameters_constraints 过程体中对于 IN OUT 类型参数的赋值，因此导致抛出了异常。

🔔**注意**：在使用 OUT 或 IN OUT 模式的参数时，在过程的调用方传递的变量的长度必须要满足过程内对变量的赋值大小，否则在调用时 PL/SQL 引擎会抛出异常。

为了避免这样的错误，只有提供良好的子程序定义文档，并且在编写程序时要注意到实际调用时可能产生的问题，比如进行参数范围检查。还有一种方法，可以使用%TYPE指定形式参数来自一个数据库的类型，由于定义数据库字段时指定了长度，就可以潜在地对形式参数进行约束。下面的示例修改了 parameters_constraints 过程，它使用了 emp 表中的 job 和 sal 列的字段类型，示例代码如下：

```
CREATE OR REPLACE PROCEDURE parameters_constraints
      (p_job IN OUT emp.job%TYPE,
       p_sal IN OUT emp.sal%TYPE) AS    --使用来自数据库列类型来限制形式参数
BEGIN
 p_job:='职位'||p_job;
 p_sal:=3000.5;
   DBMS_OUTPUT.put_line(p_job||' '||p_sal);        --输出变量结果值
END parameters_constraints;
```

可以看到，现在 parameters_constraints 引用了 emp 表中 job 和 sal 列的值，在 SQL*Plus 中通过 DESC 命令，可以看到子程序的定义约束，示例代码如下：

```
scott_Ding@ORCL> DESC parameters_constraints;
PROCEDURE parameters_constraints
 Argument Name                  Type                   In/Out Default?
 ----------------- ---------------------- ----------------------
 P_JOB                          VARCHAR2(9)             IN/OUT
 P_SAL                          NUMBER(7,2)             IN/OUT
```

在调用时，如果实际参数具有显式的类型约束，比如 VARCHAR2 类型的实际参数必须要指定长度，则形式参数以 VARCHAR2 实际参数的约束为准。对于 NUMBER 类型来说，不指定其约束表示所有精度的数字值，因此下面的调用在声明区赋值语句是满足的，但是在调用 parameters_constraints 时，由于%TYPE 的隐式类型约束，将导致结果产生异常，示例代码如下：

```
scott_Ding@ORCL> DECLARE
    v_sal NUMBER:=100000.5678;              --NUMBER 未指定精度，可以容纳下
    v_job VARCHAR2(20):='工程师';
  BEGIN
    parameters_constraints(v_job,v_sal);
                            --子程序内部具有隐式的 NUMBER 约束，因此出现错误
  END;
  /
DECLARE
*
ERROR at line 1:
ORA-06502: PL/SQL: numeric or value error: number precision too large
ORA-06512: at line 5
```

可以看到，即便 v_sal 能够容纳下任意的数值，但是由于 parameters_constraints 具有 emp.sal 列的约束，也就是 NUMBER（7,2）类型约束，因此上面的调用导致了运行时异常 ORA-06502 的产生。

13.2.5　使用 NOCOPY 编译提示

PL/SQL 编译器具有如下两种方法将实际参数传递给子程序：

- ❑ 引用传递，编译器将实际参数的指针（一块内存地址）传递给形式参数，这样形式参数和实际参数访问相同的内存地址。
- ❑ 值传递，编译器将实际参数的值赋给形式参数，它将实际参数的值拷贝给形式参数，因此实际参数和形式参数指向不同的内存地址。

编译器在进行值类型赋值时，会进行隐式的类型转换，如果转换失败，则可能会抛出异常，因此应该总是让实际参数与形式参数具有相兼容的类型值。

在 PL/SQL 中，IN 模式的参数是按引用进行传递，而 OUT 模式和 IN OUT 模式则是通过值进行传递的，因此 OUT 和 IN OUT 模式需要传递变量，而不能是常量、静态值或表达式。引用类型传递的特点是速度快，因为不用复制。

在使用 OUT 和 IN OUT 模式的参数时，如果参数是大型数据结构，比如集合、记录和对象实例，进行参数的复制会大大降低执行的速度，消耗大量的内存，为了加快程序的性能，提升执行的速度，Oracle 提供了 NOCOPY 编译提示，使得 OUT 和 IN OUT 模式的参数可以按引用进行传递，使用语法如下：

```
parameter_name [mode] NOCOPY datatype
```

其中 parameter_name 是参数名，mode 是指参数的模式，比如 IN 、OUT 或 IN OUT，datatype 是参数的数据类型。

📖注意：如果在过程定义中存在 NOCOPY，PL/SQL 编译器将通过引用传递参数，但是由于 NOCOPY 只是一个编译器提示，而不是一个指令，因此并不一定会使用引用传递，但是多数情况下是可行的。

使用 NOCOPY 指示符的示例代码如下：

```
CREATE OR REPLACE PROCEDURE NoCopyDemo
(
  p_InParameter IN NUMBER,
  p_InOutParameter IN OUT NOCOPY VARCHAR2, --使用NOCOPY编译提示，按引用传递参数
  p_OutParameter OUT NOCOPY VARCHAR2
)
IS
BEGIN
  NULL;
END;
```

NOCOPY 通常用在 OUT 和 IN OUT 这类按值传递的形式参数中，并且是参数占用大量内存的场合，以避免复制大量参数数据带来的性能开销。

下面的示例代码演示了对一个较大的嵌套表使用 NOCOPY 之后的示例，可以看到它与不使用 NOCOPY 的明显区别，如代码 13.10 所示。

代码 13.10　NOCOPY 使用示例

```
DECLARE
  TYPE emptabtyp IS TABLE OF emp%ROWTYPE;      --定义嵌套表类型
  emp_tab   emptabtyp := emptabtyp (NULL);     --定义一个空白的嵌套表变量
  t1       NUMBER (5);                         --定义保存时间的临时变量
  t2       NUMBER (5);
  t3       NUMBER (5);

  PROCEDURE get_time (t OUT NUMBER)            --获取当前时间
  IS
  BEGIN
    SELECT TO_CHAR (SYSDATE, 'SSSSS')          --获取从午夜到当前的秒数
      INTO t
      FROM DUAL;
  END;
  PROCEDURE do_nothing1 (tab IN OUT emptabtyp)
                                               --定义一个空白的过程，具有 IN OUT 参数
  IS
  BEGIN
    NULL;
  END;

  PROCEDURE do_nothing2 (tab IN OUT NOCOPY emptabtyp)
                                               --在参数中使用 NOCOPY 编译提示
  IS
  BEGIN
    NULL;
  END;
BEGIN
  SELECT *
    INTO emp_tab (1)
    FROM emp
   WHERE empno = 7369;            --查询emp表中的员工，插入到emp_tab第1个记录
  emp_tab.EXTEND (9000000, 1);                 --拷贝第1个元素N次
  get_time (t1);                               --获取当前时间
  do_nothing1 (emp_tab);                       --执行不带 NOCOPY 的过程
  get_time (t2);                               --获取当前时间
  do_nothing2 (emp_tab);                       --执行带 NOCOPY 的过程
```

```
    get_time (t3);                                      --获取当前时间
    DBMS_OUTPUT.put_line ('调用所花费的时间(秒)');
    DBMS_OUTPUT.put_line ('--------------------');
    DBMS_OUTPUT.put_line ('不带 NOCOPY 的调用:' || TO_CHAR (t2 - t1));
    DBMS_OUTPUT.put_line ('带 NOCOPY 的调用:' || TO_CHAR (t3 - t2));
END;
```

这个示例演示了使用 NOCOPY 和不使用 NOCOPY 时的时间差异，它的实现过程如以下步骤所示：

（1）在匿名块的声明部分，创建了一个嵌套表类型 emptabtyp，它的元素类型是 emp 行类型，关于嵌套表的具体细节请参考本书 14 章的讨论。在示例中定义了一个嵌套表类型的变量 emp_tab，并且定义了 t1、t2 和 t3 用来保存时间数值。

（2）get_time 过程返回当前时间的秒数信息，用来统计执行时长，它使用了 SYSDATE 函数获取当前的时间，通过格式化字符 SSSSS 转换为秒数值，并且通过 OUT 模式的参数 t 传出执行时长。

（3）do_nothing1 和 do_nothing2 不包含任何执行语句，它仅仅演示了使用 NOCOPY 编译提示和不使用 NOCOPY 编译提示时的执行状况。

（4）在匿名块的执行部分，首先向嵌套表中插入了员工编号为 7369 的员工记录，接下来调用集合函数 EXTEND 复制第 1 个元素 90 000 000 次，可以调整这个大小，以便能够尽快在自己的电脑中看到效果。

（5）接下来分别调用 do_nothing1 和 do_nothing2，传入这个大的嵌套表，查看使用 NOCOPY 和不使用 NOCOPY 编译提示所带来的性能差异。

经过上述执行后，在笔者的电脑上，可以看到如下的执行结果：

```
调用所花费的时间(秒)
--------------------
不带 NOCOPY 的调用:5
带 NOCOPY 的调用:0
```

注意：不同的电脑配置情况会影响到实际的复制效果，现今的电脑配置基本上都很高，所以有时候发现不了两者之间的区别。

虽然使用 NOCOPY 能够带来良好的性能，但是也不能随意地使用这个编译提示。下面是使用 NOCOPY 编译提示的几个影响：

（1）NOCOPY 是一个编译提示，并不是一个强制性的指令，这一切取决于编译器的决定，如果子程序因为未经捕获的异常退出，按引用传递的值将变得不可靠。

（2）如果子程序因为异常而退出，在传值方式下，OUT 和 IN OUT 参数的值不会拷贝到对应的实际操作上，但是在引用传递方式下，由于对形式参数的更改也就是在对实际参数进行更改，因此它不会回滚结果值，所以结果有时候会变得不确定。

（3）使用 NOCOPY 的引用传递方式不能适用于 RPC 远程调用协议，因此进行远程过程调用时，就不能按引用进行传递。

所以若非是传递大数据参数，对于普通的应用，只需要使用默认的传值方式即可。

13.2.6　参数默认值

子程序的参数也可以具有默认值，这样就可以不用从调用环境中向参数传递值。当显式地传递了一个值后，就会使用实际参数的值而不是默认值。只有 IN 模式的参数可以指定默认值，对于 OUT 和 IN OUT 类型的参数，不能使用 DEFAULT 进行约束，在参数中使用默认值的语法如下：

```
parameter_name [mode] [NOCOPY] parameter_type{:= | DEFAULT} initial_value
```

可以看到，在参数的类型之后，可以使用赋值符号:=或使用 DEFAULT 关键字来为参数赋一个 initial_value 的初始值。

下面创建一个新的过程 raise_salary，用来给员工加薪，在该过程中演示了如何在 IN 模式的形式参数中使用默认值，如代码 13.11 所示。

代码 13.11　在子程序中使用默认值

```
CREATE OR REPLACE PROCEDURE raise_salary (
  p_empno IN emp.empno%TYPE,              --要加薪的员工工号
  p_amount IN emp.sal%TYPE := 100,        --调整数量
  p_comm  IN emp.sal%TYPE DEFAULT 50      --默认的提成数量
) IS
BEGIN
  UPDATE emp                              --更新 emp 表完成加薪过程
  SET sal = sal + p_amount + p_comm
  WHERE empno = p_empno;
END raise_salary;
```

在这个示例中，使用赋值语法为 p_amount 指定了默认值 100，同时使用 DEFAULT 关键字为 p_comm 指定了默认值 50，这样在调用的时候就可以不用指定参数的值，示例代码如下：

```
BEGIN
   raise_salary(7369);              --使用默认的加薪数和提成数
   raise_salary(7369,200);          --指定加薪 200 元
   raise_salary(7369,150,80);       --指定了所有的参数值
END;
```

在调用示例中，第 1 个调用仅指定了员工编号，因此调整数量和提成数量都将使用默认的 100 和 50；第 2 个调用指定了员工编号和调整数量，因此提成数量将使用默认值；第 3 个调用指定了所有的参数值，它将使用实际参数的值进行薪资的调整。

当使用默认值时，应该尽量使得默认值成为参数列表中最后的参数，这样既可以使用位置标示法，也可以使用名称标示法来将形式参数与实际参数进行关联。

13.3　定义 PL/SQL 包

当子程序的数量越来越多时，可以通过包来组织这些子程序，从而提供更加模块化的实现。包是一个方案对象，用来在一个逻辑单元中组织多种相关的 PL/SQL 对象，包含变量、常量、子程序、游标和异常等。包被编译并存储到数据库中，可以被多个应用程序共享。可以将包看作是一个应用程序。

13.3.1　什么是包（Package）

包是 PL/SQL 中的一个非常强大也非常重要的组成部分，在实际工作中可以看到大多数的应用程序都以包为单位进行组织，它是一个组织单元，可以将大型而复杂的应用程序模块进行良好的组织，提升应用程序的可管理性。同时包可以改善应用程序的性能，对外隐藏复杂的实现细节，可以说是任何应用系统开发项目的基石。

包由如下两部分组成：

- ❑ 包规范，主要是包的一些定义信息，不包含具体的代码实现部分，也可以说包规范是 PL/SQL 程序和其他应用程序的接口部分，包含类型、记录、变量、常量、异常定义、游标和子程序的声明。
- ❑ 包体，包体是对包规范中声明的子程序的实现部分，包体的内容对于外部应用程序来说是不可见的，包体就像一个黑匣子一样，是对包规范的实现。

🔔注意：一个包可以没有包体部分，而且可以调试、改进和替换包体而无须改变包的规范部分。

包规范是对外公布信息的部分，而包体则是包规范中声明的实现部分，其他应用程序通过调用包规范中定义的子程序声明来调用包体的代码，这使得包体就好像是一个黑盒，对外隐藏了复杂的实现细节，并且在调试、修改一个包体时不用更改包规范的定义。这使得包规范看上去好像是其他编程语言中的接口的概念。包的组成示意如图 13.8 所示。

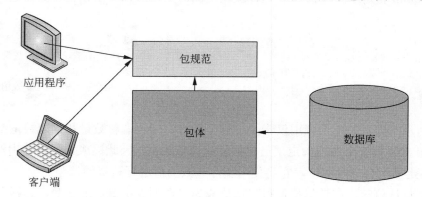

图 13.8　包结构示意图

可以看到，外部的应用程序或客户端只需要了解包规范的定义，就可以使用包中定义的对象，包体的实现与外部是隔离的，它向外界隐藏其实现的细节，包体包含了具体的操作数据库的实现，包的这种特性使得当包体实现需要更改或维护时，将影响降到最低，因为不用对包规范或调用方进行修改。

下面通过一个例子来简单了解一下包的实现方式。在开发人事信息管理时，需要编写入职、辞职及部门变更等功能，通过将人事相关的子程序组织到包中，可以提供更加模块化的管理方式，并且可以在包中共享会话级的数据。代码 13.12 演示了如何创建一个人事管理系统的包规范。

代码 13.12　包规范定义示例

```
--定义包规范，包规范将用于应用程序的接口部分，供外部调用
CREATE OR REPLACE PACKAGE emp_pkg AS
   --定义集合类型
   TYPE emp_tab IS TABLE OF emp%ROWTYPE INDEX BY BINARY_INTEGER;
   --在包规范中定义一个记录类型
   TYPE emprectyp IS RECORD(
      emp_no NUMBER,
      sal  NUMBER
   );
   --定义一个游标声明
   CURSOR desc_salary RETURN emprectyp;
   --定义雇佣员工的过程
   PROCEDURE hire_employee(p_empno NUMBER,p_ename VARCHAR2,p_job VARCHAR2,
p_mgr NUMBER,p_sal NUMBER,
                       p_comm NUMBER,p_deptno NUMBER);
   --定义解雇员工的过程
   PROCEDURE fire_employee(p_emp_id NUMBER );
END emp_pkg;
```

通过代码定义可以看到，emp_pkg 这个包规范包含了集合、记录、游标声明和过程的定义，但是过程仅包含一个声明，并没有包含具体的实现。实际上包规范仅规定了包中应该公开的部分功能，具体的实现还是要看包体。包体的实现如代码 13.13 所示。

代码 13.13　包体定义示例

```
--定义包体
CREATE OR REPLACE PACKAGE BODY emp_pkg
AS
   --定义游标声明的游标体
   CURSOR desc_salary RETURN emprectyp IS
      SELECT  empno, sal FROM emp ORDER BY sal DESC;
   --定义雇佣员工的具体实现
   PROCEDURE hire_employee(p_empno NUMBER,p_ename VARCHAR2,
                       p_job VARCHAR2,p_mgr NUMBER,p_sal NUMBER,
                       p_comm NUMBER,p_deptno NUMBER) IS
   BEGIN
      --向 emp 表中插入一条员工信息
      INSERT INTO emp VALUES(p_empno,p_ename,p_job,p_mgr,SYSDATE,p_sal,
      p_comm,p_deptno);
   END;
   --定义解雇员工的具体实现
   PROCEDURE fire_employee(p_emp_id NUMBER ) IS
   BEGIN
      --从 emp 表中删除员工信息
      DELETE FROM emp WHERE empno=p_emp_id;
   END;
END emp_pkg;
```

可以看到包体与包规范具有相同的名称，只是包体使用 CREATE OR REPLACE PACKAGE BODY 语句进行创建，在包体中包含了游标声明和过程的具体定义，当对包规范中规定的程序进行调用时，就会执行在包体中实现的具体的代码。

在调用这个包时，只需要知道包规范的内容，不用查看包体的具体实现。例如要引用包中的游标，不用了解游标的 SELECT 语句，可以直接使用游标提取语法来提取游标数据，

如代码 13.14 所示。

代码 13.14　引用包中的游标

```
DECLARE
  v_desc_sal_row emp_pkg.emprectyp;                --定义游标返回类型变量
BEGIN
 OPEN emp_pkg.desc_salary;                         --打开在包中定义的游标
 LOOP
   FETCH emp_pkg.desc_salary INTO v_desc_sal_row;--提取游标数据
   --输出员工信息
   DBMS_OUTPUT.put_line('员工工号: '||v_desc_sal_row.emp_no
                     ||' 员工工资: '||v_desc_sal_row.sal);
   EXIT WHEN emp_pkg.desc_salary%NOTFOUND;         --提取完成退出游标
 END LOOP;
 CLOSE emp_pkg.desc_salary;                        --关闭游标
END;
```

只要了解包规范，用户可以在完全不了解包体中游标的具体定义代码的情况下打开并提取游标数据，示例中 emp_pkg.emprectyp 是游标返回记录类型，它是定义在包规范中的一个记录类型，在语句的执行部分，调用 OPEN 语句打开包规范中定义的游标类型，然后使用循环语句循环 FETCH 游标中的数据，并进行输出。在 SQL*Plus 中的输出如下：

```
员工工号: 7839 员工工资: 8530.5
员工工号: 7499 员工工资: 3706
员工工号: 7902 员工工资: 3600
员工工号: 7782 员工工资: 3587.05
员工工号: 7566 员工工资: 3570
员工工号: 8230 员工工资: 3000
员工工号: 7369 员工工资: 3000
员工工号: 7698 员工工资: 2850
员工工号: 7903 员工工资: 2000
员工工号: 7904 员工工资: 2000
员工工号: 7788 员工工资: 1760.2
员工工号: 7844 员工工资: 1600
员工工号: 7876 员工工资: 1440
员工工号: 7521 员工工资: 1350
员工工号: 7654 员工工资: 1350
员工工号: 7900 员工工资: 1050
员工工号: 7900 员工工资: 1050

PL/SQL procedure successfully completed.
```

可以看到，即便不理解包体中的具体实现，通过包规范，也可以访问到包所提供的功能，而且如果在以后对于游标定义发生了改变，无须对包进行更改，也无须更改调用包规范的代码，实现了很好的信息隐藏的作用，并且提升了程序的可维护性和可扩展性。

13.3.2　定义包规范

包规范部分定义包的公共项，它是一个方案级的对象，也就是说包规范会单独存储到数据字典中。包规范中定义的对象对所有其他的应用程序可见，它类似于其他编程语言中的接口单元，比如 PASCAL 语言的接口定义单元，只包含接口定义，并不包含接口的实现。包规范中定义的信息对所有的开发人员可见，它是其他用户了解包所提供的功能的一个入口。

　　由于包规范本身是一个方案级别的对象，因此在包规范级别定义的子程序是本地子程序，不需要使用 CREATE OR REPLACE 进行创建，在包中的子程序不能直接在方案级别进行调用，必须通过包名前缀来引用子程序。由于包具有一些附加的特性，比如会话级别的数据共享特性，因此在包中定义的子程序可以获得很多额外的特性。

　　在包规范中，可以定义如下几种类型的对象：

❑ 类型、变量、常量、子程序、游标、异常等声明性对象。

❑ 由于无法大方案级别创建一个关联数组类型，当需要在方案级别的子程序中使用关联数组时，可以通过在包规范中定义一个关联数组，然后在独立子程序中引用这个关联数组。

❑ 当需要在相同的会话级别的不同的子程序之间共享变量时，由于包规范中的变量具有会话级别的可见性，因此可以提供不同子程序之间的变量共享。

❑ 可以在包规范中定义子程序可以读取或写入的公共变量。

❑ 当需要定义相互调用的子程序时，不用担心编译错误，因为包规范中包含了所有的子程序的声明。

❑ 可以重载子程序，重载的子程序是指具有相同的子程序名称，但是参数的类型或个数不同的子程序。

　　可以看到，包规范不仅提供了组织子程序的作用，还提供了很多额外的功能来组织各种变量或类型。包规范使用 CREATE OR REPLACE PACKAGE 来进行创建，它可以由设计人员来创建，将包体的实现交给相关的代码编写人员。创建包规范的语法如下：

```
CREATE [OR REPLACE] PACKAGE package_name
[AUTHID {CURRENT_USER|DEFINER}]
{IS |AS}
  type_definition |
  procedure_specification |
  function_specification |
  variable_specification |
  exception_declaration |
  cursor_declaration |
  pragma_declaration
END [package_name];
```

语法关键字的描述如下所示：

❑ CREATE [OR REPLACE] PACKAGE 表示将创建一个包规范，OR REPLACE 是可选的关键字，如果不使用该关键字，在创建包规范时检测到同名的包时会报错。使用 OR REPLACE 之后，如果有同名的包规范，则先删除现有的包，然后创建一个新的包。

❑ package_name 是包名称，遵循 PL/SQL 的标识符命名规范。

❑ AUTHID 是在创建包时指定包的特权类型，可以是调用者特权（CURRENT_USER）或定义者特权（DEFINER），默认的是 definer 的特权。

❑ 从 type_definition 到 cursor_declaration 是在包规范中可以定义的各种类型，比如集合、记录、变量、常量、异常、游标、过程和函数等。

❑ pragma_declaration 用来指定包规范中的编译提示。

除过程和函数之外，包规范中的元素与匿名块中的声明部分一样，包规范中声明的元素可以以任何顺序出现，但是引用的每个对象都必须先进行声明。比如必须先定义一个变量后，才能再次引用该变量，不可以进行后置引用。

依然以人事信息管理为例，下面的代码创建了一个包规范，它定义了人事管理系统将要实现的功能，比如招聘、辞职、移除部门、增加工资或提成等，如代码 13.15 所示。

代码 13.15　定义人事信息管理包规范

```
CREATE OR REPLACE PACKAGE emp_mgmt_pkg AS
 --添加新员工，返回新增员工的工号
 FUNCTION hire(p_ename        VARCHAR2,
              p_job          VARCHAR2,
              p_mgr          NUMBER,
              p_sal          NUMBER,
              p_comm         NUMBER,
              p_deptno       NUMBER) RETURN NUMBER;
 --创建新部门，返回新增部门的部门编号
 FUNCTION create_dept(p_deptno NUMBER, p_loc VARCHAR2)
  RETURN NUMBER;
 --移除一个员工
 PROCEDURE remove_emp(p_empno NUMBER);
 --移除一个部门
 PROCEDURE remove_dept(p_deptno NUMBER);
 --增加员工工资
 PROCEDURE increase_sal(p_empno NUMBER, p_sal_incr NUMBER);
 --增加员工的提成
 PROCEDURE increase_comm(p_empno NUMBER, p_comm_incr NUMBER);
 no_comm EXCEPTION;              --没有提成数量的异常
 no_sal EXCEPTION;              --没有工资数量的异常
END emp_mgmt_pkg;
```

包规范中定义的对象都是公共对象，在 emp_mgmt_pkg 包中，定义了 6 个子程序，分别用来管理员工和部门信息，并且定义了两个自定义异常，用来被子程序或其他应用程序共享。

包规范一旦被创建，就存放到了数据字典中，即便没有包体，也可以引用包规范中定义的异常或变量。例如下面的匿名块演示了如何引用 emp_mgmt_pkg 包中的 no_comm 异常，在 SQL*Plus 中的实现如下：

```
scott_Ding@ORCL> DECLARE
    v_comm NUMBER:=&comm;              --定义一个替换变量，要求用户输入一个值
  BEGIN
    IF v_comm<=0 THEN                 --如果输入的值小于或等于 0
     RAISE emp_mgmt_pkg.no_comm;      --抛出在包中定义的异常
    END IF;
  EXCEPTION
    WHEN emp_mgmt_pkg.no_comm THEN    --在异常处理部分捕捉并处理该异常
      DBMS_OUTPUT.put_line('没有指定员工提成！');
  END;
  /
Enter value for comm: 0              --SQL*Plus 会提示输入替换变量的值
old   2:   v_comm NUMBER:=&comm;
new   2:   v_comm NUMBER:=0;
```

没有指定员工提成！

```
PL/SQL procedure successfully completed.
```

可以看到，即便是在没有定义包体的情况下，仍然抛出了在包规范中定义的异常，这说明包体与包规范并不是紧密耦合的，不过如果在没有定义包体时就定义包规范中声明的子程序，PL/SQL 引擎会提示找不到相应的包体单元。

13.3.3　定义包体

如果一个包规范定义了游标或子程序，比如示例 13.15 中定义了多个函数或过程，那么就需要定义一个包体，包体必须定义在与包规范相同的方案中，并且要具有与包规范相同的名称，因为 PL/SQL 引擎会对包规范和包体进行一个程序头比较，以便匹配与包规范对应的包体。

包体中除包含过程与函数的定义代码及包的初始化部分之外，还可以包含变量、类型、游标、异常等定义，在包体中定义的这些对象仅具有局部作用域，不能供包的调用者访问，仅能在包体中使用。包体的定义语法如下：

```
CREATE [OR REPLACE] PACKAGE BODY package_name
{IS |AS}
  type_definition |
  procedure_specification |
  function_specification |
  variable_specification |
  exception_declaration |
  cursor_declaration |
  pragma_declaration |
  cursor_body
BEGIN
  sequence_of_statements
END [package_name];
```

包体的定义与包的定义很相似，使用 CREATE PACKAGE BODY 进行创建，包体的名称必须要匹配在包规范中指定的名称。

注意：包体只有在创建并编译了包规范之后，才能进行编译，因此在创建包体之前，包规范必须已经创建并编译通过。

包体也是一个方案级别的对象，创建成功后会存储到数据字典中，每个在包规范中定义的子程序或游标必须也相应地在包体中进行实现，这些子程序或游标的名称也要完全匹配。以代码 13.15 定义的包规范为例，代码 13.16 演示了如何创建一个包体来实现包规范中的子程序定义。

代码 13.16　实现人事信息管理包体

```
CREATE OR REPLACE PACKAGE BODY emp_mgmt_pkg AS
  tot_emps NUMBER;            --总员工数量
  tot_depts NUMBER;           --总的部门数量
  --添加新员工，返回新增员工的工号
  FUNCTION hire(p_ename          VARCHAR2,
```

```
                    p_job          VARCHAR2,
                    p_mgr          NUMBER,
                    p_sal          NUMBER,
                    p_comm         NUMBER,
                    p_deptno       NUMBER) RETURN NUMBER
AS
  v_empno  NUMBER;
BEGIN
  v_empno:=8350;
  INSERT INTO emp VALUES(v_empno,p_ename,p_job,p_mgr,SYSDATE,p_sal,p_comm,
  p_deptno);
  tot_emps := tot_emps + 1;
  RETURN v_empno;
END hire;

 --创建新部门，返回新增部门的部门编号
 FUNCTION create_dept(p_deptno NUMBER, p_loc VARCHAR2)
   RETURN NUMBER
 IS
 BEGIN
   INSERT INTO dept VALUES(p_deptno,'其他部门',p_loc);
   tot_depts := tot_depts + 1;
   RETURN p_deptno;
 END create_dept;

 --移除一个员工
 PROCEDURE remove_emp(p_empno NUMBER)
 IS
 BEGIN
    DELETE FROM emp
    WHERE emp.empno = p_empno;
    tot_emps := tot_emps - 1;
 END remove_emp;

 --移除一个部门
 PROCEDURE remove_dept(p_deptno NUMBER)
 IS
 BEGIN
    DELETE FROM dept
    WHERE dept.deptno = p_deptno;
    tot_depts := tot_depts - 1;
    SELECT COUNT(*) INTO tot_emps FROM emp;
 END remove_dept;

 --增加员工工资
 PROCEDURE increase_sal(p_empno NUMBER, p_sal_incr NUMBER)
 IS
 curr_sal NUMBER;
 BEGIN
    SELECT sal INTO curr_sal FROM emp
    WHERE emp.empno= p_empno;
    IF curr_sal IS NULL THEN
       RAISE no_sal;
    ELSE
      UPDATE emp
      SET sal = sal + p_sal_incr
      WHERE empno = p_empno;
    END IF;
 END increase_sal;
```

```
--增加员工的提成
PROCEDURE increase_comm(p_empno NUMBER, p_comm_incr NUMBER)
IS
 curr_comm NUMBER;
 BEGIN
    SELECT comm
    INTO curr_comm
    FROM emp
    WHERE emp.empno = p_empno;
    IF curr_comm IS NULL THEN
       RAISE no_comm;
    ELSE
      UPDATE emp
      SET comm = comm + p_comm_incr
      WHERE emp.empno=p_empno;
    END IF;
  END increase_comm;
BEGIN            --包初始化部分
  SELECT COUNT(*) INTO tot_emps FROM emp;
  SELECT COUNT(*) INTO tot_depts FROM dept;
END emp_mgmt_pkg;
```

这个示例包含了对包规范中声明的子程序的实现。子程序的实现可以不用按照包规范中定义的顺序，在包体中还可以包含不在包规范中定义的私有的变量或子程序，这些对象仅在包体中有效，不能够被外部访问。包体中的实现代码可以单独进行维护和修改，只要符合包规范中定义的命名规则，就可以在任何地方重新定义实现代码，包规范以及调用包的外部程序丝毫不会受到影响。

在上面代码的尾部可以看以 BEGIN 开始到 END emp_mgmt_pkg 之间包含了一些初始化的代码，这是包的初始化部分，包在首次被加载到内存中时，会调用初始化部分的代码，这个初始化的代码是会话级别的，也就是说每个调用包的会话都会有其自己的初始化部分。在包初始化部分，通常用来完成如下的几个工作：

❑ 为包中的公共常量赋初始值。
❑ 为包中的变量赋初值。
❑ 执行包体中所需要的初始化代码。

在示例中，包初始化部分的代码主要用来从 emp 表和 dept 表中获取初始总数量，可以看到在会话期间对于员工或部门的操作，都会增加或扣减包体定义的私有全局变量。

13.3.4　子程序重载

重载是指在包级别可以具有多个名称相同、但参数不同的过程或函数。比如在插入 emp_mgmt_pkg 包中，可以定义多个 hire 方法，它们具有不同的参数，比如有的 hire 函数需要提供员工编号参数，有的 hire 函数只需要提供员工编号和员工名称。重载是一个非常有用的特性，它可以提升软件的可复用性，增强代码的可读性。

代码 13.17 创建了 emp_mgmt_pkg 包的一个副本，它包含了多个重载的 hire_emp 方法。

代码 13.17　重载方法包规范示例

```
CREATE OR REPLACE PACKAGE emp_mgmt_pkg_overloading AS
 --重载函数，添加新员工，返回新增员工的工号
```

```
       FUNCTION hire(p_ename        VARCHAR2,
                p_job           VARCHAR2,
                p_mgr           NUMBER,
                p_sal           NUMBER,
                p_comm          NUMBER,
                p_deptno    NUMBER) RETURN NUMBER;

    --重载函数, 添加新员工, 返回新增员工的工号
    FUNCTION hire(p_empno         NUMBER,
             p_job           VARCHAR2,
             p_deptno    NUMBER) RETURN NUMBER;

    --重载函数, 创建新部门, 返回新增部门的部门编号
    FUNCTION create_dept(p_deptno NUMBER, p_loc VARCHAR2)
      RETURN NUMBER;

    --重载函数, 创建新部门, 返回新增部门的部门编号
    FUNCTION create_dept(p_deptno NUMBER,p_dname VARCHAR2,p_loc VARCHAR2)
      RETURN NUMBER;
END emp_mgmt_pkg_overloading;
```

在这个示例中，定义了两个重载的 hire 方法，它们具有不同的参数个数，比如重载的 hire 方法具有 p_empno 类型，并且定义了两个重载的 create_dept 方法，具有不同的参数列表。

接下来创建包体，来实现在包规范中定义的重载的子程序，如代码 13.18 所示。

代码 13.18　重载方法包体示例

```
CREATE OR REPLACE PACKAGE BODY emp_mgmt_pkg_overloading AS
    --重载函数, 添加新员工, 返回新增员工的工号
    FUNCTION hire(p_ename        VARCHAR2,
             p_job           VARCHAR2,
             p_mgr           NUMBER,
             p_sal           NUMBER,
             p_comm          NUMBER,
             p_deptno    NUMBER) RETURN NUMBER
    AS
     v_empno  NUMBER;
    BEGIN
      v_empno:=8350;
      INSERT INTO emp VALUES(v_empno,p_ename,p_job,p_mgr,SYSDATE,p_sal,
      p_comm,p_deptno);
      RETURN v_empno;
     END;

    --重载函数, 添加新员工, 返回新增员工的工号
    FUNCTION hire(p_empno         NUMBER,
             p_job           VARCHAR2,
             p_deptno    NUMBER) RETURN NUMBER
    AS
    BEGIN
      INSERT INTO emp(empno,job,deptno) VALUES(p_empno,p_job,p_deptno);
      RETURN p_empno;
    END;

    --重载函数, 创建新部门, 返回新增部门的部门编号
    FUNCTION create_dept(p_deptno NUMBER, p_loc VARCHAR2)
```

```
   RETURN NUMBER
AS
BEGIN
  INSERT INTO dept VALUES(p_deptno,'其他部门',p_loc);
  RETURN p_deptno;
END;

--重载函数,创建新部门,返回新增部门的部门编号
FUNCTION create_dept(p_deptno NUMBER,p_dname VARCHAR2,p_loc VARCHAR2)
   RETURN NUMBER
AS
BEGIN
  INSERT INTO dept VALUES(p_deptno,p_dname,p_loc);
  RETURN p_deptno;
END;
END emp_mgmt_pkg_overloading;
```

可以看到,在代码 13.18 中对重载的子程序分别提供了实现,PL/SQL 引擎成功地通过了编译。在创建了重载的子程序后,就可以在外部应用中,使用相同的方法名称,调用子程序。PL/SQL 会根据传入的参数数量与类型进行匹配,以便调用到重载方法中其中一个子程序。调用重载方法的示例如下:

```
BEGIN
  --重载方法使用示例,增加新员工
  emp_mgmt_pkg_overloading.hire('李三','分析人员',NULL,3000,500,20);
  emp_mgmt_pkg_overloading.hire(8351,'销售人员',20);

  --重载方法使用示例,创建新部门
  emp_mgmt_pkg_overloading.create_dept(90,'南宁');
  emp_mgmt_pkg_overloading.create_dept(91,'行政管理部','天津');
END;
```

可以看到,当在包中定义了重载方法之后,可以使用相同的名称、不同的参数来调用子程序。当同样的操作可能对不同类型的操作进行时,使用重载就非常有用和方便。在使用重载时必须注意几个限制:

(1)只有当参数的类型或参数的个数不同时,才能进行重载,如果两个子程序只是参数的名称和参数模式(IN、OUT 或 IN OUT)不同,不能进行重载。例如下面的重载函数是非法的,因为它们只是调用的模式不同:

```
--非法的重载方法,只是名称和模式的不同不能进行重载
FUNCTION create_dept(p_deptno IN NUMBER, p_loc IN VARCHAR2) RETURN NUMBER;
FUNCTION create_dept(deptno IN NUMBER, loc IN OUT VARCHAR2) RETURN NUMBER;
```

(2)不能根据两个函数的返回类型来对它们进行重载,因此下面的重载也是非法的。

```
--非法的重载方法,函数的返回类型不同的不能进行重载
FUNCTION create_dept(p_deptno IN NUMBER, p_loc IN VARCHAR2) RETURN NUMBER;
FUNCTION create_dept(p_deptno IN NUMBER, p_loc IN VARCHAR2) RETURN VARCHAR2;
```

(3)重载的子程序的参数类型或个数必须有所不同,对于同一个类型系列的参数,不能进行重载,因此下面的重载是错误的:

```
--非法的重载方法,不能对相同类型系统的参数进行重载
FUNCTION create_dept(p_deptno IN NUMBER, p_loc IN VARCHAR2) RETURN NUMBER;
FUNCTION create_dept(p_deptno IN NUMBER, p_loc IN CHAR) RETURN VARCHAR2;
```

示例中，由于 CHAR 和 VARCHAR2 属于相同的类型系列，因此重载是非法的。

由于 PL/SQL 实际上是按参数的定义来查询所要调用的重载方法，因此重载程序的参数中至少要有一个是来自于不同的数据类型系列。

13.3.5　调用包组件

调用包中的组件与调用存储的子程序类似，不同之处是需要使用包名作为前缀。在 SQL*Plus 中可以通过 EXECUTE 或 CALL 命令来调用包中的子程序，也可以直接在其他的命名块或匿名块中引用包中定义的组件。

当一个包首次被调用时，也就是第一次使用包中的元素时，包的代码将从磁盘读取到共享池中，但是包的运行时状态，也就是包规范或包体中定义的变量和游标，会被保存在会话的内存中。也就是说包中定义的变量和游标可以跨多个子程序使用，它们具有会话级别的状态，每个会话都有其运行时状态的副本，在实例化包时进行初始化，一直持久化到会话关闭，即便包的状态从共享池中退出，也不会改变。有状态的包的创建示例如代码 13.19 所示。

🔔注意：只要 PL/SQL 包中至少定义了一个变量、常量或游标，那么该包就称为有状态的包，否则就是无状态的包。由于包的这种状态持久化特性，因此常常可以将定义在包规范中的变量作为全局变量来使用。

代码 13.19　有状态的包创建示例

```
--创建有状态的包规范，获取员工信息
CREATE OR REPLACE PACKAGE stateful_emp_pkg AS
  --保存员工名称的索引表变量
  TYPE t_emptable IS TABLE OF emp.ename%TYPE INDEX BY BINARY_INTEGER;
  --获取最大行数
  v_MaxRows NUMBER := 5;
  --读取员工名称到索引表中
  PROCEDURE ReadEmp(p_emptable OUT t_emptable, p_NumRows OUT NUMBER);
END stateful_emp_pkg;

--创建有状态的包体，获取员工信息
CREATE OR REPLACE PACKAGE BODY stateful_emp_pkg AS
  --定义包体游标，用来从 emp 表中查询员工数据
  CURSOR c_empname IS
    SELECT ename FROM emp WHERE deptno = 20 ORDER BY empno;
  --实现包规范中的子程序，获取员工名称到索引表中
  PROCEDURE ReadEmp(p_emptable OUT t_emptable, p_NumRows OUT NUMBER)
  AS
    v_Done    BOOLEAN := FALSE;        --是否游标财用完成
    v_NumRows NUMBER := 1;             --起始下标值
  BEGIN
    DBMS_OUTPUT.put_line('正在打开游标');
    IF NOT c_empname%ISOPEN THEN    --判断游标是否打开，如果未打开则调用 OPEN 语句
      OPEN c_empname;
      DBMS_OUTPUT.put_line('已经打开游标');
    END IF;
    WHILE NOT v_Done LOOP              --判断游标是否提取结束，如果还有数据则继续提取
      FETCH c_empname
```

```
        INTO p_emptable(v_NumRows);          --将游标数据保存到索引表中
    IF c_empname%NOTFOUND THEN               --如果游标提取完成
       CLOSE c_empname;
       v_Done := TRUE;                        --关闭游标，并设置布尔变量
    ELSE
       v_NumRows := v_NumRows + 1;            --下标值加 1
       IF v_NumRows > v_MaxRows THEN          --只提取 v_MaxRows 变量指定的行数
          v_Done := TRUE;
       END IF;
    END IF;
  END LOOP;
  p_NumRows := v_NumRows - 1;                 --返回已经提取的行数
 END ReadEmp;
END stateful_emp_pkg;
```

在包规范的定义中，可以看到它既定义了变量 v_MaxRows，也包含了索引表的定义。在 ReadEmp 过程中可以使用这些变量或类型。比如对于索引表来说，不能通过使用 CREATE TYPE 语句来定义，如果要在独立的子程序或包中的子程序中使用嵌套表，就可以在包规范中定义一个索引表来实现。下面的步骤介绍了包体中的实现过程：

（1）在包体中定义了一个游标，提取部门编号为 20 的员工名称。这个变量由于定义在包体中，因此只具有私有作用域，它只能被包体中的各个子程序使用。

（2）ReadEmp 过程具有两个 OUT 类型的参数，p_emptable 索引表用来获取从游标中提取的员工信息，p_NumRows 用来返回记录条数。在语句的执行部分，首先通过游标变量%ISOPEN 判断游标是否打开，如果尚未打开，则调用 OPEN 语句打开 c_empname 游标。

（3）在游标提取 WHILE 循环内部，调用 FETCH 语句将提取的游标数据赋给索引表中的元素，通过 IF 语句判断游标是否提取完成，如果提取完成则调用 CLOSE 语句关闭游标，否则会继续提取游标数据并且将 v_NumRows 进行递增，直到到达 v_MaxRows 指定的行数为止。

在上面的示例中看到一个状态包，它包含 v_MaxRows 变量，可以在包外面改变这个值从而限制提取的行数。由于包具有会话范围内的作用域，因此 v_MaxRows 会被当前会话中的所有的独立子程序或包中的子程序共享。状态包的调用如代码 13.20 所示。

代码 13.20　状态包调用示例

```
--匿名块的调用代码
DECLARE
 v_emp_tbl stateful_emp_pkg.t_emptable;                --定义索引表变量
 v_numrows   NUMBER := stateful_emp_pkg.v_MaxRows;--获取已提取的行数
 v_ename     emp.ename%TYPE;
 --定义一个嵌套子程序，用来输出信息
 PROCEDURE read_emp AS
 BEGIN
   stateful_emp_pkg.ReadEmp(v_emp_tbl, v_numrows);
                                     --调用包中的方法读取 emp 表中的数据
   DBMS_OUTPUT.PUT_LINE(' 已经提取了 ' || v_numrows || ' 行:');
   FOR v_Count IN 1 .. v_NumRows LOOP          --输出索引表中的员工名称
     DBMS_OUTPUT.PUT_LINE(v_emp_tbl(v_Count));
   END LOOP;
 END;

BEGIN
```

```
    --显示当前的记录行数
    DBMS_OUTPUT.put_line('当前 v_MaxRows 的值为：'||stateful_emp_pkg.v_MaxRows);
    read_emp;                                          --调用嵌套的子程序调用包组件
    stateful_emp_pkg.v_MaxRows:=3;                     --重新设置最大行数
    DBMS_OUTPUT.put_line('当前 v_MaxRows 的值为：'||stateful_emp_pkg.v_MaxRows);
    read_emp;
END;
```

在这个示例中，定义了一个包中定义的索引表变量，这个变量将作为参数传给包中定义的 ReadeEmp 过程，在示例中定义了一个嵌套的过程 read_emp，用来调用 stateful_emp_pkg.ReadEmp 过程，并且显示索引表中的元素个数和员工名称信息。在匿名块的执行部分，首先显示 v_MaxRows 变量的值，这个变量是包规范级别的变量，可以在外部被应用程序改变，由于它具有会话级别的作用域，因此它会影响到任何调用包的调用程序，也会影响到包体中引用了这个变量的子程序。下面是子程序产生的输出结果：

```
当前 v_MaxRows 的值为：5
正在打开游标
已经打开游标
已经提取了 5 行：
史密斯
约翰
斯科特
亚当斯
福特
当前 v_MaxRows 的值为：3
正在打开游标
已经提取了 3 行：
通利
罗威
李四友
```

可以看到，在匿名块中更改了 v_MaxRow 的值之后，果然第 1 次提取了 5 行，第 2 次只提取了 3 行。同时可以发现，游标在提取了 5 行后，第 2 次提取并不是从头开始提取游标中的前 3 行，而是继续前一次 5 行之后的数据，也就是说，在包体中定义的游标，虽然它的作用域范围是私有的，但是它属于包级别的变量，因此它也具有会话级别的作用域范围。

当包中包含至少一个变量时，包的状态数据被存储在每个用户的用户全局区（UGA）中，因此当用户数量增大时，所需要使用的 UGA 的总数会线性地增长，限制了数据库的可扩展性。

包的这种状态保存特性，可以便于相同会话的多个子程序之间共享数据，不过如果示例中有游标，有时候可能需要每一次调用都具有初始值，而不用在会话之间共享，此时可以通过编译指定 SERIALLY_REUSABLE 将包标记为串行化包。

当包被标记为可串行化包后，包中的状态数据被保存在系统全局区（SGA）的一个小池的工作区域中，包状态数据仅对每一个服务器调用有效，当对服务器的调用结束后，工作区域被返回到池中，如果后续再次调用包，Oracle 数据库会重用池中一个已经初始化的实例，重用并重新初始化，因此上一次的调用将不可见，

要创建串行化包非常简单，只需要在包规范中或如果存在包体就在包体中使用

PRAGMA 指定 SERIALLY_REUSABLE 编译指令。例如将 stateful_emp_pkg 更改为可串行化的包，其使用示例如代码 13.21 所示。

代码 13.21　可串行化复用包定义示例

```
--创建有状态的包规范，获取员工信息
CREATE OR REPLACE PACKAGE stateful_emp_pkg AS
  PRAGMA SERIALLY_REUSABLE;
  --保存员工名称的索引表变量
  TYPE t_emptable IS TABLE OF emp.ename%TYPE INDEX BY BINARY_INTEGER;
  --获取最大行数
  v_MaxRows NUMBER := 5;
  --读取员工名称到索引表中
  PROCEDURE ReadEmp(p_emptable OUT t_emptable, p_NumRows OUT NUMBER);
END stateful_emp_pkg;

--创建有状态的包体，获取员工信息
CREATE OR REPLACE PACKAGE BODY stateful_emp_pkg AS
  PRAGMA SERIALLY_REUSABLE;
  --定义包体游标，用来从 emp 表中查询员工数据
  CURSOR c_empname IS
    SELECT ename FROM emp WHERE deptno = 20 ORDER BY empno;
  --实现包规范中的子程序，获取员工名称到索引表中
  PROCEDURE ReadEmp(p_emptable OUT t_emptable, p_NumRows OUT NUMBER)
  AS
    v_Done    BOOLEAN := FALSE;         --是否游标使用完成
    v_NumRows NUMBER := 1;              --起始下标值
  BEGIN
     --请参考代码 13.20 的具体实现代码
  END ReadEmp;
END stateful_emp_pkg;
```

在这个定义示例中，可以看到，在包规范和包体中都使用了 PRAGMA SERIALLY_REUSABLE 将包标记为可串行化复用的包，接下来对代码 13.20 的调用进行调整，只是反复多次地调用 read_emp 游标，可以看到，每一次调用游标都是从头开始进行读取，调用示例如下。

```
--匿名块的调用代码
DECLARE
  v_emp_tbl stateful_emp_pkg.t_emptable;          --定义索引表变量
  v_numrows    NUMBER ;                            --获取已提取的行数
  v_ename      emp.ename%TYPE;
  --定义一个嵌套子程序，用来输出信息
  PROCEDURE read_emp AS
  BEGIN
    stateful_emp_pkg.ReadEmp(v_emp_tbl, v_numrows);
                                      --调用包中的方法读取 emp 表中的数据
    DBMS_OUTPUT.PUT_LINE(' 已经提取了 ' || v_numrows || ' 行:');
    FOR v_Count IN 1 .. v_NumRows LOOP              --输出索引表中的员工名称
      DBMS_OUTPUT.PUT_LINE(v_emp_tbl(v_Count));
    END LOOP;
  END;

BEGIN
  read_emp;
END;
```

代码的输出结果如下：

```
正在打开游标
已经打开游标
已经提取了 5 行：
史密斯
约翰
斯科特
亚当斯
福特
```

可以看到，每当产生一个新的服务器端调用时，游标都会被重新打开一次，反复多次地调用 read_emp;，它就会打开多次游标。与非串行化方式相比，它并不保存每一次游标的状态。这种调用方式只是根据调用子程序的数量来占用内存，因此它与非串行化方式相比，更加具有可扩展性。

13.3.6　重新编译包

创建包和修改包的大部分工作都是在 CREATE OR REPLACE PACKAGE 及 CREATE OR REPLACE PACKAGE BODY 语句中实现的。如果要显式地重新编译一个包规范或包体，可以使用 ALTER PACKAGE 语句，包体与包规范由于分别存储到数据字典中，因此可以分别对包规范或包体进行编译。包编译语法如下：

```
ALTER PACKAGE [schema.]package COMPILE [DEBUG]
{PACKAGE|SPECIFICATION|BODY} [REUSE SETTINGS];
```

其中的一些关键字的含义如下所示：

- ❑ Schema，用于指定当前的包所在的方案，如果不指定，则默认当前被重新编译在当前会话的方案中。
- ❑ Package，指定要重新编译的包的名称。
- ❑ COMIPLE，指定要对包进行编译。
- ❑ PACKAGE|SPECIFICATION|BODY，任意选择其中一项，选择 PACKAGE 将会重新编译包规范与包体、BODY 只会编译包体、SPECIFICATION 则只会重新编译包规范。

可以看到，ALTER PACKAGE 允许用户同时编译包规范和包体，也可以分别对包规范和包体进行编译，由于编译能提升包调用的性能，因此在必要的时候，建议用户使用这个语句对包重新编译，尽管包在被调用时也会隐式地编译包。

下面的语句分别演示了如何编译包规范、编译包体或同时对包规范和包体进行编译：

```
--编译包规范
scott_Ding@ORCL> ALTER PACKAGE stateful_emp_pkg COMPILE SPECIFICATION;
Package altered.
--编译包体
scott_Ding@ORCL> ALTER PACKAGE stateful_emp_pkg COMPILE BODY;
Package body altered.
--同时编译包规范和包体
scott_Ding@ORCL> ALTER PACKAGE stateful_emp_pkg COMPILE PACKAGE;
Package altered.
```

可以看到，通过在 COMPILE 语句的后面，指定 SPECIFICATION、BODY 和 PACKAGE 关键字，可以对包规范和包体进行单独编译，或者是同时编译包规范与包体。

13.3.7　查看包的源代码

包规范和包体都会存储到数据字典中，因此可以通过查询数据字典视图 user_objects，得到当前方案下所创建的所有包规范或包体。通过为 object_type 指定 PACKAGE 或 PACKAGE BODY，就可以查询出包规范和包体的信息，查询示例如下：

```
scott_Ding@ORCL > SELECT object_name,object_type, created, last_ddl_time
  2    FROM user_objects
  3    WHERE object_type IN ('PACKAGE', 'PACKAGE BODY');

OBJECT_NAME                  OBJECT_TYPE            CREATED         LAST_DDL_TIME
---------------------------  --------------------  -------------  --------------
COMM_EMAIL_LIB               PACKAGE               2012-3-19 7    2012-3-19 7:0
UTL_SMTP                     PACKAGE               2012-3-19 7    2012-3-19 7:0
PURITYTEST                   PACKAGE               2012-3-19 7    2012-3-19 7:0
PLSQL_IC_PLANNING_STUDY      PACKAGE               2012-3-19 7    2012-3-19 7:0
EMP_PKG                      PACKAGE               2012-3-19 7    2012-3-19 7:0
EMP_ACTION_PKG_OVERLOAD      PACKAGE               2012-3-19 7    2013-1-27 16:
DEPT_PKG                     PACKAGE               2012-3-19 7    2012-3-19 7:0
EMP_ACTION_PKG               PACKAGE               2012-5-6 16    2012-5-6 16:1
EMP_ACTION_PKG               PACKAGE BODY          2012-5-6 16    2012-5-6 16:1
EMPPKG                       PACKAGE               2013-1-27 1    2013-1-27 16:
EMPPKG                       PACKAGE BODY          2013-1-27 1    2013-1-27 16:
BOM_COST_PKG                 PACKAGE BODY          2012-3-24 1    2012-3-24 18:
BOM_COST_PKG                 PACKAGE               2012-3-24 1    2012-3-24 16:
COMM_EMAIL_LIB               PACKAGE BODY          2012-3-19 7    2012-3-19 7:0
EMP_ACTION_PKG_OVERLOAD      PACKAGE BODY          2012-3-19 7    2012-3-19 7:0
EMP_PKG                      PACKAGE BODY          2012-3-19 7    2012-3-19 7:0
PLSQL_IC_PLANNING_STUDY      PACKAGE BODY          2012-3-19 7    2012-3-19 7:0
```

可以看到，通过查询 user_objects，指定对象的类型为 PACKAGE 和 PACKAGE BODY，果然查出了当前方案下所包含的包规范和包体信息。除此之外，要查看包的源代码，可以通过 user_source 数据字典视图，通过指定该视图的 type 列为 PACKAGE 或 PACKAGE BODY 来指定包规范或包体的类型，查询语句如下：

```
SQL> SELECT line,text FROM user_source WHERE name='EMP_PKG' AND
type='PACKAGE';
     LINE TEXT
---------- -------------------------------------------------------------
     1 PACKAGE emp_pkg AS
     2   --定义集合类型
     3   TYPE emp_tab IS TABLE OF emp%ROWTYPE INDEX BY BINARY_INTEGER;
     4   --在包规范中定义一个记录类型
     5   TYPE emprectyp IS RECORD(
     6     emp_no NUMBER,
     7     sal  NUMBER
     8   );
     9   --定义一个游标声明
    10   CURSOR desc_salary RETURN emprectyp;
    11   --定义一个游标，并具有游标体
    12   CURSOR emp_cur(p_deptno IN dept.deptno%TYPE) IS
```

```
13          SELECT * FROM emp WHERE deptno=p_deptno;
14     --定义雇佣员工的过程
15  PROCEDURE hire_employee(p_empno NUMBER,p_ename VARCHAR2,p_job
    VARCHAR2,p_mgr
16                     p_comm NUMBER,p_deptno NUMBER,p_hiredate
                       DATE);
17     --定义解雇员工的过程
18     PROCEDURE fire_employee(p_emp_id NUMBER );
19  END emp_pkg;
20
已选择 20 行。
```

可以看到，通过 user_source 视图，可以看到 emp_pkg 这个包的包规范的源代码，如果要查询包体的源代码，为 type 字段指定 PACKAGE BODY 即可。

实际工作中查看包的源代码主要是出于维护目的，因此可以使用第三方的 PL/SQL Developer 或 TOAD 提供的可视化界面来查看包。以 PL/SQL Developer 为例，它的对象树状节点中包含 Packages 和 Package bodies，分别可视化地显示包规范和包体信息，在展开节点后，可以选择查看或编辑包规范或包体，或者是同时查看或编辑包规范与包体，显示效果如图 13.9 所示。

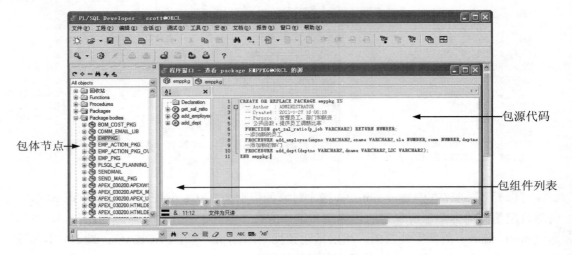

图 13.9　查看包规范与包体

可以看到，PL/SQL Developer 提供了便利的查看与编辑工具，使得程序员可以轻松地更改包中的代码，并且通过该工具提供的调试功能，可以轻松地对包进行调试，有兴趣的读者可以参考 PL/SQL Developer 的文档。

13.4　小　　结

本章讨论了在 Oracle 中进行程序设计的最重要的两个对象——子程序和包。首先讨论了子程序的定义和实现，介绍了子程序的作用和分类，在 Oracle 中子程序可以分为存储过程和存储函数，本章讨论了两者之间的区别，并详细讨论了如何创建过程和函数，以及如何对子程序进行调试，并讨论了如何在 SQL 语句中使用自定义的函数。在子程序的参数一节，介绍了定义子程序的形式参数和调用子程序的实际参数，讨论了各种参数的模式及参数调用的方式，并且介绍了如何使用 NOCOPY 编译提示来对 OUT 和 IN OUT 模式的参数使用引用传递方式，以及参数默认值的使用。在 13.3 节介绍了包，讨论了包的作用，以及包规范和包体的定义方式，然后介绍了如何在包中对子程序进行重载，接下来介绍了如何调用包中的组件及状态包的串行复用方式，最后介绍了如何重新编译包，以及在数据字典中查看包的源代码。

第 14 章　记录与集合

记录和集合同属于 PL/SQL 的复合数据类型，这种类型可以将零散的数据进行有规则的整理，统一进行使用，比如可以将记录作为一个参数传递给子程序，在子程序内部操作记录数据。Oracle 中的复合类型是一种包含多个子组件组合的类型，子组件可以是标量类型,也可以是其他复杂数据类型。本章将讨论如何通过对记录和集合的操作，来提升 PL/SQL 应用程序开发的效率。

14.1　使用 PL/SQL 记录

记录类型提供了一种定义数据结构的方式，这种数据结构其实就是组织和管理一系列的标量或复合类型的值，这样在 PL/SQL 程序中使用记录类型，可以完成原本使用标量类型的烦琐的变量定义，将多个类型作为一个数据结构进行管理。

14.1.1　什么是记录

记录类似于表中的行，表中每一行数据都是由多个具有不同数据类型的列组成的，记录类型本身作为一个整体并不存在任何值，它其中包含的每个单独成员或者字段都有值。它将这些子组件当作一个整体进行处理，可以为程序员减少代码量，让代码的编写和后期的维护都更加有效率。

记录类型最初由 Oracle 7 被引入，随后的每一个 Oracle 发布版本都进行了增强，Oracle 9i 和 Oracle 10g 增强了记录的灵活性和复杂性。举例来说，在操作员工数据时，要定义一个 emp_rec 的记录类型，在它内部包含员工编号 empno、员工名称 ename、员工职位 job 和员工工资 sal 等信息，每个子组件都具有其自己的数据类型，记录类型的组成结构如图 14.1 所示。

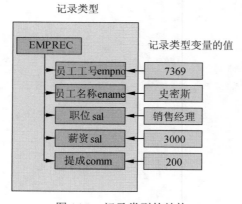

图 14.1　记录类型的结构

可以看到，记录类型将员工的信息作为一个整体进行操作，它为 PL/SQL 程序操作数据提供了一种集合的方式来同时管理多个变量，它简化了代码的编写，提供了简洁干净的代码，并且通过提供分组一级的数据抽象，使得代码更便于维护和阅读。下面通过代码 14.1 演示如何通过记录类型来操作员工数据。

代码 14.1　使用记录的 PL/SQL 语句块示例

```
DECLARE
  TYPE t_emp IS RECORD (          --定义记录类型
    v_empno         NUMBER,
    v_ename         VARCHAR2 (20),
    v_job           VARCHAR2 (9),
    v_mgr           NUMBER (4),
    v_hiredate      DATE,
    v_sal           NUMBER (7, 2),
    v_comm          NUMBER (7, 2),
    v_deptno        NUMBER (2)
  );
  emp_info    t_emp;                    --声明记录类型的变量
BEGIN
  SELECT *                              --从 emp 表中取出字段值赋给记录类型
    INTO emp_info
    FROM emp
  WHERE empno = 7369;
  emp_info.v_job:='职员';              --为记录类型的变量更新新的值
  emp_info.v_sal:=5000;
  --向数据库表中更新记录类型的值
  UPDATE emp SET ROW=emp_info WHERE empno=emp_info.v_empno;
EXCEPTION                               --异常处理块
  WHEN OTHERS
  THEN
    NULL;
END;
```

由于记录属于 PL/SQL 的复合类型，因此在使用之前，需要通过 TYPE 语句创建一个记录类型。示例中创建了 t_emp 类型，它包含了多个成员类型，用来表示一个员工所具有的信息，比如员工编号 v_empno、员工名称 v_ename 及职位 v_job 等。

在定义了记录类型后，代码定义了一个名为 emp_info 的变量，它是刚刚定义的 t_emp 类型的记录变量，在执行体中，可以使用 SELECT INTO 语句，直接为记录类型赋初始值，接下来使用 emp_info 前缀语法，分别对记录变量中的成员 v_job 和 v_sal 这两个值进行了更改，然后调用 UPDATE 语句，直接传入记录类型进行了更新。

在这个示例中，对员工数据进行了概括，将所有与员工相关的信息使用记录进行了整合，这样避免了需要多个单独的变量定义而造成的代码复杂性和维护的困难，从而也使程序员可以远离琐碎的代码细节，将注意力放在真正的业务逻辑部分。

14.1.2　定义记录类型

前面使用 TYPE RECORD 定义了一个保存员工信息的记录，TYPE RECORD 是创建自定义记录类型的一种方式，还可以引用一个表中的行数据作为记录或基于游标 SELECT 语句的记录，这需要在定义变量时，使用%ROWTYPE 指定表中的行或游标作为记录类型。

除此之外，还可以使用%TYPE 引用一个已经定义好的记录类型来定义一个记录变量。接下来讨论定义记录类型的几种方式，分别如下所示：

1. 使用%ROWTYPE定义记录类型

引用表中的行作为记录类型是非常方便的一种使用记录的方式，它不需要额外使用TYPE RECORD 来定义记录的结构，因为记录中的每个成员及成员的类型都与表行中的列匹配，当更改了表的结构时，记录类型的变量也会自动进行更改。例如在代码 14.1 的定义中，可以将 t_emp 更改为引用 emp 表中的行记录，从而减少了定义一个冗长记录成员所需要编写的代码，如示例代码 14.2 所示。

代码 14.2　使用%ROWTYPE 定义记录类型

```
DECLARE
  --声明记录类型的变量，引用 emp 表中的行记录
  emp_info  emp%ROWTYPE;
BEGIN
  --从 emp 表中取出字段值赋给记录类型
  SELECT *
    INTO emp_info
    FROM emp
  WHERE empno = 7369;
  --为记录类型的变量更新新的值
  emp_info.empno:=7999;
  emp_info.ename:='李天思';
  emp_info.job:='职员';
  emp_info.sal:=5000;
  --向数据库表中插入记录类型的值
  INSERT INTO emp VALUES emp_info;
EXCEPTION        --异常处理块
  WHEN OTHERS
  THEN
    NULL;
END;
```

在这个示例中，复制了员工 7369 的信息，也就是使用 SELECT INTO 语句将员工 7369 的信息赋给了记录类型的成员变量，由于记录类型本身不包含任意值，它只起到容器的作用，因此实际上 SELECT INTO 是对 emp_info 中的成员进行了赋值。

可以看到这个示例中使用了%ROWTYPE 代替了先使用 TYPE RECORD 定义记录结构然后再声明变量的方式，它进一步减少了代码量，而且提供了强大的灵活性，因为它的结构随表结构而变动，如果更改了表中字段的数据类型，记录类型也会随之而改变。

使用%ROWTYPE 引用表中的行作为记录会同时引用表中所有的字段作为记录的成员，有时候只想要表中某些字段作为记录的成员，又想拥有引用表行的一些优势，可以定义一个基于游标的记录，它可以用表中部分列作为记录的成员，这种方式需要先定义一个游标，在游标的 SELECT 选择列表中指定所需要的局部字段，如代码 14.3 所示。

代码 14.3　使用%ROWTYPE 定义游标记录类型

```
DECLARE
  --定义一个游标类型
  CURSOR c_emp IS
```

```
    SELECT empno, ename, job, sal, comm, deptno FROM emp;
  --声明记录类型的变量，使用游标的 SELECT 列表作为记录成员
  emp_info c_emp%ROWTYPE;
BEGIN
  --从 emp 表中取出字段值赋给记录类型
  SELECT empno, ename, job, sal, comm, deptno
    INTO emp_info
    FROM emp
   WHERE empno = 7369;
  --为记录类型的变量更新新的值
  emp_info.ename := '李天思';
  emp_info.job   := '职员';
  emp_info.sal   := 5000;
  emp_info.deptno:= 30;
  emp_info.empno :=7997;
  --向数据库表中插入记录类型的值
  INSERT INTO emp
    (empno, ename, job, sal, comm, deptno)
  VALUES(emp_info.empno,  emp_info.ename,  emp_info.job,  emp_info.sal,
emp_info.comm, emp_info.deptno);
EXCEPTION
  --异常处理块
  WHEN OTHERS THEN
    RAISE;
END;
```

在这个示例中，先定义了一个游标，这个游标的 SELECT 语句中提取了 emp 表中的部分行，然后以这个游标作为行类型来定义一个记录变量，这个记录中的成员就是 SELECT 中的选择列表中的列，因此就实现了引用表行中的部分字段。可以看到如果在 SELECT 中引用多表中的列，这个记录变量将变得相当灵活。在示例中，使用了 PL/SQL 对 SQL 语句的扩展来操作记录变量，它实现了提取 emp 表中员工编号为 7369 的员工信息，保存到记录变量中，然后为记录变量中的成员赋值，最后使用 INSERT 语句向 emp 表中插入一条新的记录。

2. 使用TYPE RECORD定义记录类型

如果引用游标或表作为记录的成员无法满足应用程序的需求，则需要使用 TYPE RECORD 来创建自定义的记录类型，使用这种方式需要如下两个步骤：

（1）使用 TYPE RECORD 定义一个记录类型，它定义了记录所具有的结构。

（2）定义一个基于前面步骤的记录变量，用来在 PL/SQL 块中使用。

使用 TYPE RECORD 定义一个记录类型是创建记录的第一步，它用来创建一个 PL/SQL 块中的局部类型，以便定义记录的结构，其语法如下：

```
TYPE type_name IS RECORD
(
  field_declaration
  [,field_declaration]
  ...
);
```

type_name 用于指定记录的名称，field_declaration 用来定义记录中的一个或多个子类型，其定义语法如下：

```
field_name field_type [[NOT NULL ] {:= | DEFAULT } expression]
```

field_name 用于指定记录成员的名称，比如 empno、ename 等符合 Oracle 命名规范的命名，field_type 是除 REF CURSOR 以外的任何数据类型，还可以是使用%TYPE 或%ROWTYPE 指定的数据库列类型。

🔔**注意**：记录类型也可以嵌套，比如可以在记录类型的成员中指定记录类型，还可以指定集合类型和对象类型。

接下来创建一个使用 TYPE RECORD 定义的 t_dept 记录类型，演示 TYPE RECORD 的具体使用方法，如代码 14.4 所示。

代码 14.4　使用 TYPE RECORD 定义记录类型

```
DECLARE
  --定义记录类型
  TYPE t_dept IS RECORD(
    dept_id    dept.deptno%TYPE,
    dept_name  VARCHAR2(30),
    dept_loc   VARCHAR2(30));
  --声明一个记录类型的变量
  rec_dept t_dept;
BEGIN
  --为记录类型的变量中的成员赋值
  rec_dept.dept_id    := 90;
  rec_dept.dept_name  := '经济管理部';
  rec_dept.dept_loc   := '南宁';
  --输出记录类型成员的值
  DBMS_OUTPUT.put_line(rec_dept.dept_id ||' '|| rec_dept.dept_name ||' '||
                       rec_dept.dept_loc);
END;
```

可以看到 TYPE RECORD 定义记录类型有些类似于定义变量，可以使用%TYPE 引用表中的列数据类型，也可以直接使用标量类型或集合以及记录类型，还可以是使用 SUBTYPE 定义的子类型。在定义 t_dept 记录类型之后，接下来声明了 rec_dept 的记录变量，这样就可以在块的执行部分为记录成员进行赋值或读取了。

🔔**注意**：TYPE RECORD 定义的记录类型只能在块局部使用，记录类型不支持使用 CREATE TYPE 创建全局的记录类型，不过可以在包规范中定义记录类型，供会话内的所有其他的子程序或包使用。

3. 使用%TYPE基于其他记录类型定义记录类型

%TYPE 允许引用一个来自其他对象的类型，比如可以是来自其他变量的类型或来自表中的列，还可以将%TYPE 用于一个记录变量，用来引用该记录变量的类型。在代码 14.5 中演示了如何基于代码 14.4 中定义的 rec_dept 来定义一个记录变量。

代码 14.5　使用%TYPE 引用其他变量的记录类型

```
DECLARE
  --定义记录类型
  TYPE t_dept IS RECORD(
    dept_id    dept.deptno%TYPE,
```

```
    dept_name VARCHAR2(30),
    dept_loc  VARCHAR2(30));
  --声明一个记录类型的变量
  rec_dept t_dept;
  dept_loc rec_dept%TYPE;          --定义一个基于 rec_dept 的记录类型
BEGIN
  --为记录类型的变量中的成员赋值
  dept_loc.dept_id   := 90;
  dept_loc.dept_name := '经济管理部';
  dept_loc.dept_loc  := '南宁';
  --输出记录类型成员的值
  DBMS_OUTPUT.put_line(dept_loc.dept_id ||' '|| dept_loc.dept_name ||' '||
                  dept_loc.dept_loc);
END;
```

这个示例与代码 14.4 的例子非常相似，不同之处在于 dept_loc 变量是基于 rec_dept 变量的类型，这表示 rec_dept 和 dept_loc 都引用了 t_dept 记录类型。由语句块的执行部分可以看到，dept_loc 果然包含了 t_dept 中定义的记录成员，并且输出了正确的结果。

由此可以看到，定义记录类型是非常灵活多样的，如果记录所需要结构与表或游标的结构匹配，就应该使用基于表或基于游标的记录类型，如果无法满足需求，则可以使用 TYPE RECORD 创建一个自定义结构的记录类型。

14.1.3　记录类型赋值

在定义记录类型的成员时，可以像定义变量一样为记录成员赋初始值或添加约束。再次回顾一下成员定义的语法，如下所示：

```
field_name field_type [[NOT NULL ] {:= | DEFAULT } expression]
```

可以看到，在 field_type 字段类型的后面，可以指定 NOT NULL 约束，这意味着该成员必须要进行赋值，因此要求使用:=或 DEFAULT 赋初始值。代码 14.6 演示了在使用 TYPE RECORD 定义记录类型时，如何指定初始值。

代码 14.6　定义记录类型并赋初始值

```
DECLARE
  --定义记录类型，并且指定 NOT NULL 约束和初始值
  TYPE t_dept IS RECORD (
    dept_id    NUMBER(4) NOT NULL := 10,
    dept_name  VARCHAR2(30) NOT NULL := '行政部',
    mgr_id     NUMBER(6) DEFAULT 7369,
    loc_id     NUMBER(4)
  );
  dept_rec t_dept;                --定义一个记录类型的变量
  dept_rec_2 dept_rec%TYPE;       --定义一个与 dept_rec 类型相同的记录变量
BEGIN
  --输出 dept_rec 变量的成员值
  DBMS_OUTPUT.put_line('dept_rec:');
  DBMS_OUTPUT.put_line('----------');
  DBMS_OUTPUT.put_line('dept_id:   ' || dept_rec.dept_id);
  DBMS_OUTPUT.put_line('dept_name: ' || dept_rec.dept_name);
  DBMS_OUTPUT.put_line('mgr_id:    ' || dept_rec.mgr_id);
  DBMS_OUTPUT.put_line('loc_id:    ' || dept_rec.loc_id);
```

```
    --输出 dept_rec_2 变量的成员值
    DBMS_OUTPUT.put_line('-----------');
    DBMS_OUTPUT.put_line('dept_rec_2:');
    DBMS_OUTPUT.put_line('-----------');
    DBMS_OUTPUT.put_line('dept_id:   ' || dept_rec_2.dept_id);
    DBMS_OUTPUT.put_line('dept_name: ' || dept_rec_2.dept_name);
    DBMS_OUTPUT.put_line('mgr_id:    ' || dept_rec_2.mgr_id);
    DBMS_OUTPUT.put_line('loc_id:    ' || dept_rec_2.loc_id);
END;
```

默认情况下，如果不指定初始值，记录类型中所有的成员值都为 NULL，当指定了 NOT NULL 约束之后，必须要具有一个非空的初始值，因此对于具有 NOT NULL 约束的成员，都要使用 DEFAULT 或赋值符号赋初值，如果没有 NOT NULL 约束，在定义时可以不用指定初始值。在这个示例中，定义了一个名为 t_dept 的记录类型，除 loc_id 没有指定初始值之外，dept_id 和 dept_name 具有 NOT NULL 约束，因此使用赋值语句赋了初始值，mgr_id 使用 DEFAULT 关键字指定了初始值，dept_rec_2 是一个使用%TYPE 定义的记录类型，它将具有与 dept_rec 相同的类型和初始值。代码使用 DBMS_OUTPUT.put_line 输出了初始值，如下：

```
dept_rec:
---------
dept_id:    10
dept_name: 行政部
mgr_id:     7369
loc_id:
-----------
dept_rec_2:
-----------
dept_id:    10
dept_name: 行政部
mgr_id:     7369
loc_id:
```

可以看到，除 loc_id 的值为 NULL 之外，其他的 3 个成员现在都具有了初始值，除了这种在定义记录成员时赋初始值外，可以在 PL/SQL 块的执行部分显式地为记录类型赋值。下面分别对简单的赋值和复杂的赋值方式进行讨论：

1. 简单赋值

简单赋值是指直接为记录成员指定一个值，与为普通变量赋初值的语法相似，如下：

```
record_name.field_name := expression;
```

record_name 是记录名，field_name 是记录成员字段，expression 可以是任何的常量、变量、记录、集合类型、表达式、函数调用等。简单赋值方式是对记录类型赋值的最常见的方法，除了使用记录作为前缀之外，它的赋值方式与变量赋值相似，代码 14.7 演示了如何使用简单赋值方式为一个记录变量进行赋值。

代码 14.7　使用简单赋值语法为记录变量赋值

```
DECLARE
  dept_rec dept%ROWTYPE;          --定义一个引用 dept 表行的记录变量
BEGIN
  --使用简单赋值方法为记录类型赋值
```

```
   dept_rec.deptno:= 10;
   dept_rec.dname := '人事行政部';
   dept_rec.loc   :='上海靖定';
   -- 输出记录中的部门信息
   DBMS_OUTPUT.put_line('部门编号:' || dept_rec.deptno);
   DBMS_OUTPUT.put_line('部门名称:' || dept_rec.dname);
   DBMS_OUTPUT.put_line('部门地址:' || dept_rec.loc);
END;
```

在这个示例中，定义了一个记录类型变量 dept_rec，它指向 dept 表中的行结构。接下来分别对记录中的每一个成员进行了赋值，如果没有指定值，则这些记录成员将使用其初始值 NULL，然后输出已赋值后的记录成员的值。可以看到，除需要指定记录变量名称作为前缀外，简单的赋值方式与变量的声明与赋值是相同的。

2．使用其他记录赋值

除了这种单独为记录中的成员赋值之外，还可以将一个已经有值的记录变量赋给另一个记录变量，不过仅在下面的限制下才能成功地实现赋值：

（1）要进行赋值的两个记录变量必须是相同的记录类型，两个不同的记录类型哪怕其中的成员相同也不能进行赋值。

（2）如果要进行赋值的目标记录变量是一个记录类型，而源记录变量使用%ROWTYPE进行定义，只要列的数据和顺序完全匹配，并且具有完全相同的数据类型，也是可以进行赋值的。

对于第 1 个限制，要求只能对两个使用完全相同记录类型的变量进行相互赋值，在赋值时，源记录变量中的所有的成员值都被赋给目标记录变量。代码 14.8 演示了这个限制的具体效果。

代码 14.8　使用其他记录变量为记录成员赋值

```
DECLARE
   --定义记录类型
   TYPE emp_rec IS RECORD (
      empno   NUMBER,
      ename   VARCHAR2 (20)
   );
   --定义与 emp_rec 具有相同成员的记录类型
   TYPE emp_rec_dept IS RECORD (
      empno   NUMBER,
      ename   VARCHAR2 (20)
   );

   emp_info1   emp_rec;          --声明两个 emp_rec 类型的记录变量
   emp_info2   emp_rec;
   emp_info3   emp_rec_dept;     --声明一个 emp_rec_dept 的记录变量

   --定义一个内嵌过程，用来输出记录信息
   PROCEDURE printrec (empinfo emp_rec)
   AS
   BEGIN
      DBMS_OUTPUT.put_line ('员工编号: ' || empinfo.empno);
      DBMS_OUTPUT.put_line ('员工名称: ' || empinfo.ename);
   END;
```

```
BEGIN
  emp_info1.empno := 7369; --为 emp_info1 记录赋值
  emp_info1.ename := '史密斯';
  DBMS_OUTPUT.put_line ('emp_info1 的信息如下: ');
  printrec (emp_info1);      --打印赋值后的 emp_info1 记录
  emp_info2 := emp_info1;  --正确的语句,将emp_info1记录变量直接赋给emp_info2
  DBMS_OUTPUT.put_line ('emp_info2 的信息如下: ');
  printrec (emp_info2);      --打印赋值后的 emp_info2 的记录
  --emp_info3:=emp_info1; --错误的语句,不同记录类型的变量不能相互赋值
END;
```

这段代码用来演示一个记录类型向另一个记录类型赋值,其实现步骤如下所示:

（1）在匿名块的声明区,使用 TYPE RECORD 定义了两个自定义的记录类型 emp_rec 和 emp_rec_dept,它们具有相同的记录成员,可以看到它们的成员具有相同的名称、类型和顺序,看上去好像是两个完全相同的记录。接下来定义了 3 个记录变量,emp_info1 和 emp_info2 为 emp_rec 类型的记录变量,而 emp_info3 为 emp_rec_dept 类型。

（2）为了便于显示记录成员的值,代码中定义了一个嵌套的过程 printrec,用来输出 emp_rec 记录的成员值。

（3）在语句块的执行部分,首先使用简单赋值方式分别对 emp_info1 变量中的每个成员进行了赋值。接下来调用了 printrec 输出了 emp_info1 变量的成员值。

（4）接下来使用记录赋值方法,将 emp_info1 中的所有成员值赋给记录变量 emp_info2,由于 emp_info1 和 emp_info2 是相同记录类型的变量,因此赋值是成功的。接下来调用 printrec 输出了 emp_info2 的记录成员值。

（5）最后注释掉的语句,试图将 emp_info1 变量赋给 emp_info3,将 PL/SQL 抛出 PLS-00382 异常,提示表达式类型错误,说明不能进行正确的赋值。

这个匿名块产生的输出结果如下:

```
emp_info1 的信息如下:
员工编号: 7369
员工名称: 史密斯
emp_info2 的信息如下:
员工编号: 7369
员工名称: 史密斯
```

可以看到,当将 emp_info1 变量赋给 emp_info2 之后,emp_info2 中具有了与 emp_info1 中相同的成员值。

使用 TYPE RECORD 定义的记录类型,即使具有相同的成员个数、顺序和类型,只要数据类型不同,也不能进行相互赋值,这对于使用%ROWTYPE 定义的记录类型来说是一个例外,将代码 14.8 中的 emp_rec_dept 更改为使用%ROWTYPE 定义的记录类型后,可以看到赋值操作可以成功进行,示例如代码 14.9 所示。

代码 14.9　使用%ROWTYPE 定义的记变量进行赋值

```
DECLARE
  --定义记录类型
  TYPE emp_rec IS RECORD (
    empno   emp.empno%TYPE,
    ename   emp.ename%TYPE
```

```
  );
  --定义一个游标，用来取 emp 表中的部分字段
  CURSOR c_emp IS
   SELECT empno, ename
   FROM emp;

  emp_info1    emp_rec;          --声明两个 emp_rec 类型的记录变量
  emp_info2    emp_rec;
  emp_info3    c_emp%ROWTYPE;    --声明一个 emp_rec_dept 的记录变量

  --定义一个内嵌过程，用来输出记录信息
  PROCEDURE printrec (empinfo emp_rec)
  AS
  BEGIN
    DBMS_OUTPUT.put_line ('员工编号: ' || empinfo.empno);
    DBMS_OUTPUT.put_line ('员工名称: ' || empinfo.ename);
  END;

BEGIN
  emp_info1.empno := 7369;       --为 emp_info1 记录赋值
  emp_info1.ename := '史密斯';
  DBMS_OUTPUT.put_line ('emp_info1 的信息如下: ');
  printrec (emp_info1);          --打印赋值后的 emp_info1 记录
  emp_info2 := emp_info1;  --正确的语句，将 emp_info1 记录变量直接赋给 emp_info2
  DBMS_OUTPUT.put_line ('emp_info2 的信息如下: ');
  printrec (emp_info2);          --打印赋值后的 emp_info2 的记录
  emp_info3:=emp_info1;          --将 emp_info1 的值赋给 emp_info3
  DBMS_OUTPUT.put_line ('emp_info3 的信息如下: ');
  printrec (emp_info3);          --输出 emp_info3 变量的值
END;
```

在这个示例中，去掉了 emp_rec_dept 记录的 TYPE RECORD 定义，更改为定义了一个游标类型，这个游标类型从 emp 表中提 empno 和 ename 列的数据，并且将 emp_rec 中成员的类型也更改为 emp 表中相应的列类型。emp_info3 现在是一个使用%ROWTYPE 定义的记录变量，在语句块的执行部分，可以看到由于游标中定义的 empno 和 ename 无论是顺序、名称和数据类型都与 emp_rec 一致，因此将 emp_info1 记录变量赋给 emp_info3 是成功的，执行该语句块后，输出结果如下：

```
emp_info1 的信息如下:
员工编号: 7369
员工名称: 史密斯
emp_info2 的信息如下:
员工编号: 7369
员工名称: 史密斯
emp_info3 的信息如下:
员工编号: 7369
员工名称: 史密斯
```

可以看到，使用%ROWTYPE 定义的记录变量并不会产生错误，它成功地产生了输出结果。

注意：如果将一个未初始化的记录变量赋给另一个已初始化的记录变量，会重新初始化一个已经初始化的变量。

3. 用数据库中的内容赋值

如果记录类型的变量用来处理数据库表或视图中的全部或部分表列，可以通过将数据库表或视图中的部分数据插入到记录变量中来实现。本节将讨论从数据库中提取数据到记录变量中的 3 种方式，分别是：

- ❏ 使用 SELECT INTO 语句将行数据赋给记录变量。
- ❏ 使用 FETCH 语句提取游标数据到记录变量。
- ❏ 使用 SQL 语句中的 RETURNING 子句将执行结果返回到记录变量。

在前面多次使用了 SELECT INTO 语句将查询结果保存到标量变量中，除此之外，还可以通过 SELECT INTO 语句将多个列的值保存到记录变量中，其语法如下：

```
SELECT select_list INTO record_variable_name FROM table_or_view_name;
```

对于 select_list 中的每一个列，记录类型中必须都具有与相应的类型完全匹配的成员，并且具有与选择列表相同的字段顺序。SELECT INTO 语句不仅可以将表中的所有列值写入到记录变量中，还可以通过指定部分列写入到记录变量中，只要记录的成员和选择列表顺序与类型匹配即可。代码 14.10 演示了如何用 SELECT INTO 来为记录变量赋值。

代码 14.10　使用 SELECT INTO 为记录变量赋值

```
DECLARE
  --定义保存员工信息的记录类型
  TYPE t_emp_rec IS RECORD (
    empno emp.empno%TYPE,
    ename emp.ename%TYPE
  );
  rec1 t_emp_rec;           --声明一个 t_emp_rec 类型的记录变量
  rec2 dept%ROWTYPE;        --声明一个来自 dept 行记录的记录变量

BEGIN
  --使用 SELECT INTO 将局部列插入到记录变量中
  SELECT empno, ename INTO rec1
  FROM emp
  WHERE empno = '7499';
  --使用 SELECT INTO 将 dept 表中的行记录插入到记录变量中
  SELECT * INTO rec2 FROM dept WHERE deptno = 20;
  --输出记录变量的成员值
  DBMS_OUTPUT.put_line('员工编号'||rec1.empno||'的姓名是'||rec1.ename);
  DBMS_OUTPUT.put_line('部门编号'||rec2.deptno||'的部门名称是'||rec2.dname);
END;
```

在这个示例中，使用 TYPE RECORD 定义了一个记录类型，它包含 empno 和 ename 成员，成员的类型与 empno 中相应的列进行匹配，然后声明了一个使用 t_emp_rec 类型的记录变量。rec2 是一个引用 dept 表行记录的记录变量，它的成员与 dept 表中所有列相同。在 PL/SQL 块的执行部分，先使用 SELECT INTO 语句向 rec1 记录变量插入了员工编号为 7499 的员工编号和员工名称，在 SELECT 语句后使用了选择列表，可以将一个表中的部分列插入到与之匹配的记录变量中。第 2 个 SELECT 语句使用了通配符 "*" 将 dept 表中所有的列插入到 dept 表中，最后输出了这两个记录变量的成员值，结果如下：

员工编号 7499 的姓名是 艾伦
部门编号 20 的部门名称是 研究部

可以看到，SELECT INTO 语句果然成功地取回了单行记录，插入到了记录变量中。

另一种从数据库赋值给记录变量的方式是命名用 FETCH INTO 语句，它是一个游标提取语句，用来从游标变量中提取数据到记录变量中，其语法如下：

```
FETCH cursor INTO record_variable_name;
```

其中 cursor 是一个已经关联了一个查询的游标。对于游标查询中的每个列，记录变量 record_variable_name 中必须具有一个与之匹配的类型兼容的成员，游标必须是一个显式游标或自强类型游标变量，关于游标，将在本书第 15 章中详细讨论。

代码 14.11 演示了如何使用 FETCH INTO 将游标的值插入到记录变量中。

代码 14.11　使用 FETCH INTO 为记录变量赋值

```
DECLARE
  --定义一个记录类型的变量，接收游标的返回值
  TYPE t_emp_sal IS RECORD(
    empno emp.empno%TYPE,
    ename emp.ename%TYPE,
    sal   emp.sal%TYPE);
  --定义一个游标类型，返回 t_emp_sal 记录类型的值
  CURSOR cur_sal RETURN t_emp_sal IS
    SELECT empno, ename, sal FROM emp WHERE deptno = 20 ORDER BY sal DESC;
  --定义一个记录类型
  emp_rec t_emp_sal;
BEGIN
  OPEN cur_sal;                   --打开游标
  FOR i IN 1 .. 3 LOOP            --循环提取游标数据
    FETCH cur_sal                 --使用 FETCH INTO 语句
      INTO emp_rec;
    --输出记录成员的值，用来显示员工信息
    DBMS_OUTPUT.put_line('员工工号:' || emp_rec.empno || ' 员工名称:' ||
                    emp_rec.ename || ' 工资:' || emp_rec.sal);
  END LOOP;
  CLOSE cur_sal;                  --执行完毕关闭游标，以节省资源
END;
```

在这个示例中定义了一个记录类型 t_emp_sal，它用来保存游标 cur_sal 的返回记录，游标只能返回一个记录类型或相应的行记录。定义记录类型后，接下来使用 CURSOR 语句定义了一个游标，为这个游标指定 RETURN 语句返回 t_emp_sal 记录类型。可以看到，t_emp_sal 与 cur_sal 游标的 SELECT 语句具有完全匹配的字段列表，在声明区定义了一个名为 emp_rec 的记录变量，以便用来保存游标提取的值。

在语句块的执行部分，首先使用 OPEN 语句打开游标，接下来创建了一个 FOR LOOP 循环，循环 3 次 FETCH INTO 语句，将游标返回的多行记录依次插入到记录变量 emp_rec 中，然后使用 DBMS_OUTPUT.put_line 输出记录变量的值。程序产生的输出结果如下：

```
员工工号:7902 员工名称:福特 工资:3600
员工工号:7566 员工名称:约翰 工资:3570
员工工号:8230 员工名称:李四友 工资:3000
```

可以看到，游标提取多行记录保存到记录变量中，果然产生了正确的输出。

最后来看一下如何使用 INSERT、UPDATE 和 DELETE 中可选的 RETURNING INTO 子句将受影响的行返回到一个记录变量中，这也是一种用来向记录类型赋值的方式，示例如代码 14.12 所示。

代码 14.12　使用 RETURNING INTO 为记录变量赋值

```
DECLARE
  --定义一个记录类型
  TYPE t_emp IS RECORD (
    empno emp.empno%TYPE,
    ename emp.ename%TYPE,
    sal   emp.sal%TYPE
  );
  --声明一个记录变量，用来接收 RETURNING INTO 的返回值
  emp_info    t_emp;
  old_sal  emp.sal%TYPE;  --定义一个变量，用来保存原来的薪资值
BEGIN
  --将原来的薪资值保存到 old_sal 变量中
  SELECT sal INTO old_sal
   FROM emp
   WHERE empno = 7369;
  --更新薪资值，使用 RETURNING INTO 将受影响的行保存到记录变量中
  UPDATE emp
    SET sal = sal * 1.1
    WHERE empno = 7369
    RETURNING empno,ename,sal INTO emp_info;
  --输出记录变量成员的值
  DBMS_OUTPUT.PUT_LINE (
    '工号为  '||emp_info.empno||' 姓名为:'|| emp_info.ename || ' 由原来 ' ||
    old_sal || ' 元工资升为 ' || emp_info.sal||'元'
  );
END;
```

在这个示例中，定义了一个记录类型 t_emp 和一个使用该类型的变量 emp_info，用来保存使用 UPDATE 返回的受影响的结果行。old_sal 变量用来保存更新之前的工资值，在语句块的执行部分，首先使用 SELECT INTO 语句查询出员工编号为 7369 的员工的工资，保存到 old_sal 变量中，然后使用 UPDATE 语句更新员工 7369 的工资，使用 RETURNING INTO 语句将受影响的结果行插入到记录变量中，最后输出记录变量成员的值，输出结果如下：

工号为　7369 姓名为:史密斯 由原来 3000 元工资升为 3300 元

可以看到，RETURNING INTO 子句返回了 UPDATE 之后的 emp 表的结果行，因此得到了更新后的行值。比起使用 UPDATE 之后再次使用 SELECT INTO 语句，它降低了调用成本，常用在需要获取受影响的结果值的情形中。

14.1.4　使用记录

记录类型可以将很多分散的属性信息收集起来，使这些信息形成一个整体，从而可以简化程序设计，提升应用开发的效率。程序员可以将记录类型作为子程序的参数进行传递，这样可以一次性传递多个信息，代码 14.13 演示了如何在 PL/SQL 子程序中使用记录类型

作为形式参数。

代码 14.13　在子程序中使用记录类型

```
DECLARE
    --定义一个保存员工工资信息的记录类型
    TYPE t_emp_rec IS RECORD(
       empno   emp.empno%TYPE,
       sal     emp.sal%TYPE,
       comm    emp.comm%TYPE
    );
    --定义一个保存部门信息的记录类型
    TYPE t_dept_rec IS RECORD(
       deptno dept.deptno%TYPE,
       dname  dept.dname%TYPE,
       loc    dept.loc%TYPE
    );
    --定义两个记录类型的变量
    v_rec_emp t_emp_rec;
    v_rec_dept t_dept_rec;
    --嵌套过程，它使用 t_emp_rec 记录类型的变量
    PROCEDURE update_sal(p_rec_emp t_emp_rec) AS
    BEGIN
       --判断记录类型的 empno 成员是否赋值
       if p_rec_emp.empno IS NULL THEN
          RAISE_APPLICATION_ERROR(-20001,'请输入员工编号！');
       END IF;
       --更新 emp 信息
       UPDATE emp SET sal=p_rec_emp.sal,comm=p_rec_emp.comm WHERE empno=p_
       rec_emp.empno;
    END;
    --嵌套函数，它返回一个记录类型
    FUNCTION get_dept(p_deptno dept.deptno%TYPE) RETURN t_dept_rec
    AS
      v_rec_dept t_dept_rec;
    BEGIN
      --使用 SELECT INTO 语句查询信息保存到记录类型的变量
      SELECT * INTO v_rec_dept FROM dept WHERE deptno=p_deptno;
      RETURN v_rec_dept;          --返回记录类型
    END;
BEGIN
  v_rec_emp.empno:=7369;          --初始化记录类型的成员
  v_rec_emp.sal:=8000;
  v_rec_emp.comm:=500;
  update_sal(v_rec_emp);          --更新员工的薪资
  DBMS_OUTPUT.put_line('已经成功更新了工资！');
  v_rec_dept:=get_dept(20);       --调用内嵌函数获取员工信息，返回记录类型
  --输出记录类型的值
  DBMS_OUTPUT.put_line('部门编号:'||v_rec_dept.deptno||'部门名
称:'||v_rec_dept.dname||'部门地址:'||v_rec_dept.loc);
END;
```

在这个示例中，定义了两个记录类型，并且在匿名块中分别定义了一个内嵌过程和内嵌函数。下面的步骤详细讨论了这个代码的具体实现过程：

（1）在声明部分定义了两个记录类型，t_emp_rec 用来保存员工工资的记录，它包含员

工工号、工资和提成，而 t_dept_rec 保存了部门信息，它包含部门编号、部门名称和部门地址，基本上与 dept 表的结构相同。然后分别定义了两个使用这两种记录类型的变量。

（2）update_sal 是一个内嵌的子程序，它接收 t_emp_rec 记录类型的参数 p_rec_emp，在过程体内调用 UPDATE 语句更新传入的工资信息。

（3）get_dept 是一个内嵌的函数，它的返回值是一个记录类型，用来返回指定的部门编号的部门信息。

（4）接下来为 v_rec_emp 赋了值，以便作为实际参数传递给 update_sal 进行工资的更新，然后调用 get_dept 函数，将返回的记录类型赋给 v_rec_dept，并输出了结果。

程序的输出结果如下所示：

```
已经成功更新了工资！
部门编号:20 部门名称:研究部 部门地址:达拉斯
```

当需要在子程序中使用记录类型时，记录类型必须在子程序之前进行定义。可以在包规范中定义好记录类型，然后在子程序中使用。

☁注意：当将记录类型作为函数的返回值时，不能使用%ROWTYPE 定义的记录类型作为函数的返回类型，必须显式地使用 TYPE RECORD 来定义记录类型。

在 Oracle 9i 数据库 R2 之后的版本中，可以直接在 SQL 语句中操作记录类型，比如可以直接在 INSERT、UPDATE 等语句中使用记录类型来插入或更新记录。接下来分别讨论如何在 INSERT 和 UPDATE 语句中使用记录类型。

1．在INSERT语句中使用记录类型

PL/SQL 引擎扩展了 INSERT 语句，让用户可以直接插入一个记录，为此记录类型必须要与所要插入的目标表中的列进行匹配，也就是说，对于每一个列，记录类型都必须有一个与之兼容的数据类型，如果列具有 NOT NULL 约束，相应的记录类型的成员不能是一个 NULL 值，一般使用%ROWTYPE 定义的记录类型变量可以完全满足这个需求。代码 14.14 演示了如何在 INSERT 语句中直接插入一个记录类型。

代码 14.14　在 INSERT 语句中使用记录类型

```
DECLARE
  --定义一个记录类型，用来存储部门信息
  TYPE t_dept_rec IS RECORD(
    rec_deptno  NUMBER,
    rec_dname   VARCHAR2(14),
    rec_loc     VARCHAR2(13)
  );
  --定义两个记录类型的变量
  rec_dept_1 t_dept_rec;
  rec_dept_2 dept%ROWTYPE;
BEGIN
  --为记录类型 rec_dept_1 赋值
  rec_dept_1.rec_deptno:=71;
  rec_dept_1.rec_dname:='系统部';
  rec_dept_1.rec_loc:='上海';
  --使用 INSERT 语句直接插入记录类型
  INSERT INTO dept VALUES rec_dept_1;
```

```
  --为记录类型 rec_dept_2 赋值
  rec_dept_2.deptno:=72;
  rec_dept_2.dname:='开发部';
  rec_dept_2.loc:='重庆';
  --使用 INSERT 语句直接插入记录类型
  INSERT INTO dept VALUES rec_dept_2;
END;
```

在这个示例中，使用 TYPE RECORD 显式定义了一个记录类型，名为 t_dept_rec，它与 dept 表中的列具有相兼容的类型，并且具有相同的顺序。然后定义了一个使用 t_dept_rec 的记录变量 rec_dept_1，并且使用%ROWTYPE 定义了一个 rec_dept_2 的记录变量。在语句块的执行部分，首先为 rec_dept_1 赋值，然后使用 INSERT INTO 语句，在 VALUES 关键字的后面直接传入一个 rec_dept_1 的记录变量。

💬注意：当在 INSERT 语句中使用记录类型时，在 VALUES 关键字后面不用使用括号。

同样的对于 rec_dept_2，首先进行记录类型的赋值，然后使用 INSERT 语句插入记录类型，可以看到这两个插入语句都成功地得到了执行。

2．在UPDATE语句中使用记录类型

PL/SQL 的 UPDATE 语句的扩展可以在更新一行或多个行时使用记录类型，记类类型必须与要更新的表行匹配，也就是具有兼容的类型和顺序，其 SET 子句的语法如下：

```
UPDATE table_name SET ROW record_name;
```

在 UPDATE 语句中使用记录类型时，需要指定 SET ROW 子句进行更新，因此要求记录类型与要更新的表 table_name 中的列进行匹配。一般建议使用%ROWTYPE 定义的记录变量。

代码 14.15 演示了如何在 UPDATE 语句中使用记录类型。

代码 14.15　在 UPDATE 语句中使用记录类型

```
DECLARE
  --定义一个记录类型，用来存储部门信息
  rec_dept_2 dept%ROWTYPE;
BEGIN
  --为记录类型 rec_dept_2 赋值
  rec_dept_2.deptno:=20;
  rec_dept_2.dname:='系统部';
  rec_dept_2.loc:='上海';
  --使用 UPDATE 语句更新记录类型
  UPDATE dept SET ROW=rec_dept_2 WHERE deptno=rec_dept_2.deptno;
END;
```

在这个示例中，使用%ROWTYPE 定义了引用到 dept 表行的记录类型 rec_dept_2，然后为这个记录类型进行了赋值，主要用来更改部门编号为 20 的信息。通过 UPDATE 语句的 SET ROW 子句指定该记录类型，WHERE 子句用来指定要更新的目标行，可以看到使用记录类型可以让 UPDATE 语句变得清晰明了，维护起来也轻松了很多。

在 INSERT 和 UPDATE 语句中使用记录类型时，具有如下的限制：

（1）记录类型不能出现在 SELECT 语句的选择列表、WHERE 子句、GROUP BY 子句

或 ORDER BY 子句中。

（2）UPDATE 语句中的 ROW 关键字只能出现在 SET 语句之后，并且不能和子查询连用。

（3）当在 INSERT 语句的 VALUES 子句中使用记录类型时，不能包含其他的变量或值。

（4）在 INSERT 或 UPDATE 语句中使用记录类型时，不能具有嵌套的记录类型（也就是记录类型的成员也是一个记录），不支持在 EXECUTE IMMEDIATE 语句中使用记录类型。

14.2　使用集合类型

记录类型可以在一个复杂数据类型中保存多个具有不同类型的成员，集合也是一个复杂的数据类型，它的成员通常称为元素，是因为它们具有相同的数据类型，类似于高级语言中的数组或列表，是进行应用程序开发时比较重要的一种数据类型。

14.2.1　集合的分类

集合是由若干个相同类型的元素组成的，每个元素位于列表中的一个固定的索引处，因此它们具有一个称为下标的索引值。集合中的数据非常类似于表中的一行数据，因此可以将集合想象为单列多行的表数据。集合的示意如图 14.2 所示。

集合类型结构

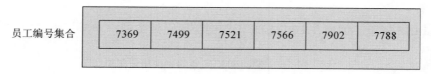

图 14.2　集合类型结构

在 PL/SQL 中提供了如下 3 种类型的集合：

❑ 关联数组，也称为索引表，这种类型的集合可以通过数字或字符串作为下标来查找其中的元素，类似于其他语言中的哈希表，索引表是一种仅在 PL/SQL 中使用的数据结构。

❑ 嵌套表，使用有序数字作为嵌套表的下标，可以容纳任意个数的元素。嵌套表与索引表最大的区别在于可以定义嵌套表类型，把嵌套表存储到数据库中，并能通过 SQL 语句进行操作。

❑ 变长数组，在定义时保存固定数量的元素，但可以在运行时改变其容量，变长数组与嵌套表一样，使用有序数字作为下标，也可以保存到数据库中，但是不如嵌套表灵活。

可以看到这 3 种集合之间最大的区别在于，索引表只能在 PL/SQL 中使用，如果需要在内存中保存和维护列表，则优先选择索引表，索引表与高级语言中的数组非常相似，但是索引表提供了更加灵活的功能。

表 14.1 列出了这 3 种集合类型之间的特性。

表 14.1　3 种集合类型的特性

集 合 类 型	元素个数	下标类型	紧密或稀疏	未初始化状态	定 义 位 置	是否可以定义为抽象数据类型
关联数组（或索引表）	未限制	字符串或整型	可以是紧密，也可以是稀疏	Empty	在 PL/SQL 块或包中	不可以
VARRAY（变长数组）	有限制	整型	总是紧密	Null	在 PL/SQL 块或包中，也可以定义在方案级别	仅定义在方案级别时
嵌套表	未限制	整型	开始是紧密，也可以变为稀疏	Null	在 PL/SQL 块或包中，也可以定义在方案级别	仅定义在方案级别时

这个表中的各个字段的含义如下所示：

- 元数个数，指定是否需要指定集合中的最大元素个数，可以看到只有变长数组是有限制的。
- 下标类型，是指集合中下标的数据类型，关联数组中下标的类型可以是字符串，也可以是整型，其他的两种只能是整型的。
- 紧密或稀疏，是指集合的下标是否一定要是连续的，在这个表中只有变长数组总是紧密的。而关联数组中的下标可以是有间隔的，还可以是负数。
- 未初始化状态，是指定当定义了一个集合类型的变量，还未进行初始化时的状态。可以看到变长数组和嵌套表都是 NULL，而关联数组是空，表示可以直接向关联数组中插入值。
- 定义位置，变长数组和嵌套表都可以在方案级别定义全局集合类型，而关联数组仅能在 PL/SQL 块或包中定义。
- 是否可以定义为抽象数据类型，可以看到变长数组和嵌套表都可以在方案级别定义为抽象数据类型。

在接下来的小节中，将讨论每一种集合类型的使用方法，还会讨论如何在数据库级别操作集合类型。

14.2.2　定义关联数组

关联数组的前身是 PL/SQL 表或索引表，它只能在 PL/SQL 环境下使用，由相同数据类型构成的元素组成。关联数组是没有上限的，并且下标可以指定为字符串或整型值，因此关联数组也可以当哈希表使用。

与高级语言数组相比，关联数组具有很多不一样的特性，比如关联数组没有固定的上限，数组有着连续的下标索引，而关联数组的下标索引是稀疏的，图 14.3 显示了关联数组与高级语言数组之间的一些差别。

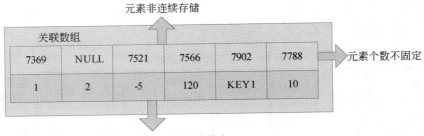

图 14.3　高级语言数组与关联数组的比较

关联数组不能被存储在 Oracle 数据表中，仅用来在 PL/SQL 中处理程序的结构，下面是一些使用关联数组需要了解的关键点：

❑ 关联数组不需要进行初始化，没有构造语法，在为其赋值之前不需要分配初始空间，因此不需要动态地扩展其容量。

❑ 关联数组不仅可以使用数字作为索引下标，而且可以使用变长的字符串来索引其中的元素。

❑ 当使用数字类型作为索引下标时，索引键可以为正数、负数或 0 作为其索引键，并且数字可以不连续。

关联数组的定义语法如下：

```
TYPE type_name AS TABLE OF element_type [ NOT NULL ]
INDEX BY [ PLS_INTEGER |BINARY_INTEGER |VARCHAR2(size) ];
```

语法含义如下所示：

❑ type_name，关联数组的名称，符合 PL/SQL 标识符命名规则，最大长度不超过 30 个字符。

❑ element_type，是一个 PL/SQL 预定义的类型，用来表示在关联数组中包含的数据的类型，可以是任何标量类型或复合类型，也可以是通过%TYPE 或%ROWTYPE 对一个类型的引用，但不能是 REF CURSOR 类型。

❑ NOT NULL，这是可选的，默认值为允许 NULL。如果指定了该选项，则表示关联数组中的每一行都必须具有一个值。

❑ INDEX BY，用来指定关联数组要使用的索引的类型，在 Oracle 9i 之前仅能指定 PLS_INTEGER， Oracle9i 以后的版本中，INDEX BY 能指定 BINARY_INTEGER 及其任何子类型、变长的 VARCHAR（size），或者使用%TYPE 指向一个基于

VARCHAR2 列的表类型。

代码 14.16 列出了一些常见的关联数组的定义语法，可以看到关联数组的一个标准特性是具有一个 INDEX BY 指定要索引的下标的类型。

代码 14.16　在 UPDATE 语句中使用记录类型

```
DECLARE
-- 雇佣日期索引表集合
TYPE hiredate_idxt IS TABLE OF DATE INDEX BY PLS_INTEGER;
-- 部门编号集合
TYPE deptno_idxt IS TABLE OF dept.deptno%TYPE NOT NULL
    INDEX BY PLS_INTEGER;
--记录类型的索引表，这个结构允许在 PL/SQL 程序中创建一个本地副本
TYPE emp_idxt IS TABLE OF emp%ROWTYPE
    INDEX BY NATURAL;
-- 由部门名称标识的部门记录的集合
TYPE deptname_idxt IS TABLE OF dept%ROWTYPE
    INDEX BY dept.dname%TYPE;
-- 定义集合的集合
TYPE private_collection_tt IS TABLE OF deptname_idxt
    INDEX BY VARCHAR2(100);
BEGIN
    NULL;
END;
```

在这个示例中，hiredate_idxt 是一个保存 DATE 类型的关联数组，其下面是 PLS_INTEGER 类型，也就是整型下标。deptno_idxt 是一个引用了 dept.deptno 类型的关联数组，它使用 NOT NULL 定义了非空约束，这意味着关联数组中的每一行都必须具有一个值。emp_idxt 是一个记录类型的关联数组，它的下标是 VARCHAR2 类型，也就是 dept 表的 dname 所具有的类型。而 private_collection 的元素类型是 deptname_idxt，本来就是一个集合，因此创建了一个集合的集合，它的下标类型是 VARCHAR2(100)，在下一小节将讨论如何使用关联数组来操作数据。

14.2.3　操作关联数组

关联数组是不需要进行初始化的，它没有构造函数，而且它的下标可以是正整数、负整数、零或字符串。关联数组的下标存储按其排序顺序而非创建顺序，对于字符串来说，排序顺序由初始化参数 NLS_SORT 和 NLS_COMP 来确定。关联数组在装载数据之前是空的，在定义时不能为关联数组指定初始值。代码 14.17 演示了如何创建并使用一个简单的关联数组。

代码 14.17　定义与使用关联数组

```
DECLARE
    --定义一个关联数组，元素类型为 VARCHAR2(12)，下标类型为 PLS_INTEGER
    TYPE idx_table IS TABLE OF VARCHAR2(12)
        INDEX BY PLS_INTEGER;
    v_emp   idx_table;                    --定义关联数组变量
    v_idx PLS_INTEGER;
BEGIN
```

```
  v_emp (1) := '史密斯';                      --随机地为索引表赋值
  v_emp (20) := '克拉克';
  v_emp (40) := '史瑞克';
  v_emp (-10) := '杰瑞';
v_idx := v_emp.FIRST;                          --获取关联数组中第 1 个元素的下标
WHILE v_idx IS NOT NULL                        --循环关联数组
LOOP
  DBMS_OUTPUT.put_line                         --输出关联数组的值
    ('关联数组 v_emp 下标' || v_idx || ' 所在的值是 ' || v_emp(v_idx));
  v_idx := v_emp.NEXT(v_idx);                  --获取关联数组下一个元素的下标
END LOOP;
END;
```

下面来分析一下这段代码的实现过程，步骤如下所示：

（1）在声明部分，使用 TYPE TABLE 语句定义了一个关联数组，它的元素类型为 VARCHAR2(12)，INDEX BY 指定的下标类型为 PLS_INTEGER，与其他复合类型一样，接下来定义一个使用这个关联数组类型的变量 v_emp，它将用来保存员工名称信息，v_idx 这个变量将用来获取关联数组的下标。

（2）接下来使用赋值语句进行了赋值，可以看到，对于关联数组的赋值是使用括号加下标的语法方式，关联数组由于是稀疏的，因此可以随意地按 INDEX BY 指定的类型进行赋值，不一定要连续赋值，可以是正数、负数或 0。

（3）接下来调用了一个集合方法 FIRST，它返回关联数组中已赋值的第 1 个元素的下标，它是 PLS_INTEGER 类型，如果关联数组没有值，将返回 NULL。接下来进入了一个循环，输出关联数组中已经赋值的元素值。NEXT 方法用来返回下一个已经分配了值的下标，当无法找到具有值的下标时，v_idx 返回 NULL 值，循环将退出。

关联数组在使用前并不需要调用构造函数初始化，对关联数组进行赋值时，如果指定下标的元素不存在，实际上就会创建一个元素，这有点类似于对数据库表执行 INSERT 操作，当访问这个元素时，同样类似于执行 SELECT 操作。这也就是说，关联数组虽然不需要进行初始化，但是如果没有为指定下标的元素赋值，当访问一个未分配值的元素时，Oracle 会抛出 ORA-01403 异常，示例语句如下：

```
DBMS_OUTPUT.PUT_LINE(v_emp(8));        --访问一个未分配内存的元素，将抛出异常
ORA-01403: 未找到任何数据
```

由于未分配的元素会触发异常，因此可以使用 EXISTS 语句检查关联数组元素是否存在值，例如下面的代码将判断 v_emp(8)是否存在一个值，如果存在则输出结果：

```
IF v_emp.EXISTS(8) THEN   --使用集合方法 EXISTS 检测关联数组特定下标是否具有元素
  DBMS_OUTPUT.PUT_LINE(v_emp(8));
END IF;
```

🔔注意：关联数组只是一种 PL/SQL 编程结构，不需要使用构造函数进行构造，构造一个关联数组会触发 Oracle 异常。而对于嵌套表和变长数组来说，由于这两类集合属于对象类型，因此需要先进行构造才能使用。

由于访问未赋值的元素时会引发异常，因此在循环一个关联数组时，通常使用 FIRST 和 NEXT 来判断指定的下标是否已分配，如果未分配，则返回 NULL 值，或在循环过程中

使用 EXISTS 来进行元素的检测，以避免访问未分配的元素时触发异常。

关联数组的另外一个特性是可以使用字符串类型作为索引下标，使得通过关联数组，可以创建类似哈希表的键/值对数据结构。代码 14.18 演示了如何通过在关联数组的下标中使用字符串来使用关联数组。

代码 14.18 使用字符串下标的关联数组

```
DECLARE
  --定义以 VARCHAR2 作为索引键的关联数组
  TYPE idx_empsal_table IS TABLE OF NUMBER(8)
    INDEX BY VARCHAR2 (20);
  --声明记录类型的变量
  v_empsal idx_empsal_table;
BEGIN
  --为关联数组赋值
  v_empsal('史密斯') := 5000;
  v_empsal('李维二') := 8000;
  v_empsal('张大千') := 3000;
  --引用关联数组的内容
  DBMS_OUTPUT.put_line ('员工史密斯的工资为: ' || v_empsal ('史密斯'));
END;
```

在这个示例中，定义了一个名为 idx_empsal_table 的关联数组，它的元素类型为 NUMBER，下标类型为 VARCHAR2(20)，因此它是一个使用字符串作为下标的关联数组，这样在块的执行部分为关联数组赋值时，使用下标类型为员工的名称，元素的值是他们的工资，因此整个关联数组的操作方式就有些类似于高级语言中的哈希表。

关联数组的主要用途在于临时存储数据，它适用于相对较小的集合情形，在每次需要使用集合时，在内存中构建集合并且初始化数据，或者是需要从数据库中提取数据到集合中，比如作为子程序的形式参数，由于关联数组不具有持久性，也就是说不能在方案级别创建关联数组，因此如果需要在独立子程序中使用关联数组，可以考虑将关联数组定义在包规范中，以便被方案内的所有其他独立子程序使用。

14.2.4 定义嵌套表

嵌套表是对关联数组的扩展，从表 14.1 中可以看出，它是可以在方案级别创建的，并且嵌套表可以直接存储在数据库表中作为表的一个字段而存在。嵌套表与关联数组的另一个重大的不同之处在于使用嵌套表时需要调用构造函数进行初始化。

与高级语言的数组相比，嵌套表也是没有上限的，因此嵌套表的大小也是可以动态增长的。嵌套表又有点像其他高级语言的列表，其元素可以被删除，这也就造成了嵌套表是稀疏的，其下标可能是不连续的，而高级语言数组的下标是连续的不能被删除的。

🔔**注意:** Oracle 在向嵌套表中存放数据是没有特定顺序的，但是当引用嵌套表中的数据时，所有的行下标会从 1 开始顺序编号，这类似于其他高级语言中的数组。

图 14.4 显示了嵌套表与高级语言数组的区别，可以看到其下标都是从 1 开始编号的。

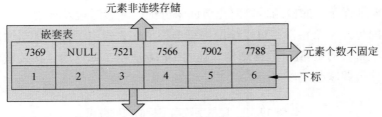

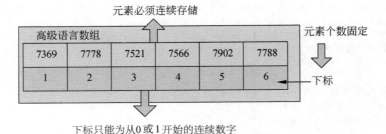

图 14.4　嵌套表与高级数组的区别

嵌套表的定义语法如下：

```
TYPE type_name AS TABLE OF element_type [ NOT NULL ]
```

语法中各部分的含义如下：

- ❑ element_name，指定嵌套表的表名，遵循 PL/SQL 标识符的命名规则，不能超过 30 个字符。
- ❑ element_type，用于指定嵌套表元素的数据类型，可以是用户定义的对象类型，也可以是使用%TYPE 的表达式，但是不可以是 BOOLEAN、NCHAR、NCLOB、NVARCHAR2 或 REF CURSOR。

🔔注意：当使用嵌套表元素时，必须首先使用构造语法初始化嵌套表，否则整个嵌套表的初始值为 NULL。

可以看到，嵌套表与关联数组的区别之一在于，嵌套表不需要使用 INDEX BY 指定下标类型，其下标默认为整数类型，并且从 1 开始。

构造函数是一个系统定义的与集合类型相同的函数，它返回的是嵌套表的类型，其语法如下：

```
collection_type ( [ value [, value ]... ] );
```

如果参数列表为空，那么构造函数将返回一个已经构造、但是元素为空的集合，否则构造函数将返回包含特定元素的集合。对于空的集合，可以通过集合函数来增加集合中的元数个数。

代码 14.19 列出了常见的嵌套表的定义和嵌套表变量的声明实现。

代码 14.19　嵌套表定义和表变量声明

```
DECLARE
  TYPE dept_table IS TABLE OF dept%ROWTYPE;                 --部门信息嵌套表
```

```
  TYPE emp_name_table IS TABLE OF VARCHAR2 (20);          --员工名称嵌套表
  TYPE deptno_table IS TABLE OF NUMBER (2);               --部门编号嵌套表
  dept_info       dept_table;                             --声明嵌套表变量
  --声明并初始化嵌套表变量
  emp_name_info   emp_name_table := emp_name_table ('张小3', '李斯特');
  deptno_info     deptno_table  := deptno_table ();       --声明一个空的嵌套表
BEGIN
  NULL;
END;
```

在这个示例中，定义了 3 个嵌套表类型，分别用来保存部门集息的记录集合、员工名称和部门编号，接下来定义了 3 个嵌套表变量。dept_info 指定为 dept_table 类型，由于嵌套表在使用前需要使用构造函数进行初始化，因此 dept_info 在使用前必须要在块的执行部分调用构造函数。emp_name_info 是一个使用 emp_name_table 嵌套表类型的变量，它在声明时就调用了 emp_name_table 构造函数进行了初始化，初始便具有了两个元素。deptno_info 是 deptno_table 类型的嵌套表变量，它也使用构造函数进行了初始化，不过初始化时未指定任何元素，而是构造了一个空的嵌套表。

当嵌套表未被初始化时，嵌套表本身的值是 NULL，因此如果试图对嵌套表元素赋值，PL/SQL 会抛出异常。构造器的使用不但可以在语句块的声明部分进行定义，也可以在语句的执行部分进行定义。

14.2.5　操作嵌套表

由上一节的讨论可以看到，在使用嵌套表之前必须调用构造函数构造对象的实例，在使用嵌套表时，也可以使用 IS NULL 先来判断嵌套表是否已经初始化，若未初始化则调用构造函数进行构造。

注意：如果试图将一个元素添加到一个未初始化的嵌套表中，会引发预定义的 COLLECTION_IS_NULL 异常。

代码 14.20 演示了如何定义嵌套表，以及如何使用构造函数进行初始化并访问嵌套表中的元素，同时调用 EXTEND 扩展嵌套表中的元素个数。

代码 14.20　使用嵌套表示例

```
DECLARE
  TYPE emp_name_table IS TABLE OF VARCHAR2 (20);   --员工名称嵌套表
  TYPE deptno_table IS TABLE OF NUMBER (2);         --部门编号嵌套表
  deptno_info      deptno_table;
  emp_name_info    emp_name_table := emp_name_table ('张小3', '李斯特');
BEGIN
  DBMS_OUTPUT.put_line ('员工1: ' || emp_name_info (1));   --访问嵌套表元素
  DBMS_OUTPUT.put_line ('员工2: ' || emp_name_info (2));
  IF deptno_info IS NULL                             --判断嵌套表是否被初始化
  THEN
    deptno_info := deptno_table ();                  --如果未初始化则调用构造函数
  END IF;
  deptno_info.EXTEND(5);                             --扩充元素的个数
  FOR i IN 1 .. 5                                    --循环遍历嵌套表元数个数
```

```
  LOOP
     deptno_info (i) := i * 10;
  END LOOP;
  --显示部门个数
  DBMS_OUTPUT.put_line ('部门个数: ' || deptno_info.COUNT);
END;
```

在这个示例中，定义了一个嵌套表，emp_name_table，它用来保存员工的名称。emp_name_info 是使用了这个嵌套表类型的变量，在定义时使用构造函数对其进行了初始化，可以看到其中包含了两个元素。PL/SQL 会按照从 1 开始的顺序来访问嵌套表中的元素。因此在语句块的执行部分从下标 1 开始输出了嵌套表中的元素数。deptno_table 用来保存部门的编号列表，deptno_info 变量指定了这种类型，但是在声明时，未使用构造函数进行初始化。一开始 deptno_info 的初始值为 NULL，在语句块的执行部分，首先使用 IS NULL 判断 deptno_info 是否为 NULL，如果为 NULL，则调用构造函数，初始化一个空的集合。

在构造函数中构造了一个空的嵌套表之后，这个嵌套表还不包含任何的元素，也就是说没有分配任何的元素空间，它不像关联数组那样。可以直接使用下标进行赋值，嵌套表必须通过 EXTEND 进行扩展，以便能容纳所需的元素个数，在示例中调用 EXTEND 扩展了 5 个嵌套表的元素，然后使用一个 FOR 循环从下标 1 开始依次赋值，最后输出了部门的个数。

程序的输出结果如下：

```
员工 1: 张小 3
员工 2: 李斯特
部门个数: 5
```

注意: 在使用一个空的嵌套表之前，必须先使用 EXTEND 来扩展其元素个数，否则 PL/SQL 将抛出 ORA-06533 异常，提示下标超出计数，也就是预定义的 SUBSCRIPT_BEYOND_COUNT 异常。

为了避免出现下标越界的错误，可以在构造函数中传入多个 NULL 值，这样就可以分配多个 NULL 值的元素，从而可以避免出现下标越界错误，示例语句如下：

```
IF deptno_info IS NULL                           --判断嵌套表是否被初始化
THEN
  deptno_info := deptno_table (NULL,NULL,NULL,NULL,NULL);
END IF;
```

这个示例初始化了 5 个为 NULL 值的元素，它实际上类似于 EXTEND(5)，表示为嵌套表分配 5 个元素的空间，然后就可以从 1 到 5 为嵌套表中的元素赋值，从而避免了下标越界的错误。

与关联数组不同的是，嵌套表类型可以存储在方案级别，以供其他的独立子程序作为参数或定义变量时使用，要在方案级别创建嵌套表，需要使用 CREATE TYPE 语句，语法如下：

```
CREATE OR REPLACE TYPE type_name
AS TABLE OF element_type [ NOT NULL ];
```

可以看到，除了添加了 CREATE OR REPLACE 之外，方案级别的嵌套表的定义与内嵌于 PL/SQL 中的嵌套表的定义基本相同。下面创建一个简单的嵌套表类型 t_deptno_type，它用来保存 NUMBER 数字类型的嵌套表，接下来创建一个过程用来打印该嵌套表中的信息，最后演示了如何在匿名块中调用该过程来显示嵌套表中的内容，如代码 14.21 所示。

代码 14.21 使用方案级别的嵌套表

```
--定义一个方案级别的嵌套表类型
CREATE OR REPLACE TYPE t_deptno_type IS TABLE OF NUMBER;
/
--定义一个过程 print_deptno，它的形式参数中包含了 t_deptno_type 的类型
CREATE OR REPLACE PROCEDURE print_deptno (nt t_deptno_type) IS
  i  NUMBER;
BEGIN
  i := nt.FIRST;                   --获取第 1 个元素的下标，如果不存在则返回 NULL
  IF i IS NULL THEN                --如果嵌套表为 NULL，则提示用户未分配任何元素
    DBMS_OUTPUT.put_line('嵌套表中未分配任何元素');
  ELSE
    WHILE i IS NOT NULL LOOP       --循环判断下标值是否为 NULL，输出元素值
      DBMS_OUTPUT.put('下标.(' || i || ') 的部门编号是: ');
      DBMS_OUTPUT.put_line(nt(i));
      i := nt.NEXT(i);             --使用 NEXT 获取下一个有效的元素的下标
    END LOOP;
  END IF;
  DBMS_OUTPUT.put_line('---');
END print_deptno;
/
DECLARE
  nt t_deptno_type := t_deptno_type(); --初始化一个空的嵌套表
BEGIN
  print_deptno(nt);                --输出嵌套表信息
  nt := t_deptno_type(90, 9, 29, 58);  --重新初始化嵌套表，使之具有 4 个元素
  print_deptno(nt);                --输出嵌套表信息
  nt.DELETE(1);                    --删除嵌套表中下标为 1 的元素
  --DBMS_OUTPUT.put_line(nt(1));     --这行代码将产生异常
  --nt(1):=10;                     --用新值替换掉被删除的值是正常的
END;
/
```

下面的步骤详细讨论了这个示例代码的实现过程：

（1）使用 CREATE OR REPLACE TYPE 语句创建了一个方案级别的嵌套表，它的元素类型为 NUMBER 类型。

（2）创建了一个方案级别的独立子程序 print_deptno，用来输出部门编号信息，它接收 t_deptno_type 作为其形式参数，在过程体内部，调用了集合 API 输出显示嵌套表中的元素的内容，可以看到在这里使用了 FIRST、NEXT 等 API 来获取嵌套表中已经分配元素的下标值。

（3）在创建了方案级别的类型和方案级别的子程序后，接下来在一个匿名块中调用了子程序，在这个匿名块中声明了一个名为 nt 的嵌套表变量，在声明时调用构造函数初始化了一个空白的嵌套表，在块的执行部分调用 print_deptno 这个独立的子程序来输出嵌套表的内容，接下来再次调用 t_deptno_type 构造函数重新构造了嵌套表，并初始化了 4 个元素，然后调用 print_deptno 输出嵌套表中的值。在最后调用集合 API 中的 DELETE 方法删除了

下标为 1 的元素值，此时如果去访问下标为 1 的元素，Oracle 将会抛出 NO_DATA_FOUND
预定义的异常，不过可以通过重新为被删除过的元素赋值来重新使用嵌套表元素。

这个示例的输出结果如下所示：

```
嵌套表中未分配任何元素
---
下标.(1) 的部门编号是：90
下标.(2) 的部门编号是：9
下标.(3) 的部门编号是：29
下标.(4) 的部门编号是：58
---
```

14.2.6　数据库中的嵌套表

可以看到，嵌套表使用 CREATE TYPE 创建后，就可以在整个方案中使用，除此之外，
还可以将嵌套表数据存储到数据库表中，让嵌套表类型作为数据库表的列进行存储。为了
能够在数据库表中将嵌套表作为列数据类型，嵌套表类型必须在方案级别提前创建，使得
嵌套表类型对于任何其他数据库对象具有可见性，然后需要使用 CREATE TABLE 的特定
语法来指定嵌套表列。

代码 14.22 演示如何创建一个嵌套表类型，然后在 CREATE TABLE 中将某一列指定
为该嵌套表类型。

代码 14.22　创建嵌套表列

```
--创建一个嵌套表类型，用来存储员工的姓名
CREATE OR REPLACE TYPE tbl_emp_name AS TABLE OF VARCHAR2(20);
--创建一个使用嵌套列类型的列的表，用来保存部门和员工名称信息
CREATE TABLE dept_and_emp(
  deptno NUMBER(2) primary key,          --部门编号
  dname VARCHAR2(14),                    --部门名称
  loc VARCHAR2(13),                      --部门地址
  emps   tbl_emp_name                    --员工列表
)
NESTED TABLE emps STORE AS emps_nt;      --嵌套表存储位置
```

在这个示例中，使用两个步骤创建了一个用来存储的嵌套表列，它将用来存储部门中
的员工名称信息，步骤如下所示：

（1）使用 CREATE TYPE 定义一个嵌套表类型，在定义类型之后，类型被保存到 Oracle
数据字典中，以便如同使用普通的列一样来使用表类型。

（2）在定义了嵌套表类型后，可以像使用普通的列一样使用嵌套表类型，但是在数据
表定义的末尾要使用 NESTED TABLE 语句给嵌套表指明一个存储表的名字，用来存储嵌
套表里的数据。

注意：表中嵌套表列的内容是单独进行存放的，Oracle 将嵌套表列的内容存储到创建表
时指定的存储表中。这个表是一个由 Oracle 自动创建的物理表，用来在服务器磁
盘上存储嵌套表的数据。

因此，数据库表中的列实际上是指向对存储表的一个引用，类似一个 REF 变量。存储

表里的内容是不能直接进行访问的, 必须通过 SQL 语句来操作存储表中的数据。当对包含嵌套表列的表执行 DML 操作时, 必须理解 DML 访问方式及如何操作嵌套表列, 由于嵌套表列不包含唯一性的条件, 因此不能在行级别进行删除, 但是可以通过 INSERT 和 UPDATE 语句来插入或更新嵌套表列。

注意: 嵌套表类型不能具有 NOT NULL 约束, 当在表定义时指定一个列为嵌套表列, 如果这个列使用的嵌套表类型具有 NOT NULL 约束, Oracle 将抛出 ORA-02331 异常。

当对包含嵌套表的列进行 INSERT 或 UPDATE 时, 实际上是在对表中的嵌套表实例进行操作, 比如 INSERT 语句插入一个包含嵌套表的行时, 实际上是在向表中插入一个嵌套表的实例, 因此需要使用构造函数构造一个嵌套表的实例, 然后作为 INSERT 语句的 VALUES 参数, 或者直接在 VALUES 列表中构造一个嵌套表实例。UPDATE 语句可以直接用一个新的嵌套表实例来更新表中原来的嵌套表实例, 还可以使用 SELECT INTO 语句来提取表中的嵌套表列。代码 14.23 演示了如何操作一个包含嵌套表列的表, 如何使用 INSERT 和 UPDATE 语句。

代码 14.23 对包含嵌套表列的表执行 DML 语句

```
DECLARE
    --定义嵌套表变量, 使用构造函数初始化了 6 个元素
    emp_list    tbl_emp_name
            := tbl_emp_name ('史密斯','杰克','马丁','斯大林','布什','小平');
BEGIN
    --可以在 INSERT 语句中传入一个嵌套表实例
    INSERT INTO dept_and_emp
        VALUES (10,'行政部', '北京', emp_list);
    --也可以直接在 INSERT 语句中实例化嵌套表
    INSERT INTO dept_and_emp
        VALUES (20, '财务司','上海', tbl_emp_name ('李林', '张杰', '马新',
'蔡文'));
    --对嵌套表进行更新, 然后使用 UPDATE 语句将嵌套表实例更新回数据库
    emp_list(1)  := '张三';
    emp_list(2)  := '李四';
    emp_list(3)  := '王五';
    emp_list(4)  := '赵六';
    emp_list(5)  := '丁七';
    emp_list(6)  := '刘八';
    --使用更改过的 emp_list 更新嵌套表列
    UPDATE dept_and_emp
      SET emps = emp_list
     WHERE deptno = 10;
    --从数据库表中查询出嵌套表实例
    SELECT emps INTO emp_list FROM dept_and_emp WHERE deptno=10;
    FOR v_index IN 1..emp_list.COUNT LOOP
        DBMS_OUTPUT.put_line(emp_list(v_index));
    END LOOP;
    DBMS_OUTPUT.put_line('演示如何从其他表中插入嵌套表列的值:');
    --清除表中所有的数据
    DELETE FROM dept_and_emp;
    --使用 INSERT SELECT 语句, 插入 dept 表中所有的记录, 使用 CAST 和 MULTISET 将 emp
表中的 ename 作为嵌套表列的元素
    INSERT INTO dept_and_emp
      SELECT dept.*,
```

```
        CAST(MULTISET
            (SELECT ename FROM emp WHERE emp.deptno = dept.deptno) AS
            tbl_emp_name)
    FROM dept;
  --查询部门编号为20的记录
  SELECT emps INTO emp_list FROM dept_and_emp WHERE deptno = 10;
  --输出部门编号为20的嵌套表的元素值
  FOR v_index IN 1 .. emp_list.COUNT LOOP
    DBMS_OUTPUT.put_line(emp_list(v_index));
  END LOOP;
END;
```

在这个示例中，使用了在代码 14.22 中创建的嵌套表类型 tbl_emp_name 和包含嵌套表列的表 dept_and_emp，在示例中演示了如何对包含嵌套表列的表执行 INSERT、UPDATE 语句来修改嵌套表列，实现过程如以下步骤所示：

（1）在语句块的声明区，声明了一个 tbl_emp_name 类型的变量 emp_list，用来保存特定部门下的员工列表，在声明时使用构造函数初始化了 6 个元素。

（2）在语句块的执行部分，首先调用 INSERT 语句，在 VALUES 值列表中，传入了已经构造过的嵌套表，以便于插入嵌套表实例到包含嵌套表列的表中。

（3）继续执行 INSERT 语句，这一次直接在 VALUES 列表中构造了一个嵌套表实例，两种方式都可以互换使用。

（4）接下来对 emp_list 嵌套表进行了重新赋值，然后调用 UPDATE 语句，在 SET 子句中，将一个嵌套表实例赋给嵌套表列以实现对嵌套表列的更新。

（5）使用 SELECT INTO 语句将嵌套表列的值赋给一个嵌套表变量，由于对这个嵌套表没有使用 DELETE 或 EXTEND 等操作，因此现在嵌套表是连续的可以使用 FOR LOOP 循环输出嵌套表的内容。

（6）为了演示如何从数据库中提取数据到嵌套列表中，示例中使用了 INSERT INTO SELECT 语句，它查询 emp 表中与 dept 匹配的员工名称，使用 MULTISET 告之 Oracle，这个子查询将返回一个多行的结果集，通过 CAST 函数将这个多行的结果集转换成一个 tbl_emp_name 嵌套列类型，从而实现了将表中的结果集转换成嵌套表列的数据。

可以看到，DML 语句影响的是整个嵌套表，而不是嵌套表中包含的单个元素，单个元素可以通过 PL/SQL 来管理。示例的输出结果如下：

```
张三
李四
王五
赵六
丁七
刘八
演示如何从其他表中插入嵌套表列的值：
克拉克
金
```

由输出结果可以看到，INSERT 和 UPDATE 语句果然成功地对嵌套表列中的整个嵌套表对象进行了插入和修改操作，而且对来自数据库表中的嵌套表元素也成功地进行了插入。

当包含嵌套表列的表中包含了数据之后，在 SQL*Plus 查询时，可以看到嵌套表中的所有数据都放在一个列中，查询语句如下：

```
scott_Ding@ORCL> SELECT *FROM dept_and_emp WHERE deptno=20;

  DEPTNO DNAME        LOC              EMPS
```

```
------------------------------------------------------------------
    20  系统部              上海                  TBL_EMP_NAME('张三', '刘七', '
                                                 李天思', '史密斯', '约翰', '斯
                                                 科特', '亚当斯', '福特', '刘大
                                                 夏', '李明')
```

通过 TABLE 函数，可以取消集合的嵌套，将之当作一个表来处理，示例代码如下：

```
scott_Ding@ORCL>  SELECT d.deptno, d.dname, emp.*
     FROM dept_and_emp d, TABLE(d.emps) emp
    WHERE d.deptno = 10;
 DEPTNO DNAME          COLUMN_VALUE
------------------------------------------------------------------
    10  财务部              克拉克
    10  财务部              金
```

可以看到，通过 TABLE 函数，将 d.emps 列变成了一个表，现在类似于对两个表进行连接查询，Oracle 会自动完成将两个表按 deptno 进行连接，从而将嵌套表列中的每一个元素作为一行进行显示。

14.2.7　定义变长数组

变长数组最接近于高级语言中的数组，它在定义时需要指定一个固定的数组长度。与嵌套表一样，它也需要使用构造函数来对其进行初始化，构造函数的参数数量成为其变长数组中的初始长度，这个长度要小于或等于在定义变长数组类型时指定的最大长度。变长数组这个名称的含义是指，数组中的元素可以变化，从 0（空数组）到所定义的最大长度之间。变长数组的下标也从 1 开始，也可以使用集合 API 来添加或删除元素，只是元素的个数不能超过所定义的最大长度。变长数组与高级语言数组的关系如图 14.5 所示。

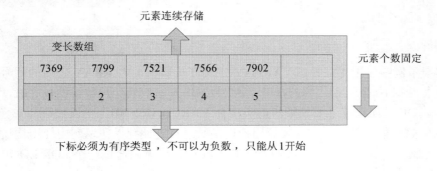

图 14.5　变长数组与高级语言的数组的比较

由图 14.5 中可以看到，变长数组的元素是连续存储的，与嵌套表相似的是，它也可以在方案级别创建，并且可以作为数据库表的列，当变长数组作为数据库表的对象存储时，如果变长数组小于 4K，将直接存储在数据库表内部，否则它会存储在一个外部位置。变长数组的定义语法如下：

```
TYPE type_name IS {VARRAY | VARYING ARRAY} (size_limit)
OF element_type [ NOT NULL ];
```

变长数组使用 VARRAY，并且需要指定一个大小，各语法含义如下所示：

❑ type_name，用指定新的变长数组的名称，遵循 PL/SQL 的标识符命名规范，最大不超过 30 个字符。

❑ size_limit，指定变长数组中元素最大数量的一个整数值。

❑ element_type，变长数组所存储的数据的类型，可以是一个 PL/SQL 标量变量、记录或对象类型，可以使用 %TYPE 指定，但是不能是 BOOLEAN、NCHAR、NCLOB、NVARCHAR2 或 REF CURSOR。

❑ NOT NULL：可选项，禁止数组条目为空。

代码 14.24 演示了如何创建一个变长数组，并且使用构造函数初始化一个变长数组变量。

代码 14.24　定义并使用变长数组

```
DECLARE
  --定义一个变长数组，它最大保存 10 个元素，元素为 VARCHAR2 类型
  TYPE t_ename_list IS VARRAY(10) OF VARCHAR2(20);
  --定义一个变长数组变量，并且使用构造函数对其进行初始化
  lst_ename t_ename_list:=t_ename_list('张三','李四','王五');
BEGIN
  --循环显示变长数组中的元素值
  FOR v_index IN 1..lst_ename.COUNT LOOP
    DBMS_OUTPUT.put_line(lst_ename(v_index));
  END LOOP;
END;
```

在这个示例中使用 TYPE IS VARRAY 定义变长数组，VARRAY 之后的括号中指定变长数组最大具有 10 个元素，因此在使用 EXTEND 方法扩展变长数组的长度时，不能超过 10 个元素，OF 后面指定了变长数组的类型为 VARCHAR2(20)，变长数组与嵌套表一样，属于 Oracle 的对象类型，因此需要调用构造函数进行初始化，在示例中使用构造函数初始化了 3 个元素，也就是为 3 个元素分配了内存空间，接下来通过一个 FOR LOOP 循环，通过顺序下标依次访问并输出变长数组的元素值。

一般在如下 3 种情况下，会考虑使用变长数组：

（1）在已经知道元素的最大个数时，可以优先使用变长数组。

（2）在需要顺序地访问元素时，使用变长数组。

（3）当需要将其他高级语言中的数组转换为 PL/SQL 对象时，优先考虑变长数组。

接下来了解一下如何在 PL/SQL 或方案级别使用变长数组。

14.2.8　操作变长数组

与嵌套表一样，在使用变长数组之前，必须要先调用构造函数进行初始化，否则集合

的初始状态值为 NULL，如果尝试访问一个未初始化的变长数组，Oracle 将抛出 ORA-06531
异常。为此在使用一个变长数组之前，必须要注意先对其进行初始化。

当使用构造函数初始化变长数组之后，在构造函数中指定的初始值将从 1 开始安排索
引，如果访问索引之外的元素，Oracle 将会抛出 ORA-06532 异常，指示下标越界的错误，
与嵌套表相同的是可以使用 EXTEND 来扩展元素范围，只要不超过定义时的最大值即可。

🔔注意：不能对变长数组使用 DELETE 来删除其元素，因为变长数组是紧凑的，可以通过
　　　　TRIM 方法从集合的尾部删除一个元素或指定数量的元素，PL/SQL 不会保存被删除
　　　　元素的占位符。

代码 14.25 演示了如何定义变长数组，然后使用 EXTEND 和 TRIM 来修改变长数组中
的元素。

代码 14.25　操作变长数组

```
DECLARE
    --定义变长数组类型
    TYPE t_dept_name IS VARRAY(10) OF VARCHAR2(20);
    TYPE t_dept_no IS VARRAY(8) OF NUMBER;
    --声明变长数组类型的变量
    varray_deptname_tab   t_dept_name := t_dept_name('行政部','管理部');
    varray_deptno_tab   t_dept_no;
BEGIN
    --检查变长数组是否被初始化，否则调用构造函数进行初始化
    IF varray_deptno_tab IS NULL THEN
      varray_deptno_tab:=t_dept_no(10,20,30,NULL,NULL,NULL);
    END IF;
    --对 varray_deptname_tab 进行扩展和收缩
    varray_deptname_tab.EXTEND(5);     --在原有的 5 个元素的基础上扩充 2 个元素,
                                       现在具有 7 个元素
    DBMS_OUTPUT.put_line('当前 varray_deptname_tab 个数:'||varray_
    deptname_tab.COUNT);
    varray_deptname_tab.TRIM; --删除变长数组中的最后一个元素,现在有 6 个元素
    DBMS_OUTPUT.put_line('当前 varray_deptname_tab 个数:'||varray_
    deptname_tab.COUNT);
    --varray_deptname_tab(7):='社会发展部';--抛出 ORA-06533 异常,下标越界
    varray_deptname_tab.EXTEND;         --扩展一个元素
    varray_deptname_tab(7):='社会发展部'; --再次赋值,现在正常赋值
    DBMS_OUTPUT.put_line(varray_deptname_tab(7));
    --这行代码超过了变长数组最大长度,Oracle 抛出 ORA-06533 异常
    --varray_deptno_tab.EXTEND(5);
END;
```

在这个示例中，定义了两个变长数组类型，同时声明了两个变长数组类型的变量，其
实现过程如下步骤所示：

（1）在定义区定义了两个类型，分别用来保存部门名称的 t_dept_name 和用来保存部
门编号的 t_dept_no，t_dept_name 限制为最大 10 个元素，每个元素为 VARCHAR2 类型，
t_dept_no 限制为 8 个元素，每个元素为 NUMBER 类型。

（2）在定义区又定义了两个变量，分别使用 t_dept_name 和 t_deptno 类型，其中
varray_deptname_tab 变量在声明时进行了初始化，使得初始为两个元素分配了内存，而
varray_deptno_tab 未进行任何初始化，则需要在语句的执行部分进行初始化。

（3）在块执行部分，道先使用 IS NULL 判断 varray_deptno_tab 是否已经初始化，如果未初始化，则调用构造函数初始化了 6 个部门编号。

（4）接下来对 varray_deptname_tab 调用 EXTEND 进行了扩展，由于 varray_deptname_tab 在声明时已经初始化了两个元素，因此调用 EXTEND(5) 之后，现在具有了 7 个元素。

（5）由于不能使用 DELETE 删除指定位置的元素，变长数组可以使用 TRIM 删除尾部的一个或多个元素，示例中删除了尾部的一个元素，因此现在 varray_deptname_tab 只具有 6 个元素，示例中强制访问第 7 个元素将会导致 Oracle 抛出异常，不过再次使用 EXTEND 进行扩展之后，又可以访问第 7 个元素。

（6）最后一行代码故意调用 EXTEND 扩展超出类型定义时指定的元素个数，则 Oracle 抛出了 ORA-06533 异常。

语句块产生的输出结果如下：

```
当前 varray_deptname_tab 个数:7
当前 varray_deptname_tab 个数:6
社会发展部
```

在本节的示例中，演示了变长数组的一些特性，可以看到它与嵌套表之间存在着较明显的区别，变长数组具有固定大小，并且元素是连续存储的，不能使用 DELETE 删除中间位置的元素，只能使用 TRIM 从后面进行删除，它保留了下标之间的连续性，因此非常类似于高级语言中的数组。

14.2.9　数据库中的变长数组

与嵌套表类似，变长数组也支持在方案级别使用 CREATE TYPE 语句进行创建，因此可以在多个独立子程序中直接使用变长数组作为参数。在方案级别创建变长数组的语法如下：

```
CREATE OR REPLACE TYPE type_name
AS {VARRAY | VARYING ARRAY} (size_limit)
OF element_type [ NOTNULL];
```

除了使用 CREATE OR REPLACE 之外，变长数组的方案级别的创建与局部变长数组相似，如果指定了 NOT NULL 约束，在初始化时必须要为变长数组赋初始值。代码 14.26 创建了一个方案级别的变长数组类型，然后使用 CREATE TABLE 创建一个表，在其表名中使用该变长数组类型。

代码 14.26　创建并使用变长数组类型

```
--创建一个变长数组的类型 empname_varray_type，用来存储员工信息
CREATE OR REPLACE TYPE empname_varray_type IS VARRAY (20) OF VARCHAR2 (20);
/
CREATE TABLE dept_varray                    --创建部门数据表
(
  deptno NUMBER(2),                         --部门编号
  dname VARCHAR2(20),                       --部门名称
  emplist empname_varray_type               --部门员工列表
);
```

这个示例首先创建了一个方案级别的变长数组类型，这样就可以在创建表时指定列为变长数组列，可以看到在创建使用变长数组类型的列时，并不需要像嵌套表那样使用存储语句指定嵌套表的存储名称。在 Oracle 中，当变长数组的大小小于 4KB 时，是直接存储在数据库表中的，当大于 4KB 时，Oracle 将变长数组与其于的表列分开存储，将存储到 LOB 中。

数据库表中的变长数组的操作与嵌套表非常相似，在 INSERT 或 UPDATE 语句中，只能对变长数组的实体进行整体操作，它的操作方法与嵌套表非常相似。代码 14.27 演示了如何使用 INSERT、UPDATE 语句来操作具有变长数组的列。

代码 14.27　操作数据库中的变长数组

```
DECLARE                                  --声明并初始化变长数组
  emp_list   empname_varray_type
            :=empname_varray_type('史密斯','杰克','汤姆','丽沙','简','史太龙');
BEGIN
  INSERT INTO dept_varray
       VALUES (20, '维修组', emp_list);       --向表中插入变长数组数据
  INSERT INTO dept_varray              --直接在 INSERT 语句中初始化变长数组数据
       VALUES (30, '机加工',
              empname_varray_type('张 3','刘七','赵五','阿 4','阿五','阿六'));
  SELECT emplist
    INTO emp_list
    FROM dept_varray
   WHERE deptno = 20;                   --使用 SELECT 语句从表中取出变长数组数据
  emp_list (1) := '杰克张';                --更新变长数组数据的内容
  UPDATE dept_varray
     SET emplist = emp_list
   WHERE deptno = 20;                    --使用 UPDATE 语句更新变长数组数据
  DELETE FROM dept_varray
       WHERE deptno = 30;               --删除记录并同时删除变长数组数据
END;
```

可以看到，对数据库中的变长数组操作与嵌套表非常相似，都是对变长数组的实例进行操作。代码实现的步骤如下所示：

（1）在语句块的声明区，定义了一个名为 emp_list 的 empname_varray_type 变长数组类型，同时使用构造语法对该类型的变量进行了初始化。

（2）在语句块的执行部分，使用 INSERT INTO 语句直接将该变长数组类型的变量插入到表 dept_varray 中。

（3）第 2 条 INSERT 语句中没有直接使用数组类型的变量，而是通过在 INSERT 语句中构造 empname_varray_type 类型构建了变长数组，再插入到数据库。

（4）第 4 条 SQL 语句通过 SELECT INTO 语句，从数据库中查询出部门编号为 20 的变长数组字段，写入到数组变量 emp_list 中，然后更新 emp_list 中的元素。

（5）第 5 条 SQL 语句调用 UPDATE 语句更新部门编号为 20 的记录。

（6）第 6 条 SQL 语句使用 DELETE 语句删除部门编号为 30 的记录，同时将部门 30 记录中包含的变长数组类型也一并删除。

语句块执行完成后，可以查询 dept_varray 表，查询语句如下：

```
SQL> SELECT * FROM dept_varray;
  DEPTNO   DNAME      EMPLIST
  ------   --------   ------------------------------------------------------------
     20    维修组     EMPNAME_VARRAY_TYPE('杰克张','杰克','汤姆','丽沙','简','史太龙')
```

可以看到，变长数组实体保存到了 emplist 列中，也可以使用 TABLE 函数来像查询连接查询一样一次一行显示变长数组中的内容，示例语句如下：

```
SQL> SELECT d.deptno, d.dname, emp.*
        FROM dept_varray d, TABLE(d.emplist) emp;

DEPTNO DNAME        COLUMN_VALUE
------ -----------  ------------------------------------------------
    20 维修组       杰克张
    20 维修组       杰克
    20 维修组       汤姆
    20 维修组       丽沙
    20 维修组       简
    20 维修组       史太龙
```

可以看到，使用 TABLE 函数后，果然将变长数组中的数据一次一行地显示在查询结果中，TABLE 函数可以将变长数组或嵌套表当作是一个虚拟表来使用，非常方便。关于该函数的更多信息，请参考《Oracle SQL References》。

PL/SQL 提供了多种集合的 API 函数，比如前面已经使用过的 COUNT、DELETE、EXTEND、TRIM、FIRST 和 NEXT 等，它还提供了用于元素检测的 EXISTS、LAST、PRIOR 等方法，除此之外，Oracle 10g 以后的版本中还提供了集合操作符，用来比较集合之间的差异，用来进行布尔的并集、交集和差集，限于篇幅，建议读者参考《Oracle PL/SQL Reference》这份文档，其中提供了详细的集合方法的描述。

14.3　小　　结

本章讨论了 PL/SQL 中提供的两大复合类型——记录和集合。记录可以看作数据库表中单行多列的数据结构，本章讨论了记录的概念，如何在 PL/SQL 中定义记录，如何对记录进行简单赋值和各种复杂的赋值，最后讨论了如何在 DML 语句中使用记录类型来提升代码编写的效率。接下来讨论了 PL/SQL 中的集合类型，可以将集合类型看作是数据库表中单列多行的数据，集合中的成员又称为元素，它们具有相同的类型。先讨论了集合的结构和分类，介绍了每种集合的特性，然后分别就如何使用关联数组、嵌套表和索引表进行了详细的介绍，讨论了如何在 PL/SQL 中定义这些集合，如何使用，以及如何在数据库中操作集合类型。

第 15 章　触发器和游标

触发器是一种特殊的命名块，与过程与函数一样，它是一种命名块，创建之后存储在数据字典中，但它不是由程序由直接来调用的。触发器如其名称所示，是由某些事件而触发的。因此通常说触发器是一种在后台自动运行的、无须用户手工干预的命名块。游标是 PL/SQL 提供的一种高级功能，用来指向 SQL 语句执行时在内存中分配的上下文区域，这个区域包含了执行 SQL 语句的信息，比如受影响的行，执行的语句和查询返回的行集，它使得用户可以对 SQL 语句的结果集进行逐行的操作，为数据处理提供了灵活性。

15.1　理解触发器

触发器类似于存储子程序，它具有名称、声明、执行及异常处理区，它被保存到数据字典中，因此触发器是可以作为一个命名块被反复多次进行调用的。但是与存储子程序有区别的是，触发器的代码不能由用户显式地调用，它是自动调用的，也就是说有一系列的事件导致触发器被执行，比如一个插入事件、一个修改事件、一个删除事件或一个数据库登录事件，这些事件常常被称为触发器事件，执行触发器代码也常被称为引发触发器。

15.1.1　触发器的作用

触发器的创建使用 CREATE OR REPLACE TRIGGER 语句，它的创建与子程序的创建非常相似。由于触发器是自动调用的，因此需要定义一些自动调用的机制。比如引发触发器的事件，假定是使用 DML 语句中的 INSERT、UPDATE 或 DELETE 语句，然后是触发的时机，是在这些事件之前还是之后执行触发器，并且还需要一个触发器监控的对象，比如一个表或一个视图。举个例子，可以创建一个触发器，让它监控对 emp 表的 INSERT 事件，也就是说当对 emp 表执行 INSERT 操作之后，引发触发器，如果在触发器中定义一些操作业务逻辑的代码，就可以在每次对 emp 执行插入工作之后，完成一定的业务逻辑，比如记录日志或进行其他的业务逻辑处理。

为了更容易地理解触发器的具体作用，下面创建了一个示例触发器。人事部希望能够在对员工进行调薪时，只能更新工资金额大于当前的工资，以防止因为少调导致的不必要的麻烦，并且将用户原始的调薪信息写入到 emp_history 表中。这个示例可以通过监控 emp 表中的 UPDATE 语句来实现，示例如代码 15.1 所示。

代码 15.1　触发器定义示例

```
CREATE OR REPLACE TRIGGER t_verifysalary
    BEFORE UPDATE ON emp                    --触发器作用的表对象及触发的条件和触发的动作
```

```
  FOR EACH ROW                            --行级别的触发器
   WHEN(new.sal>old.sal)                  --触发器条件
DECLARE
  v_sal    NUMBER;                        --语句块的声明区
BEGIN
   IF UPDATING ('sal') THEN               --使用条件谓词判断是否是 sal 列被更新
     v_sal := :NEW.sal - :OLD.sal; --记录工资的差异
     DELETE FROM emp_history
           WHERE empno = :OLD.empno;      --删除 emp_history 中旧表记录
     INSERT INTO emp_history              --向表中插入新的记录
           VALUES
(:OLD.empno, :OLD.ename, :OLD.job, :OLD.mgr, :OLD.hiredate,
                :OLD.sal, :OLD.comm, :OLD.deptno);
     UPDATE emp_history                   --更新薪资值
        SET sal = v_sal
      WHERE empno = :NEW.empno;
   END IF;
END;
```

触发器使用 CREATE OR REPLACE TRIGGER 来创建，类似于过程或函数的创建，需要为其指定一个名称，不过触发器名称之后不会具有任何形式参数。在指定触发器的名称后，接下来需要指定触发器要触发的事件（也就是对 DML 的操作）、事件的时机（是在操作之前 Before 触发还是在操作之后 After 触发），以及触发器监控的对象，这里是 emp 表。

在这个触发器的创建过程中，可以看到很多子程序创建时所没有的一些关键词的用法。接下来看一下这个触发器的具体的实现过程：

（1）t_verifysalary 这个触发器，使用 BEFORE UPDATE 指定将在 UPDATE 语句之前触发，ON emp 指定它将对 emp 表进行监控。

（2）FOR EACH ROW 是指对 UPDATE 操作影响到的每一行都会触发一次 v_verifysalary 触发器的执行，如果不指定该语句，则使用表级别的触发器，也就是说对表的 UPDATE 操作只会触发一次。

（3）WHEN 子句指定触发器代码执行的条件，NEW 和 OLD 是只能在触发器中出现的伪列，它表示更新前的行和所要更新的行的伪记录，当在块执行部分使用时，必须要在 NEW 和 OLD 前面添加冒号。WHEN 子句指定只有当新的工资数量大于旧的工资数量时，才会执行触发器代码块。

（4）接下来的代码就与一个普通的 PL/SQL 块非常相似了，在 DECLARE 中定义了一个变量，用来保存新旧工资的差额，UPDATING 是仅在触发器体内可以使用的条件谓词，用来判断触发该触发器所执行的操作，在触发器中还可以使用 INSERTING、UPDATING、DELETEING 及重载的带参数的方法。

（5）示例中首先删除 emp_history 中已经存在的旧记录，这行语句在真实环境下往往是不必要的，因为保留历史记录本来就是 emp_history 的工作，不过这里出于演示的目的，增加了一个 DELETE 语句。

（6）调用 INSERT 语句向 emp_history 中插入一条记录，可以看到在触发器块的执行部分使用了:NEW 和:OLD 记录来获取更新前和更新后的值。最后演示了在触发器中执行 UPDATE 语句，将工资差异更新到 emp_history 表中。

可以看到，与创建过程和函数相比，触发器有更多的控制项及控制谓词，由于触发器不能直接由其他的子程序或包进行显式调用，只能由 Oracle 自动执行，因此它无法接收参数。下面向 emp 表更新了一条记录，然后查询 emp_history 表，可以看到触发器代码果然得到执行，并且产生了新的员工历史记录，查询语句如下：

```
scott_Ding@ORCL> SELECT empno,ename,sal,job FROM emp WHERE empno=7369;

EMPNO ENAME          SAL    JOB
----- ----------- ----------- -------------------------------------
 7369 史密斯        800.00 职员

scott_Ding@ORCL> UPDATE emp SET sal=6000 WHERE empno=7369;

已更新 1 行

scott_Ding@ORCL>SELECT empno,ename,sal,job FROM emp_history WHERE empno=7369;

EMPNO ENAME                SAL    JOB
----- ----------- -------------- -------------------------------------
 7369 史密斯             5200.00 职员
```

示例首先查询了员工编号为 7369 的员工史密斯的初始工资为 800 元，接下来执行一个 UPDATE 语句，将史密斯的工资更新为 6000 元，由于 UPDATE 语句会触发触发器代码的执行，而且新调整的工资 6000 也大于 800 块，按照代码 15.1 的分析，在 emp_history 中应该有一条记录，保存了员工史密斯的工资调整之前和调整之前的差异。通过查询 emp_history 表，可以看到果然存在一条史密斯的员工记录，其工资记录为 5200 元，可知触发器成功地进行了执行。

通过上面的示例，应该可以理解到触发器的基本功能，下面是触发器的一些常见的作用：

- ❏ 自动为虚拟列产生数据，例如一些生产管理系统经常用来自动生成物料编码，这个逻辑可以在 BEFORE INSERT 触发器中来实现。
- ❏ 记录操作日志，通过 AFTER 触发器，可以记录操作的日志。
- ❏ 收集表访问的统计信息，可以通过触发器来收集对表的访问统计。
- ❏ 当对一个视图执行 DML 语句时，可以通过触发器来更新视图的基表。
- ❏ 在分布式数据库节点上，强制父表和子表之间引用完整性。
- ❏ 向订阅应用程序发布数据库事件、用户事件和 SQL 语句的信息。
- ❏ 避免在繁忙时间对一个表的操作。
- ❏ 避免无效的事务处理。
- ❏ 当无法在约束中实施完整性规则时，可以使用触发器强制复杂业务逻辑或引用完整性规则。

在实际的工作中，很多复杂的业务逻辑都会使用触发器来实现完整性规则，这是由于应用于数据库表上的约束无法完成复杂的业务逻辑规则。比如当对一个父表进行插入后，立即在子表中产生一条或多条记录，这时命名用约束无法直接实现，而通过触发器可以实现这样的业务逻辑规则。

15.1.2　定义触发器

通过上一章的示例可以知道，触发器虽然是一种命名块，但是定义方式上与子程序有一些区别。一个触发器主要由如下几部分组成：

（1）触发器触发的事件，比如 INSERT、UPDATE、DELETE 等事件。

（2）触发事件所在的对象，比如对数据表或视图进行 DML 或 DDL 操作，对数据库实例或用户方案进行操作等等。

（3）触发器触发的条件，比如是在操作进行这前触发还是在操作进行之后触发。

（4）触发器被触发时所要执行的语句块，或称触发器体，是一个包括 SQL 语句和 PL/SQL 语句的过程调用或 PL/SQL 块，或者是被封装在 PL/SQL 块中的 Java 程序。

当触发器所监控的事件触发时，触发器代码得到执行，以对表进行 INSERT、UPDATE 和 DELETE 为例，触发器的结构示意如图 15.1 所示。

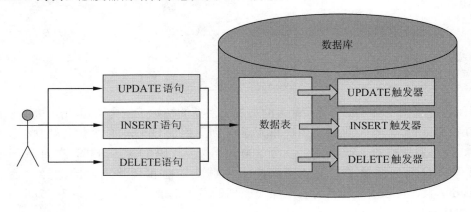

图 15.1　DML 触发器工作示意图

在这个示意图中，当用户发出某些对数据库的更改时，触发器自动得到执行，根据用户执行的语句的不同类型，执行了不同的触发器代码。因此在定义上，触发器也要能够反映出触发的事件，以及触发的对象等，触发器的定义语法如下：

```
CREATE [OR REPLACE] TRIGGER trigger_name
{BEFORE | AFTER | INSTEAD OF} triggering_event
[referencing_clause]
[WHEN trigger_condition]
[FOR EACH ROW]
trigger_body
```

语法关键字的描述如下所示：

❑ trigger_name，指定触发器的名称。

❑ triggering_event，指定引发触发器的事件，比如是在一个表或视图上触发的增、删、改操作等。

❑ referencing_clause，可以将:NEW 和:OLD 记录用一个不同的名称进行引用。

❑ trigger_condition，用来指定触发的条件，当触发器定义中包含 WHEN 子句时，将首先被求值，只有在值为 True 时才会执行触发器。

❑ FOR EACH ROW，指定该子句表示创建的是行级的触发器，否则创建的是语句级的触发器。

❑ trigger_body，指定触发器的执行代码区，这是一个标准的 PL/SQL 块，可以有声明区、执行区或可选的异常处理区。

在编写触发器时，还需要注意触发器的以下限制：

- 触发器代码的大小不能超过 32KB，如果确实需要使用超过 32KB 的代码建立触发器，可以将代码分割为几个存储的过程，在触发器中使用 CALL 语句调用存储过程。
- 触发器代码只能包含 SELECT、INSERT、UPDATE 和 DELETE 语句，而不能包含 DDL 语句，比如 CREATE、ALERT 或 DROP，同时也不能包含事务控制语句比如 COMMIT、ROLLBACK 及 SAVEPOINT，除非使用了自治事务。

🔖注意：尽管触发器可以实现较多的功能，但是不要过度使用触发器，那会导致系统变得难以维护，比如连锁触发的情形（在触发器中操作其他的表可能触发其他表的触发器），有可能会造成不可预料的后果。

另外，在编写触发器代码时，如果触发器 PL/SQL 可能要超过 60 行，最好将这些代码写到一个子程序中，然后在触发器中调用子程序，这样可以提供高度可维护的代码。

15.1.3　触发器的分类

在 Oracle 中可以定义多种类型的触发器，比如常见的 DML 语句触发器，也就是在执行 INSERT、UPDATE 和 DELETE 语句时使用的触发器，这种触发器根据监控的对象是表还是视图又可以分为普通的 DML 触发器和替代触发器，在 DDL 执行时也可以定义触发器，一些系统事件，比如登录或注销时也可以创建系统级的触发器。触发器根据其触发的时机与影响的行数，可以分为如下 4 大类：

- 行级触发器与语句触发器，行级触发器会对数据库表中的每一行触发一次触发器代码，语句触发器则仅触发一次，与语句所影响的行数无关。
- BEFORE 触发器与 ALFTER 触发器，是指与触发时机相关的触发器，BEFORE 触发器在触发的语句比如 INSERT、UPDATE 或 DELETE 之前执行触发器操作，AFTER 触发器与之相反，在触发动作之后执行触发器代码。
- INSTEAD OF 触发器，又称为替代触发器，是指不直接执行触发语句，一般用在视图更新的场合，比如在 UPDATE 一个视图时，替换掉原来的 UPDATE 语句，将语句分解为对多个数据表的操作。
- 系统事件触发器与用户事件触发器，在发生系统级的事件时，比如数据库启动，服务器错误消息事件触发时，执行系统事件触发器，在用户登录或退出，执行 DDL 或 DML 语句时，执行用户事件触发器。

如果根据触发器所创建的语句及所影响的对象的不同，可以将触发器主要分为如下 3 大类：

- DML 触发器，当对数据表进行 DML 语句操作时所触发的触发器，比如对表进行增、删、改操作时，可以定义语句触发器或行触发器，BEFORE 或 AFTER 触发器。
- 系统触发器，对数据库实例或某个用户模式进行操作时的触发器，因此可以定义数据库系统触发器和用户触发器。
- 替代触发器，当对视图进行操作时定义的触发器。

上面的触发器分类又是相互重叠的，实际上如果按语句类别进行分类，触发器可以按如表 15.1 所示的分类方式。

表 15.1 触发器的分类

触发器的分类	描　述
DDL 语句触发器	在执行 DDL 语句，比如 CREATE TABLE、ALTER INDEX、DROP TRIGGER 时执行的触发器，用来监控对方案的更改
DML 语句触发器	在对数据库表上执行 DML 操作，比如 INSERT、UPDATE、DELETE 等语句时执行的触发器
INSTEAD OF 触发器	又称为替代触发器，用在视图更新的场合，比如在 UPDATE 一个视图时，替换掉原来的 UPDATE 语句，将语句分解为对多个基表的操作
数据库事件触发器	在数据库启动 STARTUP、停止 SHUTDOWN、服务器错误 SERVERERROR、登录 LOGO、退出 LOGOFF 及角色更改 DB_ROLE_CHANGE 时执行的触发器
挂起事件触发器	当 SQL 语句的执行挂起时执行的触发器

由此可以看到，Oracle 中触发器是非常丰富的，可以用来完成很多数据库级别的功能，比如对方案的更改进行日志记录，以提供最佳安全性，或者是对数据库的登录进行管理等，在下一节的内容中将详细讨论这些不同种类的触发器的具体实现方式与功能区别。

15.2　DML 触发器

DML 触发器是指对一个表执行 INSERT、UPDATE 或 DELETE 等 DML 语句所触发的触发器，这种触发器主要由开发人员创建，用来完成一定的业务逻辑功能。DML 触发器有很多触发选项，这些触发选项也决定了触发器的类型，比如 BEFORE 触发器或 AFTER 触发器，分别是指在指定的语句执行之前触发或在指定的 DML 语句执行之后触发。此外还可以分为表级触发器和行级触发器。本节首先讨论触发器的触发时机，然后介绍 DML 类型的触发器的一些具体的使用方法。

15.2.1　触发器的执行顺序

通过 15.1.3 小节可以了解到触发器的类别很多，例如有 BEFORE 触发器、AFTER 触发器、行级触发器、语句级触发器，当在一个表上定义多个触发器之后，这些触发器的执行有一定的优先级次序。接下来通过单行触发器与多行触发器来了解一下 DML 触发器的一些执行顺序。

1．单行触发器的执行顺序

假定一个 DML 语句只操作一行，如果在该表上定义了多个触发器，那么这些触发器有一个执行的顺序，如下所示：
（1）BEFORE 语句触发器
（2）BEFORE 行触发器
（3）执行 DML 语句
（4）AFTER 行触发器
（5）AFTER 语句触发器
语句级的 BEFORE 触发器仅触发一次，它先于 BEFORE 行级触发器，当 BEFORE 行级触发器执行完成后，才开始运行 DML 语句对表进行修改。当 DML 语句执行完成之后，对应地开始执行一次 AFTER 行级触发器，最后运行一次 AFTER 语句级触发器完成触发器的执行。单行触发器的执行顺序如图 15.2 所示。

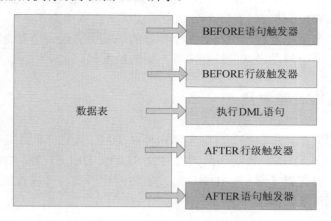

图 15.2　单行触发器执行顺序

2．多行触发器执行顺序

当 DML 语句影响到多个行时，行级触发器会在每一行上触发一次。举个例子，假定某 DML 语句将影响到表中的两行数据，那么定义在该表上的触发器的执行顺序如下所示：

（1）BEFORE 语句触发器；

（2）第 1 行的 BEFORE 行触发器；

（3）第 1 行执行 DML 语句；

（4）第 1 行的 AFTER 行触发器；

（5）第 2 行的 BEFORE 行触发器；

（6）第 2 行执行 DML 语句；

（7）第 2 行的 AFTER 行触发器；

（8）AFTER 语句触发器。

与单行触发器执行类似，先执行语句级的 BEFORE 触发器，然后循环依次在每一行上执行触发器，最后执行语句级的 AFTER 触发器，其示意如图 15.3 所示。

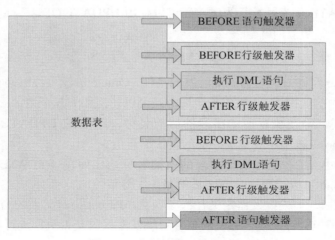

图 15.3　多行触发器执行顺序

可以看到，首先被执行的依然是 BEFORE 语句级的触发器，然后对于每一行，依次先执行 BEFORE 行级触发器，然后执行 AFTER 行级触发器。行级触发器在每一行都会执行，最后执行的是 AFTER 语句级触发器，可以用来实现一些审核工作。

如果需要定义多个触发器，可以将多个零散的触发器通过一个复合的 DML 触发器组织起来，这样通过一个触发器就能控制多种不同的触发代码。

15.2.2　定义 DML 触发器

在定义触发器之前，应该规划好触发器是要在 DML 执行之前还是之后，是行级还是语句级，是只监控一个 DML 语句还是同时对 INSERT、DELETE 或 UPDATE 进行监控。有了这样的规划，就可以了解一下 DML 触发器的创建语法，可以看到它包含很多控制触发器触发时机的关键字，语法如下：

```
CREATE [OR REPLACE] TRIGGER [schema.]trigger
{BEFORE|AFTER} verb_list ON [schema.]table
[REFERENCING{OLD as old}|{NEW as new}|{PARENT as parent}]
[FOR EACH ROW]
[WHEN (condition)]
plsql_clock|call_procedure_statement
```

可以看到，基本上与 15.1.2 节的定义相似，其中 verb_list 用来指定在特定的一个或多个列上发生了 INSERT、DELETE 或 UPDATE 事件时才触发触发器，如果不指定，则表中任何列的修改都会触发触发器，其语法如下：

```
{DELETE|INSERT|{UPDATE [OF column_list]} [OR verb_list]
```

下面是语法中关键部分的介绍：

BEFORE|AFTER：指定触发器是在对表的操作发生之前触发还是之后触发，也就是说是定义 BEFORE 触发器还是 AFTER 触发器。在 verb_list 中可以同时指定多个动作或多个列，例如下面的语句：

```
BEFORE DELETE OR INSERT OR UPDATE ON emp    --定义 BEFORE 触发器，在 DELETE 或
INSERT 或 UPDATE 语句执行时触发。
```

在使用 UPDATE 作为触发行为时，还可以使用 UPDATE OF 来指定一个或多个字段，那么仅在这些字段被更新时才触发：

```
BEFORE UPDATE OF empno,ename,sal ON emp
```

WHEN Clause 允许为触发器添加触发的条件，Oracle 触发事件时必须满足这些条件才能执行到触发体中的代码。在 WHEN 子句中，可以使用如下几个谓词：

❑ Old 谓词，是在执行前的字段的值的名称，比如在 UPDATE 一个表时，使用 Old.empno 可以引用到更新之前的员工编号值。

❑ New 谓司，是在执行后的字段的值的名称，比如在 UPDATE 一个表时，使用 New.empno 可以引用在更新之后的员工编号值。

❑ Parent 谓词，如果触发器定义在嵌套表上，Parent 指定父表的当前行。

在 WHEN 子句中可以根据触发的条件对触发器代码是否执行进行更进一步的控制，因而又具有更精细一层的控制机制。

pl/sql_block 是在触发器触发后要执行的 PL/SQL 语句块。

call_procedure_statement：允许调用存储过程而不是指定触发器的代码。

在触发器体内，可以使用:NEW 和:OLD 伪记录，这样可以获取到在 DML 操作之前的记录和 DML 操作之后的记录，从而可以进行进一步的处理。接下来创建一个示例，这个示例用来记录对 emp 表的 DML 操作，当对 emp 表进行 INSERT、UPDATE 或 DELETE 时，会将对这个表的操作记录到一个日志表中，下面的代码创建了一个日志表：

```sql
--创建一个 emp_log 表用来记录对 emp 表的更改
CREATE TABLE emp_log(
    log_id NUMBER,                    --日志自增长字段
    log_action VARCHAR2(100),         --表更改行为,比如新增或删除或更改
    log_date DATE,                    --日志日期
    empno NUMBER(4),                  --员工编号
    ename VARCHAR2(10),               --员工名称
    job VARCHAR2(18),                 --职别
    mgr NUMBER(4),                    --管理者
    hiredate DATE,                    --雇佣日期
    sal NUMBER(7,2),                  --工资
    comm NUMBER(7,2),                 --提成或分红
    deptno NUMBER(2)                  --部门编号
);
```

这个日志表中的 log_id 是一个自动增长的字段，在触发器内部将通过一个系列 emp_seq 来产生递增的值，由于要在对 DML 操作之后记录日志，很明显需要创建一个 AFTER 触发器，并且要对每一行的修改记录一行日志,因此需要定义的是一个行级触发器。因为示例将同时对多个 DML 语句进行监控，为了分辨操作的类型，将使用在触发器体内可以使用的 INSERTING、UPDATING 和 DELETING 条件谓词来判断 DML 操作的类型，示例实现如代码 15.2 所示。

代码 15.2　记录日志触发器示例

```sql
--创建一个 AFTER 行触发器
CREATE OR REPLACE TRIGGER t_emp_log
  AFTER INSERT OR DELETE OR UPDATE ON emp    --触发器作用的表对象及触发的条件和
                                               触发的动作
  FOR EACH ROW                               --行级别的触发器
BEGIN
  IF INSERTING THEN                          --判断是否是 INSERT 语句触发的
    INSERT INTO emp_log                      --向 emp_log 表中插入日志记录
    VALUES(
      emp_seq.NEXTVAL,
      'INSERT',SYSDATE,
      :new.empno,:new.ename,:new.job,
      :new.mgr,:new.hiredate,:new.sal,
      :new.comm,:new.deptno );
  ELSIF UPDATING THEN                        --判断是否是 UPDATE 语句触发的
    INSERT INTO emp_log                      --首先插入旧的记录
    VALUES(
      emp_seq.NEXTVAL,
      ' UPDATE_NEW',SYSDATE,
      :new.empno,:new.ename,:new.job,
      :new.mgr,:new.hiredate,:new.sal,
```

```
        :new.comm,:new.deptno );
     INSERT INTO emp_log              --然后插入新的记录
     VALUES(
      emp_seq.CURRVAL,
       ' UPDATE_OLD',SYSDATE,
       :old.empno,:old.ename,:old.job,
       :old.mgr,:old.hiredate,:old.sal,
       :old.comm,:old.deptno );
   ELSIF DELETING THEN                --如果是删除记录
     INSERT INTO emp_log
     VALUES(
      emp_seq.NEXTVAL,
       'DELETE',SYSDATE,
       :old.empno,:old.ename,:old.job,
       :old.mgr,:old.hiredate,:old.sal,
       :old.comm,:old.deptno );
   END IF;
END;
```

这个示例创建了一个名为 t_emp_log 的触发器，它的实现过程如以下步骤所示：

（1）在 CREATE OR REPLACE TRIGGER 命名部分，指定触发的时机是 AFTER，触发的事件为 INSERT OR DELETE OR UPDATE，表示 INSERT、UPDATE 或 DELETE 都会导致触发器的执行，ON emp 指定这个触发器作用的对象是 emp 表，FOR EACH ROW 表示行级触发器。

（2）在触发器块的执行部分，通过 INSERTING、UPDATING 和 DELETING 条件谓词来检测触发的 DML 类型，然后根据不同的类型向 emp_log 表中插入日志信息。

（3）可以看到，对于 INSERTING 匹配的条件，由于插入时只有一条新的记录，因此在触发器体类，:NEW 伪记录存在值，而 UPDATING 匹配时，UPDATE 语句既有更新前的值，也有更新后的值，因此:NEW 和:OLD 都具有值，在 UPDATE 执行时就插入了两条记录，当执行 DELETE 语句时，只有旧的记录，因此仅:OLD 伪记录有值。

```
scott_Ding@ORCL> INSERT INTO emp
    (empno, ename, job, hiredate, sal, comm, deptno)
  VALUES
    (7777, '李四友', '职员', SYSDATE, 2000, 400, 20);
 已插入 1 行。

scott_Ding@ORCL> UPDATE emp SET sal=5000 WHERE empno=7777;
 已更新 1 行。

scott_Ding@ORCL> DELETE FROM emp WHERE empno=7777;
 已删除 1 行。

scott_Ding@ORCL> col log_action for a20;
scott_Ding@ORCL > SELECT log_id,log_action,log_date,empno,ename,sal FROM
emp_log;

   LOG_ID LOG_ACTION       LOG_DATE        EMPNO ENAME      SAL
--------- -------------- ------------- ------- ------- ---------------
      125 INSERT           2013-3-7 6:   7777 李四友      2000.00
      126 UPDATE_NEW       2013-3-7 6:   7777 李四友      5000.00
      126 UPDATE_OLD       2013-3-7 6:   7777 李四友      2000.00
      127 DELETE           2013-3-7 6:   7777 李四友      5000.00
```

可以看到，当分别对 emp 执行 INSERT、UPDATE 和 DELETE 之后，在 emp_log 表中，果然已经正确地产生了所需要的日志记录，这说明触发器已经得到了很好的执行。

15.2.3　使用条件谓词

当触发器的触发事件是由多个 DML 语句组成时，条件谓词可以判断出是哪个 DML 语句触发触发器。在触发器中存在如下所示的几种条件谓词：

- ❑ INSERTING 谓词，由 INSERT 语句所引发的触发器。
- ❑ UPDATING 谓词，由 UPDATE 语句所引发的触发器。
- ❑ UPDATING ('column_name')，UPDATE 语句更新了特定的列时引发的触发器。在定义触发器时，可以通过 UPDATE OF 来指定要只对指定的列进行监控。
- ❑ DELETEING，由 DELETE 语句触发的触发器。

条件谓词返回布尔值，因此通过 IF 或 CASE 语句可以判断当前的触发条件，UPDATING 有一个重载的版本，可以传入一个受影响的列，以判断触发是否为对指定的列进行更新。代码 15.3 演示了如何通过条件谓词来判断操作的类型：

代码 15.3　使用条件谓词

```
CREATE OR REPLACE TRIGGER t_condition_demo
  BEFORE                          --指定 BEFORE 触发器
    INSERT OR                     --监控 INSERT 语句
    UPDATE OF sal, deptno OR      --仅监控对 sal 和 deptno 列的更新
    DELETE                        --监控 DELETE 语句
  ON emp                          --触发的对象
BEGIN
  CASE
    WHEN INSERTING THEN           --使用 INSERTING 谓词判断
      DBMS_OUTPUT.PUT_LINE('插入了一条记录');
    WHEN UPDATING('sal') THEN     --使用 UPDATING 谓词判断
      DBMS_OUTPUT.PUT_LINE('更新了 sal 字段');
    WHEN UPDATING('deptno') THEN
      DBMS_OUTPUT.PUT_LINE('更新了 deptno 字段');
    WHEN DELETING THEN            --使用 DELETING 谓词进行判断
      DBMS_OUTPUT.PUT_LINE('删除了一条记录');
  END CASE;
END;
```

t_condition_demo 触发器将在对 emp 表执行 INSERT、UPDATE 或 DELETE 语句时触发，UPDATE OF 后面指定要监控的更改字段，这样在触发器体内可以使用条件谓词 UPDATING 的重载版本来监控对于特定字段的更新。在触发器语句块的执行部分，通过 CASE 语句来判断当前触发的事件类型，对于 UPDATING 条件谓词，使用了其重载版本，分别用来判断是对 sal 还是对 deptno 的更新，从而可以执行不同的语句。

下面分别对 emp 表进行 INSERT、UPDATE 和 DELETE 操作，可以看到触发器果然正确地分辨了各种触发事件类型，代码如下：

```
scott_Ding@ORCL> INSERT INTO emp
      (empno, ename, job, sal, comm, deptno)
```

```
      VALUES
        (7777, '张小四', '职员', 3000, 200, 20);
 插入了一条记录

已插入 1 行。

scott_Ding@ORCL> UPDATE emp SET sal=3500,deptno=30 WHERE empno=7777;
 更新了 sal 字段

已更新 1 行。

scott_Ding@ORCL>  UPDATE emp SET deptno=30 WHERE empno=7777;
 更新了 deptno 字段

已更新 1 行。

scott_Ding@ORCL> DELETE FROM emp WHERE empno=7777;
 删除了一条记录

已删除 1 行。
```

可以看到，触发器果然正确地识别了操作的事件类型，并且输出了相应的操作信息。

15.2.4　使用 OLD 和 NEW 伪记录

对于行级的 DML 触发器来说，可以通过 NEW 和 OLD 这两个伪录来访问 DML 语句执行前的行记录及执行后的行记录。之所以称之为伪记录，是因为可以将其看作是目标表 %ROWTYPE 的记录类型，但是与普通的记录又不一样，它们不是真正的记录，因此具有很多记录类型所不具有的限制。

注意：在触发器体内使用 NEW 和 OLD 伪记录时，必须在伪记录前面加上冒号，如:NEW 或是:OLD。

当在伪记录前面添加冒号之后，PL/SQL 会将其当作是绑定变量，它们并不是正规的 PL/SQL 变量，编译器实际上将其作为触发器作过程中的类型记录。在触发器体内，一般使用如下的方式来调用伪记录中的成员：

```
:pseudorecord_name.field_name
```

当然不是所有的 DML 操作都会为这两个绑定的伪记录赋值，在定义触发器时，必须要知道 OLD 和 NEW 伪记录并不是时时有值的。下面是在使用 OLD 和 NEW 时的一些常见的规则：

❑ 当在 INSERT 语句上激发触发器时，NEW 伪记录有值，OLD 伪记录是不包含任何值的，因为 INSERT 并不包含一个插入之前的值。此时可以更改 NEW 伪记录中的列值来更改插入的字段值。

❑ 当在 UPDATE 语句上激发触发器时，OLD 和 NEW 伪记录都具有值，OLD 包含在更新之前记录的值，NEW 包含了所要更新的记录的值。

❑ 当在 DELETE 语句上激发触发器时，NEW 伪记录不包含任何值，OLD 伪记录包含已经被删除的记录。

❑ NEW 和 OLD 伪记录也包含了 ROWID 伪列，这个伪列在 OLD 和 NEW 结构中具有相同的值。

❑ 不能更改 OLD 伪记录的值，如果这样做会触发 ORA-04085 错误，但是可以修改 NEW 伪记录的值。

❑ 在触发器内部，不能将 NEW 或 OLD 伪记录作为一个记录参数传递给过程或函数 仅能传递单个的字段。

❑ 在 NEW 和 OLD 伪记录中不能进行记录级别的操作，比如直接为记录赋值是非法的：:NEW:=NULL;这样的语句是错误的，只能对谓词的每个字段进行操作。

🔔注意：不能在 AFTER 行触发器中改变 NEW 谓词记录，因为此时 DML 语句已经执行。通常来说，NEW 记录仅仅在行级别 BEFORE 触发器中被更改；OLD 记录则永远不能被修改，只能对其进行读取。

可以看到，在一些 INSERT 语句中只有 NEW 伪记录有值，DELETE 语句中只有 OLD 伪记录有值，如果在 INSERT 语句中使用了 OLD 或在 DELETE 语句中使用了 NEW 伪记录，PL/SQL 编译器并不会产生错误，但是这两个伪记录的字段值都将是 NULL。

为了演示 NEW 和 OLD 伪记录的使用，接下来创建一个使用触发器的示例，这个示例将演示如何通过触发器，将对一个表数据的插入及时地同步到另一个数据表，代码 15.4 首先创建了两个表。

代码 15.4　创建用于数据同步的表

```
CREATE TABLE emp_data          --保存员工记录数据的测试表
(
    emp_id INT,                --自增长字段
    empno NUMBER,              --员工编号
    ename VARCHAR2(20)         --员工名称
);
CREATE TABLE emp_data_his      --保存员工记录数据的历史备份表
(
    emp_id INT,                --自增长字段
    empno NUMBER,              --员工编号
    ename VARCHAR2(20)         --员工名称
);
```

这是两个具有完全相同结构的表，emp_data_his 的作用是保存 emp_data 插入的数据的历史记录，当对 emp_date 表执行 INSERT 操作时，通过触发器，向 emp_data_his 表中插入数据，如示例代码 15.5 所示。

代码 15.5　创建 t_emp_data 触发器

```
CREATE OR REPLACE TRIGGER t_emp_data
    BEFORE INSERT
    ON emp_data                            --触发器作用的表对象及触发的条件和触发的动作
    FOR EACH ROW                           --行级别的触发器
DECLARE
    emp_rec   emp_data%ROWTYPE;
BEGIN
    SELECT emp_seq.NEXTVAL INTO :NEW.emp_id FROM DUAL; --对 BEFORE 触发器的
```

```
NEW 赋值
  --emp_rec:=:NEW;                      --不能直接对谓词记录进行记录级别的操作
  emp_rec.emp_id := :NEW.emp_id;
  emp_rec.empno := :NEW.empno;
  emp_rec.ename := :NEW.ename;
  INSERT INTO emp_data_his VALUES emp_rec;--使用记录级别的操作
  IF :OLD.emp_id IS NULL THEN  --在 INSERT 操作中:OLD 伪记录成员的值都是 NULL
    DBMS_OUTPUT.put_line('INSERT 操作不包含:OLD 伪记录的值');
  END IF;
END;
```

t_emp_data 是一个 BEFORE 触发器，它在 INSERT 语句向 emp_data 表中插入数据之前触发。FOR EACH ROW 指定为行级触发器，否则语句级的触发器无法在触发器块中使用 NEW 和 OLD 伪记录。这个示例的 PL/SQL 代码部分实现如下步骤所示：

（1）触发器体内使用 DECLARE 关键字开始变量声明，它与子程序中的 AS 或 IS 不同，在示例中声明了一个记录变量 emp_rec，它的类型是 emp_data%ROWTYPE，表示是 emp_data 行记录类型，它将用来保存新插入的一行记录。

（2）在 PL/SQL 块执行部分，首先使用 emp_seq 序列为:NEW.emp_id 进行了赋值，在 BEFORE 触发器中可以更改:NEW 伪记录中的值，以便调整所要插入的记录。

（3）由于:NEW 伪记录并不是一个真正的记录，只能看作是一个内置的绑定变量，因此不能使用任何记录级别的操作。比如将:NEW 伪记录作为记录变量的值是非法的，而且当在触发器体内调用子程序时，也不能将伪记录作为子程序的参数。示例中将伪记录中的每个成员赋给了记录变量，然后使用 INSERT 语句直接将记录插入到 emp_data_his 表中。

（4）由于 INSERT 操作不具有旧值，因此:OLD 伪记录并不包含任何值。如果访问该记录，可以发现其记录的成员值都为 NULL，不会抛出异常。

下面向 emp_data 表中插入一行记录，可以看到触发器果然输出了一条信息，查询 emp_data_his 表，可以看到数据果然已经同步到了该表中。

```
scott_Ding@ORCL> SET SERVEROUTPUT ON;
scott_Ding@ORCL >  INSERT INTO emp_data(empno,ename) VALUES(7369,'李强');
 INSERT 操作不包含:OLD 伪记录的值
 1 row inserted

scott_Ding@ORCL > col emp_id for a20;
scott_Ding@ORCL > SELECT * FROM emp_data_his;

  EMP_ID     EMPNO ENAME
  -------- ------- ---------------------------------
   129       7369  李强
```

可以看到，emp_data_his 果然已经包含了同步的记录，触发器已经成功地得到了执行。

15.2.5　使用 REFERENCING 子句

在触发器中使用的 NEW 和 OLD 伪记录时，如果不想用这两个命名方式，通过 REFERENCING 子句，可以更改伪记录的命名。REFERENCING 子句仅对命名进行更改，在使用起来仍然与 NEW 和 OLD 相似，比如在触发器体内需要使用冒号开头，

REFERENCING 子句的语法如下：

```
REFERENCING
{ OLD [ AS ] old
| NEW [ AS ] new
| PARENT [ AS ] parent
}...
```

在语法中可以为 OLD、NEW 或 PARENT（当触发的表中包含嵌套表时使用该伪列）来取一个友好的别名，这样可以在触发器体内使用语义友好的伪记录名称。代码 15.6 演示了如何使用 REFERENCING 子句为 NEW 和 OLD 伪记录指定一个友好的别名。

代码 15.6　使用 REFERENCING 子句指定别名

```
CREATE OR REPLACE TRIGGER t_vsal_ref
   BEFORE UPDATE ON emp          --触发器作用的表对象，以及触发的条件和触发的动作
   REFERENCING OLD AS emp_old NEW AS emp_new
   FOR EACH ROW                  --行级别的触发器
   WHEN(emp_new.sal>emp_old.sal)     --触发器条件
DECLARE
   v_sal    NUMBER;                  --语句块的声明区
BEGIN
   IF UPDATING ('sal') THEN          --使用条件谓词判断是否是 sal 列被更新
     v_sal := :emp_new.sal - :emp_old.sal; --记录工资的差异
     DELETE FROM emp_history
         WHERE empno = :emp_old.empno;      --删除 emp_history 中旧表记录
     INSERT INTO emp_history               --向表中插入新的记录
         VALUES
(:emp_old.empno, :emp_old.ename, :emp_old.job, :emp_old.mgr, :emp_old.h
iredate,
             :emp_old.sal, :emp_old.comm, :emp_old.deptno);
     UPDATE emp_history                    --更新薪资值
       SET sal = v_sal
      WHERE empno = :emp_new.empno;
   END IF;
END;
```

t_vsal_ref 触发器用来监控对 emp 表的 UPDATE 操作的前向触发器，它使用了 REFERENCING 子句，将 OLD 指定为 emp_old，将 NEW 指定为 emp_new。可以看到在触发器体内使用的都是新的命名，这样可以提供比较语义化的操作代码。

15.2.6　使用 WHEN 子句

WHEN 子句允许创建一个条件触发器，它只对行级别的触发器有效。它使得触发器在触发每一行时执行一个条件判断，当条件为 True 时，才执行触发器体内的代码。在 WHEN 子句中可以使用不带冒号的 NEW 和 OLD 伪记录访问记录的值，定义语法如下：

```
WHEN trigger_condition
```

其中 trigger_condition 是一个返回布尔值的表达式，它可以引用 NEW 和 OLD 伪记录中的值来进行比较。可以使用逻辑运算符来组合多个布尔类型的表达式，从而决定触发器是否执行。

　　例如更新 emp 表的员工提成时，只有新的提成大于旧的提成时，才让触发器成功执行触发器中的代码，否则 DML 语句正常执行但不会执行触发器中的代码，如示例代码 15.7 所示。

代码 15.7　使用 WHEN 子句指定触发器执行条件

```
CREATE OR REPLACE TRIGGER t_emp_comm
   BEFORE UPDATE ON emp           --触发器作用的表对象，以及触发的条件和触发的动作
   FOR EACH ROW                   --行级别的触发器
   WHEN(NEW.comm>OLD.comm)        --触发器执行的条件
DECLARE
   v_comm    NUMBER;              --语句块的声明区
BEGIN
   IF UPDATING ('comm') THEN      --使用条件谓词判断是否是 comm 列被更新
      v_comm := :NEW.comm - :OLD.comm;        --记录工资的差异
      DELETE FROM emp_history
          WHERE empno = :OLD.empno;           --删除 emp_history 中旧表记录
      INSERT INTO emp_history                  --向表中插入新的记录
          VALUES
(:OLD.empno, :OLD.ename, :OLD.job, :OLD.mgr, :OLD.hiredate,
             :OLD.sal, :OLD.comm, :OLD.deptno);
      UPDATE emp_history                       --更新薪资值
        SET comm = v_comm
      WHERE empno = :NEW.empno;
      DBMS_OUTPUT.put_line('已经成功的执行了触发器代码');
   END IF;
END;
```

　　这个示例触发器命名用 WHEN 子句，在更新前判断所要更新的提成数是否大于员工原来的提成数，如果 WHEN 条件成立，则继续执行触发器中定义的代码，否则将退出触发器代码的执行。触发器代码中使用条件谓词判断是否为对 comm 列的更新，如果是则先删除 emp_history 表中相应的行记录，然后将原来的薪资记录值插入到 emp_history 表中，最后更新 emp_history 表中的新提成数。

　　接下来尝试对 emp 表中的 comm 列进行更新，当 UPDATE 语句中的 comm 列值大于表中已经存在的 comm 列时，可以看到并不会执行触发器代码，否则会显示输出信息，并且表中成功地添加了新的提成信息，示例语句如下：

```
scott_Ding@ORCL> UPDATE emp SET comm=comm+10 WHERE empno=7369;
 已经成功地执行了触发器代码
 已更新 1 行。

scott_Ding@ORCL > UPDATE emp SET comm=comm-200 WHERE empno=7369;
 已更新 1 行。
```

　　可以看到，两个更新都成功地得到了执行，不过第 1 个更新导致了 t_emp_comm 触发器的成功执行，可以看到显示了触发器体内的一个消息，而第 2 个 UPDATE 语句减少了 emp 表的 comm 列值，由于触发器体内有 WHEN 子句的限制，因此虽然该触发器被触发，但是触发器体内的代码并未得到执行。

15.2.7　触发器的异常处理

　　在触发器中，如果需要立即退出触发器代码的执行，比如 AFTER 触发器，如果希望

在条件不匹配时，能够立即退出触发器代码的执行，并且回滚执行语句，可以通过抛出一个异常来实现。

无论是自定义的异常还是系统抛出的异常，当异常抛出并且没有被语句体内的异常处理句柄处理时，都会立即回滚触发器体内的数据库更改，同时也会回滚外层的执行语句，因为它们处于相同的事务级别内。

下面列举一个 BEFORE 触发器的例子，如果对 emp 表的操作是在周六周日，并且操作时段是在 8:30 到 18 点之外的任何时间，那么不允许用户进行更新，这样可以增强数据库表的安全性，如示例代码 15.8 所示。

代码 15.8　使用语句触发器限制修改

```
CREATE OR REPLACE TRIGGER t_verify_emptime
  BEFORE INSERT OR DELETE OR UPDATE
  ON emp
BEGIN
  --判断当前操作的日期
  IF (TO_CHAR (SYSDATE, 'DAY') IN ('星期六', '星期日'))
    OR (TO_CHAR (SYSDATE, 'HH24:MI') NOT BETWEEN '08:30' AND '18:00')
  THEN
    --触发异常，将导致整个事务被回滚。
    raise_application_error (-20001, '不能在非常时间段内操作emp表');
  END IF;
END;
```

这个示例使用了 BEFORE 语句级的触发器，在触发器执行部分，通过 IF 语句判断当前操作的时间是否在指定的范围内，如果不在指定的范围内，则调用 RAISE_APPLICATION_ERROR 触发一个应用程序异常，因为没有 EXCEPTION 块来捕获该异常，因此该异常将被上下文环境捕获，导致触发器体内的代码回滚，并且也将使得对 emp 表的 DML 语句操作也发生回滚，因此通常用来实现安全性检查。

有的时候，为了避免触发器中的异常而导致整个事务语句的回滚，有必要添加 EXCEPTION 块，例如假定在向 emp 表中插入数据时，触发器体内产生了异常，那么通过 EXCEPTION 语句块捕获并处理，可以避免因为异常导致的回滚。示例代码 15.9 演示了如何在触发器体内捕捉异常并进行处理。

代码 15.9　在触发器中捕捉异常

```
CREATE OR REPLACE TRIGGER t_emp_exception
  AFTER INSERT ON emp
  FOR EACH ROW
BEGIN
  --向emp_history中插入一条记录
  INSERT INTO emp_history (
    empno, ename, job, sal, hiredate, deptno
  )
  VALUES (
    :NEW.empno,:NEW.ename, :NEW.job, :NEW.sal, SYSDATE, :NEW.deptno
  );
EXCEPTION
  WHEN OTHERS THEN          --如果插入的过程中产生任何异常
    --向日志表中插入一条信息
    INSERT INTO emp_log (log_id, log_action, log_date, empno)
```

```
    VALUES (emp_seq.NEXTVAL, '插入员工赵子龙失败', NULL,:NEW.empno);
    --并输出插入失败信息
    DBMS_OUTPUT.put_line('插入记录失败，已经记录到日志表');
END;
```

这个示例演示了在触发器体内使用 EXCEPTION 块捕捉任何可能的异常，如果异常产生，并且在触发器体内没有对异常进行处理，那么触发器有可能会导致回滚。为了避免操作的回滚，在异常处理块中使用 INSERT 语句向 emp_log 表中插入了一条记录，并且输出了一条错误消息。这也意味着触发器体内不会因为未捕获的异常而导致回滚，增强了触发器代码的健壮性。

15.2.8　理解自治事务

由于触发器与触发事件的语句位于单个的事务之类，也就是说事务是指作为单个逻辑工作单元执行的一系列的 SQL 操作，对于触发器来说，是不能直接在触发器体内调用 COMMIT 或 ROLLBACK 进行提交或回滚的，因为这可能会导致整个事务的提交或回滚。

这样的事务处理机制有时不是很能满足需求，比如在执行一个相当大的 PL/SQL 过程时，如果是因为触发器体内的插入日志的代码出现错误导致整个代码的回滚，或者是由于其他的 SQL 语句的执行导致已经记录到日志表中的日志回滚，就不能满足业务的需求了。幸运的是在 Oracle 中可以使用自治事务。自治事务独立于主事务提交和回滚，它通过挂起当前的事务，开始一个新的事务，完成一个工作，然后提交和回滚，对主事务并不会造成任何影响。

自治事务就好像是引发触发器的 SQL 语句所在事务的子事务，它独立于主事务，因此可以在自治事务内完成 COMMIT 和 ROLLBACK，而不会影响到主事务的事务状态，其示意结构如图 15.4 所示。

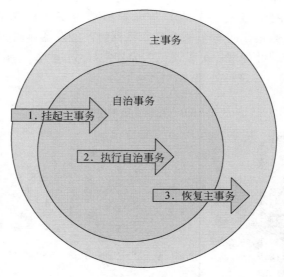

图 15.4　自治事务与主事务示意图

自治事务使用 PRAGMA AUTONOMOUS_TRANSACTION 编译指示，它位于触发器声明部分，不仅可以在触发器中使用，还可以创建自治的过程、函数、包、SQL 对象类型的方法。自治事务的使用示例如代码 15.10 所示。

代码 15.10　在触发器中使用自治事务

```
CREATE OR REPLACE TRIGGER t_emp_comm
   BEFORE UPDATE ON emp                     --在 UPDATE 语句前在 emp 表上触发
   FOR EACH ROW                             --行级别的触发器
   WHEN(NEW.comm>OLD.comm)                  --触发器条件
DECLARE
   v_comm    NUMBER;                        --语句块的声明区
   PRAGMA AUTONOMOUS_TRANSACTION;           --自治事务
BEGIN
   IF UPDATING ('comm') THEN                --使用条件谓词判断是否是 comm 列被更新
      v_comm := :NEW.comm - :OLD.comm;      --记录提成的差异
      DELETE FROM emp_history
           WHERE empno = :OLD.empno;        --删除 emp_history 中的旧表记录
      INSERT INTO emp_history               --向表中插入新的记录
          VALUES
(:OLD.empno, :OLD.ename, :OLD.job, :OLD.mgr, :OLD.hiredate,
               :OLD.sal, :OLD.comm, :OLD.deptno);
      UPDATE emp_history                     --更新提成值
         SET comm = v_comm
       WHERE empno = :NEW.empno;
   END IF;
   COMMIT;                                   --提交结束自治事务
EXCEPTION
   WHEN OTHERS THEN
      ROLLBACK;                              --发生任何意外回滚自治事务
END;
```

这个示例来自代码 15.7 中的 WHEN 子句的例子，不过在 DECLARE 声明部分指定了 **PRAGMA AUTONOMOUS_TRANSACTION** 指定了自治事务,这样在触发器体内可以使用 COMMIT 和 ROLLBACK 来提交或回滚事务，而不会对主事务造成任何影响。

下面演示了这个触发器的自治事务效果，在 SQL*Plus 中先清空 emp_history 表，然后更新 emp 表中的 comm 列，回滚主事务，最后查看 emp_history 表，示例语句如下：

```
scott_ding@ORCL> TRUNCATE TABLE emp_history;
表被截断。
scott_ding@ORCL> UPDATE emp SET comm=comm*1.12 WHERE empno=7369;
已更新 7 行。
scott_ding@ORCL> ROLLBACK;
回退已完成。
scott_ding@ORCL>SELECT empno 工号,sal 工资,comm 提成,deptno 部门编号 FROM emp_
history;
    工号         工资        提成     部门编号
 --------    ----------   --------  ------------------------------------
    7369      8000.00      37.20      20
```

可以看到，尽管主事务中的操作已经发生了回滚，但是自治事务独立于主事务而存在，它在触发器体内已经完成了提交或回滚，因此主事务的提交或回滚并不影响触发器体内的事务，在触发器体内的插入和更新操作成功得到了保存。

15.3　INSTEAD OF 替代触发器

DML 触发器是针对表的操作的,有时候,应用程序需要对视图进行 INSERT、UPDATE 或 DELETE 操作,由于视图并不是一个具体的表,它可能包含由多个基表组成的复杂查询,因此无法对视图进行 DML 操作。不过可以通过创建替代触发器,它将对视图的 DML 操作转换为对视图中所包含的多个基表的操作,这样可以实现对触发器的插入、更新和删除操作。

15.3.1　什么是替代触发器

替代触发器如其名所示,是将触发事件替换为其他的执行语句,因此对视图的操作实际上会被替换为在触发器体内定义的对基表的处理。

在 Oracle 中视图可以分为可更新视图与不可更新视图,对于一些简单的单表视图,可以直接对其应用 INSERT、UPDATE 或 DELETE 语句进行更新,但是对于一些复杂的视图,比如当视图符合以下任何一种情况时,都不能直接执行 DML 操作:

- ❑ 在定义视图的查询语句中使用了集合操作符,比如 UNION,UNION ALL,INTERSECT,MINUS 等。
- ❑ 在视图中使用了分组函数,比如 MIN,MAX,SUM,AVG,COUNT 等。
- ❑ 使用了 GROUP BY,CONNECT BY 或 START WITH 等子句。
- ❑ 具有 DISTINCT 关键字。
- ❑ 使用了多表连接查询。

如果要对这种视图进行更改,可以通过在视图上编写一个替代触发器来完成正确的工作,这样就允许对它进行修改了。替代触发器的使用示意如图 15.6 所示。

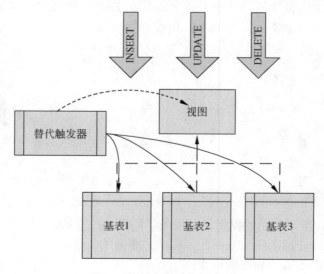

图 15.5　替代触发器示意图

由图 15.5 可以看到，替代触发器将对视图的操作转换为对 3 个基表的操作，这样当对一个视图进行更新时，实际上可以同时修改 3 个表，这样可以方便前端用户界面的程序设计，避免过多的 SQL 语句造成的代码复杂性。

下面是建立替代触发器时应该注意的几个事项：

❑ 替代触发器只能用于视图，不能用于表。

❑ 当建立替代触发器时，不能指定 BEFORE 和 AFTER 选项，因为替代触发器没有条件执行选项。

❑ 当对视图建立替代触发器时，视图没有指定 WITH CHECK OPTION 选项。

❑ 替代触发器只能用于行级触发器，因此在定义替代触发器时，必须指定 FOR EACH ROW 方法。

❑ 在替代触发器中可以使用 OLD 和 NEW 伪记录，但是不能对其进行更改。

可以看到，替代触发器可以简化对复杂的视图的操作代码，这样可以简化复杂的应用逻辑的开发。

15.3.2　定义替代触发器

替代触发器的定义语法比较简单，它将 DML 触发器中的 BEFORE 或 AFTER 关键字使用 INSTEAD OF 关键字来取代，其语法如下：

```
CREATE [OR REPLACE] TRIGGER[schema.] trigger
INSTEAD OF verb_list ON [schema.]view_name
[REFERENCING {OLD as old}|{NEW as new}|{PARENT as parent}]
[FOR EACH ROW][WHEN (condition)]
plsql_block|call_procedure_statement
```

基本的语法与 DML 触发器类似，除了使用 INSTEAD OF 子句之外，语法含义如下所示：

❑ CREATE TRIGGER 指定创建一个触发器，当使用可选的 OR REPLACE 时，如果所要创建的触发器已经存在，则覆盖原有的触发器，Oracle 会删除现有的触发器，然后创建一个新的触发器。

❑ trigger 用来指定触发器的名称，如果使用了可选的[schema].选项，则表示为创建的触发器指定方案名称，否则使用当前创建触发器的方案。

❑ INSTEAD OF 指定创建的触发器为替代触发器。因为 INSTEAD OF 触发器并不是由某些特定的事件而触发的，因此不需要指定 AFTER 和 BEFORE 或者提供一个事件名称。在 INSTEAD OF 后面直接使用 INSERT、UPDATE、MERGE 或 DELETE 来实现操作的替代。其中 ON 关键字指定 INSTEAD OF 要被应用到的视图。

🔔注意：无论是否指定 FOR EACH ROW 子句，对于替代触发器来说，默认使用的就是行级别的触发器。

接下来看一个例子。假定有一个视图 emp_dept，它包含了对 emp 表和 dept 表的连接查询，同时向用户显示来自 emp 表和 dept 表中的信息，这个视图的定义代码如下：

```
--创建视图 emp_dept 视图
CREATE OR REPLACE VIEW scott.emp_dept (empno,
                                       ename,
```

```
                                        job,
                                        mgr,
                                        hiredate,
                                        sal,
                                        comm,
                                        deptno,
                                        dname,
                                        loc
                                        )
AS
  SELECT emp.empno, emp.ename, emp.job, emp.mgr, emp.hiredate, emp.sal,
         emp.comm, emp.deptno, dept.dname, dept.loc
    FROM dept, emp
   WHERE ((dept.deptno = emp.deptno));
```

这个视图使用 Oracle 的连接语法连接了 emp 和 dept 表，并且显示了来自 emp 表和 dept 表中的部分字段，如果用户向这个视图插入一行数据，在没有使用触发器的情况下，执行效果如下：

```
scott_Ding@ORCL> INSERT INTO scott.emp_dept
   (empno, ename, job, mgr, hiredate, sal, comm, deptno, dname, loc)
 VALUES
   (7000,
    '刘玄德',
    'CLERK',
    NULL,
    TRUNC(SYSDATE),
    5000,
    300,
    87,
    'IT 部',
    '四川');
ORA-01776：无法通过连接视图修改多个基表
```

当在 SQL*Plus 中执行这个 INSERT 语句时，它抛出 ORA-01776 异常，提示用户无法通过连接视图修改多个基表。为了让这个插入操作正常执行，可以创建一个替代触发器，监控对视图的 INSERT 操作，将其转换为对 emp 和 dept 基表的操作，就可以成功地实现更新，如代码 15.11 所示。

代码 15.11　为视图创建替代触发器

```
CREATE OR REPLACE TRIGGER t_dept_emp
  INSTEAD OF INSERT ON emp_dept          --在视图 emp_dept 上创建 INSTEAD OF 触发器
  REFERENCING NEW AS n                   --指定谓词别名
  FOR EACH ROW                           --行级触发器
DECLARE
 v_counter INT;                          --计数器统计变量
BEGIN
 --判断在 dept 表中是否存在相应的记录
 SELECT COUNT(*) INTO v_counter FROM dept WHERE deptno = :n.deptno;
 IF v_counter = 1                        --如果已经存在该 dept 记录
  THEN
   DELETE FROM dept WHERE deptno = :n.depnto;        --则先删除该记录
 END IF;
 INSERT INTO dept VALUES (:n.deptno, :n.dname, :n.loc);  --向 dept 表中插
                                                    入新的部门记录
```

```
    SELECT COUNT(*)                              --判断 emp 表中是否存在员工记录
      INTO v_counter
      FROM emp
     WHERE empno = :n.empno;
     IF v_counter = 1                            --如果已经存在，则先删除员工记录
      THEN
       DELETE FROM emp WHERE empno = :n :empno;
     END IF;
     INSERT INTO emp                             --向 emp 表中插入新员工记录
       (empno, ename, job, mgr, hiredate, sal, comm, deptno)
     VALUES
       (:n.empno,
        :n.ename,
        :n.job,
        :n.mgr,
        :n.hiredate,
        :n.sal,
        :n.comm,
        :n.deptno);
END;
```

由触发器的定义可以看到，触发器 t_dept_emp 使用 INSTEAD OF INSERT 来指定创建的是对 emp_dept 视图的一个替代触发器，在触发器的定义中可以使用 REFERENCING 子句来指定 NEW 或 OLD 的别名，也可以使用 WHEN 子句添加触发器语句的执行条件。FOR EACH ROW 是必需的，因为替代触发器仅能在行级别进行创建。

在触发器体内，首先查询新插入的部门编号在 dept 表中是否已经存在，如果已经存在，则调用 DELETE 语句先删除 dept 表中的记录，然后再使用 INSERT 语句插入一条新的记录。同样对于 emp 表，也先行判断 emp 表中指定的 empno 记录是否存在，如果已经存在，则先进行删除，然后插入一条新的记录。触发器成功创建后，再次执行前面的向视图插入数据的 INSERT 语句，示例语句如下：

```
scott_ding@ORCL>INSERT INTO scott.emp_dept
   (empno, ename, job, mgr, hiredate, sal, comm, deptno, dname, loc)
 VALUES
   (7000,
    '刘玄德',
    '职员',
    NULL,
    TRUNC(SYSDATE),
    5000,
    300,
    87,
    'IT 部',
    '四川');
已插入 1 行。
```

可以看到，在创建了替代触发器以后，现在对视图的插入已经成功进行，也就是说触发器成功地将对视图的 INSERT 操作切换到了对基表 emp 和 dept 的插入操作。通过查询基表，可以看到对视图的操作果然已经成功地影响到了基表，示例语句如下：

```
scott_Ding@ORCL> SELECT * FROM scott.emp WHERE empno=7000;

EMPNO ENAME      JOB    MGR    HIREDATE          SAL      COMM    DEPTNO
------ -------    -----  -----  ------------      --------------------------------
```

| 7000 | 刘玄德 | 职员 | 03/12/2013 | 5000.00 | 300.00 | 87 |

```
scott_Ding@ORCL> SELECT * FROM scott.dept WHERE deptno=87;

DEPTNO DNAME        LOC
------ --------- ---------------------------------------------
    87 IT 部        四川
```

可以看到，替代触发器将对视图的 INSERT 语句成功地插入到了视图的基表，在基表中果然已经看到了替代触发器所影响的基表数据。

15.3.3　UPDATE 和 DELETE 替代触发器

除了上一小节中介绍的对视图进行 INSERT 之外，还可以对视图应用 UPDATE 或 DELETE 语句，因此需要编写与之相匹配的触发器，或者创建一个同时监控 INSERT、UPDATE 或 DELETE 的触发器。以 UPDATE 为例，当用户对一个视图进行更新时，必须要区别出用户更新的字段所属的表，代码 15.12 演示了如何创建一个用于 UPDATE 语句的替代触发器。

代码 15.12　创建 UPDATE 替代触发器

```
CREATE OR REPLACE TRIGGER t_dept_emp_update
  INSTEAD OF UPDATE ON emp_dept      --在视图 emp_dept 上创建 INSTEAD OF 触发器
  REFERENCING NEW AS n OLD AS o      --指定谓词别名
  FOR EACH ROW                       --行级触发器
DECLARE
  v_counter   INT;                   --计数器统计变量
BEGIN
  SELECT COUNT (*)
   INTO v_counter
   FROM dept
  WHERE deptno = :o.deptno;          --判断在 dept 表中是否存在相应的记录
  IF v_counter >0                    --如果存在，则更新 dept 表
  THEN
    UPDATE dept SET dname=:n.dname,loc=:n.loc WHERE deptno=:o.deptno;
  END IF;
  SELECT COUNT (*)                   --判断 emp 表中是否存在员工记录
   INTO v_counter
   FROM emp
  WHERE empno = :n.empno;
  IF v_counter > 0                   --如果存在，则更新 emp 表
  THEN
    UPDATE emp SET ename=:n.ename,job=:n.job,mgr=:n.mgr, hiredate=:
    n.hiredate,sal=:n.sal,
            comm=:n.comm, deptno=:n.deptno WHERE empno=:o.empno;
  END IF;
END;
```

UPDATE 替代触发器的使用方式与 INSERT 基本相似，不同之处在于 INSTEAD OF 后面指定的是 UPDATE 关键字，REFERENCING 子句指定 NEW 和 OLD 伪记录的别名。由于 UPDATE 操作会使得触发器的 NEW 和 OLD 都具有值，因此在这里将 NEW 的别名指定为 n,将 OLD 的别名指定为 o,FOR EACH ROW 指定行级触发器,如果不指定,PL/SQL

将自动对替代触发器使用行级触发方式。

在触发器语句块中，首先判断 dept 表中是否存在与要 UPDATE 语句操作的 deptno 相匹配的记录，如果存在则调用 UPDATE 语句更新 dept 表，可以看到，在触发器体内必须要能分辨出更新字段所属的表，从而完成相应的更新操作。

同样，可以创建一个用于监控 DELETE 语句的替代触发器，这样当对视图执行删除操作时，可以通过该替代触发器来实现。DELETE 的替代触发器比较简单，它只需要将对视图的删除操作转换为对各个基表的删除操作。代码 15.13 演示了如何创建一个用于 DELETE 的替代触发器。

代码 15.13 创建 DELETE 替代触发器

```
CREATE OR REPLACE TRIGGER t_dept_emp_delete
  INSTEAD OF UPDATE ON emp_dept      --在视图 emp_dept 上创建 INSTEAD OF 触发器
  REFERENCING  OLD AS o              --指定谓词别名
  FOR EACH ROW                       --行级触发器
BEGIN
  DELETE FROM emp WHERE empno=:o.empno;        --删除 emp 表
  DELETE FROM dept WHERE deptno=:o.deptno;      --删除 dept 表
END;
```

在这个示例替代触发器中，将对视图的删除操作替换为分别对 emp 表和 dept 表的基表操作，这样就成功地将视图数据删除了。

在替代触发器中，也可以使用条件谓词，比如 INSERTING、UPDATING 和 DELETING 谓词来测试特定的触发语句类型，意味着可以在一个触发器中同时监控对视图的 INSERT、UPDATE 和 DELETE 的操作，这可以避免创建多个触发器带来的维护工作量。在一个触发器中维护要比管理多个触发器要方便得多，代码 15.14 演示了如何将对视图 emp_dept 的操作写在一个触发器中。

代码 15.14 t_emp_dept 替代触发器完整示例

```
CREATE OR REPLACE TRIGGER t_emp_dept
  INSTEAD OF UPDATE OR INSERT OR DELETE ON emp_dept
  REFERENCING NEW AS n OLD AS o      --指定谓词别名
  FOR EACH ROW                       --行级触发器
DECLARE
  v_counter   INT;                   --计数器统计变量
BEGIN
  SELECT COUNT (*)
    INTO v_counter
    FROM dept
   WHERE deptno = :o.deptno;         --判断在 dept 表中是否存在相应的记录
  IF v_counter >0                    --如果存在，则更新 dept 表
  THEN
    CASE                             --根据不同的条件执行不同的操作
    WHEN UPDATING THEN
      UPDATE dept SET dname=:n.dname,loc:=:n.loc WHERE deptno=:o.deptno;
    WHEN INSERTING THEN
      INSERT INTO dept VALUES (:n.deptno, :n.dname, :n.loc);
    WHEN DELETING THEN
      DELETE FROM dept WHERE deptno=:o.deptno;      --删除 dept 表
    END CASE;
  END IF;
  SELECT COUNT (*)                            --判断 emp 表中是否存在员工记录
```

```
    INTO v_counter
    FROM emp
 WHERE empno = :n.empno;
  IF v_counter > 0                      --如果存在，则更新 emp 表
  THEN
    CASE
    WHEN UPDATING THEN
      UPDATE      emp      SET      ename=:n.ename,job=:n.job,mgr=:n.mgr,
hiredate=:n.hiredate,sal=:n.sal,
            comm=:n.comm, deptno=:n.deptno WHERE empno=:o.empno;
    WHEN INSERTING THEN
      INSERT INTO emp      --如果是 INSERT 语句，则向 emp 表中插入一行记录
            (empno, ename, job, mgr, hiredate, sal,
            comm, deptno
            )
        VALUES (:n.empno, :n.ename, :n.job, :n.mgr, :n.hiredate, :n.sal,
            :n.comm, :n.deptno
            );
    WHEN DELETING THEN              --如果是 DELETE 语句，则删除 emp 表中的记录
      DELETE FROM emp WHERE empno=:o.empno;
    END CASE;
  END IF;
END;
```

在这个示例中，通过 INSTEAD OF UPDATE OR INSERT OR DELETE 来同时监控引发触发器的多个事件。下面的步骤详细讨论了这个触发器的具体实现过程。

（1）在触发器体内，首先使用 SELECT INTO 语句查询 dept 表中指定部门编号的记录是否存在，如果存在，则进入一个 CASE 语句。在 CASE 语句内部，通过条件谓词来判断当前执行的操作类型，如果是更新操作，则匹配 UPDATING 条件谓词，从而对 dept 表执行 UPDATE 语句。如果匹配 INSERTING 或 DELETING，则分别执行 INSERT 和 DELETE 语句来操作 dept 表。

（2）与操作 dept 表类似，对于 emp 表，首先通过 SELECT INTO 语句查询 emp 表中是否存在匹配的员工编号，如果存在，同样进入 CASE 语句块中，通过条件谓词来判断执行的操作类型，然后分别对 emp 表执行 INSERT、UPDATE 和 DELETE 操作。

可以看到，INSTEAD OF 替代触发器的使用方式与 DML 触发器的语法规范基本相同，只是在触发器体内，需要根据不同的基表来处理不同的操作。当视图具有更新能力后，可以减少很多前端应用程序需要大量代码才能实现的工作。

15.4　系统事件触发器

前面介绍的 DML 触发器和替代触发器，它们都在 DML 语句执行时触发，除此之外，在 Oracle 中还可以创建系统级的触发器，系统事件触发器在系统事件发生时触发，比如当数据库启动或关闭、出现错误时，系统事件触发器还包含了当创建数据库对象时的 DDL 触发器，比如创建或删除表、创建索引或系列等，它支持任何数据字典对象的创建。

15.4.1　定义系统触发器

系统事件触发器的定义与 DML 触发器比较相似，它可以指定 BEFORE 和 AFTER 触

发时机，在触发的事件上，系统事件触发器可以指定 DDL 事件和数据库事件，在触发的对象上可以指定在 DATABASE 数据库级别或者是 SCHEMA 级别，它的触发对象不再是表和视图，因此在触发器体内也就无法再使用 OLD 和 NEW 伪记录来返回记录信息。系统事件触发器的创建语法如下：

```
CREATE [OR REPLACE] TRIGGER trigger name
  {BEFORE | AFTER } { DDL event |DATABASE event}
  ON {DATABASE | SCHEMA}
  [WHEN (...)]
  DECLARE
  Variable declarations
  BEGIN
   ...some code...
  END;
```

可以看到，语法与 DML 触发器的创建语法非常相似，它具有 BEFORE 和 AFTER，只是在触发器的事件和触发的对象上有些不同。下面是语法关键字的含义描述：

❑ CREATE TRIGGER 用来指定创建一个触发器，可选的 OR REPLACE 是指在触发器存在时，替换现有的触发器定义。

❑ BEFORE 或 AFTER 用来指定触发器触发的时机，也可以使用 INSTEAD OF 替代触发器。

❑ 可以指定 DDL event 作用在特定的数据库表或方案，这些事件包含 ALTER、ANALYZE、ASSOCIATE STATISTICS、AUDIT、COMMENT、CREATE、DROP、GRANT、RENAME、REVOKE、TRUNCATE 等。

❑ 可以指定 DATABASE event 数据库级的系统事件，对每一个触发的事件，Oracle 会打开一个匿名事务，触发触发器，提交任何独立的事务，这些事件有 SERVERERROR、LOGON、LOGOFF、STARTUP、SHUTDOWN、SUSPEND。

❑ WHEN 子句用来指定触发的条件，用来指定执行触发器代码时必须满足的条件。

⌂注意：在创建数据库级的触发器时，必须具有 ADMINISTER DATABASE TRIGGER 的系统特权，因此在本节中将以 DBA 权限的用户进行登录来演示系统触发器的创建方法。

了解系统事件触发器的创建语法后，接下来将分别介绍如何在 Oracle 中创建 DDL 触发器和系统事件触发器，这两种类型的触发器常被系统管理员创建来监控数据库的运行状态和执行情况。

15.4.2 使用 DDL 触发器

DDL 触发器在 DDL 语句执行时触发，它需要与 DATABASE 或 SCHEMA 进行绑定，以便管理数据库级别或仅仅只是某个方案级别的数据字典对象的修改。可供使用的 DDL 事件如表 15.2 所示。

表 15.1　DDL触发器事件列表

事　　件	触 发 时 机	描　　述
CREATE	BEFORE/AFTER	在创建一个方案对象之前或之后触发，比如创建表、索引等对象
DROP	BEFORE/AFTER	在删除一个方案对象之前或之后触发
ALTER	BEFORE/AFTER	在修改一个方案对象之前或之后触发
ANALYZE	BEFORE/AFTER	当使用 ANALYZE 分析数据库对象之前或之后触发
ASSOCIATE STATISTICS	BEFORE/AFTER	统计相关的数据库对象之前或之后触发
AUDIT	BEFORE/AFTER	当使用 AUDIT 开启审计功能之前或之后触发
COMMENT	BEFORE/AFTER	当对一个数据库对象应用注释之前或之后触发
DDL	BEFORE/AFTER	DDL 指定在本表格中列出的任何事件执行之前或之后触发
DISASSOCIATE STATISTICS	BEFORE/AFTER	取消对一个数据库对象的统计之前或之后触发
GRANT	BEFORE/AFTER	在使用 GRANT 进行权限分配之前或之后触发
NOAUDIT	BEFORE/AFTER	当使用 NOAUDIT 语句关闭审计功能之前或之后触发
RENAME	BEFORE/AFTER	当使用 RENAME 语句对一个数据库对象进行重命名之前或之后触发
REVOKE	BEFORE/AFTER	使用 REVOKE 语句取消权限之前或之后触发
TRUNCATE	BEFORE/AFTER	当使用 TRUNCATE 语句清除一个表的内容之前或之后触发

可以看到，在 DDL 触发器上可以通过 BEFORE 和 AFTER 指定触发器执行的时机，它们基本上都具有 BEFORE 和 AFTER 的特性可以指定。

接下来创建一个例子，这个例子监控 scott 方案下各种对象的创建，然后写入到日志 created_log 中去，这可以通过一个 DDL 触发器来实现，如示例代码 15.15 所示。

代码 15.15　使用 DDL 触发器监控方案对象的创建

```
--在 scott 用户模式下创建一个保存 DDL 创建信息的表，
CREATE TABLE created_log
(
    obj_owner VARCHAR2(30),      --所有者
    obj_name  VARCHAR2(30),      --对象名称
    obj_type  VARCHAR2(20),      --对象类型
    obj_user VARCHAR2(30),       --创建用户
    created_date DATE            --创建日期
)
--以 DBA 登录，创建 DDL 触发器监控表的变化
CREATE OR REPLACE TRIGGER t_created_log
    AFTER CREATE ON scott.SCHEMA --在 scott 方案下创建对象后触发
BEGIN
    INSERT INTO scott.created_log(obj_owner, obj_name,      --插入日志记录
            obj_type, obj_user, created_date
            )
        VALUES (SYS.dictionary_obj_owner, SYS.dictionary_obj_name,
            SYS.dictionary_obj_type, SYS.login_user, SYSDATE
```

```
     );
END;
```

在这个示例中，创建了一个表 created_log，它将用来保存执行 DDL 时的创建信息。可以看到，它记录了 CREATE 语句执行时的所有者、对象名称、类型、创建的用户和日期。t_created_log 是一个 AFTER 触发器，它在 DDL 语句执行之后触发，用来监控 scott.SCHEMA 方案下的 CREATE 语句的执行情况。在 INSERT 语句的 SELECT 列表中，它使用了各种系统内置的函数来获取当前数据字典对象的信息，比如 dictionary_obj_owner 用来指定数据字典对象的所有者等。其中 SYS 指定 SYS 方案名称，它们没有相应的同义词，因此在其他的方案中调用时，必须要指定 SYS 前缀。

接下来在 scott 方案下创建一些对象，然后查看 created_log 表中是否已经记录了相应的创建信息，示例语句如下：

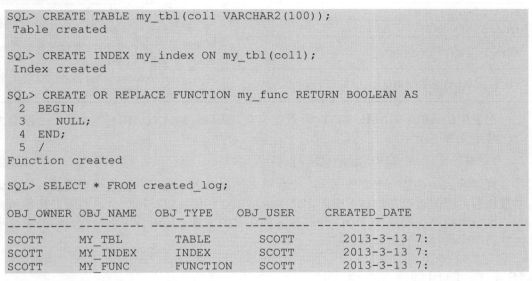

```
SQL> CREATE TABLE my_tbl(col1 VARCHAR2(100));
 Table created

SQL> CREATE INDEX my_index ON my_tbl(col1);
 Index created

SQL> CREATE OR REPLACE FUNCTION my_func RETURN BOOLEAN AS
  2  BEGIN
  3    NULL;
  4  END;
  5  /
Function created

SQL> SELECT * FROM created_log;

OBJ_OWNER OBJ_NAME  OBJ_TYPE    OBJ_USER   CREATED_DATE
--------- --------- ----------- ---------- ------------------------------
SCOTT     MY_TBL    TABLE       SCOTT      2013-3-13 7:
SCOTT     MY_INDEX  INDEX       SCOTT      2013-3-13 7:
SCOTT     MY_FUNC   FUNCTION    SCOTT      2013-3-13 7:
```

可以看到，当在 scott 方案下使用 CREATE 语句创建任何对象时，由于 DDL 触发器的作用，在 created_log 中都会记录相应的信息，这些信息通过 SYS 包中的函数来获取当前上下文信息，因此在上面的示例中创建了 3 个方案对象后，在 created_log 表中果然记录了这 3 个方案对象的创建详细信息。

Oracle 在 DBMS_STANDARD 包中，也就是 SYS 方案下的系统中，提供了一些功能性的函数，以便在开发系统级别的触发器时可以提供一些系统级别的信息，比如可以提供当前正在被删除的表名、类型、操作的用户等。表 15.3 列出了这些常用函数的作用。

表 15.3　事件属性函数列表

属 性 函 数	描　　述
ORA_CLIENT_IP_ADDRESS	返回客户端的 IP 地址
ORA_DATABASE_NAME	返回当前数据库的名称
ORA_DES_ENCRYPTED_PASSWORD	返回 DES 加密后的用户口令
ORA_DICT_OBJ_NAME	返回 DDL 操作所对应的数据库对象名
ORA_DICT_OBJ_NAME_LIST(NAME_LIST OUT ORA_NAME_LIST_T)	返回在事件中被修改的对象名列表

续表

属 性 函 数	描　　述
ORA_DICT_OBJ_OWNER	返回 DDL 操作所对应的对象的所有者名称
ORA_DICT_OBJ_OWNER_LIST(OWNER_LIST OUT ORA_NAME_LIST_T)	返回在事件中被修改对象的所有者列表
ORA_DICT_OBJ_TYPE	返回 DDL 操作所对应的数据库对象的类型
ORA_GRANTEE(USER_LIST OUT ORA_NAME_LIST_T)	返回授权事件的授权者
ORA_INSTANCE_NUM	返回例程号
ORA_IS_ALTER_COLUMN(COLUMN_NAME IN VARCHAR2)	检测特定列是否被修改
ORA_IS_CREATING_NESTED_TABLE	用于检测是否正在建立嵌套表
ORA_IS_SERVERERROR(ERROR_NUMBER)	用于检测是否返回了特定 Oracle 错误
ORA_LOGIN_USER	用于返回登录用户名
ORA_SYSEVENT	用于返回触发触发器的系统事件名
ORA_IS_DROP_COLUMN	如果指定的 column_name 正在被移除则返回 True，否则返回 False
ORA_IS_ALTER_COLUMN	如果指定的 column_name 参数已经被修改则返回 True，否则返回 False

在表中的 ORA_NAME_LIST_T 是定义在 DBMS_STANDARD 包中的一个嵌套表类型，其定义如下所示：

```
TYPE ora_name_list_t IS TABLE OF VARCHAR2(64);
```

可以看到，这是一个存放了 64 个字符串的嵌套表，由于嵌套表类型无法直接存储在方案级别，因此通过在包规范中的定义，就可以让任何可以使用这个包的用户来使用嵌套表。这些函数不仅提供了 DDL 触发器可供获取的信息，还包含接下来将介绍的系统事件触发器中可供使用的上下文信息。

15.4.3　使用数据库触发器

数据库触发器可以用来创建数据库系统级别的事件触发器，比如在数据库启动之后，用一个触发器来记录当前数据库服务器启动的时间信息，或者在数据库关闭之前用来记录数据库的关闭时间，而且还可以通过对数据库级别的 SERVERERROR 创建触发器，从而在数据库发生任何错误时进行处理。

数据库事件触发器中可用的事件参考表 15.4。

表 15.4　数据库系统触发器事件列表

事　　件	触 发 时 机	描　　述
STARUP	AFTER	当数据库实例启动后触发。这个触发器仅能用于 DATABASE，不能用于 SCHEMA
SHUTDOWN	BEFORE	当数据库实例关闭前触发，如果数据库是异常关闭的，那么这个事件可能不会被触发。这个触发器仅能用于 DATABASE，不能用于 SCHEMA
SERVERERROR	AFTER	当产生下面的事件时就会触发触发器： （1）一个已经被记录的服务器错误消息。 （2）当数据库管理系统出现安全性事件时触发，比如数据库启动或一个紧急的错误发生

续表

事 件	触 发 时 机	描 述
LOGON	AFTER	当一个用户成功连接到该数据库后触发
LOGOFF	BEFORE	当用户注销前触发
DB_ROLE_CHANGE	AFTER	当数据库的角色发生改变时触发，用于 Oracle Data Guard 环境中。这个触发器仅能用于 DATABASE，不能用于 SCHEMA
SUSPEND	AFTER	又称为挂起事件触发器，当一个服务器错误导致一个事务被挂起时触发这个触发器

可以看到，一些触发器仅能在 DATABASE，也就是数据库级别被触发，一些触发器既可以在数据库级别，也可以在方案级别被触发。指定 ON SCHEMA 在方案级别触发时，只有当触发事件以指定方案触发时，方案级别的触发器才会激发，比如在 scott 方案中创建 LOGON 触发器后，当 scott 用户登录时，才会执行触发器。当指定 DATABASE 级别时，只要所有的用户登录，触发器都会执行。对于数据库系统级别的事件来说，DBA 通常会创建数据库级别的触发器来监控整个数据库的事件，比如所有用户连接到数据库时，都可以触发 LOGON 事件触发器。

与 DML 触发器类似的是，数据库系统触发器也可以具有 WHEN 子句来指定触发的条件，但是也有一些限制条件，如下所示：

❑ STARTUP 和 SHUTDOWN 触发器不能具有任何条件。

❑ SERVERERROR 触发器能够使用 ERRNO 测试来检查一个指定的错误。

❑ LOGON 和 LOGOFF 触发器可以使用用户的 ID 和用户名与 USERID 或 USERNAME 比较。

同时由于一些事件只能在 DATABASE 级别触发，比如 STARTUP 和 SHUTDOWN，很明显在 SCHEMA 级别触发这两个事件是没有任何意义的。

为了演示方案级别和数据库级别的触发器之间的区别，接下来创建了两个触发器，分别是数据库级别的 LOGON 触发器和 scott 方案级别的 LOGON 触发器，这两个触发器都将登录信息写入到各自的数据库表中。

⚠️注意：为了创建系统触发器，必须使用 ADMINISTER DATABASE TRIGGER 系统权限。在创建模式级别的触发器时，如果模式没有用 SCHEMA 指定，则默认为拥有该触发器的模式。

为了演示两种不同级别的触发器的用法，下面分别以 SYS 用户登录创建一个 log_db_table 的表，以 scott 用户创建一个 log_user_table，用来保存方案级别触发器的数据和数据库级别触发器的数据，创建代码如下所示：

```
--以 DBA 身份登录，创建下面的登录记录表
CREATE TABLE log_db_table
(
  username VARCHAR2(20),
  logon_time DATE,
  logoff_time DATE,
  address VARCHAR2(20)
);
--以 scott 身份登录，创建下面的登录记录表
CREATE TABLE log_user_table
(
```

```
  username VARCHAR2(20),
  logon_time DATE,
  logoff_time DATE,
  address VARCHAR2(20)
);
```

接下来分别用 DBA 身份进行登录创建数据库级的 LOGON 触发器，用 scott 用户进行登录创建一个方案级的 LOGON 触发器，然后分别查看这两个触发器的不同的作用范围。触发器的创建如代码 15.16 所示。

代码 15.16　创建方案及数据库级别的登录触发器

```
--以 DBA 身份登录，创建 DATABASE 级别的 LOGON 事件触发器
CREATE OR REPLACE TRIGGER t_db_logon
AFTER LOGON ON DATABASE
BEGIN
  INSERT INTO log_db_table(username,logon_time,address)
            VALUES(ora_login_user,SYSDATE,ora_client_ip_address);
END;
--以 scott 身份登录，创建如下的 SCHEMA 级别的 LOGON 事件触发器
CREATE OR REPLACE TRIGGER t_user_logon
AFTER LOGON ON SCHEMA
BEGIN
  INSERT INTO log_user_table(username,logon_time,address)
            VALUES(ora_login_user,SYSDATE,ora_client_ip_address);
END;
```

在示例中创建了两个触发器，t_db_logon 是定义在数据库级别的触发器，它向 log_db_table 表中写入当前登录的用户信息，调用 ora_login_user 获取当前登录的用户名，调用 ora_client_ip_address 获取当前登录的客户端的 IP 地址。t_user_logon 是定义在方案级别的触发器，这里没有显式地使用 scott.SCHEMA，表示当前创建的用户拥有该触发器。因此当用 scott 用户登录数据库时才会写入到 log_user_table 表中。

接下来分别用 scott 和 sys 用户账户进行登录，然后查询 log_db_table 表和 log_user_table 表，示例语句如下：

```
sys_Ding@ORCL> conn scott/tigers;
Connected.
scott_Ding@ORCL> conn sys/oracle as sysdba
Connected.

sys_Ding@ORCL> ALTER SESSION SET NLS_DATE_FORMAT='YYYY-MM-DD HH24:MI:SS';
Session altered.
sys_Ding@ORCL> SELECT * FROM log_db_table;
USERNAME              LOGON_TIME            LOGOFF_TIME          ADDRESS
--------------------------------------------------------------------------
SCOTT                 2013-03-13 17:07:21
SYS                   2013-03-13 17:08:04
SYS                   2013-03-13 17:08:07
SYS                   2013-03-13 17:09:04
sys_Ding@ORCL> SELECT * FROM scott.log_user_table;
USERNAME              LOGON_TIME            LOGOFF_TIME          ADDRESS
--------------------------------------------------------------------------
SCOTT                 2013-03-13 17:07:21
```

可以看到，log_db_table 表中包含了 scott、sys 等用户的登录信息，只要是进行数据库

登录，无论是哪个用户，都会触发 DATABASE 级别的系统事件触发器，而 SCHEMA 级别的触发器，只在 scott 用户登录时才会触发。

15.4.4 SERVERERROR 触发器

当数据库出现错误时，可以通过创建 SERVERERROR 事件触发器来记录错误信息，在触发器体内可以通过访问 SERVER_ERROR 属性函数得到错误的代码，然后通过查找堆栈中的错误代码从而了解代码的相关信息。

注意：如果 Oracle 异常是由该触发器内部抛出的，SERVERERROR 触发器也不会触发，这样可以避免触发器陷入递归执行。

不是所有的异常都会导致 SERVERERROR 触发器触发，下面是一些不会被 SERVERERROR 触发器触发的异常代码：

- RA-00600，Oracle 内部错误。
- ORA-01034，Oracle 不可用。
- ORA-01403，没有找到数据。
- ORA-01422，提取操作返回大于请求的行数。
- ORA-01423，在一个提取操作中检测到额外的行。
- ORA-04030，在分配字节时内存不够。

可以通过 DBMS_STANDARD 包中定义的一些内置函数来从错误堆栈中获取信息，这些函数如表 15.5 所示。

表 15.5　获取错误信息的属性函数列表

属 性 函 数	描 述
ORA_SERVER_ERROR	返回错误堆栈中指定位置的 Oracle 错误号，如果指定位置没有发现错误，则返回 0
ORA_IS_SERVERERROR	如果当前的异常堆栈中出现了指定的错误号，则返回 True
ORA_SERVER_ERROR_DEPTH	返回栈中错误的数量
ORA_SERVER_ERROR_MSG	返回指定位置的错误消息的完整文本，如果没有错误，则返回 NULL
ORA_SERVER_ERROR_NUM_PARAMS	返回指定位置的错误消息的参数数量，如果没有错误，则返回 0
ORA_SERVER_ERROR_PARAM	返回指定错误的指定位置的参数的值，如果没有，则返回 NULL

如果要获取错误代码的相关信息，也可以使用 DBMS_UTILITY.FORMAT_ERROR_STACK 过程来获取错误堆栈的信息。下面演示了创建一个数据库级别的触发器，这个触发器用来记录所有数据库级别的异常并记录到数据库表中。代码中使用了 DBMS_UTILITY.FORMAT_ERROR_STACK 来获取异常堆栈中的详细错误信息，实现如代码 15.17 所示。

代码 15.17　使用 AFTER SERVERERROR 触发器记录错误日志

```
--使用 SYS 用户登录创建一个错误日志记录表
CREATE TABLE servererror_log(
```

```
   error_time DATE,
   username  VARCHAR2(30),
   instance NUMBER,
   db_name VARCHAR2(50),
   error_stack VARCHAR2(2000)
);
--在 SYS 方案下，创建错误触发器，在出现数据库错误时触发
CREATE OR REPLACE TRIGGER t_logerrors
   AFTER SERVERERROR ON DATABASE
BEGIN
   INSERT INTO servererror_log
      VALUES (SYSDATE, login_user, instance_num, database_name,
             DBMS_UTILITY.format_error_stack);
END;
```

这个示例在 SYS 用户方案下，首先创建了一个表用 servererror_log 来记录日志信息，触发器 t_logerrors 将使用系统变量和 DBMS_UTILITY.format_error_stack 函数来记录详细的错误信息。触发器创建后可以显式地制造一些错误，然后查询 serverrror_log 表，可以发现错误信息果然已经记录到了数据库表中，如以下语句所示：

```
scott_ding@ORCL> conn scott/tiger;
已连接。
scott_ding@ORCL> SELECT * FROM emp2;
SELECT * FROM emp2
             *
第 1 行出现错误:
ORA-00942: 表或视图不存在
scott_ding@ORCL > conn sys/oracle as sysdba;
已连接。
SQL> SELECT * FROM servererror_log;
ERROR_TIME   USERNAME    TANCE DB_NAME    ERROR_STACK
----------- ---------- ---------------------- --------------------
28-10 月-11    SCOTT              1 ORCL        ORA-00942: 表或视图
                                                     不存在
.........................省略部分异常信息
已选择 11 行。
```

这个查询结果不仅包含了用户显示造成的异常信息，也包含了数据库系统内部的一些异常信息。由于 DATABASE 级别的 SERVERRROR 触发器会记录所有的错误信息，因此很多内部执行的 Oracle 错误信息也记录到了这个数据表中。

SERVERERROR 触发器会自动使用自治事务与主事务进行隔离，意味着可以在触发器中使用 COMMIT 语句来保存对日志表的修改，而不会影响到出现错误的会话事务。因而可以利用这种特性来创建详细的错误记录。DBA 可以控制某些方案下的错误频率，从而制定出更好的设计方案。

15.5　游　　标

游标是和用操作 SQL 语句返回结果集的很有用的一种方式，它对 SQL 语句的执行结果集中的每一行进行操作，提供了更加细细的数据操作方式。游标可以看作是指向 SQL 语句执行结果的指针，它指向一个结果集，然后通过循环提取结果集中的每一行数据，从而

可以根据每一行数据中的不同条件按行进行处理，它将 SQL 语言对集合的处理转换为对行的处理。

15.5.1　什么是游标

当在 PL/SQL 中执行一个 SQL 语句，比如一个特定的 SELECT 语句或 DML 语句时，Oracle 数据库都会为这个语句分配一个私有工作区，这个区域又称为上下文区域，它包含了查询的活动集、已处理完的行数、被分析语句的指针，游标就是一个指向这个上下文区域的指针。

Oracle 中的游标可以分为如下两种类型：

（1）隐式游标，每次运行一个 SELECT 或 DML 语句时，PL/SQL 都会打开一个隐式的游标，用户不能控制这个隐式游标，但是可以通过 SQL 游标属性来获取游标相关的信息。隐式游标也常常被称为 SQL 游标，SQL 游标属性常常引用最近一次执行 SELECT 或 DML 语句的上下文区域，如果没有 SQL 语句被执行，则 SQL 属性为 NULL。

（2）显式游标，是指通过游标定义语句显式定义的一个游标，它需要使用特定的语句打开、提取游标数据，在使用完成后关闭游标，用户可以对游标进行完整的控制。

隐式游标是 PL/SQL 自动分配的，例如下面的示例中，在 PL/SQL 块中执行了一个 UPDATE 语句，PL/SQL 会声明和使用一个隐式游标，通过以 SQL%开头的隐式游标属性，可以获取游标相关的信息，示例如代码 15.18 所示。

代码 15.18　在 PL/SQL 中使用隐式游标

```
BEGIN
  UPDATE emp
    SET comm = comm * 1.12
  WHERE empno = 7369;                    --更新员工编号为 7369 的员工信息
  --使用隐式游标属性判断已更新的行数
  DBMS_OUTPUT.put_line (SQL%ROWCOUNT || ' 行被更新');
  --如果没有任何更新
  IF SQL%NOTFOUND
  THEN
    --显示未更新的信息
    DBMS_OUTPUT.put_line ('不能更新员工号为 7369 的员工!');
  END IF;
  --向数据库提交更改
  COMMIT;
EXCEPTION
  WHEN OTHERS
  THEN
    DBMS_OUTPUT.put_line (SQLERRM);  --如果出现异常，显示异常信息
END;
```

隐式游标又称为 SQL 游标，它的游标属性通过 SQL%作为游标属性的前缀，SQL 游标不是由程序打开和关闭，而是由 PL/SQL 隐式地打开游标，然后处理游标 SQL 语句，最后关闭游标。在示例中，首先调用 UPDAT 语句更新 emp 表中的 comm 列，然后通过 SQL%ROWCOUNT 获取当前 UPDATE 语句受影响的行数，通过 SQL%NOTFOUND 判断是否更新了任何行。隐式游标常用于处理 INSERT、UPDATE、DELETE 和 SELECT INTO

语句,用于 PL/SQL 引擎隐式地处理游标的打开和关闭,因此没有与显式游标那样的 OPEN、FETCH 和 CLOSE 命令。

⌂注意:由于隐式游标在语句处理过后就自动关闭了, 因此 SQL%ISOPEN 属性的值始终
　　　 为 FALSE。

隐式游标的四大游标属性的作用分别如下所示:
- ❑ SQL%ISOPEN 属性,返回布尔值,游标是否打开。
- ❑ SQL%FOUND 属性,返回布尔值,游标是否具有受影响的行数据。
- ❑ SQL%NOTFOUND 属性,返回布尔值,游标是否没有受影响的行数据。
- ❑ SQL%ROWCOUNT 属性,返回受影响的行数。

在 PL/SQL 语句中执行了 INSERT、UPDATE、DELETE 和 SELECT INTO 语句之后,就可以通过隐式游标的这些属性来访问游标上下文区域中的 SQL 语句的执行信息。

对于一个显式游标来说,需要由用户自行使用游标定义语句定义一个游标,显式游标用来明确地把一个 SELECT 语句声明成一个游标,还要明确地执行各种游标操作,比如打开、提取和关闭等。在接下来的小节中将介绍如何定义和操作显式游标。

15.5.2　定义游标

显式游标提供了比隐式游标更多的控制能力,它主要处理通过 SELECT 语句返回的多行数据。显式游标在使用前需要先在 PL/SQL 语句块的定义部分进行定义,需要为游标取一个游标名称,并且关联所需要打开的 SELECT 语句,其定义语法如下:

```
CURSOR cursor_name [parameter_list]
[RETURN return_type]
IS query
[FOR UPDATE [OF (column_list)][NOWAIT]];
```

声明语句中关键部分的含义如下:
- ❑ cursor_name,用于指定一个有效的游标名称,这个名称遵循 PL/SQL 的标识符命名规范。
- ❑ parameter_list,用于指定一个或多个可选的游标参数,这些参数将用于查询执行。
- ❑ RETURN return_type,可选的 RETURN 子句指定游标将要返回的由 return_type 指定的数据类型,return_type 必须是记录或%ROWTYPE 指定的数据表的行类型。
- ❑ query,可以是任何 SELECT 语句。
- ❑ FOR UPDATE,指定该子句将在游标打开期间锁定游标记录,这些记录对其他用户来说为只读模式。

在游标定义时,游标参数常用来作为 SELECT 语句的查询条件,以便传入不同的参数给游标时可以改变游标 SELECT 语句的查询结果集。参数的定义如下:

```
cursor_parameter_name [IN] datatype [{:= | DEFAULT } expression]
```

可以看到参数的定义与子程序的参数定义有些相似,它可以指定 IN 参数传递模式,使用 DEFAULT 或使用赋值运算符:=来指定参数的默认值。

代码 15.19 中定义了两个游标，一个是使用了游标的最简化的定义方式，另外一个游标的定义中既指定了游标的参数，又指定了游标的返回类型。

代码 15.19 定义显示游标

```
DECLARE
  CURSOR emp_simple_cursor              --简单游标定义，查询部门编号为 20 的数据
  IS
    SELECT *
      FROM emp
     WHERE deptno = 20;
  --声明游标并指定游标返回值类型
  CURSOR emp_cursor (p_deptno IN NUMBER) RETURN emp%ROWTYPE
  IS
    SELECT *
      FROM emp
     WHERE deptno = p_deptno;
BEGIN
  OPEN emp_cursor (20);   --打开游标
END;
```

在 PL/SQL 匿名块的声明部分，使用 CURSOR 定义了两个游标，其描述分别如下所示：

（1）emp_simple_cursor 使用了游标的简单定义语法，它以 CURSOR 开始，紧随游标的名称，接下来是一个 SELECT 语句，用来指定游标将要执行的 SQL 查询。

⚠注意：游标名是一个标识符而不是 PL/SQL 变量名，因此不能把值赋给游标名或在表达式中使用它，但是游标和变量有着同样的作用域规则。

（2）emp_cursor 包含了一个输入参数，与子程序的定义一样，参数类型不包含任何类型长度或精度信息，使用 RETURN 子句指定游标的返回类型为 emp%ROWTYPE，这限制了 IS 关键字后面的 SELECT 语句的选择列表必须是 emp 表中的所有字段，代码中查询 emp 表中的 deptno 与传入的 p_deptno 匹配的员工编号。

游标定义好后，必须按照一定的步骤对游标进行打开、提取和关闭，否则游标仅仅是一个定义。游标既可以定义在 PL/SQL 块的声明部分，也可以在包规范或包体中声明，这样游标就具有了会话级别的作用域。

还可以声明一个游标，并不指定具体的游标的 SELECT 语句，然后可以在同样的 PL/SQL 语句块、子程序或包中来定义这个游标，或者是在声明的同时定义游标。声明游标的语法如下：

```
CURSOR cursor_name [ parameter_list ] RETURN return_type;
```

可以看到，它除了不包含 IS query 指定 SELECT 语句之外，其他的定义方式与普通的游标定义基本相似。代码 15.20 演示了如何在匿名块中声明并定义游标。

代码 15.20 声明并定义游标示例

```
DECLARE
  CURSOR c1_dept RETURN dept%ROWTYPE;      --声明一个游标
  CURSOR c2_emp IS                         --定义且声明一个游标
    SELECT empno,ename,sal,comm FROM emp
```

```
   WHERE deptno=20;
 CURSOR c1_dept RETURN dept%ROWTYPE IS        --定义游标 c1_dept
   SELECT * FROM dept                         --指定游标的 SELECT 语句和返回类型
   WHERE deptno = 20;
 CURSOR c3_emp RETURN emp%ROWTYPE;            --声明游标 c3_emp
 CURSOR c3_emp IS                             --定义一个游标 c3_emp
   SELECT * FROM emp                          --这里可以省略掉返回类型
   WHERE empno = '7369';
BEGIN
  NULL;
END;
```

在这个示例中，首先声明了 c1_dept 游标，它没有包含 SELECT 语句，仅定义了一个游标名称和返回类型，因为游标返回类型是必需的而不是可选的。c2_emp 游标在声明又定义了游标，现在这个游标可以直接被打开。c1_dept 定义了在前面声明的 c1_dept 游标，它重新指定了返回类型和 SELECT 语句。c3_emp 声明了游标，接下来定义了 c3_emp，它不包含返回类型。大多数情况下游标都是声明并且直接定义的，不过有时候在包中定义游标时，可能需要先在包规范中声明游标，然后进入到包体中定义游标。

15.5.3　打开游标

当定义了一个显式游标之后，下一步就是要打开这个游标，否则无法对游标进行操作。打开游标的语法如下：

```
OPEN cursor_name [(parameter_values)];
```

语法中的 cursor_name 必须是已经在 DECLARE 部分定义的游标名称，parameter_values 用于为游标指定实际参数值，如果游标定义时没有定义参数，可以省略掉这个参数。例如可以使用如下的 OPEN 语句打开 emp_cursor 游标：

```
OPEN emp_cursor (20);    --打开游标
```

OPEN 语句实现 SELECT 语句查询，分配用来处理查询的数据库资源，标识结果集，并且在访问游标之前定位游标位置，如果在定义游标时使用了 FOR UPDATE 子句，打开游标时会锁住游标记录，所有对数据的 INSERT、UPDATE 和 DELETE 等操作对游标提取出来的结果集都没有影响，直到游标关闭再打开以后，这些影响才在结果集中显示出来。

简单地说，打开游标的过程实际上发生了如下的 3 步动作：

❏ 检验绑定变量的值。
❏ 基于查询的语句确定游标的活动集。
❏ 游标指针指向游标活动集的第 1 行。

因此一个游标的打开过程可以如图 15.6 所示。

PL/SQL 通常只在游标首次被打开时解析一个显式游标，仅在 SQL 语句首次运行时解析一个 SQL 语句，所有的 SQL 语句的解析都会被缓存起来，以便下次使用，直到缓存超时才会重新进行解析，因此如果关闭了游标并再次打开，PL/SQL 并不会重新解析相关的 SQL，它会使用缓存中已经解析好的查询来继续执行。

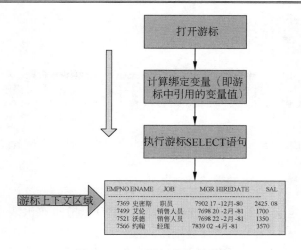

图 15.6　打开游标的执行流程

15.5.4　提取游标数据

当游标打开之后，游标指针定位到了活动结果集的第 1 行数据上。为了能够查看游标指向的数据，必须要将游标指向的数据提取到指定的变量或记录中，否则游标数据无法使用。PL/SQL 提供了 FETCH 语句来实现提取的工作，FETCH 语句一次一行地提取数据，PL/SQL 还提供了 BULK COLLECT 子句批量提取游标数据。

FETCH 语句可以将游标中的 SELECT 行记录提取到一个记录类型的变量中，也可以分别提取到不同的标量变量，其语法如下：

```
FETCH cursor_name INTO variable_name(s) | PL/SQL_record;
```

cursor_name 用于指定要打开的游标名称，variable_name(s)用来指定一个或多个以逗号分隔的变量，变量的类型匹配在游标定义中使用 SELECT 语句查询的字段的顺序。PL/SQL_record 用来指定一个记录类型来一次性接收所有的列数据，一般建议在 LOOP 循环中循环提取多行结果集。

代码 15.21 演示了如何使用 FETCH 语句循环提取游标指向的数据，演示了将游标指向的数据写入到标量变量和写入到记录类型的不同之处。

代码 15.21　使用 FETCH 语句提取游标数据

```
DECLARE
  deptno dept.deptno%TYPE;                --定义保存游标数据的标量变量
  dname dept.dname%TYPE;
  loc dept.loc%TYPE;
  dept_row dept%ROWTYPE;                   --定义保存游标记录的记录变量
  CURSOR dept_cur IS SELECT * FROM dept;   --定义游标
BEGIN
  OPEN dept_cur ;                          --打开游标
  LOOP
    IF dept_cur%ROWCOUNT<=4 THEN           --判断如果当前提取的游标小于等于 4 行
      FETCH dept_cur  INTO dept_row;       --提取游标数据到记录类型中
      IF dept_cur%FOUND THEN               --如果 FETCH 到数据，则进行显示
```

```
        DBMS_OUTPUT.PUT_LINE(dept_row.deptno||''||dept_row.dname||' '||
      dept_row.loc);
        END IF;
      ELSE
        FETCH dept_cur INTO deptno,dname,loc;      --否则提取记录到变量列表中
        IF dept_cur%FOUND THEN                      --如果提取到数据则进行显示
        DBMS_OUTPUT.PUT_LINE(deptno||' '||dname||' '||loc);
        END IF;
      END IF;
      EXIT WHEN dept_cur%NOTFOUND;                  --判断是否提取完成
    END LOOP;
    CLOSE dept_cur;
END;
```

在这个示例中，定义了 3 个标量变量，使用%TYPE 指向 dept 表中的 3 个列的类型，然后定义了一个 dept 表行记录类型，分别用来演示将游标数据写入记录类型和标量类型。在 PL/SQL 执行部分，首先调用 OPEN 语句打开游标，然后开始一个 LOOP 循环，在 LOOP 循环体内，使用显式的游标属性，显式游标变量使用如下的格式：

游标名称%游标属性

显式游标属性可以使用类似隐式游标的 4 大属性，在示例的 LOOP 循环中，判断显式游标属性 ROWCOUNT<=4 时，将游标数据提取到记录类型 dept_row 中，如果%FOUND 的值为 True，表示已经提取到数据，则调用 DBMS_OUTPUT.put_line 输出记录成员的值。如果 dept_cur%ROWCOUNT 的值大于 4，则使用 FETCH INTO 语句将游标指向的数据提取到标量变量中，然后输出标量变量的值。当游标数据提取完成后，dept_cur%NOTFOUND 游标属性的值为 True，因此在 LOOP 循环中通过 EXIT WHEN 子句来判断这个游标属性，从而中断 LOOP 循环。程序的输出如下：

```
10 财务部 纽约
20 系统部 上海
30 销售部 南京
40 营运部 波士顿
60 行政部 远洋
50 行政部 波士顿
12 成本科 深圳
55 勤运部 西北
84 发展 郑州
45 采纳部 佛山
71 系统部 上海
72 开发部 重庆
80 包装部 龙山
```

可以看到，无论是 FETCH INTO 到标量类型，还是 FETCH INTO 到记录类型，其显示的结果是相同的，使用记录类型可以简化程序的编写，因此一般建议使用记录类型来保存从游标中提取的数据。

FETCH 语句一次一行地提取记录，它的提取过程是前向的，不能回退到已经提取过的记录。有时候在处理复杂业务逻辑时，需要反复多次使用已经提取过的游标数据，FETCH 语句有些无能为力，除非关闭并重新打开游标，而且 FETCH 语句由于一次只能提取一行，总是需要在游标上下文区域和 PL/SQL 引擎之间往返，会造成一定的性能开销。PL/SQL 提

供了 BULK COLLECT INTO 子句，使用 BULK COLLECT 批处理子句可以一次性将游标中的结果集保存到集合中，这样就可以利用集合的特性在游标结果集副本中进行往返。BULK COLLECT INTO 子句的使用如示例代码 15.22 所示。

代码 15.22　使用 BULK COLLECT INTO 批量提取游标数据

```
DECLARE
  --定义两个嵌套表类型，分别用来保存员工的编号和员工名称
  TYPE IdsTab  IS TABLE OF emp.empno%TYPE;
  TYPE NameTab IS TABLE OF emp.ename%TYPE;
  --定义两个嵌套表变量，游标数据将被提取到嵌套表变量中
  ids    IdsTab;
  names  NameTab;
  --定义一个游标，用来从 emp 表中提取员工编号和员工姓名
  CURSOR c1 IS
    SELECT empno, ename
    FROM emp
    WHERE job = '职员';
BEGIN
  --打开游标
  OPEN c1;
  --使用 BULK COLLECT INTO 子句批量提取游标数据
  FETCH c1 BULK COLLECT INTO ids, names;
  CLOSE c1;
  --使用集合 API 循环提取嵌套表中的数据
  FOR i IN ids.FIRST .. ids.LAST
    LOOP
      --输出嵌套表中的员工编号
      IF ids(i) > 7900 THEN
        DBMS_OUTPUT.PUT_LINE( ids(i) );
      END IF;
    END LOOP;
  --使用集合 API 循环提取嵌套表中的员工姓名数据
  FOR i IN names.FIRST .. names.LAST
    LOOP
      --输出嵌套表中姓李的员工数据
      IF names(i) LIKE '李%' THEN
        DBMS_OUTPUT.PUT_LINE( names(i) );
      END IF;
    END LOOP;
END;
```

下面的步骤描述了这个示例的实现过程：

（1）由于 BULK COLLECT INTO 只能将游标数据批量提取到集合中，因此示例定义了两个嵌套表类型，这两个嵌套表类型一个将用来保存员工编号信息，一个将用来保存员工名称信息，然后分别定义了两个嵌套表变量 ids 和 names，用来在 PL/SQL 块执行部分接收来自批量绑定的数据。

（2）示例定义了一个游标 c1，游标的 SELECT 语句用来查询员工编号 empno 和员工名称 ename。

（3）在 PL/SQL 块的执行部分，首先使用 OPEN 语句打开游标，然后使用 FECH c1 BULK COLLECT INTO 语句将游标返回的两个列值保存到 ids 和 names 嵌套表中，然后马上关闭游标 c1。

（4）由于在集合 ids 和 names 中已经包含了来自游标活动集中的数据，因此就可以使用集合 API，比如 FIRST 和 LAST 循环提取结果集的数据，并且可以使用 PRIOR 和 NEXT 语句往返地移动集合中的数据。

当使用 BULK COLLECT INTO 子句时，嵌套表被自动初始化，嵌套表和关联数组会自动被扩展以便能够存放所需要的数据。如果使用变长数组，返回的值的个数必须适合变长数组定义的大小，元素会从 1 开始插入，并且覆盖已经存在的元素。

15.5.5　关闭游标

当使用完游标后必须记得立即关闭游标，以便释放与游标相关的资源，包括用于保存活动结果集的存储空间，以及用于确定活动结果集的临时存储空间。关闭游标的基本语法如下：

```
CLOSE cursor_name;
```

cursor_name 是所要关闭的游标的名称，如果使用 CLOSE 语句去关闭一个还未打开的游标，Oracle 将会触发异常。下面的语句将关闭 emp_cursor 游标：

```
CLOSE emp_cursor;
```

游标被关闭后，所有与游标相关的游标属性都变为 NULL，除非重新打开游标，否则访问游标将会导致 Oracle 抛出异常。

15.6　小　　结

本章讨论了 Oracle 中两个重要的对象：触发器和游标。

触发器是一种特殊的命名块，它不是由程序员进行显式调用的，而是由 Oracle 根据某些特定的条件进行自动调用的。本章讨论了触发器的基本概念、触发器的作用和如何定义触发器，并且介绍了在 PL/SQL 中可供使用的触发器的类型。接下来介绍了 DML 触发器，它是 PL/SQL 开发人员使用得比较频繁的触发器，在这一节中讨论了触发器执行的顺序，如何定义一个 DML 触发器，如何使用条件谓词及 NEW 和 OLD 伪记录，以及 REFERENCING 子句指定触发器别名，通过 WHEN 子句指定触发器的执行条件，并且介绍了触发器的异常处理和自治事务的使用。在替代触发器部分，讨论了如何在视图定义替代触发器来处理对视图的 DML 操作。系统事件触发器是 DBA 经常用来监控数据库行为的一种触发器，本章讨论了系统事件触发器的定义和使用，了解了 DDL 触发器、数据库级别的事件触发器及 SERVERERROR 触发器的使用。

游标是用来将 SQL 结果集转换为行级别进行处理的一种方式，本章介绍了游标的概念，讨论了隐式游标和显式游标的使用，重点介绍了如何定义显式游标，如何打开游标并提取游标数据，在游标使用完成后如何关闭游标。

第 16 章 异常处理机制

到目前为止，已经学习过 PL/SQL 块中包含了一个 EXCEPTION 区域，它用来捕捉并处理异常，PL/SQL 提供了类似于第 3 代程序设计语言的异常和异常处理机制。所谓的异常是指 PL/SQL 中产生的警告或错误，比如错误的除 0 操作或内存溢出，或者是用户根据上下文业务逻辑定义的异常。PL/SQL 通过结构化的异常处理方式，避免了因为各种各样的错误导致的服务器端的异常。PL/SQL 具有一套异常处理机制，可以让 PL/SQL 代码变得更加健壮。

16.1 理解异常处理

异常处理是 PL/SQL 从 Ada 语言中引入的一种机制，它允许用户创建自己的异常，使用捕捉式的处理机制来管理程序代码可能产生的可预测和不可预测的错误。PL/SQL 的异常处理机制与 PASCAL、C#或 Java 等语言中的异常处理机制比较相似。相较于 C 语言中必须要通过 IF 语句进行一连串的错误来说，它更加稳健，不会出现难以理解的错误。

16.1.1 异常处理简介

在使用 PL/SQL 开发应用程序时，难免会因为各种各样的原因出现错误，比如因为设计缺陷、代码错误、硬件失效及许多其他的原因，都可能导致应用程序失败。另外一种较难控制的异常处理是用户数据的输入，如果必须要考虑到方方面面，通过一长串的 IF 语句去控制可能的异常，对于程序员来说，基本上是不太可能的，比如程序运行过程中的逻辑性错误，有的时候根本难以预料。在 PL/SQL 中错误一般可以分为如下两大类：

❏ 编译时错误，程序在编写过程中出现的错误，PL/SQL 引擎在进行编译时会发现这些错误并报告给用户，此时程序还没有完全运行。

❏ 运行时错误，程序在运行过程中因为各种各样的原因产生的运行时错误，由于这类错误有时难以预料，因此需要异常处理机制来进行处理。

编译时错误比较好处理，PL/SQL 引擎在编译代码时就能发现这些可能的错误，比如对象不存在或关键字拼写错误。例如当查询一个并不存在的表时，PL/SQL 引擎就会抛出 ORA-00942 这样的 ORACLE 异常。下面的示例查询一个并不存在的 emp001，在 SQL*Plus 中可以看到错误的信息，如图 16.1 所示。

PL/SQL 引擎在编译时会检测静态 SQL 语句中引用的对象是否存在，如果不存在，它会抛出异常，这使得 PL/SQL 代码无法正常得到执行。因此编译器完成了最基本的语句级的验证，它可以避免在程序部署后出现的异常。

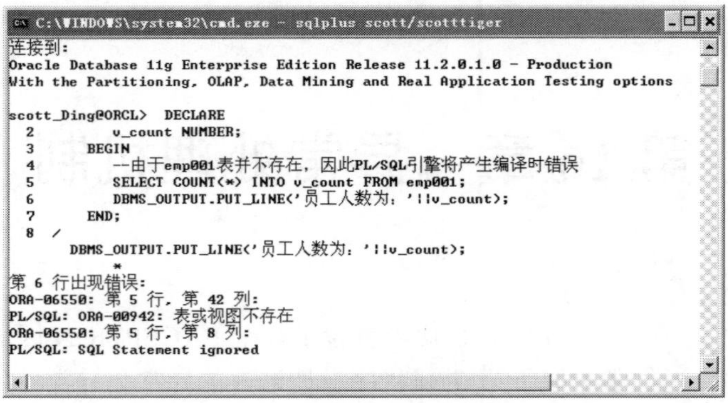

图 16.1　编译时错误示例

比较难处理的是运行时的错误，这类错误比较难以发现，比如一些复杂的业务逻辑的错误，或者是因为服务器硬件问题导致的程序逻辑混乱，这类 PL/SQL 代码通常可以通过编译，但是要在运行时才能导致错误的发生。过多的运行时错误是判断一个程序是否稳健的主要因素，比较经典的示例是被 0 除的错误，代码 16.1 演示了被 0 除的运行时异常，

代码 16.1　运行时 PL/SQL 被零除异常

```
DECLARE
  x NUMBER:=&x;   --使用替换变量，让用户输入除数
  y NUMBER:=&y;   --使用替换变量，让用户输入被除数
  z NUMBER;       --保存运算结果的变量
BEGIN
  z:=x+y;             --2 个数相加
  DBMS_OUTPUT.PUT_LINE('x+y='||z);
  z:=x/y;             --2 个数相除
  DBMS_OUTPUT.PUT_LINE('x/y='||z);
END;
```

在这个示例中，使用了两个替换变量&x 和&y，当在 SQL*Plus 中运行这个匿名块时，将会要求用户输出除数与被除数，如果用户输入正确的除数与被除数，可以看到程序产生了正确的结果，它没有任何编译时的错误，如果用户一不小心输入了一个 0，则会导致 PL/SQL 引擎抛出一个异常，如图 16.2 所示。

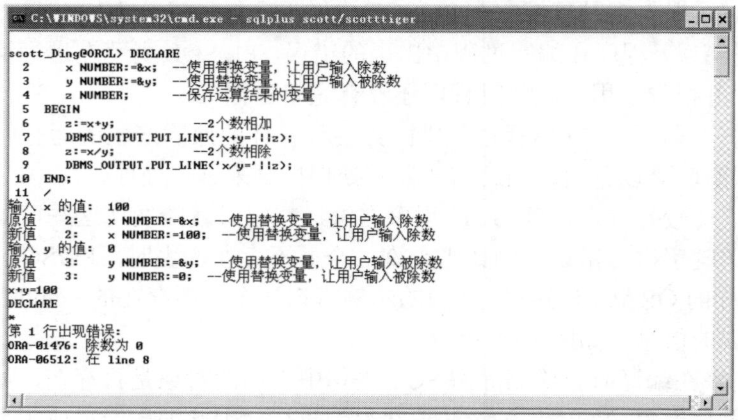

图 16.2　SQL*Plus 抛出被 0 除的错误

由于无法预料到用户可能的输入，因此示例中抛出了 ORA-01476 错误，如果这样的错误提示出现在用户端，将会导致应用程序不稳定的印象，在非结构化的程序设计语言中，例如 C 语言中，开发人员会使用许多的 IF 语句来判断各种可能的错误，这会导致代码变得相当冗长，如果疏漏了某些错误，也会导致应用程序的错误。PL/SQL 的结构化异常处理使用了异常捕捉机制，它可以捕捉某个代码块中的所有可能的错误，在一个统一的位置进行处理，如示例代码 16.2 所示。

代码 16.2 使用异常处理机制处理被零除异常

```
DECLARE
    x NUMBER:=&x;                  --使用替换变量，让用户输入除数
    y NUMBER:=&y;                  --使用替换变量，让用户输入被除数
    z NUMBER;                      --保存运算结果的变量
BEGIN
    z:=x+y;                        --两个数相加
    DBMS_OUTPUT.PUT_LINE('x+y='||z);
    z:=x/y;                        --两个数相除
    DBMS_OUTPUT.PUT_LINE('x/y='||z);
EXCEPTION                          --异常处理语句块
    WHEN ZERO_DIVIDE THEN          --处理被 0 除异常
       DBMS_OUTPUT.PUT_LINE('被除数不能为 0');
    WHEN OTHERS THEN               --处理所有未捕获的异常
       DBMS_OUTPUT.PUT_LINE('应用程序出现了错误');
END;
```

可以看到，通过将所有的异常处理部分放在 EXCEPTION 部分，使用 WHEN 子句来捕捉异常，PL/SQL 对于被 0 除的错误定义了一个预定义的 ZERO_DIVIDE 异常，捕获该异常可以对被 0 除的错误进行处理，避免了在代码中使用 IF 语句进行条件判断。所有其他可能的异常都被放在 WHEN OTHERS THEN 中进行处理，这使得任何未经预料的异常都可以执行 WHEN OTHERS THEN 语句下面的代码块。

可以看到，异常处理将错误处理与应用程序的逻辑进行隔离，它提供了更加清晰的代码，使得程序逻辑更易于理解，而且任何类型的错误，在异常处理代码中都能进行检测，因此避免了未经处理的异常不可预料地传递给外层语句块，使得应用程序更加健壮。

16.1.2 异常处理语法

每一个 Oracle 错误都会有一个错误编号，例如在 SQL*Plus 中使用 SQL 语句或 PL/SQL 程序时，如果出现了错误，Oracle 会抛出一个以 ORA-开头的错误提示，不过异常一般只是按名称进行捕获的，然后被处理，所以 PL/SQL 将一些常见的 Oracle 错误定义为异常，可以便于在 EXCEPTION 语句块中进行处理，比如 SELECT INTO 语句查询不到数据时，PL/SQL 将抛出预定义异常 NO_DATA_FOUND，这样可以更容易理解异常的具体意义。

除了 PL/SQL 预定义的诸多异常外，用户也可以根据业务需要来创建自定义的异常，然后在语句执行部分显式地抛出异常，这样就可以在 EXCEPTION 语句块中捕捉异常，因此一个完整的包含自定义异常处理的异常处理结构如图 16.3 所示。

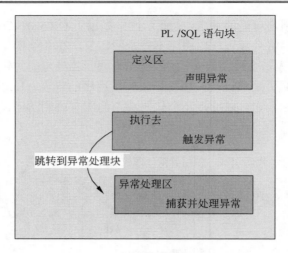

图 16.3　PL/SQL 异常处理结构

图 16.3 是一个标准的 PL/SQL 语句块的定义，它包含了与异常相关的处理代码，下面分别对语句块与异常相关的 3 个部分进行介绍：

□ 定义异常，在异常定义区，可以定义一个自定义的异常，即声明一个类型为 EXCEPTION 的变量，这样就可以通过语义友好的异常名称来抛出异常，而且这个异常还可以与 Oracle 中特定的错误编号进行关联，从而为没有预定义的错误创建自定义的异常。

□ 抛出异常，语句的 BEGIN 和 EXCEPTION 之间，又被称为异常监控区域，这个部分的代码都会被 PL/SQL 引擎进行监控，用户可以显式地使用 RAISE 语句抛出异常，或者由 PL/SQL 引擎来抛出一个程序异常。

□ 处理异常，当在 BEGIN 和 EXCEPTION 之间的执行语句抛出任何异常时，在 EXCEPTION 到 END 之间的语句块捕捉并处理异常，WHEN 子句判断异常的类型，以便进行处理。WHEN OTHERS THEN 表示任何未经处理的异常都可以在这个区域进行处理，比如只是简单地使用 SQLERRM 或 SQLCODE 显示错误消息或错误编号，或者是使用 RAISE 语句重新抛出这个异常。

代码 16.3 演示了一个完整的异常处理的结构，它包含异常的定义、异常的抛出和异常的处理部分。

代码 16.3　异常处理结构示例

```
DECLARE
  e_duplicate_name        EXCEPTION;                      --定义异常
  v_ename                 emp.ename%TYPE;                 --保存姓名的变量
  v_newname               emp.ename%TYPE    := '史密斯';  --新插入的员工名称
BEGIN
  --查询员工编号为 7369 的姓名
  SELECT ename
    INTO v_ename
    FROM emp
   WHERE empno = 7369;
  --确保插入的姓名没有重复
  IF v_ename = v_newname
```

```
THEN
    RAISE e_duplicate_name;  --如果产生异常，触发 e_duplicate_name 异常
END IF;
--如果没有异常，则执行插入语句
INSERT INTO emp
    VALUES (7881, v_newname, '职员', NULL, TRUNC (SYSDATE), 2000, 200,
20);
EXCEPTION                                --异常处理语句块
    WHEN e_duplicate_name  THEN
        DBMS_OUTPUT.put_line ('不能插入重复的员工名称');
    WHEN OTHERS THEN
        DBMS_OUTPUT.put_line('异常编码：'||SQLCODE||' 异常信息：'||SQLERRM);
END;
```

这个示例包含了异常处理的完整的实现，它包含了异常定义、抛出异常和异常处理 3 个部分，下面是这个示例的实现步骤：

（1）这个示例语句块将演示向 emp 表中插入数据，为了防止用户输入相同的员工名称，在声明区定义了一个 EXCEPTION 异常 d_duplicate_name，可以看到异常的声明和变量声明没什么不同，它的类型是 EXCEPTION。

（2）在语句的执行部分，如果发现所要插入的员工名 v_newname 与员工 7369 的姓名相同，那么它使用了 RAISE 语句将 e_duplicate_name 抛出，此时程序的执行流程立即中止，跳转到了 EXCEPTION 部分。

（3）在 EXCEPTION 部分，WHEN 子句用来捕捉从执行部分传入的异常，WHEN 子句后面紧随的是异常的名称，THEN 后面可以编写一系列的异常处理语句。在示例中先捕获了 e_duplicate_name 异常，如果被捕获，则不会处理 OTHERS 处理器，OTHERS 处理器总是块或子程序的最后一个处理程序，可以捕获所有的未命名异常，在 OTHERS 异常处理器中使用 SQLCODE 函数返回当前异常的错误编码，SQLERRM 显示了异常的消息。

由于在示例中，v_newname 的默认名称就是"史密斯"，它与 emp 表中员工 7369 具有相同的名称，因此 e_duplicate_name 被抛出，并且显示了错误的消息，输出如下所示：

不能插入重复的员工名称

可以看到一个标准的异常处理的流程，不过如果是使用 Oracle 预定义的异常，则可以不用声明区，而且也不用显式地抛出异常，比如 NO_DATA_FOUND 或 TOO_MANY_ROWS 等，可以由 PL/SQL 引擎自动检测并且抛出。

16.1.3　预定义异常

由于异常只能按名称进行处理，但是 Oracle 中的错误类型却多种多样，因此为了简化异常的处理，PL/SQL 已经将一些十分常见的错误内置了异常，这些异常也就是预定义的异常，比如常见的 ZERO_DIVIDE 或 NO_DATA_FOUND 等。

Oracle 在 SYS 方案下的 STANDARD 包中定义了多个预定义的异常，如果查看 SYS.STANDARD 包规范中的定义代码，就可以看到它使用 pragma EXCEPTION_INIT 编译指令将多个 Oracle 错误编号关联到了 EXCEPTION 类型的异常。图 16.4 显示了在 Toad 中查看 SYS.STANDARD 包规范中的预定义异常部分。

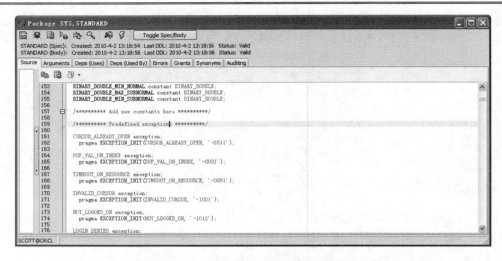

图 16.4　SYS.STANDARD 包中的预定义异常

由于 STANDARD 是 Oracle 中的标准包，它可以被所有方案下的 PL/SQL 块访问，因此对于这些已经定义好的异常，可以直接拿来使用，而不用重复地使用编译指令 pragma EXCEPTION_INIT 重新将一个异常名称和一个 Oracle 错误进行关联。表 16.1 列出了常见的预定义异常及其相关的描述性信息。

表 16.1　Oracle预定义异常及其描述

Oracle 错误号	SQLCODE 值	异常名称	异常描述
ORA-00001	-1	DUP_VAL_ON_INDEX	唯一索引对应的列上有重复的值
ORA-00051	-51	TIMEOUT_ON_RESOURCE	Oracle 在等待资源时超时
ORA-01001	-1001	INVALID_CURSOR	在不合法的游标上进行操作
ORA-01012	-1012	NOT_LOGGED_ON	PL/SQL 应用程序在没有连接 Oracle 数据库的情况下访问数据
ORA-01017	-1017	LOGIN_DENIED	PL/SQL 应用程序连接到 oracle 数据库时，提供了不正确的用户名或密码
ORA-01403	100	NO_DATA_FOUND	SELECT INTO 语句没有返回数据，或者是我们的程序引用了一个嵌套表中被删除了的元素或是索引表中未初始化的元素。SQL 聚合函数，如 AVG 和 SUM，总是能返回一个值或空。所以，一个调用聚合函数的 SELECT INTO 语句从来不会抛出 NO_DATA_FOUND 异常。FETCH 语句最终会取不到数据，当这种情况发生时，不会有异常抛出
ORA-01410	-1410	SYS_INVALID_ROWID	从字符串向 ROWID 转换发生错误，因为字符串并不代表一个有效的 ROWID
ORA-01422	-1422	TOO_MANY_ROWS	执行 SELECT INTO 时，结果集超过一行

Oracle 错误号	SQLCODE 值	异常名称	异常描述
ORA-01476	-1476	ZERO_DIVIDE	程序尝试除以 0
ORA-01722	-1722	INVALID_NUMBER	在一个 SQL 语句中，由于字符串并不代表一个有效的数字，导致字符串向数字转换时会发生错误(在过程化语句中，会抛出异常 VALUE_ERROR)。当 FETCH 语句的 LIMIT 子句表达式后面不是一个正数时，这个异常也会被抛出
ORA-06500	-06500	STORAGE_ERROR	PL/SQL 运行时内存溢出或内存不足
ORA-06501	-6501	PROGRAM_ERROR	PL/SQL 程序发生内部错误
ORA-06502	-6502	VALUE_ERROR	赋值时，变量长度不足以容纳实际数据。例如，当程序把一个字段的值放到一个字符变量中时，如果值的长度大于变量的长度，PL/SQL 就会终止赋值操作并抛出异常 VALUE_ERROR。在过程化语句中，如果字符串向数字转换失败，异常 VALUE_ERROR 就会被抛出(在 SQL 语句中，异常 INVALID_NUMBER 会被抛出)
ORA-06504	-6504	ROWTYPE_MISMATCH	赋值语句中使用的主游标变量和 PL/SQL 游标变量的类型不兼容。例如当一个打开的主游标变量传递到一个存储子程序时，实参的返回类型和形参的必须一致
ORA-06511	-6511	CURSOR_ALREADY_OPEN	程序尝试打开一个已经打开的游标。一个游标在重新打开之前必须关闭。一个游标 FOR 循环会自动打开它所引用的游标。所以，程序不能在循环内部打开游标
ORA-06530	-6530	ACCESS_INTO_NULL	尝试向一个为 NULL 的对象的属性赋值
ORA-06531	-6531	COLLECTION_IS_NULL	程序尝试调用一个未初始化(自动赋为 NULL)嵌套表或变长数组的集合方法(不包括 EXISTS)，或者是程序尝试为一个未初始化嵌套表或变长数组的元素赋值
ORA-06532	-6532	SUBSCRIPT_OUTSIDE_LIMIT	程序引用一个嵌套表或变长数组，但使用的下标索引不在合法的范围内(如-1)
ORA-06533	-6533	SUBSCRIPT_BEYOND_COUNT	程序引用一个嵌套表或变长数组元素，但使用的下标索引超过嵌套表或变长数组元素总个数
ORA-06530	-06530	ACCESS_INTO_NULL	程序尝试为一个未初始化(自动赋为 NULL)对象的属性赋值
ORA-06592	-06592	CASE_NOT_FOUND	CASE 语句中没有任何 WHEN 子句满条件，并且没有编写 ELSE 子句

由于 STANDARD 包中已经对于常见的 Oracle 错误编号关联了异常名称，因此程序员可以直接在 WHEN 子句中捕捉这些异常，这些异常通常是由 Oracle 检测到某些违反操作的规则而抛出的，因此一般不需要显式地定义和抛出异常。示例演示了 NO_DATA_FOUND 异常，这个异常在本书前面多次使用，代码 16.4 演示了如何捕捉这个异常，并显示错误的消息。

代码 16.4　使用预定义异常

```
DECLARE
  v_ename  emp.ename%TYPE;            --定义一个保存员工名称的变量
BEGIN
  --在这里故意制造了一个 NO_DATA_FOUND 错误，查询一个并不存在的员工编号
  SELECT ename INTO v_ename FROM emp WHERE empno=9999;
EXCEPTION
  WHEN NO_DATA_FOUND                  --捕捉 NO_DATA_FOUND 错误
  THEN
    DBMS_OUTPUT.put_line ( '出现了 NO_DATA_FOUND 异常'
                  || ' 错误编号：'
                  || SQLCODE
                  || ' 错误名称：'
                  || SQLERRM
              );    --显示错误编号和错误消息
END;
```

在这个示例中，使用 SELECT INTO 语句故意去查询一个在 emp 表中并不存在的记录，PL/SQL 引擎将抛出 NO_DATA_FOUND 预定义的异常，在 EXCEPTION 部分，通过 WHEN 子句捕捉该异常，然后使用 SQLCODE 和 SQLERRM 输出错误编码和错误消息，输出结果如下所示：

出现了 NO_DATA_FOUND 异常 错误编号：100 错误名称：ORA-01403：未找到任何数据

可以看到，在捕捉到异常之后，SQLCODE 输出了错误编号 100，SQLERRM 输出了错误的消息，输出结果显示了 ORA-01403 异常。

16.2　自定义异常

除了使用预定义的异常外，应用程序开发过程中，常常需要根据特定的商业逻辑定义一些异常，比如如果工资大于 3000，抛出一个 e_greater_sal 异常，那么在应用程序的异常处理代码块中可以处理这个异常，比如用 RAISE 语句抛出或在子程序中使用 RAISE_APPLICATION_ERROR 向客户端应用程序抛出一个错误消息。类似于预定义异常，用户定义的异常必须先进行定义，然后必须显式地使用 RAISE 语句抛出。本节将讨论如何在 PL/SQL 块中定义和使用自定义的异常。

16.2.1　声明异常

异常可以在 PL/SQL 块、子程序或包中进行声明，自定义的异常是 EXEPTION 类型的

变量，其定义如下语法所示：

```
exception EXCEPTION;
```

可以看到，除了异常为 EXCEPTION 类型之外，它的定义方式与变量的定义基本相似，异常声明之后，就可以被 RAISE 语句使用，它没有默认值或任何约束。虽然它的定义语法与变量的定义非常相似，但是它不是一个变量，不可以对其使用赋值语句来修改异常。

下面的示例在 PL/SQL 匿名块的声明区中定义了几个异常：

```
DECLARE
  e_past_due EXCEPTION;             --定义一个产品过期的异常
  e_error_sal EXCEPTION;            --定义一个薪资错误的异常
  e_last_month EXCEPTION;           --定义一个月份错误的异常
BEGIN
  --e_past_due:=e_error_sal;        --不要试图对异常进行类似变量的操作，异常不是变量
  NULL;                             --自定义的异常需要被显式地抛出
END;
```

在这个示例中定义了 3 个异常，在定义之后，就可以通过 RAISE 语句来显式地进行抛出了，当然在 EXCEPTION 子句中就可以捕捉抛出的异常，从而执行其他的代码块。由于异常的定义不同于变量，因此对一个异常进行赋值操作是非法的。

16.2.2 异常的作用域范围

异常的作用域范围与变量相似，对于 PL/SQL 预定义的异常来说，由于它是定义在 SYS.STANDARD 包中的，因此具有全局的作用域，当异常是定义在 PL/SQL 块或子程序和包中时，异常具有局部的作用域。下面是一些在匿名块或 PL/SQL 子程序中定义异常的作用域范围的规则：

（1）在同一个块中不能定义一个异常超过两次，但是可以在不同的块中定义两个具有相同名称的异常，即便是在同一个块的嵌套子块中也可以定义相同名称的异常。示例代码 16.5 演示了一个 PL/SQL 匿名块中定义了一个嵌套子块，在嵌套子块中定义了与外层块具有相同名称的异常。

代码 16.5　在不同的语句块层次中定义相同名称的异常

```
DECLARE
  e_user_defined_exception    EXCEPTION;         --定义外层块异常
BEGIN
  DECLARE
    e_user_defined_exception    EXCEPTION;       --在内层块中定义相同的异常
  BEGIN
    RAISE e_user_defined_exception;              --触发内层块中的异常
  END;
  RAISE e_user_defined_exception;                --触发外层块中的异常
EXCEPTION
  WHEN OTHERS THEN                               --捕获并处理外层块中的异常
    DBMS_OUTPUT.put_line ('出现了错误'
                        || ' 错误编号: '
                        || SQLCODE
                        || ' 错误名称: '
```

```
                        || SQLERRM
                    );                              --显示错误编号和错误消息
END;
```

在这个示例中，在外层块中定义了 e_user_defined_exception 异常，如果在嵌套内层块中出现与之同名的异常，则 RAISE 语句将抛出的是嵌套内存块中的异常，而在嵌套语句块外部，抛出的是外层块中定义的异常，也就是说在 EXCEPTION 中捕捉到的是来自外层语句块中的异常。这也意味着，本地块中声明的异常具有最高优先级。

（2）在一个块中声明的异常在外层块中和其嵌套的子块中可见，也就是说内层块可以引用在外层块中定义的异常，可以引用在内层块中定义的异常，但外层块不能引用在内层块中定义的异常，示例如代码 16.6 所示。

代码 16.6　在不同的语句块层次中定义相同名称的异常

```
DECLARE
  e_outer_exception    EXCEPTION;      --定义外层块异常
BEGIN
  DECLARE
    e_inner_exception    EXCEPTION;    --在内层块中定义内层块的异常
  BEGIN
    RAISE e_inner_exception;           --触发内层块中的异常
    RAISE e_outer_exception;           --可行，在内层块中触发在外层块中定义的异常
  END;
  RAISE e_outer_exception;             --触发外层块中的异常
  --RAISE e_inner_exception;           --不可行，在外层块中触发内存块中的异常是非法的
EXCEPTION
  WHEN OTHERS THEN                     --捕获并处理外层块中的异常
    DBMS_OUTPUT.put_line ('出现了错误'
                || ' 错误编号：'
                || SQLCODE
                || ' 错误名称：'
                || SQLERRM
                );                     --显示错误编号和错误消息
END;
```

在这个示例中，可以看到，e_outer_exception 异常在内层块中可以被抛出，它在嵌套的内层块中是可见的，但是在嵌套块的外部，也就是外层块中调用 e_inner_exception 异常，是非法的，因此超出了异常定义的作用域。

（3）如果在嵌套子块重新声明外部块中同名的异常，将覆盖外部块中的全局异常，使得嵌套子块不能引用外部块中的全局的异常，但是可以在标签块中声明相同的异常。

◇注意：在定义异常时，不要定义 STANDARD 包中已经定义好的预定义异常，重新声明预定义异常是错误的做法，因为这会导致异常的捕捉变得困难，从而无法正确地捕捉到异常。

因此在定义异常时，必须制定一定的异常定义规范，以避免不正确的异常定义导致异常作用域范围的混乱，而导致错误的异常捕捉情况。

16.2.3　使用 EXCEPTION_INIT 编译指令

观察预定义异常，也就是图 16.2 中 SYS.STANDARD 包中的预定义异常的代码，它先

定义了一个 EXCEPTION 类型的异常，然后通过 pragma EXCEPTION_INIT 将这个异常与一个 Oracle 错误编号进行关联，这样就可以通过这个友好的命名异常来处理 Oracle 中的错误。

对于一些没有预定义异常的 Oracle 错误，除使用 OTHERS 异常处理器之外，似乎没有更好的办法来单独地进行处理，不过也可以使用类似 SYS.STANDARD 包那样，告诉 PL/SQL 编译器，把异常的名称和错误编号关联起来，从而可以按名称来引用所有的内部异常，这样就可以为其编写单独的异常处理程序。EXCEPTION_INIT 编译提示可以写在 PL/SQL 块、子程序或包的声明部分，使用的语法如下：

```
DECLARE
exception_name EXCEPTION;                        --先定义一个异常
PRAGMA EXCEPTION_INIT (exception_name, oracle_error_number);
                                    --再将异常与 Oracle 错误代码关联
```

exception_name 是在声明区中已经定义的异常的名称，oracle_error_number 是希望与异常名称进行关联的错误代码。PRAGMA 是编译指令的声明，表示 EXCEPTION_INIT 编译指令将在编译时而不是运行时被处理，通常也称为伪指令。

🔔注意：oracle_error_number 一般是负数，不能使用小于-1 000 000 的负数，可以使用正数 100，不可以使用 0 或者除了 100 之外的任何正数，不可以使用-1403，若因为某些原因要把自己命名的异常关联到-1403，需要向 EXCEPTION_INIT 指令传递 100。

举例来说，ORA-01400 在将一个 NULL 值插入到具有 NOT NULL 约束的表列时会被 Oracle 抛出，为了单独地捕捉这个异常，可以使用 PRAGMA EXCEPTION_INIT 来关联一个异常，如代码 16.7 所示。

代码 16.7　使用 EXCEPTION_INIT 创建命名异常

```
DECLARE
  e_missing_null   EXCEPTION;                        --先声明一个异常
  PRAGMA EXCEPTION_INIT (e_missing_null, -1400);  --将该异常与-1400 进行关联
BEGIN
  INSERT INTO emp(empno)VALUES (NULL); --向 emp 表中不为空的列 empno 插入 NULL 值
  COMMIT;                                 --如果执行成功，则使用 COMMIT 提交
EXCEPTION
  WHEN e_missing_null THEN               --如果失败则捕捉到命名的异常
    DBMS_OUTPUT.put_line ('触发了 ORA-01400 错误！'||SQLERRM);
    ROLLBACK;
END;
```

在这个示例中先定义了 e_missing_null 异常，然后使用编译指定 PRAGMA EXCEPTION_INIT 将-1400 与异常进行关联，在关联了错误编码后，不用显式地使用 RAISE 语句抛出异常，只需要在 WHEN 子句中捕捉该异常即可。

类似于 SYS.STANDARD 包中的预定义异常，一般建议将应用程序中要进行预处理的异常写到一个包中，这样就可以在多个位置引用包中定义的异常。

16.2.4　使用 RAISE 语句

自定义异常需要显式被抛出才能够被异常处理块所捕获。除了数据库自动在检测到错

误时抛出异常外，可以使用 RAISE 语句来显式地抛出一个异常。RAISE 语句的语法如下：

```
RAISE [ exception ] ;
```

其中 exception 是一个命名的异常，可以是预定义的或自定义的异常。当在一个异常处理器中（即 WHEN 子句）中调用 RAISE 语句时，exception 可以不用指定，默认将抛出当前的异常。下面的示例演示了如何使用 RAISE 语句抛出异常，如代码 16.8 所示。

代码 16.8　使用 RAISE 语句抛出异常

```
DECLARE
  e_nocomm     EXCEPTION;                          --自定义的异常
  v_comm       NUMBER (10, 2);                     --临时保存提成数据的变量
  v_empno      NUMBER (4)      := &empno;          --使用替换变量中获取员工信息
BEGIN
  SELECT comm INTO v_comm FROM emp WHERE empno = v_empno;  --查询并获取员
                                                            工提成

  IF v_comm IS NULL                                --如果没有提成
  THEN
    RAISE e_nocomm;                                --触发异常
  END IF;
EXCEPTION
  WHEN e_nocomm THEN                               --处理异常
    DBMS_OUTPUT.put_line ('选择的员工没有提成！');
    RAISE;                                         --调用 RAISE 方法再次抛出异常
END;
```

在这个示例中，定义了一个自定义异常 e_nocomm，v_empno 是一个替换变量，它允许用户输入一个员工编号。在语句的执行部分，通过查询 emp 表中指定员工编号的 comm 列，即提成列，写入到 v_comm 变量中，如果 comm 列的值为 NULL，则调用 RAISE 语句显式地抛出了 e_nocomm 异常。

在 EXCEPTION 部分，使用 WHEN 子句捕捉了该异常，并且在输出一行信息后，调用 RAISE 语句将这个已经捕捉到的异常再次向外抛出。下面在 SQL*Plus 中执行这个示例，首先要求用户输入替换变量 empno 的值，然后替换为 v_empno 变量。示例中输出了在 WHEN 子句中输出的消息，并且由 Oracle 引擎抛出了一个未处理异常的错误，如下所示：

```
输入 empno 的值: 7888
原值    4:    v_empno    NUMBER (4)      := &empno;--从绑定参数中获取员工信息
新值    4:    v_empno    NUMBER (4)      := 7888;  --从绑定参数中获取员工信息
选择的员工没有提成！
DECLARE
*
第 1 行出现错误:
ORA-06510: PL/SQL: 用户定义的异常错误未得到处理
ORA-06512: 在 line 14
```

可以看到，在异常处理块中抛出了异常后，由于没有任何异常处理程序来处理这个自定义的异常，Oracle 抛出了 ORA-06510 错误。

16.2.5　使用 RAISE_APPLICATION_ERROR

DBMS_STANDARD 包中定义了一个仅在存储子程序或方法中使用的用来抛出异常的

过程 RAISE_APPLICATION_ERROR，使得用户可以在子程序中调用这个过程抛出一个预定义的异常，它主要用来向调用方返回异常的错误代码和错误消息。RAISE_APPLICATION_ERROR 过程的语法如下：

```
RAISE_APPLICATION_ERROR (error_code, message[, {TRUE | FALSE}]);
```

error_code 是一个范围在-20 000～-20 999 之间的负数，message 是最大长度为 2048 字节的字符串。如果第 3 个可选参数值为 True，则错误就会被放到前一个错误的栈顶，默认值为 False，即错误会替代前面所有的错误。

注意：可以使用 PRAGMA EXCEPTION_INIT 编译指定为 error_code 指定一个用户定义的异常，这样可以在 EXCEPTION 语句块中使用 WHEN 子句捕捉这个自定义的异常。

代码 16.9 创建了一个存储过程，在这个过程中使用 RAISE_APPLICATION_ERROR 抛出了一个异常，接下来在一个匿名块中定义并捕捉了过程中抛出的异常。

代码 16.9 使用 RAISE_APPLICATION_ERROR 抛出异常

```
--创建一个过程，在该过程体内部抛出一个异常
CREATE PROCEDURE account_status (
  due_date DATE,
  today    DATE
) AUTHID DEFINER                                --指定定义者调用权限
IS
BEGIN
  IF due_date < today THEN                      --判断过期日是否小于当前日期
    RAISE_APPLICATION_ERROR(-20000, '账户已过期');
  END IF;
END;
/

--在匿名块中调用该过程，通过自定义异常来捕捉过程中抛出的异常
DECLARE
  past_due  EXCEPTION;                           --自定义异常
  PRAGMA EXCEPTION_INIT (past_due, -20000);      --分配错误代码给自定义异常
BEGIN
  account_status (SYSDATE-20, SYSDATE);          --调用子程序
EXCEPTION
  WHEN past_due THEN                             --处理自定义异常
    DBMS_OUTPUT.put_line(TO_CHAR(SQLERRM(-20000)));
END;
```

过程 account_status 接收 due_date 过期日期和 today 当前日期的参数，它使用 AUTHID DEFINER 指定定义者权限，也就是该过程的定义者有权操作方案对象。在过程体内部，判断 due_date 过期日期是否小于当前日期，如果小于，则调用 RAISE_APPLICATION_ERROR 抛出一个应用程序错误，错误代码是-20 000，错误信息提示账户已过期。

在匿名块的声明部分定义了一个 past_due 的异常，并且使用编译指令 PRAGMA EXCEPTION_INIT 将这个异常与错误编码-20 000 进行了关联，在执行部分调用了 account_status 过程，故意传递给 due_date 比当前日期小的值，这样 account_status 将抛出异常，在 EXCEPTION 部分，就可以捕获这个异常，然后输出-20 000 的错误消息，输出结果如下所示：

```
ORA-20000: 账户已过期
```

由这个示例可以看到，在过程中使用 RAISE_APPLICATION_ERROR 抛出异常后，通过定义与特定的异常代码关联的自定义异常，就可以对特定的异常进行处理。

16.3 处 理 异 常

当抛出一个异常后，PL/SQL 的程序执行流程会立刻被终止，程序控制权将转到子程序的 EXCEPTION 部分。在 EXCEPTION 部分包含一个或多个 WHEN 子句来捕捉并处理异常，本节将讨论异常处理的一些细节知识。

16.3.1 使用 WHEN 子句

EXCEPTION 部分主要包含了一系列的 WHEN 子句来处理异常，它的含义是指：如果在语句块的执行部分抛出的异常与 WHEN 子句后面的异常相匹配，则执行 WHEN 子句后面的代码，因此 WHEN 子句也常常被称为异常处理器。在 EXCEPTION 语句块中使用 WHEN 子句处理异常的语法如下：

```
EXCEPTION
WHEN exception_name THEN
sequence_of_statements1;
WHEN exception_name THEN
sequence_of_statements2;
[ WHEN OTHERS THEN
sequence_of_statements3; ]
END;
```

可以看到，每个异常处理器都是由一个 WHEN 子句和相应的执行语句组成的，当异常触发时，WHEN 子句能够判断异常是否与 exception_name 匹配，一旦匹配，就会执行 sequence_of_statements 中的代码，如果由于 Oracle 中的未命名的异常触发，则会触发 WHEN OTHERS THEN 中定义的语句。

如果需要在一个 WHEN 子句中处理多个异常而只执行一个异常处理代码，可以在 WHEN 子句中使用 OR 关键字，示例语句如下：

```
EXCEPTION
  WHEN over_limit OR under_limit OR VALUE_ERROR THEN
    --异常处理代码
```

下面的代码演示了如何在 WHEN 子句中处理异常，如代码 16.10 所示。

代码 16.10 使用 WHEN 子句处理异常

```
DECLARE
  e_nocomm    EXCEPTION;               --自定义的异常
  v_comm      NUMBER (10, 2);          --临时保存提成数据的变量
  v_empno     NUMBER (4)      := &empno;  --从替换变量中获取员工信息
BEGIN
  SELECT comm INTO v_comm FROM emp WHERE empno = v_empno;  --查询并获取员
                                                            工提成

  IF v_comm IS NULL                    --如果没有提成
```

```
    THEN
      RAISE e_nocomm;                        --触发异常
    END IF;
EXCEPTION
    WHEN e_nocomm THEN                       --处理自定义异常
      DBMS_OUTPUT.put_line ('选择的员工没有提成！');
    WHEN NO_DATA_FOUND OR TWO_MANY_ROWS THEN          --处理多个异常
      DBMS_OUTPUT.put_line ('没有找到任何数据或找到了多行数据！');
    WHEN OTHERS THEN                         --处理预定义异常
      DBMS_OUTPUT.put_line ('任何其他未处理的异常');
END;
/
```

这个例子在声明部分定义了一个自定义异常 e_nocomm，这个异常在一个员工没有提成时抛出。在语句块的执行部分，当判断员工的 comm 列为 NULL 时，就调用 RAISE 语句抛出了这个异常。在 EXCEPTION 异常处理部分，首先使用 WHEN 子句捕捉了这个异常。在示例中还包含其他的几个异常处理器，在第 2 个 WHEN 子句中，同时捕捉 NO_DATA_FOUND 或 TWO_MANY_ROWS 两个异常，也就是说两个异常将使用一个异常处理器。对于一些匿名异常，也就是只有错误编号没有异常名称的异常。

🔔**注意**：可以有任意多个 WHEN 子句来捕捉所有可能的异常，但是一个异常只能在 WHEN 子句列表中出现一次，如果一个异常在 WHEN 子句中出现两次或两次以上，PL/SQL 引擎会抛出 PLS-00483 异常。

EXCEPTION 部分的 WHEN 子句列表应该是一个由细到宽泛的过程，也就是说应该总是将可能抛出的最准确的异常写在 WHEN 列表的前面，这样可以让控制代码更快地找到异常，在最后放一个 OTHERS 异常处理器来捕捉所有未处理的异常。

16.3.2　使用 OTHERS 异常处理器

在上一小节可以看到，在异常处理区中总是建议在最后一个 WHEN 子句中使用 WHEN OTHERS THEN，OTHERS 是一个特殊的异常处理器，它将处理那些不能由异常部分的其他 WHEN 子句处理的异常，它总是语句块中的最后一个处理器，这样可以避免任何未处理的异常被传递到调用方。

WHEN OTHERS THEN 子句将对所有的用户自定义的或预定义的异常进行处理，或者对于匿名异常，WHEN OTHERS THEN 也能捕获，对于不能确定异常的名称的异常，通过一个 WHEN OTHERS THEN 便能轻松地捕获，否则错误将被传播到调用环境，导致应用程序回滚或其他任何未期望的结果。

🔔**注意**：OTHERS 必须单独出现，如果出现在 OR 关键字后面，将会产生异常。

异常会导致 Oracle 事务的回滚，如果不显式地处理好任何可能的异常，那么可能会导致程序代码中已经执行的工作被回滚，因此应该总是通过一个 WHEN OTHERS 异常处理器来处理所有可能的异常。在 WHEN OTHERS 处理器中可以通过 SQLCODE 和 SQLERRM 来获取错误编号和错误消息，本章后面会详细讨论。

很多程序员会在 OTHERS 异常处理器中加一个 NULL 子句，表示当捕获所有的异常后，什么也不处理，示例如下：

```
EXCEPTION
WHEN OTHERS THEN
  NULL;
```

这样的代码会导致所有可避免异常的触发，不过一般不建议这样做，良好的异常处理器会记录错误及其他可能的信息，以便于以后进行分析。而且将所有的异常都吞没之后，会导致代码漏洞百出，造成不稳定的程序代码。

代码 16.11 演示了一种常用的捕捉并记录异常的方式，它演示了如何将 WHEN OTHERS THEN 中捕获的异常记录到一个数据库表中去。

代码 16.11　使用 WHEN OTHERS THEN 异常处理器

```
DROP TABLE tbl_errors;               --先删除异常日志表
CREATE SEQUENCE err_seq;             --创建一个序列，用来为 tbl_errors 生成主键
CREATE TABLE tbl_errors (            --异常记录表
  error_id  NUMBER PRIMARY KEY,      --主键 id
  prog_name VARCHAR2(200),           --错误触发的程序名称
  code       NUMBER,                 --错误编号
  message    VARCHAR2(64),           --错误消息
  error_date DATE DEFAULT SYSDATE    --错误发生的时间
);
--创建一个子程序，用来记录错误日志
CREATE OR REPLACE PROCEDURE log_errors(p_code NUMBER,p_message VARCHAR2,
p_prog_name VARCHAR2)
AS
 PRAGMA AUTONOMOUS_TRANSACTION       --这是一个自治事务的过程
BEGIN
  --向 tbl_errors 表中插入错误信息
  INSERT INTO tbl_errors VALUES(err_seq.NEXTVAL,p_prog_name,p_code,p_
  message,SYSDATE);
  COMMIT;                                   --提交事务
EXCEPTION
  WHEN OTHERS THEN                          --如果出现任何异常则回滚事务
    ROLLBACK;
END;

--使用 WHEN OTHERS THEN 异常处理器的示例，它用来记录错误信息
CREATE OR REPLACE PROCEDURE others_exception_demo
  AUTHID DEFINER AS
 v_name  scott.emp.ename%TYPE;
 v_code  NUMBER;
 v_errm  VARCHAR2(64);
BEGIN
  SELECT ename INTO v_name
  FROM scott.emp
  WHERE empno = -1;                  --这里故意制造了一个 NO_DATA_FOUND 的异常
EXCEPTION
  WHEN OTHERS THEN                    --在 WHEN OTHERS THEN 中处理异常
    v_code := SQLCODE;
    v_errm := SUBSTR(SQLERRM, 1, 64);
    DBMS_OUTPUT.PUT_LINE
      ('错误代码：' || v_code || '：' || v_errm);
      log_errors(v_code,v_message,'scott.others_exception_demo');   --记
录错误消息
```

```
    RAISE;                                                    --重新抛出异常
END;
```

在这个示例中，创建了一个名为 tbl_errors 的表，它将用来保存错误发生的信息。log_errors 是一个具有自治事务的过程，它用来将传入的参数插入到 tbl_errors 表中并提交数据。使用自治事务可以避免由于异常导致的事务回滚而无法正确地保存日志记录。others_exception_demo 是一个演示 WHEN OTHERS THEN 异常处理器的子程序，它故意抛出了一个异常，然后使用 SQLCODE 和 SQLERRM 将错误信息写入到 tbl_errors 表中。接下来在一个匿名块中调用 others_exception_demo 子程序，从而可以在 tbl_errors 表中查询到异常信息，如以下代码所示：

```
scott_Ding@ORCL> BEGIN
    others_exception_demo;
  END;
  /
ORA-01403: 未找到数据
ORA-06512: 在"APPS.OTHERS_EXCEPTION_DEMO", line 17
ORA-06512: 在 line 3

SQL> SELECT * FROM tbl_errors;

 ERROR_ID PROG_NAME                     CODE   MESSAGE              ERROR_DATE
--------- ------------------------- ----- ------------------- -------------
       23   scott.others_exception_demo  100  ORA-01403: 未找到数据   03/18/2013
```

示例在一个匿名块中调用了 others_exception_demo 子程序，由于 others_exception_demo 具有一个 NO_DATA_FOUND 的异常，因此在 WHEN OTHERS THEN 中会被记录到 tbl_errors 表中，并且由于 others_exception_demo 子程序中又重新抛出了异常，因此在匿名块中将向调用方，也就是 SQL*Plus 中抛出异常，然后查询 tbl_errors 表，可以看到果然已经成功地捕获了异常。

16.3.3 使用 SQLCODE 和 SQLERRM

SQLCODE 和 SQLERRM 是在 OTHERS 异常处理器中返回错误编号和错误信息的两个函数，SQLCODE 返回当前的错误代码，SQLERRM 返回当前错误的消息文本。对于用户自定义的异常，SQLCODE 返回的是 1，而 SQLERRM 返回的总是"user-defined Exception"，表示是用户自定义的异常。

SQLCODE 和 SQLERRM 的使用语法非常简单，可以参考代码 16.11 中的 WHEN OTHERS THEN 异常处理器的实现。SQLERRM 错误消息的最大大小是 512 个字节。SQLERRM 还可以接收一个参数，它将返回与这个参数相关的错误消息。

🔔注意：由于 SQLCODE 和 SQLERRM 是过程化的函数，不能将其直接用于 SQL 语句，只能是先将 SQLCODE 和 SQLERRM 的返回结果赋给本地变量后，由本地变量在过程中使用。

SQLERRM 函数可以接收一个错误编号，它将返回与该数字相关的文本，否则将返回当前异常的错误消息。例如使用 SQLERRM（0）来调用函数，代码如下所示：

```
  WHEN OTHERS THEN                              --OTHERS 必须单独出现
    DBMS_OUTPUT.put_line ('错误编码:'||SQLCODE||' 错误消息:'||SQLERRM(0));
```

上述代码执行后，将返回如下所示的错误消息：

```
错误编码: 100 错误消息: ORA-0000: normal, successful completion
```

要返回 NO_DATA_FOUND 的错误消息，可以传递错误消息号 100，将返回 ORA-01403 错误，这与不使用参数的 SQLERRM 是相同的，如以下代码所示：

```
WHEN OTHERS THEN                              --OTHERS 必须单独出现
DBMS_OUTPUT.put_line ('错误编码:'||SQLCODE||' 错误消息:'||SQLERRM(100));
```

代码 16.12 演示了对 SQLERRM 的调用，它通过为 SQLERRM 指定参数来返回特定编号的错误消息。

代码 16.12　调用 SQLERRM 函数

```
BEGIN
  --使用带参数的 SQLERRM 输出错误消息
  DBMS_OUTPUT.PUT_LINE ('SQLERRM(0):' || SQLERRM(0));
  DBMS_OUTPUT.PUT_LINE ('SQLERRM(100):' || SQLERRM(100));
  DBMS_OUTPUT.PUT_LINE ('SQLERRM(10):' || SQLERRM(10));
  DBMS_OUTPUT.PUT_LINE ('SQLERRM:' || SQLERRM);
  DBMS_OUTPUT.PUT_LINE ('SQLERRM(-1):' || SQLERRM(-1));
  DBMS_OUTPUT.PUT_LINE ('SQLERRM(-54):' || SQLERRM(-54));
END;
/
```

在这个示例中，使用了各种参数来调用 SQLERRM，它会产生如下所示的各种错误消息：

```
SQLERRM(0):ORA-0000: normal, successful completion
SQLERRM(100):ORA-01403: 未找到数据
SQLERRM(10): -10: non-ORACLE exception
SQLERRM:ORA-0000: normal, successful completion
SQLERRM(-1):ORA-00001: 违反唯一约束条件 (.)
SQLERRM(-54):ORA-00054: 资源正忙，要求指定 NOWAIT
```

不过除非要了解指定错误编号的错误消息，否则不建议使用带参数的 SQLERRM，不带参数的 SQLERRM 的函数调用将返回完整的错误消息，它更适用于在 WHEN OTHERS THEN 子句中返回当前的错误的详细信息。

16.4　小　　结

异常处理是 PL/SQL 中提供的，类似于第三代程序语句中的结构化异常处理方式，它能够检测和捕捉代码中的运行时错误，从而提供相应的处理代码。本章首先讨论了异常的基本概念和语法，介绍了 PL/SQL 提供的诸多的自定义异常来简化在 PL/SQL 中的异常处理，然后讨论了自定义异常，自定义异常是用户自行定义的异常，它可以关联到 Oracle 中的错误编号，也可以只是作为应用程序业务逻辑的异常。在自定义异常部分讨论了如何定义和使用异常，如何使用 RAISE 或 RAISE_APPLICATION_ERROR 来抛出异常。在处理异常部分，讨论了 WHEN 子句和 WHEN OTHERS THEN 异常处理器的使用，最后简要介绍了 SQLCODE 和 SQLERRM，它们用来从 OTHERS 异常处理器中获取错误消息。

第 17 章　动态 SQL 语句

PL/SQL 是一种使用早期绑定来执行 SQL 语句的语言，也就是说，在 PL/SQL 块中执行的任何 SQL 语句，其所操纵的方案对象必须已经存在，这样的 SQL 语句又称为静态 SQL 语句。早期绑定特性使得在 PL/SQL 中只能使用 DML 语句，像 DDL 这类创建性的语句就无法直接在 PL/SQL 中使用，不过可以通过动态 SQL 来解决这个问题。动态 SQL 语句是在运行时进行分析并执行的 SQL 语句，它可以避免 PL/SQL 在编译时对方案对象的检测。除此之外，使用动态 SQL 语句还可以实现很多无法用静态 SQL 语句实现的功能。

17.1　理解动态 SQL 语句

动态 SQL 语句可以让程序员创建一些比较通用的应用程序，比如编写一个获取任何表的行号的子程序，这个子程序传入一个表名，然后返回这个表中的数据的行数，或者是在 PL/SQL 中编写 DDL 语句，还有一些是在编译时无法知道对象的名称或不了解输入/输出变量的个数或类型时，都可以使用动态 SQL 语句来解决。

17.1.1　动态 SQL 基础

很多时候，在编译时 SQL 语句是无法预知的，比如在对一个表进行更新时，可能在编译时无法确知所要更新的表的字段名称，或者是要创建一个通用的清空表的程序时，表名是作为一个参数传入的，因此无法通过静态语句来实现。下面举一个例子，如果要创建一个通用的获取表中所有行数的 PL/SQL 子程序，如果不使用动态 SQL，很可能会这样编写代码：

```
scott_ding@ORCL> CREATE OR REPLACE FUNCTION get_table_count (table_name IN
VARCHAR2)
    RETURN PLS_INTEGER
  IS
    l_return    PLS_INTEGER;                    --保存返回值的变量
  BEGIN
    SELECT COUNT(*) INTO l_return FROM table_name;  --将表名作为参数传入
    RETURN l_return;                            --返回函数结果
  END;
  /
Warning: Function created with compilation errors

scott_ding@ORCL> SHOW ERRORS;
Errors for FUNCTION SCOTT.GET_TABLE_COUNT:
```

```
LINE/COL ERROR
-------- ------------------------------
6/39     PL/SQL: ORA-00942: 表或视图不存在
6/4      PL/SQL: SQL Statement ignored
```

get_table_count 函数接收一个传入的参数 table_name，在块执行部分，直接通过静态的 SQL 语句 SELECT，将参数 table_name 作为表名进行执行。由于函数在定义时无法确知表的名称，当 PL/SQL 在编译时会进行方案对象的检测，发现 table_name 并不是一个已经存在的表名，因此产生了 ORA-00942 这样的异常。

这个需求只有动态 SQL 语句才能实现，动态 SQL 语句将 SQL 语句定义为一个字符串，交给特定的 SQL 执行命令来执行。代码 17.1 演示了如何将 get_table_count 更改为使用动态 SQL 语句来实现通用的获取指定表的行数的函数。

代码 17.1　动态 SQL 使用示例

```
CREATE OR REPLACE FUNCTION get_table_count (table_name IN VARCHAR2)
  RETURN PLS_INTEGER
IS
  --定义动态 SQL 语句
  sql_query   VARCHAR2 (32767) := 'SELECT COUNT(*) FROM ' || table_name;
  l_return    PLS_INTEGER;              --保存返回值的变量
BEGIN
  EXECUTE IMMEDIATE sql_query
           INTO l_return;              --动态执行 SQL 并返回结果值
  RETURN l_return;                     --返回函数结果
END;
```

可以看到，在块的声明区定义了一个名为 sql_query 的变量，它保存了一个 SELECT 语句的字符串，使用字符串连接运算符将字符串与 table_name 进行了连接。在执行部分，通过 EXECUT IMMEDIATE 执行这个 SQL 字符串，使用 INTO 子句将查询的结果返回给变量 l_return，这样就可以成功地获取到任何表的行数。下面可以在其他的块中调用这个函数，如以下示例所示：

```
scott_ding@ORCL> BEGIN
    DBMS_OUTPUT.put_line('表的行数是'||get_table_count('emp'));
   END;
   /
 表的行数是 21
 PL/SQL procedure successfully completed
```

可以看到，只要传一个表的名称，通过 get_table_count 函数，就能返回表中包含的数据的行数，这只能通过动态 SQL 语句来实现。

在 PL/SQL 中提供了如下两种编写动态 SQL 语句的方式：

❑ 本地动态 SQL，PL/SQL 原生地用来构建动态 SQL 语句的特性。PL/SQL 提供了 EXECUTE IMMEDIATE 语句，可以用来执行动态 SQL，这种执行方式也称为本地动态 SQL。

❑ 使用 DBMS_SQL 包执行动态 SQL，这是一个用来构建、运行和描述动态 SQL 的包，它包含了很多用来执行动态 SQL 的 API 函数。

本地动态 SQL 比 DBMS_SQL 包更容易编写，并且更易于维护，运行的速度比 DBMS_SQL 要快，因为它能够被编译器进行优化。但是为了编写本地动态 SQL，你必须在编译时知道动态 SQL 语句的输入或输出变量的个数或类型，如果在编译时无法确知输出或输出变量的个数或类型，必须要使用 DBMS_SQL 包。

17.1.2 动态 SQL 使用时机

下面归纳了动态 SQL 语句可以使用的场合：

❑ 在 PL/SQL 中执行数据定义语句 DDL 比如 CREATE、ALTER 等语句时，数据控制语句 DQL 如 GRANT 或会话控制语句如 ALTER SESSION 等，只能通过动态 SQL 语句，这样的语句是不允许静态执行的。

❑ 在编译时无法预知 SQL 语句，比如 get_table_count 示例在编译时无法预知表的名称，或者是在对一个表执行 INSERT 操作时，无法预知要插入的字段名称，必须使用动态 SQL。

❑ 在开发报表或一些复杂的应用程序逻辑时，如果要基于参数化的查询方式，比如动态的表字段和动态的表名称时，可以使用动态 SQL 语句。

❑ 基于数据表存储业务规则和软件代码，可以将很多的业务规则的代码写在一个表的记录中，在程序需要时检索不同的业务逻辑代码动态地执行。

举个例子，在开发一些复杂的报表程序时，有时需要一个中间表来临时地存储来自一个复杂的 SELECT 语句的数据，然后对这个表中的数据进行进一步的处理。由于 PL/SQL 的早期绑定的特性，不能够直接在 PL/SQL 代码块中编写 CREATE TABLE 这样的 DDL 语句，这个时候就可以使用动态 SQL 语句。代码 17.2 演示了如何在 PL/SQL 代码中动态地创建一个 emp_testing 表，这个表用来存放用于测试的员工信息。

代码 17.2 使用动态 SQL 执行 DDL 语句

```
DECLARE
  v_counter    NUMBER;
BEGIN
  ---查询要创建的表是否存在
  SELECT COUNT (*) INTO v_counter FROM user_tables
          WHERE table_name = 'EMP_TESTING';
  ---如果存在则删除该表
  IF v_counter > 0 THEN
    DBMS_OUTPUT.put_line ('表存在不创建');
  ELSE
    DBMS_OUTPUT.put_line ('表不存在');
    --如果不使用动态 SQL，在这里会出现错误
  EXECUTE IMMEDIATE 'CREATE TABLE emp_testing (
    emp_name          VARCHAR2(18)                    not null,
    hire_date         DATE                       not null,
    status            NUMBER(2),
    constraint PK_ENTRY_MODIFYSTATUS primary key (emp_name, hire_date)
  )';
    --实际上前面的表根本没有创建成功，该 INSERT 不能成功执行
  EXECUTE IMMEDIATE 'INSERT INTO emp_testing VALUES(''李进平'',TRUNC
  (SYSDATE)-5,1)';
  COMMIT;
  END IF;
  v_counter :=0;
END;
```

在这个示例中，首先通过查询 user_tables 数据字典视图查询 emp_testing 表是否存在，如果不存在，则调用 EXECUTE IMMEDIATE 来动态地创建一个 emp_testing 表，如果表成功创建，又使用 EXECUTE IMMEDIATE 向表中插入一行数据，最后提交事务。这个示例演示了当无法确定一个表是否存在时，可以通过本地动态 SQL 语句创建一个表来保存数据，然后使用 EXECUTE IMMEDIATE 来向这个新创建的表插入一行数据。

动态 SQL 语句具有比静态 SQL 语句更多的灵活性，但是在很多方面动态 SQL 语句的性能不如静态 SQL 语句。与静态 SQL 语句相比，动态 SQL 语句无法利用编译器的优化特性，因此不能盲目无节制地使用动态 SQL 语句，应该只有需要时才考虑使用动态 SQL 语句。下面是动态 SQL 语句和静态 SQL 语句之间的一些不同之处：

- 静态 SQL 语句在编译或测试时，可以立即知道所需要的数据库对象是否存在，如果依赖的对象不存在，SQL 将立即失败，而动态语言只有在运行时才会知道这种错误。
- 静态 SQL 语句在编译或测试时，可以立即知道当前用户是否具有了所有的授权，同义词是否已定义，如果依赖的对象不存在，SQL 将执行失败，动态语言只能延迟到运行时才能发现这种错误。
- 在使用静态 SQL 时，可以对要执行的 SQL 语句进行性能优化调整，可以提高应用程序的性能，动态语言不具有这种能力。

可以看到，与静态 SQL 语句相比，动态 SQL 语句在性能优化和管理方面不如静态 SQL 语句那样有优势，因此只要是静态 SQL 语句能够完成的工作，就应该尽量使用静态 SQL 语句来实现，只有当静态 SQL 语句无法满足需求时，才考虑动态 SQL 语句。

17.1.3　本地动态 SQL

本地动态 SQL 语句的全称是 Native Dynamic SQL，简称 NDS，是自 Oracle 8i 开始引入的一个功能强大的执行动态 SQL 语句的功能，它是 PL/SQL 语言本身集成的功能，不像 DBMS_SQL 是一个外置的包。与 DBMS_SQL 相比，本地动态 SQL 使用快速，而且语法比 DBMS_SQL 更简单。

使用 NDS 可以在 PL/SQL 中执行如下 3 种 SQL 语句：

- 不带绑定变量的动态 DDL 和 DML 语句。
- 具有绑定变量列表的 DML 语句。
- 动态的 DQL 语句。

与 DBMS_SQL 相比，NDS 具有如下的优点：

- NDS 的速度要比 DBMS_SQL 快。
- NDS 的语法比较类似于标准的静态 SQL 语句，比 DBMS_SQL 内置的语法更容易。
- NDS 可以直接将数据提取到 PL/SQL 记录类型中，而 DBMS_SQL 则无法实现这个功能。
- NDS 支持静态 SQL 语句支持的所有 PL/SQL 数据类型，包含用户定义的类型、用户自定义对象和游标引用等，而 DBMS_SQL 则不支持用户自定义的类型。

使用本地动态 SQL，可以使用如下所示的 3 种不同类型的动态方法，在本章后面的内容中将会对这 3 类动态 SQL 语句的使用方式进行详细的介绍：

（1）使用 EXECUTE IMMEDIATE 语句，该语句可以处理大多数动态 SQL 操作，包括 DDL 语句，比如 CREATE、ALTER、DROP 等；DCL 语句，比如 GRANT、REVOKE 等；DML 语句，比如 INSERT、UPDATE 和 DELETE 等及单行的 SELECT 语句。

🔔注意：不能使用 EXECUTE IMMEDIATE 语句来处理多行查询语句，多行查询需要使用 OPEN-FOR 语句。

（2）使用 OPEN FOR、FETCH 和 CLOSE 语句执行多行查询，OPEN FOR 语句允许打开一个动态 SQL 语句的游标，通过 FETCH 提取游标中的记录，在执行完成后再关闭该游标。

（3）使用批量 SQL 的处理语句，通过批量的 SQL 语句的处理，可以加快 SQL 语句的处理，提高 PL/SQL 应用程序的性能。

EXECUTE IMMEDIATE 提供了解析和执行一个动态 SQL 语句的语法，它仅接收一个包含 SQL 语句的字符串，它是 VARCHAR2 数据类型，也支持批处理，可以一次性将集合中的数据批量提交或从数据库中提取，它可以包含如下的几种批处理语句：

- ❑ BULK FETCH 语句，批量提取语句。
- ❑ BULK EXECUTE IMMEDIATE，批量执行语句。
- ❑ FORALL 语句，批量提交。
- ❑ COLLECT INTO 子句，批量提取到集合。
- ❑ RETURNING INTO 子句，返回语句受影响的数据。
- ❑ %BULK_ROWCOUNT 游标属性，返回批量操作受影响的行数。

在 PL/SQL 中，一般来说单行的动态 SQL 语句会使用 EXECUTE IMMEDIATE，当需要处理返回多行数据的查询时，可以借助于动态游标类型，即 OPEN FOR 语句来完成。图 17.1 所示是在 PL/SQL 中执行动态 SQL 语句的两种常见的方式。

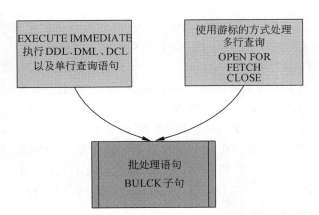

图 17.1　动态 SQL 语句的两种常见的执行方式

在本章接下来的内容中将详细讨论 EXECUTE IMMEDIATE 和 OPEN FOR 语句的使用方法，首先重点讨论比较重要的 EXECUTE IMMEDIATE 语句。

17.2　使用 EXECUTE IMMEDIATE

EXECUTE IMMEDIATE 是 PL/SQL 中执行动态 SQL 语句的首选，它比 DBMS_SQL 包简单，而且功能同样出色。它可以支持绑定变量、批处理，可以执行各种 SQL 语句，也可以动态地执行一段 PL/SQL 代码，而且在性能上，也要优越于 DBMS_SQL。

17.2.1　EXECUTE IMMEDIATE 语法

```
EXECUTE IMMEDIATE dynamic_string
[INTO {define_variable[, define_variable]... | record}]
[USING [IN |OUT | INOUT ] bind_argument
[, [IN | OUT | IN OUT ] bind_argument]...]
[{RETURNING | RETURN } INTO bind_argument[, bind_argument]...];
```

语法关键字描述如下所示：

❑ dynamic_string，用来放置一个 SQL 语句或 PL/SQL 块的字符串表达式，如果是 SQL 语句，则语句后不需要分号；如果是一个 PL/SQL 块，则需要在 PL/SQL 块结尾添加分号。

❑ define_variable|record，用来接收在查询语句中查询出的字段值的变量，在使用之前必须先在语句块的声明部分进行定义。如果要将语句输出为一条记录，在 record 部分可以指定一个用户定义的或使用%ROWTYPE 定义的记录类型。

❑ bind_argument，表示在执行动态 SQL 语句时的输入参数，该参数是一个表达式，它的值将可以是 IN、OUT 或 IN OUT 模式。

❑ INTO 子句，在用于单行查询时，INTO 子句要指明用于存放检索值的变量或记录。对于查询检索的每一个值，INTO 子句中都必须有一个与之对应的、类型兼容的变量或字段。

❑ USING 子句，用来为 SQL 或 PL/SQL 中的绑定变量提供字符串，可以指定任何一种模式，默认为 IN，这也是 PL/SQL 的唯一的一种模式。

❑ RETURNING INTO 子句，在用于 DML 操作时，RETURNING INTO 子句要指明用于存放返回值的变量或记录。对于 DML 语句返回的每一个值，INTO 子句中都必须有一个与之对应的、类型兼容的变量或字段。

最简单的语法形式是在 EXECUTE IMMEDIATE 后面紧跟一个 VARCHAR2 类型的 dynamic_string，即包含了动态 SQL 语句的字符串。这个动态的 SQL 字符串可以是除多行查询语句之外的任何 SQL 语句或 PL/SQL 块。如果字符串中包含了用于参数绑定的占位符，则需要使用 USING 语句指定占位符的值，可以类似 SELECT INTO 语句一样，用 INTO 子句指明用于存放检索值的变量或记录。

17.2.2　执行 SQL 语句和 PL/SQL 语句块

在 EXECUTE IMMEDIATE 语句的后面除可以执行 SQL 语句字符串之外，还可以将

PL/SQL 代码定义为一个字符串，意味着 EXECUTE IMMEDIATE 还可以执行动态的 PL/SQL 语句。

在执行动态的 SQL 语句时，注意不能在 SQL 语句的结束位置添加结束符，也就是一个分号，如果非要添加分号，将导致 PL/SQL 引擎抛出一个错误，示例语句如下：

```
scott_Ding@ORCL> DECLARE
    v_sql_query VARCHAR2(3000);
    v_rowcount NUMBER;
  BEGIN
    v_sql_query:='SELECT COUNT(*) FROM scott.emp;';
    EXECUTE IMMEDIATE v_sql_query INTO v_rowcount;
  END;
  /
ORA-00911: 无效字符
ORA-06512: 在 line 7
```

在这个查询示例中，SELECT 语句的后面放置了一个结束符分号，在执行这个动态 SQL 语句时，Oracle 抛出了 ORA-00911 异常。在执行本地动态 SQL 语句时，谨记不能添加结束符。代码 17.3 演示了如何使用 NDS 来执行 DML 和 DDL 语句以创建表并向表中插入数据。

代码 17.3　使用动态 SQL 执行 DDL 和 DML 语句

```
DECLARE
  sql_statement  VARCHAR2 (100);
BEGIN
  --定义一个 DDL 语句，用来创建一个表
  sql_statement := 'CREATE TABLE ddl_demo(id NUMBER,amt NUMBER)';
  --执行动态 SQL 语句
  EXECUTE IMMEDIATE sql_statement;
  --定义一个 DML 语句，用来向表中插入一条记录
  sql_statement := 'INSERT INTO ddl_demo VALUES(1,100)';
  --执行动态 SQL 语句
  EXECUTE IMMEDIATE sql_statement;
END;
```

这个示例使用本地动态 SQL 语句创建了 ddl_demo 表，它定义了一个名为 sql_statement 的变量，首先为该变量赋了一个 CREATE TABLE 字符串创建 ddl_demo 表，在使用 EXECUTE IMMEDIATE 创建了表之后，sql_statement 又被赋了一个 DML 值，它用来向 ddl_demo 表中插入一行记录。可以看到这种示例若非使用动态 SQL 语句，使用静态的 SQL 是无法实现的。在 PL/SQL 块执行完成后，可以通过查询 ddl_demo 表，可以看到果然已经成功地插入了记录，如下所示：

```
scott_Ding@ORCL> SELECT * FROM ddl_demo;
      ID      AMT
---------------------------------------
       1      100
```

除了执行动态的 SQL 语句外，使用 EXECUTE IMMEDIATE 语句还可以执行动态 PL/SQL 代码。动态 PL/SQL 代码常常适用于无法在编译时确定所要执行的代码时，它的执行方法与动态 SQL 非常相似，不同之处在于它必须要添加结束符，也就是必须要添加一个分号。

动态 PL/SQL 的使用示例如代码 17.4 所示。

代码 17.4　执行动态 PL/SQL 语句

```
DECLARE
  plsql_block   VARCHAR2 (500);        --定义一个变量用来保存 PL/SQL 语句
BEGIN
  plsql_block:=                        --为动态 PL/SQL 语句赋值
      'DECLARE
        I  INTEGER:=10;
      BEGIN
       EXECUTE IMMEDIATE ''TRUNCATE TABLE ddl_demo'';
       FOR j IN 1..I LOOP
           INSERT INTO ddl_demo VALUES(j,j*100);
       END LOOP;
      END;';                           --语句结束时添加分号
   EXECUTE IMMEDIATE plsql_block;   --执行动态 PL/SQL 语句
   COMMIT;                          --提交事务
END;
```

示例中定义了一个 VARCHAR2 类型的变量 plsql_block，这个变量将用来保存一段
PL/SQL 字符串代码，在示例中直接使用了赋值语句将一段匿名的 PL/SQL 代码赋给了
plsql_block，这段匿名的 PL/SQL 代码先清空了 ddl_demo 表，这个字符串内部也使用了
EXECUTE IMMEDIATE，这是因为 TRUNCATE 是一个 DDL 语句，因而不能直接在 PL/SQL
中使用，必须要使用动态 SQL 语句。然后示例使用一个 FOR 循环向 ddl_demo 插入了 10
条记录。这个 PL/SQL 示例字符串的最后包含了一个分号作为结束字符串，当成功执行了
这个动态的 PL/SQL 代码后，在 ddl_demo 中就会发现新插入的 10 条记录，查询结果如下：

```
scott_Ding@ORCL> SELECT * FROM ddl_demo;

      ID        AMT
   ------  ------------------------
       1        100
       2        200
       3        300
       4        400
       5        500
       6        600
       7        700
       8        800
       9        900
      10       1000

已选择 10 行。
```

可以看到，在成功执行了动态的 PL/SQL 语句之后，ddl_demo 表中果然成功地包含了
10 条记录。通过这个示例可以了解到，当要在一个字符串中使用 EXECUTE IMMEDIATE
构造一个动态 SQL 语句时，使用了两个单引号将动态的 SQL 语句括了起来。

17.2.3　使用绑定变量

绑定变量是 Oracle 中一种非常强大的特性，它可以使 Oracle 重复使用 SQL 语句相同
的执行计划，避免了重复进行硬解析而占用 CPU 等资源，绑定变量实际上就是用于替代

SQL 语句中常量的替代变量，使得每次提交的 SQL 语句都完全相同。在 SQL*Plus 中使用绑定变量的例子如下：

```
scott_Ding@ORCL> variable x_empno NUMBER;          --在 SQL*Plus 中定义一个绑定变量
scott_Ding@ORCL> EXEC :x_empno:=7369;              --为绑定变量赋值
PL/SQL procedure successfully completed
--使用绑定变量查询数据库表
scott_Ding@ORCL> SELECT empno,ename,job,sal FROM emp WHERE empno=:x_empno;

EMPNO  ENAME     JOB          SAL
------------------------------------------------------------------
 7369   SMITH     CLERK       6000.00
```

在使用绑定变量后，Oracle 会去 SGA 区中的共享池中查询绑定变量相同的 SQL 语句。由于绑定变量的作用，WHERE 子句后面的多个不同的 empno 都会被识别为相同的 SQL 语句，这避免了硬编码 SQL 语句时的硬解析。PL/SQL 默认会使用绑定变量，因此当在 PL/SQL 中执行 SQL 语句时，Oracle 会自动将查询语句转换为绑定变量，在执行动态 SQL 时，也可以通过绑定变量来提供灵活性。

在动态 SQL 语句中，绑定变量的使用方式与在 SQL 中比较相似，可以在动态的 SQL 字符串中使用占位符来设置绑定变量，占位符的格式是冒号加变量名称，然后在 EXECUTE IMMEDIATE 语句执行时，使用 USING 语句为绑定变量赋值。下面的示例演示了当向 emp 表中插入一行数据时，如何使用绑定变量来替换掉动态 INSERT 语句中的值，如代码 17.5 所示。

代码 17.5　在动态 SQL 语句中使用绑定变量

```
DECLARE
  --定义变量，用来为绑定变量提供值
  v_empno     NUMBER := 7997;
  v_ename     emp.ename%TYPE := '吕四娘';
  v_job       emp.job%TYPE := '剑客';
  v_deptno    emp.deptno%TYPE := 20;
  v_tbl_name  VARCHAR2(50) := 'emp';
  v_sql_str   VARCHAR2(1000);
BEGIN
  --定义一个 SQL 查询字符串，它的插入值使用了 4 个绑定变量
  v_sql_str := 'INSERT INTO ' || v_tbl_name ||
               '(empno,ename,job,deptno) VALUES(:1,:2,:3,:4)';
  --执行动态 SQL 语句，按绑定变量占位符的位置为绑定变量赋值
  EXECUTE IMMEDIATE v_sql_str
    USING v_empno, v_ename, v_job, v_deptno;
END;
```

在这个示例中，v_sql_str 定义了一个 INSERT 插入语句的 SQL 字符串，VALUES 值列表中使用冒号开头的绑定变量占位符，可以看到它定义了 4 个绑定变量，在 EXECUTE IMMEDIATE 语句中，使用 USING 子句，按绑定变量的顺序依次向绑定变量传递值。

绑定变量是按位置进行替换的，因此 USING 子句后面的变量列表必须要与字符串中绑定变量的顺序相匹配。绑定变量会增加一些负担，因为每次执行 EXECUTE IMMEDIATE 时都要动态地解析字符串，进行绑定变量的替换，但是它增加了灵活性，通过不同的条件来设置绑定变量，可以让 INSERT 语句插入不同的内容。

在绑定变量中可以使用所有的 SQL 数据类型、预定义变量并且绑定变量参数可以是集合、大型对象、对象类型的实例及 REF 类型。但是不能是 PL/SQL 定义的类型，例如不能是布尔值、索引表类型或记录类型，但是可以使用这些复合类型的成员值来为绑定变量提供数据。代码 17.6 演示了如何在绑定变量中使用不同的数据类型来实现参数化的动态 SQL。

代码 17.6　不同类型的绑定变量使用示例

```
DECLARE
   sql_stmt  VARCHAR2(200);                              --保存 SQL 语句的变量
   TYPE id_table IS TABLE OF INTEGER;                    --定义两个嵌套表类型
   TYPE name_table IS TABLE OF VARCHAR2(8);
   t_empno id_table:=id_table(9001,9002,9003,9004,9005);    --定义嵌套表变量
                                                               并进行初始化
   t_empname name_table:=name_table('张三','李四','王五','赵六','何七');
   v_deptno  NUMBER(2):=30;
   v_loc VARCHAR(20):='南京';
   emp_rec emp%ROWTYPE;
BEGIN
   --为记录类型赋值，记录类型作为绑定变量将失败
   emp_rec.empno:=9001;
   emp_rec.ename:='西蒙';
   emp_rec.hiredate:=TRUNC(SYSDATE);
   emp_rec.sal:=5000;
   --使用普通的变量作为绑定变量
   sql_stmt:='UPDATE dept SET loc=:1 WHERE deptno=:2';
   EXECUTE IMMEDIATE sql_stmt USING v_loc,v_deptno;
   --创建一个测试用的数据表
   sql_stmt:='CREATE        TABLE      emp_name_tab(empno       NUMBER,empname
VARCHAR(20))';
   EXECUTE IMMEDIATE sql_stmt;
   --使用嵌套表变量的值作为绑定变量
   sql_stmt:='INSERT INTO emp_name_tab VALUES(:1,:2)';
   FOR i IN t_empno.FIRST..t_empno.LAST LOOP
      EXECUTE IMMEDIATE sql_stmt USING t_empno(i),t_empname(i);
   END LOOP;
   --使用记录类型提示失败
   --sql_stmt:='INSERT INTO emp VALUES :1';
   --EXECUTE IMMEDIATE sql_stmt USING emp_rec;
END;
```

在这个示例中，定义了两个嵌套表类型和一个 emp 表行的记录类型，可以看到对于 SQL 支持的标量变量，绑定变量的使用能正确执行。使用嵌套表类型的成员值时，绑定变量也可以成功执行，但是当为绑定变量传递一个记录类型时，绑定变量则会失败，因为动态 SQL 的绑定变量不支持 PL/SQL 自定义的复合类型。

由上面的示例可知，在动态 SQL 语句中，不能使用专属于 PL/SQL 的类型，比如布尔类型、关联数组或用户自定义的记录类型。还有一个要注意的事项是，绑定占位符只能是对包含值的表达式进行替换，不能对表名或列名这些方案对象进行绑定，不能对某些 SQL 子句使用绑定变量，比如将 WHERE 子句作为绑定变量进行替换，对于方案对象，需要使用字符串拼接的方式来实现。

下面的示例使用表名作为绑定变量，在使用 USING 子句为绑定变量指定表名时，Oracle

会抛出错误提示，代码如下：

```
scott_Ding@ORCL> DECLARE
    sql_stmt VARCHAR2(100);
    table_name VARCHAR2(20):='emp_history';        --定义一个表名变量
  BEGIN
    sql_stmt:='TRUNCATE TABLE :table_name';        --在 SQL 语句中使用占位符
    EXECUTE IMMEDIATE sql_stmt USING table_name;   --使用绑定变量，违反规则会
                                                      出现错误
  END;
  /
DECLARE
*
第 1 行出现错误：
ORA-00903: 表名无效
ORA-06512: 在 line 6
```

由于 EXECUTE IMMEDIATE 在使用了绑定变量后，PL/SQL 引擎会先对这个语句进行分析，以确保语句的定义是良好的，因此在使用表名作为绑定变量后，PL/SQL 引擎会错误地将:tablename 当作表名进行解析，导致 Oracle 抛出 ORA-00903 错误。因此在动态 SQL 语句中使用表名或列名时，必须使用拼接，因此上面的示例修改后，如代码 17.7 所示。

代码 17.7　使用字符串拼接来指定表名

```
DECLARE
  sql_stmt VARCHAR2(100);
  table_name VARCHAR2(20):='emp_history';        --定义一个表名变量
BEGIN
  sql_stmt:='TRUNCATE TABLE '||table_name;        --使用字符串拼接表名
  EXECUTE IMMEDIATE sql_stmt;                      --执行动态 SQL 语句
END;
```

使用字符串拼接之后，再次执行这个匿名的 PL/SQL 块时，可以看到果然已经成功地对表 emp_history 进行了截断操作。

17.2.4　使用 RETURNING INTO 子句

DML 语句都可以包含一个 RETURNING 子句来输出返回类型，因此当动态 SQL 语句中包含了 RETURNING 子句，并且作为绑定变量返回给应用端时，在 EXECUTE IMMEDIATE 中可以使用 RETURNING INTO 子句来获取返回的受影响的行。Oracle 出于向后兼容性的考虑，也允许在 EXECUTE IMMEDIATE 中使用 USING 子句来获取返回的受影响的行的值，不过建议在新的应用中使用 RETURNING INTO 子句。

💬注意：RETURNING INTO 或 USING 子句只适用于受影响的单行数据，对于返回的多行数据，需要使用动态批量绑定的语法。

代码 17.8 演示了当在 UPDATE 语句中使用 RETURNING INTO 子句返回被更新后的列值时，如何在 EXECUTE IMMEDIATE 语句中使用 RETURNING INTO 子句获取受影响的值。

代码 17.8　使用 RETURNING INTO 子句

```
DECLARE
  v_empno NUMBER(4) :=7369;                --定义员工绑定变量
  v_percent NUMBER(4,2) := 0.12;           --定义加薪比率绑定变量
  v_salary  NUMBER(10,2);                   --返回变量
  sql_stmt  VARCHAR2(500);                  --保存 SQL 语句的变量
BEGIN
  --定义更新 emp 表的 sal 字段值的动态 SQL 语句
  sql_stmt:='UPDATE emp SET sal=sal*(1+:percent) '
          ||' WHERE empno=:empno RETURNING sal INTO :salary';
  EXECUTE IMMEDIATE sql_stmt USING v_percent, v_empno
    RETURNING INTO v_salary;               --使用 RETURNING INTO 子句获取返回值
  DBMS_OUTPUT.put_line('调整后的工资为: '||v_salary);
END;
```

在这个示例中，UPDATE 动态字符串中包含了 RETURNING INTO 子句，它将更新后的 sal 列的值写到绑定变量中，在 EXECUTE IMMEDIATE 执行时，先使用 USING 语句为绑定变量占位符指定绑定值，然后使用 RETURNING INTO 子句将 UPDATE 字符串中的 RETURING INTO 子句的值写到 v_salary 变量中。可以看到执行这个匿名块后产生的输出如下：

```
调整后的工资为: 8960
```

实际上出于向后兼容的考虑，也可以使用 USING 语句，在 USING 语句中指定一个 OUT 模式的变量，在 17.2.6 小节讨论参数模式时会继续讨论绑定变量的参数模式。

17.2.5　使用 INTO 子句

EXECUTE IMMEDIATE 用于单行查询时，可以使用 INTO 子句接收查询的检索值的变量或记录，对于查询检索出来的每一个值，INTO 子句中都必须有一个与之对应的、类型相兼容的变量或字段。这意味着在动态的 SQL 查询语句中，可以实现类似于 SELECT INTO 的功能。代码 17.9 演示了如何使用 INTO 子句获取 dept 表和 emp 表中的检索结果值。

代码 17.9　在单行查询中使用 INTO 子句

```
DECLARE
  sql_stmt  VARCHAR2(100);                 --保存动态 SQL 语句的变量
  v_deptno NUMBER(4) :=20;                  --部门编号，用于绑定变量
  v_empno NUMBER(4):=7369;                  --员工编号，用于绑定变量
  v_dname  VARCHAR2(20);                    --部门名称，获取查询结果
  v_loc  VARCHAR2(20);                      --部门位置，获取查询结果
  emp_row emp%ROWTYPE;                      --保存结果的记录类型
BEGIN
  --查询 dept 表的动态 SQL 语句
  sql_stmt:='SELECT dname,loc FROM dept WHERE deptno=:deptno';
  --执行动态 SQL 语句并记录查询结果
  EXECUTE IMMEDIATE sql_stmt INTO v_dname,v_loc USING v_deptno ;
  --查询 emp 表的特定员工编号的记录
  sql_stmt:='SELECT * FROM emp WHERE empno=:empno';
  --将 emp 表中的特定行内容写入 emp_row 记录中
```

```
    EXECUTE IMMEDIATE sql_stmt INTO emp_row USING v_empno;
    DBMS_OUTPUT.put_line('查询的部门名称为：'||v_dname);
    DBMS_OUTPUT.put_line('查询的员工编号为：'||emp_row.ename);
END;
```

示例中的 sql_stmt 是一个保存动态查询语句的字符型变量，第 1 次为其赋的 SELECT
语句查询指定部门编号的 dname 和 loc 列，当使用 EXECUTE IMMEDIATE 进行执行时，
可以通过 INTO 子句获取查询的单行列值。第 2 次赋值时，直接使用 SELECT *查询所有
的列，这时 EXECUTE IMMEDIATE 的 INTO 子句直接将查询的结果赋给一个记录变量，
这意味着与静态的 SELECT INTO 类似，可以直接将选择列表中的行值赋给与之匹配的成
员的记录类型。示例的输出结果如下：

```
查询的部门名称为：系统部
查询的员工编号为：史密斯
```

可以看到，使用 EXECUTE IMMEDIATE 的 INTO 子句，可以从动态查询语句中获取
返回值，不需要在动态 SQL 内部使用 SELECT INTO 子句。

17.2.6　指定参数模式

在使用 USING 子句为绑定变量指定值时，USING 子句中指定的变量还可以设置参数
模式，默认的参数模式是 IN 模式。EXECUTE IMMEDIATE 的语法如下：

```
[USING [IN |OUT | INOUT ] bind_argument
[, [IN | OUT | IN OUT ] bind_argument]...]
```

三种参数模式的含义分别如下：
- ❑ IN，只读模式，这是默认的模式。
- ❑ OUT，只写模式。
- ❑ IN OUT，能够读取值然后向变量写入值后传出。

IN 默认模式意味着如果没有为 USING 后的绑定变量值指定参数模式，可以通过在
USING 子句后面显式地指定一个参数模式来使得 USING 子句可以接收传出参数的值。

⌂注意：RETURNING INTO 子句无须指定参数模式，定义中默认为 OUT 模式来获取输
出的值。

出于向后兼容性的考虑，可以用一个 OUT 模式的参数来替换掉 RETURNING INTO 子
句，但是有时候如果要调用的动态子程序中本身含有 IN OUT 或 OUT 模式的子程序，则必
须显式地设置参数的模式。示例代码 17.10 创建了一个 create_dept 的子程序，它具有一个
IN OUT 模式的参数来设置和获取部门编号，接下来演示如何动态地调用这个子程序，并
为之传入输入/输出的绑定变量。

代码 17.10　使用 IN OUT 模式的参数

```
CREATE OR REPLACE PROCEDURE create_dept(
deptno IN OUT NUMBER,                --IN OUT 变量，用来获取或输出 deptno 值
dname IN VARCHAR2,                   --部门名称
```

```
loc IN VARCHAR2                      --部门地址
)AS
BEGIN
  --如果 deptno 没有指定值
  IF deptno IS NULL THEN
    --从序列中取一个值
    SELECT deptno_seq.NEXTVAL INTO deptno FROM DUAL;
  END IF;
  --向 dept 表中插入记录
  INSERT INTO dept VALUES(deptno,dname,loc);
END;
/
--下面的代码调用 create_dept，并且返回部门的编号
DECLARE
  plsql_block     VARCHAR2 (500);
  v_deptno        NUMBER (2);
  v_dname         VARCHAR2 (14)  := '网络部';
  v_loc           VARCHAR2 (13)  := '也门';
BEGIN
  plsql_block := 'BEGIN create_dept(:a,:b,:c);END;';
  --在这里指定过程需要的 IN OUT 参数模式
  EXECUTE IMMEDIATE plsql_block
            USING IN OUT v_deptno, v_dname, v_loc;
  DBMS_OUTPUT.put_line ('新建部门的编号为: ' || v_deptno);
END;
/
```

create_dept 中 deptno 是一个 IN OUT 模式的参数，在子程序的执行部分，如果为 deptno 指定的值，它就会作为部门编号被插入，如果未指定值，它会通过一个 deptno_seq 的序列来为新插入的部门设置部门编号，最后通过这个 deptno 返回被插入的部门编号。在匿名块中，通过动态的 PL/SQL 语句调用了 create_dept，它使用了 3 个绑定变量，其中第 1 个绑定变量 v_deptno 使用了 IN OUT 模式，其他的参数均使用默认值，这样就可以通过访问 v_deptno 来获取插入的部门编号，输出结果如下：

```
新建部门的编号为: 85
```

可见，通过指定参数的模式，可以为动态 PL/SQL 语句的执行提供更多灵活性，使得用户可以从执行的结果中获取执行后的值。

17.3　多行查询语句

当动态 SELECT 语句返回多行数据时，可以使用另一种动态 SQL 语句的语法，即 OPEN FOR 语句，它可以执行动态 SQL 语句，返回一个游标类型，也就是说可以使用类似游标的操纵方式来操纵返回多行的动态 SELECT 语句，其操作流程如图 17.2 所示。

可以看到，动态 SQL 语句的操作与游标操作基本相似，它包含定义游标变量、提取游标数据及关闭游标变量这几个步骤。

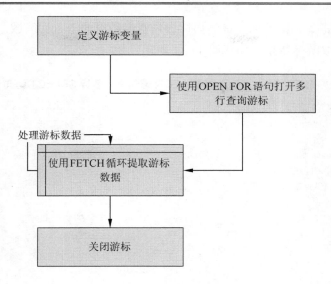

图 17.2 多行查询的执行流程

17.3.1 使用 OPEN FOR 语句

OPEN FOR 语句是执行多行动态 SELECT 语句的一种本地动态 SQL 执行方式，它需要关联到一个多行查询的游标变量，分配数据库资源来处理查询，识别结果集，为此要使用 OPEN FOR 语句，必须先定义一个游标变量，然后使用 OPEN FOR 语句为这个游标变量关联动态多行 SELECT 语句。游标变量的声明语法如下：

```
TYPE cursortype IS REF CURSOR;        --定义一个游标引用类型
cursor_variable cursortype;           --声明一个该种类型的游标变量
```

cursortype 是 REF CURSOR 类型的游标类型名称，cursor_variable 用于指定游标变量的名称。在定义了游标变量之后，接下来使用 OPEN FOR 语句来打开多行动态 SQL 语句，将查询结果赋给游标。OPEN FOR 语法如下：

```
OPEN {cursor_variable|:host_cursor_variable} FOR dynamic_string
[USING bind_argument[,bind_argument]...];
```

语法含义如下所示：

❑ cursor_variable 是在声明区中定义的游标变量，它是一个没有指定返回类型的弱的游标变量。

❑ dynamic_string 是返回多行结果的动态 SELECT 语句。

❑ bind_argument 用于指定存放传递给动态 SELECT 语句值的变量。

OPEN 语句之后紧随的是已声明的游标变量的名称或宿主游标变量名，FOR 语句后面是动态查询字符串，可以看到也可以在 OPEN FOR 中使用 USING 子句来设置绑定变量的值。

接下来看一个使用 OPEN FOR 子句的例子，它关联一个动态 SQL 查询语句，并且打开这个 SELECT 语句，将游标变量的指针指向查询结果的上下文区域，这样就可以通过游标操纵语法来提取游标数据，如代码 17.11 所示。

代码 17.11　使用 OPEN FOR 语句执行多行 SELECT 语句

```
DECLARE
  TYPE emp_cur_type IS REF CURSOR;        --定义游标类型
  emp_cur emp_cur_type;                   --定义游标变量
  v_deptno NUMBER(4) := '&deptno';        --定义部门编号替换变量
  v_empno NUMBER(4);
  v_ename VARCHAR2(25);
BEGIN
  OPEN emp_cur FOR                        --打开动态游标
    'SELECT empno, ename FROM emp '||
    'WHERE deptno = :1'
  USING v_deptno;
  NULL;
END;
```

在这个示例中定义了游标类型 emp_cur_type，它使用 REF CURSOR 数据类型。REF CURSOR 是一个引用游标类型，它指向的是一块内存中的地址，只有当使用 OPEN FOR 语句打开一个查询语句后，才会指向具体的游标引用位置。v_deptno 是一个替换变量，在 SQL*Plus 中运行时，它会要求用户输入一个部门编号，在示例中，将 v_deptno 使用 USING 子句，作为绑定变量的值传递到 OPEN FOR 语句，此时 emp_cur 游标变量将指向查询后的结果集上下文区域，以便于进一步的操作。

绑定参数的值只在游标变量打开时计算一次，因此如果想用一个新的绑定值进行查询，就必须重新打开游标变量，以便于获取新的绑定变量返回的值。

17.3.2　使用 FETCH 语句

类似于显式游标的操纵，当打开游标变量后，接下来要使用 FETCH 语句循环提取游标变量指向的结果集，FETCH 语句一次只能提取一行数据，为了提取多行结果集数据，可以在一个 LOOP 或 WHILE 循环中使用 FETCH 语句来提取多行数据。FETCH 语句的语法如下：

```
FETCH {cursor_variable|:host_cursor_variable}
INTO {define_variable[,define_variable]...|record};
EXIT WHEN cursor_variable%NOTFOUND;
```

ucrsor_variable 是要打开的游标变量，host_cursor_variable 是声明在 PL/SQL 主环境中的游标变量。INTO 子句用于获取游标结果的变量列表或记录类型。EXIT WHEN 是指在循环中当循环到游标尾部时退出循环。

由语法可以看到，FETCH 语句中的 INTO 子句可以将游标结果行数据写入到多个标量变量或写入到一个记录变量中。接下来通过代码 17.12 来演示如何在 OPEN FOR 语句打开一个动态多行查询之后，使用 FETCH 语句提取多行游标数据。

代码 17.12 使用 FETCH 语句提取游标数据

```
DECLARE
  TYPE EmpCurTyp   IS REF CURSOR;           --定义一个弱游标类型
  v_emp_cursor      EmpCurTyp;              --定义一个游标变量
  emp_record        emp%ROWTYPE;            --定义保存游标数据的记录类型
  v_stmt_str        VARCHAR2(200);          --定义一个变量保存动态 SQL 语句
  v_e_job           emp.job%TYPE:='CLERK';  --定义绑定变量值
BEGIN
  --定义动态 SELECT 语句和绑定占位符
  v_stmt_str := 'SELECT * FROM scott.emp WHERE job = :j';
  --使用动态 SQL 语句打开游标变量, 用 USING 子句指定绑定变量
  OPEN v_emp_cursor FOR v_stmt_str USING v_e_job;
  --在一个 LOOP 循环中开始循环输出多行结果值
  LOOP
    FETCH v_emp_cursor INTO emp_record;       --将行记录写入到记录类型
    EXIT WHEN v_emp_cursor%NOTFOUND;          --游标提取完成退出循环
    DBMS_OUTPUT.put_line('员工工号: '||emp_record.empno||' '||'员工姓名:
'||emp_record.ename);
  END LOOP;
  CLOSE v_emp_cursor;                          --游标变量操作完成关闭游标变量以释放资源
END;
/
```

在这个示例中, 使用 OPEN FOR 语句打开了一个返回多行数据的动态 SQL 语句, 接下来代码定义了一个 LOOP 循环, 在这个 LOOP 循环内部, 使用 FETCH 语句, 将游标变量的行数据一次一行地提取到 emp_record 记录类型中, 使用 EXIT WHEN 子句来判断是否已经成功地提取完成, 最后输出了员工的编号和员工的名称。该示例的输出结果如下:

```
员工工号: 7369 员工姓名: 史密斯
员工工号: 7788 员工姓名: 斯科特
员工工号: 7876 员工姓名: 亚当斯
员工工号: 7900 员工姓名: 吉姆
员工工号: 7903 员工姓名: 通利
员工工号: 7904 员工姓名: 罗威
```

17.3.3 关闭游标变量

游标变量与游标一样, 在使用完成后, 应该立刻关闭, 以释放游标使用的资源。关闭游标与关闭游标变量一样, 都是使用 CLOSE 语句, 其语法如下:

```
CLOSE { cursor | cursor_variable | :host_cursor_variable } ;
```

其中 cursor_variable 是游标变量的名称, 关闭游标变量后, 会释放数据结果集和定位于数据记录上的锁, 但不会释放游标占用的数据结构。如果以后需要重新打开游标, 则应该先使用 CLOSE 语句关闭游标, 然后再次打开游标。

程序员经常会忽略的是当在 FETCH 游标数据进行处理时, 如果抛出异常, 则程序代码将跳到异常处理区, 从而导致一个打开的游标并没有被关闭, 此时应该在 EXCEPTION 处理区中显式地关闭游标, 以避免打开的游标占用系统资源。代码 17.13 演示了如何关闭

游标及在异常触发时显式地关闭游标。

代码 17.13　使用 Close 语句关闭游标变量

```
DECLARE
  TYPE emp_cur_type IS REF CURSOR;        --定义游标类型
  emp_cur emp_cur_type;                   --定义游标变量
  v_deptno NUMBER(4) := '&deptno';        --定义部门编号绑定变量
  v_empno NUMBER(4);
  v_ename VARCHAR2(25);
BEGIN
  OPEN emp_cur FOR                        --打开动态游标
    'SELECT empno, ename FROM emp '||
    'WHERE deptno = :1'
  USING v_deptno;
  LOOP
    FETCH emp_cur INTO v_empno, v_ename;  --循环提取游标数据
    EXIT WHEN emp_cur%NOTFOUND;           --没有数据时退出循环
    DBMS_OUTPUT.PUT_LINE ('员工编号: '||v_empno);
    DBMS_OUTPUT.PUT_LINE ('员工名称: '||v_ename);
  END LOOP;
  CLOSE emp_cur;                          --关闭游标变量
EXCEPTION
  WHEN OTHERS THEN
    IF emp_cur%FOUND THEN                 --如果出现异常, 游标变量未关闭
      CLOSE emp_cur;                      --关闭游标
    END IF;
    DBMS_OUTPUT.PUT_LINE ('ERROR: '||
      SUBSTR(SQLERRM, 1, 200));
END;
```

　　这个示例可以看作是代码 17.11 的完善，它使用 OPEN FOR 语句打开了一个动态的多行查询语句，然后使用 LOOP 循环提取多行数据到标量变量，操纵完成后调用 CLOSE 语句关闭游标变量。如果在 OPEN 或 LOOP 阶段出现任何异常，则程序的控制权跳转到 EXCEPTION 区，此时 WHEN OTHERS THEN 下面的代码得到执行，它会检测游标变量 %ISOPEN 是否为真，如果条件成立，则表示有一个未关闭的异常，然后调用 CLOSE 语句进行关闭，这可以确保任何时候游标都可以正常关闭。

17.4　使用动态批量绑定

　　批量绑定是 PL/SQL 中的一个非常有用的特性，它可以显著地减少 PL/SQL 引擎和 SQL 引擎之间的交互。例如，如果要在数据库上执行 100 个 UPDATE 语句，如果不使用批量绑定特性，那么 PL/SQL 引擎必须循环向 SQL 引擎发送 UPDATE 语句，SQL 引擎更新完成后又要返回更新的状态到客户端。这样的往返导致了大量的性能损耗，而批量绑定可以将多个 SQL 语句批次地提交给 SQL 引擎，或者是批次地从 SQL 引擎中提取数据，这样可以显著地减少 PL/SQL 引擎和 SQL 引擎的交互，从而提供较好的性能体验。不使用批量绑定与使用批量绑定的结构如图 17.3 所示。

不使用批量绑定

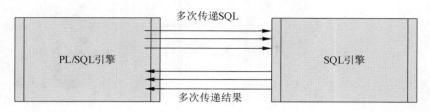

使用批量绑定

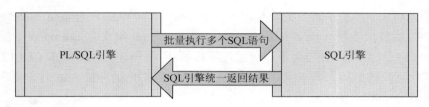

图 17.3　批量绑定与非批量绑定示意图

17.4.1　使用 EXECUTE IMMEDIATE 批量绑定

使用批量绑定，可以将 SQL 语句中的一个变量与一个集合进行绑定，集合类型可以是索引表、嵌套表或变长数据等 PL/SQL 集合类型，不过集合的元素必须得是 SQL 数据类型，不能是 PL/SQL 独有的数据类型。在 EXECUTE IMMEDIATE 中，可以使用 BULK COLLECT INTO 子句批次地从动态 SELECT 语句中取回多个结果到一个集合中，对于 DML 语句，也可以使用 BULK COLLECT INTO 子句来批次地返回受影响的结果数据。批量绑定的 EXECUTE IMMEDIATE 的语法如下：

```
EXECUTE IMMEDIATE dynamic_string
[[BULK COLLECT] INTO define_variable[,define_variable...]]
[USING bind_argument[,bind_argument...]]
[{RETURNING|RETURN}
BULK COLLECT INTO bind_argument[,bind_argument...]]
```

由语法可以看到，既可以对 EXECUTE IMMEDIATE 的 INTO 子句使用 BULK COLLECT INTO 来批量获取 SELECT 的多行数据，也可以通过使用 RETURNING BULK COLLECT INTO 子句来批量获取 INSERT、UPDATE 或 DELETE 操作的多行数据。下面的示例演示了如何使用 EXECUTE IMMEDIATE BULK COLLECT INTO 来从 SELECT 语句中批量获取员工编号和员工姓名，如代码 17.14 所示。

代码 17.14　使用 BULK COLLECT INTO 子句处理多行查询

```
DECLARE
  TYPE ename_table_type IS TABLE OF VARCHAR2(20) INDEX BY BINARY_INTEGER;
  TYPE empno_table_type IS TABLE OF NUMBER(24) INDEX BY BINARY_INTEGER;
  ename_tab ename_table_type;                    --定义保存多行返回值的索引表
  empno_tab empno_table_type;
  v_deptno NUMBER(4) :=20;                        --定义部门编号绑定变量
```

```
    sql_stmt VARCHAR2(500);
BEGIN
    --定义多行查询的 SQL 语句
    sql_stmt:='SELECT empno, ename FROM emp '||'WHERE deptno = :1';
    EXECUTE IMMEDIATE sql_stmt
    BULK COLLECT INTO empno_tab,ename_tab          --批量插入到索引表
    USING v_deptno;
    FOR i IN 1..ename_tab.COUNT LOOP               --输出返回的结果值
        DBMS_OUTPUT.put_line('员工编号'||empno_tab(i)
                                        ||'员工名称: '||ename_tab(i));
    END LOOP;
END;
```

在这个示例中，声明了两个关联数组类型 ename_table_type 和 empno_table_type，并且定义了两个关联数组变量 ename_tab 和 empno_tab，sql_stmt 用来查询 emp 表中部门编号为20 的记录，它将返回多行记录。为了避免通过游标循环，示例使用了 BULK COLLECT INTO子句，将多行结果数据插入到了关联数组中，然后通过 FOR 循环依次输出了关联数组中的员工编号和员工名称，输出结果如下：

```
员工编号 8230 员工名称: 李四友
员工编号 7369 员工名称: 史密斯
员工编号 7566 员工名称: 约翰
员工编号 7788 员工名称: 斯科特
员工编号 7876 员工名称: 亚当斯
员工编号 7902 员工名称: 福特
员工编号 7903 员工名称: 通利
员工编号 7904 员工名称: 罗威
```

再来看看 RETURNING BULK COLLECT INTO 子句，这个语句可以返回 INSERT、UPDATE 或 DELETE 的受影响的多行数据，它的使用方式与 BULK COLLECT INTO 子句非常类似，通过将多行结果集提取到集合变量中来实现。代码 17.15 演示了如何使用RETURNING BULK COLLECT INTO 子句批量获取被更新的薪资数。

代码 17.15   使用 RETURNING BULK COLLECT INTO 子句获取多行更新列

```
DECLARE
    --定义索引表类型，用来保存从 DML 语句中返回的结果
    TYPE ename_table_type IS TABLE OF VARCHAR2(25) INDEX BY BINARY_INTEGER;
    TYPE sal_table_type IS TABLE OF NUMBER(10,2) INDEX BY BINARY_INTEGER;
    ename_tab ename_table_type;
    sal_tab sal_table_type;
    v_deptno NUMBER(4) :=20;                        --定义部门绑定变量
    v_percent NUMBER(4,2) := 0.12;                  --定义加薪比率绑定变量
    sql_stmt  VARCHAR2(500);                        --保存 SQL 语句的变量
BEGIN
    --定义更新 emp 表的 sal 字段值的动态 SQL 语句
    sql_stmt:='UPDATE emp SET sal=sal*(1+:percent) '
           ||'      WHERE      deptno=:deptno     RETURNING      ename,sal
INTO :ename,:salary';
    EXECUTE IMMEDIATE sql_stmt USING v_percent, v_deptno
        RETURNING BULK COLLECT INTO ename_tab,sal_tab;  --使用批绑定子句获取返
                                                          回值
    FOR i IN 1..ename_tab.COUNT LOOP                --输出返回的结果值
        DBMS_OUTPUT.put_line(' 员 工 '||ename_tab(i)||' 调 薪 后 的 薪 资 :
```

```
'||sal_tab(i));
  END LOOP;
END;
```

在这个示例中，定义了两个关联数组类型 ename_table_type 和 sal_table_type，分别用来保存 UPDATE 语句受影响的员工名称和调整的薪资，在示例中 UPDATE 语句使用绑定占位符来提供调薪比率和部门编号，在语句块的执行部分，通过 RETURNING BULK COLLECT INTO 批量绑定将 UPDATE 语句的执行结果批量绑定到了 ename_tab 和 sal_tab 关联数组中，然后通过 FOR 循环输出结果。结果显示如下：

```
员工史密斯调薪后的薪资：3918.98
员工约翰调薪后的薪资：3998.4
员工斯科特调薪后的薪资：1971.42
员工亚当斯调薪后的薪资：1612.8
员工福特调薪后的薪资：4032
员工 APPS 调薪后的薪资：3360
员工刘大夏调薪后的薪资：2240
```

可见，批量的绑定可以减少在 PL/SQL 引擎和 SQL 引擎之间的往返，这样可以避免多次转换带来的性能影响，从而提供更好的性能。

17.4.2　使用批量 FETCH 语句

当定义了一个动态游标后，也可以通过 FETCH BULK COLLECT INTO 语句，批量地提取游标数据到集合变量中。批量操作的 FETCH 语句的语法如下：

```
FETCH dynamic_cursor
BULK COLLECT INTO define_variable[,define_variable...];
```

dynamic_cursor 是用于多行查询的游标变量，define_variable 指定要保存返回结果的集合类型。

注意：如果 BULK COLLECT INTO 中的变量个数超过查询的字段个数，Oracle 会抛出错误提示。

接下来看一个示例，这个示例使用 OPEN FOR 语句打开了一个动态游标，接下来并没有使用 LOOP 循环提取游标中的数据，而是通过 FETCH BULK COLLECT INTO 批量绑定语句提取游标数据，在提取完成后立即关闭了游标，然后通过 FOR 循环输出关联数组中保存的员工编号和员工名称，如代码 17.16 所示。

代码 17.16　使用批量 FETCH 语句获取多行查询结果

```
DECLARE
  TYPE ename_table_type IS TABLE OF VARCHAR2(20) INDEX BY BINARY_INTEGER;
  TYPE empno_table_type IS TABLE OF NUMBER(24) INDEX BY BINARY_INTEGER;
  TYPE emp_cur_type IS REF CURSOR;          --定义游标类型
  ename_tab ename_table_type;               --定义保存多行返回值的索引表
  empno_tab empno_table_type;
  emp_cur emp_cur_type;                      --定义游标变量
  v_deptno NUMBER(4) := 20;                  --定义部门编号绑定变量
BEGIN
```

```
OPEN emp_cur FOR                                --打开动态游标
   'SELECT empno, ename FROM emp '||
   'WHERE deptno = :1'
USING v_deptno;
FETCH emp_cur BULK COLLECT INTO empno_tab, ename_tab; --批量提取游标数据
CLOSE emp_cur;                                  --关闭游标变量
FOR i IN 1..ename_tab.COUNT LOOP                --输出返回的结果值
   DBMS_OUTPUT.put_line('员工编号'||empno_tab(i)
                                   ||'员工名称: '||ename_tab(i));
END LOOP;
END;
```

在这个示例中，定义了两个关联数组类型，并声明了两个关联数组变量 ename_tab 和 empno_tab，它们用来保存使用 FETCH 语句批量提取的记录，然后定义了名为 emp_cur_type 的引用游标类型，并声明了游标变量 emp_cur，接下来使用 OPEN FOR 语句打开了动态游标，并且传入了绑定变量值 v_deptno。接下来没有像讨论 OPEN FOR 语句时介绍的那样使用 LOOP 循环，而是通过一个 FETCH BULK COLLECT INTO 语句，批量将员工编号和员工名称提取到了关联数组中。最后通过 FOR 循环来显示关联数组中的信息，产生的输出如下：

```
员工编号 7888 员工名称：张三
员工编号 7890 员工名称：刘七
员工编号 7999 员工名称：李天思
员工编号 7369 员工名称：史密斯
员工编号 7566 员工名称：约翰
员工编号 7788 员工名称：斯科特
员工编号 7876 员工名称：亚当斯
员工编号 7902 员工名称：福特
员工编号 7881 员工名称：刘大夏
员工编号 8000 员工名称：李明
```

可以看到，如果只是需要对游标数据进行只读处理，使用批量绑定比使用游标循环能提供更好的性能。

17.4.3　使用批量 FORALL 语句

如果在使用 EXECUTE IMMEDIATE 时，需要使用来自集合的值作为绑定变量的传入值，传统的方式是使用循环的方式多次调用 EXECUTE IMMEDIATE 语句，这样会导致 PL/SQL 引擎每一次都要对动态的 SQL 语句进行分析处理，导致不必要的性能开销。而 FORALL 语句可以让用户批量执行 EXECUTE IMMEDIATE 语句，也就是说在 FORALL 语句之后可以批量传入多个绑定输入参数，从而提升 PL/SQL 程序的性能。在 FORALL 中使用 EXECUTE IMMEDIATE 语句的语法如下：

```
FORALL index  IN  lowerbound..upperbound
EXECUTE IMMEDIATE dynamic_string
USING bind_argument|bind_argument(index)
[,bind_argument|bind_argument(index)]...
[{RETURNING|RETURN} BULK COLLECT
INTO bind_argument[,bind_argument...]];
```

FORALL 后面的 index 是集合索引号，lower bound 是集合下标低位，upper bound 是集

合下标高位，FORALL 一次性将集合中所有的参数批量绑定到 SQL 引擎，而且也可以使用 RETURING BULK COLLECT INTO 语句来获取受影响的结果值。

⚠注意：使用 FORALL 语句执行动态 SQL 时，动态 SQL 语句必须是 INSERT、UPDATE 或 DELETE 语句，不能够为一个 SELECT 语句。

代码 17.17 演示了如何使用 FORALL 和 EXECUTE IMMEDIATE 批量更新员工的工资，以及如何使用 RETURNING BULK COLLECT INTO 子句返回受影响的结果数据。

代码 17.17　使用 FORALL 语句更新多个员工薪资

```
DECLARE
  --定义索引表类型，用来保存从 DML 语句中返回的结果
  TYPE ename_table_type IS TABLE OF VARCHAR2(25) INDEX BY BINARY_INTEGER;
  TYPE sal_table_type IS TABLE OF NUMBER(10,2) INDEX BY BINARY_INTEGER;
  TYPE empno_table_type IS TABLE OF NUMBER(4);          --定义嵌套表类型，用于批量
                                                          输入员工编号
  ename_tab ename_table_type;
  sal_tab sal_table_type;
  empno_tab empno_table_type;
  v_percent NUMBER(4,2) := 0.12;                        --定义加薪比率绑定变量
  sql_stmt  VARCHAR2(500);                              --保存 SQL 语句的变量
BEGIN
  empno_tab:=empno_table_type(7369,7499,7521,7566);    --初始化嵌套表
    --定义更新 emp 表的 sal 字段值的动态 SQL 语句
  sql_stmt:='UPDATE emp SET sal=sal*(1+:percent) '
          ||' WHERE empno=:empno RETURNING ename,sal INTO :ename,:salary';
  FORALL i IN 1..empno_tab.COUNT                        --使用 FORALL 语句批量输入参数
    EXECUTE IMMEDIATE sql_stmt USING v_percent, empno_tab(i)
                                                        --这里使用来自嵌套表的参数
    RETURNING BULK COLLECT INTO ename_tab,sal_tab;       --使用批量子句获取返
                                                          回值
  FOR i IN 1..ename_tab.COUNT LOOP                      --输出返回的结果值
    DBMS_OUTPUT.put_line('员工'||ename_tab(i)||'调薪后的薪资: '||sal_tab(i));
  END LOOP;
END;
```

示例中定义了两个关联数组类型，它们将用来保存使用 RETURNING BULK COLLECT INTO 返回的已更新后的结果集，嵌套表变量 empno_tab 保存将用来作为绑定输入参数的集合容器，它将作为绑定输入参数被 FORALL 语句批量发送到 SQL 引擎。在语句的执行部分调用构造函数初始化了 4 个元素，然后使用 FORALL 语句循环嵌套表，调用 EXECUTE IMMEDIATE 语句批量进行绑定执行，再使用 FOR 循环语句输出 UPDATE 动态语句受影响的员工工号和员工调薪后的薪资，输出结果如下：

```
员工史密斯调薪后的薪资：10035.2
员工艾伦调薪后的薪资：1904
员工沃德调薪后的薪资：1512
员工约翰调薪后的薪资：4598.16
```

FORALL 语句后面只能包含一条静态或动态的 INSERT、UPDATE 或 DELETE 语句，它至少在它的 VALUES 或 WHERE 子句中引用了一个集合。如果在 FORALL 后面紧随多条 DML 语句，则只有最接近的那条 DML 语句有效。

17.5　动态 SQL 的性能优化技巧

动态 SQL 语句虽然让程序代码更加灵活，但是如果不注意有效利用，可能会编写出性能低劣的代码，本节总结了几个使用动态 SQL 语句方面的技巧和一些常见的缺陷。

17.5.1　用绑定变量改善性能

由于动态 SQL 语句是由字符串组成的，因此很多程序员会自然而然地使用字符串拼接的方式来组织一个动态 SQL 语句。例如下面是一个使用字符串拼接的语法来更新员工工资的例子：

```
DECLARE
  v_sal NUMBER:=3000;          --保存调薪后的薪资
  v_empno NUMBER:=7369;
  v_sql VARCHAR2(500);         --保存动态 SQL 语句的字符串
BEGIN
  --使用字符串拼接的方法来执行 UPDATE 语句
  v_sql:='UPDATE emp SET sal='||v_sal||'WHERE empno='||v_empno;
  EXECUTE IMMEDIATE v_sql;
END;
```

这会导致很多隐性的性能问题，比如它会导致执行速度变慢，增加隐式类型转换的风险，增加了代码注入的可能性，造成了安全性的影响。一般建议只要有可能，就要命名用绑定的方式来执行动态 SQL 语句，只需要对上面的代码稍加修改，将之变换为使用绑定变量，示例代码如下：

```
DECLARE
  v_sal NUMBER:=3000;          --保存调薪后的薪资
  v_empno NUMBER:=7369;
  v_sql VARCHAR2(500);         --保存动态 SQL 语句的字符串
BEGIN
  --使用字符串拼接的方法来执行 UPDATE 语句
  v_sql:='UPDATE emp SET sal=:1 WHERE empno=:2';
  EXECUTE IMMEDIATE v_sql USING v_sal,v_empno;
END;
```

绑定变量使用绑定占位符和 USING 语句的绑定值来指定，它能提供显著的性能和安全性优势，其优越性体现在如下所示的几个方面：

- □ 绑定比连接具有更快的性能。由于使用绑定变量，并不会每次都改变 SQL 语句，因此可以使用 SGA 中缓存的预备游标来快速处理 SQL 语句。
- □ 绑定变量更容易编写和维护。使用绑定变量不用担心数据转换的问题，本地动态 SQL 引擎可以处理所有转换相关的问题，而对于连接字符串来说，必须要经常使用 TO_DATE 或 TO_CHAR 函数处理数据类型转换。
- □ 避免隐式类型转换。连接 SQL 语句有可能会导致数据库隐式转换，有可能会导致隐式转换为不想要的结果。
- □ 绑定避免代码注入。使用绑定变量可以避免 SQL 注入式攻击，而连接字符串有可能会导致这种危险的情形。

不仅如此，使用绑定变量还能使代码更加易于理解和维护，因此只要有可能，就应该在自己的代码中使用绑定变量。

17.5.2　重复的绑定占位符

当在动态的 SQL 语句中使用了绑定占位符之后，USING 子句中的绑定传入参数实际上是通过位置而不是通过名称与绑定占位符进行关联的，这意味着，如果一个具有相同名称的占位符出现了两次或多次，那么在 USING 子句中必须要具有重复的与之匹配的绑定传入参数。举个例子，下面的 UPDATE 语句中，val 这个绑定占位符出现了多次，那么在 USING 子句中必须要重复多次绑定输入值，以便匹配绑定的位置，示例代码如下：

```
DECLARE
  col_in     VARCHAR2(10):='sal';   --列名
  start_in    DATE;                 --起始日期
  end_in      DATE;                 --结束日期
  val_in      NUMBER;               --输入参数值
  dml_str    VARCHAR2 (32767)
    :=     'UPDATE emp SET '
      || col_in
      || ' = :val
     WHERE hiredate BETWEEN :lodate AND :hidate
     AND :val IS NOT NULL';        --动态 SQL 语句
BEGIN
  --执行动态 SQL 语句，为重复的 val_in 传入多次作为绑定变量
  EXECUTE IMMEDIATE dml_str
          USING val_in, start_in, end_in, val_in;
END;
```

可以看到，当在 UPDATE 语句中出现多个:val 绑定占位符之后，就必须在:val 出现的特定位置进行多次赋值，比如在 USING 语句中，val_in 变量也出现了两次。

动态 SQL 语句必须要完整地匹配所有的位置，不过在动态的 PL/SQL 中有一个特性，如果一个绑定占位符在 PL/SQL 块中出现两次或多次，　所有这些相同的占位符都只与 USING 语句中的第一个相同的绑定参数相对应，因此上面的 USING 语句中只传入一个 val_in 即可，如示例代码 17.18 所示。

代码 17.18　执行 PL/SQL 动态语句时的重复绑定占位符的处理

```
DECLARE
  col_in     VARCHAR2(10):='sal';   --列名
  start_in    DATE;                 --起始日期
  end_in      DATE;                 --结束日期
  val_in      NUMBER;               --输入参数值
  dml_str    VARCHAR2 (32767):= 'BEGIN
     UPDATE emp SET '
     || col_in
     || ' = :val
     WHERE hiredate BETWEEN :lodate AND :hidate
     AND :val IS NOT NULL;
     END;';                        --动态 PL/SQL 语句
BEGIN
```

```
    --执行动态 SQL 语句, 占位符:val 只需要指定一次 val_in 即可
    EXECUTE IMMEDIATE dml_str
            USING val_in, start_in, end_in;
END;
```

与动态 SQL 语句不同, 在执行 dml_str 包含的动态 PL/SQL 语句时, 占位符:val 仅指定了 val_in 变量一次, PL/SQL 的特性可以根据第 1 次为重复的占位符所赋予的值来自动分配其他重复的元素。

17.5.3　传递 NULL 参数

在 USING 子句中可以使用表达式或直接值来为绑定占位符指定具体的值, 但是不能直接使用 NULL 值作为绑定占位符的值进行传递, 因此下面的语句执行起来是非法的:

```
SQL> BEGIN
    EXECUTE IMMEDIATE 'UPDATE emp SET comm=:x'
      USING NULL;
  END;
  /
ORA-06550: 第 4 行, 第 11 列:
PLS-00457: 表达式必须是 SQL 类型
ORA-06550: 第 3 行, 第 3 列:
PL/SQL: Statement ignored
```

可以看到, PL/SQL 引擎抛出了异常, 意思指 NULL 不是一个 SQL 类型, 为了完成向绑定占位符中传入 NULL 值, 可以使用一个具有 NULL 初始值的, 即一个未初始化的变量来传递给绑定占位符, 如以下示例所示:

```
DECLARE
  null_comm NUMBER;            --定义一个未初始化的变量
BEGIN
 EXECUTE IMMEDIATE 'UPDATE emp SET comm=:x'
   USING null_comm;            --将该变量作为绑定变量的值传入
END;
```

在这个示例中, 定义了一个未初始化的变量 null_comm, 将其作为绑定变量的输入参数传入, 这就类似于将一个 NULL 值传递给了绑定占位符。

17.5.4　动态 SQL 异常处理

编写任何应用程序时, 都应该能预见并能处理任何可能的错误, 这样才能编写出健壮的应用程序, 在动态 SQL 中尤其如此。

在动态 SQL 执行中, 确保动态 SQL 语句的正确性是非常关键的, 比如在动态拼合一个 SQL 语句时, 因为拼写错误或空格问题都会导致语句执行的失败, 此时 Oracle 会抛出错误提示, 在提示信息中会告之 SQL 字符串的错误, 但是这种错误通常不是很全面, 出于应用程序健壮性的考虑, 特提供如下的几个建议:

❑ 总是在调用 EXECUTE IMMEDIATE 和 OPEN FOR 语句的地方包含异常处理块。
❑ 在每一个异常处理块中记录和显示错误消息和执行的 SQL 语句, 以便发现错误。
❑ 可以使用 DBMS_OUTPUT 包添加一个追踪机制以便能更好地发现错误。

在下面的代码中创建了一个执行任何 DDL 语句的通用过程，在调用该过程时创建了异常处理块，用来捕捉任何可能的异常处理，并显示当前执行的 SQL 语句块，如代码 17.19 所示。

代码 17.19　在执行动态 SQL 时使用异常处理机制

```
CREATE OR REPLACE PROCEDURE ddl_execution (ddl_string IN VARCHAR2)
  AUTHID CURRENT_USER IS              --使用调用者权限
BEGIN
  EXECUTE IMMEDIATE ddl_string;       --执行动态 SQL 语句
EXCEPTION
  WHEN OTHERS                         --捕捉错误
  THEN
    DBMS_OUTPUT.PUT_LINE (            --显示错误消息
      '动态 SQL 语句错误: ' || DBMS_UTILITY.FORMAT_ERROR_STACK);
    DBMS_OUTPUT.PUT_LINE (            --显示当前执行的 SQL 语句
      '  执行的 SQL 语句为: "' || ddl_string || '"');
    RAISE;
END ddl_execution;
```

通过使用 EXCEPTION 块，在该块中捕捉任何可能的异常，在异常处理中使用 DBMS_UTILITY.FORMAT_ERROR_STACK 函数返回错误堆栈中的消息，同时输出当前执行的 DDL 语句，这样开发时很容易定位到错误的具体位置。

因此在调用 ddl_execution 过程时，如果 SQL 语句出现错误，将在屏幕上输出具体的错误消息，比如修改一个不存在的表时，将产生如下所示的错误提示：

```
SQL> SET SERVEROUTPUT ON;
SQL> EXEC ddl_execution('alter table emp_test add emp_sal number NULL');
动态 SQL 语句错误: ORA-00942: 表或视图不存在
执行的 SQL 语句为: "alter table emp_test add emp_sal number NULL"
BEGIN ddl_execution('alter table emp_test add emp_sal number NULL'); END;
*
第 1 行出现错误:
ORA-00942: 表或视图不存在
ORA-06512: 在 "SCOTT.DDL_EXECUTION", line 12
ORA-06512: 在 line 1
```

在动态 SQL 中使用异常处理机制后，不仅使得应用程序更加健壮，而且便于调试和跟踪 PL/SQL 应用程序所出现的任何可能的问题。

17.6　小　　结

本章介绍了如何在 PL/SQL 语句中执行动态 SQL 语句，首先讨论了动态 SQL 语句的执行机制和使用时机，如何使用 EXECUTE IMMEDIATE 执行本地动态 SQL 语句。在执行本地动态 SQL 或 PL/SQL 语句时，可以使用绑定变量为动态语句传递参数，使用 RETURNING INTO 子句接收执行返回的值。本章也介绍了使用 OPEN FOR 语句通过游标变量获取多行查询的动态 SQL 语句，介绍了 OPEN FOR 的语法、如何使用 FETCH 语句提取数据及使用 CLOSE 语句关闭游标变量。在批量绑定部分，讨论了通过应用 BULK 子句批次执行 SQL 语句，提升了 PL/SQL 执行的性能。最后介绍了使用动态 SQL 的一些实际的经验和建议。

第 18 章 事 务 和 锁

事务是一个逻辑的、原子的工作单元，可以将多个 SQL 语句作为一个整体提交给数据库，如果事务单元中的任何一个 SQL 语句出现操作异常，可以对事务工作单元内所有的更改进行撤销，事务可以确保数据的完整性和一致性，避免了部分操纵导致的数据紊乱。

对于一个数据库来说，常常会有大量的用户同时访问和操纵数据库，当多个用户同时对一个数据库对象，比如表进行操纵时，如何控制对共享资源的并发访问是数据库系统必须面临的问题。锁是解决对共享资源并发访问的一种机制，它是任何数据库系统都存在的一种机制，只是在 Oracle 中的锁定机制不同于其他的数据库。

18.1 使用 Oracle 事务

事务的主要目的是确保将一个业务逻辑执行单元作为一个整体进行执行，比如银行转账，A 账户转到 B 账户定然会导致 A 账户余额减少 B 账户余额增加，这涉及对两个账户的更新操作，如果 A 账户余额减少后突然断电，如果没有事务控制机制，可能会导致 A 账户余额减少而 B 账户金额并没有增加，这就导致了错误的数据，如果没有事务进行控制，数据的一致性和完整性就无法得到保证。

18.1.1 事务的特性

所有的 Oracle 事务都符合称为 ACID 属性的数据库事务的基本特性，ACID 是 4 个英文单词首字母缩写，它们分别是：

- ❑ 原子性（atomicity），事务中的所有任务，要么全部执行，要么都不执行，不能存在部分完成的事务，例如银行转账，不能出现 A 账户余额减少后而 B 账户余额没有增加的情形。
- ❑ 一致性（consistency），事务将数据库从一种一致状态转变为下一个一致状态。在银行转账时，A 账户和 B 账户都成功地更新了余额，则这个转账操作才成功完成，如果任何一个操作发生而另一个没有发生，就会导致数据出现不一致性。而使用事务可以确保数据的一致性。
- ❑ 隔离性（isolation），一个事务的影响在该事务提交到数据库前对其他事务都不可见，比如当将 A 账户余额减少时，由于还没有更新 B 账户金额，事务未提交，其他用户查询 A 账户时，不会看到 A 账户余额已经减少，只有在转账成功完成时，才会看到效果，这使得事务好像是串行执行的一样。
- ❑ 持久性（durability），事务一旦提交，其所做的更改就是永久性的，事务完成后，数据库通过其恢复机制，确保在事务中所做的更改不会丢失。

在 Oracle 中，事务是隐式开始的，事务在修改数据的第一条语句处开始，也就是说在首次执行 DML 语句或在上一次使用 COMMIT 或 ROLLBACK 提交或回滚了事务之后开始。在 Oracle 中，可以有如下几种情况导致事务的结束：

□ 遇到 COMMIT 语句或 ROLLBACK 语句时，将提交或回滚事务。
□ 当用户退出 Oracle 工具时，比如退出 SQL*Plus 或 Toad 时。
□ 当机器失效或系统崩溃时。

除因为意外原因比如退出 SQL*Plus 或硬件故障导致的事务结束，在 Oracle 中必须要显式地使用 COMMIT 或 ROLLBACK 语句来终止事务，因此可以看到事务有一个起始点和终止点。事务的结构如图 18.1 所示。

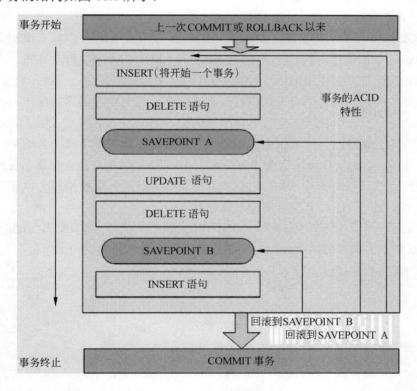

图 18.1　事务的结构示意图

由图 18.1 中可以看到，事务在上一次终止之后，当遇到第 1 个可执行的 SQL 语句，比如 DML 或 DDL 时开始，终止于 COMMIT 或 ROLLBACK 提交或回滚事务，因此在 SQL*Plus 或其他的工具中操纵数据库时，如果没有显式地使用 COMMIT 提交来持久化 SQL 语句的更改，实际上不会更新到数据库中，如果因为意外导致事务回滚，则所做的更改就会丢失。

PL/SQL 提供了如下的语句用于事务的管理：

□ COMMIT，提交自上一次 COMMIT 或 ROLLBACK 以来，所有当前的改变，并且释放所有的锁。
□ ROLLBACK，回滚自上一次 COMMIT 或 ROLLBACK 以来的所有改变，并且释放所有的锁。

- ❑ ROLLBACK TO SAVEPOINT，回滚改变到一个已经保存的保存点，并且释放所有该范围内的锁。
- ❑ SAVEPOINT，建立一个保存点，允许完成部分回滚操作。
- ❑ SET TRANSACTION，允许开始一个只读或读写会话，建立一个隔离级别，或者是将当前的事务赋给一个特定的回滚段。
- ❑ LOCK TABLE，允许使用特定的模式锁定整个数据库表，这将覆盖默认的行级别的锁定。

18.1.2　使用 COMMIT 提交事务

熟悉 SQL Server 的用户会发现 Oracle 中的事务与 SQL Server 中具有很明显的区别。在 SQL Server 中，如果用户执行一条 INSERT 语句，SQL Server 会自动开始一个事务然后提交，或者用户也可以使用 BEGIN TRANSACTION 来显式地开启一个语句块事务。Oracle 中的事务是隐式的，也就是说自上次提交或回滚以来的任何对数据库的操作，都会导致一个新的事务的开始，除非用户显式地使用 COMMIT 或 ROLLBACK 提交或回滚事务，则对数据库的修改只会保存在当前会话的撤销段中，并不会对数据库造成永久的更改。

当一个事务开始时，Oracle 会为事务分配一个可用的 UNDO 段，也就是撤消段，用来记录新事务的更改，当第 1 个 DML 语句执行时，Oracle 除分配撤销段外，还会分配事务表槽和事务 ID，事务 ID 对于整个事务来说是唯一的。

在下面的示例中，向一个刚打开的 SQL*Plus 执行了一条 UPDATE 语句，然后查询 v$transaction 数据字典视图，就可以看到当前的事务信息，示例语句如下：

```
scott_Ding@ORCL> UPDATE emp SET sal=1.21 WHERE empno=7369;
已更新 1 行。

scott_Ding@ORCL> SELECT XID as "事务ID",XIDUSN as "UNDO",XIDSLOT as "事务
槽",XIDSQN as "seq",STATUS
as "事务状态" FROM v$transaction;

事务ID                   UNDO     事务槽      seq   事务状态
------------------       -------  ---------  -----  --------------------------
0500090066170000         5        9          5990  ACTIVE
```

当开启一个新的事务后，可以看到事务具有一个事务 ID 值，并且分配了指定的 UNDO 段和务槽，当前事务的状态是激活状态。v$transaction 是一个动态的数据字典视图，当事务被提交和回滚后，位于该视图基表中的事务信息将被自动删除。

当需要将一个事务所做的更改持久化到数据库时，可以使用 Oracle 提供的 COMMIT 语句，它会完成如下的几个工作：

- ❑ 如果对数据库使用 DML 语句进行了修改，那么这些修改就被永久地写进了数据库中，这时其他用户可以立即看到对事务所做的修改。
- ❑ 释放作用于表或行上的所有的锁，同时清除自上一次提交或回滚以之后的所有的保存点。

COMMIT 语句的声明语法如下：

```
COMMIT [WORK] [COMMENT text];
```

关键词 WORK 是为了增强可读性，并没有任何其他的作用。

可选的关键字 COMMENT 用来为某个分布式事务添加注释，如果在 COMMIT 时出现网络或机器故障，Oracle 会在数据字典中保存 COMMENT 关键字提供的文本内容和相关的事务 ID，文本内容必须是用引号引起来的长度不超过 50 个字符的文字，示例语句如下：

```
COMMIT COMMENT '提交对 emp 表员工工资的更改;
```

COMMENT 主要用在分布式事务提交的场景中，对于单个服务器的提交更新，一般极少使用这个选项。

在下面的示例中，在 SQL*Plus 中使用 UPDATE 语句更新了 emp 表的数据，然后调用 COMMIT 语句提交了事务，再次查询 v$transaction，可以看到事务提交后在该数据字典视图中就没有了事务的信息，示例语句如下：

```
scott_Ding@ORCL> UPDATE emp SET sal=1.21 WHERE empno=7369;
已更新 1 行。

scott_Ding@ORCL> COMMIT WORK;
提交完成。

scott_Ding@ORCL> SELECT XID      as "事务 ID",
        XIDUSN  as "UNDO",
        XIDSLOT as "事务槽",
        XIDSQN  as "seq",
        STATUS  as "事务状态"
    FROM v$transaction;
未选定行
```

当一个事务产生时，Oracle 除在 UNDO 段中产生撤销记录外，还会在重做日志缓冲区中产生 REDO 记录，REDO 记录用于重放事务，以便于在出现数据库故障或需要恢复数据库时重放对数据所做的修改，并且会修改 SGA 的数据库缓冲区，在提交事务时，实际上会发生如下 3 件事情：

（1）在重做日志记录中，所修改的表被标记上所提交事务的唯一系统更改号 SCN。

（2）LGWR 日志写进程将事务的未写入磁盘的 REDO 信息及事务的 SCN 从重做日志缓冲区写到磁盘上的重做日志文件，完成提交。

（3）释放 DML 操作所分配的锁，Oracle 标记事务完成。

提交数据只是将重做日志缓冲区中的信息刷新输出到磁盘，并不是将数据库高数缓存中已经修改的块立即写入到磁盘，因此 COMMIT 语句通常执行得比较快。即便是做了较大的修改，COMMIT 语句也往往立即就完成。

18.1.3　使用 ROLLBACK 回滚事务

COMMIT 可以将对数据库的更改写入到数据库中，如果要撤销事务中对数据库的操作，可以使用 ROLLBACK 语句，该语句会撤销自事务开始以来 SQL 语句所做的更改。ROLLBACK 语句的语法如下：

ROLLBACK 的基本语法如下:

```
ROLLBACK [WORK] [TO [SAVEPOINT] savepoint_name];
```

与 COMMIT 语句一样,WORK 语句是为了增强可读性而生的,所以可以使用也可以不用理会。除此之外,ROLLBACK 还包含 TO 子句,用于回滚到特定的保存点(保存点 SAVEPOINT 将在本章 18.1.4 小节进行详细介绍)。如果在 ROLLBACK 时,不指定任何的参数,将回滚当前事务的所有更改。

ROLLBACK 回滚与 COMMIT 提交不同,COMMIT 在提交时,数据库只会将重做日志缓冲区中的数据写入到联机重做日志文件,并不会立即将缓冲区高速缓存中的数据块写入到磁盘,而 ROLLBACK 需要物理地将 UNDO 表空间中的撤销记录进行回滚,回滚是一个物理的操作,它需要逆向的执行在 UNDO 段中写入的数据,并且释放所有的锁。对于一个较大的事务来说,回滚操作的开销会很大,一般很少对一个大的事务进行回滚,除非因为错误操作或 SQL 语句出现了错误。

在下面的示例中,首先删除员工编号为 7369 的员工数据,然后调用 ROLLBACK 语句进行回滚,再次查询可以看到 7369 员工数据果然恢复到数据库表中,示例语句如下:

```
--删除员工数据
scott_Ding@ORCL> DELETE FROM emp WHERE empno=7369;
已删除 1 行。
--回滚事务
scott_Ding@ORCL> ROLLBACK;
回退已完成。
scott_Ding@ORCL> SELECT COUNT(*) FROM emp WHERE empno=7369;
  COUNT(*)
---------------------
         1
```

可以看到 ROLLBACK 将对 emp 表的删除进行了恢复,它对 UNDO 表空间中的数据实行了逆向的 INSERT 操作,完成了对员工编号 7369 的反删除工作。

当在 SQL*Plus 中执行某条 SQL 语句时,Oracle 会在 SQL 语句之前标记一个隐式的保存点 SAVEPOINT,然后在一条 SQL 语句执行失败的时候,会自动执行回滚操作。如果一条 INSERT 语句因主键冲突执行失败,只有未执行成功的 SQL 的工作被丢弃,而该条语句之前执行成功的语句的工作会被保存,这也就是事务的语句级原子性的体现。

18.1.4　使用 SAVEPOINT 保存点

在 ROLLBACK 语句中允许回滚到特定的保存点标记位置。保存点是事务处理过程中标记出一个点,并给这个点起一个名字,有了这个名字标记,就可以使用 ROLLBACK TO 回滚到这个点,这个点以后发生的改变全部撤消并释放掉锁资源,但是在该保存点之前的更改及持有的锁仍然保留。SAVEPOINT 如下所示:

```
SAVEPOINT savepoint_name;
```

savepoint_name 是保存点的名字,命名必须遵循 SQL 标识符的一般规则。在定义一个保存点之后,就可以使用 ROLLBACK TO SAVEPOINT 语句来回滚到指定的保存点。保存点实际上会完成如下所示的 3 个工作:

（1）从保存点以后所做的工作都被撤消，并且 ROLLBACK 之后的保存点也会被清除，但是当前保存点未被释放，如果需要，可以再次撤消该保存点。

（2）自该保存点以后 SQL 语句所需的锁和资源都被释放。

（3）虽然撤销到保存点，但是并不是结束整个事务，SQL 语句处于挂起状态。

在 PL/SQL 中保存点并没有一个 PL/SQL 块的作用范围，如果在当前事务中重用了一个保存点名，保存点就会使用这个新的当前的位置。代码 18.1 创建了一个 PL/SQL 块，它演示了保存点的定义，以及回滚到保存点的方法。

代码 18.1　使用保存点局部回滚

```
DECLARE
  dept_no   NUMBER (2) :=90;
BEGIN
  --开始事务
  SAVEPOINT A;
  INSERT INTO dept
      VALUES (dept_no, '市场部', '北京');          --插入部门记录
  SAVEPOINT B;
  INSERT INTO emp                                 --插入员工记录
      VALUES (7997, '威尔', '销售人员', NULL, TRUNC (SYSDATE), 5000,300,
dept_no);
  SAVEPOINT C;
  INSERT INTO dept
      VALUES (dept_no, '后勤部', '上海');          --插入相同编号的部门记录
  --提交事务
  COMMIT;
EXCEPTION
  WHEN DUP_VAL_ON_INDEX THEN                      --捕足异常
    DBMS_OUTPUT.PUT_LINE(SQLERRM);               --显示异常消息
    ROLLBACK TO B;                                --回滚异常
END;
```

在这个示例中定义了 3 个保存点，分别是 A、B 和 C，由于向 emp 表中插入员工编号为 7997 的员工时，emp 表中已经存在员工编号为 7997 的员工，因此会导致 PL/SQL 引擎抛出一个 DUP_VAL_ON_INDEX 的异常。在 EXCEPTION 异常语句块中捕捉了这个异常，然后使用 ROLLBACK TO 语句回滚到保存点 B，则 B 之后的所有操作都会被回滚，但是对 dept 表的插入会提交到数据库中，如以下查询所示：

```
scott_Ding@ORCL> SELECT * FROM dept WHERE deptno=90;

  DEPTNO DNAME              LOC
------- ---------------- ----------------------------------------
      90 市场部             北京
```

只有 SAVEPOINT B 之后的数据库操作产生了回滚，而 SAVEPOINT A 中的操作已经得到了提交，因此使用保存点实现了局部回滚。在会话中可用的保存点是没有限制的，有效的保存点就是一个自上次提交或回滚之后的一个标记。

18.1.5　事务的隔离级别

在了解事务的提交和回滚特性后，再来看一看事务的隔离性。隔离性保证在一个事务

提交前其他事务看不到相应事务所做的更改，这个特性使数据库可以满足并发多用户同时操作某一数据的需求。举个例子，下面开启两个 SQL*Plus，都使用相同的用户 scott 进行登录，这样开启了两个会话。在一个事务中更新员工 7369 的薪资为 8000，然后切换到另一个会话，查询员工 7369 的薪资，此时会发现在其他的事务中看不到其他事务对于薪资的修改，如图 18.2 所示。

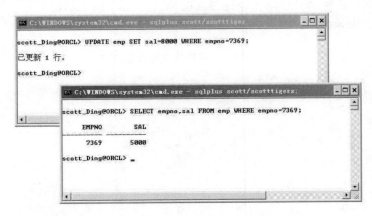

图 18.2　在 2 个不同的会话中操作 emp 表

可以看到，会话 2 中的 SELECT 查询出来的 sal 值仍然为 5000，如果此时在会话 2 中也更新 emp 表，会话 2 会被阻塞，除非在会话 1 中显式地调用 COMMIT 或 ROLLBACK 提交或回滚事务。看起来两个事务似乎是串行一个接一个地执行事务的。Oracle 确保数据的一致性读取，也就是说在会话 1 并未提交数据时，会话 2 查询出来的 sal 值仍然是事务操作之前的状态，也就是值 5000。

当多个事务同时并发地操纵一个数据库对象时，通过指定事务的隔离级别，可以控制并发操作可能带来的问题，而在多用户并发访问时，最容易出现的问题有如下的几个方面：

❑ 脏读。当一个事务可以读取另一个正在进行的事务，该事务并未提交或回滚时，就发生了脏读。比如在前面的示例中，假定开启了两个事务，当会话 1 更新了 sal 值为 8000，在没有提交时，如果会话 2 读取 7369 的 sal 值时读到了 8000，就发生了脏读，因为如果会话 1 发生了回滚，那么会话 2 读取到的 sal 值 8000 就是一个错误的值。因此 Oracle 通过一致性读来避免了脏读。

❑ 幻像读取。如果事务 1 查询到了某些数据，再次执行查询时，可能由于其他的事务已经插入了一些数据，再次查询时又增加了很多数据，而导致操作的问题。

❑ 更新丢失。当事务试图读取正被其他事务更新时所导致的问题。如果会话 1 的事务和会话 2 的事务都在更新 emp 表的 sal 字段，当会话 1 的事务成功提交后，将 sal 更新为 9000，会话 2 的事务读取的是 8000，更新语句将薪资减少 2000，得到结果为 6000。由于两个用户更新了相同的行，第 2 次的更新覆盖了第 1 次的更新，因此会导致第 1 次的更新丢失。这就是在一个事务完成操作之前，其他的事务也读取和更新时所造成的问题。

❑ 不可重复读。如果从一个表读取数据后过段时间再次读取，比如会话 2 读取了员工 7369 的值为 5000，一段时间后由于会话 1 已经提交了数据，在会话 2 的事务中再次读取时其值又变成了 8000，这有可能导致会话 2 的事务操作出现无法预料的问题。

可以看到，这些问题产生都是由于并发性的操作而导致的，避免这些问题的方法是当一个事务在操作时，避免其他的用户同时更新和查看数据，这基本上是一种串行操作机制，不利于数据库系统同时处理成千上万的请求。SQL 标准提供了隔离级别的标准，这些标准有助于数据库并发操作避免上述问题的出现。下面是事务不同的隔离级别的具体含义。

❑ 串行（SERIALIZABLE），事务之间相互完全隔离，事务处理以串行的方式一个接一个地执行，在该隔离级别下，INSERT、UPDATE 或 DELETE 语句在受影响的数据上放置一个写锁，在提交和回滚释放锁之前，其他的事务不得不等待锁的解除，它是最高的隔离级别，可以避免脏读、不可重复读、幻像读取问题。

❑ 可重复读（REPEATABLE READ），它用来保证读一致性，即一个事务在两个不同时间点从一个表中读取两次数据时，每次都会得到相同的数据，避免了脏读和不可重复读的问题，但是它无法避免幻像读。

❑ 未提交读（READ UNCOMMITTED），未提交读允许事务读取其他事务未提交前的中间值，它会导致前面提到的并发操作的所有问题。

❑ 已提交读（READ COMMIT），这是 Oracle 的默认隔离级别，Oracle 查询只能看到查询开始时已经提交的数据，它避免了脏读的出现，但是不能避免不可重复读和幻像读。

可以见到，串行使用数据库可以避免所有的这些并发访问的问题，但是串行不能并发地使用数据库，当一个用户查询和操纵数据库时，其他的用户就不能访问和修改数据库中的数据，因此不是一个切实可行的方案。实际上事务的隔离级别是一个需要权衡的过程，Oracle 默认的隔离级别就已经能满足大多数的需求，因此一般情况下不需要对数据库的隔离级别进行更改。

18.1.6　使用 SET TRANSACTION 设置事务属性

SET TRANSACTION 可以用来设置事务的属性，比如可以使用该语句设置一个可读或可写的事务，或者是使用 ISOLATION LEVEL 来设置事务的隔离级别。SET TRANSACTION 的语法如下：

```
SET TRANSACTION parameter;
```

parameter 用来指定事务的参数，可供使用的参数取值有如下的几种：

❑ READ ONLY，用于建立只读事务，在此事务中执行任何 INSERT、DELETE、UPDATE 或 SELECT FOR UPDATE 等命令都属于非法操作，对于这种事务模式不用指定回滚段，基本语法如下：

```
SET TRANSACTION READ ONLY;
```

❑ READ WRITE，建立读写事务，这是 Oracle 默认的设置，读写事务没有只读事务的种种限制，不仅可以执行 SELECT 语句，也可以执行 INSERT、DELETE、UPDATE 等语句，基本语法如下：

```
SET TRANSACTION READ WRITE;
```

❑ ISOLATION LEVEL。用来设置事务的隔离级别，即规定在事务中如何处理 DML 事务，可以设置 SERIALIZABLE 和 READ COMMITTED 这两个选项。SERIALIZABLE 选项会使得对已修改但没有提交的数据对象的 DML 事务失败，READ COMMITTED 是对已修改但没有提交的数据库对象的 DML 事务进行修改时，会等待前面的 DML 锁消失，这是 Oracle 的默认特性，ISOLOATION LEVEL 的基本使用语法如下：

```
SET TRANSACTION ISOLATION LEVEL SERIALIZABLE;          --设置序列隔离级别
SET TRANSACTION ISOLATION READ COMMITTED;              --设置读提交隔离级别
```

❑ USE BOLLBACK SEGMENT，给事务定义一个合适的回滚段，基本语法如下：

```
SET TRANSACTION ISOLATION USE ROLLBACK SEGMENT segmentname;
```

下面通过一个示例来看看 SET TRANSACTION 的作用。首先让一个事务变成只读事务，然后试图在该事务中对 emp 表进行更新。可以看到更新操作失败，但是如果进行查询则可以成功进行，示例语句如下：

```
--SET TRANSACTION 必须是事务开始后的第 1 条语句，因此先 ROLLBACK
ROLLBACK;
--设置只读事务
SET TRANSACTION READ ONLY;

--更新表
UPDATE emp SET sal=9000 WHERE empno=7369;
UPDATE emp SET sal=9000 WHERE empno=7369
      *
第 1 行出现错误:
ORA-01456: 不能在 READ ONLY 事务处理中执行插入/删除/更新操作
--查询表
SELECT empno,sal FROM emp WHERE empno=7369;

    EMPNO      SAL
  --------- --------------------------
    7369      8000
```

由于 SET TRANSACTION 必须是事务中的第 1 条语句，因此示例先使用 ROLLBACK 回滚了事务，然后调用 UPDATE 语句，可以看见 Oracle 抛出了 ORA-01456 错误，表示不能在一个只读事务上进行插入、删除和更新操作。但是如果查询表，则可以得到正确的结果。

🔔注意：默认的情况下，事务是可读可写的，也就是 READ WRITE 模式，因此可以进行查询、插入、删除和更新操作。

接下来看一下事务的隔离级别。READ UNCOMMITTED 是最宽松的隔离级别，它允许脏读，但是 Oracle 并不允许在数据库中出现脏读，Oracle 使用其自己的机制提供了非阻塞读，也就是说无论有多少个事务处理，写一定不会阻塞读，因此在 Oracle 中总是可以查询到一致的数据。Oracle 提供的多版本机制，即在 UNDO 段中保存数据的修改信息，也避免了不可重复读的问题，因此在 SET TRANSACTION 语句中，可以设置的就是 SERLALIZABLE 和 READ COMMITTED 这两个隔离级别，而 READ COMMITTED 是默认的隔离级别。下面来看一看将事务的隔离级别设置为 SERIALIZABLE 之后的效果。

这个示例将开启两个 SQL*Plus 会话,将它们的事务都设置为 SERIALIZABLE,然后同时操纵 emp 表。下面是会话 1 中的代码:

```
scott_Ding@ORCL> SET TRANSACTION ISOLATION LEVEL SERIALIZABLE;
事务处理集。

scott_Ding@ORCL> UPDATE emp SET sal=8500 WHERE empno=7369;
已更新 1 行。
```

在这个会话中将事务更改为串行隔离级别,然后更新了 emp 表,此时并没有完成提交,然后切换到会话 2,同样更新 emp 表,示例语句如下:

```
scott_Ding@ORCL> SET TRANSACTION ISOLATION LEVEL SERIALIZABLE;
事务处理集。
scott_Ding@ORCL> UPDATE emp SET sal=9000 WHERE empno=7369;
```

此时,会话 2 会被阻塞,因为会话 1 中的事务锁定了对 emp 表的更新,如果回到会话 1,使用 COMMIT 提交会话,此时会发现会话 2 出现了错误提示,它不像在 READ COMMITTED 模式那样成功更新,示例语句如下:

```
scott_Ding@ORCL> UPDATE emp SET sal=9000 WHERE empno=7369;
UPDATE emp SET sal=9000 WHERE empno=7369
       *
第 1 行出现错误:
ORA-08177: 无法连续访问此事务处理
```

Oracle 抛出了 ORA-08177 异常,提示无法连续访问此事务处理,这也就意味着,SERIALIZABLE 隔离级别的事务只能串行进行,如果一个事务先行执行,其他的操作即便进入了事务处理,在最先发起的事务提交或回滚后,也会导致后来的事务失败。

18.2　使用 Oracle 锁

锁是 Oracle 实现并发访问机制中的一个重要的机制,锁定可以避免多用户操作时数据的混乱。在本章前面的介绍中可以发现,当两个事务同时更改一个表中的行时,后面的事务会被阻塞,这是因为 Oracle 使用锁定机制确保了对一个对象的并发访问时的先后次序。

18.2.1　什么是锁

锁是 Oracle 提供的用于并发访问情况下的数据保护机制,它用来防止当多个用户访问一个数据对象时造成对数据库数据的损坏。举个最简单的例子,如果想锁定某些数据,以防止其他的用户对查询的数据进行更改,只有在当前会话提交或回滚时,才释放这个锁。可以在 SELECT 语句中使用 FOR UPDATE 子句,锁定查询出来的数据,下面锁定了 emp 表中员工编号为 7369 的行数据,示例语句如下:

```
scott_Ding@ORCL> SELECT empno,ename,sal FROM emp WHERE empno=7369 FOR
UPDATE;
    EMPNO ENAME                                          SAL
--------- ---------------- ----------------------------------
     7369 史密斯                                        8500
```

此时如果再开启一个会话 2，更新 emp 表中 7369 的员工薪资，会发现操作被阻塞了，因为 FOR UPDATE 导致对 emp 添加了两个锁，一个是用来防止表结构被修改的表级共享锁 TM，另一个是用来防止行数据被修改的独占行锁 TX，如图 18.3 所示。

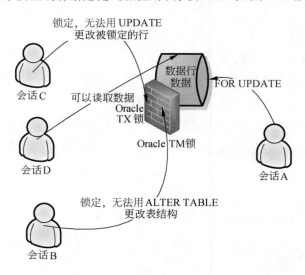

图 18.3　SELECT FOR UPDATE 的锁定结构

可见，Oracle 为了防止对指定的表的操作，添加了表级的共享锁 TM 和行级的独占锁 TX，这样可以避免在操纵期间对表结构的更改，也避免了其他用户更改当前正在操纵的表数据，从而避免了丢失更新等问题。

Oracle 数据库使用两种类型的锁，分别是共享锁和独占锁，在同一个资源，比如表或行上，只能获得一个独占锁，但是在一个资源上允许有多个共享锁存在，下面是两种锁定类型的区别：

- ❏ 共享锁（TM），允许相关的资源被共享，也就是数据可以被多次读取，可以添加多个共享锁，不允许在共享锁上添加独占锁，也就是说不能在数据读取期间添加独占锁来更改数据。

- ❏ 独占锁（TX），这种锁定模式可以阻止相关的资源共享，一般用于数据修改场合，当一个事务修改数据时，获取一个独占锁，在独占锁被释放之前，第一个以独占方式锁定资源的事务是唯一可以更改资源的事务。

在 Oracle 中，读取数据不会被写入数据而阻塞，写入数据也不会阻塞读取数据，Oracle 中的锁定具有如下的特性：

- ❏ 只有在修改某一行数据时，才会锁定该行数据，比如在 UPDATE 语句时，事务只是需要获取该行上的行锁，以减小对同一数据的争用，正常情况下，行级锁不会升级到块级或表级锁。

- ❏ 当对一行数据进行修改时，所有其他的后续修改请求都会被阻塞，这样可以防止不同的事务修改同一行，从而提供数据的一致性与完整性。

- ❏ 读取操作永远不会阻塞写入操作，所以在读取行时，可以同时对行进行修改，唯一例外就是 SELECT FOR UPDATE 语句。

□ 写入操作也不会阻塞读取操作，Oracle 发现某一行数据正在被更新时，会从撤消段中提取数据的一致性视图。

18.2.2　使用锁

Oracle 的锁用来实现数据库数据的一致性和完整性，一个会话正在更改的数据不能被其他的用户更改，数据和结构必须要按正确的顺序进行更改。锁定机制可以在多个事务之间提供数据的并发性、一致性和完整性，用户实际上很少需要手动的放置锁定，Oracle 会自动在需要的地方添加锁定，例如在使用 FOR UPDATE 时 Oracle 系统自动放置锁以避免其他用户的更新。

举个例子，现在有两个会话，都将更新表 emp，下面的步骤演示 Oracle 如何自动使用锁定机制来维护并发数据操作时的数据完整性。

（1）在会话 1 中，使用 UPDATE 语句对 emp 表进行更新，然后查询 v$lock 和 v$session 数据字典视图，来查看当前的会话上的锁信息，示例语句如下：

```
scott_Ding@ORCL> UPDATE emp SET sal=5000 WHERE empno=7369;
已更新 1 行。

scott_Ding@ORCL> select (select username from v$session where sid =
v$lock.sid) username,
        sid,
        id1,
        id2,
        lmode,
        request,
        block,
        v$lock.type
    from v$lock
  where sid = (select sid from v$mystat where rownum = 1);

USERNAME       SID        ID1        ID2      LMODE    REQUEST     LOCK   TYPE
-----------  -------  ---------  -------  ----------  ----------  ------  -------
SCOTT          136        100          0           4           0       0  AE
SCOTT          136      77408          0           3           0       0  TM
SCOTT          136      77413          0           3           0       0  TM
SCOTT          136      77414          0           3           0       0  TM
SCOTT          136     589839       5835           6           0       0  TX
```

v$lock 会列出当前第持有的或正在申请的锁的情况，其 sid 表示用户的会话 ID 号，type 指定索定的类型，可以看到，SID 为 136 的当前用户在 id1 被修改的表标识上面持有 TM 共享表锁，同时在特定的位置持有 TX 独占锁，可见，在一个表上面可以有多个共享锁，它们并不排斥，但是只能有一个 TX 行锁对 sal 列进行修改，其他会话对 emp 表的修改将会被阻塞。

（2）在会话 2 中，查询 emp 表，可以看到能正常查询到数据库表中的 emp 表数据，然后使用相同的语句查询 v$lock，可以看到会话 2 上仅有一个 AE 锁，示例语句如下：

```
scott_Ding@ORCL> SELECT empno,sal FROM emp WHERE empno=7369;
    EMPNO     SAL
```

```
-------------------------------------
    7369      8500

scott_Ding@ORCL> /
USERNAME      SID       ID1       ID2    LMODE   REQUEST  BLOCK  TYPE
--------------------------------------------------------------------
--------------------------------------------------------------------
SCOTT         191       100        0       4        0       0     AE
```

可以看到，会话 191 当前仅持有一个 AE 锁，AE 锁是一个版本锁，它是基于版本的重定义特性的一部分，这个版本锁可以防止引用版本做出修改，比如对这一版本进行删除。

（3）由于在会话 1 上持有了一个 TX 锁，因此如果在会话 2 中对 emp 表中员工编号为 7369 的 sal 列进行 UPDATE，就会导致一个异常，而且由于持有 TM 锁，如果此时对 emp 表进行删除等操作也是非法的，例如在会话 2 上去删除 emp 表，Oracle 会抛出异常，示例语句如下：

```
scott_Ding@ORCL> DROP TABLE emp;
DROP TABLE emp
              *
第 1 行出现错误:
ORA-00054: 资源正忙，但指定以 NOWAIT 方式获取资源，或者超时失效
```

（4）只有当会话 1 中的 TX 锁释放后，其他用户才能对 emp 表中的特定行进行更新，不过这样的操作通常会带来丢失更新的问题。丢失更新是多用户并发数据库操作时常见的问题，当会话 1 更新 emp 表中 sal 列的值后，在还未提交期间，由于 Oracle 的一致性读的机制，会话 2 可以提取其更新前的数据版本，然后也对相同的行数据更新 sal 列，当会话 1 中的事务提交后，会话 2 就可以继续更新，从而有可能导致对会话 1 的操作被覆盖。接下来在会话 1 中提交事务，会话 2 中的阻塞就被解开，这意味着在会话 2 上面现在持有一个排他锁，示例语句如下：

```
scott_Ding@ORCL> UPDATE emp  SET sal=9000 WHERE empno=7369;
已更新 1 行。
scott_Ding@ORCL> col username for a15;
scott_Ding@ORCL> /

USERNAME      SID       ID1       ID2    LMODE   REQUEST  BLOCK  TYPE
------------  --------  --------  ------  ------  -------- ------ -----
SCOTT         191       100        0       4        0       0     AE
SCOTT         191       65921      1       3        0       0     TO
SCOTT         191       77408      0       3        0       0     TM
SCOTT         191       77411      0       3        0       0     TM
SCOTT         191       77413      0       3        0       0     TM
SCOTT         191       77414      0       3        0       0     TM
SCOTT         191       327709     6063     6        0       0     TX

已选择 7 行。
```

可以看到，现在会话 2 中又持有 TX 锁，这样除非会话 2 提交或回滚，任何想对指定 ID1 和 ID2 资源进行操作的事务都会被阻塞，同时它又持有多个 TM 共享锁，这个步骤演示了 Oracle 通过自动的获取需要的锁，锁定必需的数据，从而避免其他用户意外的数据库操作，因为数据库的锁定机制与事务控制紧密地绑定在一起，应用程序设计人员只需要正

确地定义事务，而数据库会自动管理锁定。当某些事件发生，事务不再需要资源时，Oracle 数据库会自动释放锁，使用锁可以防止破坏性干扰，比如避免了并发事务中的脏读、丢失更新及破坏性的 DDL。

18.2.3　DML 锁

DML 锁又称为数据锁，是用来保护表的数据的，这样可以确保数据的完整性，比如银行转账操作期间，当 A 账户转出 1000 元，但是 B 账户还未转入 1000 元时，通过对 A 账户加一把锁，可以防止事务未完成时，其他的用户对 A 账户进行操作，以免产生错误的数据。DML 语句在执行时，自动获取两种类型的锁：

- ❑ 行锁，也就是 TX 锁，或称为排它锁，这是一个表中单个行上的锁，当事务在执行 INSERT、UPDATE、DELETE、MERGE 或 SELECT FOR UPDATE 等语句修改数据库数据时，在每一行上会存在一个行锁，一直存在，直到事务提交或回滚。
- ❑ 表锁，也称为 TM 锁，当对表执行 INSERT、UPDATE、DELETE、MERGE 或 SELECT FOR UPDATE 时，获取该锁，DML 操作需要表锁来为事务保护 DML 对表的访问，并防止可能与事务冲突的 DDL 操作。

行锁是一种细粒度的锁，它提供了比较好的并发生和吞吐量。行锁让对行的 DML 操作以一种排队机制进行，以防止两个事务同时修改带来的问题，数据库始终以独占模式锁定修改的行。

🔔 注意：当一个事务在某行上获取了一个 TX 行级锁定时，也会同时获取包含该行的表上的一个表锁，表锁用来防止 DDL 操作对表结构进行修改。

DML 锁的示意结构如图 18.4 所示。

图 18.4　DML 锁的结构示意图

可以看到，在对行进行操作时，行级 TX 锁提供了较细的粒度，因此如果不是两个事务同时访问相同的行，那么不同的事务可以对不同的行分别进行操作。不过由于锁信息实际上是存储在包含锁定行的数据库块中，因此如果两行数据位于相同的数据库块，也会导致排它锁定。

Oracle 只提供了一种行级锁类型，就是 X 排它锁，它不像表级锁定那样可以具有多种锁定类型，每当一个事务开始操作表中的数据时，Oracle 总会在表上放一个表级的 TM 锁，

DML 操作需要表锁来为事务保护对 DML 的访问，也就是确保表结构不会变化。举例来说，当更新 emp 表中的数据，还没有提交时，如果试图删除表，表级锁会阻止这样的操作。下面会先在事务 1 中更新 emp 表并不提交，然后在事务 2 中试图删除 emp 表，这样做会出现异常，示例语句如下：

```
--在事务 1 中更新 emp 表
scott_Ding@ORCL> UPDATE emp SET sal=5000 WHERE empno=7369;
已更新 1 行。
--在另一个事务中同时对表进行删除
scott_Ding@ORCL> DROP TABLE emp;
DROP TABLE emp
             *
第 1 行出现错误：
ORA-00054: 资源正忙，但指定以 NOWAIT 方式获取资源，或者超时失效
```

可以看到，表级锁可以保护表不被意外更改，使用 SELECT FOR UPDATE 也会导致 Oracle 添加一个表锁定，它可以防止其他用户对表的任何修改。例如在事务 1 中使用 SELECT FOR UPDATE 查询数据，然后在另一个事务 2 中试图更改 emp 表的数据，此时由于表级排它锁，Oracle 会阻塞事务 2 的更改操作，如果使用了 NOWAIT 子句，事务 2 的操作将立即抛出一个异常。

表级的锁定可以具有多种模式，下面是常见的几种表锁定的模式：

- ❑ ROW SHARE，行共享锁，这是一种最小限制的锁定，在锁定表的同时允许别的事务并发地对表进行 SELECT、INSERT、UPDATE 和 DELETE 以及 LOCK TABLE 操作，它不允许任何事务对同一个表进行独占式的写访问。
- ❑ ROW EXCLUSIVE，行排它锁，当一个表的多条记录被更新时，也允许别的事务对同一个表执行 SELECT、INSERT、UPDATE 和 DELETE 及 LOCK TABLE 操作，与行共享锁不同的是它不能防止别的事务对同一个表的手工锁定或独占式的读与写。
- ❑ SHARE LOCK，共享锁，只允许别的事务查询或锁定特定的记录，防止任何事务对同一个表的插入、修改和删除操作。
- ❑ SHARE ROW EXCLUSIVE，共享排它锁，用于查看整个表，也允许别的事务查看表中的记录，但不允许别的事务以共享模式锁定表或更新表中的记录，这种锁定一般只允许用于 SELECT FOR UPDATE 语句中。
- ❑ EXCLUSIVE，排它锁，该事务以独占方式写一个表，允许别的用户查询，但是不允许进行任何的 INSERT、UPDATE 和 DELETE 工作。

Oracle 自行控制这些锁的分配，实际上对于普通的 Oracle 用户来说，基本上不用担心如何分配表级别的锁定。

18.2.4　DDL 锁

在对数据库执行 DDL 操作时，Oracle 会自动添加 DDL 锁来保护这些对象不会被其他会话所修改。比如在对 emp 表执行 ALTER TABLE 操作时，在表 emp 上就会添加一个排它锁，以防止得到这个表的 DDL 锁和 TM 锁。不过由于 DDL 语句具有隐式的事务，因此若非是较长时间的 DDL 操作，比如重建索引之类的，一般都看不出阻塞的效果。

当执行 DDL 语句时，Oracle 将自动为要求锁的 DDL 事务获取 DDL 锁，用户无法显

式地请求一个 DDL 锁。比如创建一个存储过程时，Oracle 将自动为引用的所有的方案对象自动获取 DDL 锁。在 Oracle 中，DDL 锁分为如下 3 种类型：

❑ 独占 DDL 锁，可以防止其他会话获取 DDL 或 DML 锁，大多数 DDL 操作都需要对资源获取独占锁，以防止修改或引用这个模式对象时进行 DDL 操作导致的破坏。独占的 DDL 锁在 DDL 语句执行期间会一直存在并自动提交。并且当一个对象具有 DDL 锁时，其他的操作会排队等待，直到前一个 DDL 锁被释放。

❑ 共享 DDL 锁，共享 DDL 锁要防止与冲突的 DDL 操作发生破坏性干扰，但允许类似的 DDL 操作的数据并发。比如使用 CREATE PROCEDURE 创建存储过程时，将为被引用的所有的表获取共享 DDL 锁，这样其他事务可以同时引用相同的表，并在相同的表上获取 DDL 锁，但是不能在被引用的表上放置独占的 DDL 锁。

❑ 可中断解析锁，当解析 SQL 语句或 PL/SQL 单元时，为其被引用的对象分配解析锁，如果被引用的对象被更改或删除，可以使相关联的共享 SQL 区无效，它并不禁止任何 DDL 操作，并可以中断以允许其他的 DLL 操作。这个锁是在执行 SQL 语句的分析阶段，从共享池中获取，只要语句存在于共享池中，就一直存在该锁。

大多数的 DDL 语句都带有一个独占的 DDL 锁，当执行 DDL 语句时，其他的会话可以查询表，但是不能对对象进行操作，不能执行其他的 DDL 语句，不能操纵这个对象，示意如图 18.5 所示。

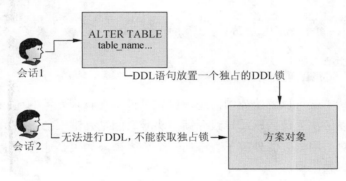

图 18.5　DDL 独占锁示意图

在这个示例中，在会话 1 对方案对象执行 DDL 语句期间，会话 2 是不能对相同的对象执行 DDL 语句的，因为对象上存在一个 DDL 独占锁，也不能修改方案对象上的数据，但是会话 2 可以查询方案对象上的数据。

18.2.5　死锁

当两个或多个用户都在等待被对象锁定的数据时，就会出现死锁。死锁会阻止某些事务继续工作。举例来说，如果有两个表分别是表 1 和表 2，它们都只有 1 行数据，然后分别要开 2 个会话，在会话 1 中更新表 1，在会话 2 中更新表 2，如果在会话 2 中想更新表 1，会发生阻塞，此时如果在会话 2 阻塞时，在会话 1 中更新表 2，因为会话 2 已经阻塞，会话 1 在等待会话 2，会话 2 在等待会话 1，就产生了死锁。

举例来说，在会话 1 中更新 dept 表的部门编号为 20 的部门信息，此时会话 1 会添加一个行级的 TX 锁，会话 2 可以更新部门编号为 30 的部门信息，会话 2 添加了一个行级的 TX 锁在部门 30 行上，如果会话 1 又要更新部门 30 的行，因为在该行上已经存在一个 TX 锁，会产生阻塞，会话 2 又去更新部门 20 的行数据，因为该行已经被会话 1 添加了独占的 TX 锁，因此产生了死锁，示例语句如下：

```
--死锁的产生示例
--1，在会话 1
UPDATE dept SET loc='TOYKO' WHERE deptno=20;
--2，在会话 2
UPDATE dept SET loc='Beijing' WHERE deptno=30;
--3，在会话 1
UPDATE dept SET loc='GuangZhou' WHERE deptno=30;
--4，在会话 2
UPDATE dept SET loc='HangZhou' WHERE deptno=20;
```

Oracle 自动检测死锁，数据库向遭遇语句级回滚的事务返回一条相应的消息，会话 1 中返回的消息示例语句如下：

```
scott_Ding@ORCL> UPDATE dept SET loc='TOYKO' WHERE deptno=20;
已更新 1 行。

scott_Ding@ORCL> UPDATE dept SET loc='GuangZhou' WHERE deptno=30;
UPDATE dept SET loc='GuangZhou' WHERE deptno=30
      *
第 1 行出现错误：
ORA-00060: 等待资源时检测到死锁
```

通过回滚会话 1 就可以解决死锁问题，也就是说，在收到死锁的通知后，应该明确进行回滚，这样可以解决死锁问题。导致死锁的头号原因是外键未加索引，如果更新了父表的主键，会导致对引用该列的外键子表添加一个全表锁，如果其他会话也在更新子表，就可能导致死锁的问题出现。

18.2.6　使用 LOCK TABLE 语句

使用 LOCK TABLE 语句可以锁定一个或多个表，它支持在 18.2.3 节中介绍的表级别的锁定模式，它可以覆盖掉自动锁，可以让用户手动地允许或拒绝其他用户对表的访问。LOCK TABLE 语句的语法如下：

```
LOCK TABLE table_reference_list IN lock_mode MODE [NOWAIT];
```

语句中的 table_reference_list 是一个或多个所引用的数据表的列表，lock_mode 就是 18.2.3 节介绍的几种锁定的模式，比如 ROW SHARE、SHARE LOCK、ROW EXCLUSIVE、EXCLUSIVE 等。NOWAIT 是可选项，类似于 FOR UPDATE 的 NOWAIT，当试图锁定一个表的时候，如果该表已被别的事务锁定，则立即将控制返还给事务，否则将一直等待，直到该表的锁定被解除。

下面的示例在会话 1 中使用 LOCK TABLE 语句将 emp 表设置为独占模式，这样其他

用户只能查询表,不能够对表执行 DML 操作。在会话 1 中的 LOCK TABLE 语句如下:

```
scott_Ding@ORCL> LOCK TABLE emp
    IN EXCLUSIVE MODE
    NOWAIT;

Table(s) Locked.
```

接下来在其他的会话中尝试更新 emp 表,则会出现错误提示,示例语句如下:

```
scott_Ding@ORCL> SELECT empno,ename FROM emp WHERE empno=7369;

   EMPNO ENAME
--------------------------------------
    7369    史密斯

scott_Ding@ORCL> UPDATE emp SET sal=10000 WHERE empno=7369;
UPDATE emp SET sal=10000 WHERE empno=7369
       *
第 1 行出现错误:
ORA-00054: 资源正忙,但指定以 NOWAIT 方式获取资源,或者超时失效
```

可以看到,当将 emp 表设置为 EXCLUSIVE 模式后,其他的用户只能查询表,不能对表执行 DML 操作,否则会抛出错误提示,或者在没有指定 NOWAIT 时,被 Oracle 阻塞无法正确执行。这个示例与使用 SELECT FOR UPDATE 比较相似,不过不同的是,SELECT FOR UPDATE 语句是对表中的行进行锁定,LOCK TABLE 语句则直接锁定到整张表。

如果要解除使用 LOCK TABLE 语句的锁定,只需要在执行 LOCK TABLE 语句的会话中简单地使用 COMMIT 或 ROLLBACK 语句即可。

下面的语句演示了如何使用各种不同的锁定模式使用 LOCK TABLE 语句,示例语句如下:

```
LOCK TABLE emp IN SHARE MODE;
LOCK TABLE emp IN EXCLUSIVE MODE NOWAIT;
LOCK TABLE emp IN SHARE UPDATE MODE;
LOCK TABLE emp IN ROW EXCLUSIVE MODE NOWAIT;
LOCK TABLE emp IN SHARE ROW EXCLUSIVE MODE;
LOCK TABLE emp IN ROW SHARE MODE NOWAIT;
```

使用 LOCK TABLE 语句还可以对视图进行锁定。当然锁定视图实际上是对视图所组成的基础表进行锁定,比如 view_emp_dept 视图由 emp 表和 dept 表组成,那么锁定视图实际上是对 emp 和 dept 这两个表的锁定。

例如下面的语句:

```
LOCK TABLE view_emp_dept IN SHARE MODE NOWAIT;
```

锁定实际上等价于:

```
LOCK TABLE emp,dept IN SHARE MODE NOWAIT;
```

LOCK TABLE 属于表级别的锁定模式,这样就能共享或拒绝对这些表的访问。如果需要覆盖默认锁定机制的行为,提供自定义的锁定机制时,使用 LOCK TABLE 语句常常更加有用。

18.3　小　　结

本章讨论了 Oracle 中比较核心的两个知识点：事务和锁。事务保证数据库中数据的一致性和完整性，而锁可以确保多用户并发环境下数据的正确性和可靠性。本章首先讨论了事务的特性和 Oracle 中事务与其他数据库的事务之间的不同之处，然后介绍了 COMMIT、ROLLBACK 提交或回滚事务，并且讨论了如何使用 SAVEPOINT 对事务进行局部回滚。然后讨论了事务的几个隔离级别，并且介绍了如何使用 SET TRANSACTION 设置事务的属性，比如让事务只读或改变事务的隔离级别。在 Oracle 的锁小节，讨论了锁在数据库系统中的重要作用，介绍了 Oracle 如何自动在事务操作中分配锁，以及 Oracle 中的 DML 锁和 DDL 锁，并且讨论了死锁的形成，最后介绍了如何使用 LOCK TABLE 语句来手动地设置表锁。

第 5 篇　Oracle 维护

第 19 章　数据库安全性管理

为了能够连接和操作数据库，用户必须输入一个用户名和密码，用户名和密码必须在用户进行登录操作前由数据库管理员提前创建并分配权限，数据库管理员还可以分配角色给这个用户。每个数据库都会有一个管理员来从事安全管理方面的工作，它们审计数据库的运行，创建新的数据库用户，为数据库用户分配权限。本章将讨论如何通过用户名和角色来控制数据库的安全。

19.1　用　户　管　理

数据库中的用户是指那些访问和操作数据库系统的人，他们需要提供一个用户名和密码进行登录，不能正确登录的用户不能够在数据库系统中执行任何操作。由于数据库存放的往往是非常重要的数据信息，因此安全性机制非常必要。在日常工作和生活中，因为基本的安全性机制的疏漏导致严重损失的案例层出不穷，因此数据库管理人员必须严格制定一套安全性管理策略。Oracle 提供了一份很实用的文档《Oracle Database Security Guide》，它提供了安全性管理的很多策略，值得每个数据库管理员仔细阅读。

19.1.1　用户与方案简介

与其他的数据库系统一样，用户是 Oracle 中提供的一种安全性管理机制，它要求访问数据库的操作者必须要通过用户名和密码进行登录，例如打开 SQL*Plus，它总是要求用户输入用户名和密码登录。与其他数据库不同的是，Oracle 中的用户名还是方案的名称。方案是指特定用户拥有的数据库对象的集合，代表的不是一个人，而是一个包含多个对象集合的名称，是一个应用程序。方案中包含多个方案对象，方案对象是指直接引用数据库数据的逻辑结构，比如 scott 用户名下的表、视图、索引、存储过程、函数、包、游标等，都属于 scott 方案下的对象。

方案用户具有相同的名称，它包含了 Oracle 中对象的集合，因此方案和用户名有时代表了一种统称，有时称 scott 方案下的 emp 表，有时是指用 scott 这个用户登录后在它的方案下创建的 emp 表。一般情况下方案名总是代表着一个用户名，而用户名也意味着拥有一个方案对象的集合。方案与用户之间的关系如图 19.1 所示。

由于每一个用户实际上也默认是一个方案名称，因此 Oracle 数据库中用户包含了比较多的信息，每一个用户都包含了如下的几个项目：

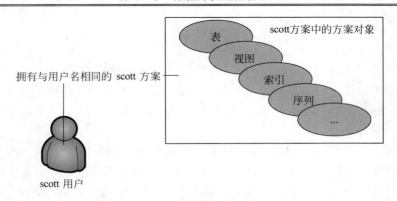

图 19.1　方案与用户的关系结构

❑ 唯一的用户名，不能超过 30 个字节的用户名，必须以字母开头，不能包含特殊
字符。

❑ 验证的方法，指定 Oracle 的验证方式，默认的验证方法是使用口令进行验证，不
过 Oracle 支持多种其他的验证方式，包含生活统计学验证、证书验证和标记验证。

❑ 默认表空间，用来指定方案对象默认的存储位置，如果在创建方案对象时未指定
表空间，则就在用户指定的默认表空间中创建对象。

❑ 临时表空间，在方案下的创建临时对象，比如索引排序或临时表时使用的表空间。

❑ 用户概要文件，分配给用户的一组资源与一些口令的限制规则。

❑ 使用者组，由资源管理器使用的组。

❑ 锁定状态，用户创建后可以处于锁定的状态，这样无法使用该用户。

数据库用户具有口令和各种数据库的权限，每个用户都拥有一个单一的模式，与用户
具有相同的名称。Oracle 会为每一个新创建的数据库自动创建几个预定义的账户，分别是
SYS 用户和 SYSTEM 用户，它们是数据库中必须存在的账户，不能将其删除。这两个用
户的作用如下所示：

❑ SYS 账户，可以执行所有的数据库管理任务，在它的方案中存储数据字典的基表
和视图，这些基表和视图是数据库运行的核心对象，该方案中的表只能由数据库
操作，绝对不能被用户修改。

❑ SYSTEM 账户，可以执行所有的数据库管理任务，这个用户方案中存储其他一些
用于显示管理信息的表和视图，以及用于数据库选项的工具的内部表和视图，不
要使用 SYSTEM 模式来存储非管理性用户的表。

默认情况下，这两个账户都具有数据库管理员（DBA）的角色，要用 SYS 用户进行登
录，必须使用 AS SYSDBA 连接，而 SYSTEM 更像是一个具有 DBA 角色的普通用户，无
论如何，任何用 AS SYSDBA 身份登录的账户，其内部都是在使用 SYS 方案，通过在
SQL*Plus 中使用 SHOW USER 可以看到区别，示例语句如下：

```
scott_Ding@ORCL> conn system/oracle
Connected.
system_Ding@ORCL> SHOW USER;
USER is "SYSTEM"
system_Ding@ORCL> conn system/oracle as sysdba;    --使用 DBA 身份登录
Connected.
sys_Ding@ORCL> SHOW USER;                           --查看用户信息
```

```
USER is "SYS"
```

SYS 用户是 Oracle 中具有最高权限的用户，任何授予 SYSDBA 权限的用户均可以使用 AS SYSDBA 子句连接到 SYS 用户。可以看到，当 SYSTEM 用户以 AS SYSDBA 身份登录时，SHOW USER 命令显示当前的用户是 SYS。一般不建议直接使用 SYS 用户账户，正常情况下一般是创建一个专门用于管理的具有 DBA 角色的用户，然后使用这个用户来维护用户和方案。

一般建议用户使用 SYSTEM 账户创建一个普通的用户账户，然后通过为其分配权限使其具有操作数据库的能力。Oracle 建议对用户使用最少权限原则，只对需要的功能分配权限，以避免过多的权限造成安全隐患。在 Oracle 中用户分为如下两种类型：

- ❑ 普通用户。这类用户管理数据库对象，拥有对自己创建的对象的所有权限，比如 scott 用户就是一个普通用户，它不能进行一系列的数据库管理工作。
- ❑ 特权用户。一般为 SYSDBA 或 SYSOPER 用户，这类用户主要用于进行数据库的管理，比如启动和关闭数据库、创建及备份数据库等。本书前面的内容中经常使用的 SYS 和 SYSTEM 用户就是特权用户。

由于一个用户关联了很多的信息，因此创建一个用户的语法可以很简单，也可能比较复杂，在创建前必须要制定一定的用户管理规范。接下来将了解如何在 Oracle 中创建一个新的用户。

19.1.2　创建用户

由于一个用户不仅包含了用户名和密码，还包含了与用户同名的方案对象存储的默认表空间、临时表空间及概要文件、锁定状态等，因此创建一个用户的语法比其他的数据库平台要复杂，最简单的创建用户的语法是仅指定一个用户名和密码，其他的信息都由 Oracle 根据初始化参数的配置来设置。例如下面的示例创建了一个用户 appbom，它将用来管理一个 BOM 数据库，示例语句如下：

```
[oracle@localhost ~]$ sqlplus system/system;   --使用 system 用户进行登录
SQL*Plus: Release 11.2.0.1.0 Production on Tue Mar 26 10:12:40 2013
Copyright (c) 1982, 2009, Oracle.  All rights reserved.
Connected to:
Oracle Database 11g Enterprise Edition Release 11.2.0.1.0 - Production
With the Partitioning, OLAP, Data Mining and Real Application Testing options

system_Ding@ORCL> CREATE USER appbom IDENTIFIED BY appbom;
                                        --使用 system 来创建用户 appbom
User created.
```

这里使用 SYSTEM 用户进行了登录，然后调用了 CREATE USER 语句来创建一个用户。IDENTIFY BY 子句指定用户 appbom 的密码，它没有指派默认表空间和临时表空间，下面将查询 dba_users 数据字典视图中，为该用户自动分配的默认信息，例如要知道为该用户分配的表空间，可以使用如下的查询语句：

```
system_Ding@ORCL> SELECT default_tablespace, temporary_tablespace
   FROM dba_users
   WHERE username = 'APPBOM';
```

```
DEFAULT_TABLESPACE       TEMPORARY_TABLESPACE
--------------------     ---------------------------------------
USERS                    TEMP
```

可以看到，当前创建的 appbom 的默认表空间是 users 表空间，临时表空间是 temp 表空间，Oracle 将使用数据库设置中的默认表空间，如果在数据库级没有指定默认表空间，Oracle 将不得不使用 SYSTEM 表空间。通过查询 database_properties 数据字典视图就可以看到 Oracle 默认的表空间，示例语句如下：

```
system_Ding@ORCL> SELECT PROPERTY_VALUE
    FROM database_properties
    WHERE PROPERTY_NAME ='DEFAULT_PERMANENT_TABLESPACE';

PROPERTY_VALUE
-----------------------------------------------------------------
USERS
```

现在有了一个新的用户 appbom，如果这个账户分配给使用者后，他们用这个账户进行登录，会看到 Oracle 抛出了错误提示，示例语句如下：

```
system_Ding@ORCL> conn appbom/appbom;
ERROR:
ORA-01045: user APPBOM lacks CREATE SESSION privilege; logon denied
```

Oracle 按照最少权限的安全性规则，新创建的用户是不能立即登录到数据库的，必须要给他分配 CREATE SESSION 的权限，示例语句如下：

```
system_Ding@ORCL> conn system/system;
Connected.
system_Ding@ORCL> GRANT CREATE SESSION TO appbom;
Grant succeeded.
system_Ding@ORCL> conn appbom/appbom;
Connected.
```

当使用 GRANT CREATE SESSION 分配了 CREATE SESSION 给用户 appbom 之后，可以看到，用户现在就可以使用账户 appbom 进行登录了。

使用 CREATE USER 的完整创建语法如下：

```
CREATE USER username IDENTIFIED BY
 {password | EXTERNALLY | GLOBALLY AS 'CN=user'}     --验证方式
[DEFAULT TABLESPACE tablespace]                      --默认的表空间
[TEMPORARY TABLESPACE temptablespace]                --临时表空间
[QUOTA [integer K[M]][UNLIMITED] ON tablespace]      --空间配额
[PROFILES profile_name]                              --口令配置
[PASSWORD EXPIRE]                                    --密码过期设置
[ACCOUNT LOCK or ACCOUNT UNLOCK]                     --锁定或取消锁定
```

可以看到 CREATE USER 语法包含了很多的配置选项，在实际的工作中多数情况下只会关注粗体字加注的部分，但是了解 CREATE USER 提供的功能是很有必要的，语法描述如下所示：

❑ Username，指定要创建的用户名称。

❑ Password，指定当进行数据库验证时，用户的密码。数据库验证是默认的验证方式，实际上 Oracle 还允许指定 EXTERNALLY 进行参数系统验证，使用 GLOBALLY

指定由 Oracle 安全域中心服务器来验证，本章仅介绍数据库验证方式。

- ❑ DEFAULT TABLESPACE tablespace，指定当用户创建方案对象时，如果没有指定特定的表空间，将使用此处指定的默认表空间。
- ❑ TEMPORARY TABLESPACE temptablespace，指定默认的临时表空间，含义与默认表空间类似。
- ❑ QUOTA，用户可以使用的表空间的大小，也就是表空间的配额。
- ❑ PROFILES profile_name，指定用户配置信息的配置名，用户配置信息是使用 CREATE PROFILE 语句创建的。
- ❑ PASSWORD EXPIRE，表示立即将口令设置为过期状态，用户登录时必须要修改其用户密码。
- ❑ ACCOUNT LOCK or ACCOUNT UNLOCK，用户是否被加锁，默认不进行锁定，锁定的用户无法进行登录。

在下面的示例中，先创建了两个表空间，分别用来作为新用户 appinv 的永久表空间和临时表空间，语句如下：

```
--创建一个永久表空间 data_ts，初始大小为 50MB，采用本地段管理，并且会自动增长空间
system_Ding@ORCL> CREATE TABLESPACE data_ts DATAFILE '/home/oracle/
data_ts.dbf' SIZE 50M
        EXTENT MANAGEMENT LOCAL
        SEGMENT SPACE MANAGEMENT AUTO;

表空间已创建。
--创建一个临时表空间
system_Ding@ORCL> CREATE TEMPORARY TABLESPACE temp_ts
    TEMPFILE '/home/oracle/temp_ts.dbf' SIZE 50M;

表空间已创建。
```

接下来将创建一个用户 appinv，示例语句如下：

```
system_Ding@ORCL> CREATE USER appinv           --指定用户名
    IDENTIFIED BY appinv                       --密码
    DEFAULT TABLESPACE data_ts                 --默认表空间
    QUOTA 500K ON data_ts                      --表空间配额
    TEMPORARY TABLESPACE temp_ts;              --默认临时表空间

用户已创建。
```

在这个示例中，首先创建了两个表空间 data_ds 和 temp_ts，然后使用 CREATE USER 创建了用户 appinv，使用 DEFAULT TABLESPACE 子句指定其默认的表空间是 data_ts，TEMPORARY TABLESPACE 指定默认临时表空间为 temp_ts。QUOTA 指定用户在 data_ts 表空间上可以使用 500KB。

📖注意：应该总是为用户指定默认的表空间，如果数据库没有默认表空间，用户将使用 SYSTEM 表空间作为默认表空间，如果用户在 SYSTEM 表空间中创建非常大的对象，则很有可能占满 SYSTEM 表空间而导致 SYS 用户不能创建新对象，从而导致数据库的瘫痪。

在 QUOTA 语句中指定 UNLIMITED ON tablespacename，可以使得用户无限制地使用表空间容量。如果没有为表空间指定 QUOTA 子句，那么用户在表空间上的配额为 0，将不能在相应的表空间上建立对象。

在创建一个用户时，可以使用 ACCOUNT LOCK 子句对账号进行锁定，这样创建的新用户即便分配了 CREATE SESSION 权限，也无法登录到数据库。例如下面的示例创建了 appaccount 账户，使用 ACCOUNT LOCK 先对这个账户进行了锁定，示例语句如下：

```
system_Ding@ORCL> CREATE USER appaccount        --指定用户名
        IDENTIFIED BY appaccount                 --密码
        DEFAULT TABLESPACE data_ts               --默认表空间
        QUOTA 50M ON data_ts                     --表空间配额
        TEMPORARY TABLESPACE temp_ts             --默认临时表空间
        ACCOUNT LOCK;                   --使用 ACCOUNT LOCK 语句锁定账号
用户已创建。

system_Ding@ORCL> GRANT CREATE SESSION TO appaccount;
授权成功。

system_Ding@ORCL> conn appaccount/appaccount;
ERROR:
ORA-28000: the account is locked
```

在这个示例中创建了一个新的用户 appaccount，他的创建语法与 appinv 相同，不过在语句中使用 ACCOUNT LOCK 将账号进行了锁定，然后尽管使用 GRANT 语句分配了权限，但是由于账号被锁定，因此仍然无法使用 appaccount 进行登录。

接下来看一看如何在 appinv 方案中创建对象。由于 appinv 方案对于表空间 data_ts 的配额才 500KB，下面的语句使用 GRANT 语句让 appinv 具有所在的默认表空间的无限使用权限，示例语句如下：

```
system_Ding@ORCL> conn system/system;
已连接。
system_Ding@ORCL> GRANT UNLIMITED TABLESPACE TO appinv;

授权成功。
```

在成功授权之后，用户 appinv 就可以在 data_ts 表空间上具有无限制的空间使用权限了。新创建的用户默认情况下不能创建任何数据库对象，如果用 appinv 用户登录试图创建一个表，将看到 ORA-01031 错误，示例语句如下：

```
system_Ding@ORCL> conn appinv/appinv;
已连接。
appinv_Ding@ORCL> CREATE TABLE table_1(name VARCHAR2(30));
CREATE TABLE table_1(name VARCHAR2(30))
*
第 1 行出现错误：
ORA-01031: 权限不足
```

必须为 appinv 分配创建相应对象的权限或角色，新创建的用户才能具有创建数据库对象的能力。可以看到 Oracle 对权限的分配是比较严格的，例如下面的语句指定了 CREATE TABLE 权限给用户 appinv，这样 appinv 用户便可以在其方案下创建表了，示例语句如下：

```
appinv_Ding@ORCL> conn system/system;
```

```
已连接。
system_Ding@ORCL> GRANT CREATE TABLE TO appinv;
授权成功。
system_Ding@ORCL> CREATE TABLE table_1(name VARCHAR2(30));
表已创建。
```

可以看到，使用 CRANT 分配 CREATE TABLE 的权限给 appinv 这后，用户果然就可以在其方案下创建新的表了。

19.1.3　修改用户

当用户创建完成后，DBA 可以通过 ALTER USER 语句来更改初始的创建设置。ALTER USER 语句可以完成多种工作，它可以更改用户密码，解除用户的锁定，分配表空间限额，设置和更改默认和临时表空间，指派概要文件和默认角色，其语法如下：

```
ALTER USER
  { user                              --要编辑的用户名
    { IDENTIFIED                       --更改密码
      { BY password [ REPLACE old_password ]    --指定用新密码取代旧密码
      | EXTERNALLY [ AS 'certificate_DN' | AS 'kerberos_principal_name' ]
                                       --指定新的外部验证方式
      | GLOBALLY [ AS '[directory_DN]' ]    --指定全局验证方式
      }
    | DEFAULT TABLESPACE tablespace           --默认表空间
    | TEMPORARY TABLESPACE { tablespace | tablespace_group_name }
                                       --用户默认临时表空间
    | { QUOTA { size_clause                   --表空间限额
              | UNLIMITED
              } ON tablespace
    } ...
    | PROFILE profile                         --指定概要配置文件
    | DEFAULT ROLE { role [, role ]...        --指定默认的角色
                   | ALL [ EXCEPT role [, role ] ... ]
                   | NONE
                   }
    | PASSWORD EXPIRE                          --指定密码过期
    | ACCOUNT { LOCK | UNLOCK }                --指定账户锁定或未锁定
    | ENABLE EDITIONS [ FORCE ]
    } ...
  | user [, user ]... proxy_clause
  } ;
```

举例来说，要更改 appinv 用户的密码为 appinvpassword，可以使用如下的语句：

```
system_Ding@ORCL> ALTER USER appinv IDENTIFIED BY appinvpassword;
User altered.

system_Ding@ORCL> conn appinv/appinvpassword;
Connected.
appinv_Ding@ORCL>
```

在示例中使用 ALTER USER 更改密码之后，可以看到立即就可以使用新密码进行登录。Oracle 密码是区分大小写的，在密码更改后，任何后续的 CONNECT 语句连接请求都必须使用这个新的密码。

　　DEFAULT TABLESPACE 和 TEMPORARY TABLESPACE 子句允许更改账号的默认的表空间和默认临时表空间，这将会覆盖掉任何默认的表空间的设置。DEFAULT TABLESPACE 有一个限制，不能指定一个本地管理的临时表空间，不能是撤销表空间或者是字典管理的临时表空间。下面的示例演示了如何将用户 appbom 的默认表空间和临时表空间指定到 data_ts 和 temp_ts，示例语句如下：

```
system_Ding@ORCL> ALTER USER appbom
        DEFAULT TABLESPACE data_ts
        TEMPORARY TABLESPACE temp_ts;
User altered.

system_Ding@ORCL> SELECT default_tablespace, temporary_tablespace
     FROM dba_users
     WHERE username = 'APPBOM';

DEFAULT_TABLESPACE        TEMPORARY_TABLESPACE
------------------        ------------------------------------
DATA_TS                   TEMP_TS
```

　　当使用 ALTER USER 指定默认的表空间和临时表空间后，通过查询 dba_users 数据字典视图，可以看到现在用户的默认表空间设置果然已经得到了更新。

　　在上一小节中创建的 appaccount 使用了 ACCOUNT LOCK 子句将这个账户进行了锁定，锁定了的账户无法用来进行登录，锁定账户通常在用来临时中断用户的登录时非常有用，在需要开通用户的登录时，可以使用 ALTER USER 的 ACCOUNT UNLOCK 子句来解除锁定，示例语句如下：

```
system_Ding@ORCL> ALTER USER appaccount ACCOUNT UNLOCK;
User altered.

system_Ding@ORCL> conn system/system;
Connected.
system_Ding@ORCL> GRANT CREATE SESSION TO appaccount;
Grant succeeded.

system_Ding@ORCL> conn appaccount/appaccount;
Connected.
```

　　在以上示例中，更改了 appcocount 的锁定，然后以 DBA 身份进行登录为其赋给了 CREATE SESSION 权限，用户就可以使用账号 appaccount 进行登录操作了。

　　还可以使用 ALTER USER PROFILE 子句更改用户的概配配置，用户概配配置用来指定用户对数据库资源的限制，在本章后面的内容中将会讨论概要配置的创建与使用。

　　还可以使用 PASSWORD EXPIRE 语句让用户的密码过期，这样用户下次登录时就必须得重新更改密码，示例语句如下：

```
system_Ding@ORCL> ALTER USER appaccount PASSWORD EXPIRE;
User altered.

system_Ding@ORCL> conn appaccount/appaccount;
ERROR:
ORA-28001: the password has expired

Changing password for appaccount
New password:
Retype new password:
```

```
Password changed
Connected.
```

在这个示例中，使用 PASSWORD EXPIRE 将用户 appaccount 的密码设置过期后，当使用该账号进行登录时，可以看到 Oracle 抛出了 ORA-28001 的异常，并且 SQL*Plus 将会要求用户输入新密码来更改密码，当密码更改完成之后就成功完成了连接。

19.1.4　删除用户

要删除用户，可以使用 DROP USER 语句来从数据库中移除一个账户，DROP USER 命令的语法如下：

```
DROP USER user [ CASCADE ] ;
```

默认情况下，DROP USER 语句仅从数据库中删除账户，而保留用户方案下的所有的对象，如果数据库中有对象依赖于这个用户，则不能简单地使用 DROP USER 命令，需要使用可选的 CASCADE 子句，它可以删除用户、方案对象和依赖对象，示例语句如下：

```
appaccount_Ding@ORCL> conn system/system
Connected.
system_Ding@ORCL> DROP USER appaccount;
用户已删除。
```

这个示例删除了用户 appaccount，如果在 appaccount 方案下创建了很多的方案对象，比如表、视图等对象，则这些对象不会被删除。当使用 CASCADE 子句后，会删除所有的用户方案对象，因此如果使用如下 DROP 语句删除 appinv 用户，将导致该用户和该用户方案的所有对象都会被删除，示例语句如下：

```
system_Ding@ORCL> DROP USER appinv CASCADE;
用户已删除。
```

这个时候，存在于数据库中的任何对象都被删除，它还移除了方案对象与其他方案中的对象之间的引用完整性和领域索引，它会使得其他方案中引用被删除方案对象的其他方案对象失效。

注意：不要尝试删除 SYS 或 SYSTEM 用户，删除这两个用户将会导致数据库的瘫痪。

如果要被删除的用户当前正处于连接的状态，可以使用 ALTER SYSTEM 清除掉会话连接，然后再删除用户，示例语句如下：

```
system_Ding@ORCL > conn system/system ;
已连接。
system_Ding@ORCL > DROP USER appinv CASCADE;
DROP USER appinv CASCADE
*
第 1 行出现错误:
ORA-01940: 无法删除当前连接的用户
system_Ding@ORCL  >  SELECT   sid,serial#   FROM    v$session   WHERE
username='APPINV';
      SID    SERIAL#
    ------ ----------------------
      21     1545
```

```
system_Ding@ORCL > ALTER SYSTEM KILL SESSION '21,1545';    --删除会话信息
系统已更改。
system_Ding@ORCL > DROP USER appinv CASCADE;              --删除用户
用户已删除。
```

使用 CASCADE 删除用户时，被删除的方案对象不会经过 Oracle 的回收站，这意味着删除的方案对象会被永久地移除，而使用 DROP TABLE 语句删除一个表时，在 Oracle 中还可以通过回收站机制进行恢复。因此在使用 CASCADE 进行删除时，必须要确保以后不会再次使用该对象。如果只是临时性地禁止用户的使用，可以通过锁定该用户账户来实现，或者是通过收回分配给用户的 CREATE SESSION 权限来防止用户登录，例如要阻止 appbom 的访问，示例语句如下：

```
system_Ding@ORCL> REVOKE CREATE SESSION FROM appbom;
Revoke succeeded.

system_Ding@ORCL> ALTER USER appbom ACCOUNT LOCK;
User altered.
```

这样用户 appbom 就无法登录和使用数据库了，只有确定将来不再使用 appbom，才可以使用 DROP USER 将其进行删除。

19.1.5 用户概要文件

数据库管理员还可以对用户进行进一步的控制，比如可以控制密码的复杂度、密码的生存期、用户对数据库资源的使用度等。在 Oracle 中这些控制是通过概要文件来实现的，概要文件专门用来设置资源的限制，是一个可指派给用户的资源及与密码相关的属性的集合。概要文件存储在 Oracle 数据库中，一个概要文件可以被多个数据库用户使用。

注意：除非显式地将初始化参数 resource_limit 设置为 true，否则概要文件不会发生作用。

可以使用如下的语句来启用概要文件：

```
system_Ding@ORCL> ALTER SYSTEM SET resource_limit=true;
系统已更改。
```

在 Oracle 中概要文件使用 CREATE PROFILE 语句创建，其语法主要如下：

```
CREATE PROFILE profile
  LIMIT { resource_parameters        --用户对资源的使用限制
        | password_parameters        --用户密码的使用限制
        }...
;
```

其中对资源的限制可以限制一个用户可以打开的会话数目、会话可持续的时间长度及 CPU 和其他的资源使用等，其语法如下：

```
{ { SESSIONS_PER_USER         --用户可打开的并发会话数目
  | CPU_PER_SESSION           --限制会话中使用的总 CPU 时间
  | CPU_PER_CALL--限制事务内每个调用使用的 CPU 时间（用于分析、执行和取数据等操作）
  | CONNECT_TIME              --指定一个会话能保持连接到数据库的总时间（以分钟计）
  | IDLE_TIME                 --限制一个会话空闲的时间量，也就是无事可做的时间量
  | LOGICAL_READS_PER_SESSION    --限制数据块读取的总数目，也就是从 SGA 内存区的磁
```

```
                                        盘读取
| LOGICAL_READS_PER_CALL         --限制每个会话调用的总的逻辑读取数
| COMPOSITE_LIMIT --资源使用设置的总的限制，它是对前面描述的几个资源参数的缓合性
                                 限制
}
{ integer | UNLIMITED | DEFAULT }
| PRIVATE_SGA                    --指定一个会话在 SGA 的共享池组件中分配的空间限制
  { size_clause | UNLIMITED | DEFAULT }
}
```

接下来创建了一个名为 pri_res 的资源概要文件，它用来限制用户对资源的使用限制，示例语句如下：

```
CREATE PROFILE app_user LIMIT
  SESSIONS_PER_USER          UNLIMITED   --用户具有不受限制的会话数目
  CPU_PER_SESSION            UNLIMITED   --在单个会话中,用户能够不受限地使用 CPU
                                          时间
  CPU_PER_CALL               3000        --会话中的单个调用不能占用 CPU 时间 30 秒
  CONNECT_TIME               45          --单个会话不能够超过 45 分钟
  --在单个会话中用户可以从磁盘和内存中读取的块数受到 DEFAUL 概要文件的限制
  LOGICAL_READS_PER_SESSION  DEFAULT
  LOGICAL_READS_PER_CALL     1000        --单个会话不能从内存和磁盘中读取超过
                                          1000 个数据块
  PRIVATE_SGA                15K         --单个会话中不能分配超过15KB的SGA内存
  COMPOSITE_LIMIT            5000000;    --总资源成本不能超过 5W 个服务单位
```

可以将这个资源概要文件分配给用户 appbom，这可以通过 ALTER USER 语句来实现，示例语句如下：

```
system_Ding@ORCL> ALTER USER appbom PROFILE pri_res;
User altered.

system_Ding@ORCL> SELECT profile FROM dba_users WHERE username='APPBOM';
PROFILE
------------------------------
PRI_RES
```

当将概要文件设置给特定的用户之后，用户下次登录时，就会受到概要中指定的资源约束。概要文件的另一组参数是用来设置密码限制，其语法如下：

```
{ { FAILED_LOGIN_ATTEMPTS    --用户在被锁定之前可以连续尝试的登录次数
  | PASSWORD_LIFE_TIME        --使用特定密码的时间限制,如果在这个时间范围内没有更改
                               密码,则密码过期
  | PASSWORD_REUSE_TIME       --指定可重新使用相同密码前要经过的天数
  | PASSWORD_REUSE_MAX        --确定在可以重新使用某个特定密码前需要更改密码多少次
  | PASSWORD_LOCK_TIME        --指定在达到登录尝试的最大次数后,用户将被锁定多少天
  | PASSWORD_GRACE_TIME       --设置时间段,在时间段内将发出密码过期的警告,过了这个时
                               间段后,将不能用该密码连接数据库
  }
  { expr | UNLIMITED | DEFAULT }
| PASSWORD_VERIFY_FUNCTION -此参数用于指定密码的验证函数
  { function | NULL | DEFAULT }
}
```

其中密码验证函数必须提前创建，它是一个存储子程序，在下面的示例中创建了概要文件 pri_password，它限制了密码的使用规则，示例语句如下：

```
CREATE PROFILE pri_password LIMIT
  FAILED_LOGIN_ATTEMPTS 5                            --5 次的失败登录尝试
  PASSWORD_LIFE_TIME 60                              --密码使用时间 60 天
  PASSWORD_REUSE_TIME 60                             --密码重用时间 60 天
  PASSWORD_REUSE_MAX 5                               --密码重用的更改次数
  --PASSWORD_VERIFY_FUNCTION verify_function         --密码验证函数
  PASSWORD_LOCK_TIME 1/24                            --密码锁定时间 1 小时
  PASSWORD_GRACE_TIME 10;                            --密码警告时间 10 天
```

接下来使用 ALTER USER 语句将这个概要文件分配给某个用户后，用户将具有概要文件约定的密码限制。

当创建用户时，如果没有显式地指定概要文件，Oracle 将给用户一个缺省的概要文件，这个概要文件基本上没有限制，也就是说对所有的限制项的值都是 UNLIMITED，例如在创建 appinv 用户时，没有指定概要文件，查询 dba_users 数据字典视图可以看到概要文件是 DEFAULT：

```
system_Ding@ORCL> SELECT profile FROM dba_users WHERE username='APPINV';
PROFILE
--------------------------------------------------------------
DEFAULT
```

通过查询数据字典视图 dba_profiles，可以看到关于这个默认的概要文件的更详细的信息，示例语句如下：

```
system_Ding@ORCL> SELECT resource_name, resource_type, limit
    FROM dba_profiles
  WHERE profile = 'DEFAULT';
RESOURCE_NAME              RESOURCE_TYPE        LIMIT
------------------------   ------------------   -------------
COMPOSITE_LIMIT           KERNEL               UNLIMITED
SESSIONS_PER_USER         KERNEL               UNLIMITED
CPU_PER_SESSION           KERNEL               UNLIMITED
CPU_PER_CALL              KERNEL               UNLIMITED
LOGICAL_READS_PER_SESSION KERNEL               UNLIMITED
LOGICAL_READS_PER_CALL    KERNEL               UNLIMITED
IDLE_TIME                 KERNEL               UNLIMITED
CONNECT_TIME              KERNEL               UNLIMITED
PRIVATE_SGA               KERNEL               UNLIMITED
FAILED_LOGIN_ATTEMPTS     PASSWORD             10
PASSWORD_LIFE_TIME        PASSWORD             180
PASSWORD_REUSE_TIME       PASSWORD             UNLIMITED
PASSWORD_REUSE_MAX        PASSWORD             UNLIMITED
PASSWORD_VERIFY_FUNCTION  PASSWORD             NULL
PASSWORD_LOCK_TIME        PASSWORD             1
PASSWORD_GRACE_TIME       PASSWORD             7

已选择 16 行。
```

可以看到，DEFAULT 概要文件对于资源类，也就是 resource_type 为 kernel 类型的项，基本上都是 UNLIMITED，对于密码类型的也基本上具有很宽泛的限制，因此对于 DBA 来说，认真地规划好每一个用户的概要文件是很有必要的。

19.1.6　查询用户信息

通过查询数据字典视图 dba_users，可以了解到当前数据库的用户列表，并且获知账户的状态、锁定日期、过期日期、默认表空间及临时表空间等。例如下面的语句获取最近 3 天创建用户的详细信息：

```
system_Ding@ORCL> SELECT username "用户名",
        user_id "用户编号",
        account_status "用户状态",
        lock_date "锁定日期",
        expiry_date "过期日期"
    FROM dba_users WHERE CREATED BETWEEN SYSDATE-3 AND SYSDATE;

用户名                    用户编号      用户状态     锁定日期        过期日期
-------------------   ----------   ----------   ----------   ------------------
APPINV                      99      OPEN                      2013-09-23
APPACCOUNT                 100      LOCKED       2013-03-27   2013-09-23
```

除了用户的状态外，还可以获取到用户的默认表空间、临时表空间、概要文件及密码版本等信息，在前面演示过如何获取表空间和概要文件的信息，可以用 SQL*Plus 的 DESC 命令来查看更多字段及其相关的作用。

要了解当前数据库中的特权用户信息，可以查询 v$pwfile_users 视图，当然要查询这个视图，需要具有管理员权限，示例语句如下：

```
SQL> SELECT * FROM v$pwfile_users;
USERNAME                    SYSDB          SYSOP          SYSAS
-------------------   --------------------   --------------------   ------------------------
SYS                         TRUE           TRUE           FALSE
```

除了 dba_users 之外，还可以通过 dba_profiles 获取概要文件的信息，使用 dba_ts_quotas 获取用户的表空间配额信息，例如下面的示例查询获取到 appinv 用户的表空间配额信息，示例语句如下：

```
system_Ding@ORCL> SELECT tablespace_name, blocks, max_blocks, bytes,
max_bytes
    FROM dba_ts_quotas
    WHERE username = 'APPINV';

TABLESPACE_NAME      BLOCKS      MAX_BLOCKS      BYTES        MAX_BYTES
------------------   ----------   ----------   ----------   -------------------
DATA_TS                   0         63            0            516096
```

这里列出了用户 appinv 所具有的配额信息，该用户在 data_ts 表空间上设置了配额，因此可以从 dba_ts_quotas 查询到用户的配额的信息。其中 MAX_BLOCKS 和 MAX_BYTES 的值如果为-1，表示用户在表空间上不受任何限制，示例语句如下：

```
system_Ding@ORCL> SELECT USERNAME, VALUE || 'bytes' "当前 UGA 内存"
    FROM V$SESSION sess, V$SESSTAT stat, V$STATNAME name
    WHERE sess.SID = stat.SID
    AND stat.STATISTIC# = name.STATISTIC#
    AND name.NAME = 'session uga memory';
```

USERNAME	当前 UGA 内存
	438608bytes
	438620bytes
	504120bytes
SCOTT	635144bytes
	111048bytes
	176560bytes
	111048bytes
	242072bytes
	111048bytes
SYSTEM	373096bytes
	111048bytes

这个查询通过关联查询 v$session、v$sessstat 和 v$statname 获取到当前会话中，用户的 UGA 分配情况，这对于管理员监控当前用户运行状态很有作用。

19.2　权　限　管　理

权限用来控制 Oracle 用户对数据库对象的访问，在新创建某个用户之后，可以看到 Oracle 并未为用户分配任何权限，当为用户指定 CREATE SESSION 权限之后，用户才能够登录到 Oracle 数据库。权限是 Oracle 用来控制数据访问的基础，另外一种控制方式是使用角色。

19.2.1　理解权限

权限是指可以执行特定类型的 SQL 语句，或者是访问其他用户对象的权利。Oracle 数据库允许控制用户在数据库中可以操作或不能操作的限制，Oracle 中的权限又可以分为如下两种类型：

- ❑ 系统权限，允许用户执行一种或一类特定的数据库级别的操作，比如创建表空间、创建用户或连接数据库的 CREATE SESSION 权限等都属于系统权限。
- ❑ 用户权限，允许用户操作特定的方案对象，比如对表进行增、删、改操作，对子程序的调用、查询特定的视图等权限，数据库的所有用户即使不需要任何系统权限，也必须有对象权限。

权限主要的目的是给用户操作数据库的能力，它可以由用户显式地使用 GRANT 来分配，也可以创建一个包含多个权限的角色，然后将用户指定为一个角色，从而间接性地拥有了角色所拥有的权限。

1. 系统权限

系统权限主要用来操作数据库，它允许用户在本方案或其他的用户方案下完成特定的系统级的行为。Oracle 提供了 100 多个系统权限，而且还在不断的增长中，系统权限也可以分为如下的几大类：

- ❑ 启用系统范围操作的权限，比如 CREATE SESSION 或 CREATE TABLESPACE。
- ❑ 启用管理用户自己方案中对象的权限，比如可以 CREATE TABLE、CREATE VIEW

等权限。

❑ 启用任何方案中对象的权限，比如 CREATE ANY TABLE 或 CREATE ANY VIEW
　 等权限。

通过查询 SYSTEM_PRIVILEGE_MAP 数据字典视图，可以获取到系统权限列表，一些比较常用的系统权限如表 19.1 所示。

表 19.1　常用的系统权限

权 限 名 称	权 限 描 述
CREATE SESSION	允许用户连接到数据
CREATE TABLE	允许用户创建数据库表
CREATE VIEW	允许用户创建视图
CREATE PUBLIC SYNONYM	允许用户创建公有同义词
CREATE SEQUENCE	允许用户创建序列
CREATE PROCEDURE	允许用户创建存储过程
CREATE TRIGGER	允许用户创建触发器
CREATE CLUSTER	允许用户创建簇
CREATE TYPE	允许用户创建类型
CREATE DATABASE LINK	允许用户创建数据库链接

🖙注意：与之对应的是 Oracle 还提供了 ANY 关键字指定的权限，具有这类权限的用户可
　　　 以在任何的方案中进行操作。

包含 ANY 关键字的权限提供了更加细微的控制，比如它包含了 ALTER ANY TABLE
或 DROP ANY TABLE 的权限，这些权限可以对任何方案对象进行操作，而对于本方案的
权限 CREATE TABLE 或 CREATE SEQUENCE 等，它们会自动拥有对当前方案的对象的
删除和修改的权力。

《Oracle Database SQL Language Reference》手册中的 GRANT 语句参考中提供了一份
详细的系统权限列表，这些列表对于每种数据库对象可操作的权限进行了介绍，通过参考
这份列表可以获取更详细的信息。

举个例子，通过查询 dba_sys_privs 可以了解到用户所具有的系统权限，appinv 用户当
前具有两个系统权限，查询结果如下：

```
system_Ding@ORCL> SELECT * FROM dba_sys_privs WHERE grantee='APPINV';

GRANTEE              PRIVILEGE            ADMIN_
----------------     --------------------     --------------------------------
APPINV               UNLIMITED TABLESPACE     NO
APPINV               CREATE SESSION           NO
```

接下来为 appinv 分配 CREATE TABLE 权限，以便于该用户可以在其方案下创建、修
改或删除表，示例语句如下：

```
system_Ding@ORCL> GRANT CREATE TABLE TO appinv;
授权成功。
system_Ding@ORCL> conn appinv/appinv;
已连接。
appinv_Ding@ORCL> CREATE TABLE table_1(col VARCHAR2(20));
表已创建。
```

```
appinv_Ding@ORCL> ALTER TABLE table_1 ADD col2 NUMBER NULL;
表已更改
appinv_Ding@ORCL> DROP TABLE table_1;
表已删除
```

可以看到，分配 CREATE TABLE 权限之后，就可以在本方案中创建、修改和删除表，如果要在其他方案中创建表，需要具有 CREATE ANY TABLE 权限，它允许用户在任何方案中创建表。

2. 对象权限

对象权限是控制用户对数据库对象的操作，比如用户是否可以对表执行 DML 操作或对表具有查询的权限，是否可以修改本方案下的数据库对象。常见的对象权限如表 19.2 所示。

表 19.2　Oracle对象权限列表

权 限 名 称	权 限 描 述
ALTER	允许用户修改表和序列
DELETE	允许用户删除表和视图中的数据
EXECUTE	允许用户执行过程
INDEX	允许用户在表上创建索引
INSERT	允许用户向表或视图中插入记录
REFERENCES	允许用户在表上创建外键
SELECT	允许用户查询表、视图或序列的值
UPDATE	允许用户对表或视图进行更新

任何对象的拥有者都具有该对象上的所有的权限，因此如果是由 appinv 创建的对象，将自动具有这些对象的权限，并且可以把该对象上的权限授予其他用户。

举个例子，在 appinv 方案下，是无法查询 scott 方案下的 emp 表的，通过在 scott 方案下为 appinv 方案的 emp 表分配 SELECT 权限，appinv 用户就可以查询 emp 表了，示例语句如下：

```
appinv_Ding@ORCL> SELECT *FROM scott.emp;  --查询 emp 表失败，没有 SELECT 权限
SELECT *FROM scott.emp
              *
第 1 行出现错误：
ORA-00942: 表或视图不存在

appinv_Ding@ORCL> conn scott/scotttiger;   --用 scott 用户登录
已连接。
scott_Ding@ORCL> GRANT SELECT ON emp TO appinv;
--分配对 emp 表的 SELECT 权限给 appinv
授权成功。

scott_Ding@ORCL> conn appinv/appinv;          --用 appinv 登录
已连接。
appinv_Ding@ORCL> SELECT COUNT(*) FROM scott.emp;--查询 emp 表中的数据
  COUNT(*)
--------------------
    21
```

可以看到，当用户 appinv 具有对 scott 方案下的 emp 表的 SELECT 权限后，appinv 就可以查询 scott 下的 emp 表来获取表中的信息。

19.2.2　分配权限

权限的分配使用 GRANT 语句，它不仅可以分配权限给用户，还可以分配权限给角色，还可以将一个角色分配给一个用户，这个语句的分配方式非常灵活，而且根据分配的是系统权限还是对象权限，语法上有所区别。语法的基本形式如下：

```
GRANT { grant_system_privileges          --系统权限分配子句
     | grant_object_privileges           --对象权限分配子句
     } ;
```

可以看到根据所要分配的是系统权限还是对象权限，GRANT 语句使用了不同的子句。接下来将分别从系统权限的分配和用户权限的分配两个方面来讨论 GRANT 语句。

1．分配系统权限

系统权限涉及数据库的安全性，它可以被分配给数据库用户或角色，比如允许用户登录数据库、创建数据库对象等，它的语法如下：

```
{ system_privilege                       --在 GRANT 语句后面指定系统权限列表
| role                                    --指定一个角色
| ALL PRIVILEGES                          --指定所有的权限
}
  [, { system_privilege
     | role
     | ALL PRIVILEGES
     }
  ]...
TO { user [ IDENTIFIED BY password ]     --指定给一个用户
| role                                    --指定给一个角色
| PUBLIC                                  --指定给所有的用户
}
  [, { user [ IDENTIFIED BY password ]
     | role
     | PUBLIC
     }
  ]...
  [ WITH ADMIN OPTION ]                   --让用户具有授权的能力
```

语法关键字的含义如下所示：

- ❑ system_privilege 是可以被分配的系统权限列表。
- ❑ role，分配角色给用户，这里是要分配的用户列表。
- ❑ ALL PRIVIEGES，这里是指定的所有的系统权限，Oracle 提供了对所有的系统权限的一个简写，除 SELECT ANY DICTIONARY、ALTER DATABASE LINK 和 ALTER PUBLIC DATABASELINK 权限之外。
- ❑ User，指定将权限分配给用户的列表。
- ❑ IDENTIFIED BY 子句，该子句仅在系统权限要配时有效，不能分配给对象权限。使用 IDENTIFIED BY 子句为已经存在的用户指定一个新的密码或用来创建一个不存在的用户。如果授权的目标对象是一个角色或 PUBLIC，则该语句无效。

❑ WITH ADMIN OPTION，当指定该子句后，允许被分配权限的用户将权限分配给其他的用户或角色，除了 GLOBAL 角色，它实际上是对用户权限的传递，它可以分配也可以取消其他用户的权限，可以修改或移除权限。

❑ PUBLIC，指定所有用户，表示要将特定的系统权限分配给所有的用户。

当分配给用户时，数据库添加了权限给用户的权限域，这样用户可以马上使用权限。如果权限是分配给角色，那么角色将具有权限域。

举例来说，可以将 CREATE SESSION 权限分配给所有的用户，以便于只要创建了一个新的用户，就可以具备登录数据库的权限，示例语句如下：

```
system_Ding@ORCL> GRANT CREATE SESSION TO PUBLIC;  --分配权限给所有用户
授权成功。

system_Ding@ORCL> CREATE USER apppriv IDENTIFIED BY apppriv;--创建新用户
用户已创建。

system_Ding@ORCL> conn apppriv/apppriv;            --现在新用户具备了登录权限
已连接。
```

也可以通过 ALL PRIVIEGES 将所有的系统权限分配给一个用户，ALL PRIVILEGES 是所有系统权限的一个别名，它本身不是系统权限，只是一次性授予用户所有系统权限的约定，例如将所有的系统权限赋给新创建的用户 apppriv，示例语句如下：

```
system_Ding@ORCL> CREATE USER apppriv IDENTIFIED BY apppriv;
用户已创建。

system_Ding@ORCL> GRANT ALL PRIVILEGES TO apppriv;
授权成功。
```

在这个示例中，假定 apppriv 是一个新创建的没有任何权限的用户，那么当分配了 ALL PRIVILEGES 之后，就可以用这个用户来登录数据库并且创建方案对象了，示例语句如下：

```
system_Ding@ORCL> conn apppriv/apppriv;
已连接。
apppriv_Ding@ORCL> CREATE TABLE table_1(col VARCHAR2(20));
已创建表。

apppriv_Ding@ORCL> ALTER TABLE table_1 ADD col_1 NUMBER NULL;
已修改表。

apppriv_Ding@ORCL> DROP TABLE table_1;
已删除表。
```

可以看到，不需要再显式地分配权限，apppriv 已经具有了所有的系统相关的权限。由于 ALL PRIVILEGES 权限太大，因此不应该随意地使用这个权限分配给其他的用户，否则可能造成安全性隐患。应该总是谨记 Oracle 的最少权限原则。

WITH ADMIN OPTION 可以让被授权的目标用户具有授权的能力，这非常有用，因为权限细分后，可以让一部分用户担当起授权者的角色，这可以避免管理员繁杂的工作。比如下面的示例创建了一个新用户 app_admin，为他分配了 CREATE SESSION 和 CREATE TABLE 权限，并使用了 WITH ADMIN OPTION 子句，使得它可以将权限授予其他用户，示例语句如下：

```
apppriv_Ding@ORCL> conn system/system;
已连接。
system_Ding@ORCL> CREATE USER app_admin IDENTIFIED BY app_amin;
用户已创建。
system_Ding@ORCL> GRANT CREATE SESSION,CREATE TABLE TO app_admin WITH ADMIN
OPTION;
授权成功。
system_Ding@ORCL> conn app_admin/app_amin;
已连接。
app_admin_Ding@ORCL> GRANT CREATE TABLE TO apppriv;
授权成功。
```

可以发现，在授权时，指定 WITH ADMIN OPTION 选项之后，app_admin 现在就具有了向其他的用户分配 CREATE SESSION 和 CREATE TABLE 权限的能力，因此当用 app_admin 登录进入后，可以执行 GRANT 语句将 CREATE TABLE 分配给 apppriv 用户。

另一种让其他用户可以分配权限的方式是为用户指定 GRANT ANY PRIVILEGE 系统权限，例如下面的示例为 app_admin 分配了 GRANT ANY PRIVILEGE 权限之后，app_admin 就具有分配所有的权限给其他用户的能力，示例语句如下：

```
system_Ding@ORCL> GRANT GRANT ANY PRIVILEGE TO app_admin;
授权成功。
```

这样 app_admin 就成为一名授权者的用户，他可以将任何权限授予其他的用户。

2．分配对象权限

对象权限是指在各种类型的数据库对象上操作的权限，在分配权限时的语法与系统权限有一些不同，比如必须要指定数据库操作的对象和相应的权限，其语法格式如下：

```
{ object_privilege | ALL [ PRIVILEGES ] }         --指定要分配的对象权限
  [ (column [, column ]...) ]                      --指定表和视图的列来分配权限
    [, { object_privilege | ALL [ PRIVILEGES ] }
        [ (column [, column ]...) ]
    ]...
ON { [ schema. ] object                 --指定要分配权限的数据库对象
TO grantee_clause                       --要分配的目标用户或角色
  [ WITH HIERARCHY OPTION ]             --指定分配权限到当前对象的子对象上
  [ WITH GRANT OPTION ]                 --让用户或角色具有授权能力
```

对象权限是指分配到指定的数据库对象上的操作权限，比如对表、视图、 物化视图、过程、函数、包或序列上的读取或写入操作的权限，ON { [schema.] object 则用于指定数据库对象的权限，这里仅列出对方案对象分配权限，实际上还可以为各种数据字典对象、库、操作符、Java 类或资源分配对象权限。

一些常用的对象权限如下所示：

❑ 用于表的对象权限，SELECT、ALERT、DELETE、INSERT 和 UPDATE。

❑ 用于视图的对象权限，SELECT、DELETE、INSERT 和 UPDATE。

❑ 用于序列的权限，ALTER 和 SELECT。

❑ 过程、函数和包的权限，EXECUTE 和 DEBUG。

❑ 物化视图权限，SELECT 和 QUERY REWRITE。

❑ 数据字典权限，READ 和 WRITE。

举个例子，下面在 apppriv 用户中创建了表 table_1，然后将对这个表的 SELECT、ALTER、DELETE 和 INSERT 权限分配给了用户 scott，示例语句如下：

```
apppriv_Ding@ORCL> conn apppriv/apppriv;
已连接。
apppriv_Ding@ORCL> CREATE TABLE table_1(col VARCHAR2(100));
表已创建。
apppriv_Ding@ORCL> GRANT SELECT,ALTER,DELETE,INSERT ON table_1 TO scott;
授权成功。
```

在经过上述的授权设置后，scott 用户就具有了查询、修改、删除和插入 appprivs 方案下的 table_1 表的权利。对于数据库表来说，可以在列级别分配 INSERT 和 UPDATE 的权限，例如仅使 table_1 表的 col 列可以被插入和更新，示例语句如下：

```
GRANT INSERT(col),UPDATE(col) ON table_1 TO scott;
```

经过上述的设置后，用户 scott 就可以只更新和插入 apppriv 方案下的 table_1 的 col 列。Oracle 提供了虚拟专用数据库（VPD）的概念，它可以提供行一级的安全性限制。

对象权限一般只能由对象的所有者或具有 GRANT ANY OBJECT PRIVILEGE 系统权限的用户才能进行分配，不过如果在分配权限时，使用了 WITH GRANT OPTION 子句，也可以将对特定对象的权限分配指派给其他的用户。

🔔注意：在一个 GRANT 语句中，不能同时分配系统权限、角色和用户权限。

类似于系统权限分配中的 WITH ADMIN OPTION，对象权限分配的 WITH GRANT OPTION 子句允许被授权的用户分配对象权限给其他的用户，用户自己的方案中的所有对象将自动被使用了 WITH GRANT OPTION 的权限进行关联。举个例子，在下面的示例中，为 app_admin 分配了对 table_1 表的 SELECT 的权限，示例语句如下：

```
apppriv_Ding@ORCL> GRANT SELECT ON table_1 TO app_admin WITH GRANT OPTION;
授权成功。
```

在成功授权后，app_admin 也可以将对 table_1 的权限再分配给 scott，示例语句如下：

```
app_admin_Ding@ORCL> GRANT SELECT ON apppriv.table_1 TO scott;
授权成功。
```

因此如果不是方案对象的拥有者或者没有具备相应的权限，通过 WITH GRANT OPTION 可以选择将部分权限分配给其他的用户。

可以将一个方案下的所有的权限分配给某个用户，只需要使用 ALL 关键字作为所有的对象权限，示例语句如下：

```
apppriv_Ding@ORCL> GRANT ALL ON table_1 TO app_admin;
授权成功。
```

这样 app_admin 就具有了 apppriv 方案中 table_1 中的所有权限，比如用 app_admin 进入后，可以直接删除 apppriv 方案中 table_1 表的数据，示例语句如下：

```
apppriv_Ding@ORCL> conn app_admin/app_amin;
```

```
已连接。
app_admin_Ding@ORCL> DELETE FROM apppriv.table_1;
已删除 0 行。
```

也可以将一个对象的所有权限赋给 PUBLIC，这样所有的用户都可以使用权限，例如下面的示例中创建了一个序列，然后将这个序列的 SELECT 权限分配给 PUBLIC，这样所有的用户都可以使用该序列，示例语句如下：

```
app_admin_Ding@ORCL> conn apppriv/apppriv;
已连接。
apppriv_Ding@ORCL> CREATE SEQUENCE comm_seq;
序列已创建。
apppriv_Ding@ORCL> GRANT SELECT ON comm_seq TO PUBLIC;
授权成功。

apppriv_Ding@ORCL> conn scott/tigers;
已连接。
scott_Ding@ORCL> SELECT apppriv.comm_seq.NEXTVAL FROM dual;

   NEXTVAL
-------------------------
         1
```

上面的演示进入到了 apppriv 方案中，然后在该方案中创建了一个序列名为 comm_seq，接下来使用 GRANT 语句将 comm_seq 分配给了 PULBIC，然后用 scott 用户登录，使用这个序列，由于 PUBLIC 代表着数据库中的任何用户，因此这使得 comm_seq 序列可以被任何用户所使用。

19.2.3　撤销权限

当需要为某个用户减少权限时，可以使用 SQL 语句 REVOKE 来撤销权限。在分配权限时，任何具有 WITH ADMIN OPTION 的系统权限或角色也能够从其他的数据库方案或角色中回收权限，也就是说权限的回收者不一定是权限最初的分配者，而具有 GRANT ANY ROLE 的用户可以回收任何权限。

与 GRANT 类似，回收权限也分为回收系统权限和回收对象权限两种不同的语法，语法格式如下：

```
REVOKE { revoke_system_privileges        --撤销系统权限
       | revoke_object_privileges        --撤销对象权限
       } ;
```

下面的两个小节分别讨论了撤销系统权限及撤销对象权限的详细语法。

1．撤销系统权限

当撤销一个用户的系统权限时，数据库将从用户的权限域中移除权限，因此只要权限移除，用户立即就受到权限的限制。撤销系统权限的语法如下：

```
{ system_privilege                       --系统权限
| role                                    --角色
| ALL PRIVILEGES                          --所有的权限
```

```
}
  [, { system_privilege
       | role
       | ALL PRIVILEGES
       }
  ]...
FROM { user [ IDENTIFIED BY password ]        --用户
| role                                         --角色
| PUBLIC                                        --所有用户
}
  [, { user [ IDENTIFIED BY password ]
       | role
       | PUBLIC
       }
  ]...
```

可以看到，既可以从一个用户中撤销权限，也可以从一个角色中撤销权限，还可以从所有用户，也就是 PUBLIC 中撤销权限，这会导致数据库从权限域中移除所有用户的特定权限。下面的示例演示了如何从 apppriv 中撤销授予的 CREATE TABLE 和 CREATE SESSION 权限，这样 apppriv 将无法登录数据库，示例语句如下：

```
system_Ding@ORCL> REVOKE CREATE SESSION,CREATE TABLE FROM apppriv;
撤销成功。
system_Ding@ORCL> conn apppriv/apppriv;
ERROR:
ORA-01045: user APPPRIV lacks CREATE SESSION privilege; logon denied
警告：您不再连接到 ORACLE
```

可以看到，当使用 REVOKE 语句从 apppriv 中撤销 CREATE SESSION 权限后，果然如果用 apppriv 进行登录，Oracle 提示 apppriv 缺少 CREATE SESSION 的权限。

也可以从 PUBLIC 中撤销对所有用户的权限，比如如果 PUBLIC 具有 CREATE SESSION 的权限，即便是显式地撤销了 apppriv 用户的权限，用户还是可以使用 PUBLIC 上的 CREATE SESSION 登录，只有移除了 PUBLIC 上的 CREATE SESSION 权限，用户 apppriv 将不再具有登录的权力，示例语句如下：

```
system_Ding@ORCL> REVOKE CREATE SESSION FROM PUBLIC;
撤销成功。
```

当撤销 PUBLIC 上的 CREATE SESSION 权限后，用户 apppriv 就再也无法登录到 Oracle 数据库了。再看一个例子，假定 appinv 被 DBA 分配了 CREATE TABLE 的权限，并且使用 WITH ADMIN OPTION 允许他将 CREATE TABLE 权限分配给其他用户，那么在撤销权限时，appinv 也可以撤销其他用户的 CREATE TABLE 权限，示例语句如下：

```
appinv_Ding@ORCL> conn system/system;
已连接。
system_Ding@ORCL> GRANT CREATE TABLE TO appinv WITH ADMIN OPTION;
授权成功。
system_Ding@ORCL> conn appinv/appinv;
已连接。
appinv_Ding@ORCL> REVOKE CREATE TABLE FROM apppriv;
撤销成功。
```

在这个示例中，用 SYSTEM 账户为 appinv 分配了 CREATE TABLE 权限，并指定了

WITH ADMIN OPTION 选项，那么 appinv 就有权限撤销其他用户中的权限，因此当用 appinv 登录后，就可以撤销 apppriv 用户的 CREATE TABLE 系统权限。

使用 REVOKE 撤销权限时不会产生级联效应，无论是否为其指定了 WITH ADMIN OPTION 子句，比如 DBA 为 appinv 分配了 CREATE TABLE 权限，并且指定了 WITH ADMIN OPTION 子句，appinv 又将 CREATE TABLE 权限分配给了 apppriv，如果撤销 appinv 的权限，并不会影响到 apppriv 的权限，也就是说撤销时不存在级联撤销。

2. 撤销对象权限

撤销对象权限的语法与撤销系统权限的语法有些不同，语法格式如下：

```
{ object_privilege | ALL [ PRIVILEGES ] }          --指定对象权限
  [, { object_privilege | ALL [ PRIVILEGES ] } ]...
on_object_clause                                   --指定具体的对象
FROM grantee_clause                                --指定具体的用户
[ CASCADE CONSTRAINTS | FORCE ]
--级联删除由撤销者使用 REFERENCES 权限定义的引用约束
```

要能够撤销对象权限，必须之前已经在用户或角色上分配了对象权限，必须具有 GRANT ANY OBJECT PRIVILEGE 系统权限或对象的所有者。也就是说对象权限只能由直接授权的人进行撤销，不能撤销由 GRANT OPTION 的用户分配的权限。但是与系统权限不同的是，对象权限的撤销具有级联效应，下面将通过示例进行介绍。比如要撤销 appinv 和 apppriv 对于 scott 方案下 emp 表的 SELECT 权限，可以使用如下的语句：

```
system_Ding@ORCL> conn scott/scotttiger
已连接。
scott_Ding@ORCL> REVOKE SELECT ON emp FROM appinv,apppriv;
撤销成功。
```

由于 appinv 和 apppriv 对 emp 表的 SELECT 权限是由 scott 用户直接分配的，因此能够成功地进行移除。

下面来看一个具有级联撤销效应的例子。假定 scott 分配给 appinv 对于 emp 表的 SELECT 权限时，指定了 WITH GRANT OPTION，appinv 又通过这个权限将 SELECT 分配给了 apppriv，那么在撤销 appinv 上的 SELECT 权限时，级联地将 apppriv 用户对于 emp 表的 SELECT 权限也移除了，示例语句如下：

```
scott_Ding@ORCL> GRANT SELECT ON emp TO appinv WITH GRANT OPTION;
授权成功。
scott_Ding@ORCL> conn appinv/appinv;
已连接。
appinv_Ding@ORCL> GRANT SELECT ON scott.emp TO apppriv;
授权成功。
appinv_Ding@ORCL> conn scott/scotttiger
已连接。
scott_Ding@ORCL> REVOKE SELECT ON emp FROM appinv;
撤销成功。
system_Ding@ORCL> conn apppriv/apppriv;
已连接。
apppriv_Ding@ORCL> SELECT * FROM scott.emp;
SELECT * FROM scott.emp
              *
```

```
第 1 行出现错误：
ORA-00942：表或视图不存在
```

在这个示例中，首先使用 scott 用户为 appinv 分配了对 emp 表的 SELECT 权限，并且使用 WITH GRANT OPTION 指定了级联分配，因此当用 appinv 用户登录后，appinv 可以将权限分配给 apppriv，然后 scott 用户撤销了 appinv 对 emp 表的 SELECT 权限，此时级联删除特性连带地将 apppriv 上的权限也删除了，因此 apppriv 查询 scott.emp 表时，出现了异常提示。

19.2.4　查看权限

权限可以通过数据字典中的几个视图来查看，不过更方便的办法是使用类似 OEM 或第三方的 PL/SQL Developer 来查看用户权限，如图 19.2 所示。

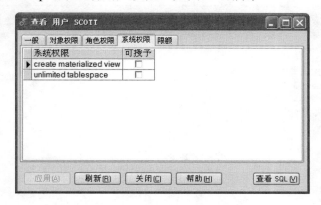

图 19.2　在 PL/SQL Developer 中查看权限

不过很多时候，管理员会通过 SQL 脚本来收集用户的信息，Oracle 提供了很多与权限相关的数据字典视图，表 19.3 列出了与权限相关的 Oracle 数据字典视图。

表 19.3　与权限相关的Oracle数据字典视图

数据字典视图名称	视 图 描 述
SYSTEM_PRIVILEGE_MAP	显示当前系统中所有的系统权限，包括 SYSDBA 和 SYSOPER
DBA_SYS_PRIVS	显示所有用户或角色所拥有的权限
USER_SYS_PRIVS	显示当前用户所拥有的系统权限
SESSION_PRIVS	显示当前会话所具有的系统权限
DBA_TAB_PRIVS	显示所有用户或角色的对象权限
ALL_TAB_PRIVS	显示当前用户或 PUBLIC 的对象权限
USER_TAB_PRIVS	显示当前是用户的对象权限信息
DBA_COL_PRIVS	显示所有用户或角色的列权限信息
ALL_COL_PRIVS	显示当前用户或 PUBLIC 的列权限信息
USER_COL_PRIVS	显示当前用户的列权限信息
ALL_COL_PRIVS_MADE	显示对象所有者或授权用户授出的所有列权限
USER_COL_PRIVS_MADE	显示当前用户授出的所有列权限
ALL_COL_PRIVS_RECD	显示用户或 PUBLIC 组被授予的列权限

续表

数据字典视图名称	视 图 描 述
USER_COL_PRIVS_RECD	显示当前用户被授予的列权限
ALL_TAB_PRIVS_MADE	显示对象所有者或授权用户所授出的所有对象权
USER_TAB_PRIVS_MADE	显示当前用户所授出的所有对象权限
ALL_TAB_PRIVS_RECD	显示用户或 PUBLIC 组被授予的对象权限
USER_TAB_PRIVS_RECD	显示当前用户被授予的对象权限

前面说过 SYSTEM_PRIVILEGE_MAP 可以获取系统中所有的系统权限列表，比如想查询与表 TABLE 相关的系统权限，可以使用一个 LIKE 条件，示例语句如下：

```
scott_Ding@ORCL> SELECT * FROM SYSTEM_PRIVILEGE_MAP WHERE NAME LIKE
'%TABLE%';

PRIVILEGE NAME                          PROPERTY
-----------------------------------     -----------------------------------
    -10 CREATE TABLESPACE                0
    -11 ALTER TABLESPACE                 0
    -12 MANAGE TABLESPACE                0
    -13 DROP TABLESPACE                  0
    -15 UNLIMITED TABLESPACE             0
    -40 CREATE TABLE                     0
    -41 CREATE ANY TABLE                 0
    -42 ALTER ANY TABLE                  0
    -43 BACKUP ANY TABLE                 0
    -44 DROP ANY TABLE                   0
    -45 LOCK ANY TABLE                   0
    -46 COMMENT ANY TABLE                0
    -47 SELECT ANY TABLE                 0
    -48 INSERT ANY TABLE                 0
    -49 UPDATE ANY TABLE                 0
    -50 DELETE ANY TABLE                 0
   -213 UNDER ANY TABLE                  0
   -243 FLASHBACK ANY TABLE              0

已选择 18 行。
```

在这个查询中查询出与表相关的 10 多个权限，这样就可以使用这些权限分配给用户或角色了。使用 USER_SYS_PRIVS 数据字典视图可以查看当前用户所拥有的系统权限，例如要查看 scott 方案所拥有的系统权限列表，可以使用如下所示的查询语句：

```
scott_Ding@ORCL> SELECT * FROM USER_SYS_PRIVS;
USERNAME              PRIVILEGE                 ADMIN_
--------------------  ------------------------  -----------------------
SCOTT                 CREATE MATERIALIZED VIEW  NO
SCOTT                 UNLIMITED TABLESPACE      NO
```

查询 USER_TAB_PRIVS 数据字典视图，可以获取当前方案的对象权限信息，示例语句如下：

```
scott_Ding@ORCL>    SELECT    grantee,table_name,grantor,privilege    FROM
USER_TAB_PRIVS;

GRANTEE           TABLE_NAME        GRANTOR          PRIVILEGE
----------------  ----------------  ---------------  --------------------
SCOTT             CUSTOMER_DIR      SYS              WRITE
```

```
SCOTT                CUSTOMER_DIR            SYS              READ
SCOTT                CUSTOMER_DIR            SYS              EXECUTE
SCOTT                DUMP_DIR                SYS              WRITE
SCOTT                DUMP_DIR                SYS              READ
USERB                DROP_OBJ                SCOTT            EXECUTE
BOOKUSER1            EMP                     SCOTT            SELECT
USERB                FIND_STAFF              SCOTT            EXECUTE
SYSTEM               LOG_USER_TABLE          SCOTT            SELECT
USERB                RECEIVE_PIPE_MESSAGE    SCOTT            EXECUTE
PUBLIC               TOAD_PLAN_TABLE         SCOTT            UPDATE
PUBLIC               TOAD_PLAN_TABLE         SCOTT            SELECT
PUBLIC               TOAD_PLAN_TABLE         SCOTT            INSERT
PUBLIC               TOAD_PLAN_TABLE         SCOTT            DELETE

已选择 14 行。
```

通过查询这个视图，就可以清楚地知道当前用户所具有的对象权限，通过查询 table_name 列，可以获知对于表的详细的权限，不过对于方案自己的对象，由于默认具有所有的权限，因此没有在这个列表中列出。可以通过查询 SESSION_PRIVS 查询当前会话的系统权限，示例语句如下：

```
cott_Ding@ORCL> SELECT * FROM session_privs;
PRIVILEGE
----------------------------------------
CREATE SESSION
CREATE TABLE
CREATE VIEW
```

对于用户权限，可以查询 **DBA_TAB_PRIVS** 获取用户的用户权限信息，例如下面的语句查询 cora 用户被授予的所有对象权限：

```
cott_Ding@ORCL> SELECT grantor 授权用户,owner||'_'||table_name 对象
名,privilege 权限 FROM d
ba_tab_privs WHERE grantee='CORA';
授权用户                对象名                权限
--------------------  ------------------  --------------------
SCOTT                 SCOTT_EMP           SELECT
SCOTT                 SCOTT_EMP           ALTER
```

19.3　角 色 管 理

Oracle 的权限相当多，无论是对象权限还是系统权限，当需要为众多的用户分配或更改权限时，管理员不得不一个一个地设置这些权限，既容易出错也增加了维护的难度，因此 Oracle 提供了角色的机制，它可以使数据库的权限管理更为简单。

19.3.1　角色简介

可以将角色看作是权限的集合，管理员可以将具有相关职责的一系列权限定义为一个角色，然后将角色分配给用户或其他的角色，从而简化权限的管理与控制。

🔔**注意**：角色不属于任何方案，因此在一个数据库内角色名必须唯一，而且由于与方案独立，创建角色的用户可以被移除，而不会对角色有所影响。

举个例子，MRP 应用程序和 MES 应用程序都需要访问物料、BOM 及订单相关的数据库对象，它们要求不同的权限，为了简化对于这两个应用程序的权限分配，可以创建几个角色，比如 MRP 查看角色只能查看物料和 BOM 信息，MRP 管理者角色不仅能查看，还可以修改物料表和 BOM 表，并且能够添加新的表，MES 管理员可以查看 BOM 表和物料表，可以修改这两个表，但不能创建新的表，整个角色结构如图 19.3 所示。

可以看到，每个不同身份的用户，在访问 MES 或 MRP 程序时，由角色控制，他们可以获取到不同的权限，这样避免了对每一个不同身份的用户都要单独分配额外权限的烦琐，在图中 MES 程序角色和 MRP 程序角色称为应用程序角色，它用来管理数据库应用程序的权限，应用程序角色再授予其他角色或特定用户，这样一个应用程序可以使用多个角色，其中每个角色包含一组相关的权限，从而可以灵活控制应用程序的数据访问，提升了整个系统的可维护性。

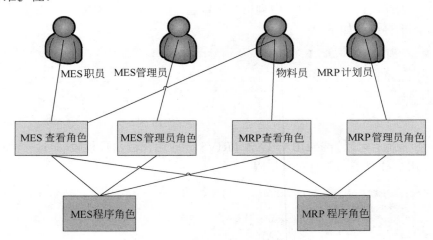

图 19.3　角色示意图

角色必须先使用 CREATE ROLE 语句进行创建，新创建的角色不具有任何权限，必须使用 GRANT 和 REVOKE 来分配和撤销权限。角色具有如下的几个特性：

（1）角色可以像用户一样被分配或撤销权限。

（2）角色可以被授予其他的用户或角色，也可以撤销用户或其他角色的角色，但是角色不能被授予自身，也不能形成分配闭环，比如 A 授权给 B，B 又授权给 A，这样就形成了闭环，在分配角色时这是不被允许的。

（3）角色中既可以包含系统权限，也可以包含对象权限。

（4）角色可以单独启用或禁用，启用时可以指定密码。

（5）角色既不属于任何方案，也不会被任何用户所拥有。

Oracle 数据库本身已经提供了众多的角色可以直接拿来使用，这些权限在用户创建数据库时会被自动创建，这样可以直接将这些角色分配给用户从而简化数据库权限的管理。表 19.4 整理了一些常见的角色，角色的组成提供了角色所包含的相关的权限。

表 19.4　Oracle预定义角色列表

角 色 名 称	角 色 组 成
CONNECT	CREATE SESSION：建立会话（用于连接数据库）
RESOURCE	CREATE CLUSTER：建立簇 CREATE INDEXTYPE：建立索引类型 CREATE PROCEDURE：建立 PL/SQL 程序单元 CREATE SEQUENCE：建立序列 CREATE TABLE：建表 CREATE TRIGGER：建立触发器 CREATE TYPE：建立类型
DBA	该角色具有所有系统权限和 WITH ADMIN OPTION 选项，因此可以将系统权限分配给其他用户
EXECUTE_CATELOG_ROLE	创建数据库时自动建立的角色，提供了对所有系统包（DBMS 开头的包，如 DBMS_OUTPUT）的 EXECUTE 权限
EXECUTE_CATELOG_ROLE	创建数据库时自动建立的角色，提供了所有数据字典的 SELECT 权限
DELETE_CATELOG_OLE	创建数据库时自动建立的角色，提供了系统审计表 SYS.AUD$上的 DELETE 对象权限
EXP_FULL_DATABASE	是安装数据字典时的执行脚本 CATEXP.SQL 脚本建立的角色，用来进行数据库导出操作
IMP_FULL_DATABASE	用于执行数据库的导入操作的权限，包含 EXECUTE_CATELOG_ROLE、SELECT_CATELOG_ROLE 角色的权限及大量的系统权限
RECOVERY_CATALOG_OWNER	安装数据字典时执行 CATALOG.SQL 脚本所建立的角色，该角色为恢复目录所有者提供了系统权限

角色可以简化权限的管理，如果修改了与某个角色关联的权限，则授予该角色的所有用户都会立即自动获得修改过的权限，而且通过启用或禁用角色，可以暂时打开或关闭权限。启用角色还可以用来验证是否已为用户授予了角色，示例语句如下：

```
system_Ding@ORCL> CREATE USER app_role IDENTIFIED BY app_role;
用户已创建。

system_Ding@ORCL> GRANT CONNECT TO app_role;
授权成功。

system_Ding@ORCL> conn app_role/app_role;
已连接。
app_role_Ding@ORCL> CREATE TABLE table_1(col VARCHAR2(20));
CREATE TABLE table_1(col VARCHAR2(20))
*
第 1 行出现错误:
ORA-01031: 权限不足。
```

可以看到，当为 app_role 分配 CONNECT 角色后，这个用户可以直接登录到数据库，但是不能用来创建一个新的表，而 RESOURCE 的权限比较大，当为用户分配这个角色之后，就可以用来创建各种方案对象了。

19.3.2　创建角色

除了预定义角色之外，用户可以根据应用程序的需求来创建自己的权限，比如 MRP 应用程序可能需要创建一个 MRP 的角色，创建自定义角色使用 CREATE ROLE 语句，创建自定义角色后，就可以为角色分配一系列的权限。CREATE ROLE 语句的语法如下：

```
CREATE ROLE role                        --role 指定角色的名称
  [ NOT IDENTIFIED                      --指定不启用角色验证的方式
  | IDENTIFIED { BY password            --指定启用角色验证的方式
               | USING [ schema. ] package
               | EXTERNALLY
               | GLOBALLY
               }
  ] ;
```

语法关键字的含义如下所示：

❑ role_name，指定角色名称。

❑ NOT IDENTIFIED，指定不启用角色验证方式。

❑ IDENTIFIED，指定启用角色验证方式，其中 BY 指定密码验证；USING 子名指定通过一个控制授权的包名称来启用或禁用角色；EXTERNALLY 允许进行操作系统或第三方级别的验证；GLOBALLY 允许通过企业目录服务进行验证。

角色创建最简单的语法形式是仅指定一个角色名称，例如下面的示例中创建了一个名为 MRP_Role 的角色，它用来组织 MRP 系统需要的相关权限：

```
system_Ding@ORCL> CREATE ROLE MRP_role;
角色已创建。
```

当创建了一个角色后，角色就处于启用状态，这意味着如果将角色授予某个用户，则该用户就可以使用指定给角色的权限了。

如果需要对角色进行安全性管理，比如角色必须要先通过附加验证后才能使用角色，可以使用 IDENTIFIED 子句指定验证方式，默认情况下角色的验证为无，通过 IDENTIFIED 子句指定各种验证方式，这样在使用之前必须先行验证，例如下面的示例通过 IDENTIFIED 为角色指定了一个验证的密码：

```
system_Ding@ORCL> CREATE ROLE MRP_Manager
      IDENTIFIED BY mrpmanager;

角色已创建。
```

现在具有了一个受密码保护的角色，用户在使用 SET ROLE 启用或禁用这个角色时，必须要提供密码才能正常实现，SET ROLE 示例语句如下：

```
system_Ding@ORCL> SET ROLE MRP_Manager IDENTIFIED BY mrpmanager;
角色集。
```

由于 MRP_Manager 角色设置了密码，因此在使用 SET ROLE 设置角色时，必须要使用 IDENTIFIED BY 子句指定角色的验证密码。

19.3.3　分配权限

角色还必须具有一定的权限，这些权限使用 GRANT 或 REVOKE 语句来创建和撤销，与前面介绍过的为用户分配权限类似，不过在为角色授权时，系统权限 UNLIMITED TABLESPACE 和对象权限 WITH GRANT OPTION 不能够被授予角色，而且不能在同一条 GRANT 语句中同时授予系统权限和对象权限。

可以将任何对象权限或系统权限分配给角色，也可以将一个角色分配给另一个角色，这样目标角色就具有了被分配的角色的所有权限，不过要尽量避免闭环分配的现象出现。下面将对人事部的角色 HR_dept 和财务部的角色进行权限分配，这两个角色都可以连接数据库，人事部的角色可以访问 scott 方案下的 emp 表，财务部的角色可以访问 scott 方案下的 dept 表，示例语句如下：

```
system_Ding@ORCL> conn system/system
已连接。
system_Ding@ORCL> CREATE ROLE HR_dept;
角色已创建。
system_Ding@ORCL> CREATE ROLE ACCOUNT_dept;
角色已创建。
system_Ding@ORCL > GRANT CONNECT TO HR_dept,ACCOUNT_dept WITH ADMIN OPTION;
授权成功。
system_Ding@ORCL > GRANT SELECT,INSERT,UPDATE,DELETE ON scott.emp TO
HR_dept;
授权成功。
system_Ding@ORCL > GRANT SELECT,INSERT,UPDATE,DELETE ON scott.dept TO
ACCOUNT_dept;
授权成功。
```

在这个示例中，创建了两个角色 HR_dept 和 ACCOUNT_dept，然后为这两个角色分配了 CONNECT 预定义角色，接下来分别将 emp 表和 dept 表的查询、增加、修改和删除权限也分配给了 HR_dept 和 ACCOUNT_dept 角色，这样这两个角色就可以登录和操作 scott 方案下的 emp 和 dept 表了。

可以看到，角色可以分配给其他角色，不过角色必须分配给用户才能真正起到组织权限的作用。当将角色分配给用户后，用户将继承包含在角色中的所有的权限，示例语句如下：

```
system_Ding@ORCL> CREATE USER hr_usr IDENTIFIED BY hrusr;
用户已创建。
system_Ding@ORCL> CREATE USER acc_usr IDENTIFIED BY accusr;
用户已创建。
system_Ding@ORCL> GRANT HR_dept TO hr_usr;
授权成功。
system_Ding@ORCL> conn hr_usr/hrusr;
已连接。
hr_usr_Ding@ORCL> SELECT COUNT(*) FROM emp;
  COUNT(*)
----------------------
        21
```

在这个演示中，创建了两个用户 hr_usr 和 acc_usr，然后将 HR_dept 的权限分配给了

hr_usr，接下来使用 hr_usr 进行登录，可以看到 hr_usr 已经具有了角色的权限，它可以对 emp 表进行查询和修改操作。如果使用 WITH ADMIN OPTION 子句授予用户角色，则授予者可以完成如下的事情：

- ❑ 对数据库中的其他用户或角色授予或撤销此角色。
- ❑ 用 WITH ADMIN OPTION 授权此角色给其他用户。
- ❑ 更改或删除此角色。

例如下面将 ACCOUNT_dept 授予 acc_usr 时，如果指定了 WITH ADMIN OPTION 选项，那么 acc_usr 就可以将这个角色授予其他的用户，示例语句如下：

```
system_Ding@ORCL> GRANT ACCOUNT_dept TO acc_usr WITH ADMIN OPTION;
授权成功。
system_Ding@ORCL> conn acc_usr/accusr;
已连接。
acc_usr_Ding@ORCL> GRANT ACCOUNT_dept TO appinv;
授权成功。
```

在这个示例中，先将 ACCOUNT_dept 角色授予了 acc_usr 用户，并且指定了 WITH ADMIN OPTION 子句指定管理选项，然后用 acc_usr 进行登录，将 ACCOUNT_dept 角色又分配给了 appinv，因此与分配系统权限一样，角色也可以进行传递授予。

可以使用 REVOKE 语句从角色中移除权限，当更改角色的权限后，属于此角色的所有用户权限也会自动改变，示例语句如下：

```
system_Ding@ORCL> REVOKE SELECT ON scott.emp FROM HR_dept;
撤销成功。
system_Ding@ORCL> conn hr_usr/hrusr
已连接。
hr_usr_Ding@ORCL> SELECT COUNT(*) FROM scott.emp;
SELECT COUNT(*) FROM scott.emp
                     *
第 1 行出现错误:
ORA-01031: 权限不足
```

可以看到，当使用 REVOKE 语句撤销对 HR_dept 角色的权限之后，如果使用 hr_usr 用户登录并且查询 scott.emp 表，由于 SELECT 权限已经被撤销了，因此查询出现了失败。

19.3.4　管理角色

角色的管理包含为用户分配默认的角色、启用或禁用角色、修改或删除角色等，下面将分几个小节对如何管理角色进行详细的讨论。

1．指定用户默认角色

每个用户登录时，都会自动激活一个或多个角色，用户只要登录进入数据库，这些角色会自动应用，也就是说默认角色是指用户登录时自动应用的角色。默认角色可以使用 ALTER USER 语句进行设置，要设置的角色必须已经提前存在。ALTER USER 语句用来设置默认角色的语法如下：

```
ALTER USER user_name DEFALUT ROLE
```

```
            [role[,role]...|ALL[EXCEPT role[,role]...]|NONE]
```

语法关键字的含义如下所示：

❑ user_name 是已经创建的用户名称。

❑ DEFAULT ROLE 用来指定一个或多个角色。

❑ ALL 表示所有用户的角色都为默认角色。

❑ EXCEPT 表示一些本角色之外的角色。

❑ NONE 表示不指定默认角色。

🔔 注意：设置默认角色必须确保这些角色已经分配给了用户。

下面对于使用 DEFAULT ROLE 设置默认角色有如下的几个限制：

（1）如果角色没有被分配给用户，不能指定为默认角色。

（2）如果角色是由其他的角色分配的，不能指定为默认角色。

（3）如果角色是由外部服务，比如操作系统来管理的，或者是由 Oracle 网络目录来管理的，也不能指定为默认角色。

（4）角色要由 SET ROLE 语句来启用，比如密码验证的角色或安全应用角色，也不能设置为默认角色。

以 19.3.3 小节创建的 hr_usr 用户为例，它具有 HR_dept 的角色，这个角色符合设置为默认的角色，另外 acc_usr 用户具有的 ACCOUNT_dept 角色也可以设置为 acc_usr 的默认角色，设置语句如下：

```
system_Ding@ORCL> ALTER USER hr_usr DEFAULT ROLE HR_dept;
用户已更改。

system_Ding@ORCL> ALTER USER acc_usr DEFAULT ROLE ACCOUNT_dept;
用户已更改。
```

当指定默认角色之后，用户在每一次登录时，便会自动拥有这些默认角色中拥有的权限。也可以使用 ALL 关键字，将所有用户被分配的角色都设置为默认角色。使用 EXCEPT 表示排除一些角色之后，将所有其余的角色都应用来作为默认角色。

2．启用或禁用角色

当用户登录到数据库时，数据库会启用给用户显示分配的所有的权限，以及默认角色所指定的权限，用户还可以通过 SET ROLE 语句来启用或禁用当前会话已经启用的或未曾启用的角色。用户或应用程序可以使用 SET ROLE 语句多次来启用角色或禁用当前会话中已经启用的角色。

🔔 注意：使用 SET ROLE 语句不能一次设置超过 148 个用户角色。而且要在 PL/SQL 中使用 SET ROLE，必须使用动态 SQL 语句，比如用 EXECTUE IMMEDIATE 来执行 SET ROLE 设置角色。

SET ROLE 语句的语法如下：

```
SET ROLE
  { role [ IDENTIFIED BY password ]            --指定要设置的一个或多个角色
  [, role [ IDENTIFIED BY password ] ]...
```

```
    | ALL [ EXCEPT role [, role ]... ]    --指定所有角色或除去某些角色之外的角色
    | NONE                               --禁用所有的角色
    } ;
```

在 SET ROLE 之后的角色列表指定在当前会话中将要启用的一个或多个角色，所有当前用户未被指定的角色都为禁用的角色，如果角色设置了密码验证，则使用 IDENTIFIED BY 子句来为角色设置密码。如果要禁用所有的角色，只需要指定 NONE 子句，它会禁用当前会话的所有角色，包含 DEFAULT 默认角色。

在下面的示例中，首先为 hr_usr 分配了 RESOURCE 角色，然后用该用户登录，使用 SET ROLE 设置角色，禁用 RESOURCE 角色，示例语句如下：

```
system_Ding@ORCL> GRANT RESOURCE TO hr_usr;    --分配 RESOURCE 角色给 hr_usr
授权成功。
system_Ding@ORCL> conn hr_usr/hrusr            --用 hr_usr 登录
已连接。
hr_usr_Ding@ORCL> SET ROLE HR_dept; --启用 HR_dept 角色，禁用 RESOURCE 角色
角色集。
hr_usr_Ding@ORCL> CREATE SEQUENCE seq_01;    --创建 seq_01 序列失败
CREATE SEQUENCE seq_01
*
第 1 行出现错误：
ORA-01031: 权限不足。
```

可以看到，当为 hr_usr 分配了预定义的 RESOURCE 角色后，hr_usr 是有权限来创建新的序列的，不过使用 SET ROLE 仅启用了 HR_dept 角色，这样 RESOURCE 角色就被禁用了，因此无法创建序列。下面的语句同时启用了这两个角色，示例语句如下：

```
hr_usr_Ding@ORCL> SET ROLE HR_dept,RESOURCE;
角色集。

hr_usr_Ding@ORCL> CREATE SEQUENCE seq_01;
序列已创建。
```

可以看到，在启用了这两个角色后，现在 hr_usr 就可以创建一个新的序列了，如果要临时禁用当前会话上的所有角色，可以使用如下的语句：

```
hr_usr_Ding@ORCL> SET ROLE NONE;
角色集。
hr_usr_Ding@ORCL> CREATE SEQUENCE seq_02;
CREATE SEQUENCE seq_02
*
第 1 行出现错误：
ORA-01031: 权限不足。
```

当使用 SET ROLE NONE 之后，表示所有的会话的角色都被禁用了，因此创建序列失败。当然也可以指定 SET ROLE ALL 来启用所有的角色，或者是使用可选的 EXCEPT 来排除某些角色来进行启用。

3．修改角色

使用 ALTER ROLE 语句可以修改角色，它可以修改角色的验证方式，其语法如下：

```
ALTER ROLE role
  { NOT IDENTIFIED                    --不指定角色密码验证
```

```
  | IDENTIFIED                           --使用角色密码验证
     { BY password
     | USING [ schema. ] package
     | EXTERNALLY
     | GLOBALLY
     }
 } ;
```

前面创建的角色 HR_dept 和 ACCOUNT_dept 中，HR_dept 角色不需要进行验证即可启用。可以使用 ALTER ROLE 语句修改其验证的方式，使得 HR_dept 需要进行验证，而 ACCOUNT_dept 不用验证即可使用 SET ROLE 启用，示例语句如下：

```
system_Ding@ORCL > ALTER ROLE HR_DEPT IDENTIFIED BY password;
角色已丢弃。
system_Ding@ORCL > ALTER ROLE ACCOUNT_dept NOT IDENTIFIED;
角色已丢弃。
```

要能使用这个语句，用户需要具有 ALTER ANY ROLE 系统权限或使用 WITH ADMIN OPTION 授予的角色可以进行修改，指定 HR_dept 的验证密码后，在使用 SET ROLE 启用角色时，就要指定这个密码了。

4. 删除角色

角色虽然不属于方案级别的对象，但是它也是一个数据库级别的存储对象，可以使用 DROP ROLE 语句来删除一个角色，当移除一个角色后，Oracle 将会从所有的用户和角色中撤销被这个角色所影响的权限，然后将其从数据库中移除。启用了这个角色的会话用户将会变得失效，当这个角色被移除后，新的用户不能再使用这个角色。DROP ROLE 的语法如下：

```
DROP ROLE role ;
```

☖注意：要能够成功地移除角色，用户必须具有 DROP ANY ROLE 系统权限，或者是角色是使用 WITH ADMIN OPTION 分配的。

例如要删除 HR_dept 和 ACCOUNT_dept 角色，示例语句如下：

```
hr_usr_Ding@ORCL> conn system/system;
已连接。
system_Ding@ORCL> DROP ROLE HR_dept;
角色已删除。

system_Ding@ORCL> DROP ROLE ACCOUNT_dept;
角色已删除。

system_Ding@ORCL> conn acc_usr/accusr;
ERROR:
ORA-01045: user ACC_USR lacks CREATE SESSION privilege; logon denied
```

当删除这两个角色之后，如果用 acc_usr 用户进行登录，可以看到权限被收回，用户现在不具有 CREATE SESSION 权限，因此无法进行登录了。

19.3.5　查看角色

角色一旦创建，Oracle 会将角色信息存放到数据字典中，同时为角色分配权限或将角色分配给用户时，这些信息都会放到数据字典的相应的表当中，通过查询数据字典视图，可以了解到角色相关的信息，与角色相关的数据字典视图如表 19.5 所示。

表 19.5　与角色相关的Oracle数据字典视图

数据字典视图名称	视 图 描 述
DBA_ROLES	显示当前数据库所包含的所有角色
DBA_ROLE_PRIVS	显示用户或角色所具有的角色信息
ROLE_ROLE_PRIVS	显示角色所具有的其他角色的信息
USER_ROLE_PRIVS	显示当前用户所具有的角色信息
ROLE_SYS_PRIVS	显示角色所具有的系统权限
DBA_SYS_PRIVS	显示用户或角色所具有的系统权限
DBA_TAB_PRIVS	显示用户或角色所具有的对象权限
ROLE_TAB_PRIVS	显示角色所具有的对象权限

例如要查询角色 HR_dept 在目标表 scott.emp 上的权限，示例语句如下：

```
system_Ding@ORCL > COL 目标表 FOR A20
system_Ding@ORCL > COL 权限 FOR A20
system_Ding@ORCL > SELECT owner||'.'||table_name 目标表,privilege 权限
     FROM role_tab_privs
     WHERE role='HR_DEPT';
目标表                   权限
--------------- -----------------------------------
SCOTT.EMP             INSERT
SCOTT.EMP             UPDATE
SCOTT.EMP             SELECT
SCOTT.EMP             DELETE
```

一些图形化的管理环境比如 PL/SQL 就提供了良好的可视化的角色查看与编辑方式，这使得用户可以轻松地创建和修改角色。PL/SQL 提供的角色编辑窗口如图 19.4 所示。

图 19.4　PL/SQL 角色编辑窗口

借助于图形化的编辑窗口，用户就可以不用记住太多的命令，从而很轻松地完成角色的管理工作。

19.4　小　　结

本章介绍了 Oracle 数据库安全性管理方面的用户、权限和角色方面的技术，这些技术构成了 Oracle 安全性管理的核心。本章首先讨论了用户与方案之间的紧密联系，然后介绍了如何在 Oracle 中创建、修改及删除用户，介绍了用户概要文件用来管理用户密码和用户的资源利用，并且介绍了如何从数据字典中查询用户信息。在权限管理部分，介绍了如何使用 GRANT 语句和 REVOKE 语句分配和撤销权限、如何从数据字典中查询权限。最后介绍了角色，讨论了角色的作用，然后学习了如何创建角色、为角色分配权限，以及如何将角色分配给用户，最后介绍了管理角色和查看角色的一般方法。

第 20 章　数据库空间管理

　　数据库中的数据最终会存储到操作系统文件中，但并不是直接存储。Oracle 使用了一种逻辑的存储管理方式。在上一章讨论创建用户时，可以为用户指定一个默认的表空间和临时表空间，默认情况下该用户创建的所有方案对象都位于这个默认的表空间中，表空间是 Oracle 中用来管理数据库数据存储的一种逻辑结构，本章将讨论 Oracle 如何使用这种逻辑结构来管理数据库中存储数据的空间。

20.1　理解表空间

　　可以将表空间（Tablespace）看作是方案对象比如表、视图、存储的子程序和物理数据存储之间的一个中间桥梁，物理上数据库中的数据、重做日志都会存储到具体的文件中，通过在对象和存储之间添加一个逻辑层，可以让 Oracle 处理不同操作系统之间的数据存储，也提供了更为灵活的管理模式。

20.1.1　表空间概述

　　Oracle 使用了一组逻辑结构作为存储的基础，这些逻辑结构包含了数据块、区、段和表空间，其中最小的数据存储单位为数据块。而方案对象如表、视图、序列、存储子程序、包等实际上都是构建于这个逻辑存储结构上的数据库对象，而表空间是由一个和多个数据文件组成的，Oracle 数据库在逻辑上将数据存储在表空间中，在物理上将数据存储在数据文件中，因此整个 Oracle 的逻辑存储体系结构如图 20.1 所示。

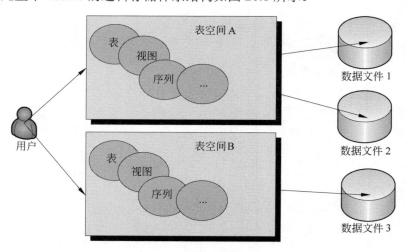

图 20.1　表空间与数据库和数据库文件的关系

可以看到，用户创建的方案对象实际上都是位于一个或多个表空间上，而一个表空间又由一个或多个数据文件物理地存储，在 Oracle 中表空间和数据文件具有如下的关系：

- 一个表空间只能属于一个数据库。
- 一个表空间可以包含一个或多个数据文件。
- 表空间会被进一步划分为多个逻辑存储单元。
- 表空间可以看作是存储数据库方案对象的仓库。
- 而一个数据文件只能属于一个表空间和一个数据库。
- 数据文件是构成表空间的基础文件。

从存储架构上来看，一个数据库就是由多个表空间来存储数据，而一个或多个数据库文件组成了表空间。例如一个最简单的 Oracle 数据库可以仅包含两个必要的称为 SYSTEM 和 SYSAUS 的表空间，每个表空间包含一个数据文件，它们组成了最简单的数据库基础。

在 Oracle 中，表空间中的数据存储结构又可以细分为段、区和数据块，它们的作用如下所示：

- 数据库（data block），是 Oracle 数据库的存储基础，它由磁盘空间上的字节组成，初始化参数 DB_BLOCK_SIZE 指定了数据库块的大小，一般介于 2～32KB 之间，默认大小为 8KB。
- 区（extent），由特定数目的相邻的数据块组成了区，区是 Oracle 中空间分配的单元。
- 段（segment），段位于区之上，一组区构成了段，段用来存储各种逻辑对象，比如表、索引或其他对象，例如每个表的数据都存储在自身的数据段中，索引都存储在自己的索引段中。

Oracle 中表空间是由相关的段组成的，段作为逻辑对象的分派单位，它由区组成，而区是用来组织多个相邻数据库块的单位，整个 Oracle 的逻辑存储体系统构如图 20.2 所示。

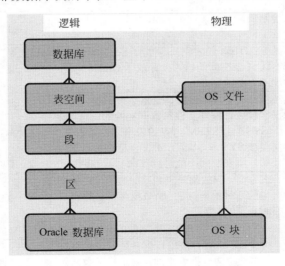

图 20.2　Oracle 的逻辑与物理存储体系结构

表空间这种逻辑结构可以提供灵活的存储体系结构，它具有如下的一些优点：

- 可以控制数据库所能占用的磁盘空间。

- ❑ 可以通过配额控制用户所能使用的空间。
- ❑ 通过将不同类型的数据放在不同的数据文件中，可以减少对单一文件的 I/O 操作，提升性能，并便于进行备份与恢复工作。

虽然 Oracle 提供了 OMF 机制，即 Oracle 管理文件的操作方式，但这种方式不需要用户管理 Oracle 的操作系统文件，仅根据数据库对象而不是文件名进行操作，这种方式目前在实际工作中运用得较少，数据库管理员仍然需要了解大量与表空间相关的知识。本章后面的内容中将详细地讨论 Oracle 如何对表空间进行管理。

20.1.2　表空间分类

表空间主要用来存储数据，它是存储方案对象的位置。一般提到表空间，都是指永久存储数据的永久表空间。在 Oracle 中，还有一种用来临时存储数据的临时表空间，当执行数据排序 ORDER BY、汇总 GROUP BY 或创建和重建索引时，会使用临时表空间来临时存放数据，服务器进程会先在进程全局区 PGA 中存放临时数据，当 PGA 空间不够时会建立临时段，这些临时数据就会放到临时表空间中。

除了临时表空间外，还有一种并不会永久存储数据的表空间，这种表空间属于永久表空间的范畴，即撤销表空间，它存储当需要撤销对数据库的更改时的撤销数据。

在永久表空间中，Oracle 需要一些存储 Oracle 数据库数据的系统表空间，其他的应用都是用户表空间。比如每个 Oracle 数据库都必须强制地具有 SYSTEM 表空间和 SYSAUX 表空间，在创建一个新的数据库时，比如使用 DBCA 创建一个新的数据库之后，Oracle 会自动创建如下的几个表空间，如表 20.1 所示。

表 20.1　Oracle 自动创建的表空间

表空间名称	描　　述	数 据 文 件
EXAMPLE	系统示例表空间，比如 scott 方案就存放在这个表空间	EXAMPLE01.DBF
SYSAUX	辅助 SYSTEM 的表空间，主要用于减轻 SYSTEM 表空间的压力，存放了 Oracle 自身管理的一些数据	SYSAUX01.DBF
SYSTEM	系统核心表空间，存放 Oracle 系统数据，比如数据字典表、控制文件和数据文件的信息等。属于 SYS、SYSTEM 方案的表空间。该表空间仅能被 SYS 和 SYSTEM 等有足够权限的用户使用。该表空间不能进行重命名或被删除	SYSTEM01.DBF
TEMP	临时表空间，存放临时表和临时数据，比如排序产生的临时数据。每一个数据库都必须有一个临时表空间	TEMP01.DBF
UNDOTBS1	重做表空间，用来存放需要重做的数据信息。	UNDOTBS01.DBF
USERS	用户表空间，主要存放用户创建的对象和私有信息，也被称为数据表空间，要求每个数据库至少有一个或多个用户表空间	USERS01.DBF

SYSTEM 和 SYSAUX 在创建数据库时自动创建，它们不能被删除或重命名，而且也不建议在这两个表空间中写入用户数据，以避免破坏系统数据库的结构。SYSTEM 表空间

是数据库中的第 1 个表空间，它包含了信息来管理其他的表空间。总而言之，表空间根据其作用可以分为如下几大类：

- 系统表空间，前面多次介绍过，就是 SYSTEM 和 SYSAUX 表空间。
- 临时表空间，用来临时存储中间的数据，比如临时表中的数据或因为排序、分组、索引等功能产生的临时数据。这些数据不会被永久保留，如果创建数据库时没有指定临时表空间，默认将使用 SYSTEM 表空间作为临时表空间，这会导致 SYSTEM 表空间产生大量的存储碎片，不利于整个数据库系统的稳定性。
- UNDO 表空间，又称为撤销表空间，用来代替旧版 Oracle 中的回退段中的信息。主要用来实现撤销管理，比如当回滚一个事务时从撤销表空间中拿旧数据进行恢复。在 Oracle 中可以创建多个撤销表空间，但是同一时刻只能激活一个撤销表空间，可以使用 UNDO_TABLESPACE 指出要激活的表空间。
- 大文件表空间，大文件表空间主要由一个可以包含 4G 个数据块的数据文件组成的表空间，主要用在超大型数据库的场合，用来减少数据文件的个数。

通过将系统表空间和非系统表空间分离，可以更灵活地管理数据库，而且将撤销段、临时段 、数据段和索引段分开，可以提供更好的数据操作性能，并且可以灵活地分配给用户对象的空间。

20.1.3　表空间的创建

表空间的创建因不同的操作系统而异，不过无论何种操作系统，总是应该创建一个用来存放表空间的文件夹，创建一个表空间，总是会包含如下两个部分的工作：

（1）在 SYSTEM 表空间中包含的数据字典中写入表空间的信息，并且向数据库的控制文件中登录表空间信息。

（2）根据表空间创建语句的指定，在操作系统文件夹位置创建用来存储数据的操作系统文件，一般是以.DBF 结尾的数据库文件。

在创建一个新的数据库时，Oracle 会自动地创建 SYSTEM 和 SUSAUX 表空间，除了这两个表空间之外，数据库设计人员应该尽可能地将数据库数据分散在多个永久的数据表空间中，以避免因为一个表空间带来的 I/O 竞争和安全性问题，比如将一个应用程序的数据与另一个应用程序的数据分别放在不同的表空间，以保证各个应用程序的数据独立性，防止当一个表空间离线时会影响到多个应用程序的使用。使用多个表空间可以增强灵活性，下面是为一个数据库创建多个表空间时的一些优势：

（1）通过创建用户表空间，而不是在 SYSTEM 表空间上写入用户数据，将数据字典数据与用户数据分开，可以显著地减少 I/O 争用造成的性能损失。

（2）将一个应用程序的数据与另一个应用程序的数据分开存放，可以避免一个应用程序的故障导致的数据损坏对另一个应用程序的影响，比如当一个数据库的操作导致数据库数据损坏时，分开多个表空间则不会彼此相互影响，典型的是 ERP 中的每一个模块都分别用不同的表空间存储，保持了数据的独立性。

（3）将不同的数据文件分别存放到不同的磁盘中，可以减少磁盘的争用，平均分配 I/O 操作，可以提升应用的性能。

（4）可以使某个表空间脱机进行修复或备份而不影响其他表空间的继续使用，提升了整体可用性。

（5）通过为某种特定用途创建一个表空间，比如一些高活动量的数据、只读数据或临时段的存储，可以优化表空间的使用效率。

（6）可以对单个表空间进行备份和恢复。

因此在规划表空间时，应该优先考虑规划多个表空间，具体一个数据库需要多少个表空间，需要根据数据库中要存储的数据分类，或者是用户数量来界定，比如对于一些高并发性的数据，可以考虑创建多个表空间来分别存储，提升 I/O 的性能。

图 20.3 是一个简单的 ERP 数据库表空间的示例，可以看到除系统表空间、临时表空间和 UNDO 表空间之外，对于每个 ERP 中的模块，都分别放在不同的表空间表中，例如 BOM 表空间和库存表空间，这样与之相关的业务逻辑都会在各自的表空间中进行。例如当使得销售表空间脱机时，并不会影响到 BOM 表空间和材料表空间之上的应用程序的继续使用。

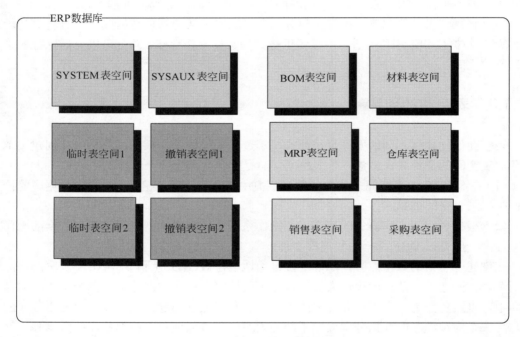

图 20.3　一个简单的数据库表空间结构图

在 Oracle 中创建表空间的语法随不同的表空间类型有所差异，表 20.2 列出了几种创建表空间的语句。

表 20.2　创建不同类型表空间的SQL语句

SQL 语句	描　　述
CREATE TABLESPACE	创建普通的表空间
CREATE UNDO TABLESPACE	创建撤销表空间
CREATE TEMPORARY TABLESPACE	创建临时表空间
CREATE BIGFILE TABLESPACE	创建大文件表空间

撤销表空间和临时表空间都是具有特殊用途的表空间，它们并不被用来永久地存储用

户的数据。普通的表空间和大文件表空间用来保存用户存储的数据，大文件表空间的最高大小可达 8EB，能显著提高 Oracle 数据库的存储能力。数据库管理员可以对表空间执行如下的几种操作：

- ❑ 创建一个新的表空间。
- ❑ 为一个表空间添加数据文件。
- ❑ 设置或修改表空间内某段的默认段存储参数。
- ❑ 使一个表空间为只读或可读写。
- ❑ 将表空间设置为临时或永久。
- ❑ 重命名表空间。
- ❑ 移除表空间。

接下来将开始讨论如何创建表空间，在本章后面的内容中将讨论如何对表空间进行更改。

20.1.4　创建普通表空间

普通的表空间使用 CREATE TABLESPACE 进行创建，其语法如下：

```
CREATE TABLESPACE tablespace      --指定表空间名
[DATAFILE clause]                 --指定一个或多个数据文件
[MINIMUM EXTENT integer[K|M]]     --指定表空间内每个区的大小
[BLOCKSIZE integer [K]]           --指定表空间的非标准块的大小
[LOGGING|NOLOGGING]               --是否将表空间内的对象的更改写入重做日志
[DEFAULT storage_clause ]         --指定表空间内的对象的默认存储参数
[ONLINE|OFFLINE]                  --指定表空间的在线或离线状态
[PERMANENT|TEMPORARY]             --指定表空间为永久或临时的
[extent_management_clause]        --指定表空间如何管理内部的区
[segment_management_clause]       --指定表空间的段管理方式，只与本地管理表空间相关
```

DATAFILE 子句用来指定表空间要使用的文件列表，它又包含了如下的几个组成部分：

```
filename [SIZE integer[K|M] [REUSE]
[ autoextend_clause ]
```

语法关键词的含义如下：
- ❑ Filename，是表空间中的数据文件的名称。
- ❑ SIZE，指定文件大小。使 K 或 M 以千字节或兆字节为单位指定大小。
- ❑ REUSE，允许 Oracle 服务器重新使用现有文件。
- ❑ autoextend_clause，该子句启用或禁用数据文件的自动扩展。如果不指定该子句，将仅能使用 SIZE 属性指定的文件大小，如果指定了该子句，则可以让表空间的大小自动扩展，直到操作系统磁盘空间已满。

对于最简单的普通表空间的创建语句，只需要指定一个数据文件即可，例如下面的语句创建了名为 tbs_01 的表空间，它指定了一个初始大小为 40MB 的数据文件，示例语句如下：

```
--首先查看环境变量 ORACLE_HOME 指向的 Oracle 安装位置
```

```
C:\Documents and Settings\Administrator>SET ORACLE_HOME
ORACLE_HOME=F:\app\Administrator\product\11.2.0\dbhome_1
--用 SYSTEM 用户连接到 Oracle
C:\Documents and Settings\Administrator>sqlplus system/system
已连接
--创建一个新的表空间
system_Ding@ORCL> CREATE TABLESPACE tbs_01
    DATAFILE 'tbs_f1.dbf' SIZE 40M
    ONLINE;
表空间已创建
```

这个示例演示了如何在 Windows 操作系统中创建一个表空间，它首先显示了本地 ORACLE_HOME 指向的位置，然后使用 system 用户连接到 Oracle，接下来使用 CREATE TABLESPACE 语句创建了一个普通表空间，这个表空间具有 40MB 大小。由于 DATAFILE 子句仅指定了文件名，Oracle 将会使用 ORACLE_HOME 指定的目标路径，对于 Windows 平台而言，会放在 ORACLE_HOME 下的 database 文件夹下，对于 Linux 来说，则会放到 $RACLE_HOME/dbs 文件夹下。

一般建议创建表空间时，指定具体的文件夹信息，避免 Oracle 将所有的数据文件放在一个位置。例如要将 tbs_f1.dbf 放到 ORCL 数据库所在的文件夹下，示例语句如下：

```
system_Ding@ORCL> CREATE TABLESPACE tbs_01
    DATAFILE 'F:\app\Administrator\oradata\orcl\tbs_f2.dbf' SIZE 40M
    ONLINE;
表空间已创建。
```

如果在操作系统中打开目标文件位置，可以看到一个 40MB 的文件已经生成，如图 20.4 所示。

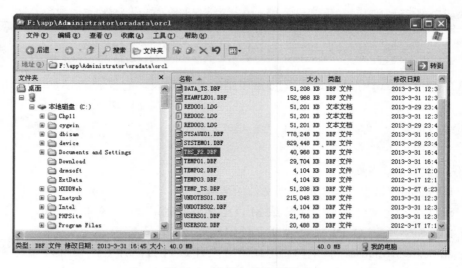

图 20.4　数据文件的位置

通过前面的介绍相信已经了解在表空间中，实际上是具有段、区和块这 3 种数据单位，表空间内为各种不同类型的方案对象分配空间的单位是区，段用来对表空间中的各种数据进行分类，比如数据段、索引段等。也就是说 Oracle 是以区为单位来管理空间的，每当需要新的空间时，Oracle 会以区为单位来分配空间。Oracle 通过如下两种方式来监控表空间内的空间的已用或可用的情况，以便进行空间的分配：

- ❑ 本地管理的表空间（Locally Managed Tablespaces），这是默认的空间管理方式，这种方式使用位图结构来管理区，所有的区的分配与回收的管理信息都被存储在表空间数据文件的位置结构中，以记录数据文件内数据块的可用或占用状态。
- ❑ 数据字典管理的表空间（Dictionary Managed Tablespaces），通过将表空间的使用信息存放到数据字典中，这是传统的表空间管理方式，一般并不建议使用，除非是出于兼容性目的。

本地管理的表空间上默认的模式，它与数据字典管理的表空间相比，具有如下的几个优势：

- ❑ 空间的分配和回收不需要读取和写入数据字典，只需要改变数据文件中的位图，所以能够提高空间存储管理的速度和并发性。
- ❑ 能够避免数据字典管理方式中产生的递归空间管理操作，因为数据字典管理表空间时，分配或回收方案对象的区可能导致数据字典表或回滚段中也产生分配或回收空间的操作，即称为递归的空间管理操作。
- ❑ 简化表空间的分配，可以通过 AUTOALLOCATE 子句指定 Oracle 自动分配合适的区大小，不需要用户进行任何干预。

🔊注意：在 Oracle 中，要创建数据字典管理方式的表空间，必须要显式地在 CREATE TABLESPACE 语句中指定 EXTENT MANAGEMENT DICTIONARY 子句，默认情况下，Oracle 使用 EXTENT MANAGEMENT LOCAL 指定本地管理的表空间。

在 CREATE TABLESPACE 语法中，extent_management_clause 子句用于指定区的管理方式的子句，它需要的语法格式如下所示：

```
[ EXTENT MANAGEMENT [ DICTIONARY | LOCAL
[ AUTOALLOCATE | UNIFORM [SIZE integer[K|M]] ] ] ]
```

当指定使用 LOCAL 进行本地表空间的管理后，就不用再指定表空间的存储参数了，AUTOALLOCATE 和 UNIFORM 仅用于本地管理的表空间，它用来指定区的分配方式：

- ❑ UNIFORM，指定表空间中的所有区的大小都相同。
- ❑ AUTOALLOCATE，指定 Oracle 自动来管理区的大小，这是默认的设置。

下面的示例中演示了如何创建一个本地管理的表空间，它会自动来管理区的大小：

```
system_Ding@ORCL> CREATE TABLESPACE tbs_02
        DATAFILE 'F:\app\Administrator\oradata\orcl\tbs_f3.dbf' SIZE 50M
        EXTENT MANAGEMENT LOCAL AUTOALLOCATE;
表空间已创建。
```

在这个示例中创建了表空间 tbs_02，它使用本地表空间管理方式，并且使用自动的区空间分配。

除了区的管理方式外，在创建表空间时，还可以指定段的管理方式，段的管理方式主要是指 Oracle 用来管理段中已用数据块和空闲数据块的机制，在本地管理方式下，Oracle 具有如下两种管理段的方式：

- ❑ MANUAL 手工方式，Oracle 将使用空闲列表 Free List 来管理段的空闲数据块，这是默认的管理方式，可用块列表记录了所有可以用于插入新数据的数据块。

❑ AUTO 自动方式，Oracle 使用位图来管理段内的可用空间（这里的位图与区管理的位图不同），位图用来描述段内每个数据块是否有足够的可用空间来插入新数据，只要数据块中可用空间发生变化，其状态就会被反映到位图中，这种使用位图管理的方式能更加自动化地管理段内的可用空间，也被称为自动段空间管理。

自动段空间管理能够显著地减少用户必需的空间管理工作，比如用户不再需要在创建方案对象时指定 PCTFREE、PCTUSED、FREELIST 或 FREELIST GROUP 等参数来设置存储管理方式，即便设置了也会被忽略。下面的语句创建了一个本地管理的表空间，它的段空间管理方式指定为 AUTO 模式：

```
system_Ding@ORCL> CREATE TABLESPACE tbs_03
     DATAFILE 'F:\app\Administrator\oradata\orcl\tbs_f4.dbf' SIZE 50M
     EXTENT MANAGEMENT LOCAL
     SEGMENT SPACE MANAGEMENT AUTO;

表空间已创建。
```

这个语句创建了本地管理的表空间，它的段空间分配方式为 AUTO。它使用了所有建议的表空间创建模式，只有在为了兼容 Oracle 9i 早期版本的数据库表时，才有可能创建数据字典管理的表空间。

20.1.5　创建大文件表空间

大文件表空间与普通表空间在语法上的不同是指定 CREATE BIGFILE TABLESAPCE，其他的空间管理方式基本上相同。Oracle 自动使用本地管理方式管理区，并且使用自动段空间管理，所以一般不需要指定 EXTENT MANAGEMENT LOCAL 和 SEGMENT SPACE MANAGEMENT AUTO。

🔈注意：如果在创建大文件表空间时指定了 EXTENT MANAGEMENT DICTIONARY 或 SEGMENT SPACE MANAGEMENT MANAUAL，那么 Oracle 将抛出错误提示。

大文件表空间是指 Oracle 数据库使用的表空间可以由一个单一的大文件而不是若干个小数据文件构成，使得 Oracle 可以发挥 64 位系统的能力，创建和管理超大的文件，Oracle 中可以管理的存储能力被扩展到了 8EB（1EB = 1024PB，1PB = 1024TB，1TB=1024GB）。

下面的示例语句演示了如何创建一个大文件表空间：

```
system_Ding@ORCL>CREATE TABLESPACE big_tbs_04
DATAFILE 'F:\app\Administrator\oradata\orcl\tbs_f5.dbf' SIZE 50G;
表空间已创建。
```

在这个示例语句中，创建了一个具有 50GB 的大文件表空间，该表空间的管理方式为本地管理，并且区大小由系统自动分配。

使用大文件表空间可以显著地增强 Oracle 数据库存储能力，普通的表空间最多可以包含 1024 个数据文件，而一个大文件表空间中只包含一个文件，这个文件的最大容量是小数据文件的 1024 倍，这样看来大文件表空间可以具有和小文件表空间相同的容量。在超大型的数据库中，使用大文件表空间可以减少数据文件的数量，也简化了对数据文件的管理工作，由于数据文件的减少，SGA 中关于数据文件中的信息及控制文件的容量也就相应地减少，而且大文件表空间的数据文件对用户透明，因此减化了数据库管理工作。

如果在数据库创建时，指定的默认表空间类型为 BIGFILE，那么在创建大文件表空间时，直接使用 CREATE TABLESPACE，将自动创建大文件表空间，如果要创建普通表空间，则可以使用 CREATE SMALLFILE TABLESPACE 来实现创建小型表空间。

20.1.6　创建临时表空间

临时表空间包含了会话操作过程中的中转数据，可以增强多个排序操作的并发性能。由于不需要将临时数据常驻内存，它增强了排序操作时的空间管理操作的使用性。临时表空间通常包含了如下的一些临时性的信息：

- 排序操作的中间结果。
- 临时表和临时索引。
- 临时的 LOB 数据。
- 临时的 B 树索引数据。

在临时表空间中，对于一个特定实例的所有排序操作会共享单一的排序段，排序段对于需要临时空间的每一个实例而存在，排序段是在数据库启动之后，由第 1 个查询语句的排序操作执行时而自动创建的，并且只在数据库关闭后释放。

在创建一个数据库时，必须为数据库指定一个默认的临时表空间，本地管理的 SYSTEM 表空间是不能作为默认的临时存储空间的，可以在使用 CREATE DATABASE 语句创建数据库时，使用 DEFAULT TEMPORARY TABLESPACE 子句指定默认的临时表空间。如果用户移除了所有的默认临时表空间，Oracle 将不得不使用 SYSTEM 表空间作为临时表空间，这会造成比较严重的性能损耗。

创建临时表空间使用 CREATE TEMPORARY TABLESPACEY 语句，下面的示例创建了一个名为 tmp_tbs_01 的临时表空间：

```
system_Ding@ORCL> CREATE TEMPORARY TABLESPACE tmp_tbs_01
      TEMPFILE  'F:\app\Administrator\oradata\orcl\tmp_tbs_01.DBF'
      SIZE 4M
      EXTENT MANAGEMENT LOCAL
      UNIFORM SIZE 1K;

表空间已创建。
```

示例创建了一个初始大小为 4MB 的临时表空间，统一分配区大小为 1KB。上述代码创建的临时表空间实际上是称为小文件的临时表空间。还有一种临时表空间就是大文件临时表空间，与大文件表空间的概念相似，可创建一个只包含一个临时文件的大文件临时表空间，示例语句如下：

```
system_Ding@ORCL> CREATE BIGFILE TEMPORARY TABLESPACE tmp_big_tbs_01
      TEMPFILE  'F:\app\Administrator\oradata\orcl\tmp_big_tbs_01.DBF'
      SIZE 4M
      EXTENT MANAGEMENT LOCAL
      UNIFORM SIZE 1K;
表空间已创建。
```

上述代码与创建标准的临时表空间基本类似，但是使用了 CREATE BIGFILE

TEMPORARY 指定创建的是一个大文件临时表空间。

🔔注意：在一些操作系统如 Linux 系统中，临时表空间在创建后并不会立即分配指定大小
　　　　的空间，直到当向临时表空间中分配语句时，才会真正分配空间，这种创建方式
　　　　称为延时创建表空间，用户必须确保磁盘上有足够的磁盘容量，以免当突然分配
　　　　表空间的磁盘空间时造成应用程序的异常。

创建了临时表空间之后，可以使用 ALTER USER 语句将这个临时表空间分配给特定
的用户，例如下面的语句让 appinv 用户的临时表空间为 tmp_tbs_01，示例语句如下：

```
system_Ding@ORCL> ALTER USER appinv TEMPORARY TABLESPACE tmp_tbs_01;
用户已更改。
```

也可以更改整个数据库的临时表空间，这需要使用 ALTER DATABASE 语句，例如将
整个数据库的临时表空间指定为 tmp_tbs_01，示例语句如下：

```
system_Ding@ORCL> ALTER DATABASE DEFAULT TEMPORARY TABLESPACE tmp_tbs_01;
数据库已更改。
```

通过查询 database_properties 数据字典视图，可以看到数据库的默认临时表空间果然已
经分配为 tmp_tbs_01 了，示例语句如下：

```
system_Ding@ORCL> SELECT PROPERTY_VALUE
    FROM database_properties
    WHERE PROPERTY_NAME = 'DEFAULT_TEMP_TABLESPACE';

PROPERTY_VALUE
------------------------------------
TMP_TBS_01
```

20.1.7　创建撤销表空间

撤销表空间是一个特殊的永久表空间，它仅用于存储 UNDO 信息，用户不能够在其中
创建表或索引之类的段，数据库中至少必须具有一个撤销表空间，虽然一个数据库没有撤
销表空间也是可行的。使用 Oracle 的 ODCA 创建一个数据库时，它会自动创建一个撤销表
空间，不过也可以手动使用 CREATE UNDO TABLESPACE 语句来创建额外的撤销表空间。

撤销表空间是由 Oracle 内部操作的，当一个事务内的第 1 条 DML 语句执行时，Oracle
就会在撤销表空间中分配一个撤销段，同时也分配一个事务表，如果没有指定一个撤销表
空间，Oracle 将使用数据库系统的撤销段。

🔔注意：在创建撤销表空间并使之联机使用之前，必须要结束任何事务，不能在一个正在
　　　　运行的事务中创建撤销表空间。

在下面的示例语句中，创建了一个名为 tbs_undo_01 的撤销表空间：

```
system_Ding@ORCL> CREATE UNDO TABLESPACE tbs_undo_01
    DATAFILE 'F:\app\Administrator\oradata\orcl\tbs_undo_01.DBF'
    SIZE 4M
    EXTENT MANAGEMENT LOCAL;

表空间已创建。
```

创建撤销表空间时，只能指定 DATAFILE 和 EXTENT MANAGEMENT LOCAL 选项，指定其他的比如段管理选项等都会导致 Oracle 抛出错误提示。

Oracle 的初始化参数 undo_tablespace 指定了当前数据库使用的撤销表空间名称，undo_management 指定撤销表空间的管理方式，现在一般使用 AUTO 表示自动进行撤销段的管理。通过更改 undo_tablespace 的值，可以让数据库指向一个新的撤销表空间，示例语句如下：

```
system_Ding@ORCL> ALTER SYSTEM SET UNDO_TABLESPACE=tbs_undo_01;
系统已更改。
```

这行代码更改了当前数据库系统的 UNDO 表空间，但是如果下面的条件存在，当进行切换时会产生错误：

- ❑ 表空间不存在。
- ❑ 表空间不是一个 UNDO 表空间。
- ❑ 表空间已经被用于其他的实例。

当切换到新的撤销表空间后，新开始的事务就会使用这个新的撤销表空间来存储撤销信息。

20.2　管理表空间

表空间在创建好之后，需要定期地检查其使用状况，并且在必要的时候对其进行修改，比如扩展表空间的大小、向表空间添加数据文件或删除表空间。本节将讨论管理表空间的基本知识。

20.2.1　调整表空间大小

当表空间的尺寸已满时，如果向其中插入数据，会导致 Oracle 抛出一个异常，此时可以通过调整表空间的大小来解决。举个例子，假定有一个只有 100KB 大小的表空间，这个表空间可以很容易地被填满，示例语句如下：

```
--创建一个固定尺寸的表空间，它只有100K
system_Ding@ORCL>  CREATE TABLESPACE tbs_05
     DATAFILE  'F:\app\Administrator\oradata\orcl\tbs_f05.DBF'
     SIZE 100K
     EXTENT MANAGEMENT LOCAL;
表空间已创建。
--用appinv用户进行登录
system_Ding@ORCL> conn appinv/appinv;
已连接。
--在新创建的表空间上创建一个表
appinv_Ding@ORCL> CREATE TABLE tab_01(col CHAR(2000)) TABLESPACE tbs_05;
表已创建。
--向这个表中连续插入数据，直到填满表空间
appinv_Ding@ORCL> BEGIN
     FOR i IN 1..1000 LOOP
       DBMS_OUTPUT.put_line('第'||i||'行');
```

```
        INSERT INTO tab_01 VALUES(LPAD('1',1000,'*.'));
      END LOOP;
    END;
    /
第 1 行
....
第 16 行
BEGIN
*
第 1 行出现错误：
ORA-01653: 表 APPINV.TAB_01 无法通过 8 (在表空间 TBS_05 中) 扩展
ORA-06512: 在 line 4
```

可以看到，在创建了一个固定大小的只有 100KB 的表空间后，在这个表空间上创建了一个表，并且使用 PL/SQL 的循环语句向这个表中插入数据，由于表空间 tbs_05 只有 100KB 大小，因此很快就被填满，在插入到第 16 行时，Oracle 抛出了 ORA-01653 异常。

因为 tbs_05 是一个固定大小的表空间，回顾一下在介绍 CREATE TABLESPACE 的 DATAFILE 子句时，有一个 autoextend_clause 子句，它可以指定表空间的大小自动扩展方式，示例语句如下：

```
AUTOEXTEND                          --指定表空间的自动扩展
  { OFF
  | ON [ NEXT size_clause ]         --ON 指定开启自动扩展，NEXT 指每一次扩展的大小
      [ maxsize_clause ]            --指定最大的可扩展大小，如果不指定表示不受限制
  }
```

为了使得 tbs_05 具有更多的空间，可以向该表空间中插入一个自动扩展的文件，这样可以使得表空间具有较大的使用空间。比如想增加一个自动增长到 1000MB 的文件，可以使用如下的 ALTER TABLESPACE 语句：

```
system_Ding@ORCL> ALTER TABLESPACE tbs_05
    ADD DATAFILE'F:\app\Administrator\oradata\orcl\tbs_f05_01.DBF'SIZE 10M
    AUTOEXTEND ON
    NEXT 10M
    MAXSIZE 1000M;

表空间已更改。
```

在插入一个具有自动扩展的数据文件后，表空间就不会因为文件大小的限制而出现 ORA-01653 这样的异常了。最好是在创建表空间即使用 CREATE TABLESPACE 语句时，通过 AUTOEXTEND 子句来指定自动扩展的表空间。

还可以通过 REISZE 选项增加或减少表空间中数据文件的尺寸，这个选项通常用来纠正数据文件尺寸定义的错误，但是如果表空间中已经使用了一定的空间，使用 RESIZE 时不能缩小尺寸到已使用的大小。下面的例子演示了将表空间 tbs_05 的 tbs_f05.dbf 的大小重新调整到 500MB，这里使用的是 ALTER DATABASE 而不是 ALTER TABLESAPCE 来调整表空间文件的大小，示例语句如下：

```
system_Ding@ORCL> ALTER DATABASE
                DATAFILE 'F:\app\Administrator\oradata\orcl\tbs_f05.DBF'
                RESIZE 500M;
数据库已更改。
```

通过更改表空间的数据文件的大小，就可以让表空间中具有足够的可用空间。

20.2.2 调整脱机和联机状态

当创建一个表空间时，如果没有指定 ONLINE 或 OFFLINE，表空间在默认情况下是 ONLINE 的，也就是处于在线状态，因而可以被用户直接读取和写入表空间中的数据。有的时候，可能需要暂时停用对表空间的使用，以便进行维护或单独的备份与恢复。

表空间可以手动进行脱机，也可能是由于数据库自动将表空间脱机。数据库在遇到某些错误时会自动将一个表空间脱机，比如数据库写进程 DBWn 在多次试图写入一个数据文件但是失败时，会造成表空间自动脱机。如果尝试访问一个脱机的表空间，Oracle 将会抛出异常提示。

举个例子，在使用 CREATE TABLSPACE 创建表空间时，使用 OFFLINE 子句创建了一个脱机的表空间，如果尝试在这个脱机的表空间上创建表，Oracle 将抛出错误提示，示例语句如下：

```
system_Ding@ORCL> CREATE TABLESPACE tbs_06
    DATAFILE '/home/oracle/tbs_f06.dbf' SIZE 10M
    AUTOEXTEND ON
    NEXT 10M
    MAXSIZE 100M
    OFFLINE;
表空间已创建。

system_Ding@ORCL> CREATE TABLE tab_offline(col1 VARCHAR2(20)) TABLESPACE
tbs_06;
CREATE TABLE tab_offline(col1 VARCHAR2(20)) TABLESPACE tbs_06
*
第 1 行出现错误：
ORA-01542: 表空间'TBS_06'脱机，无法在其中分配空间。
```

在这个示例中，演示了在 Linux 操作系统平台上创建一个脱机的表空间，可以看到，当一个表空间处于脱机状态时，是无法执行数据库任务的。当一个表空间进入脱机状态时，数据库会执行如下的任务：

- ❑ 后续的 DML 语句如果引用脱机表空间中的对象，会出现错误提示。
- ❑ 活动事务中的某些已完成的语句，如果曾经引用了脱机表空间中的数据，这些事务在事务级别不受影响。
- ❑ 数据库将那些已完成语句的撤销数据保存在 SYSTEM 表空间的延迟撤销段，当表空间被联机时，数据库在必要时将撤销表空间应用到该表空间。

🖙注意：SYSTEM 表空间、临时表空间和撤销表空间不能被修改为脱机状态。

下面使用 ALTER TABLESPACE 将表空间 tbs_06 设置为在线状态，这样用户就可以访问这个在线表空间来管理方案对象，示例语句如下：

```
system_Ding@ORCL> ALTER TABLESPACE tbs_06 ONLINE;
表空间已更改。
system_Ding@ORCL> CREATE TABLE tab_online(col VARCHAR(20)) TABLESPACE
tbs_06;
```

已创建表

当将 tbs_06 表空间设置为在线状态之后，用户就可以在这个表空间之上创建表，并且可以读取和写入表空间上的任何方案对象。

使用 ALTER TABLESPACE..OFFLINE 语句时，还可以指定如下 3 个可选的参数用来设置脱机的时机：

- ❑ NORMAL，标准模式，表空间会在表空间的文件无任何错误条件存在的情况下进行脱机，如果在当前脱机的表空间中没有任何文件将导致写入错误，使用 OFFLINE NORMAL 后，数据库会在表空间上的所有数据文件上执行一个检查点，然后将其脱机，Oracle 会确保 SGA 区中的脏数据都能写入数据文件，这样在下一次启动时可以不用进行数据恢复。NORMAL 是默认的表空间离线模式。
- ❑ TEMPORARY，临时模式，表空间被临时地脱机，即使用表空间中的一个或多个数据文件存在着错误，当指定 OFFLINE TEMPORARY 时，数据库无法确保所有的文件都能处于脱机状态，Oracle 也会执行一个检查点操作，在下一次启动时可能需要进行数据恢复。
- ❑ IMMEDIATE，立即模式，表空间会被立即处于脱机状态，数据库不会执行一个检查点，直接将该表空间的所有数据文件都设置为脱机状态，恢复为联机时可能需要执行数据恢复。当数据库处于非归档模式 NOARCHIVELOG 时，不能够使用 OFFLINE IMMEDIATE 选项。

下面的语句演示了如何使用 OFFLINE NORMAL 将一个表空间设置为正常的脱机模式：

```
system_Ding@ORCL> ALTER TABLESPACE tbs_06 OFFLINE NORMAL;
表空间已更改。
```

一般建议在设置一个表空间时使用 NORMAL 也就是默认模式，这可以确保当离线后以后再次联机时，不用进行数据恢复。

20.2.3　调整只读和只写状态

表空间在创建时，默认是处于可读和可写状态的，这样既可以读取表空间上的数据，也可以向表空间中写入数据，表空间还具有一种只读的模式，这样对表空间中数据文件的写操作被禁止，这样的表空间可以从一些只读的介质上读取数据，比如从 DVD 驱动器上读取表空间中的数据。

🔔注意：不能将 SYSTEM、SYSAUX 和临时表空间及撤销表空间设置为只读的，因为它们总是要求可读写的，否则会导致数据库异常。

将表空间设置为只读，可以消除对数据库中大型的静态数据执行备份和恢复的需要，因为只读表空间的数据不会更改，因此不需要进行多次重复性的备份，而且当介质故障导致数据库需要恢复时，也可以不用恢复，只读取表空间。

要使一个表空间变为只读状态，可以使用 ALTER TABLESPACE..READ ONLY 语句，例如要使得 tbs_06 变为只读状态，示例语句如下：

```
system_Ding@ORCL> ALTER TABLESPACE tbs_06 READ ONLY;
表空间已创建。

system_Ding@ORCL> CREATE TABLE tab_2(col NUMBER) TABLESPACE tbs_06;
CREATE TABLE tab_2(col NUMBER) TABLESPACE tbs_06
                                          *
第 1 行出现错误:
ORA-01647: 表空间 'TBS_06' 是只读, 无法在其中分配空间
```

在这个示例语句中, 将 tbs_06 表空间设置成了只读状态, 这样当在表空间上创建一个新的表时, Oracle 抛出了 ORA-01647 这样的异常。

要能使一个表空间变为只读状态, 必须满足下面的几个条件:

- □　表空间必须在线, 并且要确保当前表空间不会再产生 UNDO 信息。
- □　表空间不能够是活动的 UNDO 表空间或 SYSTEM 表空间。
- □　表空间当前必须没有处于联机备份状态, 因为联机备份会导致 Oracle 更新表空间中所有文件的文件头。

可以在一个事务进行中设置一个表空间为只读状态, 当设置只读状态后, 后续的事务操作就再也不能够更改表空间的内容了, 示例语句如下:

```
system_Ding@ORCL> ALTER TABLESPACE tbs_06 READ WRITE;
表空间已更改。
system_Ding@ORCL> CREATE TABLE tab_2(col NUMBER) TABLESPACE tbs_06;
表已创建。
system_Ding@ORCL> INSERT INTO tab_2 VALUES(1);
已创建 1 行。
system_Ding@ORCL> ALTER TABLESPACE tbs_06 READ ONLY;
表空间已更改。
system_Ding@ORCL> INSERT INTO tab_2 VALUES(2);
INSERT INTO tab_2 VALUES(2)
            *
第 1 行出现错误:
ORA-00372: file 9 cannot be modified at this time
ORA-01110: data file 9: '/home/oracle/tbs_f06.dbf'
```

在这个示例中, 首先将表空间 tbs_06 设置为可读写状态, 然后创建了一个新的表 tab_2, 接下来向表中插入一条记录, 可以看到此时表空间处于事务进行状态, 并没有调用 COMMIT 或 ROLLBACK 进行提交或更改, 接下来使用 ALTER TABLESPACE 语句将表空间再次置为只读状态, 然后向表 tab_2 中插入一条记录, 可以看到此时 Oracle 抛出了 ORA-00372 异常。

可以看到, 要使得一个表空间可读写, 只需要使用 ALTER TABLESPACE 语句设置表空间为 READ WRITE 即可, 用户必须具有 ALTER TABLESPACE 或 MANAGE TABLESPACE 系统权限。要使一个表空间可读写, 表空间数据文件必须使用 ALTER DATABASE DATAFILE..ONLINE 语句使之处于联机状态, 例如上面的示例中使用如下的语句让 tbs_06 处于可读写状态:

```
ALTER TABLESPACE tbs_06 READ WRITE;
```

使一个只读的表空间可写将会更新数据库的控制文件, 这样用户可以使用一个只读的数据文件版本作为恢复的起始点。

20.2.4　更改表空间名称

虽然很少需要对表空间进行重命名，不过有时出于维护性的需要，可能需要暂时更改一个表空间的名称，使用 ALTER TABLESPACE..RENAME TO 语句可以将一个表空间的名称更改为另一个表空间，该语句可以更改永久表空间的名称，也可以更改临时表空间的名称，例如可以将 tbs_06 表空间更改为 tablespace_01，示例语句如下：

```
system_Ding@ORCL> ALTER TABLESPACE tbs_06 RENAME TO tablespace_01;
表空间已更改。
```

当重命名表空间后，Oracle 会将数据字典、控制文件及联机数据文件头中的所有对表空间名称的引用更改为新的表空间名称，Oracle 保留了表空间的 ID 值。例如，下面的语句将 tablespace_01 设置为 appinv 的默认表空间，然后将 tablespace_01 更改为 tab_08，通过查询 dba_users 数据字典视图可以看到默认表空间的引用名称，示例语句如下：

```
system_Ding@ORCL> ALTER USER appinv DEFAULT TABLESPACE tablespace_01;
用户已更改。
system_Ding@ORCL> ALTER TABLESPACE tablespace_01 RENAME TO tab_08;
表空间已更改。
ystem_Ding@ORCL>    SELECT    default_tablespace    FROM    dba_users    WHERE
username='APPINV';
DEFAULT_TABLESPACE
------------------------------
TAB_08
```

可以看到，更改 tablespace_01 表空间的名称之后，通过查询 dba_users 数据字典视图，用户名为 appinv 的默认表空间果然已经自动发生了改变，这意味着 Oracle 是使用表空间 ID 来设置默认的表空间的。

表空间的重命名要能生效，要具有如下的几个规则：

❑ 初始化参数 COMPATIBLE 参数必须被设置为 10.0.0 或更高的版本。

❑ 不能对 SYSTEM 表空间或 SYSAUX 表空间重命名。

❑ 如果表空间中有任何一个数据文件离线，或者是表空间离线，那么表空间不能重命名。

❑ 如果表空间是只读状态，那么表空间的数据文件头不能被更新，表空间也不能重命名。

❑ 如果表空间被设置为默认的临时表空间，重命名表空间后，在 database_properties 数据字典视图中也会显示新的名称。

如果表空间是一个撤销表空间，并且满足下面的条件，那么表空间的名称可以在服务器端参数文件中被重新命名：

❑ 服务器参数文件被用于启动数据库（SPFILE），而不是用 PFILE 启动数据库。

❑ 表空间名称被指定作为任何数据库实例的 UNDO_TABLESPACE 值。

20.2.5　删除表空间

当表空间和表空间中的数据不再有用时，可以移除一个表空间，可以移除表空间的定义和表空间中包含的段。用户必须具有 DROP TABLESPACE 的权限才能移除一个表空间。只有在确保表空间中所有的数据不再需要的时候，才能够移除表空间，因为表空间一旦被移除，其中的数据不可恢复。因此 Oracle 强烈建议用户在移除一个表空间之前备份数据库，并且在移除表空间之后也要备份一次数据库。这样在错误地移除表空间之后，可以对表空间进行恢复。

表空间的移除语法如下：

```
DROP TABLESPACE tablespace
  [ INCLUDING CONTENTS [ {AND | KEEP} DATAFILES ]  --移除表空间时同时移除表空
                                                     间的内容
    [ CASCADE CONSTRAINTS ]                         --移除所有的引用完整性约束
  ] ;
```

语法中的 AND 或 KEEP 允许用户指定是保存数据文件还是移除数据文件，如果指定 AND DATAFILES，表示移除表空间时连同表空间的数据文件也一并移除，KEEP DATAFILES 指定保留在操作系统上的数据文件，Oracle 默认在移除表空间时不会移除操作系统文件。

INCLUDING CONTENTS 子句在表空间中包含了方案对象时必须指定，比如 tab_08 表空间中包含了表对象，如果直接使用 DROP TABLESPACE 语句删除，Oracle 会抛出异常提示，示例语句如下：

```
system_Ding@ORCL> DROP TABLESPACE tab_08;
DROP TABLESPACE tab_08
*
第 1 行出现错误:
ORA-01549: tablespace not empty, use INCLUDING CONTENTS option
```

可以看到 Oracle 抛出了 ORA-01549 异常，因此一般在删除一个表空间时会指定 INCLUDING CONTENTS，如果要连同数据文件一并删除，可以使用 AND DATAFILES，示例语句如下：

```
system_Ding@ORCL> DROP TABLESPACE tbs_07
     INCLUDING CONTENTS AND DATAFILES;
表空间已移除。
```

DROP TABLESPACE 语句既可以删除联机的表空间，也可以删除脱机的表空间，Oracle 建议在删除一个表空间之前，先将表空间进行脱机，以便没有任何会话再持续地访问表空间。

⚠注意：不能移除 SYSTEM 表空间，但是如果具有 SYSDBA 系统权限，可以移除 SYSAUX 表空间。

20.2.6　查询表空间信息

Oracle 提供了多个数据字典视图和动态性能视图来获取数据库中表空间包含的信息，分别如表 20.3 所示。

表 20.3　与表空间相关的数据字典视图

视 图 名 称	视 图 描 述
V$TABLESPACE	从控制文件中提取的所有的表空间名称和编号
V$ENCRYPTED_TABLESPACES	所有加密表空间的名称和加密算法
DBA_TABLESPACES, USER_TABLESPACES	所有的表空间的描述，或者是用户可访问的表空间的描述
DBA_TABLESPACE_GROUPS	显示表空间组和它们所包含的表空间
DBA_SEGMENTS, USER_SEGMENTS	关于表空间中所有的段的信息
DBA_EXTENTS, USER_EXTENTS	表空间中所有的区的信息
DBA_FREE_SPACE, USER_FREE_SPACE	表空间中空闲的区的信息
DBA_TEMP_FREE_SPACE	显示临时表空间中的已分配和未分配的数据
V$DATAFILE	显示表空间的所有的数据文件
V$TEMPFILE	显示表空间中的所有临时文件
DBA_DATA_FILES	显示所属于表空间的数据文件
DBA_TEMP_FILES	显示所属于表空间的临时文件
V$TEMP_EXTENT_MAP	显示本地管理的临时表空间的所有的区信息
V$TEMP_EXTENT_POOL	显示本地管理的临时表空间中的缓存状态和每个实例的使用情况
V$TEMP_SPACE_HEADER	显示每个临时文件的已用和未用的空间
DBA_USERS	所有的用户的默认表空间和临时表空间
DBA_TS_QUOTAS	显示所有用户对于表空间所占用的配额
V$SORT_SEGMENT	显示一个给定实例的所有排序段的信息，仅仅临时表空间时才会更新这个视图
V$TEMPSEG_USAGE	描述临时或永久表空间中的临时段的使用情况

下面通过几个示例来了解如何获取表空间的信息。例如查询 DBA_TABLESPACES 可以得到当前的表空间的信息，示例语句如下：

```
system_Ding@ORCL> SELECT TABLESPACE_NAME 表空间名,
         EXTENT_MANAGEMENT 区管理,
         ALLOCATION_TYPE 分配方式,
         SEGMENT_SPACE_MANAGEMENT 段管理,
         CONTENTS 是否永久
         FROM DBA_TABLESPACES;

表空间名               区管理        分配方式       段管理       是否永久
---------------   --------    --------   -------   ------------------
SYSTEM               LOCAL       SYSTEM      MANUAL     PERMANENT
SYSAUX               LOCAL       SYSTEM      AUTO       PERMANENT
UNDOTBS1             LOCAL       SYSTEM      MANUAL     UNDO
TEMP                 LOCAL       UNIFORM     MANUAL     TEMPORARY
USERS                LOCAL       SYSTEM      AUTO       PERMANENT
TS_16K               LOCAL       SYSTEM      AUTO       PERMANENT
UNDO_SMALL           LOCAL       SYSTEM      MANUAL     UNDO
ASSM                 LOCAL       SYSTEM      AUTO       PERMANENT
TEMP2                LOCAL       UNIFORM     MANUAL     TEMPORARY
TEMP3                LOCAL       UNIFORM     MANUAL     TEMPORARY
DATA_TS              LOCAL       SYSTEM      AUTO       PERMANENT
TEMP_TS              LOCAL       UNIFORM     MANUAL     TEMPORARY
TAB_08               LOCAL       SYSTEM      AUTO       PERMANENT

已选择 13 行
```

可以看到，DBA_TABLESPACES 数据字典视图中包含了表空间的存储信息，在 Oracle 中表空间包含了好几种不同类型的段，分别是表、索引、撤销等段，通过查询 DBA_SEGMENTS 数据字典视图可以获取表空间中包含的段的名称、类型及表空间等信息，示例语句如下：

```
system_Ding@ORCL>   SELECT tablespace_name "表空间名",
        segment_name "段名称",
        segment_type "段类型",
        extents "区",
        blocks  "块",
        bytes   "大小"
    FROM DBA_SEGMENTS
    WHERE owner = 'SCOTT'
      AND ROWNUM <= 10;
```

表空间名	段名称	段类型	区	块	大小
USERS	DEPT	TABLE	1	8	65536
USERS	EMP	TABLE	1	8	65536
USERS	BONUS	TABLE	1	8	65536
USERS	SALGRADE	TABLE	1	8	65536
USERS	T_TEST_STATISTICS1	TABLE	14	112	917504
USERS	ACCOUNTS	TABLE	1	8	65536
USERS	ID_TABLE	TABLE	1	8	65536
USERS	DEPT_1	TABLE	1	8	65536
USERS	DEMO	TABLE	1	8	65536
USERS	A	TABLE	1	8	65536

已选择 10 行。

这个查询语句查询了 scott 方案中包含的段信息，它显示了段名称和段所在的表空间及段的大小等信息。

通过 DBA_DATA_FILES 数据字典视图，可以获取到当前数据文件的文件名、表空间名和块的个数，示例语句如下：

```
system_Ding@ORCL> SELECT  FILE_NAME, BLOCKS, TABLESPACE_NAME
    FROM DBA_DATA_FILES;
```

FILE_NAME	BLOCKS	TABLESPACE_NAME
/opt/11g/oracle/oradata/orcl/users01.dbf	48960	USERS
/opt/11g/oracle/oradata/orcl/undotbs01.dbf	17280	UNDOTBS1
/opt/11g/oracle/oradata/orcl/sysaux01.dbf	87040	SYSAUX
/opt/11g/oracle/oradata/orcl/system01.dbf	102400	SYSTEM
/tmp/ts_16k.dbf	320	TS_16K
/opt/11g/oracle/product/11.2.0/dbhome_1/dbs/smallu ndo.dbf	56	UNDO_SMALL
/opt/11g/oracle/product/11.2.0/dbhome_1/dbs/auto_a ssm.dbf	128	ASSM
/home/oracle/data_ts.dbf	6400	DATA_TS
/home/oracle/tbs_f06.dbf	1280	TAB_08

已选择 9 行

可以看到，通过查询 DBA_DATA_FILES 可以获取表空间中包含的所有表空间的数据文件的文件位置和表空间的名称，还可以通过 DBA_FREE_SPACES 数据字典视图来获取当前表空间的空余空间信息，示例语句如下：

```
system_Ding@ORCL> SELECT TABLESPACE_NAME "表空间名称",
     FILE_ID "文件编号",
     COUNT(*)    "空闲区个数",
     MAX(blocks) "最大连续块数",
     MIN(blocks) "最小连续块数",
     AVG(blocks) "空闲区平均块数",
     SUM(blocks) "总空闲块"
     FROM DBA_FREE_SPACE
   GROUP BY TABLESPACE_NAME, FILE_ID;

表空间名称    文件编号 空闲区个数 最大连续块数 最小连续块数 空闲区平均块数  总空闲块
----------- ------- -------- ---------- ---------- ------------ -------
TS_16K            5        1        256        256          256     256
UNDOTBS1          3       11       8200          8   1485.81818   16344
SYSAUX            2      168       4224          8   58.7619048    9872
USERS             4       39       2328          8   76.7179487    2992
SYSTEM            1        2        896         64          480     960
TAB_08            9        1       1136       1136         1136    1136
ASSM              7        1        120        120          120     120
DATA_TS           8        1       6272       6272         6272    6272

已选择 8 行。
```

可以看到，使用数据字典视图可以获取到很多关于数据库存储的信息，通过查阅 Oracle 的文档也可以了解到这些数据字典视图的列详细信息。Oracle 的企业管理器也提供了可视化的表空间查看方式，一些第三方的工具比如 PL/SQL Developer 提供了较为方便的表空间报表，可以通过 PL/SQL Developer 主菜单的“报告｜DBA｜Tablespaces”菜单项来获取到关于表空间的详细信息，如图 20.5 所示。

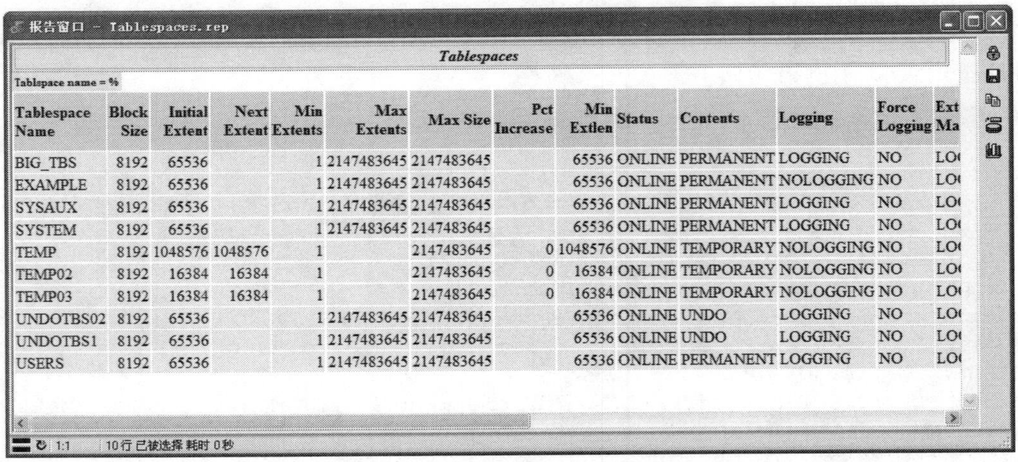

Tablespace Name	Block Size	Initial Extent	Next Extent	Min Extents	Max Extents	Max Size	Pct Increase	Min Extlen	Status	Contents	Logging	Force Logging	Ext Ma
BIG_TBS	8192	65536		1	2147483645	2147483645		65536	ONLINE	PERMANENT	LOGGING	NO	LO
EXAMPLE	8192	65536		1	2147483645	2147483645		65536	ONLINE	PERMANENT	NOLOGGING	NO	LO
SYSAUX	8192	65536		1	2147483645	2147483645		65536	ONLINE	PERMANENT	LOGGING	NO	LO
SYSTEM	8192	65536		1	2147483645	2147483645		65536	ONLINE	PERMANENT	LOGGING	NO	LO
TEMP	8192	1048576	1048576	1		2147483645	0	1048576	ONLINE	TEMPORARY	NOLOGGING	NO	LO
TEMP02	8192	16384	16384	1		2147483645	0	16384	ONLINE	TEMPORARY	NOLOGGING	NO	LO
TEMP03	8192	16384	16384	1		2147483645	0	16384	ONLINE	TEMPORARY	NOLOGGING	NO	LO
UNDOTBS02	8192	65536		1	2147483645	2147483645		65536	ONLINE	UNDO	LOGGING	NO	LO
UNDOTBS1	8192	65536		1	2147483645	2147483645		65536	ONLINE	UNDO	LOGGING	NO	LO
USERS	8192	65536		1	2147483645	2147483645		65536	ONLINE	PERMANENT	LOGGING	NO	LO

图 20.5 表空间报表

也可以使用它的图表化功能显示关于图表功能，例如通过“报告｜DBA｜Total Free Space”可以获取表空间空余信息，通过转换为图表，可以提供更加直观的空余空间的查询方式，如图 20.6 所示。

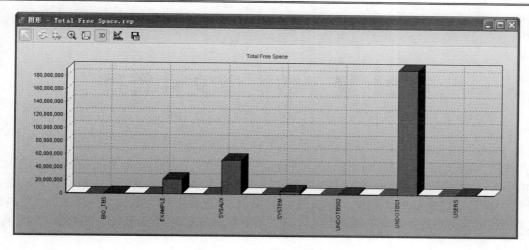

图 20.6　空余空间图形报表

⏷注意：Oracle 文档中的 *Oracle Database Reference* 包含了详细的 Oracle 初始化参数、静态数据字典和动态性能视图的详细描述，通过查询这个手册可以了解到本章所使用的各种数据字典视图的信息。

20.3　小　　结

本章讨论了 Oracle 中的逻辑存储容器表空间，它可以看作是方案对象和物理数据存储文件的桥梁。本章中首先讨论了表空间的基本概念，介绍了表空间的作用，以及表空间内部的段、区、块的具体作用，然后讨论了 Oracle 中包含的表空间的类型，接下来概要性地介绍了表空间的创建语句，然后分别讨论了如何创建普通表空间、大文件表空间、临时表空间和撤销表空间。在管理表空间部分，讨论了如何调整表空间的大小、设置表空间脱机和联机状态、将表空间变为只读和可读写、更改表空间名称，以及删除表空间的知识，最后讨论了如何查询数据字典视图获取表空间的空间信息，以及使用 PL/SQL Developer 可视化地查看表空间的信息。

第 21 章　数据库文件管理

　　表空间是 Oracle 数据存储的一种逻辑结构，它提供了灵活的管理 Oracle 数据库数据的功能，Oracle 的数据库数据实际上是存储在物理数据文件中的。通过前一章的学习，读者已经了解了与数据文件相关的一些知识，在 Oracle 中包含多种类型的文件，比如初始参数文件、控制文件、数据文件和重做日志文件，本章将学习如何在 Oracle 中管理物理的文件。

21.1　管理控制文件

　　每次 Oracle 启动时，都会从服务器参数文件 SPFILE 中获取数据库的配置信息，服务器参数文件中包含了控制文件的信息，而控制文件中包含了其所属的数据库的信息。在 Oracle 实例启动及正常工作期间都需要使用控制文件中的信息，因此如果说服务器参数文件是数据库的核心，那么控制文件可以看作是 Oracle 数据库的灵魂。在数据库运行过程中，控制文件会被 Oracle 频繁地修改，如果在数据库运行过程中控制文件不可访问，那么数据库也将无法工作。

21.1.1　控制文件的重要性

　　控制文件是一个小型的二进制文件，它包含了 Oracle 需要的其他文件的一个目录，控制文件的主要作用是告诉数据库实例数据库文件和在线重做日志文件的位置，它的示意结构如图 21.1 所示。

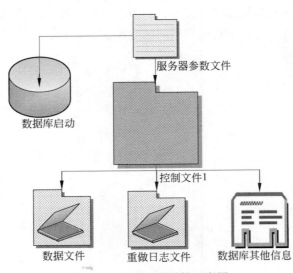

图 21.1　控制文件结构示意图

可以看到，控制文件的位置由初始化参数文件控制，它会被 Oracle 数据库加载来查找其他文件的位置和数据库的相关信息。控制文件不能被用户更改，Oracle 自动维护控制文件的内容。一个控制文件通常包含如下几个方面的内容：

- ❑ 数据库名（DATABASE NAME）。
- ❑ 数据库创建时的时间戳（TIMESTAMP）。
- ❑ 属于此数据库的数据文件（DATAFILE）及重做日志文件（REDO LOG FILE）的名称与存储位置。
- ❑ 表空间（TABLESPACE）信息。
- ❑ 脱机（OFFLINE）的数据文件。
- ❑ 日志历史信息。
- ❑ 归档日志（ARCHIVED LOG）信息。
- ❑ 备份集（BACKUP SET）与备份块（BACKUP PIECE）信息。
- ❑ 数据文件与重做日志的备份信息。
- ❑ 数据文件复制信息。
- ❑ 当前的日志序列号（LOG SEQUENCE NUMBER）。
- ❑ 检查点（CHECKPOINT）信息。

其中数据库名和数据库创建时间戳都来源于数据库的创建过程，数据库名可以是来自 SPFILE 中 DB_NAME 初始化参数的值，也可能是调用 CREATE DATABASE 语句中指定的数据库名称。

每当一个数据库实例打开时，控制文件必须可以进行读写，如果没有控制文件，数据库不能被装载，并且很难进行恢复。控制文件是在 Oracle 数据库创建时自动创建的，默认情况下，在创建数据库时必须至少指定一个控制文件，一般建议在创建数据库时指定两个或多个控制文件。

在管理数据库中的数据文件或重作日志文件时，控制文件都会记录这些更新变化，这样使得 Oracle 在数据库启动时识别已经被更改的数据文件和重做日志文件，并且可以在恢复数据库时识别当前可用及需要恢复的文件。

🔔注意：在每次更改数据库的物理结构，比如添加、删除或重命名数据文件后，应该及时备份控制文件。

控制文件中还记录了检查点信息，每隔 3 秒 CKPT 检查点进程会向控制文件中记录重做日志检查点的位置，这样在恢复数据库时，对于此检查点之前的项目都可以无须恢复，因为这些信息已经被写入到了数据文件。

21.1.2　创建控制文件

在创建一个新的数据库时，通过在初始化参数文件中指定 CONTROL_FILES 来指定，一个数据库必须至少指定一个控制文件，如果没有在初始化参数中指定 CONTROL_FILES 节点，CREATE DATABASE 语句将自动在操作系统目标位置创建一个默认的控制文件。举个例子，为了在 Windows 平台上创建一个新的数据库，笔者在 ORACLE_HOME/database 文件夹下面创建了一个新的初始化参数文件 initNewDB.ora，在其中包含了

CONTROL_FILES 指定了 3 个控制文件，initNewDB.ora 中部分节点如下所示：

```
#指定全局数据库名称
db_domain=""
db_name=MYNEWDB
#控制文件设置
CONTROL_FILES=("F:\app\Administrator\oradata\orcl\CONTROL01.CTL",
              "F:\app\Administrator\oradata\orcl\CONTROL02.CTL",
               "F:\app\Administrator\oradata\orcl\CONTROL03.CTL")
```

在示例中指定了 3 个控制文件，这样在创建数据库时，会自动在指定的文件夹位置创建控制文件。如果在 CONTROL_FILES 节点中指定的控制文件已经存在，在 CREATE DATABASE 语句中必须指定 CONTROLFILE REUSE 子句来指定重用已有的控制文件，否则 Oracle 会抛出错误提示，而且如果原来的控制文件的大小不同于新的 SIZE 参数指定的大小，不能使用 REUSE 子句。

Oracle 建议在每个数据库中至少创建两个控制文件，每个文件都存储在不同的物理磁盘，如果因为磁盘故障导致控制文件损坏，相关的实例必须被关闭，当磁盘被修复时，损坏的控制文件可以从另一个磁盘上的控制文件中进行恢复，从而使得控制文件具有故障冗余的安全机制。因此在初始化参数中一般指定两个以上的控制文件来实现多路复用，以防止因为磁盘的损坏导致的数据库无法恢复。

在使用 CREATE DATABASE 创建数据库时，几个 CREATE DATABASE 的参数决定了控制文件的大小：

- ❑ MAXDATAFILES，指定最大数据文件的个数。
- ❑ MAXLOGFILES，指定最大重做日志文件的个数。
- ❑ MAXLOGMEMEBERS，指定重做日志文件中每个组的成员个数。
- ❑ MAXLOGHISTORY，指定控制文件可记载的重做日志历史的最大个数。
- ❑ MAXINSTANCES，指定可以同时访问数据库的最大例程个数。

通过调整这些参数的值就可以调整控制文件的大小，举个例子，在创建 NewDB 数据库时，通过指定这几个初始化的参数，可以决定控制文件的最终大小，示例语句如下：

```
CREATE DATABASE NewDB
  CONTROLFILE REUSE              --重用已经存在的控制文件
  LOGFILE
    GROUP 1 ('F:\app\Administrator\oradata\newdb\log1.log',
     'F:\app\Administrator\oradata\newdb\log1.log') SIZE 50K,
    GROUP 2 ('F:\app\Administrator\oradata\newdb\log2.log',
     'F:\app\Administrator\oradata\newdb\log2.log') SIZE 50K
  MAXLOGFILES 5                  --最大重做日志文件的个数为 5 个
  MAXLOGHISTORY 100              --可记载的重做日志历史的最大个数为 100 个
  MAXDATAFILES 10               --最大数据文件的个数为 10 个
  MAXINSTANCES 2                --同时访问数据库的最大例程个数为 2 个
  ARCHIVELOG
  CHARACTER SET AL32UTF8
  ....
```

在规划数据库创建时，可以规划好这些配置参数，这也会影响到控制文件的大小。除了在初始化参数中指定控制文件外，如果在数据库的使用过程中控制文件损坏，或者是根据需要创建更多的控制文件，可以创建新的控制文件来提升数据库系统的安全性。

要创建新的控制文件，可以使用 CREATE CONTROLFILE 语句，它可以向数据库添加新的控制文件，但是创建的过程也比较复杂，它需要完成如下的几个步骤：

（1）列出一个数据库所有的数据文件和重做日志文件的清单。

通过几个数据字典视图可以获取到当前数据库的数据文件和重做日志文件的列表，例如获取重做日志文件的列表，可以使用如下的查询：

```
--获取重做日志文件的列表
system_Ding@ORCL> SELECT member FROM V$LOGFILE;
MEMBER
--------------------------------------------------------------------------
F:\APP\ADMINISTRATOR\ORADATA\ORCL\REDO03.LOG
F:\APP\ADMINISTRATOR\ORADATA\ORCL\REDO02.LOG
F:\APP\ADMINISTRATOR\ORADATA\ORCL\REDO01.LOG
```

获取数据文件的列表，可以使用如下的语句：

```
system_Ding@ORCL> SELECT NAME FROM V$DATAFILE;
NAME
-----------------------------------------------------------
F:\APP\ADMINISTRATOR\ORADATA\ORCL\SYSTEM01.DBF
F:\APP\ADMINISTRATOR\ORADATA\ORCL\SYSAUX01.DBF
F:\APP\ADMINISTRATOR\ORADATA\ORCL\UNDOTBS01.DBF
F:\APP\ADMINISTRATOR\ORADATA\ORCL\USERS01.DBF
F:\APP\ADMINISTRATOR\ORADATA\ORCL\EXAMPLE01.DBF
F:\APP\ADMINISTRATOR\ORADATA\ORCL\DATA_TS.DBF
F:\APP\ADMINISTRATOR\ORADATA\ORCL\TBS_F2.DBF
F:\APP\ADMINISTRATOR\ORADATA\ORCL\BIGFILETBS01.DBF
已选择 8 行。
```

获取当前的控制文件的列表，可以使用如下的语句：

```
system_Ding@ORCL> SELECT NAME FROM V$CONTROLFILE;
NAME
-----------------------------------------------------------------
F:\APP\ADMINISTRATOR\ORADATA\ORCL\CONTROL01.CTL
F:\APP\ADMINISTRATOR\FLASH_RECOVERY_AREA\ORCL\CONTROL02.CTL
```

如果操作系统是 Linux，除了文件的目录格式不同之外，其列出的内容基本上与 Windows 平台上的一致。如果无法确定这样的列表，比如控制文件已经损坏而不能打开数据库，可以试试手工创建一个这样的列表，然后在 CREATE CONTROLFILE 中创建新的控制文件时指定这些文件清单。

（2）关闭数据库，尽可能采取正常模式关闭数据库，除非数据库出现问题，才考虑使用 IMMEDIATE 或 ABORT 选项，示例语句如下：

```
sys_Ding@ORCL> SHUTDOWN NORMAL;
数据库已经关闭
已经卸载数据库
ORACLE 例程已经关闭
```

（3）备份数据库中的所有数据文件，重做日志文件，服务器参数文件 SPFILE 到磁盘的其他位置。

（4）使用 NOMOUNT 启动一个新的例程，暂时不装载数据库，启动过程如下：

```
sys_Ding@ORCL> STARTUP NOMOUNT
```

```
ORACLE 例程已经启动
Total System Global Area  778387456    bytes
Fixed Size                  1374808    bytes
Variable Size             385877416    bytes
Database Buffers          385875968    bytes
Redo Buffers                5259264    bytes
```

（5）使用 CREATE CONTROLFILE 创建一个新的控制文件，示例语句如下：

```
CREATE CONTROLFILE REUSE DATABASE "ORCL" NORESETLOGS NOARCHIVELOG
    MAXLOGFILES 16
    MAXLOGMEMBERS 3
    MAXDATAFILES 100
    MAXINSTANCES 8
    MAXLOGHISTORY 454
--写入日志文件组
LOGFILE
  GROUP 1 'F:\APP\ADMINISTRATOR\ORADATA\ORCL\REDO01.LOG'  SIZE 50M,
  GROUP 2 'F:\APP\ADMINISTRATOR\ORADATA\ORCL\REDO02.LOG'  SIZE 50M,
  GROUP 3 'F:\APP\ADMINISTRATOR\ORADATA\ORCL\REDO03.LOG'  SIZE 50M
--其他日志文件在这里
--下面的语句用来写入数据文件
DATAFILE
    'F:\APP\ADMINISTRATOR\ORADATA\ORCL\SYSTEM01.DBF',
    'F:\APP\ADMINISTRATOR\ORADATA\ORCL\SYSAUX01.DBF',
    'F:\APP\ADMINISTRATOR\ORADATA\ORCL\UNDOTBS01.DBF',
    'F:\APP\ADMINISTRATOR\ORADATA\ORCL\USERS01.DBF',
    'F:\APP\ADMINISTRATOR\ORADATA\ORCL\EXAMPLE01.DBF',
    'F:\APP\ADMINISTRATOR\ORADATA\ORCL\DATA_TS.DBF',
    'F:\APP\ADMINISTRATOR\ORADATA\ORCL\TBS_F2.DBF',
    'F:\APP\ADMINISTRATOR\ORADATA\ORCL\BIGFILETBS01.DBF',
    'F:\APP\ADMINISTRATOR\ORADATA\ORCL\UNDOTBS02.DBF',
    'F:\APP\ADMINISTRATOR\ORADATA\ORCL\TBS_F3.DBF',
    'F:\APP\ADMINISTRATOR\ORADATA\ORCL\TBS_F4.DBF',
    'F:\APP\ADMINISTRATOR\ORADATA\ORCL\TBS_UNDO_01.DBF',
    'F:\APP\ADMINISTRATOR\ORADATA\ORCL\TBS_F05.DBF',
    'F:\APP\ADMINISTRATOR\ORADATA\ORCL\TBS_F05_01.DBF',
CHARACTER SET ZHS16GBK;
```

很多初学者创建了编写控制文件的脚本后执行时会发生错误，一般建议根据现有的控制文件来创建一个新的控件文件。

下面演示了如何在 Linux 平台下创建一个控制文件的备份，然后获取备份的控制文件 SQL 脚本，首先需要用正常模式启动数据库，然后执行下面的语句，将当前的控制文件备份到 Oracle 的跟踪文件：

```
ALTER DATABASE BACKUP CONTROLFILE TO TRACE    --备份控制文件脚本到跟踪文件
```

进入该文件夹，找到 alert_orcl.log 文件（不同的 ORACLE_SID 具有不同的警告文件名），在该文件的最后找到如下的日志：

```
[oracle@localhost trace]$ vi + alert_orcl.log--使用 VI 编辑器打开警告日志文件
--在警告日志文中找到跟踪文件的位置
Wed Apr 03 08:56:33 2013
ALTER DATABASE BACKUP CONTROLFILE TO TRACE
Backup controlfile written to trace file /opt/11g/oracle/diag/rdbms/orcl/
orcl/trace/orcl_ora_4813.trc
Completed: ALTER DATABASE BACKUP CONTROLFILE TO TRACE
Wed Apr 03 09:00:30 2013
```

可以看到在警告日志文件中记录了备份操作写入的跟踪文件的位置，接下来用 VI 编辑打开跟踪文件，可以看到备份过来的控制文件的脚本，在笔者的 Oracle 系统上如下所示：

```
--来自Oracle跟踪文件中记录的控制文件的备份
STARTUP NOMOUNT
CREATE CONTROLFILE REUSE DATABASE "ORCL" RESETLOGS  NOARCHIVELOG
    MAXLOGFILES 16
    MAXLOGMEMBERS 3
    MAXDATAFILES 100
    MAXINSTANCES 8
    MAXLOGHISTORY 292
LOGFILE
  GROUP 1 '/opt/11g/oracle/oradata/orcl/redo01.log'  SIZE 50M BLOCKSIZE
  512,
  GROUP 2 '/opt/11g/oracle/oradata/orcl/redo02.log'  SIZE 50M BLOCKSIZE
  512,
  GROUP 3 '/opt/11g/oracle/oradata/orcl/redo03.log'  SIZE 50M BLOCKSIZE
  512,
  GROUP 4 (
    '/opt/11g/oracle/oradata/orcl/redo04.log',
    '/opt/11g/oracle/oradata/orcl/redo05.log'
  ) SIZE 4M BLOCKSIZE 512,
  GROUP 10 (
    '/opt/11g/oracle/oradata/orcl/redo06.log',
    '/opt/11g/oracle/oradata/orcl/redo07.log'
  ) SIZE 20M BLOCKSIZE 512
-- STANDBY LOGFILE
DATAFILE
  '/opt/11g/oracle/oradata/orcl/system01.dbf',
  '/opt/11g/oracle/oradata/orcl/sysaux01.dbf',
  '/opt/11g/oracle/oradata/orcl/undotbs01.dbf',
  '/opt/11g/oracle/oradata/orcl/users01.dbf',
  '/tmp/ts_16k.dbf',
  '/opt/11g/oracle/product/11.2.0/dbhome_1/dbs/smallundo.dbf',
  '/opt/11g/oracle/product/11.2.0/dbhome_1/dbs/auto_assm.dbf',
  '/home/oracle/data_ts.dbf'
CHARACTER SET ZHS16GBK
```

在 CREATE CONTROLFILE 中的 REUSE 子句表示允许重用或覆盖现有的控制文件；NORESETLOGS 选项表示不重新设置当前的重做日志文件。创建新的控制文件总会重新设置当前的数据文件，所以不能用旧的控制文件来将数据库启动到 OPEN 状态。创建控制文件后，ORACLE 会打开控制文件，并将例程启动到 MOUNT 状态，需要使用 ALTER DATABASE 语句将数据库切换到 OPEN 状态。下面的语句指定了 RESETLOGS 子句将数据库切换到 OPEN 状态：

```
idle> ALTER DATABASE OPEN RESETLOGS;
Database altered.
```

（6）一般建议在创建了控制文件后，立即对新的控制文件进行备份，下面的语句将这个控制文件备份到一个新的位置：

```
idle> ALTER DATABASE BACKUP CONTROLFILE TO '/home/oracle/control03.ctl';
Database altered.
```

（7）设置初始化参数文件，将备份的控制文件添加到 SPFILE 的 CONTROL_FILES 节点中，示例语句如下：

```
sys_Ding@ORCL> ALTER SYSTEM SET CONTROL_FILES='/opt/11g/oracle/
```

```
oradata/orcl/control01.ctl',
                '/opt/11g/oracle/flash_recovery_area/orcl/control02.ctl',
                '/home/oracle/control03.ctl' SCOPE=SPFILE;
System altered.
```

重新启动数据库后，现在就向初始化参数列表中增加了一个新的控制文件。

🔔注意：如果因为指定的新的控制文件的版本与当前的版本不一致，可以重建一次控制文件，这样就可以保证新创建的控制文件与新添加的控制文件具有一致的版本，创建的方法与前面的步骤相同。

如果数据库控制文件损毁，可以使用保存的 SQL 脚本或备份文件来重新启用新的控制文件，这样可以避免因为控制文件的损坏而导致系统无法启动。

21.1.3　多路复用控制文件

由于控制文件在 Oracle 上相当重要，因此应该总是使用多个控制文件，以防止单个控制文件的损坏造成的数据库损毁。Oracle 建议每个数据库至少必须有两个控制文件，并且将这两个控制文件分别存放到不同的物理磁盘位置。如果一个控制文件因为磁盘的损坏而不可用，必须先关闭数据库实例，当修复磁盘之后，从另一个位置复制控制文件到当前磁盘位置，然后重新启动数据库就可以恢复控制文件，无须进行数据库介质恢复。多路复用的控制文件的结构如图 21.2 所示。

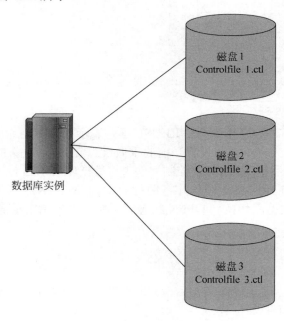

图 21.2　多路复用的控制文件的结构

多路复用的控制文件在读取和写入时，具有如下的规则：

❑ 数据库会写入初始化参数文件 CONTROL_FILES 节点中列出的所有的初始化参数文件。

- ❑ 数据库仅仅读取 CONTROL_FILES 参数中指定的控制文件列表中的第 1 个控制文件。
- ❑ 如果任何一个控制文件变为不可用，那么例程就不能继续运行，而且会中止这个例程。

🔔注意：在 Oracle 数据库中最多可以添加 8 个初始化参数文件。

接下来将演示如何向现有的初始化参数 CONTROL_FILES 中添加一个新的控制文件，可以演示如何为控制文件添加多路复用，步骤如下所示：

（1）在数据库处于开启状态，即 OPEN 状态时，以 SYS 身份或 SYSDBA 身份登录到数据库。

（2）首先查询 V$CONTROLFILE 数据字典视图，得到当前使用的控制文件列表，然后使用 ALTER SYSTEM 修改服务器端参数文件，示例语句如下：

```
sys_Ding@ORCL> SELECT NAME FROM v$controlfile;
NAME
---------------------------------------------------------------------------
/opt/11g/oracle/oradata/orcl/control01.ctl
/opt/11g/oracle/flash_recovery_area/orcl/control02.ctl
/home/oracle/control04.ctl

sys_Ding@ORCL> ALTER SYSTEM SET CONTROL_FILES='/opt/11g/oracle/oradata
/orcl/control01.ctl',

'/opt/11g/oracle/flash_recovery_area/orcl/control02.ctl',
                                      '/home/oracle/control04.ctl',
                                      '/home/oracle/control05.ctl'
                                   SCOPE=SPFILE;

System altered.
```

可以看到，之前的数据库系统使用了 3 个控制文件，示例中使用 ALTER SYSTEM 向 SPFILE 中添加了一个并不存在的控制文件。

（3）使用 SHUTDOWN 语句关闭数据库，示例语句如下：

```
sys_Ding@ORCL> SHUTDOWN IMMEDIATE;
Database closed.
Database dismounted.
ORACLE instance shut down.
```

（4）在操作系统文件中复制现有的控制文件，并重命名为 control05.ctl，也就是新加入的控制文件，在 Linux 上示例语句如下：

```
sys_Ding@ORCL> host cp /home/oracle/control04.ctl /home/oracle/
control05.ctl;
sys_Ding@ORCL> host ls control05.ctl
control05.ctl
```

SQL*Plus 中 host 命令表示调用宿主操作系统命令，这里使用 cp 命令将 control04.ctl 控制文件复制到了 control05.ctl 控制文件，并且通过 ls 查看这个新复制的文件，可以看到文件已经成功地进行了复制。

（5）重新启动数据库，此时多路复用的控制文件就创建成功了，示例语句如下：

```
sys_Ding@ORCL> STARTUP OPEN;
ORACLE instance started.

Total System Global Area  577511424      bytes
Fixed Size                  1338000      bytes
Variable Size             423626096      bytes
Database Buffers          150994944      bytes
Redo Buffers                1552384      bytes
Database mounted.
Database opened.
sys_Ding@ORCL> SELECT name FROM v$controlfile;
NAME
--------------------------------------------------------------------------
/opt/11g/oracle/oradata/orcl/control01.ctl
/opt/11g/oracle/flash_recovery_area/orcl/control02.ctl
/home/oracle/control04.ctl
/home/oracle/control05.ctl
```

当数据库重新启动后，通过查询 v$controlfile 数据字典视图，就可以看到新加入的控制文件已经生效。

21.1.4　备份/恢复控制文件

由于控制文件的作用如此重要，因此作为 Oracle 的系统管理员，应该定期备份控制文件，以避免由于丢失控制文件而带来的灾难性的后果。Oracle 会在数据库物理结构发生变化时更改控制文件的设置。在这些数据库的物理结构变化之后都应该重新备份控制文件：

- ❏ 添加、取消或重命名数据文件。
- ❏ 添加或删除表空间，或者更改表空间的读写状态。
- ❏ 添加或删除重做日志文件或重做日志组。

虽然控制文件是二进制文件，但是在 Linux 平台上，可以通过 strings 命令来查看其内容，如果想监控控制文件的变化，可以在数据库物理结构改变之前或之后来查看控制文件，该命令的使用如下：

```
[oracle@localhost ~]$ strings /home/oracle/control03.ctl
```

尽管多路复用控制文件已经可以确保控制文件的安全，但是当控制文件的磁盘损坏后，可以先将数据库启动到 NOMOUNT 状态，然后使用 ALTER SYSTEM SET CONTROL_FILES 语句将服务器参数文件中的控制文件指向备份的控制文件，再关闭重启数据库。或者也可以使用备份出来的 SQL 脚本来重新创建一个新的控制文件。

在 Oracle 中，控制文件使用 ALTER DATABASE BACKUP CONTROLFILE 语句来备份，它具有如下两个选项：

（1）备份二进制控制文件的副本，例如要将当前的控制文件备份为一个扩展名为 .bkc 的二进制文件，示例语句如下：

```
sys_Ding@ORCL> ALTER DATABASE BACKUP CONTROLFILE TO '/home/oracle/
control_20130403.bkc';
Database altered.

sys_Ding@ORCL> host ls -ll /home/oracle/control_20130403.bkc
```

```
-rw-r----- 1 oracle oinstall 10076160 04-03 14:19 /home/oracle/
control_20130403.bkc
```

在这个示例中创建了当前的控制文件的一个二进制副本，可以将这个副本复制到任何离线的数据存储位置，这样一旦数据库控制文件损坏，就可以使用 **ALTER SYSTEM** 语句将控制文件指向这个备份的控制文件。

（2）备份当前控制文件的 SQL 脚本，以便于用这个脚本重新创建控制文件。不过它只是将创建脚本写到 Oracle 的跟踪文件中，需要用户根据警告日志文件查找跟踪文件，然后获取到重建控制文件的脚本。例如下面的语句将当前的控制文件的 SQL 脚本写到了跟踪文件中：

```
sys_Ding@ORCL> ALTER DATABASE BACKUP CONTROLFILE TO TRACE;
Database altered.
```

备份之后，通过查询警告日志文件，在 Linux 平台上使用 vi 编辑器，在 Windows 中可以使用记事本打开，定位到最后的几行。下面的示例首先使用 v$diag_info 数据字典视图查询警告日志文件和 Oracle 跟踪文件的位置，然后使用 vi 编辑器查看警告日志文件：

```
--查询 Oracle 中的警告日志和跟踪文件的文件夹位置
sys_Ding@ORCL> SELECT value FROM V$DIAG_INFO WHERE name = 'Diag Trace';
VALUE
------------------------------------------------------------------------
/opt/11g/oracle/diag/rdbms/orcl/orcl/trace
--使用 VI 编辑器查看 alert_orcl.log
sys_Ding@ORCL> host vi + /opt/11g/oracle/diag/rdbms/orcl/orcl
/trace/alert_orcl.log
....
Wed Apr 03 14:27:43 2013
ALTER DATABASE BACKUP CONTROLFILE TO TRACE
Backup controlfile written to trace file /opt/11g/oracle/
diag/rdbms/orcl/orcl/trace/orcl_ora_26261.trc
Completed: ALTER DATABASE BACKUP CONTROLFILE TO TRACE
....
```

可以看到，备份操作写到了 orcl_ora_26261.trc 这个跟踪文件中，通过 vi 编辑器打开这个跟踪文件，就可以看到备份的控制文件二进制 SQL 脚本了，示例语句如下：

```
sys_Ding@ORCL> host vi + /opt/11g/oracle/diag/rdbms/orcl/orcl
/trace/orcl_ora_26261.trc
....
CREATE CONTROLFILE REUSE DATABASE "ORCL" RESETLOGS  NOARCHIVELOG
    MAXLOGFILES 16
    MAXLOGMEMBERS 3
    MAXDATAFILES 100
    MAXINSTANCES 8
    MAXLOGHISTORY 292
LOGFILE
  GROUP 1 '/opt/11g/oracle/oradata/orcl/redo01.log'  SIZE 50M BLOCKSIZE
  512,
.....
```

在得到这个控制文件的创建脚本之后，如果控制文件出现了任何的损毁，并且已经没有可用的控制文件可供使用，可以使用这个脚本来创建一个新的控制文件。

21.1.5　删除控制文件

当控制文件损坏或因为某些原因暂时不用时，可以将控制文件从列表中删除，类似于向多路复用的控制向初始化参数文件中添加控制文件一样，从数据库中删除控制文件也涉及对服务器端参数文件 SPFILE 的更改。

举个例子来说，通过查询 v$controlfile 数据字典视图，可以看到当前使用了 4 个控制文件：

```
sys_Ding@ORCL> SELECT name FROM v$controlfile;
NAME
--------------------------------------------------------------------------
/opt/11g/oracle/oradata/orcl/control01.ctl
/opt/11g/oracle/flash_recovery_area/orcl/control02.ctl
/home/oracle/control04.ctl
/home/oracle/control05.ctl
```

假定 control04.ctl 和 control05.ctl 所在的磁盘损坏需要从控制文件列表中移除控制文件，可以使用如下的几个步骤：

（1）如果当前数据库处于 OPEN 状态或 NOMOUNT 状态，使用如下的 ALTER SYSTEM语句移除了两个控制文件：

```
sys_Ding@ORCL> ALTER SYSTEM SET CONTROL_FILES='/opt/11g/oracle/oradata
/orcl/control01.ctl',

'/opt/11g/oracle/flash_recovery_area/orcl/control02.ctl'
                SCOPE=SPFILE;
System altered.
```

（2）使用 SHUTDOWN IMMEDIATE 关闭数据库，然后可以在操作系统下删除数据库文件，或者出于安全性考虑，将控制文件移动到其他的位置，示例语句如下：

```
--停止 Oracle 数据库
sys_Ding@ORCL> SHUTDOWN IMMEDIATE
Database closed.
Database dismounted.
ORACLE instance shut down.
--退出 Oracle 数据库
sys_Ding@ORCL> quit
Disconnected from Oracle Database 11g Enterprise Edition Release 11.2.0.1.0
- Production
With the Partitioning, OLAP, Data Mining and Real Application Testing options
--移动已经被删除的控制文件到其他文件夹
[oracle@localhost ~]$ mv control04.ctl control05.ctl /home/oracle/ctlbk
```

（3）使用 STARTUP OPEN 语句打开数据库，然后查询 v$controlfile，就可以看到现在果然已经移除了控制文件，示例语句如下：

```
idle> STARTUP OPEN;                              --打开数据库
ORACLE instance started.
Total System Global Area  577511424    bytes
Fixed Size                  1338000    bytes
Variable Size             423626096    bytes
Database Buffers          150994944    bytes
Redo Buffers                1552384    bytes
Database mounted.
```

```
Database opened.
idle> SELECT name FROM v$controlfile;              --查询数据库控制文件名
NAME
------------------------------------------------------------------------
/opt/11g/oracle/oradata/orcl/control01.ctl
/opt/11g/oracle/flash_recovery_area/orcl/control02.ctl
```

可以看到，使用这种方式不仅可以移除控制文件，还可以将控制文件移动到其他的位置，如果再次设置 SPFILE 中的控制文件，就可以将 control04.ctl 和 control05.ctl 移动到其他的位置而继续使用。

⚠️注意：Oracle 建议用户至少保留两个控制文件，因此在删除控制文件时，至少保留两个控制文件。

21.1.6 查看控制文件信息

可以通过 4 个数据字典视图来获取控制文件的信息，如表 21.1 所示。

表 21.1 控制文件相关的数据字典视图

数据字典视图	描　　述
V$DATABASE	显示来自控制文件的数据库信息
V$CONTROLFILE	显示控制文件的文件名
V$CONTROLFILE_RECORD_SECTION	显示控制文件记录段的信息
V$PARAMETER	显示 SPFILE 中的 CONTROL_FILES 节点指定的控制文件的信息

v$database 显示的是控制文件中数据库相关的信息，比如数据库名称和创建日期、数据库重置日志的次数及 SCN 信息。下面的示例演示了如何从 v$database 数据字典中查询数据库的基本信息：

```
sys_Ding@ORCL> ALTER SESSION SET NLS_DATE_FORMAT='YYYY-MM-DD';
Session altered.

sys_Ding@ORCL> SELECT name,created,controlfile_type,log_mode,version_time
FROM v$database;
NAME    CREATED        CONTROL  LOG_MODE      VERSION_TI
------------------------------------------------------------------------
ORCL    2013-04-03     CURRENT  NOARCHIVELOG  2013-04-03
```

其中 name 指定数据库的名称， created 是数据库的创建时间。不过控制文件使用 CREATE CONTROLFILE 语句重新创建后，这个时间显示的是控制文件的创建时间。controlfile_type 指定控制文件的类型，current 表示当前正在使用的控制文件，log_mode 指定日志模式，这里是非归档模式，version_time 指定版本日期。v$database 包含很多与数据库相关的列，通过查询 *Oracle Database Reference* 可以获取到更多关于这个数据字典视图的详细信息。

v$controlfile 记录了控制文件的文件信息，它包含了控制文件的状态、名称、是否为闪回恢复文件、块大小和文件以块为单位的大小。在前面的内容中已经多次使用该数据字典视图来获取控制文件的信息，下面的查询语句显式地控制文件的详细信息：

```
sys_Ding@ORCL> SELECT status, name,is_recovery_dest_file, block_size,
file_size_blks
     FROM v$controlfile;
STATUS NAME                                              IS_ BLOCK_SIZE FILE_SIZE_BLKS
------------------------------------------------------------------------------
/opt/11g/oracle/oradata/orcl/control01.ctl NO  16384      614
/opt/11g/oracle/flash_recovery_
area/orcl/control02.ctl                            NO  16384      614
```

v$controlfile_record_section 可以获取到控制文件记录节点的信息，v$parameter 可以显示整个数据库的初始化参数的信息，比如可以通过这个数据字典视图获取控制文件的信息，示例语句如下：

```
sys_Ding@ORCL> SELECT value FROM v$parameter WHERE name='control_files';
VALUE
------------------------------------------------------------------------------
/opt/11g/oracle/oradata/orcl/control01.ctl,
/opt/11g/oracle/flash_recovery_area/orcl/control02.ctl
```

不过 SQL*Plus 提供了更有用的一个命令 SHOW PARAMETER，它实际上会查询 v$parameter 视图，而且它还可以进行局部匹配，例如可以使用这个命令显示控制文件相关的信息：

```
sys_Ding@ORCL> SHOW PARAMETER control
NAME                           TYPE     VALUE
------------------------------------------------------------------------------
control_file_record_keep_time integer  7
control_files                  string   /opt/11g/oracle/oradata/orcl/
                                        control01.ctl,/opt/11g/oracle/flash
                                        _recovery_area/orcl/control02.ctl
control_management_pack_access string   DIAGNOSTIC+TUNING
```

可以看到，这个命令可以完成模糊查询功能，它简化了查询 v$parameter 视图的麻烦，这也是笔者一直使用的命令之一。

21.2　管理数据文件

数据库中的数据最终会被存储到一个或多个数据文件中，无论是 Linux 还是 Windows 系统，最终数据库中的数据会被存储到以.DBF 为扩展名的数据库文件中，因此数据文件是数据库系统中最重要的文件之一。除了在第 20 章讨论表空间时对数据文件的基本管理之外，本章将详细讨论如何在数据库中管理物理的数据文件。

21.2.1　理解数据文件

Oracle 具有多种管理物理数据存储的方式，数据文件存储物理数据是其中最常用的方式。Oracle 在存取数据时，最先会从 Oracle 系统全局区 SGA 中的数据高速缓冲区中提取所需要的数据库块，当在数据高速缓冲区中不存在所需要的数据时，才会到数据文件中提取数据，这种缓冲机制使得 Oracle 可以提供较快速的性能。

从逻辑上来说，数据文件是通过 Oracle 逻辑存储结构表空间来管理的，在 Oracle 中，一个数据文件只能属于一个表空间，而一个表空间只能属于一个数据库，一个表空间可以有几个数据文件。无论如何，在创建一个新的数据库时，Oracle 总是会帮助创建至少一个 SYSTEM 表空间，用来存储数据字典信息，它会具有一个数据文件，一个 SYSAUX 表空间用来存储除数据字典之外的其他信息，因此它通常也具有一个数据文件。除了这两个最基本的数据文件之外，可能需要根据需要创建多个业务需要的数据文件。数据文件在 Oracle 中的示意如图 21.3 所示。

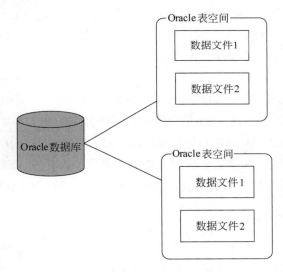

图 21.3　数据文件示意图

作为 Oracle 的数据库管理员，对数据库文件进行修改是非常重要的操作，比如可以添加或删除数据文件、更改数据文件的大小、名称或位置。

Oracle 实际上是通过文件的编号来管理数据库文件的，这样在对文件进行更改等操作之后，Oracle 还能通过文件编号来找到相应的文件。Oracle 给每个数据文件两个相关的文件编号，一个绝对的文件编号和一个相对的文件编号，这两个文件编号的描述如下所示：

❑ 绝对文件编号，在数据库中唯一地标识一个数据文件，这个文件编号被很多 SQL 语句来引用一个数据库文件，而不是直接通过文件名引用，可以在 v$dtafile 或 V$TEMPFILE 数据字典视图的 file# 列找到这个文件编号，或者是在 DBA_DATA_FILES 或 DBA_TEMP_FILES 视图的 file_id 列找到这个文件编号。

❑ 相对文件编号，在表空间中唯一地标识一个数据文件，对于较小和中等大小的数据库，相对文件编号与绝对文件编号一般具有相同的值，只有当数据库中数据文件数超过指定的阈值（通常为 1023），此时相对文件号不同于绝对文件号。

由于数据文件一般是通过表空间进行管理的，因此数据文件与表空间之间的关系及表空间的管理策略都会影响到数据文件的管理。下面是几个管理数据文件的一般策略。

1．确定数据文件的数量

任何一个数据库至少要有一个数据文件来存放 SYSTEM 和 SYSAUX 表空间中的数据，除此之外，数据库应该也包含其他的数据文件和临时文件。一个数据库可创建的数据文件的个数受到初始化参数及 CREATE DATABASE 语句的影响。初始化参数 DB_FILES 指定了在 SGA 区中能够保存的数据文件信息的最大数量，也就是一个例程所能支持的数据文件的最大数量。可以通过在 SQL*Plus 中使用 SHOW PARAMETER 命令来查看这个参数的值：

```
sys_Ding@ORCL> SHOW PARAMETER db_files
NAME                             TYPE              VALUE
-------------------------------  ---------------   ----------------------------
db_files                         integer           200
```

通过 ALTER SYSTEM SET DB_FILES 可以改变这个参数的值，在 Windows 操作系统中，这个值为 200，新的值只有在关闭并重新启动数据库实例后才能生效。这个值如果设置得太低，管理员就不能添加超过 DB_FILES 参数值指定的数据文件个数，如果这个值设置得过高，又可能会消耗掉太多的资源。

因此在添加数据文件到表空间时必须要考虑到合理的限制，比如操作系统中的进程能够同时打开的文件数量也是具有一定的限制的，这个限制值的大小取决于操作系统本身。在使用 CREATE DATABASE 创建数据库或使用 CREATE CONTROLFILE 语句重建控制文件时，MAXDATAFILES 子句确定了控制文件中最多只能保存 MAXDATAFILES 条数据文件记录，不过数据库所能拥有的数据文件的最大值仍然受到 DB_FILES 的限制。

2．确定数据文件的大小

在创建表空间时，应该要预估到数据库对象的可能的大小，以便创建足够大小的数据文件，如果需要，可以创建多个数据文件将其添加到表空间中来增大表空间的可分配空间，最好是将这些数据文件放在多个磁盘中以减少磁盘争用。

3．合理放置数据文件

多个数据文件的存放位置要进行合理的规则，比如尽量让数据文件存放在多个硬盘上，这样就减少了由于硬盘 I/O 的冲突对系统效率造成的影响。

4．将数据文件与重做日志文件分开放置

数据库的日志文件存放了用于撤销恢复的重要的日志数据，对日志的操作也非常频繁，尽量将数据文件与重做日志文件分开存放，一方面减少了 I/O 争用问题，另外由于数据文件与日志文件的分离，不会因为硬盘故障而导致数据库彻底无法恢复，但是分开存放的文件，既提高了数据库系统的安全性，也增强了系统的整体性能。

21.2.2　创建数据文件

向数据库中添加数据文件的方式有多种，比如在创建表空间时，指定一个或多个数据文件，也可以在修改表空间时，使用 ADD DATAFILE 子句来向现有的表空间中添加数据文件，或者是使用 CREATE DATABASE 创建一个新的数据库时指定数据文件，还可以使用 ALTER DATABASE..CREATE DATAFILE 创建一个新的空白的数据文件。表 21.2 列出了用来创建数据文件的几个 SQL 语句。

表 21.2　创建数据文件的SQL语句

SQL 语句	描　　述
CREATE TABLESPACE	创建一个表空间，在表空间中指定它所需要的数据文件，Oracle 将会在创建表空间时创建数据文件
CREATE TEMPORARY TABLESPACE	创建一个临时表空间，同时创建组成临时表空间的数据文件
ALTER TABLESPACE ... ADD DATAFILE	向已经存在的表空间中添加新的数据文件
ALTER TABLESPACE ... ADD TEMPFILE	向已经存在的临时表空间中添加新的临时数据文件
CREATE DATABASE	创建数据库时，会创建组成数据库的数据文件
ALTER DATABASE ... CREATE DATAFILE	创建一个新的空间的数据文件以替代现有的数据文件，常用来对未备份的数据文件进行重建工作

Oracle 建议用户在添加数据文件时，总是指定数据文件的完整路径，因此在 Windows 平台下向一个表空间添加数据文件时，应该尽可能使用如下的语句：

```
--添加新的数据文件，指定数据文件的完整路径
ALTER TABLESPACE tbs_03
  ADD DATAFILE 'F:\app\Administrator\oradata\orcl\tbs_f07.DBF' SIZE 10M
  AUTOEXTEND ON NEXT 10M;
```

如果仅仅指定了文件名而没有指定文件所在的位置，Oracle 会在默认的数据库目录或当前目录下创建数据文件，比如 Windows 下会在 ORACLE_HOME/database 文件夹中创建数据文件，Linux 平台会在$ORACLE_HOME/dbs 文件夹下创建数据文件，在 Windows 平台下的创建示例语句如下：

```
sys_Ding@ORCL> ALTER TABLESPACE tbs_03
    ADD DATAFILE 'tbs_f08.DBF' SIZE 10M
    AUTOEXTEND ON NEXT 10M;
表空间已更改。
```

在这个示例中并没有为数据文件指定数据文件名，查询 DBA_DATA_FILES 可以看到果然在 database 文件夹下面创建了一个数据文件，示例语句如下：

```
sys_Ding@ORCL>   SELECT   file_name   FROM   DBA_DATA_FILES   WHERE
tablespace_name='TBS_03';
FILE_NAME
------------------------------------------------------------------
F:\APP\ADMINISTRATOR\ORADATA\ORCL\TBS_F4.DBF
F:\APP\ADMINISTRATOR\ORADATA\ORCL\TBS_F07.DBF
F:\APP\ADMINISTRATOR\PRODUCT\11.2.0\DBHOME_1\DATABASE\TBS_F08.DBF
```

如果表 21.2 中创建数据文件的语句失败了，正常情况下 Oracle 会删除任何创建的操作

系统文件，不过如果文件系统和存储子系统中存在错误，则用户必须手动地使用操作系统来删除数据文件，比如在 Windows 中可以使用资源管理器来删除文件，在 Linux 中可以使用 rm 命令来删除一个操作系统文件。

21.2.3　改变数据文件的大小

数据库空间不够时，可以能够改变表空间中数据文件的大小来更改表空间的可存储容量，更改数据文件的大小有如下两种方式：

❑　允许或禁用数据文件的自动增长。

❑　手动的调整数据文件的大小。

当需要为表空间扩容时，最简单的方法是在新创建或已经存在的数据文件中指定自动增长特性，让文件的大小自动增长到一个指定的大小，指定自动增长的特性之后具有如下的几个好处：

❑　减少了需要干涉物理存储空间的分配问题的工作量。

❑　可以确保应用程序不会因为分配不到存储空间而导致错误。

可以通过查询 DBA_DATA_FILES 视图的 autoextensible 列来查看一个表空间中的数据文件是否是自动增长的，例如下面的示例查询了 tbs_03 表空间中的数据文件的自动增长方式：

```
sys_Ding@ORCL> SELECT file_name, autoextensible
    FROM DBA_DATA_FILES
    WHERE tablespace_name = 'TBS_03';

FILE_NAME                                                            AUTOEX
--------------------------------------------------------------------------
F:\APP\ADMINISTRATOR\ORADATA\ORCL\TBS_F4.DBF                            NO
F:\APP\ADMINISTRATOR\ORADATA\ORCL\TBS_F07.DBF                          YES
F:\APP\ADMINISTRATOR\PRODUCT\11.2.0\DBHOME_1\DATABASE\TBS_F08.DBF YES
```

可以看到，tbs_03 表空间的 tbs_f4.dbf 文件并没有指定为自动增长模式，通过在下面的 SQL 语句中指定 AUTOEXTEND ON 子句可以指定一个文件的自动增长模式：

❑　CREATE DATABASE，创建一个新的数据库时，指定自动增长模式。

❑　ALTER DATABASE，修改数据库添加新的数据文件时，指定自动增长模式。

❑　CREATE TABLESPACE，创建表空间时，可以在数据文件列表中指定自动增长模式。

❑　ALTER TABLESPACE，修改表空间时，可以指定自动增长模式。

可以使用 ALTER DATABASE 将上面查询中的 tbs_f4.dbf 更改为使用自动增长模式，示例语句如下：

```
sys_Ding@ORCL> ALTER DATABASE DATAFILE 'F:\APP\ADMINISTRATOR\ORADATA\
ORCL\TBS_F4.DBF'
    AUTOEXTEND ON           --指定自动增长模式
    NEXT 10M                --每次增长 10M
    MAXSIZE 100M;           --最大文件大小 100M

数据库已更改
```

如果再次查询 DBA_DATA_FILES 数据字典视图，可以看到现在 tbs_f4.dbf 果然已经处于自动增长模式了。示例语句如下：

```
sys_Ding@ORCL> SELECT file_name, autoextensible
        FROM DBA_DATA_FILES
        WHERE tablespace_name = 'TBS_03';

FILE_NAME                                                               AUTOEX
-------------------------------------------------------------------------------
F:\APP\ADMINISTRATOR\ORADATA\ORCL\TBS_F4.DBF                            YES
F:\APP\ADMINISTRATOR\ORADATA\ORCL\TBS_F07.DBF                          YES
F:\APP\ADMINISTRATOR\PRODUCT\11.2.0\DBHOME_1\DATABASE\TBS_F08.DBF YES
```

也可以在创建表空间时，或者是向一个已经存在的表空间添加数据文件时，指定 AUTOEXTEND ON 子句将数据文件大小指定为自动增长的大小，示例语句如下：

```
sys_Ding@ORCL> ALTER TABLESPACE tbs_03
    ADD DATAFILE 'F:\app\Administrator\oradata\orcl\tbs_f08.DBF' SIZE 10M
    AUTOEXTEND ON
    NEXT 512K
    MAXSIZE 40M;

表空间已更改。
```

如果想要禁用自动增长模式，可以在 ALTER DATABASE 中修改指定的数据文件，指定 AUTOEXTEND OFF 子句来禁用自动增长模式。例如要禁用 tbs_f08.dbf 的自动增长功能，示例语句如下：

```
sys_Ding@ORCL> ALTER DATABASE
    DATAFILE 'F:\app\Administrator\oradata\orcl\tbs_f08.DBF'
    AUTOEXTEND OFF;

数据库已更改。
```

除了使用 AUTOEXTEND 子句指定自动增长模式外，还可以使用 RESIZE 子句通过手工方式来增加或减少已有数据文件的大小，这种方式是通过 ALTER DATABASE 语句指定 DATAFILE 和 RESIZE 子句，例如下面的示例中将数据文件 tbs_f2.dbf 增加到 100MB，示例语句如下：

```
sys_Ding@ORCL> ALTER DATABASE DATAFILE 'F:\APP\ADMINISTRATOR\ORADATA\
ORCL\TBS_F2.DBF'
    RESIZE 80M;
数据库已更改。
```

可以看到，已经成功地对这个数据文件的大小进行了调整，当然也可以利用 RESIZE 子句来缩小数据文件，不过必须保证缩小后的数据文件足够容纳其中已经存在的数据。

21.2.4　改变数据文件的可用性

可以让单个数据文件变得不可用，这是通过设置数据文件的联机或脱机状态来实现的。与表空间的脱机和联机类似，数据文件也可以单独进行脱机，这使得数据文件对数据库来说不可用，不能访问，直到它们联机为止。修改数据库可用性状态一般是基于如下的几个原因：

❑　想要完成一个脱机的数据文件的备份。

❑　需要重命名或重新定位一个数据文件，必须先要使得数据文件或表空间脱机。

❑　由于数据库写入数据文件的故障导致的数据文件脱机，在解决了故障之后，需要手工地使数据文件联机。

❑　一个数据文件故障或丢失，必须使其先脱机，然后才能打开数据库。

只读的表空间中的数据文件能够被置为脱机或联机，但是使一个表空间联机不会影响到表空间的只读状态，在表空间变为可读写之前不能对其进行写入。

△注意：当将表空间置为脱机或联机状态时，表空间中所有的数据文件都会被设置为只读或只写，但是修改数据文件的脱机或联机状态时并不影响表空间的状态。

在 Oracle 中归档模式的设置使得脱机或联机的操作有些不同，归档模式会产生大量的归档日志文件，可以保证系统的安全性，有效预防灾难，减少数据的损失。可以通过在 SQL∗Plus 中通过 ARCHIVE LOG LIST 命令来查看数据库是否处于归档模式，笔者的数据库如下所示：

```
sys_Ding@ORCL> archive log list
数据库日志模式              存档模式
自动存档                  启用
存档终点                  USE_DB_RECOVERY_FILE_DEST
最早的联机日志序列          355
下一个存档日志序列          357
当前日志序列              357
```

存档模式表示当前数据库处于归档模式下，在这种模式下要想使数据库联机或脱机，只需要使用 ALTER DATABASE..DATAFILE ONLINE 或 ALTER DATABASE..DATAFILE OFFLINE 即可，例如可以使用如下的语句将 tbs_f2 设置为脱机状态，这样就可以重命名或重新定位这个文件了：

```
sys_Ding@ORCL> ALTER DATABASE DATAFILE 'F:\APP\ADMINISTRATOR\ORADATA\ORCL\
TBS_F2.DBF'
    OFFLINE;
数据库已更改。
```

要使数据文件联机，可以使用如下的语句：

```
sys_Ding@ORCL> ALTER DATABASE DATAFILE 'F:\APP\ADMINISTRATOR\ORADATA\
ORCL\TBS_F2.DBF'
    ONLINE;
ALTER DATABASE DATAFILE 'F:\APP\ADMINISTRATOR\ORADATA\ORCL\TBS_F2.DBF'
*
第 1 行出现错误:
ORA-01113: 文件 7 需要介质恢复
ORA-01110: 数据文件 7: 'F:\APP\ADMINISTRATOR\ORADATA\ORCL\TBS_F2.DBF'
```

此时在笔者的电脑上出现了需要介质恢复的错误提示，文件 7 是指定文件的编号，可以使用如下的代码完成介质恢复并且重新将数据文件设置为联机状态：

```
sys_Ding@ORCL> SHUTDOWN IMMEDIATE;
数据库已经关闭。
已经卸载数据库。
```

```
ORACLE 例程已经关闭。
sys_Ding@ORCL> STARTUP MOUNT;
ORACLE 例程已经启动。
Total System Global Area  778387456    bytes
Fixed Size                  1374808    bytes
Variable Size             385877416    bytes
Database Buffers          385875968    bytes
Redo Buffers                5259264    bytes
数据库装载完毕。
sys_Ding@ORCL> RECOVER DATAFILE 'F:\APP\ADMINISTRATOR\ORADATA\
ORCL\TBS_F2.DBF';
完成介质恢复。
sys_Ding@ORCL> ALTER DATABASE OPEN;
数据库已更改。
sys_Ding@ORCL> ALTER DATABASE DATAFILE 'F:\APP\ADMINISTRATOR\ORADATA\ORCL\
TBS_F2.DBF'
        ONLINE;
数据库已更改。
```

在示例中首先关闭数据库，然后将数据库启动到 MOUNT 状态，使用 RECOVER DATAFILE 完成对数据文件的介质恢复，重启数据库到 OPEN 状态，使用 ALTER DATABASE DATAFILE..ONLINE 即可成功地完成数据库的联机。

如果数据库不处于归档模式，则需要使用同时带有 DATAFILE 和 OFFLINE DROP 子句的 ALTER DATABASE 语句，但要注意这会使数据文件脱机并立即删除它，所以可能导致丢失数据文件，一般只用于临时表空间的临时数据文件的脱机。

下面的示例首先将数据库变为非归档模式，然后演示如何让一个数据文件变为脱机状态：

```
sys_Ding@ORCL> SHUTDOWN IMMEDIATE;
数据库已经关闭。
已经卸载数据库。
ORACLE 例程已经关闭。
sys_Ding@ORCL> STARTUP MOUNT;
ORACLE 例程已经启动。
Total System Global Area  778387456    bytes
Fixed Size                  1374808    bytes
Variable Size             385877416    bytes
Database Buffers          385875968    bytes
Redo Buffers                5259264    bytes
数据库装载完毕。
sys_Ding@ORCL> ALTER DATABASE NOARCHIVELOG;
数据库已更改。
sys_Ding@ORCL> ALTER DATABASE OPEN;
数据库已更改。
```

在这个示例中，先关闭数据库，然后使用 STARTUP MOUNT 将数据库设置为归档模式，最后通过 ALTER DATABASE 语句，指定 NOARCHIVELOG 关键字将数据库更改为非归档模式，最后将数据库置为打开模式。

下面的代码演示了如何在非归档模式下将 tbs_f2.dbf 文件设置为离线状态：

```
sys_Ding@ORCL> ALTER DATABASE DATAFILE 'F:\APP\ADMINISTRATOR\ORADATA\ORCL
\TBS_F2.DBF'
    OFFLINE DROP;

数据库已更改。
```

如果没有进行介质恢复，tbs_f2.dbf 是不能进行联机的，因此先切换到 MOUNT 模式下进行介质恢复再进行联机，可以参考归档模式下的介质恢复的示例。

如果要修改表空间中所有的数据文件的联机或脱机状态，可以使用如下的语句：

```
ALTER TABLESPACE...DATAFILE{ONLINE | OFFLINE}    --使永久表空间联机或脱机
ALTER TABLESPACE...TEMPFILE{ONLINE | OFFLINE}    --使临时表空间联机或脱机
```

修改表空间的数据文件的联机或脱机，会使得对表空间中所有的数据文件进行了联机或脱机状态的修改，但是表空间本身的联机或脱机状态不会改变。如果使用如下的语句，不仅表空间的数据文件处于联机或脱机状态，表空间本身也会更改为联机或脱机状态，示例语句如下：

```
ALTER TABLESPACE...{ONLINE | OFFLINE};
```

当表空间处于脱机状态时，就可以对表空间中的所有数据文件进行操作了。

21.2.5　改变数据文件的位置和名称

当表空间处于脱机状态下时，可以对数据文件的名称和位置进行更改。通过移动或重命名数据文件，就可以在不改变数据库逻辑结构的情况下，对数据库的物理存储结构进行调整。

改变数据文件的名称和位置分为如下两种情况：

❑　同一表空间的数据文件的重命名和更改位置。
❑　多个表空间的数据文件的重命名和更改位置。

下面分别对同一表空间和多个表空间的数据文件进行介绍。

1．同一表空间的数据文件重命名

下面以 tbs_01 表空间为例，使用如下的步骤来重命名同一表空间中的数据文件：

（1）首先使得包含数据文件的表空间脱机，数据库必须处于开启（OPEN）状态，示例语句如下：

```
sys_Ding@ORCL> ALTER TABLESPACE tbs_01 OFFLINE NORMAL;
表空间已更改。
```

（2）在操作系统下重命名数据文件，笔者在 Windows 资源管理器中将原来的 tbs_f2.dbf 更改为 Tbs_files2.dbf。在 Linux 平台下，移动和重命名都是使用 mv 命令。

（3）使用 ALTER TABLESPACE 和 RENAME DATAFILE 子句在数据库内部更改文件名，示例语句如下：

```
sys_Ding@ORCL> ALTER TABLESPACE tbs_01
       RENAME DATAFILE 'F:\APP\ADMINISTRATOR\ORADATA\ORCL\TBS_F2.DBF'
                 TO 'F:\APP\ADMINISTRATOR\ORADATA\ORCL\TBS_files2.DBF'
表空间已更改。
```

（4）在任何数据库结构发生变化时，备份数据库，使用如下的语句使表空间联机：

```
sys_Ding@ORCL> ALTER TABLESPACE tbs_01 ONLINE;
表空间已更改。
```

```
sys_Ding@ORCL>        SELECT     file_name     FROM     DBA_DATA_FILES      WHERE
tablespace_name='TBS_01';
FILE_NAME
--------------------------------------------------------------------------------
F:\APP\ADMINISTRATOR\ORADATA\ORCL\TBS_FILES2.DBF
```

在执行完更改后查询 DBA_DATA_FILES 数据字典视图，可以看到数据文件果然已经成功地发生了变化。

2．同一表空间的数据文件重定位

重定位可以将一个表空间的数据文件分别放置到不同的磁盘位置，以便调整数据库的性能，其操作步骤与重命名相似。下面将在 tbs_01 表空间中添加一个数据文件，使得该表空间中的两个数据文件均位于相同的磁盘分区中，示例语句如下：

```
sys_Ding@ORCL> ALTER TABLESPACE tbs_01
    ADD DATAFILE 'F:\app\Administrator\oradata\orcl\tbs_f02_1.DBF' SIZE 10M
    AUTOEXTEND ON NEXT 10M;
表空间已更改。
```

下面的示例演示了如何将 tbs_01 的两个数据文件定位到一个不同的磁盘分位置。

（1）如果不知道 tbs_01 表空间的数据文件的位置，可以查询 DBA_DATA_FILES 数据字典视图获取关于该表空间的数据文件的完整信息，示例语句如下：

```
sys_Ding@ORCL> SELECT file_name, bytes FROM DBA_DATA_FILES
    WHERE tablespace_name = 'TBS_01';
FILE_NAME                                               BYTES
--------------------------------------------------------------------------------
F:\APP\ADMINISTRATOR\ORADATA\ORCL\TBS_FILES2.DBF       83886080
F:\APP\ADMINISTRATOR\ORADATA\ORCL\TBS_F02_1.DBF        10485760
```

（2）在获取到文件的完整信息后，接下来使用 ALTER TABLESPACE 语句使得表空间中所包含的所有数据文件离线：

```
sys_Ding@ORCL> ALTER TABLESPACE tbs_01 OFFLINE NORMAL;
表空间已更改。
```

（3）在操作系统中复制数据文件表到其他的位置，并且重命名它们，也可以使用 Oracle 提供的 DBMS_FILE_TRANSFER 包来在数据库服务器上复制文件。在示例中将 tbs_f02_1.dbf 从 F 盘复制到笔者电脑上的 G:\OraData 文件夹下，如果服务器由多个磁盘组成，可以考虑将其复制到与 tbs_files2.dbf 文件不同的磁盘上，以减少 I/O 争用，示例将 tbs_files2.dbf 复制到了 D:\OraData 文件夹下。

（4）使用带有 RENAME DATAFILE 子句的 ALTER TABLESPACE 语句修改数据库内部的文件名称，示例语句如下：

```
sys_Ding@ORCL> ALTER TABLESPACE tbs_01
        RENAME DATAFILE 'F:\APP\ADMINISTRATOR\ORADATA\ORCL\
TBS_FILES2.DBF',
                        'F:\APP\ADMINISTRATOR\ORADATA\ORCL\TBS_F02_1.DBF'
                TO 'D:\OraData\TBS_FILES2.DBF',
                   'G:\OraData\TBS_F02_1.DBF';
表空间已更改。
```

（5）在重新定位表空间中数据文件的位置后，最后使表空间联机，示例语句如下：

```
sys_Ding@ORCL> ALTER TABLESPACE tbs_01 ONLINE;
表空间已更改
```

当表空间联机后，对于表空间数据文件的操作就由原来的一个磁盘变成了对 D 盘和 G 盘的操作，这样可以避免将所有的数据库放在一个位置而导致故障指数增加。

3．多个表空间的数据文件的重定位和重命名

如果要重命名的数据文件分别属于不同的表空间，可以使用 ALTER DATABASE RENAME FILE 语句在一个操作中对多个表空间中的数据文件进行重命名或重新定位。下面将通过同时对 tbs_01 和 tbs_02 这两个表空间的数据文件进行重命名的操作来演示如何同时修改多个表空间的数据文件。

（1）首先必须使得两个表空间脱机，示例语句如下：

```
sys_Ding@ORCL> ALTER TABLESPACE tbs_01 OFFLINE NORMAL;
表空间已更改。
sys_Ding@ORCL> ALTER TABLESPACE tbs_02 OFFLINE NORMAL;
表空间已更改。
```

（2）在操作系统文件夹下，修改表空间中数据文件的名字或移动表空间到其他的位置。在示例中将 tbs_01 的两个数据文件分别调换了磁盘位置，即将原来 D:\OraData\文件夹下的 TBS_FILES2.DBF 移到了 G:\OraData 文件夹下，将 G:\OraData 下的 TBS_F02_1.DBF 移到了 D:\OraData 文件夹下，并且将 tbs_02 的数据文件 TBS_F3.DBF 移动到了 G:\OraData 文件夹下，并重命名为 TBS_FILE_3.DBF。

（3）使用 ALTER DATABASE 来重命名位于控制文件中的数据文件的指针，示例使用了如下的语句：

```
sys_Ding@ORCL> ALTER DATABASE
        RENAME FILE 'D:\OraData\TBS_FILES2.DBF',
                'G:\OraData\TBS_F02_1.DBF',
                'F:\APP\ADMINISTRATOR\ORADATA\ORCL\TBS_F3.DBF'
            TO  'G:\OraData\TBS_FILES2.DBF',
                'D:\OraData\TBS_F02_1.DBF',
                'G:\OraData\TBS_FILE_3.DBF';
数据库已更改。
```

（4）在更改数据文件的名称和位置之后，使用 ALTER TABLESPACE 语句使得这两个表空间联机，示例语句如下：

```
sys_Ding@ORCL> ALTER TABLESPACE tbs_01 ONLINE;
表空间已更改。
sys_Ding@ORCL> ALTER TABLESPACE tbs_02 ONLINE;
表空间已更改。
```

至此就成功地完成了对多个表空间中的数据文件的修改，由此可见在数据库内重新定位或重命名数据文件只是对控制文件的中的数据进行了修改，物理上的修改仍然需要用户使用操作系统命令来实现更改操作。

21.2.6　查询数据文件信息

与表空间类似，可以使用一些数据字典视图来查看数据文件的相关信息。Oracle 提供了如表 21.3 所示的几个数据字典视图来提供数据文件的相关信息。

表 21.3　与数据文件相关的数据字典视图

视　　图	描　　述
DBA_DATA_FILES	描述每个数据文件，包含其所在的表空间和文件的 ID，可以使用多个 ID 来连接其他的视图，获取更多关于文件的信息
DBA_TEMP_FILES	包含数据库中所有的临时数据文件的信息
DBA_EXTENTS USER_EXTENTS	DBA 视图描述组成段的区信息，包含区的数据文件的文件 ID。用户视图仅显示属于当前用户的数据库对象的段所在的区
DBA_FREE_SPACE USER_FREE_SPACE	DBA 视图列出了所有表空间的空闲区，以及包含区的数据文件的文件 ID，用户视图列出了当前用户所在的表空间的空闲区
V$DATAFILE	包含来自控制文件中的数据文件信息
V$DATAFILE_HEADER	包含来自数据文件头中的数据文件信息

DBA_DATA_FILES 包含了所有的数据文件和其表空间的信息，它包含文件的名称、文件的 ID、文件的字节大小和表空间大小、文件状态及可扩展属性等，例如可以使用如下的语句查询 tbs_02 表空间的相关信息：

```
sys_Ding@ORCL> SELECT file_name, file_id, bytes, blocks, online_status
    FROM DBA_DATA_FILES
    WHERE tablespace_name = 'TBS_01';
FILE_NAME                      FILE_ID      BYTES    BLOCKS ONLINE_STATUS
------------------------------ ----------- --------- ------- --------------
G:\ORADATA\TBS_FILES2.DBF          7       83886080   10240     ONLINE
D:\ORADATA\TBS_F02_1.DBF          16       10485760    1280     ONLINE
```

DBA_TEMP_FILES 包含了数据库中所有的临时文件的信息，例如下面的语句查询出数据库中所有的数据文件和其所在的表空间的信息：

```
sys_Ding@ORCL>         SELECT         file_name,file_id,tablespace_name         FROM
DBA_TEMP_FILES;
FILE_NAME                                               FILE_ID  TABLESPACE_NAME
------------------------------------------------------- -------- -----------------
F:\APP\ADMINISTRATOR\ORADATA\ORCL\TEMP01.DBF               1     TEMP
F:\APP\ADMINISTRATOR\ORADATA\ORCL\TEMP_TS.DBF              4     TEMP_TS
F:\APP\ADMINISTRATOR\ORADATA\ORCL\TEMP02.DBF               2     TEMP02
F:\APP\ADMINISTRATOR\ORADATA\ORCL\TEMP03.DBF               3     TEMP03
F:\APP\ADMINISTRATOR\ORADATA\ORCL\TMP_TBS_01.DBF           5     TMP_TBS_01
F:\APP\ADMINISTRATOR\ORADATA\ORCL\TMP_BIG_TBS_01.DBF       6     TMP_BIG_TBS_01
已选择 6 行。
```

V$DATAFILE 包含了来自控制文件中的数据文件的信息，通过查询该视图也可以获取到数据文件详细的创建信息和检查点等信息。

📖注意：以 V$开头的数据字典视图属于动态数据字典视图，它的数据在不同的时间查询结果是不同的。

例如要获取数据库控制文件中所有数据文件的同步信息，可以查询 V$DATAFILE 视图，示例语句如下：

```
sys_Ding@ORCL> SELECT name, file#, rfile#, status, bytes, checkpoint_change#
last_scn
    FROM V$DATAFILE;
NAME                           FILE#   RFILE#   STATUS    BYTES     LAST_SCN
------------------------------------------------------------------------------
F:\APP\ADMINISTRATOR\ORADATA\O  1        1 SYSTEM       849346560 10408540
```

```
RCL\SYSTEM01.DBF
F:\APP\ADMINISTRATOR\ORADATA\O        2              2 ONLINE        796917760
10408540
RCL\SYSAUX01.DBF
F:\APP\ADMINISTRATOR\ORADATA\O        3              3 ONLINE        220200960
10408540
RCL\UNDOTBS01.DBF
F:\APP\ADMINISTRATOR\ORADATA\O        4              4 ONLINE         22282240
10408540
RCL\USERS01.DBF
F:\APP\ADMINISTRATOR\ORADATA\O        5              5 ONLINE        156631040
10408540
RCL\EXAMPLE01.DBF
F:\APP\ADMINISTRATOR\ORADATA\O        6              6 ONLINE         52428800
10408540
RCL\DATA_TS.DBF
G:\ORADATA\TBS_FILES2.DBF             7              7 ONLINE         83886080
10414515
F:\APP\ADMINISTRATOR\ORADATA\O        8           1024 ONLINE          2097152
10408540
RCL\BIGFILETBS01.DBF
F:\APP\ADMINISTRATOR\ORADATA\O        9              9 ONLINE          4194304
10408540
RCL\UNDOTBS02.DBF
G:\ORADATA\TBS_FILE_3.DBF            10             10 ONLINE         52428800
10414540
F:\APP\ADMINISTRATOR\ORADATA\O       11             11 ONLINE         52428800
10408540
RCL\TBS_F4.DBF
F:\APP\ADMINISTRATOR\ORADATA\O       12             12 ONLINE          4194304
10408540
RCL\TBS_UNDO_01.DBF
F:\APP\ADMINISTRATOR\ORADATA\O       13             13 ONLINE         10485760
10408540
RCL\TBS_F07.DBF
F:\APP\ADMINISTRATOR\PRODUCT\1       14             14 ONLINE         10485760
10408540
1.2.0\DBHOME_1\DATABASE\TBS_F0
8.DBF
F:\APP\ADMINISTRATOR\ORADATA\O       15             15 ONLINE         10485760
10408540
RCL\TBS_F08.DBF
D:\ORADATA\TBS_F02_1.DBF            16             16 ONLINE         10485760
10414515

已选择 16 行
```

可以看到，name 指定文件的名称，file#指定文件的编号，rfile#指定相对文件编号，status 指定数据文件的状态，比如是联机 ONLINE、脱机 OFFLINE 或属于系统表空间 SYSTEM，bytes 显示数据文件的大小，last_scn 显示的是最后一次写入事务的 SCN，即后一次在控制文件中的系统更改号。

21.3　管理重做日志文件

重做日志文件记录数据库的操作信息，它也常常被称为事务日志文件，是 Oracle 中进行恢复操作时最重要的文件。当数据库出现例程失败或介质失败时，可以使用重做日志文件进行例程恢复或介质恢复，如果错误地删除或修改了某个记录、表或表空间，也能够通过重做日志文件进行数据库的恢复工作。

21.3.1　重做记录

重做日志文件由重做记录进行填充，重做记录也称为重做项，由一组称为"更改向量"的向量组成，每个更改向量都包含了数据库块更改的描述。举例来说，如果调用 emp 表中的 sal 值，将会产生一个包含更改向量的重做日志记录，它描述了对表所在的数据段的数据库块、重做段的数据块和重做段的事务表的修改。

重做项记录的数据可以用来重做对数据库的更改，包含对 UNDO 段的变更，因此重做日志也可以保护回滚的数据，当使用重做日志恢复数据库时，数据库会读取重做记录中的更改向量，然后将其应用到相关的数据库块。

重做记录以循环的方式被缓冲在 SGA 的重做日志高速缓冲区中，然后由 LGWR，即日志写进程写到重做日志文件中。LGWR 会在如下条件满足时将重做记录写入到重做日志文件中：

❑　每 3 秒钟刷新输出一次。

❑　在任何事务提交数据时。

❑　当 SGA 中的重做日志缓冲区 1/3 满时，或者已经包含了 1MB 的缓冲数据时。

可以看到只要一个事务提交，LGWR 会立即将重做日志缓冲区中的重做记录写入到重做日志文件，并且分配一个系统更改号 SCN 来标识每个提交的事务的重做日志。

🔔注意：只有当与事务相关的所有重做记录安全地写入到联机重做日志文件后，才会通知用户进程事务已经被成功提交。

重做日志文件、重做记录、SCN 与修改向量之间的关系密切，它们的示意结构如图 21.4 所示。

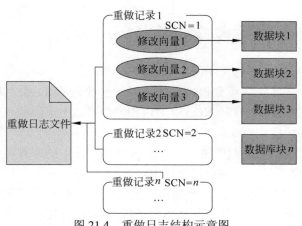

图 21.4　重做日志结构示意图

由图中可以看到，重做记录由一组更改向量组成，更改向量记录了对数据块级别的更改，多个重做记录组成了重做日志文件。假定用户执行了一个 UPDATE 语句更新 emp 表的 sal 列，它会生成一条重做记录，这条重做记录中包含了一组更改向量，它记录了被这条 UPDATE 语句更新所修改过的数据库的信息，如果数据库因为各种原因比如突然断电丢失了这条 UPDATE 语句的更新结果，那么可以在重做日志中找到重做记录，找到当时的修改结果并复制到各个数据块，就完成了数据库的恢复工作。

21.3.2　重做日志文件

重做日志文件是位于磁盘上的.log 作为扩展名的文件，它们在创建数据库时由 Oracle 自动产生。一个数据库中必须至少具有两个或更多的重做日志文件，来避免由于单点故障丢失数据库信息。

LGWR 即日志写进程以循环的方式依次向多个重做日志文件来写入重做记录，即当第 1 个重做日志文件被写满后，就进行重做日志切换，开始写入第 2 个重做日志文件，以此类推，当最后一个重做日志文件被写满后，就重新开始写入第 1 个重做日志文件。因此最旧的重做日志文件将会被新的重做记录所覆盖。LGWR 的循环写入结构如图 21.5 所示。

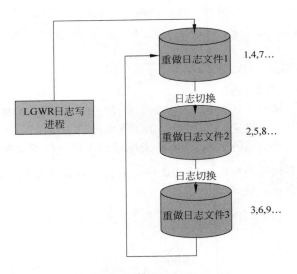

图 21.5　重做日志文件的循环写入结构

可以看到，每当一个日志文件填满，写入下一个日志文件时，会产生一个日志切换的动作，LGWR 在开始向下一个重做日志文件中写入重做记录前，会判断数据库是处于归档（ARCHIVELOG 模式）或非归档（NOARCHIVELOG 模式）来确定重做日志是否已经完成了其相应的处理。两种模式完成的工作如下所示：

- ❑ NOARCHIVELOG 非归档模式下，重做日志文件中的所有重做记录所对应的修改结果，必须全部被写入到数据文件中。
- ❑ ARCHIVELOG 归档模式下，重做日志文件中的所有重做记录所对应的修改结果必须全部被写入到数据文件，并且归档进程 ARCH 已经将该重做日志文件进行了归档处理。

在 SQL*Plus 中可以通过 ARCHIVE LOG LIST 命令来查看数据库当前是否处于归档模式，在笔者的电脑上查看结果如下所示：

```
sys_Ding@ORCL> ARCHIVE LOG LIST;
数据库日志模式            存档模式
自动存档                 启用
存档终点                 USE_DB_RECOVERY_FILE_DEST
最早的联机日志序列         358
下一个存档日志序列         360
当前日志序列              360
```

🔔注意：归档日志模式会将所有的联机重做日志复制到一个指定的目录下，这个目录叫归档目录，而非归档模式会覆盖掉旧的联机重做日志，造成旧的历史更改丢失，一般在生产环境中建议使用归档模式。

Oracle 在从重做日志缓冲区中写入重做记录时，一次只写入一个日志文件，LGWR 正在写入的重做日志文件称为当前重做日志文件，如果重做日志文件是实例恢复需要使用的，则称为活动重做日志文件，实例恢复不再需要使用的重做日志文件称为非活动重做日志文件。在 ARCHIVELOG 归档模式下，数据库不能重用或覆盖一个活动的在线重做日志文件，直到归档后台进程完成了内容的归档。在非归档模式下，当最后一个重做日志文件写满时，LGWR 会重写第 1 个有效的活动文件。

通过查询 v$log 动态数据字典视图，可以看到日志组中的日志的状态，在本章稍后的内容中会介绍重做日志组的概念，下面的示例通过查询 v$log 可以看到重做日志文件的不同的状态，示例语句如下：

```
sys_Ding@ORCL> SELECT group#,status FROM v$log;
   GROUP#  STATUS
---------- --------------------------------
       1   CURRENT
       2   INACTIVE
       3   INACTIVE
```

v$log 数据字典视图还包含了很多关于重做日志文件的信息，在 21.3.9 节中讨论查看重做日志文件信息时会讨论这个视图的具体用法。

21.3.3　重做日志组

由于重做日志文件在数据库恢复操作方面具有举足轻重的地位，为了避免单点故障丢失数据库信息，Oracle 使用重做日志组来管理重做日志信息。

一组相同的联机重做日志文件副本称作联机重做日志组，LGWR 日志写进程会向组内所有的联机重做日志文件并发写入相同的信息，为了确保数据库的正常操作，Oracle 服务器最少需要两个联机重做日志文件组。重做日志组内的每个联机重做日志文件称为组成员，组内的每个成员具有相同的日志序列号和相同的大小，每次 LGWR 写入日志组时，都分配一个日志序列号以唯一地区别每个重做日志文件，日志序列号存储在控制文件和所有数据文件的头部。

Oracle 的重做日志组的结构如图 21.6 所示。

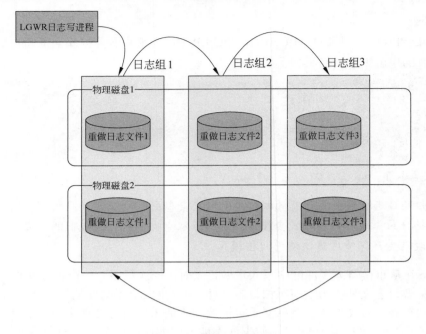

图 21.6　重做日志组示意图

由图 21.6 可以看到，LGWR 进程会把重做项从重做日志缓冲区中写入重做日志组中的一个组，它会同时写入到这个组中的多个文件中，这个组叫做当前联机重做日志组。由于重做日志是以循环方式使用的，每个重做日志文件组用一个日志序列号来标识，每次重新使用日志时就会覆盖原来的日志序列号。

为了避免单点故障，Oracle 建议将单个组中的日志成员放到不同的磁盘上，这样即便一个重做日志文件损坏，还可以从其他磁盘上找到备份重做日志文件的副本。

21.3.4　日志切换和日志序列号

当重做日志文件写满后，Oracle 就会按照日志顺序号写入下一个重做日志文件，LGWR 停止前一个日志文件的写入开始写入下一个日志文件的那一刻称为日志切换。每次日志切换时，还将执行检查点操作，在检查点其间，数据写进程会将大量修改过缓冲区数据写入到数据文件，由日志切换引起的检查点事件会导致 CKPT 检查点后台进程更新控制文件以反映 CKPT 检查点进程已完成检查点操作，CKPT 还会更新数据文件的头信息。

每次发生日志切换时，Oracle 会为日志组中的每个重做日志文件分配一个新的日志序列号，LGWR 然后开始写入重做日志文件，当数据库归档重做日志文件时会保留日志序列号。虽然日志切换和检查点操作是在数据库运行过程中在某些特定的时间点自动执行的，不过 DBA 可以强制执行日志切换或检查点操作。

要强制执行日志切换，可以使用 ALTER SYSTEM SWITCH LOGFILE 语句，下面的示例首先从 v$log 和 v$logfile 中查询日志组号、日志序列号、日志文件名和日志更改序列号及日志的状态，然后通过手动地进行日志切换来观察其变化：

```
sys_Ding@ORCL>    SELECT    a.group#,    a.member,    b.status,    b.sequence#,
b.next_change#
 2     FROM v$logfile a, v$log b
 3    WHERE a.group# = b.group#;

    GROUP#  MEMBER                        STATUS       SEQUENCE#    NEXT_CHANGE#
---------  --------------------        ----------    ----------   ----------------
        3  F:\..\ORCL\REDO03.LOG       INACTIVE        360          10472052
        2  F:\.. \ORCL\REDO02.LOG      CURRENT         362          2.8147E+14
        1  F:\..\ORCL\REDO01.LOG       ACTIVE          361          10481071
```

可以看到 3 个日志文件组，每个具有不同的组编号，sequence#指示日志序列号，status 是当前日志文件的状态，可以看到 redo02.log 是当前的重做日志文件，redo01.log 是活动的重做日志文件，而 redo03.log 是非活动的重做日志文件。

🔔注意：活动的重做日志文件是指需要在紧急恢复时用到的，如果有些数据库的更改还没有写入到数据文件中时，发生了突然断电，此时需要使用活动的重做日志文件进行恢复。当所有的数据都写入到数据文件之后，会切换为 INACTIVE 状态。

接下来手动进行一个日志切换，示例语句如下：

```
sys_Ding@ORCL>    ALTER SYSTEM SWITCH LOGFILE;
系统已更改。
```

再次使用 SQL 语句查询 v$log 和 v$logfile 数据字典视图，可以看到现在 status 和 sequence#都发生了变化，示例语句如下：

```
sys_Ding@ORCL>    SELECT    a.group#,    a.member,    b.status,    b.sequence#,
b.next_change#
    FROM v$logfile a, v$log b
    WHERE a.group# = b.group#;
    GROUP#  MEMBER                        STATUS       SEQUENCE#    NEXT_CHANGE#
---------  --------------------        ----------    ----------   ----------------
        3  F:\..\ORCL\REDO03.LOG       CURRENT         363          2.8147E+14
        2  F:\..\ORCL\REDO02.LOG       ACTIVE          362          10481515
        1  F:\..\ORCL\REDO01.LOG       INACTIVE        361          10481071
```

可以看到，在手动进行了日志切换后，通过 status 列可以看到当前重做日志文件现在切换成了 redo03.log，并且分配了一个新的序列号 363。next_change#指定日志中最高的系统更改号，如果是当前重做日志文件，最高系统更改号是可能的 SCN 最大值，即 281 474 976 710 655。

21.3.5　归档重做日志文件

重做日志文件是以循环的方式使用的，在非归档模式下，Oracle 会覆盖之前的重做日志文件，这会导致早期的数据库的修改日志丢失。如果能够将所有的重做日志记录都保存下来，就可以完整地记录数据库的修改过程，以便在故障发生时对数据库进行完整的恢复，这需要在归档模式下才能实现。

归档日志模式的含义是指，在重做日志文件被覆盖之前，将重做日志文件通过操作系统命令保存到指定的位置。保存下来的日志文件称为归档重做日志文件，而复制日志文件的过程称为归档。

数据库必须处于 ARCHIVELOG 模式下，归档日志进程才会将重做日志文件写入到归档目标位置，在归档日志模式下，数据库控制文件指示当一个重做日志组填充满后，在日志文件组被归档之前，LGWR 不能够覆盖重做日志的内容，只有在成功完成归档后，才能向日志文件中写入数据。归档进程 ARCn 与 LGWR 的写入示意如图 21.7 所示。

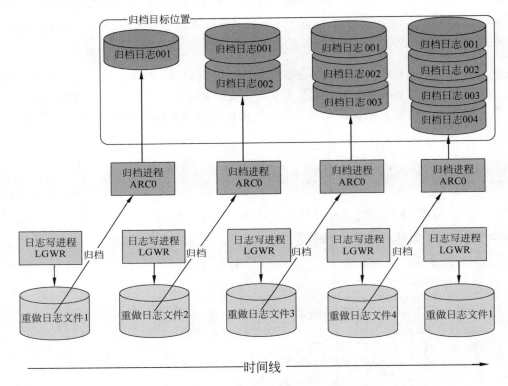

图 21.7　归档日志文件的写入方式

可以看到，在归档日志模式下，LGWR 在开始向下一个日志文件组中写入重做日志之前，必须先进行归档，当 ARC0 归档进程归档完成后，才开始对下一个日志文件进行写入。使用归档日志文件具有如下的几个好处：

（1）在数据库备份时同时对联机和归档日志文件进行备份，确保在操作系统或磁盘故障时能够恢复所有提交的事务。

（2）数据库处于归档模式时，可以在数据库打开且在标准系统使用模式时实现备份操作。

（3）可以保留一个当前数据库的副本，以便于当前数据库向这个备用数据库持续不断地应用重做日志。

日志的归档是由归档进程来完成的，在 Oracle 中可以同时具有多个归档进程，初始化参数 LOG_ARCHIVE_MAX_PROCESSES 可以更改归档进程的最大个数。一个 Oracle 实例中最多可以运行 10 个 ARCn 进程，如果是前面所有的 ARCn 进程都无法满足工作负载的需求，则 LGWR 进程将会启用新的归档进程，并且会在 alert 日志中进行记录。

Oralce 在归档时，默认情况下归档目标位于 USE_DB_RECOVERY_FILE_DEST 中，该参数是 Oracle10G 以后新增的一个参数，默认情况下归档日志存放在这个参数指向的目标文件中，使用 ARCHIVE LOG LIST 可以看到归档终点的位置。通过设置 LOG_ARCHIVE_DEST 初始化参数，指向不同的归档位置，可以设置不同的归档终点，示例语句如下：

```
sys_Ding@ORCL> ALTER SYSTEM SET db_recovery_file_dest='';
系统已更改。
sys_Ding@ORCL> ALTER SYSTEM SET log_archive_dest='G:\Oradata';
系统已更改。
sys_Ding@ORCL> ARCHIVE LOG LIST;
数据库日志模式              存档模式
自动存档                    启用
存档终点                    G:\Oradata
最早的联机日志序列          362
下一个存档日志序列          364
当前日志序列                364
```

示例中将 db_recovery_file_dest 设置为空将禁止向闪回恢复区放置归档日志，然后设置 log_archive_desc 为归档的新位置，通过 ARCHIVE LOG LIST 可以看到归档目标果然已经成功地进行了设置。

21.3.6 多路复用重做日志文件

重做日志文件在系统恢复中具有重要作用，因此必须要使用一定的保护措施，避免因为重做日志文件的损坏告成的恢复失败，这有时会导致非常严重的损失。为了避免重做日志文件因为单点故障造成的损失，Oracle 建议对重做日志文件，也像对控制文件那样使用多路复用的机制。

多路复用的日志文件，是指两个或多个相同的重做日志文件放到不同的磁盘形成镜像，LGWR 日志写进程会同时写入两个或多个日志文件，这可以有效地避免单点故障。多路复用的重做日志文件是通过重做日志组来实现的，一个组由一个或多个存在不同磁盘上的重做日志的副本组成，这些重做日志文件称为重做日志组的成员，每个重做日志组都具有一个编号，比如 1、2 或 3 等。

多路复用的日志文件组的结构如图 21.8 所示。

在这个示例中，可以看到有两个重做日志组，每个组中分别包含了 3 个组成员，A_LOG1、B_LOG1 和 C_LOG1 属于重做日志组 1，A_LOG2、B_LOG2 和 C_LOG2 属于重做日志组 2。组中的每个成员都是并发活动的，因此 LGWR 在写入重做日志组 1 时，会并发地写入 3 个磁盘上的重做日志文件，所有的重做日志文件具有相同的日志序列号和相同的大小，当重做日志组 1 写满之后，再写入重做日志组 2。LGWR 并不会并发地写入不同日志组中的成员，比如不会同时写组 1 中的 A_LOG1 文件和组 2 中的 A_LOG2 文件。

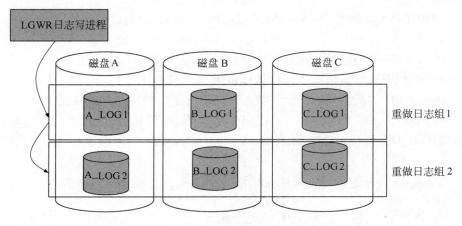

图 21.8　多路复用的重做日志文件组结构

由于 LGWR 会并发地向多个磁盘上的日志文件写入日志记录,如果因为某些原因某个磁盘文件不可用,将导致 LGWR 无法向日志组中的某个成员写入数据,Oracle 数据库会将该日志成员的状态标记为 INVALID,并写向 LGWR 的跟踪文件中写入一条错误消息,在警告日志文件中会指出不可访问的文件的位置,当一个重做日志文件成员不可用时,LGWR 的响应会根据不可用的原因而有所不同, 如表 21.4 所示。

表 21.4　LGWR在不同条件下的响应方式

条　件	LGWR 的响应方式
如果 LGWR 还能够写组中的至少一个重做日志文件	日志写进程正常进行,LGWR 只写可用的重做日志成员而忽略不可用的重做日志成员
在日志切换时,如果因为组必须归档完成导致 LGWR 不能够访问下一个日志组	数据库操作会临时性地挂起,直到组已经归档并变得可用
因为介质故障导致日志组中所有的成员不可访问,LGWR 无法写入下一个日志组	Oracle 数据库返回一个错误,数据库实例会关闭,此时,需要对丢失日志文件的数据库进行介质恢复,如果数据库检查点已经大过丢失的重做日志,就不需要进行介质恢复,只需要移除不可用的重做日志组,如果数据库不能归档损坏的日志,使用 ALTER DATABASE CLEAR LOGFILE UNARCHIVED 语句,在日志可以被移除之前禁用归档
LGWR 正在写日志时突然所有的组成员都变得不可访问。	Oracle 数据库返回一个错误,并且数据库实例会立即关闭,此时需要进行介质恢复,如果介质包含的日志没有丢失,则可以不用进行介质恢复,只需要将其恢复运转,然后让数据库完成自动实例恢复即可

在设计多路复用的重做日志文件时, 大多数情况下重做日志组中的成员都是对称的,也就是说在每个组中都具有相同的成员。

21.3.7　创建重做日志组和成员

重做日志文件的成员和组在创建数据库的初期就要规划好,不过很多时候都可能需要创建额外的日志组和成员, 比如添加一个组到重做日志中能够修正当前重做日志文件组的可用性问题。可以使用 ALTER DATABASE 语句的 ADD LOGFILE 子句来向数据库添加新的重做日志文件组，一个数据库可以拥有多达初始化参数 MAXLOGFILES 个组和 MAXLOGMEMBERS 个成员。

数据库的重做日志组是用来组织多个物理的重做日志文件的一个逻辑概念，向数据库添加重做日志文件组的语法如下：

```
ALTER DATABASE ADDLOGFILE
[GROUP n] (logfile1 [REUSE],
          logfile2 [REUSE],
          ..,
          logfilen [REUSE])
          SIZE M;
```

语法关键字的含义如下所示：

❑ GROUP n 表示要创建的组的组号，如果该语句省略，Oracle 会分配下一个有效的组编号，其取值范围是 1 到 MAXLOGFILES 之间，不要使用跳跃式的组编号，也就是不要使用例如 1、3、6 这样的编号。不过这并不是 Oracle 的强制性的需求，比如一个组中可以只有一个成员，而其他的组可以具有两个到多个成员，这可以防止因为某些磁盘故障导致一些重做日志文件的影响不会影响到整个日志系统的运转。

❑ logfile1..logfilen 是表示该日志组中的成员，每个成员使用完整的路径和文件名，n 的取值范围在 1 到 MAXLOGMEMBERS 之间。

❑ REUSE 选项表示覆盖现有的重做日志文件，其大小等于现有的重做日志文件的大小。

❑ SIZE，表示每个日志成员的大小是多少 MB，使用 REUSE 选项后不能使用 SIZE 选项。

举例来说，为了向现有的数据库中添加一个新的日志组，下面先查询 v$logfile 数据字典视图中当前的组编号，然后使用 ALTER DATABASE 语句创建一个连续编号的新的组，组中具有两个日志文件，查询语句如下：

```
sys_Ding@ORCL> SELECT group#,member FROM v$logfile;
   GROUP#  MEMBER

----------------------------------------------------------------------
     3     F:\APP\ADMINISTRATOR\ORADATA\ORCL\REDO03.LOG
     2     F:\APP\ADMINISTRATOR\ORADATA\ORCL\REDO02.LOG
     1     F:\APP\ADMINISTRATOR\ORADATA\ORCL\REDO01.LOG
```

可以看到，当前具有 3 个重做日志组，每个组中只具有一个成员。下面将向数据库添加组编号为 4 的新的重做日志组，在其中指定两个重做日志文件，示例语句如下：

```
sys_Ding@ORCL> ALTER DATABASE
               ADD LOGFILE GROUP 4
                 ('D:\OraData\redo04.log',
                  'D:\OraData\redo05.log')
     SIZE 50M;
数据库已更改。
```

这个语句向数据库添加了一个组编号为 4 的重做日志组，组中包含两个大小为 50MB

的重做日志文件，再次查询 v$logfile，可以看到现在重做日志组果然已经成功地添加到了
数据库中，示例语句如下：

```
sys_Ding@ORCL> SELECT group#,member FROM v$logfile;
   GROUP#   MEMBER
---------- --------------------------------------------------------------
        3   F:\APP\ADMINISTRATOR\ORADATA\ORCL\REDO03.LOG
        2   F:\APP\ADMINISTRATOR\ORADATA\ORCL\REDO02.LOG
        1   F:\APP\ADMINISTRATOR\ORADATA\ORCL\REDO01.LOG
        4   D:\ORADATA\REDO04.LOG
        4   D:\ORADATA\REDO05.LOG
```

有时候并不一定需要创建一个新的重做日志组，只是需要向现有的组中添加新的重做
日志文件，比如因为磁盘故障导致日志组中的某些日志成员被删除了，现在需要添加新的
重做日志组，可以使用 ALTER DATABASE ADD LOGFILE MEMBER 语句来实现，该语
句的语法如下：

```
ALTER DATABASE ADD LOGFILE MEMBER
logfile [REUSE]          --指定日志文件
TO GROUP n;              --指定目标组
```

其中 logfile 是完整的日志成员路径，REUSE 表示重用已经存在的重做日志文件，TO
GROUP n 表示要添加的目标组名。

比如要向组 1 中添加一个新的成员日志文件，示例语句如下：

```
sys_Ding@ORCL> ALTER DATABASE ADD LOGFILE MEMBER 'D:\OraData\redo01_1.log'
TO GROUP 1;
数据库已更改

sys_Ding@ORCL> SELECT group#,member,status FROM v$logfile WHERE group#=1;
    GROUP# MEMBER                                           STATUS

--------- -----------------------------------------------------------------
        1  F:\APP\ADMINISTRATOR\ORADATA\ORCL\REDO01.LOG
        1  D:\ORADATA\REDO01_1.LOG                          INVALID
```

可以看到，现在果然已经在组 1 中添加了新的日志成员，状态现在是 INVALID，只有
当首次使用日志成员时，该成员才会变为有效状态。而且在这个 ALTER DATABASE 的语
句中没有指定 SIZE 子句，新成员的大小与现有组中的成员大小相同。

21.3.8　删除重做日志组和成员

有时候也会有删除某个重做日志组或重做日志文件的需求，比如当 LGWR 日志写进程
无法向因为磁损坏而不可访问的重做日志文件写入日志时，就需要将其删除，删除重做日
志组也是使用 ALTER DATABASE 语句，使用 DROP LOGFILE GROUP 子句可以对重做
日志组进行删除。

不要随意对数据库中的日志组进行删除，必须要考虑下面的限制和预警：

❑ 一个数据库实例至少需要两个重做日志组，不管每个组中包含了多少个成员。

❑ 只能对不活动的，也就是状态为 INACTIVE 的重做日志文件组进行删除，如果要
删除当前重做日志文件，必须要手动进行日志切换。

❑ 如果数据库正处于归档日志模式，在删除之前要确保重做日志文件组已经进行了
归档。

要了解当前数据库的重做日志组的状态，可以查询 v$log 动态数据字典视图，示例语
句如下：

```
sys_Ding@ORCL> SELECT group#, archived, status FROM v$log;
   GROUP#  ARCHIV  STATUS
--------- ------- --------------------------------------------
        1   YES     INACTIVE
        2   NO      CURRENT
        3   YES     INACTIVE
        4   YES     UNUSED
```

可以看到，除了对组 2 不能进行删除外，可以对组 1、3 和 4 进行删除，下面的示例
删除了组 4：

```
sys_Ding@ORCL> ALTER DATABASE DROP LOGFILE GROUP 4;
数据库已更改。
```

如果强行对组 2 进行删除，Oracle 会抛出错误提示，示例语句如下：

```
sys_Ding@ORCL> ALTER DATABASE DROP LOGFILE GROUP 2;
ALTER DATABASE DROP LOGFILE GROUP 2
*
第 1 行出现错误:
ORA-01623: 日志 2 是实例 orcl (线程 1) 的当前日志 - 无法删除
ORA-00312: 联机日志 2 线程 1: 'F:\APP\ADMINISTRATOR\ORADATA\ORCL\
REDO02.LOG'
```

可以手动实现一次日志切换，然后进行删除，日志切换示例语句如下：

```
sys_Ding@ORCL> ALTER SYSTEM SWITCH LOGFILE;
系统已更改。
```

在日志切换后，必须要等待组 2 的状态变为 INACTIVE 状态后，才能进行删除，否则
删除组 2 时也会导致抛出错误提示，因为 Oracle 需要使用 ACTIVE 状态的日志文件进行自
动实例恢复，此时还有数据块正在写入磁盘。

从数据库中删除重做日志文件后，还需要使用操作系统命令删除重做日志组中的重做
日志文件，因为该操作仅仅是从控制文件中删除重做日志文件组，删除操作成功完成后，
就可以使用操作系统命令对重做日志文件进行删除了。

有时候并不需要对整个重做日志组进行删除，仅仅想删除重做日志文件组的成员，比
如因为存放某个组的成员的磁盘发生了损坏需要从控制文件中移除该重做日志文件，以避
免 LGWR 的写入失败，在删除之前，也必须要注意如下的几个限制和预警：

❑ 当使用了多路复用重做日志文件后，如果某个组的成员不能使用，为了确保日志
组的对称性，可以删除其他组中的相对同的成员，保持多路复用的日志组的对
称性。

❑ 如果某个重做日志成员因为介质损坏而不可访问，应该立即删除该组中的成员，
以便减少 LGWR 写入失败的可能性。

❑ 应该总是确保数据库实例至少具有两个重做日志组，每个组中至少具有一个或多
个成员，如果要删除的成员是组中的最后一个有效的日志成员，那么不能进行

删除。

❑ 只有当要删除的重做日志成员不为 ACTIVE 或 CURRENT 组时，才能进行删除，否则需要手工进行日志切换。

❑ 对于归档模式下的删除，在删除前要确保该成员所属的组是经过归档的。

可以通过查询 v$log 查询重做日志组的状态，重做日志组的状态有 UNUSED、ACTIVE、INACTIVE 和 CURRENT，通过 v$logfile 查询重做日志成员的状态，包含 VALID、INVALID 和 STALE。通过使用 ALTER DATABASE..DROP LOGFILE MEMBER 子句可以删除重做日志文件组中的成员。

下面首先通过查询 v$logfile 和 v$log 了解重做日志组的状态和成员信息，然后对重做日志组中状态不为 CURRENT 和 ACTIVE 的重做日志成员进行删除，示例语句如下：

```
sys_Ding@ORCL> SELECT a.group#, a.member, b.status, b.sequence#
    FROM v$logfile a, v$log b
    WHERE a.group# = b.group#;

 GROUP# MEMBER                                          STATUS   SEQUENCE#
-------- ----------------------------------------------- -------- ---------
     3 F:\APP\ADMINISTRATOR\ORADATA\ORCL\REDO03.LOG     INACTIVE 366
     2 F:\APP\ADMINISTRATOR\ORADATA\ORCL\REDO02.LOG     INACTIVE 65
     1 F:\APP\ADMINISTRATOR\ORADATA\ORCL\REDO01.LOG     CURRENT  367
     1 D:\ORADATA\REDO01_1.LOG                          CURRENT  367
```

可以看到，当前重做日志组 1 处于 CURRENT 状态，重做日志组 2 和 3 中的成员都可以进行删除，不过由于重做日志组 2 和组 3 都只有一个成员，按照重做日志组成员的删除限制，不能移除成员，因此在此笔者进行了一个日志切换，并且手动实现了一个检查点操作，这样可以让重做日志组的状态变成 INACTIVE 状态，示例语句如下：

```
sys_Ding@ORCL> ALTER SYSTEM SWITCH LOGFILE;        --手动日志切换
系统已更改。
sys_Ding@ORCL> ALTER SYSTEM CHECKPOINT;            --手动检查点
系统已更改。

sys_Ding@ORCL> SELECT a.group#, a.member, b.status, b.sequence#
    FROM v$logfile a, v$log b
    WHERE a.group# = b.group#;
  GROUP# MEMBER                                         STATUS    SEQUENCE#
-------- ---------------------------------------------- --------- ---------
    3 F:\APP\ADMINISTRATOR\ORADATA\ORCL\REDO03.LOG      INACTIVE      366
    2 F:\APP\ADMINISTRATOR\ORADATA\ORCL\REDO02.LOG      CURRENT       368
    1 F:\APP\ADMINISTRATOR\ORADATA\ORCL\REDO01.LOG      INACTIVE      367
    1 D:\ORADATA\REDO01_1.LOG                           INACTIVE      367
```

现在组 1 已经变成了 INACTIVE 状态，接下来就可以使用 DROP LOGFILE MEMBER 子句对重做日志组 1 中的成员进行删除了。比如要删除 redo01_1.log 成员，示例语句如下：

```
sys_Ding@ORCL>      ALTER      DATABASE      DROP      LOGFILE      MEMBER
'D:\ORADATA\REDO01_1.LOG';
数据库已更改。
```

在成功完成日志组成员的删除后，查询数据字典视图，可以看到重做日志成员

redo01_1.log 已经被删除了，示例语句如下：

```
sys_Ding@ORCL> SELECT a.group#, a.member, b.status, b.sequence#
    FROM v$logfile a, v$log b
  WHERE a.group# = b.group#;
  GROUP# MEMBER                                           STATUS     SEQUENCE#
--------- ------------------------------------------------ --------- ---------
      3 F:\APP\ADMINISTRATOR\ORADATA\ORCL\REDO03.LOG     INACTIVE        366
      2 F:\APP\ADMINISTRATOR\ORADATA\ORCL\REDO02.LOG     CURRENT         368
      1 F:\APP\ADMINISTRATOR\ORADATA\ORCL\REDO01.LOG     INACTIVE        367
```

删除重做日志组的成员只是从数据库的控制文件中移除了重做日志项，并没有从操作系统中将重做日志文件进行物理的删除，因此在数据库中完成删除操作后，还必须到操作系统文件夹下对重做日志文件进行手动删除。

21.3.9　更改组成员的位置或名称

重做日志文件可以移动到其他的磁盘，也可以对其进行重命名，比如某个重做日志文件所在的磁盘即将损坏，需要将重做日志文件移动到另一个位置，或者是需要对重做日志文件的命名进行系统化管理，就需要对重做日志文件进行重命名操作。由于重命名或重定位重做日志文件涉及数据库结构上的更改，因此需要完整地备份数据库，防止在重新定位操作时出现问题，同时在改变重做日志文件的位置和名称之后，也应该立即备份数据库的控制文件。

如果当前数据库处于 OPEN 状态，则可以移动任何 INACTIVE 的重做日志文件，下面的步骤演示了如何将 redo03.log 移动到 D:\OraData 文件夹下，并重命名为 redo03_1.log：

（1）使用操作系统命令将组 3 中的重做日志文件移动到 D:\OraData 文件夹下，如以下命令所示：

```
sys_Ding@ORCL> HOST COPY F:\APP\ADMINISTRATOR\ORADATA\ORCL\REDO03.LOG
                D:\ORADATA\REDO03_1.LOG
已复制         1 个文件。
```

（2）ALTER DATABASE RENAME FILE 语句重命名重做日志文件，它会更新控制文件中重做日志组成员的指针，使其指向新的重做日志文件，示例语句如下：

```
sys_Ding@ORCL> ALTER DATABASE
    RENAME FILE 'F:\APP\ADMINISTRATOR\ORADATA\ORCL\REDO03.LOG' TO
    'D:\ORADATA\REDO03_1.LOG';
数据库已更改。
```

（3）成功更改后，记住要对数据库进行备份，并备份控制文件。控制文件的备份如下所示：

```
--备份二进制的控制文件
sys_Ding@ORCL> ALTER DATABASE BACKUP CONTROLFILE TO 'D:\ORADATA\
CTLFILE_0411.CTL';
数据库已更改。
--备份控制文件的 SQL 脚本
sys_Ding@ORCL> ALTER DATABASE BACKUP CONTROLFILE TO TRACE;
数据库已更改。
```

成功更改之后，通过查询重做日志文件，可以看到日志组 3 的成员果然发生了变化，示例语句如下：

```
sys_Ding@ORCL> SELECT group#,member,status FROM v$logfile WHERE group#=3;
    GROUP#  MEMBER                                          STATUS

----------------------------------------------------------------------------
    3          D:\ORADATA\REDO03_1.LOG
```

可以看到，在联机状态下可以成功地对 INACTIVE 状态的重做日志文件进行重定位和重命名，如果数据库处于 MOUNT 状态下，则可以对任何重做日志文件进行重定位或重命名，如下面的步骤所示：

（1）关闭数据库，将数据库启动到 MOUNT 状态下，示例语句如下：

```
sys_Ding@ORCL> SHUTDOWN IMMEDIATE;
数据库已经关闭。
已经卸载数据库。
ORACLE 例程已经关闭。
sys_Ding@ORCL> STARTUP MOUNT;
ORACLE 例程已经启动。

Total System Global Area  778387456     bytes
Fixed Size                  1374808     bytes
Variable Size             385877416     bytes
Database Buffers          385875968     bytes
Redo Buffers                5259264     bytes
数据库装载完毕。
```

（2）在 MOUNT 状态下，将 F:\APP\ADMINISTRATOR\ORADATA\ORCL\REDO02.LOG 拷贝到 D:\ORADATA 文件夹下，并重命名为 REDO02_1.LOG，示例语句如下：

```
sys_Ding@ORCL> HOST COPY F:\APP\ADMINISTRATOR\ORADATA\ORCL\REDO02.LOG
                D:\ORADATA\REDO02_1.LOG
已复制         1 个文件
```

（3）使用 ALTER DATABASE RENAME FILE 重命名重做日志文件，以更新在控制文件中的文件指针，示例语句如下：

```
sys_Ding@ORCL> ALTER DATABASE
        RENAME FILE 'F:\APP\ADMINISTRATOR\ORADATA\ORCL\REDO02.LOG' TO
        'D:\ORADATA\REDO02_1.LOG';
数据库已更改。
```

（4）将数据库切换到 OPEN 状态，示例语句如下：

```
sys_Ding@ORCL> ALTER DATABASE OPEN;
数据库已更改。
```

（5）备份控制文件，或者对数据库进行完整的备份。

21.3.10　清除重做日志文件

当数据库正在运行时，如果突然发生了重做日志文件的损坏，此时数据库无法对损坏的重做日志文件进行归档操作，因此会导致数据库停止运行。此时可以清除重做日志文件组，清除的意思是重新初始化全部的重做日志文件的内容，类似于删除了重做日志文件组的所有成员，然后再重新添加新的重做日志文件。

可以使用 ALTER DATABASE CLEAR LOGFILE GROUP 语句来清除重做日志文件组，例如要清除重做日志文件组 2，可以使用如下的语句：

```
sys_Ding@ORCL> ALTER DATABASE CLEAR LOGFILE GROUP 2;
数据库已更改。
```

有两种情况不能对重做日志组进行清除：

- ❏ 当前仅有两个重做日志组。
- ❏ 受损坏的重做日志文件属于当前组（即状态为 CURRENT）或活动组（即状态为 ACTIVE）的重做日志组。

例如下面的查询发现组 3 是当前重做日志组，如果对该组进行日志清除操作，Oracle 会抛出异常，示例语句如下：

```
sys_Ding@ORCL> SELECT a.group#, b.status, b.sequence#
    FROM v$logfile a, v$log b
  WHERE a.group# = b.group#;

  GROUP# STATUS         SEQUENCE#
  ------ ---------    -----------------------------------------------
      3  CURRENT          369
      2  UNUSED             0
      1  INACTIVE         367
sys_Ding@ORCL> ALTER DATABASE CLEAR LOGFILE GROUP 3;  --清除当前重做日志组
ALTER DATABASE CLEAR LOGFILE GROUP 3
*
第 1 行出现错误:
ORA-01624: 日志 3 是紧急恢复实例 orcl (线程 1) 所必需的
ORA-00312: 联机日志 3 线程 1: 'D:\ORADATA\REDO03_1.LOG'
```

清除的重做日志组并没有从数据库的控制文件清除，可以见到在上面的例子中清除了重做日志组 2 后，查询 v$log 看到组 2 现在是未用状态，即 UNUSED，组序列号现在成为 0，这意味着组清除只是更改了组序列号、归档状态和组的状态这几个字段的值。

如果被损坏的重做日志文件没有被归档，需要使用 UNARCHIVED 关键字来避免进行归档操作，例如清除重做日志文件 1 并不进行归档，示例语句如下：

```
sys_Ding@ORCL> ALTER DATABASE CLEAR UNARCHIVED LOGFILE GROUP 1;
数据库已更改。
```

联机重做日志文件在无论是否归档时都可以进行清除，联机重做日志文件未进行归档时，必须使用 UNARCHIVED 关键字，如果清除了介质恢复时所需的联机重做日志文件，就不能再从备份中进行恢复了，Oracle 会在警告日志文件中写入一条消息来描述不能恢复的备份。如果在清除某个未归档的日志文件时，该日志文件要将脱机表空间变为联机状态，那么可以使用 UNRECOVERABLE DATAFILE 子句。

21.3.11　查看重做日志文件信息

有 3 个数据字典视图可以查看重做日志文件的信息，在前面已经多次看到过 v$log 和

v$logfile，还有一个 v$log_history 用来显示重做日志文件的历史信息，这些数据字典视图的作用如表 21.5 所示。

表 21.5　重做日志文件数据字典视图

数据字典视图	描　　述
v$log	显示来自控制文件中的重做日志信息，包含组的编号、组序列号、组的状态、组的大小及组的归档状态等信息
v$logfile	显示重做日志组的成员文件、成员的状态信息
v$log_history	在发生日志切换后的日志历史信息

可以看到从 v$log 中可以获取到详细的重做日志组信息，从 v$logfile 中可以获取到日志成员信息，通过对这两个视图联接就可以显示组及其组成员的相关信息，如以下查询语句所示：

```
SELECT a.group#,              --组编号
       a.member,             --成员文件名
       a.status member_status,   --成员状态
       b.status group_status,    --组状态
       b.sequence#,          --组序列号
       b.next_change#        --SCN 更改号
  FROM v$logfile a, v$log b
 WHERE a.group# = b.group#
   AND a.group# = 1;
```

要查询重做日志文件切换后的历史信息，可以使用 v$log_history，它包含重做日志的序号、日志切换时间、每个日志文件的第 1 个 SCN 号和最后一个 SCN 号的信息，如以下查询所示：

```
sys_Ding@ORCL> SELECT sequence#, recid, first_change#, next_change#
    FROM v$log_history
   WHERE sequence# between 360 and 370;
 SEQUENCE#     RECID FIRST_CHANGE# NEXT_CHANGE#
----------- -------- ------------- ---------------------
       360       360     10448212       10472052
       361       361     10472052       10481071
       362       362     10481071       10481515
       363       363     10481515       10503803
       364       364     10503803       10527389
       365       365     10527389       10531331
       366       366     10531331       10554771
       367       367     10554771       10556561
       368       368     10556561       10579218
已选择 9 行
```

在这个示例中，查询了日志序列号 360~370 之间的历史信息，它显示了日志切换的次数，通过 Oracle 文档中的数据库参考，可以了解到这些数据字典视图的更多更详细的信息。

21.4　小　　结

本章介绍了 Oracle 中几类重要的文件的管理，首先讨论了 Oracle 的控制文件，讨论了

控制文件在 Oracle 数据库中的重要性，如何使用 SQL 语句创建控制文件，以及如何创建多路复用的控制文件确保控制文件的安全，然后讨论了如何备份、恢复控制文件，最后介绍了如何删除控制文件，以及如何使用数据字典视图查看控制文件的信息。接下来讨论了数据文件，介绍了数据文件的作用和如何向数据库中创建数据文件，然后介绍了数据文件的一些管理技术，比如改变大小、调整可用性，以及重置位置和名称。最后讨论了重做日志文件，它是数据库恢复所必需的重要文件，本章讨论了重做日志文件的组成及重做日志组的结构，介绍了日志切换和日志序列号，以及归档重做日志文件的作用，如何创建多路复用的重做日志文件，介绍了如何创建、删除重做日志组和成员，如何更改组成员的位置和名称，以及如何清除重做日志文件，最后介绍了如何查看重做日志文件的信息。

第 22 章　备份和恢复数据库

备份是指创建数据库的副本，恢复是指在数据库出现灾难性事故或数据损坏时，使用备份的数据对数据库进行恢复。备份与恢复是 Oracle DBA 的重要任务，通过定期的备份数据库，可以确保数据库能够安全稳定的运行。如果数据库受到损坏，比如硬盘故障、数据文件意外删除、表中的数据被非法删除等，此时可以使用备份文件对数据库进行恢复，尽可能地使用户的数据免遭损失。

22.1　理解备份与恢复

由于备份与恢复数据库的工作非常重要，不少的企业都具有专门的备份和恢复管理员，他们用来设计、实现和管理企业的备份与恢复策略。不过对于普通的公司来说，通常是由 DBA 身兼备份和恢复的工作。在 Oracle 数据库中，备份与恢复受各种不同条件的影响，因此也具有很多不同的备份和恢复方式。

22.1.1　什么是备份与恢复

由于数据库通常包含了重要的数据，因此保证数据库的稳定、可靠，在危机发生时能够用最短的时间完成数据库的恢复工作，避免造成数据库被破坏或数据的丢失非常重要，比如出现硬盘损坏或者是自然灾害情况，或者是无意的原因，比如一不小心将某个重要的表删除了，或删除了不该删除的数据文件，都会影响到数据库的安全运行，因此必须要定期备份数据库。

对数据库的备份是指创建对当前数据库信息的副本，可能是对整个物理数据库结构的备份，比如对数据库几个重要的操作系统文件例如控制文件、数据文件和重做日志文件的备份，也可能只是对某一部分数据的备份，比如对某个表、某个表中的数据或某个表空间的备份。

数据库的备份通常分为如下的两种：

- ❑ 物理备份，用来备份组成数据库的物理文件，这些文件包含数据文件、控制文件和归归档重做日志文件，也就是说物理备份就是在其他的位置存放数据库物理文件的同本，比如脱机的磁盘或磁带设备。
- ❑ 逻辑备份，是指备份数据库中的逻辑数据，比如表或存储过程，可以使用 Oracle 的数据泵工具导出逻辑数据到二进制文件，在数据库恢复时导入到数据库。

物理备份是制定任何备份策略的基础，逻辑备份可以看作是物理备份的有效补充，但是物理备份需要较长的备份和恢复时间，而逻辑备份可以仅对重要的数据库数据进行备份，可以实现较快的备份与恢复操作，因此在实际的工作中既要进行物理备份，也要确保对于重要数据的即时逻辑备份。

在 DBA 的日常工作管理中，会遇到各种各样的数据库环境故障，比如用户向 Oracle 发出了错误的语句，导致 Oracle 出现逻辑故障、用户进程故障、例程故障等。虽然这些故障会阻止 Oracle 数据库正常运行或者是影响到数据库的 I/O 错作，但是真正需要 DBA 处理的故障有 3 大类，分别是介质故障、用户错误或应用程序错误，其他的故障不会造成数据的丢失或需要从备份中恢复，比如可能只是需要重新启动数据库以便恢复数据库实例的失败。下面是对这 3 类 DBA 需要进行备份与恢复的错误详细描述：

- ❏ 介质故障，比如物理磁盘损坏导致读取或写入磁盘的失败，此时就需要进行介质的恢复来实现数据完整性，对于这类故障，DBA 必须要制定完整的备份恢复策略，以防止出现灾难性的数据丢失。
- ❏ 用户错误，用户发出了错误的 SQL 语句或意外地删除了重要的数据，导致数据库无法正常运行，比如用户错误地删除一个重要的表或一个 PL/SQL 程序删除了年度财务数据，此时就必须实现数据的恢复。
- ❏ 应用程序错误，因为软件带来的数据块损坏，有时造成介质故障，数据库不能识别有效的数据块，数据校验失败、块被清 0 或者是块头和块尾不匹配，当故障不是很严重时，可以通过块介质恢复来轻松地修复。

取决于故障的类型和备份的方法，一般来说当出现需要进行恢复的故障时，又可使用实例恢复与介质恢复两种类型：

- ❏ 实例恢复，当数据库实例故障引起的数据库停机时，比如操作系统错误、后台进程故障或突然停电导致的实例意外中止，当数据库再次启动时，数据库会根据重做日志文件中的记录来自动完成恢复。如果在进行联机备份时发生了实例故障，则需要进行介质恢复。
- ❏ 介质恢复，介质故障是指磁盘发生了读写故障时导致的数据库文件损坏，由于破坏性较大，必须由 DBA 手工用最新的备份文件进行恢复。

DBA 必须量化数据库停机的时间及数据损失的代价，制定有效的备份恢复策略，努力缩减平均恢复时间（MTTR），延长平均故障间隔时间（MTBF），定期对备份和恢复的策略有效性进行检查，这也是一个合格的 DBA 必须具备的基本功。

22.1.2 备份与恢复的方法

进行 Oracle 备份恢复的方式有如下 3 种：

- ❏ 使用 RMAN 恢复管理器进行备份和恢复，RMAN 是 Oracle 内置的备份恢复程序，无须额外安装，它以命令行方式使用，也可以通过 OEM 的 Database Control 界面来使用。
- ❏ 用户管理的备份与恢复，这种方式是使用操作系统命令对数据库文件进行备份与恢复。
- ❏ 使用 SLQ*Loader 或数据泵导入导出工具进行逻辑的备份与恢复，这种方式可以备份重要的数据，并实现在不同操作系统或不同的 Oracle 版本之间的数据传输。

Oracle 强烈建议使用 RMAN 完成备份与恢复的工作，它提供了用户管理的备份所能做的所有工作，并且具有额外的功能，这种方式使得用户不用记住备份的数据文件和归档重做日志文件，RMAN 具有存储位置来记录这些信息，并且 RMAN 能够验证备份文件内部数据块的有效性，并在资料库中记录复制的情况。

备份与恢复又具有多种不同的工作方法或者称为备份恢复的术语，下面分别对备份和恢复的几种方法进行讨论。

1. 备份术语

备份可分为如下的几种方式：

❑ 一致性备份，备份所包含的各个文件中的系统更改号（SCN）都相同，即备份所包含的各个文件中的所有数据均来自同一时间点。SCN 在每次提交事务时或者是每执行一个检查点时，都会被 Oracle 增加，Oracle 使所有读/写数据文件以及控制文件都具有相同的 SCN。一致性就是指存储在所有数据文件头中的 SCN 相同，而且与控制文件中保存的 SCN 也相同。也就是说数据是在同一个时间点备份的，在备份过程中没有发生其他的检查点或提交动作。为构造一个一致性备份，通常需要关闭数据库然后进行脱机备份，以避免出现不一致的现象。

❑ 非一致性备份，指文件包含来自不同时间点的数据，这主要用于联机备份模式，即数据库在处理事务时进行数据文件的备份，这种备份方式除了复原数据之外，还需要使用归档和联机重做日志进行恢复，使得数据库数据恢复到特定的时间点上。

❑ 数据库完全备份，是指对数据库内所有的数据文件、控制文件的备份，是最常用的一种备份类型。完全备份既可以是一致性备份也可以是非一致性备份，备份的类型决定了使用备份复原数据库后是否需要应用重做日志。

❑ 部分备份数据库，是指对数据库中的部分内容进行备份，比如一个表空间或一个数据文件，如果数据库运行在非归档模式下，则除非部分备份的所有表空间和文件是只读的，否则不能部分备份数据库。这种方式一般较少使用。

❑ 联机备份，是指数据库在运行过程中的备份，也称为热备份，只要数据库运行在归档模式下，就可以对整个数据库进行联机备份，如果数据库运行在非归档模式下，则只能进行脱机备份。

❑ 脱机备份，数据处于关闭状态下的备份，也称为冷备份，只要数据库不是用 SHUTDOWN ABORT 进行关闭的，则备份总是一致性备份，否则备份就是非一致性备份，在复原数据库后需要应用重做日志文件使其保持一致性状态。

2. 恢复术语

与恢复相关的方式或术语如下所示：

❑ 复原数据库，是指利用备份重建数据文件或控制文件，使其在 Oracle 数据库服务器中正常工作。

❑ 恢复复原的数据文件，利用归档的重做日志或联机重做日志进行更新，即重做在完整的数据库备份后发生的操作，比如在非一致性备份之后恢复复原的数据文件。

❑ 介质恢复，在数据文件被复原后，通过介质恢复对备份的数据文件进行复原、前滚及回滚等操作，介质恢复将应用归档重做日志文件及联机重做日志文件应用到复原的数据文件中以实现前滚。

❑ 闪回恢复，可以利用闪回数据库或闪回表将数据快速恢复到之前某个时间点的状态。

❑ 实例恢复，Oracle 在实例故障后能自动执行崩溃恢复及实例恢复，崩溃恢复及实例恢复可以在实例故障发生后将数据库恢复到事务的一致性状态。崩溃和实例恢复只能应用当前的数据文件或联机重做日志文件来恢复数据库，使其保持最新，但不能应用任何备份的数据文件或归档的重做日志文件。

这些概念也许理解起来有些困难，下面举个例子。假定数据库在运行过程中突然崩溃，除 Oracle 进行实例恢复和崩溃恢复外，DBA 需要利用最近的备份复原数据库，然后应用保存的归档重做日志文件对数据库进行介质恢复，数据库备份、复原及介质恢复的基本示意图如图 22.1 所示。

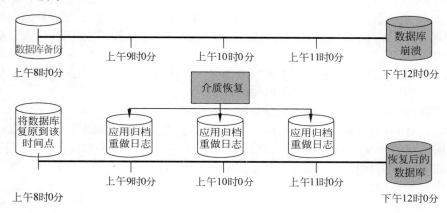

图 22.1　数据库备份、复原以及介质恢复示意图

在这个示例中，上午 8 时完成了一个备份，但到 12 点时出现了介质故障数据库崩溃，此时需要先使用备份的数据库进行复原操作，将数据库恢复到 8 时时间点，然后再进行介质恢复，应用归档的重做日志文件，完成介质恢复后，则数据库恢复。当启动数据库时，Oracle 会进行实例恢复，应用当前的重做日志文件来实现数据库恢复到当前的时间点。

22.2　使用 RMAN（恢复管理器）

尽管可以使用用户管理的备份和恢复方式来手动地在操作系统级别进行基本的备份和恢复工作，但是 Oracle 提供了功能更为强大且独立于操作系统命令的备份、复原和恢复操作。RMAN 提供了几种功能是在使用操作系统命令执行用户管理的备份时所不具备的：

❑ 可以将频繁执行的操作作为脚本存储在数据库中。

❑ 使用增量块级别备份功能，可以只备份自上次备份后发生更改的块，这样还可以减少在 ARCHIVELOG 模式下执行恢复操作所需的时间。

❑ 可以使用 RMAN 来管理备份片的大小，并通过并行化备份操作来节省时间。

❑ RMAN 操作可以和操作系统的任务计划集成在一起，实现自动的备份操作。

RMAN 提供了命令行界面，OEM 也提供了图形化的管理界面，本节将讨论在命令行界面下的备份与恢复，理解命令行后再了解图形化界面就很简单了。

22.2.1　设置归档日志模式

在第 21.3.2 小节讨论重做日志文件时，曾经简单地介绍了归档日志模式。由于 Oracle 要应用归档重做日志文件来对数据库进行介质恢复，以确保数据库恢复为最新的状态，因此为数据库保留重做日志文件，也就是运行在归档模式下，对于生产类型的数据库来说至关重要。

数据库如果运行在非归档模式下，即 NOARCHIVELOG 模式下，只能进行一致性数据库完全备份，也就是说只能在关闭服务器的状态下对数据库进行完整的备份。因为非归档模式下，不会对重做日志进行归档，因此可能恢复所需要的重做日志已经不存在了，也就无法使用非一致性备份来备份和恢复数据库。而运行在归档模式下的数据库，即可以采用一致性数据库完全备份，当使用此种备份复原数据库后，用户可以立即打开数据库，使备份发生的事务全部丢失，只要归档的重做日志存在，用户就可以应用这些日志，从而恢复备份后发生的事务。

与非归档模式相比，将生产数据库系统放在归档模式下，具有如下的几个好处：

- ❑ 当实例失败及介质故障时可以完成恢复。
- ❑ 当磁盘驱动损坏时可以完全恢复所有的数据。
- ❑ 对运行在归档模式下的数据库进行备份时不需要关闭数据库，因此可以进行联机的备份与恢复，保持数据库长期打开状态，从而提供了数据库的高可用性。
- ❑ 数据库仅运行在归档模式下时才可以进行打开备份，也就是联机状态下的备份操作只能在归档模式下完成。
- ❑ 在归档模式下可以实现表空间时间点恢复，即 PITR，Point-In-Time Recovery，从而提供更精细的备份恢复功能。

可以通过在 SQL*Plus 中使用 ARCHIVE LOG LIST 或者是查询 v$database 数据字典视图来查看当前数据库所处的模式。前面已经多次使用过 ARCHIVE LOG LIST，使用 v$database 数据字典视图的 log_mode 字段也可以获取到当前数据库的日志模式，示例语句如下：

```
sys_Ding@ORCL> SELECT dbid,name,log_mode,platform_name from v$database;
    DBID   NAME        LOG_MODE            PLATFORM_NAME
--------- ------- ---------------- ----------------------------------
1291865280 ORCL       ARCHIVELOG          Microsoft Windows IA (32-bit)
```

当然使用 ARCHIVE LOG LIST 可以获取到更为详细的信息，比如是否启用自动归档、归档的目标位置、日志序列号及当前的日志序列号等，示例语句如下：

```
sys_Ding@ORCL> ARCHIVE LOG LIST
数据库日志模式            存档模式
自动存档                 启用
存档终点                 G:\Oradata
最早的联机日志序列         370
下一个存档日志序列         372
当前日志序列              372
```

可以看到使用该命令可以获取到更多关于归档模式下的详细信息。在创建数据库时，可以在 CREATE DATABASE 语句中指定数据库的日志模式，没有指定日志模式时默认为 NOARCHIVELOG 模式。假定当前的数据库处于非归档模式，可以使用如下的步骤将其设置为归档模式：

（1）使用 SHUTDOWN 命令关闭数据库实例，然后将数据库启动到 MOUNT 状态，示例语句如下：

```
sys_Ding@ORCL> SHUTDOWN IMMEDIATE;                    --关闭数据库实例
数据库已经关闭。
已经卸载数据库。
ORACLE 例程已经关闭。
sys_Ding@ORCL> STARTUP MOUNT;                         --启动数据库到 MOUNT 状态
ORACLE 例程已经启动。

Total System Global Area  778387456    bytes
Fixed Size                  1374808    bytes
Variable Size             385877416    bytes
Database Buffers          385875968    bytes
Redo Buffers                5259264    bytes
数据库装载完毕。
```

（2）使用 ALTER DATABASE ARCHIVELOG 语句将数据库设置为归档日志模式，或者使用 ALTER DATABASE NOARCHIVELOG 将数据库置为非归档日志模式，示例语句如下：

```
sys_Ding@ORCL> ALTER DATABASE ARCHIVELOG;
数据库已更改。
```

（3）将数据库设置为打开状态，语句如下所示：

```
sys_Ding@ORCL> ALTER DATABASE OPEN;
数据库已更改。
```

（4）现在数据库已经使用归档模式在运行，可以使用 ARCHIVE LOG ALL 将重做日志文件进行归档，示例语句如下：

```
sys_Ding@ORCL> ARCHIVE LOG ALL;
数据库已更改。
```

有时候可能提示没有可以进行归档的日志文件，这可能是已经进行了归档或日志文件组还没有开始写入，可以使用如下的命令对当前的日志组进行归档：

```
sys_Ding@ORCL> ALTER SYSTEM ARCHIVE LOG CURRENT;
系统已更改。
```

当数据库自动完成归档后，在归档的目标位置中就可以看到很多归档的日志文件，笔者的归档目标资源管理器如图 22.2 所示。

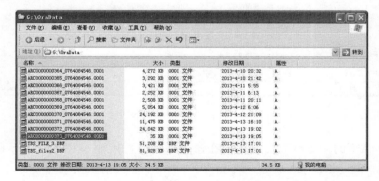

图 22.2　归档文件夹

22.2.2　认识 RMAN

Oracle 恢复管理器，简称为 RMAN，是 Oracle 中的一个客户端工具，用来执行对数据库的备份和恢复，使得备份和恢复更加自动化，它大大简化了备份、复原和恢复数据文件的复杂性。RMAN 可以在数据库服务器的帮助下从数据库内部备份数据文件，可以构造数据文件和数据文件的映像副本、控制文件和控制文件的映像、归档日志文件、服务器参数文件和 RMAN 备份片的备份。

RMAN 提供了灵活的方式来备份和恢复数据库，它可以完成如下的一些操作：

❑ 备份数据库、表空间、数据文件、控制文件和归档重做日志文件。
❑ 将频繁执行的备份和恢复操作作为脚本存储起来以备以后使用。
❑ 执行增量块级别的备份，可以只备份自上次备份以后发生更改的块，可以减少在 ARCHIVELOG 模式下执行恢复操作所需要的时间。
❑ 管理备份片的大小，并通过并行化操作来节省备份时间。
❑ 跳过未使用的块，RMAN 可以使用数据块检查功能，并且能够只备份数据库内部更改过的块。
❑ 指定备份的限制。

RMAN 相较于手工的备份和恢复具有很多优秀的特性，因此 Oracle 推荐备份操作使用 RMAN 来实现，它可以让备份和操作更加安全和自动化。

RMAN 实际上是一个随 Oracle 一同安装的可执行文件，它提供了一个命令行界面，RMAN 可执行文件解释用户的命令并调用的调用服务器会话来执行所需要的任务，Oracle 的企业管理器提供了图形化的向导，提供访问 RMAN 的图形化用户界面，RMAN 可执行程序位于 ORACLE_HOME/bin 文件夹中，例如笔者的 Oracle 安装在 F 盘，RMAN 位于 F:\app\Administrator\product\11.2.0\dbhome_1\BIN 文件夹下，如图 22.3 所示。

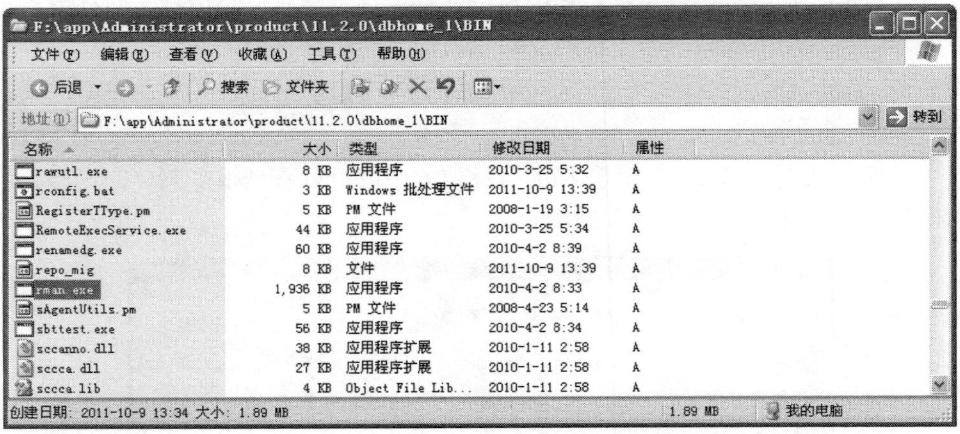

图 22.3　RMAN 可执行文件位置

要进入 RMAN 的命令行界面，可以在命令行窗口直接输入 RMAN，示例语句如下：

```
C:\>RMAN
恢复管理器: Release 11.2.0.1.0 - Production on 星期六 4 月 13 22:02:49 2013
```

要正常使用 RMAN，必须理解一些基本的操作概念，RMAN 可以看作是与 SQL*Plus 类似的一个客户端程序，它通过服务器会话连接到要备份的目标数据库，而这个目标数据库是想要进行备份和恢复的数据库。目标数据库的信息集合，比如方案信息、备份副本、配置设置及与目标数据库的备份和恢复脚本相关的信息统称为 RMAN 的信息库，RMAN 使用这个信息库执行备份和恢复活动。RMAN 通过一些组件来完成对目标数据库的工作，RMAN 的组件工作示意如图 22.4 所示。

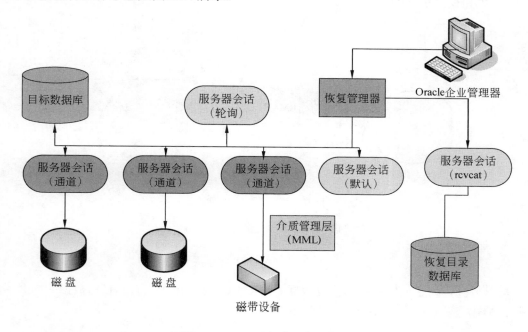

图 22.4　RMAN 组件工作示意图

可以看到，RMAN 通过多个服务器会话来完成备份恢复操作，比如 RMAN 通过服务器会话访问恢复目录数据库中的信息，通过通道，来执行并记录备份和恢复的操作。这些组件的描述如下所示：

❑ 目标数据库，RMAN 对其进行备份和恢复操作的数据库，目标数据库的控制文件包含了物理结构相关的信息，比归档重做日志文件和联机重做日志文件的位置，数据文件的大小和位置，在备份和恢复的过程中，RMAN 调用服务器会话将使用这些信息。

❑ 服务器会话，由 RMAN 调用的服务器进程（在 Linux 或 Unix 中）或者是 Windows 中线程与目标数据库连接，通过 PL/SQL 接口执行备份、复原和恢复功能。

❑ 恢复目录数据库，RMAN 在执行备份、复原和恢复操作时使用的 RMAN 元数据存储的位置，默认情况下这些元数据存储在目标数据库的控制文件中，不过通过创建恢复目录可以将元数据存储在目标数据之外的另一个数据库中。

❑ 通道，RMAN 与目标数据库之间的一个连接，RMAN 启动后会产生一个默认的服务器会话，可以从远程或本地通过普通的服务器会话与调用 PL/SQL 连接到实例。

RMAN 通道实际上是一个到某个设备的数据流，每个通道对应一个服务器会话，通道从 PGA 内存中读取数据，处理并且写出到输出设置。大多数 RMAN 是通过通道来执行的，为此必须要能够配置以便保存跨多个 RMAN 会话的通道，或者是为每个 RMAN 会话手工分配通道，通道通过在实例上开启一个会话，建立了从 RMAN 客户端到目标或辅助数据库的连接，通道的组成如示意图 22.5 所示。

❑ 介质管理层（MML），由 RMAN 在写入磁带或从磁带读取时使用，RMAN 不直接支持磁带设备的读取和写入，必须要通过 MML 软件才能正常操作，MML 由介质和存储系统供应商提供。

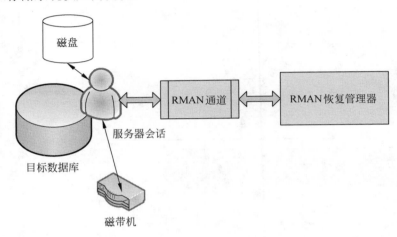

图 22.5　RMAN 通道示意图

可以看到，为了能够备份和恢复数据库，RMAN 必须至少具有到目标数据库的会话，因此目标数据库必须在 MOUNT 或 OPEN 状态。

22.2.3　连接到 RMAN

在操作系统命令提示符环境下，输入 RMAN 即可进入 RMAN 命令行环境。在 RMAN 环境中首先要实现对目标数据库的连接。RMAN 可以连接如下几种数据库类型：

❑ 目标数据库，必须使用 SYSDBA 权限连接到目标数据库才能正确连接。

❑ 恢复目录数据库，这是一种为 RMAN 资料档案库配置的可选数据库。

❑ 辅助数据库，是使用 RMAN DUPLICATE 命令创建的数据库，它也可能是在表空间时间点恢复 TSPITR 过程中使用的临时数据库，备用数据库是用于灾难恢复的生产数据库的副本。

RMAN 连接到目标数据库必须指定验证的用户名和密码，它与 SQL*Plus 连接数据库非常相似，不同之处在于对于目标或辅助数据库需要 SYSDBA 权限。AS SYSDBA 是隐式的，不能被显式地指定。可以在 RMAN 命令行下使用 CONNECT TARGET 命令连接到目标数据库，也可以在启动 RMAN 时指定连接信息。使用 CONNECT TARGET 连接到本地数据库如下：

```
C:\Documents and Settings\Administrator>RMAN
```

```
恢复管理器: Release 11.2.0.1.0 - Production on 星期日 4 月 14 11:43:10 2013
Copyright (c) 1982, 2009, Oracle and/or its affiliates.  All rights reserved.
RMAN> CONNECT TARGET /
连接到目标数据库: ORCL (DBID=1291865280)
```

通过使用 EXIT 命令，可以退出到 RMAN 的连接，示例语句如下：

```
RMAN> EXIT;
恢复管理器完成。
```

当不指定 Oracle 的用户名和密码时，它将使用操作系统的验证方式进行登录，也可以在 CONNECT TARGET 语句后面指定验证方式，示例语句如下：

```
RMAN> CONNECT TARGET sys/oracle
连接到目标数据库: ORCL (DBID=1291865280)
```

也可以在开始 RMAN 时，使用 TARGET 子句来连接到特定的目标数据库，示例语句如下：

```
C:\Documents and Settings\Administrator>RMAN TARGET /
恢复管理器: Release 11.2.0.1.0 - Production on 星期日 4 月 14 13:49:52 2013
Copyright (c) 1982, 2009, Oracle and/or its affiliates.  All rights reserved.
连接到目标数据库: ORCL (DBID=1291865280)
```

要连接到远程数据库，可以在密码后面指定服务器名称，例如使用 CONNECT TARGET 连接到 TNS 指向的远程数据库 ORCL，示例语句如下：

```
RMAN> CONNECT TARGET sys/oracle@ORCL;
连接到目标数据库: ORCL (DBID=1291865280)
```

或者使用 RMAN 直接进行连接，示例语句如下：

```
C:\>RMAN TARGET sys/oracle@ORCL
恢复管理器: Release 11.2.0.1.0 - Production on 星期日 4 月 14 14:01:22 2013
Copyright (c) 1982, 2009, Oracle and/or its affiliates.  All rights reserved.
连接到目标数据库: ORCL (DBID=1291865280)
```

当进行 RMAN 连接命令时，会发生如下几个事件：

（1）为 RMAN 创建一个用户进程。

（2）该用户进程创建两个 Oracle 服务器进程，一个是连接到目标数据库的默认进程，用于执行 SQL 命令，重新同步控制文件和恢复前滚；一个是连接到目标数据库的轮询进程，用于确定远程过程调用的完成情况。

（3）如果不使用恢复目录连接（前面的示例默认均不使用恢复目录），备份和恢复信息是从控制文件中检索的。

默认时，RMAN 会将信息输出到屏幕，如果是自动模式运行，可以在启动 RMAN 时指定 LOG 参数，把它的输出指向到某个日志文件，示例语句如下：

```
C:\>RMAN TARGET sys/oracle@ORCL LOG G:\OraData\rman.log;
```

此时如果打开 rman.log，可以看到连接信息果然显示在了日志文件内。

22.2.4　RMAN 的基本操作

RMAN 命令行模式中可以执行很多的备份与恢复命令，它还可能类似 SQL*Plus 那样执行操作系统命令。例如可以类似 SQL*Plus 那样在 RMAN 中启动或关闭目标数据库，示例语句如下：

```
C:\>RMAN TARGET /
恢复管理器: Release 11.2.0.1.0 - Production on 星期日 4 月 14 17:21:28 2013
Copyright (c) 1982, 2009, Oracle and/or its affiliates.  All rights reserved.
连接到目标数据库: ORCL (DBID=1291865280)
RMAN> SHUTDOWN IMMEDIATE;
使用目标数据库控制文件替代恢复目录
数据库已关闭
数据库已卸装
Oracle 实例已关闭
```

可以看到在这个示例中使用 SHUTDOWN IMMEIDATE 关闭了数据库，也可以使用 SHUTDOWN NORMAL、SHUTDOWN ABORT 等来关闭数据库，也可以使用 STARTUP 命令，比如 STARTUP OPEN、STARTUP MOUNT 等命令，然后使用 ALTER DATABASE OPEN 命令来打开数据库，示例语句如下：

```
RMAN> STARTUP MOUNT
已连接到目标数据库 (未启动)
Oracle 实例已启动
数据库已装载
系统全局区域总计            778387456 字节
Fixed Size                   1374808 字节
Variable Size              385877416 字节
Database Buffers           385875968 字节
Redo Buffers                 5259264 字节
RMAN> ALTER DATABASE OPEN;
数据库已打开
```

可以看到，在 RMAN 中启动与关闭数据库与在 SQL*Plus 中基本一致，除此之外在 RMAN 中还可以执行操作系统命令，比如需要使用操作系统命令时，可以在 RMAN 中执行 HOST 命令，RMAN 将进入到操作系统命令提示符下面，可以随时使用 EXIT 返回到 RMAN 命令提示行界面。

```
RMAN> HOST;
Microsoft Windows [版本 5.2.3790]
(C) 版权所有 1985-2003 Microsoft Corp.
C:\>SET SYSTEMROOT
SystemRoot=C:\WINDOWS
C:\>EXIT;
主机命令完成
RMAN>
```

可以看到，当输入 HOST 命令后，在 Windows 下就进入了 DOS 提示符界面，此时可以执行操作系统命令，当使用 EXIT 命令退出后，就回到了 RMAN 操作界面。

在 RMAN 中执行 SQL 语句有些复杂，必须要使用 SQL 命令后面跟 SQL 语句的字符串，而且不能执行 SELECT 语句。在 RMAN 中执行 SQL 语句的方式如下：

```
RMAN> SQL 'ALTER SESSION SET NLS_DATE_FORMAT="YYYY-MM-DD HH24:MI:SS"';
sql 语句: ALTER SESSION SET NLS_DATE_FORMAT="YYYY-MM-DD HH24:MI:SS"
RMAN> SQL "ALTER SESSION SET NLS_DATE_FORMAT='YYYY-MM-DD HH24:MI:SS'";
RMAN> SQL 'UPDATE emp SET sal=sal+100 WHERE empno=7369';
```

```
sql 语句: UPDATE emp SET sal=sal+100 WHERE empno=7369
```

在实际的工作中，可以通过 HOST 命令进入到命令提示行状态下。使用 SQLPLUS 命令进入到 SQL*Plus 来执行各种 SQL 命令，比起在 RMAN 中使用 SQL 字符串的方式来说，要方便得多。

在 Oracle 中，通过 RMAN 可以创建两种不同类型的备份方式，分别是镜像复制（Image Copies）和备份集（Backup Sets），它们的区别如下所示：

❑ 镜像复制类似于 UNIX 或 Linux 系统中使用 CP 命令或者是 DOS 中的 COPY 命令所创建的操作系统文件的备份，在 RMAN 中也是使用 COPY 命令，镜像复制可以制作数据文件、控制文件和归档重做日志文件的映像副本，RMAN 的镜像复制只能应用到磁盘，不能应用到磁带设备中。实际上，除了 RMAN 需要将它们写到控制文件或恢复目录的信息外，在 RMAN 中创建的镜像复制与使用操作系统命令创建的副本之间没有太大的区别。

❑ 备份集是使用 RMAN 创建的具有特定格式的逻辑备份对象，备份集在逻辑上有一个或多个备份片，也称为 Backup Pieces 组成，每个备份片是一个单独的输出文件，一个备份片的大小有限制，一个备份集可能需要多个备份片组成。一个备份片中可能包含多个数据文件、控制文件或归档文件。RMAN 可以只读取数据库中已经使用的数据库来创建备份集。备份集是 RMAN 中最小的备份单位，仅能由 RMAN 创建和访问。

22.2.5　完整数据库备份

可以使用 BACKUP 命令备份数据库，RMAN 将根据备份请求的类型数据库到配置好的默认的设备上，默认情况下，RMAN 在磁盘上创建备份，如果允许闪回恢复区，并且没有指定特定的 FORMAT 格式化参数，RMAN 将在闪回恢复区创建备份并分自动分配一个唯一的命名，否则 Oracle 会在磁盘上的安装目录下创建备份集。在下面的示例中，将创建一个完整的数据库备份，备份所有的数据库文件及 SPFILE 文件，复制 Oracle 的安装目录，示例语句如下：

```
RMAN> BACKUP AS BACKUPSET DATABASE SPFILE;
启动 backup 于 14-4 月 -13
分配的通道: ORA_DISK_1
通道 ORA_DISK_1: SID=135 设备类型=DISK
通道 ORA_DISK_1: 正在启动全部数据文件备份集
通道 ORA_DISK_1: 正在指定备份集内的数据文件
输入数据文件: 文件号=00001 名称=F:\APP\ADMINISTRATOR\ORADATA\ORCL\SYSTEM01
.DBF
输入数据文件: 文件号=00002 名称=F:\APP\ADMINISTRATOR\ORADATA\ORCL\SYSAUX01
.DBF
输入数据文件: 文件号=00003 名称=F:\APP\ADMINISTRATOR\ORADATA\ORCL\UNDOTBS01
.DBF
输入数据文件: 文件号=00005 名称=F:\APP\ADMINISTRATOR\ORADATA\ORCL\EXAMPLE01
.DBF
输入数据文件: 文件号=00007 名称=G:\ORADATA\TBS_FILES2
.DBF
输入数据文件: 文件号=00006 名称=F:\APP\ADMINISTRATOR\ORADATA\ORCL\DATA_TS.
```

```
DBF
输入数据文件：文件号=00010 名称=G:\ORADATA\TBS_FILE_3.DBF
输入数据文件：文件号=00011 名称=F:\APP\ADMINISTRATOR\ORADATA\ORCL\TBS_F4
.DBF
输入数据文件：文件号=00004 名称=F:\APP\ADMINISTRATOR\ORADATA\ORCL\USERS01
.DBF
输入数据文件：文件号=00013 名称=F:\APP\ADMINISTRATOR\ORADATA\ORCL\TBS_F07
.DBF
输入数据文件：文件号=00014 名称
=F:\APP\ADMINISTRATOR\PRODUCT\11.2.0\DBHOME_1\DATABASE\TBS_F08.DBF
输入数据文件：文件号=00015 名称=F:\APP\ADMINISTRATOR\ORADATA\ORCL\TBS_F08
.DBF
输入数据文件：文件号=00016 名称=D:\ORADATA\TBS_F02_1.DBF
输入数据文件：文件号=00009 名称=F:\APP\ADMINISTRATOR\ORADATA\ORCL\UNDOTBS02
.DBF
输入数据文件：文件号=00012 名称=F:\APP\ADMINISTRATOR\ORADATA\ORCL\TBS_
UNDO_01.DBF
输入数据文件：文件号=00008 名称=F:\APP\ADMINISTRATOR\ORADATA\ORCL\
BIGFILETBS01.DBF
通道 ORA_DISK_1：正在启动段 1 于 14-4 月 -13
通道 ORA_DISK_1：已完成段 1 于 14-4 月 -13
段句柄=F:\APP\ADMINISTRATOR\PRODUCT\11.2.0\DBHOME_1\DATABASE\02O730GU
_1_1 标记
=TAG20130414T183405 注
释=NONE
通道 ORA_DISK_1：备份集已完成，经过时间:00:01:25
通道 ORA_DISK_1：正在启动全部数据文件备份集
通道 ORA_DISK_1：正在指定备份集内的数据文件
备份集内包括当前控制文件
备份集内包括当前的 SPFILE
通道 ORA_DISK_1：正在启动段 1 于 14-4 月 -13
通道 ORA_DISK_1：已完成段 1 于 14-4 月 -13
段句柄=F:\APP\ADMINISTRATOR\PRODUCT\11.2.0\DBHOME_1\DATABASE\03O730JJ
_1_1 标记=TAG20130414T183405 注
释=NONE
通道 ORA_DISK_1：备份集已完成，经过时间:00:00:01
通道 ORA_DISK_1：正在启动全部数据文件备份集
通道 ORA_DISK_1：正在指定备份集内的数据文件
备份集内包括当前的 SPFILE
通道 ORA_DISK_1：正在启动段 1 于 14-4 月 -13
通道 ORA_DISK_1：已完成段 1 于 14-4 月 -13
段句柄=F:\APP\ADMINISTRATOR\PRODUCT\11.2.0\DBHOME_1\DATABASE\
04O730JO_1_1 标记
=TAG20130414T183405 注
释=NONE
通道 ORA_DISK_1：备份集已完成，经过时间:00:00:01
完成 backup 于 14-4 月 -13
```

　　可以看到，Oracle 创建了 3 个备份集，一个备份集是所有的数据文件；一个备份集中包含了当前的控制文件和服务器参数文件；一个备份集中备份了当前的服务器参数文件。实际上只需要向 RMAN 发送 BACKUP DATABASE，它就会自动备份数据文件到一个备份集，将控制文件和当前的 SPFILE 备份到一个备份集。

　　如果要指定备份集的位置，可以使用 FORMAT 参数，示例语句如下：

```
RMAN> BACKUP DATABASE FORMAT 'g:\oradata\%d_bak_%U';
启动 backup 于 14-4 月 -13
使用目标数据库控制文件替代恢复目录
分配的通道: ORA_DISK_1
通道 ORA_DISK_1: SID=71 设备类型=DISK
通道 ORA_DISK_1: 正在启动全部数据文件备份集
通道 ORA_DISK_1: 正在指定备份集内的数据文件
输入数据文件: 文件号=00001 名称=F:\APP\ADMINISTRATOR\ORADATA\ORCL\SYSTEM01
.DBF
输入数据文件: 文件号=00002 名称=F:\APP\ADMINISTRATOR\ORADATA\ORCL\SYSAUX01
.DBF
输入数据文件: 文件号=00003 名称=F:\APP\ADMINISTRATOR\ORADATA\ORCL\UNDOTBS01
.DBF
输入数据文件: 文件号=00005 名称=F:\APP\ADMINISTRATOR\ORADATA\ORCL\EXAMPLE01
.DBF
输入数据文件: 文件号=00007 名称=G:\ORADATA\TBS_FILES2.DBF
输入数据文件: 文件号=00006 名称=F:\APP\ADMINISTRATOR\ORADATA\ORCL\DATA_TS
.DBF
输入数据文件: 文件号=00010 名称=G:\ORADATA\TBS_FILE_3.DBF
输入数据文件: 文件号=00011 名称=F:\APP\ADMINISTRATOR\ORADATA\ORCL\TBS_F4
.DBF
输入数据文件: 文件号=00004 名称=F:\APP\ADMINISTRATOR\ORADATA\ORCL\USERS01
.DBF
输入数据文件: 文件号=00013 名称=F:\APP\ADMINISTRATOR\ORADATA\ORCL\TBS_F07
.DBF
输入数据文件: 文件号=00014 名称
=F:\APP\ADMINISTRATOR\PRODUCT\11.2.0\DBHOME_1\DATABASE\TBS_F08.DBF
输入数据文件: 文件号=00015 名称=F:\APP\ADMINISTRATOR\ORADATA\ORCL\TBS_F08
.DBF
输入数据文件: 文件号=00016 名称=D:\ORADATA\TBS_F02_1.DBF
输入数据文件: 文件号=00009 名称=F:\APP\ADMINISTRATOR\ORADATA\ORCL\UNDOTBS02
.DBF
输入数据文件: 文件号=00012 名称=F:\APP\ADMINISTRATOR\ORADATA\ORCL\TBS_UNDO
_01.DBF
输入数据文件: 文件号=00008 名称=F:\APP\ADMINISTRATOR\ORADATA\ORCL\
BIGFILETBS01.DBF
通道 ORA_DISK_1: 正在启动段 1 于 14-4 月 -13
通道 ORA_DISK_1: 已完成段 1 于 14-4 月 -13
段句柄=G:\ORADATA\ORCL_BAK_05O732HP_1_1 标记=TAG20130414T190840 注释=NONE
通道 ORA_DISK_1: 备份集已完成, 经过时间:00:01:45
通道 ORA_DISK_1: 正在启动全部数据文件备份集
通道 ORA_DISK_1: 正在指定备份集内的数据文件
备份集内包括当前控制文件
备份集内包括当前的 SPFILE
通道 ORA_DISK_1: 正在启动段 1 于 14-4 月 -13
通道 ORA_DISK_1: 已完成段 1 于 14-4 月 -13
段句柄=G:\ORADATA\ORCL_BAK_06O732L2_1_1 标记=TAG20130414T190840 注释=NONE
通道 ORA_DISK_1: 备份集已完成, 经过时间:00:00:01
完成 backup 于 14-4 月 -13
```

FROM 参数指定了备份的目标位置和命名方式,其中%d 指定数据库名称,%U 指定产生一个唯一的命名,还可以使用%t 指定备份集的时间戳、%s 指定备份集编号及%p 指定备份片的编号。在这个示例中,在 G:\ORADATA 文件夹下产生了两个备份集,在 DOS 状态下通过 DIR 命令就可以看到这两个文件,示例语句如下:

```
G:\OraData>dir ORCL*.*
 驱动器 G 中的卷是 resources
 卷的序列号是 5CFF-04F2
 G:\OraData 的目录
2013-04-14  19:10      1,536,049,152 ORCL_BAK_05O732HP_1_1
2013-04-14  19:10          9,928,704 ORCL_BAK_06O732L2_1_1
                2 个文件  1,545,977,856 字节
                0 个目录 23,017,107,456 可用字节
```

在数据库完整备份之后，通过 LIST BACKUP OF DATABASE 命令，可以查看当前的完整备份列表，示例语句如下：

```
RMAN> LIST BACKUP OF DATABASE;
备份集列表
===================
BS 关键字  类型 LV 大小        设备类型 经过时间        完成时间
-------  ---- -- ---------- ---------- ------------ ----------
2        Full    1.43G        DISK     00:01:22      14-4 月 -13
         BP 关键字：2    状态：AVAILABLE  已压缩：NO  标记：TAG20130414T183405
段名:F:\APP\ADMINISTRATOR\PRODUCT\11.2.0\DBHOME_1\DATABASE\02O730GU_1_1
  备份集 2 中的数据文件列表
  ......
```

这里省略了备份片中包含的数据文件的列表。在列表中显示了每个备份集的编号，如果要删除备份集，可以使用 DELETE BACKUPSET 命令，示例语句如下：

```
RMAN> DELETE BACKUPSET 2;
分配的通道：ORA_DISK_1
通道 ORA_DISK_1：SID=135 设备类型=DISK
备份片段列表
BP 关键字  BS 关键字  Pc# Cp# 状态          设备类型段名称
-------  -------  --- --- ----------- ----------- ----------
2         2        1   1  AVAILABLE  DISK
F:\APP\ADMINISTRATOR\PRODUCT\11.2.0\DBHOME_1\DATABAS
E\02O730GU_1_1
是否确定要删除以上对象 (输入 YES 或 NO)？Y
已删除备份片段
备份片段句柄=F:\APP\ADMINISTRATOR\PRODUCT\11.2.0\DBHOME_1\DATABASE\
02O730GU_1_1 RECID=2 STAMP=812745
246
1 对象已删除
```

在这里成功地删除了备份集 2，这个备份集中包含了所有的数据文件的备份，现在已经从备份的目标位置删除了，示例语句如下：

```
RMAN> BACKUP AS COPY DATABASE FORMAT 'g:\oradata\%d_bak_%U';
启动 backup 于 15-4 月 -13
使用目标数据库控制文件替代恢复目录
......
```

BACKUP AS 将导致 RMAN 对数据文件进行逐字节的复制。默认情况下，实际上使用的是 BACKUP AS BACKUPSET 来创建了一个备份集的数据库库复制。

当数据库处于打开状态时，只有在 ARCHIVELOG 模式下才能进行备份数据库，这种备份也称为非一致性备份，稍后需要使用归档的重做日志文件进行一致性状态的恢复，因

此在备份时必须要对归档的重做日志文件也进行备份，使用 BACKUP DATABASE PLUS ARCHIVELOG 会备份数据库连同所有的归档重做日志文件。或者在整库备份后，使用 BACKUP ARCHIVELOG ALL 仅仅只是对归档日志进行备份。

BACKUP 有一个 TAG 子句，它允许为备份指定用户自定义的标签，如果没有指定 TAG，RMAN 将为备份分配一个默认的使用日期和时间的 TAG，TAG 信息总是以大写的形式存储在 RMAN 的信息库中，当使用 RESTORE DATABASE 复原数据库时，可以通过 FROM TAG 子句指定要使用的备份集。这样在具有多个备份集时可以指定要恢复的一个数据集，命令如下：

```
RMAN>    BACKUP    TAG    'weekly_full_db_bkup'    DATABASE    FORMAT
'g:\oradata\%d_bak_%U';
```

可以看到在进行备份时通过 TAG 指定了一个备份标签，这样在恢复时可以指定要用这个标签的备份集进行复原。

22.2.6 备份表空间和数据库文件

RMAN 可以对单个表空间或指定的数据文件、控制文件、归档日志文件、初始化参数文件进行单独备份，接下来分别讨论它们的备份方式。

1. 备份表空间

只要数据库实例处于加载状态，无论是否打开，都可以对表空间进行备份，例如下面的示例备份了 USERS 表空间：

```
RMAN> BACKUP TABLESPACE USERS;

启动 backup 于 15-4 月 -13
使用通道 ORA_DISK_1
通道 ORA_DISK_1: 正在启动全部数据文件备份集
通道 ORA_DISK_1: 正在指定备份集内的数据文件
输入数据文件: 文件号=00004 名称=F:\APP\ADMINISTRATOR\ORADATA\ORCL\USERS01
.DBF
通道 ORA_DISK_1: 正在启动段 1 于 15-4 月 -13
通道 ORA_DISK_1: 已完成段 1 于 15-4 月 -13
段句柄=F:\APP\ADMINISTRATOR\PRODUCT\11.2.0\DBHOME_1\DATABASE\10O74BRC
_1_1 标记=TAG20130415T065332 注
释=NONE
通道 ORA_DISK_1: 备份集已完成, 经过时间:00:03:25
完成 backup 于 15-4 月 -13
```

备份表空间也可以使用 FORMAT 指定备份集的命名方式和位置，同样也可以使用 TAG 来指定一个备份标签。

可以使用 LIST BACKUP OF TABLESPACE 来查看特定表空间的备份，示例语句如下：

```
RMAN> LIST BACKUP OF TABLESPACE USERS;
备份集列表
===================
BS 关键字  类型 LV 大小        设备类型    经过时间        完成时间
------- ---- -- ---------- ----------- ------------- -----------
```

```
5        Full    1.43G        DISK            00:01:37      14-4 月 -13
         BP 关键字: 5    状态: AVAILABLE    已压缩: NO    标记: TAG20130414T190840
段名:G:\ORADATA\ORCL_BAK_05O732HP_1_1
   备份集 5 中的数据文件列表
   文件 LV 类型 Ckp SCN   Ckp 时间       名称
   ---- -- ---- ---------- ---------- ----
    4       Full 10746105   14-4 月 -13 F:\APP\ADMINISTRATOR\ORADATA\ORCL\
                                      USERS01.DBF
```

可以看到，这个命令显示出了所有的表空间的备份集的列表，还包含了表空间的数据文件列表。

2. 备份数据文件

可以使用 BACKUP DATAFILE 语句来备份特定的数据文件，BACKUP DATAFILE 后接数据文件的完整路径，或者是通过 file_id 来备份数据文件，可以通过查询 dba_data_file 的 file_id 和 file_name 来获取数据文件的 id 和完整路径信息。例如要备份 USERS01.DBF 数据文件，可以使用如下的 BACKUP DATAFILE 命令：

```
RMAN> BACKUP DATAFILE 'F:\APP\ADMINISTRATOR\ORADATA\ORCL\USERS01.DBF';
启动 backup 于 15-4 月 -13
使用通道 ORA_DISK_1
通道 ORA_DISK_1: 正在启动全部数据文件备份集
通道 ORA_DISK_1: 正在指定备份集内的数据文件
输入数据文件: 文件号=00004 名称=F:\APP\ADMINISTRATOR\ORADATA\ORCL\
USERS01.DBF
通道 ORA_DISK_1: 正在启动段 1 于 15-4 月 -13
通道 ORA_DISK_1: 已完成段 1 于 15-4 月 -13
段句柄=F:\APP\ADMINISTRATOR\PRODUCT\11.2.0\DBHOME_1\DATABASE\11O74CVQ
_1_1 标记=TAG20130415T071258 注
释=NONE
通道 ORA_DISK_1: 备份集已完成, 经过时间:00:00:03
完成 backup 于 15-4 月 -13
```

在备份数据文件后，可以使用 LIST BACKUP OF DATAFILE 来查看数据文件的备份，在该语句后面需要指定数据文件的编号，示例语句如下：

```
RMAN> LIST BACKUP OF DATAFILE 4;
备份集列表
==================
BS 关键字  类型 LV 大小       设备类型     经过时间       完成时间
------- ---- -- ---------- ----------- ----------- ----------
5        Full    1.43G        DISK        00:01:37     14-4 月 -13
         BP 关键字: 5    状态: AVAILABLE    已压缩: NO    标记: TAG20130414T190840
段名:G:\ORADATA\ORCL_BAK_05O732HP_1_1
   备份集 5 中的数据文件列表
   文件 LV 类型 Ckp SCN   Ckp 时间       名称
   ---- -- ---- ---------- ---------- ----
    4       Full 10746105   14-4 月 -13 F:\APP\ADMINISTRATOR\ORADATA\ORCL
\USERS01.DBF
```

在 LIST BACKUP OF DATAFILE 后面指定逗号分隔的文件编号列表可以查看多个文件的备份集信息。

3．备份控制文件

控制文件可以使用 ALTER DATABASE BACKUP CONTROLFILE 进行备份，也可以在 RMAN 中，执行 BACKUP DATABASE 时，使用 INCLUDE CURRENT CONTROLFILE 子句进行备份，或者是使用 BACKUP CURRENT CONTROLFILE 仅对控制文件进行备份，示例语句如下：

```
RMAN> BACKUP CURRENT CONTROLFILE;
启动 backup 于 16-4 月 -13
使用目标数据库控制文件替代恢复目录
分配的通道：ORA_DISK_1
通道 ORA_DISK_1：SID=132 设备类型=DISK
通道 ORA_DISK_1：正在启动全部数据文件备份集
通道 ORA_DISK_1：正在指定备份集内的数据文件
备份集内包括当前控制文件
通道 ORA_DISK_1：正在启动段 1 于 16-4 月 -13
通道 ORA_DISK_1：已完成段 1 于 16-4 月 -13
段句柄=F:\APP\ADMINISTRATOR\PRODUCT\11.2.0\DBHOME_1\DATABASE\
12O76UAQ_1_1 标记=TAG20130416T062114 注
释=NONE
通道 ORA_DISK_1：备份集已完成，经过时间:00:00:01
完成 backup 于 16-4 月 -13
```

INCLUDE CURRENT CONTROLFILE 可以在执行任何 BACKUP 命令时指定，甚至可以在执行 BACKUP CURRENT CONTROLFILE 时指定，示例语句如下：

```
RMAN> BACKUP CURRENT CONTROLFILE INCLUDE CURRENT CONTROLFILE;
启动 backup 于 16-4 月 -13
使用通道 ORA_DISK_1
通道 ORA_DISK_1：正在启动全部数据文件备份集
通道 ORA_DISK_1：正在指定备份集内的数据文件
备份集内包括当前控制文件
通道 ORA_DISK_1：正在启动段 1 于 16-4 月 -13
通道 ORA_DISK_1：已完成段 1 于 16-4 月 -13
段句柄=F:\APP\ADMINISTRATOR\PRODUCT\11.2.0\DBHOME_1\DATABASE\
13O76UGC_1_1 标记=TAG20130416T062412 注
释=NONE
通道 ORA_DISK_1：备份集已完成，经过时间:00:00:01
完成 backup 于 16-4 月 -13
```

在备份 SYSTEM 表空间及备份第一个数据文件时也会触发对控制文件的自动备份，可以配置 RMAN，使之在任何备份操作发生时都会备份控制文件，示例语句如下：

```
RMAN> CONFIGURE CONTROLFILE AUTOBACKUP ON;
新的 RMAN 配置参数：
CONFIGURE CONTROLFILE AUTOBACKUP ON;
已成功存储新的 RMAN 配置参数
```

最后通过使用 LIST 命令，可以查看当前控制文件的备份列表，示例语句如下：

```
RMAN> LIST BACKUP OF CONTROLFILE;
```

4．备份归档重做日志文件

归档重做日志文件在对数据库进行介质恢复时十分重要，使用 BACKUP ARCHIVELOG ALL 就可以对所有的归档重做日志文件进行备份，示例语句如下：

```
RMAN> BACKUP ARCHIVELOG ALL;
启动 backup 于 16-4 月 -13
当前日志已存档
使用通道 ORA_DISK_1
通道 ORA_DISK_1: 正在启动归档日志备份集
通道 ORA_DISK_1: 正在指定备份集内的归档日志
输入归档日志线程=1 序列=269 RECID=12 STAMP=800281711
......
通道 ORA_DISK_1: 正在启动段 1 于 16-4 月 -13
通道 ORA_DISK_1: 已完成段 1 于 16-4 月 -13
段句柄=F:\APP\ADMINISTRATOR\PRODUCT\11.2.0\DBHOME_1\DATABASE\
14O76UUL_1_1 标记
=TAG20130416T063144 注
释=NONE
通道 ORA_DISK_1: 备份集已完成，经过时间:00:01:05
通道 ORA_DISK_1: 正在启动归档日志备份集
通道 ORA_DISK_1: 正在指定备份集内的归档日志
输入归档日志线程=1 序列=318 RECID=61 STAMP=809729935
......
输入归档日志线程=1 序列=380 RECID=123 STAMP=812874704
通道 ORA_DISK_1: 正在启动段 1 于 16-4 月 -13
通道 ORA_DISK_1: 已完成段 1 于 16-4 月 -13
段句柄=F:\APP\ADMINISTRATOR\PRODUCT\11.2.0\DBHOME_1\DATABASE\
15O76V0N_1_1 标记
=TAG20130416T063144 注
释=NONE
通道 ORA_DISK_1: 备份集已完成，经过时间:00:01:15
完成 backup 于 16-4 月 -13

启动 Control File and SPFILE Autobackup 于 16-4 月 -13
段
handle=F:\APP\ADMINISTRATOR\PRODUCT\11.2.0\DBHOME_1\DATABASE\C-12918652
80-20130416-00
 comment=NONE
完成 Control File and SPFILE Autobackup 于 16-4 月 -13
```

可以在执行其他备份时，使用 PLUS ARCHIVELOG 子句来备份归档日志文件，除了使用 ALL 备份当前所有可用到的归档日志文件外，还可以通过 UNTIL、SCN、TIME、SEQUENCE 等参数来灵活地设置要备份的归档范围。

例如在执行控制文件备份时，可以使用 PLUS ARCHIVELOG 备份归档日志文件，示例语句如下：

```
RMAN>BACKUP CURRENT CONTROLFILE PLUS ARCHIVELOG;
```

最后，可以使用 LIST BACKUP OF ARCHIVELOG ALL 来查看已备份的归档日志文件。

5. 备份SPFILE

在完整备份数据库或对控制文件进行备份时，RMAN 也会自动备份服务器端的初始化参数文件，也可以使用 BACKUP SPFILE 进行备份，示例语句如下：

```
RMAN> BACKUP SPFILE;

启动 backup 于 16-4 月 -13
使用通道 ORA_DISK_1
通道 ORA_DISK_1: 正在启动全部数据文件备份集
通道 ORA_DISK_1: 正在指定备份集内的数据文件
备份集内包括当前的 SPFILE
通道 ORA_DISK_1: 正在启动段 1 于 16-4 月 -13
通道 ORA_DISK_1: 已完成段 1 于 16-4 月 -13
段句柄=F:\APP\ADMINISTRATOR\PRODUCT\11.2.0\DBHOME_1\DATABASE\
17O76VBV_1_1 标记
=TAG20130416T063854 注
释=NONE
通道 ORA_DISK_1: 备份集已完成，经过时间:00:00:01
完成 backup 于 16-4 月 -13

启动 Control File and SPFILE Autobackup 于 16-4 月 -13
段
handle=F:\APP\ADMINISTRATOR\PRODUCT\11.2.0\DBHOME_1\DATABASE\C-12918652
80-20130416-01
comment=NONE
完成 Control File and SPFILE Autobackup 于 16-4 月 -13
```

可以看到，RMAN 的 BACKUP 命令的功能相当丰富，可以通过各种不同的子句单独地完成对各种数据库对象的备份，也可以使用 LIST BACKUP OF 来查看各种不同的备份项的备份集列表。

22.2.7　理解 RMAN 命令

可以使用 BACKUP DATABASE 或 LIST BACKUP 等命令手动地执行 RMAN，这是 RMAN 执行最基本的方式。RMAN 有一个功能强大的脚本语言，可以创建 RMAN 脚本来执行自动化的备份和恢复工作，RMAN 脚本可以存储在恢复目录中，或者存储为文本文件。除了脚本之外，RMAN 最常见的执行方式是使用 RUN 语句来批量执行 RMAN 命令。

批处理方式实质是将原来单个执行的命令组织在一起，这种方式会将 RUN 中的所有命令视为一个作用，如果作用中任何一条命令失败，则整个命令停止运行。一些命令只能在 RUN 中运行，一些命令不能在 RUN 中运行，比如一些控制环境变量或操作 CATALOG 的操作。使用 RUN 批处理备份数据库的代码如下所示，示例语句如下：

```
RMAN> RUN{
> ALLOCATE CHANNEL DEV1 TYPE DISK;
> BACKUP DATABASE;
> REALEASE CHANNEL DEV1;
> }
分配的通道: dev1
通道 dev1: SID=150 设备类型=DISK
```

```
启动 backup 于 19-3 月 -12
…
```

在这个示例中使用 RUN 命令组合了多个 RMAN 命令，ALLOCATE CHANNEL 用来分配通道，这个命令只能在 RUN 批处理语句中使用，通过 RMAN 和目标数据库的一个连接，多个通道可以提供并行执行的能力，提升备份的性能。

如果不使用 RUN 命令手动分配通道，RMAN 会在执行 BACKUP 等操作时使用预定义配置中的设置来自动分配通道。在 RMAN 中可以通过 SHOW 命令来显示当前的配置参数，例如可以使用 SHOW ALL 显示所有的配置信息，示例语句如下：

```
RMAN> SHOW ALL;

使用目标数据库控制文件替代恢复目录
db_unique_name 为 ORCL 的数据库的 RMAN 配置参数为:
CONFIGURE RETENTION POLICY TO REDUNDANCY 1; # default
CONFIGURE BACKUP OPTIMIZATION OFF; # default
CONFIGURE DEFAULT DEVICE TYPE TO DISK; # default
CONFIGURE CONTROLFILE AUTOBACKUP ON;
CONFIGURE CONTROLFILE AUTOBACKUP FORMAT FOR DEVICE TYPE DISK TO '%F'; #
default
CONFIGURE DEVICE TYPE DISK PARALLELISM 1 BACKUP TYPE TO BACKUPSET; # default
CONFIGURE DATAFILE BACKUP COPIES FOR DEVICE TYPE DISK TO 1; # default
CONFIGURE ARCHIVELOG BACKUP COPIES FOR DEVICE TYPE DISK TO 1; # default
CONFIGURE MAXSETSIZE TO UNLIMITED; # default
CONFIGURE ENCRYPTION FOR DATABASE OFF; # default
CONFIGURE ENCRYPTION ALGORITHM 'AES128'; # default
CONFIGURE COMPRESSION ALGORITHM 'BASIC' AS OF RELEASE 'DEFAULT' OPTIMIZE
FOR LOAD
TRUE ; # default
CONFIGURE ARCHIVELOG DELETION POLICY TO NONE; # default
CONFIGURE SNAPSHOT CONTROLFILE NAME TO
'F:\APP\ADMINISTRATOR\PRODUCT\11.2.0\DBHOME_1\DATABASE\SNCFOR
CL.ORA'; # default
```

SHOW 的命令比较灵活，通过指定不同的配置参数，显示不同的配置。例如显示当前默认的设备类型，示例语句如下：

```
RMAN> SHOW DEFAULT DEVICE TYPE;
db_unique_name 为 ORCL 的数据库的 RMAN 配置参数为:
CONFIGURE DEFAULT DEVICE TYPE TO DISK; # default
```

其中显示为#default 表示这个配置项为初始配置项，未被修改过，示例中显示默认的设备类型为磁盘。下面的语句显示了控制文件自动备份类型：

```
RMAN> SHOW CONTROLFILE AUTOBACKUP;
db_unique_name 为 ORCL 的数据库的 RMAN 配置参数为:
CONFIGURE CONTROLFILE AUTOBACKUP ON;
```

除了这些命令之外，RMAN 提供了很多用来查看、检测备份和恢复的命令，通过 *Oracle Database Backup and Recovery Reference* 手册可以查找到更多命令的详细信息。

22.2.8　创建增量备份

BACKUP 命令创建的都是完整备份，RMAN 也提供了增量备份，增量备份的意思是只备份自前一个备份以来对数据库块的更改。

增量备份使用 BACKUP INCREMENTAL LEVEL 命令，它会跟踪自上一次增量备份以来的块级更改，它通常比全库备份要更酷，并且备份的数据集更小。LEVEL 子句指定备份的级别，要开始一个增量备份，最先开始创建一个 0 级的增量备份，它类似于数据库的完整备份，将备份数据库中的所有的数据库，但是不同于完整备份，LEVEL 0 级的备份需要应用增量备份策略。考虑 LEVEL 1 级的备份策略时，将备份仅发生修改过的数据库块，如果在执行 LEVEL 1 增量备份时不存在 0 级的增量备份，RMAN 将自动创建一个 LEVEL 0 级的增量备份，示例语句如下：

```
RMAN> BACKUP INCREMENTAL LEVEL 0 DATABASE;

启动 backup 于 16-4 月 -13
使用通道 ORA_DISK_1
通道 ORA_DISK_1: 正在启动增量级别 0 数据文件备份集
通道 ORA_DISK_1: 正在指定备份集内的数据文件
输入数据文件: 文件号=00001 名称=F:\APP\ADMINISTRATOR\ORADATA\ORCL\
SYSTEM01.DBF
输入数据文件: 文件号=00002 名称=F:\APP\ADMINISTRATOR\ORADATA\ORCL\
SYSAUX01.DBF
输入数据文件: 文件号=00003 名称=F:\APP\ADMINISTRATOR\ORADATA\ORCL\
UNDOTBS01.DBF
输入数据文件: 文件号=00005 名称=F:\APP\ADMINISTRATOR\ORADATA\ORCL\
EXAMPLE01.DBF
输入数据文件: 文件号=00007 名称=G:\ORADATA\TBS_FILES2.DBF
输入数据文件: 文件号=00006 名称=F:\APP\ADMINISTRATOR\ORADATA\ORCL\
DATA_TS.DBF
输入数据文件: 文件号=00010 名称=G:\ORADATA\TBS_FILE_3.DBF
输入数据文件: 文件号=00011 名称=F:\APP\ADMINISTRATOR\ORADATA\ORCL\
TBS_F4.DBF
输入数据文件: 文件号=00004 名称=F:\APP\ADMINISTRATOR\ORADATA\ORCL\
USERS01.DBF
输入数据文件: 文件号=00013 名称=F:\APP\ADMINISTRATOR\ORADATA\ORCL\
TBS_F07.DBF
输入数据文件: 文件号=00014 名称
=F:\APP\ADMINISTRATOR\PRODUCT\11.2.0\DBHOME_1\DATABASE\TBS_F08.DBF
输入数据文件: 文件号=00015 名称=F:\APP\ADMINISTRATOR\ORADATA\ORCL\
TBS_F08.DBF
输入数据文件: 文件号=00016 名称=D:\ORADATA\TBS_F02_1.DBF
输入数据文件: 文件号=00009 名称=F:\APP\ADMINISTRATOR\ORADATA\ORCL\
UNDOTBS02.DBF
输入数据文件: 文件号=00012 名称=F:\APP\ADMINISTRATOR\ORADATA\ORCL\
TBS_UNDO_01.DBF
输入数据文件: 文件号=00008 名称=F:\APP\ADMINISTRATOR\ORADATA\ORCL\
BIGFILETBS01.DBF
通道 ORA_DISK_1: 正在启动段 1 于 16-4 月 -13
通道 ORA_DISK_1: 已完成段 1 于 16-4 月 -13
段句柄=F:\APP\ADMINISTRATOR\PRODUCT\11.2.0\DBHOME_1\DATABASE\
19O78MSI_1_1 标记
=TAG20130416T222625 注
释=NONE
通道 ORA_DISK_1: 备份集已完成, 经过时间:00:02:51
完成 backup 于 16-4 月 -13
启动 Control File and SPFILE Autobackup 于 16-4 月 -13
```

```
段
handle=F:\APP\ADMINISTRATOR\PRODUCT\11.2.0\DBHOME_1\DATABASE\C-12918652
80-20130416-02 comment=NONE
完成 Control File and SPFILE Autobackup 于 16-4 月 -13
```

有了 LEVEL 0 级的完整备份后，RMAN 可以使用如下两种类型的增量备份：

❑ 差异备份 DIFFERENTIAL，备份最近级别为 1 的或级别为 0 的增量备份后更改过的数据库块。

❑ 累积备份 CUMULATIVE，备份最近级别为 0 的增量备份后更改过的所有块。

差异备份是默认的模式，用差异备份方式创建增量备份如下：

```
RMAN> BACKUP INCREMENTAL LEVEL 1 DATABASE;
```

可以使用如下的语句来应用累积增量模式：

```
RMAN> BACKUP INCREMENTAL LEVEL 1 CUMULATIVE DATABASE;
```

22.2.9　恢复数据库

当数据库出现介质故障或人为的操作失误时，就需要对数据库进行恢复工作。RMAN 的恢复对应了如下两个操作：

❑ 数据库复原（RESTORE），是指利用备份集的数据文件来替换已经损坏的数据库文件或者将其恢复到一个新的位置。RMAN 会从恢复目录或数据库的控制文件获取备份信息，并从中选择最合适的备份进行操作。一般会选择距离恢复目录时刻最近，并且优先选择镜像副本，然后才是备份集。

❑ 数据库恢复（RECOVER），应用所有的归档重做日志将数据库恢复到健康的状态，或者仅应用部分的 REDO 将数据库恢复到指定的时间点。

在执行数据库恢复时，一般对整个数据库恢复需要进入到 MOUNT 状态，如果只是对个别的表空间或数据文件的恢复可以在 OPEN 状态下进行操作。恢复操作时，可以使用完全恢复来恢复到最近的时间点，也可以使用部分恢复来恢复到特定的时间点，恢复完成后，再开启数据库，或者如果是不完全恢复，指定 RESETLOGS 打开数据库。

完全数据库恢复步骤如下所示。

（1）启动数据库到 MOUNT 状态，示例语句如下：

```
RMAN> STARTUP MOUNT;
已连接到目标数据库 (未启动)
Oracle 实例已启动
数据库已装载
系统全局区域总计      426852352 字节
Fixed Size             1375060 字节
Variable Size        285213868 字节
Database Buffers     134217728 字节
Redo Buffers           6045696 字节
```

（2）先使用 RESTORE DATABASE 还原数据库，然后使用 RECOVER 利用备份的归档重做日志文件进行介质恢复，示例语句如下：

```
RMAN> RESTORE DATABASE;
```

```
启动 restore 于 17-4 月 -13
分配的通道: ORA_DISK_1
通道 ORA_DISK_1: SID=133 设备类型=DISK

通道 ORA_DISK_1: 正在开始还原数据文件备份集
通道 ORA_DISK_1: 正在指定从备份集还原的数据文件
通道 ORA_DISK_1: 将数据文件 00001 还原到 C:\APP\ADMINISTRATOR\ORADATA\ORCL
\SYSTE
M01.DBF
通道 ORA_DISK_1: 将数据文件 00002 还原到 C:\APP\ADMINISTRATOR\ORADATA\ORCL
\SYSAU
X01.DBF
通道 ORA_DISK_1: 将数据文件 00003 还原到 C:\APP\ADMINISTRATOR\ORADATA\ORCL
\UNDOT
BS01.DBF
通道 ORA_DISK_1: 将数据文件 00004 还原到 C:\APP\ADMINISTRATOR\ORADATA\ORCL
\USERS
01.DBF
通道 ORA_DISK_1: 正在读取备份片段 C:\APP\ADMINISTRATOR\FLASH_RECOVERY_AREA
\ORCL\
BACKUPSET\2013_04_17\O1_MF_NNNDF_TAG20130417T151238_8PWLV6H4_.BKP
通道 ORA_DISK_1: 段句柄 = C:\APP\ADMINISTRATOR\FLASH_RECOVERY_AREA\ORCL
\BACKUPSE
T\2013_04_17\O1_MF_NNNDF_TAG20130417T151238_8PWLV6H4_.BKP      标   记    =
TAG20130417T151
238
通道 ORA_DISK_1: 已还原备份片段 1
通道 ORA_DISK_1: 还原完成, 用时: 00:00:45
完成 restore 于 17-4 月 -13
```

可以看到，在使用 RESTORE DATABASE 进行复原数据库时，并没有指定具体的备份集，Oracle 会遵循一定的规则自动寻找最近可用的备份集，可以通过指定 UNTIL，指定只从满足 UNTIL 条件的备份集开始，如果找到了多个备份集，RMAN 会选择最优的备份集来进行恢复。如果备份集中的某个备份片段出现了错误，RMAN 会自动寻找该备份片段的冗余复制，以获取相同数据块的内容来进行修复。

在复原数据完成之后，如果数据库复原的状态后没有产生过任何事务，则恢复操作完成，如果数据库又产生了归档的重做日志文件，那么就需要使用 RECOVER 进行恢复操作。使用 RECOVER 命令恢复数据库的语法如下：

```
RMAN> RECOVER DATABASE;
启动 recover 于 17-4 月 -13
使用通道 ORA_DISK_1
正在开始介质的恢复
介质恢复完成, 用时: 00:00:03
完成 recover 于 17-4 月 -13
```

（3）将数据库切换到 OPEN 状态完成对数据库的恢复工作。

```
RMAN> ALTER DATABASE OPEN;
数据库已打开
```

上面的 3 个步骤可以在一个 RUN 脚本中一次性恢复完成，示例语句如下：

```
RMAN> RUN{
2>   SHUTDOWN IMMEDIATE;
3>   STARTUP MOUNT;
4>   RESTORE DATABASE;
5>   RECOVER DATABASE;
6>   ALTER DATABASE OPEN;
7> }
```

RECOVER 操作在应用归档的重做日志文件时，也会产生一些重做日志信息，因此也可能会具有归档的重做日志文件产生，通过 DELETE ARCHIVELOGS 子句，可以删除由恢复操作产生的归档文件，在 RESTORE 和 RECOVER 之前的归档的日志文件不会被删除。也可以使用 SKIP TABLESPACE 来跳过对特定的表空间的恢复。

22.2.10　恢复表空间和数据库文件

可以对单个表空间或单个的数据文件、控制文件、归档日志文件或 SPFILE 参数进行恢复，在恢复表空间或数据库文件时，数据库既可以处于 MOUNTU 状态，也可以处于 OPEN 状态，表空间和数据文件的恢复比较相似，表空间必须要先进行脱机才能进行恢复。例如要恢复 USER 表空间，使用语句如下：

```
RMAN> SQL 'ALTER TABLESPACE users OFFLINE';
sql 语句: ALTER TABLESPACE users OFFLINE
```

如果备份集中的数据文件与当前表空间的数据文件并不是处于相同的位置，可以使用 SET NEWNAME 来指定到一个不同的位置，示例语句如下：

```
SET NEWNAME FOR DATAFILE '/disk1/oradata/prod/users01.dbf'
   TO '/disk2/users01.dbf';
```

当然在恢复完后还必须要使用 SWITCH DATAFILE ALL 语句更新控制文件指向新的数据文件的位置。

接下来分别应用 RESTORE TABLESPACE 和 RECOVER TABLESPACE 来复原和恢复表空间，如下所示：

```
RMAN> RESTORE TABLESPACE users;
RMAN> RECOVER TABLESPACE users;
```

最后再将表空间置为连接状态即可完成表空间的恢复，示例语句如下：

```
RMAN> SQL 'ALTER TABLESPACE users ONLINE';
```

同样，在一个 RUN 脚本中编写对于表空间的恢复，可以一次性完成对表空间的复原和恢复工作，示例语句如下：

```
RMAN> RUN
2> {
3>   SQL 'ALTER TABLESPACE users OFFLINE';
4>   RESTORE TABLESPACE users;
5>   RECOVER TABLESPACE users;
6>   SQL 'ALTER TABLESPACE users ONLINE';
7> }
```

如果要一次性对多个表空间进行恢复，那么可以在执行 RESTORE 或 RECOVER 命令

时使用逗号分隔的方式指定多个表空间的名称，但是需要分别使用 ALTER TABLESPACE
语句来对表空间设置 ONLINE 或 OFFLINE 状态。

对表空间进行恢复实际上也就是在对数据文件进行恢复，如果要单独对数据文件进行
恢复，可以先使用 ALTER DATABASE DATAFILE 语句的 OFFLINE 子句将数据文件指定
为脱机状态，然后使用 RESTORE DATAFILE 和 RECOVER DATAFILE 来复原和恢复数据
文件，这两个命令既可以指定数据文件的详细路径，也可以指定数据文件序号，可以从
dba_data_files 数据字典视图来获取文件的编号，在 SQL*Plus 的查询语句如下：

```
SQL> SELECT FILE_NAME,FILE_ID FROM dba_data_files;
FILE_NAME                                           FILE_ID
---------------------------------------------------------
C:\APP\ADMINISTRATOR\ORADATA\ORCL\USERS01.DBF          4
C:\APP\ADMINISTRATOR\ORADATA\ORCL\UNDOTBS01.DBF        3
C:\APP\ADMINISTRATOR\ORADATA\ORCL\SYSAUX01.DBF         2
C:\APP\ADMINISTRATOR\ORADATA\ORCL\SYSTEM01.DBF         1
```

如果要恢复 users01.dbf，可以使用如下的 RMAN 脚本，示例语句如下：

```
RMAN> RUN
2> {
3>    SQL 'ALTER DATABASE DATAFILE 4 OFFLINE';
4>    RESTORE DATAFILE 4;
5>    RECOVER DATAFILE 4;
6>    SQL 'ALTER DATABASE DATAFILE 4 ONLINE';
7> }
```

脚本首先使用 ALTER DATABASE 语句将文件编号为 4 的数据文件置于脱机状态，然
后复原数据文件 4，再对数据文件 4 进行恢复，最后使用 ALTER DATABASE 语句将这个
数据文件置为联机状态完成了对数据库文件的恢复。

22.2.11　使用恢复目录

默认情况下，RMAN 会在目标数据库的控制文件中存储备份和恢复的信息，这种方式
非常不安全，因为如果备份文件一旦丢失，会导致 RMAN 备份信息也随之丢失。因此
Oracle 建议在一个独立的数据库中创建恢复目录来存储备份和恢复的信息。使用恢复目录
的优点如下：

❑ 存储 RMAN 的脚本。
❑ 保存更多的历史备份信息。
❑ 同时管理与备份多个目标数据库。

一般建议在一个独立的数据库上创建恢复目录，创建的步骤如下所示。

1. 创建恢复目录表空间

首先需要在数据库上创建一个表空间来存储 RMAN 的目录数据，示例语句如下：

```
SQL> CREATE TABLESPACE RMAN_TS DATAFILE
    'G:\OraData\RMAN_TS.DBF' SIZE 10M AUTOEXTEND ON NEXT 10M;
表空间已创建。
```

2．创建RMAN用户

这一步将创建一个 RMAN 使用的用户，为其指定使用的表空间为 RMAN_TS，同时指定临时表空间为 TEMP。RMAN 用户需要具有 CONNECT、RECOVERY_CATALOG_OWNER 和 RESOURCE 的权限。这 3 个权限的作用如下所示：

- CONNECT 权限，用来连接数据库、创建表、视图等数据库对象。
- RECOVERY_CATALOG_OWNER 权限，可以对恢复目录进行管理。
- RESOURCE 权限，可以创建表、视图等数据库对象。

创建 RMAN 用户以及分配权限的语句如下：

```
SQL> CONN system/manager AS sysdba;
已连接。
SQL> CREATE USER rman IDENTIFIED BY password
   DEFAULT TABLESPACE RMAN_TS
    TEMPORARY TABLESPACE TEMP;
用户已创建。
SQL> GRANT CONNECT,RECOVERY_CATALOG_OWNER,RESOURCE TO RMAN;
授权成功。
```

3．创建恢复目录

RMAN 的恢复目录用于存放 RMAN 的元数据，是可选的存放元数据的一种方式，另外一种方式是使用目标数据库的控制文件。但是使用控制文件的一个缺陷就是当初始化参数到达 control_file_record_keep_time 的值之后，元数据可能被覆盖。恢复目录可以永久保存需要的 RMAN 元数据，另外在恢复目录中还可以存放存储脚本。

要创建恢复目录，首先运行 RMAN 程序打开恢复管理器，连接到目标数据库，示例语句如下：

注意：当连接到目标数据库时，需要以 DBA 身份（SYSDBA 或 SYSOPER）进行连接。

```
C:\>RMAN TARGET sys/oracle@ORCL CATALOG rman/password;
恢复管理器: Release 11.2.0.1.0 - Production on 星期一 3 月 19 11:25:10 2012
Copyright (c) 1982, 2009, Oracle and/or its affiliates.  All rights reserved.
连接到目标数据库: ORCL (DBID=1302676101)
连接到恢复目录数据库。
RMAN>
```

在进入到 RMAN 命令提示符后，再使用表空间创建恢复目录，指定恢复目录为 RMAN_TS，示例语句如下：

```
RMAN> CREATE CATALOG TABLESPACE RMAN_TS;
恢复目录已创建。
```

4．注册目标数据库

在开始进行数据库的备份与恢复前，RMAN 要求必须对目标数据库进行注册，注册使用 REGISTER DATABASE 命令，示例语句如下：

```
RMAN> REGISTER DATABASE;
注册在恢复目录中的数据库。
正在启动全部恢复目录的 resync
```

```
完成全部 resync
```

在创建恢复目录后，可以先不用连接目标数据库，直接进入到恢复目录，示例语句如下：

```
C:\Documents and Settings\Administrator>RMAN CATALOG rman/password;
恢复管理器: Release 11.2.0.1.0 - Production on 星期三 4 月 17 21:44:52 2013
Copyright (c) 1982, 2009, Oracle and/or its affiliates.  All rights reserved.
连接到恢复目录数据库。
```

然后可以使用 CONNECT 命令连接到目标数据库，示例语句如下：

```
RMAN> CONNECT TARGET sys/oracle;
连接到目标数据库: ORCL (DBID=1291865280)
```

或者使用下面的语法一步连接到恢复目录和目标数据库，而不用先连接到恢复目录再与目录数据库连接：

```
C:\>RMAN CATALOG rman/password@ORCL TARGET database;
```

在连接到恢复目录和目标数据库后，可以使用 REPORT SCHEMA 查看目标数据库的数据文件信息：

```
RMAN> REPORT SCHEMA;
db_unique_name 为 ORCL 的数据库的数据库方案报表
永久数据文件列表
============================
文件大小 (MB) 表空间            回退段数据文件名称
---- -------- ------------------ ------- -------- -----------------------
1 810     SYSTEM     YES     F:\APP\ADMINISTRATOR\ORADATA\ORCL\SYSTEM01.DBF
2 760     SYSAUX     NO      F:\APP\ADMINISTRATOR\ORADATA\ORCL\SYSAUX01.DBF
3 210     UNDOTBS1 YES     F:\APP\ADMINISTRATOR\ORADATA\ORCL\UNDOTBS01.DBF
….
```

22.3　小　　结

本章介绍了使用 Oracle 恢复管理器进行备份与恢复的基础知识，讨论了在 Oracle 中备份与恢复的基础知识，讨论了备份与恢复的类型，介绍了 Oracle 提供的几种用于备份与恢复的方法。在 RMAN 恢复管理器的介绍中，首先讨论了数据库的归档日志模式的作用和设置方法，然后介绍了 RMAN 的作用和 RMAN 的特性，接下来讨论了如何连接 RMAN，RMAN 一些基本的操作命令，然后讨论了如何对数据库进行完整的备份，以及对表空间、数据文件、控制文件等数据文件进行单独的备份，并且讨论了如何使用增量备份，在介绍了备份后讨论了如何复原（RESTORE）和恢复数据库，并介绍了如何对单个数据库文件进行恢复，最后介绍了如何创建和使用恢复目录取代目标数据库的控制文件。

第 6 篇　PL/SQL 案例实战

第 23 章　基于 PL/SQL 物料报表程序

物料清单（BOM）是企业 ERP 系统的一个基础核心的部分，它描述了企业产品的零件树结构，也就是说物料清单用来表示一个产品由哪些零部件、半成品或原材料构成，根据构成的层次结构构建成一颗清单树结构。它是 ERP 中成本管理、工程管理、计划管理、生产管理及仓库管理的重要基础资料。本章将介绍一个基于 BOM 的成本管理报表，介绍如何构建一个物料 BOM 的表结构，以及如何通过 PL/SQL 来计算 BOM 中产品的累积成本。

23.1　系　统　设　计

由于 BOM 的结构将产成品的组成表现为具有层次结构的树状结构，因此需要考虑到进行层次展开的运算，Oracle 提供了 SELECT..CONNECT BY 语句，使得可以直接进行层次化的查询，可以简化复杂的递归代码的编写。同时由于 ERP 中成本类型的不同，要求系统能够根据用户选择的不同类型的成本给出这种类型下产品和其零件的成本清单，以便于会计部门进行资金预测，这也是 ERP 系统在实施过程中非常常见的一个需求。

23.1.1　物料清单 BOM 简介

对于生产制造型的企业来说，企业通过采购原材料，组织工人进行生产，将生产的产品最终销售给客户而实现利润。BOM 代表了最终产品的组成结构，它包含了单个最终产品需要的原材料数量，在生产过程中产生的半成品的数量。通过 BOM 的编制，使得企业采购人员和生产人员可以很清楚地了解最终产品哪些原材料是需要购买的，生产人员很容易知道产品需要怎样进行生产，生产的工艺流程信息。因此 BOM 编制的好坏直接影响整个生产制造型企业的运作。

以电脑为例，如果要为电脑编一个 BOM 清单，可以首先根据电脑的零部件需求列出一份零件列表，然后根据这些零件的组成结构编制一棵 BOM 树。表 23.1 是常见的电脑的组成清单结构，它包含了零件编号、零件的层次和零件单位、所需要的数量等信息。

表 23.1　电脑BOM清单结构

序号	父项编号	子项编号	子项名称	单位	单台用量	
1		1000	电脑主机	台	1	
2	1000	1001	显示器	台	1	
3	1000	1002	主机	台	1	
4	1002	1003	机箱	台	1	
5	1002	1004	主板	块	1	

续表

序号	父项编号	子项编号	子项名称	单位	单台用量	
6	1002	1005	CPU	块	1	
7	1002	1006	内存	条	2	
8	1002	1007	显卡	块	1	
9	1002	1008	硬盘	块	1	

在表 23.1 中，父项编号是指电脑组装的层次结构中的上层，比如主机由机箱、主板等零件组成。实际上在企业编制物料清单的过程中，会用树的形式来表示最终的产品组成结构，位于顶层的是产品的最终成本，因此上面的电脑零件清单又可以表示为如图 23.1 所示的树状图。

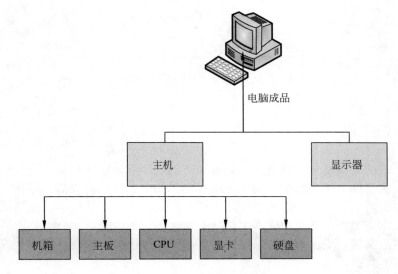

图 23.1　树状的零件清单

由图 23.1 可以看到，有了这样的树状层次结构，企业各个部门的人对于产品的组成结构就可以一目了然。企业的计划部可以根据 BOM 结构编制计划，会计部门可以根据这个树状的层次结构编制产品的标准成本表。

23.1.2　需求分析

A 公司是一家电脑硬件供应商，主要为各大中型企业提供电脑组装服务，A 公司通过采购电脑配件，组装成电脑整机出售给各种制造型的工厂。随着订单的日益增多，产品种类的日益丰富，A 公司迫切需要一种能够预计产品成本，同时又能计算实际成本的工具。由于 A 公司使用 Oracle 数据库系统，经过需求分析，可以采用 PL/SQL 为其开发一个程序来根据产品结构产生成本报表。

系统 A 公司的需求分析人员经过分析，绘制了如图 23.2 所示的用例分析图。

A 公司 IT 部的相关人员在深入了解用户的需求后，认为有必要采用类似 ERP 的 BOM 结构来构建一套数据库结构，并且使用 PL/SQL 程序来开发产品成本报表。

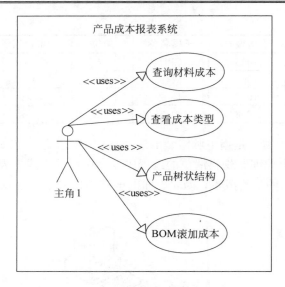

图 23.2　成本系统用例分析图

23.1.3　系统流程

经过对系统的分析可知，系统应该具有如下的几个数据实体：

（1）物料主文件，用来维护公司内部所有产品的信息，包含成品、零件或半成品。

（2）成本类型，由于一般的成本统计方式有标准成本、实际成本、预估成本等类型，因此有一个成本类型实体来维护成本类型。

（3）成本主文件，成本类信息只能由财务部能进行维护，因此要有一个成本主文件来存放所有的成本数据。

（4）产品结构 BOM 表，用来存放产品组成关系的层次化结构的数据表。

有了这几种数据实体，就可以很容易地根据产品的 BOM 结构来编排成本报表了，系统设计流程图如图 23.3 所示。

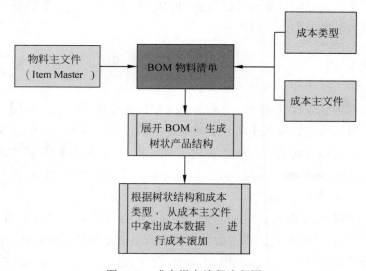

图 23.3　成本报表编程流程图

在图 23.3 中，物料主文件是包含企业所有物料的文件，它不包含结构信息，而 BOM 将引用物料主文件中的物料，为其添加产品结构化信息。成本主文件包含了企业所有的物料的成本信息，因而通过成本主文件和 BOM 结构，就能很容易地得到产品的总成本，进而编制出成本报表了。

23.1.4　数据表 ER 关系图

在了解系统中需要出现的数据实体和操作流程图之后，现在开始构建数据库表，数据库 E-R 关系图如图 23.4 所示。

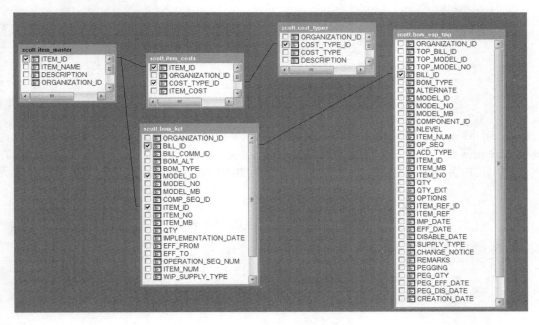

图 23.4　数据表结构 E-R 关系图

可以看到系统一共定义了 5 个表，其中 4 个表是基础资料表，一个表是临时表，用来保存 BOM 树状结构信息，这几个表的作用分别如下所示：

- □　item_master 表，物料主文件表，包含公司所有的物料信息。
- □　cost_types 表，成本类型表，用来记录成本的类型。
- □　item_costs 表，物料成本表，用来记录物料成本信息。
- □　bom_list 表，用来保存 BOM 资料信息。
- □　bom_exp_tmp，是一个全局临时表，用来保存 BOM 展开的明细信息。

代码 23.1 列出了 item_costs、item_master 和 cost_types 的创建代码。

代码 23.1　物料相关的表创建代码

```
--成本类型表
CREATE TABLE cost_types
(
  organization_id          NUMBER   NOT NULL,                --组织编号
  cost_type_id             NUMBER   NOT NULL PRIMARY KEY,    --成本编号
  cost_type                VARCHAR2(10 BYTE)    NOT NULL,    --成本类型名称
```

```
  description                    VARCHAR2(240 BYTE)                --成本描述
);
--成本主文件表
CREATE TABLE item_costs
(
  item_id                  NUMBER  NOT NULL,  --物料编号
  organization_id          NUMBER                  NOT NULL,    --组织编号
  cost_type_id             NUMBER                  NOT NULL,    --成本编号
  item_cost                NUMBER,                              --物料成本
  CONSTRAINT pk_costs     PRIMARY KEY(item_id,cost_type_id)
)
--物料主文件表
CREATE TABLE item_master
(
  item_id          NUMBER  NOT NULL PRIMARY KEY,    --物料 ID
  item_no          VARCHAR2(40 BYTE),               --物料编号
  item_name        VARCHAR2(40 BYTE),               --物料名称
  description      VARCHAR2(240 BYTE),              --描述
  organization_id  NUMBER          NOT NULL         --组织编号
)
```

与 BOM 相关的表主要有两个，其中 bom_list 用来构建 item_master 构建 BOM，而 bom_exp_tmp 是一个全局的临时表，用来保存 BOM 展开的信息，这两个表的很多字段在本示例项目中并不需要使用，但是作为一个标准的 BOM 来说是有用的，建表代码如代码 23.2 所示。

代码 23.2　与 BOM 相关的表的创建

```
--BOM 物料表，定义了详细的 BOM 信息
CREATE TABLE bom_list
(
  organization_id        NUMBER,                  --组织 ID
  bill_id                NUMBER,                  --BOM 的 ID
  bill_comm_id           NUMBER,                  --BOM 组件 ID
  bom_alt                VARCHAR2(32 BYTE),       --替代件编号
  bom_type               NUMBER,                  --BOM 类型
  model_id               NUMBER,                  --父项物料 ID
  model_no               VARCHAR2(32 BYTE),       --父项物料编号
  model_mb               NUMBER,                  --父项物料类别
  comp_seq_id            NUMBER,                  --组件序列号
  item_id                NUMBER,                  --子项物料 ID
  item_no                VARCHAR2(32 BYTE),       --子项物料编号
  item_mb                NUMBER,                  --子项物料类型
  qty                    NUMBER,                  --BOM 单台用料
  implementation_date    DATE,                    --BOM 完成日期
  eff_from               DATE,                    --BOM 起始生效日期
  eff_to                 DATE,                    --BOM 结束生效日期
  operation_seq_num      NUMBER,                  --工艺序列号
  item_num               NUMBER,                  --备用物料编号
  wip_supply_type        NUMBER                   --车间供应类型
)
--·创建相应的索引信息
CREATE INDEX idx_bom_list1 ON bom_list(organization_id, model_no, item_no)
CREATE INDEX idx_bom_list2 ON bom_list(organization_id, item_no, model_no)
CREATE INDEX idx_bom_list3 ON bom_list(organization_id, item_id, model_id)
```

```
CREATE INDEX idx_bom_list4 ON bom_list(comp_seq_id)
--保存 BOM 展开信息的全局临时表
CREATE GLOBAL TEMPORARY TABLE bom_exp_tmp
(
  organization_id   NUMBER  NOT NULL,          --组织 ID
  top_bill_id       NUMBER,                    --顶层 BOM 的 ID
  top_model_id      NUMBER,                    --BOM 顶层产品 ID
  top_model_no      VARCHAR2(32 BYTE),         --BOM 顶层产品编号
  bill_id           NUMBER,                    --当前 BOM 的编号
  bom_type          NUMBER,                    --当前 BOM 的类型
  alternate         VARCHAR2(64 BYTE),         --替代件编号
  model_id          NUMBER,                    --父项物料的 ID
  model_no          VARCHAR2(64 BYTE),         --父项物料的编号
  model_mb          NUMBER,                    --父项物料的类型
  component_id      NUMBER,                    --组件序列号
  nlevel            NUMBER,                    --所在的层次
  item_num          NUMBER,                    --物料的备用编号
  op_seq            NUMBER,                    --工艺序列号
  acd_type          NUMBER,                    --acd 的类型
  item_id           NUMBER,                    --物料 id
  item_mb           NUMBER,                    --物料类型
  item_no           VARCHAR2(64 BYTE),         --物料编号
  qty               NUMBER,                    --单台用量
  qty_ext           NUMBER,                    --单台用量（额外的信息）
  options           VARCHAR2(8 BYTE),          --选项
  item_ref_id       NUMBER,                    --物料引用 id
  item_ref          VARCHAR2(64 BYTE),         --物料引用编号
  imp_date          DATE,                      --BOM 完成日期
  eff_date          DATE,                      --生效日期
  disable_date      DATE,                      --无效日期
  supply_type       NUMBER,                    --供应类型
  change_notice     VARCHAR2(32 BYTE),         --更改通知
  remarks           VARCHAR2(2000 BYTE),       --描述
  pegging           VARCHAR2(2000 BYTE),       --累积信息
  peg_qty           VARCHAR2(2000 BYTE),       --累积数量
  peg_eff_date      VARCHAR2(2000 BYTE),       --累积生效日期
  peg_dis_date      VARCHAR2(2000 BYTE),       --累积无效日期
  creation_date     DATE                       --创建日期
)
ON COMMIT PRESERVE ROWS
NOCACHE;
```

在本书配套源代码文件夹中的 Create_table_script.sql 文件中包含了创建表的源代码，在创建了基础表结构之后，可以使用本书配套源代码文件夹中的 table_Data_script.sql 文件导入基本的数据。

23.1.5　Oracle 开发环境的搭建

为了演示真实环境下的开发过程，本示例将使用 PL/SQL Developer 开发工具，这是目前多数 Oracle PL/SQL 程序员的首选。在开发与调试的功能性方面，该工具提供了很多方便使用的功能，可以大大提高开发人员的执行效率。

使用 scott 用户登录到 PL/SQL Developer，然后单击"文件|新建|程序窗口|Package"菜单项，PL/SQL Developer 将弹出创建包规范提示窗口，本示例将新建 bom_cost_pkg 包，因此在 Name 文本框中输入 bom_cost_pkg，然后在 Purpose 文本框中输入包的描述性信息，如图 23.5 所示。

图 23.5　使用 PL/SQL Developer 创建包规范

当单击"确定"按钮后，PL/SQL Developer 将创建两个文件，一个用于包规范，一个用于包体。并且同时生成了包的存根代码，允许用户方便地进行程序开发，如图 23.6 所示。

图 23.6　PL/SQL Developer 的代码编辑窗口

PL/SQL 的对象浏览窗口使得开发人员可以轻松地导览到所创建的过程或函数的位置，通过代码编辑窗口的智能提示功能，可以大大提升开发人员的效率。在了解所使用的开发工具后，接下来就可以开始进行本章所介绍的示例的正式开发工作了。

23.2　系统编码实现

本章的编码将重点突出 PL/SQL 的实现的一些思路，因此在实现细节上尽量用最简单的代码来解决需求。实际上在日常工作中，需求往往因企业而异，不同的企业对于相同的实现有着不同的需求重点，因此作为一名程序员，应该力求了解最精确的需求，然后再开始进行编程。

23.2.1 创建包规范

由于 PL/SQL 的包规范与包体并不是紧密耦合的，因此包规范通常由系统设计人员创建。系统设计人员采用自顶向下的设计手法，按用户的需求对需要实现的功能进行分解，创建出一份便于程序人员实现的包规范。

对于 BOM 物料报表程序来说，系统定义了如代码 23.3 所示的包规范定义代码。

代码 23.3　包规范定义代码

```
CREATE OR REPLACE PACKAGE bom_cost_pkg
-- Author  : ADMINISTRATOR
-- Created : 2012-3-24 13:21:52
-- Purpose : BOM 物料计算报表
IS
  --获取单个物料的成本
  FUNCTION get_item_cost (
    p_org_id        NUMBER,       --组织代码
    p_item_id       NUMBER,       --物料编码
    p_cst_t1        NUMBER,       --成本类型 1
    p_cst_t2        NUMBER        --成本类型 2
  )
    RETURN NUMBER;
 --BOM 展开函数，用于将 BOM 展开到临时表
  PROCEDURE bom_exp (
    p_org_id        NUMBER,                 --组织代码
    p_item_from     VARCHAR2,               --物料起始编号
    p_item_to       VARCHAR2,               --物料结束编号
    p_eff_date      DATE DEFAULT SYSDATE    --生效日期
  );
 --物料 BOM 计算函数
  PROCEDURE bom_cost (
    p_org_id        NUMBER,                 --组织代码
    p_item_f     IN  VARCHAR2 DEFAULT NULL,    --起始物料编号
    p_item_t     IN  VARCHAR2 DEFAULT NULL,    --终止物料编号
    p_bom_date   IN  DATE DEFAULT SYSDATE,     --BOM 生效日期
    p_usd_rate   IN  NUMBER DEFAULT NULL,      --货币兑换比率
    p_cst_t1     IN  NUMBER DEFAULT NULL,      --成本类型 1
    p_cst_t2     IN  NUMBER DEFAULT NULL       --成本类型 2
  );
  --包主函数，用来被调用产生成本主报表
  PROCEDURE bom_cost_main (
    x_code       OUT  VARCHAR2,              --保留变量
    x_result     OUT  NUMBER,               --保留变量
    p_org_id     IN   NUMBER,               --组织代码
    p_item_f     IN   VARCHAR2 DEFAULT NULL,    --起始编码号
    p_item_t     IN   VARCHAR2 DEFAULT NULL,    --结束编码号
    p_bom_date   IN   VARCHAR2 DEFAULT TO_CHAR (SYSDATE,
                                  'yyyy/mm/dd hh24:mi:ss'
                                  ),         --BOM 日期
    p_usd_rate   IN   NUMBER DEFAULT NULL,      --货币兑换比率
    p_cst_t1     IN   VARCHAR2 DEFAULT NULL,    --成本类型 1
    p_cst_t2     IN   VARCHAR2 DEFAULT NULL     --成本类型 2
```

```
  );
--字符串连接函数
 FUNCTION link_str (
    p_tab     VARCHAR2 DEFAULT p_def_tab,
    p_end     VARCHAR2 DEFAULT p_def_eol,
    p_str1    VARCHAR2 DEFAULT '',
    ......省略掉中间的相同定义过程
    p_str59   VARCHAR2 DEFAULT ''
 )
    RETURN VARCHAR2;
--字符串提取函数
 FUNCTION cux_get_str (p_str VARCHAR2, p_bs VARCHAR2, p_no NUMBER)
    RETURN VARCHAR2;
--字符串计算函数
 FUNCTION cux_eval (p_str VARCHAR2, p_bs VARCHAR2, p_type VARCHAR2 DEFAULT
NULL)
    RETURN VARCHAR2;
END vcbom_bom_cost_pkg;
```

在包规范的定义中，除了 3 个辅助性的函数之外，其他的 4 个子程序是与计算逻辑相关的子程序，它们的作用分别如下所示：

- ❑ get_item_cost 函数，用来根据传入的物料编号返回成本主文件中的成本金额。
- ❑ bom_exp 过程，根据指定的物料编码范围来展开 BOM，将展开后的 BOM 存储到临时表中。
- ❑ bom_cost 过程，根据指定的物料编码范围来生成 BOM 的成本报表。
- ❑ bom_cost_main 过程，是包的主程序，由包的调用方进行调用来生成 BOM 的物料成本报表。

实际上这 4 个过程的执行顺序如图 23.7 所示。

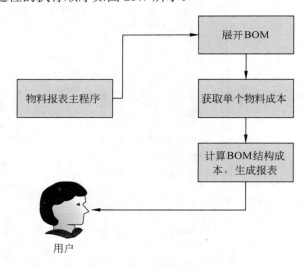

图 23.7　子程序调用顺序

了解 PL/SQL 子程序的实现顺序后，接下来就可以开始进行具体的代码实现介绍了。

23.2.2　获取物料成本单价

get_item_cost 函数根据传入的物料编码和成本类型，从物料成本主文件中去寻找具体的成本金额，然后返回，其实现如代码 23.4 所示。

代码 23.4　get_item_cost 单个物料成本查询函数

```
FUNCTION get_item_cost (
    p_org_id      NUMBER,              --组织代号
    p_item_id     NUMBER,              --物料编码
    p_cst_t1      NUMBER,              --成本类型 1
    p_cst_t2      NUMBER               --成本类型 2
)
    RETURN NUMBER
IS
    --定义一个返回成本金额的参数游标，接收成本类型为参数
    CURSOR cur_cost (p_type NUMBER)
    IS
      SELECT item_cost
        FROM item_costs cic
       WHERE cic.organization_id = p_org_id
         AND cic.item_id = p_item_id
         AND cic.cost_type_id = p_type;
    x_cost    NUMBER;   --返回值变量
BEGIN
    x_cost := NULL;
    FOR xr IN cur_cost (p_cst_t1)  --使用游标 FOR 循环提取游标数据
    LOOP
       x_cost := xr.item_cost;
    END LOOP;
    --如果返回值为 0，并且指定了第 2 个成本类型
    IF NVL (x_cost, 0) = 0 AND p_cst_t2 IS NOT NULL
    THEN
       FOR xr IN cur_cost (p_cst_t2)
       LOOP
         x_cost := xr.item_cost;  --提取第 2 个成本类型的成本值
       END LOOP;
    END IF;
    --使用 RETURN 语句返回游标值
    RETURN NVL (x_cost, 0);
END get_item_cost;
```

函数的实现过程如下步骤所示：

（1）函数接收组织代码、物料编码和成本类型作为参数，通过物料编码和成本类型来查询成本主文件。

（2）在函数的变量定义区，定义了一个游标，用来根据成本类型和物料编码查询物料的成本。因为有可能传入两个成本类型，因此这个参数化的游标仅以 p_type 作为游标参数。

（3）在语句的执行部分，首先查询成本类型 1，使用了游标 FOR 循环，这里不需要显式地打开游标或关闭游标，因为游标 FOR 循环会隐式地打开游标并提取数据，在游标操作完成之后结束游标的操作。如果 x_cost 没有任何成本数据，则再次使用游标 FOR 循环查询成本类型 2，最终返回 x_cost 的值。

（4）在使用 RETURN 语句返回值时，如果 x_cost 的值依然为 NULL，使用 NVL 函数返回成本 0 值。

🔔注意：组织代码是 ERP 中的一种对多组织 ERP 的标准方式，比如 ERP 既要管理 A 公司又要同时管理 B 公司，那么通过组织代码进行关联使得 ERP 更具有扩展性。

23.2.3　层次化展开物料清单

BOM 的展列使用了 Oracle 内置的层次化查询语句来实现。Oracle 通过在 SELECT 语句中提供 CONNECT BY 和 START WITH 子句，可以将具有引用关系的表结构查询成树状的结果，这方便了 BOM 的展开过程。

在使用 Oracle 的层次化查询时，Level 伪列可以返回当前层次编号，还有一个非常有用的函数 SYS_CONNECT_BY_PATH，该函数可以将层次结构使用指定的分隔符表达出来，举例来说，下面的查询语句使用层次化的查询语法查询 emp 表中，老板金下面的员工层次结构，使用了如下的语句：

```
SQL> SELECT level,SYS_CONNECT_BY_PATH(ename, '>') "Path"
  FROM scott.emp
  START WITH ename = '金'
  CONNECT BY PRIOR empno = mgr;
  LEVEL   Path
  -------------------------------------------------------------
     1 > 金
     2 > 金>约翰
     3 > 金>约翰>斯科特
     4 > 金>约翰>斯科特>亚当斯
     3 > 金>约翰>福特
     4 > 金>约翰>福特>史密斯
     2 > 金>布莱克
     3 > 金>布莱克>艾伦
     3 > 金>布莱克>沃德
     3 > 金>布莱克>马丁
     3 > 金>布莱克>特纳
     3 > 金>布莱克>吉姆
     2 > 金>克拉克
已选择 13 行
```

可以看到，Level 伪列显示出了当前员工的层次结构，而 SYS_CONNECT_BY_PATH 则将层次结构的列表显示了出来。

在 BOM 展开查询时，将使用 Level 和 SYS_CONNECT_BY_PATH 来保存 BOM 的层次信息，这样便于进行进一步的分析与处理工作。BOM 展开过程 bom_exp 的实现如代码 23.5 所示。

代码 23.5　bom_exp 实现 BOM 展开过程

```
PROCEDURE bom_exp (
  p_org_id          NUMBER,              --组织代码
  p_item_from    IN VARCHAR2,           --物料起始编码
  p_item_to      IN VARCHAR2,           --物料结束编码
  p_eff_date     IN DATE DEFAULT SYSDATE  --BOM 生效日期
)
IS
  x_bs   VARCHAR2 (1) := '/';            --层次分隔符
BEGIN
  EXECUTE IMMEDIATE 'truncate table BOM_EXP_TMP'; --清空全局临时表
  --向全局临时表中插入 BOM 展开后的结果
  INSERT INTO bom_exp_tmp
```

```
                  (organization_id, top_bill_id, top_model_id, top_model_no,
                   bill_id, bom_type, alternate, model_id, model_no,
                   model_mb, component_id, nlevel, item_num, op_seq,
                   acd_type, item_id, item_mb, item_no, qty, qty_ext,
                   options, item_ref_id, item_ref, imp_date, eff_date,
                   disable_date, supply_type, change_notice, remarks,
                   pegging, peg_qty, peg_eff_date, peg_dis_date,
                   creation_date)
         SELECT xt.organization_id, NULL,
                cux_get_str (pegging_id, x_bs, 1) top_model_id,
                cux_get_str (pegging, x_bs, 1) top_model_no, xt.bill_id,
                xt.bom_type, xt.alternate, xt.model_id, xt.model_no,
                xt.model_mb, xt.component_id, xt.nlevel, xt.item_num,
                xt.op_seq, xt.acd_type, xt.item_id, xt.item_mb, xt.item_no,
                xt.qty, cux_eval(pegging_qty, x_bs) qty_ext, NULL options,
                NULL item_ref_id, NULL item_ref, xt.imp_date,
                TO_DATE (cux_eval(xt.pegging_eff, x_bs, 'MAX'), 'yyyymmdd'),
                TO_DATE (cux_eval(xt.pegging_disable, x_bs, 'MIN'),
                        'yyyymmdd'
                        ),
                xt.supply_type, xt.change_notice, xt.remarks, xt.pegging,
                xt.pegging_qty, xt.pegging_eff, xt.pegging_disable, SYSDATE
           FROM (SELECT     /*+ index(vbl) */  --子查询使用 START WITH 和 CONNECT
BY 子句层次查询
                          vbl.organization_id, NULL, NULL, NULL,
                          vbl.bill_id bill_id, vbl.bom_type bom_type,
                          NULL alternate, vbl.model_id model_id,
                          vbl.model_no model_no, vbl.model_mb model_mb,
                          vbl.comp_seq_id component_id, LEVEL nlevel,
                          vbl.item_num, PRIOR vbl.operation_seq_num op_seq,
                          NULL acd_type, vbl.item_id item_id, vbl.item_mb,
                          vbl.item_no, vbl.qty, NULL, NULL, NULL, NULL,
                          vbl.implementation_date imp_date,
                          vbl.eff_from eff_date, vbl.eff_to disable_date,
                          vbl.wip_supply_type supply_type, '' change_notice,
                          '' remarks,
                          SYS_CONNECT_BY_PATH (vbl.model_id,--通过 model_id
获取层次
                                             '/') pegging_id,
                          SYS_CONNECT_BY_PATH (vbl.model_no, '/') pegging,
                          SYS_CONNECT_BY_PATH (vbl.qty, '/') pegging_qty,
                          SYS_CONNECT_BY_PATH
                             (NVL (TO_CHAR (vbl.eff_from, 'yyyymmdd'),
                                  '10000101'
                                  ),
                              '/'
                             ) pegging_eff,
                          SYS_CONNECT_BY_PATH
                             (NVL (TO_CHAR (vbl.eff_to, 'yyyymmdd'),
                                  '29991231'
                                  ),
                              '/'
                             ) pegging_disable
                     FROM (SELECT /*+ index(bl) */     --根据查询条件过滤数据
                                  *
                             FROM bom_list bl
                            WHERE bl.organization_id = p_org_id
                              AND bl.implementation_date IS NOT NULL
                              AND bl.eff_from <= p_eff_date
                              AND (  bl.eff_to IS NULL
```

```
                                  OR bl.eff_to > p_eff_date
                              )) vbl
              CONNECT BY vbl.model_id = PRIOR vbl.item_id
--处理层次化查询参数
                  AND vbl.organization_id = PRIOR vbl.organization_id
              START WITH vbl.model_no BETWEEN p_item_from AND p_item_to
                  AND organization_id = p_org_id) xt;
      END bom_exp;
```

代码虽然比较长，但是实际上就是完成两个工作：

（1）使用 TRUNCATE 语句清空全局临时表。

（2）使用 START WITH..CONNECT BY 子句查询 bom_list 表中的数据，将查询的结果插入到全局临时表中。

INSERT 语句看起来似乎很复杂，为了容易理解，图 23.8 绘出了整个查询的基本结构。

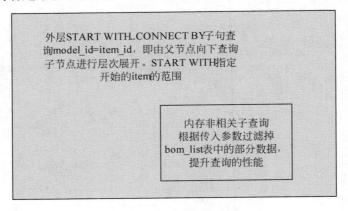

图 23.8　层次化查询结构

可以看到，在查询内部实际上使用了一个非相关子查询，通过过滤出失效日期的 BOM，可以减少查询的数据量，然后在外层使用层次化的查询语法查询出结果。

为了了解这个过程的执行结果，可以使用下面的 PL/SQL 匿名块来进行测试，如以下代码所示：

```
BEGIN
bom_cost_pkg.bom_exp(84,'80-00001','80-00002',SYSDATE);
END;
```

在执行完成后，在 SQL*Plus 中通过下面的语句来查看结果：

```
SQL> SELECT bill_id,item_id,pegging FROM bom_exp_tmp;
   BILL_ID    ITEM_ID PEGGING
   ---------- ----------------------------------------
     1001       1003 /80-00001
     1001       1012 /80-00001
     1002       1005 /80-00001/50-00003
     1002       1007 /80-00001/50-00003
     1002       1008 /80-00001/50-00003
     1002       1009 /80-00001/50-00003
     1002       1010 /80-00001/50-00003
     1002       1011 /80-00001/50-00003
     1003       1004 /80-00002
     1003       1013 /80-00002
     1004       1006 /80-00002/50-00004
```

```
    1004        1007  /80-00002/50-00004
    1004        1008  /80-00002/50-00004
    1004        1009  /80-00002/50-00004
    1004        1010  /80-00002/50-00004
    1004        1011  /80-00002/50-00004
已选择 16 行。
```

由查询结果可以看到，bom_exp 过程果然已经正确地将 BOM 的展开结果写入到了临时表中，接下来就可以开始编写物料成本报表了。

23.2.4　编制 BOM 成本报表

这个示例的实际成本报表将由系统自动输出为 Excel，然后自动分发邮件给各个部门，本章示例为了简化，将直接使用 DBMS_OUTPUT 输出到控制台。本示例重点是给读者一种实现的过程，具体实现的效果可以在本示例的基础上稍加更改，产生一份完美的报表。本示例最终输出的效果如图 23.9 所示。

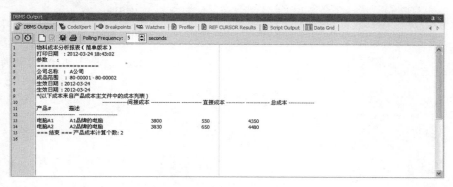

图 23.9　PL/SQL 物料报表最终结果

可以看到，报表输出了题头、公司信息、成本信息及最终的总成本滚加结果，bom_cost 实现了成本的滚加统计和分析结果，其实现如代码 23.6 所示。

代码 23.6　bom_cost 实现物料成本报表

```
PROCEDURE bom_cost (
   p_org_id        NUMBER,                  --组织代号
   p_item_f    IN  VARCHAR2 DEFAULT NULL,  --起始编号
   p_item_t    IN  VARCHAR2 DEFAULT NULL,  --终止编号
   p_bom_date  IN  DATE DEFAULT SYSDATE,   --BOM 生效日期
   p_usd_rate  IN  NUMBER DEFAULT NULL,    --港币对美元的汇兑比率
   p_cst_t1    IN  NUMBER DEFAULT NULL,    --成本类型 1
   p_cst_t2    IN  NUMBER DEFAULT NULL     --成本类型 2
)
IS
   CURSOR cur_model    --定义一个游标，获取要进行成本计算的产品最终成本列表
   IS
     SELECT msi.item_id item_id, msi.item_name item_no, cic.item_cost,
          cic.item_cost / xp_usd_rate usd_cost, msi.description
       FROM item_master msi, item_costs cic
      WHERE msi.organization_id = p_org_id
        AND msi.item_no LIKE '80%'
```

```
            AND msi.item_no >= NVL (p_item_f, msi.item_no)
--起始与终止成品编码查询
            AND msi.item_no <= NVL (p_item_t, msi.item_no)
            -- V1.1 change to outter join
            AND cic.item_id(+) = msi.item_id
            AND cic.organization_id(+) = 84              --组织代码
            AND cic.cost_type_id(+) = xp_cst_type1     --成本类型查询
            --子查询语句用来查出此产品成品具有 BOM 的物料, 不存在 BOM 的产品成品不包含
            在此列
            AND EXISTS (
                 SELECT /*+ FIRST_ROWS */
                          1
                   FROM bom_exp_tmp b
                 WHERE b.top_model_id = msi.item_id
                     AND b.organization_id = msi.organization_id);
   x_ind_cst        NUMBER;                 --间接成本
   x_dir_cst        NUMBER;                 --直接成本
   x_tot_cst        NUMBER;                 --总成本
   x_str            VARCHAR2 (2000);        --字符串串接临时变量
   x_tmp            VARCHAR2 (240);         --临时输出用的变量
   x_bx_date        DATE;
   x_model_cnt      NUMBER;                 --产品成品个数
BEGIN
   IF p_usd_rate IS NOT NULL       --对参数进行验证, 判断是否赋了必要的参数
   THEN
      xp_usd_rate := p_usd_rate;
   END IF;
   IF p_cst_t1 IS NOT NULL
   THEN
      xp_cst_type1 := p_cst_t1;
   END IF;
   IF p_cst_t2 IS NOT NULL
   THEN
      xp_cst_type2 := p_cst_t2;
   END IF;
   --输出打印题头
   DBMS_OUTPUT.put_line ('物料成本分析报表 (简单版本)');
   DBMS_OUTPUT.put_line (   '打印日期    : '
                        || TO_CHAR (SYSDATE, 'yyyy-mm-dd hh24:mi:ss')
                        );
   DBMS_OUTPUT.put_line ('参数      :');
   DBMS_OUTPUT.put_line ('================');
   x_str := link_str ('', ' ', '公司名称    :', 'A公司');
   DBMS_OUTPUT.put_line (x_str);
   x_str :=
      link_str ('', ' ', '成品范围    :', p_item_f || ' - ' || p_item_t);
   DBMS_OUTPUT.put_line (x_str);
   x_str :=
      link_str ('', ' ', '生效日期  :',
             TO_CHAR (p_bom_date, 'yyyy-mm-dd'));
   DBMS_OUTPUT.put_line (x_str);
   DBMS_OUTPUT.put_line ('');
   x_str :=
       '*(以下成本来自产品成本主文件中的成本列表 '
     || ')';
   DBMS_OUTPUT.put_line (x_str);
   --串接出打印的列标题
   x_str :=
```

```
         link_str
              ('',
               ' ',
               '                                                    ',
               '-------------间接成本 ----------------',
               '----------- 直接成本 ----------',
               '------------- 总成本 -------------'
              );
--串接出打印的产品信息和标题头
DBMS_OUTPUT.put_line (x_str);
x_str :=
   link_str ('',
                       ' ',
                       RPAD ('产品#', 17, ' '),
                       RPAD ('描述', 20, ' ')
                      );
DBMS_OUTPUT.put_line (x_str);
x_str :=
   link_str ('',
            ' ',
            '--------------------',
            '--------------------'
            );
DBMS_OUTPUT.put_line (x_str);
x_model_cnt := 0;
--使用游标 FOR 循环依次进行报表行的输出
FOR xr IN cur_model
LOOP
   --初始化打印变量
   SELECT 0, 0
     INTO x_dir_cst, x_ind_cst
     FROM DUAL;
   --初始化成品个数计数
   x_model_cnt := x_model_cnt + 1;
   --对 BOM 表中的产品数进行产品成本的计算（从标准成本文件中提取）
   SELECT SUM
           (CASE WHEN model_mb = 2
           THEN   bed.qty
              * bom_cost_pkg.get_item_cost (84,
                         bed.item_id,
                         1,
                         NULL
                        )
            ELSE 0
          END
         ) cstindir,                   --BOM 间接物料提取
       SUM (CASE WHEN model_mb =1
             THEN  bed.qty*bom_cost_pkg.get_item_cost (84,
                         bed.item_id,
                         1,
                         NULL
                        )
            ELSE  0
          END
         ) cst_dir                  --BOM 直接物料提取
   INTO x_ind_cst,
      x_dir_cst
   FROM (SELECT  CASE
                 WHEN LEAD (pegging, 1, '.') OVER (ORDER BY pegging
```

```
                                  || '/' || item_no) LIKE
                               pegging || '/' || item_no || '%'
                           THEN 0
                           ELSE 1
                       END p_item,            --判断是间接物料还是直接物料
                      bx.*
                 FROM bom_exp_tmp bx          --从 BOM 表中拿出产品数据
                WHERE bx.organization_id = p_org_id
                  AND bx.top_model_id = xr.item_id
                  AND bx.eff_date <= p_bom_date
                  AND bx.disable_date > p_bom_date
               ORDER BY pegging || '/' || item_no) bed;
     --得到成本计数后，开始进行输出
     x_ind_cst := NVL (x_ind_cst, 0);
     x_tot_cst := x_ind_cst + x_dir_cst;        --计算汇总的总成本
     --连接成本信息，产生输出的格式
     x_str :=
       link_str ('',
                 ' ',
                 RPAD (xr.item_no, 17, ' '),
                 RPAD (xr.description, 20, ' '),
                 LPAD (ROUND (x_ind_cst / xp_usd_rate, 5), 30, ' '),
                 LPAD (ROUND (x_dir_cst / xp_usd_rate, 5), 30, ' '),
                 LPAD (ROUND (x_tot_cst / xp_usd_rate, 5), 30, ' ')
                );
     DBMS_OUTPUT.put_line (x_str);           --输出报表
   END LOOP;
   --计算完成，输出计算的成品个数
   DBMS_OUTPUT.put_line ('=== 结束 === 产品成本计算个数: ' || x_model_cnt);
 END bom_cost;
```

上述代码虽然有些长，但是很容易理解，图 23.10 绘制出了代码的执行逻辑。

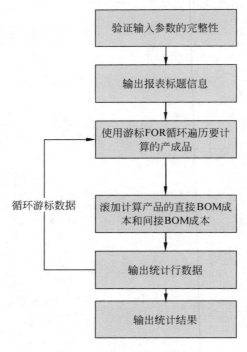

图 23.10　代码执行逻辑

下面是对代码实现的具体解释，如以下步骤所示：

（1）代码首先对输入参数进行验证，比如货币兑换比率如果没有指定，将使用包全局变量 p_usd_rate 指定的比率。如果没有指定成本类型，将使用包全局变量 p_cst_t1 或 p_cst_t2 指定的默认值。

（2）代码使用 DBMS_OUTPUT.put_line 过程开始向缓冲区中输入报表的标题头信息，在实际的环境中，需要替换为自己的写入 Excel 文档的代码。

（3）在代码的定义部分，定义了一个游标 cur_model，这个游标将查询出产品成品，也就是 BOM 中处于最高层次部分的产品，通过游标 FOR 循环对产品成品进行循环，可以对每个产品表的成本按 BOM 结构进行滚加。

（4）在游标 FOR 循环的内部，使用 SQL 的 SUM 函数，根据 model_mb，也就是 BOM 中的类别关系进行统计运算，得到物料的直接 BOM 的成本（非财务中的直接或间接成本）和间接 BOM 的成本。这里调用了 bom_cost_pkg.get_item_cost 函数，这个函数在前面介绍过，用来根据传入的物料编码返回成本主文件中的成本，进行汇总运算后，就得到了物料的累加成本。

💭注意：在实际的 ERP 成本滚加计算中，可能需要考虑到物料各个 BOM 层次的成本的汇总，那需要另外的一套算法，这里出于简化的目的，对于所有非成品的非直接子项，直接进行了汇总运算。

（5）在得到物料的直接和间接成本数据后，通过 link_str 函数合并为一个函数，该函数的实现可以参考本书中的配套源代码。然后使用 DBMS_OUTPUT.put_line 输出运算的结果。

（6）当游标 FOR 循环计算完成以后，就输出最终的产品成品个数，完成整个报表的输出。

可以看到，整个实现的核心在于游标 FOR 循环内部对于成本的滚加计算，这里使用了 SUM 和 CASE WHEN 子句，通过 BOM 临时表的 BOM 展开数据，可以很轻松地完成成本数据的滚加计算。

23.2.5　定义调用主程序

在编写好每一步骤的功能后，最后要编写一个调用的主程序，以便于报表的调用方可以轻松地调用包实现的功能。bom_cost_main 实现了这个过程，它按照整个程序的逻辑规则在内部分别调用了 BOM 展开功能及 BOM 报表功能，用户不需要知道报表功能的具体实现细节，仅需要调用该过程并传递相应的参数即可，这也是 PL/SQL 包的良好封装性特性的一个体现。

bom_cost_main 过程的实现如代码 23.7 所示。

代码 23.7　bom_cost_main 调用主程序实现代码

```
PROCEDURE bom_cost_main (
  x_code     OUT      VARCHAR2,              --输出参数, 保留
  x_result   OUT      NUMBER,                --输出参数, 保留
  p_org_id   IN       NUMBER,                --组织代码
  p_item_f   IN       VARCHAR2 DEFAULT NULL, --起始物料编码
```

```
    p_item_t        IN      VARCHAR2 DEFAULT NULL,   --结束物料编码
    --BOM 日期
    p_bom_date      IN      VARCHAR2 DEFAULT TO_CHAR (SYSDATE,
                                        'yyyy-mm-dd hh24:mi:ss'
                                        ),
    p_usd_rate      IN      NUMBER DEFAULT NULL,      --货币兑换比率
    p_cst_t1        IN      VARCHAR2 DEFAULT NULL,  --成本类型 1
    p_cst_t2        IN      VARCHAR2 DEFAULT NULL   --成本类型 2
)
IS
    x_cst1   NUMBER;          --局部变量，保存成本类型 1 的 ID
    x_cst2   NUMBER;          --局部变量，保存成本类型 2 的 ID
    x_date   DATE;            --局部变量，保存 BOM 日期
    --定义游标变量，根据成本类型返回成本类型表中的成本类型 ID
    CURSOR cur_cst (lp_type VARCHAR2)
    IS
      SELECT cost_type_id
        FROM cost_types ct
       WHERE ct.cost_type = lp_type;
BEGIN
    IF p_cst_t1 IS NOT NULL     --返回成本类型 1 的 ID 号
    THEN
      OPEN cur_cst (p_cst_t1);
      FETCH cur_cst
       INTO x_cst1;
      CLOSE cur_cst;
    END IF;
    IF p_cst_t2 IS NOT NULL     --返回成本类型 1 的 ID 号
    THEN
      OPEN cur_cst (p_cst_t2);
      FETCH cur_cst
       INTO x_cst2;
      CLOSE cur_cst;
    END IF;
    IF p_bom_date IS NOT NULL     --返回特定格式的 BOM 生效日期值
    THEN
      x_date := TO_DATE (p_bom_date, 'yyyy-mm-dd hh24:mi:ss');
    ELSE
      x_date := SYSDATE;
    END IF;
    --进行 BOM 展开运算
    bom_exp (p_org_id, p_item_f, p_item_t, x_date);
    --输出成本报表
    bom_cost (p_org_id,
            p_item_f,
            p_item_t,
            x_date,
            p_usd_rate,
            x_cst1,
            x_cst2
            );
END bom_cost_main;
```

可以看到，过程除了对 bom_exp 和 bom_cost 进行调用之外，出于安全性考虑，还对参数进行了验证，以便于程序代码执行的稳定性，其实现过程如以下步骤所示：

（1）代码通过在定义区定义的游标 cur_cst 返回用户输入的成本类型的成本类型 ID 号，以便于根据 ID 号进行操作。

（2）代码判断用户是否输入了正确的 BOM 生效日期，如果用户未输入 BOM 生效日期，则使用 SYSDATE 函数返回的当前日期作为 BOM 的生效日期。

（3）代码首先调用 bom_exp 进行 BOM 的展开运算，以便于向临时表中插入最新的 BOM 展开数据。

（4）代码调用 bom_cost 实现成本数据的统计，并输出报表信息。

经过上述的代码实现，用户就可以通过调用 bom_cost_main 过程来获取详细的 BOM 信息了。

23.3　小　　结

本章通过一个案例，介绍了如何使用 Oracle 的 PL/SQL 编写一个物料报表程序。在这个案例中，详细介绍了物料清单 BOM 的结构，并对用户的需求分析和系统的规划流程进行了详细的剖析。接下来介绍了系统数据表的设计过程，介绍了系统数据库表的 ER 关系图和如何使用 PL/SQL Developer 进行开发环境的搭建。

在系统编码实现部分，讨论了如何满足需求分析结果而设计包规范，介绍了 BOM 的展开算法、物料成本的滚加计算等核心功能的具体实现，最后介绍了物料分析报表的输出过程。通过本章的示例，引领读者深入到 Oracle 企业级应用开发的应用中去，对于读者掌握 Oracle 应用开发，具有非常好的启示作用。

第 24 章　PL/SQL 采购订单分析程序

在企业单位的日常运作中，采购事务是无处不在的，比如购买电脑、鼠标、键盘、日常用品等，都可以看作是一种采购活动。对于公司经营来说，采购是指企业从市场获取产品或服务，以保证企业生产及经营活动正常开展。在企业的信息化管理中，采购行为通过开具采购申请、采购订单的方式来表现，企业的管理人员必须定期查看采购的各种状态，以便跟踪采购的进度。本章假定存在一个采购管理系统，将通过分析该采购管理系统中的采购订单状态来了解采购订单是否延期、采购的差异状态等信息，通过 PL/SQL 语言的功能，可以深入了解 PL/SQL 在企业信息化中的作用。

24.1　系　统　设　计

采购管理是企业单位信息化管理中非常重要的一个环节，如果采购不及时或不到位，可能会造成公司运营的中断，比如生产制造型企业由于原材料采购不及时导致生产停产，商业型企业因为采购的原因导致停止经营。因此定期对采购情况进行分析是非常重要的。

24.1.1　采购订单分析简介

采购员下达一张采购订单给供应商，属于信息化系统的数据产生阶段。在采购订单产生之前，会经过采购需求的产生，比如因为生产部门的原材料欠缺或因为新的销售订单需求，从而产生了采购的需求，采购需求在很多系统中通过购买申请单的形式体现。采购需求被确认后，采购人员需要挑选供应商，与供应商进行价格谈判，在价格与数量商谈之后，采购员将开出一张采购订单。采购订单开出之后，采购人员还要时时跟踪订单的完成情况，确定供应商是否能正常完成交货。在供应商货品送达后，收货人员必须根据采购订单项进行收货，并且相关的质量检验部门还会进行送货的检验，最终完成采购过程，因而一般企业的采购流程如图 24.1 所示。

由图 24.1 中可以看到，由采购需求的产生到采购的完成，需要经过一系列的过程，由企业的多个部门配合实现，企业也需要定期评估采购的完成情况，以便于企业管理层确定最优供应商，或调整采购的提前周期，以便最优化采购流程。采购分析程序将对所有的采购订单进行分析，确定采购订单中需求日期与完成日期的一个评估，从而供企业管理层做出决策。

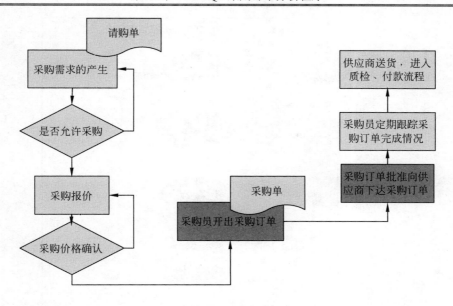

图 24.1　采购订单流程

24.1.2　需求分析

需求分析的概念化解释是指：对要解决问题的具体的分析，这个过程涉及与相关人员的沟通，弄清楚问题的需求，比如要输入的数据、要得到的结果及最终产生的结果集。

采购分析系统将会对现有的采购订单进行分析，将采购订单和采购订单明细作为表头进行分析，每一张采购订单会包含要采购的供应商、采购订单编号、采购订单当前的状态、所要采购的物料、物料的需求日期、供应商的承诺日期（可选）、采购订单的创建日期、采购条款和所要采购的数量，如果采购已经交付，还需要提供已经接收的数量。

在 ERP 系统中，一般每个物料都会有一个采购提前期的设定，所谓提前期是指当要采购一件物品时，需要提前开出采购订单的天数，如果现有的采购订单的创建日期与需求日期之间的天数小于提前期，可以认为该采购订单是一张不良采购单，采购提前期由系统预先进行设定并存储到一张采购订单表中。

采购订单分析的用例结构如图 24.2 所示。

由用例图可以看出，采购订单分析需要获取采购订单列表，获取采购订单的物料的订单需求明细。同时访问采购设置中的提前期定义，得到提前期，获取在 ERP 物料表中定义的物料信息，然后计算采购订单的完成情况，最后得出采购订单的分析结果。

24.1.3　系统流程

采购管理人员希望通过对数据的分析，能够得到采购订单当前的运作情况，整个系统需要先行加载数据，对于大型生成制造型的企业来说，可能会具有大量新的采购订单或未完成的订单正在处理中，为此需要借助于 Oracle 的全局临时表，将所有的采购相关的数据比如采购订单表头、采购订单明细、采购订单设置、物料信息等提前提取到临时表中，然

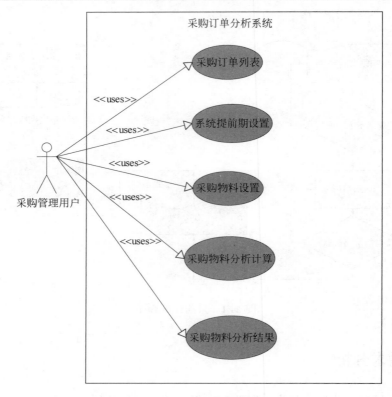

图 24.2　采购订单分析系统用例结构

后对临时表使用程序代码进行分析，从而得到采购订单完成情况的结果集，然后通过前端的用户界面，显示给用户。整个系统的流程如图 24.3 所示。

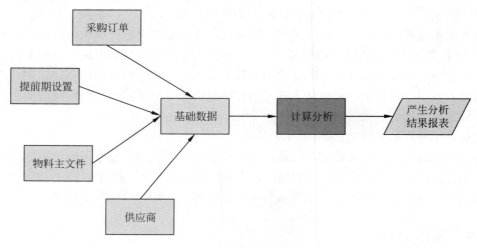

图 24.3　采购分析系统流程图

整个程序收集基础数据来处理，然后通过分析得到的采购数据得到结果，这也是多数 PL/SQL 程序惯常的代码实现方法，通过对这个实现的理解，读者就打下了坚实的 PL/SQL 的基础。

24.1.4　数据表 E-R 流程

对于整个计算结果来说，只需要一张全局临时表来保存结果，以便前端程序在得到计算结果后，可以通过访问全局临时表来得到最终的程序结果。但是程序需要从采购系统中提取数据，为了完整实现这个程序，笔者创建了所有与这个程序相关的数据表，其中与采购相关的数据库表如图 24.4 所示。

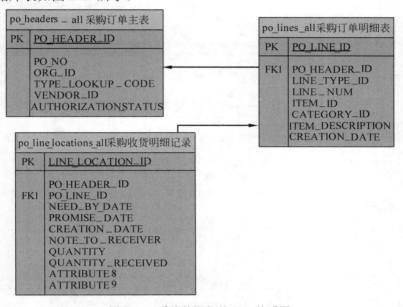

图 24.4　采购数据相关 E-R 关系图

其中采购订单主表保存了采购合同信息，采购订单明细包含了采购的物料明细，采购收货明细是指定当采购物料需要分派到多个不同的收货点时的拆分记录。

采购与供应商紧密相关，与供应商相关的表如图 24.5 所示。

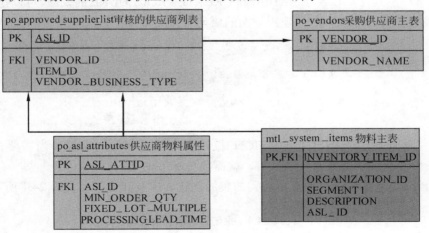

图 24.5　与供应商相关的表 E-R 关系图

最后创建了一个保存结果信息的临时表，这个临时表是一个会话级别的临时表，只有在会话断开时，才会清除数据，因此可以用来供客户端获取这个表中的结果数据。

24.1.5　创建 Oracle 数据表

如果先行使用 Viso、PowerDesigner 建模，接下来可以开启一个 PL/SQL Developer，然后在其中创建需要的表，必须要确保具有 CREATE TABLE 或 CREATE ANY TABLE 的权限，比如笔者以 scott 用户登录到 Oracle，在 PL/SQL Developer 的"user | SCOTT | System privileges"节点下面可以看到具有 CREATE ANY PROCEDURE、CREATE ANY TABLE、CREATE PROCEDURE 的权限，如图 24.6 所示。

图 24.6　在 PL/SQL Developer 中查看系统权限

如果用户不具有 CREATE TABLE 和 CREATE PROCEDURE 的权限，可以在 SQL*Plus 中以 DBA 身份进行登录，然后使用下面的语句来分配权限：

```
sys_Ding@ORCL> GRANT CREATE PROCEDURE TO scott;
授权成功。
sys_Ding@ORCL> GRANT CREATE TABLE TO scott;
授权成功。
sys_Ding@ORCL> GRANT DEBUG CONNECT SESSION TO scott;
授权成功。
```

其中 DEBUG CONNECT SESSION 权限用来调试使用的权限，当需要在 PL/SQL Developer 中使用调试功能进行调试时，就需要分配该权限。

在采购分析系统中与采购订单相关的表的创建脚本及其含义如代码 24.1 所示。

代码 24.1　采购订单表创建代码

```
--采购合同，采购订单表头
CREATE TABLE po_headers_all(
    PO_HEADER_ID  NUMBER PRIMARY KEY NOT NULL,      --采购订单主键
    PO_NO   VARCHAR2(20),                           --订单编号
```

```
    ORG_ID  NUMBER,                                        --订单所在的组织编号
    TYPE_LOOKUP_CODE VARCHAR2(20),                         --订单类型
    VENDOR_ID NUMBER,                                      --供应商编号
    AUTHORIZATION_STATUS  CHAR(10)                         --订单的审核状态
);
--采购订单明细表
CREATE TABLE po_lines_all(
   PO_LINE_ID NUMBER PRIMARY KEY NOT NULL,                 --订单明细编号
   PO_HEADER_ID NUMBER,                                    --采购订单头编号
   LINE_TYPE_ID NUMBER,                                    --采购订单明细类型 ID
   LINE_NUM NUMBER,                                        --采购订单明细行号
   ITEM_ID NUMBER,                                         --采购物料编号
   ITEM_REVISION VARCHAR2(3),                              --采购物料版本
   CATEGORY_ID NUMBER,                                     --采购物料分类
   ITEM_DESCRIPTION VARCHAR2(240),                         --采购物料描述
   CREATION_DATE DATE                                      --采购明细创建日期
);
--采购收货明细记录
DROP TABLE po_line_locations_all;
CREATE TABLE po_line_locations_all(
   LINE_LOCATION_ID NUMBER PRIMARY KEY NOT NULL,  --收货编号
   PO_HEADER_ID NUMBER,                                    --采购订单头编号
   PO_LINE_ID NUMBER,                                      --采购订单明细编号
   NEED_BY_DATE  DATE,                                     --物料的需求日期
   PROMISE_DATE DATE,                                      --供应商的可承诺日期
   CREATION_DATE DATE,                                     --创建日期
   NOTE_TO_RECEIVER VARCHAR2(480),                         --接收描述
   QUANTITY NUMBER,                                        --采购数量
   QUANTITY_RECEIVED NUMBER,                               --已接收数量
   ATTRIBUTE8 CHAR(10),                                    --辅助字段
   ATTRIBUTE9 CHAR(10)
);
--采购物料表
CREATE TABLE mtl_system_items(
  INVENTORY_ITEM_ID NUMBERPRIMARY KEY NOT NULL,            --物料序号（程序内部编号）
  ORGANIZATION_ID NUMBER ,                                 --组织编号
  SEGMENT1 VARCHAR2(40),                               --物料编码(具有公司含义的编码)
  DESCRIPTION VARCHAR2(240)                                --物料描述
);
```

　　有了采购订单相关的表之后，接下来要定义与供应商相关的表。一般企业单位在选择供应商时，会有一个甄别的过程，将合格的供应商和该供应商提供的物料放到一个审批过的表中，通常简称为 ASL，在 ASL 中可采购物料具有一些属性设置，比如最小订单量、固定批量增加数量及采购的提前期。与供应商相关的表如代码 24.2 所示。

代码 24.2　供应商相关表创建代码

```
--采购物料表
CREATE TABLE mtl_system_items(
  INVENTORY_ITEM_ID NUMBERPRIMARY KEY NOT NULL,            --物料序号（程序内部编号）
  ORGANIZATION_ID NUMBER ,                                 --组织编号
  SEGMENT1 VARCHAR2(40),                               --物料编码(具有公司含义的编码)
  DESCRIPTION VARCHAR2(240)                                --物料描述
);
```

```
--采购供应商
CREATE TABLE PO_VENDORS(
  VENDOR_ID NUMBER PRIMARY KEY NOT NULL,          --供应商编号
  VENDOR_NAME VARCHAR2(240)                        --供应商名称
  );
--审核的供应商列表
CREATE TABLE po_approved_supplier_list(
  ASL_ID NUMBER PRIMARY KEY NOT NULL,             --审核的记录编号
  VENDOR_ID NUMBER,                                --供应商编号
  ITEM_ID NUMBER,                                  --物料编号
  VENDOR_BUSINESS_TYPE VARCHAR2(25)                --供应商业务类型
);
--向供应商采购的物料的属性
CREATE TABLE po_asl_attributes(
  ASL_ATTID NUMBER PRIMARY KEY NOT NULL,           --主键字段
  ASL_ID NUMBER,                                   --审核过的 ASL 编号
  MIN_ORDER_QTY NUMBER,                            --最小订单量
  FIXED_LOT_MULTIPLE NUMBER,                        --固定批量增加数量
  PROCESSING_LEAD_TIME NUMBER                       --采购提前期天数
);
```

在创建了供应商信息表后，最后需要创建一个保存计算结果的会话级全局临时表，由于这个临时表要存放一些较通用的信息，因此添加了很多备选字段，请参考本书配套源代码中的 comm_temporary_table 临时表。

24.2　系统编码实现

在开始编写代码之前，尽可能地制定一份编码规范，比如大小写约定、良好的命名规范等，以便提高代码的可读性和可维护性。PL/SQL 的包可以让设计人员使用自顶向下的设计手法，先由系统架构师在包规范中编写骨架代码，然后由具体的程序员负责实现包中的方法。

24.2.1　创建包规范

包规范类似于其他编程语言中的接口，用来封装一系列的过程和函数定义，供其他用户调用。而包体则会包含包规范中的具体实现，类似于其他编程语言中实现了接口的类。不过这个类是私有的，不能对外公开。

采购订单分析程序的包规范定义如代码 24.3 所示。

代码 24.3　包规范定义代码

```
--创建一个包，用于实现采购订单的分析
CREATE OR REPLACE PACKAGE po_lt_pkg AS
  --获取基本的采购订单数据
  --p_item_cat: 用来指定采购物料分类,
  --p_need_by_date: 用于指定采购订单的需求日期
  --p_called_by_mrp: MRP 计算标记
  PROCEDURE get_basic_data(p_item_cat         IN VARCHAR2 DEFAULT NULL,
```

```
                                 p_need_by_date  IN DATE,
                                 p_called_by_mrp IN VARCHAR2 DEFAULT NULL);
  --基于基础数据产生分析结果
  PROCEDURE get_analsis_data;

  --获取采购订单的周范围
  FUNCTION get_week_range(p_l_t_days IN NUMBER) RETURN VARCHAR2;
  --设置定单的周范围
  FUNCTION set_week_range_order(p_l_t_days IN NUMBER) RETURN NUMBER;
  --设置订单的范围描述
  FUNCTION set_week_range_desc(p_week_order IN NUMBER) RETURN VARCHAR2;
  --调用主程序，将被外部程序调用来获取信息
  PROCEDURE main(p_item_cat      IN VARCHAR2 DEFAULT NULL,
                 p_need_by_date  IN DATE,
                 p_called_by_mrp IN VARCHAR2 DEFAULT NULL);
END;
```

包规范中定义了 2 个过程、3 个函数，它们的作用分别如下所示：

- get_basic_data，获取基础数据，将从采购和供应商及物料相关的表中提取与采购订单相关的数据汇总。
- get_analsis_data，完成采购数据的计算过程。
- get_week_range，获取采购订单行与提前期之间的差异按周计算的范围。
- set_week_range_order，返回采购订单行周范围的优化级次序编号，其中最小的数字表示采购订单最紧急。
- set_week_range_desc，返回采购订单行周范围的说明性描述信息。
- main，该方法是包的主体方法，供应用程序进行调用。

24.2.2　获取采购订单和订单行数据

采购订单分析的首要步骤是提取采购订单和订单行及从供应商及供应商物料属性中提取相关的信息，get_basic_data 过程用来从采购和供应商物料表中提取数据，它接收物料的类别、采购物料的需求日期和 MRP 运算描述（该描述仅在 MRP 运算环境下有用，对于本章的示例并没有太大作用）。

在这个示例中通过一个游标来提取数据，然后通过循环游标，将数据插入到全局临时表中。在包体中也定义了几个私有的变量，用来保存仅在包内部使用的私有变量。接下来将分几个部分来讨论获取订单行数据的实现，其中游标的定义和包私有变量的定义如代码24.4 所示。

代码 24.4　包私有变量和游标定义代码

```
CREATE OR REPLACE PACKAGE BODY po_lt_pkg AS
  --动态 SQL 语句
  g_sql       VARCHAR2(500) := 'DELETE comm_temporary_table itable WHERE
itable.batch = :V';
  g_batch_a VARCHAR2(20) := 'ITEM_LT_RPT';    --报表提头 A
  g_batch_b VARCHAR2(20) := 'ANALYSIS_RPT';   --报表提头 B

  --提取基本的数据信息
  PROCEDURE get_basic_data(p_item_cat   IN VARCHAR2 DEFAULT NULL,
```

```
                               p_need_by_date  IN DATE,
                               p_called_by_mrp IN VARCHAR2 DEFAULT NULL) IS
  --物料分类变量
  v_item_27       VARCHAR2(10) := p_item_cat;
  v_item_28       VARCHAR2(10) := p_item_cat;
  v_item_29       VARCHAR2(10) := p_item_cat;
  v_item_35       VARCHAR2(10) := p_item_cat;
  v_item_43       VARCHAR2(10) := p_item_cat;
  --需求日期
  v_need_date     DATE := p_need_by_date;
  --MRP 调用描述
  v_called_by_mrp VARCHAR2(100);
  --定义一个提取数据的游标
  CURSOR item_lt IS
    SELECT  --+  leading(pl)  index(pl  vcpo_line_locations_all_n16)
use_nl(ph pv mi)
    ph.po_no,                            --采购订单编号
    ph.authorization_status po_status,   --采购订单状态
    pl.line_location_id,                 --订单发运 id
    mi.segment1 item_no,                 --物料编号
    substr(mi.segment1, 1, 2) item_cat,  --物料类别
    pl.need_by_date,                     --需求日期
    pl.promise_date,                     --供应商承诺日期
    pi.creation_date,                    --创建日期
    pl.note_to_receiver,                 --接收记录
    pl.quantity,                         --采购订单行数量
    pl.quantity_received,                --采购订单接收数量
    --采购订单未完成的数量，即订单行数量减去已接收数量
    nvl(pl.quantity, 0) - nvl(pl.quantity_received, 0) po_os,
    --用订单的需求日期减去创建日期，得到订单的提前日期
    round(CASE
          WHEN trunc(pl.need_by_date) < trunc(SYSDATE) THEN
            SYSDATE
          ELSE
            pl.need_by_date
        END - pi.creation_date,
        1) order_leadtime,
    --判断订单的提前期是否大于或等于采购物料设定的提前期，如果成立则为 Y，否则为 N
    CASE
      WHEN (CASE
            WHEN trunc(pl.need_by_date) < trunc(SYSDATE) THEN
              SYSDATE
            ELSE
              pl.need_by_date
          END) - pi.creation_date >= aa.processing_lead_time THEN
        'Y'
      ELSE
        'N'
    END lt_flag,
    --预先配置的采购提前期
    aa.processing_lead_time,
    --采购订单的实际提前期与固定提前期之间的差异天数
    round(CASE
          WHEN trunc(pl.need_by_date) < trunc(SYSDATE) THEN
            SYSDATE
          ELSE
            pl.need_by_date
        END - pi.creation_date - nvl(aa.processing_lead_time, 0),
```

```
            1) l_t_days,
        NULL week_range,                              --预定的周范围
        aa.min_order_qty,                             --最小订单量
        aa.fixed_lot_multiple,                        --增量批次数
        mi.description,                               --物料描述
        pv.vendor_name                               --供应商名称
         FROM po_headers_all        ph,              --采购订单表头表
            po_line_locations_all      pl,           --采购订单发运行表
            po_lines_all               pi,           --采购订单行表
            mtl_system_items           mi,           --物料主文件表
            po_vendors                 pv,           --采购供应商主文件表
            po_approved_supplier_list al,            --批准的采购供应商表
            po_asl_attributes          aa            --供应商物料采购属性表
        WHERE ph.po_header_id = pl.po_header_id
--采购订单头的 po_header_id 与订单体匹配
        AND ph.org_id = 84                --84 表示组织编号，一般指一个公司组织
        AND ph.type_lookup_code = 'STANDARD'
--指定采购订单的类型为标准采购订单
        AND pv.vendor_id = ph.vendor_id               --供应商关联
        AND pi.po_line_id = pl.po_line_id            --采购订单行关联
        AND mi.organization_id = 84                  --物料主组织
        --指定物料的分类匹配在子程序中定义的分类编号
        AND (substr(mi.segment1, 1, 2)) IN (v_item_27, v_item_28, v_item_35)
        AND pl.need_by_date < v_need_date
        --其中 pl.attribute9 为采购的物料编号
        AND mi.inventory_item_id = to_number(pl.attribute9)
        --attribute8 为一个辅助的审核代码
        AND pl.attribute8 = 'Y'
        AND al.vendor_id = ph.vendor_id
        AND al.item_id = mi.inventory_item_id
        AND aa.asl_id = al.asl_id
        --供应商类型不为内部采购商
        AND al.vendor_business_type <> 'MANUFACTURER'
        AND (v_called_by_mrp IS NULL OR
          nvl(pl.note_to_receiver, 'U') <> v_called_by_mrp);
```

　　po_lt_pkg 包体中定义了几个包私有变量，包私有变量仅在包体内部起作用，包的调用者无法访问包体中定义的变量，因此常被看作是包的私有区域。下面的步骤介绍了上述代码的实现过程：

　　（1）包私有变量定义了一个 g_sql 的变量，这个变量保存了一个动态 SQL 语句，用来删除全局临时表，并且动态 SQL 带一个绑定参数 V，用来指定全局临时表中的结果批次。

　　（2）过程 get_basic_data 接收 3 个参数，其中 p_item_cat 用来获取用户指定的物料分类前缀，在过程的定义区中定义了几个分类的变量，p_item_cat 还可以指定一个 ALL 值，表示取所有分类的物料。p_need_date 用来指定采购物料的需求日期，p_called_by_mrp 指定是否需要经由 MRP 进行运算，可指定 Including Called By MRP 和 CANCELLED BY MRP 这两个可选值，一般可以不设置。

　　（3）游标 item_lt 包含了一个非常复杂的 SELECT 语句，它从 7 个表中提取采购订单和采购订单行及采购送货行的数据，得到采购订单中的未完成的订单量、订单的提前日期，以及订单物料的提前期及提前期差异数。

　　可以看到，游标在提取数据时，已经完成了基本的数据准备工作，比如在代码中使用 CASE WHEN 子句判断了 need_by_date 和 processing_lead_time 之间的差异。接下来就可以

对游标进行循环，从而提取游标数据到全局临时表 comm_temporary_table 中。

过程 get_basic_data 执行部分又分为两部分：

❑ 循环游标，提取数据到全局临时表中。

❑ 分析全局临时表中的数据，更新周范围描述字段。

其中循环游标存入全局临时表的实现如代码 24.5 所示。

代码 24.5　过程的执行部分代码实现

```
BEGIN
  --执行动态 SQL 语句清除临时表中的数据
  EXECUTE IMMEDIATE g_sql
    USING g_batch_a;
 --提交事务
  COMMIT;
 --判断传入的参数是否为 ALL，如果是 ALL，则分别为分类变量赋值
  IF p_item_cat = 'ALL' THEN
    v_item_27 := '27';
    v_item_28 := '28';
    v_item_29 := '29';
    v_item_35 := '35';
    v_item_43 := '43';
  END IF;
  --判断传入的 p_called_by_mrp 参数的值，然后赋给 v_called_by_mrp
  IF p_called_by_mrp = 'Including Called By MRP' THEN
    v_called_by_mrp := NULL;
  ELSE
    v_called_by_mrp := 'CANCELLED BY MRP';
  END IF;
  --使用 FOR 语句循环游标
  FOR a_rec IN item_lt LOOP
    INSERT INTO comm_temporary_table itable
      (itable.batch,
      itable.floor_desc,        --采购订单编号
      itable.line_desc,         --采购订单状态
      itable.floor_id,          --订单发运行号
      itable.item_no,           --物料编码
      itable.item_desc,         --物料分类
      itable.date1,             --采购订单需求日期
      itable.model_no,          --供应商承诺日期
      itable.create_date,       --创建日期
      itable.model_desc,        --供应商接收事项
      itable.num1,              --采购订单物料数量
      itable.num8,              --已经接收的采购物料数量
      itable.num2,              --未完成的订单数量
      itable.num3,              --实际的订单提前期天数
      itable.str1,              --是否正常提前的标志位，取 Y/N
      itable.num4,              --采购物料属性中设置的提前期天数
      itable.num5,              --实际的订单提前天数与采购物料属性提前天数的差异
      itable.str2,              --提前期的周范围，暂时未设置
      itable.num6,              --供应商最小订单量
      itable.num7,              --固定批量数
      itable.str3,              --物料的描述
      itable.str4               --供应商名称
      )
    VALUES
```

```
    (g_batch_a,
     a_rec.po_no,
     a_rec.po_status,
     a_rec.line_location_id,
     a_rec.item_no,
     a_rec.item_cat,
     a_rec.need_by_date,
     a_rec.promise_date,
     a_rec.creation_date,
     a_rec.note_to_receiver,
     a_rec.quantity,
     a_rec.quantity_received,
     a_rec.po_os,
     a_rec.order_leadtime,
     a_rec.lt_flag,
     a_rec.processing_lead_time,
     a_rec.l_t_days,
     a_rec.week_range,
     a_rec.min_order_qty,
     a_rec.fixed_lot_multiple,
     a_rec.description,
     a_rec.vendor_name);
END LOOP;
--提交事务
COMMIT;
```

代码的实现过程如以下步骤所示：

（1）代码首先使用 EXECUTE IMMEDIATE 语句执行了在包私有区域中定义的动态 SQL 语句，并且使用 USING 语句传入了绑定变量的值，这一步主要用来清除全局临时表中的数据，并且使用 COMMIT 提交了这个事务。

（2）接下来进行参数判断，如果 p_item_cat 参数的值为 ALL，则分别为 v_item_x 变量指定类别前缀，这样就可以在游标的 SELECT 语句中查找这些采购物料的订单信息。p_called_by_mrp 参数判断是否包含 MRP 物料，它会根据为这个参数的赋值来设置 v_called_by_mrp 变量的值。

（3）接下来代码使用游标 FOR 循环对游标 item_lt 进行循环，在 FOR 循环内部使用 INSERT INTO 语句向全局临时表中插入数据，从而实现将数据从多个来源表中向一个集中式的临时表的转移。

在向临时表中转移数据后，还需要对临时表中的数据进行更新，更新主要包含如下几个方面：

❑ 如果采购订单下达日期与需求日期大过提前期，表示为安全的采购订单下达，因此更新周序号为 8，表示安全的采购订单，然后更新采购订单实际提前期的周数，以一周 6 天为工作单位。

❑ 如果采购订单下达日期与需求日期小于提前期，表示为不安全的采购订单下达，有可能导致送货延期，同样以 6 天为工作单位将实际的提前期更新为周，并且更新描述信息。

get_basic_data 方法的更新实现如代码 24.6 所示。

代码 24.6　过程的执行部分代码实现

```
/*
更新调范围 描述
当 L_T_Day > 0 ,意味着采购订单物料符合提前期需求。
```

```
        当 L_T_Day <=0,意味着采购订单物料不符合提前期的需求。
        */
        --定义一个游标 FOR 循环,直接由 PL/SQL 引擎隐式创建一个游标
        FOR b_rec IN (SELECT itable.batch,
                            itable.floor_desc    po_no,
                            itable.floor_id      line_location_id,
                            itable.item_no       item_no,
                            itable.date1         needed_by_date,
                            itable.model_no      promise_date,
                            itable.create_date   create_date,
                            itable.model_desc    note_to_reciever,
                            itable.num1          quantity,
                            itable.num2          po_os,
                            itable.num3          order_leanding_time,
                            itable.num4          processing_leading_time,
                            itable.num5          l_t_days,
                            itable.str2          week_rage
                      FROM comm_temporary_table itable
                     WHERE 1 = 1
                       AND itable.batch = g_batch_a) LOOP
        IF nvl(b_rec.l_t_days, 0) > 0 THEN      --如果提前期满足采购的需求
          UPDATE comm_temporary_table xt
             SET xt.line_id = 8,
--周顺序的排序编号,8 表示排表最后,具有最长的提前期
                 xt.str2   = 'L/T <',               --提前期标志
                 xt.num9   = round(b_rec.l_t_days / 6, 1)
--将实际的提前期转换为以周为单位
           WHERE xt.batch = b_rec.batch
             AND xt.floor_desc = b_rec.po_no
             AND xt.floor_id = b_rec.line_location_id
             AND xt.item_no = b_rec.item_no
             AND xt.date1 = b_rec.needed_by_date;
        ELSE                          --如果提前期太晚,即不能在合适的时间点上到达
          UPDATE comm_temporary_table xt
             SET xt.line_id = set_week_range_order(b_rec.l_t_days),
--设置周次序
                 xt.str2   = get_week_range(b_rec.l_t_days),--获取提前期周范围
                 xt.num9   = round(b_rec.l_t_days / 6, 1)
--将实际的提前期转换为以周为单位
           WHERE xt.batch = b_rec.batch
             AND xt.floor_desc = b_rec.po_no
             AND xt.floor_id = b_rec.line_location_id
             AND xt.item_no = b_rec.item_no
             AND xt.date1 = b_rec.needed_by_date;
        END IF;
      END LOOP;
      --提交事务
      COMMIT;
    END get_basic_data;
```

代码的实现步骤如下所示:

❑ b_rec 是一个隐式定义的游标,这是游标 FOR 循环的一种简单快捷的写法,PL/SQL
引擎在内部会自动创建游标,并且在循环提取结束后关闭游标。

❑ 在循环体内,判断每一行数据的实际提前期差异,即 l_t_days 是否大于 0,大于 0
表示满足在供应商物料属性中设置的采购提前期,可以看作是安全的采购订单
下达。

❑ 如果 l_t_days 小于 0,即 ELSE 代码部分,这里调用了 set_week_range_order 来设

置周的顺序编号，并且调用 get_week_range 设置提前期差异的周数描述性信息，最后返回提前期差异。关于 set_week_range_order 和 get_week_range 将在本章后面介绍。

24.2.3　采购分析程序实现

到目前为止，已经在全局临时表中准备了所有的经过整理的数据，这些数据在临时表中使用 g_batch_ 字符串指定其批次号，这也是对数据类别进行分类的常见的实现方式。接下来将开始对这些数据进行分析整理，以便得到采购订单的分析结果，分析过程定义在名为 analysis_rtp 过程中。

analysis_rtp 中也定义了一个游标，用来从临时表中提取批次为 g_batch_a 的数据，经过分析后，会再次插入到临时表中，指定批次号为 g_batch_b，因此会首先清除 g_batch_b 指定的批次数据，以防止数据重复。

analysis_rtp 过程的游标定义语句如代码 24.7 所示。

代码 24.7　采购分析的游标定义实现

```
--分析采购数据的过程
PROCEDURE get_analsis_data IS
  CURSOR analysis_rtp IS                    --定义一个提取临时表中数据的游标
    SELECT itable.floor_desc po_no,
           itable.floor_id line_cation_id,
           itable.item_no item_no,
           itable.item_desc item_cat,
           itable.date1 needed_by_date,
    --按物料描述和周的范围描述进行分区汇总，即相同的物料描述和物料周描述的总条数
           COUNT(*) over(PARTITION BY itable.item_desc, itable.str2
                    ORDER BY itable.item_desc, itable.str2) count_of_
                       item_no_e,
           itable.num2 po_os,
           itable.line_id week_range_order,
           itable.str2 week_range,
    --按物料描述和周的范围描述进行分区汇总，即相同的物料描述和物料周描述的总共未
    完成的采购订单量
           SUM(itable.num2) over(PARTITION BY itable.item_desc, itable.
           str2
                    ORDER BY itable.item_desc, itable.str2) each_sum_of
                       _po_os
      FROM comm_temporary_table itable
     WHERE itable.batch = g_batch_a;  --指定提取 g_batch_a 指定的批次数据
```

可以看到，过程 get_analsis_data 定义了一个名为 analysis_rtp 的游标，它从全局临时表 comm_temporary_table 中提取已经获取的采购订单相关的数据，这里使用了分析函数 COUNT，以物料描述和采购的周描述信息作为分区条件，汇总具有相同的物料描述和周描述信息的总计数量。

分析函数是 Oracle 提供的用来解决普通 SQL 语句难以解决的功能的一组函数，它可以处理如下的一些 SQL 难以达到的功能：

❑ 运行总计，比如逐行地显示一个部门的累计汇总工资，每行包含前面各行工资之和。

- ❑ 查找一组内的百分数，比如显示在某些部门中付给个人的总工资的百分数，将他们的工资从该部门的工资总和扣除。
- ❑ 前 N 个查询，查找指定条件的前 *N* 个记录。
- ❑ 移动平均值计算，将当前行的值与前 *N* 行的值加在一起求平均值。
- ❑ 执行等级查询，比如显示一个部门内某个员工工资的相关等级。

它由分析函数和分区子句组成，分析函数类似于分组函数，比如可以使用 SUM、COUNT 等，分区子句 PARTITION BY 用来对结果集进行分区，如果不存在 PARTITION BY 子句，则表示对所有的结果集进行分区。举个例子来说，要查出 scott 方案下，emp 表中所有的员工编号和员工名称，并且获取该员工所在的部门的总人数，有了分析函数，就可以轻松地实现，如以下示例查询所示：

```
scott_Ding@ORCL> SELECT empno,ename,
   COUNT(*) OVER(PARTITION BY deptno ORDER BY deptno) dept_emp_count FROM
emp;
   EMPNO      ENAME               DEPT_EMP_COUNT

   --------   ----------------    -------------------------------------
    7839      金                   2
    7782      克拉克                2
    7902      福特                  8
    7894      霍十                  8
    7566      约翰                  8
    7369      史密斯                8
    7788      斯科特                8
    7892      张八                  8
    7893      霍九                  8
    7876      亚当斯                8
    7900      吉姆                  6
    7844      特纳                  6
    7698      布莱克                6
    7654      马丁                  6
    7521      沃德                  6
    7499      艾伦                  6
    7903      通利                  2
    7904      罗威                  2
已选择 18 行。
```

可以看到，只需要一行语句，在每次获取到一个员工信息时，分析函数就会计算该员工所在部门的人员总数，如果不使用分析函数，可能不得不用多条查询语句才能实现这样的效果。

在 get_analsis_data 过程的执行部分，首先调用 EXECUTE IMMEIDATE 清除了批次为 g_batch_b 指定的记录，然后执行一个游标 FOR 循环来提取游标数据，插入到全局临时表中，如代码 24.8 所示。

代码 24.8　获取分析数据到全局临时表

```
--删除临时表中现有的数据
EXECUTE IMMEDIATE g_sql
  USING g_batch_b;
--提交事务
```

第 24 章　PL/SQL 采购订单分析程序

```
COMMIT;
--使用游标 FOR 循环提取游标数据，插入到全局临时表
FOR a_rec IN analysis_rtp LOOP
  INSERT INTO comm_temporary_table itable
    (itable.batch,
     itable.floor_desc,         --采购订单编号
     itable.floor_id,           --采购发运行编号
     itable.item_no,            --物料编码
     itable.item_desc,          --物料分类
     itable.date1,              --需求日期
     itable.num1,               --汇总的物料个数
     itable.num2,               --未完成的采购订单量
     itable.line_id,            --采购订单实际提前期以周为单位的顺序号
     itable.model_no,           --采购订单实际提前期以周为单位的描述
     itable.str2,               --采购订单实际提前期周范围,
     itable.num3                --采购订单未完成订单量的物料汇总
    )
  VALUES
    (g_batch_b,
     a_rec.po_no,
     a_rec.line_cation_id,
     a_rec.item_no,
     a_rec.item_cat,
     a_rec.needed_by_date,
     a_rec.count_of_item_no_e,
     a_rec.po_os,
     a_rec.week_range_order,
     set_week_range_desc(a_rec.week_range_order),--调用函数设置周描述信息
     a_rec.week_range,
     a_rec.each_sum_of_po_os);
END LOOP;
--提交事务
COMMIT;
```

代码的实现如以下步骤所示：

（1）首先调用 EXECUTE IMMEDIATE 执行动态 SQL 语句，使用 USING 子句传入数据批次变量 g_batch_b，表示删除已经产生过的结果数据，以避免数据重复，并且调用 COMMIT 语句提交事务。

（2）接下来使用了一个游标 FOR 循环，将游标指向的全局临时表中的数据，以 g_batch_b 变量代表的批次进行插入，在插入时使用 set_week_range_desc 设置周的描述信息，它获取到的是以周为单位的采购提前期的实际天数顺序，主要目的是用来产生分析计算的结果。

（3）在插入完成后提交事务，将游标中的数据保存到全局临时表中。

最后，还需要根据筛选出来的结果进行进一步的分析，这一次定义了一个隐式的游标 FOR 循环，也就是说在 FOR..IN 子句中直接使用了 SELECT 子句，这个 SELECT 子句使用分析函数来获取采购订单的未完成量汇总、总的采购订单物料个数等信息，最终完成整个分析过程，实现如代码 24.9 所示。

代码 24.9　更新最终分析结果数据

```
--更新未完成的采购订单总数和采购物料个数
FOR b_rec IN (SELECT xt.batch,              --数据批次
```

```
                          xt.item_cat,                --物料分类
                          xt.count_of_item_no_e,   --汇总的物料个数
                          xt.week_range,               --前期前转换为周之后的周范围
                          --按物料类别和数据批次进行汇总得出的物料类别的总个数
                          SUM(xt.count_of_item_no_e) over(PARTITION BY xt.
                          batch, xt.item_cat
                          ORDER BY xt.batch, xt.item_cat) count_of_item_no,
                       --按物料类别和批次进行汇总得出的每种物料类别未完成的采购订单数
                          SUM(xt.each_sum_of_po_os) over(PARTITION BY xt.batch,
                          xt.item_cat
                          ORDER BY xt.batch, xt.item_cat) sum_of_po_os
                          --FROM 子句从一个子查询查询数据
                       row_number()分析函数用来取唯一的物料，通过 WHERExt.rn=1 取
                          运行总计的第 1 行
                       FROM (SELECT row_number() over(PARTITION BY
                              itable.batch, itable.item_desc, itable.str2
                              ORDER BY itable.batch, itable.item_desc, itable.
                              str2) rn,
                                  itable.batch,
                                  itable.item_desc item_cat,
                                  itable.num1 count_of_item_no_e,
                                  itable.str2 week_range,
                                  itable.num3 each_sum_of_po_os
                             FROM comm_temporary_table itable
                            WHERE itable.batch = g_batch_b) xt
                      WHERE xt.rn = 1) LOOP
      --用每种物料的汇总数据更新全局临时表
      UPDATE comm_temporary_table itable
         SET itable.num4 = b_rec.count_of_item_no,
             itable.num5 = b_rec.sum_of_po_os
       WHERE itable.batch = b_rec.batch
         AND itable.item_desc = b_rec.item_cat;
    END LOOP;
    --提交事务处理
    COMMIT;
 END get_analsis_data;
```

可以看到，代码在前一次的汇总基础上，再一次进行了总计计算，这主要是为了得出物料类别的采购未完成的总计，匿名游标的 SELECT 语句中，再次使用了 SUM 分析函数，对物料类别进行分类汇总其物料的个数和采购未完成的总计，由于使用了分析函数后，对于每种物料，都具有相同的汇总数据，因此在游标的 SELECT 语句中，使用 WHERE 子句指定取 row_number()分析函数的第 1 行数据。在循环体内部，使用一个 UPDATE 语句更新到全局临时表相同的批次号数据中。

24.2.4　设置订单行的周范围信息

周范围信息，主要是指实际的采购提前期与标准的采购提前期的差异天数以周（Week）的表示形式，这有助于采购相关的人员一眼就看出采购分析的结果数据。与之相关的有 3 个函数分别如下所示：

❑ get_week_range，返回采购提前期差异的文字描述信息。

❑ set_week_range_order，返回一个数字值，该数字值表示采购差异周数从小到大的

次序号，比如小于 1 周返回 1，1 周到 2 周之间为 2。

❑ set_week_range_desc，对于周范围的描述信息，提示采购分析的结果，指定差异数
不能满足提前期的需求。

get_week_range 用来计算差异所在的周的范围，以 6 个工作日为一周的话，判断差异
数位于哪个周范围内，并返回简单的周描述性信息，如代码 24.10 所示。

代码 24.10　get_week_range 返回提前期差异的周范围描述函数

```
--根据传入的提前期差异数，返回周范围的描述性信息
--注意：这里以 6 个工作日表示一周
FUNCTION get_week_range(p_l_t_days IN NUMBER) RETURN VARCHAR2 IS
  v_ret_value VARCHAR2(50);
BEGIN
  v_ret_value := CASE
                   --如果差异大于 0,且差异除以 6 之后小于等于 1
                   WHEN (0 <= abs(round(p_l_t_days / 6, 1)) AND
                         abs(round(p_l_t_days / 6, 1)) <= 1) THEN
                    '1 周以内'
                   --如果差异大于 1,且差异除以 6 之后小于等于 2
                   WHEN (1 < abs(round(p_l_t_days / 6, 1)) AND
                         abs(round(p_l_t_days / 6, 1)) <= 2) THEN
                    '1 周到 2 周之间'
                   --如果差异大于 2,且差异除以 6 之后小于等于 3
                   WHEN (2 < abs(round(p_l_t_days / 6, 1)) AND
                         abs(round(p_l_t_days / 6, 1)) <= 3) THEN
                    '2 周到 3 周之间'
                   --如果差异大于 3,且差异除以 6 之后小于等于 4
                   WHEN (3 < abs(round(p_l_t_days / 6, 1)) AND
                         abs(round(p_l_t_days / 6, 1)) <= 4) THEN
                    '3 周到 4 周之间'
                   --如果差异大于 4,且差异除以 6 之后小于等于 5
                   WHEN (4 < abs(round(p_l_t_days / 6, 1)) AND
                         abs(round(p_l_t_days / 6, 1)) <= 5) THEN
                    '4 周到 5 周之间'
                   --如果差异大于 5,且差异除以 6 之后小于等于 6
                   WHEN (5 < abs(round(p_l_t_days / 6, 1)) AND
                         abs(round(p_l_t_days / 6, 1)) <= 6) THEN
                    '5 周到 6 周之间'
                   ELSE
                    '6 周以上'              --6 周以上的差异数
                 END;
  RETURN v_ret_value;
EXCEPTION
  WHEN OTHERS THEN
    v_ret_value := 'L/T <';            --如果出现异常，则返回异常值
    RETURN v_ret_value;
END get_week_range;
```

可以看到，整个函数就是一个大的 CASE 语句，在每 1 个 WHEN 子句中，判断传入
的参数 p_l_t_days 与 5 相除后的值是否在 1～7 周的范围内，如果不在表示大过 8 周的范围，
可被视为安全的提前期采购。

set_week_range_order 是返回提前期差异的数字型表示，它主要在报表显示时排序用，
其实现如代码 24.11 所示。

代码 24.11　set_week_range_order 设置提前期差异的周范围次序

```
--设置提前期差异的周范围的次序数字
FUNCTION set_week_range_order(p_l_t_days IN NUMBER) RETURN NUMBER IS
  v_ret_value NUMBER;
BEGIN
  v_ret_value := CASE
                    WHEN (0 <= abs(round(p_l_t_days / 6, 1)) AND
                         abs(round(p_l_t_days / 6, 1)) <= 1) THEN
                     1 --'小于 1 周的为 1'
                    WHEN (1 < abs(round(p_l_t_days / 6, 1)) AND
                         abs(round(p_l_t_days / 6, 1)) <= 2) THEN
                     2 --'1 周到 2 周之间为 2'
                    WHEN (2 < abs(round(p_l_t_days / 6, 1)) AND
                         abs(round(p_l_t_days / 6, 1)) <= 3) THEN
                     3 --'2 周到 3 周之间为 3'
                    WHEN (3 < abs(round(p_l_t_days / 6, 1)) AND
                         abs(round(p_l_t_days / 6, 1)) <= 4) THEN
                     4 --'3 周到 4 周之间为 4'
                    WHEN (4 < abs(round(p_l_t_days / 6, 1)) AND
                         abs(round(p_l_t_days / 6, 1)) <= 5) THEN
                     5 --'4 周到 5 周之间为 5'
                    WHEN (5 < abs(round(p_l_t_days / 6, 1)) AND
                         abs(round(p_l_t_days / 6, 1)) <= 6) THEN
                     6 --'5 周到 6 周之间为 6'
                    ELSE
                     7 --'6 周以上'
                  END;
  RETURN v_ret_value;
EXCEPTION
  WHEN OTHERS THEN
    v_ret_value := 8;   --否则为 8
    RETURN v_ret_value;
END set_week_range_order;
```

可以看到，整个函数的逻辑与 get_week_range 基本相似，只不过它返回的是代表周范围的数字值描述性信息，它用来排序用，或者是在前端应用程序查询过滤时使用，这样可以方便用户使用前端应用程序的过滤控件来过滤指定范围的差异订单。

set_week_range_desc 会返回分析的结果描述，L/T 表示提前期，它会对不满足提前期要求的订单给出一个具体的提示信息，以便采购相关人员可以根据程序分析的结果采取必要的动作来处理采购提前期差异可能导致的运营问题，实现如代码 24.12 所示。

代码 24.12　set_week_range_desc 返回采购分析的结果

```
--根据采购差异的周次序号返回采购提前期分析的结果信息
FUNCTION set_week_range_desc(p_week_order IN NUMBER) RETURN VARCHAR2 IS
  v_ret_value VARCHAR2(500);
BEGIN
  v_ret_value := CASE p_week_order
                    WHEN 1 THEN
                     '不满足 L/T 要求，但差异小于/等于 1 周'
                    WHEN 2 THEN
                     '不满足 L/T 要求，但差异大于 1 周 小于/等于 2 周'
                    WHEN 3 THEN
                     '不满足 L/T 要求，但差异大于 2 周 小于/等于 3 周'
                    WHEN 4 THEN
```

```
                        '不满足 L/T 要求，但差异大于 3 周 小于/等于 4 周'
                    WHEN 5 THEN
                        '不满足 L/T 要求，但差异大于 4 周 小于/等于 5 周'
                    WHEN 6 THEN
                        '不满足 L/T 要求，但差异大于 5 周 小于/等于 6 周'
                    WHEN 7 THEN
                        '不满足 L/T 要求，但差异大于/等于 6 周'
                    WHEN 8 THEN
                        '满足 L/T 要求'
                END;
      RETURN v_ret_value;
  EXCEPTION
    WHEN OTHERS THEN
      RETURN NULL;          --如果参数值不在 1-8 的范围内，则输出 NULL
  END set_week_range_desc;
```

　　set_week_range_desc 接收周的序号作为参数，然后根据周的次序返回不满足采购提前期需求的信息，可以看到，只有在 8 周以上的提前周期才能满足提前期需求，当然不同的公司有不同的规范，如果传入的参数不在上述的范围之内，则会返回 NULL 值。

　　可以看到，通过在 get_analsis_data 和 get_basic_data 过程中引用这几个函数，就可以对采购订单行的提前期进行分析，并给出合理的分析结果，而且在判断逻辑发生了变化时，变动的仅仅是这几个函数，而不用去更改零散的代码片断，这增加了代码的可维护性。

24.2.5　定义调用主程序

　　现在，已经定义了 2 个过程和 3 个函数，由于必须要先提取数据，也就是先调用 get_basic_data，然后再调用 get_analsis_data 获取采购分析的结果，为了避免不了解的用户错误地调用，下面封装了一个 main 子程序，用来专门供用户或客户端应用程序使用，它类似于一个流程骨架，将多个分散的各自完成各自功能的子程序整合起来供用户调用，实现如代码 24.13 所示。

代码 24.12　set_week_range_desc 返回采购分析的结果

```
--定义调用主程序
--参数描述 p_item_cat：指定物料分类，ALL 表示所有的分类
--p_need_by_date：指定采购物料的需求日期
--p_called_by_mrp：指定是否由 MRP 调用的描述性字符串
PROCEDURE main(p_item_cat     IN VARCHAR2 DEFAULT NULL,
               p_need_by_date  IN DATE,
               p_called_by_mrp IN VARCHAR2 DEFAULT NULL) IS
BEGIN
  --调用该方法从多个保存了采购和供应商信息的表中获取采购订单和采购订单行信息
  get_basic_data(p_item_cat      => p_item_cat,
                 p_need_by_date  => p_need_by_date,
                 p_called_by_mrp => p_called_by_mrp);
  --调用该方法将分析的结果写到全局临时表中
  get_analsis_data;
END main;
```

　　在 main 过程中，接收 get_basic_data 所需要的物料分类、需求日期及 MRP 调用描述 3 个参数，在过程体内，get_basic_data 使用了名称参数传递法，将 main 中的形式参数传递

到 get_basic_data 子程序内，用来向临时表中写入来自多个采购订单的数据。接下来调用 get_analsis_data 来分析采购订单和订单行数据，产生采购分析结果，这样前端应用程序就可以从这个会话级临时表中取出临时数据显示到用户界面，或者使用 Oracle Forms 及 Oracle Report 来制作表单和报表。

24.3　小　　结

本章讨论了一个基于 PL/SQL 的订单分析程序。首先讨论了系统的设计，介绍了本程序的作用和目的，然后讨论了需求分析，根据需求分析整理了系统的流程，然后绘制了与之相关的表的 E-R 流程图和创建表的脚本。在系统编码部分，讨论了包规范的作用和创建代码，介绍了采购订单分析程序的代码结构，接下来介绍了如何从多个来源表中提取所需要的采购订单和订单行相关的数据，然后开始编写订单分析代码，并且讨论了与分析和提前数据相关的几个函数的实现，最后通过定义一个调用主程序，供客户端进行调用执行，获取采购分析的结果。通过对 23 章和 24 章示例的学习，相信读者对于如何使用服务器端的 PL/SQL 开发 Oracle 相关的应用有了真实的理解。